EINFÜHRUNG IN DIE CHEMISCHE PHYSIOLOGIE

EINFÜHRUNG IN DIE CHEMISCHE PHYSIOLOGIE

VON

PROFESSOR DR. EMIL LEHNARTZ

DIREKTOR DES PHYSIOLOGISCH-CHEMISCHEN INSTITUTS
DER UNIVERSITÄT MÜNSTER I. W.

ELFTE AUFLAGE

MIT 144 ABBILDUNGEN

Springer-Verlag Berlin Heidelberg GmbH 1959

ISBN 978-3-642-86502-2   ISBN 978-3-642-86501-5 (eBook)
DOI 10.1007/978-3-642-86501-5

DER VERFASSER WIDMET DIESES BUCH
DEM ANDENKEN SEINES LEHRERS

GUSTAV EMBDEN

1874 — 1933

WEILAND PROFESSOR DER PHYSIOLOGIE
UND DIREKTOR DES INSTITUTS FÜR VEGETATIVE PHYSIOLOGIE
AN DER UNIVERSITÄT FRANKFURT A. M.

Vorwort.

Der Anregung der Verlagsbuchhandlung, ein Lehrbuch der chemischen Physiologie zu verfassen, bin ich im Jahre 1936 gern nachgekommen, weil es mir reizvoll erschien, Tatsachenmaterial und theoretische Vorstellungen dieser Wissenschaft vor allem im Sinne einer allgemeinen biologischen Chemie zu ordnen und zusammenzufassen. Voraussetzung dafür schien mir eine eingehende Abhandlung der deskriptiven Biochemie, also eine Beschreibung der chemischen Stoffe, die von biologischer Bedeutung sind. Aber eine solche „chemische Anatomie" ist Beginn, nicht Ziel der chemischen Physiologie. Dieses liegt vielmehr in der Erforschung der physiologischen Vorgänge, soweit sie chemischer Natur oder mit chemischen Methoden faßbar sind. Da die Zellen und Organe, der Schauplatz dieser Vorgänge, physikochemischen Gesetzmäßigkeiten unterworfen sind, wurden diese wenigstens in ihren Grundzügen behandelt. Zellen und Organe verfügen über besondere chemische Werkzeuge, die sie zu ihren biologischen Leistungen befähigen und die wir als Wirkstoffe bezeichnen. Auf eine eingehende Darstellung gerade dieser Stoffe und ihrer Wirkungen wurde besonderer Wert gelegt, da uns ihre Funktion am ehesten einen Einblick in die Werkstatt des Lebens gestattet. Schließlich war zu zeigen, in welcher Weise der Organismus und seine Organe die Körperbausteine umformen, um die in ihnen gebundene Energie in Freiheit zu setzen und nutzbar zu machen; es war daher in besonderen Abschnitten der intermediäre Stoffwechsel und der Stoffwechsel einiger Organe abzuhandeln.

Der Betonung der allgemeinen Gesichtspunkte der chemischen Physiologie und dem Charakter dieses Buches als einer Einführung entsprechend ist im allgemeinen auf eine lückenlose Wiedergabe des Tatsachenmaterials nicht der Hauptwert gelegt worden, sondern auf die Herausarbeitung allgemeiner Zusammenhänge und Verknüpfungen. Daraus ergibt sich, daß einige Fragen und Vorgänge ausführlicher dargestellt wurden als andere. Es ergibt sich daraus auch, daß vielfach eine eingehendere Darstellung von theoretischen Vorstellungen nicht zu umgehen war, weil die chemische Physiologie ihre Erkenntnisse sehr häufig nicht aus der direkten Beobachtung eines Lebensvorganges gewinnen kann, sondern sie durch Auswertung chemischer Analysen erschließen muß.

Die Auffassung der Chemischen Physiologie als eines Teiles der Physiologie und nicht der Chemie bringt es mit sich, daß an vielen Stellen dieses Buches Überschneidungen mit entsprechenden Abschnitten physiologischer Lehrbücher bestehen. Darin ist kein Nachteil zu erblicken, da meist, entsprechend dem verschiedenen Ausgangspunkt der gleiche Vorgang oder das gleiche Geschehen in verschiedener Beleuchtung erscheinen wird. Immerhin zeigt gerade diese Tatsache, daß Physiologie und chemische Physiologie eng miteinander verbunden sind und daß die von Lehre und Forschung gesetzte Trennung im wesentlichen eine Frage der Methodik ist.

Es mag als fraglich erscheinen, ob in einem vornehmlich für den Studenten bestimmten Buche eine so eingehende Behandlung schwebender Fragen notwendig oder auch nur wünschenswert ist, wie sie gerade in den Kapiteln erfolgt, die sich mit den Wirkstoffen und dem intermediären Stoffwechsel befassen. Gewiß begnügt sich mancher Student damit, von seinen Büchern und Vorlesungen lediglich Wiedergabe und Darbietung eines examensfertigen Wissens zu verlangen. Leider führt diese Einstellung, wie jeder Prüfer immer wieder erfahren kann, dazu, daß allzu häufig Einzeltatsachen ohne innere Verknüpfung aufgenommen werden und daß so ein Verständnis für die wesentlicheren inneren Zusammenhänge nicht erreicht wird. Durchaus strittige Dinge erscheinen allzu gesichert, weil Unfertiges und Schwierigkeiten verschwiegen oder als unerheblich angesehen werden. Und doch läßt sich allein an dem Werdenden erkennen, daß jedes Wissen nur im Rahmen eines großen Zusammenhanges Bestand hat, daß es immer nur ein Werdendes und nichts Fertiges gibt. Zu diesem Werdenden muß und soll auch der Student Zugang haben, weil ihm nur so das Gewordene klar und der weitere Gang der Entwicklung verständlich werden kann, und weil er nur so — vielleicht erst später als Arzt — einsieht und erkennt, daß auch die praktische Medizin nur auf dem Boden der Grundlagenforschung gedeihen kann.

Die überaus freundliche Aufnahme, die diese „Einführung" seit ihrem ersten Erscheinen bei Studenten der Medizin, bei Ärzten und Klinikern, aber auch bei Naturwissenschaftlern, gefunden hat, verpflichtet den Verfasser, immer erneut zu Überarbeitung und Überprüfung seiner Darstellung.

Schon die Neubearbeitung der 10. Auflage mußte wegen zahlloser zeitraubender anderer Verpflichtungen über Gebühr hinausgeschoben werden und auch die 11. Auflage folgt ihrer Vorgängerin mit einem Abstand von mehr als 6 Jahren. Bei dem stürmischen Fortschritt insbesondere der biochemischen Forschung, ist dies ein sehr langer Zeitraum. Aber wenn man ihn zusammenfassend überblickt und sieht, wie sich in einer etwas längeren Periode früher getrennte Dinge und Befunde als einander sehr nahestehend erweisen, wie die Bearbeitung mancher Fragen wenigstens im Prinzipiellen Klärung brachte, so empfindet man die lange Pause nicht mehr nur als einen Nachteil.

Ich habe vor über 20 Jahren dieses Buch mit Bedacht „Einführung in die Chemische Physiologie" genannt. Es sollte damit der Nachdruck auf „Physiologie" gelegt werden, entsprechend der Absicht des Buches, sich an Studenten der Medizin zu wenden. Die großen Fortschritte der Biochemie, insbesondere auf fermentchemischem Gebiet unter Zuhilfenahme der Isotopentechnik, dürfen uns nicht dazu verführen Chemische Physiologie und Biochemie zu identifizieren: die Akzente sind entscheidend verschieden!

Herrn Professor Dr. RAUEN und Frau RAUEN schulde ich großen Dank für das Mitlesen der Korrekturen und für zahlreiche förderliche Hinweise, Herrn Professor RAUEN zudem für die Beisteuerung des Abschnittes „Energetische Vorbemerkungen", S. 398ff.

Noch ein Wort zu den Literaturangaben. Es ist versucht worden, durch Anführung einer Anzahl von zusammenfassenden Arbeiten, Monographien oder Lehrbüchern, im Anschluß an die einzelnen Kapitel dem interessierten Leser die Möglichkeit zur Vertiefung zu geben. Derartige Angaben haben immer etwas Willkürliches und sind deshalb unzureichend. Es sei daher der Leser, der weiter vordringen will, auf die großen Referatenblätter verwiesen: Berichte über die gesamte Physiologie, Chemisches Zentralblatt,

Chemical Abstracts, Nutrition Abstracts and Reviews. Er sei weiter verwiesen auf das große Werk „Physiologische Chemie" (Hrsgb. B. FLASCHENTRÄGER und E. LEHNARTZ), von dem nunmehr 4 Bände vorliegen, und auf die verschiedenen zusammenfassenden Darstellungen einzelner Teilgebiete oder des Gesamtgebietes in den Ergebnissen der Physiologie, biologischen Chemie und experimentellen Pharmakologie, den Fortschritten der Chemie organischer Naturstoffe, den Fortschritten chemischer Forschung, in Annual Reviews of Biochemistry, Annual Reviews of Physiology, Advances of Protein Chemistry, Advances of Carbohydrate Chemistry, Advances of Enzymology, Advances of Biological and Medical Physics, Vitamins and Hormones, Recent Progress in Hormone Research usw. Bezüglich der Methodik der Physiologischen Chemie sei verwiesen auf die von K. LANG und E. LEHNARTZ (unter Mitwirkung von G. SIEBERT) herausgegebene 10. Auflage von HOPPE-SEYLER/THIERFELDER: Handbuch der Physiologisch- und Pathologisch-Chemischen Analyse.

Münster i. W., März 1959.

EMIL LEHNARTZ.

Inhaltsverzeichnis.

I. Die chemischen Bausteine des Körpers.

A. Kohlenhydrate.

Die Gruppe der Kohlenhydrate umfaßt eine große Zahl von Stoffen, die im tierischen wie im pflanzlichen Organismus in erheblicher Menge vorkommen und sehr verschiedene Funktionen zu erfüllen haben. Wie alle organischen Bausteine der lebendigen Substanz werden die Kohlenhydrate im pflanzlichen Organismus unter Ausnutzung der Energie des Sonnenlichtes aufgebaut. Ihre Synthese in der Pflanze ist Voraussetzung für den Aufbau aller anderen Naturstoffe. Der nicht zu derartigen Synthesen verbrauchte Teil der Kohlenhydrate dient zu einem Teil in Form der Cellulose dem pflanzlichen Organismus als Gerüstsubstanz. Der Rest wird als Energiespeicher in besonderen Teilen der Pflanze, meist den Wurzeln oder Knollen, aber auch in den Samen abgelagert. Derartige Energiespeicher sind z. B. Stärke und einige analog gebaute Stoffe. In wieder anderer Form finden sich Kohlenhydrate als einfache Zucker in Blüten, Früchten und auch in anderen Pflanzenteilen. Ein Teil der pflanzlichen Kohlenhydrate ist für die Ernährung von Mensch und Tier als Energiequelle von wesentlichster Bedeutung.

Dem tierischen Körper steht Kohlenhydrat als besonders leicht angreifbare und verfügungsbereite Energiequelle in Form von Glykogen zur Verfügung. Ein einfacher Zucker, der Traubenzucker, der in geringer aber ziemlich konstanter Konzentration im Blut, aber auch in allen Organen angetroffen wird, ist die Transportform der Kohlenhydrate im tierischen Organismus.

a) Chemische Natur und Einteilung der Kohlenhydrate.

Die Kohlenhydrate sind aufgebaut aus Kohlenstoff, Wasserstoff und Sauerstoff; sie enthalten die beiden letzten Elemente im gleichen Verhältnis wie das Wasser, also 2 H auf ein O, und zwar wie die allgemeine Formulierung $C_n(H_2O)_n$ zum Ausdruck bringt, auf jedes Kohlenstoffatom einmal. Wegen dieser elementaren Zusammensetzung ist früher die Bezeichnung Kohlenhydrate geprägt worden. Aber diese Formel sagt erstens nichts darüber aus, welche chemischen Eigenschaften die Kohlenhydrate haben und zweitens läßt sie nicht erkennen, daß es sehr viele Stoffe mit der gleichen Zusammensetzung gibt, die gänzlich andere Eigenschaften aufweisen als die Kohlenhydrate, wie etwa Essigsäure $H_3C-COOH = C_2H_4O_2$ oder Milchsäure $H_3C-CHOH-COOH = C_3H_6O_3$. Ferner sind eine Reihe von Stoffen bekannt, die nach ihrem chemischen Verhalten unzweifelhaft als Kohlenhydrate anzusprechen sind, aber der obigen Formulierung nicht entsprechen.

Eine einfache und erschöpfende Definition der Kohlenhydrate ist nur schwer zu geben. Am besten bezeichnet man sie als *Polyoxyaldehyde* oder *Polyoxyketone*, die fast immer eine unverzweigte Kette von Kohlenstoffatomen aufweisen.

Aus dieser Definition ergibt sich, daß die Zahl der möglichen Kohlenhydrate sehr groß sein muß, und tatsächlich sind in der Natur zahlreiche Vertreter dieser Stoffgruppe aufgefunden, andere im Laboratorium synthetisch hergestellt worden.

Die einfachsten Kohlenhydrate leiten sich von dem dreiwertigen Alkohol Glycerin her. Je nachdem, ob man die primäre oder die sekundäre Alkoholgruppe oxydiert, erhält man einen Aldehyd oder ein Keton:

$$
\begin{array}{ccccc}
\begin{array}{c} \mathrm{C}\!\!\diagdown\!\!\begin{smallmatrix}\mathrm{O}\\\mathrm{H}\end{smallmatrix} \\ | \\ \mathrm{CHOH} \\ | \\ \mathrm{CH_2OH} \end{array}
& \longleftarrow
& \begin{array}{c} \mathrm{CH_2OH} \\ | \\ \mathrm{CHOH} \\ | \\ \mathrm{CH_2OH} \end{array}
& \longrightarrow
& \begin{array}{c} \mathrm{CH_2OH} \\ | \\ \mathrm{C}=\mathrm{O} \\ | \\ \mathrm{CH_2OH} \end{array} \\
\textbf{Glycerinaldehyd} & & \text{Glycerin} & & \textbf{Dihydroxyaceton}
\end{array}
$$

Kohlenhydrate mit einer *Aldehydgruppe* werden als **Aldosen**, solche mit einer *Ketogruppe* als **Ketosen** bezeichnet. Ganz allgemein lassen sich Aldosen und Ketosen folgendermaßen formulieren:

$$
\begin{array}{cc}
\begin{array}{c} \mathrm{C}\!\!\diagdown\!\!\begin{smallmatrix}\mathrm{O}\\\mathrm{H}\end{smallmatrix} \\ | \\ (\mathrm{CHOH})_n \\ | \\ \mathrm{CH_2OH} \end{array}
& \begin{array}{c} \mathrm{CH_2OH} \\ | \\ \mathrm{C}=\mathrm{O} \\ | \\ (\mathrm{CHOH})_n \\ | \\ \mathrm{CH_2OH} \end{array} \\
\text{Aldose} & \text{Ketose}
\end{array}
$$

Glycerinaldehyd und Dihydroxyaceton haben drei O-Atome, sie sind *Triosen*. Entsprechend entstehen aus den vierwertigen Alkoholen, den Erythriten, die *Tetrosen* Erythrose und Threose, aus den fünfwertigen Pentiten die *Pentosen*, z. B. Arabinose, Xylose und Ribose. Von den sechswertigen Alkoholen, den Hexiten, werden die *Hexosen* hergeleitet. Unter ihnen sind besonders wichtig die Aldosen Glucose, Mannose und Galaktose und die Ketose Fructose. Außer den genannten Gruppen sind aber auch noch Kohlenhydrate mit einer größeren Anzahl von O-Atomen bekannt, doch kommt ihnen im allgemeinen gar keine oder keine wesentliche biologische Bedeutung zu.

Es sei betont, daß für die Einordnung der Kohlenhydrate nicht die Zahl der C-Atome maßgebend ist, sondern die der O-Atome. So leiten sich von Pentosen Kohlenhydrate ab, die ein C-Atom mehr besitzen als diese, weil ein Wasserstoff der primären Alkoholgruppe durch eine Methylgruppe ersetzt ist. Man bezeichnet sie nicht als Hexosen, sondern nach ihrer Ableitung als *Methylpentosen:*

$$
\mathrm{H_3C\!-\!CHOH\!-\!CHOH\!-\!CHOH\!-\!CHOH\!-\!C}\!\!\diagdown\!\!\begin{smallmatrix}\mathrm{O}\\\mathrm{H}\end{smallmatrix} .
$$

Entsprechend gibt es auch Methylderivate anderer Zucker.

Alle bisher erwähnten Kohlenhydrate sind durch Behandlung mit Säuren nicht in einfachere, gleichartig gebaute Körper überzuführen, sie heißen deshalb **Monosaccharide** oder einfache Zucker. Daneben gibt es aber weitere Kohlenhydrate, die bei dieser Behandlung in mehrere Moleküle eines oder verschiedener Monosaccharide zerfallen. Entstehen dabei aus einem Molekül nur wenige (bis zu sechs) Monosaccharide, so hat man es mit Di-, Tri-, Tetra-, Penta- oder Hexasacchariden zu tun, die man auch als **Oligosaccharide** zusammenfaßt. Entsteht beim Zerfall eines größeren Moleküls eine wesentlich größere Zahl von Monosaccharidmolekülen, ohne daß man über diese Zahl genaue Angaben machen könnte, so spricht man von **Polysacchariden.**

Schon aus den bisher mitgeteilten Tatsachen läßt sich schließen, daß die Zahl der möglichen Kohlenhydrate eine große sein muß. Aber die Fülle der Möglichkeiten ist mit ihnen noch längst nicht erschöpft. Eine weitere Steigerung ergibt sich durch die in den Zuckermolekülen enthaltenen asymmetrischen Kohlenstoffatome.

Als asymmetrisch bezeichnet man ein C-Atom, wenn es an seinen vier Valenzen mit vier verschiedenen Substituenten abgesättigt ist. Nach VAN'T HOFF und LE BEL kann man sich die Verhältnisse am besten verdeutlichen, wenn man annimmt, daß von der Mitte eines Tetraeders, dem Sitz des C-Atoms, die vier Valenzen in Richtung auf die vier Ecken des Tetraeders ziehen (s. Abb. 1).

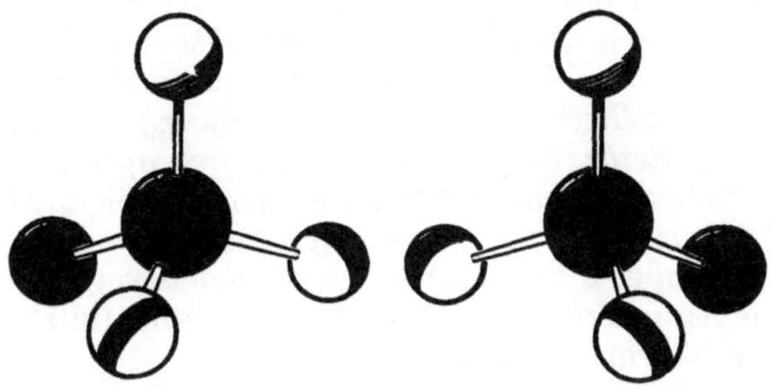

Abb. 1. Modell des asymmetrischen Kohlenstoffatoms und Spiegelbildisomerie.

Die meisten Substanzen mit asymmetrischen C-Atomen sind optisch aktiv, d. h. sie drehen die Ebene des polarisierten Lichtes. Bei Besitz eines oder mehrerer asymmetrischer C-Atome lassen sich aus einer gemeinsamen Grundformel mehrere Substanzen herleiten, die die gleiche Bruttozusammensetzung haben, die auch nach dem gleichen Bauprinzip aufgebaut sind, sich aber durch die Gruppierung an den asymmetrischen C-Atomen, also durch die sterische Anordnung, voneinander unterscheiden: alle solche Stoffe sind *stereoisomer.* Eine besondere Art der Stereoisomerie ist diejenige, bei denen von zwei Stoffen der eine das Spiegelbild des anderen ist. Auch die Modelle solcher Stoffe und die Formeln, die Projektionsbilder dieser Modelle auf die Schreibebene, verhalten sich natürlich wie Bild und Spiegelbild. Diesen besonderen Fall von Stereoisomerie bezeichnet man als *Spiegelbildisomerie.*

Die Drehungsänderung der Ebene des polarisierten Lichtes durch äquimolekulare Mengen von spiegelbildisomeren Stoffen ist gleich groß, aber von entgegengesetzter Richtung: wenn der eine Stoff nach rechts dreht, hat der andere Linksdrehung. Die Rechtsdrehung hat man früher durch d- (dextrogyr), die Linksdrehung durch l- (laevogyr) bezeichnet. Später diente die Bezeichnung d- oder l- nicht mehr zur Angabe der Drehungsrichtung, sondern zur Kennzeichnung struktureller Verwandtschaften, während man die Drehung durch (+) für Rechtsdrehung und (—) für Linksdrehung angab. Neuerdings ist man dazu übergegangen, die sterischen Beziehungen durch D- und L- anzugeben. Die Drehungsrichtung wird nur in Zweifelsfällen durch (+) oder (—) gekennzeichnet.

Wenn D- und L-Form eines Stoffes in gleicher Menge nebeneinander vorhanden sind, so heben sich die gleichen, aber entgegengesetzten Drehungen auf: die D,L- oder r-Form eines optisch aktiven Stoffes, der *Racemkörper,* ist optisch inaktiv.

1*

Die niedrigsten Kohlenhydrate mit asymmetrischem C-Atom sind die beiden optischen Antipoden der Triose Glycerinaldehyd:

$$
\begin{array}{cc}
\begin{array}{c}
O \\
\diagup\diagdown \\
C \quad\;\; H \\
\mid \\
H\!-\!C\!-\!OH \\
\mid \\
CH_2OH
\end{array}
&
\begin{array}{c}
O \\
\diagup\diagdown \\
C \quad\;\; H \\
\mid \\
HO\!-\!C\!-\!H \\
\mid \\
CH_2OH
\end{array}
\\[4pt]
\text{D-Glycerinaldehyd} & \text{L-Glycerinaldehyd}
\end{array}
$$

Die beiden Glycerinaldehyde dienen auch als Grundlage für die Zuordnung der höheren Kohlenhydrate zur D- oder L-Reihe. *Alle Zucker, die an dem der primären Alkoholgruppe benachbarten C-Atom die gleiche sterische Anordnung haben* (OH-Gruppe *rechts* stehend) *wie der D-Glycerinaldehyd, zählt man zur D-Reihe, die in ihrer Anordnung dem L-Glycerinaldehyd entsprechenden zur L-Reihe*, auch dann, wenn ihre optische Drehung nicht derjenigen der Grundkörper entspricht. Die formelmäßigen Zusammenhänge mit den beiden Glycerinaldehyden sind auch maßgebend für die Zuordnung anderer Stoffe zur D- oder L-Reihe. Als Beispiel seien wegen ihrer besonderen biologischen Bedeutung die beiden Milchsäuren angeführt (s. a. die Konstitution der Aminosäuren S. 61)[1].

$$
\begin{array}{cc}
\begin{array}{c}
COOH \\
\mid \\
H\!-\!C\!-\!OH \\
\mid \\
CH_3
\end{array}
&
\begin{array}{c}
COOH \\
\mid \\
HO\!-\!C\!-\!H \\
\mid \\
CH_3
\end{array}
\\[4pt]
\text{D-(—)-Milchsäure} & \text{L-(+)-Milchsäure}
\end{array}
$$

Wenn man die beiden optischen Antipoden eines racemischen Gemisches voneinander trennt, was z. B. durch verschieden leichte Kristallisation mancher Salze gelingt, so hat jede der beiden Komponenten für sich auch die ihr zukommende charakteristische Drehung. Dies ist gänzlich anders bei Stoffen, die ebenfalls trotz des Vorhandenseins von asymmetrischen Kohlenstoffatomen optisch inaktiv sind. Neben der D- und der L-Weinsäure, die stereoisomer sind, und dem inaktiven Gemisch beider, der r-Weinsäure, gibt es eine Mesoweinsäure, die auch zwei asymmetrische C-Atome hat, trotzdem aber die Ebene des polarisierten Lichtes nicht dreht, weil bei ihr der Ausgleich gleich großer, aber verschieden gerichteter Drehungen durch den besonderen Bau des Moleküls selber zustande kommt: die untere Hälfte des Moleküls ist das Spiegelbild der oberen. Es liegt

$$
\begin{array}{ccc}
\begin{array}{c}
COOH \\
\mid \\
H\!-\!C\!-\!OH \\
\mid \\
HO\!-\!C\!-\!H \\
\mid \\
COOH
\end{array}
&
\begin{array}{c}
COOH \\
\mid \\
HO\!-\!C\!-\!H \\
\mid \\
H\!-\!C\!-\!OH \\
\mid \\
COOH
\end{array}
&
\begin{array}{c}
COOH \\
\mid \\
H\!-\!C\!-\!OH \\
\cdots\cdots\mid\cdots\cdots \\
H\!-\!C\!-\!OH \\
\mid \\
COOH
\end{array}
\\[4pt]
\text{L(+)-Weinsäure} & \text{D(—)-Weinsäure} & \text{Mesoweinsäure}
\end{array}
$$

---

[1] Für die sterische Zuordnung ist die Formulierung maßgebend, bei der das am weitesten oxydierte C-Atom oben steht.

eine *innere Kompensation* vor. Solche Stoffe lassen sich natürlich nicht in optisch aktive Komponenten zerlegen.

Wie die nachstehenden Formeln von Aldosen erkennen lassen, enthält die Triose ein, die Tetrose zwei, die Pentose drei und die Hexose vier

asymmetrische C-Atome, die entsprechenden Ketosen jeweils eins weniger. Ist n die Zahl der asymmetrischen C-Atome, so beträgt die Zahl der möglichen verschiedenen stereoisomeren Verbindungen 2^n; es muß also unter den Aldosen 16 verschiedene Hexosen geben, dazu kommt noch die Hälfte, also 8 verschiedene racemische Gemische der optischen Antipoden.

Für die Natur eines optisch aktiven Körpers ist außer der Richtung der Drehung des polarisierten Lichtes das Ausmaß der Drehungsänderung kennzeichnend. Um die optische Aktivität verschiedener Stoffe miteinander vergleichen zu können, hat man den Begriff der „*Spezifischen Drehung*" geprägt. Man definiert sie als die Drehungsänderung in Graden, die beim Durchgang des polarisierten Lichtes durch eine 1 dm dicke Schicht einer Lösung herbeigeführt würde, wenn diese in 1 cm³ 1 g der optisch aktiven Substanz enthielte.

Die spezifische Drehung selbst ist in den seltensten Fällen der direkten Bestimmung zugänglich, sie wird vielmehr aus Beobachtungen errechnet, die an verdünnteren Lösungen und oft auch bei abweichender Schichtdicke gemacht worden sind. Die Drehungsänderung hängt fernerhin von der Temperatur und der Wellenlänge des Lichtes ab. Meist wählt man eine Temperatur von 20° und gelbes Natriumlicht (FRAUNHOFERsche Linie D des Spektrums). Dann wird die spezifische Drehung als $[\alpha]_D^{20}$ bezeichnet. Aus der beobachteten Ablenkung und der bekannten Konzentration ergibt sich

$$[\alpha]_D^{20} = \frac{\alpha \cdot 100}{l \cdot c},$$

wobei α = beobachtete Drehung,
    l = Dicke der Schicht in Dezimeter,
    c = Konzentration der Lösung (g Substanz in 100 cm³ Lösung).

Ist die spezifische Drehung einer Substanz bekannt, so lassen sich aus den Drehungswerten ihrer Lösungen die Konzentrationen der Substanzen berechnen:

$$c = \frac{\alpha \cdot 100}{l \cdot [\alpha]_D^{20}}.$$

Von dieser Möglichkeit zur quantitativen Bestimmung von Stoffen mit bekannter spezifischer Drehung macht man sehr häufig Gebrauch.

b) Chemische Eigenschaften der Kohlenhydrate.

Die wichtigsten chemischen Eigenschaften der einfachen Kohlenhydrate ergeben sich aus dem Besitz der Carbonylgruppe (Aldehyd- bzw. Ketogruppe) bzw. daraus, daß sie Alkohole sind.

1. Oxydierbarkeit.

Durch milde Oxydation lassen sich sowohl die Aldehydgruppe als auch die endständige Alkoholgruppe eines Kohlenhydrats zu Säuregruppen oxydieren: es entstehen die ein- und die zweibasischen Alkoholsäuren. Für einen 6-Kohlenstoffzucker gibt es also die folgenden Möglichkeiten:

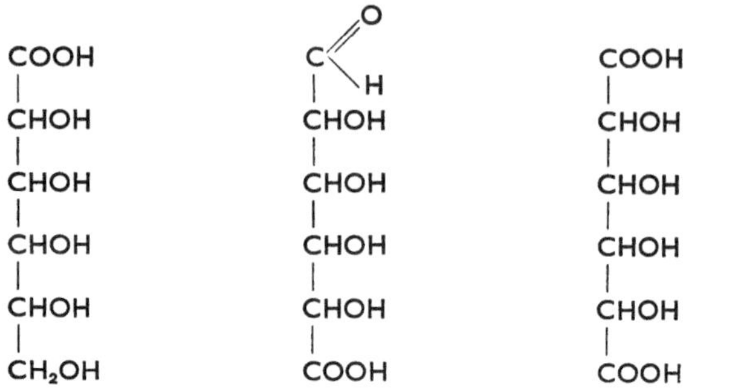

$$
\begin{array}{ccc}
COOH & \begin{matrix} O \\ \diagup\diagdown \\ C \quad H \end{matrix} & COOH \\
| & | & | \\
CHOH & CHOH & CHOH \\
| & | & | \\
CHOH & CHOH & CHOH \\
| & | & | \\
CHOH & CHOH & CHOH \\
| & | & | \\
CHOH & CHOH & CHOH \\
| & | & | \\
CH_2OH & COOH & COOH \\
\text{Hexonsäure} & \text{Hexuronsäure} & \text{Dicarbonsäure}
\end{array}
$$

Bei Anwendung stärkerer Oxydationsmittel zerfällt die Kohlenstoffkette unter Bildung zahlreicher Oxydationsprodukte von zum Teil noch unbekannter chemischer Natur.

Auf einer Oxydation der Kohlenhydrate beruhen auch die meisten einfachen Reaktionen zu ihrem Nachweis und zu ihrer Bestimmung. Die zu ihrer Oxydation verwandten Oxydationsmittel werden dabei reduziert, so daß man von den *Reduktionsproben* der Zucker spricht. Ihr positiver Ausfall gibt sich an einer Farbänderung des Oxydationsmittels zu erkennen. Als Oxydationsmittel dienen meist alkalische Metallsalzlösungen, gewöhnlich des Kupfers (FEHLINGsche und TROMMERsche Probe) oder des Wismuts (NYLANDERsche Probe). Keine der zahlreichen Reduktionsproben ist natürlich eine spezifische Zuckerreaktion, da ihr positiver Ausfall ja nur auf die Oxydation einer oxydationsfähigen Substanz hindeutet; ein solches Verhalten zeigt nicht nur die Carbonylgruppe eines Zuckers, sondern auch die gleiche Gruppe in anderen Stoffen und zeigen weiterhin Stoffe von gänzlich abweichender Konstitution. Unter den Bedingungen, unter denen man diese Methoden in der Medizin zum Nachweis der Kohlenhydrate anwendet, sind Störungen im allgemeinen ausgeschlossen oder unerheblich (vgl. aber die Restreduktion des Blutes S. 525).

2. Reduzierbarkeit.

Die Carbonylgruppe, die eine Zwischenstellung zwischen Alkohol- und Säuregruppe einnimmt, ist nicht nur oxydierbar, sondern auch reduzierbar. Dabei gehen die Kohlenhydrate in die entsprechenden Alkohole über:

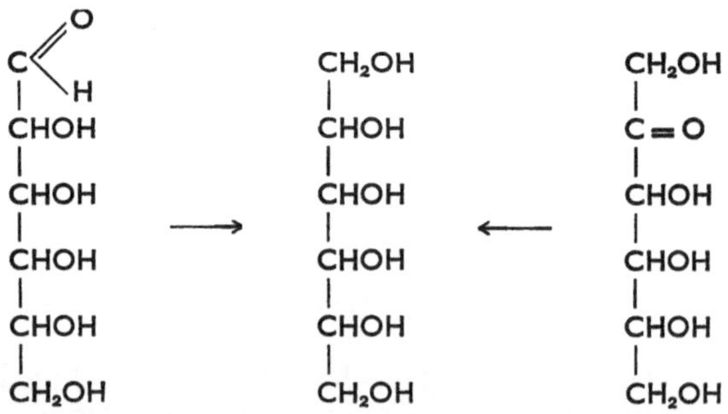

$$
\begin{array}{ccccc}
\begin{matrix} O \\ \diagup\diagdown \\ C \quad H \end{matrix} & & CH_2OH & & CH_2OH \\
| & & | & & | \\
CHOH & & CHOH & & C=O \\
| & & | & & | \\
CHOH & & CHOH & & CHOH \\
| & \longrightarrow & | & \longleftarrow & | \\
CHOH & & CHOH & & CHOH \\
| & & | & & | \\
CHOH & & CHOH & & CHOH \\
| & & | & & | \\
CH_2OH & & CH_2OH & & CH_2OH \\
\text{Aldohexose} & & \text{Hexit} & & \text{Ketohexose}
\end{array}
$$

3. Einwirkung von Säuren.

Beim Erhitzen mit stärkeren Säuren spalten sich aus Pentosen und Hexosen drei Moleküle Wasser ab: es bildet sich dabei aus Pentosen *Furfurol*, aus Hexosen *Hydroxymethylfurfurol*. Hydroxymethylfurfurol zerfällt weiterhin unter Wasseraufnahme in Lävulinsäure ($H_3C—CO—CH_2—CH_2—COOH$) und Ameisensäure.

Pentose

Furfurol

Hexose

Hydroxymethylfurfurol

Hydroxymethylfurfurol Ameisensäure δ-Hydroxylävulinaldehyd Lävulinsäure

Furfurol und Hydroxymethylfurfurol kondensieren leicht mit Phenolen zu Farbstoffen. Solche Reaktionen dienen zum Nachweis der Pentosen (TOLLENSsche Reaktionen mit Phloroglucin und Orcin) sowie der Fructose (SELIWANOFFsche Reaktion mit Resorcin).

Phloroglucin

Orcin

Resorcin

4. Einwirkung von Alkalien.

Ganz anders sind die Umwandlungen der Kohlenhydrate bei Einwirkung von Alkalien. Bei schwachen Alkalikonzentrationen kommt es zu einer interessanten Umlagerung verschiedener stereoisomerer Zucker, die sich bei Aldosen zwischen der Aldehyd- und der benachbarten Alkoholgruppe, bei Ketosen zwischen der Ketogruppe und der primären Alkoholgruppe abspielt. Bringt man Glucose, Mannose oder Fructose in schwach alkalische Lösung, so werden sie teilweise ineinander umgewandelt, und nach einiger Zeit enthält die Lösung alle drei Zucker nebeneinander. Dieser Übergang wird durch die Annahme der Bildung einer gemeinsamen Zwischenform, der *Enolform*, erklärt; er ist nur dann möglich, wenn sich die betreffenden Zucker konfigurativ nur an dem der Carbonylgruppe benachbarten Kohlenstoffatom unterscheiden. Man nennt solche Zucker *epimer*.

Bei Einwirkung stärkerer Alkalien zerfallen die Zuckermoleküle. Unter den entstandenen Spaltstücken findet man besonders reichliche Mengen von Milchsäure.

$$
\begin{array}{ccc}
\begin{array}{c}
\text{C} \diagup\!\!\diagdown^{\text{O}}_{\text{H}} \\
| \\
\text{H—C—OH} \\
| \\
\text{HO—C—H} \\
| \\
\text{H—C—OH} \\
| \\
\text{H—C—OH} \\
| \\
\text{CH}_2\text{OH}
\end{array}
&
\begin{array}{c}
\text{C} \diagup\!\!\diagdown^{\text{O}}_{\text{H}} \\
| \\
\text{HO—C—H} \\
| \\
\text{HO—C—H} \\
| \\
\text{H—C—OH} \\
| \\
\text{H—C—OH} \\
| \\
\text{CH}_2\text{OH}
\end{array}
&
\begin{array}{c}
\text{CH}_2\text{OH} \\
| \\
\text{C}=\text{O} \\
| \\
\text{HO—C—H} \\
| \\
\text{H—C—OH} \\
| \\
\text{H—C—OH} \\
| \\
\text{CH}_2\text{OH}
\end{array}
\\
\textsc{d-Glucose} & \textsc{d-Mannose} & \textsc{d-Fructose}
\end{array}
$$

$$
\begin{array}{c}
\text{CHOH} \\
\| \\
\text{C—OH} \\
| \\
\text{HO—C—H} \\
| \\
\text{H—C—OH} \\
| \\
\text{H—C—OH} \\
| \\
\text{CH}_2\text{OH} \\
\textbf{Enolform}
\end{array}
$$

5. Osazonbildung.

Von größter Wichtigkeit für die Isolierung und für die Aufklärung der Struktur verschiedener Zucker ist durch die Forschungen von EMIL FISCHER die Bildung der Osazone geworden. Bringt man ein Kohlenhydrat mit Phenylhydrazin oder einem seiner Substitutionsprodukte zusammen, so vereinigen sich bereits in der Kälte die beiden Körper unter Wasseraustritt zu einem *Hydrazon*:

$$
\begin{array}{c}
\text{C} \diagup\!\!\diagdown^{\text{O}}_{\text{H}} + \text{H}_2\text{N—NH—C}_6\text{H}_5 \\
| \\
\text{CHOH} \\
| \\
\text{CHOH} \\
| \\
\text{CHOH} \\
| \\
\text{CHOH} \\
| \\
\text{CH}_2\text{OH} \\
\textbf{Hexose}
\end{array}
\quad\longrightarrow\quad
\begin{array}{c}
\text{C} \diagup\!\!\diagdown^{\text{N—NH—C}_6\text{H}_5}_{\text{H}} + \text{H}_2\text{O} \\
| \\
\text{C—H—O—H} + \text{H}_2\text{N—NH—C}_6\text{H}_5 \\
| \\
\text{CHOH} \\
| \\
\text{CHOH} \\
| \\
\text{CHOH} \\
| \\
\text{CH}_2\text{OH} \\
\textbf{Hydrazon}
\end{array}
\quad \text{NH}_3 + \text{C}_6\text{H}_5\text{—NH}_2
$$

Wirkt auf das Hydrazon in der Wärme ein zweites Molekül Phenylhydrazin ein, so oxydiert es die dem Carbonyl-Kohlenstoff benachbarte Alkoholgruppe zu einer neuen Carbonylgruppe und wird dabei selbst unter Zerfall zu Ammoniak und Anilin reduziert. Ein drittes Molekül Phenylhydrazin reagiert mit dem neu entstandenen Carbonyl und lagert sich — wiederum unter Wasseraustritt — zur Bildung eines Osazons an:

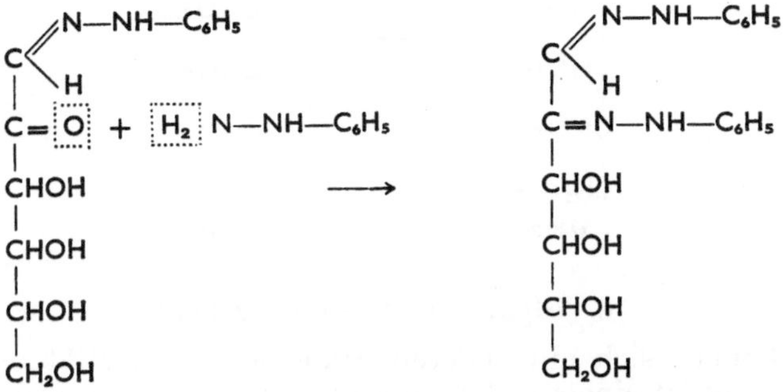

$$\begin{array}{ll}
C\!<\!\genfrac{}{}{0pt}{}{N-NH-C_6H_5}{H} & C\!<\!\genfrac{}{}{0pt}{}{N-NH-C_6H_5}{H} \\
| & | \\
C = O \ + \ H_2N-NH-C_6H_5 & C = N-NH-C_6H_5 \\
| & | \\
CHOH & CHOH \\
| & | \\
CHOH \qquad\longrightarrow & CHOH \\
| & | \\
CHOH & CHOH \\
| & | \\
CH_2OH & CH_2OH
\end{array}$$

Phenylhexosazon

Aus den Formeln ergibt sich ohne weiteres, daß alle Zucker mit der gleichen Zahl von C-Atomen, die sich in der sterischen Anordnung nur an den beiden ersten C-Atomen unterscheiden, also epimer sind, das

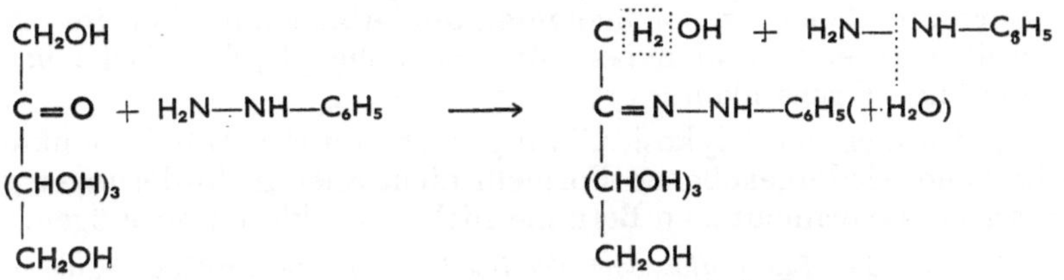

$$\begin{array}{ll}
CH_2OH & CH_2OH \ + \ H_2N-NH-C_6H_5 \\
| & | \\
C = O \ + \ H_2N-NH-C_6H_5 & C = N-NH-C_6H_5 (+ H_2O) \\
| \qquad\longrightarrow & | \\
(CHOH)_3 & (CHOH)_3 \\
| & | \\
CH_2OH & CH_2OH
\end{array}$$

Ketose   Hydrazon

$$\begin{array}{ll}
C\!<\!\genfrac{}{}{0pt}{}{O \ + \ H_2N-NH-C_6H_5}{H (+ NH_3 + H_2N-C_6H_5)} & C\!<\!\genfrac{}{}{0pt}{}{N-NH-C_6H_5 (+ H_2O)}{H} \\
C = N-NH-C_6H_5 & C = N-NH-C_6H_5 \\
| \qquad\longrightarrow & | \\
(CHOH)_3 & (CHOH)_3 \\
| & | \\
CH_2OH & CH_2OH
\end{array}$$

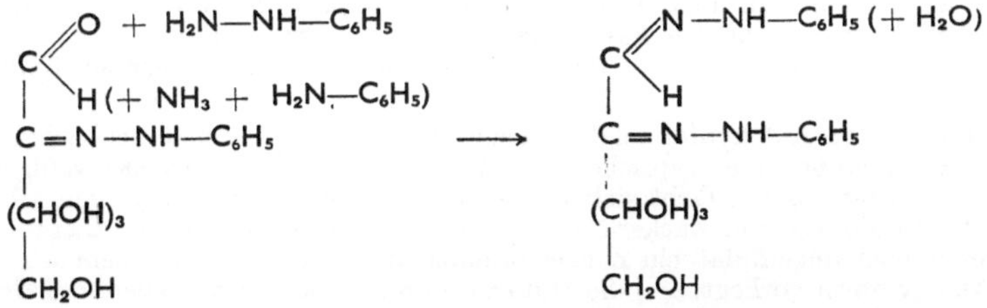

Osazon

gleiche Osazon liefern müssen, wogegen die Hydrazone verschieden sind. Da Ketosen in ganz ähnlicher Weise mit Phenylhydrazin reagieren, müssen also z. B. Glucose, Mannose und Fructose das gleiche Osazon bilden.

Aus den Hydrazonen lassen sich durch Abspaltung des Phenylhydrazinrestes unter Wasseraufnahme die Zucker, aus denen sie entstanden sind, regenerieren, nicht dagegen aus den Osazonen. Aus ihnen entstehen vielmehr die *Osone*, die sich durch Wasserstoffanlagerung in Ketosen umwandeln lassen:

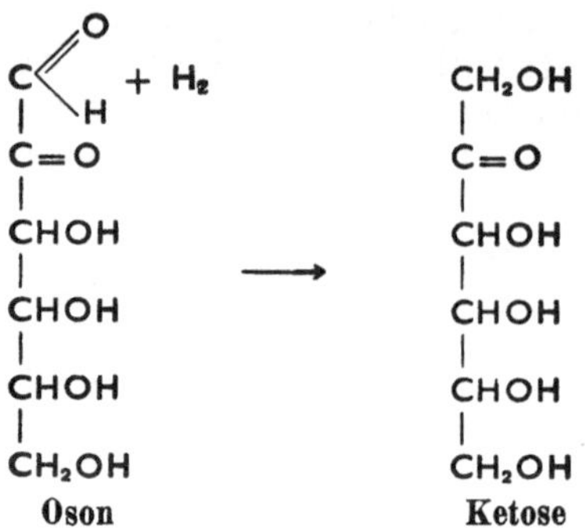

$$
\begin{array}{ccc}
\begin{array}{c} C{<}^{O}_{H} + H_2 \\[2pt] | \\ C=O \\ | \\ CHOH \\ | \\ CHOH \\ | \\ CHOH \\ | \\ CH_2OH \end{array}
& \longrightarrow &
\begin{array}{c} CH_2OH \\ | \\ C=O \\ | \\ CHOH \\ | \\ CHOH \\ | \\ CHOH \\ | \\ CH_2OH \end{array} \\[2pt]
\text{Oson} & & \text{Ketose}
\end{array}
$$

6. Glykosidformeln der Zucker.

Zucker können sich mit anderen Alkoholen unter Bildung von Äthern vereinigen. Dies ist eine aus den verschiedensten Gründen außerordentlich wichtige Reaktion. Prinzipiell ist die Verätherung jeder der alkoholischen Gruppen des Zuckermoleküls möglich. Mit besonderer Leichtigkeit gelingt sie aber an einer Stelle des Moleküls, die nach den bisher angeführten Zuckerformeln für eine derartige Reaktion überhaupt nicht geeignet erscheint, nämlich am endständigen Aldehyd-C-Atom. Die so entstandenen Produkte bezeichnet man als *Glykoside*. Glykoside aus Zuckern und zum Teil sehr kompliziert zusammengesetzten Alkoholen sind im Pflanzenreich weit verbreitet und haben oft eine hohe physiologische und pharmakologische Wirksamkeit.

Es gibt außer der Glykosidbildung noch weitere Anhaltspunkte dafür, daß die oben wiedergegebenen Formeln nicht allen Anforderungen genügen und manche experimentellen Befunde nicht zu erklären vermögen.

Hierzu gehört die *Mutarotation* oder *Multirotation*. Löst man D-Glucose, die aus Wasser kristallisiert wurde, wieder in Wasser auf, so beobachtet man unmittelbar nach der Lösung eine hohe spezifische Drehung (etwa + 111°). Eine aus Pyridin kristallisierte D-Glucose hat dagegen unmittelbar nach Herstellung einer wäßrigen Lösung eine niedrige spezifische Drehung (etwa + 19,5°). Läßt man beide Lösungen einige Zeit stehen oder setzt ihnen etwas Soda zu, so ändert sich in beiden Fällen die Drehung, im ersten nimmt sie ab, im zweiten zu, in beiden Fällen aber erreicht sie den gleichen und konstant bleibenden Endwert von etwa + 52,5°.

Eine weitere mit der Aldehydformel der Zucker nicht zu vereinbarende Beobachtung macht man bei der Einwirkung eines typischen Aldehydreagenses, der fuchsinschwefligen Säure. Dies Reagens, das farblos ist, färbt sich bei Gegenwart geringster Mengen eines beliebigen Aldehyds rot, auf Zusatz von Zuckerlösungen bleibt es dagegen farblos. Diese Tatsachen zusammengenommen zeigen, daß ein Zucker offenbar nicht oder nur zu einem sehr geringen Teil in der Aldehydform vorliegt, und die Mutarotation läßt darauf schließen, daß der gleiche Zucker anscheinend in verschiedenen Formen vorkommt, die ineinander übergehen können. Daß diese Folgerung berechtigt ist, ergibt sich daraus, daß bei Verätherung von Glucose mit Methylalkohol nicht ein, sondern zwei Methylglucoside entstehen.

Alle mit der Aldehydformel der Zucker nicht in Einklang zu bringenden Befunde werden ohne weiteres verständlich, wenn man annimmt, daß das endständige C-Atom nicht als Aldehyd-C-Atom vorhanden ist, sondern in einer Form, in der es keine Carbonyleigenschaften mehr besitzt und in der es außerdem asymmetrisch geworden ist. Eine solche Form ergibt sich, wenn von einer der alkoholischen Gruppen der Kohlenstoffkette ein

Wasserstoffatom an das Aldehyd-C-Atom herantritt und sich zwischen ihm und dem C-Atom der Kette eine Sauerstoffbrücke spannt.

Für die D-Glucose (und ebenso auch für die anderen einfachen Zucker) ergeben sich damit zwei Formen, die als α-D-Glucose und β-D-Glucose bezeichnet werden und die in ihren Formelbildern, die man als Glykosid- oder cyclische Halbacetalformeln[1] bezeichnet, das folgende Aussehen haben:

D-Glucose   α-D-Glucose   β-D-Glucose

Die α-Glucose ist die Abart mit der hohen, die β-Glucose die mit der niedrigen spezifischen Drehung. In gewöhnlicher Lösung besteht ein Gleichgewicht zwischen den beiden Formen *(Gleichgewichtsglucose)*, dessen Einstellung an Hand der Mutarotation verfolgt werden kann.

Den beiden Methylglucosiden kommen dann die folgenden Formeln zu:

α-D-Methylglucosid   β-D-Methylglucosid

Zum besseren Verständnis der Verhältnisse und um die Beschreibung der jeweiligen Struktur zu erleichtern, werden die C-Atome in der aus der Formel der D-Glucose ersichtlichen Weise beziffert, wobei der Kohlen-

---

[1] Acetale sind Verbindungen der Hydratform eines Aldehyds mit zwei Molekülen eines Alkohols,

$$R-C{\overset{O}{\diagdown}}_H + H_2O \rightarrow R-C{\overset{O}{\underset{O}{<}}}_H^H \ \ \overset{H \quad HO-R_1}{\underset{H \quad HO-R_1}{+}} \ \rightarrow R-C{\overset{OR_1}{\underset{OR_1}{<}}}H$$

Halbacetale solche mit einem Alkoholmolekül: $R-C{\overset{OR_1}{\underset{OH}{<}}}H$

stoff, der das Acetalhydroxyl trägt, die Nummer (1) bekommt. Die Sauerstoffbrücke spannt sich bei den stabilen Formen der Zucker zwischen den C-Atomen 1 und 5. Dadurch entsteht der Pyranring. Derartige Zucker nennt man *Pyranosen*. Daneben gibt es aber anscheinend auch noch andere

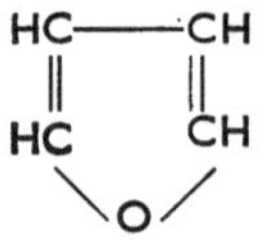

$$\text{Furan} \qquad \text{Furanose} \qquad \text{Pyran} \qquad \text{Pyranose}$$

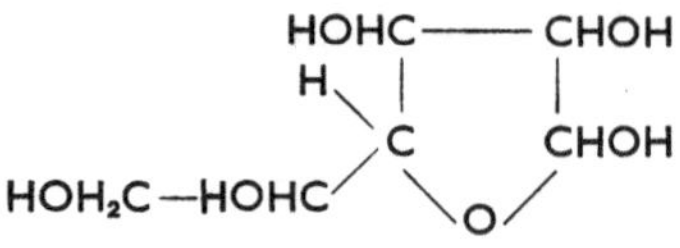

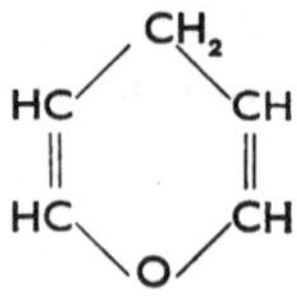

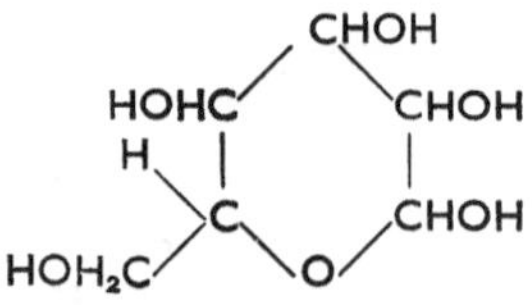

Zuckermodifikationen, die wesentlich labiler sind und in denen die Sauerstoffbrücke eine andere Spannweite hat. Man bezeichnet diese Zucker zusammenfassend als *γ-Zucker oder als h- (hetero-) oder am- (alloiomorphe) Zucker.* Von besonderer Bedeutung unter den h-Zuckern sind die mit der

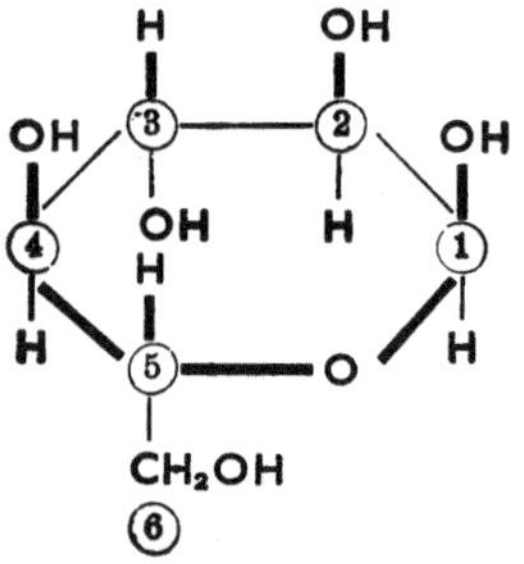

$$\text{α-Glucopyranose} \qquad\qquad \text{α-Glucofuranose}$$

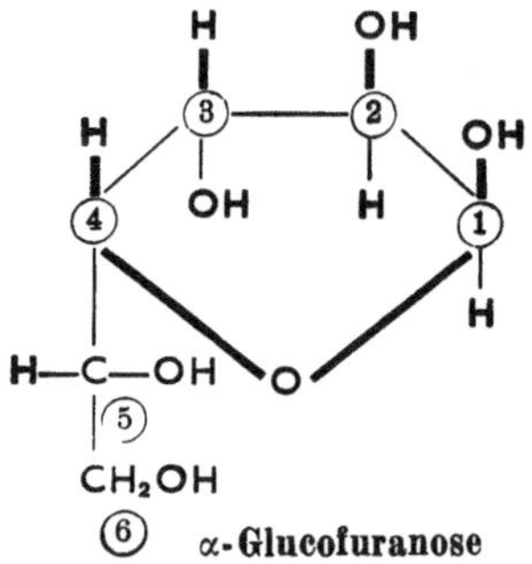

Brücke zwischen C (1) und C (4). In ihnen ist also der Furanring enthalten, man nennt sie *Furanosen*.

Eine besonders klare Vorstellung von den vorliegenden Strukturverhältnissen liefern die von HAWORTH vorgeschlagenen perspektivischen

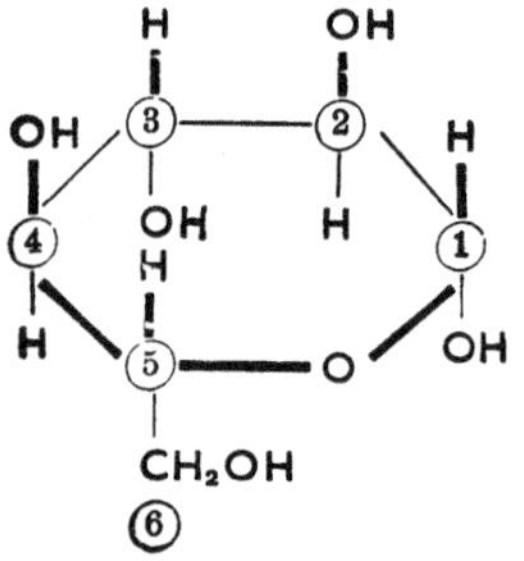

$$\text{β-Glucopyranose} \qquad\qquad \text{β-Glucofuranose}$$

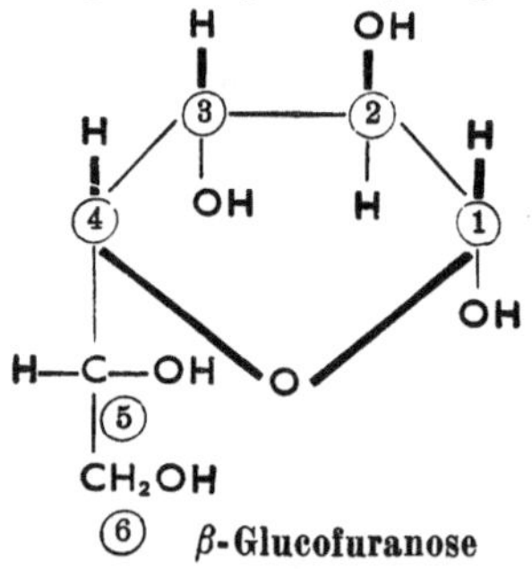

Formelbilder, in denen die Ringe als in der Papierebene liegende Fünfecke (Furanosen) bzw. Sechsecke (Pyranosen) dargestellt werden und in denen die nach vorne bzw. nach oben gelegenen Valenzen durch dicke Striche angegeben sind. Für die beiden Pyran- und Furanformen der Glucose ergeben sich dann die obenstehenden Strukturbilder. (Der Übersichtlichkeit wegen sind in die Ringe nicht die C-Atome sondern nur ihre Numerierung eingetragen.)

Man sieht, daß α- und β-Formen sich nur durch die Konfiguration am C-Atom (1) voneinander unterscheiden.

Die Glykosidformeln der Zucker sind unentbehrlich für das Verständnis der Bildung der einfachen Glykoside, der Zuckerester sowie der Oligo- und Polysaccharide. Die Zucker kommen in freier Form nicht als Aldehyde, sondern nur in der cyclischen Form vor, lediglich einige Zuckerderivate leiten sich von der Aldehydform ab. Trotzdem kann man sich zur Formulierung von Vorgängen, die ohne Inanspruchnahme der Acetalfunktion der Aldehydgruppe vonstatten gehen, der Einfachheit halber der Aldehydformeln bedienen.

Nach diesen Darlegungen der allgemeinen Gesichtspunkte der Kohlenhydratchemie können wir uns einer näheren Besprechung einzelner Kohlenhydrate zuwenden, die sich im wesentlichen auf diejenigen beschränken soll, denen eine biologische Bedeutung zukommt.

c) Monosaccharide.

1. Triosen.

D- und L-**Glycerinaldehyd** sowie **Dihydroxyaceton** (Formeln s. S. 2 u. 4) kommen im Organismus nicht in freier Form vor; ihre Phosphorsäureester (s. S. 20) spielen aber eine sehr wichtige Rolle beim intermediären Stoffwechsel der Kohlenhydrate (s. S. 415).

2. Tetrosen.

Von den Aldotetrosen (D- und L-*Threose*, D- und L-*Erythrose*) und Ketotetrosen (D- und L-*Erythrulose*) kommt allein der D-Erythrose in Form ihres Phosphorsäureesters beim oxydativen Kohlenhydratabbau (s. S. 430) und bei der Photosynthese biologische Bedeutung zu (s. S. 438f.).

3. Pentosen.

Die Pentosen kommen im allgemeinen nicht in freier Form vor, sie sind aber in Polysacchariden, den *Pentosanen*, im Pflanzenreich sehr weit verbreitet. Für den tierischen Organismus sind Ribose und Ribodesose von großer Wichtigkeit als Bausteine der Nucleotide und Nucleoside (s. S. 100f.). Ferner spielen die Phosphorsäureester einiger Pentosen bei der direkten Oxydation der Glucose eine bedeutende Rolle (s. S. 428—431). Auf die zum Nachweis der Pentosen dienende Überführung in Furfurol ist auf S. 7 bereits hingewiesen worden.

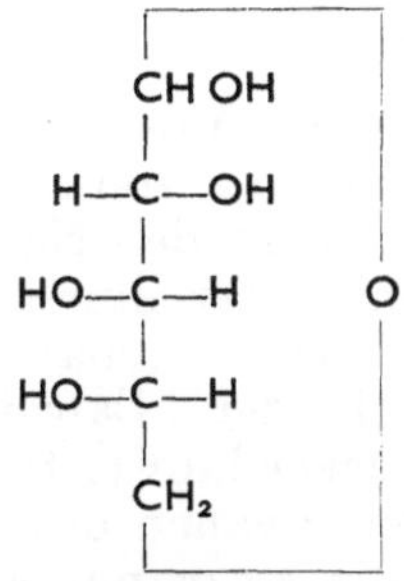

$$
\begin{array}{ccc}
\text{CH OH} & & \text{CH}_2\text{OH} \\
| & & | \\
\text{H—C—OH} & & \text{C}=\text{O} \\
| & & | \\
\text{HO—C—H} \quad \text{O} & & \text{H—C—OH} \\
| & & | \\
\text{HO—C—H} & & \text{HO—C—H} \\
| & & | \\
\text{CH}_2 & & \text{CH}_2\text{OH}
\end{array}
$$

L-(+)-Arabinose 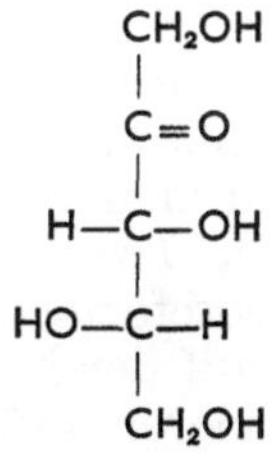   L-(+)-Ketoxylose

L-(+)-*Arabinose* ist gelegentlich nach Genuß sehr pentosereicher Früchte (Pflaumen und Kirschen) im Harn beobachtet worden. Auch die D,L-Arabinose, der Racemkörper, wird gar nicht selten im Harn ausgeschieden. Dabei handelt es sich wohl um eine Stoffwechselstörung, da die Mengen ziemlich gering sind und ihre Ausscheidung in keinem erkennbaren Zusammenhang mit der Nahrungsaufnahme stehen soll.

L-(+)-*Ketoxylose* findet sich ebenfalls im Harn in Fällen von Pentosurie.

D-(—)-Ribose kommt ebenso wie ihr Reduktionsprodukt, die **D-(—)-2-Ribodesose** oder *Thyminose*, als Bestandteil der Nucleotide und Nucleoside vor (s. S. 100f.), beide sind also unentbehrliche Bausteine des Körpers. Die freien Zucker liegen beide in der Pyranringform vor.

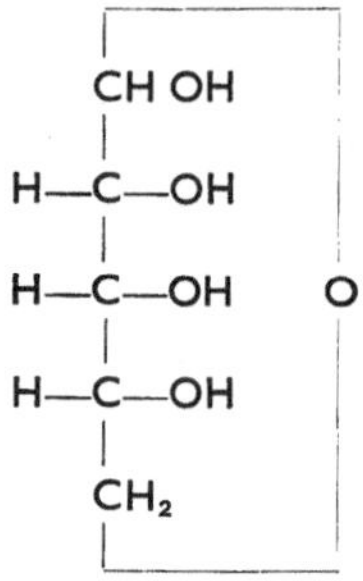

$$
\begin{array}{l}
CH\ OH \\
H-C-OH \\
H-C-OH \qquad O \\
H-C-OH \\
CH_2
\end{array}
\qquad\qquad
\begin{array}{l}
CH\ OH \\
CH_2 \\
H-C-OH \qquad O \\
H-C-OH \\
CH_2
\end{array}
$$

D-(—)-Ribose 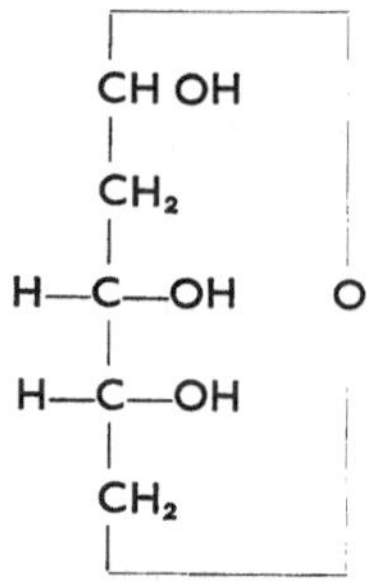   D-(—)-2-Ribodesose
(Thyminose)

In neuerer Zeit ist die Bedeutung der Phosphorsäureester der beiden Ketopentosen D-*Ribulose* und D-*Xylulose* bei der Oxydation der Kohlenhydrate (s. S. 429ff.) und der Photosynthese (s. S. 438f.) erkannt worden. Aus dem Harn konnten die freien Zucker isoliert werden.

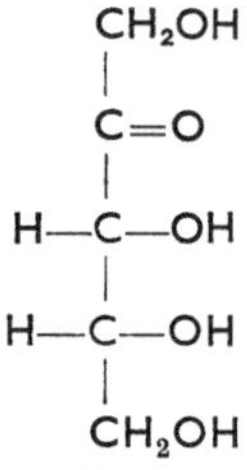

$$
\begin{array}{l}
CH_2OH \\
C=O \\
H-C-OH \\
H-C-OH \\
CH_2OH
\end{array}
\qquad\qquad
\begin{array}{l}
CH_2OH \\
C=O \\
HO-C-H \\
H-C-OH \\
CH_2OH
\end{array}
$$

D-Ribulose 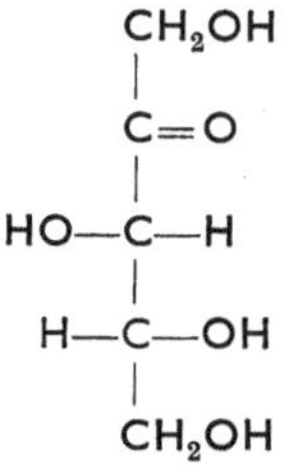   D-Xylulose

4. Hexosen.

Von den 16 verschiedenen stereoisomeren Aldohexosen sind 14 im Laboratorium synthetisch hergestellt worden, aber von ihnen kommen nur drei: D-Glucose, D-Mannose und D-Galaktose in der Natur vor. Wegen ihrer Bedeutung für den Stoffwechsel steht unter ihnen an erster Stelle die **D-Glucose**, auch *Traubenzucker* oder *Dextrose* genannt (Formeln der verschiedenen Glucoseformen s. S. 10ff.). In der Pflanzenwelt findet sie sich nicht nur, worauf der Name Traubenzucker hinweist, in den Trauben, sondern auch in anderen Früchten. In den Organen des Tierkörpers und im Blut ist die Konzentration der Glucose zwar nur ziemlich niedrig, trotzdem ist sie aber als Transportform der Kohlenhydrate ein lebensnotwendiger Bestandteil des Körpers. Sinkt der Blutzucker unter einen bestimmten Mindestwert ab, so kommt es zu bedrohlichen Erscheinungen, unter Umständen sogar zum Tode (s. hypoglykämischer Schock S. 240).

Die Pflanzenzelle synthetisiert den Zucker aus Kohlendioxyd. Die hierzu erforderliche Reduktion, die einen sehr erheblichen Energieaufwand nötig macht, vollzieht sich in den grünen Teilen der Pflanze mit Hilfe des

Chlorophylls, welches die Ausnutzung der strahlenden Energie des Sonnenlichtes möglich macht.

Wegen der hohen biologischen Bedeutung dieses Zuckers ist die Chemie der Glucose besonders eingehend untersucht. Diese Untersuchungen zeigen sehr deutlich, welch wandlungsfähige Substanzen die Zucker sind. Eine wäßrige Traubenzuckerlösung enthält wahrscheinlich nicht weniger als fünf verschiedene Formen des Traubenzuckers. Der größte Teil der Moleküle findet sich als Gleichgewichtsglucose, also als α- *und β-Glucopyranose.* Daneben sind aber in geringer Menge wahrscheinlich auch die beiden Formen der Glucofuranose vorhanden und ferner eine sehr geringe Menge in der einfachen Aldehydform. Von den fünf erwähnten Formen der Glucose gehören diejenigen mit dem Furanring zu den sehr reaktionsfähigen und unbeständigen *h-Zuckern.*

Es ist von großem theoretischen Interesse und von weitreichender wirtschaftlicher Bedeutung, daß Glucose und einige andere natürlich vorkommende Kohlenhydrate, allerdings in verschiedenem Umfange, durch

D-Sorbit   D-Glucuronsäure   D-Gluconsäure   D-Zuckersäure

Heferassen unter Bildung von Alkohol oder organischen Säuren (Essigsäure, Milchsäure, Buttersäure) gespalten werden. Diese Spaltungsvorgänge, die ohne Beteiligung von Sauerstoff, also anaerob ablaufen, bezeichnet man als *Gärungen* (s. S. 412).

Glucuronsäure   (Decarboxylierung) ⟶   D-Xylose $(+CO_2)$

Die Glucose wird durch Reduktion in den sechswertigen Alkohol *Sorbit,* durch Oxydation an der primären Alkoholgruppe in *Glucuronsäure,* durch Oxydation an der Aldehydgruppe in *Gluconsäure* und durch Oxydation an beiden Gruppen in die zweibasische *Zuckersäure* umgewandelt.

Glucuronsäure, über deren biologische Bildung später berichtet wird (s. S. 434f.), wird durch Einwirkung bestimmter Bakterien unter Decarboxylierung in Xylose, Gluconsäure unter Decarboxylierung und Oxydation in Arabinose umgewandelt. Mit dem Harn wird sie in gebundener Form als *gepaarte Glucuronsäure* ausgeschieden. Die Paarung vermittelt das C-Atom 1.

Für sie bestehen zwei Möglichkeiten: entweder wird ein Alkohol oder eine
Säure angelagert, so daß *Ätherglucuronsäuren* und *Esterglucuronsäuren* zu
unterscheiden sind. Die Glucuronsäure kommt wahrscheinlich in der β-Form
vor. Der Glykosidtyp der Glucuronsäure ist viel häufiger als der Estertyp.
Die Bildung der gepaarten Glucuronsäuren ist eine wichtige Reaktion, durch
die es dem Organismus möglich gemacht wird, zahlreiche in ihm entstehende

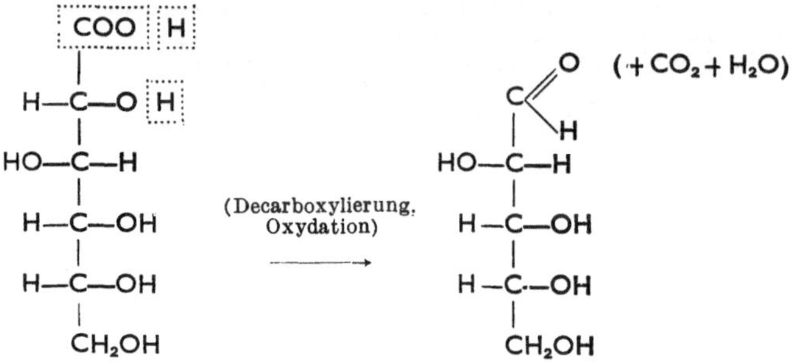

D-Gluconsäure $\xrightarrow{\text{(Decarboxylierung, Oxydation)}}$ D-Arabinose $(+CO_2+H_2O)$

(Phenol, Kresole, Indoxyl) oder durch die Nahrung zugeführte Stoffe (so
auch eine große Reihe von Arzneimitteln), die in freier Form störend oder
giftig wirken könnten, zu entgiften (s. S. 576).

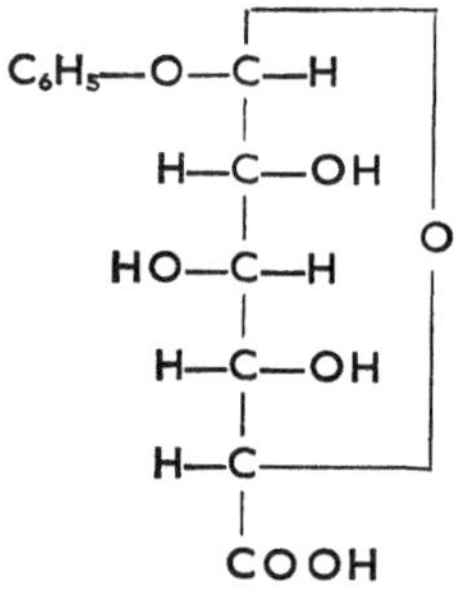

Phenylglucuronsäure
(Glucosid- oder Äthertyp)

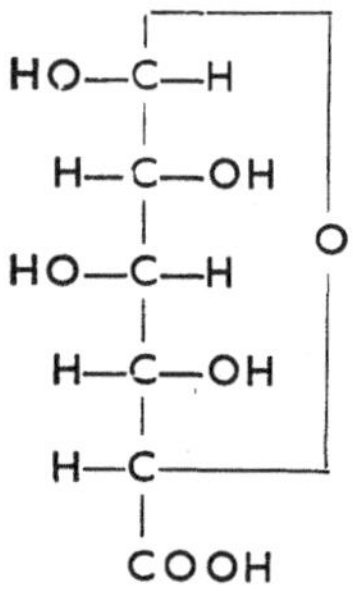

β-D-Glucuronsäure

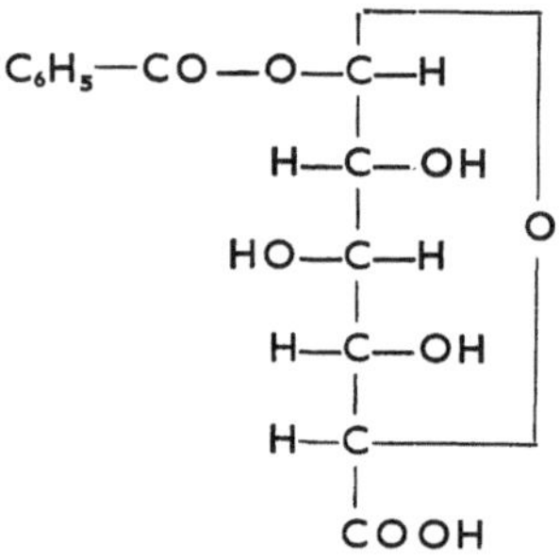

Benzoesäureglucuronsäure
(Estertyp)

D-Galaktose. Dieser Zucker kommt im Tierreich und im Pflanzenreich in
Form zahlreicher Derivate vor. Für den tierischen Organismus ist von besonderer Wichtigkeit seine Bildung in der Milchdrüse, in der er mit Glucose

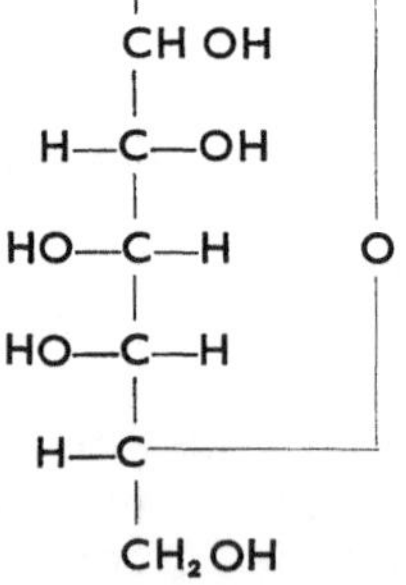

D-Galaktose

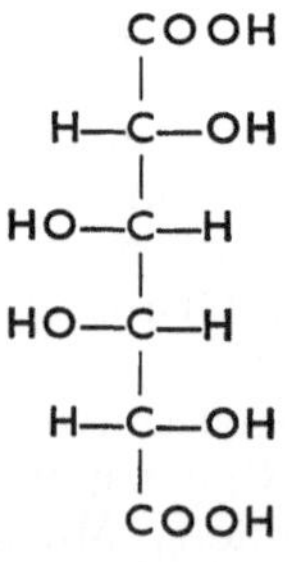

Schleimsäure

zum Disaccharid Milchzucker vereinigt wird (s. S. 24). Ferner ist die Galaktose als Bestandteil von Cerebrosiden (s. S. 45) ein unentbehrlicher Baustein des Zentralnervensystems sowie in Verbindung mit Glucosamin ein Bestandteil fast sämtlicher Eiweißkörper (s. S. 83). Die Galaktose wird von manchen Heferassen langsam, von anderen gar nicht vergoren, doch lassen sich einige Hefen offenbar an Galaktose gewöhnen; wenn man sie längere Zeit in galaktosehaltigen Nährlösungen züchtet, gewinnen sie die Fähigkeit, Galaktose mit großer Geschwindigkeit zu vergären.

Ein zur Identifizierung der Galaktose sehr geeignetes Derivat ist ihr Oxydationsprodukt, die *Schleimsäure*. Die in Wasser unlösliche Schleimsäure ist durch innere Kompensation nicht mehr optisch aktiv.

$$
\begin{array}{c}
\text{CHOH} \\
|\\
\text{HO—C—H}\\
|\\
\text{HO—C—H} \qquad \text{O}\\
|\\
\text{H—C—OH}\\
|\\
\text{H—C}\\
|\\
\text{CH}_2\text{OH}
\end{array}
$$

D-Mannose

D-Mannose. Dieser Zucker ist ebenso wie die anderen besprochenen Aldohexosen vergärbar. Er ist im wesentlichen in Form verschiedener Verbindungen ein pflanzliches Produkt, hat aber auch für den Tierkörper Bedeutung, weil er ebenso wie Galaktose als Baustein der meisten Eiweißkörper nachgewiesen wurde.

D-Fructose, *Lävulose* oder *Fruchtzucker*. Fructose gehört entsprechend der sterischen Anordnung am C-Atom 5 zur D-Reihe, dreht jedoch links

$$
\begin{array}{c}
\text{CH}_2\text{OH}\\
|\\
\text{HO—C}\\
|\\
\text{HO—C—H}\\
|\\
\text{H—C—OH} \qquad \text{O}\\
|\\
\text{H—C—OH}\\
|\\
\text{H}_2\text{—C}
\end{array}
\qquad\qquad
\begin{array}{c}
\text{CH}_2\text{OH}\\
|\\
\text{HO—C}\\
|\\
\text{HO—C—H}\\
|\\
\text{H—C—OH} \qquad \text{O}\\
|\\
\text{H—C}\\
|\\
\text{CH}_2\text{OH}
\end{array}
$$

Fructopyranose   **Fructofuranose**

und führt deshalb auch den Namen Lävulose. Sie ist ebenso wie die Glucose in der Pyran- und in der Furanform bekannt. Die freie Fructose kommt als Pyranose, die gebundene als Furanose vor.

Der Fruchtzucker wird im Pflanzenreich in verschiedenen Bindungsformen angetroffen; am wichtigsten von diesen ist der Rohrzucker, ein Disaccharid aus Fructose und Glucose. Gelegentlich wurde Fructose auch im Tierkörper in freier Form gefunden. So enthält z. B. das Blut des Schafsfetus Fructose. Auch in der Samenflüssigkeit des Menschen und der meisten Tierarten wurde sie gefunden (s. a. S. 432). Sie stammt z. T. vielleicht aus der

Nahrung, zum größeren wird sie im Organismus beim Umsatz des Glykogens
gebildet (s. S. 432). Wenn ihre Konzentration im Blut höhere Werte erreicht, wird sie im Harn ausgeschieden. Insbesondere findet man eine größere
Ausscheidung von Fructose neben Glucose bei schwereren Fällen von Zuckerkrankheit. Dem Körper zugeführter Fruchtzucker wird leicht in Glucose
umgewandelt (vgl. S. 432). Fructose ist die süßeste bisher bekanntgewordene
Zuckerart.

Zur Unterscheidung des Fruchtzuckers von den Aldosen dient die SELIWANOFFsche
Probe (s. S. 7), da er mit besonderer Leichtigkeit in Hydroxymethylfurfurol übergeht. Im
übrigen bestehen weder hinsichtlich der Vergärung, der Reduktion oder der Osazonbildung
Unterschiede gegenüber der Glucose.

Von den übrigen 6-Kohlenstoffzuckern sind zu erwähnen L-*Gulose*,
zu der L-Ascorbinsäure formal in Beziehung steht (s. S. 212) und die Methylpentose L-*Fucose*. Fucose, zunächst in Blutgruppensubstanzen aufgefunden

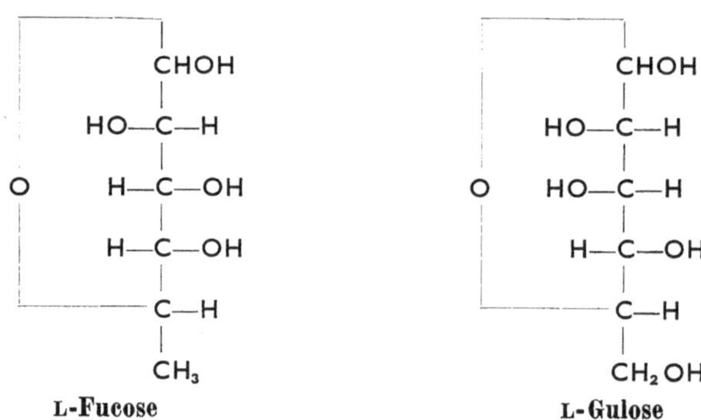

L-**Fucose**　　　　　　　　　　　　　　　　L-**Gulose**

(s. S. 97), ist in freier Form und als Bestandteil von Oligosacchariden in der
Frauenmilch enthalten (s. S. 586). Dort findet sie sich auch in einem für
das Wachstum des im Säuglingsdarm vorkommenden Lactobacillus bifidus
erforderlichen *Bifidus-Faktor*. Neuerlich wurde sie ferner als Baustein des
Kohlenhydratkomplexes aus γ-Globulinen des Blutserums erkannt (s. S. 520).

5. Aminozucker.

Die Aminozucker stehen zu den Kohlenhydraten in engster Beziehung.
In ihnen ist die der Aldehydgruppe benachbarte Hydroxylgruppe durch
eine Aminogruppe ersetzt. Von ihnen beanspruchen nur zwei ein physiologisches Interesse, das **Chitosamin** (*Glucosamin*) und das **Chondrosamin**
(*Aminogalaktose*). Das Chitosamin läßt sich bei der Aufspaltung des
Chitins gewinnen. Dies ist ein Polysaccharid, das überwiegend aus Chitosamin aufgebaut ist (s. S. 31).

Die Aminozucker kommen fast ausschließlich als N-Acetylverbindungen
in der Natur vor. Ihre Hauptverbreitung haben sie als Bausteine hochmolekularer Verbindungen. So finden sie sich in zahlreichen Eiweißkörpern,
den Glyko- und Mucoproteiden, und den diesen nahestehenden Mucopolysacchariden (s. S. 95ff.). Andere wichtige Vorkommen sind die Ganglioside
(s. S. 46), die Blutgruppensubstanzen (s. S. 97), das Heparin (s. S. 97), der
intrinsic factor (s. S. 206f.), die Kapselsubstanz der Pneumokokken.

Vom D-Glucosamin leitet sich eine Anzahl von chemisch nahe miteinander verwandter Substanzen ab, die zunächst unter verschiedenen

Namen beschrieben wurden. KLENK entdeckte als Baustein der Ganglioside (s. S. 46) eine N-haltige, sauerstoffreiche Säure, die er *Neuraminsäure*
nannte, BLIX u. Mitarb. fanden in Submaxillarisdrüsen verschiedener Tiere
eine Reihe von Säuren, die als *Sialinsäuren* bezeichnet wurden. Aus Frauenmilch wurde eine *Gynaminsäure* (GYÖRGY), aus Kuhcolostrum eine *Lactamin-*

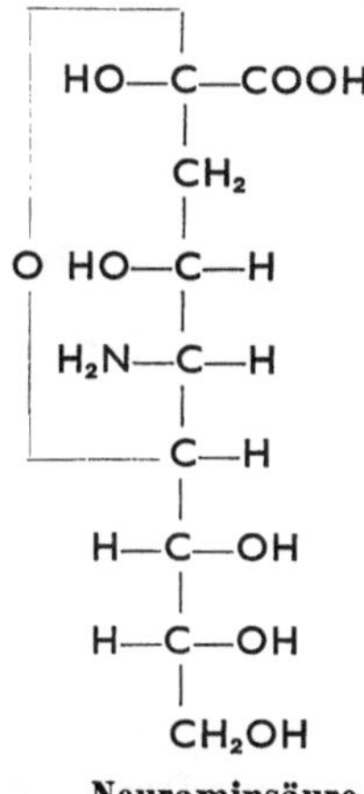

Chitosamin   **Chondrosamin**
(Aminoglucose, Glucosamin)   (Aminogalaktose)

säure gewonnen (KUHN). Neuraminsäure ist ein Kondensationsprodukt
aus Brenztraubensäure und D-Mannosamin, die anderen Säuren scheinen
N-Acetyl- bzw. N-Glykolyl-Derivate der Neuraminsäure zu sein.

Neuraminsäure

6. Phosphorsäureester der Zucker.

Durch Veresterung von Zuckern mit o-Phosphorsäure entsteht eine
Gruppe von Verbindungen, die entweder in freier Form oder im Verband
größerer Moleküle als chemische Bausteine des Körpers fungieren oder als
Durchgangsstufen beim Aufbau, Abbau und Umbau von Kohlenhydraten
durchlaufen werden müssen (s. S. 413f. und 428—431).

Bisher sind Phosphorsäureester von Triosen, Tetrosen, Pentosen,
Hexosen und Heptosen sowie von einigen Disacchariden bekannt geworden.

Die Phosphorsäureester der Triosen sind die **Glycerinaldehydphosphorsäuren** und die **Dihydroxyacetonphosphorsäure**. Die Glycerinaldehydphosphorsäure kann die Phosphorsäure an der primären oder der sekundären Alkoholgruppe tragen, so daß *3*- und *2-Glycerinaldehydphosphorsäure* unterschie-

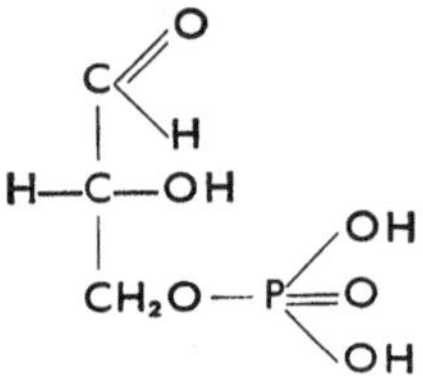

3-D-Glycerinaldehyd-phosphorsäure 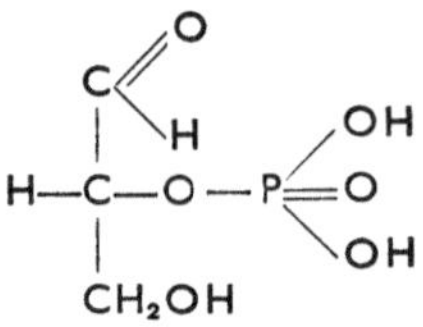   **2-D-Glycerinaldehyd-phosphorsäure** 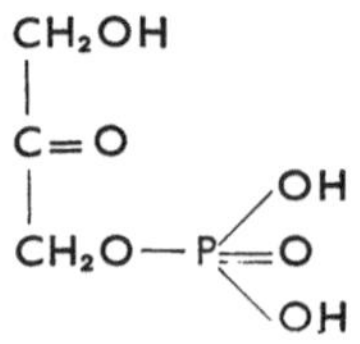   **Dihydroxyaceton-phosphorsäure**

den werden müssen. Die Triosephosphorsäuren können durch Gleichgewichtsreaktionen leicht ineinander übergehen. Sie entstehen aus den primär gebildeten Hexosephosphorsäuren beim Abbau der Glucose und unterliegen, da sie sehr unbeständig sind, rasch weiteren Umwandlungen.

Die *Erythrose-4-phosphorsäure* (Tetrosephosphorsäure) entsteht beim oxydativen Kohlenhydratabbau als Zwischenstufe (s. S. 430).

Von den Pentosen treten D-Ribose und D-Ribodesose als Phosphorsäureester auf. Diese Pentosephosphorsäuren sind Bestandteile der Nucleotide; ihre Struktur wird deshalb erst später besprochen (s. S. 103).

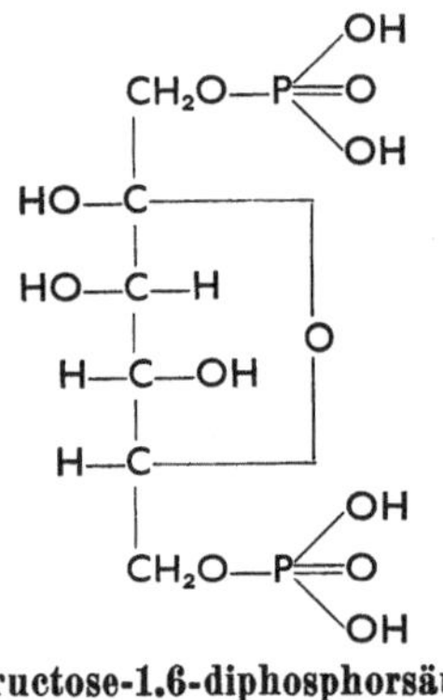

Fructose-1.6-diphosphorsäure   **Glucose-1-phosphorsäure**
(HARDEN-YOUNG-Ester)   (CORI-Ester)

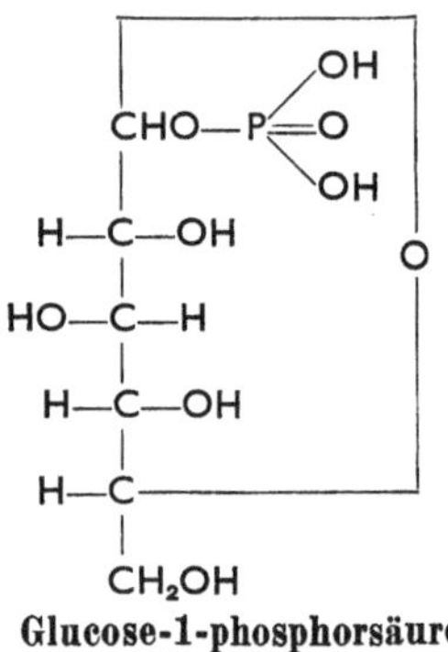

Ribose-5-phosphorsäure und ebenso die Pentosephosphorsäuren *Xylulose-5-phosphorsäure* und *Ribulose-5-phosphorsäure* sind Zwischenprodukte beim oxydativen Kohlenhydratabbau (s. S. 429). *Ribose-1-phosphorsäure* entsteht anscheinend beim Abbau der Purinnucleotide im Körper.

Von den Hexosephosphorsäuren ist am längsten bekannt die von HARDEN u. YOUNG bei der Hefegärung entdeckte **Fructose-1.6-diphosphorsäure**, die auch in der Muskulatur bei Vergiftung mit Na-Fluorid sowie im Muskelpreßsaft gefunden wurde; in frischer Muskulatur konnte sie bisher nicht nachgewiesen werden. Hier werden statt dessen **D-Glucose-6-phosphorsäure** und die mit ihr in einem enzymatischen Gleichgewicht stehende **D-Fructose-6-phosphorsäure** (NEUBERG-Ester) gefunden, ein Gemisch, das als EMBDEN-ROBISON-Ester bezeichnet wird. Beim Abbau des Glykogens entsteht primär *Glucose-1-phosphorsäure* (CORI-Ester) (s. S. 413 f.).

Auch *Fructose-1-phosphorsäure*, *Galaktose-1-phosphorsäure* und *Mannose-6-phosphorsäure* sind in biologischem Material gefunden worden.

Aldehydform
Glucose-6-phosphorsäure
(Embden-Robison-Ester)

Ketoform
Fructose-6-phosphorsäure
(Neuberg-Ester)

Beim oxydativen Abbau der Glucose entsteht ferner der Phosphorsäure-ester einer Heptose, die *Sedoheptulose-7-phosphorsäure* (s. S. 429 ff.).

7. Cyclite.

Eine Gruppe von Substanzen, die mit den Zuckeralkoholen große Ähnlichkeit haben, sind die Polyhydroxy-cyclo-hexane, die man als *Cyclite* bezeichnet. Der wichtigste von ihnen ist der *Inosit*, den man als ein Hexahydroxy-hexahydro-benzol auffassen kann. Von den verschiedenen möglichen sterischen Isomeren ist der natürlich vorkommende *meso-Inosit*

meso-Inosit

oder *i-Inosit* (neuerdings wegen des Vorkommens im Muskel als *Myoinosit* bezeichnet) optisch inaktiv. (Die punktierte Linie in der Formel deutet die Symmetrieebene an, so daß die optische Inaktivität des meso-Inosits verständlich wird.) Man findet ihn in vielen tierischen Organen, besonders in der Muskulatur. Der lange vermutete Zusammenhang zwischen dem Stoffwechsel von Inosit und Glucose kann heute als gesichert gelten. Injiziert man einer phlorrhizinvergifteten Ratte meso-Inosit mit am Kohlenstoff fest gebundenem Deuterium (D), so wird im Harn D-haltige Glucose ausgeschieden. Auch die Bildung von Glucuronsäure aus Inosit ist beobachtet worden. meso-Inosit scheint im Gehirnstoffwechsel eine besondere Rolle zu spielen.

Neuerdings ist das Vorkommen von inosithaltigen Lipoiden, den *Lipositolen* in der Kephalinfraktion des Gehirns und in Sojabohnen beschrieben worden (s. S. 44).

Im Pflanzenreich findet sich Inosit vorwiegend als Hexaphosphorsäureester *Phytin*.

d) Oligosaccharide.

Wenn zwei Moleküle eines oder verschiedener Monosaccharide sich unter Wasseraustritt vereinigen, so entsteht ein Disaccharid; aus drei Monosaccharidmolekülen unter Abgabe von zwei Molekülen Wasser ein Trisaccharid. Ganz allgemein wird also immer ein Molekül Wasser weniger abgespalten als sich Monosaccharidmoleküle miteinander vereinigen. Die Oligosaccharide sind chemisch als Kondensationsprodukte von Alkoholen, also als Äther aufzufassen. Da aber die Monosaccharidmoleküle sich immer durch glykosidische Bindung miteinander vereinigen, indem das Acetalhydroxyl eines Monosaccharids sich mit einem der Hydroxyle eines anderen vereinigt, sind die Oligosaccharide zu den Glykosiden zu rechnen. Für die Formulierung der Oligosaccharide selber sowie für die formelmäßige Beschreibung ihrer Vereinigung miteinander muß man sich deshalb der Glykosidformeln der Zucker bedienen.

Es ist leicht einzusehen, daß es prinzipiell zwei verschiedene Möglichkeiten für die Vereinigung zweier einfacher Zucker zu einem Disaccharid gibt. Nach der einen vereinigt sich das Acetalhydroxyl des einen Zuckers mit einem der alkoholischen Hydroxyle des

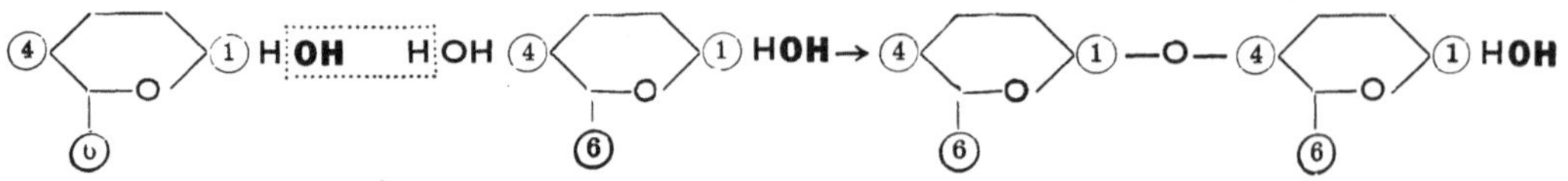

Disaccharid vom Maltosetyp

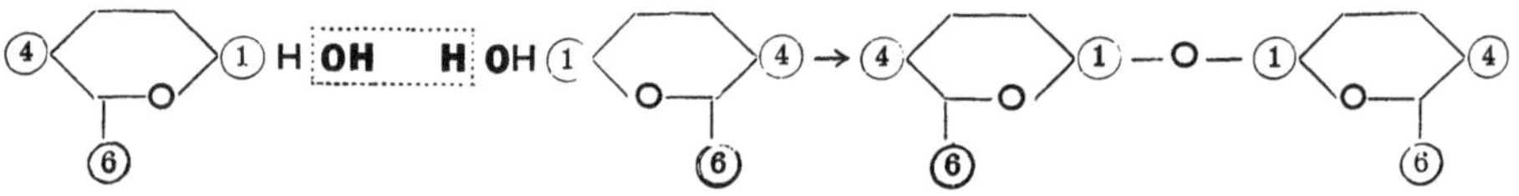

Disaccharid vom Trehalosetyp

zweiten Zuckers, wobei also das Acetalhydroxyl des zweiten Zuckers frei bleibt. Die Sauerstoffbrücke zieht dabei vom C-Atom 1 des einen Zuckers zu einem beliebigen C-Atom des zweiten, meist zum C-Atom 4 oder 6. Bei dem zweiten Modus reagieren die Acetalhydroxyle der beiden einfachen Zucker miteinander. Die chemischen Eigenschaften der in beiden Fällen entstehenden Produkte sind verschieden.

Die nach dem ersten Typ gebauten Disaccharide mit der Sauerstoffbrücke zwischen C (1) und C (4) bezeichnet man als *Disaccharide vom Maltosetyp*, weil nach ihm die Maltose aufgebaut ist. Wegen des freien Acetalhydroxyls an dem einen Baustein müssen diese Disaccharide positive Reduktionsproben aufweisen und Osazone bilden. Da sich bei dem zweiten Bildungstyp die Acetalhydroxyle der beiden Zucker miteinander vereinigen, werden diese Oligosaccharide nicht von FEHLINGscher Lösung oxydiert und bilden auch keine Osazone. Man bezeichnet diesen Typ als den *Trehalosetyp* nach der in dieser Weise aus zwei Glucosemolekülen aufgebauten Trehalose.

Weil sich Oligosaccharide auf zwei Wegen bilden können, weil die Fixierung der Sauerstoffbrücke an jedem Hydroxyl des nicht glykosidischen Monosaccharidmoleküls erfolgen kann und mehr noch, weil jedes der am Aufbau eines Oligosaccharids beteiligten Monosaccharide prinzipiell in jeder seiner Modifikationen in die Reaktion eintreten könnte, ist die Möglichkeit zur Bildung zahlreicher Oligosaccharide gegeben. Genauer bekannt sind bisher jedoch nur eine Reihe von Disacchariden, einige Trisaccharide und vereinzelt Tetra- und Pentasaccharide. Von ihnen kennt man einige schon lange Zeit und bezeichnet sie mit Namen, die auf ihr Vorkommen hinweisen (Malzzucker, Milchzucker, Rohrzucker usw.).

Um sich über die Konstitution dieser Zucker, also über die Ringform der sie aufbauenden Monosaccharide und über die Anheftungsstellen der sie verknüpfenden Sauerstoffbrücke leicht verständigen zu können, hat man eine rationelle Bezeichnungsweise eingeführt, die es gestattet, die Konstitution eines jeden möglichen Oligosaccharids eindeutig zu beschreiben.

Das Monosaccharidmolekül, dessen Acetalhydroxyl die Bindung vermittelt, wird als „Glykosid" bezeichnet, das andere durch den Namen des unveränderten Zuckers. Maltose ist danach eine Glucosido-glucose oder, was das gleiche bedeutet, ein Glucose-glucosid. Die Haftstelle der verbindenden Sauerstoffbrücke am glykosidischen Zuckerrest ist wegen der Konstitution dieses Restes bei den Aldosen stets das C-Atom 1; die Verankerungsstelle am zweiten unveränderten Zuckerrest drückt man aus, indem man die Nummer des C-Atoms, zu dem sie zieht, vor den Namen des Zuckers setzt. Danach ist also *Maltose eine Glucosido-4-glucose, Trehalose ein Glucosido-glucosid*. Die Ringspannung der sich vereinigenden Zucker bezeichnet man dadurch, daß man die Nummern der durch den Sauerstoff ringförmig vereinigten Kohlenstoffatome, durch Winkelzeichen zusammengefaßt, dem Namen des Zuckerrestes folgen läßt. Glucopyranose ist bei dieser Bezeichnung Glucose ⟨1,5⟩,

Glucofuranose Glucose $\langle 1,4 \rangle$. Schließlich setzt man vor jeden Zucker noch die ihn defi-
nierenden sterischen Besonderheiten, also D oder L sowie α oder β. Unter Berücksichtigung
aller dieser Gesichtspunkte ist Maltose: α-D-Glucosido-$\langle 1,5 \rangle$-4-D-glucose $\langle 1,5 \rangle$ (Formel
s. u.). Auf gleiche Weise lassen sich alle vorkommenden Zucker in einwandfreier Weise
bezeichnen. Die Formelbilder selber gewinnen durch Anwendung der Projektionsformeln
von HAWORTH außerordentlich an Deutlichkeit.

1. Disaccharide.

Von den zahlreichen bekannten Disacchariden kommt nur wenigen
aus physiologischen oder prinzipiellen Gründen eine Bedeutung zu. Es
sind dies Maltose, Cellobiose, Lactose und Saccharose.

Maltose oder *Malzzucker* ist, wie bereits oben näher beschrieben, ein
Glucose-α-glucosid. Nach den dort gemachten Angaben kommt ihr die
folgende Strukturformel zu:

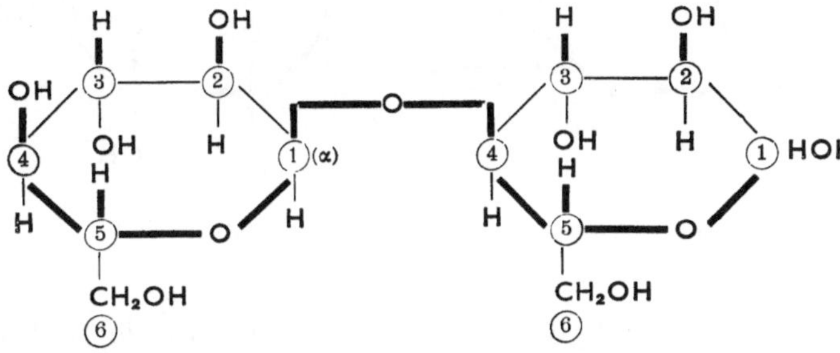

Glucosidrest   Glucoserest

Maltose

Weder bei der Maltose noch bei den übrigen Disacchariden mit einem
freien Acetalhydroxyl liegt die Konfiguration an dem zugehörigen C-Atom 1
fest, vielmehr müssen sie ebenso wie die Monosaccharide in α- und β-Formen
auftreten können.

Maltose reduziert FEHLINGsche Lösung, bildet ein Osazon und wird
durch Hefe vergoren. Durch Kochen mit Säure oder unter Wirkung eines

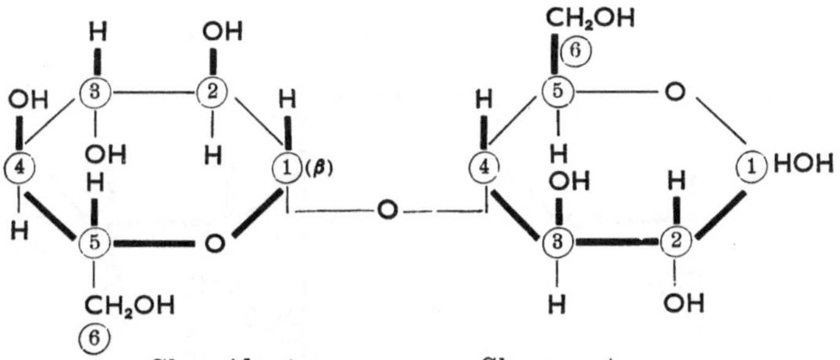

Glucosidrest   Glucoserest

Cellobiose

weit verbreiteten Fermentes, der *Maltase* (s. S. 303), wird sie in Glucose
zerlegt. Sie entsteht als Zwischenprodukt beim fermentativen Abbau des
Glykogens und der Stärke, so z. B. bei der Mälzung der Gerste und bei
der Verdauung dieser Polysaccharide im Magen-Darm-Kanal.

Cellobiose ist ebenso wie Maltose aus zwei Molekülen Glucose zusammengefügt, ist aber ein Glucose-β-glucosid. Ihre Strukturformel entspricht

demnach derjenigen der Maltose mit dem Unterschied der β-glucosidischen Bindung. Sie kommt in der Natur nicht vor, wird aber beim unvollständigen chemischen Abbau der Cellulose gebildet und verhält sich hinsichtlich Reduktion und Osazonbildung wie Maltose, wird nicht durch Hefe, aber durch eine Reihe von Bakterien vergoren und durch ein in bitteren Mandeln vorkommendes Ferment, das *Emulsin*, in Glucose gespalten. Für den tierischen Stoffwechsel hat sie keine unmittelbare Bedeutung.

Lactose oder *Milchzucker* ist der Zucker der Milch. Er ist ein Glucose-β-galaktosid, der glykosidische Zuckerrest ist also die Galaktose. Da die

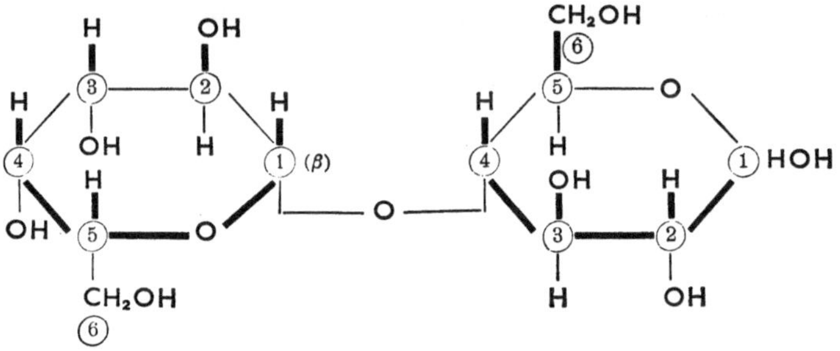

Galaktosidrest Glucoserest

Lactose

Lactose ein freies Acetalhydroxyl enthält, reduziert sie und bildet ein Osazon. Ihre Bildung in der lactierenden Milchdrüse ist bereits erwähnt. Sie wird öfters im Harn von Wöchnerinnen aufgefunden. Durch Oxydation geht die Glucose in Zuckersäure, die Galaktose in Schleimsäure über, eine Eigenschaft, die wegen der geringen Löslichkeit der Schleimsäure zur Identifizierung der Lactose dienen kann. Durch ein besonderes im Darm vorkommendes Ferment, die *Lactase* (s. S. 303), wird sie in die beiden Monosaccharide gespalten. Nach dieser vorbereitenden Spaltung kann sie auch vergoren werden.

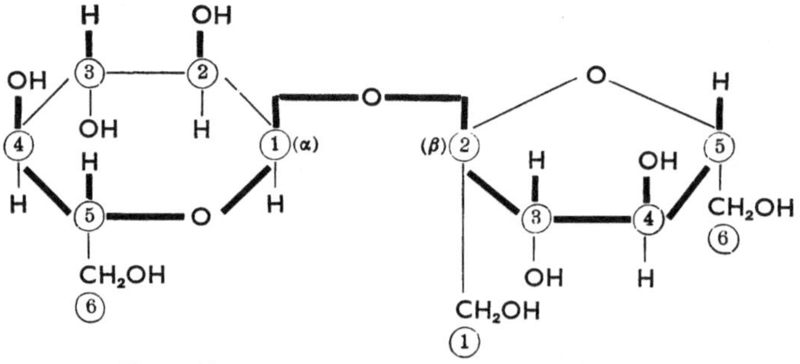

Glucosidrest Fructosidrest

Saccharose

Saccharose oder *Rohrzucker* ist ein im Pflanzenreich sehr häufig vorkommender Zucker, der aus α-Glucose und β-Fructose aufgebaut ist, und zwar nach dem Trehalosetyp der Disaccharidbildung: er ist also ein α-Glucosido-β-fructosid. Die Glucose liegt in der Pyranose-, die Fructose in der Furanoseform vor. Der Rohrzucker reduziert nicht und kann auch

kein Osazon bilden; er wird aber von Hefe vergoren, weil er vorher durch
das Ferment *Invertin* (Invertase, Saccharase) in Glucose und Fructose
gespalten wird. Auch im Darm wird Rohrzucker gespalten, aber nicht
durch Invertin, sondern durch Maltase (s. S. 303). Trotzdem findet sich gelegentlich eine alimentär bedingte Ausscheidung von Rohrzucker im Harn.

Rohrzucker dreht die Ebene des polarisierten Lichtes nach rechts, das
bei seiner Aufspaltung entstehende Gemisch aus Glucose und Fructose
wegen der höheren entgegengerichteten spezifischen Drehung der Fructose
nach links. Man nennt diese Umkehr der Drehungsrichtung *Inversion* und
die Mischung von Glucose und Fructose, die sie verursacht, *Invertzucker*.
Bienenhonig und Kunsthonig sind Invertzucker. Der außerordentlich
süße Geschmack des Honigs beruht auf Fructose, die, wie schon S. 18
erwähnt, von allen bekannten Zuckern die stärkste Süßkraft hat.

2. Höhere Oligosaccharide.

Auch die höheren Oligosaccharide finden sich in erster Linie im Pflanzenreich. Für
tierische Lebewesen ist ihr Vorkommen noch nicht mit Sicherheit erwiesen, jedoch ist
anzunehmen, daß höhere Oligosaccharide der Glucose beim amylolytischen Abbau von
Glykogen und Stärke entstehen. Das wichtigste pflanzliche Trisaccharid ist die *Raffinose*,
ein Galaktosido-glucosido-fructosid. *Gentianose* aus Enziangewächsen besteht aus 2 Molekülen Glucose und 1 Molekül Fructose. Auch Tetra- und Pentasaccharide sind in Pflanzen
aufgefunden worden. Ferner enthält die Frauenmilch Fucose enthaltende Oligosaccharide
(s. S. 586).

e) Polysaccharide.

1. Struktur der Polysaccharide.

Durch sehr häufige Wiederholung der glykosidischen Verknüpfung
zweier Monosaccharidmoleküle gelangt man zu immer höher molekularen
Oligosacchariden und schließlich zu Stoffen von sehr erheblicher Molekülgröße. Wegen dieses Aufbaus aus vielen Monosacchariden werden sie als
Polysaccharide bezeichnet.

Dem tierischen und pflanzlichen Organismus dienen sie entweder als
Gerüst- oder als Reservesubstanzen. Daneben gibt es Polysaccharide,
die vielleicht beide Aufgaben erfüllen, also eine doppelte funktionelle
Bedeutung haben. Zu den Gerüststoffen gehört die Cellulose, zu den
Reservestoffen die Stärke, das Glykogen und das Inulin. Manche Polysaccharide liefern bei der Spaltung nicht ein, sondern zwei oder mehr
verschiedene Arten von Monosacchariden; so finden sich häufig nebeneinander Hexose und Pentose. Manche dieser Polysaccharide sind wahrscheinlich Gemische aus mehreren in sich einheitlich gebauten Stoffen.

Die Polysaccharide unterscheiden sich von den Ausgangsstoffen, aus
denen sie aufgebaut sind, sehr wesentlich. So haben sie keinen süßen
Geschmack, sind in Wasser nur schwer oder gar nicht löslich und zeigen
weder makroskopisch noch mikroskopisch eine kristallinische Struktur.
Chemisch sind sie durch das Fehlen von Reduktion und Osazonbildung von
den niederen Zuckern verschieden.

Wie bei der Entstehung der Oligosaccharide wird auch bei der Bildung
der Polysaccharide ein Molekül Wasser weniger abgespalten, als der Zahl
der sich vereinigenden Monosaccharidmoleküle entspricht. Da diese Zahl
sehr hoch ist, kann man ihnen — wenn sie sich aus Hexosen aufbauen —
die Formel $(C_6H_{10}O_5)_n$ zuschreiben.

Bei der Untersuchung der verschiedenen Polysaccharide interessiert vor allen Dingen die Frage, wie groß ihre Moleküle sind, welchen Wert also die Zahl n der vorstehenden Formel hat, und fernerhin ist von Interesse die Art der Verknüpfung der Monosaccharide zum Polysaccharid.

Die zur Bestimmung des Molekulargewichtes üblichen Verfahren sind nur unter gewissen Voraussetzungen zuverlässig. Bei der chemischen und der biologischen Aufspaltung der Polysaccharide sind zwar gut definierte Abbauprodukte oder deren Derivate erhalten worden, aber die Molekülgröße ist damit ebensowenig bestimmt wie die Art der Vereinigung der Monosaccharidmoleküle zum Polysaccharidmolekül. Ebenso gibt es auch andere Stoffe, natürlich vorkommende und künstlich hergestellte, die ebenfalls aus einer Vielzahl kleinerer Bausteine gleicher Art bestehen. Man bezeichnet alle solche Stoffe als *hochpolymere Stoffe*. Die Forschungen über Bau und Größe dieser Stoffe haben, was die prinzipielle Aufklärung ihrer Struktur und die Feststellung der Molekulargewichte angeht, wenigstens größenordnungsmäßig zum Ziel geführt.

Diese Aufklärung ist bei *der Cellulose* der Kombination der Ergebnisse der chemischen Forschung mit denen der *Röntgenspektrographie* zu danken. Durchleuchtet man einen Stoff von kristallinem Gefüge mit Röntgenstrahlen, so erfahren diese wegen der gitterförmigen

Celluloseformel

Anordnung der Bausteine im Kristall eine Beugung, die der Beugung des sichtbaren Lichtes an einem Beugungsgitter entspricht, und es kommt zu Interferenzerscheinungen (s. Abb. 6, S. 76). Aus der Lage der Interferenzen lassen sich Rückschlüsse ziehen auf die Entfernung der Punkte im Kristallgitter und damit auf den Abstand und die Lage der Atome in einem kristallisierten Stoff (s. Abb. 19, S. 144). Aus Untersuchungen an Stoffen bekannter Natur hat sich die räumliche Ausdehnung der verschiedenen Atome ermitteln lassen. Man schreibt ihnen eine kugelförmige Wirkungssphäre zu, die für das C-Atom z. B. etwa 1,5 ÅE (1 ÅE = 1 Ångström-Einheit = 0,1 mμ) beträgt. Bei Anwendung der Röntgenspektroskopie auf Cellulosefasern erhielt man solche Interferenzerscheinungen; die Cellulose hat danach also eine kristalline Struktur. Die Ausmessung der „Faserdiagramme" führte zu dem Schluß, daß in der Cellulosefaser ein Elementarkörper vorgebildet sein muß, der eine Längenausdehnung von etwa 10 ÅE hat. Die chemische Untersuchung hatte schon frühzeitig ergeben, daß bei der Spaltung von Cellulose Glucose erhalten wird, in kleiner Menge aber auch Cellobiose entsteht. Konstruiert man Modelle aus den Versuchsdaten der Röntgenspektrographie, so können sie nur dahingehend interpretiert werden, daß in der Cellulose Cellobiosereste vorgebildet sind. Weiterhin ergibt sich, daß in der röntgenographisch ermittelten „Elementarzelle" zwei Cellobiosereste übereinander liegen. Das Projektionsbild eines solchen Cellobioserestes zeigt die Abb. 2, in der die C-Atome durch dick umrandete, die O-Atome durch doppelt umrandete Kreise wiedergegeben sind. Der Deutlichkeit der Darstellung wegen sind die H-Atome (vgl. die Strukturformel der Cellobiose S. 23) fortgelassen.

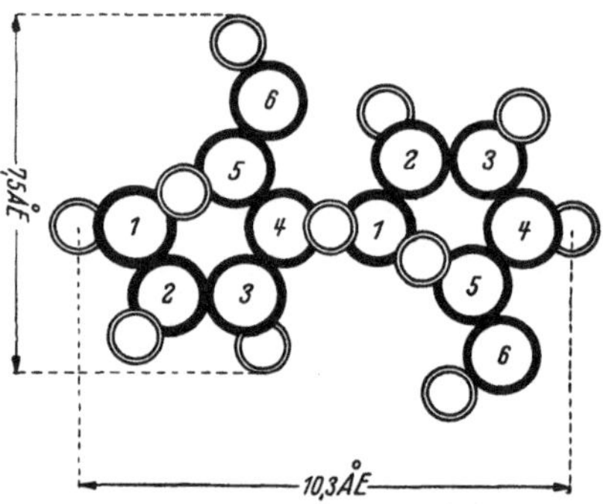

Abb. 2. Modell des Cellobioserestes. Die Nummern bezeichnen die C-Atome der beiden Glucoseringe. Die doppelt umrandeten Ringe sind die Sauerstoffatome. (Nach MEYER und MARK.)

Im Cellulosemolekül liegen also zwei lange Hauptvalenzketten nebeneinander, in denen die Glucosemoleküle durch 1,4-glucosidische Bindungen miteinander vereinigt sind. Eine große Zahl von derartigen Ketten ist dann weiterhin zu einer größeren Einheit, der „Micelle", vereinigt. In geeigneten Lösungsmitteln zerfallen die Micellen in Einzelmoleküle. Die Zahl der in der Hauptvalenzkette vereinigten Glucosereste ist hoch, nach STAUDINGER bei Baum-

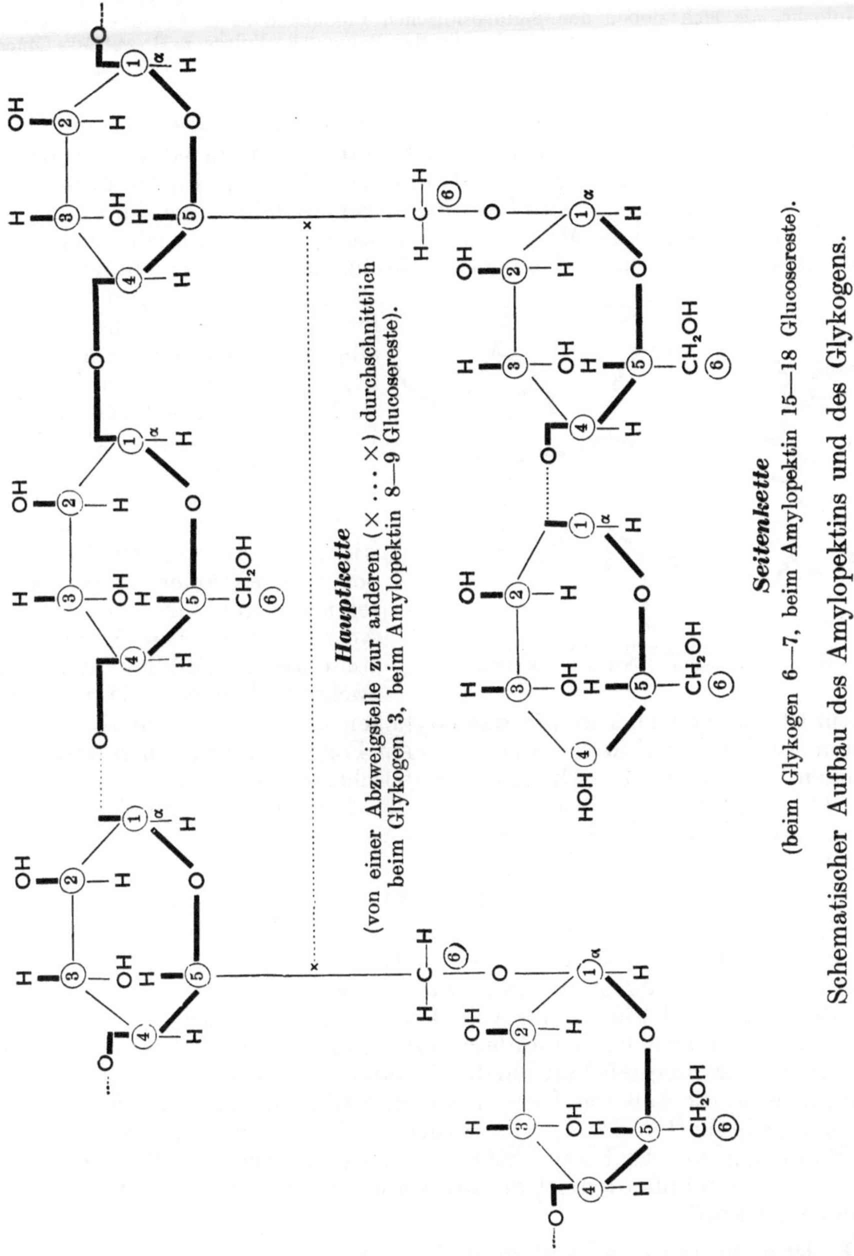

wollcellulose etwa 3000, aber nicht genau festgelegt. Die Micelle, auch Mikrokristallit genannt, enthält nebeneinander Ketten von verschiedener Kettenlänge. Die Cellulose ist danach ein Gemisch von Hochpolymeren von prinzipiell gleichartigem Bau, aber verschiedener Kettenlänge. Ein Molekulargewicht für die *einzelne* Hauptvalenzkette läßt sich also nicht angeben, sondern nur ein statistisches Durchschnittsgewicht für die Makromoleküle der Cellulose.

In neueren Untersuchungen wird der Polymerisationsgrad der Hauptvalenzkette von Faser-
cellulosen zwischen 6500 und 8000 angegeben, das Molekulargewicht derartiger Makromoleküle muß also die Millionengrenze hinter sich lassen.

Das hier gezeichnete Bild vom Aufbau der Cellulose ist nach STAUDINGER insofern
vereinfacht, als sich neben den β-glucosidischen Bindungen in der Cellulose auch in geringer Zahl sog. Fremdbindungen finden (in der Baumwollcellulose z. B. auf 500 Glucose-
einheiten eine), die wesentlich leichter spaltbar sind als die normalen Bindungen (Locker-
stellen).

Der *Feinbau von Stärke und Glykogen* ist ebenfalls weitgehend aufgeklärt
worden. Zieht man in Betracht, daß Stärke wie auch Glykogen bei der
enzymatischen Aufspaltung ebenfalls zu einem Disaccharid, der Maltose, zerfallen, so erscheint der Schluß berechtigt, daß auch in diesen für die Physiologie der Tierwelt und des Menschen so wichtigen Stoffen ein Disaccharid vorgebildet ist. Chemische und physikalisch-chemische Untersuchungen haben
zu der Vorstellung geführt, daß in
ihnen nicht fadenförmige, sondern
ellipsoide Kolloidmoleküle vorliegen, von denen das Glykogen
noch einen wesentlich höheren
Polymerisationsgrad hat als Cellulose (STAUDINGER). Dabei ist
allerdings zu beachten, daß, wie
weiter unten näher geschildert
wird, die Stärke aus zwei verschiedenen Fraktionen zusammengesetzt ist, der Amylose und dem
Amylopektin. Die Amylose besteht wie die Cellulose aus unverzweigten Ketten. Das Amylo-

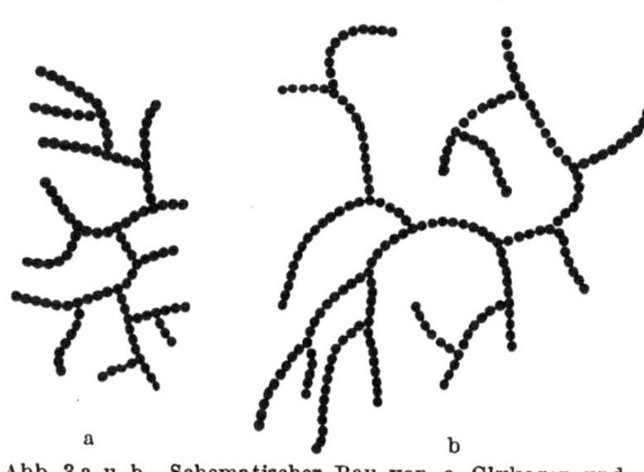

Abb. 3 a u. b. Schematischer Bau von a Glykogen und
von b Amylopektin. (Nach K. H. MEYER.)

pektin ist dagegen ebenso wie das Glykogen aus verzweigten Ketten aufgebaut, so daß die Moleküle dieser beiden Polysaccharide einen dreidimen-
sionalen Bau haben. Der Unterschied zwischen Glykogen und Amylopektin
besteht anscheinend im wesentlichen in der Zahl der Glucosemoleküle in den
Seitenketten und zwischen den Verzweigungsstellen in der Hauptkette
(s. Abb. 3).

Die Molekülverzweigung geschieht überwiegend durch α-glykosidische
1-6-Bindungen zwischen dem C-Atom 6 eines der Glucosemoleküle der
Hauptkette und dem C-Atom 1 eines Glucoserestes der Seitenkette. Es
kommt also eine Struktur zustande, wie sie etwa im umstehenden Formelbild
angedeutet ist und wie sie die Abb. 3 schematisch wiedergibt. Es kommen
aber anscheinend auch noch andere Verzweigungsarten und -grade vor. Bei
einem Glykogen aus Hefe bestand die Grundkette aus durchschnittlich 13 Glucoseeinheiten, die äußeren Ketten wiesen 8 Glucosereste auf. Ein geringer
Teil der Seitenketten des Amylopektins soll durch α-glykosidische 1-2- und
1-3-Bindungen mit der Hauptkette vereinigt sein. Auch 1-5-Bindungen sind
beschrieben und außerdem ist auf das Vorkommen von Glucofuranoseresten
geschlossen worden.

Es ist nicht unwahrscheinlich, daß am strukturellen Aufbau von Amylopektin und Glykogen die Phosphorsäure maßgeblich beteiligt ist. Dafür
könnte die Beobachtung sprechen, daß sich aus der Stärke die Phosphorsäure enzymatisch viel leichter abspalten läßt, wenn sie durch vorhergehende
Einwirkung von Amylase (s. S. 304) weitgehend abgebaut ist.

2. Stärke (Amylum).

Die Stärke ist das wichtigste pflanzliche Reservekohlenhydrat. Da der Kohlenhydratbedarf der höheren Lebewesen überwiegend durch Stärke gedeckt wird, spielt sie für die Ernährung des Menschen und der Tiere die größte Rolle. Die Vorstufe der Stärke in der Pflanze ist die Glucose. Sie wird in den grünen Blättern unter Mitwirkung des Chlorophylls aus Kohlensäure und Wasser aufgebaut (s. S. 438f.). Dem Magnesium, das den inneren Kern des Chlorophylls bildet (s. S. 126), muß bei dieser Reaktion eine entscheidende Bedeutung beigemessen werden.

Die Hexose wird schon am Ort ihrer Entstehung in Stärke verwandelt. Diese wird späterhin wieder gespalten und die Hexose dann zu Depots in Samen, Wurzeln oder Knollen transportiert, um dort erneut in Stärke umgewandelt und in Form von Körnern abgelagert zu werden, in denen die Stärke in konzentrischen Schichten angeordnet ist. Die Stärken verschiedener Herkunft zeigen in ihrer mikroskopischen Struktur und auch in ihrem Verhalten gewisse Differenzen.

Das Stärkekorn ist in seinem Bau nicht homogen, es lassen sich vielmehr aus ihm zwei verschiedene Stärkefraktionen gewinnen, die *Amylose* und das *Amylopektin*. Der Anteil des Amylopektins an der Stärke ist für Stärken verschiedener Herkunft verschieden. Manche Stärken bestehen vollständig aus Amylopektin, andere enthalten nur 25%. Im allgemeinen macht der Amylopektinanteil bei den ernährungsphysiologisch wichtigen Stärkearten (Reis, Mais, Kartoffel, Weizen) etwa 80% aus. Beide Fraktionen sind im Stärkekorn räumlich voneinander getrennt, das Amylopektin ist die Hüllsubstanz, die Amylose liegt im Innern des Korns. Auch in chemischer und physikalischer Hinsicht bestehen erhebliche Unterschiede zwischen den beiden Stoffen.

Die *Amylose* löst sich ohne Quellungserscheinungen in Wasser auf, gibt also beim Erwärmen mit Wasser nicht den typischen Stärkekleister, dagegen ist sie für die Blaufärbung von Stärke beim Zusatz von Jodlösungen verantwortlich. Amyloselösungen lassen sich durch einfache Dialyse von allen Elektrolytbeimengungen befreien.

Das *Amylopektin* quillt im Gegensatz zur Amylose in Wasser auf und bildet deshalb beim Erwärmen mit Wasser den Stärkekleister, der beim Stehen gelatiniert, also fest wird. Mit Jod reagiert Amylopektin unter Violett- oder Braunfärbung. Bei der Jodreaktion auf Stärke tritt diese Färbung aber zurück, weil die Blaufärbung der Amylosereaktion überwiegt. Amylopektin hat eine negative elektrische Ladung und wandert daher im elektrischen Feld zum positiven Pol. Die Ionisierung beruht auf dem Gehalt an Calcium- und Kaliumionen sowie an Phosphorsäureresten. Die anorganischen Stoffe werden durch einfache Dialyse nicht entfernt, hierzu bedarf es vielmehr der Elektrodialyse.

Wie schon S. 28 gesagt, sind Amylose und Amylopektin in ihrem strukturellen Aufbau verschieden. Die Amylose ist ein polymerhomologes Gemenge unverzweigter Ketten mit einem Molekulargewicht bis zu 1 Million; das Amylopektin besteht dagegen aus verzweigten Ketten, deren Molekulargewichte zwischen 50000 und 1000000 liegen, für Kartoffelamylopektin wird sogar ein Molekulargewicht von 10 Millionen angegeben.

Amylopektin enthält etwa 0,075% Phosphorsäure in esterartiger Bindung; wird diese durch Säure oder Lauge abgespalten, so verliert das Amylopektin seine Kleisterfähigkeit. Beim enzymatischen Abbau der Kartoffelstärke entsteht eine Tetrasaccharidphosphorsäure, aus der durch Säurehydrolyse Glucose-6-phosphorsäure gewonnen werden konnte.

Bei Hydrolyse durch Säure oder aufeinanderfolgende Wirkung mehrerer Fermente wird Stärke quantitativ in Glucose aufgespalten. Bei dieser Spaltung wird eine Reihe von höher- und niedermolekularen Zwischenstufen durchlaufen. Von diesen ist aber nur eine einzige chemisch genau definiert: das Disaccharid Maltose. Dieser Befund ist für unsere Vorstellungen vom Aufbau des Stärkemoleküls von größter Wichtigkeit.

Als Zwischenstufen zwischen Stärke und Maltose tritt eine Reihe von Stoffen nicht genau zu ermittelnder Zusammensetzung auf, die **Dextrine,** die auch bei Einwirkung von Säure auf Stärke gebildet werden. Die Zahl der die Dextrine aufbauenden Glucosemoleküle ist ebensowenig bekannt wie bei der Stärke. Die Dextrine sind von sehr verschiedener Molekülgröße und daher lediglich als intermediäre Abbauprodukte der Stärke von teilweise noch recht erheblichem Molekulargewicht zu definieren. Ein wichtiger Unterschied gegenüber der Stärke besteht darin, daß auch die höchstmolekularen Dextrine positive Reduktionsproben geben. Die höchsten Dextrine, die *Amylodextrine,* zeigen die für Stärke typische Blaufärbung mit Jod; die *Erythrodextrine,* die nächste Stufe des Abbaus, färben sich mit Jod rot bzw. braun, während die niedermolekularen *Achroodextrine* keine Farbreaktion mit Jod mehr aufweisen.

Der blauen Jodstärkereaktion der Amylodextrine entspricht eine Molekülgröße von 30—35 Glucoseresten, dann folgen blaurote Übergangstöne; eine rote Reaktion weisen Dextrine aus 8—12 Einheiten auf. Keine Farbe mit Jod liefern Dextrine aus 4—6 Glucose-Einheiten. Der Abbauweg der Stärke läßt sich demnach schematisch folgendermaßen wiedergeben:

Stärke → Amylodextrine → Erythrodextrine → Achroodextrine → Maltose → Glucose.

Im Bacillus macerans findet sich ein Ferment, das Stärke unter gleichzeitiger Bildung von Aceton vergärt. Bei der Aufarbeitung des Gärgutes ließ sich eine Reihe von niederen, kristallisierenden Dextrinen gewinnen, die als *Polyamylosen* bezeichnet werden. (SCHARDINGER-Dextrine.) Sie sind im Stärkemolekül nicht vorgebildet. Es handelt sich um ringförmige Anhydride aus **6, 7** und **8** Glucoseeinheiten.

3. Glykogen.

Im tierischen Organismus und ebenso auch in der Hefe findet sich ein mit der Stärke sehr nahe verwandtes Polysaccharid, das Glykogen. Der Tierkörper enthält es in nahezu allen Zellen, besonders reichlich in der Leber und in der Muskulatur. Durch Mästung mit Kohlenhydraten gelingt es bei Versuchstieren vorübergehend den Glykogengehalt der Leber auf sehr hohe Werte zu bringen, in der Hundeleber wurden bis zu 20% der feuchten Substanz an Glykogen gefunden.

Muskel- und Leberglykogen haben funktionell verschiedene Aufgaben. Das Muskelglykogen dient der Energielieferung für die Muskelkontraktion, das Leberglykogen ist eine Energiereserve des Körpers. Den funktionellen entsprechen chemische Differenzen. Das Muskelglykogen hat ein Molekullargewicht von etwa 1—2 Millionen und scheint monodispers zu sein, d. h. aus Molekülen von einheitlicher Größe zu bestehen. Leberglykogen hat Molekulargewichte von im Mittel 5—6 Millionen, als Maximalwert wird 80 Millionen angegeben. Es ist polydispers, besteht also aus Molekülen verschiedener Größe und ist wahrscheinlich in den Zellen vollständig an Eiweißkörper, vor allem an Globuline gebunden (Desmoglykogen). Esterartig, d. h. fest gebundene Phosphorsäure enthält nur das Muskelglykogen (0,05%).

Bei der Hydrolyse verhält sich Glykogen genau so wie Stärke. Bei vollständiger Hydrolyse liefert es D-Glucose, als Zwischenprodukt der fermentativen Spaltung Maltose, daneben in geringer Menge ein fructosehaltiges, reduzierendes Disaccharid, die α-1,4-Glucosido-fructose (Maltulose). Glykogenlösungen färben sich mit Jod braun. Mit Wasser quillt Glykogen zunächst auf, dann bildet es eine opalescierende kolloidale Lösung. Es läßt sich in zwei Fraktionen aufteilen, von denen die eine leicht löslich und nicht kleisternd, die andere schwer löslich und kleisternd ist. Diese macht 80 % des Glykogens aus. Auch Glykogen enthält geringe Mengen an Phosphorsäure, die als Glucose-6-phosphat gebunden ist.

4. Cellulose.

Die Cellulose ist die wesentliche Stützsubstanz pflanzlicher Gewebe. Im Tierreich wurde sie lediglich als Baustoff der Tunicaten gefunden (Tunicin). Nahezu rein kommt Cellulose in der Baumwolle vor. Aus besonders gut gereinigter Cellulose besteht das Filtrierpapier. Über ihren feineren Bau s. S. 26 ff. Gewöhnlich ist die Cellulose, vor allem im Holz, von mancherlei anderen ähnlich gebauten Stoffen, in erster Linie pentosehaltigen Polysacchariden, begleitet. Sie wird durch Säuren in D-Glucose zerlegt und durch aufeinanderfolgende Wirkung der Fermente *Cellulase* und *Cellobiase* über das Disaccharid *Cellobiose* ebenfalls zu D-Glucose aufgespalten. Die beiden Fermente kommen in den Geweben des Menschen oder der höheren Tiere nicht vor, sind dagegen bei Bakterien weit verbreitet und finden sich auch in den Sekreten des Darmkanals niederer Tiere. Da cellulosespaltende Bakterien auch im menschlichen und tierischen Darmkanal symbiotisch leben, besteht die Möglichkeit, daß durch ihre Tätigkeit der Wirtsorganismus einen gewissen Teil der in der Cellulose gespeicherten Energie verwerten kann; der Wiederkäuer ist bekanntlich auf einen derartigen Weg der Energiezufuhr angewiesen.

5. Sonstige Polysaccharide.

Ein eigenartiger polysaccharidartiger Körper, der schon oben erwähnt wurde, ist das *Chitin*, bei dessen Spaltung neben dem Aminozucker *Chitosamin* eine äquimolekulare Menge *Essigsäure* erhalten wird. Das Chitosamin liegt also im Chitin als Acetat vor; die Essigsäure ist an die Aminogruppe gebunden: Acetylchitosamin ist die kleinste Baueinheit des Chitins. Durch chemische Aufspaltung ist aus Chitin *Chitobiose* erhalten worden, die aus zwei Molekülen Chitosaminacetat besteht, also analog der Maltose oder der Cellobiose gebaut ist. Das Chitin hat eine kontinuierliche Kette von N-Acetyl-D-glucosaminresten, die durch β-1.4-Bindungen zusammengehalten werden. Das Chitin dient in der Tierwelt den Insekten und Crustaceen als Stützsubstanz; auch in manchen Pflanzen und Schimmelpilzen wird es gefunden und dient auch dort als Stützsubstanz.

Unter den Polysacchariden verdient besonders hervorgehoben zu werden die Gruppe der *Mucopolysaccharide*, da sich unter ihnen zahlreiche Stoffe von sehr hoher biologischer Bedeutung und spezifischer Funktion befinden. Da sie aber meist mit Eiweiß — wenn auch oft nur in geringen Mengen — assoziiert sind, sollen sie später zusammen mit den kohlenhydrathaltigen Eiweißkörpern, den Glykoproteiden besprochen werden (s. S. 95 ff.).

Die übrigen Polysaccharide sind für eine physiologische Betrachtung ohne größere Bedeutung. Von ihnen seien nur kurz erwähnt ein *Galaktogen* aus Rinderlunge, in dem Galaktopyranosereste durch 1,6-Bindungen verknüpft sind, deren jeder zweite eine weitere in 3-Stellung verknüpfte Galaktopyranose trägt. Das *Inulin* ist ein Polysaccharid aus Fructose, das in Dahlienknollen vorkommt; der *Agar-Agar*, ein schwefelsäurehaltiges Polysaccharid aus Galaktose, das für die Herstellung von Bakteriennährböden häufig angewandt wird. Ein gewisses allgemeines Interesse haben schließlich auch die *Hemicellulosen*, weil sie funktionell wahrscheinlich eine Übergangsstufe zwischen den Reservestoffen und den Stützsubstanzen unter den Polysacchariden sind. Da sie gewöhnlich mit den Cellulosen vergesellschaftet sind, in ihnen Gemische verschiedener Polysaccharide vorliegen und sie außerdem auch meist noch Uronsäuren enthalten, ist ihre Erforschung methodisch sehr schwierig. Man hat bisher unter anderem aus Galaktose und Mannose aufgebaute *Hexosane* und aus Xylose bestehende *Pentosane* isolieren können. Die Pflanzengummi sind gemischte Polysaccharide verschiedener Zusammensetzung. Sie enthalten in wechselndem Mischungsverhältnis: D-Glucuronsäure, D-Galaktose, D-Mannose, L-Arabinose und D-Xylose.

Zu den Polysacchariden kann man wegen ihres prinzipiell ähnlichen Baues und wegen ihrer Beziehungen zu den Kohlenhydraten auch die *Pektine* rechnen. Dies sind Stoffe, die im Pflanzenreich weit verbreitet sind und dort besonders in Früchten und Wurzeln, aber auch in grünen Blättern vorkommen. Sie enthalten Galakturonsäure, die mehr oder weniger weitgehend methyliert ist. Nach SCHNEIDER sind die reinen Pektine Polymerisationsprodukte eines derartigen Grundkörpers und lassen sich etwa folgendermaßen formulieren:

Formel eines Pektins (Methylierungsgrad 75%).

Nach neueren Untersuchungen sollen diese methylierten Galakturonsäureketten noch mit Arabanen und Galaktanen (Polysacchariden aus Arabinose und Galaktose) assoziiert sein. Für das Molekulargewicht von Pektinen werden Werte bis zu 200000, aber auch solche von nur 6000 angegeben.

Das nach Abspaltung der Methylgruppen aus der Galakturonsäure entstehende Produkt wird als *Pektinsäure* bezeichnet. Sie soll ein Gemisch aus verschiedenen hochmolekularen Homologen sein. Die Verknüpfung der Galaktane und Arabane mit dieser Kette ist noch nicht geklärt. Pektin enthält Phosphorsäure in Esterbindung. Durch Vermittlung der Phosphorsäure soll eine Vernetzung der Ketten möglich sein.

Schrifttum.

BELL, D. J.: Introduction to Carbohydrate Biochemistry. 2. Aufl. London 1948. — ELSNER, H.: Grundriß der Kohlenhydratchemie. Berlin 1941. — FREY-WYSSLING, A., and K. MÜHLETHALER: The fine structure of cellulose. Fortschr. Chem. org. Naturstoffe 8, 1 (1951). — GREENWOOD, C. T.: The size and shape of some polysaccharide molecules. Adv. Carbohydrate Chem. 7, 289 (1952). — HAWORTH, W. N.: Die Konstitution der Kohlenhydrate. Deutsche Übersetzung. Dresden 1932. — KRATKY, O., u. H. MARK: Anwendung physikalischer Methoden zur Erforschung von Naturstoffen. Fortschr. Chem. org. Naturstoffe 1, 255 (1938). — KUHN, R., u. Mitarb.: Aminozucker. Angew. Chem. **69**, 23 (1957). — LELOIR, L. F.: Sugar phosphates. Fortschr. Chem. org. Naturstoffe 8, 47 (1951). — McILROY, R. J.: The Chemistry of the Polysaccharides. London 1948. — MEYER, K. H.: The chemistry of glycogen. Adv. Enzymol. **3**, 109 (1943). — The present status of starch chemistry. Adv. Enzymol. 12, 341 (1951). — MEYER, K. H., u. H. MARK: Der Aufbau der hochmolekularen organischen Naturstoffe. Leipzig 1930. — MICHEEL, F.: Chemie der Zucker und Polysaccharide. 2. Aufl. Leipzig 1956. — PACSU, E.: Recent developments in the structural problem of cellulose. Fortschr. Chem. org. Naturstoffe 5, 128 (1948). — PEAT, S.: Starch: its constitution, enzymic synthesis and degradation. Fortschr. Chem. org. Naturstoffe 11, 1 (1954). PIGMAN, W. W., and R. M. GOEPP jr.: The Chemistry of the Carbohydrates. New York 1948. — STAUDINGER, H.: Die hochmolekularen organischen Verbindungen. Berlin 1932. — Zur Entwicklung der Chemie der Hochpolymeren. Berlin 1937. — STAUDINGER, HJ.: Über natürliche Glykogene. Makromol. Chem. **2**, 88 (1948).

B. Fette, Wachse, Phosphatide und Cerebroside.

Wegen einer Reihe gemeinsamer Eigenschaften, so insbesondere wegen der Löslichkeit in organischen Lösungsmitteln wie Benzin, Benzol, Äther, Aceton und Tetrachlorkohlenstoff, die deshalb auch als „Fettlösungsmittel" bezeichnet werden, faßt man eine Anzahl in ihrer chemischen

Struktur nur sehr entfernt miteinander verwandter Stoffe zusammen, die eigentlichen **Fette** (auch *Neutralfette* genannt) und die **Lipoide.** Manche Lipoide haben mit den Fetten nur noch das Löslichkeitsverhalten gemeinsam, während ihr chemischer Aufbau gänzlich von ihnen abweicht. Auf Grund der Unterschiede in der Konstitution der Fett- und Lipoidstoffe kommt man zu folgender Einteilung:

1. Fette, a) Cerebroside,
2. Wachse, b) Ganglioside,
3. Phosphatide, 5. Sterine,
4. Glykolipoide, 6. Carotinoide.

Die Sterine und Carotinoide, deren strukturelle Verwandtschaft mit den übrigen Lipoiden nur eine sehr lockere ist, sollen in besonderen Kapiteln behandelt werden, dies auch deshalb, weil beide Gruppen Stoffe enthalten, die selber eine hohe biologische Wirksamkeit haben oder in Stoffe von hoher spezifischer Wirkung übergeführt werden können.

Weitere früher zu den Lipoiden, insbesondere zu den Phosphatiden und Cerebrosiden, gezählte Stoffe wie *Cuorin* (aus Herzmuskel), *Protagon* (aus Gehirn) und *Jecorin* (aus Leber) sind chemisch nicht einheitlich, sondern Gemische aus Lipoiden und verschiedenen Abbauprodukten. Fernerhin ist zu betonen, daß unsere Kenntnisse über diese Stoffklasse sicherlich noch lückenhaft sind.

Fette und Lipoide sind im Pflanzenreich sehr weit verbreitet. Auch im tierischen Organismus spielen sie eine sehr wichtige Rolle. Sie finden sich in allen Körperzellen, allerdings in sehr verschiedenen Konzentrationen. Die höchsten Werte, bis zu 65% des frischen Organs, findet man im Knochenmark. Fette und Lipoide haben eine doppelte funktionelle Bedeutung. Die Neutralfette dienen in ähnlicher Weise wie die Polysaccharide, wenn auch nicht so unmittelbar wie sie, als leicht verfügbare Energiereserven. In ausgedehnten Depots, vor allem im Unterhautzellgewebe und in der Bauchhöhle, wird bei einem Überangebot an Nahrungsstoffen der Energieüberschuß in Form von Neutralfett abgelagert. Bei eintretendem Bedarf, also dann, wenn die Nahrungszufuhr nicht zur Deckung des Energieverbrauchs ausreicht, werden diese Reserven mobilisiert und dem Stoffwechsel zur Verfügung gestellt.

Diesem Teil des Körperfettes, dem *Depotfett*, steht das *Organfett* gegenüber, das zum überwiegenden Teil nicht aus Neutralfetten, sondern aus Lipoiden besteht. Seine funktionelle Bedeutung ist von der des Depotfettes völlig verschieden; es ist als integrierender Bestandteil der Zellstruktur ein unentbehrliches Bauelement des Körpers. Wenn der Bestand an Depotfett starken, von äußeren und inneren Faktoren abhängigen Schwankungen unterworfen ist, so halten die Organe das zu ihrer Struktur gehörige Organfett zäh fest. Es erfährt also bei veränderter Funktion oder Ernährung keine oder nur geringfügige Mengenänderungen.

Auch in chemischer Hinsicht sind die beiden Arten des Fettvorkommens, die verschiedene funktionelle Aufgaben haben, nicht identisch. Dieser Unterschied beruht nicht nur, wie schon angedeutet, darauf, daß das eine überwiegend aus Neutralfetten, das andere aus Lipoiden besteht. Das Depotfett hat eine relativ unspezifische Zusammensetzung, die sogar in weitem Umfang von der Art des mit der Nahrung zugeführten Fettes abhängig ist. Das Organfett ändert demgegenüber seine Zusammensetzung bei Änderung des Nahrungsfettes sehr viel weniger (s. S. 439f.), und es ist überdies von Tierart zu Tierart und wahrscheinlich von Organ zu Organ verschieden, ein Befund, der deutlich auf seine ganz anders geartete biologische Funktion hinweist.

a) Fette.

Ebenso wie die Kohlenhydrate sind auch die Fette ausschließlich aus C, H und O aufgebaut, aber nach einem anderen Prinzip. Fette sind zusammengesetzte Verbindungen; sie lassen sich leicht in kleinere Moleküle aufspalten, die andere Eigenschaften haben als die ungespaltenen Fettmoleküle. Nimmt man diese Aufspaltung durch Alkalien vor, so erhält man die betreffenden *Alkalisalze höherer Fettsäuren*, die Seifen, und den dreiwertigen Alkohol *Glycerin*. Nach dem Ergebnis der Verseifung sind also *die Neutralfette Glycerinester höherer Fettsäuren*.

Bei der Entstehung der Fette ist die Möglichkeit der vollständigen oder partiellen Veresterung der alkoholischen Gruppen des Glycerins gegeben. Die natürlich vorkommenden Fette bestehen nahezu ausschließlich aus Glyceriden, die drei Fettsäurereste enthalten, sie sind *Triglyceride*. Die Angaben über das Vorkommen von Mono- und Diglyceriden in der Natur sind spärlich und unsicher. Neuerdings konnte aus Pankreas ein α-Monopalmitin isoliert werden. Bei der Fettverdauung im Darm entstehen neben Diglyceriden ebenfalls Monoglyceride (s. S. 382). Diglyceride sind eine Durchgangsstufe der biologischen Fettsynthese (s. S. 452).

$$\left.\begin{array}{l} CH_2O\,[H \quad HO]\,OC-R_1 \\ CHO\,[H \quad HO]\,OC-R_2 \\ CH_2O\,[H \quad HO]\,OC-R_3 \end{array}\right\} \longrightarrow \begin{array}{l} CH_2O-OC-R_1 \\ CHO-OC-R_2 \\ CH_2O-OC-R_3 \end{array}$$

Glycerin   3 Mol Fettsäure   Triglycerid

Die alkoholischen Gruppen können mit der gleichen, können aber auch mit verschiedenen Fettsäuren verestert sein, allerdings überwiegen im allgemeinen die Glyceride mit verschiedenen Fettsäuren. Triglyceride haben ein asymmetrisches C-Atom, wenn sie drei verschiedene Fettsäuren enthalten oder wenn die beiden primären Alkoholgruppen des Glycerins mit verschiedenen Fettsäuren verestert sind.

Der Nachweis des *Glycerins* als Bestandteil der Fette gelingt in einfacher Weise durch Einwirkung wasserentziehender Mittel in der Wärme (z. B. durch Kaliumhydrogensulfat), wobei Glycerin in das stechend riechende *Acrolein* umgewandelt wird:

$$\begin{array}{l} CH_2OH \\ CHOH \\ CH_2OH \end{array} \xrightarrow{-2\,H_2O} \begin{array}{l} CH_2 \\ \parallel \\ CH \\ C{\diagdown}^O_H \end{array}$$

Glycerin   **Acrolein**

In den Fetten kommen zahlreiche verschiedene *Fettsäuren* vor: gesättigte und ungesättigte, geradkettige und verzweigtkettige, solche mit gerader und ungerader Zahl von C-Atomen und schließlich auch Hydroxy- und Ketosäuren. Es ist zu betonen, daß die Fettsäuren aus den natürlich vorkommenden Fetten *weit überwiegend eine unverzweigte Kette und eine gerade Zahl* von C-Atomen aufweisen. Es mehren sich jedoch die Befunde, daß in normalen Fetten ziemlich regelmäßig, wenn auch nur in sehr geringer Menge, *ungeradzahlige* Fettsäuren vorkommen: es konnten in Fetten alle Fettsäuren mit 1—19 C-Atomen nachgewiesen werden. Da beim biologischen Abbau der Fettsäuren die Kohlenstoffkette um jeweils 2 Glieder verkürzt wird (s. S. 443ff.), sieht man in den niedermolekularen, paarig gebauten Säuren Intermediärprodukte der schrittweisen Oxydation der Fettsäuren.

Umgekehrt werden aber auch höhermolekulare Fettsäuren aus niedermolekularen durch aufeinanderfolgende Verlängerungen der Kette um 2 C-Atome gebildet (s. S. 444ff.).

Wenn auch die Zahl der Fettsäuren, die aus den verschiedensten Fetten pflanzlicher und tierischer Herkunft oder aus Mikroorganismen isoliert werden konnten, sehr erheblich ist, so finden sich doch, von Sonderfällen abgesehen, *in tierischen Fetten an gesättigten Fettsäuren überwiegend* **Palmitinsäure** (C_{16}) *und* **Stearinsäure** (C_{18}), *als ungesättigte Säure die* **Ölsäure** (C_{18}).

Die wichtigsten in Fetten gefundenen gesättigten Fettsäuren sind in Tabelle 1 zusammengestellt.

Tabelle 1. Gesättigte Fettsäuren mit gerader C-Atomzahl.

C_4 :	C_3H_7—COOH	CH_3—$(CH_2)_2$—COOH	Buttersäure
C_6 :	C_5H_{11}—COOH	CH_3—$(CH_2)_4$—COOH	Capronsäure
C_8 :	C_7H_{15}—COOH	CH_3—$(CH_2)_6$—COOH	Caprylsäure
C_{10} :	C_9H_{19}—COOH	CH_3—$(CH_2)_8$—COOH	Caprinsäure
C_{12} :	$C_{11}H_{23}$—COOH	CH_3—$(CH_2)_{10}$—COOH	Laurinsäure
C_{14} :	$C_{13}H_{27}$—COOH	CH_3—$(CH_2)_{12}$—COOH	Myristinsäure
C_{16} :	$C_{15}H_{31}$—COOH	CH_3—$(CH_2)_{14}$—COOH	Palmitinsäure
C_{18} :	$C_{17}H_{35}$—COOH	CH_3—$(CH_2)_{16}$—COOH	Stearinsäure
C_{20} :	$C_{19}H_{39}$—COOH	CH_3—$(CH_2)_{18}$—COOH	Arachinsäure
C_{22} :	$C_{21}H_{43}$—COOH	CH_3—$(CH_2)_{20}$—COOH	Behensäure
C_{24} :	$C_{23}H_{47}$—COOH	CH_3—$(CH_2)_{22}$—COOH	Lignocerinsäure
C_{26} :	$C_{25}H_{51}$—COOH	CH_3—$(CH_2)_{24}$—COOH	Cerotinsäure

Von den ungesättigten Fettsäuren ist die verbreitetste die einfach ungesättigte

Ölsäure (Δ^9-*Octadecensäure*)[1]: $C_{17}H_{33}$—COOH.

Ihre Doppelbindung liegt in der Mitte des Moleküls zwischen den C-Atomen 9 und 10.

Mit der Ölsäure isomer ist die *Elaidinsäure*. Die Ölsäure ist das cis-, die Elaidinsäure das trans-Isomere der einfach ungesättigten C_{18}-Säure:

$$CH_3\text{—}(CH_2)_7\text{—}CH \qquad\qquad CH\text{—}(CH_2)_7\text{—}CH_3$$
$$\parallel \qquad\qquad\qquad\qquad \parallel$$
$$CH\text{—}(CH_2)_7\text{—}COOH \qquad CH\text{—}(CH_2)_7\text{—}COOH$$

Elaidinsäure $\qquad\qquad$ Ölsäure

In manchen Fetten kommt auch die *Vaccensäure*, das $\Delta^{11,12}$-Isomere der Ölsäure vor.

Zur Reihe der Ölsäure (C_nH_{2n-1} COOH) gehört auch

Erucasäure (Δ^{13}-*Docosensäure*):

$$C_{21}H_{41}\text{—}COOH: \quad CH_3\text{—}(CH_2)_7\text{—}CH = CH\text{—}(CH_2)_{11}\text{—}COOH$$

Aus der Reihe der doppelt ungesättigten Säuren (C_nH_{2n-3} COOH) sei genannt

Linolsäure ($\Delta^{9,12}$-*Octadecadiensäure*):

$$C_{17}H_{31}\text{—}COOH: \quad CH_3\text{—}(CH_2)_4\text{—}CH = CH\text{—}CH_2\text{—}CH = CH\text{—}(CH_2)_7\text{—}COOH$$

Dreifach ungesättigt (C_nH_{2n-5}— COOH) ist

Linolensäure ($\Delta^{9,12,15}$-*Octadecatriensäure*):

$$C_{17}H_{29}\text{—}COOH: \quad CH_3\text{—}CH_2\text{—}CH = CH\text{—}CH_2\text{—}CH = CH\text{—}CH_2\text{—}CH = CH\text{—}(CH_2)_7\text{—}COOH$$

Vierfach ungesättigt (C_nH_{2n-7}COOH):

Arachidonsäure ($\Delta^{5,8,11,14}$-*Eikosatetraensäure*):

$$CH_3\text{—}(CH_2)_4\text{—}CH = CH\text{—}CH_2\text{—}CH = CH\text{—}CH_2\text{—}CH = CH\text{—}CH_2\text{—}CH =$$
$$CH\text{—}(CH_2)_3\text{—}COOH$$

---

[1] Δ^9 bedeutet Lage der Doppelbindung zwischen C_9 und C_{10}.

Eine fünffach ungesättigte Fettsäure ist in Blutserum und Blutkörperchen des Menschen nachgewiesen worden. Im Hautfett des Schafes kommt Δ^9-*Heptadecensäure* vor, im Körperfett von Wiederkäuern eine trans-ungesättigte Säure.

Die höher ungesättigten Fettsäuren, insbesondere Linol- und Linolensäure sowie Arachidonsäure, sind für Ratten lebenswichtig, da sie der Organismus nicht selbst herstellen kann. Bei ihrem Fehlen in der Nahrung entwickeln sich schuppendes Ekzem, Schachtelhalmschwanz, hypochrome Anämie und Leukopenie. Für den Menschen ist die Notwendigkeit der Zufuhr dieser Säuren mit der Nahrung nicht erwiesen. Man sollte sie daher vorläufig besser als *essentielle Fettsäuren* und nicht, wie es vielfach geschieht, als Vitamin F bezeichnen.

Die ungesättigten Fettsäuren sind vorzugsweise mit der mittleren Hydroxylgruppe des Glycerins verestert.

Vor allem als Bestandteile der Trane und der Leberöle sind auch noch höher ungesättigte Fettsäuren bekannt, darunter auch solche mit einer dreifachen Bindung, also Acetylenderivate. Die ungesättigten Fettsäuren, vor allem die mehrfach ungesättigten, sind für den Aufbau der Organfette, also besonders der Lipoide, von sehr viel größerer Bedeutung als für den der eigentlichen Fette; so finden sich die ungesättigten C_{20}—C_{22}-Säuren besonders reichlich in den Gewebsphosphatiden. Die ungesättigten Fettsäuren sind flüssig; sättigt man die Doppelbindungen durch Einführung von Wasserstoff ab, so gehen sie in die festen, gesättigten Säuren über. Auf dem Vorhandensein der Doppelbindungen beruht auch die Fähigkeit der ungesättigten Fettsäuren, die Halogene Chlor, Brom oder Jod anzulagern.

Die große Zahl der Fettsäuren, die zur Bildung der Fette herangezogen werden, sowie die Möglichkeit der Bildung einfacher und gemischter Triglyceride machen es verständlich, daß die Zahl der verschiedenen Fette sehr groß sein muß. Über die Verteilung der Fettsäuren in einigen Fetten unterrichten die Tabellen 2—4.

Im allgemeinen kann man drei Typen von tierischen Fetten und Fettsäuregemischen unterscheiden. Für jede von ihnen gibt die Tabelle 2

Tabelle 2. Fettsäuren in tierischen Fetten (in % der Gesamtfettsäuren).

Anzahl der C-Atome	Milchfett vom Rind		Schweinefett		Dorschlebertran	
	Fettsäuren		Fettsäuren		Fettsäuren	
	gesättigt	ungesättigt	gesättigt	ungesättigt	gesättigt	ungesättigt
4	3,1—3,9					
6	1,3—1,9					
8	0,7—1,6					
10	1,8—3,1					
12	2,3—4,3					
14	6,9—11		0,7—1,8		3,5—6	Spur — 0,5
16	22—29		25—28		6,5—10	15,5—20 (2)[2]
18	6,5—15	36—47[1]	8,5—13	60—65[1]	Spur — 0,5	25—31 (3)
20	0,4—1,0					26—32 (6)
22						10—14 (7)

Tabelle 3. Molare Verteilung der Fettsäuren im Depotfett des Ochsen (nach HILDITCH u. PAUL).

Gesättigte Säuren	%	Ungesättigte Säuren	%
Laurinsäure	0,25	Tetradecensäure	0,6
Myristinsäure	2,4	Hexadecensäure	1,9
Palmitinsäure	33,4	Ölsäure	35,2
Stearinsäure	21,4	Andere ungesättigte Säuren .	3,6
Arachinsäure (?)	1,3		

[1] Vorwiegend Ölsäure neben wenig Linolsäure.
[2] Durchschnittliche Zahl der zur völligen Hydrierung erforderlichen H-Atome.

ein charakteristisches Beispiel. Zum Vorkommen zahlreicher verschiedener Fette trägt weiterhin noch der Umstand bei, daß die Fette keineswegs nur ein einziges Glycerid enthalten, sondern Gemische mehrerer Glyceride sind. So zeigt die Tabelle 3 den molaren Anteil der verschiedenen Fettsäuren an der Zusammensetzung des Depotfettes vom Ochsen. Wenn man der Einfachheit halber Laurin-, Myristin-, Tetradecen- und Hexadecensäure zur Palmitinsäure, die anderen ungesättigten Säuren zur Ölsäure rechnet, so ergibt sich die in Tabelle 4 verzeichnete Verteilung auf die verschiedenen Glyceride.

Die chemische Untersuchung der Fette und die Isolierung ihrer verschiedenen Bausteine sind mit großen experimentellen Schwierigkeiten verbunden, die vor allem auf die sehr ähnlichen physikalischen und chemischen Eigenschaften der Fettsäuren zurückgehen. Zur Charakterisierung der Fette wird in erster Linie ihr *Schmelzpunkt* herangezogen. Es gibt Fette mit so niedrigem Schmelzpunkt, daß sie schon bei Zimmertemperatur flüssig sind, die *Öle*, und demgegenüber Fette mit hohem Schmelzpunkt, die zum Teil sogar bei Körpertemperatur fest sind. *Die Lage des Schmelzpunktes ist abhängig vom Gehalt an ungesättigten Fettsäuren und von der Länge der Kohlenstoffkette der gesättigten Fettsäuren.* Fette mit viel ungesättigten Fettsäuren oder mit viel niedermolekularen gesättigten Fettsäuren haben niedere Schmelzpunkte.

Tabelle 4. Molare Verteilung der Glyceride des Depotfettes vom Ochsen (nach HILDITCH u. PAUL).

Gesättigte Glyceride . . .		17,4%
Tripalmitin	3%	
Dipalmitostearin . .	8%	
Palmitodistearin . .	6%	
Tristearin	< 1%	
Mono-oleo-glyceride . . .		49%
Oleodipalmitin . . .	15%	
Oleopalmitostearin .	32%	
Oleodistearin	2%	
Dioleo-glyceride		33,6%
Palmitodiolein . . .	23%	
Stearodiolein . . .	11%	
Triolein		< 1%

Der *Schmelzpunkt* der Fette aus verschiedenen Teilen des Körpers ist sehr unterschiedlich; am höchsten schmelzen die Fette aus dem Innern des Körpers, dagegen haben die Fette nahe der Körperoberfläche, also aus dem Unterhautfettgewebe, einen niedrigen Schmelzpunkt. Dadurch ist dafür gesorgt, daß die Konsistenz des Fettes in Teilen des Körpers, die eine verschiedene Temperatur haben, nicht allzu verschieden ist. So liegen z. B. die Schmelzpunkte von menschlichem Fett aus verschiedenen Teilen des Körpers zwischen 40° und 0,5°. Viscerale Fette schmelzen zwischen 30° und 35°, solche vom Fuß zwischen 0° und 10°. Die Schmelzpunkte des Fettes vom Menschen und von verschiedenen Tierarten sowie die vom Ort des Vorkommens abhängigen Schwankungen zeigt die folgende Zusammenstellung:

Tabelle 5. Schmelzpunkte einiger natürlicher Fette.

Hammeltalg	44—51°	Hühnerfett	33—40°
Rindertalg	42—49°	Gänsefett	26—34°
Schweinefett	36—46°	Menschenfett	0,5—40°

Der Schmelzpunkt der Depotfette ist im übrigen natürlich entsprechend dem vorher Gesagten auch abhängig von der Art der mit der Nahrung zugeführten Fette.

Aufschluß über die Zusammensetzung eines Fettes geben ferner eine Reihe von Kennzahlen, von denen hier nur einige aufgeführt werden. Die *Verseifungszahl* gibt an, wieviel Milligramm Kalilauge zur Verseifung von 1 g Fett verbraucht werden; diese Zahl ist um so niedriger, je höher molekular die das Fett aufbauenden Fettsäuren sind. Ferner die *Jodzahl*, die angibt, wieviel Gramm Jod von 100 g Fett zur Absättigung der Doppelbindungen aufgenommen werden und die damit über die durchschnittliche Sättigung der Fettsäuren eines Fettes orientiert. Natürlich erhält man durch diese und andere Methoden nur einen allgemeinen Eindruck von der Zusammensetzung eines Fettes, aber keinen Einblick in seine chemische Struktur.

Fette verderben bei längerem Aufbewahren. Das kann drei Ursachen haben: 1. Umwandlung durch Mikroorganismen, 2. physikalische Umwelteinflüsse (Wärme, Licht, Luft, Wasser), 3. Einwirkung von Metallen oder Fermenten. Man unterscheidet Sauer-, Talgig- und Ranzigwerden. Das Sauerwerden kann durch jeden der drei genannten Einflüsse bedingt sein, das Talgigwerden wird durch physikalische Einflüsse bewirkt, das Ranzigwerden durch Mikroorganismen, Licht oder Wärme. Bei Einwirkung von Luftsauerstoff auf die ungesättigten Fettsäuren entstehen unter anderem Heptylaldehyd und Nonylaldehyd. Beim Ranzigwerden aus biochemischen Ursachen werden die Fettsäuren durch Einwirkung von Fermenten oder Bakterien, die als Verunreinigung in den Fetten vorkommen können, in Ketone umgewandelt. Die Umwandlung vollzieht sich nach einem Mechanismus, der hier für die Caprylsäure wiedergegeben ist:

$$H_3C-CH_2-CH_2-CH_2-CH_2-CH_2-CH_2-COOH$$
Caprylsäure

$$H_3C-CH_2-CH_2-CH_2-CH_2-C(O)-CH_2-COOH$$
β-Keto-caprylsäure

$$H_3C-CH_2-CH_2-CH_2-CH_2-C(O)-CH_3$$
Methylamylketon

Entsprechende Ketone mit endständiger Methylgruppe sind auch als Umwandlungsprodukte anderer Fettsäuren von der Myristinsäure (C_{14}) an abwärts bekannt geworden. Auf ihnen und auf niederen Aldehyden beruht der eigentümliche Geruch ranziger Fette und auch der charakteristische Geruch vieler Käsesorten.

Fette und Lipoide sind in Wasser unlöslich, können aber teils direkt, teils durch Vermittlung anderer Stoffe mit Wasser *Emulsionen* bilden. Zur Emulsionsbildung sind z. B. geeignet Gallensäuren und Eiweißkörper, bei alkalischer Reaktion auch Alkaliionen (s. S. 374). Die Emulsionsbildung ist von großer Bedeutung bei der Verdauung der Fette im Magen und im Darm. Eine Fettemulsion, die durch Eiweiß stabilisiert ist, ist die *Milch*. Jedes ihrer Fetttröpfchen ist von einer Eiweißhülle *(Haptogenmembran)* umgeben, die das Zusammenfließen der Butterkügelchen und damit die Entmischung der Milch verhindert.

b) Wachse.

Von den verschiedenen Gruppen der Lipoide sind die Wachse in ihrem Aufbau den Fetten am ähnlichsten. Sie sind *Ester höherer Fettsäuren mit einwertigen hochmolekularen Alkoholen.*

Die Wachsalkohole sind meist primäre einwertige Alkohole mit unverzweigter Kette. Die verbreitetsten sind: Cetylalkohol (*n*-Hexadecanol) $C_{16}H_{33}OH$, Stearinalkohol (*n*-Octadecanol) $C_{18}H_{37}OH$, Oleinalkohol (Δ^9-*n*-Octadecenol) $C_{18}H_{35}OH$. Die Fettsäuren des Wachses sind die gleichen wie die der Neutralfette, daneben finden sich aber auch solche von sehr hohem Molekulargewicht.

Die Wachse sind Produkte der Oberflächenbedeckung der Organismen. Sie sind im Pflanzenreich sehr weit verbreitet; sie überziehen die Blätter und Früchte mit einer Schicht, die einen Schutz gegen Austrocknung, aber auch gegen Benetzung und Aufquellung sowie gegen andere atmosphärische Einflüsse gewährt. Auch im Tierreich finden sich die Wachse als Produkte der Körperoberfläche. Ihre funktionelle Aufgabe ist die gleiche wie bei den Pflanzen. Sie entstehen in den Talgdrüsen der Haut, bei manchen Wasservögeln in besonderen großen Drüsen (Bürzeldrüse).

Diese Tiere verwenden das Wachs und die anderen lipoiden Bestandteile des Talgs zur Einfettung des Gefieders, um seine Benetzung zu verhindern.

Von den verschiedenen Wachsen sind am besten untersucht das *Bienenwachs* und der *Walrat*, der in der Schädelhöhle des Pottwals vorkommt. Der Gehalt der Wachse an ungesättigten Fettsäuren ist im allgemeinen viel geringer als der der Neutralfette und der anderen fettsäurehaltigen Lipoide. Jedoch haben auch die Wachse eine vom Verhältnis der gesättigten zu den ungesättigten Fettsäuren abhängige verschieden feste Konsistenz. Eigenartigerweise haben häufig der Alkohol und die Fettsäure, aus denen ein Wachs besteht, die gleiche Anzahl von C-Atomen. Im *Walrat* findet sich z. B. in großer Menge ein *Cetylpalmitat* ($C_{15}H_{31}CO — OC_{16}H_{33}$). Man hat früher angenommen, daß die Bildung derartiger Körper durch Dismutation eines höheren Aldehyds nach Art der CANNIZZAROschen Umlagerung zu erklären ist, wobei ein Molekül Wasser mit 2 Aldehydmolekülen reagiert und das eine oxydiert, das andere reduziert.

Nach den heute gültigen Vorstellungen, die S. 356 ausführlicher wiedergegeben sind, werden Aldehyde in der Weise dismutiert, daß zunächst ein Molekül Aldehydhydrat oxydiert und der dabei anfallende Wasserstoff zur Reduktion des zweiten Aldehydmoleküls benutzt wird.

Die Annahme einer Aldehyddismutation als Grundlage der Bildung von Wachsen ist nicht von der Hand zu weisen, da FEULGEN in den verschiedensten tierischen Organen als *Plasmalogene* (s. S. 41) bezeichnete Lipoide nachgewiesen hat, aus denen nach Einwirkung von Säuren oder Sublimat ein *Plasmal* genanntes Gemisch von Aldehyden höherer Fettsäuren erhalten wurde, unter denen Palmitin- und Stearinaldehyd identifiziert werden konnten.

Bienenwachs ist ein Gemenge einer in Alkohol leicht löslichen und einer schwer löslichen Fraktion. Die erste besteht im wesentlichen aus freier *Cerotinsäure* (s. Tabelle 1, S. 35), die zweite, das *Myricin*, ist zum größten Teil ein Ester aus Palmitinsäure und Myricylalkohol ($C_{31}H_{63}OH$); daneben finden sich aber auch freie höhere Alkohole und höhere Kohlenwasserstoffe.

Wachsartige Stoffe finden sich ferner im *Lanolin*, dem Wollfett der Schafe, das ein sehr kompliziertes Gemenge aus höheren Säuren, Alkoholen und Estern ist.

c) Phosphatide[1].

Zum Unterschied von den übrigen Lipoiden sind die Phosphatide in Aceton unlöslich, und auch in ihrem Bau unterscheiden sie sich sehr wesentlich von den Fetten und den Wachsen. Bei der Aufspaltung erhält man aus den meisten Phosphatiden *o-Phosphorsäure, Glycerin und eine oder zwei N-haltige Substanzen. Daneben liefern sie entweder hochmolekulare Fettsäuren oder Aldehyde höherer Fettsäuren (Plasmale).* Die N-haltigen Substanzen sind die Basen Colamin, Cholin und Sphingosin und die Aminosäure Serin. Außerdem gibt es auch N-freie Phosphatide: Phosphatidsäuren und Inositphosphatide. Man kann die folgenden Phosphatide unterscheiden:

1. N-haltige Phosphatide.

α) Monoaminophosphatide (Verhältnis $N:P = 1:1$). Sie enthalten Glycerin, an das Fettsäuren als Ester oder Fettsäurealdehyde als

---

[1] Phosphatide werden in der anglo-amerikanischen Literatur als *phospholipids* bezeichnet.

Acetale gebunden sind. Es ergeben sich damit die beiden Unter-
abteilungen:

Esterphosphatide: Cholin-, Colamin-, Serinphosphatide.
Acetalphosphatide: Plasmalogene.

β) Diaminophosphatide: Sphingomyeline (Verhältnis $N:P = 2:1$).

2. N-freie Phosphatide.

α) Phosphatidsäuren.

β) Inositphosphatide.

Auch Phosphatide mit anderen $N:P$-Verhältnissen sind früher beschrieben worden, haben sich aber als Gemische der eigentlichen Phosphatide
mit verschiedenen Abbauprodukten erwiesen.

1. N-haltige Phosphatide.

α) *Monoaminophosphatide.*

Esterphosphatide. Bei der Aufspaltung dieser Phosphatide erhält man
neben Fettsäuren, Phosphorsäure und Glycerin als N-haltige Bausteine
Cholin oder *Colamin* oder *Serin*, so daß zu unterscheiden sind:

$$\text{Cholinphosphatide} = \text{Lecithine}$$
$$\text{Colaminphosphatide} = \text{Colaminkephaline}$$
$$\text{Serinphosphatide} = \text{Serinkephaline}$$

$$
\begin{array}{ccc}
\begin{array}{c}
CH_2OH \\
|\\
H-C-NH_2 \\
|\\
COOH \\
\textbf{Serin}
\end{array}
&
\begin{array}{c}
CH_2OH \\
|\\
CH_2-NH_2 \\
\\
\\
\textbf{Colamin}
\end{array}
&
\begin{array}{c}
CH_2OH \\
|\\
CH_2-\overset{\oplus}{N}\equiv(CH_3)_3 \\
\\
\\
\textbf{Cholin}
\end{array}
\end{array}
$$

Wie aus den vorstehenden Formeln ersichtlich ist, bestehen zwischen
Cholin, Colamin und Serin enge strukturelle Zusammenhänge. Cholin findet
sich auch in freiem Zustand in vielen Organen und ist physiologisch sehr
wirksam. Viel wirksamer aber noch ist sein Acetylderivat, das *Acetylcholin*
(s. S. 278). Auch Propionylcholin und Butyrylcholin sind in Milz bzw. Gehirn
gefunden worden.

Die Phosphorsäure ist in den Ester- und Acetalphosphatiden an Glycerin
gebunden, liegt also als *Glycerinphosphorsäure* vor. Es gibt zwei Formen
der Glycerinphosphorsäure, die sich dadurch unterscheiden, daß in der α-Gly-
cerinphosphorsäure eine der primären Alkoholgruppen des Glycerins mit
Phosphorsäure verestert ist, in der β-Glycerinphosphorsäure die sekundäre
Alkoholgruppe:

$$
\begin{array}{cc}
\begin{array}{c}
CH_2OH \\
|\\
{}^{\times}CHOH \\
|\\
CH_2-O-P{\Large\langle}{}^{O}_{OH} \\
\textbf{α-Glycerinphosphorsäure}
\end{array}
&
\begin{array}{c}
CH_2OH \\
|\\
CH-O-P{\Large\langle}{}^{OH}_{OH}\!\!=\!O \\
|\\
CH_2OH \\
\textbf{β-Glycerinphosphorsäure}
\end{array}
\end{array}
$$

Die α-Glycerinphosphorsäure hat ein asymmetrisches C-Atom, ist also
optisch aktiv. In den Phosphatiden kommt sowohl α- als auch β-Glycerin-
phosphorsäure vor, wobei die α-Glycerinphosphorsäure als L-Form vorliegt.

Mit der Glycerinphosphorsäure ist der eigentliche Kern der Kephaline
und Lecithine gegeben. Die beiden noch freien Alkoholgruppen des Glycerins

tragen verschiedene Fettsäuremoleküle, und die eine der beiden noch freien Säuregruppen der Phosphorsäure ist mit Cholin, Colamin oder Serin verbunden. Es ergibt sich also der folgende Aufbau der Phosphatide:

$$
\begin{array}{l}
CH_2\!-\!O\!-\!CO\!-\!R_1 \\
R_2\!-\!CO\!-\!O\!-\!C\!-\!H \\
CH_2\!-\!O\!-\!P(\!=\!O)(O^{\ominus})\!-\!O\!-\!CH_2\!-\!CH_2\!-\!\overset{\oplus}{N}(CH_3)_3
\end{array}
$$

α-L-Lecithin

$$
\begin{array}{l}
CH_2\!-\!O\!-\!CO\!-\!R_1 \\
CH\!-\!O\!-\!P(\!=\!O)(O^{\ominus})\!-\!O\!-\!CH_2\!-\!CH_2\!-\!\overset{\oplus}{N}H_3 \\
CH_2\!-\!O\!-\!CO\!-\!R_2
\end{array}
$$

β-Colaminkephalin

$$
\begin{array}{l}
CH_2\!-\!O\!-\!CO\!-\!R_1 \\
CH\!-\!O\!-\!P(\!=\!O)(OH)\!-\!O\!-\!CH_2\!-\!CH(NH_2)\!-\!COOH \\
CH_2\!-\!O\!-\!CO\!-\!R_2
\end{array}
$$

β-Serinkephalin

Lecithin kommt in der Natur als α-Phosphatid, Kephalin als β-Phosphatid vor.

Das β-Kephalin aus Ochsenhirn besteht neben Serin- und Colaminkephalin vorwiegend aus Inositphosphatid (s. S. 44), wobei das Colaminkephalin aber als Plasmalogen vorliegt. Aus Lecithinen und Kephalinen sind an Fettsäuren vor allem *Palmitinsäure, Stearinsäure, Arachinsäure, Ölsäure, Linolsäure, Linolensäure* und *Arachidonsäure*, weiterhin ungesättigte Säuren mit 16, 22 und 24 C-Atomen, darunter solche mit bis zu 6-Doppelbindungen, ferner aber niedermolekulare normale und verzweigte Fettsäuren erhalten worden, jedoch kommen daneben in kleinen Mengen auch andere Säuren vor. Beschrieben wird die Auffindung aller C_1—C_9-Säuren, von Isobuttersäure, Isovaleriansäure und α-Methylbuttersäure. Im Lecithin der Leber ist die Zahl der ungesättigten gleich der der gesättigten Säuren. Andere Lecithine enthalten nur gesättigte (Lunge) oder nur ungesättigte Fettsäuren (Hefe). Die Kephaline sind besonders reich an mehrfach ungesättigten Säuren. Da die ungesättigten Säuren sehr reaktionsfähig sind, ist die chemische Aufarbeitung dieser Stoffe sehr schwierig. Wahrscheinlich sind alle bisher isolierten Lecithine, sicherlich aber die Kephaline, nur Gemenge, aber keine chemisch reinen Körper.

Beide Phosphatidarten sind in allen Zellen des Körpers enthalten, die Kephaline vorwiegend in der Gehirnsubstanz, die Lecithine in den übrigen Geweben, besonders reichlich finden sie sich im Herzmuskel. Im Plasma des menschlichen Blutes wurden vorwiegend Kephaline gefunden.

Es ist erwähnenswert, daß im Gehirn *Äthanolamin-glycerinphosphorsäure* (also fettsäurefreies Colaminkephalin) gefunden wurde.

Bei der Einwirkung von Schlangengiften und von Bienengift werden Lecithin und Kephalin unter Abspaltung der einen, und zwar der ungesättigten Fettsäure in *Lysolecithin* und *Lysokephalin* umgewandelt. Läßt man diese Stoffe auf rote Blutkörperchen einwirken, so zerstören sie deren Membran, und es kommt zum Austritt des roten Farbstoffes aus den Zellen, zur *Hämolyse* (s. S. 532).

Acetalphosphatide. Bei der Untersuchung des von FEULGEN entdeckten Plasmalogens, eines Gemisches höherer Aldehyde, fanden FEULGEN u. BERSIN, daß sich die Plasmalogenfraktion zusammen mit der Phosphatidfraktion gewinnen läßt. In diesen Acetalphosphatiden, für die im übrigen ein völlig mit den Colaminkephalinen identischer Aufbau angenommen

wurde, sollten die beiden mit dem Glycerin veresterten Fettsäuren durch
den Aldehyd einer höheren Fettsäure ersetzt sein, der in Acetalbindung
(s. S. 11) mit dem Glycerin verbunden sein sollte.

Die genaue Untersuchung vieler Phosphatide ergab, daß in ihnen in der
Tat außer den Esterphosphatiden noch andere Phosphatide vorkommen, die
Aldehyde höherer Fettsäuren in Acetalbindung enthalten. Als Basen kommen
nach den neuen Untersuchungen von KLENK u. DEBUCH Cholin, Colamin
und Serin vor. Die Acetalphosphatide entsprechen demnach in dieser Hinsicht völlig den vorstehend beschriebenen Esterphosphatiden. Acetalphosphatide sind in der Folge aus den verschiedensten Organen isoliert
worden, und es scheint, daß alle Phosphatide einen hohen Gehalt an Acetalphosphatiden aufweisen, ja manche früher als Esterphosphatide ange-
sprochene Präparate überwiegend aus Acetalphosphatiden bestehen. Ein
reines Kephalin wurde offenbar kürzlich erstmals von DEBUCH erhalten.
Die bisherigen Unklarheiten werden verständlich aus der von DEBUCH ermittelten Formel der Acetalphosphatide, in der diesen das Vorkommen
von je einem Molekül Fettsäure und Fettsäurealdehyd zugeschrieben wird:

$$H_2C\!-\!O\!-\!CH\!=\!CH\!-\!R'{}^*$$
$$HC\!-\!O\!-\!C\overset{O}{\underset{}{\diagdown}}R''$$
$$H_2C\!-\!O\diagdown_{P}\diagup^{O}$$
$$HO\diagup\quad\diagdown O\!-\!R$$

Acetalphosphatid

In der Formel steht **R** für Cholin oder für Colamin oder für Serin. An
Aldehyden wurden bisher die gesättigten C_{14}—C_{18}-Aldehyde und ungesättigte C_{18}-Aldehyde (cis-Δ^9-Octadecenal und cis-Δ^{11}-Octadecenal) nachgewiesen, das Vorkommen eines ungesättigten C_{16}-Aldehyds wahrscheinlich
gemacht. An gesättigten Fettsäuren kommen vor Myristinsäure, Palmitinsäure und Stearinsäure, an ungesättigten Hexadecensäure und Ölsäure sowie zahlreiche andere mit 1 bis 6 Doppelbindungen. Besonders reich an
Acetalphosphatiden ist das Gehirn, in dem die Markscheiden 9 % enthalten.

Der Reichtum an ungesättigten Fettsäuren macht die Phosphatide
nicht nur chemisch, sondern auch biologisch zu höchst reaktionsfähigen
Körpern. Durch das Vorkommen von α- und β-Glycerinphosphorsäure
und durch die relativ große Zahl verschiedener Fettsäuren wird es verständlich, daß die Organfette eine so hohe Spezifität aufweisen können,
immerhin ist diese nicht absolut. Es ließ sich vielmehr zeigen, daß bei
Verfütterung von Elaidinsäure, die in den Fetten der Nahrung gewöhnlich
nicht enthalten ist, aus verschiedenen Organen nach einiger Zeit — allerdings in wechselnder Menge — Elaidinsäure isoliert werden konnte. Der
Einbau der Elaidinsäure in die Lipoide verschiedener Organe geht auch mit
verschiedener Geschwindigkeit vor sich; so ändert sich die Zusammensetzung
der Leberphosphatide viel rascher als diejenige der Phosphatide im Muskel.

Durch ihr Verhalten gegenüber den üblichen Fettlösungsmitteln, vor
allem gegenüber Äther, lassen sich zwei Phosphatidfraktionen unterscheiden,
von denen die eine sich ohne weiteres dem Gewebe entziehen läßt, die andere

---

* Es wird angenommen, daß der Aldehyd in der Enolform vorliegt:

$$\overset{O}{\underset{H}{\diagdown}}C\!-\!CH_2\!-\!R' \rightleftarrows HOCH\!=\!CH\!-\!R'$$

daß die Bindung in Wirklichkeit also eine Enolätherbindung ist.

erst nach vorhergehender Alkoholbehandlung extrahierbar wird. Diese Fraktion ist — anscheinend durch Bindung an Eiweiß, als Lipoproteid — fester als Baustein in den Zellen verankert, wodurch ihre Bedeutung als Protoplasmabaustein nachdrücklich unterstrichen wird. Am Aufbau der sichtbaren Zellstrukturen sind, das ist besonders für die roten Blutkörperchen erwiesen, die Lipoide, in erster Linie Cholesterin und Lecithin, weitgehend beteiligt. Sie finden sich dabei nicht nur in den Zellmembranen, sondern durchziehen netzartig auch das Innere der Zellen. Die Phosphatide (und auch die·Cerebroside) besitzen die Eigenschaften lyophiler Kolloide (s. S. 173), sie quellen mit Wasser zunächst auf und bilden dann durchsichtige kolloide Lösungen. Auf Grund dieses Verhaltens gegenüber dem Wasser erscheinen sie als besonders geeignet, integrierende Bestandteile der Zelle zu sein.

Bringt man Lecithin auf Wasser, so breitet es sich ebenso wie Fettsäuren und Neutralfette auf dem Wasser zu einem monomolekularen Film, d. h. zu einer ein Molekül dicken Schicht aus (s. S. 164). Dies ist möglich, weil es zwei polare Gruppen hat, den „hydrophilen" Glycerinphosphorsäure-Cholin-Rest, der sich auf der Wasseroberfläche verankert und die „hydrophobe" Paraffinkette, die vom Wasser wegstrebt. Durch Molkohäsion werden die auseinanderstrebenden Moleküle zusammengehalten. Durch Verschiebung von Molekülen gegeneinander, besonders bei größeren Lecithinmengen, können anscheinend auch dimolekulare Schichten gebildet werden, die vielleicht einen ähnlichen Aufbau haben wie die den Zellinhalt durchsetzenden netzartigen Strukturen. Für die Durchlässigkeit der Zellmembranen ist wahrscheinlich wichtig, daß die Moleküle eines Lecithinfilms viel weniger dicht gepackt sind als die eines Films aus reinen Fettsäuren oder aus Cholesterin. Die Lecithinbezirke einer biologischen Membran müssen also eine größere Durchlässigkeit haben als die übrigen Bezirke.

β) *Diaminophosphatide (Sphingomyeline).*

Die *Sphingomyeline* sind in ihrem Bau von den anderen Phosphatiden in sehr charakteristischer Weise unterschieden; allerdings ist die genaue Konstitution dieser Stoffe in einigen Punkten noch nicht aufgeklärt. Unter ihren Bausteinen fehlt das Glycerin. An seiner Stelle findet sich ein ungesättigter zweiwertiger höherer Aminoalkohol, das *Sphingosin*, außerdem enthalten sie wie die anderen Phosphatide *je ein Molekül Phosphorsäure und Cholin*, aber nur *ein Molekül Fettsäure.* Dem Sphingosin wird die folgende Struktur zugeschrieben:

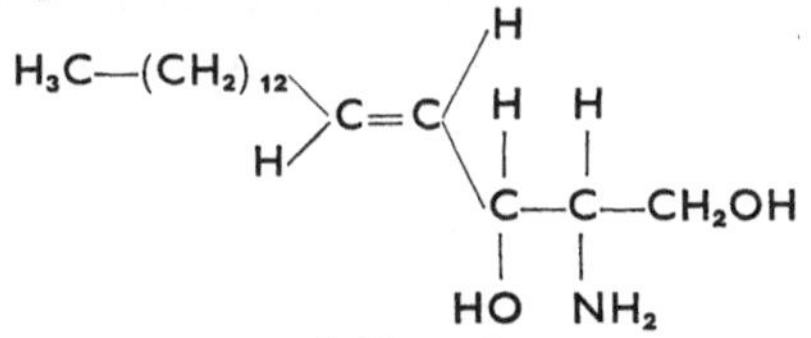

$$H_3C\!-\!(CH_2)_{12}\!\!\diagdown\!\!\underset{H\diagup}{C}\!=\!\underset{\diagup H}{C}\!\diagdown\!\!\!\underset{\underset{HO}{|}}{\overset{H}{\underset{|}{C}}}\!-\!\underset{\underset{NH_2}{|}}{\overset{H}{\underset{|}{C}}}\!-\!CH_2OH$$

Sphingosin

Es ist also ein substituiertes trans-Äthylen. Auch *Dihydrosphingosin* konnte aus Gehirn, Rückenmark und Milz gewonnen werden. Die Sphingomyeline sind aus ihren verschiedenen Bausteinen wahrscheinlich in der folgenden Weise zusammengefügt:

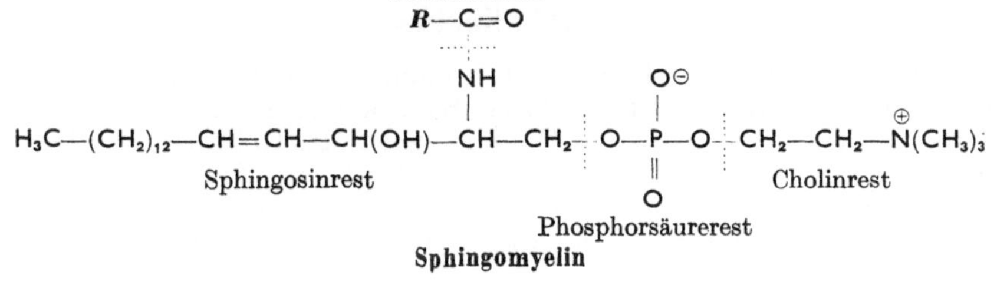

Fettsäurerest

$$R\!-\!C\!=\!O$$

$$\overset{\textstyle NH}{\underset{|}{}} \qquad\qquad \overset{\textstyle O^{\ominus}}{\underset{|}{}}$$

$$H_3C\!-\!(CH_2)_{12}\!-\!CH\!=\!CH\!-\!CH(OH)\!-\!CH\!-\!CH_2\!-\!O\!-\!\underset{\underset{O}{\|}}{P}\!-\!O\!-\!CH_2\!-\!CH_2\!-\!\overset{\oplus}{N}(CH_3)_3$$

Sphingosinrest   Cholinrest

Phosphorsäurerest

Sphingomyelin

Die freie Alkoholgruppe des Sphingosinrestes scheint mit einem weiteren Fettsäuremolekül verestert zu sein.

Sphingomyeline kommen vor allem im Gehirn vor, jedoch auch in den' verschiedensten phosphatidreichen Organen; selbst die Blutflüssigkeit enthält erhebliche Mengen Sphingomyelin. Die bisher dargestellten Präparate sind als Gemische aus verschiedenen Stoffen aufzufassen, welche als Fettsäure jeweils Palmitinsäure, Stearinsäure, Nervonsäure (s. unten), Lignocerinsäure und n-Hexacosensäure enthalten (KLENK).

Bei einer Störung des Lipoidstoffwechsels, der NIEMANN-PICKschen Krankheit, findet man in Leber, Milz und Gehirn eine überaus große Anhäufung von Sphingomyelinen. Man hat daraus geschlossen, daß sie Zwischenprodukte des intermediären Fettstoffwechsels seien.

2. N-freie Phosphatide.

α) Phosphatidsäuren.

Durch die Abspaltung der N-haltigen Basen können die Phosphatide in N-freie Stoffe übergehen, die als Phosphatidsäuren bezeichnet werden. Sie sind bisher nur aus Kohlblättern und aus Spinat sowie aus Tuberkelbacillen gewonnen worden. Im tierischen Organismus sind sie bisher nicht aufgefunden worden, sie sind aber wie S. 452 gezeigt wird, ein wesentliches Zwischenprodukt bei der biologischen Synthese der Neutralfette und Phosphatide.

β) Inositphosphatide.

Die Inositphosphatide (Lipositole) geben bei der Spaltung Glycerin, Phosphorsäure, Fettsäuren und an Stelle der N-haltigen Substanzen Inosit. Es sind 3 Typen von Inositphosphatiden beschrieben worden: 1. solche aus Gehirn, die nach FOLCH Inositdiphosphat, Glycerin und Fettsäure in äquimolekularen Mengen enthalten; 2. solche aus anderen tierischen Geweben; sie enthalten Inositmonophosphat, Fettsäure und wahrscheinlich Glycerin; 3. solche aus Pflanzen und Bakterien. Sie enthalten Inositmonophosphat sowie Galaktose und Arabinose. Die Struktur der Inositphosphatide ist im einzelnen noch nicht aufgeklärt. In dem Inositmonophosphorsäure-phosphatid ist Inosit mit Phosphorsäure verestert. Je Phosphorsäurerest ist eine freie Säuregruppe nachweisbar.

Dem Inositdiphosphat wird die Formel eines meta-Phosphats zugeschrieben:

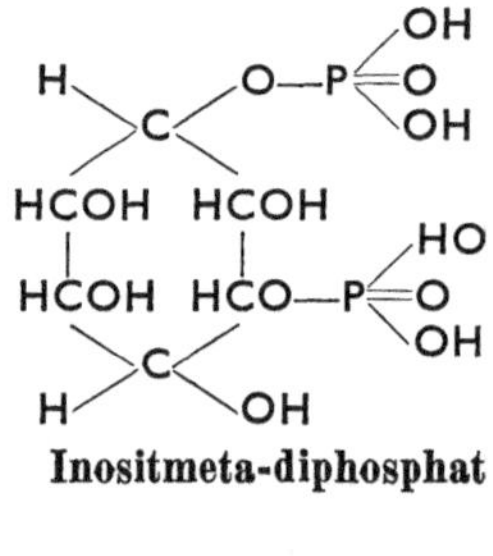

Inositmeta-diphosphat

d) Glykolipoide.

Als kohlenhydrathaltige Lipoide sind schon seit langem die Cerebroside bekannt. Sie sind stickstofffrei. Durch KLENK wurde eine neue Art von Glykolipoiden entdeckt, zuerst in Ganglienzellen des Gehirns, und deshalb Ganglioside genannt, dann auch in anderen Organen. Sie enthalten zum Unterschied von den Cerebrosiden eine N-haltige Säure, die *Neuraminsäure* (s. S. 19). Im übrigen kann die Untersuchung gerade der Gruppe der Glykolipoide nicht als abgeschlossen gelten. Wahrscheinlich gibt es unter ihnen auch solche, die ihrem Aufbau nach zwischen den Cerebrosiden und den Gangliosiden stehen.

1. Cerebroside

Die Cerebroside stehen in bezug auf Löslichkeit und sonstige physikalische Eigenschaften den Phosphatiden sehr nahe. Sie zeigen mit ihnen auch im chemischen Aufbau eine gewisse Verwandtschaft, enthalten jedoch weder Phosphorsäure noch Cholin, sondern ergeben bei der Aufspaltung neben *Sphingosin* ein Molekül einer *höheren Fettsäure* und als dritten Baustein ein Kohlenhydrat. Das Kohlenhydrat ist bei den Cerebrosiden des Gehirns die D-Galaktose, man nennt diese Cerebroside daher *Galakto-cerebroside*. Bei der GAUCHERschen Krankheit werden vor allem in Milz und Leber Cerebroside gespeichert, welche D-Glucose enthalten, die *Gluco-cerebroside*. Auch das Vorkommen von Fructose und Lactose in Cerebrosiden wurde beschrieben.

Im allgemeinen kommen die drei Spaltstücke der Cerebroside in äquimolekularer Menge vor. Doch sind auch Cerebroside bekannt geworden, die je Molekül 2 Kohlenhydratreste (Glucose oder Galaktose) enthalten. Die Untersuchung und exakte Identifizierung der Cerebroside stößt auf die gleichen Schwierigkeiten wie die der Phosphatide. Mit Sicherheit sind bisher fünf verschiedene Cerebroside bekannt, die sich lediglich durch das in ihnen enthaltene Fettsäuremolekül voneinander unterscheiden. Unter diesen Fettsäuren, die alle 24 C-Atome haben, finden sich zwei normale, und zwar je eine gesättigte und ungesättigte Säure, und zwei Hydroxyfettsäuren, die sich von den beiden ersten ableiten (KLENK).

$C_{24}H_{48}O_2$ (Lignocerinsäure): $CH_3—(CH_2)_{22}—COOH$

$C_{24}H_{46}O_2$ (Nervonsäure): $CH_3—(CH_2)_7—CH=CH—(CH_2)_{13}—COOH$

$C_{24}H_{48}O_3$ (Cerebronsäure): $CH_3—(CH_2)_{21}—CHOH—COOH$

$C_{24}H_{46}O_3$ (Hydroxynervonsäure): Gemisch aus Δ^{15}- und Δ^{17}-n-Hydroxy-tetracosensäure.

Neuerdings wurde auch das Vorkommen eines Cerebrosids wahrscheinlich gemacht, das eine ungesättigte C_{26}-Säure (Hexacosensäure) enthält. Die Existenz weiterer Cerebroside ist nicht unwahrscheinlich.

Aus den drei Bausteinen Galaktose, Sphingosin und Fettsäure bauen sich die vier Cerebroside nach dem folgenden Schema auf:

Fettsäurerest

$R—C=O$

$\cdots|\cdots$

NH

|

Kohlenhydratrest

$H_3C—(CH_2)_{12}—CH=CH—CH(OH)—CH—CH_2—O—CH—(CHOH)_3—CH—CH_2OH$

Sphingosinrest

$—O—$

Cerebrosid

Die Galaktose ist, wie die Formel zeigt, glucosidisch mit dem Sphingosin verbunden. Aus den vier genannten Fettsäuren entstehen die folgenden Cerebroside:

Lignocerinsäure	⟶	*Kerasin*
Nervonsäure	⟶	*Nervon*
Cerebronsäure	⟶	*Cerebron (Phrenosin)*
Hydroxynervonsäure	⟶	*Hydroxynervon*

Das Hydroxynervon ist bisher noch nicht erhalten worden, jedoch besteht an seiner Existenz kein Zweifel. Das Cerebron überwiegt an Menge weitaus über die drei anderen Cerebroside.

Die Cerebroside finden sich ebenso wie die Sphingomyeline vor allem im Gehirn und im Nervengewebe, und zwar fast ausschließlich in der weißen Substanz. In geringen Mengen sind sie aber auch in anderen Organen aufgefunden worden.

Zu den Cerebrosiden zu rechnen sind auch ihre Schwefelsäureester, die *Sulfatide*. In ihnen ist die Hydroxylgruppe am C-Atom 6 des Galaktoserestes mit Schwefelsäure verestert. Als Fettsäure wurde vorwiegend Cerebronsäure nachgewiesen. Nach BLIX, dem wir die Aufklärung des Aufbaus dieser Stoffe verdanken, besteht $^1/_4$—$^1/_5$ der Gehirncerebroside aus Sulfatiden.

Aus der Milz von GAUCHER-Kranken wurde ein hochmolekulares Cerebrosid (Molekulargewicht etwa 30000) isoliert (*Polycerebrosid*), das aus einer langkettigen gesättigten Fettsäure, aus Sphingosin oder einer ähnlichen Base und aus einer oder mehreren Hexosen besteht.

2. Ganglioside.

Die Ganglioside haben mit den Cerebrosiden gemeinsam das Vorkommen von Sphingosin, Fettsäure und Kohlenhydrat, sie unterscheiden sich von ihnen vor allem durch ihren sauren Charakter, der auf ihrem Gehalt an *Neuraminsäure* beruht, außerdem enthalten sie meist einen Aminozucker. Sie finden sich im Gehirn, vor allem in der Hirnrinde, wurden aber auch in Milz und Erythrocyten nachgewiesen. Besonders reich an Gangliosiden ist das Gehirn bei der amaurotischen Idiotie vom Typ *Tay-Sachs*. Den Gangliosiden wird der folgende Aufbau zugeschrieben:

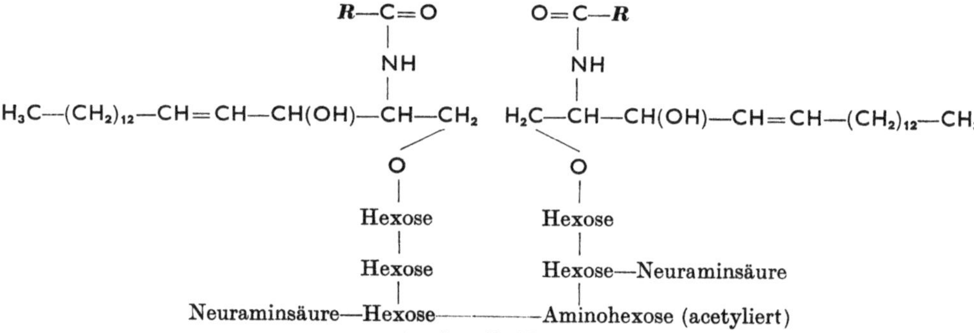

$$R\text{—}C\text{=}O \qquad\qquad O\text{=}C\text{—}R$$
$$| \qquad\qquad\qquad\qquad |$$
$$NH \qquad\qquad\qquad NH$$
$$| \qquad\qquad\qquad\qquad |$$

$$H_3C\text{—}(CH_2)_{12}\text{—}CH\text{=}CH\text{—}CH(OH)\text{—}CH\text{—}CH_2 \quad H_2C\text{—}CH\text{—}CH(OH)\text{—}CH\text{=}CH\text{—}(CH_2)_{12}\text{—}CH_3$$

$$O \qquad\qquad\qquad\qquad O$$
$$| \qquad\qquad\qquad\qquad |$$
$$\text{Hexose} \qquad\qquad \text{Hexose}$$
$$| \qquad\qquad\qquad\qquad |$$
$$\text{Hexose} \qquad\qquad \text{Hexose—Neuraminsäure}$$
$$| \qquad\qquad\qquad\qquad |$$

Neuraminsäure—Hexose————————Aminohexose (acetyliert)

Gangliosid

Als Fettsäure ist in den Gangliosiden bisher vor allem die Stearinsäure gefunden worden, an Kohlenhydraten Galaktose und in geringerer Menge auch Glucose sowie Galaktosamin. Als neuartigen Baustein enthalten sie die *Neuraminsäure* (s. S. 19). Möglicherweise gibt es weitere Typen von Gangliosiden, die einen höheren Neuraminsäuregehalt haben. Aminozuckerfreie Ganglioside kommen im Erythrocytenstroma vor. Auch ein unter dem Namen *Strandin* beschriebenes Lipoid aus dem Zentralnervensystem scheint ein Gangliosid zu sein.

Schrifttum.

BREUSCH, F. L.: Neuere Fettsäuren und Fette. Fortschr. chem. Forsch. 1, 567 (1949/50). — BULL, H. B.: The Biochemistry of the Lipids. London 1937. — 3. Colloq. Ges. Physiol. Chem.: Die Chemie und der Stoffwechsel des Nervengewebes. Berlin, Göttingen, Heidelberg 1952. — DEUEL, H. J. jr.: The Lipids. Bd. I. Chemistry. New York, London 1951. — HILDITCH, T. P.: The Constitution of the Natural Fats. 2. Aufl. London 1947. Recent advances in the study of component acids and component glycerides of natural fats. Fortschr. chem. org. Naturstoffe 5, 72 (1948). — SCHMITZ, E.: Chemie der Fette. Handbuch norm. path. Physiol., Bd. 3. Berlin 1927. — THIERFELDER, H., u. E. KLENK: Die Chemie der Cerebroside und Phosphatide. Berlin 1930.

C. Sterine und Gallensäuren.

Die Sterine werden gewöhnlich zu den Lipoiden gerechnet, jedoch erscheint es berechtigt, sie in einem besonderen Kapitel zu behandeln, weil sie die Grundstoffe für viele Körperbausteine von wichtigster funktioneller Bedeutung sind. Diese Stoffe, die in enger struktureller Verwandtschaft zu den Sterinen stehen, werden als *Steroide* bezeichnet, es sind die Gallensäuren, die verschiedenen D-Vitamine, die Gruppe der Sexualhormone und die spezifischen Wirkstoffe der Nebennierenrinde. Wegen ihrer besonderen Wirkung sollen aber außer den Gallensäuren diese Stoffe auch hinsichtlich ihres chemischen Aufbaus an anderer Stelle behandelt werden (s. S. 219, 231f., 252 u. 256f.).

a) Sterine.

Die Sterine finden sich sowohl im Pflanzenreich als auch im Tierreich weit verbreitet. Entsprechend dem Vorkommen unterscheidet man die tierischen, die pflanzlichen und die Pilzsterine *(Zoosterine, Phytosterine und Mycosterine)*. Phytosterine sind Sitosterin und Stigmasterin; Zoosterine Cholesterin und Koprosterin; zu den Mycosterinen gehört Ergosterin.

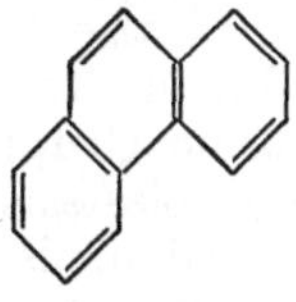

Phenanthren

Alle Sterine sind chemisch als *höhermolekulare, sekundäre, einwertige Alkohole* charakterisiert, deren Struktur vor allem durch WINDAUS und seine Schüler aufgeklärt werden konnte. Die Struktur dieser Körper läßt sich auf das Ringsystem des Phenanthrens zurückführen, und zwar auf ein völlig hydriertes Phenanthren, an das ein Pentan als 4. Ring angelagert

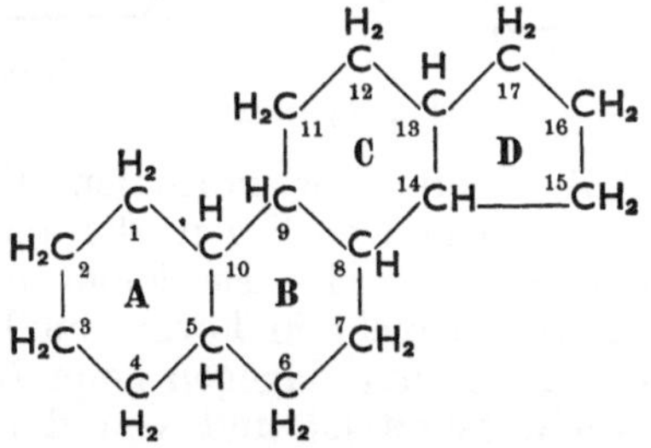

Steran

ist. Der Grundkohlenwasserstoff, von dem sich die Sterine, die Gallensäuren, D-Vitamine, Sexualhormone, Nebennierenrindenhormone und alle ihre natürlich vorkommenden oder im Laboratorium hergestellten Derivate herleiten, ist also das Cyclo-pentano-perhydro-phenanthren. Es wird als *Steran* bezeichnet. Um die Art der Substitutionen und die sonstigen Umwandlungen im Ringsystem beschreiben zu können, bezeichnet man die 4 Ringe und die sie aufbauenden Atome in der in der Formel gekennzeichneten Weise mit Buchstaben bzw. Zahlen.

In allen bisher genauer untersuchten Sterinen findet sich in der Stellung 3 eine alkoholische Hydroxylgruppe und in den Stellungen 10 und 13 je eine Methylgruppe. Die Unterschiede zwischen den einzelnen Sterinen bestehen im Grad der Sättigung und in der Struktur der Seitenkette, die am C-Atom 17 verankert ist. Der eigentliche Grundkohlenwasserstoff des Cholesterins, des wichtigsten tierischen Sterins, ist das *Cholestan*. Die

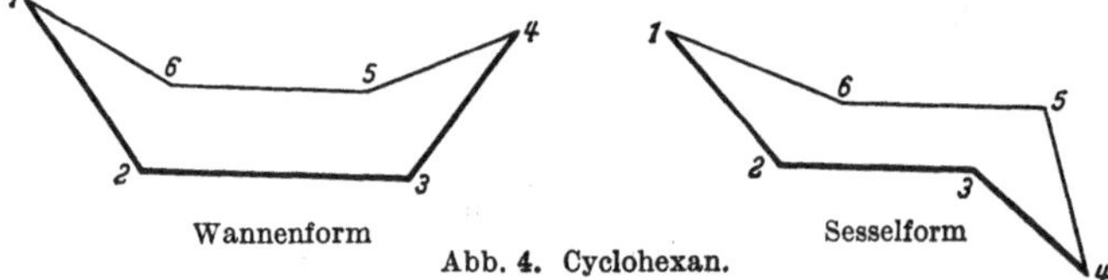

Cholestan

Betrachtung seiner Formel zeigt, daß im Ringsystem selber 7 und in der Seitenkette ein weiteres, im ganzen also 8 asymmetrische C-Atome vorkommen, zu denen noch ein 9. hinzutritt, wenn bei der Entstehung der Sterine in Stellung 3 die alkoholische Gruppe eingeführt wird. Für einen Kohlenwasserstoff vom Bau des Cholestans bestehen also 2^8, für die entsprechenden Alkohole, die Sterine, 2^9 d. h. also 256 oder 512 Isomeriemöglichkeiten. Jedoch wird durch das Auftreten von Doppelbindungen bei den meisten Sterinen die Zahl dieser Möglichkeiten wieder verkleinert.

Zu einem Verständnis der Stereoisomerie der Steroide gelangt man am leichtesten, wenn man von dem einfachen hydrierten Sechserring, dem

Wannenform   Sesselform
Abb. 4. Cyclohexan.

Cyclohexan, ausgeht. Auf Grund der normalen Valenzwinkel an den C-Atomen kann es in zwei Formen vorliegen, die als „Wannen"- und als „Sessel"-Form bezeichnet werden. Da sie leicht ineinander übergehen können, konnten sie nicht (auch nicht in Form von Derivaten) als stabile Isomere isoliert werden. Dies gelang dagegen beim *Dekalin*, das aus zwei Cyclohexanringen zusammengesetzt ist und von dem eine cis- und eine trans-Form bekannt ist. Ihr räumlicher Bau ist in Abb. 5 schematisch wiedergegeben. Ein Vergleich des Dekalins mit dem Steranringsystem zeigt, daß beim Steranring Verknüpfungen nach Art der im Dekalin vorliegenden zwischen den Ringen A und B und B und C bestehen. Auch für die Verknüpfung der Ringe C und D gilt Entsprechendes, da man auch für das Hydrindansystem cis/trans-Isomere kennt. In der schematischen Darstellung der Abb. 5 sind die C-Atome entsprechend den Ringen A und B des Sterans beziffert. Man erkennt leicht die Berechtigung der Bezeichnung cis- und trans-Dekalin, da die freien nicht durch Bildung des Ringsystems beanspruchten Valenzen an C_5 und C_{10} einmal auf der gleichen, das andere

Mal auf entgegengesetzten Seiten der Ringebene liegen. Man spricht im ersten Falle von einer cis-, im zweiten von einer trans-Verknüpfung der Ringe. Bei den natürlichen Steroiden kommen beide Verknüpfungsarten der Ringe A und B vor; dagegen sind sowohl B und C als auch C und D fast stets trans-verknüpft; nur bei den Herzgift-Aglykonen sind die Ringe C und D häufig miteinander in cis-Stellung verbunden.

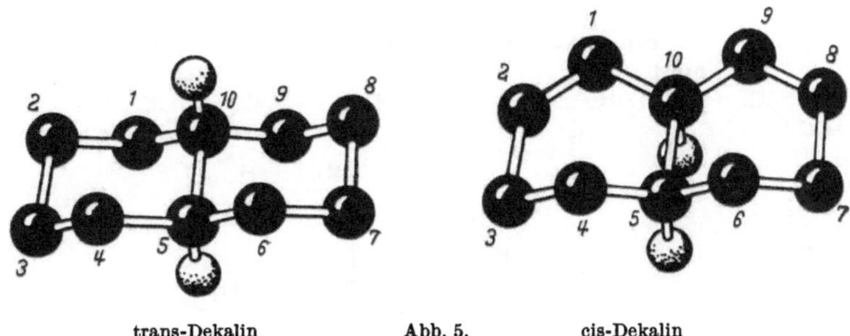

trans-Dekalin   Abb. 5.   cis-Dekalin

Das gesamte Kohlenstoffgerüst des Steranskelets kann man näherungsweise als eben ansehen; die Substituenten an diesem Skelet stehen dann entweder oberhalb oder unterhalb der durch das Ringsystem gebildeten Ebene. In den Formeln wird die Stellung eines Substituenten über der Ringebene durch einen ausgezogenen Valenzstrich (—) wiedergegeben und als „β-Stellung" bezeichnet. Ein Substituent unterhalb der Ringebene wird entsprechend durch einen punktierten Valenzstrich (...) und die Bezeichnung „α-Stellung" gekennzeichnet. Da die Festlegung der absoluten sterischen Konfiguration schwierig und auch noch nicht gelungen ist, wurde als Fixpunkt für die Bezeichnung aller Substitutionen die Stellung der Methylgruppe an C(10) gewählt und konventionell festgelegt, daß sie über die Ringebene herausragen soll und als „β-ständig" zu bezeichnen ist. Jeder Substituent, der auf der gleichen Seite der Ringebene steht wie die Methylgruppe an C(10), wird als „β-ständig", jeder Substituent, der auf der entgegengesetzten Seite steht, als „α-ständig" angesprochen.

Die meisten natürlichen Steroide lassen sich von einem der beiden Grundkohlenwasserstoffe Androstan und Ätiocholan (Testan) ableiten, in

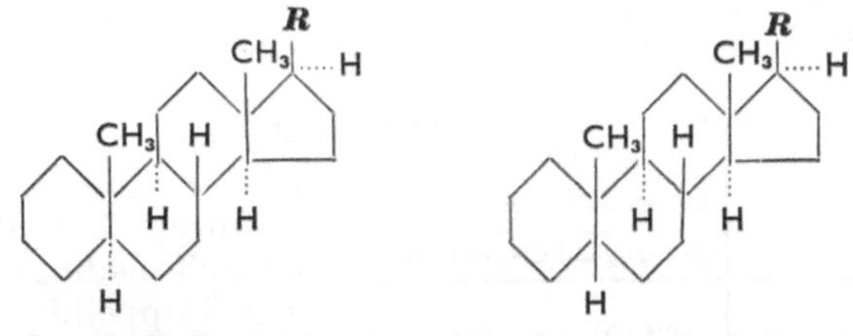

5α- oder allo-Reihe (α)   5β- oder normale Reihe (β)
Androstan   Ätiocholan (Testan)

denen der Wasserstoff an C(5) in α- oder β-Stellung, die Methylgruppe an C(13) in β-Stellung steht. Zur allo-Reihe gehört z. B. das Cholestan, zur normalen Reihe das Koprostan, jeweils mit ihren Derivaten.

Die Seitenkette (R) an C(17) steht bei allen natürlichen Steroiden in cis-Stellung zur Methylgruppe an C(10), ist also β-ständig.

Von Wichtigkeit ist ferner noch die Stellung der Substituenten an C(3).
Von Cholestan und Koprostan leiten sich ab die beiden Alkohole *Cholestanol* und *Koprostanol* (Koprosterin). Sie haben beide die OH-Gruppe
an C(3) in cis-Stellung zur Methylgruppe an C(10), also in β-Stellung, und
sind durch Digitonin fällbar.

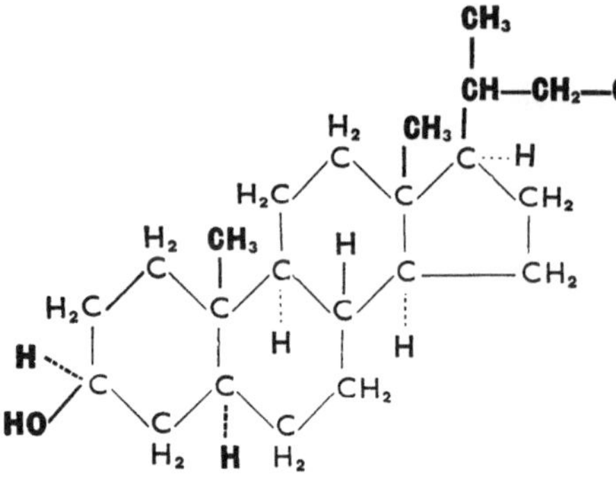

Cholestanol-3β (= Dihydrocholesterin)　　　Koprostanol-3β (= Koprosterin)

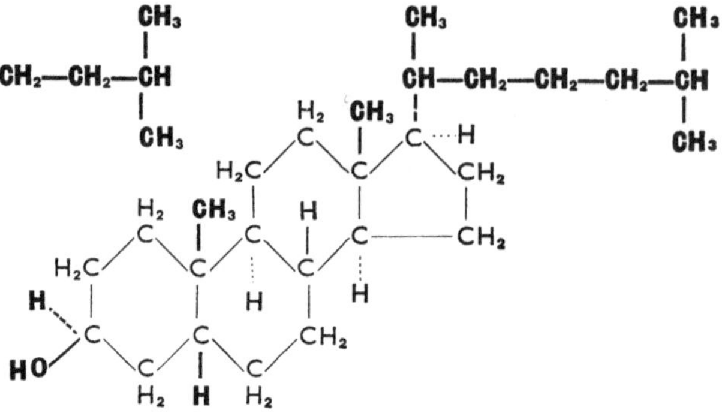

Die mit Digitonin nicht fällbaren Epimeren, die die OH-Gruppe in 3α-Stellung tragen,
wurden früher durch die Vorsilbe „epi" charakterisiert. Heute bezeichnet man als „epi"-
Verbindungen solche, welche die OH-Gruppe in *umgekehrter räumlicher Anordnung* tragen
wie die stereoisomeren natürlichen oder typischen (mit einem Trivialnamen) bezeichneten
Steroide (s. z. B. Androsteron, S. 252).

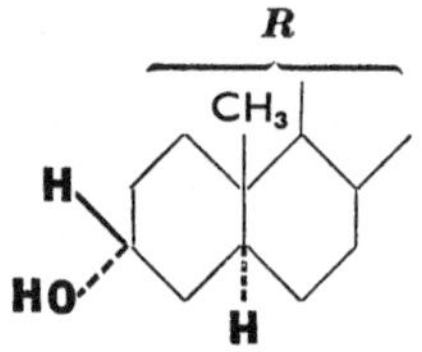

epi-Cholestanol 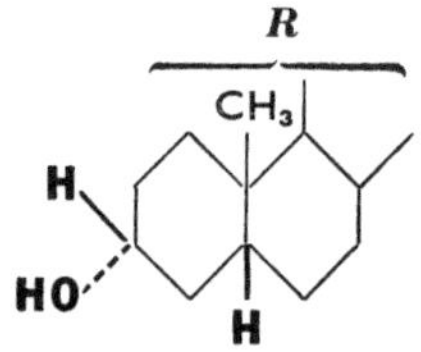　　　　　　　epi-Koprostanol

Diese verschiedenen Isomeriemöglichkeiten sind nicht nur von theoretischem Interesse, sondern haben weittragende praktische Bedeutung, da
Steroide, die sich von den verschiedenen Isomeren ableiten lassen, durch ihre
physiologische Wirksamkeit voneinander unterschieden sind (s. S. 252). Es
sind darum diese Beziehungen nebenstehend tabellarisch zusammengestellt.

Durch Dehydrierung und dadurch bedingte Einführung einer Doppelbindung zwischen den C-Atomen 5 und 6 entsteht aus dem Cholestanol das **Cholesterin**, das weitaus wichtigste Zoosterin.

	Stellung des	
	OH an C (3)	H an C (5)
	[in bezug auf CH₃ an C(10)]	
Cholestanol	cis (β)	trans
Koprostanol	cis (β)	cis
epi-Cholestanol	trans (α)	trans
epi-Koprostanol	trans (α)	cis

Von den pflanzlichen Sterinen sei wiedergegeben die Formel des *Stigmasterins*, des neben den verschiedenen Sitosterinen wichtigsten Pflanzensterins, und von den Pilzsterinen die des *Ergosterins*, das z. B. aus Hefe
gewonnen werden kann.

Cholesterin (= Δ^5-Cholestenol-3β)

Die beiden erwähnten Sterine sind vom Cholesterin durch den Aufbau der Seitenkette unterschieden, das Ergosterin außerdem noch durch den Besitz einer weiteren Doppelbindung im Ring B zwischen den C-Atomen 7 und 8.

Stigmasterin

Ergosterin

Von den verschiedenen Sterinen findet sich bei den Wirbeltieren vor allem das *Cholesterin*, daneben allerdings auch geringe Mengen anderer Sterine, so von Dihydrocholesterin (= Cholestanol) und von 7-Dehydrocholesterin (= $\Delta^{5,7}$-Cholestadienol-3β), einem Sterin, das wie das Ergosterin im Ring B zwei Doppelbindungen hat. 7-Dehydrocholesterin ist die Vorstufe von Vitamin D_3, Ergosterin die von Vitamin D_2 (s. S. 219). Bei niederen Tieren, in Pflanzen und Pilzen wurden noch zahlreiche weitere Sterine gefunden.

Das Cholesterin ist im Körper außerordentlich verbreitet und findet sich in allen Zellen und Körperflüssigkeiten, und zwar teils frei, teils mit höheren Fettsäuren verestert. Die Möglichkeit der Esterbildung beruht natürlich auf dem Besitz der sekundären Hydroxylgruppe. Das Verhältnis von freiem zu gebundenem Cholesterin ist von Organ zu Organ recht verschieden und hängt außerdem anscheinend weitgehend von den funktionellen Verhältnissen im Organismus ab. Den höchsten Cholesteringehalt haben die Nebennieren, weiterhin das Nervengewebe und auch die Haut. Es ist bemerkenswert, daß das Cholesterin weitgehend mit den anderen Lipoiden vergesellschaftet vorkommt, insbesondere mit Phosphatiden. Cholesterin kann in großer Menge in Gallensteinen vorhanden sein; manche Gallensteine bestehen fast völlig aus Cholesterin. Sie sind damit das bequemste Ausgangsmaterial für seine Gewinnung.

Koprosterin ist nicht Bestandteil der Zellen, sondern findet sich nur in den Faeces: Das Cholesterin gelangt mit der Galle in den Darm und wird dort durch die reduzierende Wirkung der Darmbakterien zum Teil in Koprosterin umgewandelt.

Cholesterin ist ebenso wie Lecithin am Aufbau der Zellmembranen beteiligt. Es ist an anderer Stelle ausgeführt (s. S. 43), daß die Durchlässigkeit von Zellmembranen wahrscheinlich mitbedingt ist durch die besondere Art der Anordnung der Lecithinmoleküle. Cholesterin verhält sich dagegen ausschließlich als hydrophober Stoff, so daß ihm eher eine membrandichtende Wirkung zukommt. Es ist anscheinend weiterhin von Bedeutung für die Entgiftung von körperfremden Stoffen und scheint an manchen Immunisierungsvorgängen beteiligt zu sein. Ferner kann das Cholesterin im Stoffwechsel als Ausgangsstoff für die Bildung der verschiedenen Steroidhormone dienen (s. S. 456ff.).

b) Gallensäuren.

In der Galle, dem Sekret und Exkret der Leber, findet sich in Form ihrer Alkalisalze eine Reihe von Säuren, die man nach dem Ort ihres Vorkommens als Gallensäuren bezeichnet, und zwar, da sie sich aus zwei Bestandteilen zusammensetzen, als *gepaarte Gallensäuren.* Von ihren Bausteinen hat der eine einen spezifischen Bau, es sind die *einfachen Gallensäuren,* der andere Baustein ist entweder die einfachste Aminosäure, das *Glykokoll* (s. S. 65), oder ein Derivat der Aminosäure Cystein, das *Taurin* (s. S. 66). Bei der Ratte ist der Hauptpaarling das Taurin. Nach dem in ihnen enthaltenen Paarling bezeichnet man die gepaarten Gallensäuren

Koprostan

Cholestan

Cholansäure

allo-Cholansäure

als *Glykocholsäuren* und *Taurocholsäuren*. Es gibt eine Anzahl von verschiedenen einfachen Gallensäuren, die alle Hydroxymonocarbonsäuren sind. Sie leiten sich ab von der *Cholansäure*, deren nahe Verwandtschaft mit den Sterinen sich daraus ergibt, daß die Kohlenwasserstoffe Cholestan und Koprostan bei Oxydation der Seitenkette unter Abspaltung eines Moleküls Aceton in zwei stereoisomere Säuren umgewandelt werden, die *allo-Cholansäure* und die *Cholansäure*, die sich ebenso wie Cholestan und Koprostan durch die cis-trans-Isomerie am C-Atom 5 voneinander unterscheiden.

Die in der Galle vorkommenden spezifischen Gallensäuren leiten sich von der Cholansäure ab, sie unterscheiden sich voneinander durch den Besitz von ein bis drei sekundären Alkoholgruppen an den C-Atomen 3,7 und 12 im Ringsystem. In der Menschen- und in der Rindergalle entfällt die Hauptmenge der Gallensäuren auf die

Cholsäure (3,7,12-Trihydroxycholansäure),

und die

Desoxycholsäure (3,12-Dihydroxycholansäure).

Als weitere Dihydroxycholansäure findet man in der menschlichen Galle in ziemlich großer Menge die

Anthropodesoxycholsäure (3,7-Dihydroxycholansäure),

die wegen ihrer Anwesenheit in der Gänsegalle auch als *Chenodesoxycholsäure* bezeichnet wird.

Daneben enthalten menschliche Galle in geringer, Gallensteine in größerer Menge die

Lithocholsäure (3-Monohydroxycholansäure).

In allen diesen Säuren sind die OH-Gruppen trans-(α)-ständig.

Aus den Gallen anderer Tiere sind noch zahlreiche weitere Gallensäuren isoliert worden.

In seltenen Fällen sind in der Galle freie Gallensäuren aufgefunden worden, als Regel gilt ihre Vereinigung mit Glykokoll und Taurin zu Glykocholsäure, Glykodesoxycholsäure, Taurocholsäure, Taurodesoxycholsäure usw. Diese Vereinigung kommt unter Wasseraustritt zwischen der Carboxylgruppe der Gallensäure und der Aminogruppe des Glykokolls oder des Taurins, also durch Säureamidbindung, zustande; z. B.:

$$C_{20}H_{33}-(CHOH)_3-COOH \; + \; NH_2-CH_2-COOH \; \rightarrow$$

Cholsäure   Glykokoll

$$C_{20}H_{33}-(CHOH)_3-CO-NH-CH_2-COOH$$

Glykocholsäure

$$C_{21}H_{35}-(CHOH)_2-COOH \; + \; NH_2-CH_2-CH_2-SO_3H \; \rightarrow$$

Desoxycholsäure   Taurin

$$C_{21}H_{35}-(CHOH)_2-CO-NH-CH_2-CH_2-SO_3H$$

Taurodesoxycholsäure

In ganz entsprechender Weise entstehen die anderen gepaarten Gallensäuren. Über den Mechanismus ihrer Bildung s. S. 323.

Von besonderer biologischer Bedeutung ist die eigenartige Tatsache, *daß Desoxycholsäure, Glykodesoxycholsäure und Taurodesoxycholsäure sich mit Fettsäuren zu Molekülverbindungen, den* **Choleinsäuren**, *vereinigen,* die man in ihrem Aufbau den Koordinationsverbindungen der anorganischen Chemie vergleichen kann. Das molekulare Verhältnis von Gallensäure zu Fettsäure liegt — vom Molekulargewicht der Fettsäure abhängig zwischen 1 und 8 Molekülen Desoxycholsäure für 1 Molekül Fettsäure.

Die aus der Galle isolierte Choleinsäure enthält auf 1 Molekül Fettsäure 8 Moleküle Desoxycholsäure. Als Fettsäurebestandteile wurden Palmitinsäure und Stearinsäure gefunden, jedoch sind auf synthetischem Wege auch Choleinsäuren mit anderen gesättigten und ungesättigten Fettsäuren erhalten worden. Die biologische Bedeutung der Choleinsäuren besteht darin, daß in der Anlagerungsverbindung an die Gallensäuren die Fettsäuren wasserlöslich werden. Die Choleinsäuren sind notwendig für die Emulgierung der Fette im Darm (s. S. 374, 377).

Außer Fettsäuren können sich auch andere organische Körper nach dem Choleinsäureprinzip mit Desoxycholsäure vereinigen, u. a. auch Cholesterin und Carotin (s. S. 56 f.). Alle diese Stoffe werden durch die Anlagerung wasserlöslich und — soweit es sich um biologisch wichtige Stoffe handelt, ist das besonders bedeutungsvoll — damit auch resorbierbar *(„hydrotrope Wirkung")*. Das Bildungsprinzip und das eigenartige physikalische Verhalten der Choleinsäuren in bezug auf ihre Löslichkeit haben also über den speziellen Fall der Fettsäuren hinaus eine ganz allgemeine Bedeutung und Gültigkeit.

Die nahen chemischen Beziehungen zwischen Sterinen und Gallensäuren machen es verständlich, daß Cholesterin die Muttersubstanz der Gallensäuren im Organismus ist (s. S. 456). Bei Hund und Ratte sind die Gallensäuren das hauptsächliche Endprodukt des Cholesterinstoffwechsels.

Die Bedeutung der Sterine als Grundstoffe für andere biologisch wichtige Körper ist mit den Beziehungen zu den Gallensäuren noch nicht erschöpft, es kommen hinzu die nahe Verwandtschaft mit den antirachitischen Vitaminen, den Hormonen der Nebennierenrinde und den verschiedenen Sexualhormonen (s. S. 219, 231, 252, 256 ff.). Weiterhin stehen die Sterine auch noch in nächster struktureller Beziehung zu anderen Stoffen: den Krötengiften, den Saponinen und den herzwirksamen Stoffen aus Digitalis und Strophanthus. Diese Stoffe haben jedoch eher ein pharmakologisches als ein physiologisches Interesse.

Schrifttum.
FIESER, L. F., and M. FIESER: Natural Products Related to Phenanthrene. 3. Aufl. New York 1949. — HEUSNER, A.: Stereochemie der natürlichen Steroide. Angew. Chem. **63**, 59 (1951). — LETTRÉ, H., u. H. H. INHOFFEN: Über Sterine, Gallensäuren und verwandte Naturstoffe. Stuttgart 1936. 2. Aufl. Bd. 1. Stuttgart 1956.

D. Carotinoide.

Die Carotinoide sind gelbe bis violettrote Farbstoffe. Wegen ihrer Löslichkeit in Fetten und Fettlösungsmitteln werden sie auch als *Lipochrome* bezeichnet und den Lipoiden zugerechnet. Bei ihrem natürlichen Vorkommen sind die Carotinoide immer mit Lipoiden und Fetten vergesellschaftet. Im Tier- und besonders im Pflanzenreich sind die Carotinoidfarbstoffe weit verbreitet. Bisher sind etwa 70 verschiedene natürlich vorkommende Carotinoide bekannt geworden, und durch chemische Eingriffe sind aus ihnen zahlreiche Abbau- und Umwandlungsprodukte mit Carotinoidcharakter erhalten worden. In der Pflanze finden sie sich häufig als Farbwachse, also als Ester eines Carotinoids mit Alkoholcharakter und einer höheren Fettsäure, im tierischen Gewebe sind sie gelegentlich, so im *Astacin* aus Hummerschalen, in Verbindung mit Eiweiß, also als Chromoproteide, aufgefunden worden. Die meisten Carotinoide finden sich jedoch, schon durch ihre chemische Konstitution bedingt, in freier Form.

Ihrem chemischen Charakter nach lassen sie sich in zwei Gruppen gliedern, von denen die erste aus hochmolekularen, ungesättigten Kohlenwasserstoffen besteht, die zweite außerdem noch Sauerstoff enthält. Die Doppelbindungen liegen als konjugierte Doppelbindungen ($>C=CH—CH=C<$) vor. Der Farbstoffcharakter der Carotinoide beruht auf ihrer Polyennatur. Sättigt man die Doppelbindungen ab, so geht der Farbstoffcharakter verloren. Da außerdem nachgewiesen werden konnte, daß die Carotinoide CH_3-Seitenketten haben, war ein Hinweis auf ihren formalen Zusammenhang mit dem *Isopren* (Methylbutadien) gegeben;

$$H_2C=C—CH=CH_2$$
$$\mid$$
$$CH_3$$

Isopren

die Carotinoide sind also ebenso wie andere Naturstoffe, so die Terpene, der Kautschuk und das Phytol, als Isoprenderivate gekennzeichnet. Der Zusammenlagerung der in den Carotinoiden vereinigten Isoprenreste geht offenbar eine weitere Dehydrierung etwa nach dem Schema

$$H_2C=C—CH=CH_2 \quad \xrightarrow{-H_2} \quad =CH—C=CH—CH=$$
$$\mid \qquad\qquad\qquad\qquad \mid$$
$$CH_3 \qquad\qquad\qquad\qquad CH_3$$

voraus; durch Verknüpfung derartiger Isoprenreste baut sich dann das Gerüst der Carotinoide auf:

$$==CH—C=CH—CH= \; =CH—C=CH—CH= \; =CH—C=CH—CH===$$
$$\mid \qquad\qquad\qquad \mid \qquad\qquad\qquad \mid$$
$$CH_3 \qquad\qquad\quad CH_3 \qquad\qquad\quad CH_3$$
erster $\qquad\qquad$ zweiter $\qquad\qquad$ dritter

Isoprenrest

Die Polyenkette, die bei den verschiedenen Carotinoiden aus einer wechselnden Zahl von Gliedern besteht, wird, soweit bisher bekannt, durch Methylgruppen, durch Carboxylgruppen oder durch hydroaromatische Kerne abgeschlossen. Die hydroaromatischen Kerne können Hydroxyl- oder Ketogruppen enthalten.

Wegen des Systems von konjugierten Doppelbindungen sind bei den Carotinoiden zahlreiche Isomeriemöglichkeiten gegeben, da an jeder Doppelbindung cis- oder trans-Anordnung möglich ist:

trans- $\qquad\qquad$ cis-

Wegen der cis-trans-Isomerien sind z. B. 272 β-Carotine möglich, jedoch kommen in natürlichen und synthetischen Polyenen bevorzugt die trans-Verknüpfungen vor, sie sind meist all-trans-Verbindungen.

Ein rein aliphatischer Kohlenwasserstoff ist der Farbstoff der Tomate, das *Lycopin*[1].

Lycopin

Seine strukturelle Verwandtschaft mit dem Kohlenwasserstoff *Squalen* ist augenscheinlich. Squalen hat neuerdings, nachdem es bislang im wesentlichen als Bestandteil des Haifischleberöls bekannt war, eine große biologische Bedeutung erlangt, als es offenbar in Cholesterin übergehen kann (s. S. 455f.) und auch beim Menschen nachgewiesen werden konnte. Auch das

---

[1] In dieser und späteren Formeln sind die C- und H-Atome weggelassen und die CH_3-Gruppen durch senkrechte Striche angegeben.

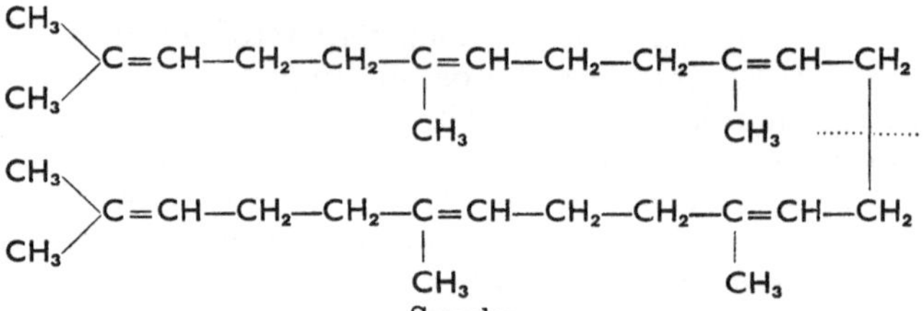

$$CH_3\!\!>\!C\!=\!CH\!-\!CH_2\!-\!CH_2\!-\!\underset{CH_3}{C}\!=\!CH\!-\!CH_2\!-\!CH_2\!-\!\underset{CH_3}{C}\!=\!CH\!-\!CH_2$$

$$CH_3\!\!>\!C\!=\!CH\!-\!CH_2\!-\!CH_2\!-\!\underset{CH_3}{C}\!=\!CH\!-\!CH_2\!-\!CH_2\!-\!\underset{CH_3}{C}\!=\!CH\!-\!CH_2$$

Squalen

Phytol, auf dessen strukturelle Beziehungen zu den Carotinoiden schon zu Beginn dieses Kapitels hingewiesen wurde, hat einen ganz ähnlichen Bau:

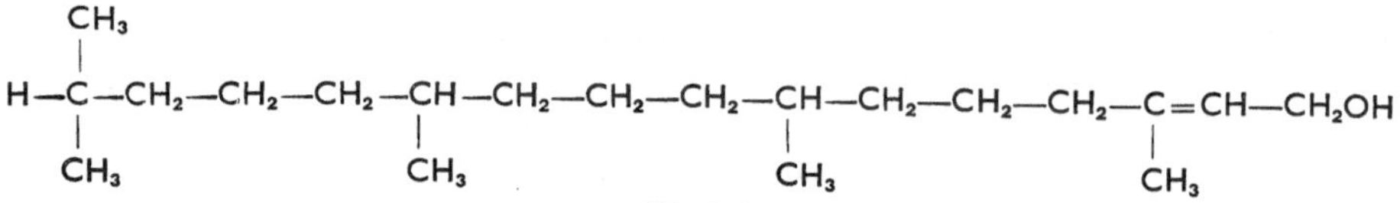

$$H\!-\!\underset{CH_3}{\overset{CH_3}{C}}\!-\!CH_2\!-\!CH_2\!-\!CH_2\!-\!\underset{CH_3}{CH}\!-\!CH_2\!-\!CH_2\!-\!CH_2\!-\!\underset{CH_3}{CH}\!-\!CH_2\!-\!CH_2\!-\!CH_2\!-\!\underset{CH_3}{C}\!=\!CH\!-\!CH_2OH$$

Phytol

Doch sei ausdrücklich betont, daß wegen des Fehlens der konjugierten Doppelbindungen weder Squalen noch Phytol Carotinoide sind.

Das Phytol hat als Baustein einiger biologisch wichtiger Stoffe eine große Bedeutung (s. Chlorophyll, S. 125, Vitamin E, S. 222, Vitamin K, S. 224). Von den Carotinoiden mit Säurecharakter sei angeführt das α-*Crocetin*, der Chromophor des Safranfarbstoffes:

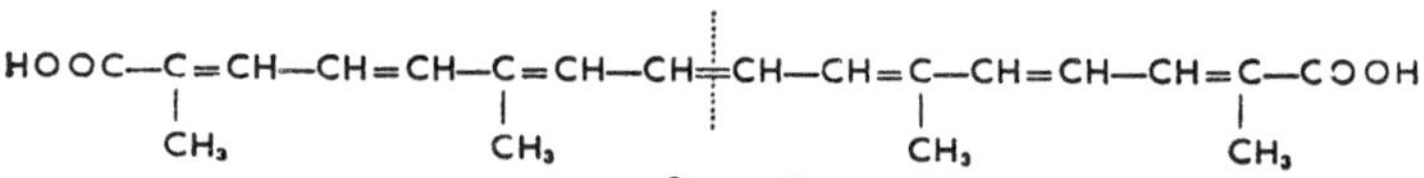

$$HOOC\!-\!\underset{CH_3}{C}\!=\!CH\!-\!CH\!=\!CH\!-\!\underset{CH_3}{C}\!=\!CH\!-\!CH\!=\!CH\!-\!CH\!=\!\underset{CH_3}{C}\!-\!CH\!=\!CH\!-\!CH\!=\!\underset{CH_3}{C}\!-\!COOH$$

α-Crocetin

Der Safranfarbstoff *Crocin* enthält das α-Crocetin nicht in freier Form, die beiden Säuregruppen sind vielmehr mit je einem Molekül des Disaccharids *Gentiobiose* verestert. Gentiobiose ist β-Glucosido-⟨1.5⟩-6-glucose-⟨1.5⟩. (Zur Bezeichnung der Disaccharide s. S. 22.)

Zu den Carotinoiden, bei denen die Kette durch hydroaromatische Kerne abgeschlossen ist, gehören die *Carotine*, die der ganzen Farbstoffgruppe den Namen gegeben haben. In der Natur finden sich drei verschiedene Carotine, die als α-, β- *und* γ-*Carotin* bezeichnet werden. Sie unterscheiden sich lediglich in den endständigen Gruppen. Bei diesen Gruppen handelt es sich um die verschiedenen *Ionone*.

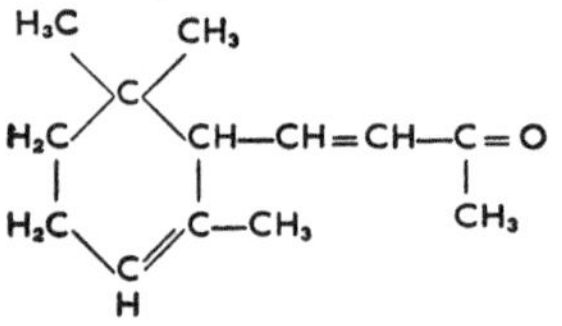

α-Ionon 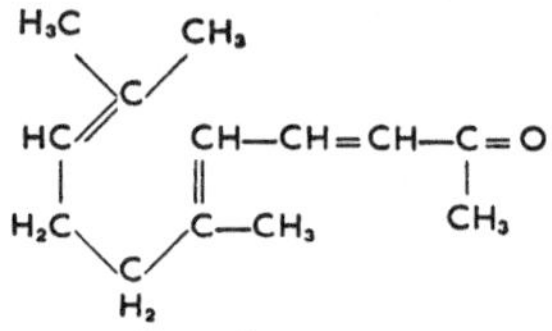   Pseudoionon 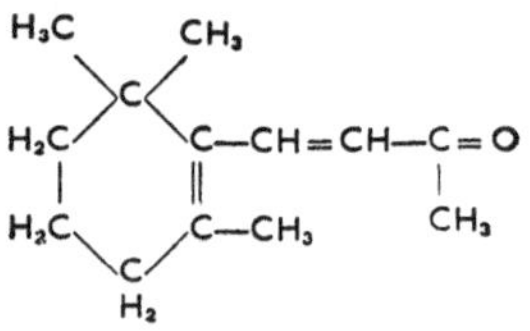   β-Ionon

Das α-*Carotin* enthält das Skelet des α- und des β-Ionon:

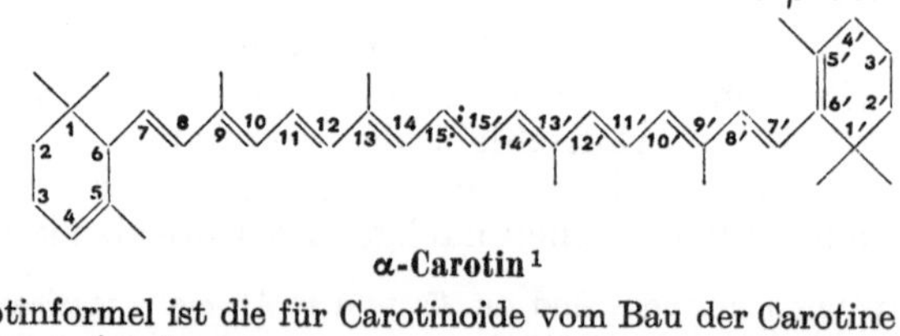

α-Carotin [1]

---

[1] In der α-Carotinformel ist die für Carotinoide vom Bau der Carotine vorgeschlagene Bezifferung der C-Atome eingetragen.

Das *β-Carotin* enthält zweimal das Skelet des *β*-Ionon:

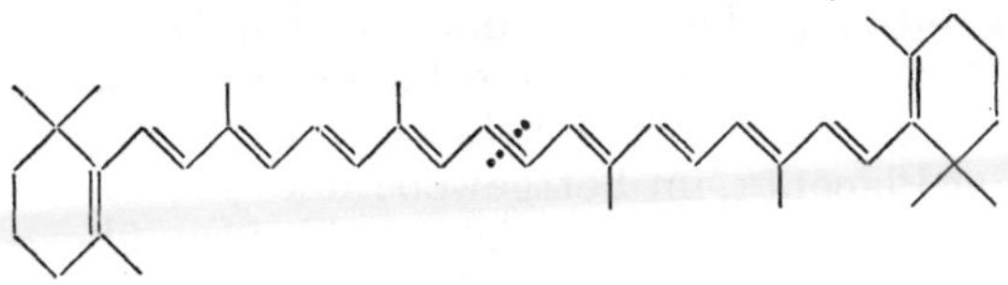

β-Carotin

Im *γ-Carotin* findet sich einmal die Struktur des *β*-Ionons und einmal die des Pseudoionons:

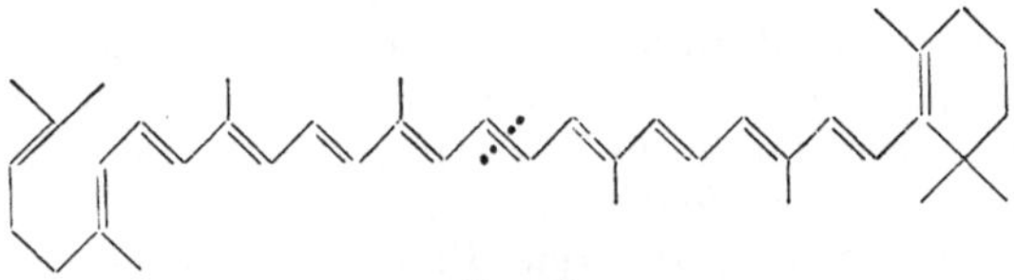

γ-Carotin

Zu den Carotinoiden mit alkoholischem Charakter gehört die Gruppe der *Xanthophylle*, die im übrigen hinsichtlich ihrer Struktur den Carotinen sehr nahe stehen. Von ihnen seien aufgeführt das *Xanthophyll* oder *Lutein*

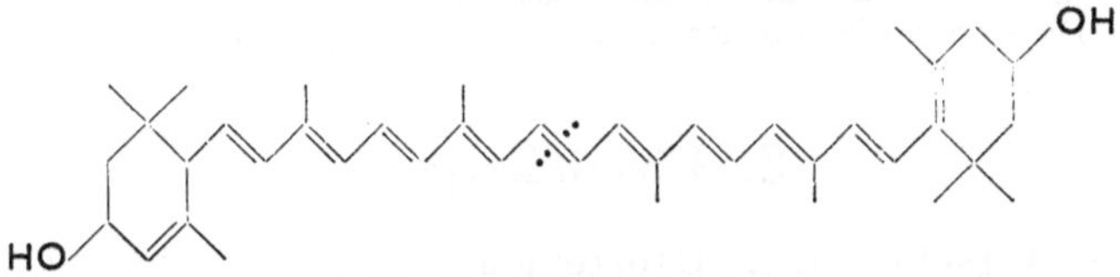

Xanthophyll (Lutein)

und das *Kryptoxanthin*. Das Xanthophyll (Di-hydroxy-α-Carotin) kommt in größerer Menge als das Carotin in allen grünen Blättern vor und wird auch im Eidotter gefunden.

Das *Kryptoxanthin* hat die folgende Formel, es ist also ein Mono-hydroxy-β-Carotin:

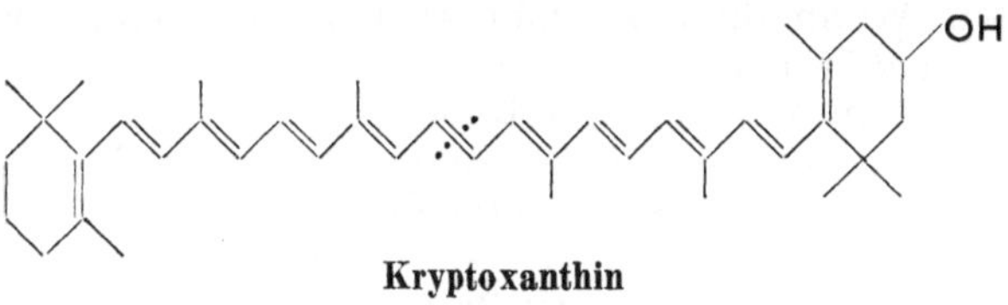

Kryptoxanthin

Carotinoide, die den *β*-Iononring enthalten (α-, *β*-, *γ*-Carotin, Kryptoxanthin und einige selten vorkommende andere) sind die Vorstufen von Vitamin A (s. S. 191).

Es ist bemerkenswert, daß die Carotinoide fast ausnahmslos einen symmetrischen Bau zeigen, wie in den Formeln durch die punktierte Linie angedeutet ist; höchstens in den endständigen hydroaromatischen Ringen treten Differenzen auf. Von diesem geringen Unterschied abgesehen sind die beiden Molekülhälften identisch.

Die Carotinoide werden aus Acetylresten unter Mitwirkung von Co-enzym A (s. S. 321f.) aufgebaut. Die Synthese verläuft anscheinend über Vitamin A.

Die Carotinoide sind in ihrer Gesamtheit rein pflanzlicher Herkunft. Wenn sie also im Tierkörper in reichlicher Menge gefunden werden, so ist das allein durch die Zufuhr mit der Nahrung bedingt. Carotinoide finden sich z. B. im Körperfett, dessen gelbe Farbe auf sie zurückgeht, in der Milch, im Corpus luteum, den Nebennieren, den Hoden, der Hypophyse und der Retina, ferner sind sie ein regelmäßiger Bestandteil des Serums. Dabei handelt es sich fast ausnahmslos um die verschiedenen Carotine, jedoch wurde in der Placenta, im Fettgewebe und im Eidotter auch Xanthophyll gefunden. Am Eidotter läßt sich im übrigen überzeugend der Zusammenhang des Gehaltes an Carotinoiden mit ihrer Zufuhr in der Nahrung zeigen, da Hühner, die mit carotinoidfreiem Futter gefüttert worden sind, Eier mit nahezu farblosem Dotter legen.

In der Pflanze finden sich die Carotinoide meist in Begleitung des Chlorophylls. Sie können offenbar — brauchen aber nicht — am Energietransport teilnehmen, indem die von ihnen absorbierte Strahlung zur Photosynthese verwendet werden kann. Hierfür würde sprechen, daß Carotine und Xanthophyll im *Chloroplastin* des Chloroplasten das Chlorophyll begleiten. Auf eine Bedeutung für das Pflanzenwachstum könnte die Beobachtung hindeuten, daß der Bestand der Pflanzen an Carotin zur Zeit des größten Wachstums am höchsten ist.

Schrifttum.

KARRER, P., u. E. JUCKER: Carotinoide. Basel 1948. — ZECHMEISTER, L.: Carotinoide. Berlin 1934. — Die Carotinoide im tierischen Stoffwechsel. Ergebn. Physiol. **39**, 117 (1937).

E. Eiweißkörper.

Unter den verschiedenen Bausteinen der lebendigen Substanz und gleichzeitig auch unter den Nahrungsstoffen, auf deren Zufuhr der Organismus angewiesen ist, ragen bei rein quantitativer Betrachtung drei Gruppen heraus, die Kohlenhydrate, die Fette und die Eiweißkörper. Der Name Eiweiß geht auf das Vorkommen dieser Stoffe im Eierklar zurück. Gleichbedeutend mit ihm ist die Bezeichnung *Proteine*[1], die in früheren Jahrzehnten geprägt wurde, weil man annahm, daß sie die Grundstoffe des Lebens seien. Wenn diese Ansicht auch nicht allein für die Eiweißstoffe zutrifft, so gehören doch die Eiweißkörper zu den funktionell und strukturell wichtigsten Körperbestandteilen.

Die Eiweißkörper sind Stoffe von sehr hohem Molekulargewicht. Die Elementaranalyse ergibt, daß sie regelmäßig die folgenden Elemente enthalten: C, H, O und N; dazu kommen meist noch S und P, in manchen Fällen auch Fe und gelegentlich Cu, Cl, J oder Br, in ganz seltenen Fällen auch noch andere Elemente. Der prozentische Gehalt an den Hauptelementen C, H, O und N schwankt innerhalb ziemlich enger Grenzen; z. B. findet man für die hauptsächlichen pflanzlichen und tierischen Proteine etwa 50—52% C, 6,8—7,7% H, 15—18% N und 0,5—2,0% S. Besonders charakteristisch ist der N-Gehalt, der meist 16—17% beträgt. Ebenso wie die Fette, die Oligo- und die Polysaccharide haben die Proteine einen zusammengesetzten Bau, sie lassen sich durch chemische oder fermentative Eingriffe in kleinere Spaltstücke zerlegen. Diese Spaltstücke sind die Aminosäuren, in denen

---

[1] Die Bezeichnung Proteine scheint auf den großen schwedischen Chemiker J. J. BERZELIUS zurückzugehen. Er schrieb am 10. Juli 1838 an seinen holländischen Kollegen MULDER: „Le nom protéine que je vous propose pour l'oxyde organique de la fibrine et de l'albumine, je voulais le dériver de πρωτειος parce qu'il parait être la substance primitive ou principale de la nutrition animale que les plantes préparent pour les herbivores et que ceux-ci fournissent ensuite aux carnassiers." [s. HARTLEY, H.: Nature **168**, 244 (1951).]

die für das Eiweiß besonders charakteristischen chemischen Elemente Stickstoff und Schwefel eingebaut sind. Die Zahl der verschiedenen Aminosäuren, die bei der Spaltung der Eiweißkörper erhalten wird, ist ziemlich groß. Mit Sicherheit sind bis heute einige 80 Aminosäuren identifiziert worden, die Existenz einer weiteren Anzahl ist zum mindesten sehr wahrscheinlich. Von ihnen kommen aber nur wenig mehr als 20 in tierischem Eiweiß vor, sind also hier von Interesse, und es scheint so, als ob mit ihnen alle Aminosäuren bekannt sind, die das tierische Eiweiß aufbauen. Freie Aminosäuren kommen in relativ hohen Konzentrationen im Blut und in verschiedenen Geweben vor.

Die Aufarbeitung von Eiweißkörpern hat ergeben, daß in ihnen außer Aminosäuren auch noch andere, chemisch sehr verschiedenartig gebaute Gruppen vorkommen können, die unverändert als solche abspaltbar sind. Man bezeichnet sie als *prosthetische Gruppen* und unterscheidet je nach ihrem Fehlen oder Vorhandensein *die einfachen Eiweißkörper oder* **Proteine** *von den zusammengesetzten Eiweißkörpern oder* **Proteiden.**

Durch die Vielzahl von Aminosäuren und durch die Tatsache, daß in einem Eiweißmolekül die gleiche Aminosäure mehr als einmal vorkommen kann, ergeben sich außerordentlich zahlreiche Kombinationsmöglichkeiten, die dadurch noch weiterhin vermehrt werden, daß die Reihenfolge, in der die Aminosäuren im Eiweißmolekül angeordnet sind, von Protein zu Protein wechseln kann. Daraus folgt mit Notwendigkeit, daß es unendlich viele Eiweißkörper geben könnte, die sowohl durch die Molekülgröße als auch durch die Natur der Aminosäuren, also durch ihre chemischen und biologischen Eigenschaften voneinander verschieden sein müssen. Tatsächlich ist auch eine sehr große Anzahl von verschiedenen Proteinen und Proteiden bekannt, und mit Sicherheit sind die Eiweißkörper von verschiedenen Tierarten verschieden, sie sind *artspezifisch.* Wahrscheinlich unterscheiden sich aber auch Angehörige der gleichen Tierart durch den Aufbau ihres Eiweißes voneinander, und die Eiweißkörper aus verschiedenen Organen des gleichen Organismus sind ebenfalls spezifisch gebaut. Schließlich ist damit zu rechnen, daß sich unter wechselnden funktionellen Bedingungen, etwa bei krankhaften Störungen, die Zusammensetzung der Eiweißkörper ändern kann.

Die funktionellen Aufgaben der Eiweißkörper im Betrieb des Organismus sind sehr mannigfaltig. Sie können genau so wie Kohlenhydrate und Fette als Energiespender für den *Betriebsstoffwechsel* des Körpers herangezogen werden, aber das ist sicherlich nicht ihre eigentliche Aufgabe. Wir finden die Proteine vielmehr ebenso wie die Lipoide eingebaut in das Strukturgerüst einer jeden Zelle, ja sie sind im wesentlichen die strukturelle Grundlage des Zellbaues und umgrenzen und durchziehen gemeinsam mit den Lipoiden den Raum, in dem die Lebensvorgänge sich abspielen; sie sorgen mit diesen zusammen für die Herstellung der Bedingungen, unter denen die verschiedenen Lebensvorgänge, wie fermentative Prozesse, Stoffaustausch, Änderungen des Quellungszustandes und der Oberflächenspannung sich abspielen können. Ihre Beteiligung an den Leistungen des Körpers ist also durchaus nicht auf chemische Reaktionen beschränkt, sondern schließt die physiko-chemischen Grundlagen des Zellstoffwechsels ein.

Die Eiweißkörper bilden als hochmolekulare Stoffe in Wasser keine echten, sondern kolloidale Lösungen (s. S. 171); gerade diese Eigenschaft ist von größter physiologischer Bedeutung. Die Wassermoleküle in einer solchen Lösung sind zwar in dem Sinne „frei", als sie für die Lösung anderer kristalloider Stoffe fast unbegrenzt zur Verfügung stehen; sie sind aber als „gebunden" anzusehen, weil in die netzartige Struktur des Eiweißmoleküls Wassermoleküle eingelagert werden können, die sich nur schwer entfernen lassen. Dadurch erhalten aber die Zellen und die Körperflüssigkeiten eine zähviscöse Beschaffenheit. Die *Wasserbindung* durch die Proteine kann überdies starken Schwankungen unterworfen sein. Das gilt besonders für die Eiweißkörper des Blutes, denen damit die Hauptrolle für den Wassertransport im Körper zukommt. Daneben haben diese Eiweißkörper ganz allgemein große Bedeutung für den Stofftransport im Blut. Andere Eiweißkörper haben eine andere funktionelle Bedeutung. Sie sind für stärkere mechanische Inanspruchnahme gebaut und dienen dem Körper als *Stütz- oder Gerüstsubstanzen.*

Die ganz besondere biologische Bedeutung der Eiweißkörper geht vor allem daraus hervor, daß jeder Organismus auf eine bestimmte, minimale Eiweißzufuhr angewiesen ist *(absolutes Eiweißminimum)*, die zur Bestreitung seines *Baustoffwechsels* dient, d. h. zur Wettmachung des Eiweißabbaues, der offenbar mit der Beanspruchung der Gewebe durch ihre funktionellen Leistungen verbunden ist (s. S. 392 f.). Diese Veränderungen spielen sich wohl in erster Linie am Kerneiweiß ab, wie man aus Änderungen von Form und Färbbarkeit des Kerns unter verschiedenartigen Bedingungen schließen kann.

Schließlich kann das Eiweiß auch als *Reservestoff* in die Zellen eingelagert werden. Das gilt besonders für die Leberzellen. In manchen Zellen werden sogar gelegentlich kristallisierte Eiweißkörper als Einschlüsse beobachtet. Doch tritt die Funktion der Eiweißkörper als Reservestoffe gegenüber ihren sonstigen Aufgaben zurück.

a) Aminosäuren.

Die Aminosäuren sind Carbonsäuren, in denen an einer Stelle der Kohlenstoffkette ein H-Atom durch die Aminogruppe ersetzt ist. Zur Kennzeichnung der C-Atome in einer längeren Kette werden sie, ausgehend von dem der Carboxylgruppe benachbarten, mit griechischen Buchstaben bezeichnet:

$$\cdots CH_2-CH_2-CH_2-CH_2-CH_2-COOH$$
$$\quad\quad\varepsilon\quad\quad\delta\quad\quad\gamma\quad\quad\beta\quad\quad\alpha$$

Aminosäuren kommen außer als Bausteine von Eiweißkörpern auch in freier Form in der Natur vor. Mit wenigen Ausnahmen sind alle in der Natur vorkommenden Aminosäuren α-Aminosäuren, sind also nach der allgemeinen Formel

$$R-CH-COOH$$
$$\quad\quad |$$
$$\quad\quad NH_2$$

gebaut. Man sieht, daß durch die Einführung der Aminogruppe das α-C-Atom asymmetrisch wird. Die im Eiweiß vorkommenden Aminosäuren sind deshalb, mit alleiniger Ausnahme der einfachsten, des Glykokolls, optisch aktiv, und zwar drehen sie die Ebene des polarisierten Lichtes teils nach rechts und teils nach links, strukturell gehören sie aber bis auf wenige Ausnahmen der L-Reihe an (s. S. 4, Glycerinaldehyd); ob im Eiweiß selber D-Aminosäuren vorkommen können, ist noch nicht mit Sicherheit erwiesen.

Bei der Projektion des Modells einer L-Aminosäure auf die Ebene des Papiers ergeben sich die folgenden Strukturformeln, die natürlich miteinander identisch sind:

$$\begin{array}{ccc} COOH & & R \\ | & & | \\ H_2N-C-H & & H-C-NH_2 \\ | & & | \\ R & & COOH \end{array}$$

Strukturformeln der L-Aminosäuren

Man ist jedoch übereingekommen, wie schon S. 4[Anm.] gesagt, die Formeln so zu schreiben, daß das am höchsten oxydierte C-Atom oben steht. In besonderen Fällen können Aminosäuren durch Substitution an einem zweiten C-Atom auch zwei asymmetrische C-Atome haben.

Ausnahmen von der normalen Struktur: Schon oben wurde über das Vorkommen von D-Aminosäuren berichtet. Sie ist z. B. der alleinige Baustein eines Polypeptids aus der Kapselsubstanz von Milzbrandbacillen. Einige D-Aminosäuren finden sich in den von Mikroorganismen gebildeten antibiotisch wirkenden Stoffen (s. Antibiotica, S. 75).

An *β-Aminosäuren* sind bekannt geworden *β-Alanin* (s. S. 65) und *β-Aminoisobuttersäure* (s. S. 67). *γ-Aminobuttersäure* ist wahrscheinlich ein Abbauprodukt der Glutaminsäure (s. S. 69).

1. Ampholytnatur und Salzbildung.

Durch den gleichzeitigen Besitz von Gruppen mit saurer und solchen mit basischer Funktion sind die Aminosäuren *Ampholyte* (s. S. 156). Sie können also, abhängig von den Reaktionsbedingungen, als Säuren *und* als Basen reagieren. Bei den meisten Aminosäuren sind basische und saure Eigenschaften etwa gleich stark, so daß sie also in wäßriger Lösung fast neutral reagieren. Sie können als Ampholyte sowohl durch die basische — NH_2-Gruppe als auch durch die saure —COOH-Gruppe Salze bilden. Bei saurer Reaktion verhalten sie sich wie Basen, d. h. die Aminogruppe wird zur Salzbildung herangezogen, während umgekehrt bei alkalischer Reaktion die Säuregruppe in Reaktion tritt (s. a. S. 159f.). Auf der Ampholytnatur, der Fähigkeit, die sich in dieser doppelten Möglichkeit Salze zu bilden auswirkt, beruht eine wichtige Eigenschaft der Aminosäuren und der Eiweißkörper, ihre *Pufferwirkung* (s. S. 157ff.).

In ihren Lösungen und in den Kristallen sind die Aminosäuren überwiegend als Zwitterionen enthalten (s. S. 157):

$$\begin{array}{c} R-CH-COO^{\ominus} \\ | \\ NH_3^{\oplus} \end{array}$$

Die Möglichkeiten der Salzbildung durch Aminosäuren lassen sich folgendermaßen formulieren:

1. Alkalische Reaktion:

$$\begin{array}{ccccc} R-CH-COO^{\ominus} & & Na^{\oplus} & R-CH-COO^{\ominus} & Na^{\oplus} \\ | & + & & \longrightarrow \quad | & + \\ NH_3^{\oplus} & & OH^{\ominus} & NH_2 & H_2O \\ & & & \text{Na-Salz} & \end{array}$$

2. Saure Reaktion:

$$\begin{array}{ccccc} R-CH-COO^{\ominus} & & H^{\oplus} & R-CH-COOH & \\ | & + & & \longrightarrow \quad | & \\ NH_3^{\oplus} & & Cl^{\ominus} & NH_3^{\oplus}Cl^{\ominus} & \\ & & & \text{Chlorhydrat} & \end{array}$$

Eine Reihe von Salzen der Aminosäuren sind sehr schwer löslich, so solche mit Schwermetallen, die den Säurewasserstoff ersetzen, sowie mit organischen Säuren, die Verbindungen mit der Aminogruppe eingehen. Für präparative Zwecke macht man häufig z. B. von der Fällbarkeit einiger Aminosäuren durch Quecksilbersalze oder Pikrinsäure Gebrauch. Von den Schwermetallsalzen sind die Kupfersalze wegen ihrer typischen Löslichkeit oder Kristallform gut zur Identifizierung einer Reihe von Aminosäuren geeignet.

2. Bestimmung der Säure- oder Aminogruppen.

Ebenso wie bei der Salzbildung kann auch bei anderen chemischen Reaktionen die Säure- oder die Aminogruppe isoliert beansprucht werden. Von besonderer Wichtigkeit ist bei der Untersuchung von Eiweißkörpern oder Eiweißspaltprodukten die exakte Bestimmung des Gehaltes an freien Amino- oder Säuregruppen. Sie läßt sich dann durchführen, wenn es gelingt, die Gruppe, die nicht bestimmt werden soll, so zu verändern, daß sie bei der alkali- oder acidimetrischen Bestimmung nicht mehr reagieren kann. So läßt sich die Säuregruppe titrieren, wenn man der Lösung in bestimmter Konzentration Alkohol oder Aceton zufügt. Auch die Aminogruppe läßt sich in acetonhaltiger Lösung unter bestimmten Versuchsbedingungen ermitteln.

Von großer Bedeutung ist die Reaktion der Aminogruppe mit Formaldehyd *(Formoltitration)*. Der Reaktion liegt offenbar die Zwitterionenform der Aminosäuren zugrunde. Mit ihrer Aminogruppe reagieren 2 Formaldehydmoleküle zu einem Dimethylolderivat, die Aminosäure verliert dadurch ihren neutralen Charakter; und es entsteht ein saures Produkt, das sich mit Lauge titrieren läßt (SØRENSEN).

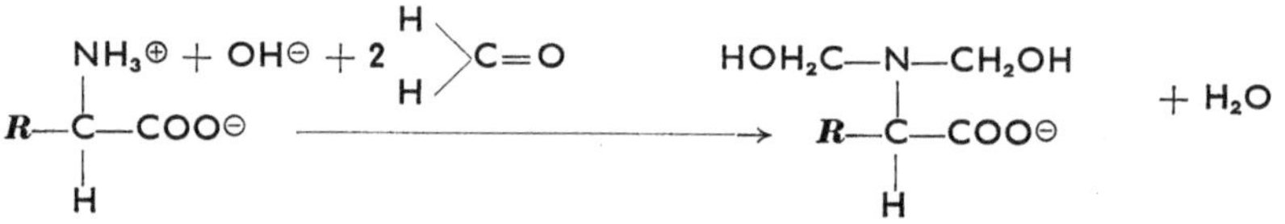

$$NH_3^{\oplus} + OH^{\ominus} + 2\ \underset{H}{\overset{H}{\diagdown}}C{=}O \qquad HOH_2C{-}N{-}CH_2OH$$

$$R{-}\underset{H}{\overset{|}{C}}{-}COO^{\ominus} \longrightarrow R{-}\underset{H}{\overset{|}{C}}{-}COO^{\ominus} \quad + H_2O$$

Formulierung der Formolreaktion

3. Reaktionen der Aminogruppe.

α) Aus chemischen wie aus biologischen Gründen sind die Reaktionen der Aminogruppe mit Säuregruppen von großer Wichtigkeit. Sehr häufig entstehen dabei besonders charakteristische Verbindungen der betreffenden Aminosäuren, so daß ihr Nachweis und auch ihre Isolierung durch diese Reaktionen gelingt. Das gilt z. B. für die *Kuppelung mit Benzoylchlorid*, die zu den Benzoesäurederivaten führt. Am bekanntesten ist die Bildung des Benzoylglykokolls, der *Hippursäure*, die auch im Organismus aus Benzoesäure und Glykokoll entsteht (s. S. 323):

$$\underset{\underset{\displaystyle \text{Glykokoll}}{NH_2}}{\overset{CH_2{-}COOH}{\overset{|}{|}}} + \underset{\text{Benzoylchlorid}}{ClOC{-}C_6H_5} \longrightarrow \underset{\underset{\displaystyle \text{Hippursäure}}{HN{-}OC{-}C_6H_5}}{\overset{CH_2{-}COOH}{\overset{|}{|}}} + HCl$$

Da die Kuppelung bei alkalischer Reaktion vorgenommen werden muß, entstehen nicht die freien Säuren, sondern ihre Alkalisalze.

Nach dem gleichen Prinzip kann sich aber auch die Aminogruppe einer Aminosäure mit der Carboxylgruppe einer zweiten vereinigen. Diese Art der Bindung wird als **Peptidbindung** bezeichnet, das entstandene

Reaktionsprodukt ist ein *Dipeptid*. Wird mit ihm in der gleichen Weise ein drittes Aminosäuremolekül verknüpft, so erhält man ein *Tripeptid*, durch öftere Wiederholung lassen sich Polypeptide aufbauen.

$$R\text{—CH—COOH} \quad\quad\quad R\text{—CH—COOH}$$
$$\text{NH H} \;+\; \text{HO OC—CH—}R_1 \;\longrightarrow\; \text{HN—CO—CH—}R_1$$
$$\text{NH}_2 \quad\quad\quad\quad \text{NH}_2$$
$$\textbf{Dipeptid}$$

Da man bei der Spaltung der Eiweißkörper ebenfalls Peptide erhält, muß man schließen, daß *auch im Eiweißmolekül Aminosäuren durch die Peptidbindung miteinander vereinigt* sind (s. S. 71, 77).

β) Aus den Zwitterionenformeln der Aminosäuren (s. S. 157 f.) lassen sich leicht die **Betaine** herleiten. Sie entstehen, wenn an der $NH_3^{\oplus}$-Gruppe die Wasserstoffe durch Methylgruppen ersetzt werden. Das einfachste Betain ist das *Glykokollbetain:*

$$\overset{\oplus}{H_3N}\text{—CH}_2\text{—COO}^{\ominus} \longrightarrow (H_3C)_3\overset{\oplus}{N}\text{—CH}_2\text{—COO}^{\ominus}$$
$$\textbf{Glykokoll} \quad\quad\quad\quad \textbf{Glykokollbetain}$$

Die nahen Beziehungen des Glykokollbetains zum Cholin (s. S. 40) sind ohne weiteres einleuchtend:

$$(H_3C)_3\overset{\oplus}{N}\text{—CH}_2\text{—CH}_2OH$$
$$\textbf{Cholin}$$

Ob es sich dabei um mehr als einen formalen Zusammenhang handelt, ist nicht mit Sicherheit bekannt. Wie die Formel zeigt, liegt auch das Betain als „Dipol" oder „Zwitterion" vor. Die Dipolstruktur, auf die bereits beim Lecithin hingewiesen wurde, hat sicherlich auch eine besondere biologische Bedeutung. Auch Betaine von anderen Aminosäuren sind bekannt. Sie finden sich vorzugsweise in Pflanzen.

ε) Läßt man auf Aminosäuren *Salpetrige Säure* einwirken, so verhalten sie sich wegen des Besitzes der Aminogruppe genauso wie andere einfache Amine oder Amide, d. h. der Stickstoff der Aminogruppe wird zusammen mit dem Stickstoff der Salpetrigen Säure in elementarer Form freigesetzt, wobei die Aminogruppe durch die Hydroxylgruppe ersetzt wird. Da aus jeder Aminogruppe ein Molekül Stickstoff entsteht, eignet sich diese Methode zur quantitativen Bestimmung der freien Aminogruppen (Methode nach VAN SLYKE):

$$R\text{—CH—COOH} \quad\quad\quad R\text{—CH—COOH}$$
$$\text{N H}_2 \;+\; \text{HO} \diagdown\!\!\text{N} \longrightarrow \text{OH} \;+\; N_2 + H_2O$$
$$\text{O}$$

Die auf diesem Wege entstandenen Hydroxysäuren können durch Oxydation in die entsprechenden Ketosäuren übergehen:

$$R\text{—CH—COOH} \longrightarrow R\text{—C—COOH}$$
$$\text{OH} \quad\quad\quad\quad \text{O}$$

Die oxydative Bildung von Ketosäuren aus Aminosäuren, bei der die Aminogruppe als Ammoniak abgespalten wird, ist eine wichtige biologische Reaktion, da bei ihrem biologischen Endabbau aus den Aminosäuren Ketosäuren entstehen (s. S. 465). Aber auch zu der umgekehrten Reaktion, dem Aufbau von Aminosäuren aus Hydroxy- bzw. Ketosäuren und Ammoniak, ist der Organismus befähigt und dadurch in der Lage, eine Reihe von Aminosäuren zu synthetisieren (s. S. 460—463).

ζ) Eine Anzahl von Aminosäuren kann, wie im folgenden gezeigt werden wird, durch spezifische Reaktionen nachgewiesen werden. Es gibt jedoch auch Farbreaktionen, durch die allgemein die Anwesenheit geringer Mengen von Aminosäuren, von Eiweiß und Eiweißspaltprodukten erkannt werden kann. Eine von ihnen ist die *Ninhydrinreaktion*. Sie ist gekennzeichnet durch das Auftreten einer Blaufärbung beim Erhitzen der Lösungen mit Ninhydrin (Triketohydrinden-hydrat).

Inden — Hydrinden — Triketo-hydrinden — Triketo-hydrinden-hydrat

Die Reaktion ist nicht spezifisch für Aminosäuren, sondern fällt auch mit Polypeptiden, Peptonen, Ammoniumsalzen sowie mit Aminen positiv aus.

Für die einfachen Aminosäuren ist die Reaktion folgendermaßen zu formulieren:

4. Reaktionen der Säuregruppe.

Im Gegensatz zu der großen Zahl und der Mannigfaltigkeit der Reaktionen der Aminogruppe liegen die Verhältnisse für die Säuregruppe wesentlich einfacher. Hier spielt, abgesehen von der Salzbildung, eigentlich nur eine Reaktion eine allerdings sehr bedeutende Rolle. Das ist die von E. FISCHER in die Eiweißchemie eingeführte Veresterung der Säuregruppen, die man in der Weise durchführt, daß man in die alkoholische Lösung einer Aminosäure Chlorwasserstoff einleitet. Der Alkohol verestert sich mit der Säuregruppe, und die Salzsäure lagert sich an die Aminogruppe an. Man erhält also nicht die freien Ester, sondern die *Esterchlorhydrate*.

$$R\text{—CH—COOH} + \begin{cases} HOC_2H_5 \\ HCl \end{cases} \rightarrow R\text{—CH—CO—OC}_2H_5 + H_2O$$

Durch Alkalien lassen sich die Esterchlorhydrate in die stark basischen Ester überführen. Gemische solcher Ester, wie sie z. B. bei der Aufarbeitung von Eiweißhydrolysaten erhalten werden, können durch fraktionierte Destillation getrennt werden. Auf diese Weise sind zahlreiche Aminosäuren erstmalig als Bestandteile der Eiweißkörper nachgewiesen worden.

Von großer biologischer Bedeutung ist ferner die Abspaltung von CO_2 aus der Carboxylgruppe, die bei manchen Aminosäuren schon durch einfaches Erwärmen erzielt werden kann. Dabei gehen die Aminosäuren in die um ein C-Atom ärmeren *Amine* über:

$$R\text{—CH—COOH} \xrightarrow{-CO_2} R\text{—CH}_2$$

Eine solche Aminbildung spielt sich auch im Zellstoffwechsel selber in gewissem Umfang ab. Die dabei entstehenden Amine werden *proteinogene Amine* genannt, sie sind häufig Stoffe von großer biologischer Wirksamkeit (s. S. 476, Histamin und Tyramin). Fernerhin werden im Darm durch die Tätigkeit von Bakterien ständig Eiweißabbauprodukte zersetzt. Auch dabei entstehen Amine (s. S. 378, Putrescin und Cadaverin).

5. Einteilung der Aminosäuren.

Als kennzeichnendes Merkmal einer Aminosäure wurde im vorhergehenden der gleichzeitige Besitz einer Carboxylgruppe und einer Aminogruppe bezeichnet. Die Mehrzahl der Aminosäuren ist tatsächlich nach diesem einfachen Prinzip gebaut, man nennt sie deswegen *Monoamino-monocarbonsäuren*. Daneben gibt es aber andere Aminosäuren, in denen entweder die Carboxylgruppe oder die Aminogruppe doppelt vertreten ist; es sind das die *Monoamino-dicarbonsäuren* und die *Diamino-monocarbonsäuren*. Wegen des Mehrbesitzes entweder einer basischen oder einer sauren Gruppe sind die Lösungen derartiger Aminosäuren nicht mehr nahezu neutral, sondern reagieren beim Überwiegen der sauren Valenzen relativ stark sauer, bei Mehrbesitz einer Aminogruppe deutlich alkalisch. Da die basischen Aminosäuren Lysin, Arginin und Histidin 6 C-Atome haben, sind sie von KOSSEL als *Hexonbasen* bezeichnet worden.

Neuerdings ist aus dem Eiweiß einiger Bakterienarten eine eigenartige Aminosäure isoliert worden, die je zwei Amino- und Säuregruppen enthält, die $\alpha,\ \varepsilon\text{-}$*Diaminopimelinsäure* $HOOC—CH(NH_2)—(CH_2)_3—CH(NH_2)—COOH$. Sie ist also eine Diamino-dicarbonsäure.

Eine zweite Einteilungsmöglichkeit ergibt sich, wenn man sich an andere strukturelle Eigentümlichkeiten hält. Die meisten Aminosäuren leiten sich von Fettsäuren der aliphatischen Reihe ab, daneben gibt es aber auch einige sehr wichtige Aminosäuren, die Ringsysteme enthalten; es ist also auch zu unterscheiden zwischen den *aliphatischen* und den *cyclischen Aminosäuren*.

6. Die einzelnen Aminosäuren.

α) *Monoamino-monocarbonsäuren*.

Die einfachste Aminosäure ist das **Glykokoll**, die *Aminoessigsäure*. Der Name (= Leimsüß) deutet auf den süßen Geschmack hin, der übrigens den meisten Aminosäuren zukommt, und ferner auf ihre Entdeckung unter den hydrolytischen Spaltprodukten des Leims. Das Glykokoll findet sich nicht in allen Eiweißkörpern, so fehlt es z. B. in den meisten Albuminen. Der Organismus ist in der Lage, Glykokoll zu synthetisieren (s. S. 472). Glykokoll kann anscheinend biologisch zu Aminoäthanol (Colamin, s. S. 40) reduziert werden.

$$\begin{array}{ccc} COOH & CH_2OH & COOH \\ | & | & | \\ H_2C—NH_2 & H_2C—NH_2 & H_2C—NH—CH_3 \\ \textbf{Glykokoll} & \textbf{Colamin} & \textbf{Sarkosin} \end{array}$$

Dem Glykokoll steht strukturell sehr nahe das *Sarkosin* (Methylglykokoll), das ein Bestandteil des Muskels ist (s. S. 548).

Das nächst höhere Homologon des Glykokolls ist das L-(+)-**Alanin** *(α-Amino-propionsäure)*. Es ist Bestandteil aller Eiweißkörper, kann aber auch im Organismus aus den Hydroxy- und Ketosäuren mit 3 C-Atomen (Milchsäure: $H_3C—CHOH—COOH$ und Brenztraubensäure: $H_3C—CO—COOH$)

$$\begin{array}{cc} COOH & COOH \\ | & | \\ H_2N—C—H & CH_2 \\ | & | \\ CH_3 & H_2C—NH_2 \\ \text{L-(+)-}\textbf{Alanin} & \beta\text{-}\textbf{Alanin} \end{array}$$

und Ammoniak gebildet werden. Eine große Zahl der übrigen Aminosäuren, sowohl der aliphatischen als auch der aromatischen, sind Substitutionsprodukte des Alanins.

Eigenartigerweise gibt es außer der in α-Stellung substituierten Propionsäure auch ein β-Substitutionsprodukt, das *β-Alanin*, das die einzige bisher in Naturstoffen aufgefundene β-Aminosäure ist. Sie ist aber in freier Form nicht bekannt, sondern nur als Bestandteil einiger Peptide, die im Muskel vorkommen (s. S. 74), sowie des Vitamins Pantothensäure (s. S. 204f.) und damit auch des Coenzym A (s. S. 321f.).

Substitutionsprodukte des Alanins aus der aliphatischen Reihe sind das L-Serin, das L-Cystein und das L-Cystin.

COOH	COOH	COOH	COOH
H₂N—C—H	H₂N—C—H	H₂N—C—H	H₂N—C—H
H₂C—OH	H₂C—SH	H₂C———S———S———CH₂	
L-Serin	L-(+)-Cystein	L-(+)-Cystin	

Serin ist *α-Amino-β-hydroxy-propionsäure*, es wurde zuerst im Seidenleim entdeckt, ist aber auch im Schweiß aufgefunden worden. Als Phosphorsäureester kommt es im Casein, aber auch in anderen Eiweißkörpern, vor.

Cystein ist *α-Amino-β-thio-propionsäure*. Es geht durch Oxydation, besonders in Gegenwart von Schwermetallsalzen, außerordentlich leicht in Cystin über. So erhält man bei der Aufarbeitung von Eiweißhydrolysaten nicht Cystein, sondern stets Cystin. Cystin läßt sich aber durch Reduktion auch leicht wieder in Cystein zurückverwandeln. Cystein (*Sulfhydrylform* **R**—SH) und Cystin (*Disulfidform* **R**—S—S—**R**) stehen also in einem reversiblen Gleichgewicht (s. a. Glutathion S. 73).

Cystin (und ebenso Cystein nach vorheriger Oxydation zu Cystin) läßt sich durch die *Schwefelblei-Probe* nachweisen: bei Erwärmen in alkalischer, Pb-Ionen-haltiger Lösung wird der Schwefel abgespalten und verbindet sich mit den Pb-Ionen zu schwarzem Bleisulfid.

Das Cystin findet sich besonders reichlich in den Hornsubstanzen der Epidermis und ihrer Anhangsgebilde. Ein Abbauprodukt des Cysteins ist das *Taurin*, das bereits als Bestandteil der Taurocholsäuren genannt worden ist (s. S. 53). Formal besteht die Umwandlung in der Decarboxylierung und der Oxydation der Sulfhydrylgruppe bis zum Rest der Sulfonsäure. Sie verläuft entweder über die Zwischenstufe der *Cysteinsäure* oder die des Cysteamins (s. S. 478).

COOH	COOH	
H₂N—C—H	H₂N—C—H	H₂C—NH₂
H₂C—SH	H₂C—SO₃H	H₂C—SO₃H
Cystein	**Cysteinsäure**	**Taurin**

Die L-(+)-*α-Aminobuttersäure* kommt in Eiweißkörpern nicht vor, dagegen zwei von ihr sich ableitende Aminosäuren mit 4 C-Atomen, Methionin und Threonin, die beide zu den lebenswichtigen Aminosäuren gehören (s. Tabelle 95, S. 461). L-**Methionin**, *α-Amino-γ-methyl-thio-buttersäure*, ist neben dem Cystein die Hauptquelle des Schwefelgehaltes der Eiweißkörper. Manche Eiweiße enthalten sogar mehr Methionin als Cystein. Die Methylgruppe ist leicht abspaltbar und kann vom Organismus zu Methylierungen verwandt werden (s. S. 320).

L-(—)-Threonin (*α-Amino-β-hydroxy-buttersäure*) wurde, da es die gleiche Konfiguration wie die Tetrose D-(—)-Threose hat, zunächst als D-(—)-*Threonin* bezeichnet, es gehört aber zur Reihe der L-Aminosäuren.

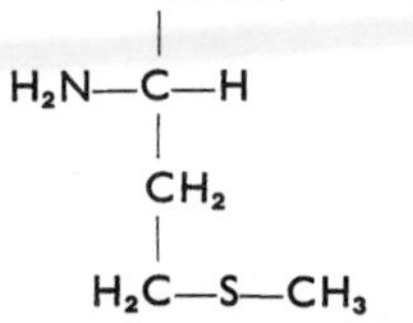

$$COOH \qquad\qquad COOH$$
$$H_2N{-}C{-}H \qquad\qquad H_2N{-}C{-}H$$
$$CH_2 \qquad\qquad H{-}C{-}OH$$
$$H_2C{-}S{-}CH_3 \qquad\qquad CH_3$$

L-Methionin 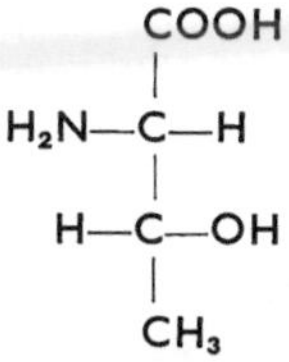 $\qquad\qquad$ **L-(—)-Threonin**

Kürzlich wurde aus dem Harn eine *β-Aminoisobuttersäure* isoliert. Über ihre Herkunft und Bedeutung ist nichts bekannt.

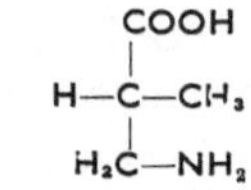

$$COOH$$
$$H{-}C{-}CH_3$$
$$H_2C{-}NH_2$$

β-Aminoisobuttersäure

Über γ-Aminobuttersäure s. S. 69.

Eine Aminosäure mit 5 C-Atomen und verzweigter C-Kette ist das L-(+)-**Valin** *(α-Amino-iso-valeriansäure)*. *Norvalin* (α-Amino-n-valeriansäure) kommt nach neueren Untersuchungen im Eiweiß nicht vor.

Von den Fettsäuren mit 6 C-Atomen, den Capronsäuren, leiten sich 2 verschiedene Aminosäuren her: L-(—)-**Leucin** *(α-Amino-iso-capronsäure)* und L-(+)-**Isoleucin** *(α-Amino-β-methyl-β-äthyl-propionsäure)*.

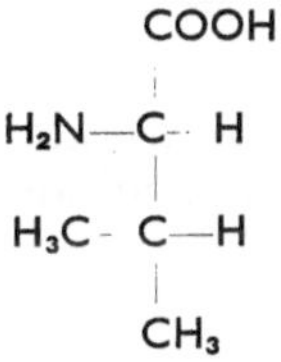

$$COOH \qquad COOH \qquad COOH \qquad COOH$$
$$H_2N{-}C{-}H \quad H_2N{-}C{-}H \quad H_2N{-}CH_2 \quad H_2N{-}C{-}H$$
$$H_3C{-}C{-}H \quad CH_2 \longrightarrow CH_2 \quad H_3C{-}C{-}H$$
$$CH_3 \quad H_3C{-}C{-}H \quad H_3C{-}C{-}H \quad CH_2$$
$$CH_3 \quad CH_3 \quad CH_3$$

L-(+)-Valin 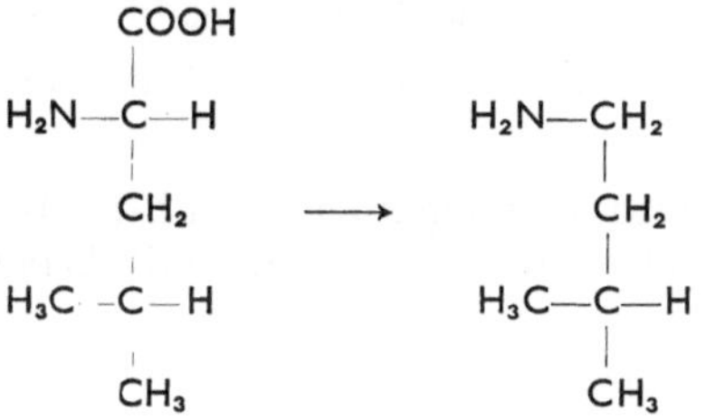 $\quad$ **L-(—)-Leucin** $\quad$ **Isoamylamin** 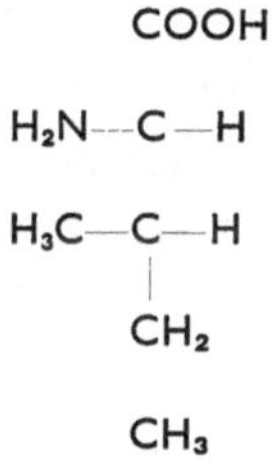 $\quad$ **L-(+)-Isoleucin**

Ebenso wie Norvalin kommt auch *Norleucin* (α-Amino-n-Capronsäure) im Eiweiß nicht vor. Leucin kann leicht daran erkannt werden, daß es beim Erwärmen in *Isoamylin* übergeht, das sich durch einen charakteristischen Geruch auszeichnet.

β) *Diamino-monocarbonsäuren.*

Eine der wichtigsten Aminosäuren überhaupt ist das zu den basischen Aminosäuren gehörende L-(+)-**Arginin,** das sich vom Norvalin ableiten läßt, wenn man in δ-Stellung eine Guanidinogruppe einführt; Arginin ist also *δ-Guanidino-α-amino-valeriansäure.* Guanidin ist Iminoharnstoff, Harnstoff das Diamid der Kohlensäure. Die Zusammenhänge ergeben sich aus den folgenden Formeln:

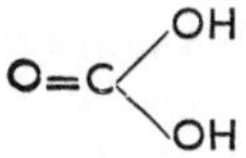

$$O{=}C{<}^{OH}_{OH} \qquad O{=}C{<}^{NH_2}_{OH} \qquad O{=}C{<}^{NH_2}_{NH_2} \qquad HN{=}C{<}^{NH_2}_{NH_2}$$

Kohlensäure 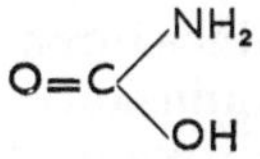 $\qquad$ Carbaminsäure 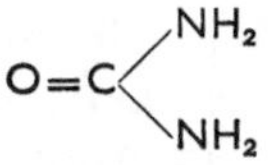 $\qquad$ Harnstoff 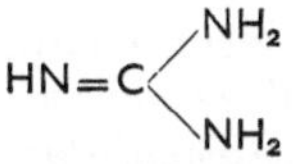 $\qquad$ Guanidin

$$
\begin{array}{ccc}
\text{COOH} & \text{COOH} & \text{COOH} \\
| & | & | \\
\text{H}_2\text{N—C—H} & \text{H}_2\text{N—C—H} & \text{H}_2\text{N—C—H} \\
| & | & | \\
\text{CH}_2 & \text{CH}_2 & \text{CH}_2 \\
| & | & | \\
\text{CH}_2 & \text{CH}_2 & \text{CH}_2 \\
| & | & | \\
\text{H}_2\text{C—NH—C}\!\!<^{\text{NH}_2}_{\text{NH}} & \text{H}_2\text{C—NH}_2 & \text{H}_2\text{C—NH—C}\!\!<^{\text{NH}_2}_{\text{O}} \\
\end{array}
$$

$$\text{L-(+)-Arginin} \quad + \text{H}_2\text{O} \longrightarrow \quad \text{L-(+)-Ornithin} \; + \; \text{O}{=}\!\!<^{\text{NH}_2}_{\text{NH}_2} \quad \text{L-(+)-Citrullin}$$

Das Arginin kommt in allen Eiweißkörpern vor; manche einfacher
gebauten, niedermolekularen Proteine bestehen sogar zum größten Teil
aus Arginin. Beim Kochen mit Alkalien, aber auch bei Einwirkung eines
in der Leber vorkommenden Fermentes Arginase (s. S. 308) wird Arginin
unter Abspaltung von Harnstoff in L-(+)-**Ornithin** *(α,δ-Di-amino-valerian-*
säure) umgewandelt. Andererseits kann der Organismus aus Ornithin,
Kohlensäure und Ammoniak Arginin aufbauen. Dieser Aufbau verläuft
wahrscheinlich über *Citrullin* (δ-Carbamino-ornithin) als Zwischenstufe. Ornithin ist bisher als primärer Eiweißbaustein nicht nachgewiesen worden,
und auch Citrullin wurde nur in einigen Eiweißkörpern gefunden. Trotzdem
spielen alle drei Verbindungen eine wichtige Rolle im Stoffwechsel; ihr
Zusammenhang ist nicht nur ein formaler, sondern Grundlage für die Bildung
von Harnstoff als Endprodukt des Eiweißstoffwechsels (s. S. 468 ff.).

Arginin kann durch die SAKAGUCHI-*Reaktion* nachgewiesen werden: Rotfärbung bei
Zusatz von Natronlauge, α-Naphthol und Na-hypochlorit. Sie beruht offenbar auf der
Gruppe —HN—C$<^{\text{NH}_2}_{\text{NH}}$, da andere Substanzen, die diese Gruppe enthalten, die gleiche
Reaktion geben.

Zu den basischen Aminosäuren gehört auch L-(+)-**Lysin,** *(α,ε-Di-amino-*
n-capronsäure). Es findet sich in allen Eiweißkörpern, die freie Aminogruppen aufweisen.

$$
\begin{array}{cc}
\text{COOH} & \text{COOH} \\
| & | \\
\text{H}_2\text{N—C—H} & \text{H}_2\text{N—C—H} \\
| & | \\
\text{CH}_2 & \text{CH}_2 \\
| & | \\
\text{CH}_2 & \text{CH}_2 \\
| & | \\
\text{CH}_2 & \text{CHOH} \\
| & | \\
\text{H}_2\text{C—NH}_2 & \text{H}_2\text{C—NH}_2 \\
\text{L-(+)-Lysin} & \text{L-Hydroxylysin}
\end{array}
$$

Außerdem ist ein *Hydroxylysin* (α,ε-Diamino-δ-hydroxy-capronsäure)
bekannt.

γ) Monoamino-dicarbonsäuren.

In dieser Gruppe finden wir zwei Aminosäuren, L-(+)-**Asparaginsäure**
(Aminobernsteinsäure) und L-(+)-**Glutaminsäure** *(α-Aminoglutarsäure)*.
Die *Hydroxyglutaminsäure* (α-Amino-β-hydroxy-glutarsäure) ist als Eiweiß-
baustein nicht gesichert.

$$
\begin{array}{c}
\text{COOH} \\
| \\
\text{H}_2\text{N}-\text{C}-\text{H} \\
| \\
\text{CH}_2 \\
| \\
\text{COOH}
\end{array}
\qquad
\begin{array}{c}
\text{COOH} \\
| \\
\text{H}_2\text{N}-\text{C}-\text{H} \\
| \\
\text{CH}_2 \\
| \\
\text{CO}-\text{NH}_2
\end{array}
\qquad
\begin{array}{c}
\text{COOH} \\
| \\
\text{H}_2\text{N}-\text{C}-\text{H} \\
| \\
\text{CH}_2 \\
| \\
\text{CH}_2 \\
| \\
\text{COOH}
\end{array}
\qquad
\begin{array}{c}
\text{COOH} \\
| \\
\text{H}_2\text{N}-\text{C}-\text{H} \\
| \\
\text{CH}_2 \\
| \\
\text{CH}_2 \\
| \\
\text{CO}-\text{NH}_2
\end{array}
$$

L-(+)-Asparaginsäure   **L-(+)-Asparagin**   **L-(+)-Glutaminsäure**   **L-(+)-Glutamin**

Neben Asparaginsäure kommen auch ihr Amid, das L-(+)-*Asparagin* (im Spargel), und wahrscheinlich auch das L-(+)-*Glutamin*, das Amid der Glutaminsäure, als Bestandteile von Eiweißkörpern vor. Im tierischen Organismus findet sich Glutamin besonders reichlich im Blut und im Herzmuskel. Die beiden Monoamino-dicarbonsäuren spielen im Stoffwechsel der Aminosäuren eine sehr bedeutsame Rolle (s. S. 465 u. 469f.).

Über das Vorkommen von D-Glutaminsäure s. S. 74.

In Gehirn und in Hefeextrakten wurde kürzlich eine γ-Aminobuttersäure aufgefunden, die dort anscheinend nur in freier Form und nicht als Eiweißbaustein vorkommt. Sie wird als Decarboxylierungsprodukt der Glutaminsäure angesehen.

$$
\begin{array}{c}
\text{COOH} \\
| \\
\text{CH(NH}_2) \\
| \\
\text{CH}_2 \\
| \\
\text{CH}_2 \\
| \\
\text{COOH}
\end{array}
\qquad \longrightarrow \qquad
\begin{array}{c}
\text{H}_2\text{C}-\text{NH}_2 \\
| \\
\text{CH}_2 \\
| \\
\text{CH}_2 \\
| \\
\text{COOH}
\end{array}
$$

Glutaminsäure　　　　　　　γ-Aminobuttersäure

δ) Cyclische Aminosäuren.

Die cyclischen Aminosäuren sind in der Mehrzahl formal Substitutionsprodukte des Alanins. So die einfachsten von ihnen, L-(—)-**Phenylalanin** und L-(—)-**Tyrosin** *(p-Hydroxy-phenylalanin)*, die beide in allen Eiweißkörpern vorkommen.

L-(—)-Phenylalanin   **L-(—)-Tyrosin**   **L-(—)-Jodgorgosäure**

Tyrosin kann nachgewiesen werden durch die *Xanthoproteinreaktion*, eine Gelbfärbung, die beim Aufkochen einer tyrosinhaltigen Lösung mit konz. Salpetersäure auftritt. Auch Tryptophan (s. unten) gibt diese Reaktion. Die gelbe Farbe, die bei Benetzung der Haut mit Salpetersäure auftritt, geht ebenfalls auf sie zurück. Sie beruht auf einer Einführung von Nitrogruppen in den Benzolring. Eine andere Reaktion des Tyrosins ist die MILLONsche Probe, die aber viele Phenolderivate geben und die deshalb nicht spezifisch ist.

Vom Tyrosin leitet sich her die L-(—)-*Jodgorgosäure* (3,5-Di-jod-tyrosin), die aus einigen Korallenarten und Schwämmen, aber auch aus der Schilddrüse isoliert werden konnte. Sie ist ebenso wie *Monojodtyrosin* und einige andere jodierte Tyrosinderivate eine Vorstufe des Schilddrüsenhormons Thyroxin (s. S. 245). Neben der Jodgorgosäure wurde in Schwämmen auch *Di-brom-tyrosin* gefunden. Das Tyrosin ist ferner die Vorstufe der Hormone des Nebennierenmarks, des Adrenalins und des Noradrenalins (s. S. 235), und vielleicht auch diejenige von schwarzbraunen, als *Melaninen* bezeichneten Pigmenten (s. S. 346).

L-Tryptophan *(β-Indolyl-α-amino-propionsäure)* ist ebenfalls ein Substitutionsprodukt des Alanins. Tryptophan wird bei der Hydrolyse von Eiweiß mit Säure oder Alkali zerstört, aber bei der Trypsinverdauung (s. S. 317) in Freiheit gesetzt. Auf dies Verhalten deutet auch der Name dieser Aminosäure hin.

Benzol + Pyrrol = Indol → **L-Tryptophan**

Tryptophan gibt, wie schon oben erwähnt, die Xanthoproteinreaktion. Spezifisch ist die Probe nach ADAMKIEWICZ-HOPKINS: wird eine tryptophanhaltige Lösung mit Glyoxylsäure versetzt und dann mit konz. Schwefelsäure unterschichtet, so tritt an der Berührungsstelle der beiden Flüssigkeiten ein violetter Ring auf.

Auch L-(—)-**Histidin** *(β-Imidazolyl-α-amino-propionsäure)* ist ein Derivat des Alanins.

Imidazol   L-(—)-**Histidin**

Histidin gehört zu den basischen Aminosäuren, weil die Iminogruppe des Kerns basische Eigenschaften hat. Es ist als Eiweißbaustein weit verbreitet und findet sich besonders reichlich im Globin, der Eiweißkomponente des roten Blutfarbstoffes.

Ein eigenartiges Derivat des Histidins ist das *Ergothionein (Thiasin)*, das Trimethylbetain des Thiolhistidins. Es wurde zuerst aus Mutterkorn gewonnen, kommt aber auch im Blut und in der Samenflüssigkeit des Ebers vor.

Ergothionein

Schließlich sind noch zwei cyclische Säuren zu erwähnen, die in ihrer Struktur eigentlich nicht der Definition der Aminosäuren entsprechen;

Pyrrol   Pyrrolidin   L-(—)-**Prolin**   L-(—)-**Hydroxyprolin** aber wie beim Histidin hat auch bei ihnen die Iminogruppe basischen Charakter. Es sind das L-(—)-**Prolin** *(Pyrrolidin-α-carbonsäure)* und das L-(—)-**Hydroxyprolin** *(γ-Hydroxypyrrolidin-α-carbonsäure)*. Sie sind beide als Eiweißbausteine sehr weit verbreitet.

7. Biologische Bedeutung einzelner Aminosäuren.

Für den Organismus ist es, worauf im Voranstehenden schon gelegentlich hingewiesen wurde, in höchstem Maße beachtenswert und wichtig, daß er in der Lage ist, eine Reihe von Aminosäuren aus N-freien Vorstufen und Ammoniak aufzubauen; für andere Aminosäuren gilt das dagegen nicht, sie müssen vielmehr in dem mit der Nahrung zugeführten Eiweiß enthalten sein. Diese Tatsache hat eine außerordentliche ernährungsphysiologische Bedeutung, da nicht jedes Eiweiß alle bekannten oder auch nur die für den Organismus notwendigen Aminosäuren enthält. *Solange nur solche Aminosäuren fehlen, zu deren Synthese der Körper befähigt ist, ist das belanglos, fehlen aber im Nahrungseiweiß Aminosäuren, die der Organismus nicht selber bilden kann, so treten nach kürzerer oder längerer Ernährung mit derartigen Eiweißkörpern schwere Gesundheitsschädigungen ein: die fehlenden Aminosäuren sind unentbehrlich.* Die biologische Wertigkeit verschiedener Eiweißkörper ist also ganz verschieden (s. S. 393—396). Die Unentbehrlichkeit mancher Aminosäuren beruht offenbar darauf, daß sie der Körper als Bausteine für den Aufbau von spezifischen Stoffen, etwa von Hormonen oder Fermenten, gebraucht. Es ist interessant, daß einige wichtige Aminosäuren erst entdeckt worden sind und identifiziert werden konnten, nachdem durch Fütterungsversuche mit Aminosäuregemischen, die in ihrer Zusammensetzung der bis dahin angenommenen Zusammensetzung bestimmter Eiweißkörper entsprachen, das Fehlen von unentbehrlichen Aminosäuren in diesen Gemischen erwiesen wurde. So wurden Methionin und Threonin erst aufgefunden, nachdem sich bei der Verfütterung eines Gemisches aus den bis dahin bekannten Aminosäuren des Caseins gezeigt hatte, daß durch sie allein hydrolysiertes Casein nicht ersetzt werden kann. Auch auf das weiter unten (s. S. 74) erwähnte Strepogenin wurde man durch solche Fütterungsversuche mit Aminosäuregemischen aufmerksam.

b) Peptide.

Wird die chemische Spaltung der Eiweißkörper nicht zu Ende geführt oder werden die Eiweißkörper stufenweise durch Fermente (z. B. Pepsin oder Trypsin) abgebaut, so entstehen als *Peptide* bezeichnete Verbindungen, die bei weiterer chemischer oder fermentativer Spaltung quantitativ in Aminosäuren übergehen. Wie schon früher gezeigt, sind in diesen Peptiden Aminosäuren durch Austritt von Wasser zwischen Amino- und Carboxylgruppen miteinander vereinigt (s. S. 62f.).

Entsprechend der Molekülgröße eines Peptids, also der Zahl der in ihm vereinigten und bei völliger Aufspaltung freiwerdenden Aminosäuren, hat man zu unterscheiden zwischen den relativ hochmolekularen *Polypeptiden* und den niedermolekularen *Dipeptiden, Tripeptiden, Tetrapeptiden* usw. Die Zahl der Aminosäuren in den Polypeptiden ist variabel. Eine besondere Stellung nehmen die höchstmolekularen Polypeptide ein, die **Peptone**, die z. B. bei der Einwirkung von Pepsin auf Eiweißkörper entstehen. Sie weisen in mancher Hinsicht noch nahe Beziehungen zu

den Eiweißkörpern auf, sind aber gerade durch das Fehlen der typischen
Eiweißreaktionen (Koagulation durch verdünnte Säure oder Aufkochen,
s. S. 85) von ihnen verschieden. Auch die Peptone sind nicht eindeutig zu
definieren, sondern am einfachsten als Zwischenstufen zwischen Eiweiß und
Polypeptiden aufzufassen. Früher hat man noch einen Unterschied zwischen
Peptonen und *Albumosen* gemacht, jedoch sind die Differenzen zwischen
ihnen so geringfügig und wenig charakteristisch, daß es besser ist, den
Begriff „Albumose" aufzugeben.

Peptone und Peptide, diese im allgemeinen von den Tripeptiden an aufwärts, geben
eine positive *Biuretreaktion*, ebenso auch die Eiweißkörper selber. Beim Zusatz geringer
Mengen von Kupfersulfat zu einer alkalischen Peptidlösung tritt eine rot- oder blauviolette
Farbe auf. Für die Biuretreaktion der Peptone ist der ausgesprochen rote Farbton charak-
teristisch. Das *Biuret*, das dieser Reaktion den Namen gegeben hat, entsteht aus 2 Molekülen
Harnstoff beim trockenen Erhitzen unter Abgabe von 1 Molekül Ammoniak:

$$O=C\langle{}^{NH_2}_{NH\boxed{H}} \quad {}^{H_2N}_{\boxed{H_2N}}\rangle C=O \quad \xrightarrow{-NH_3} \quad O=C\langle{}^{NH_2}_{}{}_{NH}{}^{H_2N}_{}\rangle C=O$$

Biuret

Die Isolierung und besonders die Identifizierung der bei der Hydrolyse
von Eiweißkörpern entstehenden Gemische von Spaltstücken ist recht
schwierig. Immerhin hat man eine beträchtliche Zahl von Dipeptiden und
mit der Verbesserung der Methodik auch höhere Peptide in steigender Zahl
isolieren und ihren chemischen Aufbau aufklären können. Die Identifizierung
der höheren Peptide und ihr Vergleich mit synthetisch hergestellten Peptiden
ist vor allem deswegen schwierig, weil mit zunehmender Zahl der Aminosäuren
die Zahl der Möglichkeiten ihrer Aufeinanderfolge in einem Peptid rasch ins
Ungemessene steigt. Jedoch ist es möglich, aus Peptiden jeweils die endständige Aminosäure abzuspalten und dadurch die Reihenfolge der Aminosäuren in ihnen festzulegen.

Für die Vereinigung zweier Aminosäuren bestehen zwei Möglichkeiten;
für Alanin und Glykokoll (Glycin) z. B.:

<table>
<tr><td>

$$\begin{array}{c} CH_3 \\ | \\ H-C-NH_2 \\ | \quad\; H \\ O=C\!-\!\!-N\!-\!CH_2\!-\!COOH \end{array}$$

Alaninrest Glykokollrest

Alanylglycin

</td><td>

$$\begin{array}{c} CH_3 \\ | \quad\; H \\ H-C-N-C-CH_2-NH_2 \\ | \qquad\quad || \\ | \qquad\quad O \\ COOH \end{array}$$

Alaninrest Glykokollrest

Glycylalanin

</td></tr>
</table>

(Die Peptide werden in der Weise bezeichnet, daß an den Namen der
Aminosäure, deren —COOH-Gruppe zur Bindung an die andere Aminogruppe benutzt wird, die Endsilbe -yl angehängt wird; die Aminosäure
mit unveränderter Carboxylgruppe behält ihren Namen.)

Im Laufe der Zeit sind verschiedene Verfahren ausgearbeitet worden, durch die es
möglich ist, beliebige Aminosäuren miteinander zu Peptiden zu verknüpfen. Von ihnen soll
hier nur das *Carbobenzoxyverfahren* von BERGMANN u. ZERVAS angeführt werden. Es
beruht darauf, daß an die Aminogruppe einer Aminosäure der Benzylester der Chlorkohlen-
säure angelagert wird, so daß eine Carbobenzoxy-aminosäure entsteht:

$$\langle\!\!\bigcirc\!\!\rangle\!-\!CH_2\!-\!O\!-\!COCl \;+\; H_2N\!-\!\underset{\underset{R_1}{|}}{CH}\!-\!COOH \;\xrightarrow{HCl}\; \langle\!\!\bigcirc\!\!\rangle\!-\!CH_2\!-\!O\!-\!CO\!-\!NH\!-\!\underset{\underset{R_1}{|}}{CH}\!-\!COOH$$

Carbobenzoxyaminosäure

Diese wird ins Chlorid übergeführt, das mit einer weiteren Aminosäure oder einem Peptid
gekoppelt werden kann:

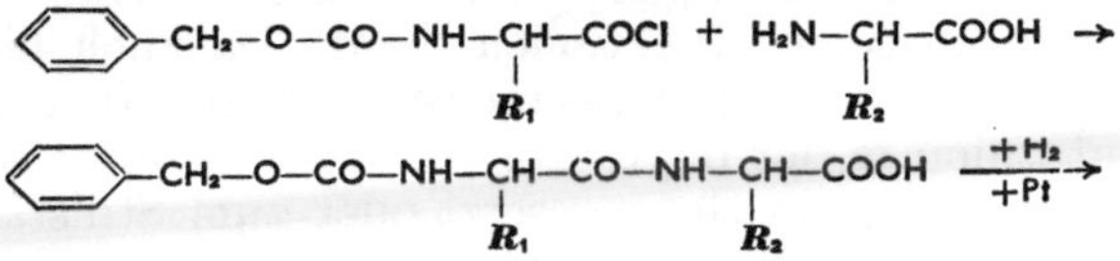

$$\langle\!\!\!\!\!\bigcirc\!\!\!\!\!\rangle\!\!-CH_2-O-CO-NH-\underset{\underset{\textbf{\textit{R}}_1}{|}}{CH}-COCl \;+\; H_2N-\underset{\underset{\textbf{\textit{R}}_2}{|}}{CH}-COOH \;\rightarrow$$

$$\langle\!\!\!\!\!\bigcirc\!\!\!\!\!\rangle\!\!-CH_2-O-CO-NH-\underset{\underset{\textbf{\textit{R}}_1}{|}}{CH}-CO-NH-\underset{\underset{\textbf{\textit{R}}_2}{|}}{CH}-COOH \;\xrightarrow[+Pt]{+H_2}$$

Bei der katalytischen Hydrierung wird der Carbobenzoxyrest als Toluol und Kohlendioxyd abgespalten, und man erhält das gewünschte Peptid:

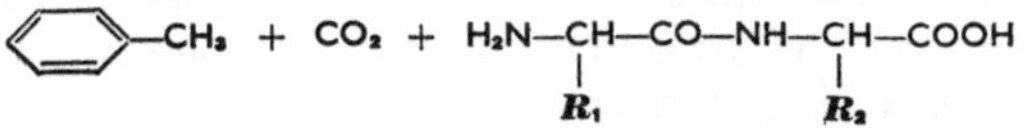

$$\langle\!\!\!\!\!\bigcirc\!\!\!\!\!\rangle\!\!-CH_3 \;+\; CO_2 \;+\; H_2N-\underset{\underset{\textbf{\textit{R}}_1}{|}}{CH}-CO-NH-\underset{\underset{\textbf{\textit{R}}_2}{|}}{CH}-COOH$$

Das Verfahren hat den Vorzug, daß beliebige Aminosäuren und Peptide miteinander
vereinigt werden können, und daß es weder zu Racemisierungen noch zu Änderungen der
optischen Spezifität führt.

Von größerem unmittelbarem Interesse als die bei der Aufspaltung von
Proteinen auftretenden Peptide sind *natürlich vorkommende Peptide.* Aus
den verschiedensten Organen sind immer wieder Peptide verschiedener
Molekülgröße gewonnen worden, die man wohl mit dem Abbau, Aufbau
und Umbau von Eiweißkörpern im Gewebe in Zusammenhang bringen muß.
Daneben gibt es aber auch Peptide von bekannter Struktur, die entweder
durch spezifische Funktion oder durch spezifisches Vorkommen aus der Zahl
der übrigen herausragen. Von ihnen ist am längsten bekannt das

Glutathion, ein Tripeptid aus Glutaminsäure, Cystein und Glykokoll.

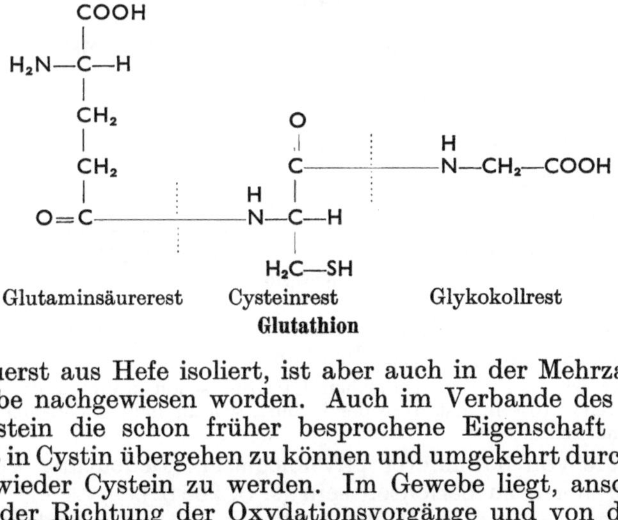

Glutaminsäurerest   Cysteinrest   Glykokollrest
Glutathion

Es wurde zuerst aus Hefe isoliert, ist aber auch in der Mehrzahl der tierischen Gewebe nachgewiesen worden. Auch im Verbande des Glutathions
hat das Cystein die schon früher besprochene Eigenschaft durch Oxydation leicht in Cystin übergehen zu können und umgekehrt durch Reduktion
aus Cystin wieder Cystein zu werden. Im Gewebe liegt, anscheinend abhängig von der Richtung der Oxydationsvorgänge und von der aktuellen
Reaktion, Glutathion entweder in der Sulfhydrylform oder in der Disulfidform vor; beide gehen mit großer Leichtigkeit ineinander über:

$$2\,\textbf{\textit{R}}-SH \;\underset{\text{Reduktion (saure Reaktion)}}{\overset{\text{Oxydation (alkalische Reaktion)}}{\rightleftharpoons}}\; \textbf{\textit{R}}-S-S-\textbf{\textit{R}} \;+\; 2\,H$$

Wie in dieser Formulierung zum Ausdruck gebracht wird, entsteht die
Sulfhydrylform besonders leicht bei saurer, die Disulfidform bei alkalischer
Reaktion; zu einer Änderung der Verlaufsrichtung sind schon relativ
geringfügige Reaktionsänderungen ausreichend. Wegen des leichten Überganges aus der oxydierten in die reduzierte Form und umgekehrt kommt

möglicherweise dem Glutathion eine Bedeutung bei den Atmungsvorgängen im Gewebe zu. Fernerhin hat sich gezeigt, daß das Glutathion als Aktivator einer Reihe von fermentativen Reaktionen dient. Da auch hierbei immer nur die eine Form als Aktivator wirksam ist, können offenbar, abhängig davon, ob das Glutathion in der oxydierten oder der reduzierten Form vorliegt, diese Fermentvorgänge in Gang gesetzt oder zum Stillstand gebracht werden. Das Glutathion ist damit ein Regulator von Stoffwechselvorgängen im Gewebe (s. a. S. 317).

Zwei eigenartige Dipeptide sind als Bestandteile der Muskulatur aufgefunden worden, *Carnosin* (GULEWITSCH) und *Anserin* (ACKERMANN). Beide enthalten Histidin und β-Alanin.

Das *Carnosin* ist β-Alanyl-histidin, das *Anserin* ein im Kern methyliertes Carnosin. Über die funktionelle Bedeutung der beiden Stoffe, insbesondere über ihre Beteiligung an den Stoffwechselvorgängen bei der

$$\begin{array}{c}
\text{HN}\!\!-\!\!-\!\!-\!\!-\!\!-\!\!-\!\!-\!\!-\!\!-\!\!\text{C}\!\!-\!\!\text{CH}_2\!\!-\!\!\text{CH}_2\!\!-\!\!\text{NH}_2 \\
\text{HC}\!\!=\!\!=\!\!\text{C}\!\!-\!\!\text{CH}_2\!\!-\!\!\text{C}\!\!-\!\!\text{COOH}\qquad \text{O} \\
\text{HN}\qquad \text{N}\qquad \text{H} \\
\text{C} \\
\text{H}
\end{array}$$

Histidinrest β-Alaninrest

Carnosin

$$\begin{array}{c}
\text{HN}\!\!-\!\!-\!\!-\!\!-\!\!-\!\!-\!\!-\!\!-\!\!-\!\!\text{C}\!\!-\!\!\text{CH}_2\!\!-\!\!\text{CH}_2\!\!-\!\!\text{NH}_2 \\
\text{HC}\!\!=\!\!=\!\!\text{C}\!\!-\!\!\text{CH}_2\!\!-\!\!\text{C}\!\!-\!\!\text{COOH}\qquad \text{O} \\
\text{H}_3\text{C}\!\!-\!\!\text{N}\qquad \text{N}\qquad \text{H} \\
\text{C} \\
\text{H}
\end{array}$$

Methyl-histidinrest β-Alaninrest

Anserin

Muskeltätigkeit, ist wenig bekannt; dem Carnosin wird eine Bedeutung für Phosphorylierungsvorgänge zugeschrieben.

Bemerkenswert ist, daß beim Kaninchen Carnosin schon während der embryonalen Entwicklung entsteht, Anserin erst nach der Geburt, woraus man schließen kann, daß das Carnosin phylogenetisch älter ist.

Über Peptide von besonderer physiologischer Bedeutung wird bei den *Hypophysenhormonen* zu berichten sein (s. S. 265ff.).

Das *Strepogenin*, das in Hydrolysaten von Casein und Insulin vorkommt und das Wachstum von Bakterien, aber auch von Ratten, Mäusen und Hühnchen fördert, ist als Seryl-histidyl-leucyl-valyl-glutaminyl-alanyl-leucin erkannt worden.

In Bakterien wurden Polypeptide gefunden, die nur aus Glutaminsäure bestehen, und zwar sowohl L- wie D-*Polyglutaminsäure* [Poly-(γ-glutamyl)-glutaminsäure]. Auch die Pteroylglutaminsäurekonjugate (s. S. 209) enthalten Glutaminsäurepolypeptide.

Von medizinischem Interesse ist, daß die CHARCOT-LEYDENschen Kristalle, die beim Bronchialasthma im Sputum gefunden werden, aus einem Zink-Polypeptid mit 14 Aminosäuren bestehen.

Natürlich vorkommende Polypeptide finden sich auch unter den *Antibiotica*. Dies sind Stoffe, die von Mikroorganismen gebildet werden und die Fähigkeit haben, das Wachstum anderer Mikroorganismen zu unterdrücken. Sie gehören zu den wirksamsten Heilmitteln der Neuzeit. Genannt seien Penicillin, Streptomycin, Gramicidin, Actinomycin. Sie enthalten fast alle immer eine unnatürliche Aminosäure. Manche von ihnen haben, wie übrigens auch die Hormone des Hypophysenhinterlappens, eine cyclische Struktur oder enthalten, wie z.B. die Actinomycine noch chemisch andere Gruppierungen (Phenoxazonderivat).

c) Eiweißkörper.

1. Konstitution, Struktur und Form der Eiweißkörper.

Die Eiweißkörper gehören zu den hochmolekularen Stoffen; sie sind zwar in Wasser löslich und lösen sich auch in verdünnten Laugen, Säuren und Salzlösungen, manche Proteine sogar in verdünntem Alkohol, aber es handelt sich dabei nicht um echte, sondern um kolloidale Lösungen. Dies Verhalten geht auf ihr hohes Molekulargewicht zurück. Auf der kolloidalen Natur der Proteine beruht, wie schon erwähnt (s. a. S. 175), ihre Fähigkeit, mit den Wassermolekülen in nähere Verbindung zu treten, das Wasser als *Hydratationswasser* zu binden; sie gehören auf Grund dieser Eigenschaft zu den lyophilen Kolloiden (s. S. 173).

Die Bestimmung des Molekulargewichtes der Eiweißkörper mit den im allgemeinen üblichen Methoden stößt auf die gleichen Schwierigkeiten wie die der Polysaccharide. Man hat Berechnungen der Mindestmolekulargewichte ausgeführt, indem man annahm, daß besonders charakteristische Gruppen, Aminosäuren oder Elemente in jedem Eiweißmolekül nur einmal vorkommen und erhielt dabei Werte von mehreren Tausend. Diese Größenordnung ist viel zu niedrig. Die zuverlässigsten Werte liefert anscheinend die Methode des *Ultrazentrifugierens* nach SVEDBERG: Eiweißlösungen werden auf einer sehr rasch laufenden Zentrifuge zentrifugiert (bis zu 60 000 Touren in der Minute, die Zentrifugalkraft kann bis zum 400 000fachen der Erdbeschleunigung g betragen; in besonderen Konstruktionen werden sogar Tourenzahlen von 160 000/min erreicht); aus der Geschwindigkeit der Sedimentation oder aus der Einstellung des Sedimentationsgleichgewichtes läßt sich dann das Gewicht der abgeschleuderten Eiweißteilchen errechnen. Es wurden für eine Reihe von Eiweißkörpern die in der Tabelle 6

Tabelle 6. Molekulargewichte einiger Eiweißkörper. (Nach SVEDBERG.)

Eiweißkörper	M.-G. aus dem Sedimentationsgleichgewicht	Berechnet unter der Annahme einfacher Multipla ($M.-G. = x \cdot 17\,600$)
Myoglobin	17 500	17 600
Trypsin	34 000	35 200
Pepsin	35 500	35 200
Insulin	35 500	35 200 (*2*)
Ovalbumin	40 500	35 200
Serumalbumin (Pferd)	66 900	70 400 (*4*)
CO-Hämoglobin (Pferd)	68 000	70 400
Serumglobulin (Pferd)	150 000	140 800 (*8*)
Katalase	248 000	282 000
Edestin	309 000	282 000 (*16*)
Urease	483 000	422 000 (*24*)
Thyreoglobulin	700 000	704 000 (*40*)
Hämocyanin (verschiedene Tierarten)	400 000—6 700 000	422 000—6 800 000 (*24—384*)

zusammengestellten Werte erhalten. Sie sind annähernd Vielfache von 17 600.
Auf Grund dieser Befunde war man längere Zeit der Meinung, daß Eiweißmoleküle allgemein durch Zusammenlagerung von Grundeinheiten des Molekulargewichtes 17 600 aufgebaut seien. Es liegen aber eine Reihe von Bestimmungen vor, die mit einer solchen Hypothese unvereinbar sind. So besteht z. B. das Insulin, für das SVEDBERG ein Molekulargewicht von
35 500 erhalten hatte, aus Grundeinheiten des Molekulargewichtes 6 000
(s. S. 83). Auch Eiweißkörper von höherem Molekulargewicht können
unter besonderen Bedingungen, z. B. in konzentrierten Harnstofflösungen,

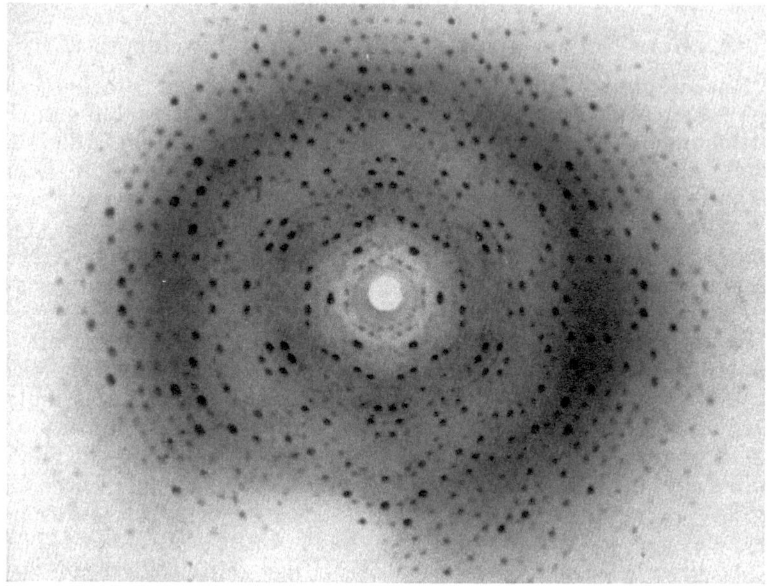

Abb. 6. Röntgendiagramm eines einzelnen feuchten Pepsinkristalls. (Nach PERUTZ.)

in Spaltstücke von geringerem Molekulargewicht zerfallen, das häufig
etwa 17 600 oder ein Vielfaches davon beträgt. Ganz allgemein geht aber
aus diesen Beobachtungen hervor, daß die hochmolekularen Eiweißstoffe
offenbar durch Assoziation kleinerer Einheiten entstanden sein können
(s. S. 78 ff.).

Neben den in der Tabelle 6 angeführten Beispielen von Eiweißkörpern
gibt es noch eine Gruppe von eigenartigen Proteinen, die *Virusproteine*.
Sie haben besonders hohe Molekulargewichte (bis zu 20 Millionen) und
stehen größenordnungsmäßig zwischen den kleinsten Mikroben und den
größten chemischen Molekülen vom Typ der Proteine (s. S. 109 f.).

Die Reindarstellung der Eiweißkörper ist mit großen Schwierigkeiten verbunden. Zahlreiche Eiweißkörper sind zwar in kristallisierter Form bekannt,
aber die Strukturanalyse mit Röntgenstrahlen zeigt, daß es sich oft gar
nicht um echte Kristalle handelt, und die chemische Analyse führt zu dem
Schluß, daß diese Kristalle oft noch mit anderen organischen Stoffen verunreinigt sind. Jedoch sind zunehmend mehr Eiweißkörper, vor allem
Fermentproteine (s. S. 283), in reiner und einheitlich kristallisierter Form
zugänglich geworden, für die auch die Röntgenanalyse die Kristallstruktur
bestätigte (s. Abb. 6).

Die Isolierung reiner Eiweißkörper ist methodisch schwierig, weil in Geweben und Organen immer Eiweißgemische vorliegen und zudem zahllose andere Stoffe die Eiweißkörper begleiten. Die Isolierung eines Eiweißkörpers hat zu beginnen mit der Extraktion der Gewebe durch Wasser, Salzlösungen, schwach alkalische oder saure Lösungen, verdünntes Glycerin, Alkohol oder Aceton. Es folgt dann gewöhnlich eine Fällung; einzelne Proteine lassen sich oft schon abtrennen, wenn man den Extrakten Neutralsalze in abgestuften Konzentrationen zusetzt. Früher beruhte die Unterscheidung verschiedener Eiweißkörper weitgehend auf ihrer Fällbarkeit durch verschieden konzentrierte Salzlösungen (vgl. die Trennung von Albuminen und Globulinen, S. 92). Besser ist die Fällung im isoelektrischen Punkt (s. S. 159), auch der Zusatz von organischen Lösungsmitteln erlaubt häufig Trennungen. Niedermolekulare Begleitstoffe lassen sich durch Dialyse oder Elektrodialyse oder durch Adsorptionsverfahren (s. S. 163 ff.) beseitigen. Mischungen von Eiweißkörpern, deren Molekulargewichte hinlänglich verschieden sind, kann man durch fraktioniertes Zentrifugieren trennen. Schließlich sind Chromatographie (s. S. 166) und Elektrophorese (s. S. 168) bewährte Trennungsverfahren. Durch sinnvolle Kombination dieser verschiedenen Methoden, oft unter Wiederholung des einen oder anderen Schrittes, ist es in einer großen Zahl von Fällen gelungen, Eiweißkörper in völlig reiner Form darzustellen.

Die Spaltung der Eiweißkörper liefert als kleinste Bausteine Aminosäuren, und wir wissen, daß allein die Verfütterung eines alle notwendigen Aminosäuren enthaltenen Gemisches das Eiweiß zeitweise als Nahrungsstoff ersetzen kann. Aus diesem Grunde können auch die Aminosäuren keine bei der Eiweißspaltung entstandenen Kunstprodukte sein, sondern müssen im Eiweißmolekül vorgebildet sein. Wir wissen auch, worauf unter anderem die positive Biuretreaktion der Eiweißkörper hinweist, daß die Aminosäuren miteinander durch die Peptidbindung verknüpft sind, und die Verfolgung der fermentativen Eiweißspaltung lehrt, daß bei der Eiweißspaltung die Zahl der freiwerdenden Aminogruppen sehr annähernd derjenigen der Carboxylgruppen äquivalent ist (s. S. 314), daß also Peptidbindungen gespalten werden. Man könnte sich danach vorstellen, daß Eiweißkörper besonders hochmolekulare Polypeptide sind, in denen die Aminosäuren zu langen kettenförmigen Gebilden miteinander vereinigt sind, wie es schematisch der folgende Ausschnitt aus einer Polypeptidkette zeigt:

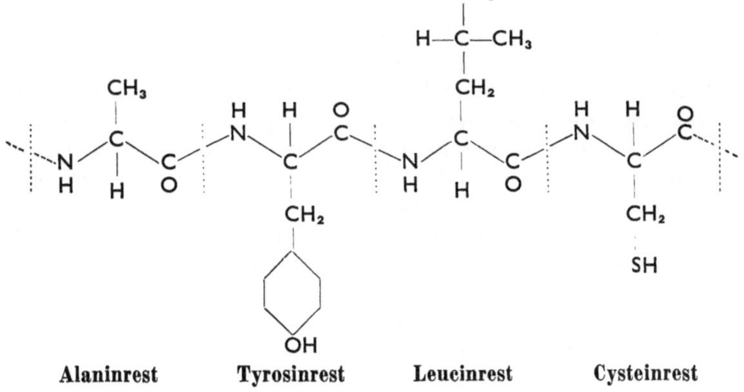

Alaninrest Tyrosinrest Leucinrest Cysteinrest

Ausschnitt aus einer Polypeptidkette.

Einen den wirklichen Verhältnissen entsprechenden nach Röntgendiagrammen konstruierten Ausschnitt aus einer völlig gestreckten Polypeptidkette zeigt Abb. 7.

Wenn man an das hohe Molekulargewicht der Eiweißkörper denkt, so liegt es nahe, sie ebenso wie die Polysaccharide in die Klasse der hoch-polymeren Naturstoffe einzuordnen. Dem entspricht auch das Ergebnis von Röntgenuntersuchungen an Proteinen. Danach könnte man auch von

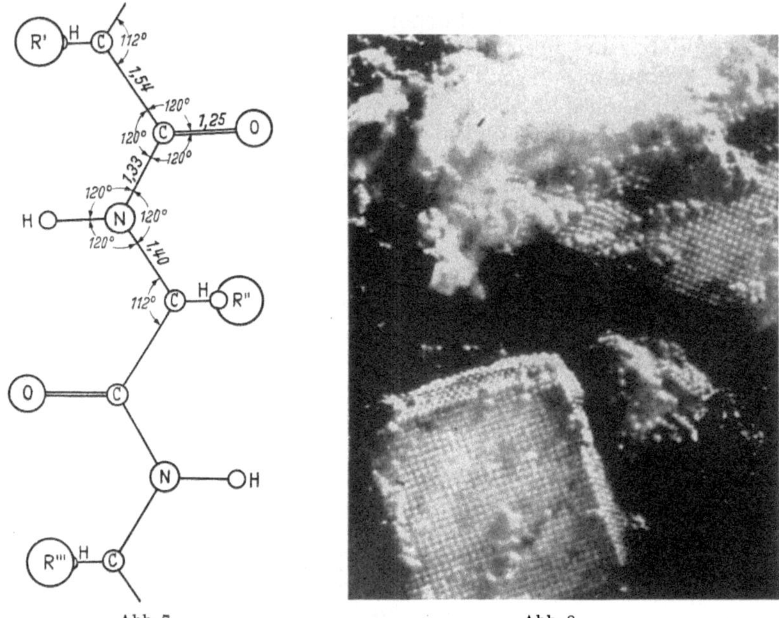

<table>
<tr><td>Abb. 7.</td><td>Abb. 8.</td></tr>
</table>

Abb. 7. Ausschnitt aus einer völlig gestreckten Polypeptidkette. (Nach Corey. Die Zahlen zwischen den Atomen bedeuten ihre Abstände in Ångström-Einheiten.)

Abb. 8. Elektronenmikroskopisches Bild von Tabaknekrosevirus. (Nach Wyckoff u. Mitarb.)

den Proteinen ein Bild entwerfen, das dem der Cellulose entspricht, indem man annimmt, daß die Grundstruktur des Eiweißmoleküls die Polypeptidkette und das Makromolekül „Eiweiß" eine besonders lange Polypeptidkette ist. Damit schwer vereinbar aber ist die Feststellung, daß z. B. in konzentrierten Harnstofflösungen, aber auch unter anderen Bedingungen, Eiweißkörper in kleinere Bauelemente zerfallen, die offenbar Polypeptidketten sind und die sich nach Aufhebung der die Dissoziation verursachenden Bedingungen wieder zum ursprünglichen Eiweißmolekül vereinigen. Auch andere Beobachtungen sprechen dafür, daß das Eiweißmolekül kein unveränderliches Produkt ist, sondern ein „reversibel dissoziierendes Komponentensystem" (Sørensen).

Dies alles weist darauf hin, daß zwar die Polypeptidkette die Grundstruktur des Eiweißmoleküls ist, daß aber eine Reihe von Polypeptidketten durch besondere Bindungen zum Eiweißmolekül zusammengefaßt sein müssen. Alle neueren Untersuchungen haben überzeugend erwiesen, daß jedes Protein eine charakteristische molekulare Struktur hat, in der jedes C-, N- und O-Atom einen bestimmten Platz einnimmt. Nur so sind Bilder zu deuten wie das in Abb. 6, S. 76 wiedergegebene Röntgendiagramm von

Pepsin oder die elektronenoptische Aufnahme des Tabaknekrosevirus in Abb. 8.

Da die Grundstruktur des Eiweißmoleküls die Polypeptidkette ist, sollen ihre Form und ihr Bau noch mit einigen Worten gekennzeichnet werden. Polypeptidketten sind nur selten gestreckt, sondern meist gefaltet, so daß sich eine Art von Schraubenform ergibt. Nach PAULING u. COREY kann man sich dies so vorstellen, wie wenn die Polypeptid-

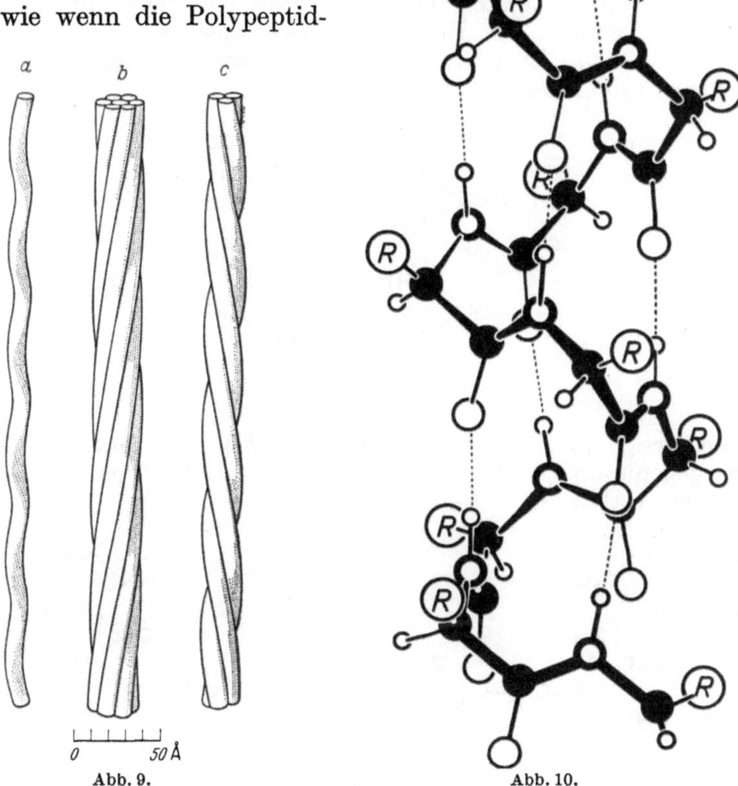

Abb. 9.   Abb. 10.

Abb. 9. Schneckenförmige Konfiguration der Polypeptid-Kette. a Eine einzelne α-Schnecke, b 7, c 3 ineinandergedrehte Polypeptidketten. (Nach PAULING u. CORI.)

Abb. 10. Teil der α-Schraubenkette mit 3,7-Aminosäureresten je Windung im α-Keratin nach PAULING, COREY u. BRANSON. (Aus RAUEN, Biochem. Taschenbuch.) ●=C-Atome; ○=O-Atom; ◑=N-Atome; ○=H-Atome; ···· = Wasserstoffbrücken.

kette um einen Zylinder herumgewickelt wäre (s. Abb. 9a). Da ein Eiweißmolekül aus mehreren Polypeptidketten besteht, sind diese wie Adern eines Kabels ineinander gedreht (s. Abb. 9b und c). Jedoch scheint es auch Polypeptide und Eiweißmoleküle zu geben, die einen flächenförmigen Bau haben.

Man kennt zwei Arten solcher Schrauben oder Schnecken (engl. *helix*), die α- und die γ-Schraube, die sich durch die Steilheit der Windungen und die Zahl der Aminoreste, die auf jede Windung fallen, unterscheiden. Die α-Schraube enthält je Windung 3,7 Aminosäurereste mit 13 C-Atomen (s. Abb. 10), die γ-Schraube 17 C-Atome in 5,2 Resten. Die α-Schraube ist häufiger als die γ-Schraube. Die Polypeptidketten können wahrscheinlich durch Streckung oder Faltung verlängert oder verkürzt werden. Die Muskelkontraktion beruht wahrscheinlich auf derartigen Veränderungen an dem Eiweißkörper Myosin.

Als Kräfte, welche die verschiedenen Polypeptidketten zusammenhalten, werden diskutiert:

1. Die *Wasserstoffbindung* (hydrogen bond) zwischen den -CO-NH-Gruppen benachbarter Polypeptidketten. Der Peptidwasserstoff des Aminogruppenrestes oder der enolisierten Ketogruppe tritt mit einem einsamen Elektronenpaar am Sauerstoff bzw. Stickstoff der benachbarten Peptidbindung in Resonanz. Die Bedeutung derartiger Wasserstoffbindungen für den Eiweißaufbau ist zwar umstritten; jedoch ist auf Grund der Infrarotspektren ihre Existenz wahrscheinlich.

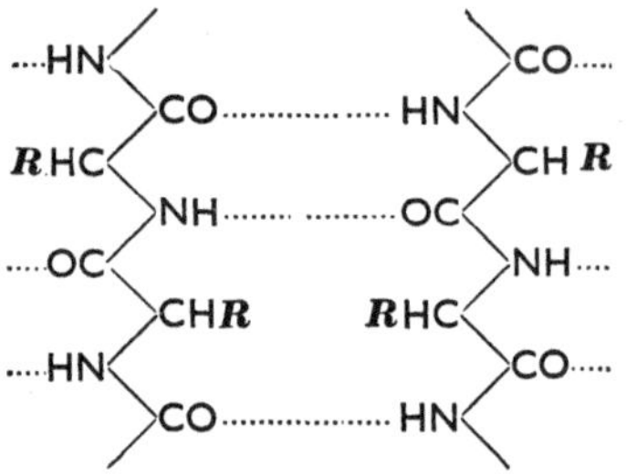

Wasserstoffbindung

2. Gleichartige *Wasserstoffbindungen zwischen den Säureamidgruppen* einander gegenüberliegender Glutaminsäure- und Asparaginsäurereste verschiedener Ketten.

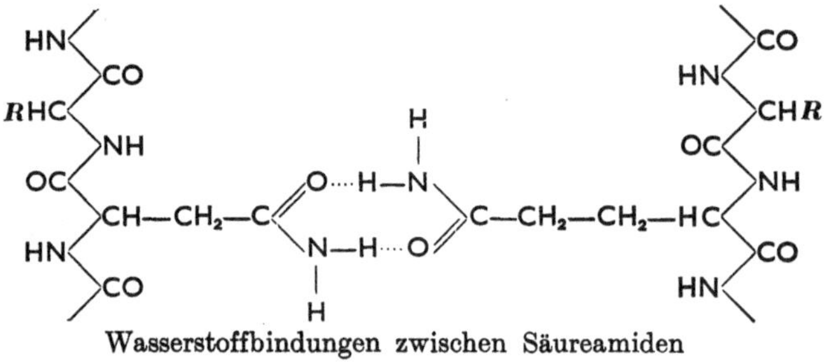

Wasserstoffbindungen zwischen Säureamiden

3. Echte *Salzbindungen* zwischen freien Carboxyl- und Aminogruppen benachbarter Ketten.

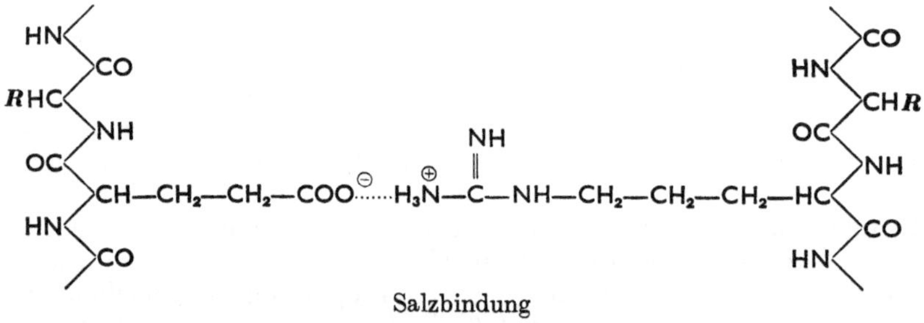

Salzbindung

4. *Kovalenzbindungen durch Disulfidbrücken* zwischen den Cysteinresten benachbarter Ketten.

Kovalenzbindung

In phosphorsäurehaltigen Proteinen können die Polypeptidketten auch durch Phosphorsäure miteinander verbunden sein:

5. Schließlich wird angenommen, daß die Guanidinogruppen der Argininreste an der Vernetzung der Peptidketten beteiligt sind.

Aus den Ergebnissen der Röntgenanalyse lassen sich Form und Größe von kristallisierten Eiweißmolekülen errechnen. Die Abb. 11 gibt einige der bisher erhaltenen Ergebnisse schematisch wieder. Es zeigt sich deutlich, daß man nach ihrer Form zwei Arten von Eiweißkörpern unterscheiden kann, die man als *Sphäroproteine* (kugelförmig oder ellipsoid) und als *Linearproteine* bezeichnet. Zu den Linearproteinen gehört auch Myosin (s. S. 545 ff.).

Eine Frage ist, ob die Peptidbindung, die als Bauprinzip der Eiweißkörper durch FRANZ HOFMEISTER aus theoretischen Gründen gefordert, und von EMIL FISCHER bewiesen wurde, die einzige strukturelle Bindung im Eiweißmolekül ist. Dem widerspricht tatsächlich eine Reihe von Befunden.

Wenn im Eiweißmolekül nur Peptidbindungen vorkommen, so muß ein Eiweißkörper, der nur aus Monoamino-monocarbonsäuren besteht, nach dem folgenden Schema aufgebaut sein:

$$H_2N-R_1-CO-NH-R_2-CO-NH-R_3-CO-NH-R_x-COOH,$$

d. h. er muß an dem einen Ende eine freie Aminogruppe, am anderen eine freie Carboxylgruppe haben.

Eiweißkörper enthalten zwar außer den neutralen auch basische und saure Aminosäuren, aber von den basischen Aminosäuren wird nur die zweite Aminogruppe des Lysins, die nicht in Peptidbindungen eingeht, bei der Bestimmung der freien Aminogruppen erfaßt, die Guanidinogruppen von Arginin werden nur z. T. ermittelt. Trotzdem überwiegt auch in lysinfreien Peptiden, die außerdem keine Dicarbonsäuren enthalten, die Zahl der freien Carboxylgruppen über die der Aminogruppen.

Weiterhin muß bei der oben angenommenen Struktur des Eiweißmoleküls auf ein N ein O kommen (das überzählige O-Atom der endständigen Carboxylgruppe kann in einer langen Kette vernachlässigt werden); die meisten Proteine enthalten aber mehr Sauerstoff als dem entspricht, es besteht ein „Sauerstoffrest". Er kann wohl teilweise durch das Vorhandensein von Hydroxyaminosäuren bedingt sein, denen vielleicht am Aufbau der Proteine ein größerer Anteil zukommt, als angenommen wird, aber

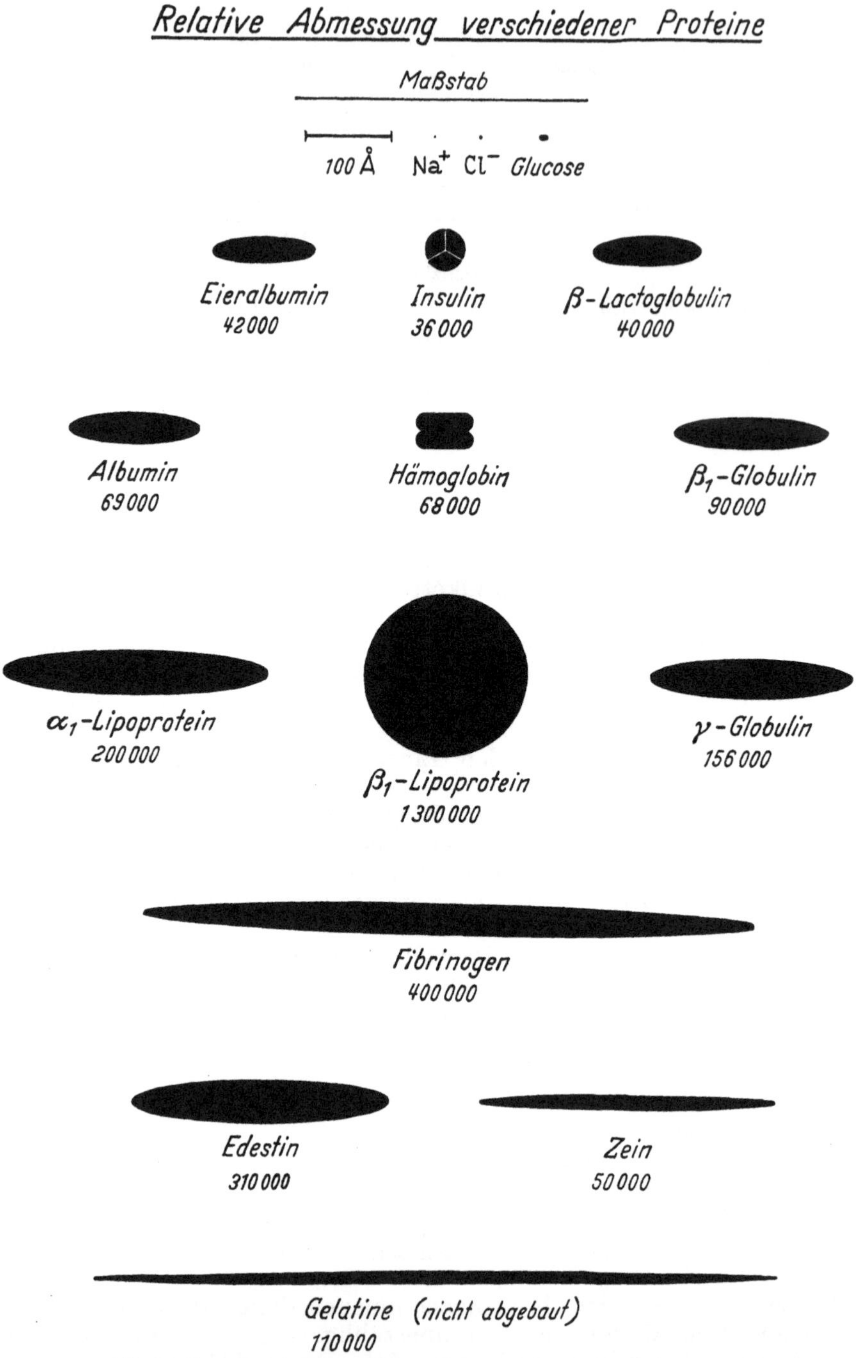

Abb. 11. Form und relative Größe verschiedener Proteine. (Nach EDSALL.)

ganz konnte so der Sauerstoffrest bisher nicht erklärt werden. Die Hydroxygruppen der Hydroxyaminosäuren kommen im übrigen für die Bindung von
Aminosäuren aneinander nicht in Frage. Es ist noch nicht zu sagen, ob

nicht vielleicht der Sauerstoffrest dadurch zu erklären ist, daß die meisten Eiweißkörper als integralen Bestandteil ihres Moleküls Kohlenhydratreste enthalten, zum Teil in recht erheblicher Konzentration (s. a. Tabelle 10, S. 95), und zwar *Glucosamino-dimannose* oder *Glucosamino-digalaktose*. Da Kohlenhydrate sauerstoffreiche Verbindungen sind, erhalten die Eiweißkörper auf diese Weise einen erheblichen Sauerstoffzuschuß. Fernerhin zeigt sich immer deutlicher, daß im Protoplasma der Zelle Eiweiß mit anderen Zellbausteinen vereinigt in Form von *Symplexen* vorkommt. Insbesondere wurden Symplexe aus Eiweiß und Lipoiden, sog. *Lipoproteide* (s. S. 98) isoliert, aber auch Bindungen zwischen Eiweiß und Glykogen kommen vor (s. S. 549).

Aus diesen Ausführungen geht ohne weiteres hervor, daß die Ermittlung der Eiweißstruktur die Forschung vor ungewöhnlich schwierige Aufgaben stellt. Nach CHIBNALL handelt es sich dabei um die folgenden 5 Probleme: 1. vollständige Hydrolyse des zu untersuchenden Eiweißkörpers und quantitative Erfassung der dabei freiwerdenden Aminosäuren; 2. Bestimmung der Zahl der endständigen freien Amino- und Säuregruppen zur Ermittlung der Minimalzahl der vorhandenen Peptidketten, wobei auch an das Vorkommen von cyclischen Peptiden gedacht werden muß; 3. Bestimmung der Bindungen zwischen den Peptidketten; 4. Trennung dieser Peptidketten voneinander und endlich 5. Festlegung der Aminosäurefolge in ihnen.

Angesichts der Fülle dieser Aufgaben ist es nicht verwunderlich, daß es bisher erst für ganz wenige Eiweißkörper, darunter die Hormone der Bauchspeicheldrüse *Insulin* und *Glucagen* (s. S. 240 u. 242), gelang, diese Forderungen zu erfüllen. Jedoch hat auch die Strukturaufklärung anderer Eiweißkörper in jüngster Zeit erhebliche Fortschritte gemacht.

Strukturanalyse des Insulins. Um die zur Bestimmung der Eiweißstruktur gegebenen analytischen Möglichkeiten aufzuzeigen, sollen hier kurz die Arbeiten von SANGER über die Strukturanalyse des Insulins geschildert werden. Es wurde davon ausgegangen, daß dem Insulinmolekül ein Polypeptid mit einem Molekulargewicht von 12000 zugrunde liegt. Für das Insulin selber werden Molekulargewichte von 36000 oder 48000 angegeben, jedoch hat sich gezeigt, daß 2, 3 und 4, vielleicht sogar auch mehr der Einheiten vom Molekulargewicht 12000 zu — unter bestimmten Bedingungen stabilen — Insulinmolekülen zusammentreten können. Nach neueren Untersuchungen hat es sogar den Anschein, als ob die kleinste, durch Kovalenzbindungen zusammengehaltene Struktureinheit des Insulins ein Molekulargewicht von nur 6000 hat (aus der Strukturanalyse läßt sich ein Gewicht von 5733 errechnen). In wäßriger Lösung sind anscheinend 2 solcher Einheiten durch sehr feste Koordinationsbindungen zu Einheiten vom Gewicht 12000 verbunden. In sauren Lösungen wird durch Anionen die Association verstärkt, in alkalischen Lösungen durch Zn-Ionen. Bei einem Gehalt an 0,25% Zn bildet sich ein Insulin vom Molekulargewicht 36000, bei höheren Zn-Gehalten geht die Association weiter. (Über den Zn-Gehalt von Insulin s. a. S. 240.)

Tabelle 7. Aminosäurezusammensetzung von Insulin[1].

Aminosäure	Zahl der Reste	Aminosäure	Zahl der Reste
Glykokoll (Gly)	4	Arginin (Ar)	1
Alanin (Ala)	3	Histidin (His)	2
Valin (Val)	5	Lysin (Lys)	1
Leucin (Leu)	6	Asparaginsäure (Asp) . . .	3
Isoleucin (Ileu)	1	Glutaminsäure (Glu)	7
Prolin (Pro)	1	Serin (Ser)	3
Phenylalanin (Phe)	3	Threonin (Thr)	1
$^1/_2$ Cystin (Cy)	6	Tyrosin (Tyr)	4
		Amino-NH_3	6

[1] Die Aminosäuren sind im folgenden durch die in Klammern stehenden Abkürzungen bezeichnet.

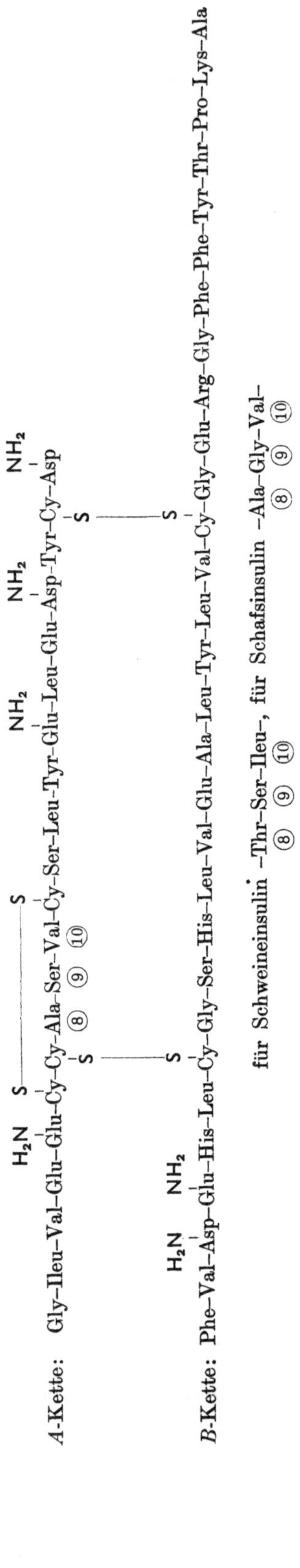

Eiweißkörper.

Die kleinste Einheit, die sich aus Insulin gewinnen läßt, enthält 51 Aminosäurereste und 6 Gruppen Amid-N, sie verteilen sich nach Tabelle 7 auf 16 verschiedene Aminosäuren.

Ausgangspunkt der Strukturanalyse war die Ermittlung der an dem freien Aminoende stehenden Aminosäure. Derartige Gruppen lassen sich durch Umsetzung mit 1-Fluor-2,4-dinitro-benzol ermitteln, das mit ihnen gelb gefärbte Dinitrophenylverbindungen ergibt. Als am Aminoende stehende Aminosäuren wurden Glykokoll und Phenylalanin nachgewiesen, die kleinste Einheit des Insulins muß also aus 2 Peptidketten bestehen, die vermutlich durch Disulfidbrücken zusammengehalten werden. Die oxydative Sprengung dieser Brücken lieferte tatsächlich 2 Teilstücke, von denen das mit Glykokoll endende vor allem die sauren Aminosäuren enthält und darum als A-Kette (von acidic = sauer) bezeichnet wird, das andere, mit endständigem Phenylalanin, enthält alle basischen Aminosäuren, es wird daher als B-Kette bezeichnet.

Die A-Kette hat ein Molekulargewicht von 2900 und enthält 20 Aminosäurereste, darunter 4 — aus Cystin bei der oxydativen Spaltung entstandene — Cysteinsäurereste, die B-Kette, Molekulargewicht 3800, besteht aus 30 Resten, von denen 2 Cysteinsäure sind. Die Aufarbeitung der Spaltstücke einer partiellen Hydrolyse ergab für die B-Kette als N-ständiges Bruchstück die Folge Phe–Val–Asp–Glu– für die A-Kette die Folge Gly–Ileu–Val–Glu–Glu. Aus der B-Kette wurde weiterhin ein Bruchstück Thr–Pro–Lys–Ala erhalten. Am Carboxylende dieser Kette steht Ala, an dem der A-Kette Asp. Durch chromatographische Trennung der bei partieller Säurehydrolyse der B-Kette anfallenden 20 (!) Peptide konnten die folgenden Bruchstücke identifiziert werden:

Phe–Val–Asp–Glu–His–Leu–CySO$_3$H–Gly
Gly–Glu–Arg–Gly
Thr–Pro–Lys–Ala
Tyr–Leu–Val–CySO$_3$H–Gly
Ser–His–Leu–Val–Glu–Ala

Damit waren bis auf 2 Phe-Reste und je einen Leu- und Tyr-Rest alle 30 Aminosäuren der B-Kette nachgewiesen.

Die restlichen Probleme ließen sich durch Säurehydrolyse des Insulins nicht lösen, wohl aber durch fermentative Spaltung. Faßt man die Ergebnisse aller Spaltungsversuche zusammen, so ergeben sich die 3 folgenden Sequenzen:

1. Phe–Val–Asp–Glu–His–Leu–CySO$_3$H–Gly–Ser–
His–Leu–Val–Glu–Ala–Leu–Tyr
2. Tyr–Leu–Val–CySO$_3$H–Gly–Glu–Asp–Gly–
Phe–Phe
3. Tyr–Thr–Pro–Lys–Ala

Weiterhin mußten diese Bruchstücke in der Reihenfolge 1., 2. und 3. zusammenhängen, wobei Tyr am Ende von 1. mit dem am Anfang von 2. identisch sein mußte.

Gleichartige Untersuchungen wurden auch an der A-Kette durchgeführt und ihre Aminosäurenfolge festgelegt. Schließlich wurde erkannt, daß die beiden Ketten durch 2 Cystinbrücken miteinander verbunden sind und daß innerhalb der A-Kette eine 3. Cystinbrücke liegt. Es ist bemerkenswert, daß der auf diese Weise in der A-Kette gebildete Ring genauso viele Glieder hat wie entsprechende Ringe in den beiden Hypophysenhinterlappenhormonen Oxytocin und Vasopressin (s. S. 275).

Abb. 12. Struktur des Insulins aus Rinderpankreas.

Aus den hier nur sehr kurz wiedergegebenen Untersuchungen ergibt sich damit die in
Abb. 12 verzeichnete Struktur der Insulin-Einheit.

Die Insuline aus Schafs-, Schweine- und Rinderpankreas unterscheiden sich nur in den
Aminosäureresten in den Stellungen 8—10.

Man wird diese Strukturanalyse des Insulins mit Recht ein Meisterstück
der biochemischen Analyse nennen, und doch, verglichen mit den Schwierigkeiten, die die Strukturanalyse anderer Eiweißkörper bietet, ist sie
nur ein Anfang! Das Molekulargewicht des Insulins ist relativ niedrig, die
beiden Peptidketten aus 20 bzw. 30 Resten sind relativ kurz und manche
Aminosäuren kommen in ihnen nur einmal vor. Wenn auch für eine Reihe
von Eiweißkörpern die Aminosäurereihenfolge von größeren Spaltprodukten
schon festgelegt wurde, ist doch anzunehmen, daß die Strukturaufklärung
von höhermolekularen Eiweißkörpern noch im weiten Felde liegt.

2. Eigenschaften und Reaktionen der Eiweißkörper.

Eiweißkörper, so wie man sie durch Wasser oder verdünnte Salzlösungen aus dem Gewebe extrahieren kann, bezeichnet man als *native
Eiweißkörper*, weil man annimmt, daß sich das Eiweiß in ihnen noch in
dem gleichen Zustand befindet wie im Gewebe selber. Schon durch ver-
hältnismäßig einfache Eingriffe gelingt es, diesen Zustand so zu verändern,
daß die Löslichkeit vermindert oder aufgehoben wird. Dies geschieht
z. B. durch verdünnte Säuren oder Alkalien, durch Hitzeeinwirkung,
Schütteln oder durch Bestrahlung. Man bezeichnet die Umwandlung,
welche die Proteine erfahren haben, als *Denaturierung*.

Polypeptide sind nicht denaturierbar, ebensowenig andere polymere
Naturstoffe von hohem Molekulargewicht. Voraussetzung für die Labilität
der Proteine sind also wohl weder ihre chemische Zusammensetzung noch
ihre makromolekulare Natur. Man kann heute nach PUTNAM über die
Denaturierung eigentlich nur sagen, daß es sich bei ihr um eine physikalische oder intermolekulare Umlagerung handelt. β-Lactoglobulin z. B. zerfällt
bei der Denaturierung unter Lösung von H-Brücken zunächst in zwei gleich
große Bruchstücke, die dann in geradzahligen Vielfachen aggregieren. Primär kovalente Bindungen werden dabei also nicht hydrolytisch gespalten.

Dieser Vorgang macht Befunde verständlich, nach denen die Denaturierung auch reversibel sein kann. Von großer praktischer Bedeutung ist die
Tatsache, daß auch Eiweißkörper, deren Löslichkeit durch die Denaturierung
scheinbar nicht verändert wurde, nunmehr gegenüber manchen Einwirkungen
viel empfindlicher geworden sind und viel leichter aus dem gelösten in den
ungelösten Zustand übergehen: es folgt der Denaturierung die *Ausfällung
oder Koagulation*, weil die Eiweißkörper die Affinität zu ihrem Lösungsmittel
verloren haben. *Die Fällung ist irreversibel.*

Anders verhält es sich mit den Eiweißniederschlägen, die man bei
Zusatz von konzentrierteren Neutralsalzlösungen zu Eiweißlösungen erhält.
Man spricht hier nicht von einer Ausfällung, sondern von einer Ausflockung;
die Ausflockung ist reversibel. Bei Herabsetzung der Salzkonzentration
durch Verdünnung gehen die Eiweißkörper wieder in Lösung; ihre Struktur
und ihr Zustand können also durch die Ausflockung gar nicht oder doch
nicht wesentlich verändert worden sein.

Eine der wichtigsten Eigenschaften der Eiweißkörper auch im biologischen Geschehen ist ihre Fähigkeit, sich sowohl mit Säuren als auch mit
Basen zu verbinden. Sie sind also ebenso wie ihre Bausteine, die Aminosäuren, Ampholyte und dadurch in der Lage, Säuren oder Laugen in

größerer Menge zu binden, ohne daß es dabei zu deutlichen Änderungen der aktuellen Reaktion kommt. Man nennt diese Eigenschaft *Pufferung*. Auf die Gesetze der Pufferung und auf ihre biologische Bedeutung soll jedoch ebenso wie auf den Ampholytcharakter der Proteine erst an späterer Stelle ausführlicher eingegangen werden (s. S. 157—160). Daß die Fähigkeit zur Bindung von Säuren oder Basen mit dem Aufbau der Eiweißkörper aus Gruppen mit saurem und mit basischem Charakter zusammenhängt, geht z. B. daraus hervor, daß die Säurebindung dem Gehalt an Hexonbasen, also an basischen Gruppen, parallel geht.

Fügt man zu einem Eiweißkörper größere Mengen von Säuren oder Basen, so entstehen die *Acidalbumine* bzw. die *Alkalialbuminate*. Da die Eiweißkörper Ampholyte sind, können sie sowohl H- als auch OH-Ionen abdissoziieren. Man kann diese Vorgänge etwa folgendermaßen formulieren: bei saurer Reaktion dissoziieren sie nach

$$H—\textit{Alb}—OH \longrightarrow H—\textit{Alb}^+ + OH^-$$

und zugesetzte Säure reagiert nach

$$H—\textit{Alb}^+ + OH^- + H^+ + Cl^- \longrightarrow H—\textit{Alb}—Cl + H_2O,$$
Acidalbumin

bei alkalischer Reaktion spielen sich entsprechend die folgenden Umsetzungen ab:

$$H—\textit{Alb}—OH \longrightarrow H^+ + \textit{Alb}—OH^-$$

und

$$\textit{Alb}—OH^- + H^+ + Na^+ + OH^- \longrightarrow Na—\textit{Alb}—OH + H_2O.$$
Alkalialbuminat

Acidalbumine und Alkalialbuminate sind in verdünnten Säuren und Laugen löslich, fallen aber beim Neutralisieren der Lösungen wieder aus, ihre Entstehung führt also neben der Salzbildung auch zu irreversiblen Veränderungen am Molekül im Sinne einer Denaturierung.

Reaktionen der Eiweißkörper. Es sind zu unterscheiden die eigentlichen Eiweißreaktionen und die Reaktionen, welche die Eiweißkörper aufweisen, weil sie aus Aminosäuren aufgebaut sind.

Die für die Aminosäuren charakteristischen Gruppen treten natürlich nur soweit in Reaktion, als sie nicht am strukturellen Aufbau des Eiweißmoleküls beteiligt sind. Wie schon oben angedeutet, sind z. B. nicht alle Amino- und Carboxylgruppen im Eiweiß durch Peptidbindungen festgelegt, es muß also jeder Eiweißkörper auch die für diese Gruppen eigentümlichen Reaktionen aufweisen. Ferner gibt die Peptidbindung natürlich in gleicher Weise eine positive Biuretreaktion wie in den Peptiden. Daneben treten aber auch noch eine Reihe von Reaktionen auf, die für diese oder jene Aminosäure kennzeichnend sind, weil diejenigen Gruppen, auf denen sie beruhen, gleichsam aus dem Proteinmolekül herausragen. Das gilt z. B. für die SH-Gruppe des Cysteins, für die Guanidinogruppe des Arginins und ferner für die Ringsysteme der cyclischen Aminosäuren. Damit ist verständlich, daß die Eiweißkörper auch die Reaktionen dieser Aminosäuren aufweisen müssen, soweit sie sie enthalten. Aber alle diese *Farbreaktionen* (*Schwefelbleiprobe, Xanthoproteinreaktion*, MILLONsche *Probe, Probe nach* ADAMKIEWICZ-HOPKINS und eine weitere Zahl hier nicht anzuführender Reaktionen) sind nicht spezifische Eiweißreaktionen, sondern Reaktionen auf einzelne Aminosäuren im Verbande des Eiweißmoleküls.

Einige der vielen *Fällungsreaktionen* sind typisch und spezifisch für den Nachweis der Eiweißkörper, weil sie auf Änderungen ihres physikalisch-chemischen Zustandes beruhen. Meist handelt es sich darum, daß nach einer primären Denaturierung das Protein ausgefällt wird. So ist die *Koagulation oder Gerinnung von Eiweiß beim Erwärmen seiner Lösungen eine der charakteristischen Eigenschaften von Proteinen.* Die Temperatur, bei der das Eiweiß gerinnt, ist für die verschiedenen Eiweißkörper nicht die gleiche, die gegen Erwärmung empfindlichsten gerinnen schon bei etwa 56°.

Die Koagulationsprobe wird meist so ausgeführt, daß man zu der aufgekochten salzhaltigen Eiweißlösung einige Tropfen Essigsäure hinzufügt, um damit auch den Teil der Proteine, der nur denaturiert ist, zur Ausfällung zu bringen *(Kochprobe)*. Ferner ist typisch die Hellersche *Ringprobe* (Entstehung eines weißen Ringes beim Unterschichten einer Eiweißlösung mit Salpetersäure). Ziemlich charakteristisch sind auch eine Reihe von Fällungen mit Schwermetallsalzen, bei denen die Eiweißkörper als Salze dieser Schwermetalle ausgefällt werden. Dagegen sind die meisten anderen, vielfältig zum Eiweißnachweis angewandten Fällungsmittel (Ferrocyankalium-Essigsäure, Pikrinsäure, Sulfosalicylsäure usw.) insofern nicht streng spezifisch, als sie auch noch mit den höchstmolekularen, ja teilweise sogar mit ziemlich niedermolekularen Eiweißspaltprodukten Niederschläge bilden.

Abwehrreaktionen. Neben den chemischen und physikalisch-chemischen Veränderungen am Eiweißmolekül, die durch äußere Eingriffe zuwege gebracht werden, ist eine Gruppe von biologischen Reaktionen der Eiweißkörper von außerordentlich großer Bedeutung, die man als Abwehrreaktionen zusammenfaßt. Bringt man Eiweißstoffe unter Umgehung des Verdauungskanals, also „*parenteral*", in den Blutkreislauf, so wirken sie wegen ihrer Artspezifität oder Organspezifität als körper- oder blutfremde Stoffe, gegen deren Anwesenheit sich der Körper durch eine Reihe von Abwehrmaßnahmen wehrt. Es bilden sich Abwehrstoffe, von denen hier nur die *Präcipitine* und die *Abwehrfermente* genannt werden sollen. Die Präcipitinreaktion zeigt sich darin, daß das Blutserum eines Tieres, dem artfremdes Eiweiß parenteral zugeführt worden war, mit eben diesem selben Eiweiß im Reagensglas Niederschläge bildet. Die artfremden Eiweißstoffe haben also im Tierkörper die Bildung von Abwehrstoffen ausgelöst, die man als Präcipitine bezeichnet und deren Eigenart darin besteht, daß sie streng spezifisch nur gegen das Eiweiß eingestellt sind, das ihre Bildung verursacht hat. Man kann demnach mit Hilfe der Präcipitinreaktion Unterschiede in den Eiweißkörpern verschiedener Herkunft ohne weiteres feststellen, obwohl dies durch die chemische Analyse nicht möglich ist (s. a. S. 526).

Prinzipiell ähnlich verhält es sich auch mit den *Abwehrfermenten* (Abderhalden). Ihre Tätigkeit richtet sich gegen blutfremdes Eiweiß. Die Gegenwart solcher Eiweißkörper führt zum Auftreten von eiweißspaltenden Fermenten im Blutplasma, die spezifisch auf den Abbau der blutfremden Eiweißstoffe eingestellt sind. Das bekannteste Beispiel dieser Art ist die Abderhaldensche Reaktion (Abwehrreaktion = A. R.). Bei der Schwangerschaft gelangen aus der Placenta blutfremde Eiweißstoffe in den Kreislauf und nach einiger Zeit finden sich in ihm auch die Abwehrfermente gegen dieses Eiweiß. Versetzt man also im Reagensglas Blutserum einer Schwangeren mit einer Lösung von menschlichem Placentareiweiß, so kann der Abbau dieses Proteins am Auftreten von freien Aminosäuren nachgewiesen werden. Jedoch hat sich diese „Schwangerschaftsreaktion" als recht unsicher erwiesen und heute, wo einfachere und zuverlässigere Methoden der Schwangerschaftsdiagnose auf hormonalem Wege zur Verfügung stehen (s. S. 268), hat sie keine praktische Bedeutung mehr. Ob dem Nachweis anderer blutfremder Eiweißkörper durch die Abwehrferment-Reaktion praktische Bedeutung zukommt, ist umstritten.

Die Bildung der Präcipitine und der Abwehrfermente sind im übrigen nur Sonderfälle einer allgemeinen Bereitschaft des Körpers zu Abwehrreaktionen und zur Bildung von Abwehrstoffen.

d) Die einzelnen Eiweißkörper.

Auf die Vielzahl der aus konstitutionellen Gründen möglichen Eiweißkörper ist schon wiederholt hingewiesen worden. Nach der Kombinationslehre muß bei n verschiedenen Aminosäuren, die in einem Eiweißmolekül je einmal vorkommen sollen, diese Zahl gleich $n!$ sein; bei 20 verschiedenen Aminosäuren, einer Zahl, die ja in vielen Eiweißkörpern noch übertroffen wird, bestehen also etwa $2,4 \cdot 10^{18}$ verschiedene Kombinationsmöglichkeiten, und diese Zahl steigt dann mit zunehmender Anzahl der Aminosäuren rasch ins Unermeßliche.

Trotzdem läßt sich in diese Fülle eine gewisse Ordnung hineinbringen. Es geschieht das zunächst durch die eingangs dieses Kapitels erwähnte Einteilung in einfache und zusammengesetzte Eiweißkörper, also in *Proteine* und *Proteide*. Die weitere Unterteilung der zweiten Gruppe ergibt sich ohne weiteres aus der Natur der prosthetischen Gruppe. Natürlich kann sich die gleiche prosthetische Gruppe wieder mit einer Vielzahl ganz verschiedener einfacher Proteine vereinigen, jedoch sind diese dann gewöhnlich in ihrem Grundtypus identisch und unterscheiden sich nur in Feinheiten der Struktur.

Genau so lassen sich auch bei den einfachen Proteinen eine Reihe von Typenunterschieden feststellen, wobei für die Unterscheidung biologische, chemische, physikalische und physikalisch-chemische Differenzen maßgebend sind, so Molekülgröße, Zusammensetzung aus bestimmten Aminosäuren, Verhalten bei der Aussalzung, Koagulationstemperatur, biologische Eigentümlichkeiten, Ort des Vorkommens und anderes mehr. Unter Berücksichtigung dieser verschiedenen Gesichtspunkte ergibt sich dann die folgende

Einteilung der Eiweißkörper.

1. **Einfache Eiweißkörper oder Proteine:**

   α) Protamine, ε) Globuline,
   β) Histone, ζ) Albumine,
   γ) Gliadine (Prolamine), η) Gerüsteiweiße (Skleroproteine).
   δ) Gluteline,

2. **Zusammengesetzte Eiweißkörper oder Proteide:**

   α) Nucleoproteide, δ) Lipoproteide,
   β) Phosphoproteide, ε) Chromoproteide,
   γ) Glykoproteide, ζ) Metallproteide.

Die Analyse der Eiweißkörper auf ihre Zusammensetzung aus einzelnen Aminosäuren *(Bausteinanalyse)* hat zur Abgrenzung der verschiedenen Eiweißkörper nicht sehr viel beigetragen. Wie die Durchsicht der nachstehenden Tabelle 8 zeigt, in der Angehörige verschiedener Eiweißklassen zusammengestellt sind, ergibt sich nur in seltenen Fällen eine so eindeutige Zusammensetzung, daß man allein nach ihr ein Protein der einen oder der anderen Klasse zuordnen könnte. Dies ist nur möglich, wenn man auch noch die anderen Eigenschaften mit heranzieht. Es ist ferner zu beachten, daß nur für 9 Aminosäuren (Cystein, Tyrosin, Tryptophan, Methionin, Glutaminsäure, Arginin, Histidin und Lysin) wirklich zuverlässige chemische Bestimmungsmethoden vorliegen. Sechs andere sind mit hinreichender Genauigkeit und 8 nur schlecht quantitativ zu erfassen. Von großer Bedeutung ist daher die mikrobiologische Bestimmung von Aminosäuren geworden, die darauf beruht, daß Mikroorganismen zu ihrem Wachstum gewisse Aminosäuren unbedingt benötigen. Stellt man Kulturmedien her, in denen eine dieser Aminosäuren fehlt, wachsen die Mikroorganismen nicht. Ihr Zusatz macht das Wachstum möglich und dieses ist dann proportional der zugesetzten Aminosäuremenge. Die in Tabelle 8 angeführten

Tabelle 8. Zusammensetzung einiger Eiweißkörper aus Aminosäuren (in g je 100 g Eiweiß).

	Clupein	Thymushiston	Gliadin, Weizen	Glutelin, Weizen	Serumalbumin, Mensch	Ovalbumin	Lactalbumin	Serumglobulin, Mensch	β-Lactoglobulin, Kuh	Fibrinogen, Mensch	Myosin	Keratin, Haar	Elastin	Kollagen	Seidenfibroin	Casein, Kuhmilch	Hämoglobin, Pferd	Insulin	Pepsin	Aldolase	Tabak-mosaikvirus
Glykokoll		0,5	—	9	1,6	3,1	—	4,2	1,5	5,6	1,9	4	27,5	27,2	43,6	1,9	5,6	4,3	6,4	5,6	2,1
Alanin	4,7	3,5	2,1	5	—	6,7	2,6	—	6,4	3,7	6,5	1	6	9,5	29,7	3,5	7,4	4,5	—	8,6	4,8
Valin	3,6	—	2,7	1	7,7	7,5	4	9,7	5,7	4,1	2,6	4,6	12,6	3,4	3,6	7,2	9,1	7,8	7,1	7,4	6,6
Leucin und Isoleucin	1,0	11,8	11,9		12,7	16,2	15	12,0	27,4	11,9	15,6	11	28,1	5,6	2,0	17,9	15,4	16	21,2	19,4	10,2
Glutaminsäure . .		3,7	45,7	27	17,4	16,5	13,4	11,8	21,5	14,5	22,1	12,3	2,5	11,3	2,2	22,0	8,5	18,6	11,9	11,4	6,5
Asparaginsäure .		—	1,3	10	10,4	9,3	9,7	8,8	11,4	13,1	8,9	3,0	—	6,3	2,8	7,2	10,6	6,8	16,0	9,7	8,6
$^1/_2$ Cystin + Cystein		—	2,6	1,7	6,3	1,9	4,6	3,1	3,4	2,7	1,4	15,9	0,2		—	0,3	1,0	12,5	2,1	1,1	0,5
Methionin		—	1,7	3	1,3	5,2	2,8	1,1	3,2	2,6	3,4	1,5	0,4	0,8	0,2	3,1	1,0	—	1,7	1,2	—
Serin	3,4	—	4,9		3,7	8,2	4,9	11,4	4,1	7,0	4,3	+		3,4	16,2	5,9	5,8	5,2	12,2	7,3	5,8
Threonin	1,9		2,1	2,5	5,0	4,0	5,4	8,4	5,2	6,1	5,1	6,4	2,5	2,3	1,6	4,5	4,4	2,1	9,6	7,5	6,4
Lysin	—	7,7	0,7	1,9	12,3	6,3	9,0	8,1	11,3	9,2	11,9	2,6		4,5	0,7	8,2	8,5	2,5	0,9	9,5	1,6
Arginin	87,3	15,5	2,7	3,9	6,2	5,7	3,5	4,8	2,9	7,8	7,4	10,7	0,9	8,6	1,1	4,0	3,7	3,1	1,0	6,3	18,3
Phenylalanin . .		2,2	6,4	5,5	7,8	7,7	5,6	4,6	4,0	4,6	4,3	2,7	3,4	2,5	3,4	5,5	7,7	8,1	6,4	3,1	4,3
Tyrosin	—	5,2	3,2	3,8	4,7	3,7	5,3	6,8	3,7	5,5	3,4	3,1	1,5	1,0	12,8	6,1	3,0	13,0	8,5	5,3	1,7
Tryptophan . . .	—	1,5	0,6	1,0	0,2	1,2	2,3	2,9	1,9	3,3	0,8	13	—	—	—	1,2	1,7	—	2,4	2,3	1,7
Histidin	—	2,2	1,8	2,2	3,5	2,4	1,9	2,5	1,6	2,6	2,4	1,0	—	0,7	0,4	3,2	8,7	4,0	0,9	4,2	—
Prolin	8,2	1,5	13,4	10	5,1	3,6	4	8,1	5,4	5,7	1,9	8,5	14,2	15,1	0,7	11,6	3,9	2,5	5,0	5,7	4,3
Hydroxyprolin . .	—	—	—	—	—	—	—	—	—	—	—	—	14,9	14,0	—	2	—	—	—	—	—
	110,1	55,3	103,8	87,5	105,9	109,2	94,0	108,3	114,6	110,0	103,9	101,3	114,7	117,3	121,0	113,3	106,0	111,0	113,3	115,6	83,4

Es ist zu beachten, daß wegen der Aufnahme von Wasser bei der hydrolytischen Spaltung von Eiweißkörpern die Aminosäuremenge, die theoretisch aus 100 g Eiweiß entstehen kann, 115 g beträgt.

Tabelle 9. Anzahl der Aminosäurereste in einzelnen Proteinen
(Prozentischer Anteil der verschiedenen Aminosäuren an deren Gesamtzahl).

Molekulargewicht	70 000	70 000	156 000	140 000	99 000	46 800	34 400
Aminosäure	Menschliches Serumalbumin	Rinder-Serumalbumin	Menschliches γ-Serumglobulin	Aldolase	D-Glycerin-aldehyd-dehydrogenase	Wachstumshormon der Hypophyse	Pepsin
Glykokoll	15 / 2,8	18 / 3,3	87 / 6,7	105 / 5,6	80 / 9,4	24 / 9,3	29 / 6,4
Alanin				135 / 8,6	75 / 8,8		
Valin	46 / 8,4	39 / 7,2	129 / 9,9	88 / 7,4	105 / 12,3		21 / 7,1
Leucine	73 / 13,4	88 / 16,2	143 / 11,0	208 / 19,4	120 / 14,0	43 / 16,6	55 / 21,2
Glutaminsäure	81 / 14,8	81 / 15,0	126 / 9,7	108 / 11,4	9 / 1,0	42 / 16,2	28 / 11,9
Asparaginsäure	52 / 9,5	54 / 10,0	103 / 7,9	102 / 9,7	93 / 10,9	32 / 12,4	41 / 16,0
½ Cystin + Cystein	36 / 6,6	38 / 7,0	39 / 3,0	13 / 1,1	9 / 1,0		6 / 2,1
Methionin	6 / 1,1	4 / 0,7	11 / 0,8	11 / 1,2	48 / 5,6	9 / 3,5	4 / 1,7
Serin	25 / 4,6	30 / 5,6	169 / 13,0	97 / 7,3	63 / 7,8	2 / 0,8	40 / 12,2
Threonin	30 / 5,5	38 / 7,0	110 / 8,5	88 / 7,5	57 / 6,7		28 / 9,6
Lysin	59 / 10,8	60 / 11,1	86 / 6,6	92 / 9,5	64 / 7,5	23 / 8,9	2 / 0,9
Arginin	25 / 4,6	25 / 4,6	43 / 3,3	51 / 6,3	30 / 3,5	24 / 9,3	2 / 1,0
Phenylalanin	33 / 6,0	26 / 4,8	44 / 3,4	26 / 3,1	33 / 3,9	22 / 8,5	13 / 6,4
Tyrosin	18 / 3,3	21 / 3,9	58 / 4,5	41 / 5,3	25 / 2,9	12 / 4,6	16 / 8,5
Tryptophan	2,6 / 0,1	2 / 0,4	22 / 1,7	16 / 2,3	10 / 1,2	3 / 1,2	4 / 2,4
Histidin	16 / 2,9	17 / 3,1	25 / 1,9	38 / 4,2	32 / 3,7	8 / 3,1	2 / 0,9
Prolin	31 / 5,7	34 / 6,3	110 / 8,5	69 / 5,7	32 / 3,7	16 / 6,2	15 / 5,0
Zahl der Reste	546	541	1305	1288	855	260	306

Werte dürften also zum Teil mit der Verbesserung der Bestimmungsmethoden noch Veränderungen erfahren.

Von größerer Bedeutung als die prozentische Zusammensetzung der Eiweißkörper aus Aminosäuren ist für den Vergleich verschiedener Eiweißstoffe die Anzahl der in ihnen enthaltenen Aminosäurereste und das Verhältnis dieser Zahlen zueinander. Für die Zahl der in einigen Eiweißkörpern enthaltenen Aminosäurereste gibt Tabelle 9 einige Beispiele.

Einige der Eiweißkörper sind in beiden Tabellen enthalten. Die teilweise vorhandenen Unterschiede in der prozentischen Zusammensetzung dürften auf verschiedenes Ausgangsmaterial oder verschiedenartige Bestimmungsmethoden zurückzuführen sein.

1. Proteine.

α) *Protamine.*

Sie sind die einfachsten der bekannten Eiweißkörper, ihr Molekulargewicht liegt zwischen 1000 und 5000, außerdem bestehen sie nur aus einer relativ geringen Anzahl verschiedener Aminosäuren, unter denen mengenmäßig die Hexonbasen, und zwar meist das Arginin, weitaus überwiegen. Einzelne Protamine bestehen zu fast 90 % aus Arginin (s. „Clupein", Tabelle 8). Sie kommen vor in den Spermatozoen von Fischen, in denen sie sich in salzartiger, leicht spaltbarer Bindung an Nucleinsäuren (s. S. 100) finden. Wegen ihres hohen Gehaltes an Hexonbasen haben sie stark basischen Charakter. Nach ihrer Herkunft werden sie als *Clupein* (Hering), *Salmin* (Lachs) usw. benannt. Sie sind — wohl wegen ihrer geringen Molekülgröße — durch Pepsin nicht aufspaltbar, werden dagegen durch die anderen eiweißspaltenden Fermente des Verdauungskanals abgebaut. Im allgemeinen besteht zwischen ihrem Gehalt an Hexonbasen und Monoaminosäuren ein einfaches ganzzzahliges Verhältnis (2:1). Wegen ihres relativ einfachen Baues ist auch bei ihnen die Strukturaufklärung am ehesten möglich. Nach FELIX u. MAGER hat das Clupein 22 Mol Arginin und 11 Mol Monoaminosäuren, die nach dem folgenden Schema vereinigt sind:

$$HN < P—AA—AA—V—S—AA—AA—OP—V—AA—AA—P—Al—$$
$$AA—AA—P—S—AA—AA—V—AL—AA—COOH$$

Darin bedeuten:

AA Arginyl-arginin	P Prolin
Al Alanin	OP Hydroxyprolin
S Serin	V Valin

Endständig sind also die Iminogruppe des Prolins und die Carboxylgruppe eines Arginyl-argininrestes. Die Reihenfolge der Monoaminosäuren ist noch nicht ganz gesichert.

β) *Histone.*

Die Histone nehmen eine Übergangsstufe ein zwischen den Protaminen und den hochmolekularen Eiweißkörpern. Auch sie finden sich mit Nucleinsäuren salzartig verbunden in den Zellkernen. Die Zahl der verschiedenen Aminosäuren ist bei ihnen wesentlich höher (s. Tabelle 8, „Thymushiston"). Ihr basischer Charakter ist, da sie auch relativ reich an Hexonbasen sind, sehr ausgesprochen, aber doch schwächer als der der Protamine. Sie werden durch Pepsin verdaut. Dabei entsteht unter anderem als charakteristisches Spaltprodukt das *Histopepton.* Ferner wird Lysin freigesetzt.

γ) *Gliadine.*

Diese Eiweißkörper kommen in den Getreidekörnern vor; sie sind in Wasser und reinem Alkohol unlöslich, lassen sich aber durch (50—80 %igen) Alkohol aus dem Mehl extrahieren. Der Name *Prolamine,* mit dem sie auch bezeichnet werden, soll auf den hohen Gehalt an Prolin und auf die bei der Säurehydrolyse auftretende Ammoniakabspaltung hinweisen. Charakteristisch ist ihr hoher Gehalt an Glutaminsäure. Dagegen enthalten sie nur wenig oder gar kein Lysin und auch ihr Arginin- und Histidingehalt ist niedrig. Sie sind deshalb biologisch unterwertige Proteine.

δ) Gluteline.

Sie finden sich mit den Gliadinen zusammen in den Getreidekörnern, aus denen sie mit verdünnten Säuren und Basen extrahiert werden können. Aus alkalischer Lösung werden sie schon durch geringe Mengen von Ammonsulfat ausgesalzen. Gliadine und Gluteline bilden zusammen das *Klebereiweiß* oder den *Gluten*. Dieser geht beim Anrühren mit Wasser in eine klebrige Masse über und gerinnt beim Backen. Im Gegensatz zu den Gliadinen enthalten die Gluteline Lysin, so daß das Klebereiweiß als Ganzes biologisch vollwertig ist.

ε) Globuline.

Sie sind eine weit verbreitete Gruppe von Eiweißkörpern. Charakteristisch ist für sie der schwach saure Charakter und die leichte Aussalzbarkeit durch Neutralsalze: man kann sie durch Halbsättigung mit Ammonsulfat quantitativ aus ihren Lösungen ausflocken. Durch Abstufung der Ammonsulfatkonzentration lassen sich die Globuline in verschiedene Fraktionen aufteilen *(Euglobulin, Pseudoglobulin I und II)*, die aber nicht vorgebildet sein, sondern als Kunstprodukte bei der Fraktionierung entstehen sollen. Pseudoglobuline sind in destilliertem Wasser löslich, dagegen ist für alle echten Globuline (Euglobuline) charakteristisch, daß sie in Wasser unlöslich sind, so daß sie bei Dialyse ihrer Lösungen gegen destilliertes Wasser ausfallen. Leicht löslich sind sie in verdünnten Neutralsalzlösungen oder in schwachem Alkali, beim Ansäuern fallen sie wieder aus. Eine bessere Trennung ist durch die Elektrophorese möglich, durch die z. B. aus dem Blutserum drei Fraktionen *(α-, β- und γ-Globulin)* gewonnen werden konnten (s. Abb. 31, S. 169). Aber auch diese Fraktionen sind in sich nicht einheitlich, sondern lassen sich noch weiter aufteilen.

Ein besonderes Globulin ist das *Fibrinogen* des Blutplasmas, das bei der Blutgerinnung als *Fibrin* ausfällt. Zu den Globulinen gehört auch die Hauptmenge der Proteine des Muskels, das *Myosin* und wahrscheinlich das *Myogen* (s. Tabelle 8, S. 89 u. S. 546). Beide verhalten sich insofern sehr ähnlich wie Fibrinogen, als sie spontan gerinnen. Ein Globulin von besonderer Bedeutung ist das *Thyreoglobulin*, ein jodhaltiger Eiweißkörper der Schilddrüse (s. S. 245).

Ein eigenartiges Protein, das wahrscheinlich auch zu den Globulinen gehört, ist das BENCE-JONES*sche Eiweiß*, das bei Geschwülsten des Knochenmarks im Harn auftritt und bei vorsichtigem Erwärmen zwischen 47 und 55° ausfällt, bei Temperaturen über 80° meist wieder in Lösung geht. Beim Abkühlen wiederholt sich dies Verhalten.

Verschiedene BENCE-JONESsche Eiweißkörper scheinen sich in wesentlichen Eigenschaften zu unterscheiden [I. P. (s. S. 159), Säure- und Alkalibindungsfähigkeit, Viscosität (s. S. 174), Aminosäurezusammensetzung].

Auch in pflanzlichem Material finden sich Globuline. Sie sind die wichtigsten Reserveeiweißstoffe der Pflanzensamen. Gegenüber den tierischen Globulinen besteht eine Reihe von Unterschieden, so koagulieren sie viel schwerer und unvollständiger.

ζ) Albumine.

Sie sind neben den Globulinen die zweite Hauptgruppe der tierischen Proteine und kommen meist mit diesen gemeinsam vor. Im Gegensatz zu ihnen sind sie außer in Neutralsalzlösungen auch in destilliertem Wasser löslich und werden erst durch Sättigung ihrer Lösungen mit Ammonsulfat ausgesalzen. Auch sie koagulieren beim Erhitzen. Die Albuminfraktion des Serums besteht ebenso wie die Globulinfraktion aus mehreren Komponenten (s. S. 523). Zum Unterschied von den Globulinen fehlt in ihnen völlig das Glykokoll. Zu den Albuminen rechnet man auch das *Globin*, den Eiweißanteil des roten Blutfarbstoffes Hämoglobin. Es ist durch einen hohen Gehalt an Histidin ausgezeichnet. Die Globine aus den Hämoglobinen verschiedener Tierarten sind nicht identisch. Zu den Albuminen gehört ferner das Hormon der Bauchspeicheldrüse, das *Insulin* (s. S. 83, Tabelle 8, S. 89 u. S. 240f.). Im Pflanzenreich finden sich auch Albumine, sie sind aber weniger verbreitet als die Globuline. Es liegen Anhaltspunkte dafür vor, daß die Globuline aus Albuminen gebildet werden können.

Eigenartig ist die in ihrer Ursache noch völlig ungeklärte Giftigkeit mancher Pflanzenalbumine bei parenteraler Zufuhr. Vom *Ricin* aus Ricinussamen wirken z. B. beim Kaninchen 0,003—0,005 mg je Kilogramm Gewicht durch Lähmung des Gefäß- und Atemzentrums tödlich. Die Giftwirkung geht bei der Verdauung dieser Eiweißkörper verloren.

η) Gerüsteiweiße (Skleroproteine).

Die Skleroproteine kommen nur im Tierreich vor. Sie dienen den Tieren als Gerüstsubstanzen oder zur Abwehr äußerer Schädigungen. Sie gehören zu den Linearproteinen. Hervorstechend ist, daß sie in Wasser und Salzlösungen, meist auch in verdünnten Säuren oder Laugen unlöslich sind und im allgemeinen auch durch eiweißspaltende Fermente nicht zerlegt werden. An ihrem Aufbau haben Monoaminosäuren einen hervorstechenden Anteil (s. Elastin, Kollagen, Seidenfibroin, Tabelle 8, S. 89). Hauptvertreter der Skleroproteine sind die Kollagene und die Keratine. Die *Kollagene* sind die wichtigsten Eiweißstoffe der Haut, sie finden sich vor allem im Bindegewebe, in Sehnen, Fascien und Bändern, aber auch das *Ossein* des Knochens gehört zu ihnen, ferner finden sie sich im Knorpel und in der Epidermis. Sie quellen in Wasser auf und gehen beim Kochen mit Säuren unter hydrolytischer Abspaltung von Ammoniak in Leim *(Gelatine)* über. Sie enthalten kein Tryptophan und nur Spuren von Tyrosin, sind also ernährungsphysiologisch nicht vollwertig. Eine besondere Art von Kollagenen sind die *Elastine* des elastischen Bindegewebes; sie bestehen überwiegend aus Monoaminosäuren (Glykokoll und Leucin).

Die *Keratine* sind die Eiweißkörper der Epidermis und der Horngebilde, wie Haare, Wolle, Federn, Nägel usw. Ihre Zusammensetzung wechselt mit ihrem Ursprung, immer aber sind sie durch einen sehr hohen Cystingehalt ausgezeichnet. Sie sind sehr schwer in Wasser, Säuren und Alkalien löslich und gegenüber den eiweißspaltenden Fermenten resistent, für die Ernährung also wertlos.

Zu den Gerüsteiweißen gehört auch die Seide. Der Seidenfaden besteht aus *Seidenfibroin*, das eine leimartige Masse, den Seidenleim, auch *Sericin* genannt, umgibt. Das Sericin, das reich an Serin ist, läßt sich mit heißem Wasser extrahieren. Es gehört wahrscheinlich zu den Kollagenen. Dem Seidenfibroin verdankt die Seide ihre Spinnfähigkeit.

Da wirtschaftlich wichtige Produkte wie Leder, Seide, Wolle Gerüsteiweißstoffe enthalten bzw. aus ihnen bestehen, sind viele Untersuchungen über ihren feineren Aufbau ausgeführt worden. Die Ergebnisse sind noch nicht so einheitlich und gesichert, daß sie hier wiedergegeben werden sollten.

2. Proteide.

Es ist bemerkenswert, daß die prosthetischen Gruppen der verschiedenen Proteide sauren Charakter haben. Durch diese Säuregruppen werden prosthetische Gruppe und Protein miteinander verknüpft. Die Proteide haben in der Natur eine viel größere Verbreitung als die Proteine.

α) Nucleoproteide.

Wegen des besonderen Aufbaus ihrer prosthetischen Gruppe, der Nucleinsäuren, werden diese Eiweißkörper in einem eigenen Kapitel behandelt (s. S. 99). Zu den Nucleoproteiden gehören auch die Virusproteine, über die S. 109 berichtet wird.

β) Phosphoproteide.

Die Phosphoproteide enthalten als prosthetische Gruppe die o-Phosphorsäure (H_3PO_4), und zwar in einer Konzentration von etwa 0,7%. Dementsprechend reagieren diese Eiweißkörper ziemlich stark sauer. Sie sind fast unlöslich in Wasser, leicht löslich dagegen, entsprechend ihrem sauren Charakter, in Alkalien; durch Ansäuern werden sie wieder ausgefällt. Die o-Phosphorsäure ist zum allergrößten Teil mit der alkoholischen Gruppe des Serins zu *Serinphosphorsäure* verestert. Daneben kann sie auch an Threonin gebunden sein. Serinphosphorsäure ist auch in anderen Eiweißkörpern gefunden worden (z. B. Lebereiweiß, Pepsin, Ovalbumin).

$$\begin{array}{c} COOH \\ | \\ H_2N\!-\!C\!-\!H \\ | \\ H_2CO\!-\!PO_3H_2 \end{array}$$

Serinphosphorsäure

Der Hauptvertreter dieser Eiweißklasse ist das *Casein*, der wichtigste Eiweißkörper der Milch. Das Phosphat des Caseins liegt z. T. in Pyrophosphatbindung vor ($-O\!-\!P\!-\!O\!-\!P\!-\!O\!-$). Casein findet sich in der Milch als Kalksalz. Die Lösungen des reinen Calciumcaseinats sind opalescierend oder milchig getrübt. Beim Erwärmen überziehen sie sich mit einer ähnlichen Haut wie die Milch. Das Casein gerinnt nicht beim Erwärmen und schützt auch die übrigen Eiweißkörper der Milch (Albumine und Globuline) vor der Gerinnung. Die Caseine aus der Milch verschiedener Tierarten sind nicht identisch. So enthält z. B. das Casein aus Kuhmilch 2% Kohlenhydrate, das aus Frauenmilch 4% (s. a. Tab. 121, S. 587).

Durch Elektrophorese läßt sich Casein in mehrere Fraktionen von verschiedenem P-Gehalt trennen (α-, β-, γ- und δ-Casein). Bei einem p_H-Wert von 12 dissoziiert Casein vollständig in Teilstücke mit dem durchschnittlichen Molekulargewicht von 15000. α-Casein scheint ein Dimeres zu sein.

Das Casein wird außer durch Säure auch durch das im Magensaft vorkommende Labferment (s. S. 316) ausgefällt. Es entsteht dabei aus dem Casein das *Paracasein*[1]. Der Mechanismus dieser Umwandlung ist noch nicht geklärt. Jedenfalls haben Casein und Paracasein die gleiche elementare Zusammensetzung, sie unterscheiden sich aber dadurch, daß

---

[1] Das Casein wird auch häufig als *Caseinogen*, das Paracasein als *Casein* bezeichnet.

das Paracasein ein unlösliches Kalksalz bildet, an dessen Ausfallen der Eintritt der *Labgerinnung* erkannt werden kann.

Ein weiteres Phosphoproteid ist das *Ovovitellin,* das im Eidotter vorkommt und gewöhnlich bei seiner Darstellung vom Lecithin begleitet wird. Die beiden Stoffe lassen sich überhaupt nur unter Denaturierung des Proteids voneinander trennen. Möglicherweise besteht sogar zwischen ihnen eine lockere chemische Bindung *(Lecithalbumin).* Im Widerspruch zu diesem älteren Namen ist der Eiweißanteil des Ovovitellins aber wahrscheinlich ein Globulin. Auch der Eiweißanteil des Caseins hat globulinartige Eigenschaften.

γ) Glykoproteide, Mucoproteide und Mucopolysaccharide.

Eine Darstellung und Gliederung der dieser Stoffklasse angehörenden Substanzen ist zur Zeit noch einigermaßen schwierig. Es handelt sich zwar bei ihnen allen um Verbindungen von Proteinen und Peptiden mit Polysacchariden, aber die Relation der Eiweiß- zur Polysaccharidkomponente ist so wechselnd, die Übergänge fließend, so daß eine befriedigende Einteilung noch nicht möglich ist.

Tabelle 10. Kohlenhydratgehalt einiger einfacher Proteine.

Eiweiß	% Kohlenhydrat	Eiweiß	% Kohlenhydrat
Casein	0,31	Kollagen	0,65
Lactalbumin	0,44	Ovalbumin	1,7
Serumalbumin (Pferd)	0,47	Serumglobulin (Pferd)	1,82
Gelatine	0,5	Eierglobuline	4,0

Kohlenhydrathaltige Eiweißkörper sind in der Natur weit verbreitet und haben sehr verschiedenartige biologische Aufgaben. Viele einfache Eiweißkörper, ja wohl die meisten, bestehen nicht ausschließlich aus Aminosäuren, sondern enthalten zum mindesten Komplexe aus Glucosamino-dimannose und Glucosamino-digalaktose (s. S. 83). In den Serumproteinen konnte Neuraminsäure nachgewiesen werden. Jedoch ist, wie die Angaben der Tabelle 10 zeigen, der Kohlenhydratgehalt typischer Eiweißkörper relativ niedrig. Die Festlegung einer Grenze von 4%, wie sie zur Abgrenzung der Glykoproteide vorgeschlagen wurde, ist völlig willkürlich. Der Kohlenhydratgehalt der Glykoproteide kann bis zu 25% betragen. In manchen der hierher gehörenden Stoffe überwiegen die Kohlenhydrateigenschaften oder sie enthalten gar kein Eiweiß, sondern Peptide, gehören systematisch also eigentlich zu den Polysacchariden. Da manche von ihnen in ihren Lösungen eine schleimige Beschaffenheit haben, hat man sie als *Mucine* oder *Mucoide* bezeichnet. Je nach dem Vorwiegen der Kohlenhydrat- oder der Eiweißnatur kann man sinngemäß *Mucopolysaccharide* und *Mucoproteide* unterscheiden. Außer durch den Kohlenhydratgehalt sind sie ferner unterschieden durch die Art der Bindung zwischen den beiden Komponenten. Diese kann eine kovalente, eine Ionenbindung oder eine Koordinationsbindung sein.

Zu den Mucopolysacchariden bzw. den Glykoproteiden gehören die Schleimstoffe, die sich in den Sekreten der Schleimhäute oder Hautdrüsen (bei niederen Tieren) finden. Sie versehen die Schleimhäute oder die Haut mit einem Überzug, der Schutz gegen chemische und mechanische Einwirkungen gewährt und gleichzeitig auch das Eindringen von Mikroorganismen verhindert. Sie werden angetroffen im Glaskörper des Auges, in der Gelenkflüssigkeit, der Nabelschnur, den spezifischen Blutgruppensubstanzen, der Hyaluronsäure, dem Heparin, den Eiweißkörpern aus Knorpel und Bindegewebe, den Kapselsubstanzen von Bakterien. Ein Mucopolysaccharid ist wahrscheinlich auch die Grundsubstanz des Nervengewebes.

Die Kohlenhydrate, die in ihnen als Bausteine der Polysaccharidkomponente nachgewiesen wurden, sind entweder einfache Monosaccharide oder Uronsäuren oder Aminozucker; mindestens zwei dieser Substanzen kommen in den Mucopolysacchariden vor. An einfachen Monosacchariden wurden bei der Spaltung erhalten: D-Mannose, D-Galaktose, D-Glucose, D-Arabinose, L-Rhamnose (eine Methylpentose) und L-Fucose; an Uronsäuren: D-Glucuronsäure, D-Galakturonsäure und D-Mannuronsäure; an Aminozuckern: D-Glucosamin und D-Galaktosamin sowie Neuraminsäure. Art und Menge der im einzelnen gefundenen Zuckerreste sind für die einzelnen Proteine sehr unterschiedlich.

Bei aller Verschiedenheit in der Zusammensetzung der Kohlenhydratkomponenten enthalten diese in allen Fällen ein *Hexosamin,* und zwar in acetylierter Form (Ausnahme s. Heparin S. 97). Daneben können in ihnen enthalten sein *einfache Zucker, Uronsäuren* (meist Glucuronsäure), *Schwefelsäure* oder *Phosphorsäure.* Bei den Mucopolysacchariden hat man je nach An- oder Abwesenheit von Säure in ihrem Molekül solche mit saurem von anderen mit basischem Charakter zu unterscheiden.

Saure Mucopolysaccharide sind: Chondroitinschwefelsäure, Mucoitinschwefelsäure, Hyaluronsäure, die Polysaccharidsäure aus Submaxillarismucin und Heparin.

Neutrale Mucopolysaccharide sind: die blutgruppenspezifischen Substanzen, die Kohlenhydratkomponenten z. B. der Serumproteine, des Gonadotropins aus dem Harn schwangerer Frauen, die des Cornea- und des Ovomucoids.

Chondroitinschwefelsäure. Sie ist in ihrer Struktur als das Polymerisationsprodukt eines Disaccharids aus N-Acetyl-D-galaktosamin, D-Glucuronsäure und Schwefelsäure erkannt worden (K. H. MEYER). Galaktosamin ist mit Glucuronsäure durch 1,4-Bindung, Glucuronsäure mit Galaktosamin durch 1,6-Bindung verbunden. Ihr Molekulargewicht beträgt wahrscheinlich 200 000—300 000. Sie kommt vor in Knorpel, Sehnen, Haut, Knochen, Nabelstrang und wahrscheinlich auch im Bindegewebe.

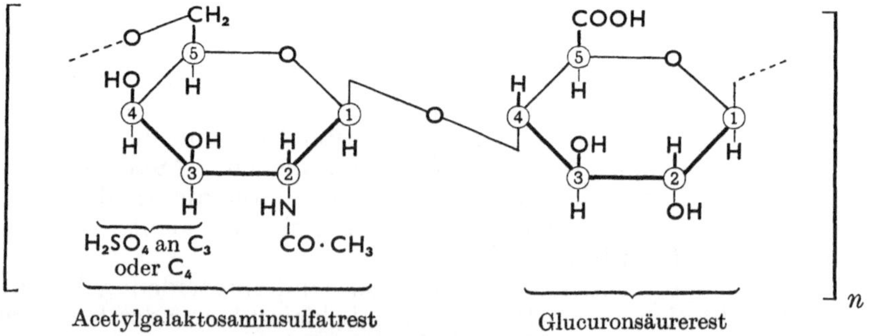

Acetylgalaktosaminsulfatrest Glucuronsäurerest

Chondroitinschwefelsäure

Mucoitinschwefelsäure. Ihre Zusammensetzung entspricht jener der Chondroitinschwefelsäure mit der Ausnahme, daß sie D-Glucosamin (statt D-Galaktosamin) enthält. Ihre Struktur scheint derjenigen der Chondroitinschwefelsäure zu entsprechen. Sie wurde gefunden in Magenschleim, Hornhaut, Glaskörper, Nabelschnur und Blutserum.

Hyaluronsäure. Sie ist das Polymerisationsprodukt eines Disaccharids aus Glucuronsäure und N-Acetyl-D-glucosamin. Die Disaccharideinheiten sind durch β-glucosidische 1,3-Bindungen zusammengehalten (K. H. MEYER). Sie ist im Tierkörper weit verbreitet (Kammerwasser, Nabelschnur, Haut, Synovia). Hyaluronsäure aus Glaskörper hat ein Molekulargewicht von annähernd 1,3 Millionen. Ebenso wie die Chondroitinschwefel-

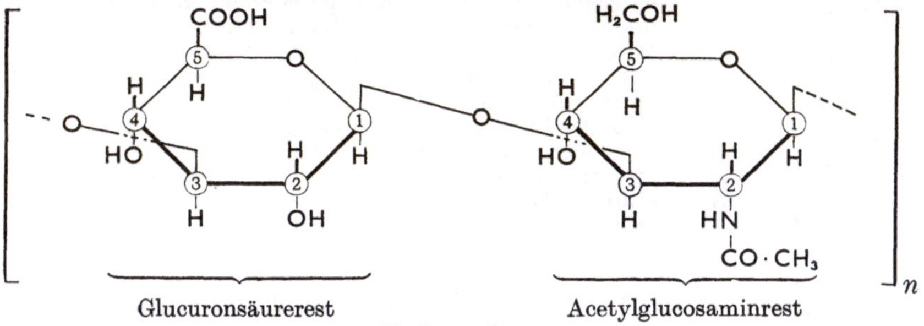

Hyaluronsäure

säure ist sie aber vor allem Bestandteil der Kittsubstanz, in die im mesenchymalen Gewebe die Kollagenfasern eingelagert sind. Durch ein spezifisches Ferment Hyaluronidase wird sie leicht gespalten (s. S. 304).

Polysaccharidsubstanz aus Submaxillarismucin. Sie steht wahrscheinlich der Hyaluronsäure nahe. Als Bausteine wurden in ihr nachgewiesen D-Galaktosamin, Essigsäure und Sialinsäure (s. S. 19)

Einen den Mucopolysacchariden entsprechenden Bau hat auch das **Heparin** (Formel s. S. 98), ein Stoff, der in den Mastzellen der Leber gebildet wird und der die Eigenschaft hat, die Blutgerinnung zu hemmen (s. S. 516). Es besteht aus D-Glucosamin, D-Glucuronsäure und Schwefelsäure. Die Schwefelsäure ist zum Teil an die Hydroxylgruppen des Glucosamins und der Glucuronsäure, zum Teil an die Aminogruppe des Glucosamins gebunden. Die oben angeführte Strukturformel des Heparins ist ebenso wie die Formeln für Chondroitinschwefelsäure und Hyaluronsäure möglicherweise noch revisionsbedürftig.

Ein eigenartiges saures Polysaccharid hat VASSEUR aus der Eihülle des Seesterns gewonnen. Es ist eine Polymethylpentose und enthält je Monosaccharideinheit einen Schwefelsäurerest.

Über die *neutralen Mucopolysaccharide* ist noch wenig bekannt. Schon S. 83 ist darauf hingewiesen worden, daß in den meisten Eiweißkörpern Komplexe aus Glucosamino-dimannose oder aus Glucosamino-digalaktose vorkommen. Im Seroglykoid und im Globoglykoid (s. S. 520) ist wahrscheinlich Galakto-mannose-acetylhexosamin enthalten, im Kollagen ein Komplex aus Glucose und Galaktose.

Zu den neutralen Mucopolysacchariden gehört auch die Kohlenhydratkomponente der *blutgruppenspezifischen Substanzen* (s. S. 527). Sie besteht aus N-Acetyl-glucosamin, N-Acetyl-galaktosamin, D-Galaktose und L-Fucose. Die L-Fucose wurde in dieser Substanz zum erstenmal in tierischem Material nachgewiesen. Die Polysaccharidkomponente ist an ein Polypeptid aus

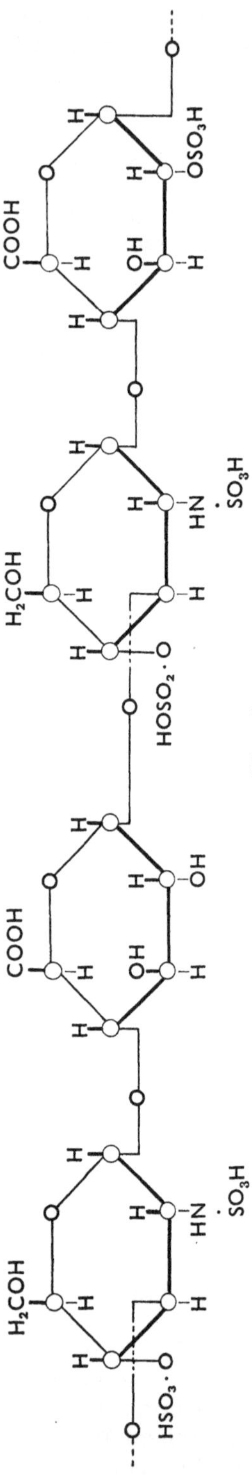

11 Aminosäureresten gebunden, die als Lysin, Arginin, Asparaginsäure, Glutaminsäure, Glykokoll, Serin, Alanin, Threonin, Prolin, Valin und Leucin (oder Isoleucin) identifiziert wurden. In Spuren wurden auch Cystein oder Cystin nachgewiesen. Die Untersuchung der Blutgruppensubstanzen wird dadurch erleichtert, daß sie auch im Speichel und im Magensaft und in großen Mengen in Ovarialcystenflüssigkeit gefunden werden.

Entsprechend der Natur der in ihnen enthaltenen Mucopolysaccharide hat man saure und neutrale Glykoproteide zu unterscheiden. An *sauren Glykoproteiden* kennt man Chondroproteide (mit Chondroitinschwefelsäure), Hyaloproteide (mit Hyaluronsäure), Sialoproteide (mit der Polysaccharidsäure aus Submaxillarismucin) und Mucoproteide (mit Mucoitinschwefelsäure). *Neutrale Glykoproteide* sind Ovomucoid, die Glykoproteide des Blutserums (Seroglykoid, Globoglykoid, s. S. 520), die Gonadotropine (s. S. 267) und die blutgruppenspezifischen Substanzen. Zu erwähnen ist noch, daß sowohl neutrale als auch saure Glykoproteide in der Kapselsubstanz mancher Bakterienarten, besonders der Pneumokokken nachgewiesen wurden.

δ) *Lipoproteide.*

Lipoproteide sind Eiweißkörper mit einem hohen Gehalt an Lipoiden, besonders an Phosphatiden und Cholesterin. Sie sind bemerkenswerterweise leicht löslich in Wasser, was für den Transport der Lipoide im Körper bedeutungsvoll erscheint. Durch organische Lösungsmittel, in denen sich Fette und Lipoide leicht zu lösen pflegen, sind sie dagegen erst nach Vorbehandlung mit Alkohol löslich. Ihre biologische Bedeutung liegt sicherlich außer in dem Transport der Lipoide vor allem in dem Vorkommen in Zellmembranen, deren Durchlässigkeit durch sie mitbestimmt wird. Am besten untersucht sind die α- und β-Lipoproteide des Blutserums. Sie werden so genannt, weil sie bei der Elektrophorese der Bluteiweißkörper mit den α- und β-Globulinen wandern (s. S. 169). Die β-Lipoproteide enthalten bis zu 70% an Lipoiden (davon etwa 30% Phosphatide und etwa 40% Cholesterin). Sie haben ein Molekulargewicht von 1,3 Millionen, sind aber wahrscheinlich nicht einheitlich. Dem α-Lipoproteid wird ein Molekulargewicht von 200000 und ein Lipoidgehalt von etwa 40% zugeschrieben. Weiterhin sind Lipoproteide aus Blutserum mit Molekulargewichten von 2,8—3,1 Millionen beschrieben worden. Die α- und β-Lipoproteide kommen im Blutplasma zu je 0,1—0,2% vor.

ε) *Chromoproteide.*

Ebenso wie die Nucleoproteide sollen auch die Chromoproteide wegen der Bedeutung, die sie selbst und die ihre prosthetischen Gruppen haben, in einem eigenen Kapitel behandelt werden (s. S. 110ff.).

ζ) *Metallproteide.*

Eiweißkörper können sich mit einer ganzen Anzahl von Metallen vereinigen. Dabei können feste Bindungen zwischen dem Metall und dem Protein vorliegen, wie in den eigentlichen Metallproteinen. Es können aber auch Metall-Eiweiß-Komplexe entstehen, in denen das Metall leicht aus dem Komplex abgespalten werden kann. Eine ganze Anzahl von Fermenten, die ja Eiweißkörper sind (s. S. 282), enthält als wesentlichen Bestandteil ihrer Struktur und Voraussetzung ihrer Wirkung Metalle, wie Eisen, Kupfer, Zink, Mangan, Magnesium, Molybdän (s. u. a. S. 313). Hier sollen nur wenige der Metallproteide erwähnt werden, die Metalle in fester Bindung enthalten. Zu ihnen gehören vor allem diejenigen Proteide, in denen Eisen an ein Porphyrinsystem gebunden ist. Diese Stoffe werden wegen ihrer besonderen Struktur und ihres eigentümlichen Baus in einem besonderen Kapitel besprochen (s. Pyrrolfarbstoffe, S. 110 ff.). Ein eigenartiges Eisenproteid ist das *Ferritin*, das für Resorption, Transport und Speicherung des Eisens eine bedeutsame Rolle spielt. Ein eisenfreier Eiweißkörper *Apoferritin*, lagert Eisen als Fe(III)-Komplex an, wodurch Ferritin entsteht, das bis zu 20 % Eisen enthalten kann. Über die Funktion s. S. 503). Kupferhaltige Proteide sind: Hämocuprein, Hepatocuprein, Hämocyanin, Cäruloplasmin.

Schrifttum.

BRICAS, E., and C. FROMAGEOT: Naturally occuring peptides. Adv. Protein Chem. 8, 3 (1952). — BULL, H. B.: Protein structure. Adv. Enzymol. 1, 1 (1941). — COHN, E. J., and J. T. EDSALL: Proteins, Amino Acids, and Peptides as Ions and Dipolar Ions. New York 1943. — COREY, R. B.: X-ray studies of amino acids and peptides. Adv. Protein Chem. 4, 385 (1948). — FOSTER, A. B., and A. J. HUGGARD: The chemistry of heparin. Adv. Carbohydrate Chem. 10, 335 (1955). — FRUTON, J. S.: The synthesis of peptides. Adv. Protein Chem. 5, 1 (1949). — GRASSMANN, W., u. E. WÜNSCH: Synthese von Peptiden. Fortschr. Chem. organ. Naturstoffe 13, 444 (1956). — GREENWOOD, C. T.: The size and shape of some polysaccharide molecules. Adv. Carbohydrate Chem. 7, 289 (1952). — HAUROWITZ, F.: Chemistry and Biology of Proteins. New York 1950. — LLOYD, D. J., and A. SHORE: Chemistry of the Proteins. 2. Aufl. London 1938. — MEYER, K.: Mucoids and glycoproteins. Adv. Protein Chem. 2, 249 (1945). — NEURATH, H., and K. BAILEY (Hrsgb.): The Proteins. Chemistry, Biological Activity, and Methods. 2 Bde. in 4 Teilen. New York 1953—1954. — PAULING, L., and R. B. COREY: The configuration of polypeptid chains in proteins. Fortschr. Chem. org. Naturstoffe 11, 180 (1954). — PERUTZ, F. M.: X-ray studies of crystalline proteins. Research 2, 52 (1949). — SCHMIDT, C. L. A.: Chemistry of the Amino Acids and Proteins. Springfield, Ill. 2. Aufl. 1944. — SPRINGALL, H. D.: The Structural Chemistry of Proteins. London 1954. — STACEY, M.: The chemistry of mucopolysaccharides and mucoproteins. Adv. Carbohydrate Chem. 2, 162 (1946). — TRISTRAM, G. R.: Amino acid composition of purified proteins. Adv. Protein Chem. 5, 83 (1949). — WALDSCHMIDT-LEITZ, E.: Chemie der Eiweißkörper. Stuttgart 1950.

F. Nucleinstoffe.

Der Name dieser Stoffgruppe weist darauf hin, daß sie Bestandteile der Zellkerne sind. In den Kernen finden sich zusammengesetzte Eiweißkörper, die *Nucleoproteide*, mit einer ganz eigenartig und spezifisch gebauten prosthetischen Gruppe. Aber auch außerhalb der Zellkerne finden sich Nucleoproteide, so in kleiner Menge wahrscheinlich überall im Zellplasma und in den meisten Sekreten des tierischen Organismus ebenso wie in den Säften der verschiedenen Verdauungsdrüsen, der Galle und der Milch. Ferner gehören auch, wie S. 76 erwähnt, die Virusproteine zu ihnen Die Nucleoproteide kommen vor allem aber in den zellreichen Organen vor die im wesentlichen aus Kernen bestehen. So wurden sie aus Thymus, Pankreas, Leber, Milz und Niere, aus Leukocyten, besonders aber aus Spermien isoliert. Auch aus pflanzlichem Material werden sie gewonnen. Ihre Hauptquelle sind dort die Hefezellen. Außer dem Eiweißanteil und der prosthetischen Gruppe enthalten die Nucleinstoffe gewöhnlich auch noch Eisen in unbekannter Bindungsart. Die Einordnung des Eiweißanteils in eine der verschiedenen Proteinklassen ist noch nicht für alle Nucleoproteide geklärt. Bei einer ganzen Anzahl handelt es sich um Protamine (Fischspermien) oder um Histone, die salzartig mit der prosthetischen Gruppe verbunden sind und deren Trennung von Eiweiß und prosthetischer Gruppe relativ leicht gelingt. In den übrigen Fällen ist aber die Abtrennung sehr viel schwieriger, so daß die beiden Komponenten wohl kaum salzartig miteinander verbunden sein dürften. Bei der Einwirkung von Pepsin wird z. B. nur ein Teil des Eiweißes aus einem Nucleoproteid abgespalten, der Rest ist erst durch Trypsin ablösbar. Nach völliger Abspaltung der Eiweißkomponente hinterbleiben stark saure, phosphorreiche Stoffe, die *Polynucleotide* (Nucleinsäuren); diese sind also die prosthetische Gruppe der Nucleoproteide.

Die saure Gruppe der Nucleinsäuren ist die o-Phosphorsäure, außerdem liefern sie bei völliger Spaltung Purin- und Pyrimidinbasen und ein Kohlenhydrat, und zwar eine Pentose. Aus jedem Polynucleotidmolekül erhält man eine große Zahl dieser Bausteine. Die Polynucleotide sind dadurch als hochpolymere Stoffe gekennzeichnet. Eine Nucleinsäure, die jedes dieser Teilstücke nur einmal enthält, bezeichnet man als *Mononucleotid*.

Die Polynucleotide geben mit Eiweißkörpern schwer lösliche Niederschläge. Ihr saurer Charakter geht daraus hervor, daß sie mit basischen Farbstoffen unlösliche Salze bilden. Diese sind die Grundlage der meisten histologischen Methoden der Kernfärbung.

Mononucleotide, vor allem höherphosphorylierte kommen nicht nur als Bestandteile der prosthetischen Gruppe der Nucleoproteide vor, sondern auch in freier Form als Bestandteile des Zellplasmas (s. S. 104f.). Das Mononucleotid Adenylsäure selber und eine Reihe seiner Derivate sind für den Stoffwechsel der Kohlenhydrate (s. S. 412, 414 u. 416) und für andere lebenswichtige Zelleistungen (s. S. 330f., 343 u. 402ff.) von allerhöchster Bedeutung, und auch für andere Mononucleotide bzw. für Derivate von ihnen gilt das gleiche (s. S. 105, 331, 404, 433f. u. 452).

a) Bausteine der prosthetischen Gruppe.

Die drei Bauelemente eines Mononucleotids vereinigen sich nach Kossel in der Reihenfolge:

Base — Pentose — Phosphorsäure.

Auf fermentativem oder chemischem Wege kann eine solche Verbindung in diese drei Bausteine zerlegt werden; es ist aber auch möglich, daß nur die eine der beiden endständigen Gruppen abgespalten wird, so daß entweder eine *Pentosephosphorsäure* oder eine Verbindung aus Pentose und Base übrigbleibt. Ein solcher Körper wird als *Nucleosid* bezeichnet.

1. Das Kohlenhydrat.

Die Pentose, die aus der Hefenucleinsäure und aus den freien Mononucleotiden der tierischen Gewebe erhalten wird, ist die D-*Ribose*, in der

Thymonucleinsäure ist dagegen die D-*2-Ribodesose* oder *Thyminose* enthalten (s. S. 14). Die Ribose liegt in den Nucleotiden und Nucleosiden in der Furanringform vor, und auch für die Thyminose ist dies wahrscheinlich der Fall. Entsprechend dem Gehalt an einem der beiden verschiedenen Kohlenhydrate werden die Polynucleotide auch als *Ribonucleinsäure* (RNS oder englisch RNA) und als *Desoxy-ribo-nucleinsäure* (DNS oder englisch DNA) bezeichnet.

2. Die Basen.

Die mit einer Pentose zum Nucleosid vereinigten Basen leiten sich von zwei Ringsystemen her, dem *Pyrimidin-* und dem *Purin*ring. Den Purinring kann man als ein Kondensationsprodukt aus Pyrimidin und Imidazol auffassen. Er kann auf zwei verschiedene Arten formuliert werden. Zur Kennzeichnung der Substitutionen werden die Atome der Ringe in der angegebenen Weise beziffert. Danach unterscheiden sich die beiden Formen des Purinringes nur durch die Stellung des H-Atoms am N-Atom 7 oder 9 und die dadurch bedingte Verlagerung der Doppelbindung.

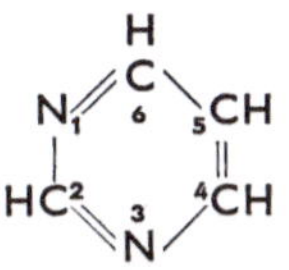

Pyrimidin 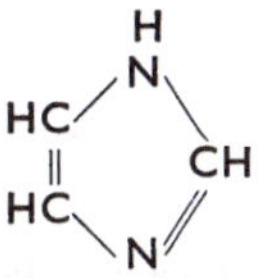 Imidazol 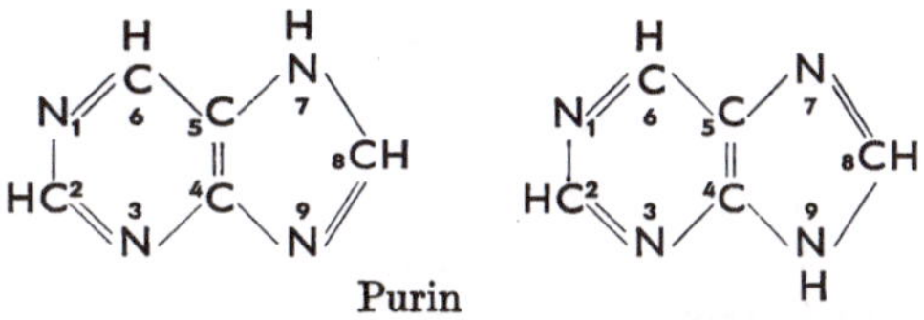 Purin

Die als Spaltprodukte von Nucleotiden und Nucleosiden bekannten *Pyrimidinderivate* sind:

Cytosin: 2-Hydroxy-6-amino-pyrimidin,
Uracil: 2,6-Dihydroxy-pyrimidin,
Thymin: 2,6-Dihydroxy-5-methyl-pyrimidin.
5-Methylcytosin: 2-Hydroxy-5-methyl-6-amino-pyrimidin,
5-Hydroxymethylcytosin: 2-Hydroxy-5-hydroxymethyl-6-amino-pyrimidin,

von denen die beiden letztgenannten aber nur in geringen Mengen und nur in einigen Nucleinsäuren vorkommen.

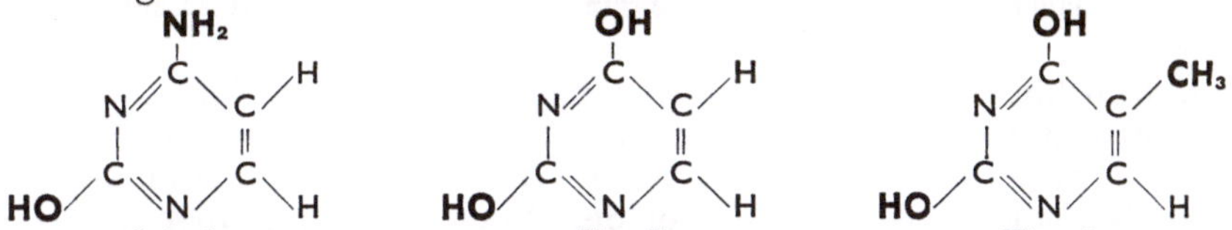

Cytosin Uracil Thymin
(Laktimformen)

Es lassen sich diese Formeln auch noch in anderer Weise schreiben, wenn man annimmt, daß das Wasserstoffatom von der Hydroxylgruppe zum benachbarten Stickstoff wandert, wodurch die Hydroxylgruppe zur Ketogruppe wird und die Doppelbindungen sich verlagern.

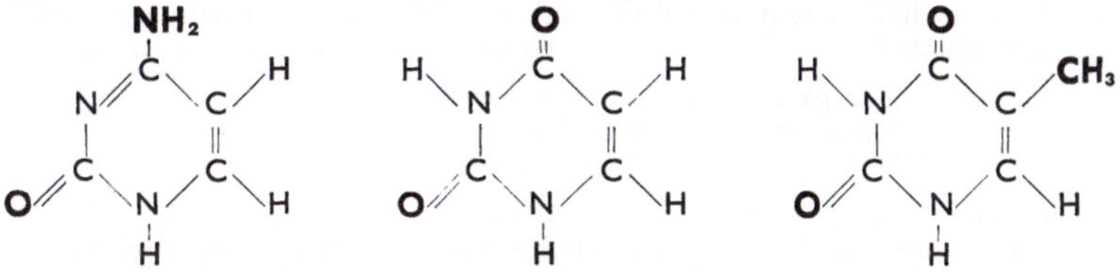

Cytosin Uracil Thymin
(Laktamformen)

Man bezeichnet die erste der beiden tautomeren Formen als Laktim- oder Enolformen ($\cdots$ N—C(OH)=N $\cdots$), die zweite als Laktam- oder Ketoformen ($\cdots$ N—C(O)—NH $\cdots$).

Auch die **Purinderivate** entstehen durch die Einführung von Amino- und Hydroxygruppen. *Als primäre Bausteine der Nucleotide kommen anscheinend nur die Aminoderivate vor*, aus ihnen entstehen die Hydroxyderivate durch fermentative hydrolytische Desaminierung (s. S. 305). Auf einer Fermentwirkung beruht auch der Übergang der Aminopurine in die Hydroxypurine bei der Fäulnis; der Ersatz der Aminogruppe durch die Hydroxygruppe bei der Einwirkung von Salpetriger Säure entspricht der allgemeinen Wirkung dieser Säure auf Aminogruppen (s. S. 63). Diesen genetischen Zusammenhang gibt auch die Nebeneinanderstellung der Formeln der verschiedenen Purinderivate wieder. Danach entsteht also aus dem

Adenin (6-Aminopurin) das *Hypoxanthin* (6-Hydroxypurin)

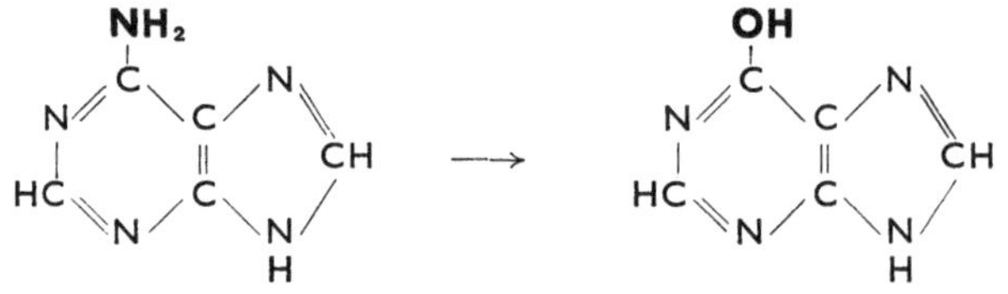

Adenin $\longrightarrow$ Hypoxanthin

und aus dem

Guanin (2-Amino-6-hydroxypurin) das *Xanthin* (2,6-Dihydroxypurin).

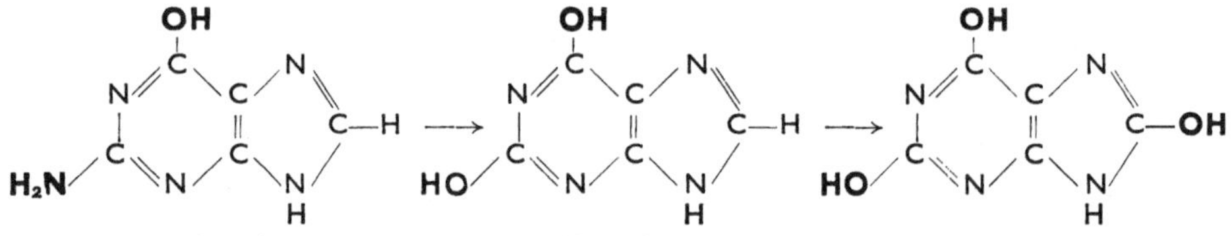

Guanin $\longrightarrow$ Xanthin $\longrightarrow$ Harnsäure

Das Xanthin, das im Organismus beim Abbau der Purine entsteht, und zwar entweder direkt aus Guanin oder durch Oxydation von Hypoxanthin, wird zu *Harnsäure* = 2,6,8-Trihydroxypurin weiter oxydiert. (Einzelheiten über den Stoffwechsel der Nucleotide und über die Harnsäurebildung s. S. 490 f.).

Die Hydroxypurine können ebenso wie die Hydroxypyrimidine in den beiden oben erwähnten tautomeren Formen auftreten. Für die Formulierung ist hier die Laktimform gewählt. Die Laktamform ergibt sich ohne weiteres aus dem Vergleich dieser Formeln mit denen der Pyrimidine.

Von großem medizinischem Interesse sind wegen ihrer pharmakologischen Wirkung die in den Genußmitteln Kaffee, Tee und Kakao vorkommenden methylierten Purine:

Theophyllin 1,3-Dimethyl-xanthin
Theobromin 3,7-Dimethyl-xanthin
Coffein 1,3,7-Trimethyl-xanthin.

(Sie leiten sich demnach von der Laktamform des Xanthins ab). Theophyllin und Coffein werden im Organismus durch Oxydation in die entsprechenden Dimethylharnsäuren umgewandelt, die bei der üblichen Harnsäurebestimmung mit Phosphorwolframsäure mitreagieren, also Harnsäure vortäuschen können.

b) Nucleoside.

Aus Poly- und Mononucleotiden konnten die folgenden **Ribonucleoside** gewonnen werden: *Adenosin, Guanosin, Inosin (= Hypoxanthosin), Cytidin* und *Uridin* sowie die **Desoxyribonucleoside:** *Desoxyadenosin, Desoxyguanosin, Desoxyhypoxanthosin, Desoxycytidin, Desoxythymidin, Desoxyuridin, Desoxy-5-methylcytidin* und *Desoxy-5-hydroxymethylcytidin*. Hypo-

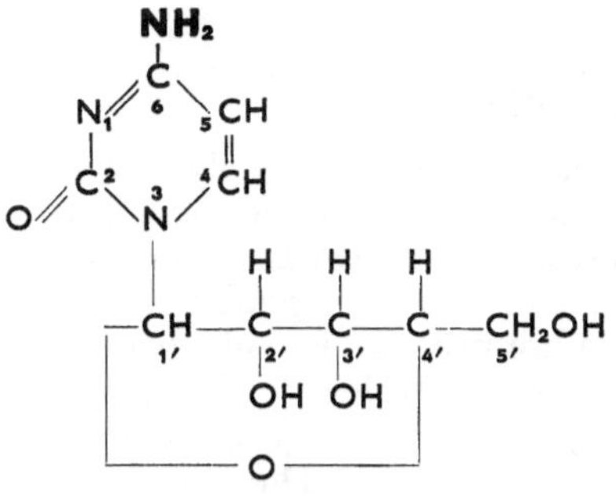

Cytidin 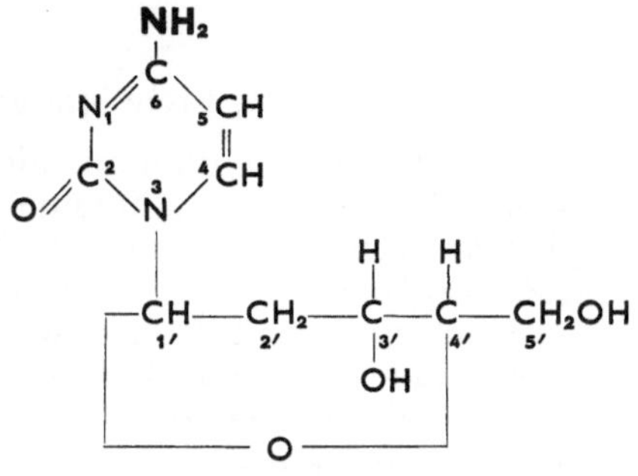   Desoxycytidin

xanthosin bzw. Desoxyhypoxanthosin kommen primär nicht in den Nucleoproteiden vor, sondern entstehen bei der Aufarbeitung durch Desaminierung aus den entsprechenden Adeninverbindungen (s. S. 309).

In den Nucleosiden ist das Kohlenhydrat über das C-Atom 1′* β-glykosidisch mit der Base verbunden, und zwar bei den Pyrimidinverbindungen über das N-Atom 3, bei den Purinverbindungen über das N-Atom 9. Die Pyrimidinnucleoside sind also Pyrimidin-3-riboside bzw. -3-desoxyriboside, die Purinnucleoside Purin-9-riboside bzw. -9-desoxyriboside. Als Beispiele für Nucleoside sind die Formeln von Cytidin und Desoxycytidin bzw. von Adenosin und Desoxyadenosin wiedergegeben. Die übrigen Nucleoside sind sinngemäß zu formulieren.

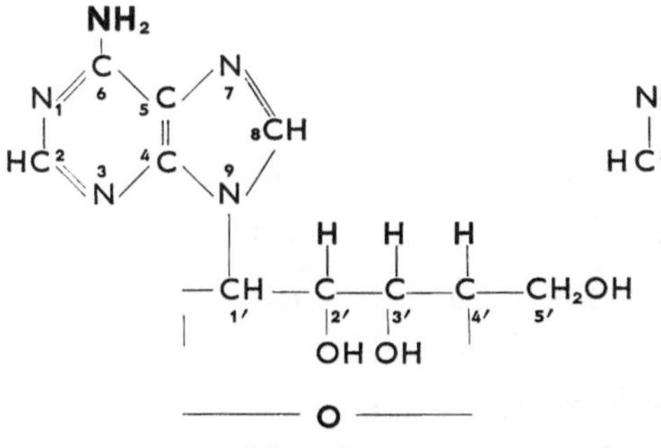

Adenosin 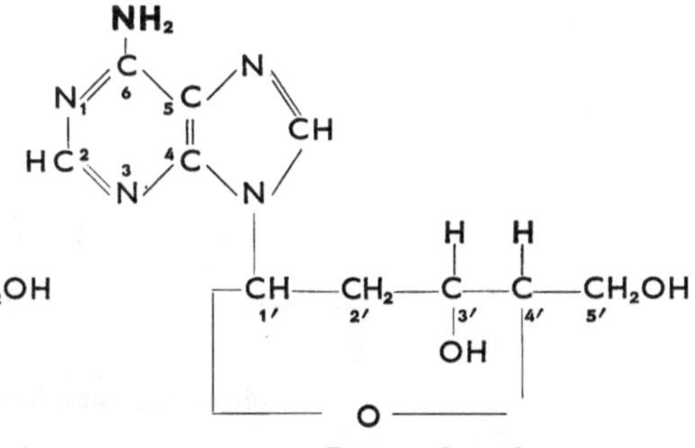   Desoxyadenosin

Von vorläufig noch völlig ungeklärter Bedeutung ist das Vorkommen eines *Harnsäurenucleosids* in den Erythrocyten und einer *Adenin-thiomethyl-pentose* in der Hefe. Letztere wird in Gegenwart von Methionin gebildet. In ihr ersetzt die Thiomethylgruppe ($-S \cdot CH_3$) das Hydroxyl der primären Alkoholgruppe der Ribose.

---

* In den Nucleosiden und Nucleotiden werden die C-Atome der Kohlenhydrate durch gestrichene Zahlen bezeichnet.

c) Mononucleotide.

Bei den Mononucleotiden ist zu unterscheiden zwischen denjenigen, die bei Spaltung von Polynucleotiden erhalten werden und solchen, die nicht aus Nucleoproteiden stammen, sondern frei im Gewebe vorkommen. Wie ein Blick auf die Nucleosidformeln zeigt, könnte in den Ribonucleosiden die Phosphorsäure an die Hydroxylgruppen an den C-Atomen 2′, 3′ und 5′ gebunden sein, in den Desoxyribonucleosiden an diejenigen an den C-Atomen 3′ und 5′.

1. Freie Mononucleotide.

Alle frei im Gewebe vorkommenden, also nicht aus Polynucleotiden durch Spaltung freigesetzten, Mononucleotide sind Ribonucleotide, in denen die Phosphorsäure in 5′ gebunden ist. Von ihnen ist am längsten bekannt die *Adenosin-5′-phosphorsäure*, auch *Muskeladenylsäure* genannt, weil sie zuerst aus Skeletmuskulatur isoliert werden konnte. Es ist sehr bedeutsam, daß die Muskeladenylsäure noch 1 oder 2 weitere Moleküle Phosphorsäure anlagern kann und dadurch zu *Adenosindiphosphorsäure* (abgekürzt ADP) bzw. *Adenosintriphosphorsäure* (abgekürzt ATP) wird. Die drei verschiedenen Phosphorylierungsstufen des Adenosins bilden das sog. „*Adenylsäuresystem*“. Seine Komponenten können leicht durch Abgabe oder Aufnahme von Phosphorsäure ineinander übergehen. Es spielt im intermediären Stoffwechsel eine überaus wichtige Rolle, einmal weil von ihm Phosphorsäurereste für Phosphorylierungen an andere Substanzen abgegeben bzw. bei Dephosphorylierungen freiwerdende Phosphatreste übernommen werden können, zweitens aber auch, weil die Pyrophosphatbindungen der Adenosindi- und -triphosphorsäure besonders energiereich sind, so daß in ihnen Energie gespeichert bzw. durch ihre Spaltung freigesetzt und für energieverbrauchende Reaktionen zur Verfügung gestellt werden kann (s. z. B. S. 402 f.).

Der Adenosintriphosphorsäure kommt die folgende Formel zu:

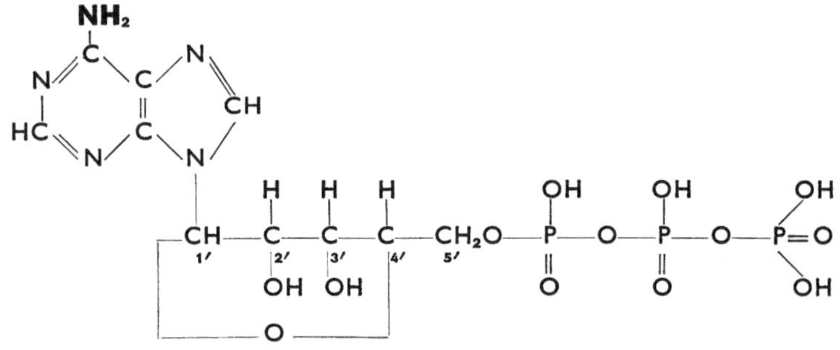

Adenosintriphosphorsäure

Aus Hefe wurde ein Adenosin-dinucleotid, die *Di-adenosin-5′-phosphorsäure* gewonnen, die im Muskelextrakt zu einer Di-adenosin-5′-phosphorsäure-pyrophosphorsäure *(Diadenosintetraphosphorsäure)* weiter phosphoryliert werden kann. Vielleicht kommt die Muskeladenylsäure in der Hefe in dieser Kombination vor.

Im Laufe der letzten Jahre hat man erkannt, daß das Vorkommen von freier Adenylsäure und ihren höheren Phosphorylierungsprodukten kein Sonderfall ist, sondern daß auch die übrigen Ribonucleotide als solche und in ihren zwei- oder dreifach phosphorylierten Stufen frei im Gewebe vorkommen. So sind die verschiedenen Guanosin-5'-, Cytidin-5'- und Uridin-5'-phosphate gefunden worden. Von besonderem Interesse sind bisher die Guanosin- und die Uridin-diphosphate, da sich an sie verschiedene Kohlenhydrate und Kohlenhydratderivate anlagern können. Man kennt z. B. Verbindungen dieser Nucleosid-diphosphate mit Mannose, Glucose, Galaktose, Acetylglucosamin, Acetylgalaktosamin und Glucuronsäure. Derartige Verbindungen spielen offenbar im Stoffwechsel dieser Kohlenhydrate eine wichtige, wenn auch noch nicht hinlänglich erkannte Rolle (s. z. B. Uridindiphosphatglucose, S. 326). Die Di- und Triphosphate der verschiedenen Nucleoside können im Stoffwechsel ineinander übergehen.

Darüber hinaus werden zunehmend mehr Verbindungen verschiedener Mononucleotide mit anderen Stoffen bekannt. Für eine Reihe von ihnen ist schon heute eine physiologische Funktion bekannt, für die anderen ist sie wahrscheinlich. Es seien angeführt: *Adenin-bernsteinsäure* und *Adenylbernsteinsäure*, letztere auch in einem Komplex mit Glutaminsäure und Serin, ferner *Adenosin-diphosphat-glutaminsäure* und *Adenosin-diphosphat-asparaginsäure*. Es wird vermutet, daß diese ADP-Verbindungen Zwischenprodukte bei der Synthese von Glutathion, Asparagin oder Glutamin sein könnten, vielleicht auch bei der Peptidsynthese. Ebenso soll Guanosindi- und triphosphat für den Einbau von Aminosäuren in Eiweiß nötig sein. In *Adenosin-3'-phosphat-5'-phosphosulfat* ist der Schwefelsäurerest besonders reaktionsfähig („aktive Schwefelsäure"). Auch einige Verbindungen des *Cytidin-diphosphats* seien genannt: *Cytidin-diphosphat-glycerin, Cytidindiphosphat-ribit* und *Cytidin-diphosphat-cholin*. Letztere Verbindung spielt im Phosphatidstoffwechsel eine Rolle (s. S. 452). In Staphylokokken, deren Wachstum durch Penicillin gehemmt war, wurden *Uridin-diphosphat-glykosyl-alanin* und *Uridin-diphosphat-glykosyl-alanin-glutaminsäure-lysin* entdeckt. Der Glykosylrest ist wahrscheinlich 3-O-α-Carboxyäthyl-hexosamin.

2. Mononucleotide aus Polynucleotiden.

Durch Anlagerung von Phosphorsäure entstehen aus den beiden durch ihre Kohlenhydratkomponenten verschiedenen Reihen von Nucleosiden die ihnen entsprechenden Nucleotide. Es ist schon lange bekannt, daß es eine der Muskeladenylsäure (= Adenosin-5'-phosphorsäure) entsprechende Adenosin-3'-phosphorsäure gibt, die aus Hefe gewonnen und daher als *Hefeadenylsäure* bezeichnet wurde. Auch die übrigen Ribomononucleotide konnten als 3'-Phosphorsäureverbindungen unter den Spaltprodukten der Ribopolynucleotide schon vor langer Zeit aufgefunden werden. Damit schien die Struktur der Ribomononucleotide geklärt. Jedoch war ebenso auch schon lange bekannt, daß durch die Spaltung von Ribopolynucleotiden zwei Reihen von Mononucleotiden entstehen, die man durch die Buchstaben *a* und *b* von einander unterschied, z. B. Adenylsäure a und b. Diese sehr merkwürdige Tatsache erklärt sich daraus, daß bei der Spaltung der Polynucleotide die Phosphorsäure sich intermediär mit den 2'- und 3'-Hydroxylen der Ribose verbindet:

Diese Zwischenverbindung zerfällt dann in die beiden Nucleotide a und b, wobei in a die Phosphorsäure am Hydroxyl 2′, in b am Hydroxyl 3′ haftet

$$
\text{H}-\underset{2'}{|}\text{O}-\text{P}\!\!<\!\!\begin{smallmatrix}\text{O}\\[2pt]\text{O}^-\end{smallmatrix}
\qquad\qquad
\text{H}-\underset{2'}{|}\text{OH}
$$

$$
\text{H}-\underset{3'}{|}\text{OH}
\qquad\qquad\qquad
\text{H}-\underset{3'}{|}\text{O}-\text{P}\!\!<\!\!\begin{smallmatrix}\text{O}\\[2pt]\text{O}^-\end{smallmatrix}
$$

Nucleotid a　　　　　　　　　　　**Nucleotid b**

Außer den Pyrimidin- und Purinnucleotiden sind weitere Verbindungen von Pentosephosphorsäure mit Ringsystemen basischen Charakters, die also auch als Nucleotide aufgefaßt werden müssen, bekannt geworden: die *Pyridinnucleotide* (s. S. 343 ff.) und das *Isoalloxazinnucleotid* Riboflavinphosphorsäure (s. S. 199 u. 339—343). Diese liegen zum Teil in Bindung an Adenosin-5′-phosphorsäure, also als Dinucleotide vor. Sie spielen als Co-Fermente im Stoffwechsel eine überaus bedeutsame Rolle.

d) Polynucleotide.

Ribonucleinsäuren liefern bei ihrer Spaltung die Mononucleotide:

Guanylsäure, Hefeadenylsäure, Cytidylsäure und Uridylsäure,

Desoxyribonucleinsäuren:

Desoxy-guanylsäure, Desoxy-adenylsäure, Desoxy-cytidylsäure, 5-Methylcytosin-desoxyribosid-5'-phosphorsäure und Desoxy-thymosinsäure.

Außer durch die verschieden Pyrimidinnucleotide sind die beiden Polynucleotide, woran nochmals erinnert sei, durch die Kohlenhydratkomponenten verschieden.

Die Ribonucleinsäure wurde zuerst aus Hefe isoliert und deshalb als *Hefenucleinsäure* bezeichnet; die Desoxyribonucleinsäure, die zuerst aus Thymus erhalten wurde, hieß *Thymonucleinsäure*. Später wurde erkannt, daß beide Polynucleotide im Pflanzenreich wie im Tierreich vorkommen; die alten Bezeichnungen sollten daher aufgegeben werden. Nach unseren heutigen Kenntnissen kommt die Desoxyribonucleinsäure nur im Zellkern vor, und zwar im Chromatin; die Ribonucleinsäure im wesentlichen im Cytoplasma, in kleiner Menge aber auch im Nucleolus des Zellkerns. Die Ribonucleinsäure des Cytoplasmas findet sich in den Mitochondrien und Mikrosomen bzw. in den basophilen Granula und liegt als Phospholipoidribonucleotid-proteinkomplex vor. Die Desoxyribonucleinsäure ist mit den Genen identisch (s. S. 500).

Früher galt nahezu unwidersprochen die Meinung, daß in den beiden Polynucleotiden die vier Mononucleotide jeweils in äquimolekularer Menge vorkämen, daß also die Polynucleotide gleichsam Polymerisationsprodukte von Tetranucleotiden seien. Alle neueren Analysen haben gezeigt, daß es ein solches äquimolekulares Verhältnis der vier Mononucleotide in den Polynucleotiden nicht gibt. Jedoch lassen sich aus den Analysenzahlen einige Gesetzmäßigkeiten ablesen. Die Tabelle 11 gibt, bezogen auf Adenin als Einheit, den Basengehalt von Desoxyribonucleinsäuren verschiedener Herkunft an. Man sieht deutlich, daß der molare Gehalt an Adenin dem an Thymin und der Gehalt an Cytosin + Methylcytosin dem an Guanin jeweils gleich ist, also das Verhältnis Adenin: Thymin und dasjenige Guanin: Cytosin + Methylcytosin auch nahezu gleich 1 ist und ebenso das Verhältnis der Summe der Purine zur Summe der Pyrimidine.

An die Aufklärung der Struktur der Polynucleotide ist viel experimentelle und gedankliche Arbeit gewandt worden. Jedoch ist das eine der beiden Grundprobleme, die Feststellung der Reihenfolge der Mononucleotide im Polynucleotidmolekül vorerst noch ungelöst, vor allem auch, weil alle bisher isolierten Nucleinsäuren Gemische verschiedener Polynucleotide sind. Wenn man, wofür alle neueren Erkenntnisse sprechen, annimmt, daß die Gene aus DNS bestehen, kann man zudem mit Sicherheit schließen, daß es in der Reihenfolge der Mononucleotide eine Fülle von Variationen geben muß. Es scheint bisher nur festzustehen, daß Pyrimidin- und Purinnucleotide nicht miteinander abwechseln, vielmehr sollen in den DNS mehrere Pyrimidinnucleotide aufeinander folgen. Das andere Grundproblem, die Frage der Art der Verknüpfung der Mononucleotidmoleküle scheint für die Desoxyribonucleinsäure prinzipiell geklärt, für die Ribonucleinsäure dagegen noch nicht. Es liegt nahe anzunehmen, daß diese Verknüpfung durch die Phosphorsäurereste vermittelt wird. Es ist also zu zeigen, ob diese Phosphorsäurereste die Mononucleotide zu einer langen Kette vereinigen oder ob auch verzweigte Strukturen möglich sind, und es ist ferner zu zeigen, mit welchen Hydroxylgruppen der Kohlenhydratkomponente die Phosphorsäure vereinigt ist. Was die erste Frage angeht, so liegen bei den Desoxypolynucleotiden fraglos unverzweigte, lineare Ketten vor, dagegen ist immer noch unentschieden, ob und welche Art von Verzweigungen bei den Ribopolynucleotiden vorkommen.

Tabelle 11. Verteilung der Basen in Desoxyribonucleinsäuren (bezogen auf Adenin, berechnet aus Analysen von Hurst, Marko u. Butler).

Herkunft	Adenin	Guanin	Thymin	Cytosin + Methylcytosin	Purine: Pyrimidine
Kalb, Thymus . . .	1	0,78	1,06	0,81	0,95
Kalb, Leber	1	0,81	1,04	0,81	0,98
Kalb, Pankreas . . .	1	0,80	1,02	0,77	1,00
Kalb, Milz	1	0,71	0,92	0,72	1,04
Stier, Hoden	1	0,85	1,03	0,83	1,00
Küken, Erythrocyten	1	0,78	1,02	0,76	1,00
Mensch, Milz	1	0,72	1,01	0,70	1,00
Weizenkeimlinge . . .	1	0,87	1,03	0,82	1,01
Durchschnitt	*1*	*0,79*	*1,02*	*0,78*	*1,00*

Es steht heute fest, daß die Phosphorsäure sowohl in den Ribo- als auch in den Desoxynucleotiden die 3′- und 5′-C-Atome der Kohlenhydrate benachbarter Mononucleotide miteinander verknüpft. Für die *Desoxyribonucleinsäuren*, für die eine unverzweigte Kettenstruktur bewiesen ist, ergibt sich damit das nachstehende Bauschema:

$$\ldots\ldots C_3 \ldots\ldots$$
$$|$$
$$O$$
$$O=P-O-C_5-C_4-C_3-C_2-C_1-\text{Base}$$
$$HO \qquad O$$
$$O=P-O-C_5-C_4-C_3-C_2-C_1-\text{Base}$$
$$HO \qquad O$$
$$O=P-O-C_5-C_4-C_3-C_2-C_1-\text{Base}$$
$$HO \qquad O$$
$$O=P-O-C_5 \ldots\ldots$$
$$HO$$

Schematischer Bau der Desoxyribonucleinsäure

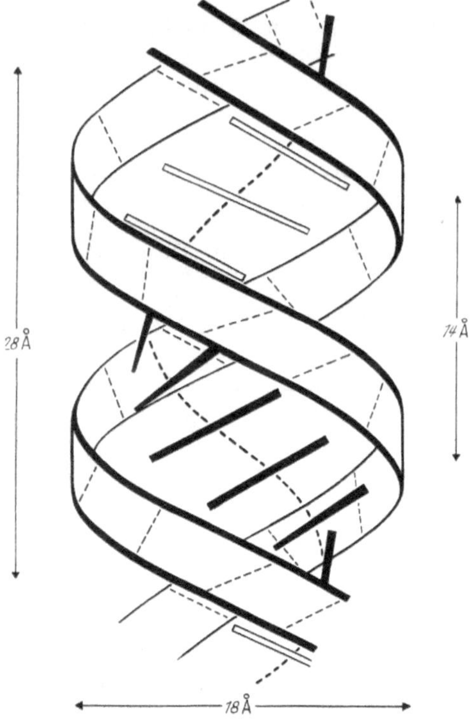

28 Å | 14 Å

18 Å

Abb. 13. Schema der Struktur der Desoxyribonucleinsäure (nach WILKINS).

Die Desoxyribonucleinsäure liefert ein wohl definiertes Röntgendiagramm. Aus diesem und auch den
chemischen Daten hat man versucht, ein Bild der Makrostruktur
der DNS herzuleiten. Nach WAT-
SON u. CRICK entspricht ihr Aufbau dem in Abb. 13 wiedergegebenen Schema.

Danach besteht das Molekül aus zwei
rechtsschraubenden Polynucleotidketten,
die einem zweiadrigen Seil ähnlich ineinander gedreht sind. Die Schrauben
haben einen Durchmesser von 18 Å, anscheinend kommt außerdem noch eine
dritte Schraube mit einem Durchmesser
von 10 Å vor. Die beiden Schrauben sind
um $^1/_2$ Ganghöhe voneinander entfernt,
Phosphodiestergruppen verbinden benachbarte β-D-Desoxyribofuranosidmoleküle
über die $C_{3'}$- und $C_{5'}$-Atome miteinander.
Die Basen liegen also innen, die Phosphor-
säure-Zucker-Reste außen, die Zuckerreste
stehen senkrecht zu den Basen. Die beiden
Bänder stellen die beiden Pentosephos-
phorsäureketten dar, die Stäbe bedeuten
die Basen, die diese Ketten zusammenhalten. Nach 11 Nucleotidresten wiederholt
sich die Struktur. Das entspricht einem
Abstand von 28 Å. Die Basenflächen stehen
senkrecht zur Faserachse und sind paarweise durch Wasserstoffbrücken zwischen Adenin
und Thymin bzw. Guanin und Cytosin zusammengehalten, ganz entsprechend dem in
Tabelle 11 wiedergegebenen Basenverhältnis.

Pentose- phosphorsäure	Pentose- phosphorsäure	Pentose- phosphorsäure	Pentose- phosphorsäure
Thymin	**Adenin**	**Cytosin**	**Guanin**

Im Unterschied von dem kettenförmigen Aufbau des Desoxypoly-
nucleotid-Moleküls hat das *Ribopolynucleotid* wahrscheinlich einen verzweigten Bau, zu der Verknüpfung der Mononucleotide über $C(3')$–$C(5')$-Bin-
dungen muß also noch ein anderes Bindungsprinzip hinzukommen. Wahrscheinlich handelt es sich um Veresterungen der Phosphorsäure an $C(2')$-
Atomen. Jedoch kann man sich heute noch keine hinreichend gesicherten
Vorstellungen über den Bau der Ribonucleinsäuren machen.

Die aus den Desoxypolynucleotiden entstehenden Mononucleotide sind
5'-Phosphorsäureester. Unter den Pyrimidin-desoxynucleotiden sind auch
3',5'-Diphosphatester gefunden worden. Als Beispiele für die aus Ribo-
und aus Desoxyribonucleinsäuren entstehenden Mononucleotide folgen die
Formeln von Adenosin-3'-phosphorsäure und von Desoxyadenosin-5'-
phosphorsäure.

Die Angaben über die *Molekülgröße der Polynucleotide* schwanken erheblich. Bei den Ribonucleinsäuren ist dies verständlich, da sie bei ihrer Darstellung sehr leicht zerfallen. Zudem sind die Präparate verschiedener Herkunft nicht identisch. Die höchstmolekularen Ribopolynucleotide aus

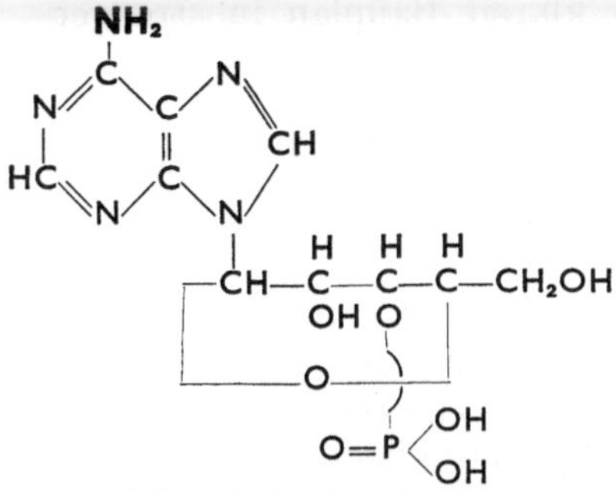

Adenosin-3′-phosphorsäure 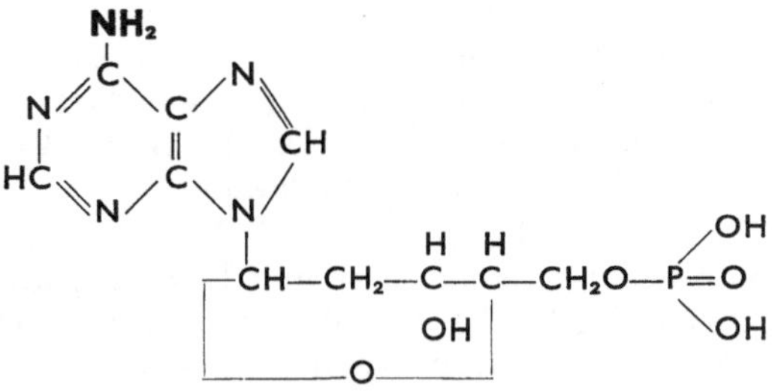   Desoxyadenosin-5′-phosphorsäure

Hefe hatten ein Molekulargewicht von 70000, die Ribopolynucleotide aus Tabakmosaikvirus dagegen von 2000000. Für Desoxyribopolynucleotide werden Molekulargewichte von 2000000—6000000 angegeben.

Die lebenswichtige Bedeutung der DNS ist sichergestellt; sie sind mit den Genen identisch. Alle morphologisch erkennbaren Veränderungen am Kern, wie Kernteilung, Verhalten der Chromosomen usw. spielen sich vor allem am Chromatin, also im wesentlichen an den Nucleoproteiden des Kerns ab. Sie sind notwendig für die Vermehrung der Eiweißkörper in der Zelle, an der aber auch RNS beteiligt ist. (Weitere Angaben über die physiologische Funktion der Polynucleotide s. S. 500f.; über ihre fermentative Spaltbarkeit s. S. 301.)

e) Virusproteine.

Wegen des hohen Nucleinsäuregehaltes der meisten Virusproteine sollen im Anschluß an die Nucleoproteide diese Eiweißstoffe kurz behandelt werden. Es handelt sich bei ihnen um Eiweißkörper von sehr hohem Molekulargewicht, die biologisch durch zwei Eigenschaften ausgezeichnet sind: für ihre Existenz und Vermehrung sind sie auf einen Wirtsorganismus angewiesen, dessen Eiweiß sie in ihr eigenes Eiweiß umformen; ferner rufen sie dadurch in diesen Wirtsorganismen oft sehr schwere Krankheitserscheinungen hervor.

Die Fähigkeit sich nach einem ihnen eigentümlichen Bauplan zu vermehren, teilen sie mit den Eiweißkörpern, vor allem mit den Nucleoproteiden und damit mit den Genen. Man bezeichnet diese Eigenschaft als *identische Reproduktion*.

Die große Vermehrungsfähigkeit der Viren auf Kosten ihres Wirtsorganismus erhellt z. B. aus der Beobachtung, daß 10^{-6} mg Tabakmosaikvirus sich in 4 Tagen auf das 10^6 fache, also auf 1 mg vermehren. Virusproteine kommen im Tier- und im Pflanzenreich vor, selbst in Bakterien sind sie enthalten. Derartige Viren bezeichnet man als *Bakteriophagen*, weil sie die Bakterien auflösen.

Die Molekulargewichte der bisher bekannten Virusarten liegen zwischen 500000 und 50000000 für die pflanzlichen und zwischen 400 und 3000 Millionen

für die tierischen Viren. Dem entsprechen unter Annahme einer kugelförmigen Gestalt Durchmesser zwischen 10 und 450 mμ. Manche Viren,
wie etwa das bekannte Tabakmosaikvirus, haben dagegen Stäbchenform.
Für dieses Virus ist nachgewiesen worden, daß es aus 108 völlig gleichartigen Bausteinen besteht, die nach einem klaren Bauplan in strenger
Ordnung zu dem Stäbchen vereinigt sind. (Vgl. auch die in Abb. 8, S. 78
deutlich erkennbare strenge Ordnung des Tabaknekrosevirus.) Auch andere
pflanzliche Viren, weniger die tierischen, zeigen in ihrem Bau eine hohe
Ordnung, so daß man annehmen darf, daß sie aus identischen Untermolekülen aufgebaut sind. Die größeren Viren sind wahrscheinlich Symplexe
aus mehreren Eiweißmolekülen.

In Viren kommt sowohl RNS als auch DNS vor. Über die Eiweißkomponente ist noch nicht viel bekannt, außer daß relativ viel saure Eiweißkörper in den Viren gefunden werden. Die Bindung zwischen Nucleinsäure
und Eiweiß scheint nicht salzartig zu sein, sondern vor allem durch Wasserstoffbindungen zustande zu kommen.

Als pathogene Stoffe haben die Viren eine außerordentliche Bedeutung.
So hat z. B. die Existenz der pflanzenpathogenen Viren erhebliche Auswirkungen auf den Ertrag der befallenen Pflanzen. Unter den tierpathogenen Viren finden sich die Erreger zahlreicher schwerer und verbreiteter
Infektionskrankheiten, z. B. von Maul- und Klauenseuche, Psittacosis,
Gelbfieber, Influenza, Pocken, Scharlach, Herpes simplex, Encephalitis,
Poliomyelitis, Grippe und Fleckfieber.

Schrifttum.

BARKER, G. R.: Nucleic acids. Adv. Carbohydrate Chem. 11, 285 (1956). — BREDER
ECK, H.: Nucleinsäuren. Fortschr. Chem. org. Naturstoffe. Bd. 1. Wien 1938. — CHAR
GAFF, E., and J. N. DAVIDSON (Hrsgb.): The Nucleic Acids, Chemistry and Biology. 2 Bde.
New York 1955. — DAVIDSON, J. N.: The Biochemistry of the Nucleic Acids. London,
New York 1950. — DAVISON, P. F., B. E. CONWAY and J. A. V. BUTLER: The nucleoprotein
complex of the cell nucleus, and its reactions. Progr. Biophysics 4, 148 (1954). — DITTMAR,
C.: Die Bedeutung der Nucleinsäuren für das Wachstum und die Eiweißsynthese der Zelle.
Z. Krebsforsch. 53, 107 (1943). — FEULGEN, R.: Chemie und Physiologie der Nucleinstoffe.
Berlin 1923. — GREENSTEIN, J. P.: Nucleoproteins. Adv. Protein Chem. 1, 209 (1944). —
KENNER, G. W.: The chemistry of nucleotides. Fortschr. Chem. org. Naturstoffe 8, 96
(1951). — SCHRAMM, G.: Die Biochemie der Viren. Berlin, Göttingen, Heidelberg 1954.

G. Pyrrolfarbstoffe.

Bei der Besprechung der verschiedenen Proteide wurde auch die Klasse
der *Chromoproteide* genannt, einer Gruppe von zusammengesetzten Eiweißkörpern, die wegen der besonderen Eigenschaften ihrer prosthetischen
Gruppe Farbstoffcharakter haben. Ein derartiges Chromoproteid wurde
auch schon an früherer Stelle erwähnt, das *Astacin* (s. S. 54), das als
prosthetische Gruppe ein Carotinoid enthält. Ob ähnlich gebaute Proteide
eine weitere Verbreitung in der Natur haben, ist noch unbekannt. Chromoproteide sind auch die Flavinenzyme. Die größte Verbreitung in der Natur
aber hat eine andere Gruppe von Chromoproteiden. Zu ihnen gehört der rote
Blutfarbstoff, das *Hämoglobin*, es gehören ferner zu ihnen eine Reihe von
Zellfermenten, auf deren Anwesenheit die Atmungsfunktion des Gewebes
beruht und die in ihrem Bau große Ähnlichkeit mit dem Hämoglobin aufweisen und die man als *Zellhämine* bezeichnet; schließlich zählt zu dieser

Gruppe auch der Farbstoff der grünen Blätter, das *Chlorophyll*. Allen diesen Stoffen ist gemeinsam, daß ihre prosthetische Gruppe metallhaltig ist, beim Hämoglobin und den Zellhäminen enthält sie *Eisen*, beim Chlorophyll *Magnesium*. Nahe strukturelle Beziehungen zu diesen Stoffen hat auch das kobalthaltige Vitamin B_{12} (s. S. 206f.). Angehörige dieser Stoffgruppe liefern bei der Aufspaltung der prosthetischen Gruppe als kleinste Einheit einen N-haltigen heterocyclischen Ring, das *Pyrrol*.

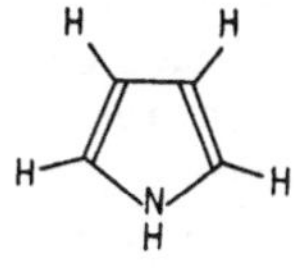

Pyrrol

Die prosthetische Gruppe ist demnach ein Pyrrolderivat; daher faßt man diese Farbstoffe selber und eine Reihe anderer, die in engem genetischen Zusammenhang mit ihnen stehen, zur *Gruppe der Pyrrolfarbstoffe* zusammen.

Bei niederen Tieren findet sich an Stelle des Hämoglobins ein anderes Chromoproteid, das *Hämocyanin*. Aus ihm läßt sich *Kupfer* abspalten. Seine Bindungsart ist aber noch unbekannt.

a) Hämoglobin.

Zunächst soll der rote Blutfarbstoff behandelt werden. Über seine biologische Aufgabe wird erst an späterer Stelle berichtet (s. S. 532ff.). Seit langem ist bekannt, daß er bei Behandlung mit verdünnter Salzsäure in die Eiweißkomponente *Globin* und in das salzsaure Salz der prosthetischen Gruppe, das man früher als *Hämin* (s. u.) bezeichnete, zerfällt. Das Globin gehört, wie an anderer Stelle ausgeführt (s. S. 93), wahrscheinlich zu den Albuminen.

Das *Hämin* kann durch reduktive oder oxydative Spaltung in eine Reihe von verschiedenartigen Produkten zerlegt werden. Bei der reduktiven Spaltung entstehen je vier *Hämopyrrolbasen* und *Hämopyrrolsäuren*, bei der oxydativen Spaltung *Hämatinsäure* und einige ihr verwandte Stoffe. Die Hämopyrrolbasen sind Methyl-Äthyl-Substitutionsprodukte des Pyrrols. Die Pyrrolsäuren unterscheiden sich von den Basen dadurch, daß sie an Stelle von Äthylgruppen Propionsäurereste enthalten.

Die Frage, aus welchen ursprünglichen Pyrrolderivaten diese Produkte der oxydativen und der reduktiven Spaltung der Hämine hervorgegangen

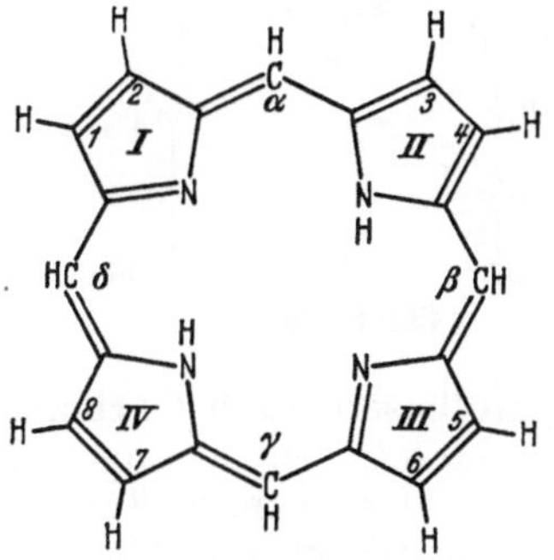

Porphin

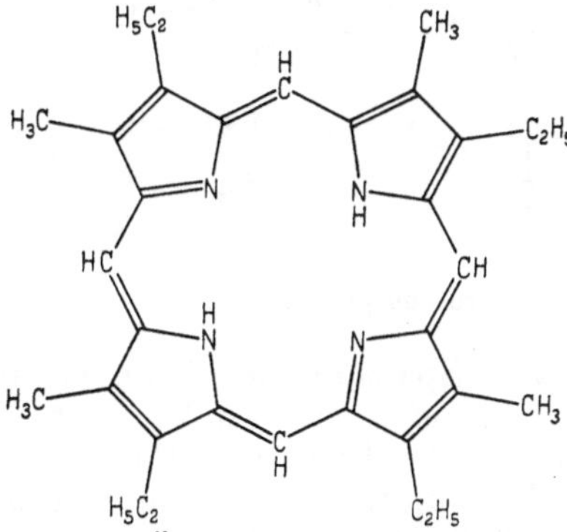

Ätioporphyrin III

sind und in welcher Weise sie im Molekül des Hämins vereinigt waren,
hat nach grundlegenden Untersuchungen von NENCKI; PILOTY; KÜSTER
sowie WILLSTÄTTER erst durch die Arbeiten von HANS FISCHER, die durch
die Totalsynthese des Hämins ihre Krönung erfuhren, volle Aufklärung
gefunden.

Es ist ein Grundprinzip der organischen Chemie, das uns schon bei
der Besprechung der Sterine geleitet hat, alle kompliziert gebauten Stoffe
auf einen Grundkörper zurückzuführen, aus dem sich die untersuchten
Körper durch Substitutionen herleiten lassen. Der Grundkörper der Pyrrolfarbstoffe ist das *Porphin*, das sich aus 4 Pyrrolringen entsprechend den
je 4 verschiedenen Hämopyrrolbasen und Hämopyrrolcarbonsäuren aufbaut. Diese 4 Pyrrolringe sind durch 4 Methinbrücken (—CH=) unter
Ringschluß miteinander vereinigt. Durch Substitution der jeweils charakteristischen Gruppen erhält man aus dem Porphin die Klasse der *Porphyrine*, die auch Farbstoffe sind, aber erst durch Einlagerung von Metallen
in diejenigen Stoffe übergehen, die einen der prosthetischen Gruppe des
Hämoglobins entsprechenden Aufbau zeigen.

Über die Synthese der Porphyrine im Organismus s. S. 496ff.

Wegen der Struktur der Hämopyrrole könnte man annehmen, daß das
dem Hämin zugrunde liegende Porphyrin aus dem Porphin durch alleinige
Substitution von Methyl- und Äthylresten herzuleiten ist. Für diese
Substitutionen kommen die durch die Zahlen 1—8 gekennzeichneten Stellen
des Porphinringes in Betracht; es sind also eine ganze Reihe von verschiedenen Methyläthylporphinen möglich. Man bezeichnet sie als *Ätioporphyrine*. *Das dem Hämin aus Hämoglobin entsprechende Ätioporphyrin
wird als Ätioporphyrin III* bezeichnet; es ist das 1,3,5,8-Tetramethyl-
2,4,6,7-tetraäthyl-porphin. Jedoch ist zu berücksichtigen, daß bei der

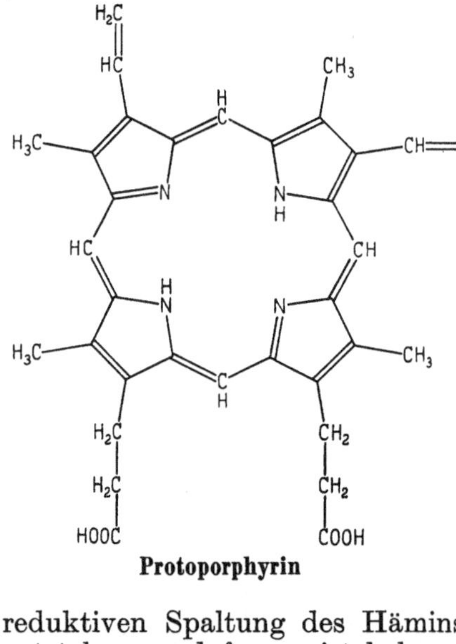

Protoporphyrin 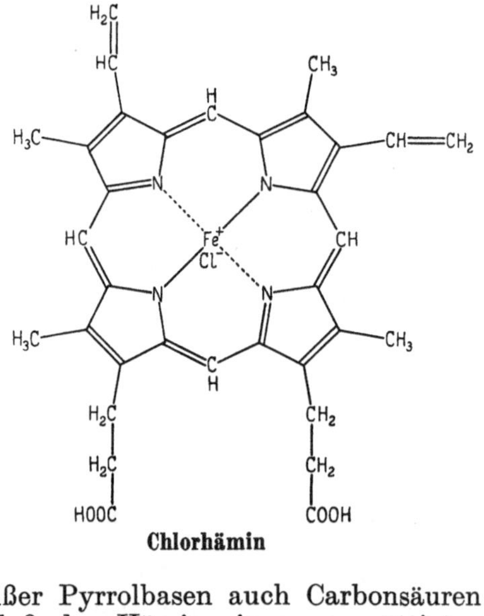   **Chlorhämin**

reduktiven Spaltung des Hämins außer Pyrrolbasen auch Carbonsäuren
entstehen, und ferner ist bekannt, daß das Hämin einen ungesättigten
Charakter hat. Dasjenige Porphyrin, aus dem das Hämin durch keine
andere Umwandlung als die Einführung eines Eisenatoms hervorgeht,
ist das 1,3,5,8-Tetramethyl-2,4-divinyl-6,7-dipropionsäure-porphin; es wird

als *Protoporphyrin* bezeichnet. Statt der 4 Äthylgruppen des Ätioporphyrins enthält es zwei ungesättigte Seitenketten (die Vinylreste $—CH=CH_2$) und zwei Propionsäurereste. Mit dem Protoporphyrin ist identisch das *Ooporphyrin*, das in Eierschalen gefunden wurde; es entsteht ferner bei der Autolyse von Fleisch (KÄMMERERS *Porphyrin*), findet sich in der Hefe sowie in vielen Pflanzen.

In das Protoporphyrin läßt sich sehr leicht Eisen in komplexer Bindung einführen, und zwar kennt man *Porphyrin-Eisensalze, in denen das Eisen dreiwertig ist* (Fe^{3+}), *die* **Hämine**, *und solche mit zweiwertigem Eisen* (Fe^{2+}), *die* **Häme** (H. FISCHER). Bei der chemischen Synthese der Eisenporphyrinkomponente des roten Blutfarbstoffes läßt sich primär nur Fe^{2+} mit Protoporphyrin vereinigen; dabei entsteht das *Protohäm*. Wenn man trotzdem

Häm

Schematischer Aufbau des Hämoglobins.

im allgemeinen Hämine und nicht Häme erhält, so liegt das daran, daß schon bei Anwesenheit sehr geringer Sauerstoffmengen das zweiwertige Eisen leicht zum dreiwertigen oxydiert wird.

Das Eisen ist durch die N-Atome von zwei Pyrrolringen gebunden; in den Häminen ist die dritte Valenz des Fe^{3+} durch irgendein negatives Ion oder einen anderen Rest besetzt. Die bekannteste dieser Häminverbindungen ist das *Chlorhämin*, früher einfach „*Hämin*" genannt; das *Hydroxyhämin (Hämatin)* enthält eine $—OH$-Gruppe und so ist eine ganze Reihe ähnlich gebauter Hämine bekannt.

Häm und Globin sind wahrscheinlich durch Koordinationsbindungen über den Stickstoff der Histidinreste des Globins und das Eisen des Häms miteinander verbunden.

Aus reinem Chlorhämin bestehen die TEICHMANNschen *Häminkristalle*, die man beim Erhitzen von Hämoglobin mit Kochsalz und Eisessig erhält. Sie haben eine sehr charakteristische Kristallform und sind zum mikroskopischen Nachweis von Blut geeignet (s. Abb. 14).

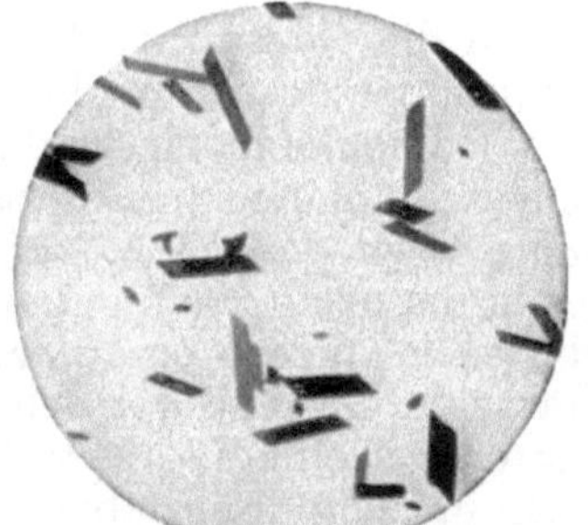

Abb. 14. Häminkristalle. (Aufnahme Dr. WEIGMANN.)

Die *Hämine* können sich leicht mit den verschiedensten einfachen und komplizierten Basen zu lockeren Molekülverbindungen vereinigen, die man als *Parahämatine* bezeichnet. Auch mit Eiweißkörpern bilden sich Parahämatine.

Die *Häme* vereinigen sich ebenfalls, aber durch Koordinationsbindungen über das Eisen, mit den verschiedensten Basen und Eiweißkörpern zu den *Hämochromogenen.* Es gibt entsprechend der Struktur des basischen Anteils zahlreiche verschiedene Parahämatine und Hämochromogene (z. B. Ammoniak-, Pyridin-, Nicotin-Hämochromogen usw.).

Auch das **Hämoglobin** enthält zweiwertiges Eisen, es zerfällt also bei vorsichtiger, ohne sekundäre Veränderungen vor sich gehender Spaltung in Häm und in Globin. Die beiden Spaltstücke lassen sich, wenn das Globin bei der Spaltung nicht denaturiert worden ist, wieder zu Hämoglobin vereinigen. Mit denaturiertem Globin entsteht dagegen ein Hämochromogen, das als *Kathämoglobin* bezeichnet wird. Hämoglobin kommt nicht nur in den Erythrocyten vor; es wurde unter anderem auch gefunden in Mikrosomen der Mäuseleber, in Hefe und anderen Mikroorganismen.

Die Häme aus den Hämoglobinen verschiedener Tierarten sind völlig identisch, zwischen den Hämoglobinen selber bestehen aber deutliche Unterschiede, die sinnfällig in der verschiedenen Form ihrer Kristalle zum Ausdruck kommen.

Nicht nur die Hämoglobine verschiedener Tierarten sind verschieden, auch beim Menschen sind in jüngster Zeit zahlreiche, teils als normal anzusehende, teils aber abartige Hämoglobine aufgefunden worden, die man durch beigesetzte große Buchstaben kennzeichnet. Schon längere Zeit ist bekannt, daß der menschliche Säugling ein vom Hämoglobin A des Erwachsenen verschiedenes Hämoglobin F besitzt, das bald nach der Geburt durch das Hämoglobin A ersetzt wird. Ein 8 Monate alter Säugling hat fast nur noch das Hämoglobin A, jedoch sollen auch bei Erwachsenen noch geringe Mengen von Hämoglobin F vorkommen. Im frühen Fetalleben kann bei der primitiven Blutfarbstoffregeneration ein Hämoglobin P auftreten. F, P und A sind normale Hämoglobintypen. Daneben gibt es bei den verschiedensten Zuständen, z. B. bei bestimmten Anämieformen, eine große Anzahl von anomalen Hämoglobinen. Bemerkenswert ist der Unterschied zwischen den Hämoglobinen F und A. Das fetale Hämoglobin F zeigt bei Behandlung mit Alkali eine viel größere Stabilität und besitzt eine bessere Sauerstoffbindung als das Hämoglobin A des Erwachsenen. Die Unterschiede beruhen auf der Aminosäurezusammensetzung der Globinanteile.

An die Gegenwart des Globins ist eine der wichtigsten physiologischen Funktionen des Hämoglobins, der Sauerstofftransport im Körper, gebunden. Das Hämoglobin lagert dabei an das zentrale Eisenatom durch Koordinationsbindung ein Molekül Sauerstoff an und geht in das *Oxyhämoglobin* über, *dabei bleibt das Eisen zweiwertig!* Der Sauerstoff im Oxyhämoglobin ist leicht dissoziabel gebunden, d. h. er kann unter geeigneten Voraussetzungen ebenso leicht wie er aufgenommen wurde, auch wieder abgegeben werden. Hämochromogene mit den verschiedensten Basen, auch solche mit denaturierten Eiweißkörpern (z. B. Kathämoglobin) können den Sauerstoff nicht mehr in leicht dissoziabler Form binden. Diese dissoziable Sauerstoffbindung hat eine zweite Voraussetzung: das zentrale Eisenatom muß zweiwertig sein. Wird im Verband des Hämoglobins der Hämanteil zum Hämin oxydiert, so kann dieses „Parahämatin" nur noch eine — OH - Gruppe binden (entsprechend der Bildung des Hydroxyhämins). Diese Verbindung heißt *Methämoglobin (Hämiglobin).* Zum Unterschied vom Oxyhämoglobin ist der Sauerstoff, der durch das Methämoglobin gebunden wird, nicht mehr dissoziabel. Wegen der Gesetzmäßigkeiten der Sauerstoffbindung durch das Hämoglobin sowie wegen weiterer Eigenschaften des Hämoglobins s. das Kapitel „Blut" S. 532ff.

Im Hämoglobin des Menschen und verschiedener Tierarten wurde übereinstimmend ein Eisengehalt von 0,336% gefunden. Nimmt man an, daß jedes Hämoglobinmolekül nur ein Atom Fe enthält, so würde sich sein Gewicht zu $\frac{100 \cdot 55{,}84\,(=\text{Atomgewicht Fe})}{0{,}336}$ gleich etwa 16700 errechnen. Tatsächlich hat aber die Bestimmung mit der Ultrazentrifuge und haben unter Berücksichtigung aller Fehlermöglichkeiten durchgeführte Messungen des osmotischen Druckes reiner Hämoglobinlösungen Werte von etwa 68000 ergeben, so daß das Hämoglobin aus 4 einheitlich gebauten Grundkörpern mit je einem Häm und Globin aufgebaut sein muß.

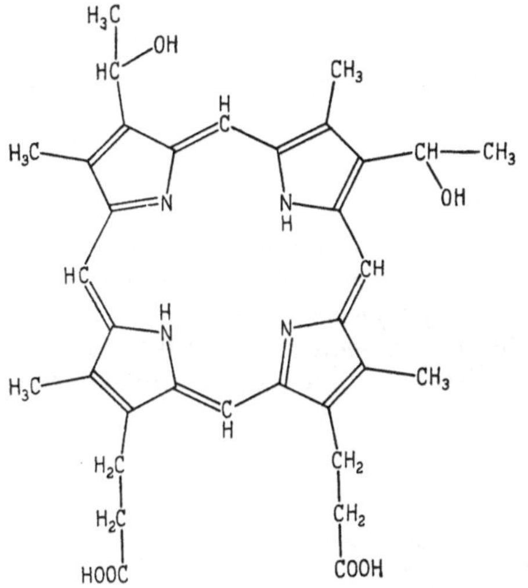

Hämatoporphyrin 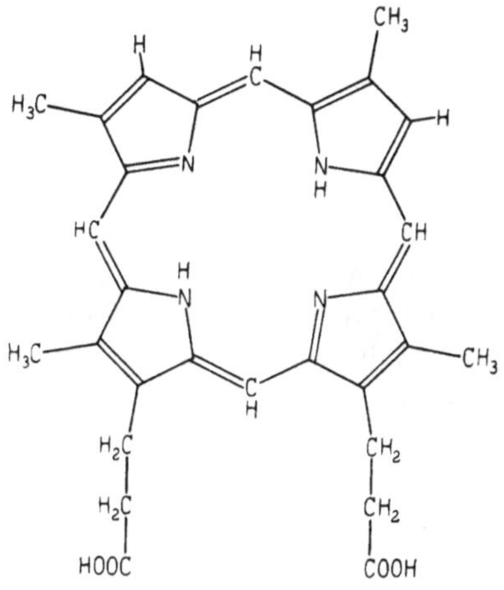   Deuteroporphyrin

Der Farbstoff des Muskels, das *Myoglobin*, hat wahrscheinlich die gleiche prosthetische Gruppe wie das Hämoglobin, aber eine andere Eiweißkomponente. Sein Molekulargewicht beträgt nur 16700.

Bei der Zerlegung des Hämoglobins in seine beiden Komponenten und nachfolgender vorsichtiger Abspaltung des Eisens aus dem Häm erhält man, abhängig von den Reaktionsbedingungen, entweder Protoporphyrin oder *Hämatoporphyrin*, in dem die Vinylreste des Protoporphyrins durch Eintritt von Wasser in Reste des Äthylalkohols umgewandelt worden sind. Dagegen werden bei der Fäulnis beide Vinylgruppen des Protoporphyrins abgespalten, und es entsteht als biologisches Umwandlungsprodukt des Häms das *Deuteroporphyrin*. Das Deuteroporphyrin wird auch als Zwischenstufe bei der chemischen Synthese des Hämins erhalten und kann über Hämatoporphyrin in Protoporphyrin umgewandelt werden.

b) Andere Porphyrine.

In sehr geringer Menge finden sich in Kot und Harn des normalen Menschen verschiedene Porphyrine. Zu erheblicher Steigerung der Porphyrinausscheidung kommt es bei einer sehr seltenen, angeborenen Stoffwechselanomalie, der „*kongenitalen Porphyrie*", weiterhin bei aus unbekannten Ursachen sowie bei einigen Vergiftungen (Blei, Sulfonal, Anilin, Arzneimitteln der Sulfonamidgruppe) auftretenden *Porphyrinurien*. Unter diesen Bedingungen können sich diese Porphyrine auch in erheblicher Menge in den inneren Organen, besonders im Knochen, ablagern.

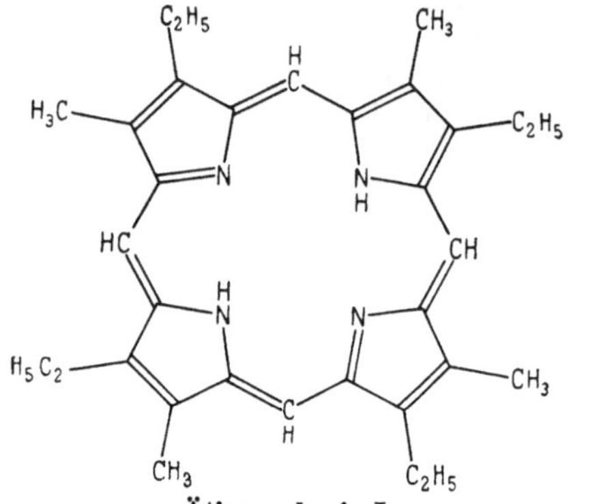

Ätioporphyrin I

Von den bisher besprochenen Porphyrinen sind die Harn- und Kotporphyrine durch den Besitz einer größeren Zahl von Säuregruppen unterschieden. Am längsten bekannt sind *Koproporphyrin* und *Uroporphyrin*. Koproporphyrin und Koprohämin wurden im übrigen von H. FISCHER auch in der Hefe aufgefunden. Eigenartigerweise kommen Kopro- und Uropor-

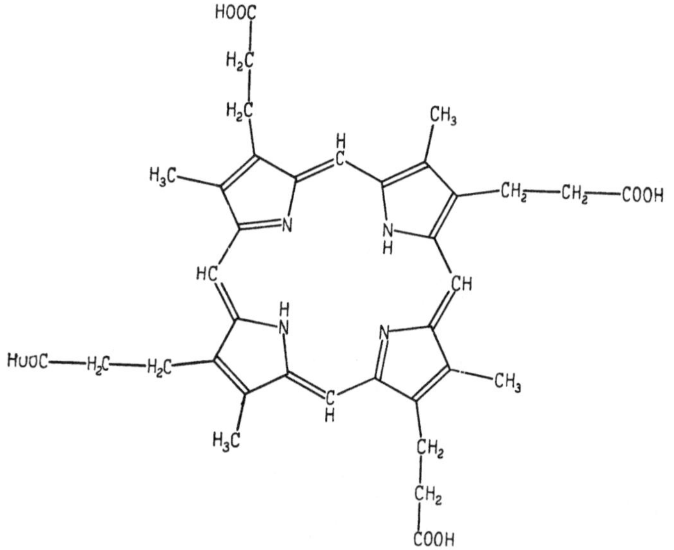

Koproporphyrin I

phyrin in zwei isomeren Formen vor. Die eine leitet sich vom Ätioporphyrin III ab, die zweite von dem durch die Stellung der Methyl- und Äthylgruppen unterschiedenen *Ätioporphyrin I* (1,3,5,7-Tetramethyl-2,4,6,8-tetraäthylporphin). In den Koproporphyrinen finden sich also an Stelle der Äthylgruppen der Ätioporphyrine Propionsäurereste, in den Uroporphyrinen außerdem statt der Methylgruppen Essigsäurereste.

Bei der Erklärung des *Dualismus der Porphyrine* ist davon auszugehen, daß die Porphyrine vom Typus I nicht aus dem Hämoglobin entstehen; ihre Bildung ist vielmehr auf Störungen der Porphyrinbildung zurückzuführen (s. S. 498f.). Das erste Produkt der biologischen Porphyrinsynthese ist Uroporphyrin, das durch sukzessive Abspaltung von 6 Säureresten in Protoporphyrin übergeht. Dieser Zusammenhang spiegelt sich

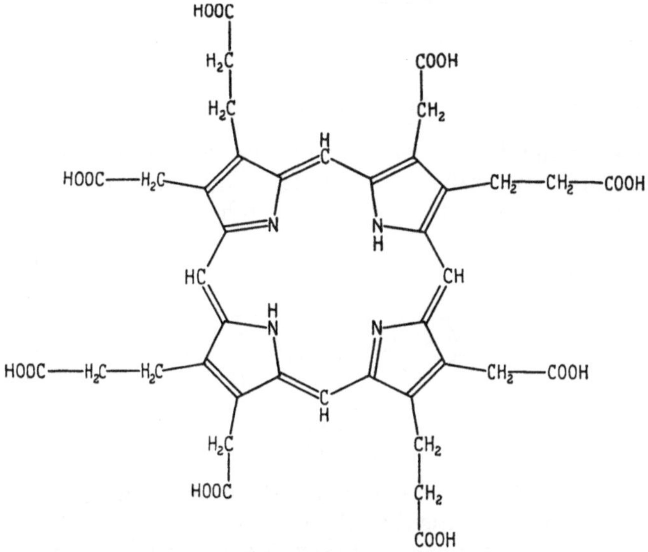

Uroporphyrin I

deutlich in dem Befund, nach dem sowohl im normalen Harn als auch bei der kongenitalen Porphyrie Porphyrine mit 8, 6, 5, 4, 3 und 2 Säureresten nachgewiesen werden können.

Porphyrine vom Typus I sensibilisieren die Organismen, in denen sie gebildet werden oder denen man sie zuführt, gegen Lichteinflüsse, so daß die Lichteinwirkung zu schweren Gesundheitsstörungen führt.

c) Gallenfarbstoffe.

Das Hämoglobin ist ein Bestandteil der roten Blutzellen. Diese Zellen haben eine begrenzte Lebensdauer von etwa 4 Monaten, dann gehen sie zugrunde, und zwar in den Zellen des reticulo-endothelialen Systems. Das freiwerdende Hämoglobin erfährt nun sekundäre Umwandlungen. Dabei wird anscheinend zunächst der Porphinring unter oxydativer Abspaltung der Methingruppe zwischen den Pyrrolringen I und II aufgebrochen. Vor der Ringsprengung wird die Globinkomponente denaturiert, es entsteht also ein Hämochromogen. Dann wird die eine Ansatzstelle der α-Methinbrücke zur Ketogruppe oxydiert, wodurch das Hämoglobin in einen grünen Farbstoff übergeht. Dieser wird als *Pseudohämoglobin,* *Verdoglobin* oder *Verdohämochromogen* bezeichnet. Nach der Abspaltung von Eisen und von Globin entsteht als erster Gallenfarbstoff das *Biliverdin.*

Möglicherweise besteht für das Hämoglobin noch ein weiterer Abbauweg, da beobachtet werden konnte, daß bei der Oxydation von Linol- und Linolensäure unter Freisetzung von anorganischem Eisen Häm und Hämoglobin zerstört werden, ohne daß dabei Porphyrin oder einer der bekannten Gallenfarbstoffe entstehen.

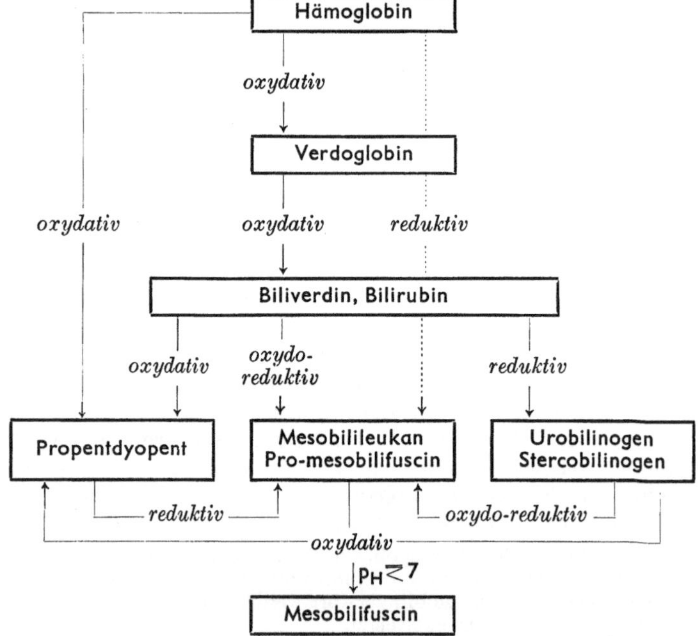

In den obenstehenden Formeln sind die Seitenketten des Protoporphyrins der Einfachheit halber fortgelassen, fügen wir sie ein und schreiben die vier Pyrrolringe als Kette, so ergibt sich als Formel des Biliverdins

Biliverdin

Der Vergleich der Biliverdin- mit der Hämformel zeigt, daß abgesehen von der Oxydation an den Ansatzstellen der α-Methinbrücke an den Ringen I und II und der Herauslösung dieser Methinbrücke die Struktur des Protoporphyrins (s. S. 112) vollständig erhalten geblieben ist.

Das Biliverdin ist das erste Glied eines reduktiven Abbauweges, der über zahlreiche Zwischenstufen zu Produkten führt, die in den Seitenketten und in den Methinbrücken völlig hydriert sind. Neben diesen vierkernigen gibt es aber auch zweikernige Bilirubinabbauprodukte, die Dipyrrylmethane (Propentdyopente) und die Dipyrrylmethene (Bilifuscin und

Übersicht über die Struktur der Blutfarbstoffderivate.

Vierkernige Blutfarbstoffabbauprodukte

	Bilitriene	*Farbe*
	Biliverdin	blaugrün
	Bilidiene	
	Bilirubin Mesobilirubin	gelb
	Biliene	
	Urobilin Stercobilin	gelb
	Bilane	
	Urobilinogen = Mesobilirubinogen Stercobilinogen	farblos

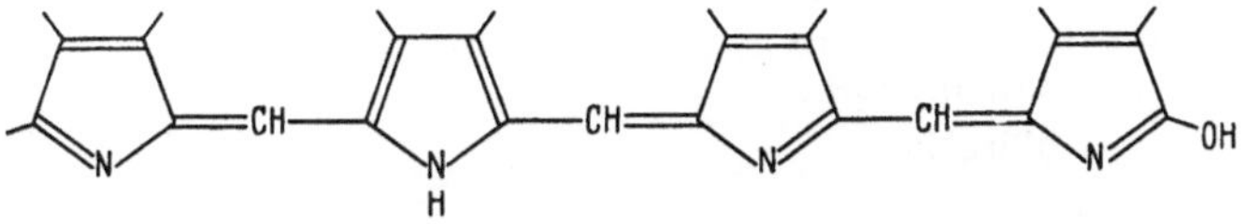

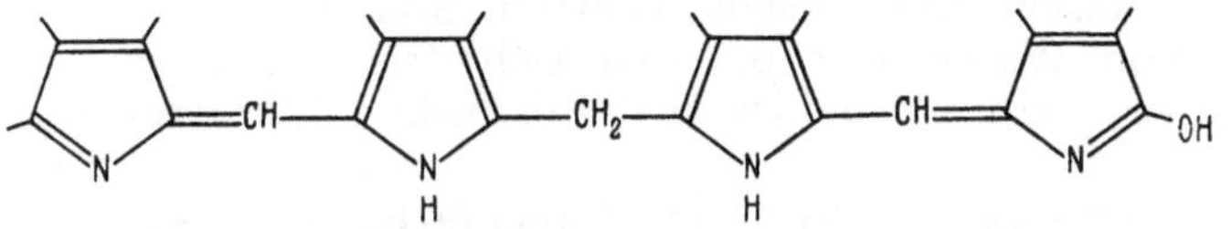

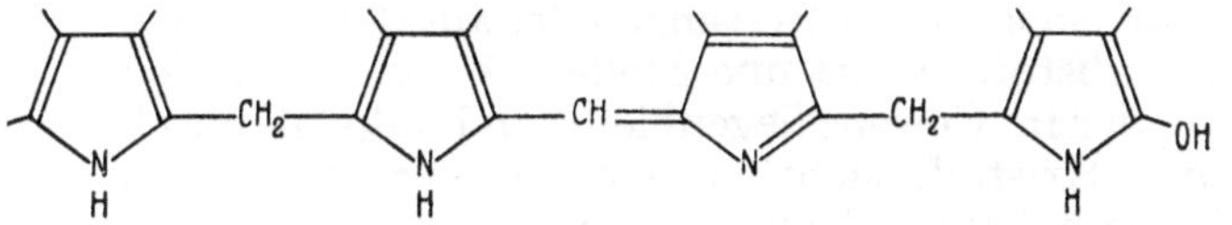

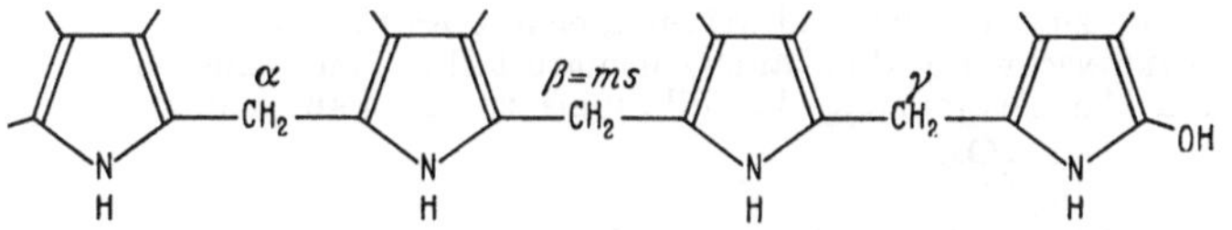

Zweikernige Blutfarbstoffabbauprodukte

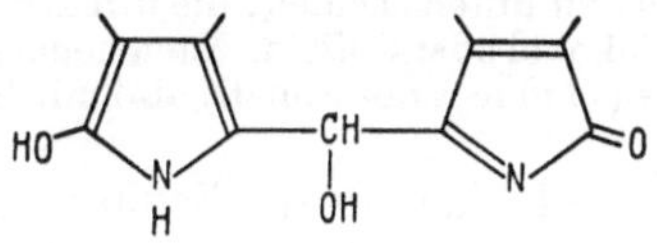

	Propentdyopent	farblos
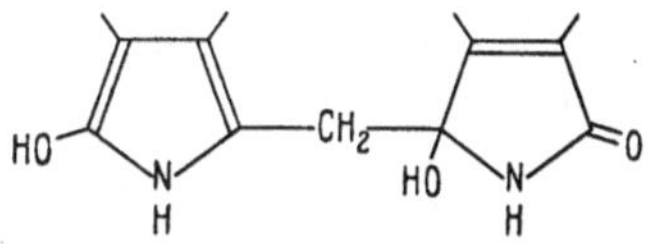	Pro-bilifuscin = Bilileukan Pro-mesobilifuscin = Meso-bilileukan	farblos
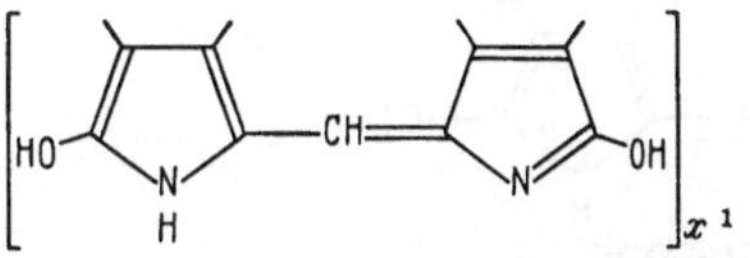	Bilifuscin Mesobilifuscin	braun

Mesobilifuscin). Einen Überblick über diese Zusammenhänge vermittelt das Schema nach SIEDEL (s. S. 118), dem wir die wesentlichsten Aufschlüsse über diese Substanzen, ihre Konstitution und chemische Synthese verdanken.

Die Kern- und Kettenstruktur der verschiedenen physiologisch wichtigen Gallenfarbstoffe geben die obenstehenden Formelbilder wieder.

---

[1] Vorläufige Strukturannahme.

Unter Aufnahme von H_2 wird Biliverdin in **Bilirubin** umgewandelt.

$$Prs = CH_2CH_2COOH$$

Bilirubin

Mit der Galle wird normalerweise überwiegend Bilirubin ausgeschieden, nur wenn die Freisetzung von Wasserstoff bei den Dehydrierungen im Gewebe, vor allem in der Leber, unzureichend ist, tritt Biliverdin in größerer Menge auf.

Auf die nahe Verwandtschaft zwischen Blut- und Gallenfarbstoff weisen schon alte Beobachtungen hin; so kann bei Blutungen der aus den Gefäßen ins Gewebe austretende Blutfarbstoff an Ort und Stelle in einen eisenfreien Farbstoff verwandelt werden, der im Gewebe liegenbleibt und mikroskopisch in Form kleiner gelbbrauner Kristalle sichtbar wird. Dieser unter dem Namen *Hämatoidin* schon lange bekannte Farbstoff erwies sich als mit dem Bilirubin identisch.

Salpetrige Säure oxydiert Bilirubin zu Biliverdin und weiteren, charakteristisch gefärbten höheren Oxydationsprodukten (GMELINsche Reaktion auf Gallenfarbstoff). Von klinischer Bedeutung für den Nachweis und die Bestimmung des Bilirubins ist die Fähigkeit des

Bilirubins mit Diazobenzolsulfosäure $C_6H_4 \underset{N_2}{\overset{SO_2}{\diagdown\diagup}} O$ zu einem roten Farbstoff zu kuppeln. Dabei

ist zwischen der *direkten und der indirekten Reaktion* zu unterscheiden; die direkte Reaktion tritt sofort auf, die indirekte erst nach Zusatz von Alkohol oder Coffein. Nach neueren Untersuchungen ist das „direkte" Bilirubin Bilirubinyl-bis-(-β-glucosido-uronat), also mit Glucuronsäure gekuppelt.

Durch Reduktion des Bilirubins entsteht das **Mesobilirubin**, das mit dem Bilirubin in seinen Eigenschaften die größte Ähnlichkeit hat, aber sich dadurch von ihm unterscheidet, daß durch Aufnahme von 4 H-Atomen aus den Vinylgruppen Äthylgruppen werden.

$$Prs = CH_2CH_2COOH$$

Mesobilirubin

Durch Aufnahme von 4 weiteren H-Atomen wird das Mesobilirubin zu einem Stoff reduziert, der keinen Farbstoffcharakter mehr hat, dem **Mesobilirubinogen**[1].

---

[1] Man bezeichnet derartige Stoffe, die selbst keine Farbstoffe sind, aber aus Farbstoffen durch Reduktion entstehen und durch Oxydation wieder in Farbstoffe zurückverwandelt werden, als *Leukoverbindungen*.

Das Mesobilirubinogen ist mit dem **Urobilinogen** identisch. Gegenüber dem Mesobilirubin sind in ihm auch noch die beiden letzten Methin-
gruppen zu Methylengruppen reduziert und weiterhin ist an die N-Atome

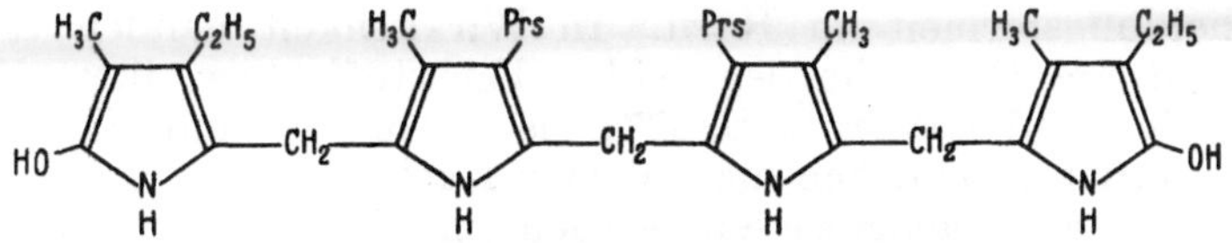

Prs = CH₂CH₂COOH
Mesobilirubinogen (Urobilinogen)

der beiden restlichen Pyrrolringe Wasserstoff angelagert worden. Für
Leukoverbindungen ist im allgemeinen charakteristisch, daß ihre Bildung
reversibel ist, daß sie sich also durch Oxydation in den gleichen Farbstoff
zurückverwandeln, aus dem sie durch Reduktion entstanden sind. Das
Urobilinogen wird zwar beim Stehen an der Luft wieder zu einem Farbstoff oxydiert, aber dieser Farbstoff, das **Urobilin,** ist nicht mit dem Mesobilirubin identisch.

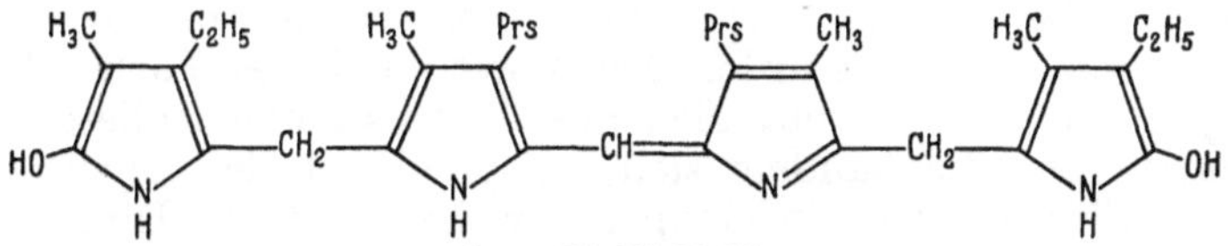

Prs = CH.CH₂COOH
Urobilin

Das Urobilinogen wird zum Teil mit dem Kot ausgeschieden, zum
Teil aber im Darm rückresorbiert und wahrscheinlich zur Hauptsache in
der Leber abgebaut (s. S. 375f.). Bei Störungen in der Leberfunktion tritt
es aber in größeren Mengen in den Harn über und wird hier durch den
Luftsauerstoff zu Urobilin oxydiert.

Im Kot findet sich noch ein weiterer dem Bilirubin verwandter Farbstoff, auf dessen Anwesenheit die Kotfarbe beruht, das **Stercobilin.** Man
hat es lange für identisch mit dem Urobilin gehalten. Heute wird ihm die
folgende Formel zugeschrieben:

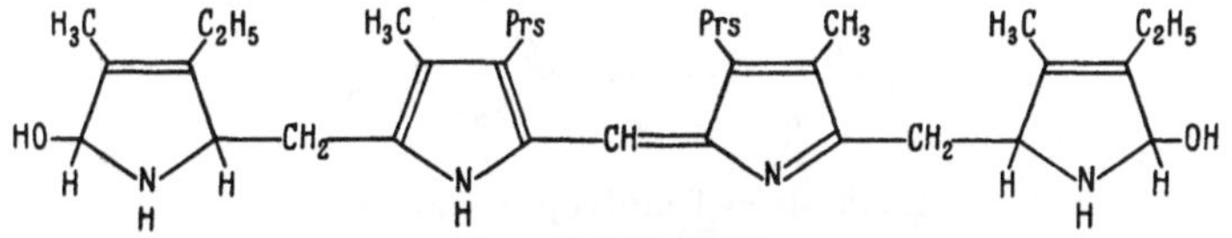

Prs = CH₂CH₂COOH
Stercobilin

Aus dem Bilirubin entsteht *Stercobilinogen,* die Vorstufe des Sterco-
bilins, durch die reduzierende Wirkung der Darmbakterien, Urobilinogen
dagegen durch die Wirkung der Dehydrogenasen der Leber (Baumgärtel,
s. S. 376). Es ist bemerkenswert, daß Stercobilin bzw. Stercobilinogen einer-
seits und Urobilin bzw. Urobilinogen andererseits trotz der großen Ähnlichkeit ihrer Formeln — Stercobilin unterscheidet sich vom Urobilin nur durch
den Mehrgehalt an 4 H-Atomen — nicht ineinander übergehen können.

Nach dem Vorstehenden bezeichnen Urobilin und Stercobilin bzw. Urobilinogen und Stercobilinogen chemisch definierte Substanzen. Die Klinik dagegen verstand unter Stercobilin und Stercobilinogen den im Kot ausgeschiedenen Farbstoff bzw. seine Vorstufe, unter Urobilin und Urobilinogen die Ausscheidungsformen im Harn. In Wirklichkeit handelt es sich in beiden Fällen um Gemische der beiden Farbstoffe bzw. ihrer Vorstufen (sie sollen hier und später [s. S. 577] als „Urobilin“ und „Urobilinogen“ bezeichnet werden), die durch die üblichen Nachweismethoden (s. nächster Absatz) gemeinsam nachgewiesen werden und in denen Stercobilin und Stercobilinogen überwiegen.

„*Urobilinogen*“ wird nachgewiesen durch die Rotfärbung mit dem EHRLICHschen Aldehydreagens (p-Dimethylamino-benzaldehyd: $(CH_3)_2=N-\langle\ \rangle-C\langle^O_H\rangle$). Für „*Urobilin*“ ist charakteristisch die Fluorescenz, die nach Zusatz von alkoholischen Zinksalzlösungen auftritt (Reaktion nach SCHLESINGER).

Für die Frage nach dem Abbaumechanismus des Blutfarbstoffs ergeben sich weitere Anhaltspunkte aus den Untersuchungen von BINGOLD, nach denen Hämoglobin sowie eine Reihe seiner Abbauprodukte, darunter auch Bilirubin und Urobilin in eine Substanz übergehen, aus der in alkalischer Lösung nach Reduktion mit Natriumhydrosulfit ein Körper von intensiv roter Farbe entsteht, der maximal bei 525 mμ absorbiert und deshalb **Pentdyopent** genannt wurde. Die Vorstufe dieses Farbstoffes, *Propentdyopent*, ist farblos; sie ließ sich aus Gallensteinen isolieren und aus Bilirubin darstellen. Es handelt sich entsprechend der asymmetrischen Struktur des Bilirubins um ein Gemisch zweier Stoffe (v. DOBENECK):

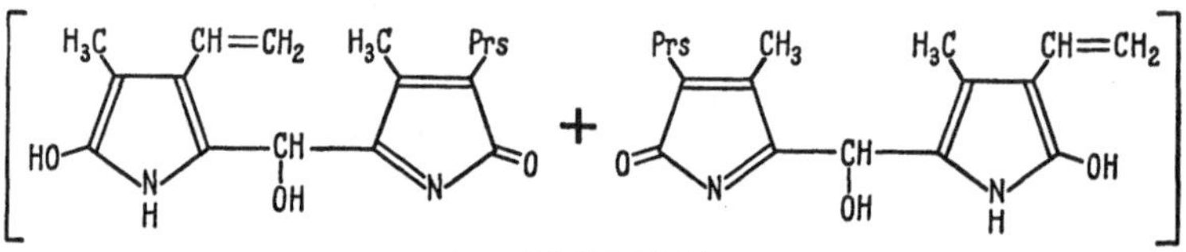

$$Prs = CH_2CH_2COOH$$

Propentdyopent

Die Kette des Bilirubins ist also oxydativ in zwei Spaltstücke zerlegt worden. Das Pentdyopent dürfte das Alkalisalz eines Dihydroxy-pyrro-

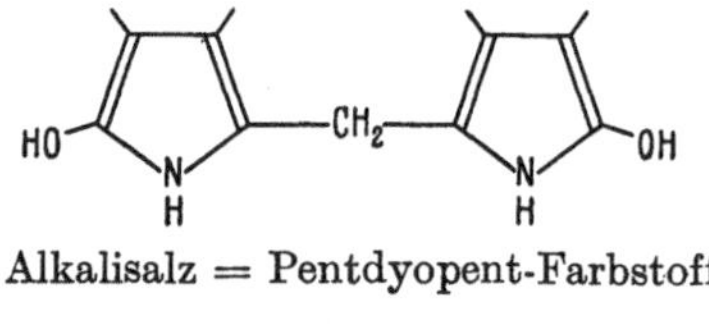

Alkalisalz = Pentdyopent-Farbstoff

methans sein. Propentdyopent wird bei manchen Störungen der Leberfunktion, aber auch bei einigen fieberhaften Infektionskrankheiten im Harn ausgeschieden, so daß sein Nachweis erhebliche klinische Bedeutung hat. Da es außer diesem natürlichen auch eine Reihe von künstlichen Propentdyopenten gibt, ist die Pentdyopentreaktion als Gruppenreaktion aufzufassen.

Bei Muskeldystrophie wird als Zeichen für einen erhöhten Abbau von Myoglobin das Chromoproteid *Myobilin* ausgeschieden, ein intensiv fluorescierender Farbstoff. Seine prosthetische Gruppe ist das *Mesobilifuscin*, das aus dem *Bilifuscin* durch Reduktion der Vinylgruppen entsteht. Das

Bilifuscin begleitet z. B. das Bilirubin in Rindergallensteinen. Bilifuscin und Mesobilifuscin sind Polymerisationsprodukte, die aus farblosen Vorstufen (*Mesobilileukan = Promesobilifuscin* und *Bilileukan = Probilifuscin*) entstehen. Wie die nachstehenden Formeln zeigen, sind die Mesobilifuscine Produkte eines oxydoreduktiven Abbaus des Bilirubins. Die Bedeutung dieser Abbauprodukte steht zwar noch nicht fest, aber da z. B. das Promesobilifuscin aus dem Kot isoliert werden konnte, müssen diese Stoffe

Mesobilifuscin I   +   Mesobilifuscin II

Mesobilifuscin　　　　　　　　Prs = CH₂CH₂COOH

als normale Abbauprodukte des Blutfarbstoffs angesehen werden, die ebenbürtig neben dem Stercobilinogen und dem Urobilinogen stehen (SIEDEL).

d) Zellhämine.

Unter der Bezeichnung Zellhämine werden diejenigen Hämine zusammengefaßt, die in den Zellen vorkommen, aber nicht in komplexer Bindung mit Globin vorliegen. Sie haben dementsprechend auch nicht die typische Fähigkeit des Hämoglobins, Sauerstoff reversibel in leicht dissoziabler Form zu binden. Es sind sowohl freie Häme als auch freie Hämine in den Zellen gefunden worden, daneben aber Eisenporphyrinverbindungen in Kombination mit anderen Inhaltsstoffen der Zelle, auch mit Eiweißkörpern.

Das physiologisch wichtigste dieser Zellhämine ist das WARBURGsche **Atmungsferment** *(Cytochromoxydase)* (s. S. 336 ff.). Bei der Aufnahme und Abgabe des Sauerstoffes ändert sich die Wertigkeit des Fermenteisens, es ist in reduziertem Zustande des Fermentes zweiwertig, nach der Aufnahme von Sauerstoff dreiwertig. Seine funktionelle Leistung vollzieht sich also, anders als die des Hämoglobins, unter Valenzwechsel des Eisens. Zu den Zellhäminen gehören ferner Farbstoffe, die man wegen ihrer weiten Verbreitung in fast allen Zellen als **Cytochrome** (a, b und c) bezeichnet. Ihre physiologische Funktion besteht in der Mitwirkung bei den Oxydationsvorgängen im Gewebe (s. S. 338 f.). Sie sind in den Mitochondrien enthalten und lassen sich ihnen mit gallensauren Salzen entziehen. Die Verwandtschaft der Cytochrome mit den Häminen ergibt sich aus ihren Absorptionsspektren (s. Abb. 88, S. 336).

Die *Cytochromoxydase* (= Cytochrom a_3) ist sehr fest an die Zellstruktur gebunden. Es gelang erst kürzlich, sie in Lösung zu bringen und näher zu untersuchen. Anscheinend ist sie ein Lipoproteid, dessen Lipoidkomponente Phospholipoide, Neutralfette, Cholesterin und andere, noch nicht identifizierte Lipoide enthält. Das Hämin der Cytochromoxydase leitet sich auch vom Ätioporphyrin III ab, unterscheidet sich aber vom Hämin des Blutfarbstoffes durch abweichende Substituenten in den Stellungen 1 und 2 des Porphinringes. Hier finden sich — noch unbekannt in welcher der beiden Stellungen — ein Formylrest und eine längere Kohlenwasserstoffkette.

Cytochrom b enthält anscheinend das Hämin des Blutfarbstoffs. Auch die prosthetische Gruppe von *Cytochrom c* läßt sich auf das Protohäm bzw. Protohämin zurückführen. Durch Untersuchungen von ZEILE und von THEORELL konnte gezeigt werden, daß die prosthetische Gruppe und die Eiweißkomponente sich über Cysteinreste die hydrierten Vinylgruppen des Häms vereinigen. Cytochrom c hat ein Molekulargewicht von etwa 15000. Aus ihm ließ sich ein Peptidrest isolieren, dessen Struktur und Verknüpfung mit dem Hämin das folgende Formelbild wiedergibt.

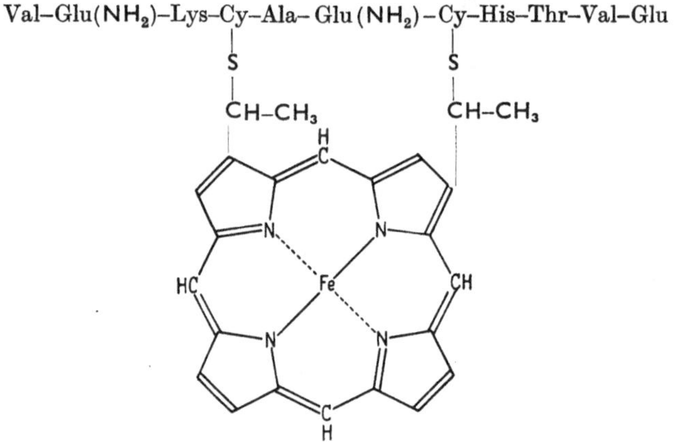

$$\text{Val–Glu(NH}_2\text{)–Lys–Cy–Ala–Glu(NH}_2\text{)–Cy–His–Thr–Val–Glu}$$

Cytochrom c-Peptid
(Die übrigen Seitenketten sind fortgelassen, sie entsprechen denen des Protoporphyrins s. S. 112.)

Zu den Zellhäminen gehören weiterhin die Fermente *Peroxydase* und *Katalase*. Auch sie sind nur dann voll wirksam, wenn sie in der Zelle in gebundener Form enthalten sind. Die Katalasen besitzen das gleiche Hämin, das auch dem Blutfarbstoff zugrunde liegt, die Eiweißkomponente ist dagegen von der des Hämoglobins verschieden. Peroxydasen konnten bisher aus Meerrettich, Hefe, Milch und Leukocyten gewonnen werden. Es ist wahrscheinlich, daß die Peroxydasen analog den Katalasen gebaut sind; doch ist dies experimentell noch nicht gesichert. Die Wirkung der *Peroxydasen* besteht darin, daß sie aus Peroxyden Sauerstoff frei machen und ihn auf andere Stoffe übertragen, sie wirken also oxydierend. Die *Katalasen* zerlegen Wasserstoffsuperoxyd in Wasser und in Sauerstoff (s. S. 346f.).

Nach der Lage der wichtigsten langwelligen Absorptionsbanden lassen sich grüne, rote und mischfarbene Hämine unterscheiden. Die roten Hämine entstehen aus dem roten Blutfarbstoff, werden aber auch beim tieferen Abbau des Chlorophylls erhalten, die grünen ergeben sich aus den roten durch oxydative Spaltung. In ihnen ist der Porphinring aufgespalten, so daß sie dem Biliverdin nahestehen (s. S. 118). Die Absorptionsstreifen der grünen Hämine sind langwelliger als die der roten. Zwischen den roten und den grünen stehen die mischfarbenen Hämine, zu denen das Atmungsferment gehört.

e) Chlorophyll.

Der Farbstoff der grünen Blätter, das Chlorophyll, findet sich in den Pflanzenzellen in kleinen Körperchen, den *Chloroplasten*. Aus ihnen läßt sich eine kolloidale Substanz, das *Chloroplastin*, gewinnen, das sich in Chlorophyll, Carotin, Xanthophyll, Eiweißkörper und Lipoide aufspalten ließ. Chlorophyll ist ein Gemisch zweier *magnesiumhaltiger* Pyrrolfarbstoffe, die als *Chlorophyll A und B* bezeichnet werden. Chlorophyll B ist ein Oxydationsprodukt von A. Die beiden Stoffe unterscheiden sich auch durch ihre Farbe, die bei *A* blaugrün, bei *B* gelbgrün ist. Mengenmäßig findet sich dreimal soviel A wie B. Der Aufbau des Chlorophylls, der durch die auf Untersuchungen von WILLSTÄTTER aufbauenden Arbeiten von H. FISCHER und von A. STOLL aufgeklärt wurde, ist wesentlich verwickelter als der der

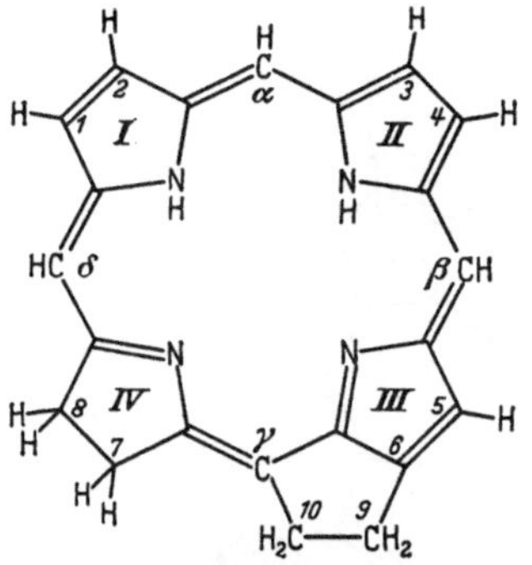

Phorbin

Hämine. Beide Chlorophylle sind zusammengesetzt aus einer Farbstoffkomponente, dem *Chlorophyllid*, und einem hochmolekularen Alkohol, dem *Phytol*, der schon früher erwähnt wurde (s. S. 56). Das Chlorophyllid enthält Mg, unterscheidet sich von den Häminen außerdem durch den Besitz

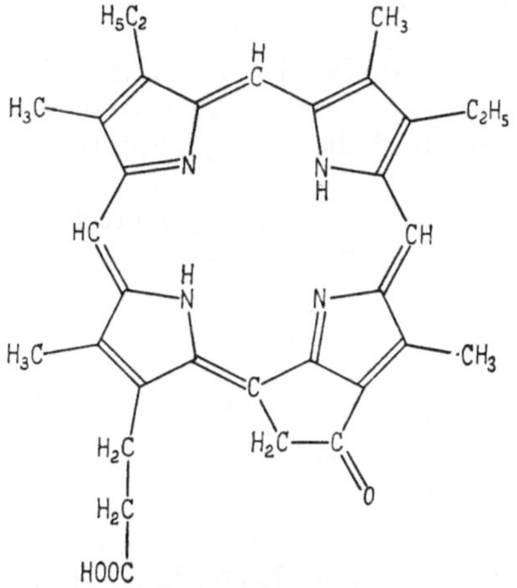

Phylloerythrin

eines weiteren isocyclischen Ringes und durch die Oxydationsstufe verschiedener Seitenketten. Das dem Chlorophyllid zugrunde liegende Kerngerüst mit dem teilweise hydrierten Pyrrolring IV, das *Phorbin*, leitet sich ebenfalls vom Ätioporphyrin III ab. Die Chlorophyllsynthese verläuft über Protoporphyrin, scheint also bis dahin mit der des Häms identisch zu sein. Durch Abspaltung des Mg unter Erhaltung des Phytolrestes entstehen die *Phäophytine*, Abspaltung des Phytols ergibt die *Phäophorbide*. Weiterer Abbau hat eine sehr große Zahl von Spaltprodukten ergeben, deren Struktur durch die Synthese gesichert werden konnte. Von ihnen ist hier nur das *Phylloerythrin* angeführt. Es entsteht z. B. aus dem Chlorophyll im Verdauungskanal (L. Marchlewski). Auf Grund der Spaltungs- und Syntheseversuche hat Fischer die untenstehenden Formeln der beiden Chlorophylle aufgestellt[1].

Das Chlorophyll ist die Substanz, die durch ihre Existenz überhaupt erst das Leben höherer Organismen ermöglicht. Wie schon früher ausgeführt wurde (s. S. 29), ist nur durch seine Mitwirkung der pflanzliche

Chlorophyll A

Chlorophyll B

Organismus in der Lage, ausgehend von anorganischen Substanzen, die grundlegenden Synthesen von Körperbaustoffen durchzuführen, die ihm selber zum Aufbau dienen und die dann, vom tierischen Organismus aufgenommen und umgesetzt, das tierische Leben erst möglich machen.

Über den Mechanismus dieser Synthese, bei der Kohlensäure und Wasser zu Kohlenhydraten aufgebaut werden, s. S. 438f.

Schrifttum.

Baumgärtel, T.: Physiologie und Pathologie des Bilirubinstoffwechsels als Grundlagen der Ikterusforschung. Stuttgart 1950. — Betke, K.: Der menschliche rote Blutfarbstoff. Berlin-Göttingen-Heidelberg 1954. — Fischer, H.: Fortschritte der Chlorophyllchemie. Naturwiss. 1940, 401. — Fischer, H., u. H. Orth: Die Chemie des Pyrrols. Bd. 2, 1. Hälfte. Leipzig 1937. 2. Hälfte von Fischer H., u. A. Stern. Leipzig 1940. — Fischer, H. †, u. W. Siedel: Naturfarbstoffe II. Pyrrolsynthesen und Gallenfarbstoffe. Fiat Rev. 39 (Biochemie I) 109 (1947). — Fischer, H. †, u. M. Strell: Naturfarbstoffe IV. Chlorophyll. Fiat Rev. 39 (Biochemie I) 141 (1947). — Itano, H. A.: The human hemoglobins: their properties and genetic control. Adv. Protein Chem. 12, 215 (1957). — Kunkel, H. G., and A. G. Bearn: Minor hemoglobin components of normal human blood. Fed. Proc. 16, 750 (1957). — Lemberg, R.: Porphyrins in nature. Fortschr. Chem. org. Naturstoffe 11, 300 (1954). — Lemberg, R., and J. W. Legge: Hematin Compounds and Bile Pigments. New York 1949. — Roughton, F. J. W., and I. C. Kendrew: Hemoglobin. London 1949. — Siedel, W.: Gallenfarbstoffe. Angew. Chemie 53 (1940). — Chemie und Physiologie des Blutfarbstoff-Abbaues. Ber. 77, 21 (1944). — Stoll, A., u. E. Wiedemann: Chlorophyll. Fortschr. Chem. org. Naturstoffe 1, 159 (1938). — Treibs, A.: Blutfarbstoff und Chlorophyll. Fortschritte der physiologischen Chemie 1929 bis 1934. Berlin 1934. — Wainio, W. W., and S. J. Cooperstein: Some controversal aspects of the mammalian cytochromes. Adv. Enzymol. 17, 329 (1956). — Zeile, K.: Über eisenhaltige Fermente. Naturwiss. 1941, 172. — Neuere Entwicklungen in der Chemie der Porphin-Farbstoffe. Angew. Chem. 68, 193 (1956).

---

[1] Eine etwas abweichende Formel gibt Stoll. In ihr ist statt des Ringes IV der Ring III hydriert.

H. Anorganische Stoffe.

Neben den in den vorstehenden Kapiteln besprochenen organischen Baustoffen finden sich im Körper eine Reihe von anorganischen Bausteinen, die überwiegend in Form von Salzen vorhanden sind. Ihre Wirkung beruht auf den Ionen, in die sie zerfallen. Ihre Zahl ist verglichen mit der Zahl der organischen Bausteine nicht sehr groß und auch ihre Konzentration meist keine sehr erhebliche. Und doch sind diese anorganischen Bausteine für den Bau und den Betrieb des Körpers von allerhöchster Bedeutung. Es ist hier nicht der Platz, alle die verschiedenen Beziehungen aufzuführen, in denen anorganische Salze und Ionen zu biologischen Vorgängen stehen, da uns in der ganzen weiteren Darstellung die Salze und ihre Wirkungen immer wieder begegnen werden. Es soll darum hier nur kurz angedeutet werden, daß die Gesamtkonzentration an Salzen, die in dem osmotischen Druck (s. S. 138) ihren Ausdruck findet, einen ganz bestimmten und durch besondere Regulationseinrichtungen konstant gehaltenen Wert hat. Der osmotische Druck der Körperflüssigkeiten und Gewebe ist offenbar eine der wesentlichen Voraussetzungen dafür, daß besonders labile organische Strukturteile wie die Eiweißkörper ihren Zustand unverändert erhalten, insbesondere also nicht Veränderungen nach Art einer Denaturierung ausgesetzt sind.

Neben der Gesamtkonzentration an Salzen ist von größter Wichtigkeit die Art der Salzmischung im Organismus. Ein Salzmilieu von genau bestimmter Zusammensetzung und Konzentration ist notwendige und unerläßliche Voraussetzung für den geordneten Ablauf aller Lebensvorgänge. Verschiebungen in der Menge der einzelnen Salze und damit im Verhältnis ihrer Konzentrationen zueinander führen mittelbar oder unmittelbar zu einem mehr oder weniger von der Norm abweichenden Verlauf der Lebensvorgänge: *der Organismus gebraucht ein genau äquilibriertes Salzmilieu.*

Manche Salze wirken schon in ganz geringen Konzentrationen in sehr spezifischer Weise auf manche Organ- und Zelleistungen ein. So ist die Funktion einiger Fermente an die Gegenwart ganz bestimmter Ionen gebunden und von ihrer Konzentration abhängig. Ferner ist bekannt, daß die Tätigkeit mancher Organe durch Änderungen in der absoluten Konzentration einzelner Salze und ihres relativen Verhältnisses entscheidend beeinflußt wird.

So kann ein Froschherz, das mit einer Lösung gespeist wird, die $NaCl$, KCl und $CaCl_2$ in einem bestimmten Mischungsverhältnis enthält, lange Zeit überlebend gehalten werden. Steigert man entweder den K^+- oder den Ca^{2+}-Gehalt der Lösung, so kommt es zu Veränderungen der Herztätigkeit und schließlich zum Stillstand des Herzens. Die Gründe für diesen gleichartigen Effekt sind aber verschieden. Überschuß an Kalium-Ionen hemmt die Systole, so daß ein Herz in Diastole stehen bleibt (s. Abb. 15); ein Zuviel an Ca-Ionen verhindert die Erschlaffung des Herzens und bringt es in Systole zum Stillstand (s. Abb. 16). Wir machen hier eine außerordentlich wichtige Feststellung: *die antagonistische Wirkung bestimmter Ionen auf bestimmte Funktionen.* Die Wirkung der äquilibrierten Salzlösungen wird durch eine solche Ausbalancierung entgegengesetzter Wirkungen erklärt. Es wird später gezeigt werden, daß ähnliche antagonistische Wirkungen der Ionen sich auch in einfachen physikalisch-chemischen Systemen zeigen (s. S. 177), so daß ein Teil der biologischen Ionenwirkung vielleicht auf einem ähnlichen Wege zustande kommen könnte.

Es darf aber nicht verschwiegen werden, daß uns das Verständnis für den feineren Mechanismus der Salz- und Ionenwirkungen in der Mehrzahl der Fälle völlig verschlossen ist. Abgesehen von den spezifischen Wirkungen, die dieses oder jenes Salz oder Ion haben kann, ist auf ein besonderes Zusammenwirken verschiedener Salze hinzuweisen, das von sehr großer biologischer Bedeutung ist, *nämlich auf Einstellung und Erhaltung einer bestimmten Reaktion in den Zellen und*

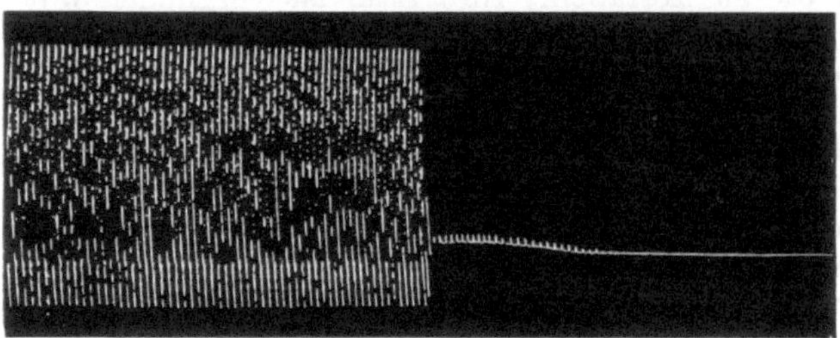

Abb. 15. Kaliumwirkung am Froschherzen. Stillstand des Herzens in Diastole. (Nach GELLHORN.)

Säften des Körpers. Wegen der außerordentlichen Bedeutung dieser Frage wird sie an anderer Stelle ausführlicher behandelt (s. S. 152ff.).

Neben der Bedeutung für die Einstellung eines bestimmten osmotischen Druckes, neben der spezifischen Ionenwirkung, wie sie z. B. in der Beeinflussung der Herztätigkeit durch Kalium- und Calcium-Ionen offenbar wird und neben der Regulation der Reaktion im Körper, haben anorganische Salze noch andere funktionelle Leistungen im Körper zu erfüllen. Da bestimmte Salze die Hauptbestandteile des Knochens sind, sind sie mit den organischen Bausteinen, die die Zellstrukturen aufbauen, in eine Linie zu stellen.

Unter den anorganischen Baustoffen des tierischen Organismus steht nach der Menge seines Vorkommens das **Wasser** weitaus an erster Stelle. Vom Körpergewicht

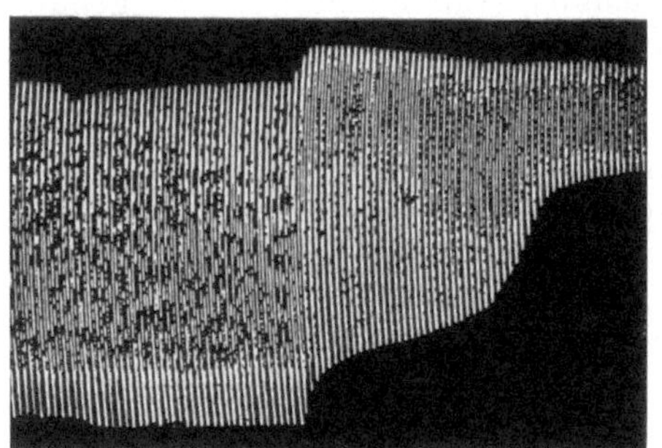

Abb. 16. Calciumwirkung am Froschherzen. Stillstand des Herzens in Systole. (Nach GELLHORN.)

eines erwachsenen Menschen entfallen etwa 60% auf Wasser, 19% auf Eiweiß, 16% auf Fette und Lipoide und 5% auf Mineralien. Berechnet auf die *fettfreie* Körpersubstanz beträgt der Wassergehalt etwa 70%, der an Eiweiß etwa 23% und der an Mineralstoffen etwa 7%. Auch nach seiner biologischen Bedeutung gebührt dem Wasser ein besonderer Platz. *Das Wasser ist unbedingt unentbehrlich.* Völliger Wasserentzug führt zu einer allmählichen Wasserverarmung des Organismus; dies kann bis zu einer gewissen Grenze ohne weitere Schädigungen ertragen werden, Wasserverluste in Höhe von etwa 15% des Körpergewichtes führen jedoch im allgemeinen zum Tode, und auch schon geringere Wasserverarmung läßt schwerere Funktionsstörungen in kürzerer Zeit auftreten, als alleiniger Entzug irgendeines anderen Nahrungsstoffes.

Die chemischen Umsetzungen an den Körperbausteinen, welche die Energie für die Leistungen des Organismus liefern, können sich wie viele andere chemische Reaktionen nur vollziehen, wenn sich die reagierenden Moleküle in Lösung befinden. Das physiologische Lösungsmittel ist das Wasser. Ein großer Teil des Wassers findet sich sowohl in den Zellen als auch in den Gewebsflüssigkeiten in enger Beziehung zu kolloidalen Körperbausteinen wie Eiweißkörpern, Glykogen, Lecithin, Desoxyribonucleinsäuren und vielleicht noch anderen Stoffen. Früher nahm man an, daß es sich um Hydratations- oder Quellungswasser handelt, das als Wasserhülle die Kolloidteilchen umgibt (s. S. 175), in Wirklichkeit aber ist dies Wasser wohl in die Lücken eingelagert, die durch den strukturellen Aufbau der Kolloidteilchen gegeben sind, es wird dort wohl durch Wasserstoffbrücken festgehalten. Auch dieser Teil des Wassers steht als Lösungsmittel für kristalloide Stoffe zur Verfügung.

In verschiedenen Geweben und Flüssigkeiten kann die Menge des Wassers ziemlich starken Schwankungen unterworfen sein. Man muß zwischen dem intracellulären und dem extracellulären Wasser unterscheiden. 50% des Körpergewichtes entfällt auf das Wasser in den Zellen, 15% auf die interstitielle Flüssigkeit (Gewebsflüssigkeit) und 5% auf das Blutplasma. Zwischen dem intra- und dem extracellulären Wasser findet ein lebhafter Austausch von Wassermolekülen statt. Der Hauptort des intracellulären Wassers ist die Muskulatur, der des extracellulären das Bindegewebe. Der Wassergehalt besonders des Bindegewebes, kann sich auch für einen Zeitraum von vielen Stunden ändern, während an anderen Stellen, an denen ein konstanter Wassergehalt die Voraussetzung funktioneller Leistungen ist, größere Schwankungen kaum auftreten oder sehr rasch ausgeglichen werden. Das gilt in besonderem Maße für das Blut, durch das sich als dem alle Zellen umspülenden Flüssigkeitsstrom die Wasserverschiebungen im Körper vollziehen. Mit der Nahrung zugeführtes Wasser wird im Darm resorbiert, gleichzeitig wird aber auch bei der Tätigkeit der Verdauungsdrüsen Wasser in ziemlich großen Mengen in den Verdauungskanal abgegeben und später durch die Darmwand wieder ins Blut rückresorbiert. Das Wasser, das den Körper durch die verschiedenen Ausscheidungsorgane verläßt, wird diesen mit dem Blut zugeführt. Wenn Wasser rascher vom Organismus aufgenommen als ausgeschieden wird, so steigt der Wassergehalt des Blutes nur für sehr kurze Zeit und ziemlich unwesentlich an, der überwiegende Teil des Wasserüberschusses gelangt vielmehr in die Gewebe, vor allem in das Bindegewebe der Haut und wird hier vorübergehend gespeichert. Sieht man aber von solchen Besonderheiten ab, so ist es bemerkenswert, mit welcher Genauigkeit *ein konstanter mittlerer Wassergehalt im Körper aufrechterhalten wird.*

Dies ist um so erstaunlicher, als Versuche mit deuteriumhaltigem Wasser (HDO oder D_2O, *schweres Wasser*) erkennen lassen, daß Wasser im Stoffwechsel des Körpers eine bisher kaum genügend gewürdigte Rolle spielt. 73% des Blutwassers werden in jeder Minute mit dem extracellulären Wasser ausgetauscht. Deuterium erscheint nach Zufuhr von schwerem Wasser nach relativ kurzer Zeit in zahlreichen organischen Bausteinen, die der Körper aufzubauen vermag; so findet es sich in fester Bindung an alle C-Atome der Glucose. Daß Wasserverschiebung, Wasseraufnahme und Wasserabgabe bei vielen intermediären Stoffwechselvorgängen eine zentrale Rolle spielen, wird später an zahlreichen Reaktionen gezeigt werden.

Der Wasserstoffwechsel steht in engstem Zusammenhang mit dem Salzstoffwechsel. Da Wasser- wie Salzstoffwechsel im wesentlichen durch die Niere reguliert werden, soll auf diese Zusammenhänge erst später ausführlicher eingegangen werden (s. S. 563ff.).

Der Wasserbedarf des erwachsenen Menschen beläuft sich auf etwa 35 g je Kilogramm Körpergewicht und 24 Std. Das Wasser wird auf verschiedenen Wegen, zum größeren Teil durch die Nieren, daneben durch die Haut, die Lungen und den Kot ausgeschieden. Wasserausscheidung durch Niere und Haut verhalten sich häufig gegensinnig. Bei starker Schweißbildung sinkt die Harnmenge und umgekehrt. Da die Wasserabgabe durch die Atmung von äußeren Faktoren (Lufttemperatur und -feuchtigkeit) abhängig ist, sind Niere und Schweißdrüsen der Haut die aktiv im Dienst der Regulation des Wasserhaushaltes tätigen Organe; von ihnen sind die Nieren weitaus bedeutungsvoller. Die Wasserabgabe durch den Körper ist stets größer als die Wasseraufnahme, da die Wasserbildung bei der Oxydation des Wasserstoffs im Verlaufe der Verbrennungsvorgänge im Körper berücksichtigt werden muß. Wenn das geschieht, so stimmen,

Tabelle 12. Wassergehalt verschiedener Organe, Gewebe und biologischer Flüssigkeiten in Prozenten.

Zahnschmelz	0,2	Herz	79,3
Zahnbein	10,0	Bindegewebe	80,0
Skelet	22,0	Niere	83,0
Elastisches Gewebe	50,0	Blut	80,0
Knorpel	55,0	Milch	89,0
Leber	70,0	Lymphe	96,0
Rückenmark und Gehirn	70,0	Magensaft und Darmsaft	97,0
Haut	72,0	Tränen	98,0
Muskeln	76,0	Liquor	99,0
Darm	77,0	Schweiß	99,5
Pankreas	78,0	Speichel	99,5
Lunge	79,1		

wie es nicht anders sein kann, Wasserabgabe und Summe von Wasseraufnahme und -bildung genau überein.

Der durchschnittliche Wassergehalt eines erwachsenen Menschen beträgt etwa 55 %, beim Fetus ist er wesentlich (97 %) und beim Neugeborenen (66,5 %) deutlich höher. Wahrscheinlich hängt die Abnahme mit der zunehmenden Entwicklung und Ausbildung des Skeletsystems zusammen. Der Wassergehalt der einzelnen Organe und Körperflüssigkeiten zeigt erhebliche Differenzen, die aus der vorstehenden Tabelle 12 hervorgehen.

Unter den **anorganischen Salzen** nehmen mengenmäßig die Salze der Alkalimetalle *Natrium* und *Kalium* und des Erdalkalimetalls *Calcium* den ersten Platz ein. Natrium und Kalium finden sich vorzugsweise als *Chloride* und bestimmen durch sie vorwiegend die Höhe des osmotischen Druckes im Körper. Daneben kommen sie besonders als *Hydrogencarbonate* und als *Phosphate* vor und spielen in dieser Form für die Einstellung der Reaktion im Gewebe und in den Körperflüssigkeiten eine wichtige Rolle. Zwischen dem Vorkommen von Natrium und von Kalium besteht ein gewisser, funktionell wichtiger Antagonismus: das Kalium ist vorwiegend innerhalb der Zellen, das Natrium dagegen gewöhnlich in den Säften und Körperflüssigkeiten in größerer Menge vorhanden. Die beiden Elemente kommen im gesamten Organismus ungefähr in gleicher Menge vor, sie sind aber auf die einzelnen Organe sehr verschieden verteilt.

Natriumsalze werden vorwiegend als *Kochsalz* aufgenommen. Der tägliche Bedarf an diesem für die osmotische Regulation des Blutes wichtigsten Salz beträgt etwa 5 g. Der Körper kann sich aber auch mit wesentlich größeren Kochsalzmengen ins Gleichgewicht setzen, er verarmt jedoch auch bei geringerer Kochsalzzufuhr nicht an Kochsalz, weil auch dann zwischen Aufnahme und Ausscheidung ein Gleichgewicht sich einspielt. Läßt man Kochsalz völlig aus der Nahrung fort, so wird zunächst noch eine Menge von etwa 15—25 g ausgeschieden. Dies entspricht offenbar einem leicht disponiblen Vorrat; nach seiner Abgabe hört die Kochsalz-Ausscheidung praktisch auf. Natriumreservoir ist vor allem der Knochen. Dem Körper verbleibt dann noch ein Kochsalzbestand von etwa 150 g, den er zäh festhält. Bei starker Schweißabgabe, z. B. bei *Hitzearbeit*, erleidet der Körper einen erheblichen Kochsalzverlust, so daß unter diesen Bedingungen der Kochsalzbedarf auf 15—20 g ansteigen kann. Außer bei der Osmoregulation spielt Kochsalz auch noch bei anderen Funktionen eine unentbehrliche Rolle. So wird z. B. NaCl als Ausgangsprodukt für die Salzsäurebildung im Magensaft gebraucht (s. S. 366 ff.), und die Aktivität der tierischen Amylase, des Fermentes der Stärkespaltung (s. S. 304), ist an die Gegenwart von Kochsalz gebunden.

Die Höhe der Zufuhr an **Kaliumsalzen** ist geringer zu veranschlagen. Ebenso wie bei den Natriumsalzen besteht auch bei ihnen zwischen Zufuhr und Ausscheidung ein Gleichgewicht. Eine Tagesmenge von etwa 3 g dürfte den Erfordernissen des Körpers ungefähr entsprechen. Es ist zu berücksichtigen, daß Natrium- und Chlorbedarf nur zu einem kleinen Teil durch den Salzgehalt der ursprünglichen Nahrungsmittel, zum überwiegenden durch die Zulage von Kochsalz zur Nahrung bestritten werden. Kaliumsalze sind dagegen in ausreichender Menge in den Nahrungsmitteln von vornherein enthalten. Es ist das erklärlich aus der Tatsache, daß Kalium, wie schon oben angedeutet wurde, im wesentlichen ein Bestandteil der Zellen, Natrium dagegen der Körperflüssigkeiten ist. Aus diesem Grunde ist auch ein erheblicher Teil der Alkaliionen der Nahrung nicht an andere anorganische Ionen, sondern an die Eiweißkörper gebunden (s. S. 157).

Phosphorsäure kommt, das ging schon aus der Besprechung der organischen Baustoffe hervor, in mannigfacher Bindungsform im Körper vor. Die einfachste, aber mengenmäßig unerheblichste ist die in den *anorganischen Phosphaten* des Blutes und der Gewebe, deren funktionelle Bedeutung für die Reaktionsregulierung oben schon angedeutet wurde und später noch eingehender behandelt wird (s. S. 155). Daneben ist aber sicherlich das anorganische Phosphat als Reserve für den Aufbau lebenswichtigster organischer P-Verbindungen ebenso bedeutungsvoll. Hier müssen in erster Linie genannt werden die *Nucleoproteide* als Bausteine der Zellkerne, die *Phosphatide* als Bausteine des Cytoplasmas, die verschiedenen einfachen Nucleotide, die Kohlenhydratphosphorsäuren sowie andere an den intermediären Stoffumsetzungen beteiligte P-haltige Verbindungen (s. z. B. S. 415 ff.). Auch die Phosphoproteide dürfen nicht vergessen werden. *Phosphate in anorganischer Form, als Calcium- und Magnesiumsalze*, sind weiterhin unentbehrlich als Bausteine des Knochensystems (s. u.). Da unter normalen Stoffwechselbedingungen immer eine ziemlich große Menge von Phosphat aus organischer Bindung frei wird und schon deshalb der Ausscheidung verfällt, weil die Einstellung einer normalen Harnreaktion in erster Linie von den Phosphaten abhängt, ist der Körper auf Zufuhr von Phosphorsäure mit der Nahrung angewiesen. Ihre Höhe wird auf etwa 5—6 g/Tag geschätzt. Sie kann als anorganisches Phosphat zugeführt werden, meist ist das allerdings nur in geringem Umfang der Fall. Die organischen P-Verbindungen der Nahrung werden aber vor der Aufnahme in den Körper im Darm aufgespalten, so daß Phosphorsäure wohl überwiegend, wenn nicht ausschließlich in anorganischer Form resorbiert wird.

Die **Calciumsalze** stehen unter den anorganischen Salzen sowohl nach der Höhe des Vorkommens als auch nach ihrer universellen Verbreitung in sämtlichen Zellen trotz der großen Mengen von Alkalisalzen weitaus an der Spitze, sie übertreffen nahezu überall im Körper mengenmäßig alle anderen Salze. Das liegt zum Teil in ihrer besonderen biologischen Aufgabe begründet. Calciumsalze dienen fast überall im tierischen Organismus als Bausteine der Stütz- und Gerüstsubstanzen, aber auch sonst müssen sie eine besondere, lebenswichtige Aufgabe zu erfüllen haben, da in den Zellen selber anscheinend die Kerne stets reicher an Calcium sind als das Protoplasma. Die Hauptmenge der Calciumsalze (99 % vom Gesamtbestand des Körpers) findet sich naturgemäß im *Knochen*. Es handelt sich überwiegend um *Calciumphosphat*, dem in geringer Menge *Calciumcarbonat* beigemengt ist. Die genaue chemische Formulierung der Calciumsalze des Knochens ist noch nicht ganz sichergestellt. Nach einer sehr verbreiteten Ansicht handelt es sich um ein Gemisch von Hydroxylapatit [3 $Ca_3(PO_4)_2 \cdot Ca(OH)_2$] mit Calciumcarbonat $CaCO_3$, nach einer anderen

Tabelle 13. Mineralzusammensetzung des menschlichen Knochens (in %).

Kationen		Anionen	
Ca^{2+}	36,7	PO_4^{3-}	50,1
Mg^{2+}	0,6	CO_3^{2-}	7,6
Na^+	0,8	Cl^-	0,04
K^+	0,15	F^-	0,05

kommt das Phosphat als *tert. Calciumphosphat* $Ca_3(PO_4)_2$ vor. Neben Calciumsalzen enthält der Knochen auch noch geringe Mengen von *Magnesiumphosphat* und *Magnesiumcarbonat*. Magnesiumsalze finden sich auch in den anderen Organen. Die Mineralzusammensetzung des menschlichen Knochens ist in Tabelle 13 wiedergegeben. Solange ein Organismus noch wächst, hat er zum Aufbau des Knochensystems immer eine ziemlich erhebliche Zufuhr an Calciumsalzen und an Phosphaten nötig. Aber auch der erwachsene Organismus hat noch einen bestimmten Calciumbedarf. Als Minimum der täglichen Zufuhr wird etwa 200—300 mg Ca angesehen. Da die Mehrzahl unserer Nahrungsmittel relativ kalkarm ist (lediglich Milch, Molkereiprodukte und Eier machen eine Ausnahme), ist die Erfüllung dieser ernährungsphysiologisch wichtigen Forderung nicht immer gewährleistet. Entsprechend der Zufuhr hat der Organismus auch eine Calcium-Ausscheidung aufzuweisen, größtenteils in Form von Phosphaten und von Carbonaten. Die Phosphate werden nicht nur durch den Harn, sondern auch durch den Kot ausgeschieden. Zwischen dem Umsatz der Calcium- und Phosphationen bestehen schon wegen ihrer Bindung aneinander im Knochen enge Beziehungen und wechselseitige Beeinflussungen. Calcium wird dem Körper unter anderem auch entzogen, wenn in ihm vermehrt Säuren gebildet worden sind, die ausgeschieden werden müssen. Zur Neutralisation, die mit ihrer Ausscheidung verbunden ist (s. S. 568), wird in hohem Maße das Calciumion herangezogen. Der reichliche Calciumvorrat, den der Organismus in den Knochen hat, dient als Reservoir für solche Zwecke. Es muß überhaupt bedacht werden, daß die Zusammensetzung des Knochens keineswegs konstant ist, sondern daß bei eintretendem Bedarf, aber auch bei Störungen aus den verschiedensten Ursachen *alle* anorganischen Bausteine des Knochens in den Stoffwechsel einbezogen werden können. Die anorganische Substanz des Knochens unterliegt also einem immerwährenden An- und Abbau. Dies zeigen besonders Versuche mit radioaktivem Calcium, nach denen isotop markiertes Calcium in kürzester Zeit nach seiner Zufuhr im Knochen nachweisbar wird.

Vielfache Bearbeitung hat die Frage gefunden, in welcher Form das *Calcium im Blutplasma* enthalten ist. Nur ein Teil kommt in diffusibler Form, also als anorganisches Salz oder Ion vor. Es kann heute als gesichert angesehen werden, daß der nichtdiffusible Teil des Blut-Ca an die Eiweißkörper des Plasmas gebunden ist und daß es vielleicht daneben eine ganz geringfügige Menge von kolloidalem Calciumphosphat gibt. Im Blutplasma beträgt der nicht diffusible Teil des Calciums etwa 62 % des gesamten Ca-Gehaltes, das diffusible Calcium liegt überwiegend oder sogar vollständig in ionisierter Form vor. Allerdings ist diese Frage noch nicht mit völliger Sicherheit geklärt (s.a. S. 519).

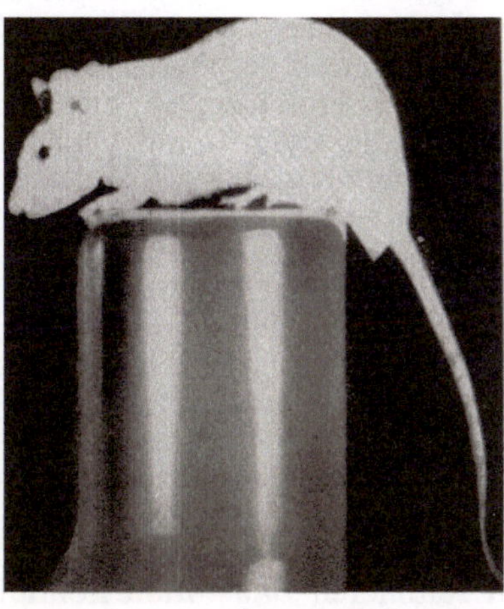

a   b

Abb. 17 a u. b. Magnesiummangel. a Ratte 54 Tage nach Beginn der Mg-armen Ernährung (1,2 mg je 100 g Futter); b das gleiche Tier am 91. Tage. Nach 61 Tagen Rückkehr zu normaler Ernährung. (Nach TUFFTS u. GREENBERG.)

Als integrierender Bestandteil des Knochens ist oben das *Magnesium* bereits genannt worden. Über seinen Stoffwechsel ist wesentlich weniger bekannt als über den des Calciums. Ernährungsversuche an Ratten (s. Abb. 17) haben gezeigt, daß es zu den lebenswichtigen Elementen gehört. Das war zu erwarten, weil schon vorher die Notwendigkeit von Magnesiumsalzen als Aktivatoren zahlreicher Fermente, vor allem derjenigen des Phosphatumsatzes (s. Tabelle 57, S. 299 u. S. 330), gefunden worden war. Es darf daran erinnert werden, daß Magnesium, wie schon früher ausgeführt, als Bestandteil des Chlorophylls eines der für die Existenz des Lebens auf der Erde unentbehrlichen Elemente ist.

Schwefel kommt im Organismus der höheren Tiere nur in sehr geringer Menge als anorganische Schwefelsäure vor. Dafür ist aber der Schwefelgehalt einer Reihe von organischen Stoffen, besonders einiger Eiweißkörper, recht erheblich. Die schwefelreichsten Strukturen sind die Haare und sonstigen Horngebilde der Epidermis wegen ihres hohen Gehaltes an Cystin. Das Vorkommen von gebundenem Schwefel in der Taurocholsäure und in den sauren Mucopolysacchariden ist schon erwähnt worden (s. S. 53 bzw. 96).

Gegenüber den bisher genannten Elementen treten die anderen anorganischen Baustoffe an Menge weit zurück, jedoch ist die Zahl der sog.

„*Bioelemente*" ziemlich groß. Da festgestellt werden konnte, daß alle chemischen Elemente, wenn auch zum Teil in geringsten Mengen, in allen Mineralien vorkommen, ist es wahrscheinlich, daß auch in allen übrigen Substanzen sämtliche Elemente vorkommen müssen. Damit ist natürlich nicht gesagt, daß sie alle auch eine biologische Bedeutung haben. Nach unseren gegenwärtigen Kenntnissen sind außer den bereits genannten und den im folgenden noch zu nennenden Elementen für Tier oder Pflanze oder für beide lebensnotwendig: *Kupfer, Zink, Bor, Gallium, Silicium, Molybdän, Mangan, Jod, Eisen* und *Kobalt* und wahrscheinlich *Vanadium* sowie *Aluminium*. Wegen der geringen Mengen, die der Körper von diesen Elementen gebraucht, bezeichnet man sie als **Spurenelemente**.

Außer Chlor kommen auch die übrigen **Halogene** im Organismus vor. *Brom* findet sich in ziemlich geringer Menge, wobei die von den verschiedenen Untersuchern angegebenen Zahlenwerte so große Schwankungen aufweisen, daß ihre Anführung zwecklos wäre. Wenn man in der Nahrung die Chlorsalze, in erster Linie also das Kochsalz, durch Bromsalze ersetzt, so steigt der Bromgehalt der Organe an und gleichzeitig nimmt ihr Chlorgehalt ab; *das Chlorid wird also durch das Bromid ersetzt.* Chloride finden sich übrigens offenbar fast ausschließlich in der extracellulären Flüssigkeit, nicht in den Zellen. Auch hinsichtlich des *Jod*gehaltes in den einzelnen Organen weichen die mengenmäßigen Angaben sehr stark voneinander ab. Das relativ jodreichste Organ ist die Schilddrüse, aber auch ihr Jodgehalt beträgt anscheinend insgesamt nur 8—10 mg. Es kommt dabei teils in anorganischer Form, überwiegend aber in organischer Bindung vor (s. S. 245). Ob das auch für das Jod in den übrigen Organen gilt, ist nicht bekannt. Der *Fluor*gehalt der verschiedenen Organe ist ebenfalls außerordentlich niedrig und scheint für je 100 g Gewebe nur wenige Zehntel eines Milligramms zu betragen.

Von den selteneren Baustoffen kommt dagegen das **Silicium** in relativ großer Menge in einigen Organen vor. Den höchsten Gehalt hat anscheinend das Bindegewebe, so daß Fascien, Sehnen und Haut zu den siliciumreichsten Geweben des Körpers gehören.

Schließlich seien noch einige **Schwermetalle** genannt, die regelmäßig in kleinen Mengen in nahezu allen Organen vorkommen. Über den Gehalt an einigen Schwermetallen in der Trockensubstanz verschiedener Organe s. Tabelle 14. Dabei ist bemerkenswert, daß im allgemeinen die höchsten Werte in Leber und Niere gefunden werden. Lediglich für das Eisen stehen die Werte in Milz und Lunge an der Spitze. Es ist höchst bemerkenswert und spricht sicherlich für die biologische Bedeutung dieser Elemente, daß die Schwermetalle Eisen, Mangan und Kupfer vom Organismus in nicht unerheblichen Mengen gespeichert werden können.

Tabelle 14. Schwermetallgehalt verschiedener Organe (in mg-% der Trockensubstanz).

Kupfer	1—2,8
Eisen	20—112
Blei	0,08—0,5
Mangan	0,13—0,5
Zink	4,9—22

Mengenmäßig überwiegt unter den Schwermetallen das *Eisen*, das als Bestandteil des Hämoglobins und der Zellhämine eines der funktionell bedeutungsvollsten Bioelemente ist. Abgesehen von der Bindung an die verschiedenen Pyrrolfarbstoffe, kommt aber auch noch Eisen in ziemlich geringer Menge in allen Zellen vor. Der Erwachsene verfügt über ein Eisendepot von 1,2—1,5 g. Mit dem Eisen zusammen finden sich gewöhnlich auch *Kupfer, Mangan* sowie *Zink*. Cu und Mn sind wahrscheinlich von Bedeutung für die Oxydationsvorgänge im Gewebe. *Kupfer* scheint ferner für die Hämoglobinbildung notwendig zu sein; die Phosphatidbildung durch Lebermitochondrien ist bei Kupfermangel herabgesetzt. Durch einseitige Ernährung mit Milch wird bei Ratten eine Anämie hervorgerufen, die sich in einer Abnahme des Hämoglobins und der Zahl der roten Blutkörperchen zu erkennen gibt. Beide Störungen lassen sich durch Zulage von Eisen, von dem bekannt ist, daß es in der Milch in zu geringen Mengen enthalten ist, nicht beheben. Dies gelingt sofort, wenn mit dem Eisen zugleich auch Kupfer in geringen Mengen zugeführt wird. Auch *Kobalt* soll für die Eisenverwertung notwendig sein. Hier ist auch auf den Kobaltgehalt von Vitamin B_{12} hinzuweisen (s. S. 207).

Zink ist Bestandteil des Fermentes Kohlensäureanhydratase (s. S. 540). Möglicherweise bestehen auch Beziehungen zu anderen Fermenten. Ferner weisen manche Beobachtungen auf seine Bedeutung für den Kohlenhydratstoffwechsel hin. Es sei auch auf das Vorkommen von Zink im Insulin hingewiesen (s. S. 356). Zink scheint in organischen Baustoffen des Körpers gebunden zu sein an Histidinreste (z. B. wahrscheinlich im Insulin), an Cystein und an gewisse Glutamylpeptide. Bemerkenswert ist der hohe Zinkgehalt im Tapetum lucidum der Aderhaut bei Carnivoren. Beim Hund wurden z. B. in der Trockensubstanz gefunden 7,2 %, beim Fuchs 11,6 %. Das

Tabelle 15. Zusammensetzung der Ringer- und der Tyrode-Lösung für den Warmblüter.

	Ringer-Lösung %	Tyrode-Lösung %
NaCl	0,8	0,8
KCl	0,02	0,02
$CaCl_2$	0,02	0,02
$MgCl_2$	—	0,01
NaH_2PO_4	—	0,005
$NaHCO_3$	0,1	0,1

Zink liegt hier nach WEITZEL als Zinkcysteinmonohydrat vor. *Molybdän* ist Bestandteil einiger Metall-Flavoproteide (s. S. 341).

Für eine Reihe der besprochenen Bioelemente ist ausdrücklich betont worden, daß sie teilweise oder vorwiegend in organischer Bindung im Organismus vorkommen und auch für diejenigen, für die das nicht besonders erwähnt worden ist, gilt das gleiche. Die Reaktion von organischen Säuren und Basen und von amphoteren Stoffen muß durch Neutralisation, also durch Salzbildung der Reaktion des Gewebes angeglichen werden. Dazu dienen vorzugsweise anorganische Ionen, zur Neutralisation der Säuren z. B. besonders das Natrium- und das Kaliumion.

Es ist einleitend hervorgehoben worden, daß die Tätigkeit der Organe an die Gegenwart ganz bestimmter Salze in ganz bestimmten Konzentrationen gebunden ist, erstens zur Aufrechterhaltung des normalen osmotischen Druckes und zweitens zur Herstellung einer Salzmischung, die durch ihre spezifische Zusammensetzung den Ablauf der Lebensvorgänge erst möglich macht. Organe, die aus dem Verbande des Organismus herausgenommen werden, können trotzdem zum Teil ihre spezifischen Leistungen auch isoliert noch kurze Zeit ausüben. Man kann die Dauer ihres Überlebens wesentlich verlängern, wenn man sie in *physiologische Salzlösungen* hineinbringt, die in bezug auf Konzentration und Mischung der Salze der Zusammensetzung derjenigen Flüssigkeit entspricht, die sie im Organismus umgibt, der Blutflüssigkeit. Die einfachste Salzlösung dieser Art ist die *physiologische Kochsalzlösung* (für den Warmblüter etwa 1 %ig, für den Frosch etwa 0,65 %ig). Diese ist aber nur physiologisch in bezug auf ihren osmotischen Druck; wegen des Fehlens anderer Salze führt sie zu schweren Zellschädigungen. Besser geeignet sind *Ringer-Lösung* und *Tyrode-Lösung*, deren Zusammensetzung, die für den Warmblüter aus der vorstehenden

Tabelle 15 hervorgeht, so ausgeglichen ist, daß eine Reihe von Organen, besonders Skeletmuskel und Herz in ihnen viele Stunden überlebend gehalten werden können. Besonders günstige Bedingungen für überlebende Organe und Organteile bieten Lösungen, die zusätzlich zu den Bestandteilen der Tyrode-Lösung noch $MgSO_4$ enthalten sowie als Nährsubstrate Glucose und in Form ihrer Natriumsalze Brenztraubensäure, Fumarsäure und Glutaminsäure (KREBS).

Schrifttum.

ELVEHJEM, C. A.: The biological significance of copper and its relation to iron metabolism. Physiol. Rev. 15, 471 (1935). — HEUBNER, W.: Mineralstoffe des Tierkörpers. Mineralbestand des Tierkörpers. Umsatz der Mineralstoffe. Handb. norm. path. Physiol. Bd. 16/2. Berlin 1931. — IRVING, J. T.: Calcium Metabolism. London 1957. — KLINKE, K.: Der Mineralstoffwechsel. Wien 1931. — LEUTHARDT, F.: Mineralstoffwechsel. (Die Spurelemente.) Ergebn. Physiol. 44, 588 (1941). — MANERY, J. F.: Water and electrolyte metabolism. Physiol. Rev. 34, 334 (1954). — MARX, H.: Der Wasserhaushalt des gesunden und kranken Menschen. Berlin 1938. — NICOLAYSEN, R., N. EEG-LARSEN and O. J. MALM: Physiology of calcium metabolism. Physiol. Rev. 33, 424 (1953). — SCHMIDT, C. L. A., and D. M. GREENBERG: Occurence, transport, and regulation of calcium, magnesium, and phosphorous in the animal organism. Physiol. Rev. 15, 297 (1935). — SHOHL, A. T.: Mineral Metabolism. New York 1939. — SIRI, W. E.: The gross composition of the body. Adv. biol. med. Physics 4, 239 (1956).

II. Die physiko-chemischen Grundlagen der Organtätigkeit.

A. Diffusion und Osmose.

Der ungestörte Ablauf der Lebensvorgänge ist an die Versorgung aller Zellen mit den Stoffen gebunden, die zu ihrem Aufbau nötig sind oder die in ihnen zum Zwecke der Energiegewinnung umgesetzt werden; er hängt also davon ab, daß alle diese für die Zelle notwendigen Stoffe auch in sie hineingelangen können, und er hat weiter zur Voraussetzung, daß die End- und Zwischenprodukte des Stoffwechsels, die die Zelle nicht weiter verwerten kann, aus ihr entfernt werden: *es müssen also durch die Zellwand dauernd Stoffe ausgetauscht werden.* Für den Gesamtorganismus zeigt sich dieser Stoffaustausch sinnfällig in dem Neben- und Nacheinander von Aufnahme der Nahrung und Ausscheidung nicht weiter verwertbarer Stoffe in Harn und Kot. Einen ähnlichen Stoffaustausch muß natürlich auch die Zelle selber als letzte morphologische Einheit der Organe und letzte funktionelle Einheit des Stoffwechsels haben.

Der Stoffaustausch der einzelnen Zelle weist einige Besonderheiten auf. Er darf sich nicht wahllos auf alle vorhandenen Stoffe erstrecken, sondern die Zelle muß aus den ihr angebotenen Stoffen die auswählen können, die sie gebraucht, und sie muß bei der Stoffabgabe diejenigen festhalten können, die für ihren Aufbau und für ihre Leistung notwendig sind.

Für das Verständnis des biologischen Stoffaustausches ist die Kenntnis der Vorgänge der **Diffusion** und **Osmose** Voraussetzung.

Füllt man in einem geschlossenen Zylinder, der durch eine Scheidewand in zwei Hälften getrennt ist, die beiden Hälften mit zwei Gasen, die chemisch nicht miteinander reagieren, und entfernt dann die Scheidewand, so durchmischen sich allmählich die beiden Gase, so daß die Zusammensetzung des Gasgemisches überall im Gasraum die gleiche ist. *Die Moleküle haben sich durch Diffusion in dem ihnen zur Verfügung stehenden Raum ganz gleichmäßig verteilt.*

Eine Diffusion läßt sich auch bei gelösten Stoffen beobachten. Wenn man in einem Zylinder Wasser vorsichtig mit einer Kupfersulfatlösung unterschichtet, so verteilen sich auch hier die Kupfersulfatmoleküle langsam gleichmäßig in der gesamten vorhandenen Wassermenge: durch Diffusion vom Orte höherer zu dem niederer Konzentration haben sich die Kupfersulfatmoleküle mit denen des Wassers, die Wassermoleküle mit denen des Kupfersulfats vermischt. Die Ursache der Diffusion ist die mehr oder weniger starke Bewegung der Moleküle, die auf ihrem Wärmeinhalt beruht.

Wenn also durch freie Diffusion auch eine Stoffbewegung und -verteilung stattfinden kann, so kann dies doch höchstens erklären, daß Stoffe sich im Innern der Zelle oder einer Flüssigkeit (Blut, Lymphe, Liquor) verteilen; die Besonderheit des Organismus liegt aber gerade in seinem Aufbau aus Zellen, also aus in sich geschlossenen kleinen Baueinheiten, die man sehr grob vergleichen kann mit Hohlräumen, die von Flüssigkeit ausgefüllt und von einer Membran umgeben sind.

Die Abgrenzung der Zellen von ihrer Umgebung durch Membranen ist an sich kein Hindernis für einen Stoffaustausch durch Diffusion. Auch

das zeigt ein Modellversuch. Verschließt man einen beiderseits offenen
Glaszylinder auf der einen Seite mit einer Membran aus Pergament, Cello-
phan oder dergl., füllt ihn mit Kupfersulfatlösung und hängt ihn in ein
mit Wasser gefülltes Gefäß, so sieht man, wie allmählich Kupfersulfat
durch die Scheidewand in das umgebende Wasser hineindiffundiert, und
man beobachtet gleichzeitig an der Volumvergrößerung, daß Wasser durch
die Membran in die Kupfersulfatlösung wandert. *Diese Wanderung von
Wasser durch eine Membran bezeichnet man als Osmose.* Durch Osmose des
Wassers und durch Diffusion des Kupfersulfats kommt es auch in diesem
Versuch bei genügend langer Dauer zu einer völligen Durchmischung
von Wasser und Kupfersulfat. Verschließt man den Glaszylinder auf der
noch offenen Seite mit einem Stopfen, durch den ein dünnes Glasrohr in
den Zylinder hineinragt, so steigt zunächst die Flüssigkeit in dem Rohr
an, und dann geht ihr Spiegel langsam auf den ursprünglichen Stand
zurück. Zuerst wird also durch einen Einstrom von Wasser, durch *Endosmose*, das Kupfersulfat verdünnt; dann diffundiert Kupfersulfat aus der
Zelle nach außen und eine Wasserbewegung in umgekehrter Richtung,
eine *Exosmose*, schließt sich an, bis sich endlich die Zusammensetzung
der Außen- derjenigen der Innenflüssigkeit völlig angeglichen hat.

Der Anstieg der Flüssigkeit in dem Rohr bei der Endosmose zeigt an,
daß der Inhalt des Gefäßes unter einem bestimmten Druck steht. Da
dieser durch die Osmose des Wassers in den Zylinder zustande kommt,
wird er als *osmotischer Druck* bezeichnet. Er ist ein Ausdruck für die Kraft,
mit der das Wasser in den Zylinder hineinwandert; er kann gemessen
werden durch den hydrostatischen Druck der Flüssigkeitssäule in dem
Steigrohr, der ihr entgegenwirkt. Die endosmotische Wasserbewegung ist
also der Schwerkraft entgegengerichtet und dauert so lange an, bis der
hydrostatische Druck dem osmotischen Druck das Gleichgewicht hält.
Füllt man nacheinander Kupfersulfatlösungen steigender Konzentration
in den Glaszylinder, so ist die Steighöhe um so größer je höher die Konzentration des Kupfersulfats ist. Da aber die gewählte Membran *vollständig
permeabel ist*, d. h. sowohl Wasser als auch gelöste Stoffe durchtreten läßt,
ist die Ähnlichkeit mit der lebenden Zelle nur sehr entfernt, und es ist weiterhin nicht möglich, exakte Beziehungen zwischen osmotischem Druck und
Salzkonzentration zu ermitteln.

Es gibt aber Membranen, die sich anders verhalten; sie sind zwar
für Wasser vollständig durchlässig, nicht aber für gelöste Stoffe oder doch
nicht für alle gelösten Stoffe. *Solche Membranen bezeichnet man als semi-
permeabel.* Die Eigenschaft der Semipermeabilität ist auch den Grenzflächen der Zelle eigen. Dadurch, daß semipermeable Membranen manchen
Stoffen den Durchtritt gestatten, anderen nicht, werden Konzentrationsunterschiede zwischen der Zelle und der sie umgebenden Flüssigkeit möglich.
Semipermeabilität von Zellmembranen ist aber nicht die einzige Ursache
solcher Konzentrationsunterschiede. Oft beruhen diese auf offenbar an
oder in den Zellgrenzflächen ablaufenden Stoffwechselvorgängen.

Semipermeable Membranen z. B. aus Kollodium setzen uns instand, den
osmotischen Druck von Lösungen zu messen. Gewöhnlich benutzt man
jedoch sog. „Niederschlagsmembranen". Ein Kupfersulfattropfen, den man
in eine Ferrocyankaliumlösung hineinfallen läßt, überzieht sich mit einer
dünnen Haut von Ferrocyankupfer ($2\,CuSO_4 + K_4[Fe(CN)_6] = Cu_2[Fe(CN)_6]$
$+\ 2\,K_2SO_4$). Läßt man eine solche Membran, um ihr Halt zu verleihen,
in der porösen Wandung einer oben offenen Tonzelle entstehen, indem

man sie mit Kupfersulfatlösung gefüllt in eine Ferrocyankaliumlösung hin-einstellt, und verschließt dann den Tonzylinder mit einem Manometer, so erhält man ein *Osmometer* (s. Abb. 18).

Die Ferrocyankupfermembran ist nur für Wasser, nicht aber für die beiden Stoffe, aus denen sie entstanden ist und auch nicht für viele andere Stoffe permeabel. Sorgt man dafür, daß das Volumen der Manometer-capillare gegenüber dem Gesamtvolumen zu vernachlässigen ist, so ist der gemessene hydrostatische Druck gleich dem osmotischen Druck, und es ergibt sich, *daß der osmotische Druck verschieden konzentrierter Lösungen des gleichen Stoffes der Stoffkonzentration direkt proportional ist.* Für Rohrzuckerlösungen verschiedener Stärke wurden z. B. die in der Tabelle 16 angeführten osmotischen Drucke erhalten; die Quotienten aus Druck und Konzentration sind praktisch konstant.

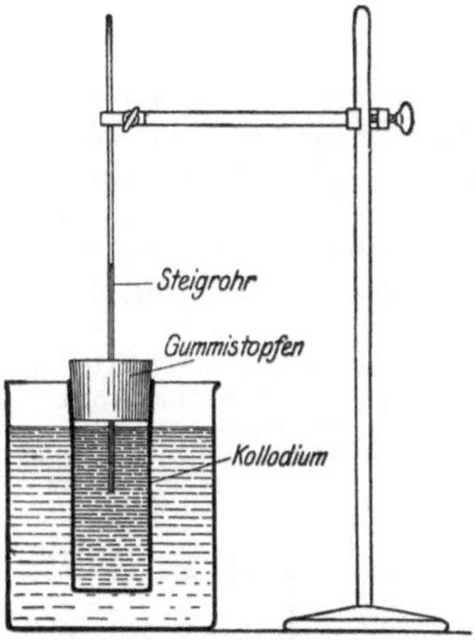

Ein zweiter Faktor, der den osmotischen Druck beeinflußt, ist die Temperatur. Der Zusammenhang von osmotischem Druck (p), Konzentration (c) und Temperatur (t) läßt sich für Rohrzuckerlösungen durch die folgende Formel ausdrücken:

$$p = c \cdot 0{,}652 \, (1 + \alpha \cdot t), \qquad (1)$$

wobei α ein Temperaturkoeffizient ist. Dieser Ausdruck hat sehr große Ähnlichkeit mit der Formel der *Gasgesetze*.

Steigrohr

Gummistopfen

Kollodium

Abb. 18. Einfaches Osmometer.

Nach BOYLE-MARIOTTE ist bei gleichbleibender Temperatur das Produkt aus Druck und Volumen eines jeden Gases konstant:

$$p_1 \cdot v_1 = p_2 \cdot v_2 = \cdots \text{const.} \qquad (2)$$

Nach GAY-LUSSAC nimmt, wenn man von den Normalbedingungen ausgeht (Temperatur $t_0 = 0°$, Volumen bei $0° = v_0$, Druck bei $0° = p_0 = 1$ Atm), durch Temperaturerhöhung um $1°$ bei konstant gehaltenem Druck das Volumen und bei konstant gehaltenem Volumen der Druck jeweils um den gleichen Betrag α zu:

$$v = v_0 + \alpha \cdot v_0 \cdot t = v_0 \, (1 + \alpha \cdot t), \qquad (3)$$
$$p = p_0 + \alpha \cdot p_0 \cdot t = p_0 \, (1 + \alpha \cdot t). \qquad (4)$$

Tabelle 16. Osmotischer Druck von Rohrzuckerlösungen verschiedener Konzentration.

Konzentration c %	Osmotischer Druck p mm Hg	p/c
1	53,6	53,6
2	101,6	50,8
4	208,2	52,1
6	307,5	51,3

Wenn sich bei Erhöhung der Temperatur sowohl das Volumen als auch der Druck ändern, so läßt sich die Zustandsänderung errechnen, wenn man annimmt, daß sich zunächst bei gleichbleibendem Druck nur das Volumen ändert. Nach (3) gilt also $v_t = v_0 \, (1 + \alpha t)$ Nach (2) muß aber dann $p_0 \cdot v_t = p \cdot v$ sein. Setzt man den Wert für v_t in diese Gleichung ein, so ergibt sich

$$p \cdot v = p_0 \cdot v_0 \, (1 + \alpha \cdot t). \qquad (5)$$

α hat den Wert von $1/273$, so daß wir statt (5) schreiben können:

$$p \cdot v = p_0 \cdot v_0 \cdot \left(\frac{273 + t}{273} \right). \qquad (6)$$

Setzt man $t = -273$, so wird $p \cdot v = 0$. Diese Temperatur wird als *absoluter Nullpunkt* bezeichnet. Alle vom absoluten Nullpunkt gemessenen Temperaturen werden durch T ausgedrückt. (6) läßt sich also umformen zu:

$$p \cdot v = \frac{p_0 \cdot v_0}{273} \cdot T = \boldsymbol{R} \cdot \boldsymbol{T}. \qquad (7)$$

R wird als *Gaskonstante* bezeichnet. Sie gibt an, um wieviel sich der Energieinhalt eines Gases bei Temperaturerhöhung um $1°$ ändert. v_0 das Volumen, das ein Mol eines Gases bei einer Temperatur von $0°$ ($T = 273$) und einem Druck von 1 Atm (p_0) einnimmt, beträgt 22,4 Liter. Setzt man die Werte von v_0 und p_0 in (7) ein, so erhält man für die *Gaskonstante R den Zahlenwert* **0,0821**.

R läßt sich aber auch aus den Osmoseversuchen berechnen. Setzt man in der Gleichung (1) $t = 0$ und $c = 1$, so wird $p = 0,652$. Das Molekulargewicht des Rohrzuckers ist 342. Ein Grammolekül Rohrzucker ist also in 34,2 Liter einer 1%igen Lösung enthalten, v_0 ist also 34,2 und aus Gleichung (7) ergibt sich

$$R = \frac{p_0 \cdot v_0}{273} = \frac{0,652 \cdot 34,2}{273} = 0,0817. \tag{8}$$

Der osmotische Druck einer in Lösung befindlichen Substanz ist gleich dem Druck, den die gleiche Substanz bei gleicher Molekularbeschaffenheit als Gas oder Dampf im gleichen Raum und bei gleicher Temperatur haben würde (Theorie der Lösungen).

Nach dem Satz von Avogadro enthalten gleiche Volumina verschiedener Gase unter sonst gleichen Bedingungen, also auch bei dem gleichen Druck, die gleiche Anzahl von Molekülen. Löst man 1 Grammolekül verschiedener Stoffe zu je einem Liter Lösung auf, stellt also *molare Lösungen* her, so sollten diese Lösungen auf Grund des Avogadroschen Satzes auch alle den gleichen osmotischen Druck haben, also *isosmotisch* sein. Der osmotische Druck einer solchen *molaren Lösung* müßte 22,4 Atm betragen, da bei dem Druck einer Atmosphäre ein Mol einer jeden Substanz in Gas- oder Dampfform einen Raum von 22,4 Liter einnimmt und nach Gl. (2) $p \cdot v$ konstant sein muß.

Tabelle 17. Osmotischer Druck hochkonzentrierter Rohrzuckerlösungen.

g Rohrzucker/Liter	Osmotischer Druck in Atm.	
	beobachtet	berechnet
120,7	9,5	8,4
240,0	21,3	16,7
360,0	32,0	25,1
420,0	43,0	29,2

Die Forderung, daß der osmotische Druck äquimolekularer Lösungen verschiedener Stoffe gleich ist, trifft aber nur für Anelektrolyte zu, also für Stoffe, die in ihren Lösungen nicht in Ionen dissoziiert sind. Prüft man sie an Lösungen von Elektrolyten, so ergibt sich ausnahmslos ein höherer osmotischer Druck als der molekularen Konzentration der Lösungen entspricht. Die Ursache dafür ist die elektrolytische Dissoziation (s. S. 143). Es zeigt sich, daß für die Höhe des osmotischen Druckes nicht Art, sondern nur Zahl der in einer Lösung befindlichen Teilchen entscheidend ist. Da in hinreichend verdünnter Lösung Elektrolyte praktisch vollständig in ihre Ionen zerfallen sind, muß sich der osmotische Druck solcher Lösungen errechnen lassen, wenn man den nach der molekularen Konzentration zu erwartenden Druck mit der Zahl der bei völliger Dissoziation entstehenden Ionen multipliziert. Eine sehr verdünnte NaCl-Lösung hat also das Doppelte, eine Na_2SO_4-Lösung das Dreifache des osmotischen Druckes, der sich aus der molekularen Konzentration ergibt. Bei konzentrierteren Lösungen liegen die osmotischen Drucke zwischen denen für vollständige und denen für völlig fehlende Dissoziation.

Jedoch gelten die gesetzmäßigen Beziehungen zwischen Konzentration und osmotischem Druck nicht unbegrenzt. Bei Lösungen von sehr hoher molekularer Konzentration oder bei Lösungen aus Stoffen von sehr hohem Molekulargewicht ist der tatsächliche osmotische Druck meist erheblich höher als der aus ihrer Konzentration errechnete. Die Tabelle 17 zeigt das für Rohrzuckerlösungen höherer Konzentration.

Der Grund für die Abweichungen liegt darin, daß bei höherer Konzentration der Lösungen die gelöste Substanz selber einen erheblichen Teil des Volumens einnimmt, so daß der verfügbare Lösungsraum kleiner wird. Ferner besteht die Möglichkeit der Wasserbindung an die gelösten Stoffe im Sinne einer *Hydratbildung*, so daß das Wasser zum Teil nicht mehr als Lösungsmittel zur Verfügung steht. Schließlich ist daran zu denken, daß auch Gase bei höheren Drucken nicht mehr den oben angeführten Gleichungen genügen. Die Abweichungen von den einfachen (idealen) Gasgleichungen beruhen außer auf der Raumbeanspruchung durch die Gasmoleküle auch darauf, daß bei der durch den hohen Druck erzwungenen gegenseitigen Annäherung der Moleküle zwischen ihnen Anziehungskräfte auftreten, die man als VAN DER WAALS*sche Kräfte* bezeichnet.

Bestimmung des osmotischen Druckes. Die schon beschriebene direkte osmometrische Methode der Druckbestimmung ist nicht für alle Stoffe, vor allem nicht für viele biologisch wichtige geeignet. Man muß vielmehr indirekte Methoden anwenden. Diese beruhen alle darauf, daß man die gelöste Substanz von ihrem Lösungsmittel zu trennen versucht. Ein gelöster Stoff hält das Lösungsmittel um so fester, je konzentrierter seine Lösung ist; es muß daher der Dampfdruck einer Lösung um so niedriger sein, je höher ihre Konzentration, je höher also ihr osmotischer Druck ist. Die Entfernung des Lösungsmittels aus einer Lösung kann durch Verdampfen oder durch Ausfrieren geschehen. (Dann müssen wegen der Erniedrigung des Dampfdruckes alle Lösungen einen höheren Siedepunkt und einen niederen Gefrierpunkt haben als die reinen Lösungsmittel. Die Differenzen sind um so größer, je höher der osmotische Druck der Lösungen.

Die Gefrierpunktserniedrigung (Δ) einer molaren wäßrigen Lösung ($p = 22,4$ Atm.) beträgt $1.85°$ *(molare Gefrierpunktserniedrigung)*, der Gefrierpunkt einer molaren Lösung liegt also um $1,85°$ tiefer als der Gefrierpunkt des reinen Lösungsmittels. Die *molare Siedepunktserhöhung* beträgt $0,52°$.

Für biologisches Material ist wegen der irreversiblen Veränderung besonders der Eiweißkörper beim Erwärmen neben der osmometrischen nur die Methode der Bestimmung der Gefrierpunktserniedrigung durchführbar (BECKMANN-Apparat). Jedoch läßt auch sie sich nur auf Flüssigkeiten (Blut, Lymphe, Sekrete und Exkrete) anwenden, da sich der Gefrierpunkt von Zellen und Organen nicht exakt bestimmen läßt. Die beste biologische Methode ist die Beobachtung des Verhaltens lebender Zellen in Salzlösungen verschiedener Konzentration und die Bestimmung des osmotischen Druckes derjenigen Lösung, in der die Zellen sich nicht verändern. Voraussetzung für dieses Verfahren ist allerdings, daß sich die Zellmembranen gegenüber den Salzlösungen als ideale semipermeable Membranen verhalten, also nur Wasser, nicht aber gelöste Stoffe durchtreten lassen. *Lösungen, die den gleichen osmotischen Druck haben wie die Zellen, nennt man* **isotonisch**, *Lösungen mit höherem Druck* **hypertonisch** *und solche mit niederem Druck* **hypotonisch**. Bringt man Zellen in Lösungen, die nicht mit ihnen isotonisch sind, so muß sich die Differenz des osmotischen Druckes zwischen Zelle und Außenflüssigkeit ausgleichen. Das läßt sich besonders deutlich an Pflanzenzellen beobachten. Ihre Cellulosehülle umgibt das Protoplasma, das mit seiner Grenzfläche ihr anliegt. Nur durch diese Zellgrenzflächen vollzieht sich der Druckausgleich, die Cellulosemembran selber ist osmotisch unwirksam. An eine hypertonische Lösung gibt der Protoplast Wasser ab, aus einer hypotonischen Lösung nimmt er Wasser auf, die Zelle verhält sich also wie ein Osmometer. Durch Abgabe von Wasser an hypertonische Lösungen nimmt das Zellvolumen ab und das Protoplasma zieht sich von der Cellulosemembran zurück. Diese Erscheinung wird als *Plasmolyse* bezeichnet. Prüft man Lösungen von verschiedener Salzkonzentration auf ihre plasmolytischen Eigenschaften, so müßte diejenige Lösung, die gerade keine Plasmolyse mehr bewirkt, mit dem Zellinhalt isotonisch sein; das trifft aber oft nicht zu, weil der Protoplast sich schlecht von der Cellulosemembran ablöst.

Von den tierischen Zellen eignen sich zum Nachweis der osmotischen Erscheinungen am besten die *roten Blutkörperchen.* Sie verhalten sich innerhalb eines bestimmten Konzentrationsbereiches ebenfalls wie Osmometer: aus hypotonischer Lösung nehmen sie unter Volumvermehrung Wasser auf, an hypertonische Lösung geben sie unter Volumverminderung Wasser ab, in isotonischer Lösung bleibt ihr Volumen unverändert. Diese Volumänderungen lassen sich nur bei stärkerer Schrumpfung *(Stechapfelform der Erythrocyten)* direkt beobachten, sie sind aber ohne weiteres nachweisbar, wenn man Blut in einer kleinen Pipette zentrifugiert und die Höhe der Erythrocytensäule abliest *(Hämatokritwert).* Setzt man die Salzkonzentration immer weiter herab, so ist die Zellvergrößerung so erheblich, daß die Membran dem wachsenden hydrostatischen Druck im Innern nicht mehr gewachsen ist, sie reißt ein und der Blutfarbstoff tritt aus der Zelle aus: es kommt zur *Hämolyse.* Die Hämolyse ist um so vollständiger je verdünnter die Lösungen, am raschesten gelingt sie deshalb mit destilliertem Wasser. Auch für dieses Verhalten ist wieder Voraussetzung, daß die gelösten Stoffe nicht in die Zelle eindringen. Die Blutkörperchenmembran ist z. B. für Harnstoff vollständig permeabel, der Harnstoff verteilt sich also ganz gleichmäßig zwischen Zelle und Lösung, und die Erythrocyten verhalten sich genau so, als ob sie sich in destilliertem Wasser befänden, d. h. sie hämolysieren. Auch viele andere organische Stoffe wie Alkohole, Ketone, Aldehyde, Ester, schwache Säuren und Basen, Zucker und Aminosäuren permeieren durch pflanzliche und durch tierische Membranen; von anorganischen Stoffen treten besonders leicht nicht oder nur wenig dissoziierte Substanzen hindurch. Jedoch bestehen im Verhalten der verschiedenen Zellarten gegenüber all diesen Stoffen sehr erhebliche Unterschiede.

Die Blutkörperchen der Säugetiere und des Menschen sind mit einer 0,9 — 1.0%igen Kochsalzlösung isotonisch (,,physiologische Kochsalzlösung", s. S. 135). Die hämolytischen Grenzkonzentrationen liegen wesentlich niedriger, für menschliche Blutkörperchen z. B. bei etwa 0,45% NaCl.

Die *Gefrierpunktserniedrigung des Gesamtblutes* beim Menschen und den Säugetieren entspricht einem osmotischen Druck von etwa 7 bis 8 Atm; Δ beträgt 0,56—0,58°. Für einige andere Gewebe wurden ähnliche Werte beobachtet, so daß man annehmen kann, daß der osmotische Druck überall im Organismus etwa von dieser Größenordnung ist. Für höher organisierte Lebewesen ist charakteristisch, daß ihr osmotischer Druck nahezu unabhängig ist von den verschiedensten Einflüssen. Es muß also angesichts des dauernden Entstehens und Verschwindens von osmotisch wirksamen Teilchen im Stoffwechsel und bei der gleichzeitigen umfangreichen Wasserbewegung zwischen den Organen für eine ausgezeichnete *Osmoregulation* gesorgt sein. Ihr dienen die verschiedensten Ausscheidungsorgane. Eine der wesentlichen Voraussetzungen der Osmoregulation ist die Tatsache, daß fast alle organischen Stoffe, aus denen der Körper aufgebaut ist oder die als

Vorratsstoffe in den Depots abgelagert werden, hochmolekulare, osmotisch wenig wirksame Stoffe sind. Gewiß zeigt z. B. das Blut der Pfortader während der Resorption von Nahrungsstoffen aus dem Darm eine geringe Erniedrigung seines normalen Gefrierpunktes, aber die Leber fängt die niedermolekularen, osmotisch wirksamen Stoffe größtenteils ab und wandelt sie in osmotisch unwirksamere hochmolekulare Körper um (z. B. Traubenzucker in Glykogen, Aminosäuren in Eiweiß). Ferner hat auch im allgemeinen das venöse Blut wegen seines höheren Kohlensäuregehaltes einen — wenn auch unwesentlich — niedrigeren Gefrierpunkt als das arterielle. Diese Differenz wird durch CO_2-Abgabe in der Lunge rasch ausgeglichen.

Durch die bisher geschilderten Vorgänge der Diffusion und Osmose kann der Stoffaustausch der Zelle nur sehr unvollkommen erklärt werden. So ist es z. B. unverständlich, weshalb die ionale Zusammensetzung des Blutplasmas in ganz charakteristischer Weise von derjenigen der Blutzellen (s. Tabelle 98, S. 513) und der Gewebszellen abweicht. Diese und andere Eigentümlichkeiten sind teilweise verständlich und erklärbar durch den eigenartigen Aufbau und die besonderen Eigenschaften der Zellmembranen; es wird daher an späterer Stelle noch verschiedentlich auf Fragen der Zellpermeabilität zurückzukommen sein.

B. Elektrolytische Dissoziation.

Bereits im vorigen Abschnitt ist für die Erklärung des abnorm hohen osmotischen Druckes von Elektrolytlösungen ihre Dissoziation in elektrisch geladene Teilchen, die Ionen, als bekannt vorausgesetzt worden. Hier sollen einige grundsätzliche Punkte kurz gestreift und einige wenige Gesetzmäßigkeiten der elektrolytischen Dissoziation erörtert werden.

Aus dem Zerfall in Ionen ergibt sich, daß die Moleküle eines Stoffes, der aus Atomen verschiedenartiger Elemente entstanden ist, keinen homogenen Bau haben können. Durchleuchtet man einen kristallisierten Stoff mit Röntgenstrahlen, so erfahren die Strahlen entsprechend der Anordnung der kleinsten Strukturelemente des Stoffes bestimmte Ablenkungen und man erhält ein Röntgenspektrogramm (s. a. S. 26 u. Abb. 6, S. 76). Röntgenspektrogramme liefern demnach auch die kristallisierenden Elektrolyte. Es ist schon beschrieben worden, daß sich aus der Lage der Interferenzen Modelle für den strukturellen Aufbau der betreffenden Stoffe herleiten lassen. Die bei den Elektrolyten erhaltenen Interferenzen lassen sich nur dann deuten, wenn die Massenpunkte des „*Kristallgitters*" nicht von den Molekülen, sondern von den Ionen besetzt sind, wie das z. B. für das Gitter von Kochsalz aus der Abb. 19 hervorgeht. Der Zusammenhalt der Ionen im Ionengitter ist die Resultante der starken elektrostatischen Anziehungskräfte gleichsinnig geladener und der Abstoßungskräfte entgegengesetzt geladenen Ionen; der der elektrisch indifferenten Bauelemente eines Molekülgitters ist durch besondere Kohäsionskräfte bedingt.

Wird ein solcher Stoff in eine Flüssigkeit gebracht, in der er sich zu lösen vermag, so wird die Gitterenergie durch die Energie der Wärmebewegung der Moleküle des Lösungsmittels überwunden, die Gitterstruktur zerstört und der Stoff geht in Lösung. Die Lösung eines Elektrolyten enthält danach gar keine undissoziierten Moleküle, sondern nur Ionen. Diese Feststellung, die aus dem Aufbau der Materie folgt, steht im Widerspruch zu den Vorstellungen der klassischen Theorie der elektrolytischen Dissoziation.

Der Begriff „Ionen" leitet sich davon her, daß solche Teilchen wegen ihrer elektrischen Ladung im elektrischen Feld wandern, und zwar die positiv geladenen Ionen (Metallionen, H-Ion) zum negativen Pol, der Kathode, sie heißen deshalb *Kationen;* die negativ geladenen Ionen (Säureionen, OH-Ion) zum positiven Pol, der Anode; sie werden als *Anionen* bezeichnet. Wenn eine Lösung den elektrischen Strom leitet, so beruht das auf einem Transport der kleinsten Elementarteilchen der Elektrizität, der negativ geladenen *Elektronen.* Ionen entstehen dadurch, daß die elektrisch neutralen Atome leicht Elektronen aufnehmen oder abgeben. Dies ist die Ursache der *elektrischen Leitfähigkeit.* Die Leitfähigkeit muß dann um so größer sein, je größer die Anzahl der Ionen in einer Lösung ist.

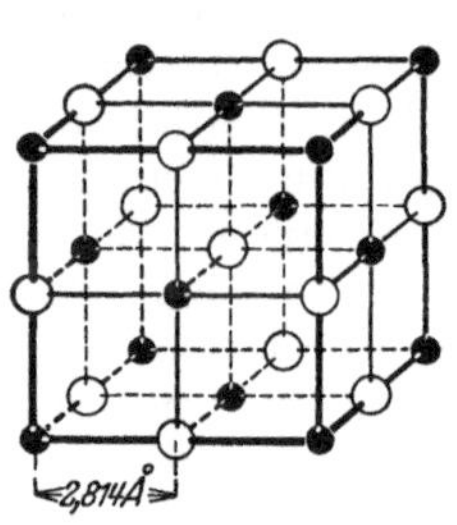
Abb. 19. Ionengitter des Kochsalzkristalls.
● Na-Ionen, ○ Cl-Ionen

Die Leitfähigkeit (λ) ist definiert als der reziproke Wert des Widerstandes (W) einer Flüssigkeit zwischen zwei Elektroden, die 1 cm voneinander entfernt sind und eine Fläche von 1 cm² haben, also Platz für 1 cm³ Flüssigkeit zwischen sich lassen:

$$\lambda = \frac{1}{W}. \qquad (9)$$

λ wird auch als *spezifische Leitfähigkeit* bezeichnet. Von größerer Bedeutung ist die *molare Leitfähigkeit* Λ_v, eine rein rechnerische Größe, die man erhält, wenn man die spezifische Leitfähigkeit λ durch die molare Konzentration c der zwischen den Elektroden befindlichen Flüssigkeit dividiert:

$$\Lambda_v = \frac{\lambda}{c}. \qquad (10)$$

Tabelle 18. Molare Leitfähigkeit von KCl-Lösungen.

1 Mol KCl in x Liter	Λ_v
1	98,2
10	111,9
100	122,5
1 000	127,6
10 000	129,5
∞	130,1

Für verschiedene Konzentrationen von KCl ergeben sich z. B. die nebenstehenden Werte für Λ_v.

Λ_v wird also mit zunehmender Verdünnung immer größer und nähert sich einem Endwert, d. h. aber, daß ein und dieselbe Elektrolytmenge den Strom um so besser leitet, je größer das Volumen ist, in dem sie sich verteilen kann. Man hat dies Verhalten durch die Annahme erklärt, daß mit zunehmender Verdünnung die Dissoziation eines Elektrolyten in seine Ionen immer größer und schließlich bei unendlicher Verdünnung praktisch vollständig wird, daß aber bei höher konzentrierten Lösungen ein bestimmter Anteil des Stoffes in Form von undissoziierten Molekülen vorliegt. Der allgemeinen Gültigkeit dieser Annahme widerspricht jedoch die Tatsache, daß bei den kristallisierenden Elektrolyten die Ionen im Kristall schon vorgebildet sind, also bei seiner Auflösung in Wasser auch frei werden müßten.

An sich läßt sich aus dem Ergebnis der Leitfähigkeitsmessung der jeweilige scheinbare Dissoziationsgrad eines Elektrolyten berechnen. Bestimmt man aber für einen starken Elektrolyten den Dissoziationsgrad für die gleiche Verdünnung auch noch auf anderen Wegen (z. B. durch Messung des Gefrierpunktes oder des osmotischen Druckes), so errechnen sich für jedes Meßverfahren andere Dissoziationsgrade. Die aus dem — gleichviel nach welchem Verfahren gewonnenen — Dissoziationsgrad berechnete Dissoziationskonstante ist für die verschiedenen Elektrolytverdünnungen ganz verschieden. Die von der Theorie des Massenwirkungsgesetzes geforderte Unabhängigkeit dieser Konstanten von der Verdünnung (s. weiter unten) trifft also nicht zu.

Diese Abweichung und die Abhängigkeit des Dissoziationsgrades von den zu seiner Ermittlung angewandten Verfahren beruhen darauf, daß die starken Elektrolyte in ihren Lösungen zwar vollständig dissoziiert sind, daß aber zwischen den Ionen einer Lösung, wenn ihre Konzentration eine gewisse Höhe erreicht, bestimmte auf ihrer elektrischen Ladung beruhende Kraftwirkungen auftreten, die die freie Beweglichkeit der Ionen einschränken. Diese Kräfte wirken sich in verschiedenem Maße auf den osmotischen Druck, die Gefrierpunktserniedrigung, die Leitfähigkeit usw. aus, so daß abhängig von der jeweils untersuchten Eigenschaft für den Dissoziationsgrad einer Lösung abweichende Werte gefunden werden. Solche Kräfte bestehen zwischen den freien, elektrisch neutralen Molekülen nicht, daher ist es verständlich, daß die Lösungen schwacher, d. h. wirklich nur zu einem geringen Bruchteil elektrisch dissoziierter Elektrolyte, die wegen dieser schwachen Dissoziation nur geringe Ionenkonzentrationen haben, den Forderungen des Massenwirkungsgesetzes genügen, wogegen man bei den starken, d. h. vollständig dissoziierten Elektrolyten die erwähnten Abweichungen von der Theorie findet. Diese Abweichungen beruhen also nicht auf einer unvollständigen Dissoziation starker Elektrolyte, sondern auf einer Wechselwirkung zwischen ihren Ionen, die zu einer scheinbaren Verringerung ihrer Konzentration führt. Was bei den üblichen Verfahren der Bestimmung ionaler Konzentrationen ermittelt wird, ist also nicht die wahre, sondern die scheinbare Konzentration. Man spricht daher auch besser von der *Aktivität der Ionen* und hat, um die Messungsergebnisse mit der Theorie in Einklang zu bringen, *Aktivitätskoeffizienten* eingeführt, deren Multiplikation mit den vorliegenden Konzentrationen die allein wichtigen *wirksamen* Konzentrationen ergibt. Doch ist der Einfachheit halber in allen folgenden Ableitungen trotz des dadurch bedingten Fehlers immer mit Ionenkonzentrationen und nicht mit -aktivitäten gerechnet worden. Für das prinzipielle Verständnis ist dieser Fehler ohne Belang.

a) Das Massenwirkungsgesetz.

Wenn also auch die Ursache dafür verschieden ist, daß in Lösungen von starken und schwachen Elektrolyten nicht die Gesamtzahl der Moleküle in Form von Ionen vorkommt, so ist doch in beiden Fällen die Anzahl der wirksamen Ionen vom Grade der Verdünnung abhängig. Für schwache Elektrolyte besteht zwischen der Zahl der Ionen und der Zahl der nicht dissoziierten Moleküle ein gesetzmäßiger Zusammenhang, der in dem *Massenwirkungsgesetz* seinen Ausdruck findet.

Das Massenwirkungsgesetz besagt, daß das Ausmaß des Umsatzes bei einer Reaktion verschiedener Stoffe miteinander nicht allein von ihren chemischen Eigenschaften, sondern auch von ihrer Konzentration abhängig ist (GULDBERG und WAAGE).

Bei den Elektrolytlösungen deutet die Veränderlichkeit des Dissoziationsgrades auf den Einfluß der Konzentration hin; ganz besonders kommt dieser Einfluß aber zum Ausdruck bei den *reversiblen Reaktionen* der Anelektrolyte. Aus Alkohol und Säure bildet sich unter Abspaltung von Wasser ein Ester, und umgekehrt zerfällt ein Ester in Gegenwart von Wasser in Alkohol und Säure. Für Äthylalkohol, Essigsäure, Äthylacetat und Wasser z. B. gilt also die Beziehung

$$C_2H_5OH + CH_3COOH \rightleftarrows C_2H_5O \cdot OCCH_3 + H_2O. \tag{11}$$

Die Geschwindigkeit für den Vorgang der Esterbildung, also für den Verlauf der Reaktion von links nach rechts, kann ausgedrückt werden durch die Gleichung:

$$v_1 = k_1 \cdot [\text{Alkohol}] \cdot [\text{Säure}], \tag{12}$$

der umgekehrte Verlauf von rechts nach links, die Esterspaltung, durch:

$$v_2 = k_2 \cdot [\text{Ester}] \cdot [\text{Wasser}]. \tag{13}$$

Die Gleichungen deuten an, daß die Geschwindigkeiten der beiden Reaktionen proportional dem Produkt der molaren Konzentrationen — die eckigen Klammern [] in (12) und (13) und in allen folgenden Gleichungen bezeichnen molekulare Konzentrationen — der beiden miteinander reagierenden Stoffe sind. Die Konstanten k_1 und k_2 hängen ab von der Natur der miteinander reagierenden Stoffe und von der Häufigkeit, mit der sie durch die Molekularbewegung zusammentreffen. Wenn im Verlauf der Reaktion die Konzentration der miteinander reagierenden Stoffe kleiner wird, müssen die Geschwindigkeiten v_1 und v_2 auch kleiner werden, da die Konstanten k_1 und k_2 ihren Wert behalten. Von beiden Seiten strebt nach (11) das System einem Gleichgewichtszustand zu, da in demselben Zeitraum die Anzahl von Estermolekülen, die aus Alkohol und Säure entstehen, gleich der ist, die durch Zerfall in Alkohol und Säure verschwinden. In diesem Zustand muß also v_1 gleich v_2 werden. Ein solches Gleichgewicht, das nur durch fortdauernde, aber entgegengerichtete Vorgänge der Spaltung und der Synthese aufrechterhalten wird, ohne daß irgendwelche Einwirkungen von außen stattfinden, wird als *stationärer Zustand* bezeichnet. Auch im Organismus bestehen im Zustand der Ruhe Gleichgewichte zwischen den verschiedenen Teilnehmern an den biologisch wichtigen chemischen Reaktionen, aber dieser Zustand kann nur durch Zufuhr von Energie aufrechterhalten werden, es handelt sich also bei diesen Gleichgewichtslagen im ruhenden Organismus nicht um stationäre Zustände, sondern um *dynamische Gleichgewichte.* Trotz dieser abweichenden Voraussetzungen sind aber auch für sehr viele Teilvorgänge bei chemischen Reaktionen im belebten Organismus die Formulierungen des Massenwirkungsgesetzes gültig.

Wenn das oben besprochene System der Esterbildung und -spaltung den Gleichgewichtszustand erreicht hat, wird also, da v_1 gleich v_2 geworden ist, auch

$$k_1 \cdot [\text{Alkohol}] \cdot [\text{Säure}] = k_2 \cdot [\text{Ester}] \cdot [\text{Wasser}] \tag{14}$$

oder

$$\frac{k_2}{k_1} = K = \frac{[\text{Alkohol}] \cdot [\text{Säure}]}{[\text{Ester}] \cdot [\text{Wasser}]}. \tag{15}$$

Die Konstante K, die in Abhängigkeit von den Reaktionsgeschwindigkeiten steht, wird als die *Gleichgewichtskonstante* des Systems bezeichnet; sie hat für jede dem Massenwirkungsgesetz unterliegende Reaktion eine charakteristische, aber von der Temperatur abhängige Größe *(Reaktionsisotherme).*

Auch auf Elektrolytlösungen läßt sich das Massenwirkungsgesetz anwenden. Allerdings verlaufen die Reaktionen der Elektrolyte als Ionenreaktionen mit unendlich großer Geschwindigkeit und sind zudem meist nicht reversibel. Wenn wir annehmen, daß eine Molekülart *AK* in die beiden Ionen A^- und K^+ zerfällt, so gilt

$$k = \frac{[A^-] \cdot [K^+]}{[AK]}. \tag{16}$$

k bezeichnet man hier als die *Dissoziationskonstante.* Ihre Größe macht die Einteilung in starke und schwache Elektrolyte möglich. Bei starken Elektrolyten nähert sich k dem Werte ∞. Ihr zahlenmäßiger Wert ist für Lösungen von schwachen Elektrolyten über einen relativ weiten Konzentrationsbereich konstant, während für die starken Elektrolyte besondere Verhältnisse gelten, da für sie, wie bereits ausgeführt, die Voraussetzung des Massenwirkungsgesetzes, die Abhängigkeit des Dissoziationsgrades von der Verdünnung, nicht zutrifft.

b) Dissoziation der Säuren und Basen.

Von besonderem Interesse ist die Dissoziation der Säuren und Basen, da ihre Dissoziationskonstante ein Maß für ihre Stärke ist. Eine Säure (HA) und eine Base (KOH) zerfallen nach

$$HA \rightarrow H^+ + A^- \tag{17}$$

$$KOH \rightarrow K^+ + OH^- \tag{18}$$

und es ist

$$k_s = \frac{[H^+] \cdot [A^-]}{[HA]} \tag{19}$$

sowie

$$k_b = \frac{[K^+] \cdot [OH^-]}{[KOH]}. \tag{20}$$

Für Säuren ist also die Abdissoziation von H-Ionen, für Basen diejenige von OH-Ionen charakteristisch. Säuren sowohl als auch Basen sind um so stärker, je größer die Abspaltung des jeweils charakteristischen Ions ist. Dann ist aber die nach (19) und (20) errechnete Dissoziationskonstante k ein Maß für die Stärke einer Säure bzw. einer Base.

Von besonderem Interesse, auch für biologische Vorgänge, ist die stufenförmige Dissoziation mehrwertiger Säuren bzw. Basen. Die Kohlensäure H_2CO_3 kann 2 H-Ionen abdissoziieren. Diese dissoziieren aber nicht gleichzeitig, sondern nacheinander in zwei Stufen:

$$\text{1. Stufe:} \quad H_2CO_3 \rightarrow H^+ + HCO_3^- \tag{21}$$

$$\text{2. Stufe:} \quad HCO_3^- \rightarrow H^+ + CO_3^{--}. \tag{22}$$

In entsprechender Weise dissoziiert die dreibasische Phosphorsäure in den drei Stufen:

$$\text{1. Stufe:} \quad H_3PO_4 \rightarrow H^+ + H_2PO_4^- \tag{23}$$

$$\text{2. Stufe:} \quad H_2PO_4^- \rightarrow H^+ + HPO_4^{--} \tag{24}$$

$$\text{3. Stufe:} \quad HPO_4^{--} \rightarrow H^+ + PO_4^{---}. \tag{25}$$

Für jede dieser verschiedenen Dissoziationsstufen hat die zugehörige Dissoziationskonstante eine charakteristische Größe (s. Tabelle 19, in der die Dissoziationskonstanten einiger für die Biologie wichtiger Säuren und Basen wiedergegeben sind).

Tabelle 19. Dissoziationskonstanten einiger Säuren und Basen.

Säure	k_s	Base	k_b
Kohlensäure:		Ammoniak	$1,8 \cdot 10^{-5}$
1. Stufe	$4,3 \cdot 10^{-7}$	Kreatinin	$3,7 \cdot 10^{-9}$
2. ,, ...	$5,6 \cdot 10^{-11}$	Anilin	$3,8 \cdot 10^{-10}$
Phosphorsäure:		Harnstoff	$1,5 \cdot 10^{-14}$
1. Stufe	$7,5 \cdot 10^{-3}$		
2. ,, ...	$6,2 \cdot 10^{-8}$		
3. ,, ...	$1,8 \cdot 10^{-12}$		
Milchsäure	$8,4 \cdot 10^{-4}$		
Harnsäure	$1,3 \cdot 10^{-4}$		
Essigsäure	$1,8 \cdot 10^{-5}$		
Ascorbinsäure (Vitamin C)	$7,9 \cdot 10^{-5}$		
Phenol	$1,3 \cdot 10^{-10}$		

c) Dissoziation des Wassers.

Zu den Stoffen, die elektrolytisch dissoziieren, gehört auch das chemisch reine Wasser, das in geringem Maße nach

$$H_2O \rightarrow H^+ + OH^- \tag{26}$$

in H- und OH-Ionen zerfallen ist. Die Dissoziationskonstante ist also nach der Definition:

$$k = \frac{[H^+] \cdot [OH^-]}{[H_2O]} . \tag{27}$$

Tabelle 20. Ionenprodukt des Wassers.

Temperatur $^\circ$	$k_w \cdot 10^{-14}$
18	0,74
20	0,86
22	1,00
25	1,27
30	1,89
35	2,71
37	3,13
40	3,80

Da aber die Dissoziation des Wassers nur sehr geringfügig ist (von 555 Mill. Wassermolekülen ist nur ein einziges dissoziiert!), und sie sich überdies nur wenig ändert, kann man $[H_2O]$ als konstant ansehen und (27) umformen in

$$[H^+] \cdot [HO^-] = k \cdot [H_2O] = k_w . \tag{28}$$

k_w wird als das *Ionenprodukt des Wassers* bezeichnet und ist selbstverständlich mit den Dissoziationskonstanten nicht zu vergleichen. Sein zahlenmäßiger Wert hängt in viel höherem Maße als derjenige von Dissoziationskonstanten von der Temperatur ab. Die Tabelle 20 gibt dafür einige Zahlenwerte.

C. Wasserstoffionenkonzentration.

Wenn Wasser elektrolytisch dissoziiert, so entstehen dabei H- und OH-Ionen in gleicher Menge; in reinem Wasser ist also die Konzentration der H-Ionen gleich derjenigen der OH-Ionen. Nach (28) folgt also

$$[H^+]^2 = [OH^-]^2 = k_w \tag{29}$$

und

$$[H^+] = [OH^-] = \sqrt{k_w} . \tag{30}$$

Da in reinem Wasser die Menge der H-Ionen derjenigen der OH-Ionen äquivalent ist, reagiert Wasser weder sauer noch alkalisch, sondern neutral. Die Konzentration dieser beiden Ionen am Neutralpunkt ergibt sich nach (30) und nach Tabelle 20 für eine Temperatur von 22° zu 10^{-7}, d. h. daß in 1 Liter Wasser von 22° 10^{-7} g-Atome H- bzw. OH-Ionen enthalten sind. Da ein Überschuß an H-Ionen die saure Reaktion charakterisiert, haben saure Flüssigkeiten Wasserstoffionenkonzentrationen oder „Wasserstoffzahlen", die größer als 10^{-7} sind und alkalische Lösungen entsprechend OH-Ionenkonzentrationen von mehr als 10^{-7}. (28) bringt zum Ausdruck, daß in wäßrigen Lösungen das Produkt von H- und OH-Ionen bei 22° stets gleich 10^{-14} sein muß. Wenn man also die Wasserstoffionenkonzentration einer Lösung kennt, kann man die Hydroxylionenkonzentration berechnen und umgekehrt. Ist z. B. $[OH^-] = 10^{-5}$, so muß in der gleichen Lösung $[H^+] = 10^{-9}$ sein. Der Einheitlichkeit halber drückt man deshalb auch die Reaktion von alkalischen Flüssigkeiten immer durch Angabe ihrer H-Ionenkonzentration aus; alle alkalischen Lösungen haben also H-Ionenkonzentrationen, die kleiner als 10^{-7} sind.

Zu einer weiteren Vereinfachung der Bezeichnung der Reaktion von Flüssigkeiten führt die Einführung des Begriffes des *Wasserstoffexponenten*, der durch das Zeichen p_H ausgedrückt wird und als der negative dekadische Logarithmus der Wasserstoffionenkonzentration definiert ist.

$$p_H = -\log[H^+].$$

Für $[H^+] = 10^{-7}$ ergibt sich also $\log[H^+] = -7$ und $-\log[H^+] = p_H = 7$.

Der Zusammenhang von Wasserstoffionenkonzentration und Wasserstoffexponent für neutrale, saure und alkalische Flüssigkeiten geht klar aus der nachstehenden Zusammenstellung hervor.

Für saure Lösungen liegen also die p_H-Werte unter 7, für alkalische Lösungen über 7. Wasserstoffzahl und Wasserstoffexponent ändern sich gegensinnig. (Selbstverständlich gilt ein p_H-Wert für den Neutralpunkt von 7,0 nur für eine Temperatur von 22°; für andere Temperaturen ergeben sich die p_H-Werte des Neutralpunktes aus $\sqrt{k_w}$ nach Tabelle 20.)

Tabelle 21.

	Reaktion		
	sauer	neutral	alkalisch
$[H^+]$	$> 10^{-7}$	$= 10^{-7}$	$< 10^{-7}$
p_H	< 7	$= 7$	> 7

Die Vereinfachung, welche die Bezeichnung der Reaktion einer Flüssigkeit durch Angabe des p_H-Wertes an Stelle der Wasserstoffionenkonzentration mit sich bringt, zeigt sich besonders deutlich, wenn sich die Konzentration nicht durch ganzzahlige Exponenten ausdrücken läßt. So ergibt sich z. B. für

$$[H^+] = 3{,}6 \cdot 10^{-4}; \; -\log[H^+] = p_H = -(\log 3{,}6 - 4): p_H = -0{,}56 + 4 = 3{,}44.$$

Dies Beispiel zeigt auch die Art der Umrechnung der H-Ionenkonzentrationen in p_H-Werte. Umgekehrt werden p_H-Werte in H-Ionenkonzentrationen umgewandelt:

$$p_H = 9{,}80 = -0{,}20 + 10 \; [H^+] = 1{,}58 \cdot 10^{-10}.$$

Nach (19) und (20) drückt sich die Stärke von Säuren und Basen in der Größe der Dissoziationskonstanten aus. Sind diese Konstanten bekannt, so läßt sich die H-Ionenkonzentration einer Säure oder Base beliebiger Verdünnung berechnen. Es soll diese Berechnung hier für Essigsäure $[HA]$ durchgeführt werden.

$$k_s = \frac{[H^+] \cdot [A^-]}{[HA]}. \tag{19}$$

Da bei der elektrolytischen Dissoziation ein Mol HA in je ein H^+- und ein A^--Ion zerfällt, so ergibt sich:

$$k_s = \frac{[H^+]^2}{[HA]} \tag{31}$$

und

$$[H^+] = \sqrt{k_s \cdot [HA]}. \tag{32}$$

k_s der Essigsäure ist nach Tabelle 19 (S. 147) $= 1{,}8 \cdot 10^{-5}$; die Dissoziation der Essigsäure ist also ziemlich geringfügig. Für praktische Zwecke kann daher in (32) statt $[HA]$, der Konzentration an undissoziierter Essigsäure, unter Vernachlässigung der Dissoziation mit hinreichender Genauigkeit die Gesamtkonzentration an Essigsäure eingesetzt werden. Dann errechnen sich für Essigsäurelösungen verschiedener Konzentration die p_H-Werte der Tabelle 22.

Bei tausendfacher Verdünnung ändert sich der p_H-Wert in Essigsäurelösungen also lediglich um 1,5 p_H-Einheiten. Wenn durch Ver-

mehrung der Wassermenge, in der eine bestimmte Anzahl von Essigsäuremolekülen gelöst ist, lediglich eine Verdünnung der von vornherein
vorhandenen H-Ionen stattgefunden hätte, so müßte entsprechend dem
Verdünnungsgrad von $1:10^{-3}$ die Änderung des p_H-Wertes 3 p_H-Einheiten
betragen. Die Ursache für das viel geringere Absinken der Wasserstoffzahl
liegt darin, daß, wenn auch nach (32) mit dem Absinken von $[HA]$ auch $[H^+]$ kleiner werden muß, dies
nur im Verhältnis der Quadratwurzeln der Essigsäurekonzentrationen und nicht im Verhältnis der Konzentrationen selber geschieht. Das ist aber nur möglich,
weil mit zunehmender Verdünnung der Dissoziationsgrad der Essigsäure ansteigt.

Tabelle 22. p_H-
Werte von Essigsäurelösungen
verschiedener
Konzentration.

Molarität der Essigsäure	p_H
1,0	2,36
0,1	2,86
0,01	3,36
0,001	3,86

Starke Säuren verhalten sich anders. Sie sind auch
in höheren Konzentrationen völlig dissoziiert, verschieden
ist lediglich der Wert der Aktivitätskoeffizienten für verschiedene Verdünnungen. Deshalb stimmen auch die
gemessenen Säurestärken, die sinngemäß als „Wasserstoffaktivitäten" bezeichnet werden, nicht mit den aus
dem Verdünnungsgrad unter Annahme völliger Dissoziation berechneten
Wasserstoffzahlen überein. Jedoch sind schon bei mittleren Konzentrationen
die Abweichungen nicht mehr sehr erheblich.

Aus dem Gesagten ergibt sich ohne weiteres, daß äquivalente Lösungen
von Säuren mit verschiedenen Dissoziationskonstanten verschiedene
Wasserstoffzahlen haben müssen; bei der
Titration mit Lauge zeigen sie aber alle den
gleichen Laugenverbrauch, sie können also
unter geeigneten Bedingungen die gleiche
Zahl von H-Ionen zur Neutralisation der
zugesetzten OH-Ionen bilden. Das ist möglich, weil durch die Umsetzung mit den OH-
Ionen die H-Ionen aus der Lösung entfernt
werden. Dadurch wird das Dissoziationsgleichgewicht gestört, es werden so lange
durch Dissoziation neuer Säuremoleküle H-
Ionen nachgebildet, bis der Säurevorrat
erschöpft ist. Man muß danach unterscheiden zwischen den als solchen tatsächlich in einer Lösung vorhandenen H-Ionen,
der *aktuellen Wasserstoffionenkonzentration*,
die im p_H-Wert ihren Ausdruck findet, und
der Menge von H-Ionen, die unter geeigneten Voraussetzungen gebildet werden kann,

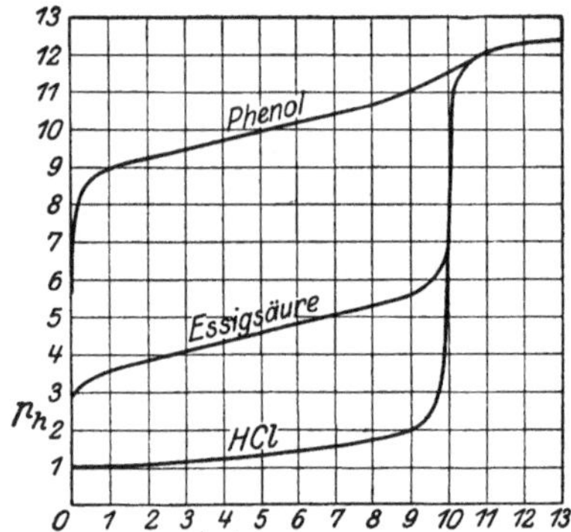

Abb. 20. Elektrotitrationskurven von Salzsäure, Essigsäure und Phenol. Je 10 cm³
der betr. Säuren in n/1-Lösung werden mit
steigenden Mengen von n/1 NaOH versetzt.
Die Kurven ergeben sich aus den den einzelnen Laugenzusätzen entsprechenden
p_H-Werten.

der *potentiellen Wasserstoffionenkonzentration*; diese entspricht der gesamten
Säurekonzentration und ergibt sich durch Titration einer Säure mit einer
Lauge bzw. einer Lauge mit einer Säure.

Wenn man bei der Titration nach jedem Laugen- oder Säurezusatz
den p_H-Wert bestimmt und ihn in einem Koordinatensystem gegen den
Zusatz aufzeichnet, so erhält man die sog. *Elektrotitrationskurve* der betreffenden Säure oder Base. (Diese Bezeichnung geht darauf zurück, daß
die H-Ionenkonzentration auf elektrischem Wege bestimmt wird.) Die
Elektrotitrationskurven von Säuren mit verschiedenen Dissoziationskonstanten haben einen sehr charakteristischen Verlauf. In Abb. 20 sind

als Beispiele die Titrationskurven einer starken (Salzsäure), einer schwachen (Essigsäure) und einer sehr schwachen Säure (Phenol: $k_s = 10^{-10}$) wiedergegeben.

Die Kurven unterscheiden sich durch die verschiedene Höhenlage, in der sie verlaufen und ferner durch den mehr oder weniger hohen Sprung, mit dem sie durch den Äquivalenzpunkt, d. h. den Punkt, in dem die zugesetzte Lauge der vorhandenen Säure entspricht, hindurchgehen. Bei sehr schwachen Säuren fällt dieser Äquivalenzpunkt nicht mit dem Neutralpunkt ($p_H = 7$) zusammen, sondern liegt weit im alkalischen Gebiet. Diese Säuren zeigen überhaupt erst bei stärker alkalischer Reaktion eine nennenswerte Dissoziation.

Hydrolytische Dissoziation.

Durch entsprechende Verdünnung geeigneter schwächerer Basen und Säuren lassen sich Lösungen mit jedem gewünschten p_H-Wert herstellen, aber derartige Lösungen sind von geringer physiologischer Bedeutung, weil die Wasserstoffzahl im Organismus nicht auf diesem Wege eingestellt werden kann. Die Elektrolyte des Körpers bestehen überwiegend aus Salzen und nicht aus freien Säuren oder Basen. Für die Einstellung des p_H-Wertes müssen deshalb neben den Eiweißkörpern (s. S. 157f.) in erster Linie die Salze von Bedeutung sein. Neben den Salzen selber sind im Organismus vor allem Gemische aus ihnen und den Säuren oder Basen, deren Ionen sie enthalten, für die Einstellung des p_H-Wertes verantwortlich. Doch wird diese Frage erst im nächsten Kapitel behandelt.

Die Besonderheit derjenigen Salze, deren Lösungen einen physiologischen Verhältnissen entsprechenden p_H-Wert haben könnten, liegt darin, daß die Dissoziationskonstanten der Säure und der Base, aus denen sie entstanden sind (z. B. $NaOH + CH_3COOH = CH_3COONa + H_2O$), in ihrer Größenordnung weitgehend voneinander abweichen. Auch abgesehen von der besonderen biologischen Fragestellung ergibt sich, daß derartige Salze in ihren Lösungen nicht, wie es ihrem chemischen Aufbau entsprechen würde, neutral, sondern sauer oder basisch reagieren, und zwar alkalisch, wenn sie aus einer schwachen Säure und einer starken Base, sauer, wenn sie aus einer starken Säure und einer schwachen Base gebildet sind. Löst man ein solches Salz, z. B. Na-Acetat, in Wasser auf, so spielt sich die folgende Reaktion ab:

$$Na^+ + CH_3COO^- + H^+ + OH^- \rightarrow Na^+ + OH^- + CH_3COOH \tag{33}$$

Das Na-Acetat ist in Na- und in Acetationen zerfallen, im Wasser finden sich, wenn auch in sehr geringer Menge, H- und OH-Ionen. Da die Dissoziationskonstante der Essigsäure sehr klein ist, können Acetat- und H-Ionen nur in einem der Dissoziationskonstante der Essigsäure entsprechenden Verhältnis nebeneinander bestehen, es muß also eine bestimmte Menge undissoziierter Essigsäure entstehen und eine äquivalente Menge von OH-Ionen frei in der Lösung zurückbleiben. Die Lösung reagiert also alkalisch. In ganz entsprechender Weise erklärt es sich, daß die Lösung eines Salzes einer starken Säure mit einer schwachen Base sauer reagiert. Man bezeichnet diese Dissoziation unter dem Einfluß der Ionen des Wassers als *hydrolytische Dissoziation*.

Die Reaktion der Lösung eines hydrolytisch dissoziierenden Salzes läßt sich, wenn man die Dissoziationskonstante des schwächer dissoziierten Anteils kennt, ohne weiteres berechnen. Für Na-Acetat ergibt sich z. B.:

1. nach (19)

$$\frac{[CH_3COO^-] \cdot [H^+]}{[CH_3COOH]} = k_s, \tag{34}$$

2. gilt für eine wäßrige Lösung selbstverständlich die Dissoziationsgleichung des Wassers, also ist

$$[H^+] = \frac{k_w}{[OH^-]} \tag{35}$$

dann ist

$$\frac{[CH_3COO^-] \cdot k_w}{[CH_3COOH] \cdot [OH^-]} = k_s. \tag{36}$$

Nach (33) enthält aber die Lösung für jedes bei der hydrolytischen Dissoziation entstehende Essigsäuremolekül ein OH-Ion, also kann in (36) $[CH_3COOH]$ durch $[OH^-]$ ersetzt werden, und es ergibt sich

$$\frac{[CH_3COO^-] \cdot k_w}{[OH^-]^2} = k_s \tag{37}$$

und

$$[OH^-] = \sqrt{\frac{k_w}{k_s} \cdot [CH_3COO^-]} = \sqrt{\frac{k_w}{k_s} \cdot [Na\text{-}Acetat]}. \tag{38}$$

Da Na-Acetat als starker Elektrolyt in wäßriger Lösung praktisch vollständig dissoziiert ist, kann die Konzentration an Acetationen ohne größeren Fehler durch die Gesamtkonzentration des Na-Acetats ersetzt werden. Unter Zugrundelegung dieser Formeln errechnet sich z. B. der p_H-Wert einer 0,1 molaren Na-Acetatlösung zu etwa 8,86. Dieser Wert stimmt mit dem wirklich gefundenen nicht genau überein, weil bei der vorstehenden Ableitung der von der Verdünnung abhängende Aktivitätsgrad des Na-Acetats nicht berücksichtigt wurde, jedoch ist das prinzipiell nicht erheblich; es wäre lediglich in Formel (38) an Stelle der Na-Acetatkonzentration die von der Konzentration der Lösung abhängige Aktivität des Acetations einzusetzen.

D. Pufferung.

Der ungestörte und zweckvolle Verlauf aller Lebensvorgänge ist an eine ganze Reihe von Faktoren geknüpft. Unter diesen nimmt die Wasserstoffzahl eine besonders bedeutungsvolle Rolle ein. Wie wichtig die Aufrechterhaltung eines konstanten p_H-Wertes für den Betrieb des Organismus ist, zeigt sich vor allem darin, daß bei dem gleichen Individuum der *p_H-Wert des Blutes*, also derjenigen Flüssigkeit, die mit allen Organen im engsten Stoffaustausch steht, in den verschiedensten Teilen des Körpers nahezu den gleichen Wert aufweist, also durch die mannigfaltigen funktionellen Zustände wie arterielle oder venöse Beschaffenheit, Aufnahme von Stoffen aus dem Darm, Ausscheidung von Stoffen durch die verschiedenen Ausscheidungsorgane, Stoffwechselvorgänge in den tätigen Organen höchstens ganz unwesentlich verändert wird. Man findet mit sehr geringen Abweichungen nach oben oder unten im allgemeinen einen p_H-Wert von etwa 7,36; die Schwankungsbreite für eine größere Anzahl von Menschen liegt nur etwa zwischen 7,3 und 7,5. Bei der Körpertemperatur von 37° ist $k_w = 3,13 \cdot 10^{-14}$, der p_H-Wert des Neutralpunktes also 6,75. Das Blut hat also normalerweise eine schwach aber doch deutlich alkalische Reaktion. Das gleiche gilt auch für die Organe; für Pankreas wird z. B. angegeben ein p_H-Wert von 7,98, für Leber von 7,12 und für Muskel von 7,03.

In wie hohem Maße Änderungen der Wasserstoffzahl in den Stoffwechsel der Zelle eingreifen können, ergibt sich in besonders einleuchtender Weise aus der Abhängigkeit aller Fermentwirkungen von der herrschenden Reaktion (s. S. 290f.). Da Fermentprozesse die Grundlage des gesamten Stoffwechsels sind, kann die Bedeutung der Wasserstoffionenkonzentration für alle Lebensvorgänge kaum überschätzt werden. Immerhin ist die Wasserstoffionenkonzentration nicht die einzige Voraussetzung für den ungestörten Ablauf der Lebensvorgänge. Zusammen mit ihr sind zu berücksichtigen die Konzentration der übrigen Ionen, die gesamte osmotische Konzentration aller gelösten Stoffe, das Vorhandensein bestimmter spezifischer Stoffe (z. B. Hormone s. S. 226 oder Aktivatoren der Fermente s. S. 291) und schließlich auch die Temperatur. Erst durch das Zusammenspiel aller dieser Faktoren wird ein geregelter Ablauf aller biologischen Vorgänge gewährleistet.

Wenn die Erhaltung der Funktionsbereitschaft des Organismus an die Konstanthaltung einer bestimmten Wasserstoffzahl gebunden ist, dann müssen wir fragen, welche Einrichtungen der Körper besitzt, um diesen Zweck zu erreichen. Im ganzen gesehen erfüllen diese Aufgabe natürlich die verschiedenen Ausscheidungsorgane. Niere, Haut, Lunge und Dickdarm vermögen die meisten Stoffwechselprodukte — meist handelt es sich um solche von saurem Charakter — die die aktuelle Reaktion der Gewebe oder Säfte ändern könnten, aus dem Körper auszuscheiden. Aber bevor sie ausgeschieden werden, müssen diese Stoffwechselprodukte die Reaktion des Gewebes, in dem sie entstehen, die des Blutes, durch das sie den Ausscheidungsorganen zugeführt werden, und schließlich auch die aller Organe, die das gleiche Blut umspült, verändern und damit das Gleichgewicht der sauren und basischen Valenzen im Körper, das sog. *Säure-Basen-Gleichgewicht* stören. Daher müssen die Gewebe und das Blut *Reaktionsänderungen durch die sauren und die basischen Stoffwechselprodukte ohne wesentliche Änderung ihrer eigenen Reaktion auffangen können. Diese Eigenschaft bezeichnet man als* **Pufferung** *und die Stoffe, auf denen sie beruht, als* **Puffersubstanzen.**

Die Pufferung muß so groß sein, daß beträchtliche, zu Störungen führende p_H-Änderungen nicht auftreten, sie muß aber auf der anderen Seite doch geringe Reaktionsänderungen zulassen, da viele wichtige Regulationseinrichtungen des Körpers durch an sich geringfügige Reaktionsverschiebungen ausgelöst und beherrscht werden. Die Pufferung tritt schon in Funktion, wenn sich eine stärkere Säure mit dem Salz einer schwächeren Säure umsetzt. Die dabei freiwerdende schwächere Säure erteilt wegen ihrer geringfügigeren Dissoziation der Lösung eine schwächer saure Reaktion als die stärkere Säure. In diesem Sinne wirkt als Puffer z. B. Natriumhydrogencarbonat. das überall im Körper vorkommt. Genau so muß natürlich das Salz einer schwächeren Base als Puffer gegen eine stärkere Base wirken. Salze aus schwachen Basen und schwachen Säuren puffern sowohl gegen Säuren als auch gegen Basen.

Aber derartige einfache Neutralisierungsreaktionen stärkerer Säuren mit den Salzen schwächerer Säuren bzw. stärkerer Basen mit den Salzen schwächerer Basen sind an sich noch kein wirkungsvoller Schutz gegen Reaktionsänderungen, sie können diese Reaktionsänderungen nur in gewissem Umfang einschränken. Erst durch das Zusammenwirken eines solchen Salzes mit der schwachen Säure oder Base, die durch stärkere Säuren oder Basen aus ihm frei gemacht wird, entsteht ein *Puffersystem* oder *Puffergemisch*, das größeren Anforderungen genügt.

Dies soll für Na-Acetat abgeleitet werden. (Sinngemäß gilt diese Ableitung natürlich auch für alle anderen Puffersysteme.) Setzt man zu einer Na-Acetatlösung Salzsäure hinzu, so ergibt sich

$$H_3C \cdot COO^- Na^+ + H^+ Cl^- = H_3C \cdot COOH + Na^+ Cl^-.$$

Der Puffer (Na-Acetat) wirkt also dadurch, daß er die Wasserstoffionen, die in seine Lösung hineinkommen, abfängt. Genau so fängt jedes Puffergemisch, also die Kombination einer schwachen Säure oder Base mit einem ihrer Salze, sowohl H- als auch OH-Ionen ab: *die Pufferung beruht auf der Eigenschaft eines Puffergemisches, aus einer Lösung überschüssige H- oder OH-Ionen ohne größere Reaktionsänderungen zu entfernen.*

Wenn die in der oben angeführten Reaktion zugesetzte Salzsäuremenge kleiner ist als die Menge des Na-Acetats, sind nach Abschluß der Reaktion nebeneinander Acetationen und undissoziierte Essigsäure vorhanden, wobei die Acetationen wegen der sehr geringfügigen Dissoziation der Essigsäure fast völlig aus dem praktisch vollständig zerfallenen Na-Acetat stammen. Nun ergibt sich aus (19), daß

$$[H^+] = \frac{k_s \cdot [H_3C \cdot COOH]}{[H_3C \cdot COO^-]} \qquad (39)$$

ist. Nach dem eben Gesagten kann man für ein Gemisch aus Na-Acetat und Essigsäure ohne größeren Fehler setzen

$$[H^+] = \frac{k_s \cdot [\text{Essigsäure}]}{[\text{Na-Acetat}]} . \qquad (40)$$

Tabelle 23. p_H-Wert eines Phosphatpuffers (Sek.: prim. Phosphat = 1:1) bei verschiedenen Phosphatkonzentrationen.

Pufferkonzentration	p_H-Wert
0,1 m	6,76
0,01 m	6,99
0,001 m	7,11
Verdünnung ∞ (extrapoliert)	7,16

Es folgt aus dieser Formel, daß in einem Gemisch aus gleichen molaren Mengen von Essigsäure und Na-Acetat, also dann, wenn eine gegebene Menge Essigsäure zur Hälfte neutralisiert ist, $[H^+] = k_s$ wird, d. h. gleich $1,8 \cdot 10^{-5}$, der Dissoziationskonstante der Essigsäure; der entsprechende p_H-Wert ist 4,73. Dieser Wert sollte nach (40) — unabhängig von der Konzentration des Puffergemisches — für alle Essigsäure-Acetatpuffer, die Essigsäure und Acetat in gleichen molaren Mengen enthalten, der gleiche sein; ganz entsprechend müßte auch bei einem anderen Mischungsverhältnis der beiden Komponenten der von diesem Mischungsverhältnis abhängige p_H-Wert des Puffers unabhängig von der absoluten Pufferkonzentration sein: *die aktuelle Reaktion eines Puffergemisches ändert sich also nicht durch Verdünnung.*

Das gilt aber nur näherungsweise. Bei einer exakten Berechnung ist die von der Verdünnung abhängige Aktivität der Ionen zu berücksichtigen, so daß die p_H-Werte in Puffergemischen von gleichem Mischungsverhältnis aber verschiedener Konzentration nicht ganz gleich sind. Für ein Puffergemisch, das aus gleichen Teilen von primärem und sekundärem Phosphat besteht, zeigt die Tabelle 23 die Abhängigkeit des p_H-Wertes von der Pufferkonzentration. Für das prinzipielle Verständnis ist diese Abhängigkeit aber unerheblich.

In Tabelle 24 ist angegeben, wie sich der p_H-Wert eines 0,1 m Essigsäure-Acetatpuffers ändert, wenn steigende Mengen von Salzsäure hinzugefügt werden. Zum Vergleich sind auch die entsprechenden p_H-Änderungen des reinen Wassers mit aufgeführt. Da nach der Reaktionsgleichung je Mol HCl ein Mol Na-Acetat verschwindet und ein Mol Essigsäure auftritt, nimmt in (40), nach der die Werte der Tabelle 24 berechnet sind, [Essigsäure] jeweils um den Betrag der zugesetzten Salzsäure zu und [Na-Acetat] um den gleichen Betrag ab.

Natürlich wirkt ein solches Puffergemisch aus Essigsäure und Na-Acetat auch puffernd gegenüber Basen, da dann eine entsprechende Menge von Essigsäure in Na-Acetat umgewandelt wird. Zusatz von 0,01 m NaOH verschiebt die Reaktion des besprochenen Puffers nur von p_H 4,73 auf p_H 4,82 und nicht auf 12,0, wie das in Wasser der Fall sein würde.

Wenn auch die aktuelle Reaktion eines Puffergemisches durch Änderungen seiner Konzentration nicht wesentlich verändert wird, so ist die

Wirksamkeit eines Puffers, d. h. seine Fähigkeit, Reaktionsveränderungen gänzlich oder weitgehend zu unterdrücken, einzig und allein von der Konzentration des Puffergemisches abhängig. Man bezeichnet diese Eigenschaft auch als *Pufferkapazität*. Je größer sie ist, um so stärker ist die Belastung, die dem Puffersystem zugemutet werden kann. Die Zahlen in Tabelle 24 zeigen, daß die Kapazität des Puffers für die Ausgleichung des geringsten Säurezusatzes fast ausreicht; 0,05 m Säure bedeutet dagegen schon eine merkliche Beanspruchung, und mit 0,08 m ist die Kapazität des Systems bereits deutlich überschritten.

Durch geeignete Wahl von Puffersubstanzen lassen sich Lösungen mit jeder gewünschten Wasserstoffzahl herstellen, die bei ausreichender Pufferkapazität in gewissen Grenzen weder durch Säure- noch durch Basenzusatz wesentlich verändert wird. Besonders für die Durchführung von Fermentversuchen unter reproduzierbaren Bedingungen ist dies von großer Wichtigkeit.

Tabelle 24. p_H-Änderungen in Essigsäure-Acetat-Puffern und in Wasser bei Zusatz von Salzsäure.

Zusatz von HCl in Mol	0,1 m Essigsäure-Acetatgemisch (p_H 4,73)	Wasser (p_H 7,0)
0,01	4,65	2,02
0,05	4,24	1,30
0,08	3,78	1,12
0,10	2,71	1,0

Das System aus primärem und sekundärem Phosphat ($H_2PO_4^-$ und HPO_4^{--}) umfaßt gerade die physiologisch bedeutungsvolle Zone zwischen p_H 5 und 8. In diesem Puffersystem ist das sekundäre Phosphat als Salz der Säure „primäres Phosphat" aufzufassen, eine Beziehung, die aus der stufenförmigen Dissoziation der Phosphorsäure [s. (23) bis (25) S. 147] ohne weiteres klar wird. Bei Zusatz einer Base wird primäres Phosphat in sekundäres, durch eine Säure sekundäres Phosphat in primäres umgewandelt:

1. $NaH_2PO_4 + NaOH = Na_2HPO_4 + H_2O$,
2. $Na_2HPO_4 + HCl = NaH_2PO_4 + NaCl$.

Es ändert sich also bei Beanspruchung des Puffers das Mischungsverhältnis der beiden Komponenten. Die Abb. 21 zeigt, wie sich mit der Änderung dieses Verhältnisses auch der p_H-Wert des Puffers stetig ändert. (Diese Kurve entspricht vollständig den Elektrotitrationskurven der Abb. 20, S. 150.)

Eine solche Kurve zeigt uns auch, ob bei einer bestimmten Reaktion ein Puffergemisch noch ausreichende Pufferungsmöglichkeiten bietet.

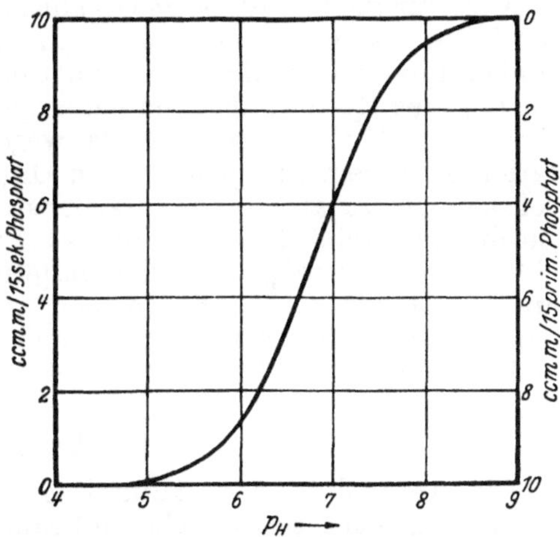

Abb. 21. Änderung des p_H-Wertes in einem Puffergemisch aus 0,1 m primärem und sekundärem Phosphat in Abhängigkeit von dem Mischungsverhältnis der beiden Komponenten. Die Volumina der beiden Phosphatlösungen ergänzen sich stets auf 10,0 cm³. (4 cm³ primäres Phosphat + 6 cm³ sekundäres Phosphat haben also einen p_H-Wert von 7,0.)

Die p_H-Kurve des Phosphatpuffers verläuft etwa zwischen p_H 6,2 und 7,4 nahezu geradlinig und steil, d. h., daß in diesem Bereich auch bei ziemlich großen Änderungen des Mischungsverhältnisses sich der p_H-Wert nur relativ geringfügig und gleichmäßig ändert. Da immer, wenn ein Puffer in Anspruch genommen wird, dieses Verhältnis sich ändert, bewirkt also die Beanspruchung des Phosphatpuffers in dem p_H-Bereich von 6,2—7,4 nur geringe p_H-Änderungen. Bei stärker saurer oder alkalischer

Reaktion nimmt die Kurve dagegen einen zunehmend flacheren Verlauf. Hier hat schon eine geringe Änderung im Verhältnis von primärem zu sekundärem Phosphat eine größere p_H-Änderung zur Folge. Es ergibt sich daher, daß unterhalb von p_H 6,2 Zusatz von Säure und oberhalb p_H 7,4 Zusatz von Basen zu sehr deutlichen Reaktionsänderungen führen muß; der Puffer wird in diesem Gebiet leicht durchbrochen. Man bezeichnet die Änderung des p_H-Wertes eines Puffers durch Säure- oder Alkalizusatz als *Nachgiebigkeit*. Die Nachgiebigkeit ist also im mittleren Bereich der Pufferkurve ziemlich gering, in den Grenzbezirken dagegen groß. Das gilt nicht nur für Phosphatpuffer, sondern alle Puffergemische sind in der gleichen Weise nur innerhalb eines ganz bestimmten p_H-Bereiches anwendbar, dessen Lage von der Dissoziationskonstante der in ihnen enthaltenen schwachen Säure oder Base abhängig ist (s. Abb. 23, S. 161).

Man kann sich auch rechnerisch über die Nachgiebigkeit eines Puffers ein Urteil verschaffen, wenn man die p_H-Änderung zu dem sie verursachenden Säure- oder Laugenzusatz in Beziehung setzt, also die Quotienten $\dfrac{\varDelta p_H}{\varDelta B}$ oder $\dfrac{\varDelta p_H}{\varDelta S}$ bildet (VAN SLYKE). Aus der Abb. 21 läßt sich entnehmen, daß der p_H von primärem Phosphat durch Zusatz von 1 cm³ sekundärem Phosphat von etwa 4,7 auf 5,8 verschoben wird ($\varDelta B = 1$; $\varDelta p_H = 1,1$). Bei Zusatz eines weiteren Kubikzentimeter sekundären Phosphats steigt der p_H-Wert um 0,4 und dann, entsprechend dem geradlinigen Kurvenverlauf, zwischen 6,2 und 7,4 nur noch um 0,2 p_H-Einheiten pro Kubikzentimeter sekundärem Phosphat; für die beiden letzten Kubikzentimeter beträgt er, da die Pufferkurve symmetrisch ist, wieder 0,4 und 1,1 p_H-Einheiten. $\dfrac{\varDelta p_H}{\varDelta B}$ hat also nacheinander die Werte 1,1; 0,4; 0,2; 0,4 und 1,1.

Auch für die Pufferung im Organismus spielt das Phosphat-Puffersystem eine Rolle. Daneben finden wir ein zweites anorganisches System, das aus Kohlensäure und Hydrogencarbonationen (CO_2/HCO_3^-) besteht. Die Bedeutung des Systems der anorganischen Phosphate ist wesentlich geringer als die des Carbonatsystems, da wegen der ziemlich niedrigen Konzentration an freiem Phosphat in den Organen und im Blute seine Kapazität viel kleiner ist als die des Carbonatsystems. Von der allergrößten Bedeutung ist schließlich ein drittes Puffersystem, das die Eiweißkörper bilden. Die Grundlage für die puffernde Wirkung der Eiweißkörper ist ihre Ampholytnatur. Wegen der großen allgemeinen Bedeutung der amphoteren Substanzen sollen sie und auch ihre puffernden Eigenschaften im folgenden Kapitel gesondert behandelt werden.

E. Ampholyte.

Die Ampholyte sind dadurch gekennzeichnet, daß ein und dieselbe Substanz gleichzeitig basische und saure Funktionen haben kann. Die anorganische Chemie bietet Beispiele hierfür. Zinkhydroxyd bildet sowohl mit Säuren als auch mit Basen Salze:

$$1.\ Zn(OH)_2 + 2\,HCl = ZnCl_2 + 2\,H_2O,$$
$$2.\ Zn(OH)_2 + 2\,NaOH = ZnO_2Na_2 + 2\,H_2O.$$

Im ersten Fall werden die OH-Gruppen durch einen Säurerest ersetzt; das Hydroxyd reagiert als Base; im zweiten ihr Wasserstoff durch Metall: der Wasserstoff des Hydroxyds verhält sich wie Säure-Wasserstoff. Ein ganz entsprechendes Verhalten zeigt noch eine ganze Reihe von Metallen.

Wenn wir einen Ampholyten durch die allgemeine Formel $H-R-OH$ bezeichnen, so lassen sich die beiden Dissoziationsmöglichkeiten kennzeichnen durch

$$H-R-OH \rightleftharpoons H-R^+ + OH^- \tag{41}$$

und

$$H-R-OH \rightleftharpoons HO-R^- + H^+. \tag{42}$$

(41) gibt die basische Dissoziation wieder, der Ampholyt liegt als Kation vor; (42) bezeichnet die saure Dissoziation, hier tritt der Ampholyt als Anion auf. Gewöhnlich spielen sich die beiden Dissoziationen gleichzeitig nebeneinander ab. Daneben gibt es noch eine dritte Art der Dissoziation, bei der der Ampholyt gleichzeitig sowohl sauer als auch basisch dissoziiert:

$$\text{H}\!-\!\boldsymbol{R}\!-\!\text{OH} \rightleftarrows \text{H}^+ + {}^-\!\boldsymbol{R}^+ + \text{OH}^- = {}^-\!\boldsymbol{R}^+ + \text{H}_2\text{O} \tag{43}$$

dabei entstehen also nicht freie H- oder OH-Ionen, sondern ein Ion $^-\boldsymbol{R}^+$, das positive *und* negative Ladung besitzt und deshalb als „*Zwitterion*" oder Dipol bezeichnet wird. Es ist aus vielen Gründen wahrscheinlich, daß bei Ampholyten diese Art der Dissoziation weitaus über die einfache saure oder basische Dissoziation überwiegt (BJERRUM).

Wenn die saure und die basische Dissoziation eines Ampholyten von völlig gleicher Größe wären, so müßte seine Lösung neutral reagieren. Das ist aber bei den meisten Ampholyten nicht der Fall. Vielmehr überwiegt gewöhnlich die eine Dissoziation über die andere. Ist die saure Dissoziation stärker, so reagiert die Lösung des reinen Ampholyten sauer, überwiegt die basische Dissoziation, so reagiert sie alkalisch.

Zu den biologisch wichtigsten Ampholyten gehören die Aminosäuren und damit die Peptide und die Eiweißkörper. Auf die Fähigkeit der Aminosäuren wegen ihrer amphoteren Eigenschaften sowohl mit Säuren als auch mit Basen Salze zu bilden, ist bereits hingewiesen worden (s. S. 61). Die Abhängigkeit ihrer Dissoziation von der herrschenden Reaktion hat man früher folgendermaßen formuliert:

$$\boldsymbol{R}\!\!<^{\text{NH}_3-\text{OH}}_{\text{COOH}}$$

$$\boldsymbol{R}\!\!<^{\text{NH}_3^\oplus}_{\text{COOH}} \;+\; \text{OH}^\ominus \qquad\qquad \boldsymbol{R}\!\!<^{\text{NH}_3-\text{OH}}_{\text{COO}^\ominus} + \text{H}^\oplus$$

Dissoziation als Base   Dissoziation als Säure
(in saurer Lösung)   (in alkalischer Lösung)

Die Salzbildung als Chlorhydrat oder Na-Salz ergibt sich dann als

$$\boldsymbol{R}\!\!<^{\text{NH}_3-\text{OH}}_{\text{COOH}}$$

$$+\;\text{H}^\oplus\text{Cl}^\ominus \qquad\qquad\qquad +\;\text{Na}^\oplus\text{OH}^\ominus$$

$$\boldsymbol{R}\!\!<^{\text{NH}_3^\oplus}_{\text{COOH}} +\;\text{Cl}^\ominus \;\;(+\,\text{H}_2\text{O}) \qquad \boldsymbol{R}\!\!<^{\text{NH}_3-\text{OH}}_{\text{COO}^\ominus} \;(+\,\text{H}_2\text{O}) \;+\;\text{Na}^\oplus$$

Formuliert man die Aminosäure als Zwitterion, so ergibt sich:

$$\boldsymbol{R}\!\!<^{\text{NH}_3^\oplus}_{\text{COO}^\ominus}$$

$$+\;\text{H}^\oplus\text{Cl}^\ominus \qquad\qquad\qquad +\;\text{Na}^\oplus\text{OH}^\ominus$$

$$\boldsymbol{R}\!\!<^{\text{NH}_3^\oplus}_{\text{COOH}} +\;\text{Cl}^\ominus \qquad\qquad \boldsymbol{R}\!\!<^{\text{NH}_2}_{\text{COO}^\ominus} +\;\text{H}_2\text{O} \;+\;\text{Na}^\oplus$$

Formal erhält man bei beiden Formulierungen der Salzbildung eines Ampholyten dasselbe Resultat, man erreicht es aber auf verschiedenen Wegen. Durch Zusatz von Säure wird nach der Zwitterionentheorie die Dissoziation der Carboxylgruppe zurückgedrängt, durch den von Lauge die der Aminogruppe. Nach der alten Theorie fördert dagegen Laugenzusatz die saure, Säurezusatz die basische Dissoziation!

Bei der Dissoziation als Zwitterion müssen sich die beiden folgenden Gleichgewichte einstellen:

$$\oplus H_3N—R—COOH \rightleftarrows \oplus H_3N—R—COO^\ominus + H^\oplus \text{ oder } R^\oplus \rightleftarrows \ominus R^\oplus + H^\oplus \tag{44}$$

und

$$\oplus H_3N—R—COO^\ominus \rightleftarrows H_2N—R—COO^\ominus + H^\oplus \text{ oder } \ominus R^\oplus \rightleftarrows R^\ominus + H^\oplus. \tag{45}$$

Schreibt man der ersten Dissoziation die Dissoziationskonstante k_1, der zweiten die Konstante k_2 zu, so gilt:

$$k_1 = \frac{[H^+] \cdot [^+R^-]}{[R^+]} \tag{46}$$

$$k_2 = \frac{[H^+] \cdot [R^-]}{[^+R^-]} \, . \tag{47}$$

Für die Dissoziation nach der alten Theorie, also nach (41) und (42), ergibt sich:

$$k_s = \frac{[OH—R^-][\cdot H^+]}{[H—R—OH]} \tag{48}$$

$$k_b = \frac{[H—R^+] \cdot [OH^-]}{[H—R—OH]} \, . \tag{49}$$

Man sieht aus (44) und (45), daß bei der Dissoziation des Zwitterions OH-Ionen nicht in Erscheinung treten. Die Dissoziationen verlaufen vielmehr in beiden Fällen als Säuredissoziationen. Es vereinfacht das Verständnis, wenn man nach BRÖNSTEDT als Säuren Elektrolyte bezeichnet, die Protonen abspalten, als Basen solche, die Protonen aufnehmen. Das Zwitterion reagiert also als Säure, wenn es H^+ abspaltet:

$$\oplus H_3N—R—COO^\ominus \rightarrow H_2N—R—COO^\ominus + H^\oplus$$

als Base, wenn es H^+ aufnimmt:

$$\oplus H_3N—R—COO^\ominus + H^\oplus \rightarrow \oplus H_3N—R—COOH.$$

In Tabelle 25 sind für einige Aminosäuren die Dissoziationskonstanten nach der Zwitterionentheorie zusammengestellt.

Tabelle 25. Dissoziationskonstanten von Aminosäuren.
(Art der dissoziierenden Gruppe.)

Aminosäure	pk_1	pk_2	pk_3	I. P.
Glykokoll	2,35 (COOH)	9,78 (NH_3^+)		6,1
Alanin	2,34 (COOH)	9,87 (NH_3^+)		6,1
Valin	2,32 (COOH)	9,62 (NH_3^+)		6,0
Leucin	2,36 (COOH)	9,60 (NH_3^+)		6,0
Serin	2,21 (COOH)	9,15 (NH_3^+)		5,65
Prolin	1,99 (COOH)	10,60 (NH_3^+)		6,30
Tryptophan	2,38 (COOH)	9,39 (NH_3^+)		5,89
Asparaginsäure	2,09 (COOH)	3,87 (COOH)	9,82 (NH_3^+)	3,0
Glutaminsäure	2,19 (COOH)	4,28 (COOH)	9,66 (NH_3^+)	3,2
Tyrosin	2,20 (COOH)	9,11 (NH_3^+)	10,1 (OH)	5,7
Cystein	1,96 (COOH)	8,18 (NH_3^+)	10,28 (SH)	5,07
Arginin	2,02 (COOH)	9,04 (NH_3^+)	12,48 (Guanidinogr.)	10,8
Lysin	2,18 (COOH)	8,95 (α-NH_3^+)	10,53 (ε-NH_3^+)	9,7
Histidin	1,77 (COOH)	6,10 (Imidazol)	9,18 (NH_3^+)	7,6

Wegen der Abhängigkeit der sauren und der basischen Dissoziation eines Ampholyten von der Reaktion muß es möglich sein, diese durch Zusatz einer Säure, einer Lauge oder eines Puffers so zu verändern, daß sie beide gleich stark werden, daß also der Ampholyt Kationen und Anionen in gleicher Menge bildet. Die Reaktion, bei der das der Fall ist, wird als die isoelektrische Reaktion oder der *isoelektrische Punkt (I. P.)* bezeichnet. Die Wasserstoffzahl, bei der der I. P. eines Ampholyten liegt, läßt sich aus den Dissoziationsgleichungen herleiten.

Multipliziert man nämlich (46) und (47), so erhält man

$$k_1 \cdot k_2 = \frac{[\mathsf{H^+}]^2 \cdot [^+\boldsymbol{R}^-] \cdot [\boldsymbol{R}^-]}{[\boldsymbol{R}^+] \cdot [^+\boldsymbol{R}^-]} = \frac{[\mathsf{H^+}]^2 \cdot [\boldsymbol{R}^-]}{[\boldsymbol{R}^+]} . \tag{50}$$

Da im I. P. $[\boldsymbol{R}^+]$ gleich $[\boldsymbol{R}^-]$ sein muß, geht (50) über in

$$k_1 \cdot k_2 = [\mathsf{H^+}]^2 \tag{51}$$

und

$$[\mathsf{H^+}] = \sqrt{k_1 \cdot k_2} \tag{52}$$

und

$$\mathsf{p_H} = 1/2 \, (pk_1 + pk_2)^*. \tag{53}$$

(Auf die Aktivitätskoeffizienten wurde bei diesen Ableitungen keine Rücksicht genommen, da sie nur die Zahlenwerte, aber nicht das prinzipielle Ergebnis beeinflussen.)

Der isoelektrische Punkt ist in mehrfacher Hinsicht ausgezeichnet: bei seiner Reaktion erreicht die Zahl der Anionen bzw. der Kationen ein Minimum, die der Zwitterionen ein Maximum. Da für die meisten Stoffe die Löslichkeit der Kationen bzw. die der Anionen wesentlich höher ist als die der undissozierten Moleküle (bzw. der Zwitterionen), weist die Löslichkeit eines Ampholyten im I. P. ein Minimum auf und steigt sowohl bei Verschiebung der Reaktion nach der sauren als auch nach der alkalischen Seite an.

Man kann die Lage des I. P. auf zwei Wegen bestimmen. Geht man von einer gesättigten Lösung des Ampholyten aus und versetzt diese mit Puffergemischen von verschiedenem $\mathsf{p_H}$, so muß mit zunehmender Annäherung an den I. P. die Löslichkeit abnehmen, im I. P. ein Minimum erreichen und nach Durchschreiten des I. P. allmählich wieder ansteigen.

Die andere Möglichkeit beruht auf der Beobachtung der Wanderungsrichtung des Ampholyten im elektrischen Feld. Ist die Reaktion zunächst ausgesprochen alkalisch, so verhält sich der Ampholyt als Säure, d. h. er gibt H-Ionen ab und liegt als Anion ($\boldsymbol{R}^-$) vor, so daß er im elektrischen Feld zur Anode wandert. Fügt man der Lösung nach und nach Säure hinzu, so treten die basischen Eigenschaften des Ampholyten mehr und mehr hervor. Er nimmt H-Ionen auf, und zwar zunächst an der $\mathsf{NH_2}$-Gruppe, bis er vollständig als Zwitterion $^+\boldsymbol{R}^-$ vorliegt. Dann ist der I. P. erreicht, und wegen der Gleichheit der entgegengesetzten Ladungen hört die Wanderung auf. Fährt man mit dem Säurezusatz fort, so nimmt die $\mathsf{COO^-}$-Gruppe H-Ionen auf, der Ampholyt erhält einen Überschuß an positiver Ladung, verhält sich als Kation und wandert zur Kathode. Bei stark saurer Reaktion schließlich liegt er vollständig als Base ($\boldsymbol{R}^+$) vor. Dieses Dissoziationsverhalten ist in Abb. 22 schematisch dargestellt.

Wie die Aminosäuren besitzen auch die Eiweißkörper saure und basische Gruppen, sie haben also ebenfalls alle Eigenschaften eines Ampholyten.

---

* pk_1 und pk_2 sind analog $\mathsf{p_H}$ gebildet, also $pk_1 = - \log k_1$ und $pk_2 = - \log k_2$.

Von diesen sind zwei besonders wichtig, die minimale Löslichkeit im I. P.
und die Puffereigenschaft. Viele Eiweißkörper fallen aus ihren Lösungen
schon durch Einstellung der isoelektrischen Reaktion aus, andere werden
im I. P. durch Zusatz ganz geringfügiger Säure- oder Salzmengen ausgefällt.

Die Pufferwirkung der Eiweißkörper beruht also darauf, daß sie
Wasserstoffionen aufnehmen oder abgeben können. Das Säurebindungs-
vermögen eines Eiweiß-
körpers ist um so höher,
je größer sein Gehalt
an basischen Gruppen,
d. h. an Diaminomono-
carbonsäuren (Arginin,
Lysin, Histidin), um-
gekehrt überwiegt bei
einem hohen Gehalt an
Dicarbonsäuren (Aspa-
raginsäure, Glutamin-
säure) das Basenbin-

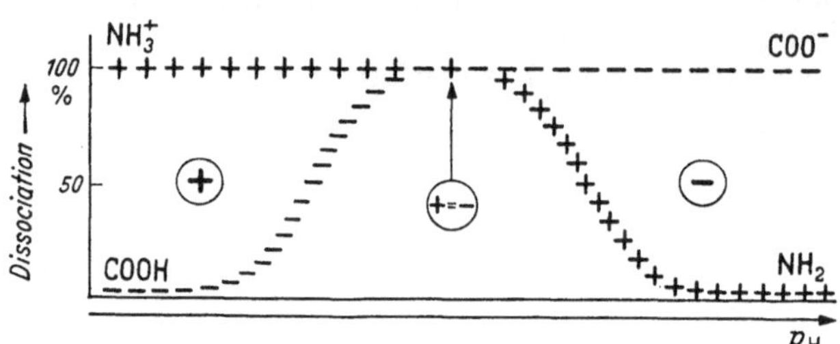

Abb. 22. Dissoziation von Ampholyten. (Nach NETTER.)

dungsvermögen. Dies geht aus der Lage des I. P. von verschiedenen Eiweißkörpern hervor. Bei Eiweißkörpern mit vorwiegend sauren Gruppen liegt
er im sauren, für solche mit einem Überschuß an basischen Gruppen
im alkalischen Gebiet (s. Tabelle 26). Man vergleiche die Zusammensetzung der verschiedenen Eiweißkörper in
den Tabellen 8, S. 89 und 9, S. 90 mit der
Lage ihres I. P.

Die wichtigsten tierischen Gewebspro-
teine gehören wie die Haupteiweißkörper
des Blutes zu den Albuminen und Globulinen, haben also deutlich sauren Charakter. Da die Reaktion im Organismus jedenfalls
wesentlich alkalischer ist, als es der Lage des
I. P. der wichtigsten Eiweißkörper entspricht,
können diese nur durch Bindung einer entsprechenden Alkalimenge auf einen physiologischen p_H-Wert gebracht werden. Nach
Abb. 24 erreichen z. B. die Bluteiweiß-

Tabelle 26. Isoelektrischer
Punkt einiger Eiweißkörper.

Eiweißkörper	p_H im I. P.
Casein	4,62
Serumalbumin . .	4,9
Gelatine	4,86
Serumglobuline . .	5,1 u. 6,2
Fibrin	6,4
Hämoglobin . . .	6,74
Globin	8,1
Histon	8,51
Clupein	12,15

körper erst durch Zusatz von etwa $40 \cdot 10^{-5}$ Mol NaOH/g Protein die Reaktion
des Blutes. Die Eiweißkörper kommen daher im Körper vorwiegend als
Na- oder K-Salze vor. Aber bei der im Körper herrschenden Reaktion
ist auch die *basische* Dissoziation des Eiweißes noch nicht völlig unterdrückt,
und die Proteine reagieren gleichzeitig auch noch mit Säuren, im Organismus
z. B. vorwiegend mit Kohlensäure. Dabei entsteht wahrscheinlich ein
Proteinhydrogencarbonat, etwa nach:

$$R \begin{cases} NH_3^{\oplus} + (OH^{\ominus}) \\ COOH \end{cases} + H_2CO_3 \longrightarrow R \begin{cases} NH_3\text{—}HCO_3 + (H_2O) \\ COOH \end{cases}$$

Protein-kation   Proteinhydrogencarbonat

Diese Reaktion spielt vielleicht auch für den Transport eines kleinen Teiles
der Kohlensäure im Körper eine Rolle.

Vor den übrigen bisher genannten und fast allen übrigen Puffersubstanzen ist das Eiweiß durch eine außerordentlich große Pufferbreite ausgezeichnet. Während der Verlauf der p_H-Kurve eines gewöhnlichen Puffer-

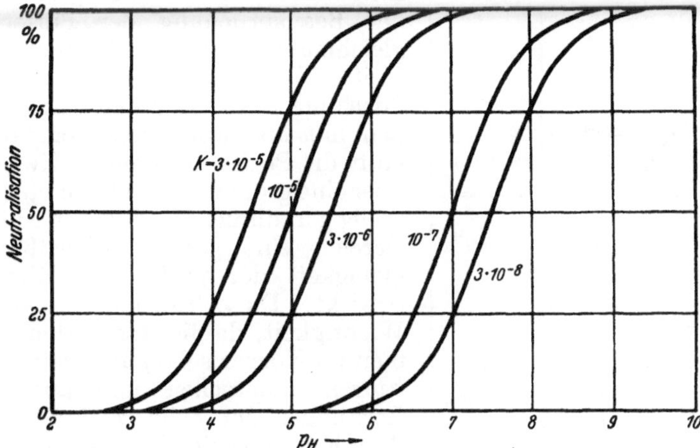

Abb. 23. Pufferkurven von Säuren mit verschiedenen Dissoziationskonstanten. [Alle diese Kurven sind einander parallel. Die Pufferkurven von Säuren mit anderen Dissoziationskonstanten ergeben sich ohne weiteres daraus, daß im Punkt der halben Neutralisation, s. Gl. (40) S. 147, die H-Ionen-Konzentration gleich der Dissoziationskonstante sein muß.]

gemisches aus schwacher Säure und ihrem Salz in der Form der Phosphatpufferkurve (s. Abb. 21) gleicht, und sich, wie die Abb. 23 zeigt, verschiedene Puffer lediglich — in Abhängigkeit von ihrer Dissoziationskonstante — durch die Lage dieser Kurven voneinander unterscheiden, ist die Pufferkurve von Eiweißkörpern davon gänzlich verschieden (Abb. 24). Dieser grundlegende Unterschied rührt davon her, daß die Dissoziationskonstanten der einzelnen sauren und basischen Gruppen eines Eiweißkörpers verschieden sind, so daß eine wäßrige Eiweißlösung als Gemisch zahlreicher stärker oder schwächer dissoziierter Elektrolyte erscheint.

Wie sich die Form einer Pufferkurve ändert, wenn man nicht eine einzige Säure, sondern ein Säuregemisch titriert, bei dem die Dissoziationskonstanten im Mittel etwa den Wert der Konstanten dieser einzelnen Säure haben, zeigt die Abb. 25. Hier wurden mit Lauge titriert a) 5 Äquivalente einer Säure mit $k_s = 2\cdot10^{-8}$ und b) ein Gemisch von je einem Äquivalent von Säuren mit $k_s = 8\cdot10^{-8}$, $4\cdot10^{-8}$, $2\cdot10^{-8}$, 10^{-8} und

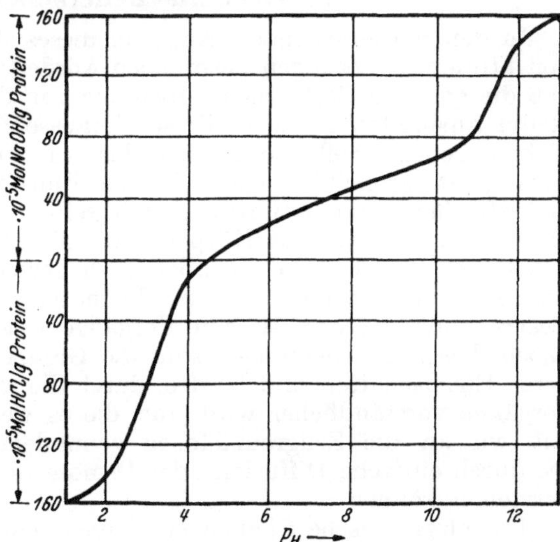

Abb. 24. Pufferkurve der Serumeiweißkörper. (Nach HENDERSON.)

$5 \cdot 10^{-9}$. Es ist deutlich, daß die zweite Kurve sich der Geraden viel mehr annähert als die erste. In einem Gemisch von Säuren mit verschiedenen Dissoziationskonstanten von ähnlicher Größe, sog. „überlappenden" Konstanten, ist also die p_H-Änderung bei der Beanspruchung der Pufferung viel gleichmäßiger als bei einem einheitlichen Stoff. Wegen einer ganz entsprechenden Mischung von sauren und basischen Gruppen mit überlappenden Konstanten verläuft die Pufferkurve eines Eiweißkörpers über eine größere Anzahl von p_H-Einheiten völlig geradlinig. Dadurch wird in diesem Bereich eine ganz gleichmäßige Nachgiebigkeit der puffernden Eiweißkörper bewirkt. Diese Tatsache ist von großer Wichtigkeit, da die Regulationsmechanismen im Körper schon auf kleine p_H-Änderungen ansprechen und auch sonstige Leistungen der Zelle, z. B. die Aktivität ihrer Fermente sich bereits bei sehr kleinen p_H-Verschiebungen ändern. Die Eigenart der Pufferwirkung der Eiweißkörper sorgt also dafür, daß im physiologischen p_H-Bereich keine plötzlichen Reaktionssprünge erfolgen können.

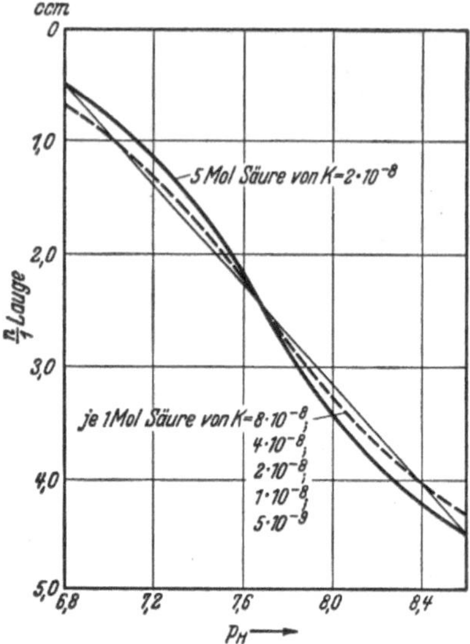

Abb. 25. Pufferkurve eines Gemisches von Säuren mit überlappenden Dissoziationskonstanten im Vergleich mit einer einheitlichen Säurelösung. (Nach HENDERSON.)

F. Grenzflächenerscheinungen.

In den vorhergehenden Kapiteln dieses Abschnittes ist das Verhalten von Stoffen in Lösungen besprochen worden; es wurde also vorausgesetzt, daß die gelösten Stoffe sich unbehindert in dem zur Verfügung stehenden Raum ausbreiten können. Diese Voraussetzung ist aber im Organismus nicht gegeben. Selbst das Blut, das bei oberflächlicher Betrachtung als Flüssigkeit erscheint, enthält in den Blutkörperchen Gebilde, die durch Grenzflächen von der Blutflüssigkeit selber abgetrennt sind; so sind auch alle übrigen Zellen des Körpers von Membranen umgeben, welche die Zellen voneinander, die sie aber auch gegen die Blut- und die Gewebsflüssigkeit abgrenzen. Auf die Bedeutung der Zellgrenzen ist bei der Besprechung der osmotischen Vorgänge schon hingewiesen worden, aber neben diesen Erscheinungen sind die Grenzflächen auch noch Sitz besonderer Eigenschaften und Kräfte, durch die manche Einzelheit der Lebensvorgänge verständlicher wird und die es weiterhin erst möglich machen, daß wir an die Zellgrenzflächen gebundene biologische Erscheinungen, die durch einfache Diffusion oder Osmose nicht verständlich wären, besser verstehen können.

Die physikalische Chemie bezeichnet jedes Stoffgemisch, das sich aus mehreren Bestandteilen zusammensetzt, die durch Grenzflächen voneinander getrennt sind, als ein *System* und die einzelnen Bestandteile des Systems als *Phasen*. Wenn ein System aus mehreren Phasen nicht in allen Teilen gleichmäßig und einheitlich zusammengesetzt ist, so bezeichnet man es als *heterogenes System*, wogegen man von einem *homogenen System* spricht, wenn man verschiedene Phasen nicht unterscheiden kann. So sind die echten Lösungen homogene Systeme; das Protoplasma, das Grundsubstrat des Lebens, gehört dagegen zu den heterogenen Systemen.

Es lassen sich nach dem Aggregatzustand ihrer Phasen verschiedene Arten von heterogenen Systemen unterscheiden; so gibt es die folgenden zweiphasigen Systeme: flüssig-gasförmig, flüssig-flüssig, fest-gasförmig, fest-flüssig und fest-fest. In jeder Grenzfläche, mit der zwei Phasen eines mehrphasigen Systems aneinander grenzen, ist eine besondere Kraft wirksam, die als *Oberflächenspannung* bezeichnet wird. Ein an Luft grenzender Flüssigkeitstropfen nimmt Kugelgestalt an. Bei gegebenem Volumen hat die Kugel die kleinste Oberfläche. Die Oberflächenspannung wirkt demnach im Sinne einer Oberflächenverkleinerung. Auf jedes Molekül im Innern des Tropfens wirken die umgebenden Moleküle gleichmäßig von allen Seiten ein, an der Grenzfläche gegen Luft steht es dagegen nur mit den neben und unter ihm liegenden gleichartigen Molekülen in Wechselwirkung, so daß gegen die Oberfläche ein gewisser Restbetrag seines Kraftfeldes frei sein muß. Hierdurch erklärt sich die Entstehung der Oberflächenkräfte.

Die Oberflächenspannung von Flüssigkeiten gegen die Grenzfläche Luft kann auf verschiedene Weise bestimmt werden. Am bekanntesten sind die Messung der *Steighöhe in Capillaren* und die Bestimmung der *Tropfenzahl mit dem Stalagmometer*. Bringt man eine Capillare in eine Flüssigkeit, so steigt, wenn sich die Capillare benetzt, die Flüssigkeit in ihr hoch, ist die Capillare nicht benetzbar, so sinkt der Flüssigkeitsspiegel. Die Steighöhe ist nur abhängig von dem Durchmesser der Capillare und der Oberflächenspannung. Ist der Durchmesser gegeben, so steigen Flüssigkeiten mit hoher Oberflächenspannung höher als solche mit niederer, die Steighöhe ist danach direkt proportional der Oberflächenspannung. Die Bestimmung der Oberflächenspannung aus der Tropfenzahl beruht darauf, daß beim langsamen Ausfließen einer Flüssigkeit aus einem engen Rohr die Zahl der von einer bestimmten Flüssigkeitsmenge gelieferten Tropfen bei gleichem Rohrdurchmesser der Oberflächenspannung umgekehrt proportional ist. Bei gleichem Volumen liefert also eine Flüssigkeit mit hoher Oberflächenspannung wenige große, eine solche mit niedriger Oberflächenspannung viele kleine Tropfen.

Die Oberflächenspannung einer Flüssigkeit gegen Luft ändert sich, sobald man in ihr irgendwelche Substanzen löst. Man bezeichnet derartige Substanzen als *oberflächen-* oder *capillaraktive Stoffe*. Weitaus die meisten capillaraktiven Stoffe bewirken Erniedrigungen, nur wenige Erhöhungen der Oberflächenspannung. Diese Änderungen entstehen dadurch, daß der in Lösung befindliche Stoff sich im Lösungsmittel ungleichmäßig verteilt und deshalb in der Grenzschicht eine andere Konzentration hat als im Innern der Lösung. Die Oberflächenspannung wird erniedrigt, wenn sich der Stoff in der Oberfläche anreichert, sie steigt, wenn er im Innern konzentrierter ist als an der Oberfläche. Diese Erscheinung bezeichnet man als *Adsorption*, und zwar spricht man von einer *positiven Adsorption*, wenn sich ein Stoff an der Oberfläche anreichert, von einer *negativen*, wenn er von der Oberfläche wegwandert. Substanzen, an deren Oberfläche sich Stoffe anreichern, bezeichnet man als *Adsorptionsmittel* oder *Adsorbentien*.

Für physiologische Fragen ist die Tatsache der Adsorption an der Grenzfläche flüssig-gasförmig von geringer unmittelbarer Bedeutung, aber Adsorptionen spielen sich auch an anderen Grenzflächen ab. Von ihnen hat die höchste physiologische Bedeutung die Grenzfläche flüssig-flüssig, da das Protoplasma als Flüssigkeit aufzufassen ist. Bei besonderen chemischen Eigenschaften des adsorbierten Stoffes kommt es nicht nur zu seiner Anreicherung in der Grenzfläche, sondern auch zu einer bestimmten Ausrichtung der adsorbierten Moleküle, d. h. zu einer *gerichteten Adsorption*. Die Abb. 26

zeigt, wie sich Fettsäuremoleküle in der Grenzfläche Benzol—Wasser anreichern und wie dabei das Carboxylende des Moleküls (angedeutet durch o)
wegen seiner Affinität zum Wasser gegen das Wasser gerichtet ist, während
die Kohlenwasserstoffkette (□) die größere Affinität zum Benzol hat. Es
ist verständlich, daß diese Oberflächenkräfte nur in unmittelbarer Nähe der
Grenzfläche wirksam sind, so daß die Schicht der adsorbierten Moleküle
häufig nur aus einer Moleküllage besteht. Die Ausbildung solcher „monomolekularer" Schichten kann auch für den Aufbau von biologischen Membranen von großer Bedeutung sein. Es ist schon an verschiedenen Stellen
darauf hingewiesen worden, daß die Zellmembranen mosaikartig aus Eiweiß-

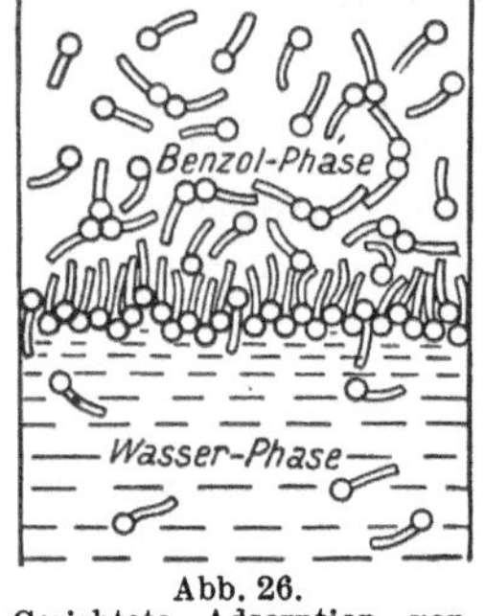

Abb. 26.
Gerichtete Adsorption von
Fettsäuremolekülen an der
Grenzfläche Benzol-Wasser.
(Nach Pauli und Vlako.)

stoffen und Lipoiden aufgebaut sind und vom Lecithin
wurde gesagt, daß es sich an der Grenzfläche Wasser—
Luft in monomolekularer Schicht anordnet, in ganz
ähnlicher Weise orientiert, wie die Fettsäure im angeführten Beispiel an der Grenzfläche Benzol—Wasser
(s. S. 43).

Von außerordentlich großer praktischer Bedeutung
sind die *Adsorptionsvorgänge an der Grenzfläche flüssig-
fest*. Man kann zwar hier die Oberflächenspannung
nicht direkt messen, die auf Oberflächenkräften beruhende Adsorption ist aber ohne weiteres nachweisbar. Schüttelt man z. B. eine Methylenblaulösung
mit einem Stoff von sehr feiner Verteilung, also von
großer Oberfläche (etwa Tierkohle), und filtriert, so
läuft das Filtrat farblos ab, weil der Farbstoff sich
adsorptiv an der Oberfläche des Adsorptionsmittels angereichert hat. Adsorptionen an der Grenzfläche flüssig-fest sind von besonderer Wichtigkeit
für die präparative Biochemie. Viele biologisch wirksame Substanzen
kommen in den Geweben nur in sehr kleinen Konzentrationen vor und sind
in Gewebsextrakten immer von zahlreichen inaktiven oder störenden Stoffen
begleitet. Die Reinigung ist durch Adsorptionen häufig weitgehend und
schonend durchzuführen, und zwar werden entweder die Verunreinigungen
adsorptiv entfernt oder der zu reinigende Stoff selber adsorptiv an einer
oberflächenaktiven Substanz angereichert. Meist gelingt es durch Auswaschen mit geeigneten Lösungen, durch *Elution*, die Substanz dem Adsorptionsmittel wieder zu entziehen.

Die Adsorption verläuft im allgemeinen ziemlich rasch und strebt
einem Gleichgewicht zu, bei dem die Geschwindigkeit der Adsorption der
Geschwindigkeit der Rückdiffusion in die Lösung gleich ist. Entsprechend
der Gleichgewichtskonstante des Massenwirkungsgesetzes läßt sich eine
Adsorptionskonstante ableiten, die die Abhängigkeit der Adsorption von
der Konzentration der adsorbierten Substanz bei einer bestimmten Temperatur beschreibt (sog. *Adsorptionsisotherme*). Doch gilt die Adsorptionsisotherme nur in bestimmten Grenzen. Insbesondere steigt bei gegebener
Oberflächengröße mit wachsender Konzentration an adsorbierbarem Stoff
die adsorbierte Menge nur bis zu einem bestimmten Wert, bei dem die
Oberfläche offenbar „besetzt" ist.

Die Beobachtungen über die Adsorption an einer bestimmten Grenzfläche, etwa an der von Luft gegen Wasser, sind nicht ohne weiteres auf
andere Grenzflächen zu übertragen. Über Adsorptionen an den Grenzflächen flüssig-gasförmig und flüssig-fest liegt ein sehr großes Beobach-
tungsmaterial vor, aus dem hervorgeht, daß viele in wäßriger Lösung

gegen Luft sehr oberflächenaktive Stoffe an festen Grenzflächen völlig inaktiv sind, und auch das umgekehrte Verhalten ist bekannt. Eine wichtige allgemeingültige Gesetzmäßigkeit drückt dagegen die TRAUBE*sche Regel* aus, nach der die Oberflächenaktivität in homologen Reihen organischer Stoffe mit der Länge ihrer Kohlenstoffkette zunimmt. Über Adsorptionen an der Grenzfläche eines aus zwei flüssigen Phasen bestehenden Systems, denen ein besonderes biologisches Interesse begegnet, gibt es dagegen nur sehr spärliche Beobachtungen.

Für die Adsorption an festen Grenzflächen spielen elektrische Kräfte eine ausschlaggebende Rolle. Das geht vor allem daraus hervor, daß auch die Oberfläche von kristallisierenden Stoffen adsorbierende Eigenschaften hat. Während die zum Kristallgitter zusammengefügten Ionen im Innern des Kristalls ihre Ladungen gegenseitig völlig neutralisieren, müssen an der Oberfläche gewisse Ladungsreste, etwa Restvalenzen vergleichbar, übrigbleiben, in denen man die Ursache der Adsorption erblicken kann. Dies macht es auch verständlich, daß die Möglichkeit einer Adsorption sowohl vom Charakter der adsorbierenden Oberfläche als auch von dem des zu adsorbierenden Stoffes abhängen muß. So wird z. B. der basische, also positiv geladene Farbstoff Methylenblau von dem negativ geladenen Kaolin adsorbiert, dagegen wird vom gleichen Adsorptionsmittel der saure, negativ geladene Farbstoff Eosin nicht aufgenommen. Hier handelt es sich also gar nicht um besondere Kräfte, sondern um Vorgänge, die einer chemischen Reaktion gleichzusetzen sind. Andere Adsorptionsmittel sind dagegen völlig indifferent, Kohle adsorbiert z. B. Eosin und Methylenblau in gleicher Weise. MICHAELIS hat dieses Verhalten durch die Annahme erklärt, daß die Kohle ein absolut unlöslicher Ampholyt ist, der H- und OH-Ionen fast gleich stark bindet. Da auch die Gleichung der Adsorptionsisotherme in die des Massenwirkungsgesetzes überführt werden kann, bestehen möglicherweise zwischen den Vorgängen an Oberflächen und den eigentlichen chemischen Reaktionen gar keine prinzipiellen Unterschiede. Die Besonderheit der Adsorption liegt dann nur darin, daß die chemischen Reaktionen an einer genau festgelegten Stelle, also räumlich lokalisiert, vor sich gehen müssen.

Bei Adsorptionen an biologischen Grenzflächen handelt es sich sehr oft um *Adsorption von Elektrolyten*. Da aber durch den elektrostatischen Zug, den entgegengesetzt geladene Ionen aufeinander ausüben, niemals ein Ion isoliert adsorbiert werden kann, wird stets das andere mitgezogen und damit die Adsorption des ersten Ions gestört. So gehören die anorganischen Salze zu den schlecht adsorbierbaren Elektrolyten, sie sind sehr wenig oberflächenaktiv. Andere Elektrolyte dagegen, wie die erwähnten Farbstoffe, sind sehr gut adsorbierbar. Bei der Elektrolytadsorption handelt es sich entweder um *Äquivalentadsorption*, bei der Anion und Kation in äquivalenten Mengen von der Oberfläche aufgenommen werden oder um *Austauschadsorption*, bei der das gut adsorbierbare Ion ein anderes, gleichnamig geladenes von der Oberfläche verdrängt, so daß ein Ionenaustausch zwischen Lösung und Oberfläche stattfindet. Die von den Oberflächen verdrängten Ionen sind häufig Verunreinigungen, trotzdem ist aber gerade ihre Anwesenheit in vielen Fällen überhaupt die Voraussetzung für die Adsorption.

Eine besondere Art von Austauschadsorption ist die durch sog. *Ionenaustauscher*. Eine Reihe von Aluminiumsilikaten *(Zeolithe)* haben die Eigenschaft, aus Lösungen Kationen aufzunehmen und dafür ein anderes

Kation in äquivalenter Menge an die Lösung abzugeben. Der Grund dafür liegt darin, daß in das Kristallgitter der Zeolithe die Kationen nicht fest eingebaut, sondern locker eingelagert sind, und dadurch gegen Kationen aus Lösungen austauschbar sind, die in dem Gitter besser festgehalten werden können. So kann z. B. durch Austausch von Natrium- gegen Calciumionen Wasser durch Zeolithe enthärtet werden. Von großer Bedeutung als Ionenaustauscher sind *Kunstharze* geworden, hochpolymere, unlösliche Stoffe, die basische oder saure Gruppen enthalten und an denen daher entweder Anionen oder Kationen ausgetauscht werden können. Durch aufeinanderfolgende Anwendung eines Anionenaustauschers, den man durch Laugenbehandlung mit Hydroxylionen und eines Kationenaustauschers, den man durch Säurebehandlung mit Wasserstoffionen gesättigt hat, läßt sich z. B. völlig elektrolytfreies Wasser gewinnen.

Die Untersuchung der Adsorption von anorganischen Salzen an Kohleoberflächen hat ergeben, daß sie sich additiv aus der des Kations und der des Anions zusammensetzt. Untersucht man nämlich die Adsorption einer Reihe von Salzen mit gleichem Anion aber verschiedenem Kation, so läßt sich eine bestimmte Reihenfolge für die Adsorbierbarkeit der Kationen feststellen; für Anionen gilt das gleiche, wenn man bei gleichbleibendem Kation die Anionen wechselt. Die Anionenreihe lautet:

$$SO_4 < HPO_4, Cl < Br < NO_3 < J < SCN < OH$$

und die Kationenreihe

$$Na, K, Rb, Cs, NH_4 < Ca, Mg < Zn < Al < Hg, Ag, H.$$

Die Adsorbierbarkeit steigt also von links nach rechts; H- und OH-Ionen sind am stärksten adsorbierbar, von ihnen können schon kleine Mengen an Oberflächen eine große Wirksamkeit entfalten, eine Tatsache, die mit zum Verständnis ihrer hohen biologischen Aktivität beitragen kann.

Die Reihenfolge, nach der sich Ionen auf Grund ihrer Adsorbierbarkeit anordnen lassen, findet sich auch bei anderen Vorgängen wieder, deren Richtung oder Ausmaß ional beeinflußbar ist. Zuerst hat sie HOFMEISTER bei der Quellung von Gelatinegallerten in Salzlösungen beobachtet (s. S. 169), daher bezeichnet man sie auch als HOFMEISTER*sche* oder *lyotrope Reihe.*

Chromatographie. Auf Adsorption beruht auch die Chromatographie, durch die Substanzgemische wegen des Unterschiedes ihrer Adsorbierbarkeit sehr weitgehend getrennt werden können. Als Chromatographie bezeichnet man nach TURBA heute Verfahren, bei denen eine Lösung, die die zu trennenden Stoffe enthält, eine feste, fein verteilte, unlösliche Substanz in einer bestimmten Richtung durchströmt, wobei der Durchgang der einzelnen Komponenten selektiv verzögert wird. Als Mechanismen der Verzögerung wirken Adsorption oder Verteilung oder Ionenaustausch.

Bei der von dem russischen Botaniker TSWETT 1906 entdeckten und 1932 von KUHN u. LEDERER wieder aufgefundenen *Adsorptionschromatographie* läuft die zu analysierende Lösung durch ein senkrecht stehendes Rohr, in das ein mit dem Lösungsmittel getränktes Adsorptionsmittel eingefüllt ist. Die gelösten Stoffe werden bei geeigneter Wahl des Lösungsmittels im oberen Teil der Säule festgehalten. Die Auseinanderziehung der Stoffe auf der Säule erreicht man durch die „Entwicklung" des Chromatogramms, die dadurch geschieht, daß man ein Lösungsmittel nachfließen läßt, aus dem die Stoffe weniger gut adsorbiert werden. Je weniger ein Stoff von dem Adsorptionsmittel festgehalten und je besser er in dem Lösungsmittel löslich ist, um so tiefer wandert er in der Säule abwärts, wobei sich verschiedene Stoffe meist in gut begrenzten Schichten voneinander absetzen. Abb. 27 zeigt ein solches Chromatogramm.

Bei der *Verteilungschromatographie* werden die zu trennenden Stoffe nicht von festen Oberflächen festgehalten, sondern dadurch, daß sie sich zwischen Wasser, das an ein Adsorptionsmittel gebunden ist (feste Phase) und einem nicht mit Wasser mischbaren organischen Lösungsmittel (bewegliche Phase) entsprechend den Verteilungskoeffizienten der verschiedenen Stoffe verteilen. Die Grenze zwischen Verteilung und Adsorption ist im übrigen nicht immer scharf zu ziehen. Als feste Phase können die verschiedensten wasserbindenden Agentien dienen, z. B. Kieselgel, Stärke, Cellulose.

Die wichtigste Form der Verteilungschromatographie ist die *Papierchromatographie* (CONSDEN, GORDON u. MARTIN), bei der als feste Phase Filtrierpapier dient. Sie ist besonders leistungsfähig in Form der zweidimensionalen Papierchromatographie. Diese wird so ausgeführt, daß man in der einen Ecke eines Filterpapierbogens einen kleinen Tropfen der zu untersuchenden Lösung aufträgt, nun den Bogen aufhängt und mit der einen der dem Auftragungsort benachbarten Seite in einen mit dem Lösungsmittel gefüllten Trog eintauchen läßt, so daß das Lösungsmittel in dem Bogen aufsteigen kann. Dabei werden die einzelnen in der Lösung enthaltenen Stoffe mit verschiedener Geschwindigkeit nach oben mitgenommen. Wenn diese Bewegung abgeschlossen ist, dreht man den Bogen um 90° und hängt ihn mit der anderen, dem Auftragungsort benachbarten Seite in ein zweites Lösungs-

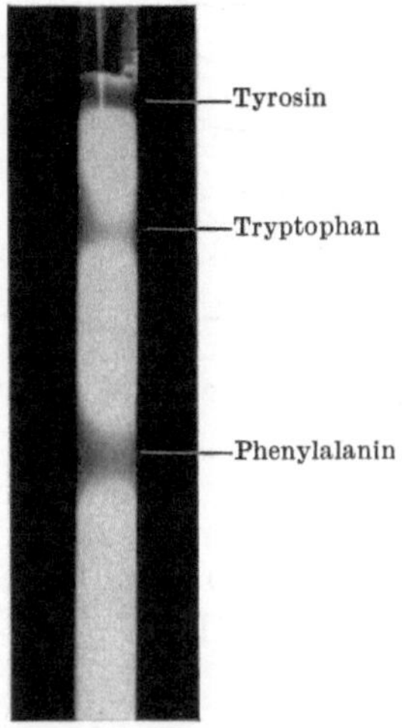

Abb. 27. Trennung der p-Azobenzolharnstoff-Derivate der Methylester von aromatischen Aminosäuren. (Nach TURBA.)

mittel, das die verschiedenen Komponenten des Gemisches wieder mit einer jeweils charakteristischen Geschwindigkeit senkrecht zu der ersten Wanderungsrichtung bewegt. Jeder Stoff findet sich in dem endgültigen Chromatogramm an einer charakteristischen Stelle, die von seiner Natur und von den zur Entwicklung des Chromatogramms verwendeten Lösungsmitteln abhängt. Die Lage der Stoffe im Chromatogramm gibt man durch die R_f-*Werte* an, die dem Verhältnis der von der Substanz und der von der Front des Lösungsmittels zurückgelegten Strecke entsprechen. Die Abb. 28 gibt das zweidimensionale Chromatogramm einer Aminosäuretrennung wieder.

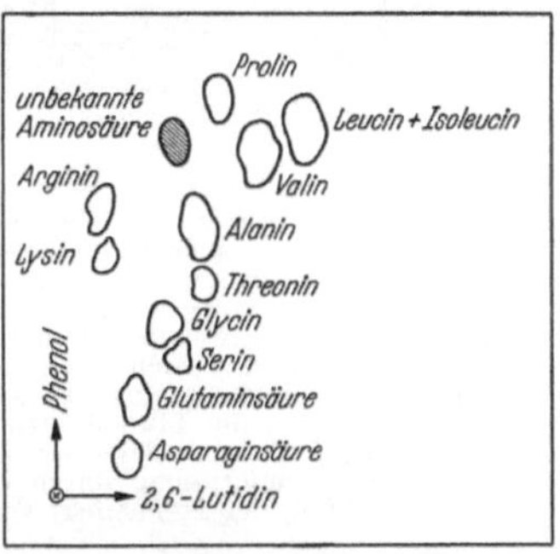

Abb. 28. Zweidimensionales Chromatogramm eines chloridfreien Hydrolysats von Hefeextrakt. (Nach TURBA.) (Sichtbarmachung der Aminosäuren durch die Ninhydrin-Reaktion, s. S. 64).

Die Papierchromatographie ist im Laufe weniger Jahre zu einem der wertvollsten Hilfsmittel der analytischen Chemie, vor allem der Biochemie geworden. Sie gestattet in kürzester Zeit Trennung und Identifizierung von Stoffen aus kompliziertesten Gemischen und bedarf dabei nur minimaler Substanzmengen. Besonders bei der Trennung von Aminosäure- und Peptidgemischen hat sie unschätzbare Dienste geleistet.

Die dritte Form der Chromatographie, die *Austauschchromatographie*, bedient sich vor allem der Kunstharze (s. oben). Das Prinzip ihrer Wirkung ist schon oben geschildert. Bei der Austauschchromotographie wendet man wie bei der Adsorptionschromatographie die Säulentechnik an. Beim Durchlauf durch die Säule werden diejenigen Ionen am langsamsten vorwärtskommen, die am leichtesten gegen die Ionen des Austauschers ausgetauscht werden. Es spielt aber auch, da ja die Austauschionen in dem Netzwerk der Gitterstruktur des Austauschers liegen, die Größe der zu chromatographierenden Teilchen eine große Rolle; wenn diese nicht in das Gitter eindringen können, ist ein Austausch nicht möglich.

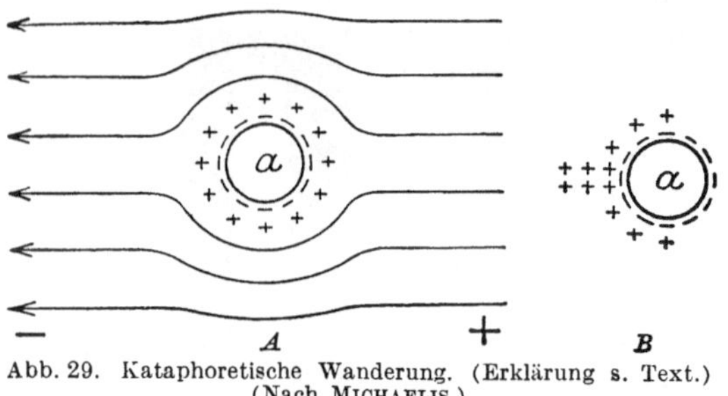

Abb. 29. Kataphoretische Wanderung. (Erklärung s. Text.) (Nach MICHAELIS.)

Auch die Austauschchromatogramme lassen sich wie die Adsorptionschromatogramme durch geeignete Lösungsmittel entwickeln.

Elektrokinetische Erscheinungen an Grenzflächen. Wenn auch bei der Adsorption von Elektrolyten theoretisch beide Ionen gleich stark adsorbiert werden müssen, so überwiegt doch gewöhnlich die Adsorption des einen Ions. Das ist zwar chemisch-analytisch nicht nachweisbar, da es sich wegen des elektrostatischen Zuges der Ionen aufeinander immer nur um sehr kleine Konzentrationsdifferenzen handeln kann. Man muß aber annehmen, daß das besser adsorbierbare Ion von der Oberfläche vollständiger adsorbiert wird, also zu einem Bestandteil der Oberfläche wird, während das schlechter adsorbierbare zwar durch das besser adsorbierbare mittelbar an die Grenzfläche herangezogen

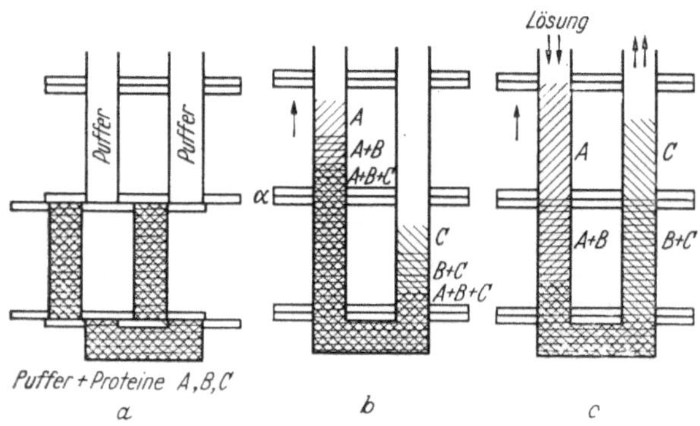

Abb. 30. Ideale Elektrophorese eines Gemisches der Eiweißkörper A, B und C. Die Elektrophoresezelle besteht aus drei Teilen, von denen der mittlere gegen den oberen und unteren verschoben werden kann. Bei a sind die gegeneinander verschobenen Zellen mit Pufferlösung bzw. Puffer- + Eiweißlösung gefüllt. Bei b sind die Zellen übereinander gebracht, und nach Durchfluß des Stromes haben sich die Eiweißkörper teilweise voneinander getrennt. Bei Fortdauer der Elektrophorese würden die Eiweißkörper allmählich aus der Zelle austreten. Daher läßt man c der elektrophoretischen Wanderungsrichtung entgegen Pufferlösung durch die Zelle hindurchfließen, wodurch der Trenneffekt verstärkt wird.

wird, aber noch ein Bestandteil der Flüssigkeit bleibt. Damit bildet sich an der Grenzfläche eine *elektrische Doppelschicht* (HELMHOLTZ) aus; sie ist Sitz eines elektrischen Potentials, des *Phasengrenzpotentials*.

Das Bestehen der elektrischen Doppelschicht und das Phasengrenzpotential erklären die Erscheinungen der *Elektroosmose* und der *Kataphorese (Elektrophorese)*. Suspendiert man einen festen Stoff in feiner Verteilung in Wasser und schickt dann durch die Suspension einen Gleichstrom hindurch, so wandern die Stoffteilchen im elektrischen Feld, und zwar zum positiven Pol, wenn ihre Oberfläche gegenüber der Lösung negativ geladen ist, zum negativen Pol, wenn sie eine positive Ladung trägt.

Diese Erscheinung heißt Kataphorese. Die Abb. 29 stellt sie schematisch dar. (*a*) ist ein festes Teilchen mit der fest anhaftenden negativen und der verschieblichen positiven Schicht (Zustand *A*). Die Kraftlinien bezeichnen die Richtung, in der der Gleichstrom fließt. Dann muß das Teilchen wegen der mit ihm fest verbundenen negativen Ladung nach rechts, die locker anhaftenden positiven Ionen nach links gezogen werden (Zustand *B*).

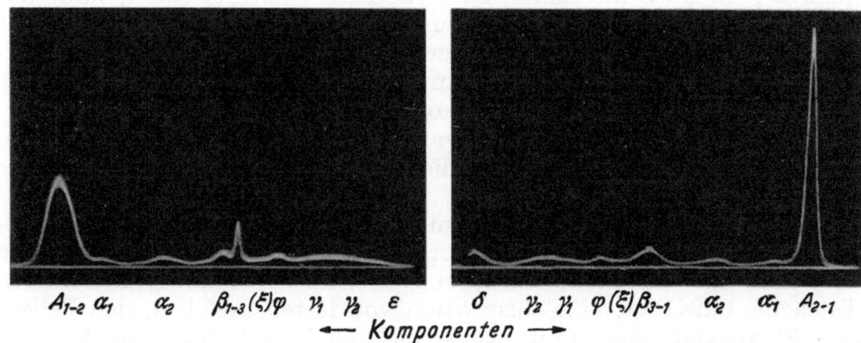

Abb. 31. Elektrophoretische Auftrennung der Eiweißkörper des Blutplasmas.

Das Teilchen wandert also nach rechts zum positiven Pol. Die unvollständig gewordene äußere Ionenhülle wird immer wieder durch mit dem Strom herangebrachte positive Ionen ergänzt.

Die Elektrophorese hat neuerdings besonders zur Trennung von Eiweißgemischen und bei der Reinigung von Fermenten eine sehr große Bedeutung erlangt, da Eiweißkörper abhängig von Molekülgröße und Ladung

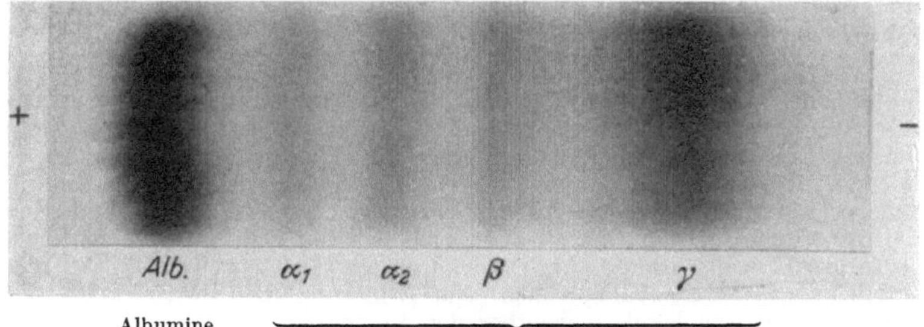

Albumine
Globuline
Abb. 32. Papierelektrophorese der Eiweißkörper des Blutserums.

im elektrischen Feld verschieden rasch wandern und sich dadurch auseinanderziehen. Dies zeigt schematisch die Abb. 30 (Erklärung s. Legende). An den Fronten der verschiedenen Eiweißkörper ändern sich die Brechungsexponenten. Durch besondere optische Methoden, auf die hier nicht eingegangen werden kann, läßt sich die Änderung der Brechungsexponenten direkt darstellen. Dabei ergeben sich Kurven, wie sie in Abb. 31 für die elektrophoretische Auftrennung der Eiweißkörper des Blutserums wiedergegeben sind.

Besonders in der Form der *Papierelektrophorese* hat dies Verfahren eine außerordentliche Verbreitung gefunden. Bei ihr trägt man auf einem mit Pufferlösung getränkten Filtrierpapierstreifen an einem Ende in einem Strich die zu untersuchende Eiweißlösung auf. Nach Beendigung des Stromdurchganges färbt man die Eiweißkörper mit geeigneten Farbstoffen an. Es ergeben sich dann wie Abb. 32 zeigt, charakteristische Streifen.

Bei der *Elektroosmose* ist die Grenzfläche, die die elektrische Doppelschicht trägt, nicht durch bewegliche Teilchen, sondern durch eine feststehende poröse Wandung gegeben. Bringt man eine solche Membran in einem mit Flüssigkeit gefüllten Rohr an und schickt einen Strom hindurch, so wandert das Wasser nach dem einen oder anderen Pol. Die Verschiebung in der der Membran anhaftenden Doppelschicht ist die gleiche wie bei der Kataphorese, da aber die Membran sich nicht bewegen kann, muß das Wasser in der entgegengesetzten Richtung wandern wie die Teilchen bei der Kataphorese. Man kann sich vorstellen, daß die Wassermoleküle die entgegengesetzte Ladung wie die Membran tragen. Durch bestimmte Elektrolytzusätze, so besonders durch Säure oder Lauge, aber auch durch mehrwertige Ionen läßt sich die Ladung der Membran bzw. der festen Teilchen umkehren; damit ändert aber auch die Wanderungsrichtung des Wassers oder der Teilchen ihr Vorzeichen.

Die elektrokinetischen Erscheinungen haben eine sehr große biologische Bedeutung. Durch Ionenadsorption müssen auch die biologischen Grenzflächen, die Zellmembranen, eine elektrische Ladung annehmen. Die Tatsache, daß Blut, eine Suspension von festen Teilchen, den Zellen, in einer Flüssigkeit, dem Blutplasma, sich auch außerhalb des Körpers beim Stehen erst sehr langsam entmischt, beruht wahrscheinlich allein auf der negativen elektrischen Ladung, die die Blutkörperchen gegenüber der Blutflüssigkeit haben. Die Zellen stoßen sich also gegenseitig ab und werden dadurch in der Schwebe gehalten. Wird, wie das bei manchen Krankheiten anscheinend infolge einer veränderten Eiweißmischung im Blut der Fall ist, diese Ladung verringert, so entmischt sich das Blut beim Stehen sehr viel rascher (Senkungsreaktion s. S. 479). Auch für die Stabilität anderer Suspensionen ist Voraussetzung die elektrische Aufladung ihrer Grenzflächen (s. S. 174f.).

Wir haben ferner Anhaltspunkte dafür, daß auch der Wassertransport durch Zellwandungen hindurch von der elektrischen Ladung der Membranen abhängt. So erklären sich wohl teilweise Wasserbewegungen im Körper entgegen dem osmotischen Druckgefälle, also vom Ort höherer Konzentration zu dem niederer. Man kann geradezu von einer *negativen Osmose* sprechen. Es wandert z. B. im Modellversuch Wasser durch eine Membran aus einer Rohrzuckerlösung mit einem osmotischen Druck von 3,2 Atm in eine Sodalösung von nur 1,3 Atm osmotischem Druck. Es ist aber auch bekannt, daß die normale Osmose viel stärker sein kann, als es den osmotischen Druckdifferenzen entspricht. Man kann also allgemein von einer *anomalen Osmose* sprechen. Zur Erklärung der Elektroosmose wird angenommen, daß die Wassermoleküle gegenüber der Membran geladen seien. Diese Voraussetzung macht auch die Erklärung der anomalen Osmose möglich. Die Richtung, in der sich die Osmose der „geladenen" Wassermoleküle durch die Poren einer Membran vollzieht, ist dann durch den Ladungssinn der Membran und durch die Natur der auf beiden Seiten der Membran befindlichen Ionen bestimmt. Die anomale Osmose ist nur eine vorübergehende Erscheinung, nach einiger Zeit stellt sich der normale osmotische Druck ein. Es ist bemerkenswert, daß die anomale Osmose nur in verdünnten Lösungen beobachtet wird. Die höchsten Salzkonzentrationen, bei denen sie noch nachweisbar ist, liegen etwa bei m/16—m/8, sind also von der gleichen Größenordnung wie die Gesamtsalzkonzentration im Organismus.

G. Kolloide und kolloidaler Zustand.

Wenn in den bisherigen Ausführungen von Lösungen die Rede war, so handelte es sich immer um die Auflösung von niedermolekularen Substanzen in molekularer oder ionisierter Form, also immer nur um homogene Systeme. Die im vorigen Kapitel besprochenen heterogenen Systeme lassen im Gegensatz dazu ihren Aufbau aus mehreren Phasen ohne weiteres erkennen. Es gibt nun eine weitere Art von heterogenen Systemen, die zunächst homogen erscheinen, sich aber bei feinerer Untersuchung mit dazu geeigneten Methoden als heterogen erweisen. Da die sie zusammensetzenden Phasen sich in sehr feiner Verteilung befinden, bezeichnet man sie als *mikroheterogene Systeme*. Daß diese Verteilung aber doch keine besonders feine sein kann, zeigen schon die Beobachtungen von T. GRAHAM, nach denen eine Reihe von gelösten Stoffen nicht durch Membranen hindurchgeht. So erweisen sich z. B. Leim (κόλλα), andere Eiweißkörper und ähnliche Stoffe als nicht permeabel. GRAHAM bezeichnete sie als *Kolloide*, und da er noch annehmen mußte, daß diese nicht durch Membranen hindurchdiffundierenden Stoffe auch nicht kristallisieren, stellte er sie den *Kristalloiden*, die leicht diffundieren und kristallisieren, als eine besondere Stoffklasse gegenüber. Das Prinzip dieser Einteilung hat sich als nicht richtig erwiesen. Auch kolloide Stoffe, man denke an die Eiweißkörper, kristallisieren; anderseits lassen sich Kristalloide so umwandeln, daß sie nicht mehr diffundieren, also kolloide Eigenschaften annehmen. *Der kolloide Zustand ist also eine besondere Zerteilungs- oder Zustandsform der Materie, die durch geeignete Behandlung prinzipiell jeder Stoff annehmen kann* (WO. OSTWALD).

Tabelle 27.
Größenordnung disperser Teilchen.

Dispersitätsgrad	Teilchengröße
Mikromolekular .	$< 1\,\mathrm{m}\mu\ (= 10^{-7}\,\mathrm{cm})$
Kolloiddispers . .	$1 - 100\,\mathrm{m}\mu$
Grobdispers . . .	$> 100\,\mathrm{m}\mu$

Wir bezeichnen ein System, in dem sich zwei Stoffe in gleichmäßiger Verteilung nebeneinander befinden, als *disperses System*, die im Überschuß vorhandene Phase als *Dispersionsmittel* und den in ihr verteilten Stoff als *disperse Phase*. Der Unterschied zwischen den verschiedenen dispersen Systemen besteht im Verteilungs- oder *Dispersionsgrad* der dispersen Phase. Schüttelt man Tierkohle mit Wasser, so bildet sich vorübergehend eine Suspension: die suspendierten Tierkohleteilchen sind die disperse Phase, das Wasser ist das Dispersionsmittel; die Verteilung ist *grobdispers*, da man die einzelnen Kohlepartikel mit dem Mikroskop oder sogar mit dem bloßen Auge ohne weiteres sehen kann. Löst man Kochsalz in Wasser, so erhält man eine homogene Lösung, in der zwei Phasen nicht mehr zu unterscheiden sind: das Kochsalz bzw. seine Ionen sind *mikromolekular* verteilt. Stellt man eine Kongorotlösung her, so zeigen sich im Mikroskop keine dispersen Teilchen; die Untersuchung mit dem Ultramikroskop ergibt aber, daß die Lösung ein heterogenes System ist und die Farbstoffteilchen als disperse Phase enthält. Hier spricht man von *kolloiddisperser* Verteilung. Die ultramikroskopische Sichtbarkeit ist auf Teilchen von ganz bestimmter Größenordnung beschränkt, so daß den verschiedenen Dispersitätsgraden obenstehende Teilchengrößen zugeordnet werden können (s. Tabelle 27). Jedoch gibt es auch Kolloide, die ultramikroskopisch nicht in einzelne Teilchen auflösbar sind.

Einige Beispiele für die Größenordnungen:

Durchmesser des Sauerstoffmoleküls	0,16 mμ
Länge des Hämoglobinmoleküls (Pferd)	2,8 „
Durchmesser des kolloiden Goldteilchens	1—120 „
Durchmesser der roten Blutkörperchen vom Menschen . .	8600 „

Die Frage, welche Natur die dispersen Teilchen eines kolloiden Systems haben, ist nicht einheitlich zu beantworten.

Anorganische Kolloidteilchen sind meist Aggregate kleinerer Moleküle; auch organische Stoffe können durch Zusammenlagerung kleinerer Moleküle kolloide Eigenschaften annehmen. So zeigt Abb. 33 schematisch den Aufbau eines Seifenteilchens. Demgegenüber stehen organische Stoffe, besonders die biologisch wichtigen hochpolymeren Naturstoffe (Eiweiß, Polysaccharide), bei denen das Kolloidteilchen wahrscheinlich mit dem Molekül dieser Substanzen identisch ist. STAUDINGER sieht in den hochpolymeren Naturstoffen Gebilde von wohldefinierter molekularer Struktur, die als *Makromoleküle* bezeichnet werden (s. S. 27). Er hat gezeigt, daß man durch Polymerisation niedermolekularer ungesättigter Stoffe lange Fadenmoleküle aufbauen kann, die kolloidale Dimensionen erreichen. Ja, solche Fadenmoleküle sind viel länger als den Angaben der Tabelle 27 entspricht. Erst bei einer Länge von etwa 300 mμ zeigen sie charakteristische kolloidale Eigenschaften, und die größten haben eine Länge von 1,5 μ. Es ist schon ausgeführt worden, daß man in den künstlich hergestellten Hochpolymeren Abbilder der hochpolymeren Naturstoffe erblicken kann. Außer Makromolekülen von fadenförmiger Gestalt gibt es offenbar auch solche von kugelförmigem Bau, z. B. Glykogen und manche Eiweißkörper. Sie unterscheiden sich von den Fadenmolekülen vor allem durch das Verhalten der Viscosität (s. S. 166) ihrer Lösungen in Abhängigkeit von ihrer Konzentration. Neben den angeführten Einteilungen der Kolloide gibt es also auch noch die nach ihrer Gestalt in *fadenförmige und kugelförmige Kolloidteilchen.*

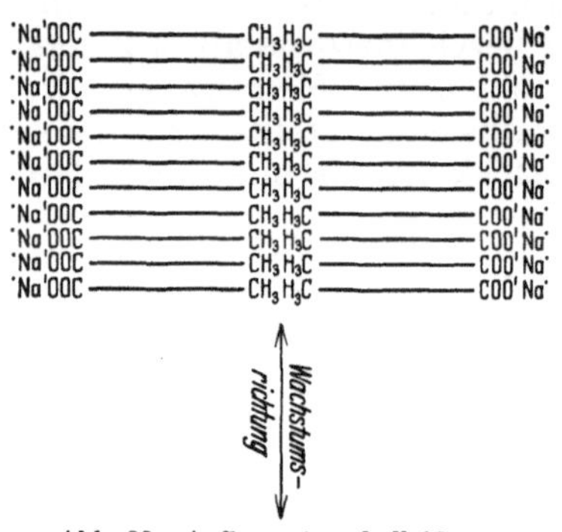

Abb. 33. Aufbau eines kolloiden Seifenteilchens.

Die Mittelstellung der kolloiden Dispersion zwischen der grobdispersen und der mikromolekularen Verteilung läßt die zwei Wege erkennen, auf denen kolloidale Systeme hergestellt werden können: einmal durch Erhöhung des Dispersitätsgrades, wie es z. B. bei der Herstellung einer Lösung aus festen Substanzen geschieht und zweitens durch Verkleinerung des Verteilungsgrades.

Tabelle 28. Kolloide Systeme.

Disperse Phase	Dispersionsmittel	Beispiel
fest	fest	Legierungen
fest	flüssig	Suspensionskolloide
fest	gasförmig	Rauch („Aerosol")
flüssig	fest	Kristallwasser
flüssig	flüssig	Emulsionskolloide
flüssig	gasförmig	Nebel
gasförmig	fest	Lava
gasförmig	flüssig	Schäume

Je nach dem Aggregatzustand der beiden Phasen können wir acht Möglichkeiten für kolloide Systeme unterscheiden. Für jede von ihnen sind Beispiele bekannt. Die neunte Möglichkeit gasförmig-gasförmig ist nicht zu verwirklichen, da Gase nicht getrennt nebeneinander bestehen können (Tabelle 28).

Der kolloidale Zustand und seine Besonderheiten sind von höchster biologischer Bedeutung, da die wichtigsten organischen Bausteine des Organismus, die Eiweißkörper, wegen der Größe ihrer Moleküle überhaupt nur in kolloidaler Verteilung vorkommen können. Aber auch andere Stoffe wie die Polysaccharide und eine Reihe von Lipoiden kommen in Kolloidform als Protoplasmabestandteile vor, so daß jede feinere Untersuchung der Lebensvorgänge dem kolloidalen Zustand der Zellstruktur Rechnung zu tragen hat.

Manche Kolloide, und zwar im allgemeinen die Suspensionskolloide, lassen sich wesentlich leichter von ihrem Dispersionsmittel, gewöhnlich also dem Wasser, abtrennen als andere. Ihre Stabilität ist also nicht sehr groß; da sie keine große Verwandtschaft zum Wasser haben, bezeichnet man sie als *lyophobe Kolloide*. Bei anderen Kolloiden ist die Wechselwirkung zwischen den Kolloidteilchen und dem Wasser viel inniger, sie werden deshalb als *lyophile Kolloide* bezeichnet; sie haben eine sehr große Stabilität. Die makromolekularen Baustoffe des Protoplasmas gehören zu den lyophilen Kolloiden.

Jedes kolloide System kann in zwei Formen auftreten, als *Sol* und als *Gel*. Die kolloide Lösung wird als Sol bezeichnet, bringt man die disperse Phase zur Ausscheidung, so bildet sich ein Gel. Die Teilchen eines Gels sind viel größer als die des Sols und entstehen durch Vereinigung zahlreicher Solteilchen. Eine besondere Kolloidform sind die *Gallerten*. Bei ihnen ist die Beziehung zwischen den beiden Phasen eines lyophilen Kolloids besonders eng, so daß man sie als Übergangsstadien zwischen dem festen und dem flüssigen Zustand ansehen kann.

Kolloide Teilchen zeigen bei ultramikroskopischer Betrachtung die BROWNsche *Molekularbewegung*, und zwar um so intensiver, je kleiner sie sind. Diese Bewegung ist keine Eigenbewegung der Kolloidteilchen, sondern beruht auf den Stößen, die die Flüssigkeits- oder Gasmoleküle durch ihre Wärmebewegung auf die Kolloidteilchen ausüben. BROWNsche Bewegung zeigen außer den Kolloiden auch gröber disperse Teilchen bis zu einer Größe von etwa 5 μ.

Auf der *fehlenden Dialyse durch Membranen* beruhte zwar ursprünglich der Kolloidbegriff, aber einige Kolloide haben doch eine nachweisbare, wenn auch geringfügige Diffusion, wenn die Poren der Dialysiermembranen eine gewisse Weite aufweisen.

Von besonderem Interesse sind eine Reihe von *optischen Erscheinungen* an kolloidalen Lösungen. Sie zeigen z. B. sehr häufig eine *Trübung* oder eine *Opalescenz*, deren Ursache darin liegt, daß das Licht bei seinem Durchgang durch eine kolloide Lösung eine seitliche Abbeugung erfährt. Die seitliche Beugung des Lichtes ist keine besondere Eigentümlichkeit kolloidaler Lösungen, sie ist bei ihnen nur ohne weiteres erkennbar. Auf photographischem Wege läßt sich in moleculardispersen Lösungen die Beugung von Strahlen noch kürzerer Wellenlänge (ultravioletten und Röntgenstrahlen) nachweisen. Die Strukturanalyse mit Röntgenstrahlen beruht auf dieser Tatsache. Die Opalescenz ist besonders deutlich, wenn ein scharf begrenztes Lichtbündel durch eine Kolloidlösung hindurchgeht. Sein Weg gibt sich dann an einem Aufleuchten der Lösung zu erkennen (TYNDALL-*Phänomen*), während das bei Lösungen von kristalloiden Stoffen oder bei reinem Wasser nicht der Fall ist. Auch die ultramikroskopische Sichtbarkeit der Kolloidteilchen beruht auf dem TYNDALL-Phänomen. Das seitlich auf die Teilchen auftreffende Licht bildet um sie herum hell leuchtende Zerstreuungskreise. Man erkennt also nicht die Kolloidteilchen selbst, sondern die von ihnen herrührende Beugung des Lichtes. Das von den Kolloidteilchen seitlich abgebeugte Licht ist im Gegensatz zu dem seitlich ausgestrahlten Licht polarisiert. Lichtstrahlen kurzer Wellenlänge werden stärker abgebeugt als Licht größerer Wellenlänge, so daß im TYNDALL-Kegel vorwiegend blaue und violette Strahlen enthalten sind, gelbes und rotes Licht gehen dagegen ungehindert durch die Lösung hindurch: opalescierende Lösungen erscheinen im auffallenden Licht bläulich, im durchfallenden gelblich. Emulsionskolloide weisen das TYNDALL-Phänomen nicht auf, weil bei ihnen die disperse Phase so eng mit den Molekülen des Dispersionsmittels verbunden ist (s. weiter unten), daß die Brechungsunterschiede zwischen den beiden Phasen verschwinden.

Eine weitere optische Erscheinung kolloidaler Lösungen ist ihre *Farbkraft* oder *Farbintensität*, die mit steigender Dispersität zunächst zu- und dann wieder abnimmt. Besonders kolloidale Metallösungen (Goldsol) zeigen eine im Verhältnis zu der in ihnen enthaltenen Stoffmenge hohe Farbintensität.

Die Zwischenstellung des kolloiden Zustandes zwischen der groben und der molekularen Verteilung drückt sich in einer Reihe von *Besonderheiten im physikalisch-chemischen Verhalten der Kolloide* aus. Es zeigen sich aber auch typische Übergangserscheinungen, so daß manche Eigenschaften der Kolloide mit denen gröber disperser, andere mit solchen moleculardisperser Systeme übereinstimmen oder zu ihnen überleiten. Fällbarkeit und Trübung heterogener Systeme nehmen mit abnehmendem Dispersitätsgrad zu, Brownsche Bewegung und Diffusion steigen dagegen mit steigendem Dispersitätsgrad an, Opalescenz und Farbkraft endlich haben im Gebiet der kolloiden Dispersion ein Maximum.

In allen Lösungen, so auch in den kolloiden, sind die kleinsten Teilchen nicht frei gegeneinander verschieblich, sondern zeigen eine gegenseitige Kohärenz. Dadurch muß eine innere Reibung oder *Viscosität* entstehen. Durch kolloide Stoffe wird im allgemeinen die Viscosität des Dispersionsmittels erhöht, bei den Suspensionskolloiden nur wenig, bei den lyophilen Kolloiden dagegen in ausgesprochenem Maße: hinreichend konzentrierte Eiweißlösungen (Blutserum) sind schwer flüssig oder erstarren, wie bereits 2%ige Gelatinelösungen, vollständig. Besonders bemerkenswert sind die Unterschiede in der Viscosität von Faden- und Kugelkolloiden. Bei diesen ist sie nahezu unabhängig von der Teilchengröße, bei jenen steigt sie proportional mit der Länge der Teilchen an.

Es ist nun zunächst die Frage zu erörtern, wie die *Stabilität kolloider Lösungen* zu erklären ist. Wir beschränken uns dabei wieder auf die Emulsions- und die Suspensionskolloide, für die anderen kolloiden Systeme gelten prinzipiell die gleichen Verhältnisse. An sich müßte es bei der doch nicht unerheblichen Größe der Kolloidteilchen im Laufe der Zeit zu einer Vergröberung der Dispersion und schließlich zu einer grobflockigen Ausfällung der Kolloidteilchen kommen. Bei manchen Systemen ist das in gewissem Umfange nach längerer Zeit auch der Fall (s. unten), daß aber eine Stabilität überhaupt für eine gewisse Zeit bestehen kann, beruht sehr häufig einzig und allein auf der elektrischen Ladung der Kolloidteilchen, hat also den gleichen Grund wie die schon erwähnte Suspensionsstabilität des Blutes. Die elektrische Ladung der Kolloide ist z. B. an ihrer Wanderung im elektrischen Feld, der Kataphorese, ohne weiteres nachweisbar. Allerdings gibt es auch elektrisch neutrale Kolloide, doch sollen sie, da sie biologisch wenig Bedeutung haben, nicht berücksichtigt werden.

Die *Entstehung der elektrischen Ladung der Kolloide* ist verschieden erklärt worden. Man kann daran denken, daß die Kolloide, die wegen ihrer feinen Verteilung eine sehr große Oberfläche haben, als oberflächenaktive Stoffe adsorptiv wirken, also durch Ionenadsorption eine elektrische Ladung annehmen. Diese früher vertretene Anschauung, die mehr oder weniger unspezifische Oberflächenkräfte voraussetzt, ist für die Mehrzahl der Kolloide ebensowenig richtig wie für die Erklärung der Oberflächenaktivität überhaupt. Bei sehr vielen Kolloiden, so besonders bei den Eiweißkörpern, handelt es sich vielmehr um echte Dissoziationen. Es wird ein positiv oder negativ geladenes Ion abdissoziiert, das in die Lösung übertritt, und das Kolloid hinterbleibt als *Kolloidelektrolyt*, bildet also echte Ionen, allerdings von erheblichen Dimensionen. Eine dritte Möglichkeit für die Entstehung der elektrischen Ladung kolloider Teilchen ist die „Verunreinigung" durch Ionen, die dem Kolloid noch von seiner Entstehung her anhaften.

Ein bekanntes Beispiel für diese dritte Möglichkeit ist die kolloidale Eisenhydroxydlösung (Liquor ferri oxydati dialysati). Fällt man eine Eisensalzlösung mit einer Base, so ist das entstehende Eisenhydroxyd in Wasser völlig unlöslich, dialysiert man dagegen eine Eisenchloridlösung gegen Wasser, so entsteht nach

$$FeCl_3 + 3H_2O = Fe(OH)_3 + 3HCl$$

ebenfalls Eisenhydroxyd, das aber kolloidal gelöst bleibt. Bei längerer Fortsetzung der Dialyse flockt es jedoch auch hier aus. Die Ursache für die primäre Entstehung der kolloidalen Hydroxydlösung besteht darin, daß in einer Zwischenreaktion nach

$$FeCl_3 + H_2O = FeOCl + 2HCl$$

Eisenoxychlorid entsteht. Dies dissoziiert nach

$$FeOCl \rightarrow FeO^+ + Cl^-.$$

Solange die Lösung noch Eisenoxychlorid enthält, wird das Eisenhydroxyd durch ihm beigemengte Oxychloridionen in Lösung gehalten. Das kolloide Teilchen in einer solchen Lösung besteht also aus vielen Eisenhydroxydmolekülen, denen sehr wenig Oxychloridionen beigemengt sind, die aber auf das ganze Teilchen ihre eigene positive Ladung verteilen, während das negative Cl-Ion (das *Gegenion*) in die wäßrige Phase der Lösung hineindiffundiert. In dieser Weise kann ein FeO-Ion etwa 900 Hydroxydmoleküle in Lösung halten. Wird aber die Dialyse länger fortgesetzt, so bildet sich nach

$$FeOCl + 2H_2O = Fe(OH)_3 + HCl$$

auch aus dem Oxychlorid Hydroxyd, und das gesamte Hydroxyd fällt aus.

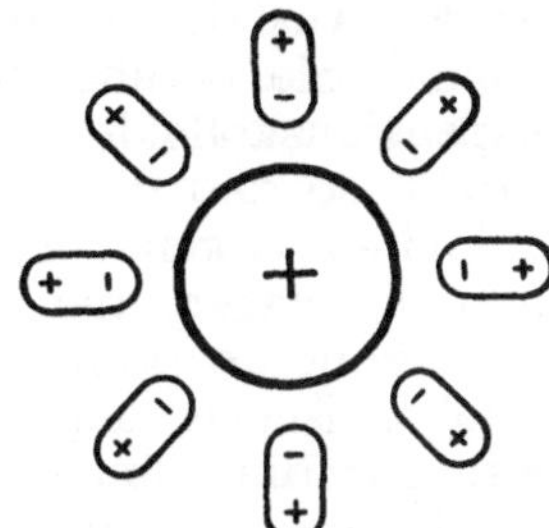

Abb. 34. Richtung der Wasserdipole um ein positiv geladenes Zentrum.

Für die Entstehung der Ladung eines Kolloids und damit für seine wesentlichsten Eigenschaften sind außerordentlich kleine Bezirke seiner Oberfläche verantwortlich. Wegen der gleichnamigen Ladung, die alle Kolloidteilchen des gleichen Stoffes tragen, stoßen sie sich ab und bedingen dadurch die Stabilität des kolloiden Zustandes.

Das Gegenion zum Kolloidion kann sich offenbar in mehr oder weniger großer Entfernung vom Kolloidion befinden und ermöglicht damit eine mehr oder weniger große Wasserbindung oder *Hydratation der Kolloide.* Die Wasseranlagerung an die Kolloide ist als eine elektrostatische Wechselwirkung zwischen den Kolloidteilchen und den Wassermolekülen aufzufassen. Das Wassermolekül ist zwar elektrisch neutral, aber da sich Wasserstoff und Sauerstoff polar, d. h. der Wasserstoff positiv und der Sauerstoff negativ verhalten, kommt es ohne Zerfall des Moleküls zu einer ungleichen Verteilung der Ladung, zu einer „Deformierung", weil die positive Ladung auf die eine, die negative Ladung auf die andere Seite des Wassermoleküls gerückt ist: Wasser ist ein elektrischer *Dipol.* Die Wassermoleküle lagern sich dann etwa so, wie in Abb. 34 schematisch dargestellt, vergleichbar der gerichteten Adsorption an Grenzflächen (s. S. 156), um das elektrisch geladene Kolloidteilchen herum. Die Wasserhülle um ein Kolloidteilchen hat keine konstante Dicke, sondern kann sich mit dem Ladungszustand des Kolloids bzw. durch Ioneneinwirkungen (s. unten) ändern. Der Wechsel in der Hydratation ist sehr wichtig für den Wassertransport im Körper.

Wird die elektrische Ladung der Kolloidteilchen verringert, so verringert sich auch ihre Stabilität, bis sie bei völligem Ladungsverlust ausfallen. Entgegengesetzt geladene Kolloide können sich durch Wechselwirkung aufeinander gegenseitig ausfällen. So fällen sich Eiweißkörper, die wegen der Lage ihres I. P. im sauren Gebiet bei neutraler Reaktion als Anionen dissoziiert sind, also negative Ladung tragen, und positiv geladenes Eisenhydroxyd gegenseitig aus. Man macht von dieser Art der

Enteiweißung oft Gebrauch, weil bei ihr keine löslichen Fremdstoffe in die zu enteiweißende Lösung hineingelangen.

Bei einer Wechselwirkung zwischen einem lyophilen und einem Suspensionskolloid fällen sich die Kolloide nicht aus, wenn die Konzentration des zugesetzten lyophilen Kolloids ziemlich groß ist. Zwar bilden sich auch hier Anlagerungen der beiden Kolloide aneinander, aber da die Suspensionskolloide meist eine ziemlich geringe Teilchengröße haben, geht die Ausdehnung der entstandenen Komplexe wohl nicht über die Größenordnung kolloider Teilchen hinaus, außerdem behalten sie einen zur Stabilisierung ausreichenden Rest der ursprünglichen Ladung des hydrophoben Kolloids, bzw. bei Anlagerung größerer Mengen des hydrophilen Kolloids ändert die Ladung der Teilchen sogar ihr Vorzeichen. Dazu kommt ein weiterer bemerkenswerter Umstand. Die Behandlung mit dem hydrophilen Kolloid schützt das hydrophobe Kolloid weitgehend vor der Ausfällung, so daß man geradezu von einer *Schutzkolloidwirkung* spricht. Sie beruht anscheinend entweder darauf, daß die Teilchen des Suspensionskolloids rings von denen des hydrophilen Kolloids umhüllt werden, so daß die Neutralsalze nunmehr gleichsam auf ein hydrophiles Kolloid einwirken, oder aber es wird das hydrophobe Kolloid auf das hydrophile aufgelagert und damit seine freie Beweglichkeit eingeschränkt. Eine Schutzkolloidwirkung üben z. B. die Eiweißkörper des Blutplasmas aus, wobei zwischen den einzelnen Eiweißfraktionen erhebliche Unterschiede bestehen: die Albumine sind viel schwächer wirksam als die Globuline, so daß sich mit den bei krankhaften Zuständen beobachteten Änderungen der Eiweißmischung auch ihre Schutzkolloidwirkung ändern muß. Mit einer Schutzkolloidwirkung dürfte wohl die erhebliche Steigerung der Löslichkeit schwer löslicher Stoffe in biologischen Flüssigkeiten in Zusammenhang stehen, wie etwa der auffallend hohe Gehalt der Milch an Calciumphosphat, vielleicht auch die abnorm hohe Löslichkeit von Harnsäure und Kalksalzen im Blut.

Auch Neutralsalze fällen Kolloidlösungen. Dabei verhalten sich hydrophile und hydrophobe Kolloide prinzipiell verschieden. *Hydrophobe Kolloide,* wie z. B. Metallsole, werden schon durch geringe Mengen von Neutralsalzen entladen und ausgefällt: wenn sie positiv geladen sind durch Hydroxylionen und durch Anionen, bei negativer Ladung durch Wasserstoffionen und durch Kationen. H- und OH-Ionen sind besonders wirksam, die Wirksamkeit der übrigen Ionen ist wesentlich geringer. Sie nimmt aber mit zunehmender Wertigkeit der Ionen erheblich zu.

Auf hydrophile Kolloide können in Abhängigkeit von der Wasserstoffionenkonzentration H- und OH-Ionen sowohl flockend als auch quellend wirken, es kann also ihr Hydratationsgrad sowohl ab- als auch zunehmen. Wahrscheinlich hängt das, bei den Eiweißkörpern ist dies sicherlich der Fall, mit einer Änderung des Dissoziationsgrades der Kolloidelektrolyte zusammen.

Zur Neutralsalzfällung der *hydrophilen Kolloide* sind wesentlich größere Neutralsalzmengen erforderlich als für die Ausfällung der lyophoben Kolloide, da ihre Wasserhülle den Kolloidteilchen einen weitgehenden Schutz gegen die Salzwirkung verleiht. Eine Globulinlösung wird z. B. gefällt, wenn man sie mit dem gleichen Volumen gesättigter Ammonsulfatlösung versetzt („durch Halbsättigung mit Ammonsulfat"), Albumine fallen sogar erst aus, wenn ihre Lösungen mit Ammonsulfat gesättigt werden. Offenbar kommt es zwischen den Ionen und den Kolloidteilchen zu einem

Wettstreit um den Besitz des Wassers, bis bei höherer Salzkonzentration den Kolloidteilchen für die Hydratation der Ionen so viel Wasser entzogen wird, daß sie durch entgegengesetzt geladene Ionen entladen werden, sich zu größeren Flocken vereinigen und ausfallen. Die Unterschiede in den Salzkonzentrationen, die zur Ausfällung verschiedener lyophiler Kolloide erforderlich sind, weisen auf die verschieden feste Bindung des Hydratationswassers hin.

Von den bisher besprochenen Wirkungen der Neutralsalze sind wesentlich verschieden ihre Wirkungen *auf hydrophile Kolloide in verdünnten neutralen Lösungen.* Auch dann können sie, erkennbar an einer Trübung, ausflocken, sie können aber auch durch stärkere Wasserbindung quellen. Die Richtung der Kolloidzustandsänderung und ihr Ausmaß hängen, wie zuerst HOFMEISTER in seinen schon früher erwähnten Versuchen gefunden hat (s. S. 166), von der Natur der zugesetzten Salze ab. Anionen wirken bei gleicher Konzentration auf Gelatinegallerten in folgender Reihenfolge quellend:

$$Cl < Br, NO_3 < J < CSN,$$

andere Anionen, und zwar Sulfat, Tartrat und Citrat entziehen der Gelatine Wasser, Acetat ist ohne jede Wirkung.

Die Wirkung der Kationen ist viel weniger ausgesprochen, immerhin ergibt sich etwa die Reihenfolge

$$Li < Na < K, NH_4.$$

Die Untersuchung anderer Eigenschaften der Eiweißkörper in gequollenem Zustand oder in Lösung, wie Gelatineerstarrung, Viscosität, Beeinflussung der Löslichkeit usw. ergab ähnliche Gesetzmäßigkeiten. So nimmt z. B. die fällende Wirkung von Anionen auf Lösungen von Hühnereiweiß in der Richtung Citrat→Rhodanid ab, und zwar in der gleichen Reihenfolge, die sich für die Gelatinequellung bzw. -entquellung ergeben hat. Man sieht, daß die Anordnung der Salze die gleiche ist wie bei der Ionenwirkung auf Adsorptionsvorgänge: auch *die Neutralsalzwirkung auf hydrophile Kolloide entspricht der Stellung der Ionen in der lyotropen* (HOFMEISTERschen) *Reihe.*

Die Beobachtungen über die Ionenwirkungen auf Kolloide, besonders auf Eiweißlösungen, sind von höchster biologischer Bedeutung. Es wird später gezeigt werden, daß die Fermente Eiweißkörper sind (s. S. 282). Da Fermentwirkungen, wie schon angedeutet, ional beeinflußbar sind, liegt die Vermutung nahe, daß Ionen auf die Eiweißkomponente des Fermentes einwirken; und wenn nicht nur die Natur der Ionen den Kolloidzustand der Eiweißkörper ändern kann, sondern auch die Ionenwirkung selbst durch geringe Reaktionsverschiebungen verändert wird, so ergeben sich damit weitgehende Möglichkeiten für die Steuerung fermentativer Vorgänge und ihre Anpassung an die jeweiligen Bedürfnisse des Stoffwechsels.

Wie soll man die Ionenwirkung auf hydrophile Kolloide, in erster Linie also auf die Eiweißkörper verstehen? Wahrscheinlich handelt es sich um die bereits oben eingehend besprochenen Veränderungen im Hydratationsgrad der Kolloide. Die Ionen sind wegen ihrer elektrischen Ladung und wegen der Dipolnatur des Wassers, also aus den gleichen Gründen wie die Kolloidteilchen, hydratisiert, und zwar um so stärker, je größer ihre Ladung und je kleiner ihr Radius ist. Die elektrische Ladung der Ionen wirkt sich nicht nur in ihrem Hydratationsgrad, sondern auch in der Adsorption oder chemischen Bindung entgegengesetzt geladener Ionen aus. Ob ein Ion auf ein Kolloid quellend oder entquellend, lösend oder fällend wirkt, muß vom Verhältnis der Hydratisierungstendenz des Ions zu der des Kolloids abhängen. Stark hydratisierte Ionen, die auch die geringste Oberflächenaktivität besitzen, wirken daher am stärksten wasserentziehend (Anwendung der Sulfate zum Aussalzen der Eiweißkörper!).

Die *Oberflächenaktivität der Kolloide*, auf deren Mitwirkung bei der Adsorption von Elektrolyten hingewiesen wurde, verursacht aber weiterhin auch eine ungleichmäßige Verteilung von Kolloiden in ihren Lösungen. Sie führt zu einer Anreicherung des Kolloids an den Grenzflächen zwischen seiner Lösung und dem umgebenden Medium, und zwar nicht nur gegen Luft, sondern auch gegen Flüssigkeiten. Dabei bilden die hydrophilen Kolloide häufig feste Häutchen an den Phasengrenzflächen. Beim Schütteln von Eiweißlösungen bildet sich ein Schaum, der sich nicht wieder auflöst, weil das Eiweiß sich an der Grenzfläche von Luft und Flüssigkeit in Membranen und Fäden ausscheidet (Bierschaum, Eierschaum). Diese Häutchen werden als *Haptogenmembranen* bezeichnet. Nur durch ihre Bildung ist z. B. die Emulgierung von Fett in Form feinster Tröpfchen in der Milch möglich: jedes Fetttröpfchen ist von einer Eiweißmembran, also von einem dünnen Häutchen hydrophiler Kolloide umgeben, die das Zusammenfließen der Fetttröpfchen verhindert und die Emulsion „Milch" stabilisiert. Es erscheint möglich, daß auch die Protoplasmahaut durch Bildung einer Haptogenmembran aus dem Zelleiweiß in der Grenzfläche gegen das umgebende Medium entsteht.

Eine weitere auch biologisch sehr wichtige Erscheinung an kolloiden Lösungen ist ihre *Alterung*. Diese besteht darin, daß die kolloiden Systeme ihre Eigenschaften nicht für unbegrenzte Zeit unverändert beibehalten, sondern allmählich eine Abnahme ihrer Ladung und damit eine Verringerung der Hydratation erfahren, so daß eine Anzahl der Kolloidteilchen zu einem größeren Komplex zusammentreten kann. Dabei brauchen die Kolloide gar nicht auszuflocken, aber das ganze System wird viel weniger stabil.

Kolloidlösungen haben einen bestimmten *osmotischen Druck*. Dieser ist aber sehr niedrig, da die molekulare Konzentration kolloidaler Lösungen, die den osmotischen Druck bestimmt (s. S. 139), wegen des hohen Molekulargewichtes der Kolloidteilchen nur gering ist. Trotzdem spielt dieser *kolloidosmotische Druck* im Organismus eine große Rolle. Im Blutplasma beträgt er bei einem mittleren Eiweißgehalt von etwa 7 % ungefähr 25 mm Hg, also $\frac{1}{30}$ Atm., bei einem gesamten osmotischen Druck des Blutes von etwa 7 Atm. Und doch ist er trotz seiner Geringfügigkeit von hoher Bedeutung für die Flüssigkeitsbewegung im Körper, für die Bildung des Gewebswassers und die Wasserausscheidung in der Niere. Man nimmt an, daß das Gewebswasser gebildet wird, indem Wasser durch die Capillarwände aus der Blutbahn abgepreßt wird. Das kann aber nur der Fall sein, wenn der hydrostatische Druck in den Capillaren, also der Blutdruck, größer ist als der kolloidosmotische Druck. Das scheint in der Tat gerade der Fall zu sein.

DONNAN-Gleichgewicht: Das Kolloidteilchen ist im allgemeinen nicht in neutraler Form, sondern als Kolloidelektrolyt vorhanden. Wenn wir einen Kolloidelektrolyten, dem wir die Formel NaR geben wollen, der also die Ionen Na^+ und R^- bildet, durch eine Membran, die für das Kolloidion R^- nicht diffusibel ist, von reinem Wasser trennen, so kann wegen des elektrostatischen Zuges auch das Gegenion Na^+ nicht in analytisch nachweisbarer

Menge durch die Membran hindurchtreten. Immerhin werden einige *Na*-Ionen durch die Membran hindurchgehen, etwa analog der Ausbildung einer elektrischen Doppelschicht bei der Ionenadsorption: damit muß in der Membran ein elektrisches Potential entstehen.

Trennt man durch die Membran einen Kolloidelektrolyten nicht von reinem Wasser, sondern etwa von einer Kochsalzlösung, so stellt sich für Kochsalz ein besonderes Verteilungsgleichgewicht ein, durch das die NaCl-Konzentration zu beiden Seiten der Membran eine verschiedene wird. Dieses Gleichgewicht wird als DONNAN-*Gleichgewicht* bezeichnet. Wenn (I) der Zustand zu Beginn, (II) der zu Ende des Versuches ist und a und b die beiden Seiten der Membran bezeichnen, so ergibt sich das folgende Schema:

(Ia):	(Ib):	(IIa):	(IIb):
Na⁺	*Na*⁺	*Na*⁺	*Na*⁺
R⁻	*Cl*⁻	*R*⁻	*Cl*⁻
		Cl⁻	

Tabelle 29. DONNAN-Gleichgewicht für Kongorot und Kochsalz.

Kongo-rot (innen)	Koch-salz (außen)	Kochsalz	
		innen	außen
vor		nach	
Einstellung des Gleichgewichtes			
0,01	1	0,497	0,503
0,1	1	0,467	0,524
1	1	0,33	0,66
1	0,1	0,0083	0,0917
1	0,01	0,0001	0,0099

Zu beiden Seiten der Membran muß Elektroneutralität herrschen, es muß also die Zahl der Anionen gleich der der Kationen sein, also in (IIa) $[Na_a^+] = [R_a^-] + [Cl_a^-]$). Dann kann aber $[Na_a^+]$ nicht gleich $[Na_b^+]$ und $[Cl_a^-]$ nicht gleich $[Cl_b^-]$ sein: $[NaCl_a]$ und $[NaCl_b]$ sind verschieden. Es läßt sich theoretisch ableiten und experimentell beweisen, daß

$$\frac{[Na_a]}{[Na_b]} = \frac{[Cl_b]}{[Cl_a]} \qquad (54)$$

ist.

Wie groß durch das DONNAN-Gleichgewicht bedingte Konzentrationsunterschiede sein können, zeigt für verschiedene Mischungen

Tabelle 30. DONNAN-Gleichgewicht für Kongorot und Kaliumchlorid.

Vorher		Nachher					
		K⁺		Na⁺		Cl⁻	
NaR (innen)	KCl (außen)	innen	außen	innen	außen	innen	außen
0,1	1	0,5	0,5	0,05	0,05	0,5	0,5
1	1	0,66	0,33	0,66	0,33	0,33	0,66
10	1	0,90	0,10	9,2	0,8	0,1	0,90
100	1	0,99	0,01	99	1	0,01	0,99

von Kongorot und Kochsalz die Tabelle 29. Bei bestimmtem Mengenverhältnis der beiden Stoffe verhält sich die Membran also so, als sei sie in einer Richtung für NaCl überhaupt undurchlässig.

Biologisch noch wichtiger sind die Verteilungsgleichgewichte, wenn dem Kolloidelektrolyten ein Salz mit ungleichnamigem Kation gegenübersteht. Die Tabelle 30 gibt die Verteilung für Kongorot (Na*R*) und Kaliumchlorid.

Bei überwiegender Konzentration des Kolloids wird also, wenn es als Anion vorliegt, das Kation des Außenelektrolyten stark angezogen, das Anion dagegen abgestoßen.

Aus dem Bestehen der Membrangleichgewichte folgt, daß sich für den osmotischen Druck von kolloiden Lösungen, die auch noch andere Elektrolyte enthalten, unrichtige Werte ergeben müssen, da der gemessene Wert weitgehend von dem jeweiligen Membrangleichgewicht abhängt.

Die DONNAN-Gleichgewichte müssen für die Erklärung der Ionenverteilung zwischen Blutplasma und Blutkörperchen, zwischen Gewebsflüssigkeit und Blutplasma sowie zwischen Zellen und Blutplasma besonders beachtet werden. Für ihre Auswirkung nur ein Beispiel: unter besonderen krankhaften Bedingungen wird vermehrt Wasser aus dem Blut in die Gewebsspalten abgeschieden, es bildet sich ein *Ödem*. Die Analyse einer solchen Ödemflüssigkeit und des Blutserums, aus dem sie entstand, ergab für die Konzentration (in Millimol je Liter) an Na-, Cl- und HCO_3-Ionen die in Tabelle 31 angeführten Werte. Die in der letzten Spalte berechneten Verteilungsquotienten sind für Cl- und HCO_3-Ionen nahezu gleich, der für das Na^+ hat den reziproken Wert, ein Verhalten, das für das DONNAN-Gleichgewicht nach (54) gefordert wird. In ähnlicher Weise ist auch für einige Ionen das Bestehen eines DONNAN-Gleichgewichtes zwischen Blutserum und Blutkörperchen gezeigt worden, das den theoretischen Voraussetzungen etwa entspricht (s. S. 541).

Anscheinend sind aber nicht alle im Körper wirklich bestehenden Ionenverteilungen so zu erklären. Außer einer auf der Membranladung beruhenden elektiven Permeabilität für positiv oder negativ geladene Teilchen, spielen offenbar andere noch unbekannte Faktoren eine Rolle.

Tabelle 31. Ionenverteilung zwischen Blutserum und Ödemflüssigkeit.

Ion	Serum	Ödemflüssigkeit	Serum/Ödemflüssigkeit
Na	166,8	156,2	1 : 0,94
Cl	116,8	120,0	0,98 : 1
HCO$_3$	29,3	30,4	0,96 : 1

H. Die biologische Permeabilität.

Die biologische Permeabilität ist eines der zentralen Probleme der Biologie. Die Frage, in welcher Weise die Bau- und Betriebsstoffe in die Zellen hineingelangen und weshalb gerade diese und nicht auch andere, unbrauchbare Stoffe, ist nur eine Seite des Problems. Die Ausscheidung von unbrauchbaren Stoffwechselprodukten aus jeder einzelnen Zelle, die Resorption von Stoffen durch die Darmwand in das Blut, die Ausscheidungsfunktion der Niere, die besondere Sekretionstätigkeit der Drüsen mit innerer und äußerer Sekretion, alle diese biologischen Funktionen haben die nächste Beziehung zum Stoffaustausch durch biologische Membranen.

Bei der Besprechung der einfachen Diffusions- und Osmosevorgänge ist darauf hingewiesen worden, daß sie allein nicht imstande sind, die eigenartigen Permeabilitätsverhältnisse lebender Zellen zu erklären. So muß es auch bei Annahme semipermeabler Membranen rätselhaft erscheinen, weshalb der Zellinhalt eine andere ionale Zusammensetzung hat als Blutplasma, und weshalb die Zellen verschiedener Organe sich in ihrer Zusammensetzung unterscheiden. Einige in den beiden letzten Kapiteln besprochene Erscheinungen, so besonders die Adsorptionserscheinungen an Membranen und die DONNAN-Gleichgewichte deuten darauf hin, daß Zusammensetzung und Eigenschaften der Zellgrenzflächen bei der Erklärung der biologischen Permeabilität eine ausschlaggebende Rolle spielen müssen. Die Existenz besonderer Zellmembranen ist durch elektronenmikroskopische Untersuchungen gesichert (s. Abb. 35).

Es sind unzählige Versuche durchgeführt worden mit zahllosen Stoffen, an pflanzlichen und tierischen Zellen verschiedenster Herkunft über das Eindringen dieser Stoffe in die Zellen, und man hat versucht, die Beobachtungen durch Annahme ganz bestimmter Membraneigenschaften einheitlich zu erklären. Eine solche einheitliche Erklärung ist bis heute nicht gefunden.

Wohl kann nach den Untersuchungen an roten Blutkörperchen mit einiger Sicherheit gesagt werden, daß die Zellgrenzschichten aus einer oder zwei Lipoid- und einer Eiweißphase aufgebaut sind. Ob diese Membranbaustoffe aber nach Art eines Mosaiks nebeneinander liegen *(Mosaiktheorie)* oder die Lipoide eine äußere, die Eiweißkörper eine innere Schicht bilden *(Schichttheorie)*, kann noch nicht mit Sicherheit gesagt werden, wenn auch die experimentellen Befunde eher für eine Schichtung der Membran sprechen.

Wenn schon der Aufbau der experimentell leichter zugänglichen Erythrocytenmembran nicht völlig geklärt werden konnte, ist es einleuchtend, daß dies für die Membranen anderer Zellen noch weniger gelang. Da auch die genaue chemische Struktur der Bausteine der Membranen nicht bekannt ist, sondern über sie nur Vermutungen geäußert werden können, fehlt eine der wichtigsten Voraussetzungen für die Herstellung künstlicher Membranen mit Eigenschaften, die denen der biologischen Membranen soweit wie möglich entsprechen. Ferner sind sehr viele Permeabilitätsversuche an tierischen oder pflanzlichen Zellen mit Stoffen angestellt worden, die biologisch ohne jedes Interesse sind, oder es erwiesen sich Stoffe als völlig impermeabel, deren physiologische Permeabilität nicht bezweifelt werden kann,

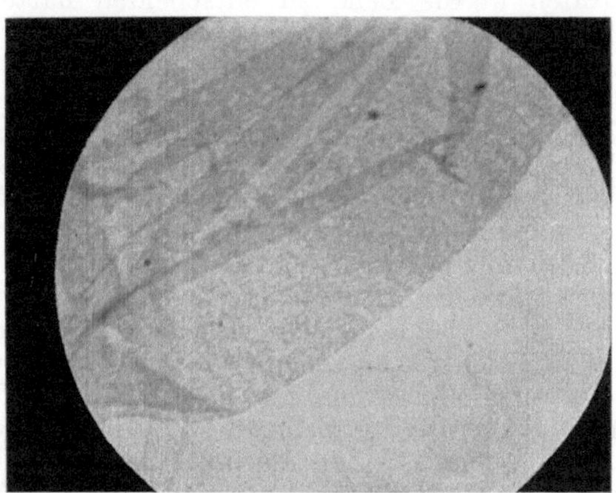

Abb. 35. Erythrocytenstroma. (Nach JUNG.)

so daß offenbar die Untersuchungsergebnisse an künstlichen Membranen oder an überlebenden Zellen und Organen nicht ohne weiteres auf lebende Zellen und Organe übertragen werden können. Es sind eine Reihe von Theorien aufgestellt worden, die auf Grund solcher Versuche die Verhältnisse der lebenden Zelle zu erklären versuchen. Im Anschluß an die Versuche über anorganische Niederschlagsmembranen (s. S. 138) hat man in der Plasmahaut ein Molekülsieb gesehen, durch dessen Poren Stoffe um so besser hindurchwandern, je geringer die Größe ihrer Moleküle ist, wogegen Stoffe, deren Moleküle größer sind als der Porendurchmesser, nicht hindurchtreten können. Diese Theorie kann keinesfalls alle Beobachtungen erklären, da die Permeabilität der Zellmembranen sich qualitativ und quantitativ von der eines Molekülsiebes nach Art der Ferrocyankupfermembran unterscheidet.

OVERTON hat in grundlegenden Versuchen gezeigt, daß zwischen der Durchlässigkeit der Zellgrenzflächen für sehr viele Stoffe und deren Löslichkeit in Lipoiden eine weitgehende Parallelität besteht. Nach der von ihm herrührenden *Lipoidtheorie* der Permeabilität verhält sich die Zellmembran wie ein lipoider Stoff. Daher sind lipoidlösliche Stoffe permeabel, lipoidunlösliche impermeabel; je größer die Lipoidlöslichkeit, um so besser die Permeabilität. Es kommt damit ein neuer Gesichtspunkt in die Erörterung: die Löslichkeit der permeierenden Stoffe in der Zellwand. Wenn man voraussetzt, daß die Zellwand aus den gleichen Stoffen aufgebaut sein

soll wie das Zellinnere, so ist, wenn die permeierenden Stoffe Zellbestandteile werden sollen, die Forderung der Löslichkeit in den Grenzflächen geradezu Voraussetzung für die Permeabilität. Aber auch für die Lipoidtheorie
gelten die vorher erhobenen Einwände, nämlich, daß sie zwar das Verhalten
gewisser körperfremder Stoffe gut wiedergibt, nicht aber dasjenige vieler
für die Zelle wichtiger Substanzen. Vor allem kann durch die Lipoidtheorie
die Aufnahme eines der wichtigsten Zellbestandteile, des Wassers, nicht geklärt werden. Die Aufnahme von nicht lipoidlöslichen Stoffen ist aber leicht
erklärbar, weil außer Lipoiden auch noch Proteine am Aufbau der Grenzflächen beteiligt sind.

Wenn ein solcher Aufbau der Membran allein über die Aufnahme von
Stoffen in die Zelle zu entscheiden hätte, dann müßte eine sehr viel
größere Zahl von Stoffen aufgenommen werden können, als es tatsächlich
der Fall ist. Es wäre auch trotz des Bestehens von DONNAN-Gleichgewichten
die von dem Blutplasma so verschiedene ionale Zusammensetzung mancher
Zellen unverständlich, und es wäre unerklärlich, wieso die so leicht in
Wasser löslichen Ionen der anorganischen Salze überhaupt nicht oder nur
elektiv, d. h. entweder die Kationen oder die Anionen, in die Zellen aufgenommen werden, wieso aber nicht oder schlecht dissoziierende Stoffe
viel leichter permeieren. Diese Überlegungen weisen uns auf die Tatsachen
zurück, die im vorhergehenden Kapitel immer wieder angedeutet wurden:
auf die kolloidchemischen Eigenschaften der Zellmembranen, insbesondere
auf ihre elektrische Ladung und auf ihre Oberflächenaktivität. In der Tat
geht auch eine Annahme dahin, daß Stoffe erst nach ihrer vorherigen
Adsorption an die Zellmembran durch die Zellwandung hindurchtreten
können, und daß die Geschwindigkeit des Durchtritts in weitem Umfang
von dem Grad ihrer Adsorption abhängt. Von heute noch nicht zu übersehender Bedeutung sind wahrscheinlich auch chemische Reaktionen auf-
zunehmender Stoffe mit Bestandteilen der Membranen, die zur Bildung
von Körpern mit ganz anderem Permeabilitätsvermögen führen könnten.
Ferner ist zu beachten, daß der Austausch durch Membranen energetisch
nicht indifferent ist. Der Ionenaustausch durch die Erythrocytenmembran
hat z. B. einen Energiebedarf von 8,45 kcal pro Std und l Erythrocyten.

Keine der aufgeführten — und keine der anderen hier nicht erwähnten —
Theorien kann *alle* Erscheinungen der biologischen Permeabilität in ganz be-
friedigender Weise erklären, aber in ihrer Gesamtheit vermögen sie doch
zusammen mit den allgemeinen Gesetzmäßigkeiten der Adsorption und
des kolloiden Zustandes sowie deren Abhängigkeit von äußeren Faktoren
die Richtung anzudeuten, in der die Erklärung gesucht werden muß.
Dabei muß aber beachtet werden, daß für die charakteristische Zusammensetzung des Zellprotoplasmas, besonders für seinen Ionengehalt, in den
Zellen besondere Einrichtungen vorhanden zu sein scheinen.

Wir müssen noch hinzufügen, daß nicht nur das *Bestehen* einer bestimmten Permeabilität, sondern besonders auch ihr *Wechsel* eine unabweis-
liche biologische Forderung ist, wenn die Zelle den Erfordernissen der wechselnden biologischen Funktion genügen soll. Ein solcher Wechsel kann in
erster Linie durch Änderungen des Kolloidzustandes der Membranbausteine
hervorgerufen werden; denn wie der Zustand kolloider Lösungen durch
mannigfache äußere Einwirkungen verändert werden kann, so lassen sich
auch an den Zellen selber durch ähnliche Einwirkungen Änderungen der
Permeabilität, und zwar reversible Änderungen, herbeiführen. Es erscheint
deshalb sicher, daß die biologische Permeabilität gebunden ist an den

Aufbau der Zellmembran aus Eiweißkörpern und Lipoiden, und daß ihre Anpassung an den jeweiligen Funktionszustand der Zelle — durch Änderung der kolloiden und elektrischen Eigenschaften der Membranbausteine — wahrscheinlich gerade durch diesen Funktionszustand gesteuert wird.

Schrifttum.
(Zum zweiten Hauptteil.)

BOLAM, T. R.: The Donnan Equilibria. London 1932. — BUZÁGH, A. v.: Kolloidik. Dresden 1936. — CLARK, W. M.: Topics in Physical Chemistry. Baltimore 1948. — CRAMER, F.: Papierchromatographie. 2. Aufl. Weinheim 1953. — HANNIG, K.: Papierelektrophorese in der Eiweißchemie. HOPPE-SEYLER/THIERFELDERS Handb. physiol. path.-chem. Analyse. 10. Aufl. Bd. IV, S. 136. Berlin, Göttingen, Heidelberg, im Druck. — HÖBER, R.: Physikalische Chemie der Zelle und der Gewebe. 6. Aufl. Leipzig 1926. Physical Chemistry of Cells and Tissues. London 1947 (Deutsche Übersetzung. Bern 1947). — JIRGENSONS, B., u. M. STRAUMANIS: Kurzes Lehrbuch der Kolloidchemie. München, Berlin, Göttingen, Heidelberg 1949. — MICHAELIS, L.: Die Wasserstoffionenkonzentration. 2. Aufl. Berlin 1922. Oxydations-Reduktions-Potentiale. Berlin 1929. — NETTER, H.: Biologische Physikochemie. Potsdam 1951. — OSTWALD, Wo.: Die Welt der vernachlässigten Dimensionen. 5. u. 6. Aufl. Dresden 1921. — PAULI, Wo.: Kolloidchemie der Eiweißkörper. Dresden 1920. — RAUEN, H. M.: Chromatographie. HOPPE-SEYLER/THIERFELDERS Handb. physiol. path.-chem. Analyse. 10. Aufl. Bd. 1, S. 122. Berlin, Göttingen, Heidelberg 1953. — TURBA, F.: Chromatographische Methoden in der Protein-Chemie. Berlin, Göttingen, Heidelberg 1954. — ZECHMEISTER, L., u. L. v. CHOLNOCKY: Die chromatographische Adsorptionsanalyse. Wien 1937.

III. Die Wirkstoffe des Körpers.

Vorbemerkungen.

Jeder Organismus enthält eine große Zahl von Stoffen, durch deren besondere chemische Struktur im Verein mit dem eigenartigen kolloid-chemischen Aufbau des Protoplasmas die Leistungen der Zellen während des Lebens möglich gemacht werden. Einen Teil dieser Stoffe kann der Körper selbst bilden, andere müssen ihm mit der Nahrung zugeführt werden. Ihnen allen kommt eine besondere biologische Wirkung zu, sie werden deshalb in ihrer Gesamtheit als *Wirkstoffe (Ergone)* bezeichnet.

Eine Zelle ist nur dann befähigt ihre Leistungen zu vollziehen, wenn in ihr durch Stoffwechselvorgänge aus chemischen Bausteinen die in ihnen gespeicherte Energie freigemacht wird oder Stoffe von hoher biologischer Wirksamkeit gebildet werden. Der Aufbau und Umbau der mit der Nahrung zugeführten Substanzen oder derjenige der zelleigenen Stoffe verläuft nicht von selbst, sondern bedarf der Mitwirkung besonderer katalytisch wirksamer Stoffe der Zelle, die als *Fermente* bezeichnet werden.

Die Tätigkeit der Fermente, mit Ausnahme derjenigen der Verdauungs-fermente, vollzieht sich in Zellen. Sie soll aber nicht nur für die einzelne Zelle oder für ein einzelnes Organ nutzbringend sein, sie muß vielmehr den Zwecken des Gesamtorganismus soweit wie irgend möglich angepaßt sein und seinen Bedürfnissen entsprechen. Sie ist an sich von dem jeweiligen Zustand der einzelnen Zelle abhängig, ihre Tätigkeit im Dienst des Gesamt-organismus ist aber nur möglich, wenn der Körper die Tätigkeit der Zellen und Organe zum Nutzen des Gesamtorganismus regulieren kann. Als Re-gulationseinrichtung steht ihm das Nervensystem zur Verfügung. Neben der nervösen Regulation und im Zusammenwirken mit ihr gibt es im Organismus jedoch noch eine Regulation durch chemische Stoffe, die in einigen Organen des Körpers gebildet und mit dem Blutstrom überall im Körper verbreitet werden. Diese Art der Regulation kann man deshalb der nervösen als humorale gegenüberstellen. Auch bei der humoralen Regulation werden in manchen Organen bestimmte Wirkungen hervorgerufen, die man ganz allgemein als eine Änderung ihres Funktionszustandes bezeichnen kann: spezifische Leistungen von Zellen können gefördert oder gedämpft werden, oder sie werden durch die Zufuhr dieser Stoffe überhaupt erst möglich gemacht. Man nennt solche Stoffe, die in bestimmten Organen gebildet werden und, auf dem Blutwege — humoral — weiterbewegt, in anderen Organen spezifische Wirkungen auslösen, *Hormone.*

Neben den Fermenten und den Hormonen gibt es noch eine dritte Stoffgruppe, ohne deren Mitwirkung sich eine geregelte Zellarbeit nicht zu vollziehen vermag, die *Vitamine.* Wenn die Hormone und die Fermente Stoffe sind, die im Tierkörper gebildet werden, deren Entstehung also als besondere funktionelle Leistung des Tierkörpers anzusehen ist, so sind die Vitamine notwendige Bestandteile der Nahrung. Der tierische Organismus ist nicht in der Lage, diese Stoffe zu synthetisieren. Daran ändert auch die Tatsache nichts, daß einige Vitamine nur Vorstufen derjenigen Stoffe sind, die der tierische Organismus gebraucht, daß im Körper aus diesen Vorstufen also erst die wirksamen Stoffe gebildet wurden oder daß in einzelnen Fällen diese oder jene Tierart Stoffe, die im allgemeinen Vitamine sind, doch synthetisieren kann, so daß sie für diese Tiere nicht mehr Vitamine sind. In den erwähnten Vorstufen sind die Vitamine übrigens im wesentlichen bereits vorgebildet und geringfügige Veränderungen genügen, sie in die Vitamine umzuwandeln.

Die Bausteine des Tierkörpers konnten geordnet nach ihrer chemischen Konstitution besprochen werden. Wenn auch für die meisten Fermente, Hormone und Vitamine die Struktur zum mindesten im Prinzip bekannt ist—Fermente sind Eiweißkörper, Hormone und Vitamine gehören sehr verschiedenen Stoffgruppen an — so wird aus funktionellen Gründen die Einteilung der Wirkstoffe in drei Gruppen, die historisch durch die Art ihrer Wirkung oder ihres Vorkommens, also durch biologische Gesichtspunkte bedingt war, zweckmäßig auch vorläufig noch aufrechterhalten. Danach sind die Fermente Stoffe, die im Organismus gebildet werden und die durch ihre Anwesenheit den Aufbau und Abbau der Körperbausteine ermöglichen. Die Hormone sind ebenfalls Produkte der Zelltätigkeit; sie sind Substanzen, denen die Regulation der Funktionen auf humoralem Wege obliegt; die Vitamine schließlich sind Stoffe, die der Körper nicht zu bilden vermag, sondern die ihm mit der Nahrung von außen zugeführt werden müssen. Ihre Wirkung ist derjenigen der Hormone und der Fermente vergleichbar, manche von ihnen sind Teilstücke von Fermenten.

Über die Art und Weise, in der Hormone in den Ablauf des Zellgeschehens eingreifen, also über den Mechanismus ihrer Wirkung, ist so gut wie nichts bekannt; über den Wirkungsmechanismus zahlreicher Vitamine und Fermente dagegen ist man gut unterrichtet.

Die Einteilung in Hormone, Vitamine und Fermente bringt eine gewisse Ordnung in eine Vielzahl von Stoffen verschiedener chemischer Konstitution und verschiedenartiger Wirkung. Aber es darf nicht übersehen werden, daß diese Grenzen keine starren sind. Es mehren sich Befunde, die zeigen, daß zwischen Hormonen, Vitaminen und Fermenten Wechselwirkungen der verschiedensten Art bestehen, von denen einige in den folgenden Kapiteln besprochen werden. Es sei hier nur darauf hingewiesen, daß Hormone und Vitamine in der gleichen Richtung, also synergistisch, wirken können, daß aber ebenso gut auch antagonistische Wirkungen zwischen Angehörigen dieser beiden Stoffklassen bestehen, und es sei weiterhin angedeutet, daß Vitamine als integrierende Bestandteile von Fermenten in die Struktur des Körpers eingebaut werden, um zu zeigen, daß die einzelnen Wirkstoffe ihre spezifische Wirkung auf ganz verschiedenen Wegen entfalten können und daß die Grenzen zwischen Vitaminen, Hormonen und Fermenten fließende sind. Denken wir ferner daran, daß im Organismus Tryptophan in Nicotinsäure umgewandelt werden kann (s. S. 202f.), daß durch ultraviolette Strahlen in der Haut das Vitamin D_3 aus seiner Vorstufe (7-Dehydrocholesterin) gebildet wird (s. S. 220), daß das Vitamin C bei den meisten Tieren entbehrlich ist (s. S. 211), weil sie es selber zu synthetisieren vermögen, es für sie also gleichsam ein Hormon ist, so leuchtet die Unsicherheit in der Grenzziehung zwischen den Wirkstoffen ein.

Allen Wirkstoffen aber ist eines gemeinsam: *Ihre Konzentration in den Geweben oder die Menge, die von ihnen dem Organismus zugeführt werden muß, ist außerordentlich gering, sie haben also alle eine hohe Wirksamkeit im Vergleich zu ihrer Masse.* Allerdings sind die notwendigen Mengen von Wirkstoff zu Wirkstoff sehr verschieden.

Schrifttum.

AMMON, R., u. W. DIRSCHERL: Fermente, Hormone, Vitamine und die Beziehungen dieser Wirkstoffe zueinander. 2. Aufl. Leipzig 1948. — EULER, H. v.: Bedeutung der Wirkstoffe (Ergone), Enzyme und Hilfsstoffe im Zellenleben. Ergebn. Vitamin- u. Hormonforsch. 1 (1938). — ROSENBERG, H. R.: Chemistry and Physiology of the Vitamins. New York 1945. — SEBRELL, W. H. jr., and R. S. HARRIS: The Vitamins. 3 Bde. New York 1954.

A. Vitamine.

a) Allgemeines.

Die Entdeckung der Vitamine und die Untersuchung ihrer Wirkung gründen sich auf ernährungsphysiologische Versuche. Nachdem die energetische Bedeutung der Hauptnahrungsstoffe, der Eiweißkörper, Kohlenhydrate und Fette, die Unersetzlichkeit der Eiweißkörper durch andere Nahrungsstoffe und die Notwendigkeit eines bestimmten Gehaltes der Nahrung an verschiedenen Salzen festgestellt worden war, schien die Kenntnis der für die Ernährung des menschlichen und des tierischen Organismus notwendigen und ausreichenden Stoffe abgeschlossen. Einige davon abweichende Befunde fanden keine Beachtung. Der Ausgangspunkt der Vitaminforschung war die Entdeckung EIJKMANs, daß bei Hühnern durch unzureichende Ernährung neuritische Störungen auftreten (s. S. 193). Die Forschung hat aber die Bedeutung dieser frühen Beobachtungen lange Zeit nicht erkannt, denn es bedeutete geradezu eine Revolution der Ernährungslehre, als später STEPP fand, daß die Verfütterung eines an sich für die Ernährung von Ratten völlig ausreichenden, aber mit Äther oder Alkohol extrahierten Nahrungsgemisches zu schweren Wachstumsstörungen und zum Tode der Tiere führte, und daß diese Störungen durch Zulage von Neutralfetten zu der extrahierten Nahrung nicht behoben werden konnten. Auch die Verabfolgung eines Nahrungsgemisches aus weitgehend gereinigten Eiweißstoffen, Fetten und Kohlenhydraten unter Zusatz der notwendigen Salze hatte die gleichen schädlichen Folgen (HOPKINS). Die auf der offenbar unzureichenden Ernährung beruhenden Störungen traten nicht auf, wenn dem extrahierten oder künstlichen Nahrungsgemisch die entzogenen Stoffe oder gewisse Extrakte oder auch Milch zugefügt wurden.

Auf diesen Feststellungen im Zusammenhang mit manchen, teilweise schon lange zurückliegenden Beobachtungen über eigenartige Erkrankungen von Menschen und Tieren, die ebenfalls auf die qualitativ unzureichende Zusammensetzung einer calorisch ausreichenden Nahrung zu beziehen waren, hat sich die Vitaminlehre aufgebaut. In groß angelegten Fütterungsversuchen mit verschiedenartig zusammengesetzten oder durch Extraktion oder Erwärmung beeinflußten Nahrungsgemischen ist der Nachweis geführt worden, daß jede Nahrung eine große Zahl von Ergänzungsstoffen in meist sehr kleinen Mengen neben den Calorienträgern und den Salzen enthalten muß, wenn sie ein normales Wachstum und eine normale Entwicklung garantieren soll (HOPKINS; OSBORNE u. MENDEL). Man hat diese *Ergänzungsstoffe* auch *akzessorische Nährstoffe (accessory food stuffs)* genannt, eingebürgert hat sich aber nur die Bezeichnung *Vitamine,* die auf Grund der — nur für einen Teil dieser Stoffe richtigen — Annahme ihres Stickstoffgehaltes von FUNK geprägt wurde.

Die Vitamine sind demnach Stoffe, deren Fehlen zu Störungen des normalen Lebensablaufes führt, die der Organismus aber im allgemeinen nicht selbst bilden kann, sondern die in minimalen Mengen in der Nahrung enthalten sein müssen. Zufuhr der fehlenden Stoffe sollte die Schädigungen zurückbilden oder ihr Auftreten verhindern. Es fragt sich, wieweit der Vitaminbegriff zu ziehen ist. Es besteht an sich für alle Nahrungsstoffe ein *Gesetz des Minimums*, in dem Sinne, daß sie in einer bestimmten minimalen Menge in der Nahrung enthalten sein müssen, während bei ihrem Fehlen oder bei einem zu geringen Angebot Wachstumsstörungen, aber auch andere Störungen der verschiedensten Art auftreten. Was die Vitamine von den übrigen Stoffen unterscheidet, die ebenfalls in geringen, calorisch bedeutungslosen Mengen in der Nahrung enthalten sein müssen, ist ihre spezifisch physiologische Wirkung.

Die bei gänzlichem oder weitgehendem Fehlen der Vitamine in der Nahrung unter natürlichen oder experimentellen Ernährungsbedingungen bei Mensch und Tier auftretenden meist schweren Krankheitserscheinungen werden als *Mangelkrankheiten* oder *Avitaminosen* bezeichnet. Die Gefahr ihres Auftretens ist in den meisten Ländern bei frei gewählter Nahrung mit wenigen Ausnahmen (Vitamine D und B_1) nur gering. Es ist aber mit dem allergrößten Nachdruck zu betonen, daß der Organismus in allen seinen Teilen dauernd dem regulierenden Einfluß der Vitamine unterworfen sein muß, bzw. daß die Vitamine als Werkzeuge des Stoffwechsels bei bestimmten biologischen Vorgängen unbedingt notwendig sind. Einige von ihnen sind als Bestandteile von Fermenten erkannt, und für andere ist dies zum mindesten wahrscheinlich. Es wird zunehmend klarer, daß für ein harmonisches Zusammenspiel aller Funktionen des Körpers die Anwesenheit bestimmter Mengen der verschiedenen Vitamine unerläßliche Voraussetzung ist. Ein nicht sehr erhebliches Abweichen von dieser Forderung führt, wenn auch nicht gerade zum Ausbruch einer Avitaminose, so doch zu deutlichen Störungen des Wohlbefindens und zu Herabsetzung der Leistungsfähigkeit des gesamten Organismus. In der Verhütung von *Hypovitaminosen* und nicht von Avitaminosen besteht die Hauptbedeutung der Vitaminzufuhr für die Volksgesundheit.

Es ist von großer Wichtigkeit, daß der Organismus Vitamine in bestimmten Organen ablagern und für Zeiten unzureichender Zufuhr speichern kann: die Speicherung von Vitaminen ist relativ viel höher als diejenige irgendeines anderen Reservestoffes, so daß bei dem mengenmäßig geringen Vitaminbedarf unter Umständen selbst lang dauernder Vitaminmangel ohne Schaden vertragen werden kann. Aber neben dem Vitaminmangel, der schließlich zur Avitaminose führt, besteht auch die Gefahr der übergroßen Zufuhr und dadurch bedingt des Zustandes einer *Hypervitaminose*, wie sie für einige Vitamine bekannt ist. Hypervitaminosen können ebenso wie Avitaminosen oder Hypovitaminosen zu schweren Störungen führen. Ferner ist zu beachten, daß ihre Funktion in noch völlig unübersehbarer Weise mit der Zusammensetzung der Nahrung aus den einzelnen Hauptnahrungsmitteln zusammenhängt.

Die Einteilung der Vitamine gründet sich auf die bereits erwähnten Extraktionsversuche, bei denen offenbar wurde, daß sowohl durch Extraktion mit Wasser als auch mit Äther oder Alkohol den Nahrungsstoffen bestimmte Ergänzungsstoffe — und zwar jeweils verschiedene — entzogen werden können, so daß man die *fettlöslichen von den wasserlöslichen Vitaminen* unterschieden hat. Es hat der mühevollen, hier nicht weiter im einzelnen

zu verfolgenden Arbeit vieler Forscher bedurft, und vielleicht ist das Ende
dieses Weges noch nicht erreicht, um zu erkennen, daß die fettlöslichen
und besonders die wasserlöslichen Vitamine aus zahlreichen Einzelfaktoren
bestehen.

Wenn auch die Kenntnis der für das Fehlen einzelner Vitamine charakteristischen Ausfallserscheinungen zur Auffindung und immer weitergehen-
den Differenzierung der Vitamine geführt hat, herrschte sehr lange völlige
Unklarheit darüber, in welcher Weise sie in den Stoffwechsel des Körpers

Tabelle 32. Einteilung der Vitamine.

Buchstaben-bezeichnung	Chemische Bezeichnung	Funktionelle Bezeichnung
	I. Fettlösliche Vitamine.	
A	Axerophthol	Antixerophthalmisches Vitamin, Epithelschutzvitamin
D	Calciferol	Antirachitisches Vitamin
E	Tokopherol	Antisterilitätsvitamin
K	Phyllochinon	Antihämorrhagisches Vitamin
	II. Wasserlösliche Vitamine.	
B_1	Thiamin (Aneurin)	Antineuritisches Vitamin
B_2	Riboflavin (Lactoflavin)	
—	Nicotinsäure(amid) [Niacin(amid)]	Pellagraschutzstoff, PP-Faktor,
—	Pantothensäure	Filtrat-Faktor, Anti-Graue-Haare-Faktor
B_6	Pyridoxin, Adermin	
—	Pteroylglutaminsäure (Folsäure, folic acid)	
B_{12}	Cyanocobalamin	animal protein factor (APF), extrinsic factor, antianämisches Vitamin
H	Biotin	Hautvitamin
—	p-Aminobenzoesäure	
C	Ascorbinsäure	Antiskorbutisches Vitamin

eingreifen. Es konnte aber dann für eine zunehmende Zahl von Vitaminen
erkannt werden, daß sie als Co-Fermente oder als Teile von solchen dienen
(s. S. 322, 327, 339 und 343).

Es war lange Zeit üblich, die Vitamine entweder mit großen Buchstaben,
wenn nötig unter Beisetzung von Indexziffern oder nach ihrer Wirkung zu
bezeichnen. Mit zunehmender Kenntnis der chemischen Struktur der Vitamine ging man zu Bezeichnungen über, die aus ihren chemischen Eigenschaften abgeleitet sind. Unter Auslassung der für die menschliche Physiologie weniger wichtigen oder unwichtigen bzw. in ihrer Existenz noch nicht
hinreichend gesicherten Vitamine ergibt sich die Einteilung nach Tabelle 32.
Die Tabelle enthält auch die chemischen Namen für die Vitamine, deren
Konstitution aufgeklärt werden konnte.

Die Auffindung der Vitamine war und ist nur durch den Tierversuch
möglich gewesen, und die Prüfung und Auswertung ihrer Wirksamkeit
hat auch, obwohl für die Bestimmung vieler Vitamine chemische oder physikalische Methoden vorliegen, immer wieder auf den Tierversuch zurückzu-
greifen. Man wertet Vitamine in der Weise aus, daß den Versuchstieren eine
Kost verabfolgt wird, die außer dem zu prüfenden alle übrigen Vitamine
in ausreichenden Mengen enthält und stellt dann fest, wie groß die Zugabe
an dem zu prüfenden Vitamin sein muß, um das Auftreten der charakteristischen Ausfallserscheinungen zu verhindern, oder man ermittelt, wie groß

die Vitaminzulage sein muß, um eine experimentelle Avitaminose wieder zum Verschwinden zu bringen.

Um die Wirkung der Vitamine quantitativ erfassen zu können, hat man zu einer Zeit, als ihre Konstitution noch nicht bekannt war, „Vitamin-Einheiten" aufgestellt, die jeweils durch die Erzielung eines bestimmten biologischen Effektes definiert waren. Nachdem nunmehr aber die Konstitution der meisten Vitamine aufgeklärt ist, bezeichnen die „*Internationalen Einheiten*" *(I.E.)* die Wirkung einer bestimmten Menge eines reinen Vitamins oder Provitamins (s. Tab. 33).

Tabelle 33. Vitamineinheiten.

Vitamin	1 I.E. ist gleich
A	$0,6\,\gamma$ β-Carotin
B_1	$3\,\gamma$ Thiaminhydrochlorid
Biotin	$0,18\,\gamma$ Biotin
C	$50\,\gamma$ L-Ascorbinsäure
D	$0,025\,\gamma$ kristallisiertes Ergocalciferol
E	1 mg D,L-α-Tokopherol

b) Axerophthol (Vitamin A, antixerophthalmisches Vitamin).

Die beim Fehlen des Vitamins A auftretenden Wachstumsstörungen bzw. die Gewichtsabnahme junger Ratten, die früher zu der Bezeichnung dieses Vitamins als „Wachstumsvitamin" geführt hatte, sind unspezifische Symptome, die auch beim Fehlen anderer Vitamine oder auch ganz anderer Nahrungsstoffe ohne Vitamincharakter beobachtet werden. Die eigentlichen Mangelerscheinungen sind fast alle als Veränderungen des Epithels im Sinne einer Verhornung aufzufassen. So findet sich bei der Ratte eine charakteristische Veränderung der Scheidenschleimhaut — Proliferation und Verhornung — die mit den Erscheinungen des Oestrus (s. S. 256) große Ähnlichkeit hat *(Kolpokeratose)*. Auch die für den Vitamin A-Mangel besonders kennzeichnenden Veränderungen der Hornhaut, die bei Versuchstieren, die aber auch an kleinen Kindern bei Ernährung mit Magermilch und Margarine verschiedentlich beobachtet worden sind, beruhen auf Epithelveränderungen der Hornhaut. Da die Epithelien der Drüsen, so auch die der Tränendrüsen ebenfalls von den

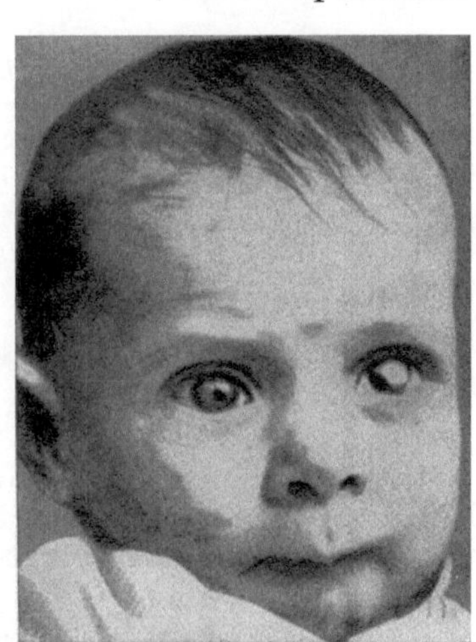

Abb. 36. Ausgeheilte Keratomalacie mit Erblindung des linken Auges. (Nach BLOCH.)

Veränderungen betroffen werden, kommt es zunächst zu Trübung und Verhornung von Bindehaut und Hornhaut *(Xerosis* oder *Xerophthalmie)*, später auch zu tieferer Schädigung der Hornhaut *(Keratomalacie)*, die zu Erblindung führen kann (Abb. 36). Das erste, schon frühzeitig auftretende Symptom eines Mangels an Axerophthol ist die (nicht erbliche) *Nachtblindheit (Hemeralopie)*, die auf einer Störung in der Regeneration des Sehpurpurs beruht. Eine weitere Funktionsstörung des Auges zeigt sich in einer Veränderung der Farbenempfindlichkeit; die Gesichtsfelder für Gelb, Blau und Rot sind eingeengt, und die beiden letztgenannten Felder überschneiden sich. Die starke Einschränkung des Gesichtsfeldes für Gelb soll für den Axerophthol-Mangel besonders charakteristisch sein.

Diese Beobachtungen erklären sich daraus, daß der dunkelrote Farbstoff der Netzhaut, der *Sehpurpur (Rhodopsin)* eine Verbindung des Aldehyds des Vitamins A_1 *(Retinin$_1$ = Sehgelb)* mit einem Lipoproteid *(Opsin)* ist. Wenn also ein Mangel an Vitamin A besteht, kann kein Sehpurpur gebildet werden. Retinin$_1$ hat cis-Konfiguration, wahrscheinlich ist es Δ^3-cis-Retinin, kann also nicht unmittelbar aus all-trans-Vitamin A_1 (s. S. 55 und 191) gebildet werden. Bei Belichtung zerfällt das Rhodopsin über orangefarbene Zwischenstufen (Lumirhodopsin, Metarhodopsin) in Sehgelb und Opsin. Sehgelb ist trans-Retinin. Im Dunkeln kann das Rhodopsin regeneriert werden. Durch ein in den Außengliedern der Stäbchen enthaltenes Ferment kann trans-Retinin$_1$ zu trans-Vitamin A_1 reduziert werden. trans-Vitamin A_1 kann in cis-Vitamin A umgelagert und dies zu cis-Retinin oxydiert werden. trans-Retinin kann aber auch direkt durch Licht oder Wärme in cis-Retinin verwandelt werden. Dieses vereinigt sich dann wieder mit Opsin zu Rhodopsin. Die Sehpurpurregeneration ist an die Anwesenheit von Sauerstoff gebunden. Nachfolgendes Schema nach WALD gibt diese Zusammenhänge wieder:

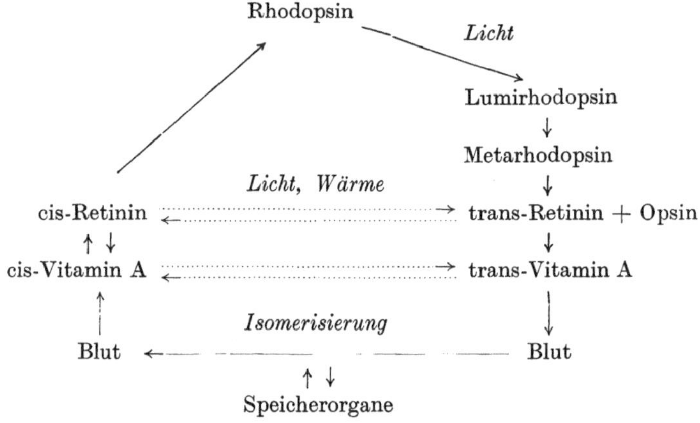

Abb. 37. Sehpurpurcyclus nach WALD.

In der Retina von Frischwasserfischen hat man statt des Rhodopsins das *Porphyropsin* gefunden, das eine Verbindung von Retinin$_2$ mit Opsin ist. Spaltung und Regeneration des Porphyropsins entsprechen denen des Rhodopsins.

Die Netzhaut hat von allen Organen relativ den höchsten Gehalt an Axerophthol. Bei Vitamin A-Mangel ist er bei Ratten und anscheinend auch beim Menschen stark vermindert, wird aber durch Zufuhr von Axerophthol offenbar sehr rasch wieder ergänzt.

Bei chronischem Mangel an Axerophthol wurde beim Menschen ein Absinken der Leukocyten-, Thrombocyten- und Erythrocytenzahlen beobachtet, der Gehalt an Ribo- und an Desoxyribonucleinsäuren sinkt in fast allen Organen (außer Milz und Leber) ab. Vitamin A scheint weiterhin für die Funktion der Geschlechtsorgane von Bedeutung zu sein. Die Sexualdrüsen haben einen hohen Gehalt an Axerophthol; bei Vitamin A-Mangel erlischt die Sexualfunktion.

Der Wirkungsmechanismus des Vitamins ist noch ungeklärt. Da man anderseits bei Vitamin A-Mangel nach reichlichen A-Gaben einen vermehrten Gehalt von Purinen im Gewebe findet, kann man annehmen, daß es bei der Zellvermehrung eine Rolle spielt. Auch die Regenerationsfähigkeit der Zellen wird durch Vitamin A begünstigt. Die oben beschriebenen

Epithelveränderungen, die sich auch in abnormer Trockenheit der Haut und einer Herabsetzung der Schweißdrüsenfunktion, in Abschilferungen der Epithelien in Blase und Urethra, in Störungen der Funktion von Tränen- und Talgdrüsen, ja sogar der Magendrüsen mit Herabsetzung der Salzsäurebildung äußern, beleuchten *seine allgemeine Bedeutung für die Erhaltung der Funktion epithelialer Gewebe.* Daher auch die Bezeichnung „*Epithelschutzvitamin*". Auch für den normalen Ablauf der Oxydationsvorgänge scheint das Vitamin A notwendig zu sein: der Sauerstoffverbrauch von Leberschnitten avitaminotischer Tiere, der stark herabgesetzt ist, wird durch Zusatz des Vitamins erhöht. Voraussetzung dafür ist die Gegenwart von Hämineisen. Fernerhin bestehen zwischen Vitamin A und Fettstoffwechsel Beziehungen, da bei seinem Mangel das Fettgewebe schwindet, nach seiner Zufuhr die Fettdepots wieder aufgefüllt werden.

Durch einen Mangel an Vitamin A werden ähnliche Symptome hervorgerufen wie durch eine zu große Zufuhr von Vitamin D (s. S. 220), bei zu großer Zufuhr von A treten umgekehrt Erscheinungen des Mangels an D auf. Bemerkenswert sind die Zusammenhänge zwischen Vitamin A und dem Schilddrüsenhormon Thyroxin (s. S. 245). Thyroxin hebt die Wachstumswirkung von Vitamin A auf, umgekehrt hemmt Vitamin A die Wirkungen des Schilddrüsenhormons. Andererseits verhindert A-Mangel die Bildung von Thyroxin, und Thyroxinmangel setzt die Umwandlung von Carotin in Vitamin A herab.

Bei übermäßiger Zufuhr von Vitamin A entwickelt sich eine Hypervitaminose. Die Hauptsymptome sind Erbrechen, Schwindel, schuppiger Hautausschlag, Gewichtsverlust und Skeletveränderungen.

Vitamin A selbst kommt im Pflanzenreich nicht vor, sondern nur seine Vorstufen, die man als *Provitamine* bezeichnet. Die Provitamine gehören alle in die Klasse der Carotine (s. S. 54); es sind α-, *β- und γ-Carotin, Kryptoxanthin* sowie einige selten vorkommende Carotinoide. Sie werden durch ein Ferment *Carotinase* in der Darmwand in das Vitamin umgewandelt, das dann in der Leber gespeichert wird. Die Wirksamkeit des Fermentes ist an die Gegenwart des Schilddrüsenhormons Thyroxin gebunden. Der Vorrat der Leber ausreichend mit Vitamin A oder Carotinen ernährter Menschen hält für etwa 1 Jahr vor.

Wegen der konjugierten Doppelbindungen sind theoretisch 16 verschiedene Formen von Vitamin A möglich. Das gewöhnliche Vitamin A hat die all-trans-Konfiguration; es läßt sich reversibel in Isomerisierungsprodukte, die *Neoformen,* überführen. Da es noch andere vitamin-A-wirksame Stoffe gibt, wird es als Vitamin A_1 bezeichnet. Da den verschiedenen Provitaminen außer der Polyenkette nur der β-Ionon-Ring gemeinsam ist (s. S. 56), kommt dem Vitamin A_1 die folgende Formel zu:

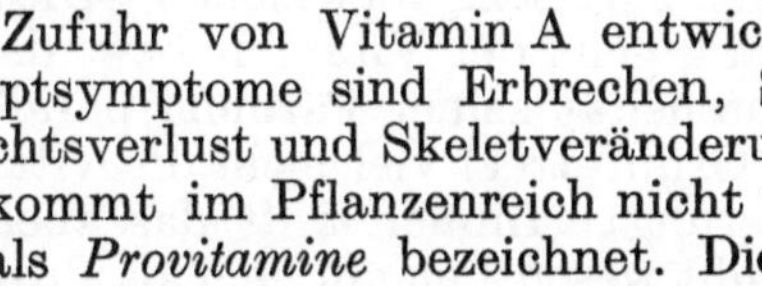

Vitamin A_1

Der Vergleich der Vitamin-Formel mit den Formeln der Carotinoide, die Provitaminwirkung haben, zeigt, daß aus dem β-Carotin 2 Moleküle Vitamin A entstehen können, die anderen Provitamine dagegen nur je 1 Molekül Vitamin liefern.

Als Zwischenprodukt der Bildung von Axerophthol ist wahrscheinlich das Kitol (z. B. im Leberöl von Walen) anzusehen:

$$R \cdots = CH-CH-CH-CH = \cdots R$$

In Fischleberölen, vor allem denen von Süßwasserfischen, ist ein *Vitamin A₂* gefunden worden, das eine Doppelbindung mehr besitzt als Vitamin A₁. Es hat ¹/₃ der Wirkung des

Vitamin A₂

Vitamins A₁. *Neo-Vitamin A* ist ein Isomeres von Vitamin A₁, das etwa 70—80% der Wirkung von all-trans Vitamin A hat. Wegen der konjugierten Doppelbindungen ist die Möglichkeit von cis-trans-Isomerien gegeben.

Axerophthol ist ein Alkohol. In der Natur kommt es zu einem großen Teil in veresterter Form vor. Ob die Esterform biologisch wirksamer ist als der freie Alkohol, ist noch nicht geklärt. Im Lebertran liegt Axerophthol vollständig als Ester vor, im Thunfischöl z. B. als Palmitinsäureester. In der Leber wird anscheinend Vitamin A in die Esterform übergeführt.

Der Gehalt einiger Nahrungsmittel an Vitamin A geht aus der Tabelle 34 hervor. Die reichste Quelle des Vitamins ist also der Lebertran. Die Trane aus verschiedenen Fischen sind sehr verschieden wirksam, am stärksten der Heilbutttran. Sehr häufig geht der Vitamin- bzw. der Carotingehalt eines Nahrungsmittels der Intensität seiner Färbung parallel. So enthält gelbe Butter (Fütterung mit Grünfutter) viel mehr Provitamin und Vitamin als hell gefärbte (Stallfütterung). Immer trifft das aber nicht zu: die gelbe Farbe des Eidotters beruht wesentlich auf dem als Provitamin unwirksamen

Tabelle 34. Axerophthol-Gehalt verschiedener Nahrungsmittel (in mg bzw. I.E. je 100 g)[1].

Nahrungsmittel	Vitamin A	Carotin	Gesamtaktivität in I.E.
	mg-%		
Lebertran, Dorsch	16—160	—	40000—400000
,, Heilbutt	800—15000	—	2000000—36000000
,, Thunfisch	4,1—2700	—	12000—8000000
Leber, Kalb	20—60	—	50000—160000
,, Ochse	5—16	—	12700—41800
,, Schwein	5—15	—	12600—36700
Butter	0,3—1,5	0,1—2	1000—6000
Kuhmilch	0,02—0,03	0,02—0,03	60—200
Hühnerei	0,08—0,15	0,16—0,2	450—700
Mohrrüben	—	2—6	3500—10000
Spinat	—	4,5—8	7000—10000
Kopfsalat	—	1,5	3000
Grünkohl	—	5,5—8	9000—13000
Rosenkohl	—	4—6	6000—10000
Tomaten	—	0,3—1,6	500—2500
Grüne Bohnen	—	0,5—2,5	800—4000

[1] Die Angaben über den Vitamingehalt von Nahrungsmitteln schwanken erheblich. Die Werte dieser und der folgenden Tabellen sind zusammengestellt nach LUNDE, G.: Vitamine in frischen und konservierten Nahrungsmitteln. Berlin 1940; nach STEPP, W., J. KÜHNAU u. H. SCHROEDER: Die Vitamine und ihre klinische Anwendung. 6. Aufl. Stuttgart 1944 und nach BICKNELL, F., and F. PRESCOTT: The Vitamins in Medicine. 2. Aufl. London 1947.

Lutein, die Farbe der Tomaten auf dem ebenfalls unwirksamen Lycopin. Von großer Bedeutung für die Vitamin A-Versorgung ist außer dem Gehalt eines Nahrungsmittels an Carotinen die Carotinresorption im Darm. Neuere Untersuchungen ergaben z. B., daß der Mensch aus zerkauten oder gekochten Mohrrüben das Carotin nur zu 2—5% resorbiert, aus feinzerriebenen im Durchschnitt zu 15% (VIRTANEN). Durch fettreiche Nahrung soll die Carotinresorption verbessert werden. Der mittlere tägliche Bedarf des Menschen wird meist mit etwa 2—3 mg Axerophthol (= 2500 I.E. Axerophthol bzw. 5000 I.E. Carotin) angegeben. Ganz allgemein scheint aber nach neueren Untersuchungen der Vitamin A-Bedarf, unabhängig von Alter und Geschlecht, beim Menschen und den verschiedensten Tierarten 15—25 I.E. je Kilogramm Körpergewicht zu betragen.

Der Axerophthol-Gehalt von Nahrungsmitteln oder Vitaminpräparaten wird entweder durch den Wachstumstest oder den Kolpokeratosetest ermittelt. Chemischer Nachweis und Bestimmung geschehen durch die CARR-PRICEsche *Reaktion*, dem Auftreten einer Blaufärbung bei Zusatz von Antimontrichlorid zu einer Chloroformlösung des Vitamins (Absorption bei 620 mμ).

c) Gruppe der B-Vitamine.

Die Erforschung der Physiologie der wasserlöslichen Vitamine geht aus von der Beobachtung EIJKMANs, daß bei ausschließlicher Verfütterung von poliertem Reis Hühner an Krämpfen und Lähmungserscheinungen erkranken. Das Krankheitsbild ist als „Polyneuritis gallinarum" bezeichnet worden. Ganz ähnliche Erscheinungen lassen sich mit derselben Ernährung auch an vielen anderen Tieren hervorrufen. Zu Versuchszwecken am besten geeignet sind Tauben. Die Bedeutung dieser Beobachtung liegt darin, daß sie eine Brücke schlugen zu einer Krankheit, der *Beriberi*, die in ostasiatischen Ländern, in denen Reis das Volksnahrungsmittel ist, in ausgedehntem Maße vorkommt, und die sich unter anderem ähnlich wie bei den Versuchstieren auch durch neuritische Störungen zu erkennen gibt. Man fand bald, daß alle Ausfalls- und Krankheitserscheinungen durch Verfütterung von Reiskleie oder von Hefe zu beseitigen waren. Es mußte sich demnach bei der Geflügelpolyneuritis und bei der menschlichen Beriberi um Störungen infolge unzureichender Ernährung handeln. Die wirksame Substanz wird, da sie in dem oberflächlichen Silberhäutchen des Reiskorns sitzt, beim Polieren der Körner entfernt.

Das Tierexperiment zeigte schon bald, daß die neuritischen und die anderen für Beriberi charakteristischen Störungen nicht die einzigen Ausfallserscheinungen sind, die beim Fehlen der wasserlöslichen Vitamine bemerkbar werden. Zuerst gelang die Abtrennung eines Faktors, dessen Fehlen sich in erster Linie in einem Zurückbleiben des Wachstums der Tiere äußerte. Daß verschiedene Wirkstoffe vorliegen, ergibt sich daraus, daß die antineuritische Wirkung vitamin-B-haltiger Extrakte durch Erhitzen unter Druck auf 120° verloren ging, die Wachstumswirkung aber erhalten blieb. Man konnte also von dem antineuritischen Vitamin B$_1$ das „Wachstumsvitamin" B$_2$ abtrennen. Die weitere Erforschung zeigte, daß die thermostabile Komponente keineswegs einheitlich, sondern ein Komplex ist, der sich aus zahlreichen Teilfaktoren zusammensetzt, von denen heute mit Sicherheit 15 verschiedene bekanntgeworden sind, die nicht alle (z. B. Cholin, Inosit, Adenylsäure) die Bezeichnung Vitamine verdienen. So traten etwa bei einer Kost, die das antineuritische, nicht aber das

Wachstumsvitamin enthielt, bei Ratten eigenartige entzündliche Veränderungen der Haut auf, verbunden mit Ausfall der Haare und schollenartiger Abschuppung der Epidermis. Ähnliche Erscheinungen sind bei einer *Pellagra* genannten Erkrankung des Menschen bekannt, die in südlichen Ländern und in manchen Gegenden Nordamerikas gar nicht selten vorkommt. Ferner ist im Vitamin B_2-Komplex ein Faktor enthalten, der für den normalen Verlauf der *Blutbildung* erforderlich ist. Bei geeigneter Versuchsanordnung können viele der so außerordentlich verschiedenen Symptome, die auf dem Mangel an diesem oder jenem B_2-Faktor beruhen, im Tierversuch isoliert hervorgerufen werden.

1. Thiamin (Aneurin, antineuritisches Vitamin B_1).

Das beim Fehlen von Vitamin B_1 auftretende Krankheitsbild der Beriberi ist außer durch die schon erwähnten *neuritischen Störungen* gekennzeichnet durch die *Störung des Wasserhaushaltes*, die sich in der Ausbildung von Ödemen äußert, sowie durch schwere *Veränderungen der Herzfunktion*. Charakteristisch ist ferner eine erhebliche Zunahme des Fettgehaltes im Blut, eine *Lipämie*, die offenbar auf Wechselbeziehungen zwischen Thiamin und der Nebennierenrinde beruht; denn diese erfährt bei Fehlen des Vitamins eine erhebliche Vergrößerung. Bei der Beriberi fehlen neben dem Thiamin meist auch noch andere Vitamine der B-Gruppe, so daß die Feststellung der allein auf dem Mangel an Thiamin beruhenden Symptome schwierig ist.

Als weitere Auswirkung des Mangels an Thiamin ist bei Ratten eine Genschädigung gefunden worden, die aber erst in der übernächsten Generation manifest wird. Ferner ist zu erwähnen die Notwendigkeit von Thiamin für die Aufrechterhaltung des normalen Tonus der Magen-Darm-Muskulatur und für die Resorption im Darm, besonders für die der Fette (VERZÁR).

Beim Menschen wurden bei längere Zeit herabgesetzter Zufuhr von Thiamin psychische Depression, Schwäche, Muskelschmerzen, Herzklopfen beobachtet. In der Ruhe war die Pulsfrequenz herabgesetzt (Bradykardie), bei Anstrengungen stark erhöht.

In den Eingeweiden mancher Fische ist ein Ferment *Thiaminase* enthalten, das Thiamin unter Verlust seiner Wirksamkeit spaltet. Durch Verfütterung von rohen Fischen hat man bei Versuchstieren eine absolute Thiaminavitaminose erzielen können, bei der die Organe der so behandelten Tiere völlig thiaminfrei waren.

Die neuritischen Erscheinungen und die Schädigung der Herzfunktion beruhen auf einer *Störung des Kohlenhydratstoffwechsels* im Zentralnervensystem und im Herzen; diese Störung zeigt sich auch in der Vermehrung zweier Intermediärprodukte des Kohlenhydratstoffwechsels, der Brenztraubensäure und der Milchsäure, im Blut. Im Harn und im Blut kann ferner α-Ketoglutarsäure nachgewiesen werden (SIMOLA). Die Störung im Kohlenhydratstoffwechsel betrifft, darauf weist schon das Auftreten der Brenztraubensäure hin (s. S. 416), den Endabbau des Zuckers, aber auch die Umwandlung von Kohlenhydrat in Fett. Von den verschiedenen Teilen des Zentralnervensystems haben den größten Kohlenhydratbedarf das Großhirn und die basalen Ganglien. Die Atmung von Schnitten aus dem Gehirn beriberikranker Tiere ist abnorm niedrig, sie sinkt parallel der Schwere der cerebralen Störungen. Auch der respiratorische Quotient (R.Q.) (s. S. 386) des Gehirngewebes ist als Ausdruck der gestörten Zuckerverbrennung abnorm niedrig. Zusatz von Thiamin steigert den Sauerstoffverbrauch und gleichzeitig auch den R.Q., bewirkt also eine Steigerung des

Kohlenhydratumsatzes (*Katatorulin-Test:* PASSMORE, PETERS u. SINCLAIR). Auch im Gesamtorganismus steigert nach Versuchen an normalen Ratten B_1 die Oxydationen. Wie im Gehirn, so scheint auch im Herzmuskel und in der Niere die Verbrennung des Zuckers die Mitwirkung von Thiamin zu erfordern. Die Beziehungen zwischen Thiamin und Kohlenhydratstoffwechsel werden auch aus vielen anderen Beobachtungen offenbar. So ist der Bedarf an diesem Vitamin um so höher, je größer der Kohlenhydratgehalt der Nahrung ist; es wird demnach beim Kohlenhydratumsatz Thiamin verbraucht. Umgekehrt sinkt der Bedarf beim Ersatz der Kohlenhydrate durch Fett. Ein empirisch gefundenes Maß des von der Art der Ernährung abhängenden Bedarfs an Thiamin soll die sog. WILLIAMS-Zahl sein. Sie ergibt sich aus dem Quotienten

$$\frac{\text{tägl. Aneurinaufnahme in } \gamma}{\text{Tagesverbrauch an Nichtfettcalorien}} \cdot$$

Bei eben ausreichender Zufuhr an Thiamin beträgt er 0,3. Die WILLIAMS-Zahl ergibt sich durch Division dieses Quotienten durch 0,3, sie ist also bei gerade ausreichender Versorgung $= 1$. Mit diesen Befunden steht in Zusammenhang, daß die Höhe der Zufuhr an B_1 auch vom Ausmaß der Stoffwechselvorgänge abhängt. Wird die Intensität des Stoffwechsels z. B. durch Schilddrüsensubstanz gesteigert, so steigt auch der Bedarf an Thiamin, und genau so wirken unter anderem erhöhte körperliche Arbeit, Steigerung der Außentemperatur, große Kälte, Gravidität, Lactation und fieberhafte Erkrankungen.

Neben dem Kohlenhydratstoffwechsel ist bei Thiaminmangel auch derjenige der Fette und Eiweißkörper gestört, die Umaminierungsvorgänge (s. S. 465) in Muskel und Leber sind beeinträchtigt, die Fähigkeit zur Fettsäuresynthese ist eingeschränkt, und auch die Aktivität von Pankreas- und Leberlipase ist vermindert. Schließlich führt Thiaminmangel zu Störungen des Wasserhaushaltes, die sich unter anderem in dem Auftreten von Ödemen äußern.

Thiamin enthält Stickstoff und Schwefel. Nachdem seine Isolierung in kristallisierter Form gelungen war (JANSEN u. DONATH), konnte seine Struktur als Derivat des Pyrimidins und des Thiazols durch Abbau und Synthese sichergestellt werden (WINDAUS; GREWE; WILLIAMS; ANDERSAG

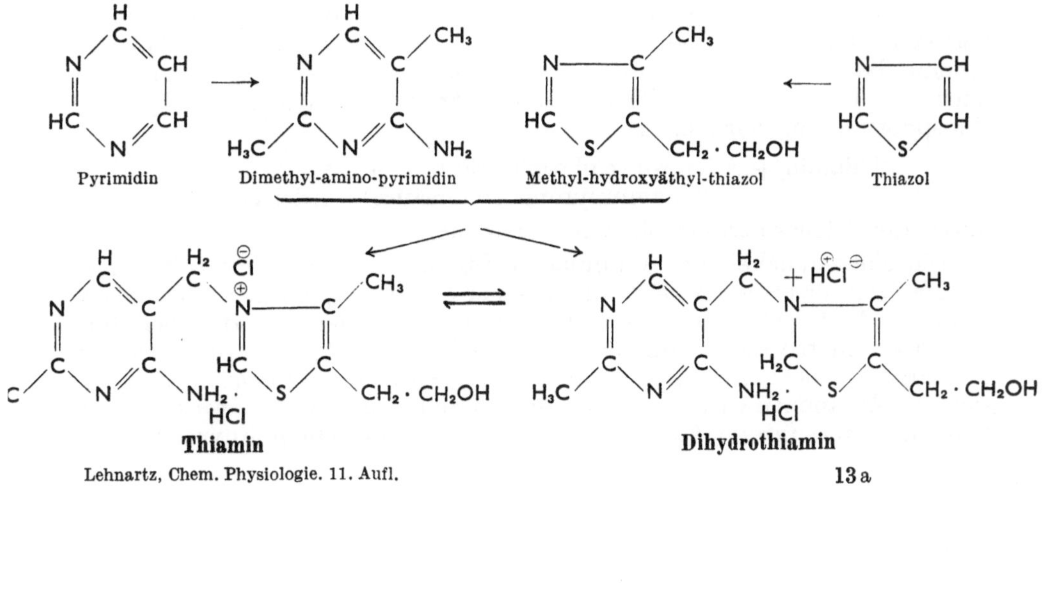

Pyrimidin   Dimethyl-amino-pyrimidin   Methyl-hydroxyäthyl-thiazol   Thiazol

Thiamin   **Dihydrothiamin**

u. WESTPHAL). Das kristallisierte Produkt ist das Dichlorid des Vitamins. Thiamin ist ein Alkohol und hat daneben wegen seines N-Gehaltes stark basische Eigenschaften. Der Schwefel ist in einem Thiazolring enthalten. Thiamin ist das erste in der Natur aufgefundene Thiazolderivat. Durch Aufnahme von 2 H-Atomen, also durch Reduktion, entsteht das Dihydrovitamin. Ein derartiger Wechsel zwischen oxydierter und reduzierter Form (Thiamin $\rightleftharpoons$ Dihydrothiamin) ist wahrscheinlich wichtig für seine biologische Funktion.

Das Vitamin ist farblos und fluoresciert nicht, geht aber bei vorsichtiger Oxydation in einen gelben, intensiv fluorescierenden Farbstoff über, der chemisch nicht einheitlich ist und noch mindestens die gleiche Wirksamkeit hat wie das Vitamin. Ein anderer Farbstoff, der von KUHN aus der Hefe isoliert wurde und ebenfalls durch Oxydation aus Thiamin entsteht, ist das *Thiochrom*. Es hat eine leuchtend blaue Fluorescenz.

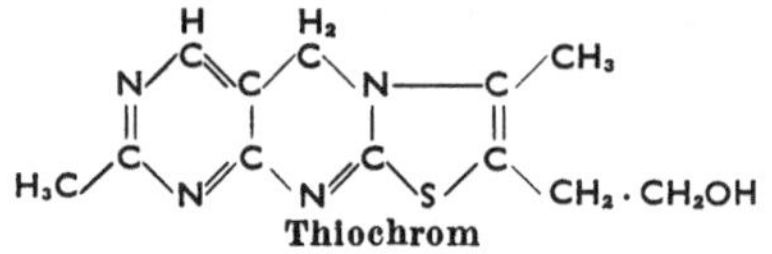

Thiochrom

Schon bei seiner Resorption wird Thiamin in der Darmschleimhaut durch Aufnahme von 2 Molekülen Phosphorsäure in *Thiaminpyrophosphorsäure* umgewandelt. Diese ist nach LOHMANN u. SCHUSTER das *Co-Ferment* einer *Carboxylase* (s. S. 352f.) und damit die wirksame Form des Thiamins im Organismus. Thiaminpyrophosphat ist anscheinend auch das Coenzym der *Transketolase* (s. S. 429f.), eines Fermentes, das im sog. Pentosephosphatcyclus (s. S. 428ff.) eine wichtige Rolle spielt.

Es hat die folgende Formel:

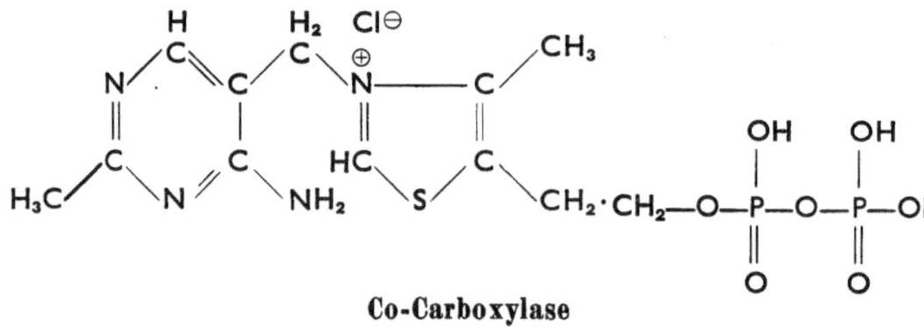

Co-Carboxylase

In den Zellen kommt Thiamin praktisch vollständig in der phosphorylierten Form, also als Co-Carboxylase vor. Im Stoffwechsel von Thiamin scheint die Leber eine bedeutende Rolle zu spielen, da beim Versuchstier nach Zufuhr von B_1 ihr Gehalt an Co-Carboxylase sofort ansteigt. Die Phosphorylierung wird nach

Thiamin + Adenosintriphosphorsäure $\longrightarrow$
Thiaminpyrophosphorsäure + Adenylsäure

durch die Adenosintriphosphorsäure bewirkt.

Die Notwendigkeit des Vitamins B_1 für den Kohlenhydratstoffwechsel der Hefezelle erscheint geklärt: unter seiner Mitwirkung wird Brenztraubensäure zu Acetaldehyd decarboxyliert. Der Abbau der Brenztraubensäure geht aber im tierischen Organismus überwiegend andere Wege, indem sie oxydativ zu einem Acetylrest decarboxyliert wird. Diese Reaktion vollzieht sich im Zusammenwirken von Thiaminpyrophosphat mit *Liponsäure*; ob dabei *Lipothiaminpyrophosphat*, eine Verbindung aus Thiaminpyrophosphat und Liponsäure der wirksame Faktor ist, ist noch nicht sichergestellt (s. S. 353).

Die Abhängigkeit der Höhe der Thiamin-Zufuhr von den verschiedensten funktionellen Bedingungen ist von größter praktischer Bedeutung. Im allgemeinen ist zwar der Gehalt der normalen menschlichen Nahrung an Thiamin ausreichend, aber schon bei überwiegender Kohlenhydratkost (vor allem in Gestalt von Weißbrot und Zucker) braucht das nicht mehr der Fall zu sein. So haben manche Diätformen, wie sie in Krankenhäusern bei den verschiedensten Krankheiten verabfolgt werden, einen viel zu geringen Gehalt an Thiamin, ja sogar die normale Krankenhauskost ist häufig in bezug auf Thiamin unterwertig. Dazu kommt noch als weiteres Gefahrenmoment die Zerstörung des Vitamins im Darm bei Magen- und Darmstörungen. Da bei einem Vitaminmangel aber auch Magen- und Darmstörungen auftreten können, verstärken sich Ursache und Wirkung gegenseitig. Das Vitamin wird in Herz und Leber, in zweiter Linie im Muskel gespeichert. Auch bei absolutem Mangel verschwindet es wohl als Ausdruck seiner Lebensnotwendigkeit nicht völlig aus den Geweben.

Zwischen Thiamin und anderen Vitaminen und Hormonen bestehen enge Wechselbeziehungen. So verstärkt eine vermehrte Zufuhr von Axerophthol die Symptome des Mangels an Thiamin. Andererseits ist aber Thiamin ebenso wie Axerophthol ein Antagonist von Thyroxin und Vitamin D.

Der tägliche Mindestbedarf des Menschen hängt nach dem oben Gesagten von vielen Faktoren ab (unter anderem von Zusammensetzung der Nahrung, Außentemperatur, Körpertemperatur), er beträgt etwa 900 γ (= 300 I.E.), doch sollte die optimale Zufuhr, die auch funktionellen Belastungen gewachsen ist, etwa 1—2 mg ausmachen.

Der Gehalt einiger wichtiger Nahrungsmittel an Thiamin geht aus der Tabelle 35 hervor. Dabei ist zu beachten, daß im allgemeinen durch das Kochen der Gehalt an Thiamin etwa auf die Hälfte herabgesetzt wird. Als Thiamin-Quellen der Nahrung haben Vollkornbrot und Kartoffeln die größte Bedeutung.

Die Wirksamkeit von Thiamin wird an beriberikranken Tauben ausgewertet, oder an jungen Ratten, bei denen sich durch B_1-freie Ernährung eine Sinusbradykardie entwickelt, neuerdings auch am Wachstum des Schimmelpilzes Phycomyces. Durch eine

Tabelle 35. Thiamin-Gehalt verschiedener Nahrungsmittel.

Nahrungsmittel	mg in 100 g	Nahrungsmittel	mg in 100 g
Schweinefleisch	0,9—1,2	Radieschen	0,08
Schweineniere	1,0	Kartoffeln	0,1
Gekochter Schinken	0,7—1,0	Blumenkohl, gekocht	0,1
Rindsleber	0,5	Grüne Bohnen	0,1
Leberwurst	0,35		
		Weizen, Vollkorn	0,6
Eigelb	0,35	Weizen, Keimling	0,3
Kuhmilch	0,04—0,05	Weizenvollkornbrot	0,3
Käse	0,02—0,05	Weizenbrot, 60% Ausmahlung	0,07
Linsen, getrocknet	0,5	Roggen, Vollkorn	0,3
Haselnüsse	0,4	Roggen, Keimling	1,0
Walnüsse	0,3	Roggenvollkornbrot	0,2
Getrocknete Backpflaumen	0,01	Roggenbrot, 65% Ausmahlung	0,15
Spinat	0,05—0,1	Brauereitrockenhefe	2—3
Tomaten	0,1		

einmalige Injektion des Vitamins lassen sich die Symptome der Beriberi in wenigen Tagen und für einige Zeit völlig beseitigen. Die Dauer der Heilwirkung bei der Taubenberiberi und auch bei der Beseitigung der Bradykardie geht der Vitaminmenge parallel. Die chemische Bestimmung beruht auf der Umwandlung in Thiochrom oder auf der colorimetrischen Auswertung der Rotfärbung, die beim Versetzen der Vitaminlösungen mit diazotiertem Aminoacetophenon auftritt. Durch den biologischen Test werden Thiamin und Cocarboxylase erfaßt, durch die chemische Bestimmung nur freies Thiamin, so daß die Cocarboxylase vorher gespalten werden muß.

2. Vitamin B₂-Komplex.

Verfüttert man an Versuchstiere eine Nahrung, die gänzlich frei ist von den Vitaminen der B-Gruppe, so treten, wie schon oben erwähnt wurde, außer den verschiedenen Symptomen der Beriberi auch noch andere Anzeichen für eine qualitativ unzureichend zusammengesetzte Nahrung auf (s. auch S. 193f.). Da es gelingt trotz Zufuhr von Thiamin durch geeignete Behandlung der Nahrung eine Reihe dieser Ausfallserscheinungen

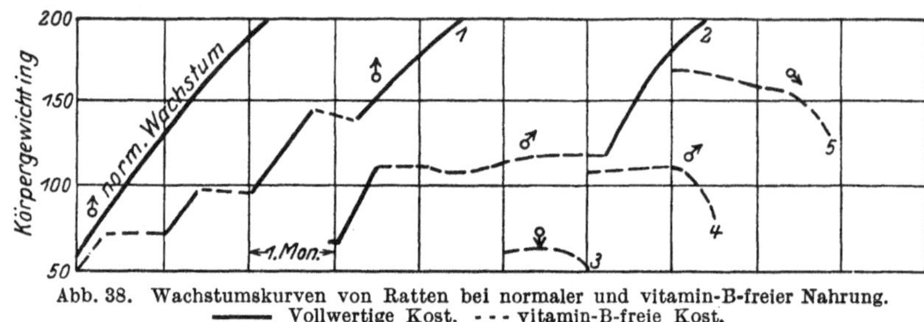

Abb. 38. Wachstumskurven von Ratten bei normaler und vitamin-B-freier Nahrung.
———— Vollwertige Kost. - - - vitamin-B-freie Kost.

auch isoliert hervorzurufen, können sie nicht auf dem Fehlen eines einzigen weiteren Faktors beruhen. Die uneinheitliche Natur des sog. „Wachstumsvitamins B₂" (s. Abb. 38) ist damit gesichert, und man spricht deshalb von dem *Vitamin B₂-Komplex*. Im Laufe der Jahre ist eine große Zahl von Gliedern dieses Komplexes beschrieben worden, von denen sich aber nach Identifizierung einer Reihe bis dahin in ihrer chemischen Natur unbekannter Stoffe, viele als identisch erwiesen haben. Es kann heute die Existenz der folgenden B₂-Faktoren als gesichert angesehen werden: *Riboflavin, Nicotinsäureamid, Pyridoxin, Pteroylglutaminsäure, Pantothensäure* und *Cyanocobalamin*. Von ihnen sind bisher als für die menschliche Physiologie und Pathologie wichtig erkannt worden Riboflavin, Nicotinsäureamid und Cyanocobalamin. Andere B₂-Faktoren haben sich bisher nur für diese oder jene Tierart oder Bakterienrassen als notwendig erwiesen. Ihre Bedeutung für die menschliche Ernährung ist dadurch aber nicht ausgeschlossen, ja wegen der grundsätzlichen Bedeutung der ihnen zukommenden Wirkungen geradezu zu fordern.

Die Zusammenfassung dieser Teilfaktoren zum B₂-Komplex ist biologisch gerechtfertigt; denn es hat sich gezeigt, daß zwar jeder der Teilfaktoren des Komplexes in beschränktem Maße seine Wirkung ausüben kann, daß sie aber erst dann vollständig ist, wenn auch die anderen Faktoren gleichzeitig anwesend sind. Die Ursache für diese eigenartige Korrelation der Wirkungen ist noch nicht ausreichend geklärt. Die Kombination der Wirkung der Teilfaktoren macht es aber verständlich, daß sich zwar im Experiment die Symptome eines isolierten Mangels an diesem oder jenem Faktor hervorrufen lassen, daß aber bei der spontanen B₂-Avitaminose die Krankheitszeichen und Ausfallserscheinungen kaum auf dem alleinigen Fehlen des einen oder anderen Faktors beruhen können.

α) *Riboflavin (Lactoflavin, Vitamin B_2).*

Im Tierversuch an Ratte oder Huhn äußert sich die reine B_2-Avitaminose in erster Linie als Wachstumsstillstand (s. Abb. 38). Daneben treten aber auch Veränderungen an der Haut und den Schleimhäuten auf; es zeigt sich, daß das Riboflavin für den Auf- und Abbau des roten Blutfarbstoffes notwendig ist, daß es die Resorption von Zuckern und Fetten verbessert, die Wirkung des Insulins aktiviert und an der Regulation des Natrium- und Kaliumhaushaltes beteiligt ist. Bei Riboflavinmangel kommt es zu Störungen des Tryptophanabbaues, die sich in beträchtlicher Steigerung der Xanthurensäure- und Anthranilsäureausscheidung äußern (s. S. 484ff.). Ferner machen sich bei seinem Fehlen am Auge mannigfache Störungen bemerkbar.

Lange Zeit war das Vorkommen einer B_2-Avitaminose beim Menschen unbekannt, dann aber wurde eine „Ariboflavinose" beschrieben, die anscheinend gar nicht selten ist. Bei ihr zeigen sich Veränderungen ähnlich denen in den Tierexperimenten. Sie bestehen unter anderem in Glossitis, seborrhoischer Dermatitis, Vaginitis und besonders charakteristischen Veränderungen am Lippenrot *(Cheilosis)* sowie Rhagaden und Entzündungen an den Mundwinkeln (s. Abb. 39). Am Auge sind sowohl die Schleimhäute als auch die Hornhaut betroffen, außerdem findet man eine Schwäche des Dämmerungssehens

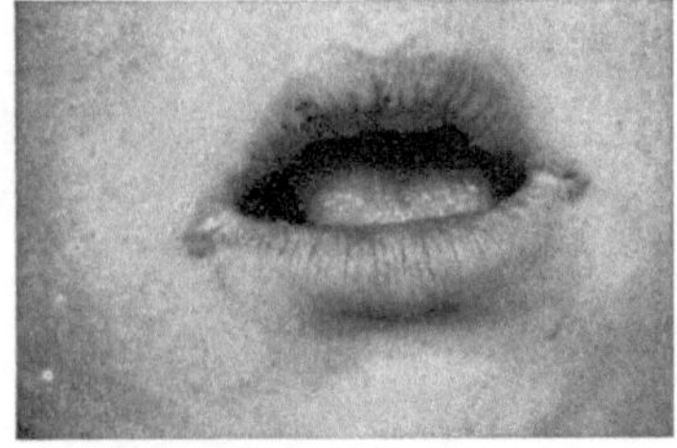

Abb. 39. Cheilosis.

(Acnephaskopie). Auf eine Störung des Hämoglobinstoffwechsels (s. S. 496ff.) weist die meist vorhandene Porphyrinurie hin. Besonders wichtig sind schwere Darmsymptome. Ebenso wie beim B_1-Mangel ist auch bei dem an B_2 wegen der Störung der Darmfunktion die Resorption durch chronische Diarrhoen behindert und deshalb die Aufnahme des Vitamins in den Organismus stark eingeschränkt, so daß sich ebenso wie bei der B_1-Avitaminose (s. S. 197) Ursache und Wirkung gegenseitig verstärken. Meist besteht eine Kombination mit Symptomen des Mangels an anderen B_2-Faktoren. Hochgradiger B_2-Mangel kann zum Tode führen.

Alloxan   Alloxazin   Iso-alloxazin

Riboflavin ist eine Verbindung des 5wertigen Alkohols Ribit mit einem heterocyclischen Ringsystem, dem Iso-alloxazin.

Das Riboflavin wird im Darm mit Phosphorsäure verestert. Es liegt in den gelben Oxydationsfermenten als Riboflavinphosphorsäure vor. Diese wird in den Organen, vor allem wohl in der Leber, die übrigens auch Riboflavin mit Phosphorsäure verestern kann, durch Anlagerung spezifischer Eiweißkörper in die gelben Fermente umgewandelt. Diese Fermente sind durch eine rötlich- oder grünlichgelbe Farbe gekennzeichnet und werden deshalb *gelbe Oxydationsfermente* genannt. Sie beruht darauf, daß diese Fermente reversibel oxydiert und reduziert werden können: die reduzierte und die oxydierte Form bilden ein sog. reversibles *„Redox-System"* (s. S. 333). Näheres über die gelben Fermente s. S. 339—343.

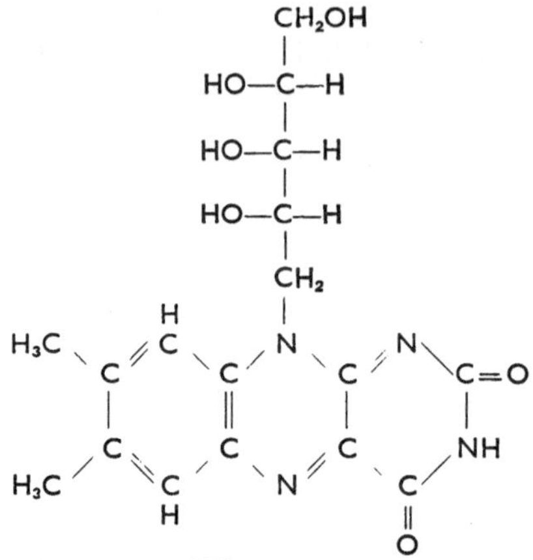

$$
\begin{array}{c}
CH_2OH \\
| \\
HO-C-H \\
| \\
HO-C-H \\
| \\
HO-C-H \\
| \\
CH_2
\end{array}
$$

Riboflavin

In der Netzhaut kommt Riboflavin frei, also weder verestert noch in Bindung an Eiweiß vor. Es wird durch Belichtung in einen Photokörper unbekannter Struktur umgewandelt, durch den ein Reiz auf den Sehnerven ausgelöst zu werden scheint. Der Photokörper wird durch Oxydation immer wieder in Riboflavin zurückverwandelt. Die Bedeutung des Riboflavins für das Dämmerungssehen besteht wahrscheinlich darin, daß es kurzwellige blaue Strahlen in gelbgrünes Fluorescenzlicht umwandelt, für das die Netzhaut besonders empfindlich ist. Da auch die Hornhaut und vor allem die Linse reich an Riboflavin sind, könnte durch diese Umwandlung der optische Apparat des Auges vor der Reizwirkung durch kurzwelliges Licht geschützt werden. In der Hornhaut bewirkt übrigens Riboflavinmangel eine Vascularisierung. Da das Riboflavin endlich die Regeneration des Sehpurpurs beschleunigt, ist es auch für die Verwertung des Vitamins A in der Netzhaut wichtig.

Tabelle 36. Riboflavin-Gehalt verschiedener Nahrungsmittel.

Nahrungsmittel	mg Riboflavin in 100 g
Schweineleber	2,5—3,7
Ochsenleber	1,0—3,0
Schweinefleisch	0,15—0,2
Kalbfleisch	0,14—0,2
Ochsenfleisch	0,2—0,3
Eier	0,2—0,4
Kuhmilch	0,2
Spinat	0,2—0,4
Tomaten	0,2—0,3
Blumenkohl.	0,1
Karotten	0,07

Das Riboflavin konnte auch durch chemische Synthese gewonnen werden. Ebenso auch eine Reihe von Flavinen mit anderen Kohlenhydratkomponenten, von denen aber nur das D-Xylose- und das L-Arabinose-derivat eine geringe physiologische Wirkung haben, wenn sie gleichzeitig wie Riboflavin in den Stellungen 6 und 7 methyliert sind.

Riboflavin kommt in allen Zellen pflanzlicher und tierischer Organismen vor. Über seinen Gehalt in einigen Nahrungsmitteln unterrichtet Tabelle 36. In den meisten Nahrungsmitteln findet es sich als „gelbes Ferment" (s. S. 339—343), lediglich Milch und Netzhaut enthalten freies

Riboflavin. Die Netzhaut ist im übrigen bei manchen Tieren das relativ riboflavinreichste Gewebe des Körpers.

Der Bedarf des Menschen an Riboflavin wird auf täglich 3 mg geschätzt. Diese Menge wird im allgemeinen in der Nahrung meist noch überschritten.

Die *Auswertung* geschieht im Wachstumstest an Lactobacillus casei oder an jungen Ratten, die etwa 4 Wochen lang ohne Riboflavin ernährt worden sind und keine Gewichtszunahme mehr erfahren. Als Einheit dient die Menge, die bei täglicher Verabreichung in 30 Tagen eine Gewichtszunahme von 40 g bewirkt. Für das reine Riboflavin sind das etwa 8—10γ. Bei Prüfung von riboflavinhaltigen Nahrungsmitteln ergibt sich ein wesentlich geringerer Bedarf, da seine Wirkung durch andere Bestandteile der Nahrung offenbar verstärkt wird. Als chemische Bestimmung dient die colorimetrische Messung des bei Belichtung in alkalischer Lösung aus dem Riboflavin entstehenden Lumiflavins (6,7,9-Trimethylisoalloxazin).

β) Nicotinsäureamid und Nicotinsäure[1].
(Pellagraschutzstoff des Menschen, PP-Faktor.)

Die menschliche Pellagra, die vor allem in den südlichen Ländern (in Europa: Italien, Balkan; in Amerika: Südstaaten der Union) in größerem Umfange vorkommt, aber auch in Mitteleuropa gelegentlich in abgeschwächter Form beobachtet wird, wurde von GOLDBERGER als Avitaminose erkannt. Die Pellagra ist eine außerordentlich komplizierte Krankheit, da bei ihr neben dem Nicotinsäureamid meist auch noch andere Faktoren des B_2-Komplexes fehlen oder in zu geringer Menge vorkommen, so daß die für die Pellagra charakteristischen Symptome durch die andere Avitaminosen kennzeichnenden Krankheitszeichen überdeckt werden. Die Pellagrasymptome betreffen die Haut, den Verdauungskanal und das Nervensystem. Bei den Hauterscheinungen handelt es sich um entzündliche Veränderungen besonders an den dem Sonnenlicht ausgesetzten Stellen (s. Abb. 40). Die Haut ist zunächst gerötet und geschwollen, später trocken, rissig und schwarzbraun pig-

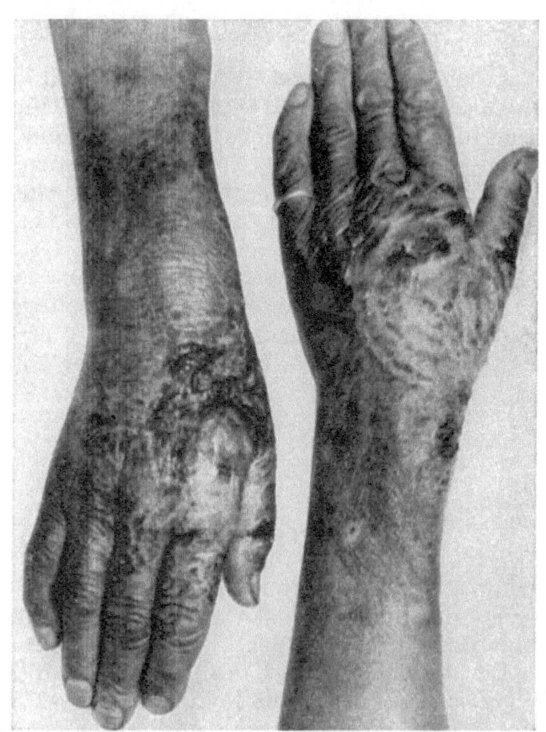

Abb. 40. Veränderungen an den Händen bei Pellagra.
(Nach MOLLOW.)

mentiert. (Hierher rührt der aus dem Italienischen stammende Name „pelle agra".) Als Symptome von seiten des Verdauungsapparates werden beobachtet: Appetitlosigkeit, Anacidität des Magensaftes, zunächst Verstopfung, späterhin Durchfälle, Darmblutungen, Entzündungen der Mund-

---

[1] In der amerikanischen Literatur sind die Bezeichnungen *Niacinamid* und *Niacin* gebräuchlich.

schleimhaut und der Zunge. Die nervösen Störungen sind sowohl psychisch-zentraler wie peripherer Natur. Fernerhin besteht eine Anämie. Manche der Veränderungen finden ihre Parallele in der experimentellen Pellagra des Hundes, bei dem an der Zunge Veränderungen auftreten, die zu der Bezeichnung „black tongue" für das Krankheitsbild geführt haben.

Von den Symptomen werden durch Zufuhr von *Nicotinsäure* oder *Nicotinsäureamid* beseitigt, werden also durch das alleinige Fehlen dieses Vitamins hervorgerufen, die psychischen Störungen und die Erscheinungen von seiten des Verdauungskanals; nicht behoben werden die peripheren neuritischen Störungen, die auf einem gleichzeitigen Thiaminmangel beruhen und eine auf einen Riboflavinmangel zu beziehende Cheilosis (s. S. 199). Die Beseitigung der Anämie bedarf der Zufuhr von Cobalamin und von Pteroylglutaminsäure sowie möglicherweise eines noch unbekannten weiteren antianämischen Faktors. Da die Hautveränderungen bei der Pellagra eine bemerkenswerte Ähnlichkeit mit denjenigen haben, die bei der Porphyrie auftreten (s. S. 116), hat man Störungen des Hämoglobin-Stoffwechsels bei der Pellagra angenommen. Es kann aber heute als sicher gelten, daß die Porphyrie bei der Pellagra Ausdruck eines gleichzeitig bestehenden Riboflavinmangels ist (s. S. 199).

Es ist bemerkenswert, daß Pellagra nur dort endemisch auftritt, wo Mais und Maisprodukte das Hauptnahrungsmittel sind. Die Ursache hierfür ist der zu geringe Tryptophangehalt von Zein, dem Maiseiweiß (s. unten). Daneben scheint aber bei Maisernährung auch noch aus anderen Gründen der Nicotinsäurebedarf gesteigert zu sein, da bei Weizendiät mit ähnlichem Nicotinsäureamid- und Tryptophangehalt die Pellagra viel später auftritt als bei Maisdiät.

Der Pellagraschutzstoff (PP-Faktor = pellagra preventive factor) ist, wie von ELVEHJEM und seinen Mitarbeitern erkannt wurde, Nicotinsäureamid. Eine gleichartige Wirkung hat aber auch die Nicotinsäure selbst; sie kommt aber im allgemeinen in der Nahrung nicht vor.

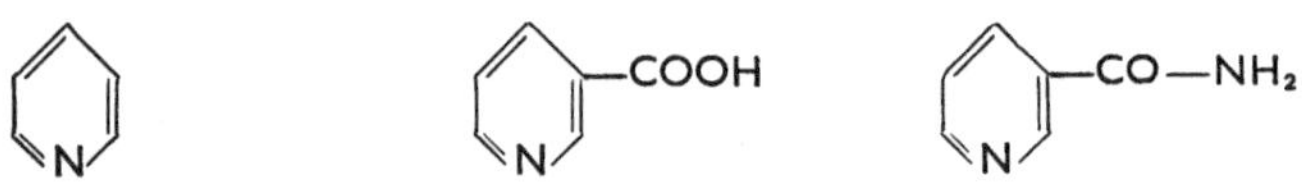

Pyridin   Nicotinsäure (—COOH)   Nicotinsäureamid (—CO—NH$_2$)

Da ebenso wie Thiamin und Riboflavin auch Nicotinsäureamid Bestandteil von Fermenten, und zwar der Co-Dehydrogenasen (s. S. 343) ist, die an den biologischen Oxydationsprozessen beteiligt sind, leuchtet ihre hohe Bedeutung für den Stoffwechsel ohne weiteres ein.

Der tägliche Bedarf des Menschen an Nicotinsäureamid beträgt etwa 10 mg je Tag. Für den Pellagrakranken hält man 25—50 mg je Tag für erforderlich. Bei Maisernährung mit einer täglichen Tryptophanzufuhr von 190 mg betrug der tägliche Nicotinsäurebedarf 7 mg. Durch überschießende Zufuhr von essentiellen Aminosäuren (s. S. 461) wird der Nicotinsäurebedarf gesteigert, da dann offenbar durch Verwendung zur Eiweißsynthese Tryptophan der Nicotinsäurebildung entzogen wird. Angaben über den Gehalt der einzelnen Nahrungsmittel an Nicotinsäure bzw. Nicotinsäureamid enthält die Tabelle 37.

Es wurde oben bereits darauf hingewiesen, daß der geringe Gehalt von Zein an Tryptophan die wesentlichste Ursache für das Auftreten der Pellagra bei Maisernährung ist. Damit stimmt überein, daß man durch Zufuhr von Tryptophan genau so wie durch die von Nicotinsäure oder Nicotinsäureamid die Pellagra heilen kann. Es erscheint heute als sicher, daß im tierischen und menschlichen Organismus Tryptophan in Nicotinsäure umgewandelt wird. Eine solche Umwandlung können auch die Darmbakterien vollziehen. Über den Bildungsweg von Nicotinsäure aus Tryptophan s. S. 485.

Tabelle 37. Gehalt einiger Nahrungsmittel an Nicotinsäure und Nicotinsäureamid.

Nahrungsmittel	mg in 100 g	Nahrungsmittel	mg in 100 g
Rindfleisch	5—6	Reis, poliert	1.2
Rindsleber	12—18	Spinat	1,3
Schweinefleisch	6	Grüne Erbsen . . .	1
Kalbfleisch	7—17	Kartoffel	1
Weizenvollkornbrot . .	4	Pfifferling	65
Roggenbrot, dunkel . .	2	Preßhefe	40—50

Nicotinsäure und Nicotinsäureamid werden im Organismus umgewandelt. Man kennt die folgenden Ausscheidungsprodukte:

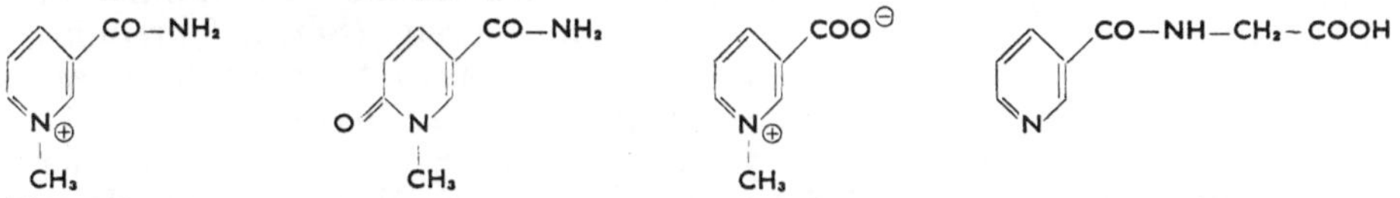

N_1-Methyl-nicotinsäureamid (Trigonellinamid) — N_1-Methyl-2-pyridon-5-carboxamid — N_1-Methyl-nicotinsäure (Trigonellin) — Nicotinursäure

Die Paarung mit Glykokoll zu Nicotinursäure ist analog der Bildung der Hippursäure aus Benzoesäure und Glykokoll (s. S. 62 u. 323). Beim Menschen scheinen Trigonellinamid und N-Methyl-pyridon-carboxamid die wesentlichsten Ausscheidungsformen zu sein.

Biologisch wird die Nicotinsäure am Hund oder an Staphylokokken ausgewertet. Die chemischen Methoden gehen auf Farbreaktionen des Pyridins zurück.

γ) Pyridoxin, Pyridoxal, Pyridoxamin (Adermin, Vitamin B_6).

Wenn aus der Gruppe der B-Vitamine nur B_1 und B_2 in der Nahrung enthalten sind, so entwickeln sich bei der Ratte neben dem Wachstumsstillstand weitere Symptome, von denen Rötung, Schwellung und Schuppenbildung an der Haut von Pfoten, Nase und Ohren schon erwähnt wurden. Man bezeichnet das Krankheitsbild als *Rattenpellagra (Akrodynie)*.

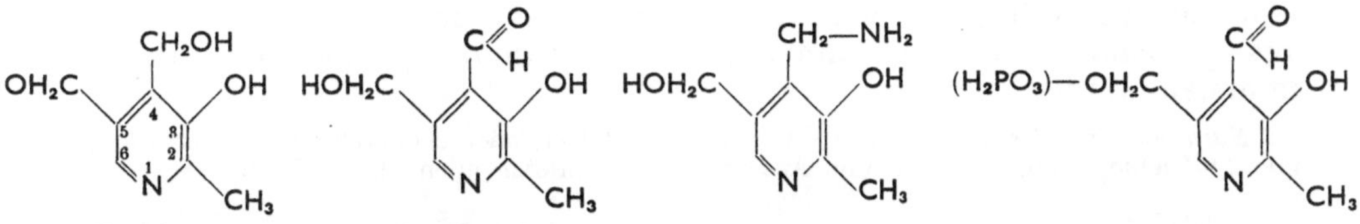

Pyridoxin — Pyridoxal — Pyridoxamin — Pyridoxal-5-phosphorsäure

Zu ihrer Behebung ist die Zufuhr eines als Vitamin B_6 bezeichneten Faktors erforderlich. Jedoch scheint für das Zustandekommen der Akrodynie auch noch das Fehlen von Pantothensäure und von Linolensäure nötig zu sein. Über positive Wirkungen von Vitamin B_6 auf die verschiedenen Krankheitserscheinungen des Menschen, die auf Vitaminmangel beruhen könnten, liegen zahlreiche Berichte vor; es ist aber nicht möglich, aus ihnen auf spezifische Mangelwirkungen beim Menschen zu schließen.

Die erste Substanz mit Vitamin B_6-Wirkung wurde von R. Kuhn isoliert und als 3-Hydroxy-4,5-di-(hydroxymethyl)-2-methylpyridin erkannt. Sie erhielt den Namen *Adermin*; in Amerika wurde sie als *Pyridoxin* bezeichnet. Späterhin zeigte sich, daß das Vitamin B_6 ein Gemisch von drei Stoffen ist und daß die Nahrung *Pyridoxin*, *Pyridoxal* und *Pyridoxamin* enthält, wobei die beiden letzten überwiegen. Die drei Substanzen können leicht ineinander übergehen. Die wirksame Form scheint Pyridoxal zu sein, und zwar in Form seines Phosphorsäureesters, der Pyridoxal-5-phosphorsäure. Diese spielt als Coferment zahlreicher Fermente des Aminosäureumsatzes eine bedeutsame Rolle. Es handelt sich dabei um die Decarboxylierung vieler Aminosäuren (Aminosäuredecarboxylasen, s. S. 355), um die Übertragung von Aminogruppen (Transaminasen, s. S. 327), um die Umwandlung von D- in L-Aminosäuren, um die dehydrierende Desaminierung einiger Aminosäuren (Serin, Threonin), um die Schwefelwasserstoffabspaltung aus Cystein (Cysteindesulfhydrase, s. S. 287) und die Transsulfurierung Homocystein-Serin (s. S. 477) sowie um den Tryptophanstoffwechsel (s. S. 484ff.). Bei Vitamin B_6-Mangel ist die Harnstoffbildung eingeschränkt, da die Transaminierung zwischen Asparaginsäure und Citrullin gestört ist (s. S. 470). Die Muskelphosphorylase (s. S. 325) soll Pyridoxal-5-phosphat enthalten, ferner soll es für die Hämsynthese (s. S. 496ff.) erforderlich sein.

Tabelle 38.

Gehalt einiger Nahrungsmittel an Vitamin B_6.

Nahrungsmittel	mg in 100 g
Rindfleisch	0,08
Rindsleber	0,17
Kalbfleisch	0,06—0,13
Schweinefleisch . .	0,9—2,7
Spinat	0,09
Kartoffel	0,22—0,32
Bananen	0,32
Hefe	3,6

Bei Mangel an Vitamin B_6 werden als Abbauprodukte des Tryptophans im Harn Xanthurensäure, 3-Hydroxykynurenin und Kynurenin ausgeschieden (Formeln s. S. 485). Die Vitamine B_6 werden im Organismus zu 2-Methyl-3-hydroxy-5-hydroxymethyl-pyridin-carbonsäure-4 (Pyridoxinsäure) oxydiert. Diese wird im Harn als Hauptstoffwechselprodukt der B_6-Vitamine ausgeschieden.

Der Tagesbedarf des Menschen beträgt wahrscheinlich 1,5—2,0 mg. Die Tabelle 38 gibt den Gehalt einiger Nahrungsmittel an Vitamin B_6 wieder. Bei der Bedeutung, die Pyridoxalphosphat für den Stoffwechsel zahlreicher Aminosäuren hat, ist es verständlich, daß der Bedarf bei vermehrter Zufuhr von Eiweiß und Aminosäuren gesteigert ist. Ein Teil des Vitamins B_6 ist im Gewebe an Eiweiß gebunden. In dieser Form ist es nicht resorbierbar. Nur aus gekochter Nahrung kann daher das Vitamin B_6 vollständig aufgenommen werden.

Nachweis und Bestimmung von Vitamin B_6 an Ratten oder chemisch durch Umsetzung mit 2,6-Dichlorchinonchlorimid und Auswertung des entstehenden blauen Farbstoffes.

δ) *Pantothensäure.*

Zur Gruppe der B_2-Vitamine gehört auch ein Vitamin, das eine außerordentlich weite Verbreitung hat. Es wurde deshalb von seinem Entdecker Williams als Pantothensäure bezeichnet. Allerdings hat man erst allmählich gelernt, eine ganze Anzahl weit — auch zeitlich weit — auseinanderliegender Beobachtungen auf den Mangel dieses einen Vitamins zu beziehen. Die erste Beobachtung, die man später mit der Pantothensäure in Zusammenhang bringen konnte, wurde schon 1901 gemacht, als ein als „Bios" bezeichneter Stoff für das Hefewachstum als notwendig erkannt wurde. Bios erwies sich dann als Gemisch und als eine seiner Komponenten die Pantothensäure. Auch einer der für das Wachstum mancher Bakterien erforderlichen Stoffe ist Pantothensäure; pellagraähnliche Erscheinungen bei Küken gehen auf sein Fehlen zurück. Bei Ratten schließlich wurden zahlreiche Krankheitserscheinungen, unter anderem akrodynieartige, und ein Grauwerden des Fells als durch seinen Mangel bedingt erkannt. Je nach den beobachteten Ausfallserscheinungen oder dem Isolierungsgang wirksamer Fraktionen waren die Namen verschieden: *Filtratfaktor, Küken-Antidermatitis-Faktor, Anti-Graue-Haarefaktor der Ratte.*

In der Pantothensäure sind β-Alanin und α,γ-Dihydroxy-β,β-dimethylbuttersäure säureamidartig miteinander verbunden. Im Gewebe liegt sie

$$\begin{array}{c}
\text{CH}_3 \\
| \\
\text{HOH}_2\text{C—C—CHOH—CO—NH—CH}_2\text{—CH}_2\text{—COOH} \\
| \\
\text{CH}_3
\end{array}$$

Pantothensäure

zum größten Teil, wenn nicht sogar vollständig, gebunden vor im *Co-Enzym A* (s. S. 321 f.), das seinerseits wieder an Eiweiß gebunden ist. Dem Co-Enzym A kommt im Stoffwechsel eine zentrale Bedeutung zu, da es für die Übertragung von Acetylgruppen erforderlich ist. Es wird später gezeigt werden, daß diese Übertragung von grundsätzlicher Bedeutung für den intermediären Stoffwechsel ist (s. S. 321 f.). Co-Enzym A enthält außer Pantothensäure noch Adenylsäure und β-Mercapto-äthylamin (Cysteamin) (s. S. 322), das Decarboxylierungsprodukt von Cystein. Aus der fundamentalen Bedeutung der vom Co-Enzym A vermittelten Reaktionen geht hervor, daß auch für den Menschen die Pantothensäure lebenswichtig ist. In der Tat sind bei Pantothensäuremangel Dermatitis, psychische Depressionen, neuromotorische Störungen, kardiovasculäre Labilität und Magen-Darmstörungen neben einem Anstieg der α_1- und α_2-Globuline und einem Absinken der γ-Globuline und des Cholesterins im Blut gefunden worden. Manches weist auf eine Insuffizienz der Funktion der Nebennierenrinde hin. Dies mag im Zusammenhang stehen mit dem Mangel an Co-Enzym A, das für die Cortisonsynthese (s. S. 232) erforderlich ist.

$$\begin{array}{c}
\text{CH}_3 \\
| \\
\text{HOH}_2\text{C—C—CH(OH)—CO—NH—CH}_2\text{—CH}_2\text{—CO—NH—CH}_2\text{—CH}_2\text{—SH} \\
| \\
\text{CH}_3
\end{array}$$

Pantothensäurerest   *Cysteaminrest*

Pantethein

Eine Zwischenstufe zwischen Pantothensäure und Co-Enzym A ist das *Pantethein*, bekannt als Wachstumsfaktor für Lactobacillus bulgaricus, das durch Disulfidbildung leicht in Pantethin übergeht.

Man schätzt auf Grund von Tierversuchen und aus der Pantothensäureausscheidung des Menschen seinen Bedarf auf etwa 5—10 mg je Tag. Über den Gehalt der Nahrungsmittel an Pantothensäure liegen nur spärliche Beobachtungen vor, auch diese sind von zweifelhaftem Wert, da sie meist auf

Wachstumsversuchen an Bakterien beruhen und bei derartigen Testen die in Co-Enzym A gebundene Pantothensäure nicht erfaßt wird.

ε) Cyanocobalamin (animal protein factor, extrinsic factor, antianämisches Vitamin B_{12}).

Bei der Rattenpellagra beobachtet man meist neben den Hautveränderungen eine Abnahme der roten Blutkörperchen, die auf dem Fehlen eines weiteren Faktors beruht. Sein Mangel oder der eines anderen ihm ähnlichen bewirkt auch beim Menschen das Auftreten einer eigentümlichen Anämieform, der *perniziösen Anämie* (BIERMER*sche Krankheit*), bei der auch noch weitere Symptome beobachtet werden. Dies sind neurotische Störungen, die auf Veränderungen im Rückenmark beruhen (funikuläre Myelose) und eine Atrophie der Schleimhaut des oberen Verdauungskanals (Glossitis und Achylie).

Es hat sich gezeigt, daß für die normale Entwicklung der roten Blutkörperchen u. a. ein auf das Knochenmark wirkender „Reifungsstoff" nötig ist, der zur Weiterdifferenzierung der unreifen Erythrocyten sowie zur Unterdrückung der Bildung von Zellen des megalocytären Typs erforderlich ist (CASTLE). Ohne diesen Stoff bleibt also die Blutbildung auf embryonaler Stufe stehen. Gleichzeitig werden Erythrocyten in verstärktem Maße zerstört, so daß die perniziöse Anämie außer durch die Abnahme auch durch das Auftreten unreifer Formen der Erythrocyten gekennzeichnet ist. Dabei ist der Hämoglobingehalt der Erythrocyten erhöht (hyperchrome Anämie).

Nachdem MINOT u. MURPHY 1926 die Heilwirkung roher Leber bei perniziöser Anämie entdeckt hatten, sind zahllose Versuche unternommen worden, das wirksame Prinzip aus der Leber zu isolieren. Sie führten lange Zeit höchstens zu stark angereicherten Präparaten, vor allem deswegen, weil ein Test für die Auswertung der Präparate im Tierversuch fehlte, so daß man darauf angewiesen war, die Wirkung an Anämiekranken zu beobachten. Isolierung und Kristallisation des wirksamen Leberfaktors sind aber von anderen Beobachtungen und Fragestellungen aus gelungen. Einmal wurde erkannt, daß tierisches Eiweiß für die Ernährung nicht allein wegen einer günstigeren Aminosäurezusammensetzung wertvoller ist als pflanzliches, sondern weil in ihm noch ein sog. „*animal protein factor*" (APF) enthalten ist (vielleicht auch mehrere derartiger Faktoren), der dem pflanzlichen Eiweiß fehlt. Die Existenz des APF wurde vor allem durch Fütterungsversuche an Küken erwiesen. Er wurde auch im Kuh- und Hühnermist aufgefunden. Schließlich gelang unter Verwendung von Bakterienkulturen zur Auswertung die Isolierung eines Vitamin B_{12} genannten Faktors, der sich mit dem extrinsic factor und mit APF als identisch erwies. Zum zweiten ergab sich, daß auch unter anderen Namen bekannte Faktoren mit dem Vitamin B_{12} identisch sind: *cow manure factor* (Kuhmistfaktor), *X-Faktor, Zoopherin, Lactobacillus-lactis-Dorner (LLD)-Faktor, Lactobacillus-leichmannii-Faktor, Küken-Wachstums-Faktor* (chicken growth factor).

Wie bereits CASTLE beobachtet hatte, ist der Nahrungsfaktor, den er als *extrinsic factor* bezeichnete, nur wirksam, wenn ein von der Magenschleimhaut gebildeter *intrinsic factor* vorhanden ist. Bei der perniziösen Anämie scheint gerade er zu fehlen. Er ist für die Resorption des extrinsic factor, der offenbar mit dem Vitamin B_{12} identisch ist, notwendig. Wenn auch der Wirkungsmechanismus des intrinsic factor noch nicht mit völliger

Sicherheit aufgeklärt ist, so scheint doch festzustehen, daß in Abwesenheit des intrinsic factor den Darm besiedelnde Bakterien das Vitamin fixieren und es dadurch der Resorption entziehen. Der intrinsic factor scheint von Tierart zu Tierart verschieden zu sein, doch handelt es sich in jedem Fall offenbar um ein Mucoproteid. An Kohlenhydratkomponenten konnten in ihm nachgewiesen werden: Fucose, Galaktose, Mannose und Glucosamin (und/oder Chondrosamin) sowie 16 verschiedene Aminosäuren.

Vitamin B_{12} ist ein Kobalt-Koordinationskomplex, dessen Struktur durch eine glänzende Kombination der Ergebnisse chemischer Untersuchungen mit denen der Röntgen-Strukturanalyse aufgeklärt werden konnte. Der Bau des Moleküls ist äußerst verwickelt. Sein Kern ist eine kobalthaltige porphyrinartige Verbindung, an die ringförmig angeschlossen ist ein Komplex aus 1-Amino-2-propanol, Ribosephosphorsäure und 5,6-Dimethylbenzimidazol. Das zentrale Kobaltatom hat die Koordinationszahl 6. Eine Hauptvalenz ist durch einen CN-Rest besetzt, eine zweite mit dem Stickstoff eines der Pyrrolringe des porphyrinähnlichen Ringsystems verbunden, von den 4 Nebenvalenzen 3 mit den Stickstoffatomen der übrigen 3 Pyrrolringe dieses Systems und die letzte mit dem Dimethylbenzimidazol, so daß sich das folgende Formelbild ergibt:

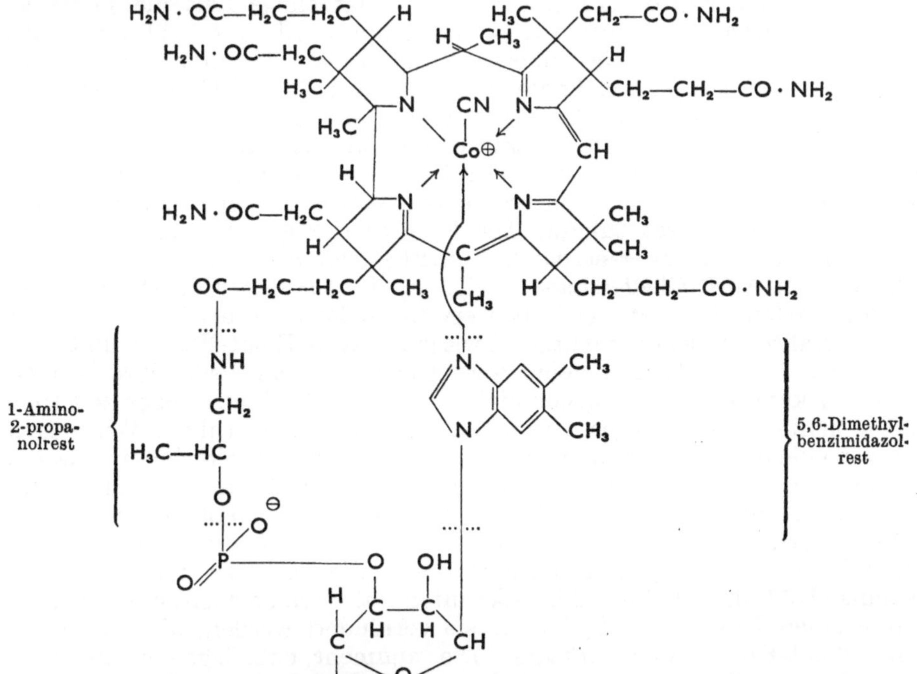

1-Amino-2-propanolrest   5,6-Dimethylbenzimidazolrest

Ribosephosphorsäurerest

Cyano-cobalamin

Den CN-freien Rest des Vitamins hat man als *Cobalamin* bezeichnet, das Vitamin selber ist dann *Cyano-cobalamin*. Außer Vitamin B_{12} sind beschrieben worden die Vitamine B_{12a}, B_{12b}, B_{12c} und B_{12d}. B_{12a} B_{12b} und B_{12d} sind Hydroxo-cobalamine, B_{12c} ist Nitrito-cobalamin. Zu erwähnen sind auch B_{12}-ähnliche Faktoren, in denen der Benzimidazolrest durch Purine

(z. B. Adenin und Hypoxanthin) ersetzt ist (Purincobalamine), die aber unwirksam sind. Ferner sind zahlreiche mit Vitamin B_{12} verwandte Stoffe isoliert worden, deren Struktur zum Teil noch unbekannt ist.

Der Wirkungsmechanismus des Vitamins B_{12} ist noch nicht geklärt. Ein Teil der vorliegenden Beobachtungen deutet darauf hin, daß es notwendig ist für die Bildung labiler Methylgruppen (s. S. 320), nach anderen dagegen soll es in der Nahrung ersetzbar sein durch das Nucleosid Desoxythymidin (s. S. 103), so daß angenommen wird, daß es für die Synthese des Desoxythymidins gebraucht wird (s. dazu auch S. 210).

Der Tagesbedarf an Cyano-cobalamin wird bei oraler Zufuhr für den erwachsenen Menschen auf 10—15γ geschätzt. Es mag in diesem Zusammenhang erwähnt werden, daß aus 3,5 t Leber 1 g der Substanz gewonnen werden konnte!

Neben der perniziösen Anämie gibt es weitere Anämieformen beim Menschen, die ebenfalls bei mangelhafter Zusammensetzung der Nahrung auftreten, in ihrem Entstehungsmechanismus aber noch wenig geklärt sind.

ζ) Pteroylglutaminsäure (Folsäure, folic acid).

Als weiterer Faktor des B_2-Komplexes hat einige Zeit die *p-Aminobenzoesäure* gegolten (Vitamin H'). Späterhin wurde aber gefunden, daß sie lediglich Baustein eines anderen Vitamins ist, das man zunächst als *Folsäure (folic acid)* bezeichnete, weil es aus grünen Blättern gewonnen werden konnte. Die Entdeckungsgeschichte auch dieses Vitamins ist recht kompliziert. Leber- und Hefeextrakte sind für das Wachstum von Lactobacillus casei erforderlich. Durch Adsorption an Norit (aktive Kohle) ließen sich zwei Wirkungen unterscheiden, von denen eine dem Adsorbat, die andere dem Filtrat zukam. Die Filtratwirkung war durch Pyridoxin (s. S. 203f.) und Biotin ersetzbar (s. S. 222f.). Durch Elution des Adsorbats ließ sich ein *Norit-Eluat-Faktor* gewinnen, der für das Wachstum einiger Bakterienarten nötig ist. Die oben erwähnte Folsäure erwies sich als für andere Bakterien lebenswichtig. Zwischen Norit-Eluat-Faktor und Folsäure bestanden chemisch keine wesentlichen Unterschiede, ihre biologischen Wirkungen waren dagegen nicht identisch. Auch aus Leber und Hefe ließen sich ähnliche Faktoren isolieren, die aber auch in ihren Wirkungen auf verschiedene Bakterien nicht übereinstimmten. Weiterhin wurde ein *Streptococcus-faecalis-R-Faktor (Rhizopterin)* beschrieben, der für Lactobacillus casei unwirksam war, aber durch Zusatz von Streptococcus faecalis R für L. casei wirksam wurde. Eine weitere Linie, die zur Aufklärung der Pteroylglutaminsäuregruppe hinführte, war die folgende: Küken zeigten bei einer Diät, die alle bis dahin bekannten Faktoren enthielt, eine Anämie. Durch einen Leberfaktor B_c konnte sie verhindert werden, aber auch der Norit-Eluat-Faktor war wirksam. Die nunmehr naheliegende Annahme einer Identität der verschiedenen Faktoren wurde sicherer, als das Vitamin B_c kristallisiert erhalten wurde und sich für das Wachstum von L. casei und S. faecalis R als wirksam erwies. Alle die bisher genannten Faktoren sowie der *Gärungs-L.-casei-Faktor*, der *Neue-Gärungs-L.-casei-Faktor* und ein *Faktor M*, bei dessen Fehlen Macaca-Affen eine makrocytäre Anämie entwickeln, erwiesen sich als identisch. Die merkwürdige Tatsache, daß L. casei-Faktor aus Hefe und aus Leber an S. faecalis R verschieden stark wirksam sind, wurde verständlich, als gefunden wurde, daß durch ein als *Vitamin-B_c-Conjugase* bezeichnetes Ferment aus Conjugaten der Vitamine das

Vitamin selbst in Freiheit gesetzt werden kann. Schließlich konnte dann der Hefe-L.-casei-Faktor als Derivat von 2-Amino-4-hydroxy-6-methylpteridin erkannt werden und zwar in Kombination mit p-Aminobenzoesäure und Glutaminsäure.

Pterine waren als Farbstoffe der Schmetterlingsflügel bereits lange bekannt und auch als Bestandteile des Harns aufgefunden worden. Die Pterine leiten sich ab von einem bicyclischen aus Pyrimidin und Pyrazin kondensierten Ringsystem:

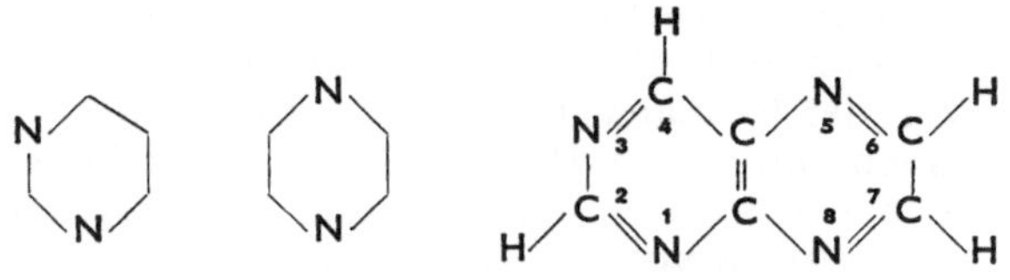

Pyrimidin   Pyrazin   Pteridin

Nachdem die Struktur des Vitamins aufgeklärt war, hat man es als *Pteroylglutaminsäure* bezeichnet, der Name Folsäure dient als Sammelbegriff für Angehörige dieser Gruppe. Den glutaminsäurefreien Rest nennt man auch *Pteroinsäure*.

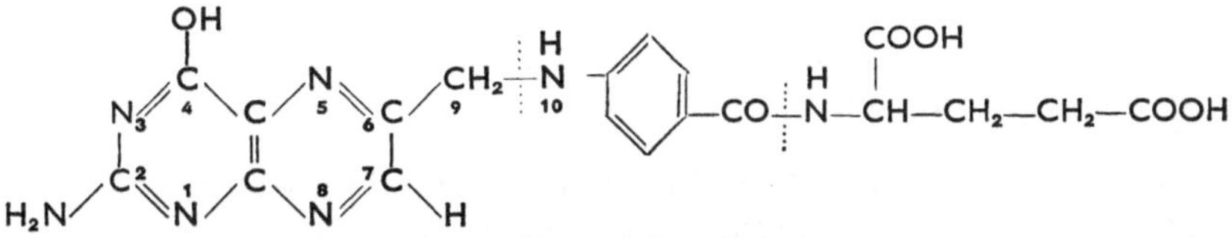

Pteroylglutaminsäure

Auch das Vitamin B_c ist Pteroylglutaminsäure, der Gärungs-L.-casei-Faktor dagegen besitzt 3 Mol, das Vitamin B_c-Conjugat 7 Mol Glutaminsäure; die Glutaminsäurereste sind in den Conjugaten über die von der NH_2-Gruppe entfernten γ-Carboxylgruppen mit den Aminogruppen jeweils peptidartig verbunden. Die *Vitamin B_c-Conjugase*, die aus den Conjugaten die Glutaminsäurereste abspaltet, ist eine Carboxypeptidase (s. S. 309).

Die wirksame Form dieses Vitamins ist anscheinend der Gärungs-L.-casei-Faktor in Form der 5,6,7,8-*Tetrahydrofolsäure*verbindungen. Die Tetrahydrofolsäure kann in Stellung 5 eine Formylgruppe anlagern und wird so zu *Folinsäure (folinic acid)*, auch als *Citrovorum-Faktor* bezeichnet. Die letztere Bezeichnung weist darauf hin, daß der Faktor für das Wachstum des Milchsäurebildners Leuconostoe citrovorum (jetzt Pediococcus cerevisiae) nötig ist. (Die synthetisch gewonnene Substanz trägt die Bezeichnung *Leukovorin*). Die Formylgruppe der Folinsäure kann zur Alkoholgruppe

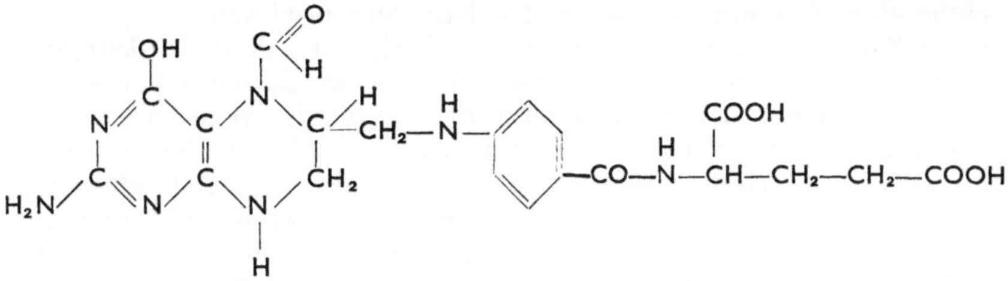

Folinsäure (Citrovorum-Faktor; Leukovorin)

reduziert werden, die auf Glykokoll zur Bildung von Serin übertragen werden kann (s. S. 473). Der Wirkungsmechanismus der Pteroylglutaminsäuregruppe ist geklärt; es ist gesichert, daß diese Stoffe für die Übertragung von 1-C-Körpern (s. S. 407) nötig sind, also von Methyl-, Hydroxymethyl- und von Formylgruppen. Dabei scheint nach neueren Untersuchungen die Überträgersubstanz die N(10)-Formyl-tetrahydro-pteroyltriglutaminsäure zu sein.

Frühere Beobachtungen, daß die Stoffe der Folsäuregruppe die perniziöse Anämie zu heilen vermögen, haben sich nicht bestätigt. Immerhin hat die Untersuchung dieser Verhältnisse ergeben, daß zwischen Pteroylglutaminsäure und Cyanocobalamin funktionelle Zusammenhänge bestehen. Die Klärung ging aus von der Beobachtung, daß die Stoffe der Folsäuregruppe ersetzt werden können durch die Pyrimidinbase Thymin (s. S. 101), das Vitamin B_{12} durch das Nucleosid Desoxythymidin (s. S. 103). Die Erklärung liegt darin, daß die Vorstufe von Thymin, das Uracil, nur in Gegenwart von Wirkstoffen der Folsäuregruppe zu Thymin methyliert werden kann (ein Sonderfall der allgemeinen Wirkung dieser Vitamingruppe), Thymin sich dann weiterhin nur in Anwesenheit von Vitamin B_{12} mit Desoxyribose zum Nucleosid Desoxythymidin verbinden kann.

$$\text{Uracil} + \text{—CH}_3 \xrightarrow[\text{Folinsäure}]{} \text{Thymin} + \text{C}_5\text{H}_{10}\text{O}_4 \xrightarrow[\text{Vitamin B}_{12}]{} \text{Desoxythymidin}$$

Beide Vitamine erweisen sich damit als notwendig für die Synthese eines Bausteines der für den Kernaufbau besonders wichtigen Desoxyribonucleotide.

Auch für den Abbau von L-Tyrosin soll Pteroylglutaminsäure erforderlich sein, ebenso für die Verwertung anderer Aminosäuren.

Angaben über den *Bedarf des Menschen* an Pteroylglutaminsäure liegen verständlicherweise nicht vor, sind auch kaum mit Sicherheit zu machen.

Nachweis und Bestimmung werden im Wachstumstest an zahlreichen Bakterienstämmen durchgeführt.

d) L-Ascorbinsäure (Vitamin C, antiskorbutisches Vitamin).

Schon seit Jahrhunderten ist als *Skorbut* eine Krankheit bekannt gewesen, die bei längerem Fehlen von frischem Gemüse oder Obst in der Nahrung oft epidemieartig ausbrach und die deshalb bei längeren Seereisen fast regelmäßig die Besatzung der Schiffe heimsuchte, aber auch in belagerten Festungen, bei den Insassen von Gefängnissen, im Weltkrieg auch in Gefangenenlagern, nicht selten auftrat. Wenn auch die heilende Wirkung mancher Pflanzen und Früchte (besonders von Kiefernadelextrakten und Citronen) ebenfalls schon frühzeitig aufgefunden und ausgenutzt worden ist, so hat doch erst der Tierversuch völlige Klarheit über diese Krankheit gebracht und ihren direkten Zusammenhang mit der unzureichenden Zusammensetzung der Nahrung erwiesen.

Das auffälligste Krankheitszeichen bei Skorbut sind Blutungen und Entzündungen des Zahnfleisches, jedoch nur da, wo Zähne vorhanden sind. Aber auch Blutungen an vielen anderen Stellen des Körpers, in erster Linie unter der Haut, sowie in der Muskulatur, besonders der Waden (s. Abb. 41), bei Säuglingen und kleinen Kindern unter dem Periost der langen Röhren- und der Schädelknochen (MÖLLER-BARLOW*sche Krankheit*) gehören zu den skorbutischen Erscheinungen. Am wachsenden Knochen ist die Tätigkeit der Osteoblasten und damit die Knochenneubildung gestört, die Knochen werden daher brüchig und sind sehr schmerzhaft. Meist besteht auch eine Anämie. Diese Ausfallserscheinungen beruhen auf dem Fehlen des wasserlöslichen Vitamins C. Bei Skorbut ist der Organismus außerordentlich anfällig für eine Reihe von schweren Infektionskrankheiten, so daß man den Skorbut selbst zeitweilig als Infektionskrankheit angesehen hat. In Deutschland ist der eigentliche Skorbut ziemlich selten, jedoch treten sog. „präskorbutische Zustände", besonders bei Kindern, in den Frühjahrsmonaten als Schmerzen am Schienbein und als Zahnfleischblutungen gar nicht so selten auf.

Bei C-avitaminotischen Tieren treten außerdem mancherlei andere Störungen auf. Die Verarmung des Muskels an einigen für die Muskelkontraktion unentbehrlichen Substanzen (P-Verbindungen, Kreatin, Glykogen) erklärt wohl die stark eingeschränkte muskuläre Leistungsfähigkeit.

Die Blutungen bei der C-Avitaminose scheinen darauf zu beruhen, daß die die Zellen der Gefäßwände verbindende Kittsubstanz nur schlecht gebildet wird. Dies ist aber nur *ein* Zeichen einer allgemeinen Schädigung des Bindegewebes. Die Bildung des Kollagens wird durch Ascorbinsäure gefördert, ebenso auch die von Chondroitinschwefelsäure im Knorpel.

Nach SZENT-GYÖRGYI ist der Skorbut keine reine C-Avitaminose, insbesondere die in den Blutungen sich äußernde Verminderung der Capillarresistenz wird auf ein besonderes *Vitamin P* zurückgeführt (s. S. 225).

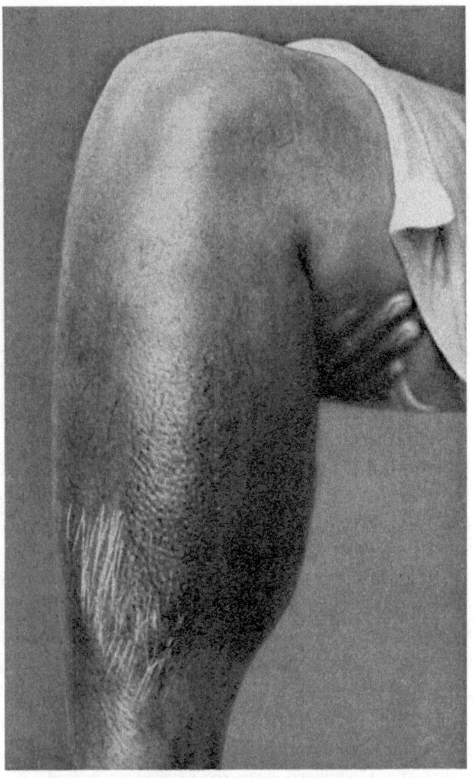

Abb. 41. Hautveränderungen und Schwellungen des Unterschenkels durch Blutungen in der Tiefe bei Vitamin C-Mangel. (Nach SALLE.)

Mit dem menschlichen Skorbut fast identische Erscheinungen lassen sich bei Meerschweinchen erzeugen, wenn man sie ausschließlich mit Körnerfutter ernährt (HOLST u. FRÖLICH). Neben dem Meerschweinchen und dem Menschen erkranken nur noch der Affe und das Reh an Skorbut. Alle übrigen Tiere können den skorbutverhütenden Stoff selber synthetisieren, und zwar in der Leber. Auch der menschliche Embryo und Säugling sind bis zum Ende des 1. Lebensjahres zur Vitamin C-Synthese fähig. Die Ursache für das Fehlen der Ascorbinsäurebildung beim Menschen und den auf die Zufuhr von Ascorbinsäure angewiesenen Tieren liegt darin, daß bei ihnen das Ferment fehlt, durch das auf der letzten Stufe des Syntheseweges, 3-Ketogulonsäure, in Ascorbinsäure umgewandelt wird.

Das Vitamin findet sich in allen Zellen im Plasma diffus verteilt. Die in den einzelnen Organen gefundenen Werte liegen, wie die in Tabelle 39 angeführten, für das Rind gültigen Werte zeigen, in ganz verschiedenen

Größenordnungen. Auch bei vielen anderen Tieren, die ebenso wie das
Rind das Vitamin C selbst synthetisieren können, also nicht auf seine
Zufuhr angewiesen sind, findet sich in bezug auf Größenordnung und
Verteilung ein ganz entsprechendes Verhalten. Es ist eine bemerkenswerte
Tatsache, daß sich Vitamin C in größter Menge in einer Reihe von hormon-
bildenden Organen findet, so besonders in Hypophyse, Nebenniere und
Corpus luteum. Man hat daraus geschlossen, daß es in irgendeiner Weise
für die Bildung der Hormone notwendig ist. In der Tat setzt z. B. im

Tabelle 39. Gehalt an Ascorbinsäure in verschiedenen Organen vom Rind (GIROUD).

Organ	mg Ascorbin-säure in 100 g Gewebe	Organ	mg Ascorbin-säure in 100 g Gewebe
Rückenmark	6,50	Magen	6,30
Gehirn, weiße Substanz . . .	10,10	Dünndarm	18,00
,, graue Substanz . . .	15,50	Dickdarm	7,30
Hypophyse, Vorderlappen . .	161,00	Leber	29,00
,, Zwischenlappen .	206,80	Pankreas	9,30
,, Hinterlappen . .	61,00	Niere	10,80
Nebenniere, Rinde	149,00	Blut	0,20
,, Mark	94,00	Milz	27,50
Ovarium, ohne Gelbkörper . .	20,50	Skeletmuskel	1,60
,, Gelbkörper	113,90	Linse	26,40
,, Follikelflüssigkeit .	1,50	Kammerwasser	17,30

Follikel des Ovariums erst nach seiner Umwandlung zum Corpus luteum
eine starke Vermehrung des Vitamins ein; wenn es fehlt oder in zu geringer Menge zugeführt wird, treten Störungen in der Bildung des Gelb-
körperhormons auf.

Beim Menschen und bei den ebenfalls auf die Zufuhr der Ascorbinsäure angewiesenen Affen und Meerschweinchen finden sich wesentlich
niedrigere Werte, aber der allgemeine Verteilungsplan scheint der gleiche
zu sein, wie ihn die Tabelle 39 zeigt, sofern der Organismus nicht bei ungenügender Vitaminzufuhr mit der Nahrung weitgehend an Vitamin C
verarmt ist. Ein solcher Zusammenhang zwischen Zufuhr und Speicherung
macht es auch verständlich, daß im Harn Ascorbinsäure nicht in nennens-
wertem Betrage ausgeschieden wird. Nach einer einmaligen sehr großen Gabe
(bis zu 2 g) wird aber die Ausscheidung nach einigen Stunden nachweisbar.
Gibt man täglich kleinere, aber den Bedarf übersteigende Mengen, so wird
das Vitamin erst nach einigen Tagen ausgeschieden. Die Dauer der

$$
\begin{array}{cccc}
C\!\!\diagup^{\,O}_{\,H} & C=O & C=O & C=O \\
| & | & | & | \\
HO-C-H & HO-C-H & HO-C & O=C \\
| & |\;\;\;O & ||\;\;\;O \rightleftharpoons & |\;\;\;O \\
HO-C-H & C=O & HO-C & O=C \\
| & | & | & | \\
H-C-OH & H-C & H-C & H-C \\
| & | & | & | \\
HO-C-H & HO-C-H & HO-C-H & HO-C-H \\
| & | & | & | \\
CH_2OH & CH_2OH & CH_2OH & CH_2OH \\
\text{L-Gulose} & \text{Ketoform} & \text{Enolform} & \text{reversibel oxydierte Form}
\end{array}
$$

L-Ascorbinsäure

Latenzperiode kann als Maß für die Vitaminverarmung des Körpers angesehen werden.

Das Vitamin C konnte zuerst aus der Rindernebenniere, dann aus grünem Paprika isoliert werden (SZENT-GYÖRGYI). Seine Konstitution konnte bald darauf als die eines Oxydationsproduktes der Hexose L-Gulose aufgeklärt werden (HAWORTH; MICHEEL). Es ist 3-Ketogulonsäureanhydrid und erhielt die Bezeichnung L-*Ascorbinsäure*. Bald darauf gelang auch seine chemische Synthese (REICHSTEIN). Die hervorstechendste chemische Eigenschaft der Ascorbinsäure ist ihr starkes Reduktionsvermögen, das sich gegen Metallsalze sogar bei saurer Reaktion zeigt. Muttersubstanzen der Ascorbinsäuresynthese in der Pflanze sind D-Glucose und D-Galaktose.

Tabelle 40. Ascorbinsäure-Gehalt verschiedener Nahrungsmittel.

(Zahlen in Klammern gelten für normal gelagerte und zubereitete Nahrungsmittel.)

Nahrungsmittel	mg Ascorbinsäure je 100 g	Nahrungsmittel	mg Ascorbinsäure je 100 g
Schweineleber	20	Tomaten	15—18
Kuhmilch	0,7—3,0	Kopfsalat	27—43
		Kartoffeln	6—30 (5—30)
Petersilie	150		
Kohlrabi	100 (15)	Hagebutten	250—1400
Grünkohl	120—130 (15)	Apfelsinen	16—50
Rosenkohl	130—150 (10)	Erdbeeren	70—90
Blumenkohl	125—175 (10)	Citronen	50
Spinat	100—120 (4)	Grapefrucht	24—45
Rotkohl	35—50 (5)	Himbeeren	25
Radieschen	25—30	Bananen	8—14
Spargel	30 (5)	Äpfel	0,5—20
Sauerkraut	13—40 (10)		

Das oxydierte Vitamin ist ebenso wirksam wie die Ascorbinsäure selbst, weil es im Gewebe wieder reduziert werden kann. Die biologische Funktion der Ascorbinsäure ist noch nicht geklärt, es wird angenommen, daß sie auf ihrer Eigenschaft als reversiblem Redoxsystem (s. S. 333) beruht. Weiterhin sind bedeutungsvoll die Aktivierungen mancher Fermente (Papain, Kathepsin, Arginase, Amylase usw.), die Mitwirkung bei der oxydativen Desaminierung von Aminosäuren sowie die Verhinderung der oxydativen Zerstörung des Adrenalins, die wohl auch die Steigerung der Wirkungsstärke dieses Hormons bei Ascorbinsäurezufuhr erklärt. Für die Oxydation des Tyrosins ist die Mitwirkung von Ascorbinsäure nach Art eines Cofermentes erforderlich. Zum Nebennierenrindenhormon scheinen ebenfalls enge Beziehungen zu bestehen, denn die gleichzeitige Injektion von Rindenhormon und von Ascorbinsäure verlängert die Arbeitsfähigkeit nebennierenloser Kaninchen (s. S. 229) in viel höherem Grade als Rindenhormon allein. Von großer Bedeutung ist ferner die Beschleunigung der Blutgerinnung, die sich bei der Stillung von Blutungen verschiedenster Genese zeigt. Man erklärt sie durch Abdichtung der Capillarendothelien. Gerinnungsbeschleunigend wirken übrigens auch eine Reihe von künstlich hergestellten, antiskorbutisch unwirksamen Isomeren der Ascorbinsäure (aber auch andere organische Säuren). Auf die Bedeutung der Ascorbinsäure für die normale Bildung des Bindegewebes wurde bereits hingewiesen (s. S. 211). Anscheinend beeinflußt Vitamin C Aufbau, Verkettung und Streckung der das Bindegewebe aufbauenden Mucopolysaccharide, so daß schließlich die

Polypeptidketten ihrer Proteinkomponente die Kollagenfasern bilden, in deren Zwischenräume sich dann die strukturlosen Polysaccharidsäuren einlagern. Von besonderer Bedeutung scheint dabei die Aminosäure Hydroxyprolin zu sein, die einen hohen Anteil des Kollagens ausmacht.

Zwischen den Vitaminen A und C scheinen engere biologische Beziehungen zu bestehen, da sie sich in den Pflanzen meist gleichzeitig in hohen Konzentrationen finden. Tatsächlich läßt sich durch Zufütterung größerer Dosen von Ascorbinsäure auch bei einem sehr erheblichen Überschuß an Vitamin A das Entstehen einer A-Hypervitaminose unterdrücken.

Über den Gehalt einiger wichtiger Nahrungsmittel an Vitamin C unterrichtet die Tabelle 40. *Für die Ernährung des deutschen Volkes ist besonders die Kartoffel als Vitamin C-Quelle wichtig.* Ihr Gehalt an Ascorbinsäure ist zur Zeit der Ernte am größten, mit der Dauer der Lagerung nimmt er ab. Tabelle 41 stellt nach Untersuchungen von SCHEUNERT die Werte für in der Schale gedämpfte oder gekochte Kartoffeln zusammen.

Beim Kochen wird das Vitamin oxydativ zerstört, und zwar in den verschiedenen Nahrungsmitteln in verschiedenem Umfang. Dies beruht auf der in manchen Pflanzen vorkommenden kupferhaltigen Ascorbinsäureoxydase. Anderseits kommen im Gewebe auch Stoffe vor, die — wie z. B. Glutathion — die Ascorbinsäureoxydation verhindern oder doch einschränken können. Wie die Tabelle 40 zeigt, ist in den meisten Fällen der Verlust durch die Zubereitung der Nahrung erheblich. Eine bemerkenswerte Ausnahme macht anscheinend die Kartoffel. Von großer praktischer Bedeutung ist die oxydative Zerstörung des Vitamins beim Erwärmen und Kochen der Milch. 30 min Erwärmen auf 60° in einem Aluminiumgefäß zerstört 20—40 %, im Kupfergefäß dagegen 80—100 % des Vitamins. Erhitzen auf 120° zerstört in einer Stunde das gesamte Vitamin. Voraussetzung für die Zerstörung ist der freie Zutritt von Luft. Der Vitamingehalt der Kuhmilch ist — abhängig von der Art des Futters — erheblichen Schwankungen unterworfen: er ist im Sommer wesentlich höher als im Winter. Für die Säuglingsernährung ist wichtig, daß Frauenmilch sehr viel reicher an Vitamin C ist als Kuhmilch.

Der optimale tägliche Bedarf des erwachsenen Menschen wird verschieden hoch eingeschätzt. Die für notwendig gehaltenen Mengen bewegen sich zwischen 15 und 50 mg. Diese Mengen sind außerordentlich groß im Vergleich zu dem Bedarf an den anderen Vitaminen. Wichtig ist auch, daß es eine Hypervitaminose C nicht gibt. Überschüssiges Vitamin C wird mit Harn und Schweiß wieder ausgeschieden. Bei größeren körperlichen Anstrengungen, bei Infektionskrankheiten und während der Schwangerschaft scheint der Bedarf an Vitamin C gesteigert zu sein. Bei einer unzulänglichen Zufuhr von Ascorbinsäure, die noch nicht zu ausgesprochenen Mangelerscheinungen zu führen braucht, werden bereits Schwankungen des Grundumsatzes nachweisbar.

Tabelle 41. Abnahme des Ascorbinsäuregehaltes der in der Schale gedämpften oder gekochten Kartoffel nach Lagerung. (Nach SCHEUNERT.)

Monat	mg Ascorbinsäure in 100 g
Oktober	18
November . . .	15
Dezember . . .	13
Januar	11
Februar	10
März	9
April	8
Mai	7
Juni	7

Vitamin C kann im Tierversuch am Meerschweinchen nachgewiesen und bestimmt werden, indem man die Dosis ermittelt, die den Gewichtsabfall aufzuhalten vermag. Die chemische

Bestimmung geschieht durch Titration mit den blauen Farbstoffen 2,6-Dichlorphenolindophenol oder Methylenblau, die unter Reduktion entfärbt werden, oder durch Titration mit verdünnter Jodlösung. Die Anwendung dieser Methoden auf Gewebe oder biologische Flüssigkeiten ergibt aber wegen der Anwesenheit anderer reduzierender Substanzen nur angenähert richtige Werte.

e) Calciferol (Vitamin D, antirachitisches Vitamin).

Bei der Untersuchung über die Entstehungsbedingungen der Xerophthalmie fand MELLANBY bei jungen Hunden, die mit Nahrungsgemischen gefüttert wurden, die arm an fettlöslichem Vitamin waren, Störungen der Knochenbildung. Diese Wirkung ließ sich von der Vitamin A-Wirkung unterscheiden, weil Vitamin A durch Oxydation leicht zerstört wird. Die bei Fehlen der antixerophthalmischen Wirkung noch übrigbleibende

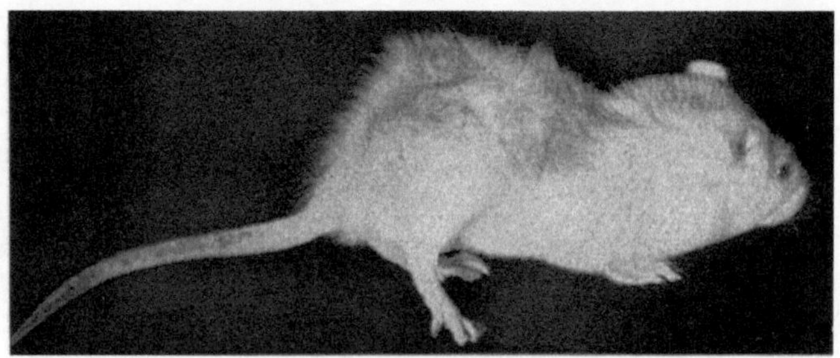

Abb. 42. Rattenrachitis.

Störung der Knochenbildung wurde auf die Abwesenheit eines vom Vitamin A verschiedenen Vitamin D zurückgeführt.

Ähnliche Störungen sind auch bei anderen Versuchstieren, so besonders bei der Ratte, hervorzurufen (Abb. 42); sie zeigen eine sehr große Ähnlichkeit mit den Erscheinungen der menschlichen *Rachitis*, einer Erkrankung vorwiegend des Kindesalters, die früher eine außerordentliche Verbreitung hatte und in manchen Ländern auch heute noch hat. Bei der Rachitis des kleinen Kindes finden sich am Knochensystem die gleichen Veränderungen wie bei den Versuchstieren. Am frühesten erweicht im allgemeinen das Schädeldach, so daß die Schädelknochen völlig weich und eindrückbar werden. Am besten untersucht sind die Veränderungen der langen Röhrenknochen bei Vitamin D-Mangel. Man findet eine Störung der Verkalkung der Knochengrundsubstanz (Osteoid, Knochenmatrix) und des Knorpels in der primären Verkalkungszone. Wegen Fortdauer des Wachstums kommt es zu Verdickung des Diaphysenknorpels und des Osteoids. Da außerdem vor dem Vitaminmangel gebildeter Knochen wieder aufgelöst werden kann, erklären sich die Veränderungen des Knochens bei Vitamin D-Mangel leicht: die Verknöcherungszone erscheint verbreitert und nicht mehr scharf, sondern unregelmäßig begrenzt (s. Abb. 43). Die Knochen werden weich und nachgiebig und verbiegen sich leicht bei Belastung, so daß nach dem Überstehen der Erkrankung unter Umständen schwere Verkrümmungen bestehen bleiben.

Für die Entstehung dieser Krankheit sind die verschiedensten Ursachen verantwortlich gemacht worden. Der Tierversuch zeigte, daß sie mit der unzureichenden Zufuhr eines Vitamins zusammenhängen kann. Aber damit sind die Voraussetzungen für ihr Auftreten noch nicht erschöpft. Sowohl Beobachtungen an kranken Kindern als auch an rachitischen Tieren wiesen

auf die *Bedeutung anderer Umweltfaktoren* hin: bei vitaminfreier oder
-armer Kost, die sonst zum Ausbruch der Rachitis führt, tritt die Erkrankung nicht auf, wenn die Tiere sich frei in frischer Luft bewegen
können und wenn in der Nahrung reichlich Fleisch angeboten wird. Als
weiterer krankmachender Faktor wurde die Höhe des Angebotes von Calciumsalzen und von Phosphaten in der Nahrung erkannt. Dabei kommt es
weniger auf den absoluten Gehalt als auf das Verhältnis von Ca zu P an.

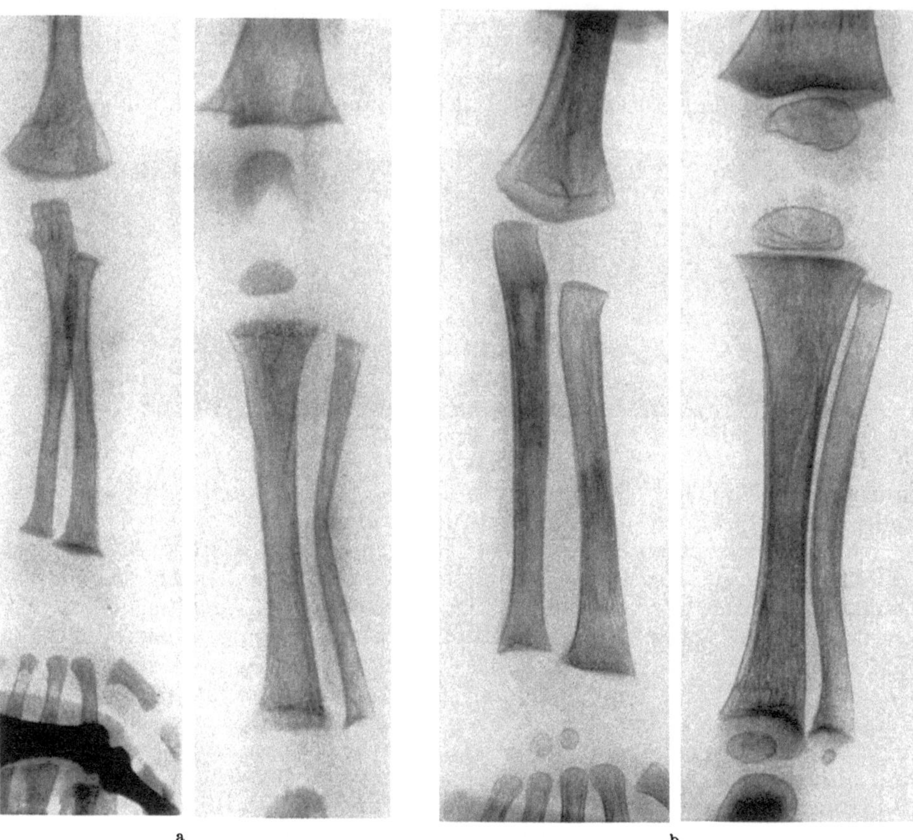

a   b

Abb. 43a u. b. Rachitis beim Kind vor und nach Behandlung. (Röntgenbilder der Arm- und Beinknochen.)
a Hochgradige rachitische Veränderungen mit starker Kalkarmut. Einknickungen einzelner Knochen. Auffaserung der enchondralen Verknöcherungszone. b 3 Monate später nach Vitamin D-Zufuhr. Normaler
Kalkgehalt. Glatte Verknöcherungszone. Verbiegung der Fibula weist auf die überstandene Erkrankung hin.

Bei der Ratte läßt sich beim Fehlen des Vitamins D eine Rachitis mit
Sicherheit nur hervorrufen, wenn Calciumsalze gegenüber Phosphat in
größerem Überschuß verfüttert werden. Das Tier scheidet dann mit dem
überschüssig zugeführten Calcium auch entsprechende Mengen von Phosphat aus, die aus dem Organismus stammen, ihm also verloren gehen.
Als Folge davon findet man statt eines normalen P-Gehaltes im Serum
von 3—5 mg-% nur noch 2,5 mg-%, der Ca-Gehalt sinkt dagegen erst spät
und wenig ab. Normalisierung des Verhältnisses Ca/P in der Nahrung
durch vermehrte Phosphatzufuhr kann auch ohne Zulage von fettlöslichem
Vitamin die Rattenrachitis zur Heilung bringen. Bei Vitaminzufuhr kann

auch bei phosphatarmem Futter und niedrig bleibendem P-Gehalt des Serums die Ratte Phosphat im Knochen ablagern. Dabei wird anscheinend den übrigen Geweben Phosphat entzogen, da die Tiere trotz nunmehr normalem Knochenaufbau im Wachstum zurückbleiben. Auch bei der kindlichen Rachitis besteht eine Verarmung des Organismus an P und an Ca, wobei die Abgabe von Phosphat über die von Calcium überwiegt.

Im rachitischen Serum und auch im rachitischen Knochen ist die fermentative Spaltbarkeit der Phosphorsäureester gesteigert. Das beruht auf einer vermehrten Bildung von Phosphatasen: die *Vermehrung der Serumphosphatase* ist eines der frühesten Symptome der Rachitis. Über die Bedeutung der Phosphatasen für die Verknöcherung s. S. 299f.

Neben der Rachitis des kleinen Kindes ist unter unzureichenden Ernährungsbedingungen eine „*Spätrachitis*" bei jungen Menschen im Pubertätsalter beobachtet worden. Auch bei ihr findet sich die für die Rachitis kennzeichnende Entmineralisierung des Knochens und eine Verminderung des Ca- und P-Gehaltes im Serum. Am Knochen treten Verdickungen der Epiphyse und spontane Brüche auf. Schließlich sind auch bei Erwachsenen Knochenveränderungen bei mangelhafter Zufuhr von fettlöslichem Vitamin bekannt, die man als *Osteomalacie* bezeichnet und die sich ebenfalls in einer Entkalkung des fertigen Knochens äußern. Die Knochenerweichung führt zu starken Verbiegungen im Skeletsystem. Die Erkrankung betrifft besonders häufig Frauen während der Schwangerschaft und der Stillperiode.

Auf Grund zahlreicher Untersuchungen kann man heute mit einiger Sicherheit annehmen, daß das Vitamin D eine doppelte Wirkung hat: einmal fördert es die Resorption der Calciumionen durch die Darmschleimhaut, und zweitens scheint es die Ausbildung der Knochenmatrix zu steigern. Alle übrigen Wirkungen sind indirekte. So wird die vermehrte Ablagerung von Calcium und Phosphat bei der Rachitis nach Vitaminzufuhr auf die Steigerung des Calcium- und Phosphatgehaltes im Blut, also auf die Erhöhung des Angebotes an diesen Mineralstoffen, zurückgeführt. Bemerkenswert ist, daß der relativ hohe Citronensäuregehalt des Knochens bei der Rachitis vermindert ist und daß Zulage von Citronensäure zur Nahrung bei Rachitis die Calciumresorption erhöht (wohl durch Bildung von Calciumcitratkomplexen) und damit eine antirachitogene Wirkung hat. Wieweit eine am Versuchstier beobachtete Steigerung der Oxydationen bei Zufuhr von Vitamin D mit seiner Bedeutung für die Knochenentwicklung zusammenhängt, ist nicht zu sagen, ebensowenig ob Vitamin D für die Aufrechterhaltung der Oxydationen notwendig ist, wenn auch Anzeichen dafür vorliegen, daß die Oxydation von Citrat durch Vitamin D eingeschränkt wird.

Das Vitamin D steht mit einigen Hormonen anscheinend in engen Wechselbeziehungen, so vor allem wegen der Beherrschung des Kalkstoffwechsels mit dem Hormon der Epithelkörperchen (s. S. 248), aber auch zwischen Vitamin D und Schilddrüse sowie Thymus scheint es Zusammenhänge noch nicht geklärter Art zu geben. Über den Antagonismus Vitamin A/Vitamin D s. S. 191.

Die Erforschung der chemischen Natur des antirachitischen Vitamins beruht auf zwei wichtigen Beobachtungen. Durch ultraviolette Bestrahlung rachitischer Kinder gelang es HULDSCHINSKY die Rachitis zu heilen, und HESS u. STEENBOCK konnten antirachitisch unwirksame Tier- und Pflanzenprodukte durch ultraviolette Bestrahlung in antirachitisch wirksame Nahrung umwandeln. *Damit war erwiesen, daß das Vitamin aus einer*

*oder mehreren an sich unwirksamen Vorstufen (Provitaminen) durch Be-
strahlung entsteht,* und es wurde ferner die große Bedeutung der Umweltfaktoren für Entstehung oder Verhütung der Rachitis verständlich.

Die Isolierung des natürlich vorkommenden, im Lebertran enthaltenen
antirachitischen Vitamins D gelang zunächst nicht. Die Aufarbeitung
von bestrahlten Nahrungsstoffen mit antirachitischer Wirksamkeit war
dagegen erfolgreicher. Sie erstreckte sich auf pflanzliche Öle und ergab,
daß ihre Wirkung gebunden ist an die Sterinfraktion. Das ist insofern
eigenartig, als pflanzliche Sterine im Tierkörper nicht vorkommen. Auch
durch Bestrahlung von Cholesterinrohkristallisaten werden antirachitisch
wirksame Lösungen erhalten, reinstes Cholesterin ist dagegen nicht aktivierbar. Die vergleichende Untersuchung der Absorptionsspektren der
Cholesterinrohkristallisate, des reinen Cholesterins und der antirachitisch
wirksamen Bestrahlungsprodukte führte zu der Erkenntnis, daß der akti-
vierbare Anteil des Rohkristallisats ein bei 280 mμ stark absorbierendes
Sterin sein müsse. Im *Ergosterin* wurde nach systematischem Suchen der
erste Stoff gefunden, der dieser Forderung genügte, und die weitere Untersuchung hat ergeben, daß Ergosterin in der Tat durch ultraviolettes Licht
aktivierbar, also *ein* Provitamin D ist. Man führte daraufhin auch die Ak-
tivierbarkeit tierischer Sterine auf ihren Ergosteringehalt zurück; jedoch
ist dieser Schluß nicht allgemein gültig (s. weiter unten).

Die Umwandlung des Ergosterins in den antirachitisch wirksamen Körper verläuft
über eine Reihe von Zwischenstufen; diese verschiedenen Bestrahlungsprodukte sind Isomere
des Ergosterins. Die Wirkung der Bestrahlung macht auch nicht bei der Bildung des Vitamins halt, sondern geht weiter unter Bildung von physiologisch unwirksamen „Über-
strahlungsprodukten". Es ergab sich die folgende Reihenfolge in der Entstehung der Bestrahlungsprodukte des Ergosterins:

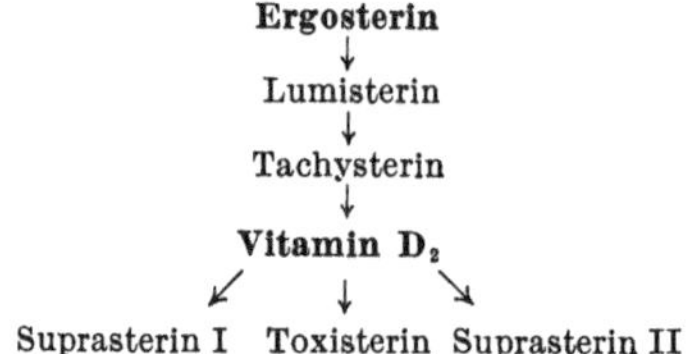

Das erste in kristallisierter Form von WINDAUS gewonnene *Vitamin D*$_1$
erwies sich als eine molekulare Verbindung aus Lumisterin und dem eigentlich wirksamen Bestrahlungsprodukt des Ergosterins, dem *Vitamin D*$_2$.
Auch das *Calciferol*, wie englische Forscher (BOURDILLON u. a.) das antirachitische Vitamin nannten, und das in seiner reinen Form dem Vitamin D$_2$
von WINDAUS entspricht, war zuerst noch mit anderen Bestrahlungsprodukten verunreinigt.

Die genaue Untersuchung und Auswertung der Wirksamkeit des
Vitamins D$_2$ und ihr Vergleich mit antirachitisch hochwirksamem Lebertran, also mit dem natürlichen Vitamin D, führte zu der überraschenden
Feststellung, daß reines Vitamin D$_2$ und Lebertran bei verschiedenen
Tieren eine verschieden starke antirachitische Wirkung haben. Wenn man
z. B. bei Ratten feststellt, welche Lebertranmenge einer bestimmten Menge
von Vitamin D$_2$ entspricht, so erweist sich an Küken eine wesentlich größere Menge von D$_2$ mit der gleichen Lebertranmenge als äquivalent. Leber-
tranvitamin wirkt bei Küken also wesentlich stärker als Vitamin D$_2$ aus
Ergosterin.

Das natürliche Vitamin D aus Lebertran wurde von Brockmann isoliert; es zeigte sich, daß dieses *Vitamin D_3 nicht mit dem Vitamin D_2 identisch* ist. Es haben sich ferner aus leicht abgewandeltem Cholesterin und Ergosterin sowie aus einigen pflanzlichen Sterinen (Stigmasterin und Sitosterin) durch Bestrahlung antirachitisch wirksame Stoffe herstellen lassen. *Es gibt also neben dem Ergosterin noch andere Provitamine D.* Eine hohe antirachitische

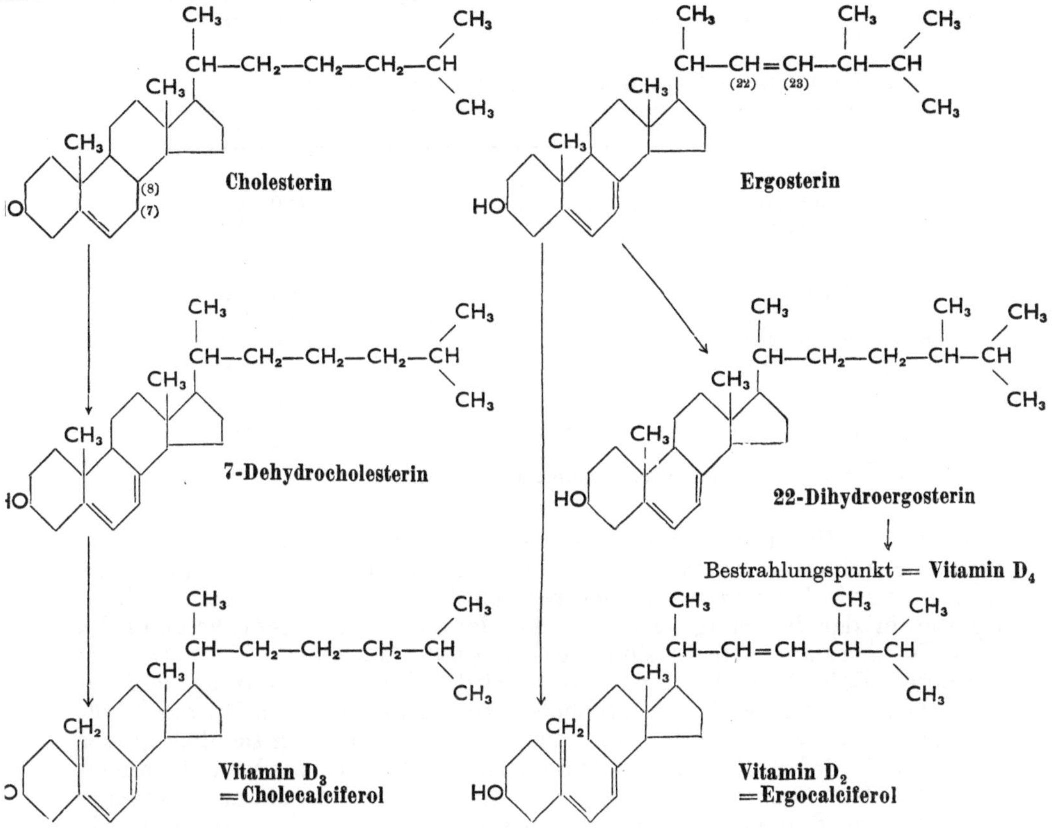

Wirkung haben die Bestrahlungsprodukte von 22-Dihydroergosterin und 7-Dehydrocholesterin; die von 7-Dehydrostigmasterin und 7-Dehydrositosterin haben nur eine sehr schwache Wirksamkeit. *Das natürliche Vitamin D_3 ist mit dem Bestrahlungsprodukt von 7-Dehydrocholesterin identisch.* Das Vitamin D_2 wird als *Ergocalciferol*, das Vitamin D_3 als *Cholecalciferol* bezeichnet.

Die chemischen Beziehungen zwischen den einzelnen D-Vitaminen bzw. Provitaminen gehen aus den obenstehenden Formeln hervor.

Die antirachitische Wirkung ist also gebunden an die Konjugation der Doppelbindungen im Ring B (s. S. 47) zwischen $C(5)$, $C(6)$ und $C(7)$, $C(8)$; das 7-Dehydrocholesterin entpricht in seinem Ringsystem völlig dem Ergosterin. Aber auch die Struktur der Seitenkette ist von Bedeutung. Denn das Bestrahlungsprodukt von 22-Dihydroergosterin, also eines Sterins mit einer Seitenkette ohne Doppelbindung, aber einem C-Atom mehr als Cholesterin (9 statt 8), hat eine antirachitische Wirkung, die mehr derjenigen von Vitamin D_3 als der von Vitamin D_2 entspricht. Man bezeichnet es als Vitamin D_4. Dagegen haben die pflanzlichen 7-Dehydrosterine mit 10 C-Atomen in der Seitenkette (s. Formel des Stigmasterins S. 51) nur eine sehr schwache antirachitische Wirkung.

Die weitaus reichste Quelle für Vitamin D ist der Lebertran. Noch vitaminreicher als der gewöhnlich in der Medizin zur Rachitisbehandlung oder -verhütung angewandte Dorschtran sind Heilbutt- und Thunfisch- trane. Die Frage, weshalb die Fischleber so ungewöhnlich reich an Vitamin D ist, ist ungeklärt. Die Art der Nahrung scheint nicht dafür maßgeblich zu sein, so daß man, ohne allerdings dafür zur Zeit Beweise zu haben, annimmt, daß das Vitamin in der Fischleber selber entsteht. Der Vitamingehalt einiger Nahrungsmittel ergibt sich aus Tabelle 42.

Tabelle 42. Calciferol-Gehalt verschiedener Nahrungsmittel.

Nahrungsmittel	γ in 100 g
Dorschlebertran	200—750
Heilbuttlebertran	500—10000
Thunfischlebertran	40000—625000
Eigelb	3,5—10
Butter, Sommer	1,0—2,5
„ Winter	0,2—0,4
Kuhmilch, Sommer	0,06—0,1
„ Winter	0,01—0,06
Ochsenleber, Schweineleber	1,0—1,25
Kalbsleber	0,25
Hering	7—40
Pilze (Pfifferlinge, Steinpilze, Champignons)	2—3

Für die Vitaminversorgung ist es außerordentlich wichtig, daß die beiden Provitamine D_2 und D_3, die in den Nahrungsmitteln vorkommen können, nur in begrenzten Mengen resorbierbar sind. Da andererseits häufig die in der Nahrung angebotenen Mengen an fertigem Vitamin D_2 oder D_3 nicht ausreichend sind, bestände stets die Gefahr einer D-Avitaminose. Daß sie nicht immer akut wird, erklärt sich daraus, daß im tierischen Organismus 7-Dehydrocholesterin, das Provitamin D_3, aus Cholesterin gebildet werden kann. Es findet sich in der Haut in ziemlich großer Menge und wird in ihr durch ultraviolette Strahlen in das Vitamin umgewandelt. Auf diese Weise erklärt sich auch die lange bekannte heilende Wirkung von Sonnenlicht und von ultravioletten Strahlen. Es ist für die praktische Medizin sehr wichtig, daß Vitamin D in einigen Organen (Gehirn, Nebennieren, Thymus, Leber, Nieren und Haut) in ziemlich erheblicher Menge gespeichert werden kann.

Bei einer einige Wochen fortgesetzten etwa mehrhundertfachen Überdosierung des Vitamins D treten Erscheinungen einer *Hypervitaminose* auf. Im Blut sind die Calcium- oder Phosphatwerte stark erhöht. Dabei ist die Ablagerung von Calciumphosphat im Knochen zunächst gesteigert, dann kommt es zur Entkalkung des Knochens und zu Kalkablagerungen in den verschiedensten Organen, besonders in den Nierenkanälchen, die mit schweren Gesundheitsstörungen einhergehen. Sie können sich zurückbilden, führen aber bei sehr starker Überdosierung zum Tode.

Einheiten. Die *internationale Einheit* entspricht etwa 0,025 γ kristallisiertem Vitamin D_3. Die *biologische Einheit* ist die Menge, die junge Ratten bei bestimmter Ernährung bei 14 Tage dauernder täglicher Zufuhr vollkommen vor der Rachitis schützt. Und schließlich gibt es auch noch die *klinische Einheit: 1 klinische Einheit = 100 biologische Einheiten = 12,5—17 internationale Einheiten.* Der tägliche Vitamin D-Bedarf des Kleinkindes beträgt etwa 2 γ, die zur Heilung der Rachitis notwendige Menge ungefähr das Fünffache. Der optimale tägliche Bedarf des Erwachsenen wird auf 10 γ geschätzt.

Für die *Auswertung* und die *Bestimmung* des Vitamins D ist immer noch der Tierversuch die zuverlässigste Methode.

f) Tokopherol (Vitamin E, Antisterilitäts-Vitamin).

Wenn man Ratten mit einer künstlichen Diät ernährt, in der die Vitamine A, C und D sowie die der B-Gruppe in ausreichender Menge vorhanden sind, wachsen die Tiere zwar in ganz normaler Weise, es treten aber Muskeldystrophien und Lähmungen an den Extremitäten auf. Im Harn sinkt die Ausscheidung von Kreatinin, die von Kreatin steigt an (s. S. 573). In den Hintersträngen des Rückenmarks, in den vestibulo-, tecto- und rubrospinalen Bahnen sowie in den Muskelfasern finden sich Degenerationen. Die wesentlichste Störung betrifft jedoch die Geschlechtsfunktion (EVANS). Bei männlichen Tieren zeigen sich schon sehr frühzeitig histologisch nachweisbare und bald irreparable Schädigungen des Hodens; einer Azoospermie und Degeneration der Spermien folgt eine Atrophie der Samenkanälchen, die zur Sterilität führt, und schließlich degeneriert der ganze spermabildende Apparat des Hodens. Beim weiblichen Tier sind die Veränderungen weniger eingreifend, und sie sind heilbar. Die Auswirkungen der Störungen im mütterlichen Organismus zeigen sich vor allem am Embryo und an der Placenta, sie treffen also die Frucht. Oestrus, Ovulation, Befruchtung und Eieinpflanzung sind normal, aber schon bei der ersten Gravidität während der Avitaminose wird die Aufzucht der Jungen verweigert, bei späteren Schwangerschaften werden nur tote Junge geboren oder die Feten und die Placenten wieder resorbiert *(Resorptionssterilität)*.

Diese Ausfallserscheinungen beruhen auf dem Fehlen eines fettlöslichen Faktors, des Vitamins E, der in tierischen Nahrungsmitteln in relativ geringer Menge vorkommt; reichlicher findet er sich in grünen Pflanzen und in ziemlich hoher Konzentration in Weizenkeimlingen. Der tierische Organismus enthält ihn in ziemlich großer Menge im Hypophysenvorderlappen und in der Placenta.

Die E-Avitaminose kann auch an einigen anderen Tieren hervorgerufen werden. Es ist noch nicht mit Sicherheit bekannt, ob Vitamin E auch für den Menschen notwendig ist; es kommt ihm allerdings bei einigen Erkrankungen der Genitalsphäre, die sicherlich nicht durch seinen Mangel bedingt sind, eine deutliche Heilwirkung zu.

Außer diesen liegen noch zahlreiche Beobachtungen über die Folgen des Tokopherolmangels vor, sie erlauben aber noch keine Aussagen über den Wirkungsmechanismus. Bemerkenswert ist, daß beim Fehlen von Vitamin E die Oxydationen im Gewebe gesteigert sind; es hat also eine antioxydative Wirkung, die wahrscheinlich zustande kommt durch die Hemmung der Wirkung von Fermenten des oxydativen Stoffwechsels. Auch andere Fermente werden durch Tokopherol gehemmt. Nach neueren Untersuchungen soll Tokopherol ein Glied der Atmungskette sein (s. S. 351).

Aus Weizenkeimlingsölen, Baumwollsaatöl und aus grünen Pflanzenteilen sind verschiedene Stoffe mit Vitamin E-Wirkung in Form kristallisierter Derivate erhalten worden. Die reinen Stoffe werden als *Tokopherole* bezeichnet. Man kennt bisher 7 verschiedene Tokopherole (α-, β-, γ-, δ-, ε-, ζ- und η-), von denen α-Tokopherol die stärkste Wirkung hat. Die Tokopherole sind Methylsubstitutionsprodukte von *Tokol*, dem 2-Methyl-2-phytyl-6-hydroxychroman. (Über Phytol s. S. 56.)

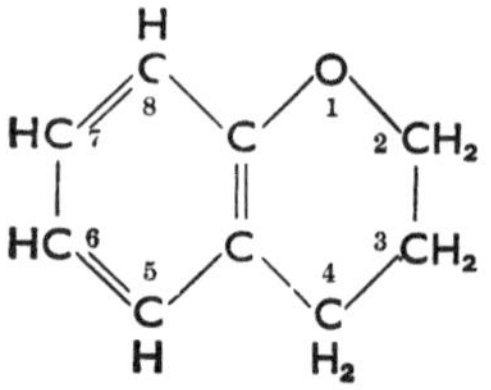

Chroman 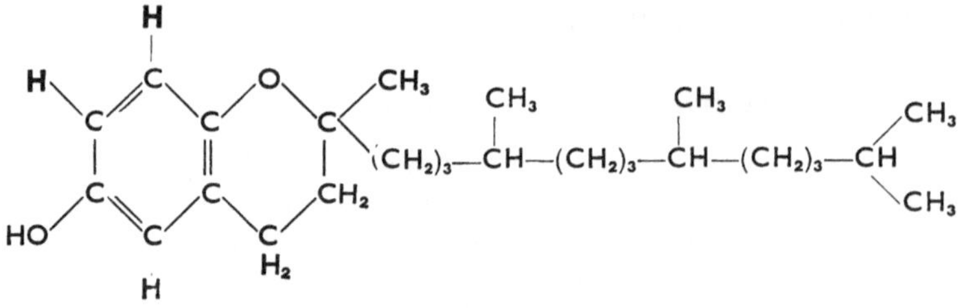   Tokol

Die verschiedenen Tokopherole sind:

α-Tokopherol = 5,7,8-Trimethyltokol ε-Tokopherol = 5-Methyltokol
β-Tokopherol = 5,8-Dimethyltokol η-Tokopherol = 7-Methyltokol
ζ-Tokopherol = 5,7-Dimethyltokol δ-Tokopherol = 8-Methyltokol
γ-Tokopherol = 7,8-Dimethyltokol

Die Tabelle 43 zeigt den Gehalt einiger Nahrungsmittel an Tokopherol.

Tabelle 43. Tokopherolgehalt von Nahrungsmitteln (mg-%).

Nahrungsmittel	Tokopherol	Nahrungsmittel	Tokopherol
Rindfleisch	1,2	Grüne Erbsen . .	5,4—6,4
Schweinefleisch. . .	0,8	Spinat	1,7
Rinderleber	10	Weißbrot	1,4
Butter	2,1—3,3	Olivenöl	3—8
Hühnerei	3,0	Margarine . . .	67—87
Weißkohl	0,7	Weizenkeimöl . .	200—300

Der tägliche Bedarf des Menschen an Tokopherol wird auf 30 mg geschätzt.

Die *chemische Bestimmung* macht sich die Oxydation zu p-Chinonen und die colorimetrische Bestimmung der entstehenden Farbstoffe zunutze. Biologische Auswertung an Ratten aus der zur Verhütung der Resorptionssterilität nötigen Menge. 1 internationale Einheit (I.E.) = 1 mg synth. D,L-α-Tokopherolacetat. 1 Ratteneinheit = 2—3 mg α-Tokopherol.

g) Biotin (Vitamin H, Hautvitamin).

Beim Fehlen dieses Faktors in der Nahrung kommt es zu einer als *Seborrhoe* bezeichneten Erkrankung der Haut, bei der das Sekret der Talgdrüsen vermehrt ist und eine veränderte Zusammensetzung hat, und bei der ferner die oberen Epidermisschichten fettig degeneriert sind. Ganz entsprechende Erscheinungen lassen sich bei der Ratte experimentell erzeugen. Ferner setzt Biotinmangel bei der Ratte die Harnstoffausscheidung herab. Die Erkrankung kann außer durch Fehlen des Vitamins H durch zu reichliche Zufuhr von rohem Eiereiweiß hervorgerufen und durch ein Zuviel an Fett noch verstärkt werden. Dies weist deutlich auf Beziehungen zwischen dieser Avitaminose und dem Fettstoffwechsel der Haut hin. Die Giftwirkung des rohen Eiereiweißes beruht auf einer festen Bindung des Vitamins an einen der Eiweißstoffe des Eiereiweißes, das *Avidin*. Es wurden verschiedene Avidine beschrieben. Es handelt sich um Glykoproteide. Diese Eiweißverbindungen des Vitamins können von den eiweißspaltenden Fermenten des Verdauungskanals nicht gespalten werden. Das Vitamin ist identisch mit dem Hefewuchsstoff *Biotin*. Auch das für das Wachstum des stickstoffixierenden Rhizobium notwendige *Co-Enzym R* ist Biotin. Biotin unterscheidet sich von allen anderen Vitaminen dadurch, daß es in den Ausgangsprodukten weder fett- noch wasserlöslich ist, sondern erst nach vorhergehender Eiweißverdauung (z. B. im Darm) freigelegt wird.

Biotin ist Hexahydro-2-oxo-1-thieno[3,4]imidazolyl-4-valeriansäure. Das bicyclische Ringsystem läßt die Strukturen von Tetrahydroimidazol und von Tetrahydrothiophen erkennen. Biotin kommt z. T. gebunden an Eiweiß in den sog. *Biotoproteiden*, z. T. in Verbindung mit Lysin als *Biocytin* vor.

$$O=C \begin{array}{c} N-C-C \\ | \\ N-C-CH \end{array} S$$

Biotin

$$CH_2-CH_2-CH_2-CH_2-COOH$$

Anscheinend enthalten alle Zellen Biotin in sehr geringer Konzentration. Wie die Tabelle 44 zeigt, hat selbst das biotinreichste Organ, die Leber, nur einen Gehalt von 0,00025%.

Tabelle 44. Biotingehalt von Nahrungsmitteln (γ-%).

Nahrungsmittel	Biotin	Nahrungsmittel	Biotin
Ochsen- und Schweineniere . . .	100—200	Kalbfleisch	1,4—2,0
Ochsen- und Schweineleber . . .	250	Spinat	7
Hühnerei	9	Tomaten	4
Ochsenfleisch.	2,6	Kartoffel	0,6
Schweinefleisch	2—5	Hefe	7

Der Wirkungsmechanismus des Biotins ist noch nicht mit Sicherheit bekannt. Doch spricht eine Reihe von Beobachtungen dafür, daß es bei Carboxylierungen und Decarboxylierungen unentbehrlich ist, so für die Fixierung von CO_2 in der WOOD-WERKMANschen Reaktion (s. S. 355). Auch für die Citrullinbildung aus Ornithin soll es erforderlich sein (s. S. 470). Bedeutsam erscheint, daß Biotin die Carboxylierung von Propionsäure zu Bernsteinsäure fördert (s. S. 446f.):

$$HOOC-CH_2-CH_3 + CO_2 \rightarrow HOOC-CH_2-CH_2-COOH$$

Der Bedarf des Menschen an Biotin ist kaum anzugeben, da Biotin von den Darmbakterien synthetisiert werden kann. Man schätzt ihn auf 150—300 γ je Tag.

Zum *Nachweis* und zur Auswertung dient der Wachstumstest an verschiedenen Bakterien- und Hefearten.

h) Phyllochinon (Vitamin K, antihämorrhagisches Vitamin).

Nach DAM tritt beim Fehlen des Vitamins K, wie zuerst bei Vögeln, dann auch beim Kaninchen gefunden wurde, eine Neigung zu Blutungen auf, deren Ursache eine Verminderung der Bildung von Prothrombin und von Faktor VII und damit eine Herabsetzung der Geschwindigkeit der Blutgerinnung ist (s. S. 517ff.). Für viele Tiere scheint Vitamin K entbehrlich zu sein, jedoch ist gefunden worden, daß es durch die Darmbakterien gebildet wird, also im Inneren des Darmrohres stets entsteht. Beim Menschen wurde z. B. auch bei 8 Tage fortgesetzter vitamin-K-freier Ernährung im Kot Vitamin K noch in reichlicher Menge nachgewiesen. Bei dem durch behinderte Ausscheidung von Galle in den Darm bedingten Ikterus (s. S. 377)

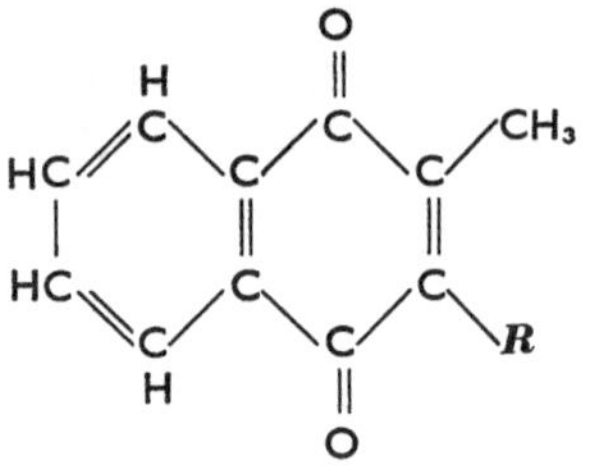

$$\text{Menadion}$$

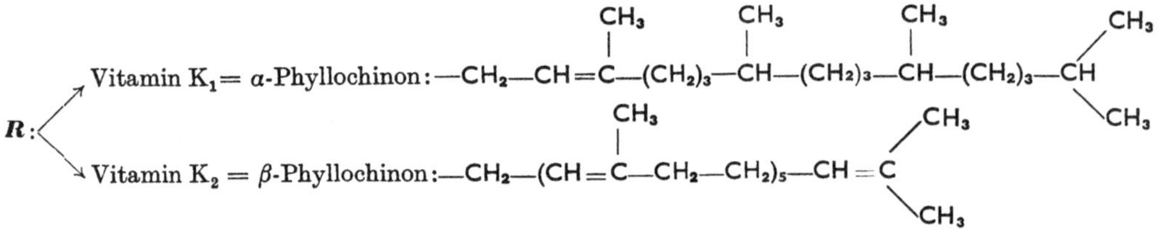

$$R: \begin{cases} \text{Vitamin } K_1 = \alpha\text{-Phyllochinon:} \\ \text{Vitamin } K_2 = \beta\text{-Phyllochinon:} \end{cases}$$

stellt sich mit der Dauer der Störung zunehmend eine Neigung zu Blutungen ein. Dabei ist die Gerinnungszeit des Blutes erhöht. Wahrscheinlich beruht dies darauf, daß wegen des Fehlens der Gallensäuren im Darm neben der Fettresorption (s. S. 381) auch die Aufnahme von Vitamin K gestört ist. Führt man nämlich bei diesen Krankheitszuständen Vitamin K unter Umgehung des Darmkanals zu, so wird die Gerinnung des Blutes wieder normal und die Blutungsneigung verschwindet.

In der Natur sind zwei verschiedene K-Vitamine aufgefunden worden: K_1 *(= α-Phyllochinon)* in grünen Blättern und K_2 *(= β-Phyllochinon)* in faulendem Fischmehl. Beide sind Derivate des als *Menadion* bezeichneten 2-Methyl-1,4-naphthochinons, sie unterscheiden sich durch die Seitenkette an C (3). Bei K_1 ist sie ein Phytylrest, bei K_2 ein höherer ungesättigter Kohlenwasserstoffrest mit 30 C-Atomen (gegenüber 20 beim Phytol).

Außer den beiden K-Vitaminen gibt es eine große Zahl einfacher Substitutionsprodukte von Hydrochinon und Naphthochinon, die die gleiche Wirkung wie die Vitamine haben, ja zum Teil sogar, wie Menadion selber, noch stärker wirksam sind.

Phyllochinon soll ebenso wie Tokopherol in die Atmungskettenphosphorylierung eingreifen, also ein Glied der Atmungskette sein (s. S. 348).

α-Phyllochinon kommt vor allem in grünen Pflanzen vor (s. Tabelle 45). Der Bedarf des Menschen an Phyllochinon ist unbekannt, er wird auf

Tabelle 45. α-Phyllochinongehalt von Nahrungsmitteln (in mg-%).

Nahrungsmittel	α-Phyllochinon
Schweineleber	0,4—0,8
Kuhmilch	Spur
Grünkohl	3,5
Spinat	4,5
Blumenkohl	3,5
Tomaten, grün	0,8
„ reif	0,4
Kartoffel	0,08

täglich 0,2—0,3 mg geschätzt und gewöhnlich durch Synthese durch die Darmbakterien gedeckt.

Für die Auswertung der Vitamin-K-Wirkung sind *Einheiten* in großer Zahl beschrieben worden, die alle auf der Beeinflussung der Blutgerinnung beruhen. Am bekanntesten ist die DAM-*Einheit*, die 0,084 γ α-Phyllochinon entspricht.

Zum *Nachweis* und zur *Bestimmung* bedient man sich der Beobachtung der Blutgerinnungszeit an vitamin-K-frei ernährten Küken. Die chemischen Methoden gründen sich alle auf den Chinoncharakter der Phyllochinone.

i) Vitamin P.

Schon S. 211 wurde darauf hingewiesen, daß nach SZENT-GYÖRGYI in rotem Paprika und in Citronensaft neben Ascorbinsäure ein Faktor enthalten ist, der die Permeabilität der Capillaren herabsetzen soll. Er wurde

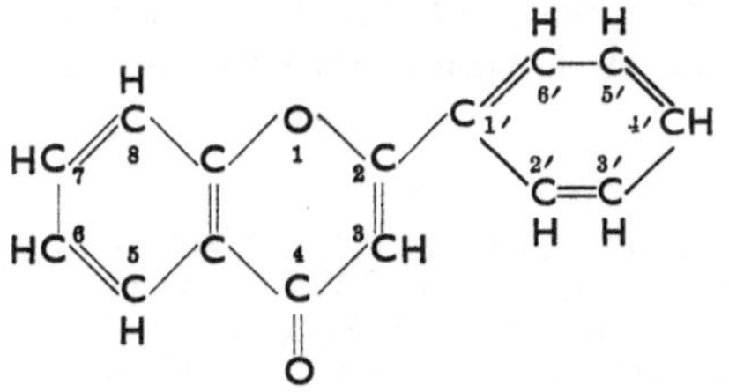

Flavon

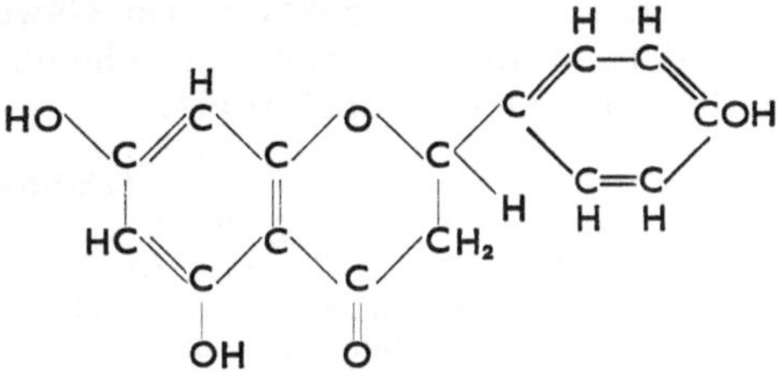

Apigenin

als Vitamin P oder Permeabilitätsvitamin bezeichnet. Die Wirkung war an eine Fraktion gelber Farbstoffe gebunden (Citrin). Die über die chemische Natur des wirksamen Prinzips geäußerten Vorstellungen konnten nicht voll aufrechterhalten werden, so daß die Existenz dieses Vitamins lange Zeit nicht gesichert erschien. Es scheint aber heute doch festzustehen, daß es einige in ihrer Struktur bekannte Stoffe in der Nahrung gibt, die die

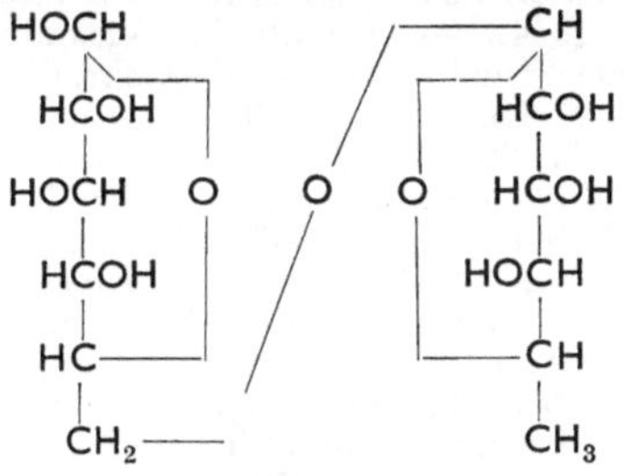

Rutinose

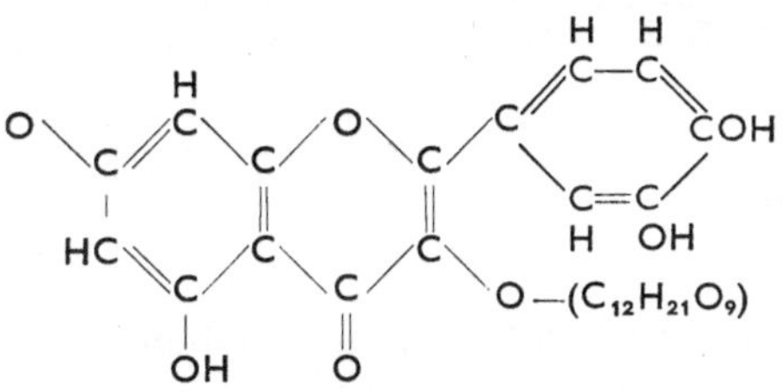

Rutin

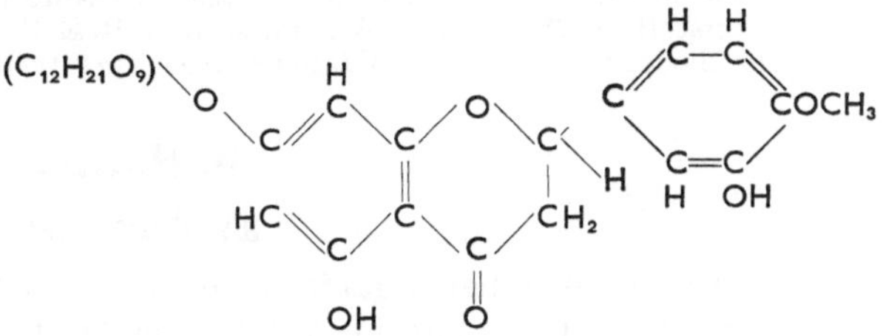

Hesperidin

Capillarpermeabilität herabsetzen, und daß daneben in der Natur noch weitere Stoffe von bisher unbekannter Struktur vorkommen, die sogar eine noch stärkere Wirkung haben. Ihre Vitaminnatur ist allerdings immer noch umstritten, weil sie bisher im Tierkörper noch nicht nachgewiesen werden konnten und typische, auf ihr Fehlen zu beziehende Ausfallserscheinungen bei Tier und Mensch unbekannt sind.

Stoffe mit Vitamin P-Wirkung sind *Hesperidin, Rutin* und *Apigenin*. Sie enthalten den Kern des Flavons, die beiden ersten sind Glykoside des Disaccharids Rutinose (6-β-D-Glucose-β-L-rhamnosid).

Apigenin ist 5,7,4'-Trihyroxyflavanon; Rutin Quercetin-3-rutinosid (Quercetin = 3,5,7,3',4'-Pentahydroxyflavon) und Hesperidin Hesperitin-7-rutinosid (Hesperitin = 5,7,3'-Trihydroxy-4'-methoxy-dihydroflavon). Von ihnen hat anscheinend Rutin die größte Wirksamkeit, ob es aber in dieser Form wirksam ist oder in einer anderen, die aus ihm im Organismus entsteht, ist noch nicht geklärt. Im Gewebe ist es wahrscheinlich an Eiweiß gebunden. Seine Wirksamkeit scheint darauf zu beruhen, daß es die Ca-Bindung im Gewebe befördert.

Schrifttum.

BECKMANN, R.: Vitamin E. Z. Vit.-, Horm.-Ferment-Forsch. **7**, 153, 281 (1955). — BEUMER, H.: Rachitis und Tetanie. Handb. Kinderhlkde. 4. Aufl. Erg.-W. Bd. 1. Berlin 1942. — BICKNELL, F., and F. PRESCOTT: The Vitamins in Medicine. 2. Aufl. London 1946. — BROCKMANN, H.: Die Chemie der antirachitischen Vitamine. Ergebn. Vitamin- u. Hormonforsch. **2** (1939). — DAM, H.: Vitamin K. Vitamins & Hormones. **6**, 27 (1948). — HARRIS, L. J.: Vitamins in Theory and Practice. 4. Aufl. London 1955. — HAWORTH, W. N., and E. L. HIRST: The chemistry of ascorbic acid (Vitamin C) and its analogues. Ergebn. Vitamin-u. Hormonforsch. **2** (1939). — HICKMAN, K. C. D., and P. L. HARRIS: Tocopherol interrelationships. Adv. Enzymol. **6**, 469 (1946). — HUTCHINGS, B. L., and J. H. MOWAT: The chemistry and biological action of pteroylglutamic acid and related compounds. Vitamins & Hormones **6**, 1 (1948). — JANSEN, B. C. P.: The physiology of thiamine. Vitamins & Hormones **7**, 83 (1949). — KREHL, W. A.: Niacin in amino acid metabolism. Vitamins & Hormones **7**, 111 (1949). — LARDY, H. A., and R. PEANASKY: Metabolic functions of biotin. Physiol. Rev. **33**, 560 (1953). — LICHSTEIN, H. C.: Functions of biotin in enzyme systems. Vitamins & Hormones **9**, 27 (1951). — LUNDE, G.: Vitamine in frischen und konservierten Nahrungsmitteln. Berlin 1940. — MASON, K. E.: Physiological action of Vitamin E and its homologues. Vitamins & Hormones **2**, 107 (1944). — MOORE, T.: Vitamin A. Amsterdam 1957. — MORTON, R. A., and G. A. J. PITT: Visual pigments. Fortschr. Chem. org. Naturstoffe **14**, 244 (1957). — NICOLAYSEN, R., and N. EEG-LARSEN: The biochemistry and physiology of vitamin D. Vitamins & Hormones **11**, 29 (1953). — NOVELLI, G. D.: Metabolic functions of pantothenic acid. Physiol. Rev. **33**, 525 (1953). — REED, L. J.: Metabolic functions of thiamine and lipoic acid. Physiol. Rev. **33**, 544 (1953). — The chemistry and function of lipoic acid. Adv. Enzymol. **18**, 319 (1957). — RIEGEL, B.: Vitamin K. Ergebn. Physiol. **43**, 133 (1940). — ROSENBERG, H. R.: Chemistry and Physiology of the Vitamins. New York 1945. — SCARBOROUGH, H., and A. L. BACHARACH: Vitamin P. Vitamins & Hormones **7**, 1 (1949). — SMITH, E. L.: Vitamin B_{12}. Nutr. Abstr. Rev. **20**, 795 (1951). — SNELL, E. E.: Summary of known metabolic functions of nicotinic acid, riboflavin and Vitamin B_6. Physiol. Rev. **33**, 509 (1953). — STEPP, W., J. KÜHNAU u. H. SCHRÖDER: Die Vitamine und ihre klinische Anwendung. Stuttgart. 6. Aufl. 1944; 7. Aufl. 1. Bd. 1952; 2. Bd. 1957. — WIELAND, T., u. I. LÖW: Zur Biochemie der Vitamin B-Gruppe (Pantothensäure und Vitamin B_6). Fortschr. Chem. org. Naturstoffe **4**, 28 (1945). — WILLIAMS, R. J., R. E. EAKIN, E. BEERSTECHER jr. and W. SHIVE: The Biochemistry of the B-Vitamins. New York 1950.

B. Hormone.

a) Allgemeines.

In jedem höher organisierten Lebewesen arbeitet stets mit- und nebeneinander eine Vielzahl verschiedener Organe, deren Funktionen teils gleichläufig teils gegenläufig sind, die aber so aufeinander abgestimmt sein müssen, daß ein optimaler Zustand des Gesamtorganismus erreicht wird. Der Körper muß deshalb Regulationssysteme besitzen, durch die die einzelnen Organe in ihrer Tätigkeit so eingestellt werden, daß die Einzeltätigkeiten zu einer funktionellen Einheit zusammengefaßt werden. Ein Teil dieser Regulation wird vom Nervensystem geleistet, das weit auseinander liegende Organe von ein oder mehreren Zentralstellen aus in Tätigkeit versetzt. Außerdem steht aber jeder Teil des Körpers durch den Blutkreislauf mit jedem anderen in Zusammenhang, so daß Wirkstoffe, die ins Blut hineingelangen und mit ihm verteilt werden, ebenfalls durch Fernwirkung bestimmte Organe in bestimmter Weise beeinflussen können. Die *humorale Regulation* steht neben der nervösen, aber zwischen beiden spielen die mannigfachsten Wechselbeziehungen: nervöse Reize können die humorale Regulation in Gang setzen, humoral übertragene Reize eine nervöse Regulation auslösen.

Die humorale Regulation steht in engstem Zusammenhang mit den Hormonen, sie ist weitgehend eine hormonale. Als *Hormone* bezeichnet man Wirkstoffe, die im Körper selbst gebildet werden und die durch eine hohe spezifisch-biologische Wirkung ausgezeichnet sind. Im Jahre 1849 zeigte BERTHOLD, daß Hähne, denen die Keimdrüsen entfernt wurden, außer der Fortpflanzungsfähigkeit auch ihre charakteristischen sekundären Geschlechtsmerkmale (z. B. Eigenart von Kamm und Gefieder) verlieren oder verändern. Es gelang ihm aber, diese Veränderungen durch Wiedereinpflanzung der Keimdrüsen zu beseitigen. Seitdem ist erkannt worden, daß auch bei Verlust oder Entfernung einer großen Zahl anderer Organe Ausfallserscheinungen auftreten, die sich nach Implantation dieser Organe ganz oder teilweise wieder zurückbilden. Die meisten dieser Organe haben drüsigen Charakter, weisen aber keinerlei Ausführungsgänge auf, sie müssen also ihre Sekretionsprodukte direkt in den Blutstrom abgeben und werden deshalb als *Drüsen mit innerer Sekretion* bezeichnet. Die Stoffe von besonderer Wirksamkeit, die in ihnen gebildet werden, nennt man nach STARLING Hormone ($\delta\varrho\mu\acute{a}\omega$ = ich bewege) oder *Inkrete*.

Während zunächst die Fähigkeit Hormone zu bilden besonderen ausschließlich oder im wesentlichen diesem Zwecke dienenden Drüsen zugeschrieben wurde, hat sich mehr und mehr gezeigt, daß auch in anderen Geweben Stoffe mit hormonartiger Wirkung gebildet werden. Auch diese *Gewebshormone* üben, wenn sie in den allgemeinen Kreislauf gelangen, auf einzelne von dem Ort ihrer Bildung entfernt liegende Organe bestimmte Wirkungen aus. Aber für sie ist wichtiger die Regulierung der Funktion gerade derjenigen Organe, in denen sie entstehen. Sehr häufig werden sie von den Orten ihrer Bildung gar nicht entfernt, sondern im Verlaufe der Stoffwechselvorgänge, durch die sie gebildet wurden, auch wieder zerstört oder in unwirksame Vorstufen zurückverwandelt, oder sie kommen zwar ins Blut, werden aber dort schon abgebaut und können deshalb keine Fernwirkungen entfalten.

Diese Feststellungen führen zu der Frage, wieweit der Begriff „Hormon" überhaupt zu fassen ist. Wenn er schon auf bestimmte Stoffwechselprodukte, wie manche der Gewebshormone es sind, übertragen werden kann, warum nicht auch auf alle Stoffwechselprodukte mit irgendeiner physiologischen Wirkung? So hat ja Kohlensäure, die überall im Körper in jedem Organ und in jeder Zelle entsteht, eine lebenswichtige Bedeutung für die Erregung des Atemzentrums; und doch wird man sie nicht als Hormon bezeichnen, weil sie nicht durch eine spezifische Leistung besonderer Zellen oder Organe entsteht, sondern aus den verschiedenartigsten Vorstufen als allgemeines Produkt des Stoffwechsels gebildet wird. Die gleiche Überlegung gilt auch für zahlreiche andere Stoffwechselprodukte, die mit dem Blut kreisend noch gewisse Fernwirkungen ausüben. Die Hormone unterscheidet von ihnen die Bildung in ganz bestimmten Organen, die in erster Linie dieser Bildung dienen oder — wie bei den Gewebshormonen — die Bildung bei einer bestimmten für die Zellart dieser Organe spezifischen Leistung.

Die Fernwirkungen der Hormone im Organismus sind in einer ganz besonderen Weise bedeutungsvoll, weil die verschiedenen Hormone nicht nur mit- oder gegeneinander die Funktion eines beliebigen Organs beeinflussen, sondern weil sie auch die Tätigkeit anderer hormonbildender Organe erregen oder dämpfen. Einige inkretorische Drüsen bilden sich überhaupt nur dann zu voller Funktionstüchtigkeit aus, wenn sie während ihrer Entwicklung der Wirkung anderer Hormone unterworfen sind. Eine solche übergeordnete Rolle spielt vor allem die Hypophyse, die zum mindesten auf die Entwicklung der Geschlechtsdrüsen, der Schilddrüse und der Nebennieren einen maßgebenden Einfluß hat (s. S. 265 u. 267—272).

Die Bedeutung der Hormone für die Entwicklung eines jeden tierischen, ja auch pflanzlichen Lebewesens ergibt sich klar und anschaulich aus zahlreichen Beobachtungen über Störungen der Funktion und der Entwicklung, die bei fehlerhafter Tätigkeit der hormonbildenden Organe auftreten. Als ein Beispiel für viele sei angeführt die Abhängigkeit des Wachstums, der geistigen und der geschlechtlichen Entwicklung von der Schilddrüsentätigkeit. Auch Erscheinungsform, geistige Veranlagung und soziales Verhalten des Menschen sind weitgehend durch das harmonische Zusammenspiel seiner Hormone bestimmt.

Die Hormonforschung fußt ebenso wie die Vitaminforschung auf dem Tierversuch. Die Bedeutung eines hormonbildenden Organs läßt sich zunächst ermitteln, wenn nach seiner Entfernung aus dem Körper charakteristische Ausfallserscheinungen auftreten. Diese können natürlich auf dem Fehlen einer direkten Wirkung des Hormons auf das Organ oder System beruhen, dessen Funktion gestört ist, es können aber Ausfallserscheinungen auch indirekt zustande kommen, weil die hormonale Anregung einer anderen inkretorischen Drüse fehlt. Die zweite Aufgabe der Hormonforschung besteht darin zu versuchen, die Ausfallserscheinungen durch Verfütterung der entfernten Drüse oder durch Injektion von Auszügen aus ihr zu beheben. Nur dann kann der Beweis für den inneren Zusammenhang zwischen Funktionsstörung und Entfernung des betreffenden Organs als gelungen gelten, wenn das vollständig oder doch sehr weitgehend gelingt. Dabei ist zu beachten, daß gelegentlich die physiologische oder pharmakologische Prüfung von Hormonen zur Auffindung von Wirkungen führt, die diese Hormone normalerweise während des Lebens vielleicht gar nicht auszuüben haben. So tritt die bekannte Blutdrucksteigerung nach Injektion von Adrenalin nur bei Adrenalinmengen auf, die während des Lebens kaum jemals im strömenden Blut vorkommen. Es darf also in solchen Fällen das Ergebnis des Tierexperiments nicht der normalen Funktion des Hormons im Körper gleichgesetzt werden. Die dritte und schwierigste Aufgabe der Hormonforschung ist Isolierung und Strukturermittlung der Wirkstoffe der Hormondrüsen und ihre chemische Synthese. Schließlich ist sowohl für Drüsenextrakte als auch für die mehr oder weniger rein dargestellten Wirkstoffe die Auswertung ihrer Wirkungsstärke durchzuführen. Da nur in seltenen Fällen eine Auswertung durch chemische Bestimmung möglich ist, muß die Forschung auch hier wieder sich des Tierversuches bedienen. Die Aufklärung vieler Hormonwirkungen ist nur gelungen, weil für sie ein „Test" aufgefunden wurde und die dem Test zugrunde liegende Reaktion des Körpers in einem quantitativen Zusammenhang mit der zugeführten Hormonmenge steht. Beispiele hierfür sind die Auswertung des Insulins, des Hormons der Bauchspeicheldrüse, an der Senkung des Blutzuckers (s. S. 240) oder die Bestimmung der weiblichen Sexualhormone durch die Auslösung der Geschlechtsreife bei kastrierten Tieren (s. S. 259).

b) Nebennieren.

Die Nebennieren bestehen morphologisch aus zwei verschiedenen Organen, dem Rinden- und dem Marksystem, die beim Menschen und den höheren Wirbeltieren nur äußerlich zu einer Einheit zusammengefaßt sind, bei den Fischen aber als *Interrenalsystem* (Rinde) und *Adrenalsystem* (Mark) voneinander getrennt sind. Das Markgewebe besteht im wesentlichen aus nervösen Elementen, die sich entwicklungsgeschichtlich vom Sympathicus herleiten. Auch die fertig ausgebildete Nebenniere ist noch sehr wirksam mit sympathischen Nerven versorgt. Das Mark enthält Zellen, die sich durch Chromsalze dunkelbraun färben. Sie teilen diese Eigenschaft mit anderen Zellen gleicher Herkunft an anderen Stellen des Körpers und werden mit diesen zusammen als das *chromaffine System* bezeichnet. Das Rindengewebe stammt aus dem Mesoderm.

Das Vorkommen von Nebennierengewebe, auch von Rindensubstanz, an anderen Stellen des Körpers, das bis zur Ausbildung von „akzessorischen Nebennieren" gehen kann, ist die Ursache

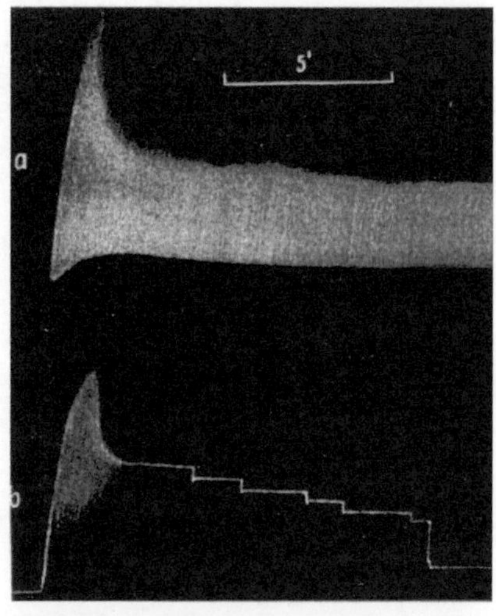

Abb. 44. Adynamie des Muskels nach Entfernung der Nebenniere. Obere Kurve: Ermüdung eines normalen Meerschweinchenmuskels. Untere Kurve: Muskelermüdung 4 Std nach Entfernung der Nebennieren. (Nach TRENDELENBURG.)

dafür, daß manche Tiere die Exstirpation der Nebennieren ohne weitere Folgen überstehen: das akzessorische Gewebe hypertrophiert und ersetzt den Ausfall der Nebennieren. So hat die Exstirpation *einer* Nebenniere meist keinerlei Folgen, die Herausnahme *beider* Drüsen führt bei den meisten Tieren nach Stunden oder Tagen zum Tode.

Als Folgen der Nebennierenentfernung sieht man bei Säugetieren vor allem eine ausgeprägte Muskelschwäche *(Adynamie)*, die sich auch in einer sehr raschen Ermüdbarkeit isolierter Muskeln von nebennierenlosen Tieren zeigt (s. Abb. 44), am ganzen Tier treten sogar Lähmungen auf. Die Tiere sterben nach kurzer Zeit.

Die nach Entfernung der Nebenniere auftretenden Symptome haben eine außerordentliche Ähnlichkeit mit einem schon 1855 von ADDISON beschriebenen Krankheitsbild *(Morbus Addison)*, bei dem leichte Ermüdbarkeit, Abmagerung, Blutzuckersenkung, Nachlassen der geistigen Funktionen und eine auffallende schwarzbraune Pigmentierung an den dem Lichte ausgesetzten Hautstellen beobachtet werden (s. Abb. 45). Diese Erkrankung, die meist langsam zum Tode führt, beruht auf einer Zerstörung der Nebenniere gewöhnlich durch tuberkulöse Prozesse.

Wegen des Aufbaus der Nebenniere aus zwei verschiedenen Zellarten ist zunächst nicht zu sagen, ob die Ausfallserscheinungen, ob besonders der Tod, auf den Verlust der Rinden- oder der Marksubstanz zurückzuführen sind. Versuche an Selachiern, bei denen Rinden- und Markgewebe räumlich getrennt sind, geben darüber weitgehend Aufschluß. Die Exstirpation des Interrenalkörpers führt zu Adynamie, zu Verminderung der Atemfrequenz und zum Tode durch Atemlähmung. Als besonderes Kennzeichen wird eine Ballung der Melanophoren (Farbstoffzellen) in der Haut beobachtet. *Die Rindenfunktion ist also von lebenswichtiger Bedeutung, ihr Ausfall ist mit dem Fortbestand des Lebens unvereinbar.* Ob auch das Nebennierenmark lebensnotwendig ist, kann noch nicht mit Sicherheit gesagt werden, jedoch spricht die Tatsache, daß man das Leben nebennierenloser Tiere wohl durch Rinden-, nicht aber durch Markextrakte verlängern kann, nicht für seine Lebensnotwendigkeit.

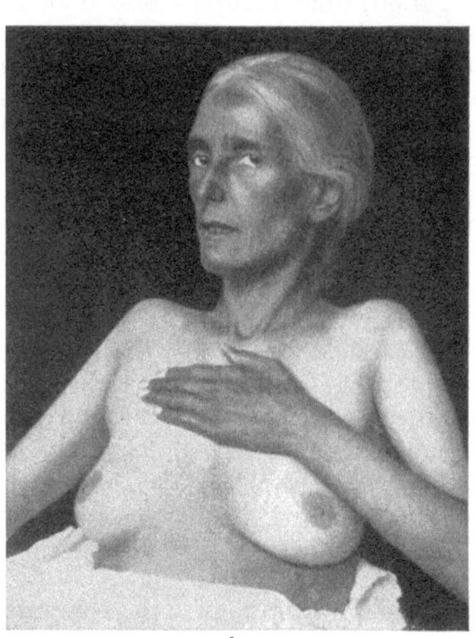

a   b

Abb. 45a u. b. ADDISONsche Krankheit. a 44jährige Frau vor der Erkrankung. b Die gleiche Frau nach 2jähriger Krankheitsdauer mit ausgeprägten Symptomen der ADDISONschen Krankheit. Rapide Vergreisung. 20 kg Gewichtsverlust. (Nach J. BAUER.)

Daß aber im Mark trotzdem eine Substanz von sehr hoher biologischer Wirksamkeit, das *Adrenalin*, gebildet wird, ist eine der am längsten bekannten Tatsachen der Hormonforschung. Schon 1894 entdeckten OLIVER u. SCHÄFER, daß die Injektion eines Extraktes aus Nebennieren zu einer erheblichen Blutdrucksteigerung führt. Später wurde gefunden, daß das Nebennierenmark daneben noch ein Homologes des Adrenalins, das *Noradrenalin (Arterenol)*, enthält.

1. Nebennierenrinde.

Durch Extraktion der Nebenniere mit Lipoidlösungsmitteln läßt sich eine Fraktion gewinnen, die die meisten der bei Nebennierenexstirpation oder bei der ADDISONschen Krankheit auftretenden Ausfallserscheinungen, so besonders die Adynamie, beseitigt und die den Tod der nebennierenlosen Tiere solange verhindert, wie sie zugeführt wird. Auch die ADDISONsche Krankheit ist mit solchen Extrakten erfolgreich behandelt worden. Die wirksame Substanz der Nebennierenrinde ist zunächst als *Cortin* bezeichnet worden (SWINGLE u. PFIFFNER, HARTMANN u. BROWNELL).

Im Laufe der Zeit sind von REICHSTEIN, von PFIFFNER, von WINTER-
STEINER und von KENDALL vor allem aus Nebennierenextrakten bisher
30 Steroide gewonnen worden. Man bezeichnet sie als *Corticosteroide*. Von
ihnen haben sieben, *11-Desoxycorticosteron* (= Cortexon), *Corticosteron,*

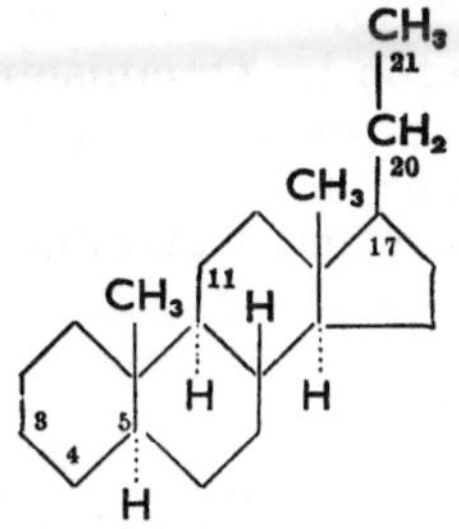

allo-Pregnan

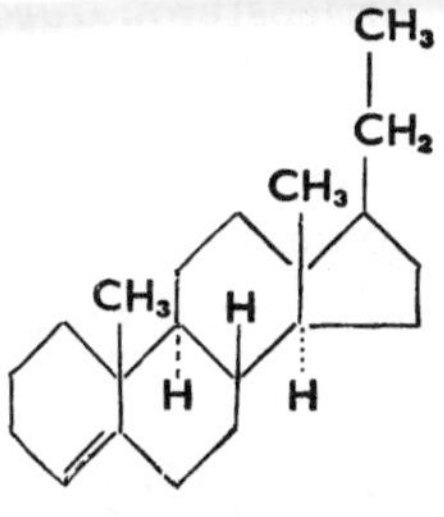

Δ^4-Pregnen

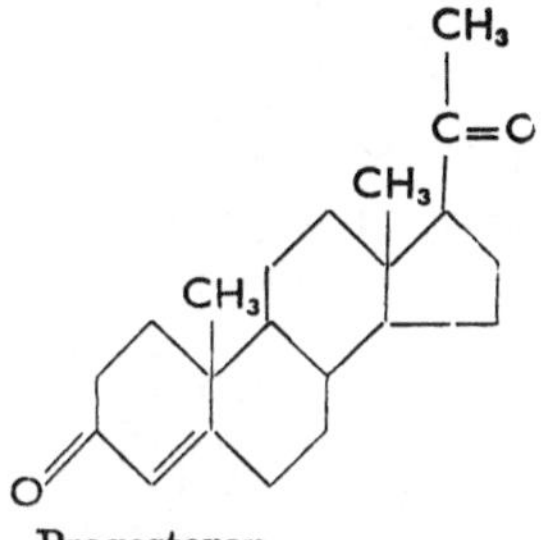

Progesteron

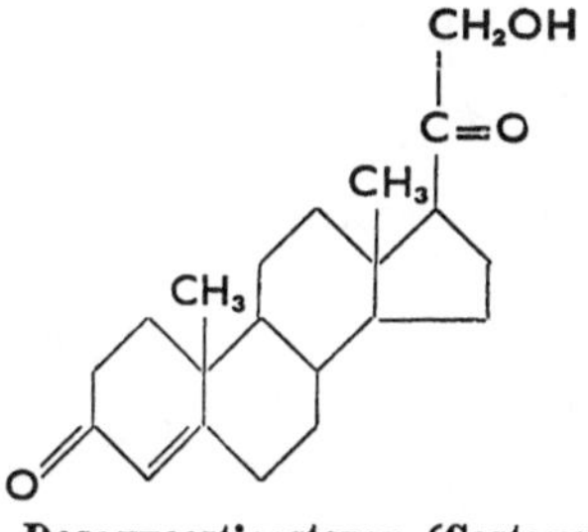

11-Desoxycorticosteron (Cortexon)

11-Dehydrocorticosteron, 17-Hydroxycorticosteron (= Cortisol), *17-Hydroxy-
11-desoxycorticosteron* (= Hydroxycortexon), *17-Hydroxy-11-dehydrocorti-
costeron* (= Cortison) und *Aldosteron* Cortinwirksamkeit. Mengenmäßig
überwiegen Corticosteron und 17-Hydroxycorticosteron weit über die übrigen. Der Gehalt der Nebennierenrinde an Hormonen ist ziemlich niedrig,
da die Drüse sie rasch ans Blut abgibt. Am Hund wurde z. B. ermittelt, daß
die Nebenniere je Minute das 10fache der aus ihr extrahierbaren Hormonmenge absondert.

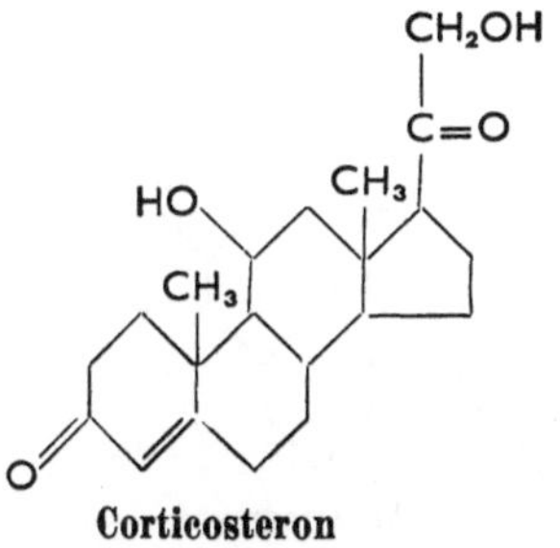

Corticosteron

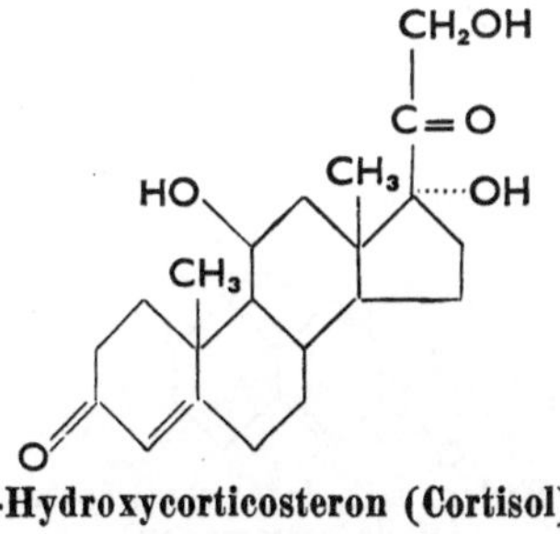

17-Hydroxycorticosteron (Cortisol)

Alle Nebennierensteroide sind Derivate des Kohlenwasserstoffs *allo*-Preg-
nan, bzw. des in Stellung 4 ungesättigten *Δ^4-Pregnen*. Die wirksamen Stoffe
sind alle Δ^4-3,20-Diketone und tragen alle an C (21) eine Hydroxylgruppe.
Außerdem können an den C-Atomen 11, 17 und 18 sauerstoffhaltige
Gruppen vorkommen. Eine besondere Struktur hat das letzte der bisher
krystallisiert erhaltenen Nebennierenrindenhormone, das Aldosteron. Hier
ist die anguläre Methylgruppe in C (18) in eine Aldehydgruppe umgewandelt.

Die bisher isolierten Wirkstoffe der Nebennierenrinde haben also sehr
nahe strukturelle Beziehungen zum *Progesteron*, dem Hormon des Corpus
luteum (s. S. 257f.), Desoxycorticosteron ist z. B. ein Hydroxyprogesteron.
Diese Verwandtschaft zeigt sich z. B. darin, daß ebenso wie Progesteron
auch Desoxycorticosteron durch Abbau von Stigmasterin dargestellt werden
konnte. Ferner wird es ebenso wie Progesteron im Organismus des Kaninchens zu Pregnandiol reduziert (s. S. 258). Schließlich hat Desoxycorticosteron eine gewisse Progesteronwirkung und bewirkt beim kastrierten Kater
eine Hypertrophie des Epithels von Prostata und Harnröhre.

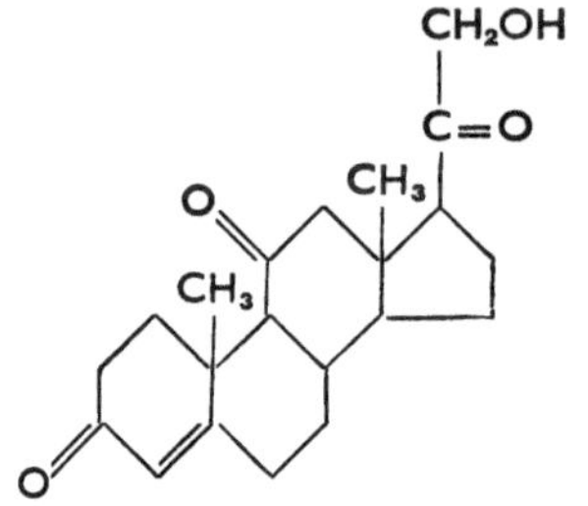

11-Dehydrocorticosteron

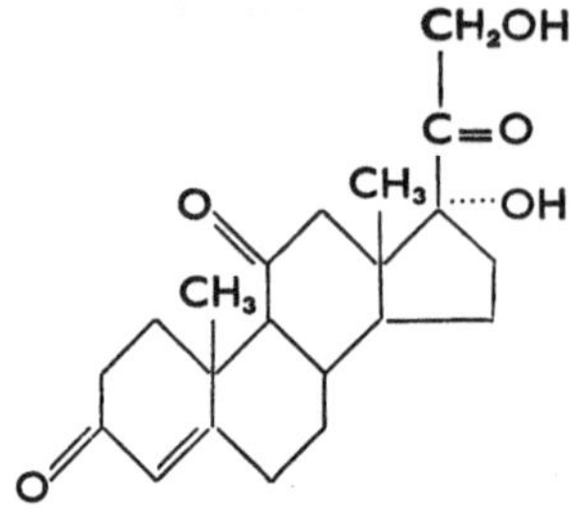

17-Hydroxy-11-dehydrocorticosteron
(Cortison)

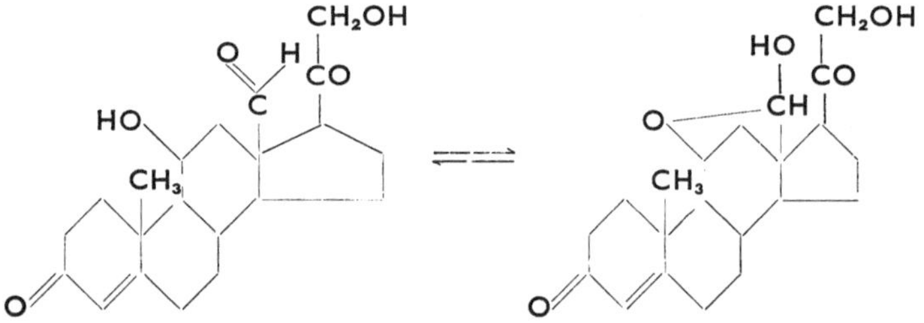

Aldosteron

Bei beiden Geschlechtern enthält die Nebennierenrinde geringe Mengen
der weiblichen Sexualhormone Progesteron (s. S. 257) und Oestron (s. S. 256).

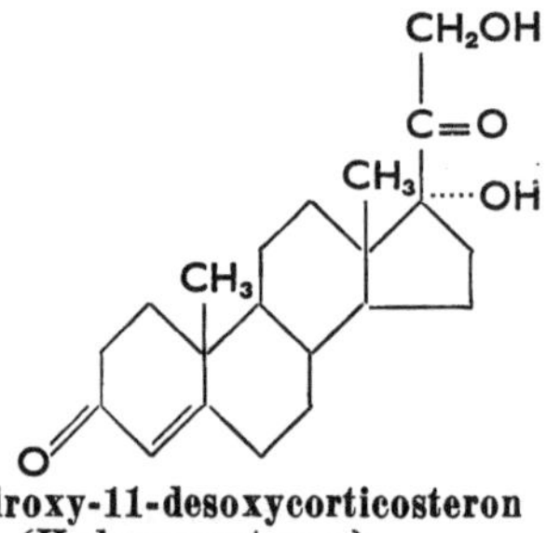

17-Hydroxy-11-desoxycorticosteron
(Hydroxycortexon)

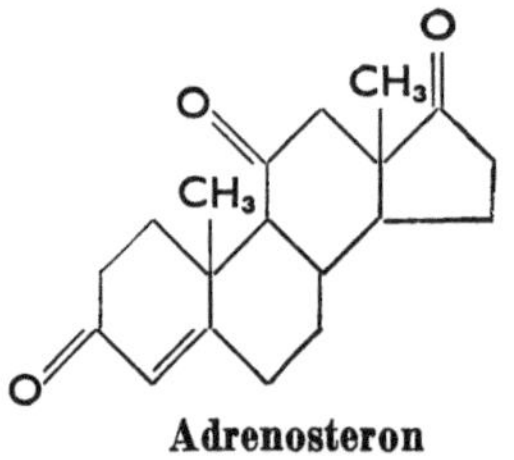

Adrenosteron

Von den Nebennierenrindensteroiden erweckt das *Adrenosteron* besonderes Interesse, weil es chemisch den Sexualhormonen nahesteht und biologisch die Wirksamkeit männlicher Sexualhormone hat; sein Vorkommen
erklärt daher vielleicht die Wirkung der Nebennierenrinde auf die Sexualorgane, die beim weiblichen öfter als beim männlichen Geschlecht beobachtet wird.

Das durch Adrenosteron bedingte, seltene Krankheitsbild des *Interrenalismus* äußert sich in einer Vermännlichung. Besonders auffällig sind die starke Zunahme der Körperbehaarung *(Hirsutismus)* und das Auftreten eines Bartes. Tritt die Erkrankung noch vor der Pubertät auf, so entwickelt sich der Körper zu einem ausgesprochen männlichen Typ, die inneren und äußeren Genitalien verkümmern, lediglich die dem männlichen Geschlecht entsprechenden Teile vergrößern sich.

Auch zwischen Hypophyse und Nebennierenrinde bestehen nahe Wechselbeziehungen. Die Nebennierenrinde empfängt die Impulse für ihre Tätigkeit vom Vorderlappen der Hypophyse (s. S. 271), und umgekehrt finden sich bei primären Erkrankungen der Nebennierenrinde histologische Veränderungen der basophilen Zellen des Hypophysenvorderlappens.

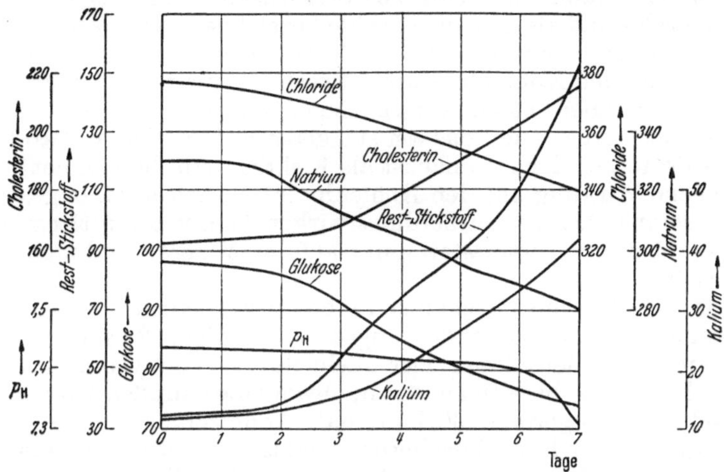

Abb. 46. Blutchemische Veränderungen bei nebennierenlosen Hunden. Die Tiere gingen 7 Tage nach der Nebennierenentfernung zugrunde. Die Werte bedeuten mg der einzelnen Stoffe in 100 cm³ Blut. (Nach GROLLMANN.)

Die Nebennierenrindenhormone haben sehr große Bedeutung für den *Kohlenhydratstoffwechsel.* So sind sie im Muskel unbedingt notwendig für den normalen Ablauf der chemischen Prozesse, die die Kontraktion begleiten. Daneben finden sich noch zahlreiche andere Ausfallserscheinungen, so sinkt der Grundumsatz (s. S. 383) bis unter die Hälfte der Norm, der Blutzucker ist niedrig, Leber- und Muskelglykogen verschwinden fast völlig. Injektion adrenalinfreier Rindenextrakte führt zu einer langsam einsetzenden, aber über viele Stunden anhaltenden Blutzuckersteigerung sowie zu einer Vermehrung des Leberglykogens. Als weitere Folge der Stoffwechselsenkung bei Störung der Rindenfunktion ist die Körpertemperatur erniedrigt, die Wärmeregulation erheblich verschlechtert. Die Atemfrequenz sinkt nach anfänglicher Erhöhung ab und nach einer Reihe von Stunden oder Tagen sterben die Tiere infolge von Atemlähmung. Weiterhin sind festzustellen eine starke Bluteindickung, bei der die Plasmamenge vermindert, die Erythrocytenzahl vermehrt ist, sowie eine Störung der Nierenfunktion, die sich in einer verminderten Ausscheidung von Salzen (besonders Kaliumsalzen) und von N-haltigen Stoffen äußert. Im Blut sind dementsprechend Kalium sowie Gesamt- und Reststickstoff (S. 523f.) vermehrt, intravenös zugeführter Harnstoff wird nur langsam wieder ausgeschieden. Dagegen sind Natrium und Chlorid abgesunken. Die nach Entfernung der Nebennieren beim Hund sich entwickelnden blutchemischen Veränderungen gehen deutlich aus Abb. 46 hervor.

Cortison und Hydrocortison hemmen durch Verzögerung der Mucopolysaccharid-Synthese die Entwicklung mesenchymaler Gewebe, sie werden vielfach zur Behandlung rheumatischer Erkrankungen angewandt.

Angesichts der Vielzahl der Ausfallserscheinungen hat man natürlich versucht, sie auf einen gemeinsamen Nenner zu bringen. Das ist jedoch nicht gelungen. Zunächst kann allgemein festgestellt werden, daß die Cortinwirkung gebunden ist an die Doppelbindung zwischen $C(4)$ und $C(5)$, an die Ketogruppe an $C(3)$ und an die Ketolgruppe $-CO-CH_2OH$ an $C(17)$. Dazu kommt noch, daß eine Wirkung auf den Kohlenhydratstoffwechsel nur solche Corticosteroide haben, die an $C(11)$ eine Keto- oder eine Alkoholgruppe besitzen. Damit zerfallen die Corticosteroide in zwei Gruppen, die man als Mineralo- und als Glucocorticoide bezeichnet hat. Dabei ist aber zu beachten, daß keiner der Wirkstoffe der Nebennierenrinde ausschließlich auf den Mineral- oder den Kohlenhydratstoffwechsel einwirkt. Vielmehr können beide Wirkungen, allerdings in verschiedener Stärke, immer gleichzeitig beobachtet werden. Aber auch das am stärksten auf den Mineralstoffwechsel wirkende Aldosteron (daher zunächst als Elektrocortin bezeichnet) hat eine ausgesprochene Wirkung auf den Kohlenhydratstoffwechsel, dagegen nicht auf die Wasserausscheidung. Allerdings wirken 11-Desoxycorticosteron und 17-Hydroxy-11-desoxycorticosteron nur auf den Mineral- und nicht auf den Glykogenstoffwechsel.

Es kann der Wirkungsmechanismus der verschiedenen Corticosteroide zur Zeit keineswegs als aufgeklärt angesehen werden. So sollen sich nach VERZÁR beim nebennierenlosen Tier allein durch Desoxycorticosteron alle Ausfallserscheinungen beseitigen lassen, obwohl dies auf den Kohlenhydratstoffwechsel nur eine geringe Wirkung hat. Anderseits sollen nach VERZÁR die Corticosteroide für Phosphorylierungsreaktionen notwendig sein, woraus sich z. B. wegen der Unterbrechung des an Phosphorylierungen gebundenen Kohlenhydratstoffwechsels in der Muskulatur die Adynamie erklären sollte. Zahlreiche andere Untersucher glauben dagegen, daß die Störung des Kohlenhydratstoffwechsels durch Störungen des Mineralstoffwechsels bedingt sind und durch ihre Behebung auch der Kohlenhydratstoffwechsel normalisiert wird. Es wird daher nötig sein, hier noch die nähere Klärung abzuwarten.

Die Nebennierensteroide erfahren im Stoffwechsel mancherlei Veränderungen, so daß man an der Nebennierenrinde und dem Harn zahlreiche Abkömmlinge der Corticosteroide isolieren konnte.

2. Nebennierenmark.

Das Adrenalin wurde als erstes Hormon schon 1901 in kristallisierter Form erhalten (ALDRICH; v. FÜRTH; TAKAMINE), bald darauf in seiner Struktur aufgeklärt (FRIEDMANN) und durch chemische Synthese gewonnen (STOLZ). Es ist ein Brenzkatechin-äthanol-methylamin. Da es in Wasser sehr schwer löslich ist, werden zu Versuchs- oder zu Heilzwecken Lösungen seiner Salze, meist das Hydrochlorid, verwendet. Wegen des asymmetrischen C-Atoms ($\times$) kommt das Adrenalin in optisch-aktiver Form und als Racemat vor. Das natürliche Adrenalin ist linksdrehend, durch Synthese wird das Racemat gewonnen. Das natürliche Produkt ist etwa 12—15mal wirksamer als das synthetische. Neuerdings ist erkannt worden, daß in der Nebenniere neben dem Adrenalin auch sein Homologes, das *Noradrenalin (Arterenol)* vorkommt, nachdem schon vorher seine Freisetzung bei Reizung adrenergischer Nerven demonstriert worden war. Beide Stoffe haben eine wichtige Funktion bei der Erregungsübertragung von Nerven auf das Er-

folgsorgan (s. S. 278). In der Nebenniere ist das Verhältnis von Adrenalin:
Noradrenalin etwa 75:25, in den übrigen darauf untersuchten Organen
überwiegt das Noradrenalin.

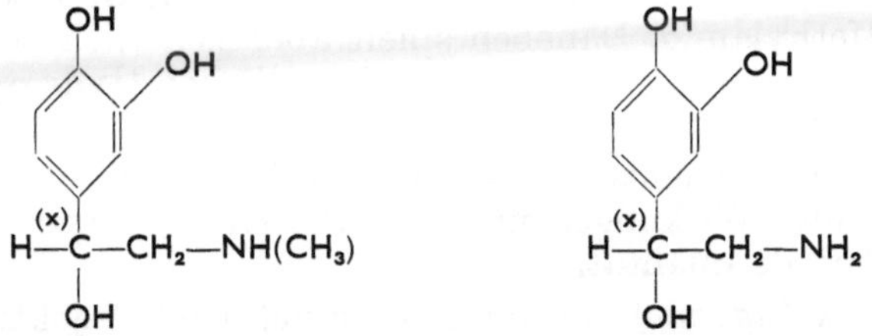

$$H\overset{(x)}{-}C(OH)-CH_2-NH(CH_3) \qquad\qquad H\overset{(x)}{-}C(OH)-CH_2-NH_2$$

Adrenalin   **Noradrenalin** (Arterenol)

Das Adrenalin wird außerordentlich leicht oxydiert, Noradrenalin wesentlich schwerer.
Hierauf beruhen einige Farbreaktionen: Blaugrünfärbung mit Eisen-(III)-chlorid, Dunkel-
braunfärbung mit Kaliumbichromat (Grundlage der Chromatreaktion der chromaffinen Gewebe). Da diese und andere Farbreaktionen nur auf der Oxydierbarkeit des Brenzkatechin-
kerns beruhen, sind sie nicht spezifisch und für die Bestimmung nicht geeignet. Unter besonderen Versuchsbedingungen läßt sich dagegen die Reduktion von Arsenmolybdänsäure durch
Adrenalin in Gegenwart von schwefliger Säure zur colorimetrischen Bestimmung verwenden
(KOBRO). Eine weitere Bestimmungsmethode gründet sich auf die Eigenschaft des Adrenalins,
in einen stark fluorescierenden Körper überzugehen (LEHMANN). Meist und weniger genau
werden adrenalinhaltige Lösungen durch biologische Methoden, gewöhnlich an der Blutdrucksteigerung, ausgewertet.

Muttersubstanzen für Adrenalin und Noradrenalin sind die Aminosäuren Phenylalanin,
Tyrosin und Dihydroxy-phenylalanin. Der Bildungsweg ist wahrscheinlich der nachstehend
formulierte:

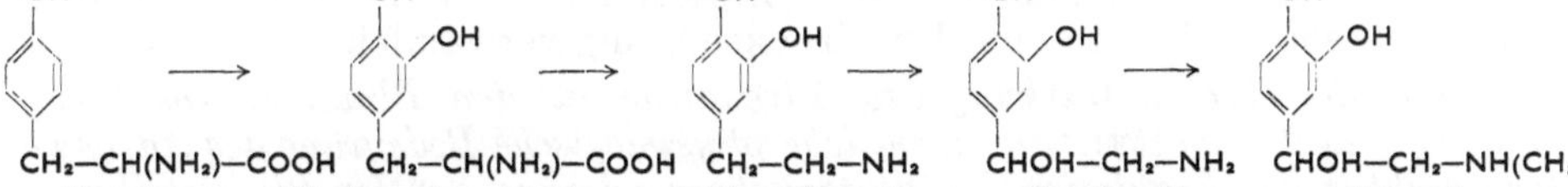

$$CH_2-CH(NH_2)-COOH \longrightarrow CH_2-CH(NH_2)-COOH \longrightarrow CH_2-CH_2-NH_2 \longrightarrow CHOH-CH_2-NH_2 \longrightarrow CHOH-CH_2-NH(CH_3)$$

Tyrosin   Dihydroxyphenylalanin   Hydroxytyramin   Noradrenalin   Adrenalin

Es ist aber auch angenommen worden, daß aus Dihydroxyphenylalanin zunächst nicht
Hydroxytyramin, sondern Dihydroxyphenylserin entsteht:

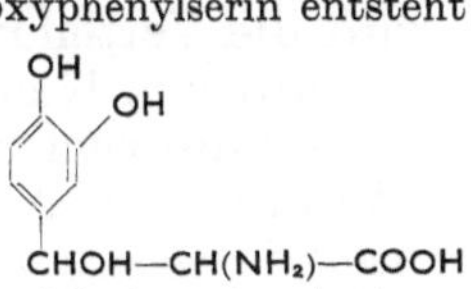

$$CHOH-CH(NH_2)-COOH$$

Dihydroxyphenylserin

Ebenso leicht wie im Reagensglas wird Adrenalin auch im Organismus
oxydiert. Darauf beruht die außerordentliche Flüchtigkeit der Adrenalinwirkung. Adrenalinmengen, die die Leistungsfähigkeit des Kreislaufs fast
bis zum äußersten beanspruchen, führen nur für wenige Minuten zu einer

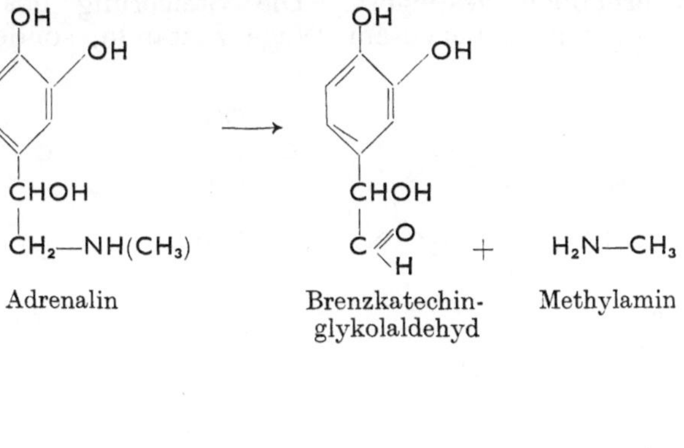

$$CHOH \qquad\qquad CHOH$$
$$CH_2-NH(CH_3) \longrightarrow C\overset{O}{\underset{H}{\diagdown}} \quad + \quad H_2N-CH_3$$

Adrenalin   Brenzkatechin-   Methylamin
                               glykolaldehyd

Blutdrucksteigerung, weil Adrenalin — vorwiegend in der Leber — rasch oxydativ zerstört wird. Das dabei wirksame Ferment wirkt auch auf andere substituierte Amine, indem das entsprechende Amin abgespalten wird und außerdem ein Aldehyd entsteht, z. B. aus Adrenalin Brenzkatechin-glykolaldehyd und Methylamin. Daneben spielt aber sicherlich auch eine Inaktivierung durch Veresterung an einer der phenolischen Hydroxylgruppen eine wichtige Rolle.

Trotz der nahen chemischen Verwandtschaft von Adrenalin und Noradrenalin sind ihre Wirkungen in vieler Beziehung verschieden, allerdings eher quantitativ als qualitativ.

Die *Blutdrucksteigerung*, die im Tierversuch nach Injektion unphysiologisch hoher Adrenalinmengen beobachtet wird, beruht auf dem Zusammenwirken mehrerer Faktoren. Es kommt zur Entleerung der Blutdepots, zu Verstärkung und Beschleunigung der Herzaktion und zu Verengerung der präcapillären Arterien sowie der Capillaren, kurz zu einem Zustand, wie er bei einer Reizung der sympathischen Nerven des Kreislaufsystems entstehen würde. Auch an den meisten übrigen Organen, die sympathisch innerviert sind, im wesentlichen also an glattmuskeligen Organen, treten Erscheinungen einer allgemeinen sympathischen Reizung auf (s. jedoch S. 278). Charakteristisch ist die Hemmung der meisten fördernden Wirkungen des Adrenalins durch zwei Alkaloide des Mutterkorns, das *Ergotoxin* und das *Ergotamin*. Noradrenalin hat ähnliche Wirkungen auf den Blutdruck wie Adrenalin. Die beiden Hormone unterscheiden sich aber durch ihr Verhalten gegen Ergotamin und Ergotoxin, welche die Blutdruckwirkung von Noradrenalin weniger hemmen als die von Adrenalin, ja die von Adrenalin sogar umkehren, d. h. in eine Blutdrucksenkung verwandeln.

Trotz der starken Wirkung des Adrenalins auf den Blutdruck im Tierversuch besteht nach Rein *die eigentliche physiologische Bedeutung des Adrenalins nicht in der Regulation des Blutdrucks, sondern in der der Blutverteilung.* Adrenalin in physiologischen Dosen erweitert die Gefäße in tätigen Organen und verengert sie in ruhenden; tätige Organe werden also stärker, ruhende weniger durchblutet. Damit wird die Verteilung der zirkulierenden Blutmenge verändert. Der mittlere Blutdruck bleibt dabei meist unverändert. Das Noradrenalin hat dagegen eine blutdrucksteigernde Wirkung. (Wegen näherer Einzelheiten über die Wirkung des Adrenalins auf den Kreislauf und die glatte Muskulatur ebenso wie wegen der physiologischen Erregung der Adrenalinsekretion s. Rein-Schneider, Physiologie.)

Neben der Wirkung auf den Kreislauf und die glatte Muskulatur der autonom innervierten Organe ist eine der biologisch wichtigsten Wirkungen des Adrenalins die auf den Stoffwechsel. Schon durch ziemlich kleine Adrenalinmengen, die ohne Einfluß auf den Blutdruck sind, wird der Grundumsatz erheblich gesteigert. Die Steigerung des Stoffwechsels kommt nicht auf zentral-nervösem Wege zustande, sondern durch eine

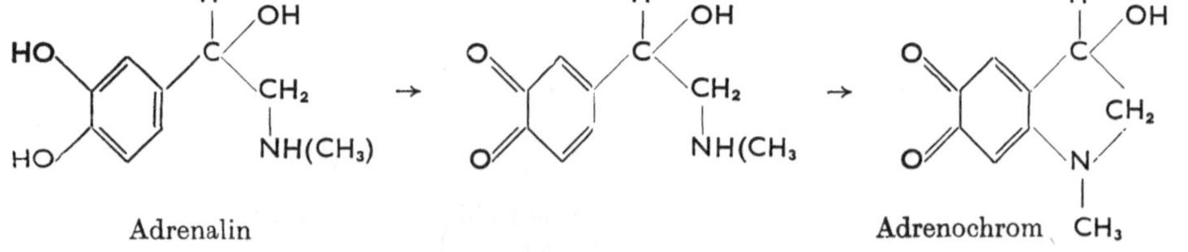

Adrenalin   Adrenochrom CH₃

direkte Adrenalinwirkung auf die Gewebe, sie läßt sich auch am überlebenden Gewebe als Oxydationssteigerung nachweisen. Das Noradrenalin hat diese Wirkung in viel geringerem Maße. Wahrscheinlich beruht sie nicht auf dem Adrenalin selbst, sondern auf seinem Oxydationsprodukt *Adrenochrom*. Dies dient als Wasserstoffüberträger bei bestimmten Oxydationen, hemmt aber andererseits durch Beeinflussung der Hexokinase (s. S. 330 u. 418 f.) den Glucoseabbau in Gehirnextrakten. Seine Bildung aus Adrenalin führt über das entsprechende Chinon. In ähnlicher Weise entsteht aus Noradrenalin das *Noradrenochrom*.

Mit der allgemeinen Stoffwechselsteigerung steht in engstem Zusammenhang die *Wirkung auf den Kohlenhydratstoffwechsel*, die ebenfalls das Noradrenalin nur in mäßigem Umfang oder

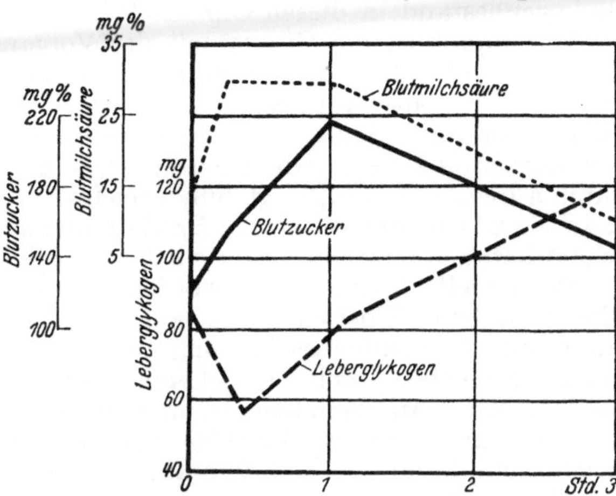

Abb. 47. Wirkung des Adrenalins auf den Kohlenhydratstoffwechsel von Muskel und Leber bei der Ratte. (Nach CORI.)

gar nicht zeigt. Schon sehr kleine Adrenalinmengen bewirken wegen einer Steigerung des Blutzuckers auf 0,5—0,7 % eine starke Glucosurie (BLUM). Ursache der Hyperglykämie sind Mobilisierung und Abbau der Glykogenvorräte, und zwar keineswegs ausschließlich oder auch nur vorwiegend in der Leber, sondern auch in der Skeletmuskulatur. Dies ist besonders an Tieren mit glykogenarmer Leber gut nachweisbar. Zunächst wird zwar in der Leber Glykogen gespalten und als Traubenzucker ans Blut abgegeben, aber daneben und in höherem Grade geht die Blutzuckersteigerung zu Lasten des Muskelglykogens.

Zwischen den Glykogenabbau im Muskel und

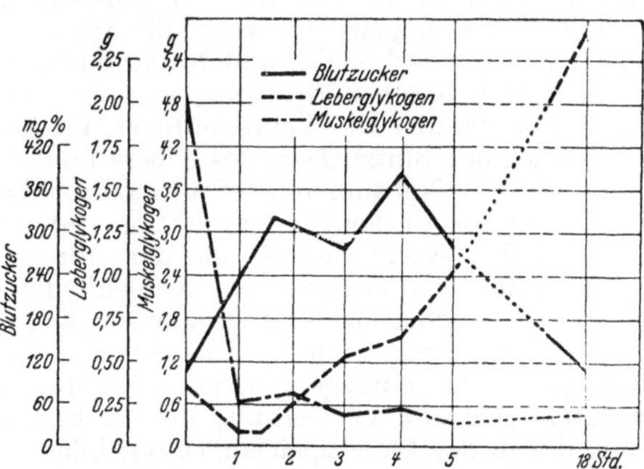

Abb. 48. Wirkung des Adrenalins auf den Kohlenhydratstoffwechsel der Leber und des Muskels bei der Ratte. (Nach CORI.)

die Hyperglykämie ist die Leber eingeschaltet. Im Muskel entsteht beim Glykogenabbau nicht Glucose, sondern Milchsäure. Diese tritt ins Blut über, so daß auch der Milchsäurespiegel des Blutes ansteigt. Die Milchsäure wird in der Leber zu Glucose aufgebaut, diese dann zum größten Teil ins Blut abgegeben und weitgehend durch die Niere ausgeschieden. Aber ein Teil der neugebildeten Glucose und vielleicht auch ein Teil der im Blut kreisenden wird in der Leber als Gykogen abgelagert. Im Verlaufe einiger Stunden sind Milchsäure und Zucker im Blut wieder auf normale Werte abgesunken; dabei ist der Glykogengehalt der Muskulatur fast erschöpft, derjenige der Leber dagegen bedeutend höher als vor der Adrenalininjektion. Die Abb. 47 und 48 zeigen diese Zusammenhänge mit aller Deutlichkeit. (Die Angaben für Leber- und Muskelglykogen beziehen sich auf den *gesamten* Glykogenbestand in diesen Organen!)

Aber damit ist die Gesamtheit der Vorgänge bei der Adrenalinhyperglykämie und -glucosurie noch nicht erschöpft. Oft ist die Zuckerausscheidung wesentlich größer als der gesamte Kohlenhydratbestand der Tiere gewesen sein kann. Dies beruht wahrscheinlich auf einer Neubildung von Zucker aus Fett (Gluconeogenese, s. S. 435ff.). Das Leberfett wird durch Adrenalin beschleunigt zum Verschwinden gebracht; beim Hungertier kann die Glucosurie, die wegen Erschöpfung der Reserven des Körpers aufgehört hatte, durch Ölinfusion wieder ausgelöst werden.

Es ist vielfach untersucht worden, ob die von C. Bernard entdeckte Glucosurie beim Einstich in den Boden des vierten Ventrikels *(Zuckerstich)* durch eine Adrenalinausschüttung aus den Nebennieren infolge einer von einem „Zuckerzentrum“ ausgehenden sympathischen Reizung zustande kommt. Allem Anschein nach ist ein derartiger Mechanismus an der Zuckerstichglucosurie beteiligt, daneben wird aber das Leberglykogen auch noch durch einen direkt an der Leber angreifenden sympathischen Reiz mobilisiert (s. S. 379).

Da Adrenalin eine Steigerung des Blutzuckers, in gewissem Umfange auch des Leberglykogens sowie eine Erhöhung des Grundumsatzes hervorrufen kann und Noradrenalin zu einer Blutdrucksteigerung führt, liegt es nahe, für die bei Entfernung der Nebennieren auftretende Senkung des Blutdrucks, des Blutzuckers und des Stoffwechsels den Ausfall des Adrenalins verantwortlich zu machen. Das ist aber wahrscheinlich nicht richtig, da diese Ausfallserscheinungen erst sehr allmählich eintreten, während sich die Wirkungen von Adrenalin und Noradrenalin überaus rasch einstellen, auf ihrem Fehlen beruhende Störungen daher unmittelbar eintreten müßten. Da sich außerdem die Veränderungen im Kohlenhydratstoffwechsel, wie der Anstieg des Blutzuckers, des Leber- und Muskelglykogens zeigen, durch Injektion von Nebennierenrindenextrakten beseitigen lassen, dürften sie durch den Ausfall der Rindenfunktion bedingt sein.

Durch die wechselnde Größe der Adrenalinabgabe ins Blut ist eine weitgehende Beherrschung des Kohlenhydratstoffwechsels gewährleistet. Seine feine Regulation ist aber nur möglich durch das Zusammenwirken des Adrenalins mit anderen Hormonen (s. S. 411), von denen vor allem eines gerade die entgegengesetzte Wirkung hat: Erniedrigung des Blutzuckerspiegels und Vermehrung des Glykogens. Dies Hormon ist das *Insulin*, das in der Bauchspeicheldrüse gebildet wird.

c) Bauchspeicheldrüse.

1. Insulin.

Die Aufklärung der Beziehungen zwischen der Bauchspeicheldrüse und dem Zuckerstoffwechsel gelang v. Mering u. Minkowski (1889), nachdem schon vorher verschiedene Forscher dahingehende Zusammenhänge vermutet, aber nicht bewiesen hatten. Sie zeigten, daß vollständige Exstirpation der Bauchspeicheldrüse beim Hund zu einem Krankheitsbild führt, das mit der *Zuckerkrankheit (Diabetes mellitus)* des Menschen die größte Ähnlichkeit hat und deshalb als *Pankreasdiabetes* bezeichnet wird. Die Tiere magern rasch ab und scheiden große Mengen eines zuckerreichen Harnes aus (Polyurie und Glucosurie), sie werden vermindert leistungsfähig und sterben nach etwa 4 Wochen. Der Zuckergehalt des normalerweise zuckerfreien Harns kann bis zu 10 % betragen. Die Ursache dafür ist eine Hyperglykämie, bei der der Blutzucker bis zu Werten von 0,3—0,4 %, nach reichlicher Kohlenhydratkost bis zu 0,8 % ansteigen kann. Hyperglykämie und Glucosurie treten fast unmittelbar nach Entfernung des Pankreas ein. Der Glykogenbestand des Körpers, vor allem in Leber und Skeletmuskel sinkt auf niedrige Werte ab, lediglich das Herz hält relativ viel Glykogen fest. Verfütterter Traubenzucker wird vom Körper nicht fixiert, sondern erscheint nach kurzer Zeit fast vollständig im Harn; auch Stärke, Malz- und Rohrzucker werden nahezu quantitativ als Traubenzucker ausgeschieden, lediglich Fruchtzucker wird vom Körper noch einigermaßen ausgenutzt. Trotzdem ist der Zuckerverbrauch des Körpers nicht vollständig aufgehoben, vor allem kann das Hauptorgan des Zuckerumsatzes, die Skeletmuskulatur — allerdings in geringem Umfange — noch Zucker verwerten. Die Zuckerausscheidung geht auch noch weiter, wenn die Tiere kohlenhydratfrei ernährt werden, *weil im diabetischen Organismus durch einen gesteigerten Eiweißabbau Zucker in großen Mengen entsteht* (Gluconeogenese); auch dieser Zucker wird im Harn ausgeschieden. Als Folge des gesteigerten Eiweißabbaus ist die N-Ausscheidung im Harn erheblich erhöht, und zwar findet sich der Stickstoff überwiegend als Ammoniak und nicht wie im normalen Organismus als Harnstoff. Das Ammoniak dient zur Neutralisation der vermehrt gebildeten Säuren (s. unten, sowie S. 570). Ob auch aus Fett Kohlenhydrat neu gebildet wird, ist oft behauptet, aber nicht mit Sicherheit bewiesen, aber angesichts der Zusammenhänge des intermediären Stoffwechsels denkbar (s. z. B. Abb. 86 S. 321). Der Ort der Zuckerbildung ist die Leber: bei entleberten Tieren oder bei Tieren, bei denen durch Anlage einer Eckschen Fistel (Bildung einer Anastomose zwischen Pfortader und unterer Hohlvene, s. S. 504) die Leber aus der Zirkulation ausgeschaltet ist, sinkt der Blutzucker ab. Trotz der allgemeinen Glykogenverarmung des diabetischen Tieres kann bei reichlicher Kohlenhydratzufuhr doch noch Glykogen in geringem Grade angesetzt werden. Auf den vermehrten Eiweißabbau ist die Steigerung des Grundumsatzes zurückzuführen; dabei ist wegen der nahezu aufgehobenen Kohlenhydratverbrennung der R. Q. sehr niedrig, er liegt um 0,7.

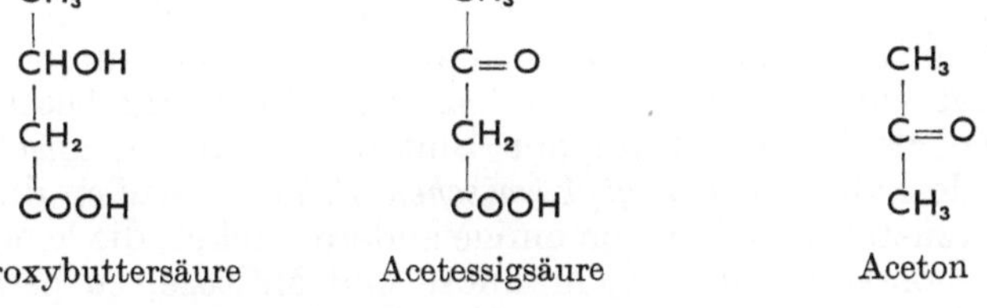

$$
\begin{array}{ccc}
CH_3 & CH_3 & \\
| & | & \\
CHOH & C{=}O & CH_3 \\
| & | & | \\
CH_2 & CH_2 & C{=}O \\
| & | & | \\
COOH & COOH & CH_3 \\
\text{\beta-Hydroxybuttersäure} & \text{Acetessigsäure} & \text{Aceton}
\end{array}
$$

Von den pankreasdiabetischen Hunden werden *als Produkte der unvollständigen Verbrennung der Fettsäuren und einiger Aminosäuren* (s. S. 448 u. 471 f.) *Ketonkörper* oder *Acetonkörper* (Aceton, Acetessigsäure, β-Hydroxybuttersäure) in großer Menge ausgeschieden. *Die starke Vermehrung der Ketonkörper ist auf die Störung des Kohlenhydratabbaus zurückzuführen*

(s. S. 448 f.). Im Tagesharn von diabetischen Hunden sind bis zu 6 g Aceton und Acetessigsäure aufgefunden worden. Auch das Blut enthält erhebliche Mengen von Acetonkörpern, so daß in schweren Fällen wegen der Säureanhäufung die Blutreaktion nach der sauren Seite verschoben wird und eine *Acidose* auftritt. In leichteren Fällen kommt es nicht zu einer eigentlichen Reaktionsverschiebung, sondern nur zu einer Verminderung der Alkalireserve: *kompensierte Acidose* (s. S. 539). Die *nichtkompensierte Acidose* führt zu schweren Bewußtseinstrübungen und schließlich im *Coma diabeticum* bei abnorm vertiefter Atmung zu völligem Bewußtseinsverlust und zum Tode. Es verdient noch erwähnt zu werden, daß beim Diabetes die Synthese höherer Fettsäuren stark eingeschränkt ist.

Die Symptome des experimentellen Pankreasdiabetes entsprechen in jeder Einzelheit vollständig denen des spontan auftretenden Diabetes beim Menschen, und tatsächlich sind öfters bei der Zuckerkrankheit auch histologische Veränderungen der Bauchspeicheldrüse beschrieben worden. Der Zusammenhang dieses Organs mit dem Diabetes wurde aber erst widerspruchslos geklärt, als die Isolierung des Pankreashormons (1922 BANTING u. BEST) gelang. Es wird in den β-(B-)Zellen der LANGERHANSschen Inseln gebildet. Wegen seiner Bildung in den Inselzellen wird das Hormon als *Insulin* bezeichnet. Den klarsten Beweis dafür brachten Versuche an Knochenfischen, bei denen das Inselorgan vom eigentlichen Pankreas getrennt liegt. Die alleinige Exstirpation des Inselorgans führt zu Hyperglykämie, die Injektion von Extrakten aus seinen Zellen senkt den Blutzucker; dagegen sind Extrakte aus dem eigentlichen Pankreas wirkungslos. Ein experimenteller Diabetes läßt sich auch erzeugen durch Injektion von Alloxan *(Alloxandiabetes)*; hierbei degenerieren die β-Zellen des Pankreas.

Das Insulin ist ein Eiweißkörper, der 1925 zuerst von ABEL kristallisiert erhalten wurde; er enthält Spuren von Zinksalz. Über seine Struktur und Zusammensetzung s. S. 83 ff. und Tabelle 8, S. 89. Die Wirkung des Insulins ist vermutlich an freie Hydroxyl- oder Iminogruppen gebunden

Bildung und Abgabe von Insulin richten sich jedenfalls nach dem Bedarf. Im Hunger und bei kohlenhydratarmer Kost sind sie gering, kohlenhydratreiche Nahrung regt sie an.

Das Insulin ist nur bei intravenöser oder subcutaner Injektion wirksam, da es als Eiweißkörper von den Verdauungsfermenten zerstört wird. Nach der Injektion größerer Dosen beim normalen Tier oder Menschen zeigen sich Unruhe und Übererregbarkeit, es treten Muskelzuckungen und ausgedehnte Krämpfe auf, und schließlich sterben die Tiere. Damit geht einher ein stetiger Abfall des Blutzuckers. Die ersten Krampfzeichen zeigen sich bei Blutzuckerwerten von etwa 0,04 %. Da sich durch Verfütterung oder Injektion von Glucose alle Störungen schlagartig beseitigen lassen, kann man sie als Folgezustand der Blutzuckersenkung ansehen und bezeichnet sie deshalb als *hypoglykämischen Schock*. Außer durch Glucose ist der Schockzustand auch durch einige andere Zucker, die leicht in Glucose übergehen, besonders Fructose, Mannose und Maltose, zu beheben. Auch Adrenalininjektionen führen zu vorübergehendem Anstieg des Blutzuckers und beseitigen die Zeichen der Hypoglykämie.

Als Gegenreaktion gegen die Insulinwirkung geben die Nebennieren Adrenalin ab. Wir sehen hier eine Selbstregulation am Werke, die für die Einstellung und Erhaltung des Blutzuckerspiegels unter normalen Verhältnissen bedeutungsvoll ist. Jede Adrenalinausscheidung ins Blut wird

durch eine nachfolgende Insulinabgabe in ihrer Wirkung auf den Zucker-
spiegel kompensiert und ebenso wird einer übergroßen Insulinproduktion
durch eine Adrenalinsekretion entgegengewirkt, so daß der Blutzuckerwert
durch Spiel und Gegenspiel von Adrenalin und Insulin mitbestimmt wird.
Die hormonale Regulation des Kohlenhydratstoffwechsels, die ja beim
Diabetes durch den Mangel an Insulin gestört ist, ist aber viel komplexer,
als daß sie allein durch den Antagonismus Insulin und Adrenalin erklärbar
wäre. In einem berühmt gewordenen Versuch hat HOUSSAY gezeigt, daß
die Symptome des Diabetes verschwinden, wenn man bei pankreaslosen
Tieren auch noch die Hypophyse entfernt. Das Verhalten erklärt sich aus
der diabetogenen Wirkung des Wachstumshormons aus dem Vorderlappen
der Hypophyse (s. S. 267). Auch die Nebennierenrinde beeinflußt, wie
schon früher gezeigt wurde (s. S. 233), den Kohlenhydratstoffwechsel. Ebenso ist auch der Funktionszustand der Schilddrüse von Bedeutung, ihre
Überfunktion erzeugt diabetische Symptome, Unterfunktion wirkt entgegengesetzt. Auch nervöse Regulationen, sowohl sympathische wie parasympathische, sind für die Regelung des Kohlenhydratstoffwechsels wesentlich.
Ferner ist auf das zweite Pankreashormon, das Glukagon, hinzuweisen
(s. unten). Dazu kommt noch, daß auch die Leber in diesem Zusammenhang eine wichtige Rolle spielt, indem sie den Aufbau des Glykogens fördert.
(Über die Regulation des Kohlenhydratstoffwechsels s. auch S. 410f.). Aus
allem wird klar, daß das Krankheitsbild des Diabetes mellitus keinesfalls allein aus einer Unterfunktion der Inselzellen des Pankreas hergeleitet
werden darf, vielmehr kann diese Krankheit auch in anderen Störungen
begründet oder zum mindesten durch sie beeinflußt sein.

Am diabetischen Organismus beseitigt Insulin in geeigneter Dosierung
vorübergehend alle Stoffwechselveränderungen. Der Blutzucker sinkt ab,
die Ketonkörperbildung wird unterdrückt, der R. Q. steigt als Zeichen
der Zuckeroxydation auf den Wert 1 an, aber die Wirkung hält nur 4 bis
7 Std an. Die Lipoide des Blutes, sowohl Neutralfett als auch Cholesterin und Phosphatide, die bei Diabetes sehr stark erhöht sind (Lipämie),
und die Fettbestände in der Leber des pankreasdiabetischen Hundes nehmen unter Insulin in kurzer Zeit stark ab, die Verminderung des Fettumsatzes läßt eine Fettablagerung in den Fettdepots der stark abgemager-
ten Tiere zu. Doch wird auch die Fettsynthese und ebenso auch die Eiweißsynthese gesteigert. Auf den Gehalt des Blutes an Ketonkörpern hat Insulin zwei entgegengesetzte Wirkungen; zunächst sinkt er ab, nach längerer
Dauer der Hypoglykämie steigt er wieder an.

Die Frage nach dem Schicksal des Zuckers, der unter der Insulinwirkung aus dem Blut verschwindet, ist aufs engste verknüpft mit der
Frage nach dem Wesen der diabetischen Stoffwechselstörung. Hier haben
sich lange zwei Theorien gegenübergestanden, von denen die eine die Zucker-
überschwemmung des diabetischen Organismus auf eine mangelnde Zuckerverbrennung zurückführte, die zweite in ihr die Folge des Verlustes der
Fähigkeit zur Fixation des Zuckers im Gewebe, also zum Glykogenaufbau
sah. Das Tierexperiment ergab, daß beide Faktoren zusammenwirken.
Durchströmt man Katzen, denen mit Ausnahme der Leber die Bauchein-
geweide entfernt waren, mit insulinhaltigem Blut, dem bekannte Mengen
Traubenzucker zugesetzt sind, so läßt sich aus dem Sauerstoffverbrauch
die Menge des oxydierten Zuckers berechnen; bestimmt man die Zucker-
abgabe aus Leber, Muskulatur und Blut sowie den Glykogengehalt der
Muskulatur vor und nach dem Versuch, so kann man aus diesen Werten

eine Bilanz aufstellen (s. Tabelle 46). Nach ihr wird die insgesamt verschwundene Zuckermenge also innerhalb der Fehlergrenzen durch den als Glykogen in der Muskulatur abgelagerten und den mehr verbrannten Zucker gedeckt. Bei geringen Insulindosen, die nicht zu starker Blutzuckersenkung führen, wird auch in der Leber Glykogen abgelagert.

Tabelle 46. Bilanz der Insulinwirkung.

Zuckerabgabe der Leber	0,934 g
Zuckerabgabe der Muskeln	0,960 g
Zuckerabgabe des Blutes	0,220 g
Infundierte Zuckermenge	3.250 g
	5,364 g
Als Muskelglykogen abgelagert	2,82 g
Oxydierter Zucker	2.97 g
	5,79 g

In welcher Weise Insulin in den Kohlenhydratstoffwechsel eingreift, ist noch nicht völlig geklärt. Die diabetische Störung betrifft jedenfalls in erster Linie die Leber. Die Muskulatur enthält auch beim diabetischen Tier noch gewisse Mengen von Glykogen: diese werden aber erst dann mobilisiert, wenn beim hypoglykämischen Schock die Krämpfe einsetzen. Auch der anaerobe und aerobe Zuckerabbau im Muskel gehen noch vonstatten. Als Wirkung des Insulins kann man bei seiner Injektion, aber auch bei Zusatz zu isoliertem Gewebe eine Steigerung der Oxydationen feststellen. Nach Insulin nimmt fernerhin der Gehalt des Muskels an Hexosephosphorsäure zu. Eine Beeinflussung des Phosphatstoffwechsels zeigt auch die Verfolgung des anorganischen Phosphates im Blut. Aus Abb. 49 geht hervor, daß gleichzeitig mit dem Zucker das Phosphat im Blut absinkt und die Phosphatausscheidung im Harn niedrig ist. Mit dem Nachlassen der Insulinwirkung steigen Blutzucker, Blutphosphat und Phosphatausscheidung in gleicher Weise wieder an. Es kann als gesichert gelten, daß Insulin die Hexokinase, das Ferment

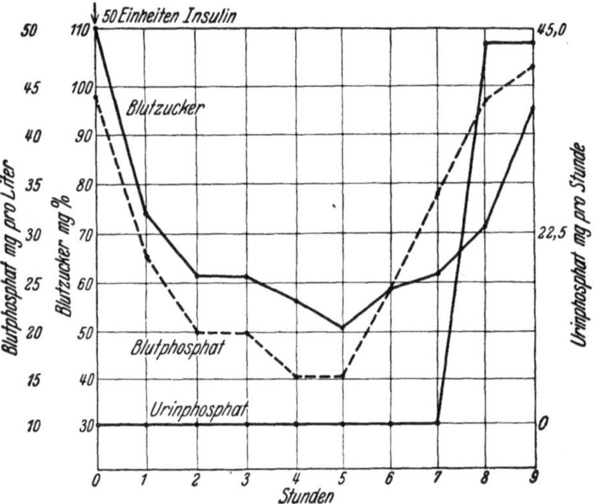

Abb. 49. Insulinwirkung auf Blutzucker und -phosphat sowie auf Harnphosphat. (Nach EADIE, MCLEOD und NOBLE.)

der Glucosephosphorylierung, aktiviert (s. S. 330). Das würde sowohl die gesteigerte Verbrennung der Glucose als auch die vermehrte Glykogenbildung betreffen, da für beide Reaktionen die Phosphorylierung der Glucose Voraussetzung ist. Daneben wird die Meinung vertreten, daß Insulin auch die Permeabilität der Zellen für Glucose oder Glucosephosphorsäure steigert.

2. Glukagon.

Schon seit langem lagen Beobachtungen darüber vor, daß durch rohe Insulinpräparate nicht nur Blutzuckersenkungen, sondern auch Blutzuckersteigerungen hervorgerufen werden können (BÜRGER; MURLIN). Selbst nach einem bestimmten Verfahren kristallisiertes Insulin bewirkte einen vorübergehenden Anstieg des Blutzuckers. Man nahm daher einen hyperglykämischen Faktor an (HGF), der auch als Glukagon bezeichnet wird, und wie nunmehr gesichert ist, in den α-(A-)Zellen der LANGERHANSschen Inseln gebildet wird. Auch das Glukagon ist ein Eiweißkörper, der in kristallisierter Form gewonnen werden konnte (A. STAUB); es besteht anscheinend aus 29 Aminosäureresten, deren Reihenfolge ermittelt werden konnte, und hat ein Molekulargewicht von etwa 4200. Die Angaben über den Zinkgehalt sind noch widersprechend. Die Wirkung des Glukagons ist noch nicht sehr weitgehend aufgeklärt. Mit Sicherheit steht fest, daß Glukagon den Blutzuckergehalt erhöht, und zwar durch Abbau von Leberglykogen, der durch eine Aktivierung der Leberphosphorylase bewirkt wird. Ferner scheint erwiesen, daß Glukagon den Eiweißabbau fördert. Es hemmt die Ketonämie. Diese Wirkungen entsprechen weitgehend den bei Insulinmangel auftretenden, so daß die Ansicht geäußert worden ist, daß Glukagon diabetogen wirke. Dem würde auch entsprechen, daß das Wachstumshormon der Hypophyse die Glukagonabgabe steigert, seine diabetogene Wirkung also in dieser Weise zu erklären wäre. Im allgemeinen wird jedoch Glukagon als Synergist von Insulin angesehen, indem es ihm Zucker — gewonnen durch Glykogenabbau in der Leber — zur peripheren Verwertung zur Verfügung stellt.

3. Kallikreïn.

Es sei nur kurz erwähnt, daß im Pankreas noch ein weiteres Hormon, das *Kallikreïn (Padutin)* (KRAUT u. FREY) gebildet wird, das eine blutdrucksenkende Wirkung hat. Es ist ein hochmolekularer nicht dialysierbarer Körper. Seine chemische Natur ist unbekannt, jedenfalls zeigt er keine der für Eiweißkörper, Fette, Kohlenhydrate oder Nucleinstoffe charakteristischen Reaktionen.

d) Schilddrüse.

Tierversuche, Schilddrüsenoperationen am Menschen, angeborenes Fehlen oder Mißbildungen der Schilddrüse und schließlich auch während des späteren Lebens eintretende Veränderungen der Schilddrüse haben zusammen allmählich eine weitgehende Klärung der Schilddrüsenfunktion erbracht.

Menschen mit angeborenem Fehlen der Schilddrüse leben meist nur wenige Jahre; bei hochgradiger Unterentwicklung der Drüse zeigen sich Schwerhörigkeit sowie allgemeine körperliche und geistige Schwäche, das Wachstum und die geschlechtliche Entwicklung bleiben auf kindlicher Stufe stehen; man bezeichnet den Zustand als *Kretinismus*. Die Wachstumsstörung betrifft vor allen Dingen die langen Röhrenknochen, so daß bei relativ großer Rumpflänge die Extremitäten zu kurz sind. Die Bildung der Knochenkerne bleibt aus, die Epiphysenfugen sind bis ins 2.—3. Jahrzehnt offen. Es ist also die normale enchondrale Ossifikation gestört. Störungen des Gehörs und der Sprache bis zur Taubstummheit sind beobachtet. Sowohl im intellektuellen wie im seelischen Bereich besteht ein Mangel an Aktions- und Reaktionsbereitschaft.

Bildet sich die Unterfunktion der Schilddrüse erst später aus, so sind die Ausfallserscheinungen nicht ganz so schwerwiegend, aber auch dann sind die geistigen Fähigkeiten sehr beschränkt. Auffallend ist eine teigigödematöse Schwellung der blassen und trockenen Haut, die dem Krankheitsbild den Namen *Myxödem* eingetragen hat. Wegen der durch die Hautveränderung bedingten sackartigen Vorwölbung der Augenlider ist die Lidspalte verengt. Die Reflexerregbarkeit und die elektrische Erregbarkeit besonders im vegetativen Nervensystem sind meist deutlich

herabgesetzt, so daß der Ablauf aller Funktionen geistiger und körperlicher
Art außerordentlich träge ist.

Veränderungen, wie sie für das Myxödem charakteristisch sind, treten
auch bei vollständiger operativer Entfernung der Schilddrüse auf. Der
allgemeine Verfall der Körperkräfte *(Cachexia strumipriva)* und eine erhöhte Krampfbereitschaft der Muskulatur *(Tetanie)* sind dabei Folge
der Mitentfernung der in die Schilddrüse eingebetteten Nebenschilddrüsen,
so daß man bei Kropfoperationen einen Teil der Schilddrüse und die Nebenschilddrüsen zurückläßt, wodurch die Ausfallserscheinungen verhütet werden
oder doch nur sehr selten vorkommen. Wird bei jungen Tieren die Schilddrüse entfernt, so sind besonders die Wachstumsstörungen sehr deutlich
(s. Abb. 50). Es ist wahrscheinlich, daß die eigentlichen Wachstumsstörungen dadurch zustande kommen, daß mit dem Aus-
fall der Schilddrüse auch der Reiz für die Bildungsstätte
des Wachstumshormons, die Hypophyse, fehlt (s. S. 266).
Bei allen Zuständen mit herabgesetzter Schilddrüsenfunktion ist auch der Stoffwechsel sehr träge. Der Grundumsatz
ist um 20—30 % erniedrigt, die Stickstoffausscheidung
verringert, die Körpertempe-ratur herabgesetzt, die Herztätigkeit stark verlangsamt.

Abb. 50. Wirkung der Schilddrüsenentfernung auf das Wachstum junger Kaninchen. Alter der Tiere: 12 Wochen. Links
normales Tier (1630 g), rechts 2 operierte Tiere (840 und
760 g). (Nach BASINGER.)

Bei angeborener oder im späteren Leben sich ausbildender Unterfunktion
der Schilddrüse hypertrophiert die Drüse, es bildet sich ein *Kropf (Struma)*;
dabei ist das Schilddrüsengewebe meist vermindert und in seiner histologischen Struktur verändert. Die Kropfbildung geht im allgemeinen auf
Vermehrung des Fettes und des Bindegewebes zurück.

Eine echte Hypertrophie der Schilddrüse findet sich bei der BASE-
DOW*schen Krankheit*, bei der neben der Hypertrophie auch alle Symptome einer verstärkten Funktion der Schilddrüse bestehen. Allerdings ist
diese Krankheit wahrscheinlich nicht eine einfache Hyperthyreose. Der
Grundumsatz kann das Doppelte des normalen betragen, so daß die
Körpertemperatur erhöht ist. Dabei ist in erster Linie die Fettverbrennung
gesteigert, der R. Q. liegt bei 0,77 statt bei 0,82. Die Haut ist zart, dünn
und gut durchblutet, die Herzaktion erheblich beschleunigt. Die Augen
springen stark vor und haben einen leuchtenden Glanz *(Exophthalmus)*.
Auch die psychische Erregbarkeit ist — oft bis zur Ideenflucht — gesteigert.

Die verschiedenen Formen der angeborenen oder sich spontan entwickelnden Unterfunktion der Schilddrüse finden sich sehr häufig in bestimmten Ländern oder Landesteilen. Als einer der auslösenden Faktoren
ist schon frühzeitig eine zu geringe Jodzufuhr in der Nahrung, besonders
ein zu niedriger Jodgehalt des Wassers, verantwortlich gemacht worden.
Daß dieser Zusammenhang besteht, geht aus Erfahrungen hervor, die in
einigen Ländern (Schweiz, USA) mit der prophylaktischen Verabfolgung
von jodhaltigem Kochsalz gemacht worden sind. Schon die regelmäßige
Zufuhr von etwa 80 γ Jod je Tag hat zu einer erheblichen Abnahme des
„endemischen Kretinismus" geführt. Ferner ist gezeigt worden, daß dem

Körper zugeführtes Jod sich vor allem in der Schilddrüse anreichert. Die
Schilddrüse enthält im ganzen zwar nur einige Milligramm Jod, übertrifft
damit aber die übrigen Gewebe um etwa das 1000fache. In kropfreichen
Gegenden mit jodarmem Wasser finden sich immer große, aber jodarme
Schilddrüsen. Das Jod ist überwiegend in dem die Drüsenfollikel an-
füllenden Kolloid enthalten: Jodgehalt und Kolloidgehalt der Schilddrüse gehen einander weitgehend parallel.

Ob neben dem Jodmangel noch andere Faktoren zur Ausbildung des Kretinismus und
des Myxödems beitragen, ist nicht sichergestellt, aber wahrscheinlich. Das gilt besonders
für allgemeine klimatische Faktoren, vor allem für die Dauer und die Intensität der Sonnen-
einstrahlung. Weiterhin konnte in Versuchen an Kaninchen gezeigt werden, daß in vielen
Pflanzen, vor allem im Weißkohl und in anderen Kohlarten Stoffe vorkommen, die bei
längerer Verfütterung dieser Pflanzen zur Ausbildung eines Kropfes führen.

Bei dem Versuch, die wirksame Substanz aus der Schilddrüse zu isolieren, gewann bereits 1895 BAUMANN einen *Jodothyrin* genannten Stoff,
der Jod in organischer Bindung enthielt, aber noch nicht einheitlich war.
Später wurde ein jodhaltiger Eiweißkörper, das *Thyreoglobulin*, isoliert
(OSWALD), der aber auch keine konstante Zusammensetzung, vor allem einen
wechselnden Jodgehalt hatte; bei seiner Aufspaltung entstand Jodothyrin.
Beide Stoffe zeigen bei der Verfütterung alle typischen Schilddrüsenwir-
kungen. Der erste einheitliche und chemisch reine Wirkstoff aus der
Schilddrüse ist das von KENDALL nach alkalischer Hydrolyse der Schilddrüse gewonnene *Thyroxin*, dessen Konstitution von HARINGTON aufgeklärt und durch die Synthese bewiesen wurde. In der Folge sind
besonders durch ROCHE und seine Mitarbeiter noch eine ganze Reihe
von jodhaltigen Stoffen aus der Schilddrüse erhalten worden. Sie sind
Derivate von Tyrosin oder von Thyronin, einem Kondensationsprodukt
aus 2 Molekülen Tyrosin, bei dem die Alaninseitenkette des einen Tyrosin-
moleküls abgespalten ist. Thyronin ist also der p-Hydroxyphenyläther des
Tyrosins. Substitutionen kommen vor in den Stellungen 3 und 5 des
Tyrosins und in den Stellungen 3, 5, 3' und 5' des Thyronins.

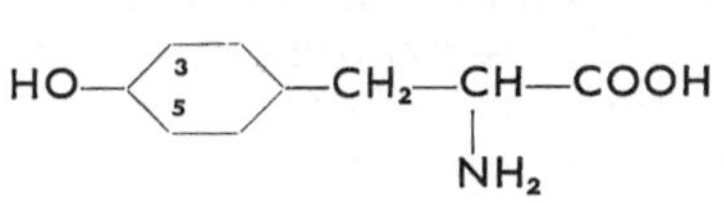

Tyrosin

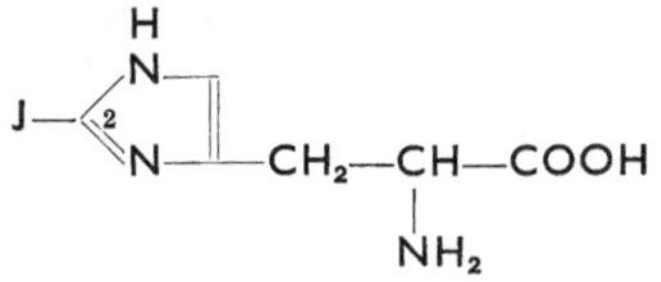

2-Monojodhistidin

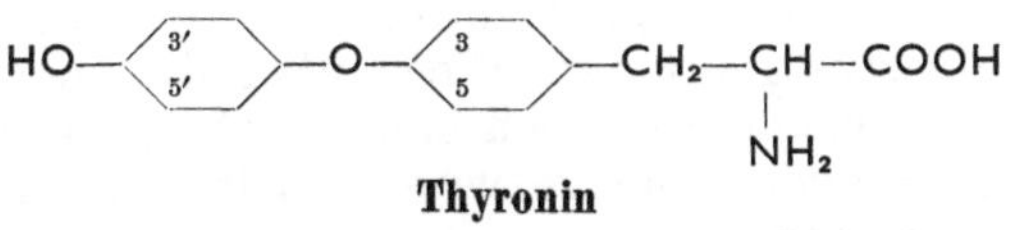

Thyronin

Bisher wurden aus Schilddrüse isoliert:

   a) 3-Monojodtyrosin,
   b) 3,5-Dijodtyrosin,
   c) 3,5-Dijodthyronin,
   d) 3,3'-Dijodthyronin,
   e) 3,5,3'-Trijodthyronin,
   f) 3,3',5-Trijodthyronin,
   g) 3,3',5,5'-Tetrajodthyronin = *Thyroxin*.

Die stärkste physiologische Wirkung von ihnen hat 3,5,3'-Trijodthyronin, sie ist, abhängig von dem zur Auswertung angewandten Test, 3—6fach so stark wie die von Thyroxin. 3,3'- Dijodthyronin ist etwas schwächer wirksam als Thyroxin und 3,3',5'-Trijodthyronin hat nur eine geringe Aktivität. Es sei noch erwähnt, daß als weitere jodhaltige Substanz aus Schilddrüse 2-Monojodhistidin isoliert wurde. Alle jodierten Schilddrüsenstoffe gehören der L-Reihe an.

Die jodhaltigen Substanzen sind in der Schilddrüse fast vollständig an Thyreoglobin gebunden und finden sich daher mit diesem zusammen im Kolloid der Follikel. Durch Proteolyse werden sie freigesetzt und von der Drüse ans Blut abgegeben. Diese Spaltung wird vom thyreotropen Hormon des Hypophysenvorderlappens reguliert (s. S. 270). Bei der Hyperthyreose ist diese Spaltung besonders intensiv. Die Drüse hält also die Hormone nicht mehr zurück. Eine Retention von an Thyreoglobulin gebundenem Jod in den Follikeln weist demnach auf eine Hypofunktion der Schilddrüse hin. Auf Thyroxin entfällt etwa $^3/_4$ des gesamten im Blut vorkommenden Jods. Es ist an α-Globulin gebunden. Das Trijodthyronin liegt dagegen im Blut frei vor, verschwindet daher rasch und findet sich nur in geringerer Konzentration. Es wird aber in den Organen aus Thyroxin durch Abspaltung von Jod gebildet, während das in der Schilddrüse nicht der Fall sein soll.

Dijodtyrosin kann in gewissem Maße als Antagonist des Thyroxins wirken. Nach klinischen Beobachtungen lassen sich mit ihm die Erscheinungen der Hyperthyreose mildern, anderseits durch Überdosierung sogar myxödematöse Zustände erzielen.

Das Thyroxin hat eine periphere, stoffwechselsteigernde Wirkung, wirkt aber daneben auch auf die vegetativen Zwischenhirnzentren, vor allem diejenigen, die die chemische Wärmeregulation steuern. Ferner wirkt es, wie die Einschränkung der geistigen Funktionen bei Unterfunktion der Schilddrüse zeigt, auch auf die Großhirnzentren. Bei schilddrüsenlosen Tieren lassen sich bedingte Reflexe (s. S. 359) nur schwer oder gar nicht auslösen. Die Steigerung des Stoffwechsels betrifft Eiweißstoffe, Kohlenhydrate und Fette in gleicher Weise. Dabei kommt es auch zu einer Mobilisierung von Gewebswasser, so daß Schilddrüsenzufuhr die Wasserausscheidung steigert. MARTIUS erklärt die Steigerung des Grundumsatzes dadurch, daß das Thyroxin die sog. Atmungskettenphosphorylierung entkoppelt, d. h. die Koppelung zwischen dem oxydativen Stoffwechsel der Zelle und der Bildung von „energiereichen" Phosphatbindungen aufhebt. (Näheres über energiereiche Phosphatbindungen s. S. 402ff.). Dadurch aber wird die Energieverwertung auf dem Wege über die energiereichen Phosphatbindungen unterbrochen oder doch eingeschränkt, so daß die Zelle zu einer Steigerung ihrer Oxydationen gezwungen wird, um die verschlechterte Energieausnutzung wettzumachen.

Die Wirkung der Schilddrüsenhormone kann entweder an der Steigerung des Grundumsatzes (s. Abb. 51) oder der Beschleunigung der Metamorphose von Amphibienlarven ausgewertet werden (GUDERNATSCH; s. Abb. 52). Bei Verfütterung ist Thyreoglobulin, berechnet auf gleichen Jodgehalt, viel wirksamer als Thyroxin (s. Abb. 53), offenbar weil Thyroxin weniger löslich und damit auch schlechter resorbierbar ist. Bei subcutaner Injektion ist Thyroxin dagegen gut wirksam. Von den meisten übrigen Hormonen unterscheiden sich das Thyroxin und wohl auch die anderen Wirkstoffe der Schilddrüse durch eine langsam einsetzende, dann aber

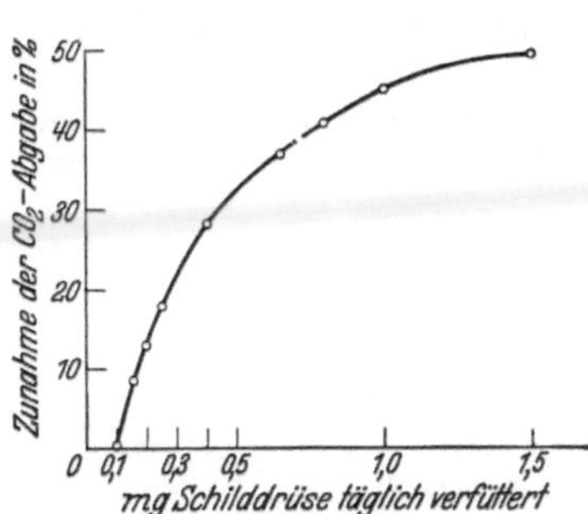

Abb. 51. Wirkung fortgesetzter Schilddrüsenzufuhr auf den Stoffwechsel der Maus. (Nach Mørch.)

Abb. 52. Kaulquappenmetamorphose. Links: Kontrolltiere. Rechts: gleich alte Tiere, die 7 Tage in einer Lösung mit 10^{-6}% D.L-Thyroxin gehalten waren. (Nach Harington.)

sehr lang anhaltende Wirkung. Bei Behandlung des Myxödems hat man gesehen, daß die Wirkung einer einmaligen Injektion von 10 mg Thyroxin etwa 50 Tage, die von 1 mg Trijodthyronin mehrere Wochen anhält.

Durch Zufuhr von Schilddrüsensubstanz oder aus ihr gewonnenen Wirkstoffen werden die Entwicklungsstörungen bei thyreoidektomierten Tieren beseitigt, dagegen wird das Wachstum normaler junger Tiere nicht gefördert. Bei Kindern können die Folgen mangelhafter Schilddrüsenfunktion und beim Erwachsenen auch die Symptome des Myxödems beseitigt werden. Der Grundumsatz wird besonders bei mangelhafter Schilddrüsenfunktion erheblich gesteigert. Die Steigerung beruht auf verstärktem Umsatz aller Nahrungsstoffe. Nach klinischen Beobachtungen scheint das Thyroxin aber nicht in der Lage zu sein, alle Symptome einer gestörten Schilddrüsenfunktion zu beseitigen.

Die Schilddrüsenhormone werden anscheinend überall im Körper abgebaut. Das Jod wird dann nach Reduktion zum Jodid ausgeschieden, überwiegend im Harn, aber auch durch die Galle und gelangt dadurch in die Faeces. Ein Teil kommt auch zur Schilddrüse zurück und kann dort erneut für die Hormonbildung verwandt werden. Die Leber nimmt offenbar die Schilddrüsenhormone besonders leicht auf. Sie werden dort zum Teil desaminiert, also in die entsprechenden Ketosäuren Trijod- und Tetrajodthyrobrenztraubensäure umgewandelt. Diese und auch die

Abb. 53. Wirkung täglicher oraler Zufuhr von 2,6 mg Jod/kg als Jodthyreoglobulin und als D,L-Thyroxin auf den Sauerstoffverbrauch der Ratte. (Nach Gaddum.)

Hormone selber werden an den phenolischen Hydroxyl-Gruppen mit Glucuronsäure verestert, zum Teil können sie auch unverändert mit der Galle ausgeschieden werden und unterliegen anscheinend einem enterohepatischen Kreislauf.

Die Schilddrüsenforschung hat durch Verwendung des radioaktiven ^{131}J einen mächtigen Impuls, und fast alle der hier besprochenen neueren Ergebnisse sind mit ihrer Hilfe gewonnen worden.

Antithyreoide Stoffe. Durch Thioharnstoff, Thiouracil und eine Reihe von anderen Stoffen kann die Thyroxinbildung in der Schilddrüse gehemmt werden. Man kann mit ihnen

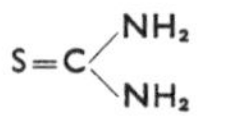

$$\text{Thioharnstoff} \qquad \text{Thiouracil}$$

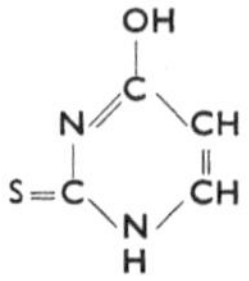

also auch eine etwa bestehende Überfunktion der Schilddrüse einschränken und Hyperthyreosen behandeln.

e) Epithelkörperchen.

Bei der Besprechung der nach Schilddrüsenoperationen auftretenden Tetanie ist schon erwähnt worden, daß die Krampfzustände nicht mit dem Ausfall der Schilddrüse, sondern der *Epithelkörperchen (Gl. parathyreoideae)* zusammenhängen. Dieser Zusammenhang wurde von GLEY erkannt, in dessen Versuchen an schilddrüsenexstirpierten Kaninchen nur dann Krämpfe und Todesfälle vorkamen, wenn gleichzeitig die Epithelkörperchen mitentfernt worden waren. Bei der *Tetanie* besteht eine Übererregbarkeit der motorischen und sensiblen Nerven gegen galvanische Reizung, oft treten auch spontan tetanische Kontraktionen zunächst an den Händen, dann auch der Gesichtsmuskeln, in schwereren Fällen der gesamten Skeletmuskulatur auf. An den Zähnen finden sich charakteristische Schmelzdefekte, die Nägel werden rissig und brüchig. Bei Kindern findet sich die Tetanie häufig gleichzeitig mit der Rachitis. An Stoffwechselveränderungen ist besonders charakteristisch die Erniedrigung des Gehaltes im Blut an Calcium bei gleichzeitiger Erhöhung desjenigen an Phosphat. Die Krämpfe treten auf, wenn der Gehalt an Ca im Blut unter 7 mg-% abgesunken ist. Weitere Veränderungen betreffen die Knochen. Nach Entfernung der Nebenschilddrüsen bleiben junge Tiere im Wachstum zurück; der Kalkgehalt der Knochen ist bei tetaniekranken Tieren herabgesetzt. Das histologische Bild zeigt, daß die Zahl der Osteoblasten und der Osteoklasten stark vermindert ist.

Die Herstellung wirksamer Drüsenextrakte ist erstmalig COLLIP gelungen *(Parathormon).*

Die reinsten Produkte enthalten etwa 15,5% Stickstoff und geben die gebräuchlichen Eiweißreaktionen. Man hat mit der Ultrazentrifuge 2 Komponenten gewinnen können, eine — wirksamere — mit einem Molekulargewicht von 500000—1000000 und eine kleinere mit dem Molekulargewicht 15000—25000. An der Eiweißnatur des Parathormons ist um so weniger zu zweifeln, als die Wirksamkeit der Präparate durch Pepsin- oder Trypsinverdauung verlorengeht, so daß es nur parenteral zugeführt werden kann.

Wiederholte Injektionen des Hormons bringen das Wachstum junger parathyreoidektomierter Tiere wieder in Gang, die Zeichen der Tetanie verschwinden, der Kalkgehalt des Serums wird auf normale Werte gehoben und gleichzeitig geht sein Gehalt an anorganischem Phosphat auf die Norm zurück. Der Wirkungsmechanismus des Parathormons ist noch nicht geklärt. Teilweise beruht er wohl auf einer Steigerung der Kalkresorption aus dem Darm. Weiterhin wird vermutet, daß primär die Tätigkeit der Osteoklasten und der Osteoblasten kontrolliert und dadurch Calcium- und Phosphatgehalt des Blutes reguliert werden. Nach einer anderen Meinung soll das Hormon dagegen die Phosphatausscheidung durch die Niere beeinflussen und die Änderungen im Calcium- und Phosphatgehalt des Blutes sich hieraus ableiten. Dies ist so zu erklären, daß eine vermehrte Phosphatausscheidung zu Erniedrigung des Phosphatgehaltes im Blut führen muß. Zur Kompensation wird aus dem Knochen Phosphat mobilisiert. Dies ist aber nur gleichzeitig mit der Abgabe von Calcium möglich, so daß der Calciumgehalt des Blutes ansteigt. Umgekehrt soll bei Mangel an Parathormon die Phosphatausscheidung eingeschränkt sein, so daß der Phosphatgehalt im Blut steigt und Phosphat gemeinsam mit Calcium im Knochen abgelagert wird, wodurch der Calciumgehalt des Blutes absinkt.

Bei einer Überdosierung des Hormons werden die Störungen überkompensiert. Der Calciumgehalt im Blut steigt auf übernormal hohe Werte, weil wegen der starken Anregung der Osteoklastentätigkeit Knochensubstanz abgebaut wird. Dabei finden sich im Gewebe abnorme Verkalkungen besonders in der Niere und den ableitenden Harnwegen. Unter schweren Vergiftungserscheinungen kommt es schließlich zum Tode. Diese Erscheinungen haben die größte Ähnlichkeit mit der *Ostitis fibrosa generalisata* (RECKLINGHAUSENsche Krankheit), einer seltenen Erkrankung des gesamten Knochensystems, der eine Geschwulst der Epithelkörperchen zugrunde liegt. Man nimmt an, daß normalerweise im Organismus Produktion und Abgabe des Parathormons den jeweiligen Bedürfnissen entsprechend aufeinander eingestellt sind, so daß es seine physiologische Funktion der Calciumaufnahme und -verteilung richtig vollziehen kann. Der jeweilige Calciumgehalt des Blutes von etwa 10 mg-% ist die Resultante dieser verschiedenen Wirkungen.

Die Ähnlichkeit in der Wirkung von Parathormon und Vitamin D hat Versuche veranlaßt, das Parathormon durch Vitamin D zu ersetzen. Das gelingt aber nur durch sehr große Mengen von Vitamin D. Dagegen hat sich unter den Bestrahlungsprodukten des Ergosterins, die neben dem Vitamin D_2 entstehen, ein Stoff auffinden lassen, der bei oraler Zufuhr fast alle Symptome der Epithelkörperchenentfernung behebt (HOLTZ). Dieses Bestrahlungsprodukt wird als *A.T. 10* bezeichnet, es ist ein Dihydrotachysterin (s. S. 218). Trotz ähnlicher Wirkung auf den Kalkstoffwechsel, auf dessen Normalisierung der günstige Erfolg im wesentlichen zurückzuführen sein dürfte, ist der zugrunde liegende Mechanismus jedoch verschieden von dem des Parathormons.

f) Thymus.

Obwohl zur Aufklärung der Funktion des Thymus außerordentlich zahlreiche Untersuchungen teils über die Folgen der Thymusexstirpation, teils über die Wirkung aus der Drüse hergestellter Extrakte ausgeführt worden sind, ist die Bedeutung der Funktion dieser Drüse unbekannt. Die Größe des Thymus ist vom Lebensalter abhängig, beim Menschen nimmt er vom Kindesalter bis zur Pubertät absolut und relativ zum Körpergewicht an Größe zu, um sich dann allmählich zu einem von lymphatischem Gewebe durchsetzten Fettkörper umzuwandeln. Bemerkenswert ist sein hoher Gehalt an Nucleoproteiden (Thymonucleinsäure s. S. 106). Die Abhängigkeit der Größe und — nach dem histologischen Bild zu urteilen — auch des Funktionszustandes vom Lebensalter legt die Vermutung nahe, daß seine Tätigkeit in erster Linie für das Wachstum und die Ausbildung der Geschlechtsreife erforderlich ist. Die Bedeutung des Thymus als innersekretorische Drüse ist nicht erwiesen. Von manchen Forschern wird vielmehr angenommen, daß diese Drüse lediglich im Dienste der Blutbildung steht.

g) Keimdrüsen.

Die schon eingangs dieses Kapitels wegen der allgemeinen Bedeutung für die Lehre von der inneren Sekretion erwähnten Versuche BERTHOLDs über die Bedeutung der Kastration von Hähnen für die Ausbildung der sekundären

Geschlechtsmerkmale und die Rückbildung der Ausfallserscheinungen durch Implantation frischer Keimdrüsen haben gezeigt, daß die Geschlechtsorgane nicht nur die Bildungsstätten der Geschlechtszellen sind, sondern daß in ihnen Wirkstoffe entstehen, die für die Entwicklung des Körpers von höchster Wichtigkeit sind. Zwar ist von dieser Tatsache wohl schon seit Jahrtausenden durch Kastration von Tieren und Menschen zur Ausbildung besonderer psychischer und physischer Eigenschaften weitgehend praktischer Gebrauch gemacht worden, aber erst die Versuche von BERTHOLD haben die Zusammenhänge klar bewiesen. Leider teilten seine Untersuchungen das Schicksal mancher grundlegenden Entdeckung und gerieten in Vergessenheit. Nach vielen unkritischen Versuchen eine besondere, lebenswichtige Bedeutung der Keimdrüsen zu erweisen, sind erst seit der Jahrhundertwende, als man zu der schon von BERTHOLD angewandten Methode der Kastration und Transplantation zurückkehrte, unangreifbare Resultate gewonnen worden. Die Folgen der Kastration beim männlichen und beim weiblichen Individuum lassen sich kurz dahin schildern, daß ein kastrierter jugendlicher Organismus dauernd auf einer infantilen Entwicklungsstufe stehenbleibt, er entwickelt sich nicht zur Geschlechtsreife und auch die typischen sekundären Geschlechtsmerkmale werden nicht ausgebildet. Beim geschlechtsreifen Organismus atrophieren bei Ausfall der Keimdrüsen die äußeren Geschlechtsteile, die Brunsterscheinungen und der Geschlechtstrieb hören auf, die sekundären Geschlechtsmerkmale bilden sich zurück. Alle Ausfallserscheinungen, selbstverständlich außer der Unfähigkeit zur Fortpflanzung, verschwinden, wenn man frische Geschlechtsdrüsen eines anderen Tieres an irgendeiner Stelle des Körpers einpflanzt. Die Wirkung solcher Transplantationen ist vorübergehend, weil das implantierte Gewebe im Laufe der Zeit resorbiert wird. Vor allem durch die Forschungen von BUTENANDT, MARRIAN, RUZICKA sind Isolierung, Strukturaufklärung und chemische Synthese der verschiedenen geschlechtsspezifischen männlichen und weiblichen Sexualhormone gelungen. Dabei hat sich ergeben, daß alle in den Geschlechtsdrüsen entstehenden Sexualhormone zu den Sterinen in Beziehung stehen und sich nicht nur formal von Cholesterin bzw. Cholestanol und epi-Cholestanol herleiten, sondern im Organismus aus Cholesterin gebildet werden und sich aus Sterinen oder Sterinderivaten synthetisch gewinnen lassen. Nach ihrer Wirkungsspezifität hat man zu unterscheiden die männlichen Sexualhormone, auch *Androgene* bezeichnet, und die weiblichen Sexualhormone, die *Oestrogene* und *Gestagene*. Die Ausbildung und die Erhaltung der inneren Sekretion der Geschlechtsdrüsen ist abhängig von der Funktion des Hypophysenvorderlappens, in dem das „übergeordnete" Sexualhormon gebildet wird (s. S. 267 ff.).

1. Männliche Sexualhormone (Androgene).

Die seit langem strittige Frage, welchen Zellen, ob den an der Spermiogenese beteiligten oder den interstitiellen sog. „Zwischenzellen", die inkretorische Funktion des Hodens zukommt, kann heute als dahin entschieden gelten, daß die interstitiellen Zellen die Bildungsstätte des männlichen Sexualhormons sind. Für die Isolierung der Wirkstoffe des Hodens war die Feststellung sehr wichtig, daß Sexualhormone nicht nur im Hoden enthalten sind, sondern in ziemlich großen Mengen im Blut kreisen und mit dem Harn ausgeschieden werden. Der Harn ist so ein leicht zugängliches und in beliebiger Menge verfügbares Ausgangsmaterial für die Hormongewinnung. *Die aus den Harnen oder Hoden verschiedener Tierarten gewonnenen Hormone sind in ihrer Konstitution und ihrer Wirkung identisch, also artunspezifisch.* Voraussetzung für die Isolierung und die Auswertung der Wirksamkeit der Hormone war ein zuverlässiger Test. Zur Auswertung dienen im allgemeinen zwei Verfahren, entweder das Wachstum des Kammes

a   b

Abb. 54a u. b. Entwicklung des Kammes beim kastrierten Hahn nach Zufuhr von männlichem Sexualhormon. a vor, b nach Behandlung. (Nach SCHÖLLER und GÖBEL.)

beim kastrierten Hahn (*Hahnenkammtest* nach KOCH u. MOORE, s. Abb. 54) oder das Wachstum und die Veränderungen der histologischen Struktur der Samenblasen von infantilen oder kastrierten Nagetiermännchen (*Vesiculardrüsentest* nach LÖWE u. VOSS, s. Abb. 55). Die Auswertung desselben Präparates liefert bei den beiden Testen öfters verschiedene Ergebnisse.

Aus dem Harn haben sich zwei männliche Sexualhormone gewinnen lassen, *Androsteron* und *Dehydroandrosteron*. Dazu kommt, weil im Hoden selbst aufgefunden, als eigentliches männliches Sexualhormon das *Testosteron*. Neben diesen sind aber teils durch Abbau aus ihnen, teils durch Synthese aus Sterinen eine große Anzahl ebenfalls wirksamer Stoffe von nahe verwandtem chemischem Bau gewonnen worden, von denen nur einige weiter unten an-

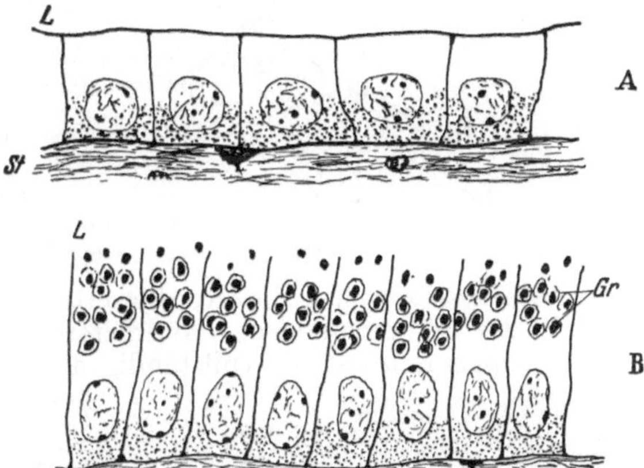

Abb. 55. Vesiculardrüsentest. (Nach LÖWE und VOSS.) A Schleimhaut der Samenblase beim kastrierten Mäusemännchen, B Regeneration nach Injektion von männlichem Sexualhormon. *Gr* Sekretgranula, *L* Lumen der Samenblase, *St* Stroma der Drüsenzotte.

geführt sind. Sie alle lassen sich zurückführen auf den Kohlenwasserstoff *Androstan*, der dem Grundkohlenwasserstoff des Cholesterins, dem Cholestan, entspricht. Es unterscheidet sich vom Cholestan durch das Fehlen der charakteristischen Seitenkette an C (17).

Bei allen wiedergegebenen Formeln ist zur Vermeidung von Verwechslungen mit dem Benzolring und anderen aromatischen, d. h. ungesättigten Ringsystemen zu beachten, daß die Ecken der Ringsysteme von C-Atomen gebildet werden und daß die Kohlenwasserstoffe selber (Cholestan, Androstan usw.) *gesättigte* Verbindungen sind; alle freien Valenzen sind also durch Wasserstoff abgesättigt zu denken (s. die Formeln des Kapitels Sterine und Gallensäure, S. 47 ff.).

Das *Androsteron* leitet sich vom epi-Cholestanol (s. S. 49f.) ab und kann aus ihm durch Aboxydation der Seitenkette gewonnen werden. Interessanterweise hat *epi-Androsteron*[1], das sich vom Cholestanol ableitet, sich also nur durch die Anordnung am C-Atom 3 unterscheidet, im Hahnenkammtest nur etwa $^1/_7$—$^1/_{10}$ der Wirksamkeit des Androsterons. Ein etwa in gleicher Menge wie das Androsteron im Harn vorkommendes

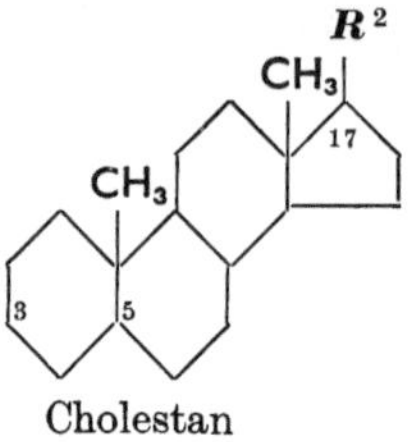

Cholestan

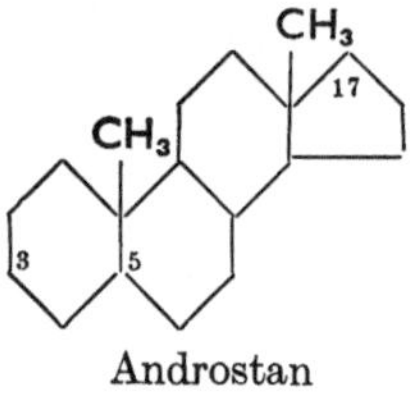

Androstan

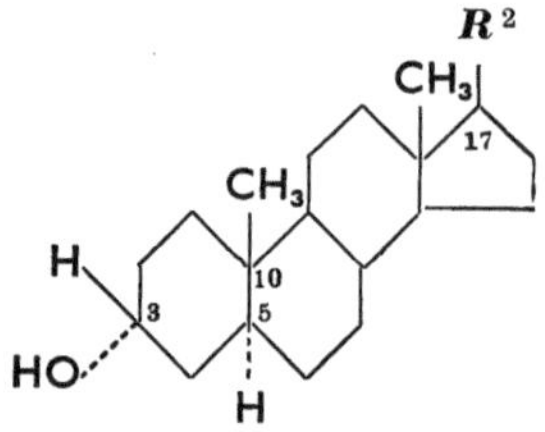

epi-Cholestanol

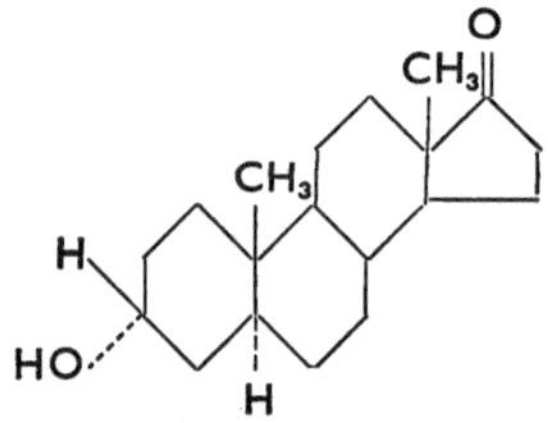

Androsteron (Androstanol-3α-on-17)

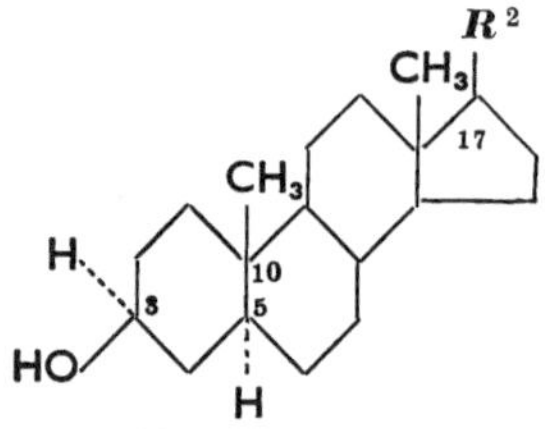

Cholestanol

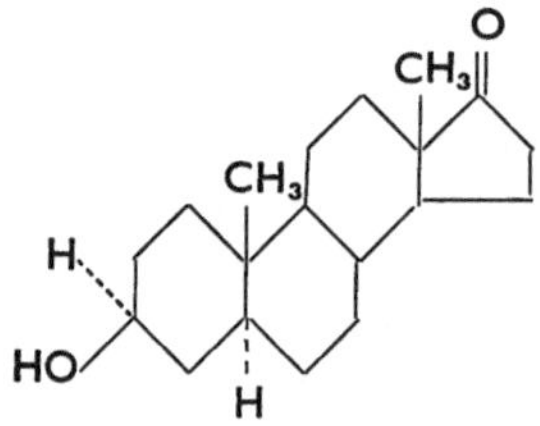

epi-Androsteron (Androstanol-3β-on-17)

Dehydroandrosteron hat die Konfiguration von *epi*-Androsteron. Es hat etwa $^1/_3$ der Wirksamkeit des Androsterons und entspricht einem Cholesterin, dessen Seitenkette vollständig aboxydiert ist:

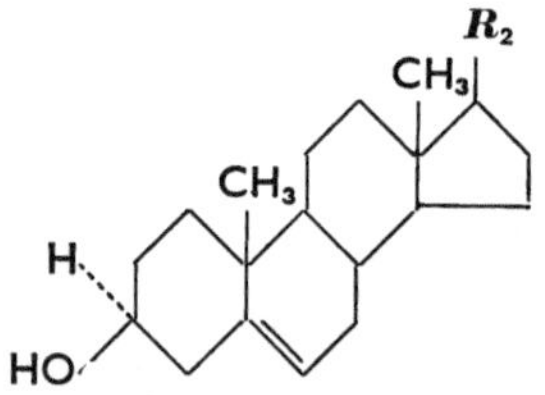

Cholesterin

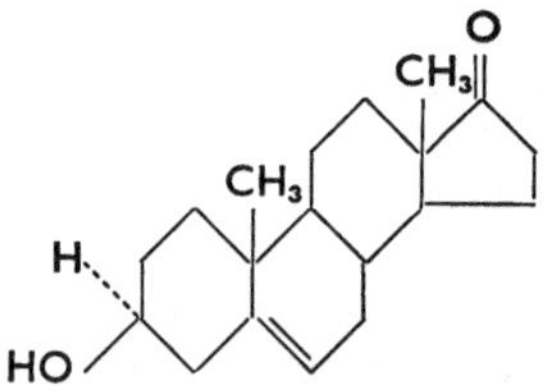

Dehydro-epi-androsteron ($= \Delta^5$-Androstenol-3β-on-17)

---

[1] Zur Bezeichnung der Sexualhormone wird auf die für die Sterine maßgebliche Nomenklatur verwiesen (s. S. 49f.).

$$\left(R: \ -\text{CH}-\text{CH}_2-\text{CH}_2-\text{CH}_2-\text{CH} \underset{\text{CH}_3}{\overset{\text{CH}_3}{\diagdown}} \right) .$$

$$\underset{\text{CH}_3}{|}$$

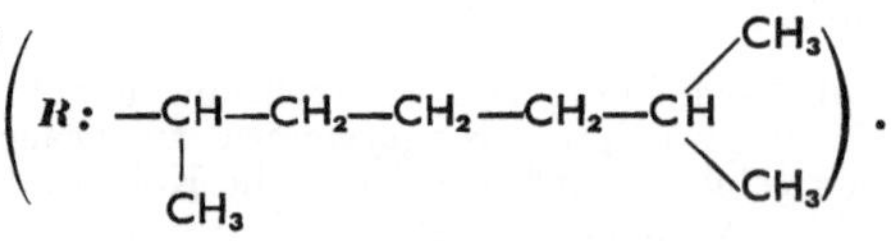

Aus Androsteron läßt sich durch Reduktion des Ketonsauerstoffs an C(17) Dihydro-androsteron oder *Androstan-diol* gewinnen, das auch nach Zufuhr von Testosteron aus menschlichem Harn gewonnen werden konnte und wesentlich wirksamer ist als das Androsteron; aus dem Dehydroandrosteron entsteht durch Oxydation der Alkoholgruppe an C(3) ein ungesättigtes Diketon, das *Androsten-dion*, wobei die Doppelbindung von 5—6 nach 4—5 verlagert wird. Es hat im Hahnenkammtest etwa die Wirksamkeit von Androsteron, übertrifft dieses aber weitgehend in seiner Wirkung auf den Genitaltrakt der Ratte. Über weitere Abbauprodukte der Androgene s. S. 457.

Androstan-diol-3α, 17β   Δ⁴-Androsten-dion-3,17

Die aus dem Harn isolierten männlichen Sexualhormone werden beim Kochen mit Alkali nicht zerstört, die Hormonwirkung von Hodenextrakten geht dabei verloren. Da ferner Harn und Hodenzubereitungen im Hahnen-kammtest und im Vesiculartest nicht die gleiche Wirkungsstärke haben, lag die Vermutung nahe, daß das eigentliche männliche Sexualhormon, das im Hoden gebildet wird und in seinen Extrakten enthalten ist, sich von den im Harn ausgeschiedenen Wirkstoffen unterscheidet. Dieses Hormon, das *Testosteron*, hat in seiner Struktur sehr große Ähnlichkeit mit dem Androsten-dion und kann aus ihm durch Reduktion gewonnen werden. Es ist etwa sechsmal so wirksam wie Androsteron. Die Steigerung der Wirksamkeit durch Reduktion der Ketogruppe an C(17), die beim Über-gang von Androsteron in Androstan-diol auftritt, findet sich also auch hier.

Testosteron (Δ⁴-Androstenol-17β-on-3)

Wirksamer als freies Testosteron sind seine Ester, besonders die mit Pro-pion-, Butter- und Valeriansäure.

Für den Hahnenkammtest gilt als Einheit (Kapaun-Einheit = K.E.) diejenige Stoff-menge, die je einmal an zwei aufeinanderfolgenden Tagen verabreicht, am 3. oder 4. Tag eine Vergrößerung der Fläche des Kammes um 20% bewirkt. Diese Hormonmenge ist in 50—75 g Stierhoden, in 300—600 cm³ Blut oder in 300—400 cm³ Harn enthalten. Von den verschiedenen oben erwähnten Substanzen entsprechen einer K.E. 25—30 γ Testo-steron, 45—50 γ Androstan-diol, 150—200 γ Androsteron, 200 γ Androsten-dion, 600 γ Dehydroandrosteron, 1400 γ *epi*-Androsteron.

2. Weibliche Sexualhormone.

Während der Entwicklung des Ovariums entstehen in ihm aus den epithelialen Zellen die Keimzellen, die sich zu den *Primärfollikeln* um-wandeln. Von ihren Zellen dominiert eine über alle anderen, sie liegt zentral im Follikel, wird größer und bildet sich zur Eizelle um. Im Follikel ent-steht allmählich ein von Epithelzellen umgebener Hohlraum, der mit Flüssig-keit angefüllt ist und an dessen Wand die Eizelle liegt: der Primärfollikel hat sich zum GRAAFschen *Follikel* umgestaltet (s. Abb. 56). Mit dem Heran-nahen der Pubertät nehmen diese Veränderungen unter weiterem Größen-

wachstum des Follikels ihren Fortgang, bis schließlich mit Eintritt der Pubertät der Follikel platzt. Dabei wird das Ei ausgestoßen und durch die Tube im Genitalschlauch abwärts befördert. Wenn das Ei befruchtet wird, so bettet es sich in der Uterusschleimhaut ein, sonst wird es nach außen entleert. Aus den Resten des Follikels entsteht unter Einlagerung von Fett und gelben Farbstoffen das *Corpus luteum* (s. Abb. 57). Bei Abstoßung des Eis bildet es sich allmählich zurück und hinterläßt am Ovarium eine Narbe. Bei Eintritt einer Schwangerschaft hypertrophiert es dagegen sehr stark und bildet sich erst nach dem 4. Schwangerschaftsmonat langsam zurück.

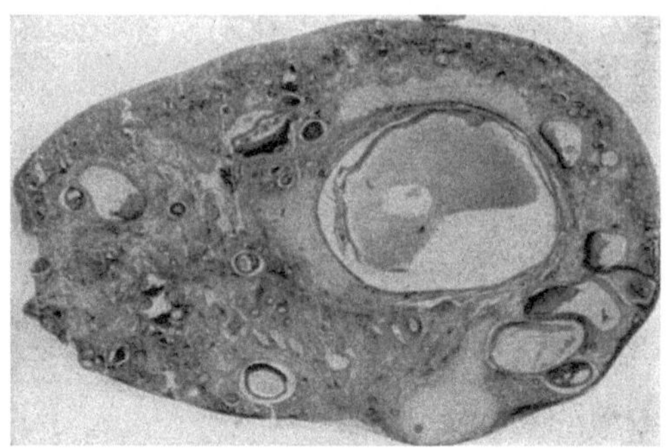

Abb. 56. GRAAFscher Follikel im Ovarium des Affen (Macacus rhesus). (Nach CLAUBERG.)

Außer im Eierstock gehen auch in den übrigen Teilen des weiblichen Genitalapparates: Tube, Uterusschleimhaut und -muskulatur sowie Vagina Umwandlungen vor sich, die sich periodisch wiederholen. Bei diesem periodischen Geschehen sind zwei Phasen zu unterscheiden, die sich aber nicht bei allen Tieren gleichmäßig finden. Beim Menschen betreffen die Veränderungen in erster Linie die Uterusschleimhaut. Während der ersten oder *Proliferationsphase* nimmt ihre Dicke erheblich zu, und auch die Drüsen wachsen in die Länge, alle Drüsenschläuche bleiben dabei aber gestreckt. Gleichzeitig hat sich ein GRAAFscher Follikel bis zur vollen Größe herangebildet und ist gesprungen. Nach dem Follikelsprung, also gleichzeitig mit der Entwicklung des Corpus luteum, folgt die *Transformations- oder Sekretionsphase.* Diese hat die Aufgabe, die Schleimhaut für die Einbettung des Eis umzuwandeln. Sie wird daher sehr gut durchblutet, die Drüsen sind stark erweitert, geschlängelt und mit Sekret gefüllt.

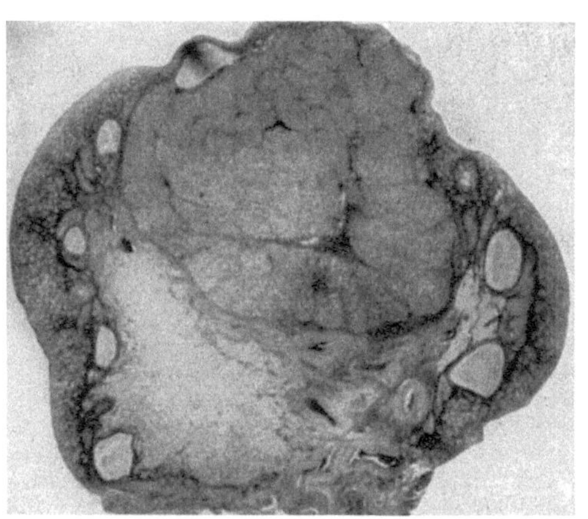

Abb. 57. Corpus-luteum-Ovarium des Affen (Macacus rhesus). (Nach CLAUBERG.)

Kommt es nicht zur Befruchtung des Eis, so stößt sich etwa 14 Tage nach dem Follikelsprung die Uterusschleimhaut bis zur Basalis ab, und mit dem Heranreifen des nächsten Follikels setzt der gleiche etwa 28 Tage dauernde Cyclus von neuem ein. In Abb. 58 sind die Verhältnisse schematisch wiedergegeben. Wir wissen heute, daß die cyclische Umwandlung der Uterusschleimhaut von der innersekretorischen Funktion des Ovariums abhängig ist. Die Proliferation der Schleimhaut wird ausgelöst durch ein im Follikel gebildetes Hormon, die Transformation der Schleimhaut ist abhängig von einem zweiten Hormon, das im Corpus luteum entsteht. Entsprechend ihrem

Bildungsort bezeichnet man die beiden Hormone als *Follikelhormon* und *Corpus luteum-Hormon*.

Wird das Ei befruchtet und in die Schleimhaut eingebettet, so fällt dem Corpus luteum die wichtige Aufgabe zu, die Umwandlung der Schleimhaut zur Decidua anzuregen. Der Reiz für die verstärkte Tätigkeit des Corpus luteum geht wahrscheinlich vom Ei aus. Es bestehen also zwischen Corpus luteum und Ei enge Wechselbeziehungen. Diese dauern so lange an, bis das Ei eine genügend feste Verankerung im mütterlichen Organismus gefunden hat. Wenn die Schwangerschaft erst im Beginn ist, folgt einer Exstirpation des Corpus luteum eine Abstoßung des Eis, in den späteren Stadien ist das nicht mehr der Fall.

Bei Tieren sind die Veränderungen, die mit Follikelreifung und -sprung sowie mit der Ausbildung des Corpus luteum einhergehen, von denen beim Menschen verschieden, und zwar finden sich von Tierart zu Tierart wechselnde Verhältnisse. Von besonderem Interesse sind die Vorgänge beim Nagetier (Maus, Ratte, Kaninchen), weil diese Tiere bei den wissenschaftlichen Untersuchungen über die weiblichen Sexualhormone eine wichtige Rolle gespielt haben und noch spielen. Vor allem sind bei ihnen die Veränderungen nicht auf den Uterus beschränkt, sondern betreffen auch die

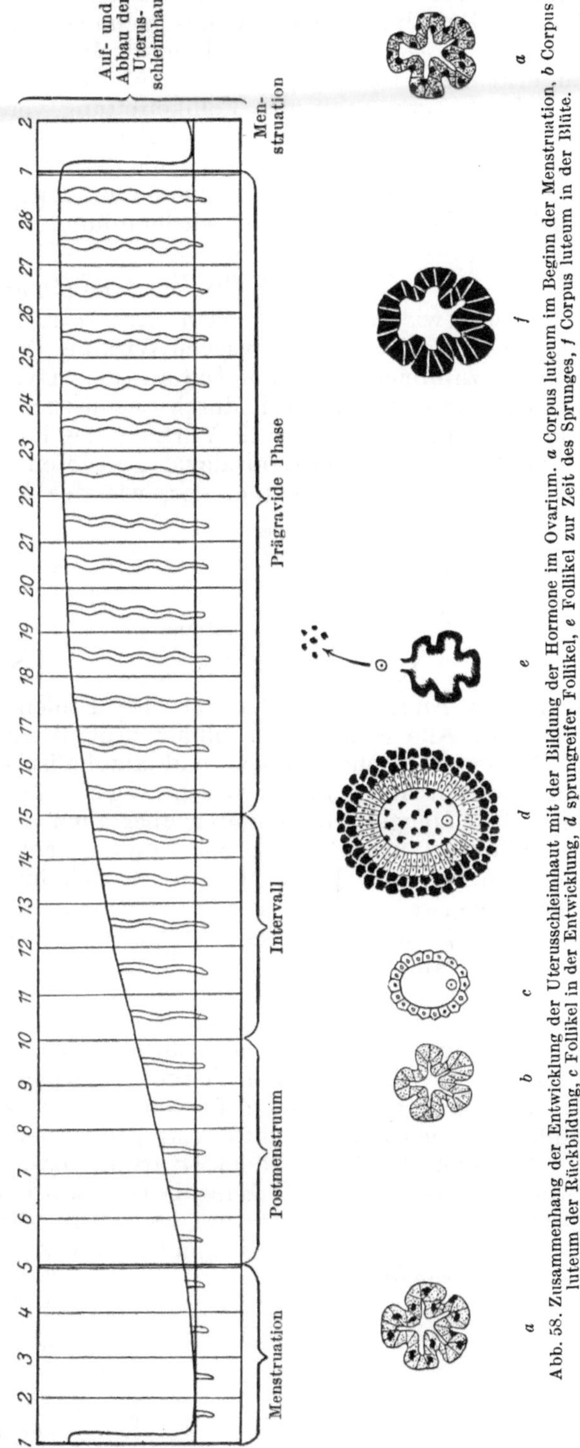

Abb. 58. Zusammenhang der Entwicklung der Uterusschleimhaut mit der Bildung der Hormone im Ovarium. *a* Corpus luteum im Beginn der Menstruation, *b* Corpus luteum der Rückbildung, *c* Follikel in der Entwicklung, *d* sprungreifer Follikel, *e* Follikel zur Zeit des Sprunges, *f* Corpus luteum in der Blüte.

Schleimhaut der Tube und, was praktisch besonders wichtig ist, die der Vagina. Der Umbau der Vaginalschleimhaut während der „Brunstperiode" oder des *Oestrus* ist an charakteristischen Änderungen des Vaginalsekrets zu erkennen. Im Ruhezustand enthält der Vaginalabstrich Epithelien und Leukocyten, mit der Follikelreifung verschwinden die Leukocyten, und es finden sich, da die Schleimhaut verhornt, abgestoßene verhornte Epithelien in großer Zahl im Scheidensekret *(Schollenstadium)* (s. Abb. 59, S. 259). Nach dem Follikelsprung und mit der Ausbildung des Corpus luteum wird die Scheidenschleimhaut wieder dünner und die Schollen verschwinden.

α) Follikelhormone (Oestrogene).

Ebenso wie beim männlichen, gibt es auch beim weiblichen Tier nicht nur *einen Stoff* mit der typischen Wirkung des weiblichen Sexualhormons, sondern zahlreiche, die zum Teil aus dem Ovarium und dem Harn isoliert werden konnten, zum Teil durch chemische Synthese gewonnen wurden. Alle tierischen Stoffe, die die Wirkung des Follikelhormons haben, also die Proliferationsphase im Genitalcyclus auslösen, lassen sich von dem Kohlenwasserstoff *Oestran* ableiten, der, wie der Vergleich der Formeln zeigt,

Oestran

Androstan

sich vom Androstan nur durch das Fehlen einer Methylgruppe unterscheidet. Alle Stoffe mit Follikelhormonwirkung sind ungesättigte Verbindungen mit phenolischen und alkoholischen bzw. Ketogruppen. Sie kommen vor allem im Harn schwangerer Frauen oder trächtiger Stuten in großen Mengen vor, konnten aber auch an den Stätten ihrer Bildung, dem Follikel und dem Corpus luteum nach dem Follikelsprung, nachgewiesen werden. Ferner finden sie sich im Blut und in der Placenta, eigenartigerweise auch in den Keimdrüsen und im Harn männlicher Tiere, ja, den größten bisher bekannten Gehalt an weiblichem Hormon weist der Stierhoden auf. Das Vorkommen brunsterzeugender Stoffe ist aber noch viel allgemeiner; man trifft sie weit verbreitet im Pflanzenreich und auch in Bakterien. Selbst aus Bitumen, Teer, Braunkohle und ähnlichen Naturstoffen sind brunsterzeugende Stoffe isoliert worden, allerdings steht die Identität mit den aus dem Tierkörper isolierten Stoffen noch nicht fest. Es ist sogar eine große Zahl von Stoffen bekannt geworden, die trotz völlig abweichender Struktur östrogen wirken.

Aus dem Harn und dem Ovarium bzw. der Placenta sind mehrere Stoffe mit östrogener Wirkung isoliert worden, die, da sie sich von dem Oestran ableiten, zur *Oestrongruppe (Oestrogene)* zusammengefaßt werden. Bei fast allen Oestrogenen ist mindestens der eine der beiden Ringe A und B (s. S. 47) aromatisch.

Oestron (α-Follikelhormon)

Der erste dieser Körper, der isoliert werden konnte, ist das *Oestron* (*α-Follikelhormon*, Theelin, Menformon), das etwa gleichzeitig von BUTE-NANDT und von DOISY aufgefunden wurde. Weiter finden sich im Organismus *Oestriol* (*Follikelhormonhydrat*, Theelol) und *Oestradiol* (*Dihydrofollikelhormon*). Das Oestradiol kommt in zwei Formen vor (α- und β-Oestradiol), die sich ebenso wie cis- und trans-Testosteron durch die Stellung der OH-Gruppe an C(17) unterscheiden. Die biologisch wirksamere Form hat (in bezug auf die Methylgruppe an C(13)) an C(17) die (β)-Konfiguration. β-Oestradiol ist wahrscheinlich auch das primär im Ovarium entstehende Hormon. Schließlich wurden aus dem Harn trächtiger Stuten

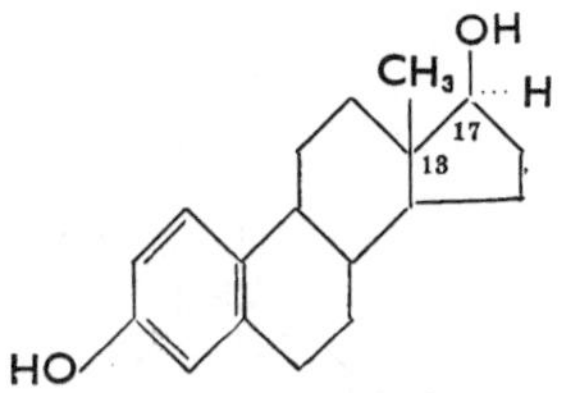

β-Oestradiol (Oestradiol-3,17 β)

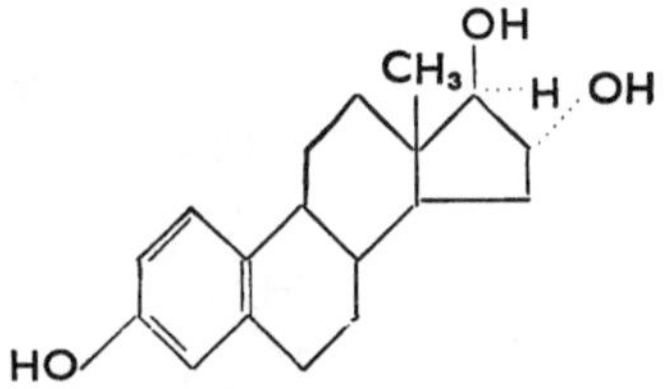

Oestriol

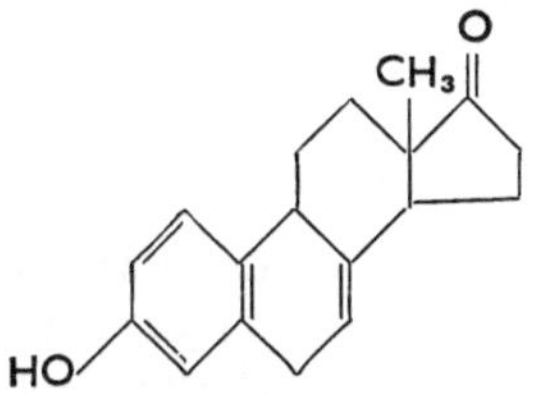

Equilin

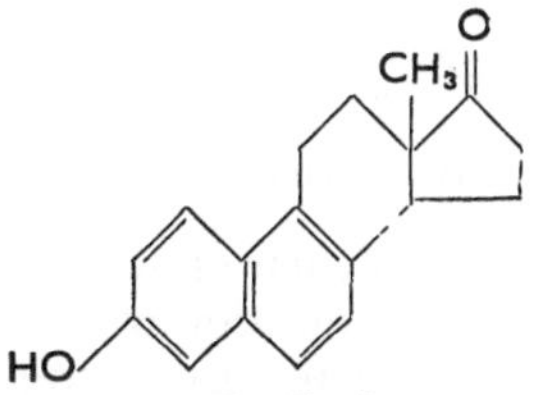

Equilenin

noch erhalten *Equilin* und *Equilenin*, in denen die beiden Ringe A und B aromatisiert sind. Die Spezifität der Hormone der Oestrongruppe ist ebenso gering wie die der männlichen Hormone. Überdies sind neben den natürlich vorkommenden Hormonen eine Reihe verwandter Stoffe dargestellt worden, die die gleiche Wirkung haben und sich nur in ihrer Wirkungsstärke voneinander unterscheiden.

Im Schwangerenharn wird Oestron zum größten Teil verestert mit Schwefelsäure als Oestronschwefelsäure, Oestriol gebunden an Glucuronsäure als Oestriolglucuronsäure ausgeschieden. Die Oestriolglucuronsäure ist völlig unwirksam, die Oestronschwefelsäure sehr wenig wirksam; wahrscheinlich ist die Bildung dieser Ester eine Maßnahme des Körpers, um sich gegen die Wirkung der großen während der Schwangerschaft gebildeten Hormonmengen zu schützen.

β) Progesteron (Corpus luteum-Hormon, Gestagene).

Der Grundkohlenwasserstoff *Pregnan* des Corpus luteum-Hormons *Progesteron* kann als ein höheres Homologon von Androstan angesehen werden. Seine Konstitution wurde gleichzeitig an vier verschiedenen Stellen (BUTENANDT; SLOTTA; HARTMANN; ALLEN) aufgeklärt. Es erwies sich als ein ungesättigtes Keton und konnte auch synthetisch gewonnen werden, und zwar entweder durch oxydativen Abbau des Stigmasterins oder aus *Pregnandiol*, einer Substanz, die im Harn von Frauen, nicht

dagegen von weiblichen Tieren, als Pregnandiolglucuronsäure aufgefunden
wurde, aber physiologisch unwirksam ist. Der biologische Zusammenhang
von Pregnandiol und Progesteron zeigt sich darin, daß nur zur Zeit vor

Pregnan

Progesteron   Pregnandiol-3,20α

der menstruellen Blutung und während der Schwangerschaft, also dann
wenn Progesteron gebildet wird, im Harn Pregnandiol erscheint. Mit dem
Aufhören der Progesteronbildung, also mit dem Eintritt der Menstruation
bzw. der Beendigung der Schwangerschaft, hört auch die Pregnandiol-
ausscheidung auf.

Progesteron wird außer im Corpus luteum auch in der Placenta und
in sehr geringen Mengen in der Nebennierenrinde gebildet. Gegenüber
den Gruppen der männlichen Sexualhormone und der Follikelhormone
ist die Spezifität des Progesterons bemerkenswert. Von allen natürlich
vorkommenden Stoffen, die Sexualhormonwirkung haben oder in ihrer
Konstitution den Sexualhormonen nahestehen, hat neben Progesteron nur
17 α-Hydroxyprogesteron eine geringe gestagene Wirkung. Es kommt bei
Interrenalismus (s. S. 233) in der Nebennierenrinde vor.

Von den künstlich hergestellten Pregnanderivaten haben nur zwei, **Pregneninolon** und
$\Delta^{11(12)}$-**Dehydroprogesteron**, eine Progesteronwirkung.

Pregneninolon $\Delta^{11(12)}$-Dehydroprogesteron

γ) *Die Wirkung der weiblichen Sexualhormone.*

Die Wirksamkeit der Hormone der Oestrongruppe wird an kastrierten
geschlechtsreifen Nagetieren geprüft. Bei diesen treten, da mit dem Ovarium
die Bildungsstätte der Hormone entfernt worden ist, die typischen
Brunstveränderungen im Scheidensekret nicht mehr auf. Injiziert man

aber kastrierten Mäusen einen Stoff mit Follikelhormonwirkung, so finden sich nach einer bestimmten Zeit im Scheidensekret weder Leukocyten noch kernhaltige Epithelzellen, sondern nur noch Schollen (kernlose, verhornte Epithelien). Man bezeichnet diesen Test als ALLEN-DOISY-*Reaktion* und als Mäuseeinheit (M.E.) die Menge, die bei einmaliger Injektion einen Brunstcyclus hervorruft. Die Veränderungen im Vaginalsekret vor und nach Hormoninjektion zeigt die Abb. 59.

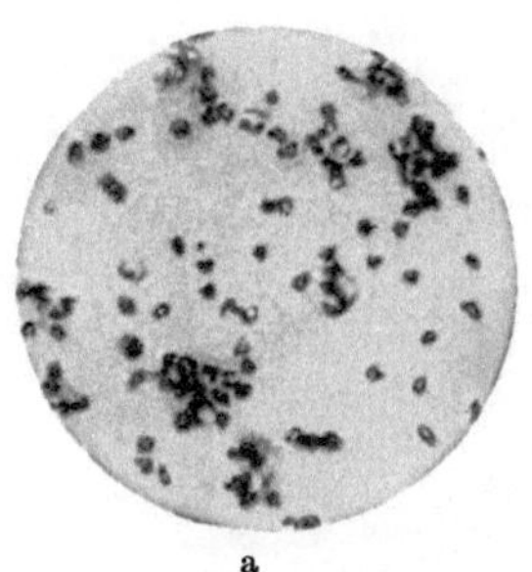 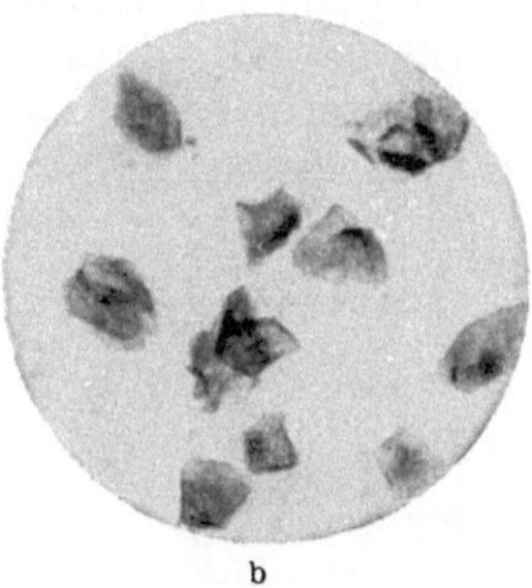

a   b

Abb. 59a u. b. Scheidenabstrich bei der kastrierten Maus. a Leukocyten und Epithelien (vor Follikelhormon), b Schollen nach Follikelhormon. (Nach CLAUBERG.)

Wirkungen der Oestronstoffe sind weiterhin Proliferation der Uterusschleimhaut, Wachstumssteigerung des gesamten Uterus (s. Abb. 60b) und erhebliches Wachstum der Tube. Die Tätigkeit der Brustdrüse wird angeregt, bei senilen Tieren erwacht der Geschlechtstrieb von neuem. Es ist sehr bemerkenswert, daß die Wirksamkeit verschiedener Stoffe mit östrogener Wirkung sich bei den einzelnen Testreaktionen in ganz verschiedener Stärke geltend macht.

Über die Wirksamkeit der einzelnen Oestranderivate bzw. der verschiedenen physiologischen Quellen des Hormons unterrichtet die Tabelle 47.

Die höchste Wirksamkeit hat also Oestradiol.

Die Prüfung der Wirksamkeit des Corpus luteum-Hormons geht davon aus, daß während der Geschlechtsreife die Wirkung dieses Hormons der

Tabelle 47. Wirksamkeit von Stoffen der Oestrongruppe.

Vorkommen	Wirkungsstärke in M.E. je Liter	Substanz	Wirkungsstärke in M.E. je Gramm
Blut	20	Oestriol	75000
Schwangerenserum . .	500	Equilenin	4—700000
Schwangerenharn . . .	100—200000	Equilin, Hippulin .	1500000
Harn trächtiger Stuten	100000—1000000	Oestron	8000000
Hengstharn	40000	β-Oestradiol	25—30000000

des Follikelhormons folgen muß. Wenn man also kastrierte Tiere mit Follikelhormon vorbehandelt und dann, wenn die Proliferationsphase eingesetzt hat, Progesteron zuführt, so müßten die Veränderungen auftreten, die für die Transformationsphase charakteristisch sind. Das ist tatsächlich der Fall. In gleicher Weise kann man auch an einem sterilen Organismus einen vollständigen Brunstcyclus auslösen. So läßt sich bei der kastrierten Frau durch Kombination von 20 mg α-Oestradiol mit 30 mg Progesteron eine Menstruation hervorrufen. Die tatsächliche monatliche Hormon-

17*

produktion des weiblichen Organismus soll etwa diesen Mengen entsprechen. Zu praktischen Zwecken verwendet man den CLAUBERG-*Test*, bei dem an infantilen Kaninchen von etwa 600—800 g Gewicht nach Vorbehandlung mit Follikelhormon das Progesteron die Transformation der Uterusschleimhaut bewirkt (s. Abb. 60 c). Die Richtigkeit der Annahme von der aufeinanderfolgenden Wirkung der beiden Hormone geht daraus hervor, daß Progesteron allein am Genitalapparat des infantilen Ka-

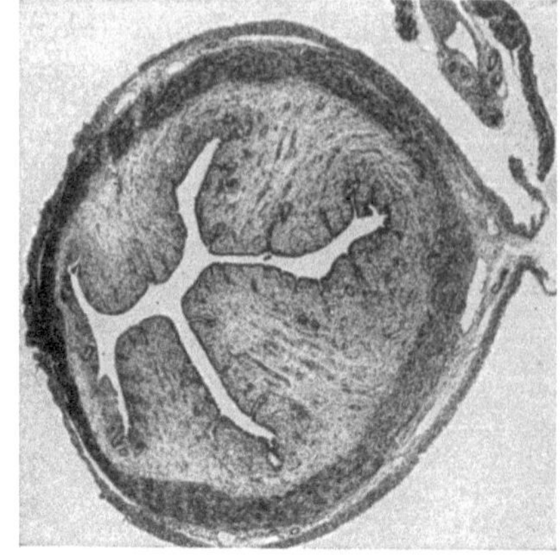

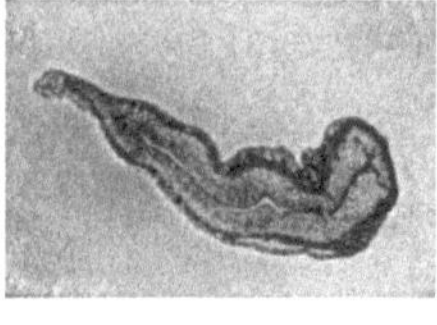

a

b

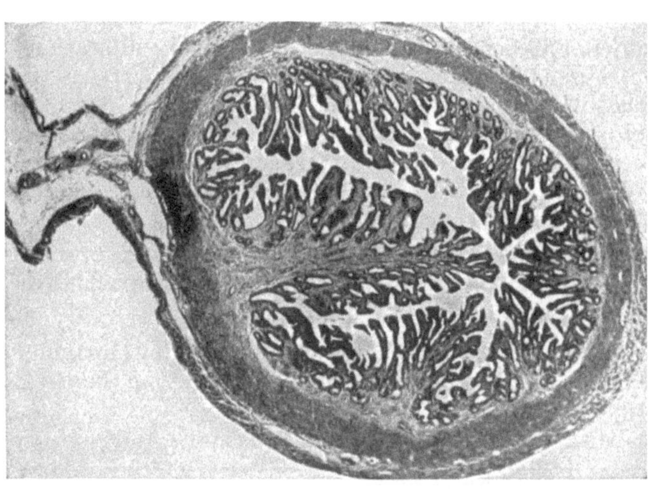

c

Abb. 60 a—c. Wirkung von Follikelhormon und Corpus luteum-Hormon auf den Uterus des infantilen Kaninchens (Uterusquerschnitt). a ohne Behandlung, b nach Follikelhormon, c nach Follikelhormon + Corpus luteum-Hormon. (CLAUBERG-Test.)

ninchens überhaupt keine Veränderungen hervorruft, sondern daß diese nur nach vorhergehender Zufuhr von Follikelhormon auftreten.

3. Beziehungen zwischen den einzelnen Sexualhormonen.

Die große Ähnlichkeit im Grundskelet der Sterine und der Sexualhormone sowie die engen formalen Beziehungen zwischen den drei Haupttypen von natürlich vorkommenden Sexualhormonen, die aus der nachfolgenden Zusammenstellung noch einmal deutlich wird, macht es im höchsten Maße wahrscheinlich, daß dieser chemischen Verwandtschaft auch eine biologische Verknüpfung entspricht. So wurde schon darauf

hingewiesen (s. S. 256), daß der Stierhoden einen hohen Gehalt an Follikelhormon hat und daß im Ovar androgene Hormone vorkommen. Im Harn
der Frau wurden männliche Wirkstoffe nachgewiesen, deren Ausscheidung —
allerdings in verminderter Menge — auch nach Entfernung der Ovarien
anhielt. Es ist möglich, daß ein Teil dieser Stoffe in der Nebennierenrinde
gebildet wird.

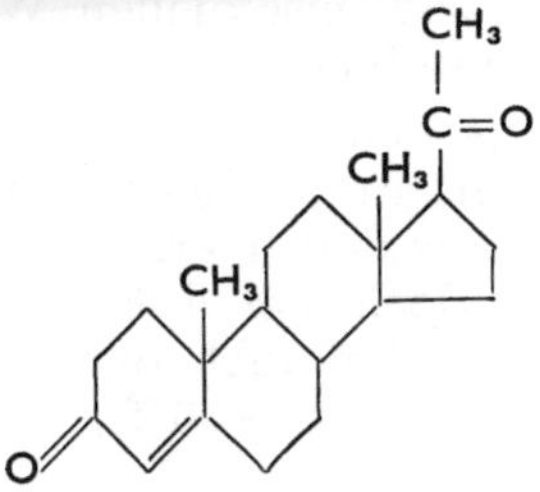

Progesteron

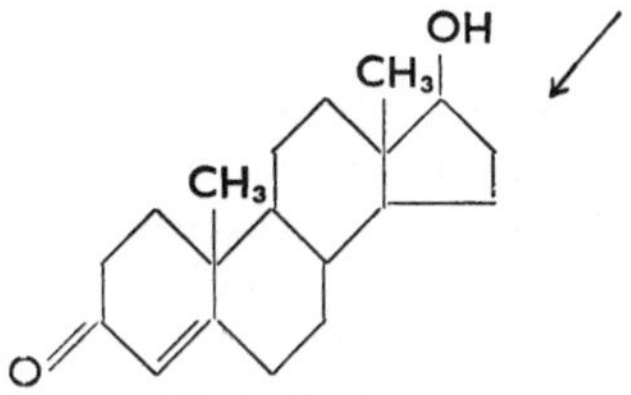

Testosteron

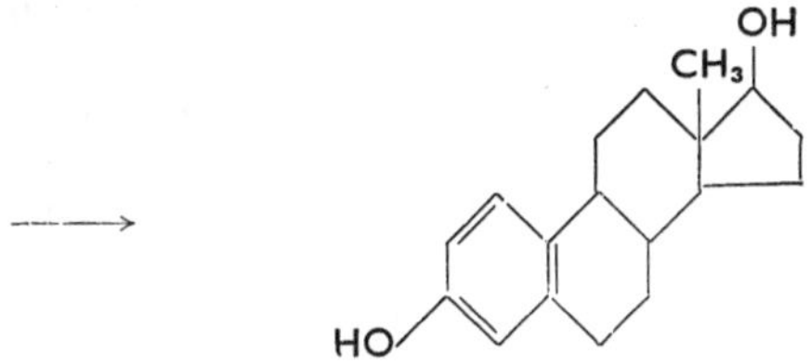

Oestradiol

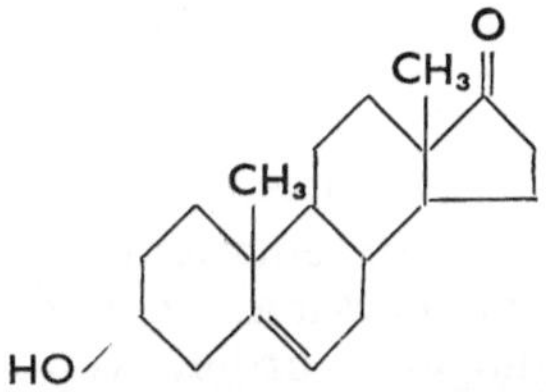

Dehydro-epi-androsteron

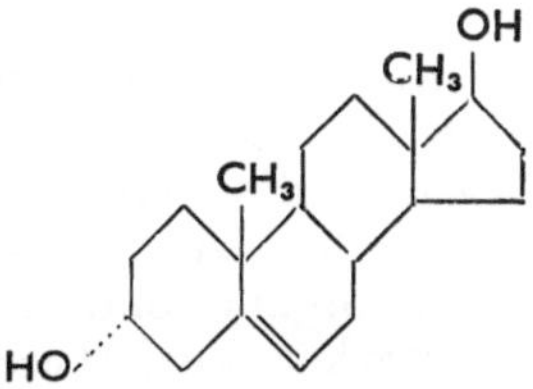

Androstendiol

Auf chemischem Wege ist es gelungen, Sterine in Sexualhormone
umzuwandeln, jedoch auch eine biologische Umwandlung von Cholesterin
in Sexualhormone konnte nachgewiesen werden. Für die nahen chemischen
und biologischen Beziehungen, die zwischen männlichen und weiblichen
Sexualhormonen bestehen, spricht auch die Tatsache, daß sich durch
Reduktion von *Dehydroandrosteron* ein *Androstendiol* gewinnen läßt, das auch
im Harn vorkommt und die Wirkung von Follikel- und Testikelhormon in
gleich charakteristischer Weise entfaltet.

Es ist sehr beachtenswert, daß die gleichzeitige Wirkung eines Wirk-
stoffes aus der Klasse der Sexualhormone auf beide Geschlechter nicht
auf diesen einen oder nur wenige Vertreter dieser Stoffklasse beschränkt
ist. Vielmehr ist es im wesentlichen eine Frage der Dosierung, ob man
mit weiblichen Prägungsstoffen im männlichen oder mit männlichen im
weiblichen Organismus eine Wirkung erzielen kann. Dabei soll sich die
Wirkung der weiblichen Prägungsstoffe im männlichen Organismus allerdings auf die Gebilde beschränken, die genetisch und morphologisch
Strukturen des weiblichen Genitalapparates entsprechen, sie betreffen also
weniger den samenbildenden Apparat des Hodens als die Prostata, Samenblasen und andere Drüsen. Die männlichen Wirkstoffe wirken dagegen
im weiblichen Körper ausgesprochen brunsterregend.

Alle diese und andere schon aufgeführte Beobachtungen zeigen deutlich die geringe Spezifität der Sexualhormone, und sie lassen es als außerordentlich wahrscheinlich erscheinen, daß die verschiedenen natürlich vorkommenden Keimdrüsenhormone auch biologisch eine gemeinsame Genese haben, so daß sie leicht ineinander übergehen können. Jedenfalls wären auf diese Weise die sog. bisexuellen Wirkungen der meisten dieser Stoffe am leichtesten verständlich.

Die Steroidhormone aus den Geschlechtsdrüsen und der Nebennierenrinde erfahren im Stoffwechsel erhebliche Veränderungen. Aus den Organen selber, vor allem aber aus dem Harn, sind zahlreiche Um- und Abbauprodukte isoliert worden. Doch soll auf diese Vorgänge erst an späterer Stelle eingegangen werden, wobei auch der Chemismus ihrer Bildung noch einmal behandelt werden soll (s. S. 456 ff.).

h) Hypophyse.

Auf die besondere Bedeutung der Hypophyse im Organismus konnte ebenfalls zuerst aus klinischen Beobachtungen geschlossen werden. So wurde bei einer als *Akromegalie* (Spitzenwachstum) bezeichneten Erkrankung, die sich beim erwachsenen Menschen allmählich ausbildet und bei der sehr erhebliche Wachstumssteigerungen der Hände und Füße, der Nase, des Kinns und der Lippen auftreten, stets eine Vergrößerung der Hypophyse beobachtet. Tritt die Überfunktion der Hypophyse schon im Wachstumsalter auf, so wachsen alle Körperteile ziemlich gleichmäßig, und es kommt zum *Riesenwuchs;* umgekehrt führt die Unterfunktion der Hypophyse im Wachstumsalter zu *Zwergwuchs.* Eine weitere Erkrankung, die mit einer Unterfunktion der Hypophyse zusammenhängt, ist die *Dystrophia adiposo-genitalis,* eine Unterentwicklung der Geschlechtsorgane und der sekundären Geschlechtsmerkmale bei gleichzeitiger starker Verfettung. Hypophysenschädigungen wurden weiterhin beobachtet bei einer als *Diabetes insipidus* bezeichneten Störung des Wasserhaushaltes, bei der große Mengen eines sehr dünnen Harns ausgeschieden werden. Im Tierversuch ergaben sich endlich auf Grund von Beobachtungen nach Exstirpation der Hypophyse oder nach Injektion von Hypophysenextrakten noch eine ganze Anzahl von Ausfallserscheinungen oder Wirkungen als hypophysär bedingt zu erkennen. Am überraschendsten und am wichtigsten war die Erkenntnis, daß die Hypophyse vielen anderen hormonbildenden Drüsen des Körpers funktionell übergeordnet ist; so entwickelt sich die Funktion der Schilddrüse, der Nebennierenrinde und der Sexualorgane nur auf Grund von Hormonwirkungen, die von der Hypophyse ausgehen; das Ausmaß der Tätigkeit dieser Drüsen untersteht während des ganzen Lebens dem Einfluß der Hypophyse. Vielleicht bestehen auch noch zu anderen inkretorischen Drüsen ähnliche Beziehungen. Wegen der Wirkung auf andere Hormondrüsen bezeichnet man die Hypophysenstoffe, die sie übermitteln, als *adenotrope Hormone.*

Ebenso aber wie die Hypophyse die Tätigkeit anderer hormonbildender Organe beeinflußt, steht sie auch ihrerseits in einer gewissen Abhängigkeit von den Drüsen, die ihrem Einfluß unterstehen. So zeigt z. B. bei der Schwangerschaft der Hypophysenvorderlappen charakteristische histologische Veränderungen und aus manchen Anzeichen geht hervor, daß auch seine funktionelle Leistung gesteigert ist. Auch durch Schilddrüsenexstirpation wird das histologische Bild der Hypophyse verändert. Überhaupt gibt es anscheinend keine Störung in der Tätigkeit irgendeiner endokrinen Drüse, die nicht in morphologischen Veränderungen der Hypophyse ihren Ausdruck fände. Der wechselseitige funktionelle Zusammenhang der Hypophyse mit den von ihr abhängigen Drüsen besteht wohl darin, daß die geringere Produktion an dem spezifischen Hormon einer Drüse die verstärkte Bildung des entsprechenden adenotropen Hormons in der Hypophyse anregt, wogegen umgekehrt die vermehrte Entstehung eines Drüsenhormons zu geringerer Produktion an dem ihm zugeordneten adenotropen Faktor führt.

Die Erscheinungen bei Hyper- oder Hypofunktion der Hypophyse sind teilweise so wenig übereinstimmend und außerdem so vielgestaltig, daß es lange schwierig gewesen ist, sie zu erklären. Nachdem heute die Funktion

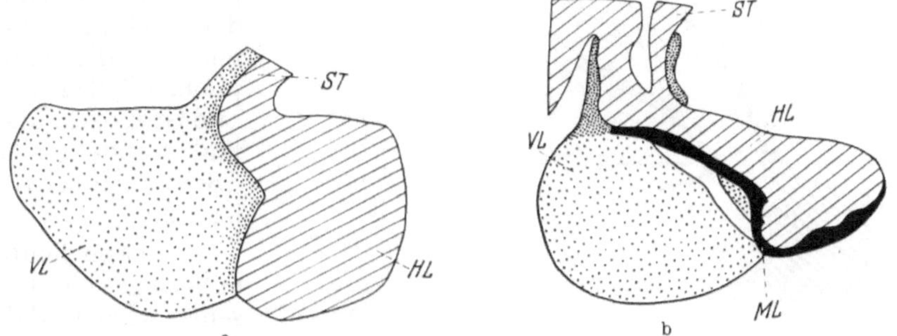

Abb. 61a u. b. Bau der Hypophyse. Schematisiert. a Mensch, b Rind. *VL* Vorderlappen, *ML* Mittellappen, *HL* Hinterlappen, *ST* Stiel.

der Hypophyse als übergeordnete Hormondrüse erkannt ist und es außerdem feststeht, daß in der Hypophyse nicht *ein* Hormon, sondern nebeneinander eine Vielzahl von Hormonen entsteht, die ganz verschiedene Aufgaben haben und sich auch chemisch präparativ voneinander trennen lassen, ist es verständlich geworden, daß bei Störung der Hypophysentätigkeit die Bildung der einzelnen Hormone in verschiedenem Umfange betroffen sein kann und daß deshalb auch wechselnde Kombinationen von Ausfallserscheinungen auftreten müssen. Es ist bisher nicht gelungen, durch Implantation von Hypophysen oder Hypophysenteilen alle Ausfallserscheinungen bei Hypophysenverlust zu beheben, so daß angenommen werden muß, daß die Hypophyse, von deren richtiger Tätigkeit die Funktion so vieler anderer inkretorischer Drüsen abhängt, nur voll funktionstüchtig ist, wenn ihr von der Körperperipherie über das Zentralnervensystem die Reize zugehen, die ihre Sekretion den jeweiligen Bedürfnissen anpassen. Man erkennt das z. B. daran, daß nach Entfernung der Keimdrüse oder der Schilddrüse die für die Funktion dieser Organe verantwortlichen Hypophysenhormone in vermehrter Menge ins Blut abgegeben werden.

Wie die Nebenniere, so besteht auch die Hypophyse aus histologisch verschiedenen, zu einer äußeren Einheit vereinigten Teilen. Beim Menschen sind scharf voneinander getrennt ein drüsiger Vorderlappen (*Pars anterior*, Adenohypophyse) und ein aus gliösen und nervösen Elementen bestehender Hinterlappen (*Pars posterior* oder *neuralis*, Neurohypophyse); bei den Säugetieren findet sich außerdem noch ein deutlich abgegrenzter Mittellappen (s. die schematische Darstellung in Abb. 61) *(Pars intermedia)*. Beim Menschen ist er nicht sicher vom Vorderlappen zu unterscheiden, jedoch findet sich eine durch ihren histologischen Aufbau deutlich vom Vorder- und Hinterlappen verschiedene Zwischenzone. Die Adenohypophyse entwickelt sich aus der RATHKEschen Tasche, die Neurohypophyse aus dem Infundibulum des Zwischenhirns, ist also nervösen Ursprungs. Der Mittellappen geht aus dem Vorderlappen hervor.

Im Vorderlappen sind drei Arten von epithelialen Zellen zu unterscheiden, die chromophoben, die eosinophilen und die basophilen Zellen. Während der Schwangerschaft nehmen die chromophoben Zellen an Zahl und Größe erheblich zu und wandeln sich zu „Schwangerschaftszellen" um.

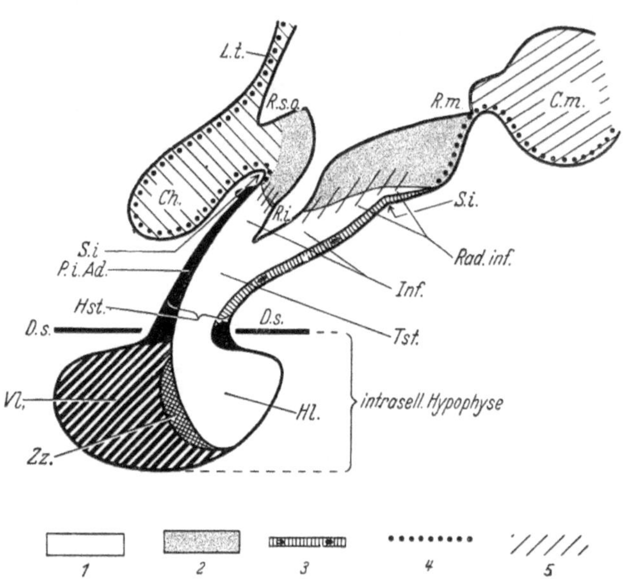

Abb. 62. Schematischer Sagittalschnitt durch Tuber cinereum und Hypophyse. 1. Neurohypophyse (= Hinterlappen, Trichterstiel, Trichter); 2. Gebiet des Nucleus infundibularis; 3. Gefäßnerven-Zone mit Inseln der Pars infundibularis der Adenohypophyse; 4. äußere Gliafaser-Deckschicht; 5. Gebiet der Verzahnung von Infundibulum und Tuber cinereum. *L.t.* Lamina terminalis; *R.s.o.* Recessus supraopticus; *Ch.* Chiasma fasc. opt.; *S.i.* Sulcus infundibularis; *P.i.Ad.* Pars infund. der Adenohypophyse; *Hst.* Hypophysenstiel; *D.s.* Diaphragma sellae; *Vl.* Vorderlappen; *Zz.* Zwischenzone; *Hl.* Hinterlappen; *Tst.* Trichterstiel; *Inf.* Infundibulum; *R.i.* Recessus infundibuli; *Rad. inf.* Radix infundibuli; *R.m.* Recessus mamillaris; *C.m.* Corpus mamillare. (Nach CHRIST.)

Es kann heute als nahezu gesichert angesehen werden, daß die Hypophyse eine funktionelle Einheit mit Teilen des Zwischenhirns bildet, und zwar mit den Kerngruppen des markarmen Teiles des Hypothalamus. Zum mindesten für die Neurohypophyse kann man von einem Hypophysen-Zwischenhirnsystem sprechen. Kerne des Hypothalamus und des Tuber cinereum senden Nervenbahnen in die Neurohypophyse. Für die Adenohypophyse sind derartige Beziehungen noch nicht gesichert. Die engen anatomischen Beziehungen zwischen Zwischenhirn und Hypophyse zeigt die Abb. 62. Auf die funktionellen Beziehungen wird weiter unten einzugehen sein (s. S. 273).

Der anatomischen Unterteilung entspricht auch eine funktionelle Differenzierung. Im Laufe der Zeit sind nicht weniger als 29 verschiedene Hypophysenhormone beschrieben worden, deren Existenz allerdings zum großen Teil nicht als gesichert angesehen werden kann. Selbst über die Zahl der wirklich gesicherten Hormone gehen die Meinungen noch weitgehend auseinander. Immerhin konnten durch chemische Methoden 6 Vorderlappenhormone voneinander getrennt und auch funktionell differenziert werden. Die Wirkungen des Hinterlappens lassen sich nach dem jetzigen Stand der Forschung 2 Hormonen zuschreiben.

Wirkstoffe der Hypophyse.

a) Vorderlappen.

1. Wachstumshormon. *(Somatotropin)*

2. Übergeordnete Sexualhormone (gonadotrope Hormone).
   a) Follikelreifungshormon.
   b) Interstitialzellen stimulierendes Hormon.
   c) Luteotropes Hormon.

3. Thyreotropes Hormon.

4. Corticotropine.

Nicht völlig klargestellt ist, ob im Vorderlappen besondere Stoffwechselhormone gebildet werden, oder ob die ihnen zugeschriebene Wirkung nicht dem Wachstumshormon zukommt (s. S. 272).

b) Mittellappen.

Intermedin.

c) Hinterlappen.

1. Vasopressin. *(Adiuretin)*
2. Oxytocin.

Die *chemische Natur* der Wirkstoffe der Hypophyse, soweit ihre Existenz bisher feststeht, ist dahin aufgeklärt, daß sie alle entweder *Eiweißkörper oder Polypeptide* sind. Mit den chemischen Eigenschaften dieser Stoffe stimmt überein, daß die Verfütterung von Hypophysensubstanz gar keinen oder nur einen außerordentlich geringen Effekt bei hypophysenlosen Tieren hat, auch werden die verschiedenen bisher erhaltenen Hypophysenwirkstoffe durch eiweißspaltende Fermente zerstört. Von den Vorderlappenhormonen gehören das thyreotrope und die beiden gonadotropen zu den Glykoproteiden, die drei übrigen sind einfache Proteine. Die Hinterlappenhormone sind Polypeptide. Die Tabelle 48 zeigt für die bisher in hinlänglicher Reinheit isolierten Hormone die Unterschiede im Molekulargewicht und in der Lage der I. P.

Tabelle 48. Molekulargewichte und isoelektrische Punkte
von Hypophysenhormonen.

Hormon	Mol.-Gew.	I. P. p_H
Wachstums-	45 000	6,85
Follikelreifungs-	29 000	—
Interstitialzellen stimulierendes		
a) Schaf	40 000	4,6
b) Schwein	100 000	7,45
Luteotropes	33 000	5,7
Thyreotropes	10 000	8,0—8,5
Corticotropin-α (Schaf)	4 567	6,6
A-Corticotropin (Schwein) . . .	4 567	7—8
Melanophorenhormon	2 177	5,9
Vasopressin (Arginyl-)	1 080	10,9
Oxytocin	1 010	7,7
Choriongonadotropin	60 000—80 000	3,2—3,3

1. Vorderlappen (Adenohypophyse).

Als Ausdruck einer Störung der gesamten Vorderlappenfunktion, an der die einzelnen Faktoren des Vorderlappens in verschiedenem Umfange beteiligt sein können, ist die SIMMONDSsche Krankheit anzusehen, deren hervorstechendstes Symptom eine hochgradige Abmagerung ist (s. Abb. 63).

In ausgesprochenen Fällen finden sich immer Genitalstörungen und als Ausdruck einer Insuffizienz der Nebennierenrinde Symptome, die für die ADDISONsche Krankheit kennzeichnend sind (s. S. 229). Der Grundumsatz

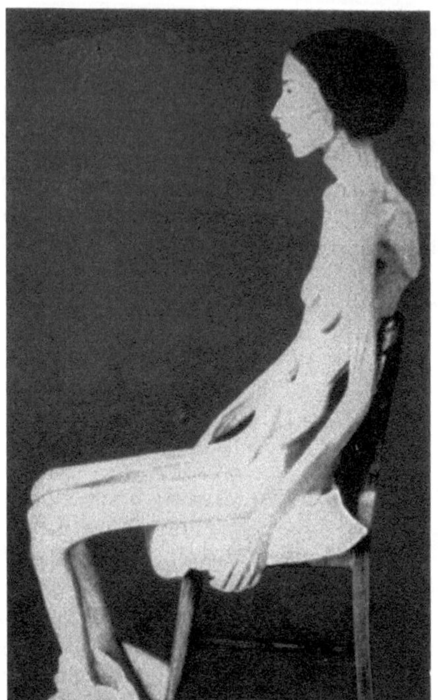

Abb. 63. Hochgradige Abmagerung bei SIMMONDSscher Krankheit. (Nach KYLIN.)

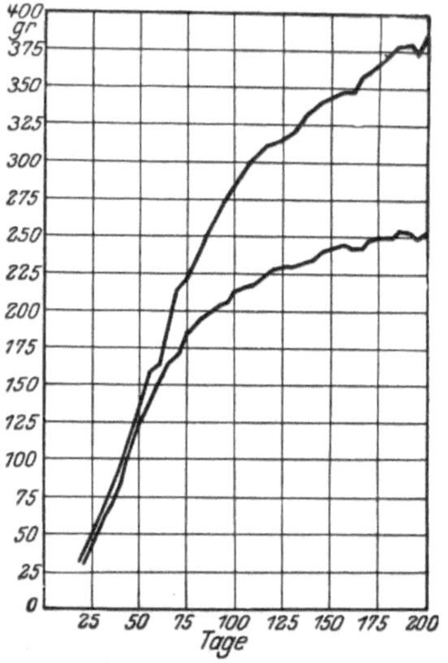

Abb. 64. Wachstumssteigerung der Ratte bei Injektion von Hypophysenvorderlappenextrakten. Untere Kurve: Kontrollen. Obere Kurve: behandelte Tiere. (Nach EVANS.)

ist erniedrigt, ebenso meist die Körpertemperatur. Die Ursache ist gewöhnlich eine mehr oder weniger vollständige Zerstörung des Vorderlappens.

α) *Wachstumshormon* *(somatotropes Hormon, Somatotropin, STH).*

Die aus Beobachtungen am Menschen erschlossenen und schon oben erwähnten Beziehungen zwischen der Hypophyse und dem Wachstum des Organismus fanden auch im Tierversuch ihre Bestätigung. Hypophysenlose Tiere bleiben im Wachstum zurück, anderseits bewirkt Injektion von Vorderlappenextrakten beim wachsenden Tier eine übernormale Steigerung des Wachstums (s. Abb. 64) bis zu echtem Riesenwuchs, also zu Formen, die bei der normalen Entwicklung gar nicht erreicht werden. Im einzelnen sind für das Wachstumshormon eine ganze Anzahl von Wirkungen beschrieben worden, die sich alle in einer Förderung des Wachstums auswirken. So fördert es das normale Wachstum des Knorpels und seine Verknöcherung. Die Bildung von Plasmaalbumin wird verstärkt, die Mobilisierung und Oxydation des Depotfettes angeregt, die Phosphatid- und die Nucleoproteidsynthese werden gesteigert, ebenso auch die Milchbildung. Auch das Uteruswachstum wird angeregt. Auf die Bedeutung für die Regulation des Kohlenhydratstoffwechsels wurde schon früher hingewiesen (s. S. 241, s. a. S. 411). Nach Injektion von Wachstumshormon steigt der Glykogengehalt in Herz, Muskel und Leber an. Es scheint, als ob das Wachstumshormon den Eintritt von Glucose in die Zellen fördert und damit die Insulinwirkung verstärkt, aber auch eine Wirkung auf die α-Zellen der LANGERHANSschen Inseln des Pankreas und damit eine Erhöhung der Glucagonabgabe aus ihnen sind beschrieben worden.

Nach Entfernung des Hypophysenvorderlappens kommt es beim Hund zu Senkung des Blutzuckers und Abnahme des Glykogens in Leber und Muskel, und die Tiere werden außerordentlich insulinempfindlich. Nach Entfernung des Pankreas tritt kein oder nur ein sehr gemilderter Diabetes auf, wenn gleichzeitig auch die Hypophyse entfernt wird. Implantiert man einem pankreas- und hypophysenlosen Tier dagegen ein Stückchen Hypophyse, so treten sofort diabetische Störungen auf. Es ist also ganz offensichtlich, daß für das Zustandekommen des *einen* Hauptsymptoms der Zuckerkrankheit, nämlich der Steigerung des Blutzuckers, der Hypophysenvorderlappen eine entscheidende Rolle spielt. Aber auch Steigerungen des Ketonkörpergehaltes im Blut wurden unter diesen Bedingungen beobachtet. Der Zusammenhang zwischen diabetischer Stoffwechselstörung und Hypophyse wird noch dadurch unterstrichen, daß man durch Injektion von Vorderlappenextrakten einen echten Diabetes hervorrufen kann. Die diabetogene Wirkung dürfte dem Wachstumshormon zuzuschreiben sein.

Zwischen Wachstumshormon und Testosteron sowie corticotropem Hormon besteht ein Synergismus. Zusammen mit dem Oestron fördert Somatotropin die Entwicklung der Milchdrüse.

Das Wachstumshormon entsteht wahrscheinlich in den eosinophilen Zellen. Es hat ein Molekulargewicht von etwa 45000 und besteht aus 396 Aminosäureresten, enthält aber keine Kohlenhydratkomponenten. Die Wachstumshormone aus Hypophysen verschiedener Tiere sind nach Zusammensetzung und Struktur verschieden, in ihrer Wirkung aber gleich, so daß sie wahrscheinlich einen identischen Strukturkern enthalten.

β) *Gonadotrope Hormone (Gonadotropine).*

Der Zusammenhang zwischen Hypophyse und Sexualfunktion geht aus den Beobachtungen über sexuelle Unterentwicklung bei angeborener Hypophysenunterfunktion hervor und zeigt sich in Tierexperimenten in gleicher Weise nach Hypophysenentfernung. Die gonadotrope Wirkung des Vorderlappens wird besonders deutlich an infantilen oder an senilen Tieren. Abb. 65 zeigt, daß nach Implantation eines Stückchens Vorderlappen bei der infantilen weiblichen Maus im Ovarium eine große Zahl von Follikeln zur Reifung kommt. In diesen Follikeln setzt die Bildung der Oestrogene ein, und damit treten auch alle Erscheinungen auf, die von ihnen abhängen: Tube, Uterus, Vagina hypertrophieren, und im Scheidensekret finden sich die für den Oestrus kennzeichnenden kernlosen Schollen, dagegen verschwinden Leukocyten und Epithelien. Das gleiche Ergebnis wie die Implantation von Vorderlappengewebe hat auch die Injektion von Vorderlappenextrakten. Aber das Auftreten der Brunsterscheinungen ist keine direkte, sondern eine indirekte Folge der Hypophysenwirkung. Am kastrierten Tier bleiben alle diese Veränderungen aus. Der Hypophysen-

vorderlappen selbst hat keine brunstauslösende Wirkung, sondern wirkt
nur auf die Bildungsstätten der Sexualhormone; er ist lediglich der „Motor
der Sexualfunktion" und den Geschlechtsdrüsen übergeordnet. Er wirkt

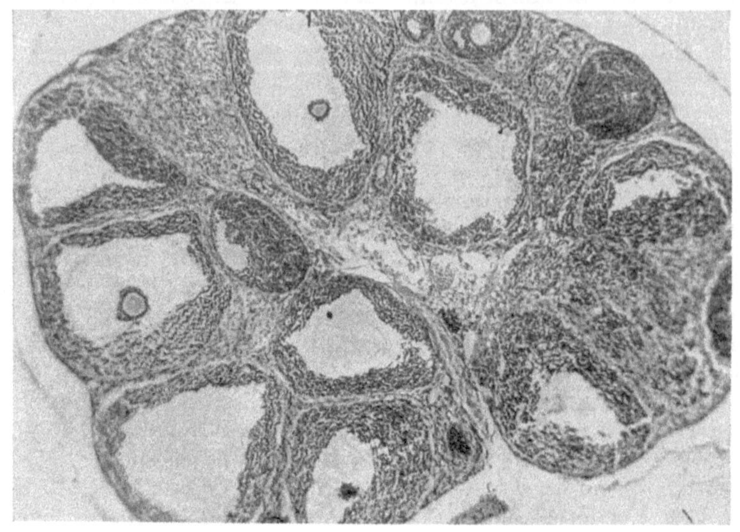

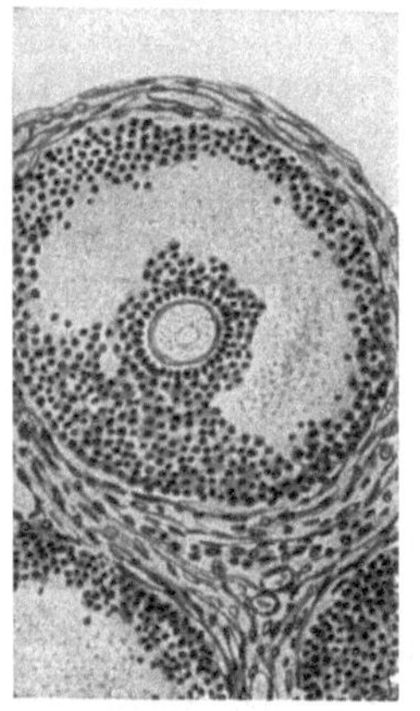
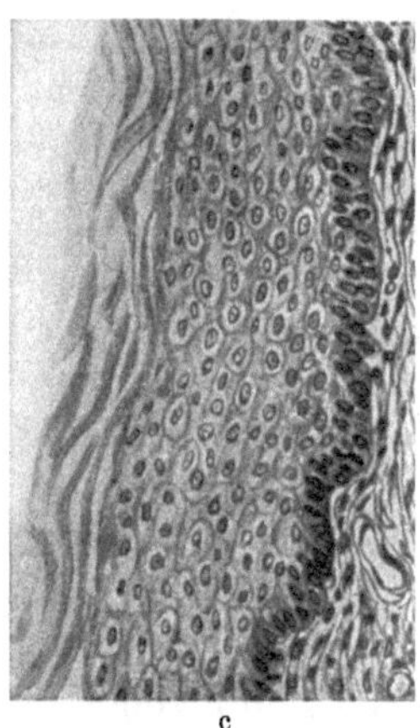
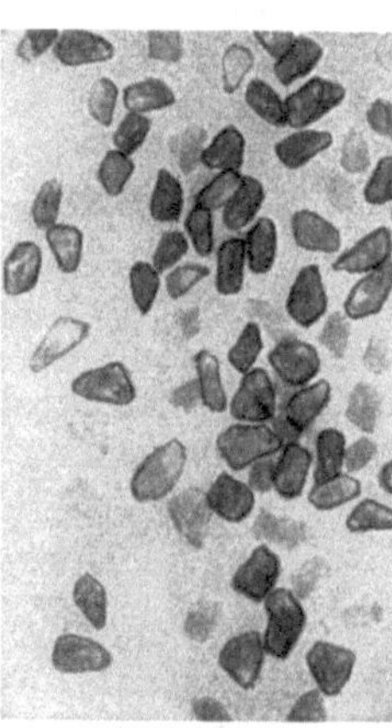

b   c   d

Abb. 65a—d. Gonadotrope Wirkung des Hypophysenvorderlappens bei der infantilen Maus. Zustand 70 bis
80 Std nach Implantation von Hypophysenvorderlappen. In den reifenden Follikeln wird das Follikelhormon
gebildet, das seinerseits die Brunstreaktion der Scheide auslöst. a Ovar, b reifender Follikel, c Scheidenschleimhaut: Verdickung und Verhornung der oberen Schichten, d Scheidensekret: Schollenstadium. (Nach Zondek.)

in dieser Weise sowohl auf die männlichen als auch auf die weiblichen
Keimdrüsen.

 Während der Schwangerschaft treten schon sehr frühzeitig im Blut, in der
Placenta und im Harn in großer Menge Stoffe auf, durch deren Injektion
beim infantilen Tier ebenfalls Brunsterscheinungen ausgelöst werden. Auf
ihnen beruht die *Schwangerschaftsreaktion nach* Aschheim u. Zondek.
Nach Injektion von Schwangerenharn an infantile weibliche Mäuse oder
an andere infantile Nagetiere kommt es ebenso wie nach Injektion von
Vorderlappenhormon zu einem mächtigen Wachstum der gesamten Ge-

schlechtsorgane, zu Follikelreifung, zum Follikelsprung und zu den östrischen Veränderungen des Scheidensekretes, entsprechend den in Abb. 65 dargestellten Veränderungen. Man hat zunächst angenommen, daß der im Harn enthaltene, als *Prolan* bezeichnete Stoff mit dem gonadotropen Faktor aus der Hypophyse identisch sei. Die eingehende Untersuchung hat aber ergeben, daß die Verhältnisse sehr viel komplexer sind, als man zunächst angenommen hatte. Man weiß heute, daß auf den Funktionszustand der Geschlechtsdrüsen drei verschiedene, im Hypophysenvorderlappen gebildete Hormone einwirken: 1. das *Follikelreifungshormon* (follicle stimulating hormone = FSH); 2. das die *Interstitialzellen stimulierende Hormon* (= ICSH, auch luteinisierendes Hormon = LH genannt) und 3. das *luteotrope Hormon* (= LTH, auch als Prolactin oder lactogenes Hormon bezeichnet). Ihre Wirkungen seien kurz geschildert:

1. FSH. An der hypophysektomierten infantilen weiblichen Ratte bewirkt FSH ausschließlich eine Vergrößerung der Follikel, löst nicht die Bildung von Oestrogenen aus und regt die Bildung der Corpora lutea nicht an. Am männlichen Tier fördert es die Spermiogenese, ist aber ohne Einfluß auf die interstitiellen Zellen.

2. ICSH. Es regt in den männlichen wie in den weiblichen Geschlechtsdrüsen ausschließlich die interstitiellen Zellen an und veranlaßt damit die Sekretion von Oestrogenen und Androgenen. Zusammen mit LTH bewirkt es die Progesteronsekretion aus den entstandenen Corpora lutea und fördert weiterhin die Spermiogenese.

3. LTH. Dieses Hormon befähigt die unter der Wirkung von ICSH entstandenen Corpora lutea zur Progesteronbildung. Es entwickelt die durch FSH und ICSH bereits auf ihre Funktion vorbereitete Mamma weiter und löst die Lactation aus. Hierbei ist anscheinend die Mitwirkung der Nebenniere erforderlich, weil bei hypophysektomierten Tieren Prolactin die Milchsekretion nur dann in Gang setzt, wenn gleichzeitig Nebennierenrindenhormon oder ACTH gegeben wird. LTH scheint auch auf den Kohlenhydratstoffwechsel zu wirken: es mindert die Insulinempfindlichkeit hypophysenloser Tiere und wirkt in hohen Dosen diabetogen.

FSH und ICSH werden in den basophilen Zellen der Hypophyse gebildet, LTH wahrscheinlich in den eosinophilen. FSH und ICSH sind kohlenhydrathaltige Eiweißkörper.

Der während der Schwangerschaft im Harn ausgeschiedene Stoff mit gonadotroper Wirkung entsteht in der Placenta und wird deshalb auch als **Choriongonatropin** (human chorionic gonadotropin = HCG = Prolan) bezeichnet. Seine Aufgabe besteht darin, die Erhaltung der Schwangerschaft zu sichern; dies geschieht durch Anregung der Funktion des Corpus luteum. Erst wenn die Progesteronbildung in der Placenta ausreichend ist, hört die Bildung von HCG auf. Auch zur Zeit der Ovulation ist es vermehrt im Harn enthalten. Im Harn trächtiger Stuten findet sich ein analog wirkendes **Stutenserumgonadotropin** (pregnant mare serum gonadotropin = PMSG). Seine volle Wirkung im ASCHHEIM-ZONDEK-Test entfaltet es erst im Zusammenwirken mit dem von der Hypophyse gelieferten Follikelreifungshormon. Dabei wird die Hypophyse zur Produktion und Abgabe dieses Hormons durch das Choriongonadotropin angeregt. Auch im Harn von Mädchen, von nichtschwangeren Frauen und von Frauen in der Menopause findet sich Gonadotropin in kleiner Menge. Es stammt aus der Hypophyse und ist Follikelreifungshormon. Große Mengen von Gonadotropin werden bei bestimmten Hodentumoren ausgeschieden.

γ) *Thyreotropes Hormon (Thyreotropin, TSH).*

Die thyreotrope Funktion der Hypophyse äußert sich in degenerativen Veränderungen der Schilddrüse nach Hypophysenexstirpation und weiterhin in einer Hypertrophie des Schilddrüsengewebes nach Injektion von Hypophysenextrakten (s. Abb. 66). Über die Beeinflussung des Jodstoffwechsels haben vor allem Versuche mit radioaktivem ^{131}J Aufschluß gebracht. Die Abb. 67 zeigt, daß bei mehrtägiger Injektion von thyreotropem Hormon das Gewicht der Drüse steigt, die Höhe der Epithelzellen der Drüsenacini zunimmt und mit einer gewissen Latenz der Gehalt der Drüse an Jod ansteigt. Weitere Versuche zeigen, daß aber auch die Jodabgabe, und zwar in Form von Thyroxinjod, gefördert und der Gehalt des Blutes an Schilddrüsenhormon vermehrt wird. Man wird also schließen müssen, daß Bildung und Abgabe der Schilddrüsenhormone durch Thyreotropin gesteigert werden. Bei länger fortgesetzter Hypophysenzufuhr treten basedowähnliche Veränderungen, jedoch kein Exophthalmus (s. S. 244) auf. Nach Hypophysektomie sinkt der *Grundumsatz* erheblich ab. Das ist zum Teil auf die Einschränkung des Wachstums und der Sexualfunktion zu beziehen, beruht aber überwiegend darauf, daß durch das Fehlen der thyreotropen Wirkung die stoffwechselregelnde Tätigkeit der Schilddrüse eingeschränkt

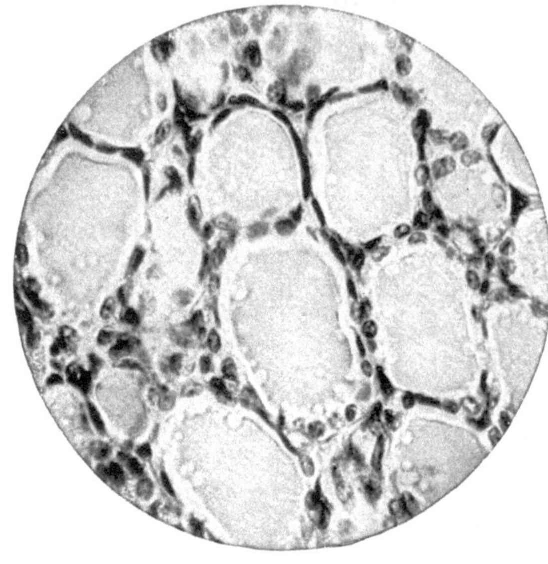

a

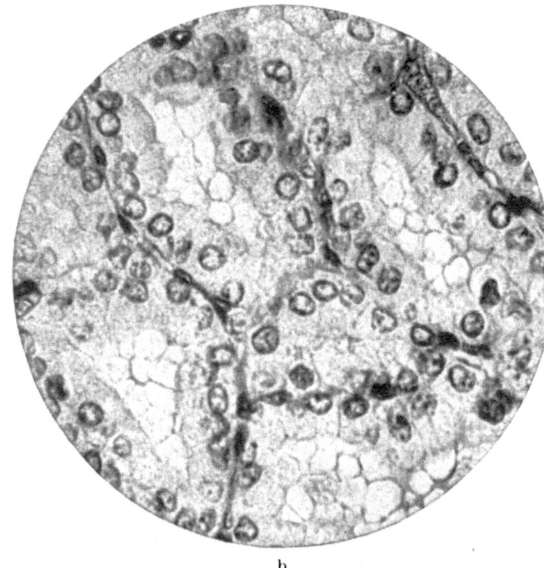

b

Abb. 66 a u. b. Schilddrüse, Meerschweinchen.
a Normal; b nach 4tägiger Behandlung mit thyreotropem Hormon.

wird. Die Stoffwechselsteigerung nach Injektion von Vorderlappenpräparaten wird in Wirklichkeit durch die Schilddrüse ausgelöst, was daraus hervorgeht, daß am schilddrüsenlosen Tier jede Stoffwechselsteigerung ausbleibt.

Eigenartigerweise wird bei länger fortgesetzter Zufuhr des thyreotropen Hormons der Organismus gegen seine Wirkung unempfindlich. Dies beruht auf der Bildung einer *antithyreotropen Substanz*, deren Entstehen nicht durch das thyreotrope Hormon, sondern durch die starke Vermehrung des Thyroxins ausgelöst wird.

Das thyreotrope Hormon entsteht in den basophilen Zellen. Sein Molekulargewicht (s. Tabelle 48, S. 265) kennzeichnet es als ein hochmolekulares Polypeptid; es enthält Kohlenhydrat.

δ) *Corticotropes Hormon (Corticotropin, adrenocorticotrophic hormone = ACTH).*

Die corticotrope Wirkung zeigt sich an einem Zurückbleiben der Entwicklung der Nebennierenrinde beim hypophysenlosen Tier (s. Abb. 68), sie geht ferner daraus hervor, daß bei Akromegalie oft eine Vergrößerung der Nebennieren-

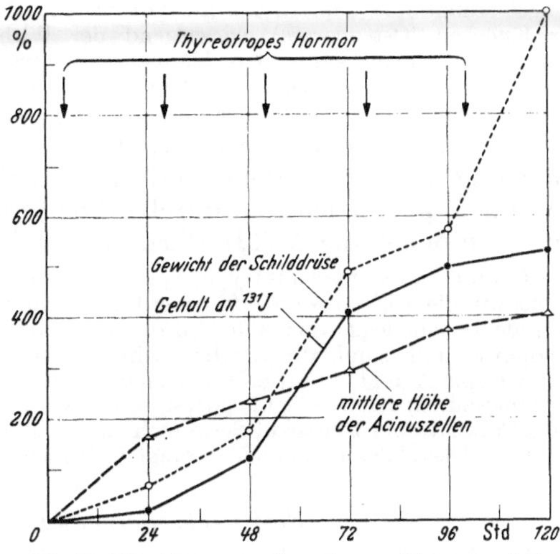

Abb. 67. Einwirkung von thyreotropem Hormon auf die Schilddrüse. (Nach KEATING u. Mitarb.)

rinde gefunden wird und daß Injektion von Vorderlappenauszügen ebenfalls zu Rindenvergrößerung führt. Das Nebennierenmark bleibt dagegen in allen Teilen völlig unverändert. Das Hormon fördert die Bildung der

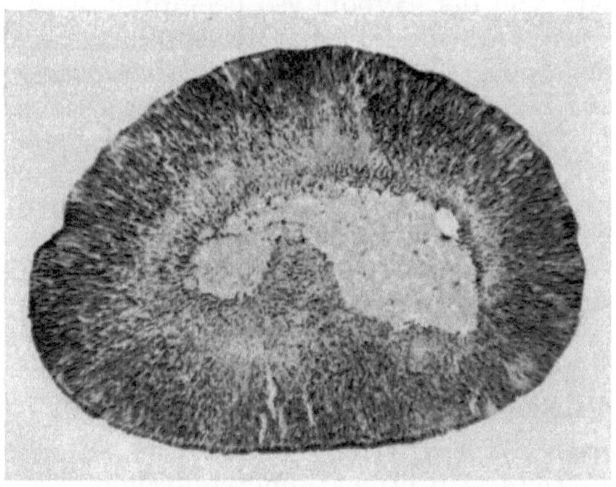

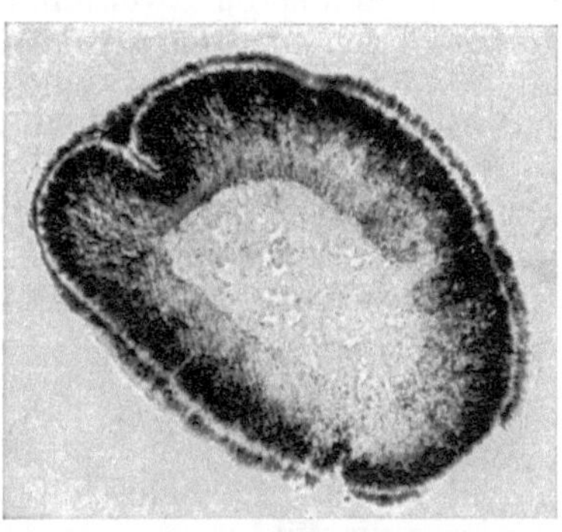

Abb. 68a u. b. Rattennebenniere (Fettfärbung). a Normale; b nach Hypophysektomie (beachte die schmale fettfreie Zone der Rinde).

Nebennierenrindenhormone, besonders offenbar die von 17-Hydroxycorticosteron, es fördert aber auch ihre Abgabe durch die Nebenniere und beeinflußt dadurch den gesamten Stoffwechsel, neben dem der Kohlenhydrate besonders den Eiweißstoffwechsel, wobei vor allem die Gluconeogenese angeregt wird. Auch der Fettumsatz wird erhöht. Nach höheren Dosen treten diabetische Störungen auf und ebenso auch die schon oben beschriebenen Änderungen im Wasser- und Salzstoffwechsel.

Auf einer Überproduktion an corticotropem Hormon scheint die CUSHINGsche *Krankheit* zu beruhen, deren Symptome denen des Interrenalismus (s. S. 233) sehr ähneln. In den typischen Fällen findet man eine eigenartige Verfettung, von der nur Stamm, Gesicht und Hals, nicht aber die Gliedmaßen betroffen werden. In vielen Fällen ist der Blutzuckerspiegel erhöht und eine Glykosurie vorhanden. Sehr häufig findet sich eine Entkalkung der Knochen (Osteoporose) vorwiegend der Wirbel und der Rippen. Ganz besonders charakteristisch sind die breiten, bläulichroten Striae, die sich am Bauch, an Schultern und Hals finden. Bei weiblichen Kranken nimmt meist die Behaarung zu. Die Erkrankung beruht fast immer auf Geschwülsten der Hypophyse, meist liegt ein basophiles Adenom vor.

Das corticotrope Hormon entsteht in den basophilen Zellen. Schon frühzeitig wurden aus dem Vorderlappen Eiweißkörper mit ACTH-Wirkung gewonnen, aus denen sich durch Abbau niedermolekulare Peptide erhalten ließen, in denen die ACTH-Wirkung erhalten bleibt.

Die Präparate wurden aus Hypophysen von Rindern, Schafen oder Schweinen erhalten. Man bezeichnet die wirksamen Stoffe neuerdings bevorzugt als *Corticotropine.* LI schlägt die folgende Terminologie vor: A unhydrolysiertes, B hydrolysiertes Corticotropin aus Schweinehypophyse und α-unhydrolysiertes, β-hydrolysiertes Corticotropin aus Schafshypophyse. Corticotropin A und α-Corticotropin sind in reiner Form isoliert worden. Beide enthalten 39 Aminosäuren, deren Reihenfolge festgestellt wurde. Sie unterscheiden sich lediglich dadurch, daß α-Corticotropin 1 Molekül Serin mehr und 1 Molekül Leucin weniger besitzt als Corticotropin A. Das Molekulargewicht beträgt in beiden Fällen etwa 4600.

ε) *Stoffwechselwirkungen der Hypophyse.*

An dem Zustandekommen der Stoffwechselwirkung des Hypophysenvorderlappens ist offenbar eine ganze Reihe von verschiedenen Faktoren beteiligt, und der ganze Symptomenkomplex ist in seinen Zusammenhängen durchaus noch nicht völlig aufgeklärt. Das hypophysenlose Tier hat einen niedrigen Blutzucker und neigt im Hungerzustand zur Hypoglykämie; die Kohlenhydratneubildung aus Eiweiß ist herabgesetzt. Man nimmt daher an, daß der endogene Eiweißumsatz von der Hypophyse beeinflußt wird.

Die Existenz besonderer Kohlenhydrat- und Fettstoffwechselhormone ist zum mindesten zweifelhaft geworden, so daß weder ein *diabetogenes Hormon* noch ein *kontrainsulinäres Prinzip* existieren dürften. Das gleiche gilt für die zahlreichen Faktoren, für die eine Einwirkung auf den Fettstoffwechsel beschrieben wurde.

An der Realität der Mehrzahl der Wirkungen, die diesen hypothetischen Hormonen zugeschrieben werden, ist jedoch nicht zu zweifeln, nur liegen ihnen nicht neue, spezifische Hormone zugrunde, sondern einige der vorstehend beschriebenen, vor allem das corticotrope Hormon und das Wachstumshormon.

2. Mittellappen.

Bei Tieren, die einen anatomisch differenzierten Mittellappen haben, ist dieser die Bildungsstätte des *Intermedins* (Chromatophorenhormon, Melanophorenhormon, MSH = melanophore stimulating hormone). Jedoch wurde auch eine Intermedinwirkung sowohl für den Vorderlappen als auch für den Hinterlappen nachgewiesen. Anscheinend wird es in den basophilen Zellen gebildet. Auch Corticotropin hat eine Melanophoren stimulierende Wirkung. Diese Hormonwirkung kann an der Ausbreitung der Farbstoffzellen in der Haut von Fröschen und manchen Fischen erkannt werden (ZONDEK). Wegen der Vergrößerung der Melanophoren wird ein mit Intermedin behandelter Frosch sehr viel dunkler. Die Wirkung des Hormons gestattet es den Tieren, ihre Hautfarbe der Umgebung anzupassen. Besonders schön läßt sich die Intermedinwirkung an der Elritze zeigen, bei der sich die Erythrophoren ausbreiten; dadurch bekommt das Fischchen eine schöne leuchtend rote Farbe („Hochzeitskleid"). Die Abgabe des Intermedins wird durch die Nebenniere gehemmt. Der Fortfall dieser Hemmung soll bei der ADDISONschen Krankheit Ursache der Hautpigmentierung sein. Bei der Schwangerschaft ist der Gehalt des Blutes an Melanophorenhormon erhöht.

Über die Bedeutung des Pigmenthormons der Hypophyse für den Menschen und die Säugetiere, in deren Organismus es in reichlichen Mengen entsteht, ist mit Sicherheit noch nichts bekannt. JORES glaubt, daß es als Überträger von Lichtreizen auf das hormonale System dient. Einträufeln von Melanophorenhormon in den Bindehautsack beschleunigt die Dunkeladaptation erheblich. Beim Kaltblüter hängen Bildung und Ausschüttung des Hormons mit Lichtreizen zusammen, die den Opticus treffen. Zwischen Opticus, Zwischenhirn und Hypophyse besteht bei allen Säugetieren und beim Menschen eine anatomische Verbindung. Der Gehalt der Hypophyse an Pigmenthormon ist deutlich von der Stärke der Belichtung abhängig.

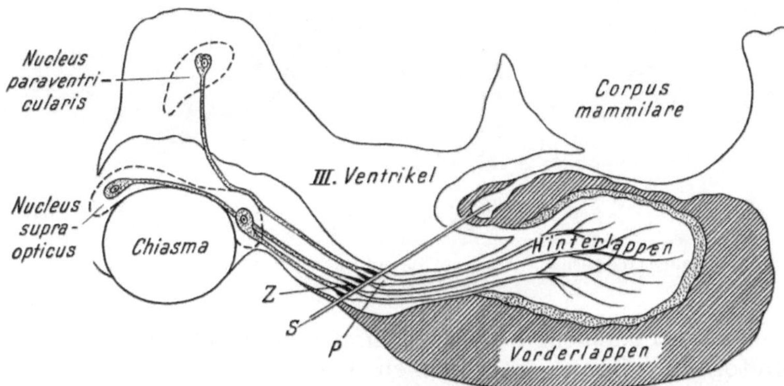

Abb. 69. Schematische Darstellung der neurosekretorischen Bahn (Hund). *S* Operationsschnitt; *Z* zentraler Stumpf des Tractus supraoptico-hypophyseus (Neurosekretstauung!); *P* peripherer Stumpf des Tractus. (Nach HILD u. ZETLER.)

Auch das Melanophorenhormon konnte in reiner Form gewonnen werden. Es besteht aus 18 Aminosäuren, deren Sequenz bekannt ist. Das Molekulargewicht beträgt etwa 2000.

3. Hinterlappen (Neurohypophyse).

Wie schon in der Einleitung zu dem Hypophysenkapitel beschrieben worden ist (s. S. 263 f.), bestehen zwischen der Neurohypophyse und angrenzenden Teilen des Zwischenhirns enge anatomische Beziehungen, die aus der Entwicklungsgeschichte verständlich sind. Aus den Kernen des Hypothalamus und des Tuber cinereum ziehen Nervenbahnen in die Neurohypophyse (s. Abb. 69). Man hat schon seit langem auch enge funktionelle Beziehungen zwischen Mittelhirn und Neurohypophyse angenommen, in dem Sinne, daß in der Hypophyse gebildete Hormone durch den Hypophysenstiel in die der Hypophyse benachbarten Teile des Zwischenhirns einwandern und an von dort ausgehenden Nervenbahnen ihren Angriffspunkt haben sollten. Die neueren Untersuchungen (BARGMANN u. Mitarb.) haben aber gezeigt, daß gerade umgekehrt Hormone des Hypophysen-Hinterlappens in den Ganglienzellen des Hypothalamus und des Tuber cinereum gebildet werden. Es handelt sich also um eine *Neurosekretion* und die Hormone der Neurohypophyse sind eigentlich *Hypothalamushormone*. Der Nachweis dieser Zusammenhänge war möglich durch

eine besondere Anfärbbarkeit des Neurosekrets, die zeigt, daß die Ganglienzellen mit dem Neurosekret ausgefüllt sind, das aus ihnen entlang ihren
Fortsätzen (s. Abb. 70) der Neurohypophyse zugeleitet wird. Daß dem

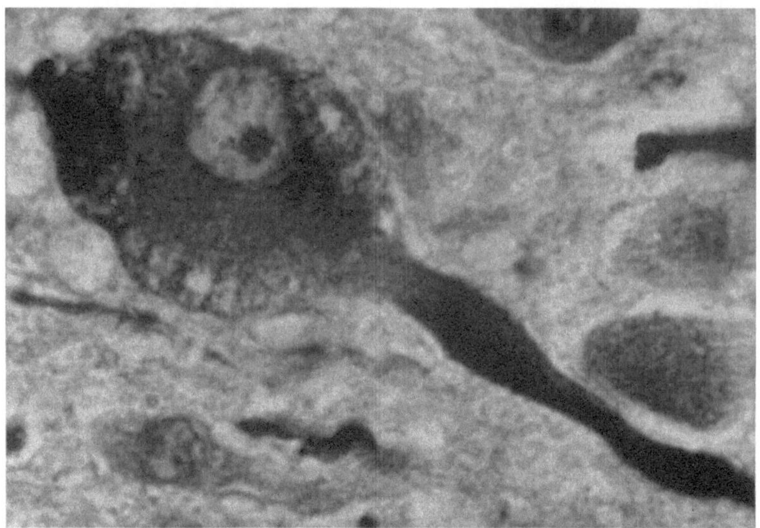

Abb. 70. Neurosekrethaltige Ganglienzelle aus dem Nucleus supraopticus (Hund) mit sekretreichem Fortsatz.
(Nach BARGMANN.)

so ist, geht aus Versuchen hervor, in denen durch einen Schnitt die
neurosekretorische Bahn unterbrochen wurde, worauf das Neurosekret
nicht mehr in die Hypophyse gelangen kann und in ihr keine Hinterlappenhormone mehr nachgewiesen werden können (s. Abb. 69).

In der Neurohypophyse werden Hormone also nicht gebildet, sondern gespeichert. Die im Hinterlappen gefundenen Stoffe (früher *Hypophysin* oder *Pituitrin* genannt) greifen in erster Linie an autonom innervierten Organen an. Sie haben weder eine rein sympathische noch eine rein parasympathische Wirkung. Manche Effekte sind adrena

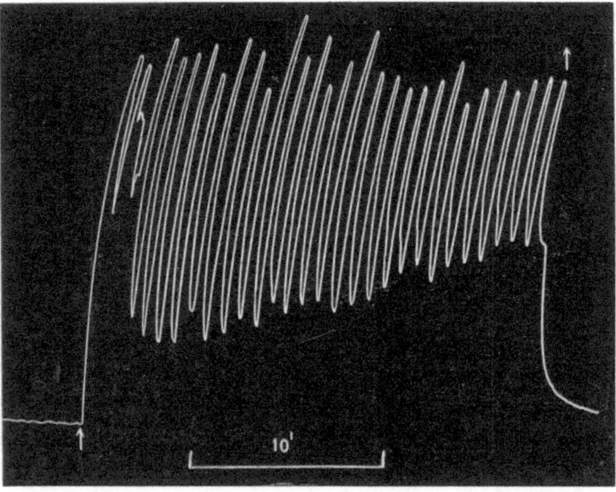

Abb. 71. Wirkung von frischer Hinterlappensubstanz (1 Teil auf 1 Million
Teile Tyrodelösung) auf den ausgeschnittenen Rattenuterus.
(Nach TRENDELENBURG.)

linartig, unterscheiden sich aber von den Wirkungen des Adrenalins dadurch,
daß sie durch Ergotamin oder Ergotoxin nicht gehemmt werden. Ihre
wesentlichsten Wirkungen sind *Steigerung des Blutdrucks, Erregung der glatten
Muskulatur von Dickdarm, Dünndarm, Blase und Uterus sowie Regelung von
Wasserausscheidung und Konzentrationsfähigkeit der Niere.*

Die Frage, wie viele verschiedene Hormone in der Neurohypophyse vorkommen, ist lange Zeit Gegenstand wissenschaftlicher Kontroverse gewesen. Seitdem es DuVIGNEAUD u. Mitarb. gelungen ist, zwei verschiedene Polypeptide zu isolieren, ihre Struktur aufzuklären und durch die Synthese zu sichern, ist sie dahin entschieden, daß im Hypophysenhinterlappen 2 Hormone vorkommen, das *Vasopressin* und das *Oxytocin*. Die Wirkung eines dritten als *Adiuretin* bezeichneten Hormons kommt, wie durch Prüfung der in reiner Form gewonnenen Hormone bewiesen wurde, dem Vasopressin zu. Beide Hormone sind Octapeptide mit einem Pentapeptidring von prinzipiell gleichartiger Struktur und nur geringen Differenzen in der Aminosäurezusammensetzung, wie die nachstehende schematische Formulierung zeigt. Auch nach der Entdeckung dieser beiden

Ileu: *Oxytocin*

Phe: *Vasopressin*

Glu (NH₂)

Tyr   Asp (NH₂)

Cys*—Cys

*Freie Aminogruppe

Prol—⊙—Gly (NH₂)

Leu: *Oxytocin*

Arg: *Vasopressin* (Schwein)
Lys: *Vasopressin* (Ochse)

Peptide wird aber nach wie vor die Frage ventiliert, ob sie nicht Teilstücke eines einheitlichen, primär in der Hypophyse vorkommenden Proteins sind.

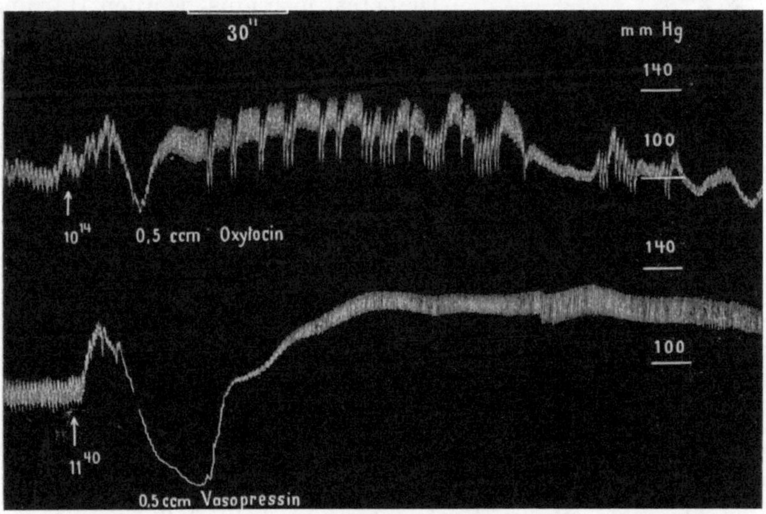

Abb. 72. Wirkung von Oxytocin und Vasopressin auf den Blutdruck des Kaninchens.
(Nach TRENDELENBURG.)

Oxytocin: Das Oxytocin hat die Blutdruckwirkung nur noch andeutungsweise. Seine Wirkung ist im wesentlichen auf die glatte Muskulatur gerichtet. So kann es die Muskulatur des nicht schwangeren Uterus in wehenartige Kontraktionen versetzen (s. Abb. 71). Der schwangere Uterus

18*

dagegen ist gegen die Oxytocinwirkung refraktär. Die Uterusmuskulatur wird erst unter der Geburt auf Oxytocin wieder ansprechbar, man nimmt sogar an, daß die normale Geburt durch Oxytocin eingeleitet wird. Oestron fördert die Oxytocinwirkung, Progesteron hemmt sie. Auch Oxytocin regt die Darmmuskulatur zur Kontraktion an, aber im Gegensatz zum Vasopressin die von Dickdarm und Enddarm. Ferner wird die Muskulatur von Gallen- und Harnblase erregt. Eine dritte Wirkung hat Oxytocin auf die Milchejektion aus der Milchdrüse: nicht die Milchbildung wird gefördert, diese untersteht anderen Hormonen (s. S. 269), sondern nur die Abgabe der Milch aus der Drüse.

Vasopressin: Schon lange ist bekannt, daß Hypophysenhinterlappenextrakte zu einer langanhaltenden Blutdrucksteigerung führen (s. Abb. 72) und fernerhin die glatte Muskulatur des unteren Dünndarms erregen können (s. Abb. 73). Es ist aber nicht sicher, ob dem eine physiologische Bedeutung zukommt. Weiterhin ist dem Vasopressin die dem Adiuretin zugeschriebene Wirkung auf die Niere eigen. Diese besteht in einer Förderung der Wasserrückresorption in der Niere. So ist es verständlich, daß bei Durst die Vasopressinausscheidung gesteigert, bei Wasserzufuhr dagegen vermindert ist. Bei völligem Fehlen des Vasopressins werden also große Mengen von Wasser ausgeschieden. Beim Diabetes insipidus wurden Harnmengen bis zu 20 Liter beobachtet. Es ist bemerkenswert, daß alleinige Zerstörung des Hypophysenhinterlappens keinen Diabetes insipidus bewirkt, dieser tritt nur auf, wenn Hypophysenstiel, Tuber cinereum und die als Bildungsstätten der Neurohormone angesehenen Bezirke des Hypo-

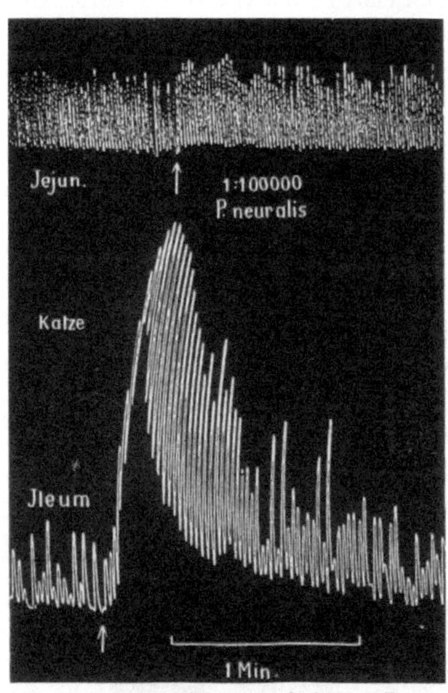

Abb. 73. Erregung des ausgeschnittenen Dünndarms von der Katze durch Hypophysenhinterlappen (1 Teil Hinterlappen auf 100000 Teile Tyrodelösung). Oben Jejunum, unten Ileum. (KAUFMANN u. TRENDELENBURG.)

thalamus zerstört wurden, ein weiterer wichtiger Hinweis auf die Bildung der Hypophysen-Hinterlappenhormone an diesen Stellen.

Es mag eigenartig erscheinen, daß reines Oxytocin auch eine geringe Vasopressinwirkung und reines Vasopressin auch eine gewisse Oxytocinwirkung hat. Dies wird aber vielleicht erklärlich aus den nur geringen Differenzen in der Struktur der beiden Hormone.

i) Magen- und Darmschleimhaut.

Die Entdeckung von Hormonwirkungen der Schleimhaut des Verdauungskanals geht auf die Beobachtung zurück, daß beim Aufbringen von Säure auf die Schleimhaut des Duodenums eine Sekretion von Pankreassaft ausgelöst werden kann, und daß man durch Injektion von sauren Extrakten der Schleimhaut den gleichen Effekt erzielt; dagegen sind Extrakte der anderen Darmabschnitte und anderer Organe völlig wirkungslos (BAYLISS u. STARLING). Die Substanz, auf der diese Wirkung beruht, ist das *Secretin*. Neben der Sekretion des Pankreas steuert das Secretin auch diejenige der BRUNNERschen Drüsen des Duodenums. Es wird von der Schleimhaut des Dünndarms auf die verschiedensten Reize hin, besonders bei Berührung mit dem sauren Mageninhalt in das Blut abgegeben und gelangt mit ihm zum Pankreas.

Secretin wurde als kristallisiertes Pikrolonat isoliert, und zwar von verschiedenen Autoren. Die verschiedenen Präparate waren wirksam, chemisch aber nicht identisch, so daß nähere Angaben über das wahre Secretin noch verfrüht erscheinen. Das Molekulargewicht scheint etwa 5000 zu sein.

Der unter Secretinwirkung abgesonderte Pankreassaft ist arm an Fermenten, enthält aber relativ viel Salze, besonders Hydrogencarbonat. Es ließ sich aber zeigen, daß sich aus ungereinigtem Secretin ein weiterer Faktor, *Pankreozymin*, abtrennen läßt, der die Abgabe der Pankreasenzyme steigert.

Weitere Hormone der Darmschleimhaut sind *Cholecystokinin*, das die Entleerung der Gallenblase steuern soll und *Enterogastron*, das nach Eintritt größerer Fettmengen ins Duodenum von dessen Schleimhaut abgegeben wird und die Motilität und die Sekretion des Magens hemmt. Über *Gastrin* s. S. 365.

In Extrakten der Schleimhaut des Magens und des Darmkanals, später auch in Milz, Zentralnervensystem, sympathischen Ganglien, aber auch in Speicheldrüsen niederer Tiere wurde eine von ihrem Entdecker ERSPAMER als *Enteramin* bezeichnete Substanz aufgefunden, die auch als *Serotonin* bezeichnet wird und als 5-Hydroxytryptamin erkannt wurde. Trotz der zahlreichen und mannigfachen Wirkungen, die sie in pharmakologischen Versuchen zeigt, ist ihre physiologische Bedeutung noch nicht erkannt. Von Bedeutung ist wahrscheinlich das Vorkommen von Serotonin im Gehirn. Die Vorstufe von 5-Hydroxytryptamin ist Tryptophan, aus dem es durch Decarboxylierung und Oxydation entsteht. Im Stoffwechsel geht es über Hydroxyacetaldehyd in Hydroxyindolmilchsäure über (s. a. S. 486).

k) Gewebshormone.

Schon die Bezeichnung des Secretins als Hormon ist nicht ganz mit der Vorstellung vereinbar, nach der Hormone in besonderen, nur diesem Zweck dienenden Organen gebildet werden. Immerhin wird es mit dem Blutstrom seinem Erfolgsorgan zugeführt. Bei den „Gewebshormonen", über die bereits in der Einleitung dieses Kapitels gesprochen worden ist, fallen dagegen Bildungs- und Erfolgsorgan meist zusammen, und häufig sind die Wirkstoffe intermediäre Stoffwechselprodukte des betreffenden Organs. Das schließt aber nicht aus, daß sie bei der Erhaltung und Regulierung bestimmter Funktionen eine sehr bedeutungsvolle Rolle spielen. In erster Linie gilt das für die Anpassung der Organdurchblutung an den jeweiligen Tätigkeitszustand und für die Regulation des Blutdrucks. Es ist schon darauf hingewiesen worden, daß Adrenalin und Noradrenalin, wenn sie von der Nebenniere an das Blut abgegeben werden, wahrscheinlich für die Einstellung des normalen Blutdruckes keine wesentliche Bedeutung haben, und für Vasopressin scheint das gleiche zu gelten, da nach Entfernung der Hypophyse keine nennenswerten Blutdruckänderungen beobachtet wurden. Die Erkenntnis wächst zunehmend, daß die für die gesamte Kreislaufregulation so wichtigen kleinsten Gefäße der Körperperipherie viel mehr auf humoralem als auf nervösem Wege beeinflußt werden, und es kann als ziemlich sicher gelten, daß *die Stoffe, die diese Regulation auslösen, im Gewebe selber am Ort ihrer Wirkung entstehen, teils wie schon angedeutet als Stoffwechselprodukte, teils aber auch, und das ist für die Erkenntnis der Mechanismen der nervös-humoralen Übertragung besonders wichtig, als Folge einer nervösen Reizung der peripheren Nervenendigungen.*

Wie O. LOEWI gefunden hat, gibt das isolierte Froschherz an die in ihm enthaltene Flüssigkeit bei Vagus- bzw. bei Acceleransreizung besondere Stoffe ab, deren Wirkung erkannt werden kann, wenn man die Flüssigkeit

aus dem ersten in ein zweites, normal schlagendes Herz überträgt. Der
bei Acceleransreizung abgegebene „*Acceleransstoff*" beschleunigt die Tätigkeit des zweiten Herzens genau so wie eine Acceleransreizung; der „*Vagusstoff*" hingegen hat die hemmende Wirkung einer Vagusreizung. Wahrscheinlich ist der Acceleransstoff ein Gemisch von Adrenalin und Noradrenalin, wie es auch bei Reizung sympathisch innervierter Organe an den
sympathischen Nervenendigungen entsteht. Früher hatte man angenommen, daß hierbei ein als *Sympathin* benannter Stoff entsteht, der nunmehr
als Adrenalin-Noradrenalin-Gemisch erkannt ist, in dem die beiden Komponenten, allerdings abhängig von dem untersuchten Nerven, in wechselnden Mengen vorkommen. Bei dem **Vagusstoff** handelt es sich wahrscheinlich um den Essigsäureester des Cholins, das *Acetylcholin:*

$$\begin{array}{c} \quad\quad\quad\quad\quad O \\ \quad\quad\quad\quad\quad \| \\ CH_2O\!-\!O\!-\!C\!-\!CH_3 \\ | \\ CH_2\!-\!\overset{\oplus}{N}(CH_3)_3\overset{\ominus}{O}H \end{array}$$

Im allgemeinen entspricht zwar die Wirkung des Adrenalins bzw.
des Arterenols einer Reizung sympathischer, die des Acetylcholins einer
Reizung parasympathischer Nerven. Das gilt aber nicht ohne Ausnahme,
vielmehr stimmt häufig die anatomische Zuordnung eines Nerven zum
sympathischen oder parasympathischen Anteil des autonomen Nerven-
systems nicht mit seiner physiologischen Ansprechbarkeit durch Adrenalin
oder Acetylcholin überein. DALE hat daher, um dem physiologischen
Verhalten Rechnung zu tragen, den Begriff *der cholinergischen und der
adrenergischen Fasern* eingeführt, wobei sich meist die Begriffe adrenergisch
und sympathisch sowie cholinergisch und parasympathisch decken.

Das *Cholin* hat eine Reihe von wichtigen physiologischen Wirkungen;
so regt es die Darmperistaltik an und wurde, weil es in der Darmschleimhaut in größerer Menge vorkommt, von MAGNUS als „*Hormon der Darm-
bewegung*" bezeichnet. Es setzt ferner durch Gefäßerweiterung in der
Peripherie den Blutdruck herab. Die gleichen Wirkungen kommen dem
Acetylcholin in ungleich höherem Maße zu. Es ist nachgewiesen worden, daß bei der Reizung parasympathischer, aber auch bei der rein
motorischer Nerven in den Erfolgsorganen Acetylcholin frei gemacht wird.
Dieser Vorgang ist offenbar ein wesentliches Glied in der Kette der Übertragung nervöser Reize. Auch im Gehirn wird Acetylcholin gebildet. Die
stärkste Acetylcholinbildung wurde in den basalen Ganglien gefunden.

Wegen der Freisetzung von Acetylcholin an den Nervenendigungen
wird durch den Reiz, der ein Organ in Tätigkeit versetzt, gleichzeitig
auch für eine bessere Durchblutung des verstärkt tätigen Organs gesorgt.
Die Wirkung des Acetylcholins ist außerordentlich flüchtig, da es durch
das im Blut vorkommende Ferment Acetylcholinesterase (s. S. 297) sehr
rasch gespalten wird; seine physiologische Wirkung ist also von begrenzter
Dauer. Es erscheint wichtig, daß auch im Muskel Cholinesterase vorkommt,
und zwar an den motorischen Endplatten in besonders hoher Konzentration.
Dagegen ist bei schwereren Muskelerkrankungen der Gehalt des Blutes
an Acetylcholinesterase herabgesetzt. Durch Physostigmin (Eserin) wird
die Acetylcholinesterase gehemmt, so daß unter diesen Bedingungen die
Gegenwart von Acetylcholin im Blut mit pharmakologischen Methoden
nachgewiesen werden kann. Isoliert und chemisch identifiziert wurde das
Acetylcholin im Tierkörper bisher nur in Milz und Gehirn.

An blutdrucksteigernden Gewebsstoffen ist ferner ein aus der Niere gewonnener Körper, das *Renin*, zu nennen. Wie die Abb. 74 zeigt, sind die Blutdruckwirkungen von Renin und Adrenalin prinzipiell verschieden, die von Renin hat aber mit der von Vasopressin (in der Abb. „Tonephin") große Ähnlichkeit. Vasopressin und Renin sind aber durch ihre anderen Wirkungen gut voneinander zu unterscheiden. Vasopressin führt zu Pulsverlangsamung, Abnahme des Schlagvolumens und zu einer Verlängerung der Überleitungszeit im Herzen. Alle diese Eigenschaften fehlen dem Renin.

Das Renin benötigt zur Entfaltung seiner vasokonstriktorischen Wirkung der Gegenwart eines weiteren im Blut vorkommenden Stoffes. Man nimmt heute an, daß das Renin als Ferment auf einen zu den Pseudoglobulinen zählenden Stoff einwirkt und ihn in die eigentliche blutdruckwirksame Substanz umwandelt, die man als *Angiotonin* oder *Hypertensin* bezeichnet. Hypertensin ist ein Polypeptid aus 8 (Hypertensin I) oder 10 Aminosäureresten (Hypertensin II). Die Struktur ist bekannt. Das minimale Molekulargewicht beträgt 1475.

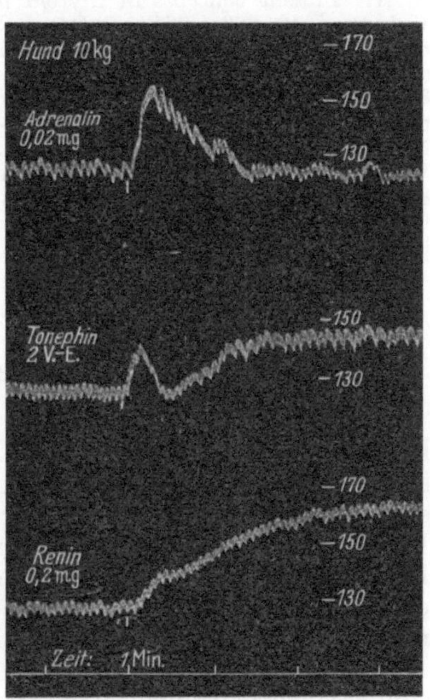

Abb. 74. Vergleich der Blutdruckwirkung von Renin, Vasopressin (Tonephin) und Adrenalin. (Nach HESSEL.)

Zahlreiche Gewebsextrakte haben gefäßerweiternde, also blutdrucksenkende Wirkung. Für einen Teil der Wirkungen wird das *Histamin* verantwortlich gemacht, weil es eine außerordentlich starke Erweiterung der Capillaren bewirkt. Wahrscheinlich gibt es auch andere Stoffe mit ähnlicher Wirkung. Zu ihnen gehören vor allen Dingen die Stoffe der *Adenylsäuregruppe*: Adenylsäure, Adenosintriphosphorsäure und Adenosin, die eine erhebliche Kreislaufwirkung haben. Sie äußert sich neben der Erweiterung der kleinsten peripheren Gefäße besonders in einer solchen der Coronargefäße. Daneben tritt eine geringe Verlangsamung der Herzfrequenz, bei größeren Dosen Herzblock auf. Da an den chemischen Umsetzungen bei der Kontraktion des quergestreiften und des Herzmuskels die Adenosintriphosphorsäure in hervorragendem Maße beteiligt ist (s. S. 552), spielt sicherlich die Freisetzung von Adenosinderivaten während der Tätigkeit des Muskels für die Regulation seiner Durchblutung eine wichtige Rolle.

Die besondere Bedeutung dieser sog. „Gewebshormone" liegt wohl darin, daß sie im Gewebe immer nur in einem Umfang gebildet oder freigesetzt werden, der durch den jeweiligen Tätigkeitszustand des Organs bestimmt wird, in dem sie entstehen. Diese Tatsache zusammen mit ihrer meist raschen Zerstörung oder Beseitigung läßt ihre Bildung für die Feinregulation vieler Körperfunktionen als besonders bedeutungsvoll erscheinen.

Schrifttum.

ACHER, R., et C. FROMAGEOT: Chimie des hormones neurohypophysaires. Ergebn. Physiol. 48, 286 (1955). — AMMON, R., u. W. DIRSCHERL: Fermente, Hormone, Vitamine. 2. Aufl. Leipzig 1948. — BERSIN, T.: Hormone der Schilddrüse. Arzneim.-Forsch. 7, 19, 133, 185 (1957). — BUDDENBROCK, W. v.: Vergleichende Physiologie. Bd. IV. Hormone. Basel 1950. — BUTENANDT, A.: Ergebnisse und Probleme in der biochemischen Erforschung der Keimdrüsenhormone. Naturwiss. 24, 529, 545 (1936). — CLAUBERG, C.: Die weiblichen Sexualhormone. Berlin 1933. — DIRSCHERL, W.: Über die Einwirkung von Steroidhormonen auf Gewebsstoffwechsel und Fermente. Ergebn. Physiol. 48, 112 (1955). — EULER, U. S. v.: Noradrenaline (Arterenol) adrenal medullary hormone and chemical transmittor of adrenergic nerves. Ergebn. Physiol. 46, 261 (1950). — HOLT, C. v.: Glukagon. Z. Vit.-, Horm. Ferm.-Forsch. 7, 138 (1955). — JORES, A.: Klinische Endokrinologie. 3. Aufl. Berlin, Göttingen, Heidelberg 1949. — KETTERER, B., P. J. RANDLE and F. G. YOUNG: The pituitary growth hormon and metabolic processes. Ergebn. Physiol. 49, 127 (1957). — LI, C. H.: Hormones of the anterior pituitary gland. Part I. Growth and adrenocorticotropic hormones. Adv. Protein Chem. 11, 101 (1956). — MACLEOD, J. J.: Kohlehydratstoffwechsel und Insulin. Deutsche Übersetzung. Berlin 1927. — PINCUS, G., and K. V. THIMANN: The Hormones. New York Bd. 1, 1948; Bd. 2, 1950; Bd. 3, 1955. — RAWSON, R. W.: Present concepts of thyroid physiology as revealed with modern tools of study. Fed. Proc. 13, 663 (1954). — RAWSON, R. W., and W. L. MONEY: Physiologic reactions of the thyroid stimulating hormone. Recent Progr. Hormone Res. 4, 397 (1949). — ROCHE, J., and R. MICHEL: Nature, biosynthesis and metabolism of thyreod hormones. Physiol. Rev. 35, 583 (1955). — RUSSEL, J. A.: The relation of the anterior pituitary to carbohydrate metabolism. Physiol. Rev. 18 (1938). — SELYE, H.: Textbook of Endocrinology. 2. Aufl. Montreal 1949. — TRENDELENBURG, P.: Die Hormone. Bd. I u. II. Berlin 1929 u. 1934. — VERZÁR, F.: Die Funktion der Nebennierenrinde. Basel 1939. — Lehrbuch der Inneren Sekretion. Liestal 1948. — ZIMMERMAN, B.: Endocrine Functions of the Pankreas. Springfield, Ill. 1952. — ZONDEK, B.: Die Hormone des Ovariums und des Hypophysenvorderlappens. Wien 1935.

C. Fermente und ihre Wirkungen.

a) Allgemeine Einleitung.

Eine der auffälligsten Tatsachen, welche den Zustand des Lebens kennzeichnen, ist die Geschwindigkeit, mit der der Organismus Nahrungsstoffe, die ihm zugeführt werden, im Darmkanal abbaut und mit der er die Körperbausteine, die er aus ihnen bereitet, in den Zellen unter Freimachung der in ihnen enthaltenen Energie umsetzt. Dies ist um so bemerkenswerter, als Umsetzung und Abbau der energetisch wichtigsten dieser Stoffe, der Eiweißkörper, Fette und Kohlenhydrate, chemisch nur durch eingreifende Operationen herbeigeführt werden können. Zur Durchführung derartiger Leistungen muß der Organismus daher über besondere Einrichtungen oder Stoffe verfügen, deren Gegenwart Reaktionen ermöglicht, die ohne sie anscheinend nicht oder nur äußerst langsam ablaufen können. Da sich aus den Geweben strukturfreie Extrakte herstellen lassen, in denen die Umsetzungen, wenn auch nicht immer mit der gleichen Geschwindigkeit, so doch in der gleichen Richtung verlaufen wie in den Zellen selber, *kann die Ursache des raschen Umsatzes nicht durch die Struktur der Zellen oder der Gewebe allein bedingt sein, sondern muß von der Anwesenheit bestimmter Stoffe abhängen. Man nennt diese Stoffe Fermente.*

Auf den ersten Blick hat die Wirkung der Fermente die größte Ähnlichkeit mit derjenigen von *Katalysatoren.* Der Katalysatorbegriff rührt von BERZELIUS her. Er bezeichnete durch ihn Körper, die „durch ihre bloße Gegenwart chemische Tätigkeiten hervorrufen, die ohne sie nicht stattfinden". BERZELIUS hat auch bereits die Fermentwirkung als eine katalytische aufgefaßt und dadurch der Erforschung der Ursache der chemischen Umsetzungen im lebenden Organismus einen mächtigen Anstoß gegeben. Gegenüber dieser Anschauung, nach der ein Katalysator die *Ursache* des in seiner Gegenwart ablaufenden Geschehens ist, hat lange Zeit der von WI. OSTWALD aufgestellte Begriff der Katalyse auch die Vorstellungen vom Wesen der Fermentwirkung bestimmt. Nach OSTWALD greift ein Katalysator nur in solche Reaktionen ein, die freiwillig, d. h.

auch in Abwesenheit des Katalysators ablaufen: *seine Wirkung ist also lediglich in der Beschleunigung einer an sich schon ablaufenden Reaktion.* Der spontane Ablauf vollzieht sich aber so langsam, daß er häufig unendlich lange Zeiten beanspruchen würde. Die Katalysatorwirkung besteht danach nicht in einer Reaktionsauslösung, sondern in einer Veränderung der Reaktionsgeschwindigkeit.

Diese Definition der Katalyse trifft in vielen Fällen zu, in denen die Reaktionsbeschleunigung ohne weiteres gemessen werden kann, aber es gibt zahlreiche Reaktionen, die bei völligem Fehlen von Katalysatoren überhaupt nicht ablaufen, es sei denn, man nähme an, ihr Verlauf sei so langsam, daß er auch in sehr langen Zeiträumen unmeßbar klein bleibt. Dann aber ist die Folgerung einer Reaktionsbeschleunigung lediglich ein Formalismus. Dazu kommt ferner die Tatsache, daß dieselben Stoffe je nach Wahl des Katalysators *verschieden* reagieren können. So können z. B. aus Kohlenoxyd und Wasserstoff abhängig vom Katalysator und den sonstigen Versuchsbedingungen Methan oder Methylalkohol oder höhere Alkohole oder Kohlenwasserstoffe der verschiedensten Art entstehen. Der Katalysator ruft also eine Reaktion nicht nur hervor, er lenkt sie auch in bestimmte Richtung. Wichtig ist dabei, daß sich die Wirkung des Katalysators hierauf beschränkt, daß er also weder in den Endprodukten einer Reaktion erscheint noch zu der von ihm ausgelösten Reaktion zusätzliche Energie beisteuert. MITTASCH kommt deshalb zu der Definition, daß ein „*Katalysator, ohne selber im Endprodukt zu erscheinen, durch seine Gegenwart chemische Reaktionen oder Reaktionsfolgen nach Richtung und Geschwindigkeit bestimmt.*"

Als Katalysatoren wirken zahlreiche Stoffe verschiedener chemischer Natur. Die meisten haben die Fähigkeit, in den Ablauf zahlreicher voneinander verschiedener Prozesse eingreifen zu können. Ihre Wirkung ist also nicht spezifisch. Demgegenüber weisen die Fermente eine sehr weitgehende Spezifität auf, und zwar sowohl hinsichtlich der Art ihrer Wirkung als auch der Substanzen, die von ihnen umgesetzt werden. Fermente besitzen also eine *Substrat- und eine Wirkungsspezifität.* Bemerkenswert ist, daß sehr geringe Katalysatormengen einen großen Umsatz bewirken, der Katalysator also nicht durch die Reaktion verbraucht wird. Daß die Katalysatorwirkung doch in vielen Fällen aufhört, beruht meist auf der Bildung katalytisch unwirksamer Verbindungen des Katalysators mit Begleitstoffen, die an der Reaktion nicht beteiligt sind.

Wegen der analogen Wirkung von chemischen Katalysatoren und von Fermenten hat man die *Fermente als Katalysatoren der lebendigen Substanz* bezeichnet *(Biokatalysatoren).* Wenn man das tut, verliert die OSTWALDsche Definition des Katalysators vollends ihren Sinn; denn das Wesen nur weniger der zahllosen Fermentwirkungen kann ohne Zwang lediglich als „Reaktionsbeschleunigung" bezeichnet werden. Fast alle wichtigen Bausteine des Körpers sind in reinem Zustand außerordentlich beständig. Eiweißlösungen z. B. lassen sich unter sterilen Bedingungen jahrelang ohne die geringste Veränderung aufbewahren, dagegen wird durch eiweißspaltende Fermente in den gleichen Lösungen das Eiweiß in kürzester Zeit abgebaut. Man wird durch diese und durch viele gleichartige Tatsachen zu dem Schluß gezwungen, daß zwar die Wirkung der Katalysatoren möglicherweise in einer Reaktionsbeschleunigung bestehen kann, daß aber Fermente fast immer die Vorgänge auslösen, die in ihrer Gegenwart ablaufen. Auch sonst bestehen zwischen Katalysatoren und Fermenten trotz großer Ähnlichkeit in der Wirkung gewisse Unterschiede. Daher seien vor einem näheren Eingehen auf Einzelheiten zunächst die wichtigsten Kennzeichen und Merkmale der Fermente und ihrer Wirkung angeführt und die Unterschiede gegenüber den Katalysatoren berührt.

1. Vorkommen und Bildung.

Die Fermente kommen nur in belebter Materie vor und müssen von den Organismen gebildet werden. Sie können ihre Wirkung jedoch auch losgelöst vom Organismus entfalten.

Die gesamten Verdauungsfermente vollziehen ihre Funktion nach ihrer Bildung und Abgabe durch die Verdauungsdrüsen im Verdauungskanal, und sie wirken genau so außerhalb des Organismus wie am physiologischen Ort ihrer Tätigkeit. Auch für die zelleigenen Fermente gilt prinzipiell das gleiche. Diese Tatsache ist lange Zeit Gegenstand von Untersuchungen und Auseinandersetzungen gewesen. Man stellte die in den Sekreten der Verdauungsdrüsen enthaltenen und abgetrennt von der Zelle ihre biologischen Aufgaben vollziehenden Fermente als *„ungeformte"* Fermente denjenigen gegenüber, die in der Zelle selber den Stoffumsatz besorgen. Diese hielt man für Zellbestandteile, die notwendigerweise nur an die Zellstruktur gebunden wirken können; sie wurden dementsprechend als *„geformte" Fermente oder Enzyme* bezeichnet. Die Unterscheidung erschien berechtigt, da es zunächst nicht gelang, die Enzymwirkung von den Zellen abzutrennen und in strukturloser Lösung zu untersuchen. Nachdem jedoch durch BUCHNER (1897) gezeigt worden war, daß man das Gärungsferment, die Zymase, die als das Urbild des Enzyms galt, aus der Hefezelle herauslösen kann, wenn man die Zellen durch Verreiben mit Quarzsand zerstört und sie dann nach Vermengen mit Kieselgur unter hohem Druck auspreßt, ist eine prinzipielle Trennung der Begriffe Ferment und Enzym nicht mehr statthaft: *„Enzym" und „Ferment" sind verschiedene Bezeichnungen für den gleichen Begriff.* Späterhin ist es auch gelungen, noch sehr viele andere fest an die Zelle gebundene Fermente durch geeignete Maßnahmen von ihr abzutrennen. Immerhin ist oft von ein und demselben Ferment ein Teil fester an das Protoplasma der Zelle gebunden, so daß seine Abtrennung mehr oder weniger schwer gelingt. Man hat daher zwischen *Lyoenzym* und *Desmoenzym* als der abtrennbaren und der gebundenen Form des gleichen Fermentes unterschieden (WILLSTÄTTER).

2. Chemische Natur.

In der Zelle oder in den Sekreten finden sich die Fermente gemeinsam mit großen Mengen anderer Stoffe. Die Beseitigung dieser „Verunreinigungen" ist Voraussetzung für die Aufklärung der chemischen Natur der Fermente selber.

Lange Zeit war die chemische Natur der Fermente unbekannt. 1926 gelang SUMNER die Kristallisation der Urease und der Nachweis, daß sie ein Eiweißkörper ist. Seitdem sind zahlreiche Fermente kristallisiert und ebenfalls als Eiweißkörper identifiziert worden. Eine Anzahl von ihnen mit dem Jahr der ersten Gewinnung sind in Tabelle 49 zusammengestellt. Es ist also über jeden Zweifel gesichert, daß die Fermente Eiweißkörper sind.

Tabelle 49. Kristallisierte Fermente.

Fermente	zuerst isoliert	s. S.	Fermente	zuerst isoliert	s. S.
Urease	1926	307	Phosphotriose-		
Pepsin	1930	314f.	dehydrogenase	1939	420
Trypsin	1931	317f.	Lactat-		
Chymotrypsin	1933	318f.	dehydrogenase	1940	421
Gelbes Ferment	1934	339f.	Peroxydase	1940	346f.
Carboxypeptidase	1935	309f.	Enolase	1941	421
Alkoholdehydrogenase	1937	422	Kohlensäureanhydrolase	1942	540
Katalase	1937, 1941	346f.	Labferment	1942	316
Papain	1937	285	Phosphorylase	1942	323
Lecithinase	1938	297	Hexokinase	1946	418f.
Tyrosinase	1938	346	α-Amylase	1946—1948	304
Ascorbinsäureoxydase	1939	346	β-Amylase	1948	304

Der andere wichtige Ausgangspunkt für unsere heutigen Vorstellungen von der chemischen Natur der Fermente sind Beobachtungen, die schon vor längerer Zeit bei der alkoholischen Gärung der Hefe gemacht wurden. HARDEN u. YOUNG fanden, daß die *Zymase*, wie man die Gesamtheit der Hefefermente bezeichnete, nur wirksam ist in Gegenwart eines Faktors, der sie in der Hefe begleitet, der aber im Gegensatz zu der Zymase dialysabel ist und durch Erhitzen nicht zerstört wird. Man hat ihn als *Co-Zymase* bezeichnet. Das vollständige Gärferment setzt sich aus zwei Teilen zusammen, aus einer *thermostabilen „Co-Zymase" und einer thermolabilen „Apo-Zymase"; beide zusammen ergeben erst das eigentliche Ferment, die „Holo-Zymase".* Auch für andere Fermente wurde ein ähnliches Bauprinzip nachgewiesen, so daß also die Beziehung

$$\text{Co-Ferment} + \text{Apo-Ferment} = \text{Holo-Ferment}$$

allgemeinere Gültigkeit hat. Die oben mitgeteilten und andere ähnliche Feststellungen führen zu der zweiten prinzipiell ebenso wichtigen Feststellung, daß es *Fermente von Protein- und solche von Proteidcharakter gibt.* Bei vielen Fermenten ist es bisher nicht gelungen, von dem Eiweiß eine prosthetische Gruppe abzutrennen. Man muß in diesen Fällen annehmen, daß die Bindung der aktiven Gruppe an die Eiweißkomponente nicht dissoziabel ist oder daß die Fermentwirkung an eine bestimmte Aminosäuregruppierung geknüpft ist. Andere Fermente sind dagegen nach Art eines zusammengesetzten Eiweißkörpers aus Protein und prosthetischer Gruppe aufgebaut, und beide Teile des Moleküls sind für die Fermentwirkung und ihre Spezifität notwendig. Daß bei manchen Fermenten die Verbindung zwischen Eiweiß und Co-Ferment relativ fest, in anderen Fällen dagegen leicht dissoziabel ist, hat zwar für den Wirkungsmechanismus, nicht aber für das allgemeine Bauprinzip Bedeutung.

Der prinzipielle Aufbau der Fermente ist somit bekannt und bei manchen „Ferment-Proteiden" läßt sich auch die Wirkung aus der Konstitution der prosthetischen Gruppe verstehen. Bei den „Ferment-Proteinen" ist das noch nicht der Fall.

3. Einteilung der Fermente.

Eine der wesentlichsten Eigenschaften der Fermente ist ihre weitgehende Spezifität, d. h. daß ein Ferment nicht mehr als ein Substrat oder doch nur eine geringe Zahl einander chemisch nahe verwandter Substrate umzusetzen vermag. Als man die ersten Fermentwirkungen kennenlernte, belegte man die Fermente mit trivialen Namen (z. B. Pepsin, Ptyalin,

Trypsin); als die Zahl der bekannten Fermente wuchs, galt als Grundsatz der Benennung die Anfügung der Endsilbe *-ase* an den Namen des Substrates des betreffenden Fermentes oder an die für es kennzeichnende Wirkung.

Bei einem Vergleich der Wirkung der Fermente ergab sich bald, daß trotz ihrer Substratspezifität doch eine ganze Reihe von ihnen eine im Wesen gleiche Wirkung ausübt. So gibt es z. B. Fermente, die glykosidische Bindungen aufspalten können, aber jeweils nur bestimmte Arten der glykosidischen Bindung, sie wurden als Carbohydrasen zusammengefaßt. Andere konnten Peptidbindungen spalten, so daß sich der Name Peptidasen ergab, aber innerhalb dieser Gruppe der Peptidasen finden sich ganz bestimmte Spezifitäten. Im Laufe der Zeit ist eine sehr große Zahl von Fermentwirkungen bekannt geworden. Die für sie verantwortlichen Fermente sind zum großen Teil auch isoliert worden. Damit ist die bisher übliche Aufstellung von zwei großen Fermentgruppen, die der *Hydrolasen* und der *Desmolasen* zu eng geworden. Hydrolasen spalten ihre Substrate unter Mithilfe von Wasser; Esterasen z. B. zerlegen Ester unter Aufnahme von Wasser in Säure und Alkohol. Als Desmolasen faßte man Fermente zusammen, durch deren Wirkung die C-C-Bindungen der Substrate gespalten werden. In dieser einfachen Ordnung sind aber zahlreiche Fermente nicht unterzubringen, so daß im folgenden eine Einteilung gewählt wurde, die von HOFFMANN-OSTEN-HOF vorgeschlagen worden ist. Bei ihr ergeben sich 5 Hauptgruppen:

1. *Hydrolasen:* sie übertragen einen Molekülbestandteil ihres ersten Substrates vorzüglich auf Wasser, unter Umständen auch auf ein anderes zweites Substrat.

2. *Transferasen:* sie übertragen Molekülbestandteile — außer Wasserstoffatomen und Elektronen — auf ein zweites Substrat, das nicht Wasser sein darf.

3. *Oxydoreduktasen:* ihre Funktion ist die Übertragung von Elektronen oder von Wasserstoffatomen (Protonen + Elektronen) von einem Substrat auf ein anderes.

4. *Syntheasen* und *Lyasen:* durch sie werden zwei Substrate miteinander vereinigt, oder ein Substrat in zwei neue zerlegt.

5. *Isomerasen* und *Racemasen:* sie dienen der Isomerisierung und Racemisierung.

In der nachfolgenden Tabelle ist verkürzt die von HOFFMANN-OSTENHOF vorgeschlagene Unterteilung dieser Gruppen wiedergegeben. Eine Anführung von näheren Einzelheiten würde an dieser Stelle zu weit führen. Es wird dieserhalb auf die speziellen Abschnitte verwiesen. Diese Einteilung führt auch vielfach zu einer neuartigen Nomenklatur, die auf dem Prinzip aufgebaut ist, daß aus den Namen die Wirkungs- und die Substratspezifität des Fermentes hervorgehen sollten. Auf Besonderheiten wird jeweils an geeigneter Stelle hingewiesen werden.

Tabelle 50. Einteilung der Fermente.

I. Hauptklasse: Hydrolasen

Reaktionstyp: $R\!-\!R' + HOH \rightleftharpoons R\!-\!OH + R'\!-\!H$

a) Esterasen

Carbonsäureesterasen

Reaktionstyp: $R\!-\!\underset{\underset{O}{\|}}{C}\!-\!O\!-\!R' + HOH \rightleftharpoons R\!-\!\underset{\underset{O}{\|}}{C}\!-\!OH + R'\!-\!OH$

Beispiele: Lipasen, Lecithinasen, Cholinesterasen, Cholesterinesterasen.

Tabelle 50. (Fortsetzung.)

Phosphoesterasen

$$R\text{—O—P(=O)(OH)—O—}R' + HOH \rightleftharpoons R\text{—OH} + HO\text{—P(=O)(OH)—O—}R'$$

Reaktionstyp: R—O—P—O—R' + HOH $\rightleftharpoons$ R—OH + HO—P—O—R' (mit =O und OH an jedem P)

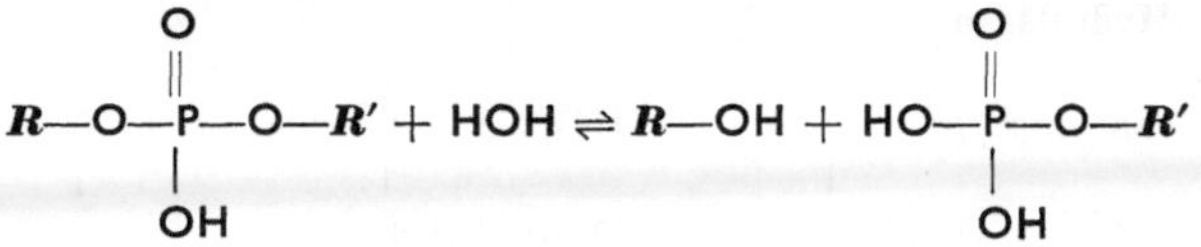

Beispiele: Phosphatasen, Nucleotidasen, Phospholipasen, Ribonucleasen, Desoxyribonucleasen.

Schwefelsäureesterasen

Reaktionstyp: R—OSO$_3$H + HOH $\rightleftharpoons$ R—OH + H$_2$SO$_4$

Beispiele: Phenolsulfatasen, Chondroitinsulfatasen.

b) Glykosidasen

Reaktionstyp: CHO—R + HOH $\rightleftharpoons$ CHOH + R—OH (mit —O— und —C— Ringstruktur)

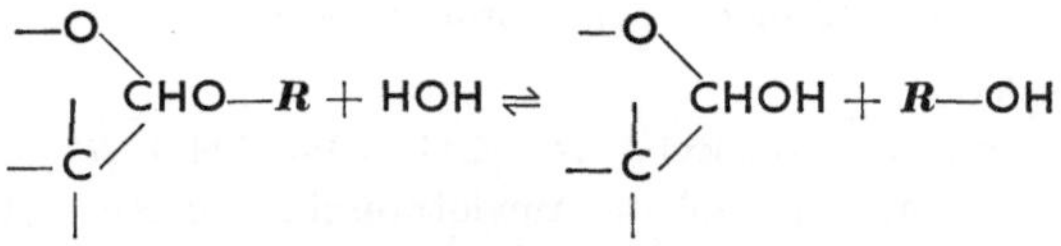

Oligosaccharidasen

Beispiele: α-Glucosidasen, β-Glucosidasen, β-Glucuronidasen, α-Galaktosidasen, β-Galaktosidasen, β-h-Fructosidasen.

Polysaccharidasen

Beispiele: Amylasen, Cellulasen, Hyaluronidasen.

c) Amidasen

Reaktionstyp: N—C— + HOH $\rightleftharpoons$ N—H + HO—C—

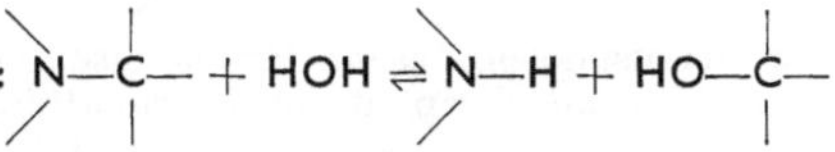

Beispiele: Adenylsäureaminase, Asparaginasen, Glutaminasen, Ureasen, Histidasen, Argininamidinasen (Arginase), Nucleosidasen.

d) Peptidasen

Reaktionstyp: —C—N— + HOH $\rightleftharpoons$ —C—OH + H—N— (mit C=O und N—H)

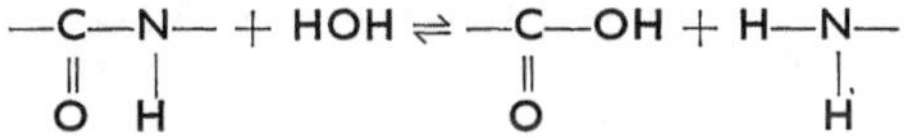

Exopeptidasen

Beispiele: Carboxypeptidasen, Leucinaminopeptidasen, Aminotripeptidasen.

Endopeptidasen

Beispiele: Pepsin, Trypsin, Chymotrypsin, Papain.

e) Polyphosphatasen

Reaktionstyp:

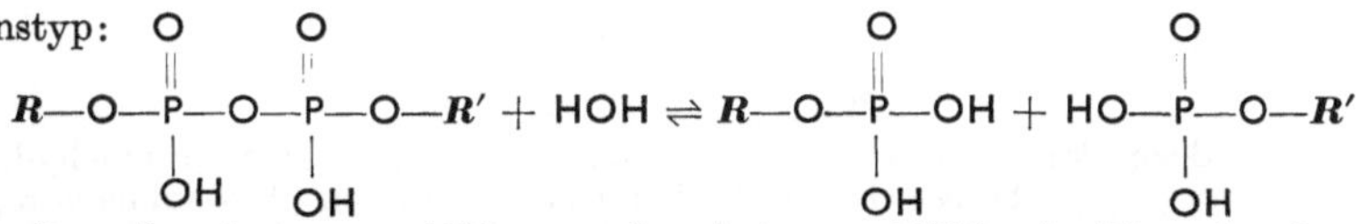

$$R\text{—O—P—O—P—O—}R' + HOH \rightleftharpoons R\text{—O—P—OH} + HO\text{—P—O—}R'$$

(mit O und OH an jedem P)

Beispiele: Pyrophosphatasen, ATP-monophosphatasen (ATPase), Metaphosphatasen.

f) Phosphoamidasen

Reaktionstyp: N—P—OH + HOH $\rightleftharpoons$ N—H + HO—P—OH (mit O und OH an P)

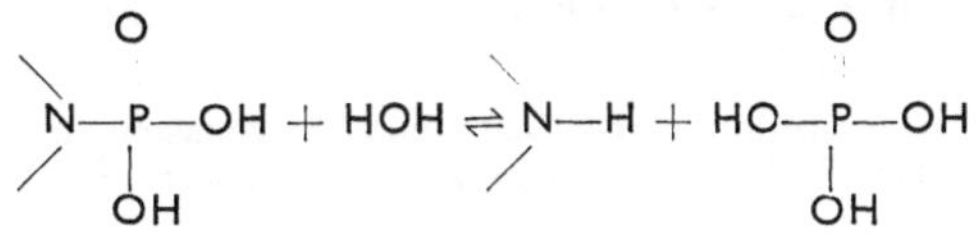

g) C-S-Hydrolasen

Reaktionstyp: —C—S—R + HOH $\rightleftharpoons$ —C—OH + H—S—R

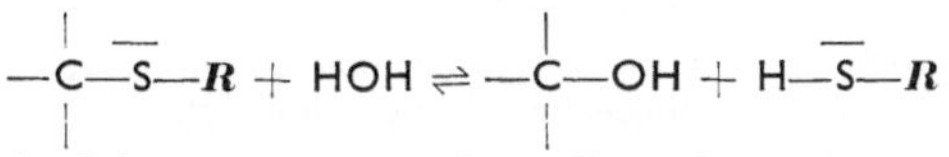

Beispiele: Succinyl-Coenzym A-deacylase, Cystathionase.

Tabelle 50. (Fortsetzung.)

h) C-C-Hydrolasen

$$\text{Reaktionstyp:} \quad -\overset{|}{\underset{|}{C}}-\overset{|}{\underset{|}{C}}- \; + \; HOH \; \rightleftharpoons \; -\overset{|}{\underset{|}{C}}-OH \; + \; H-\overset{|}{\underset{|}{C}}-$$

Beispiele: Tryptophanase, Kynureninase.

II. Hauptklasse: Transferasen

Reaktionstyp: R—A $+ R'$—B $\rightleftharpoons R$—B $+ R'$—A

a) Transmethylasen

Reaktionstyp: R—CH$_3$ $+ R'$—H $\rightleftharpoons R$—H $+ R'$—CH$_3$

Beispiel: Betain→Homocystein-transmethylasen.

b) Transglykosylasen

Reaktionstyp: R—Glykosyl $+ R'$—OH $\rightleftharpoons R$—OH $+ R'$—Glykosyl

Beispiele: Glucose-1-phosphat→Amylotransglucosidasen (Phosphorylase), Saccharose→o-Phosphat-transglucosidasen (Saccharose-phosphorylase), Ribose-1-phosphat→Purintransribosidasen (Nucleosid-phosphorylase).

c) Transphosphatasen

$$\text{Reaktionstyp:} \quad R-\overset{\overset{\displaystyle O}{\|}}{\underset{\underset{\displaystyle OH}{|}}{P}}-OH \; + \; R'-H \; \rightleftharpoons \; R-H \; + \; R'-\overset{\overset{\displaystyle O}{\|}}{\underset{\underset{\displaystyle OH}{|}}{P}}-OH$$

Beispiele: ATP→Glucose-transphosphatasen (Hexokinase, Glucokinase), Phosphopyruvat→ADP-transphosphatasen (Pyruvatkinase).

d) Transaminasen

$$\text{Reaktionstyp:} \quad R-CH_2-NH_2 \; + \; R'-\overset{|}{C}{=}O \; \rightleftharpoons \; R-\overset{|}{C}{=}O \; + \; R'-CH_2-NH_2$$

Beispiele: Alanin→α-Ketoglutarat-transaminasen, Aspartat→Ketoglutarat-transaminasen.

e) CoA-Transferasen

Reaktionstyp: $\overline{CoA}$—S—R $+ R'$—H $\rightleftharpoons R$—H $+ \overline{CoA}$—S—R'.

III. Hauptklasse: Oxydoreduktasen

a) Anaerobe Transhydrogenasen

$$\text{Reaktionstyp:} \quad R\overset{\diagup H}{\underset{\diagdown H}{}} \; + \; R' \; = \; R \; + \; R'\overset{\diagup H}{\underset{\diagdown H}{}}$$

Beispiele: DPN · H→Pyruvat-transhydrogenase (Milchsäuredehydrogenase), DPN · H→Aldehyd-transhydrogenasen (Alkoholdehydrogenase).

b) Aerobe Transhydrogenasen

$$\text{Reaktionstyp:} \quad R\overset{\diagup H}{\underset{\diagdown H}{}} \; + \; O_2 \; \rightarrow \; R \; + \; H_2O_2$$

Beispiele: D- u. L-Aminosäure→O$_2$-transhydrogenasen (D- und L-Aminosäureoxydasen), Xanthin→O$_2$-transhydrogenasen (Xanthinoxydase).

c) Anaerobe Transelektronasen

Reaktionstyp: $R + R'^\oplus \rightleftharpoons R^\oplus + R'$

Beispiele: DPN · H→Cytochrom c-transelektronasen (DPN-Cytochromreduktase), Diaphorasen, Cytochrome (?).

Tabelle 50. (Fortsetzung.)

d) Oxydasen (aerobe Transelektronasen)

Reaktionstyp: $R + O_2 \rightarrow R^\oplus + O_2^\ominus$

Beispiele: Cytochromoxydasen, Phenoloxydasen (Tyrosinase).

e) Peroxydasen und Katalasen

Reaktionstyp: $R\big\langle{}^H_H + H_2O_2 \rightarrow R + 2\,H_2O$ (?)

IV. Hauptklasse: Lyasen und Syntheasen

a) Carbolyasen und Carbosyntheasen

Reaktionstyp: $R-\overset{|}{\underset{|}{C}}-\overset{|}{\underset{|}{C}}-R' \rightleftharpoons R-\overset{|}{\underset{|}{C}}- + -\overset{|}{\underset{|}{C}}-R'$

Carboxylasen und Decarboxylasen

Reaktionstyp: $R-\overset{O}{\overset{\|}{C}}-OH \rightleftharpoons R-H + CO_2$

Triosephosphatlyasen

Beispiel: Fructosediphosphat-Triosephosphat-lyasen (Aldolase).

b) Hydratasen und Dehydratasen

Reaktionstyp: $R\big\langle{}^{OH}_H \rightleftharpoons R + H_2O$

Beispiele: Fumarat-hydratasen (Fumarase), Carboanhydratase.

C-S-Lyasen

Reaktionstyp: $R-\overset{|}{\underset{|}{C}}-CH_2SH = R-C = CH_2 + H_2S$

(mit H oben und unten am C)

Beispiel: Cystein-desulfhydrasen.

V. Hauptklasse: Isomerasen und Racemasen

a) Isomerasen

Reaktionstyp: $A \rightleftharpoons B$

Beispiele: Glucose-6-phosphat-isomerasen (Phosphohexose-isomerase), Phospho-mutasen [z. B. Glucose (1→6)-phosphomutasen].

b) Racemasen

Beispiel: Lactatracemasen.

4. Fermentative Synthesen.

Die Wirkung der Fermente kann, wie S. 280f. ausgeführt wurde, nicht im Sinne der von OSTWALD gegebenen Definition als reine Reaktionsbeschleunigung angesehen werden. Trotzdem ist für eine Reihe von fermentativen Reaktionen die eine Forderung dieser Theorie gültig, nämlich daß die Lage des Reaktionsgleichgewichtes nicht von der Richtung abhängt, in der es erreicht wird. Es stellt sich bei diesen Reaktionen vielmehr, gleichgültig, ob man sie von der Richtung der Spaltung oder der

Synthese aus ablaufen läßt, immer das vom Massenwirkungsgesetz geforderte Gleichgewicht ein.

Ein gutes Beispiel einer solchen, auch fermentativ auslösbaren Reaktion ist die Esterspaltung und die Estersynthese:

$$\text{Säure} + \text{Alkohol} \rightleftharpoons \text{Ester} + \text{Wasser.}$$

Unabhängig davon, ob die Reaktion von rechts nach links oder von links nach rechts abläuft, immer finden sich im Gleichgewichtszustand die 4 Reaktionsteilnehmer im gleichen Mengenverhältnis; es besteht also nach Gl. (15) S. 146 ein Gleichgewicht

$$\frac{[\text{Säure}] \cdot [\text{Alkohol}]}{[\text{Ester}] \cdot [\text{Wasser}]} = k,$$ wobei [ ] die molaren Konzentrationen bezeichnen.

Die Geschwindigkeit dieser Reaktion, die auch ohne Anwesenheit eines Fermentes abläuft, wird zwar durch Esterasen gesteigert, ihre Gleichgewichtslage aber nicht verändert.

Abb. 75 zeigt die Einstellung eines solchen Gleichgewichtes zwischen Buttersäure, Butylalkohol und Butylbutyrat. Unterwirft man den Ester der fermentativen Spaltung, so kommt diese unter den gewählten Bedingungen bei einem Gehalt von 4 mg Buttersäure zum Stillstand, läßt man auf ein Gemisch von Buttersäure und Butylalkohol das Ferment einwirken, so geht die Synthese ebenfalls nur so weit, daß etwa 4 mg freie Buttersäure in der Lösung bleiben; es stellt sich also tatsächlich das vom Massenwirkungsgesetz geforderte Gleichgewicht ein.

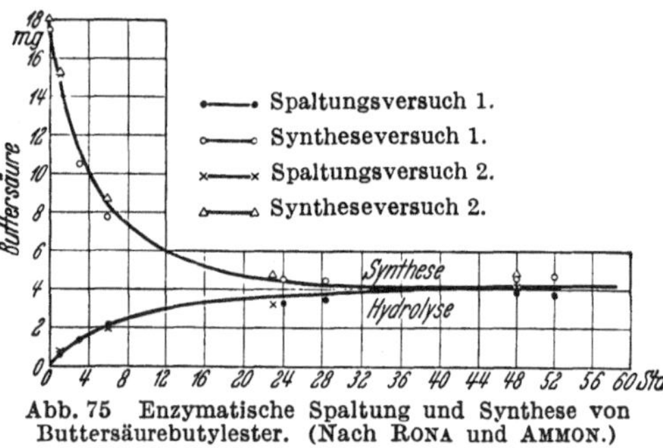

Abb. 75 Enzymatische Spaltung und Synthese von Buttersäurebutylester. (Nach RONA und AMMON.)

Auch synthetische Leistungen anderer Fermente sind beschrieben worden. So liegen Beobachtungen über den Aufbau höhermolekularer Saccharide aus niedermolekularen in Gegenwart von Carbohydrasen oder über die Entstehung größerer Eiweißbausteine aus kleineren bei Einwirkung von Proteasen vor, aber hier fehlt der Beweis, daß es sich um die Einstellung eines Gleichgewichtes handelt.

Diese vom Massenwirkungsgesetz geforderte Einstellung eines Gleichgewichtes wird jedoch nicht bei allen Fermentreaktionen beobachtet, insonderheit dann nicht, wenn bei den Spaltungen größere Energiemengen freigesetzt werden. In solchen Fällen erfordert die Umkehr der Spaltung, die Synthese, die Zufuhr mindestens der gleichen Energiemenge, die bei der Spaltung freigesetzt wurde, aus anderen Reaktionen. Die Übertragung dieser Energie und ihre Ausnutzung für die Synthese ist aber offenbar durch das spaltende Enzym nicht möglich. Wenn trotzdem die Umkehr zahlreicher unter Energiefreisetzung ablaufender Spaltungsvorgänge beobachtet wurde, so erklärt sich das daraus, daß der Organismus über Energiequellen in den sog. energiereichen Phosphatbindungen verfügt, die für Synthesen verwertbar gemacht werden können, möglicherweise weil sich Zwischenverbindungen zwischen dem Substrat und den energiereichen Phosphaten ausbilden. Die Synthesen verlaufen also nicht auf dem Wege einer Umkehr der Spaltung, sondern nach anderen Gesetzen.

Es muß im Stoffwechsel der Zelle ebenso wie bei den Verdauungsvorgängen im Darm dauernd zu Störungen des Gleichgewichtes kommen, und es ist verständlich, daß Fermentreaktionen vollständig nach der Seite der Synthese, aber auch ebenso vollständig nach der Seite der Spaltung verschoben werden können.

Da alle optisch aktiven Bausteine der tierischen und der pflanzlichen Organismen nur in einer der beiden Modifikationen im Körper vorkommen, müssen die fermentativen Aufbau-, ebenso aber auch die Abbauvorgänge asymmetrisch verlaufen, d. h. das Ferment muß einen richtenden Einfluß auf den Ablauf der von ihm gelenkten Vorgänge haben. Die Möglichkeit asymmetrischer fermentativer Synthesen ist auch außerhalb des Körpers wiederholt gezeigt worden. Unter der Einwirkung des *Emulsins*, eines in bitteren Mandeln enthaltenen Fermentes, vereinigen sich Benzaldehyd und Blausäure zu Mandelsäurenitril, und zwar

$$\underset{\text{Benzaldehyd}}{C\overset{O}{\diagdown}H} \; + \; \underset{\text{Blausäure}}{CHN} \; = \; \underset{\text{Mandelsäurenitril}}{\overset{\times}{C}HOH-CN}$$

entsteht fast ausschließlich die rechtsdrehende Form des Nitrils. In der Folgezeit sind zahlreiche Beobachtungen gleicher Art besonders an Esterasen gemacht worden; es wird also der eine optische Antipode bei der Synthese vorzugsweise gebildet, bei der Spaltung vorwiegend gespalten. Es ist wahrscheinlich, daß die Bevorzugung eines der beiden Antipoden auf einer optischen Aktivität des Fermentes selber beruht.

5. Wirkungsbedingungen der Fermente.

Ausmaß und Geschwindigkeit einer Fermentwirkung hängen von einer Reihe von Bedingungen ab, vor allem von dem Milieu, in dem das Ferment wirkt, und von der Konzentration, in der es vorhanden ist.

Da ein Ferment ebenso wie ein Katalysator nicht in die Reaktion eingeht, sollte durch kleinste Fermentmengen ein großer Umsatz erzielt werden können. Das ist auch der Fall. Ein Katalasemolekül zerlegt z. B. bei 0° je min etwa 1,25 Millionen Wasserstoffsuperoxydmoleküle *(Umsatzzahl, Wechselzahl, molare Wirksamkeit, turnover number)*. Trotzdem sind die

Tabelle 51.
Abhängigkeit der Saccharasewirkung von Fermentkonzentration und Zeit.

Relative Saccharasekonzentration	Zeit in min	Umsatz in % der Anfangskonzentration an Rohrzucker (0,09 %)
2,00	15	45,3
1,50	20	44,8
1,00	30	45,3
0,50	60	45,2
0,25	120	45,2

Fermente nicht unbegrenzt wirksam. Nach kürzerer oder längerer Zeit nimmt ihre Wirkung ab und erlischt schließlich vollkommen. Dies kann auf einer Zerstörung des Fermentes beruhen, die man sich gut vorstellen kann, wenn man daran denkt, daß die Fermente Eiweißkörper sind, und Eiweißkörper leicht Veränderungen im Sinne einer Denaturierung erfahren können. Daneben kommt aber auch die Inaktivierung der Fermente noch auf anderen, erst weiter unten zu besprechenden Wegen zustande (s. S. 293). Wenn man die Wirkung verschieden großer *Fermentmengen* untersucht, so findet man immer, daß mit steigenden Fermentmengen auch der Umsatz je Zeiteinheit ansteigt. In manchen Fällen entspricht sogar dem Produkt aus Fermentmenge und Einwirkungszeit der gleiche Umsatz, so daß also Wirkung und Menge einander proportional sind. Ein Beispiel dieser Art, die Spaltung des Rohrzuckers, ist in Tabelle 51 wiedergegeben. Diese lineare Beziehung zwischen Menge und Wirkung besteht jedoch nicht immer, vielmehr wird meist mit steigender Fermentkonzentration die Wirkung der Fermenteinheit immer kleiner. Die Hemmung beruht entweder auf der Beimengung anderer Stoffe oder auf den sich ansammelnden Spaltprodukten.

Außer von der Fermentkonzentration hängt die Geschwindigkeit der Fermentwirkung noch von einer Reihe anderer Faktoren ab. Die wichtigsten von ihnen sind: Substratkonzentration, Temperatur, Wasserstoffionenkonzentration, Art und Menge anderer Ionen und schließlich durch das Milieu bedingte fördernde und hemmende Einflüsse besonderer Art.

Steigerung der *Substratmenge* läßt im allgemeinen zunächst die Aktivität eines Fermentes ansteigen, bei weiterer Vermehrung des Substrates sinkt sie wieder ab.

Der Einfluß der *Temperatur* äußert sich in einer Beschleunigung der Wirkung bei Temperaturerhöhung. Gewöhnlich wird die Reaktionsgeschwindigkeit durch eine Temperaturerhöhung um 10° auf das Doppelte gesteigert *(RGT-Regel)*. Jedoch gilt das nur innerhalb gewisser Grenzen. Bei Temperaturen von 40° und darüber werden viele Fermente schon irreversibel geschädigt, und die meisten Fermente werden, wie schon oben erwähnt, zwischen 50 und 60° völlig unwirksam, fast alle durch Erwärmen auf 80° zerstört.

Die Bedeutung der *Wasserstoffionenkonzentration* geht daraus hervor, daß jede Fermentwirkung in einer bestimmten mehr oder weniger breiten Zone der Wasserstoffionenkonzentration ein Maximum aufweist. Für die Saccharase der Hefe geht das z. B. aus Abb. 76, für Trypsin aus Abb. 77 hervor. In diesen Kurven ist die Abhängigkeit der Fermentaktivität vom p_H-Wert dargestellt. Die entstehenden Kurven bezeichnet man daher als *Aktivitäts-p_H-Kurven*. Dabei ist die maximale Wirkung gleich 1 gesetzt und die übrigen Wirkungen danach umgerechnet. Bei den zu den gestrichelten Teilen der Kurven gehörenden p_H-Werten wird das Ferment irreversibel zerstört.

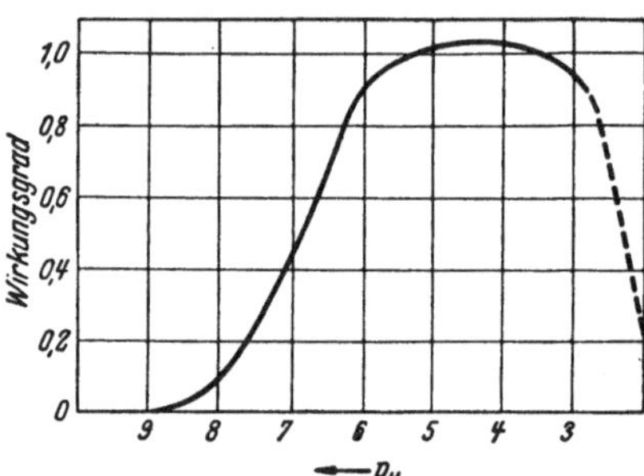

Abb. 76. Aktivitäts-p_H-Kurve der Saccharase.

Die Abhängigkeit der Fermentaktivität vom p_H-Wert wird durch die Annahme erklärt, daß die Fermente als Elektrolyte aufzufassen sind und dadurch in ihrer Dissoziation von der Reaktion ihrer Umgebung abhängen, daß also entweder die Fermentionen oder das undissoziierte Ferment wirksam sind (MICHAELIS).

Eine andere Theorie nimmt an, daß die p_H-Abhängigkeit der Fermentwirkung nicht auf der Ladung des Fermentes selber, sondern auf der des Substrates beruht (NORTHROP). Pepsin z. B. spaltet nach dieser Annahme nur positiv geladene Eiweißkörper, Trypsin nur negativ geladene und Kathepsin (Papain) nur isoelektrisches Eiweiß. Jedoch herrscht bis jetzt noch keine volle Klarheit über die Ursachen der Änderung der Fermentwirkung mit der Wasserstoffionenkonzentration.

Ebenso wie die Aktivitäts-p_H-Kurven sind auch die p_H-Optima für die verschiedenen Fermente sehr charakteristisch. Sie sind für eine Reihe von Fermenten in der Tabelle 52 zusammengestellt. Es ist bemerkenswert, daß sie für Fermente gleicher Wirkung aber verschiedener Herkunft (z. B. die verschiedenen Amylasen) durchaus nicht übereinstimmen. Das liegt weitgehend an der Beimengung anderer Stoffe.

So hat z. B. die Lipase aus der Magenschleimhaut des Menschen ein p_H-Optimum bei 6, also bei wesentlich stärker saurer Reaktion als die aus Pankreas oder Leber, für die ein p_H von 8 optimal ist. Nach der Reinigung verschiebt sich aber auch das p_H-Optimum der Magenlipase auf etwa 8. Ferner ist die Lage des p_H-Optimums abhängig von der Art der Puffergemische, die zur Einstellung des p_H benutzt werden, und schließlich spielt auch die Art des gewählten Substrates eine gewisse Rolle (s. z. B. Abb. 80, S. 312). Alle diese Faktoren sind von größter Wichtigkeit für die Beurteilung, ob Fermente verschiedener Herkunft, die das gleiche oder ähnliche Substrate spalten, identisch sind oder nicht. Natur und Menge eines Fermentes, dessen chemischer Bau nicht näher bekannt ist, können daher allein aus seinen Wirkungen erschlossen oder bestimmt werden, und dabei kann man nur dann zu vergleichbaren Ergebnissen gelangen, wenn man immer unter den gleichen Bedingungen arbeitet.

Die Aktivität vieler Fermente ist von der Anwesenheit bestimmter *Ionen* abhängig. Dies ist am längsten für die tierische Amylase bekannt. Die Wirkung vollkommen salzfreier Amylaselösungen ist sehr geringfügig, auch durch Pufferung mit Phosphat auf den optimalen p_H-Wert tritt nur eine sehr kleine Steigerung der Wirkung ein. Setzt man aber zu einem solchen Ansatz geringe Mengen anderer Salze hinzu, so wird das Ferment weitgehend aktiviert. Am stärksten wirksam ist dabei das Kochsalz. Die Salzwirkung ist übrigens, da Kaliumsalze die gleiche Wirkung haben wie Natriumsalze, eine Anionenwirkung. Wahrscheinlich beruht sie darauf, daß sich die betreffenden Anionen mit dem Ferment vereinigen. Hinsichtlich des Ausmaßes der Wirkung ist die Aktivierung der Amylase durch Chloride ganz spezifisch. Eine ähnlich spezifische Wirkung haben Magnesiumionen auf manche Phosphatasen (s. hierzu Tabelle 57, S. 299).

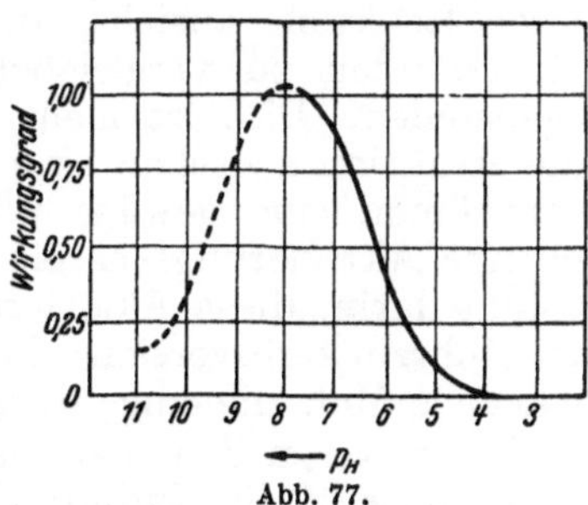

Abb. 77.
Aktivitäts-pH-Kurve des Trypsins.

Tabelle 52. p_H-Optima einiger Fermente.

Ferment	Herkunft	Substrat	p_H-Optimum
Pepsin	Magen	verschiedene Proteine	1,5—2,5
Kathepsin	Milz	Serumalbumin	4—5
Trypsin	Pankreas	verschiedene Proteine	8—11
Chymotrypsin	„	synthetische Peptide	5,4
Arginase	Leber	Arginin	9,0—9,5
Lipase	Pankreas	Äthylbutyrat	7,5—8,0
„	Leber	„	7—8,5
Maltase	Darm	Maltose	6,5
Saccharase	„	Rohrzucker	6,2
Amylase	Pankreas	Stärke	6,9
„	Speichel	„	5,6—6,5
„	Darm	„	etwa 7
„	Leber	„	etwa 6
„	Malz	„	4,7—5,4
Urease	Jackbohne	Harnstoff	6,4—6,9

Von besonderer Wichtigkeit sind *spezifische Aktivierungen* durch Gewebsbestandteile, die die Fermente begleiten, die aber in ihrer chemischen Struktur meist nicht bekannt sind, oder durch zugesetzte Stoffe von bekannter, meist einfacher Konstitution. Durch solche Aktivierungen wird entweder der Spezifitätsbereich eines Fermentes erweitert oder die Fermentwirkung überhaupt erst ermöglicht. Es ist lange üblich gewesen anzunehmen, daß manche Fermente in inaktiven Vorstufen, „*Profermenten*" oder „*Zymogenen*", vorkommen, die durch eine sie begleitende *Kinase* aktiviert werden. Ob diese Kinasewirkung in manchen Fällen der Wirkung eines Co-Fermentes entspricht, ist vorläufig nicht zu entscheiden, die Vermutung ist aber nicht von der Hand zu weisen. Neben Aktivierungen sind auch mehr oder weniger spezifische *Hemmungen* von Fermentwirkungen bekannt. Aktivatoren und Inhibitoren sind auch als *Effektoren* der Fermentwirkung bezeichnet worden. Doch soll an dieser Stelle auf Einzelheiten noch nicht eingegangen werden.

6. Mechanismus der Fermentwirkung.

Gleichgültig ob man die Fermentwirkung im einzelnen als Beschleunigung einer an sich schon verlaufenden Reaktion oder als Auslösung dieser Reaktion ansieht, in jedem Fall ist sie der Wegräumung von Widerständen zu vergleichen, die sich dem Ablauf der Reaktion entgegenstellen. Dies ist mehr als ein Bild. Vielmehr wird ganz allgemein eine Reaktion zwischen zwei zusammentreffenden Molekülen erst möglich, wenn ihnen eine gewisse über ihren Durchschnittsenergiegehalt hinausgehende Aktivierungsenergie zugeführt wird. Die Wirkung der Fermente besteht darin, diese Aktivierungsenergie herabzusetzen. So erfordert z. B. die Rohrzuckerinversion durch H-Ionen eine Aktivierungsenergie von 26 kcal je Mol, diejenige durch Malzsaccharase nur eine solche von 13 kcal.

Es ist wesentlich, daß das Ferment ebensowenig wie ein chemischer Katalysator in die Endprodukte der Reaktion eingeht und daß es bei der Reaktion — wenigstens zunächst — nicht verbraucht wird. Wenn man diese Erscheinungen erklären will, so kommt man zu der Annahme, daß zwischen Ferment und Substrat vorübergehend eine engere Beziehung hergestellt wird, durch die die Aktivierungsenergie für den Umsatz verringert wird, so daß die Zwischenverbindung Ferment-Substrat leichter zerfällt als das Substrat allein. Bei diesem Zerfall wird das Ferment selbstverständlich wieder in Freiheit gesetzt.

Da die wirksamen Fermentmengen außerordentlich klein sind (so zerlegt, wie schon erwähnt, unter bestimmten Bedingungen ein Mol Katalase je min etwa 1,25 Millionen Moleküle Wasserstoffsuperoxyd), muß die Geschwindigkeit dieser Reaktion zwischen Ferment und Substrat außerordentlich groß sein. Die Frage nach dem Mechanismus der Fermentwirkung hängt demnach aufs engste zusammen mit der Frage nach der Natur der Ferment-Substratbindung. Prinzipiell könnte diese auf zwei verschiedenen Wegen zustande kommen, entweder als Adsorptionsbindung, d. h. nach Art einer unspezifischen Oberflächenwirkung, oder durch echte chemische Bindung.

Gegen eine unspezifische adsorptive Vereinigung spricht vor allem die Tatsache, daß man indifferente Stoffe an Fermente adsorbieren kann, ohne daß deren Wirkung dadurch beeinträchtigt wird. Daraus geht hervor, daß nur eng begrenzte Bezirke der Fermentoberfläche zur Bindung des Substrates in Anspruch genommen werden. Die Bezirke haben wahrscheinlich eine charakteristische chemische Konstitution und reagieren mit hierzu geeigneten charakteristischen Gruppen des Substrates. *Danach entstehen also auf Grund einer chemischen Reaktion Zwischenverbindungen aus Ferment und Substrat.*

Wenn wir daran denken, daß ein Fermentmolekül in der Sekunde eine sehr große Zahl Substratmoleküle zerlegt, so wird die außerordentliche Labilität der Ferment-Substratbindung klar und ebenso auch die ungemein hohe Geschwindigkeit, mit der die einzelne Reaktionsfolge abläuft. Darüber, welche Ferment- und Substratgruppen miteinander reagieren, kann man sich in einigen Fällen gut begründete Vorstellungen machen.

Die intermediäre Bindung des Fermentes an sein Substrat bringt auch einige Besonderheiten der Fermentwirkung dem Verständnis näher. Die weitgehende Spezifität der Fermente und die Möglichkeit der Spaltung und der Synthese asymmetrischer Verbindungen lassen sich zwanglos auf die besonderen Affinitätsverhältnisse und die räumliche Lage der für die Bindung maßgebenden Ferment- und Substratgruppen zurückführen. Auch die eigenartige Tatsache, daß die Fermente, obwohl sie in den Endprodukten der Reaktion nicht erscheinen, in ihrer Wirkung allmählich abgeschwächt werden, wird verständlich. Der gesamte Fermentkomplex ist kolloider Natur, und sein Kolloidzustand ist von wesentlichster Bedeutung für seine Funktion. Es ist daher wahrscheinlich, daß der ständige Wechsel im Bindungszustand des Fermentes nicht ohne Rückwirkung auf seinen Kolloidzustand ist, und daß mit der Änderung des Kolloidzustandes die Wirkung immer schlechter werden muß. Das wird sich natürlich besonders dann zeigen, wenn man ein Ferment aus dem Organismus herauslöst und in Lösung untersucht. Aber eine solche „Abnutzung" des Fermentes findet sicherlich auch im Verband des Organismus statt. Man denke nur daran, daß jeder Organismus einen gewissen minimalen Eiweißbedarf hat, der nicht durch andere Nahrungsstoffe ersetzt werden kann und den man durch die Annahme einer unaufhörlichen funktionellen Beanspruchung der Zelleiweiße erklärt.

Daneben ist aber noch ein zweiter Punkt für das Erlöschen der Fermentwirkung zu beachten. Genauso wie sich ein Ferment mit seinem Substrat verbindet, hat es auch bestimmte Affinitäten zu den Spaltprodukten, die unter seiner Wirkung entstehen; wenn aber die Ferment-Substratverbindungen als Voraussetzung für die Fermentwirkung sehr leicht und rasch wieder zerfallen, gilt das für die Verbindungen des Fermentes mit den Spaltstücken offenbar nicht. Wenn für die Bindung der Spaltprodukte dieselbe Gruppe des Fermentmoleküls verantwortlich ist wie für die Bindung des Substrates, so muß ein immer größerer Teil des Fermentes seiner eigentlichen Aufgabe entzogen werden und die Reaktion zum Stillstand kommen.

Schließlich muß noch ein dritter Faktor berücksichtigt werden. Die Fermentwirkung kann auch deshalb nachlassen, weil allmählich, wie das in einigen Fällen beobachtet wurde, die für sie notwendige spezifische Gruppierung, also das Co-Ferment, verändert wird. Auf Grund vieler Beobachtungen ist man zu dem Schluß gekommen, *daß für die Bindung des Substrates und für die Entfaltung der Wirkung verschiedene Gruppen des Fermentmoleküls notwendig sind.* Die alleinige Bindung des Substrates an das Ferment ist für die Wirkung nicht ausreichend, es muß außerdem noch die fermentativ wirksame Gruppe vorhanden sein, die bei den „Proteid-Fermenten" dem Co-Ferment zugehört.

Aus der Tatsache, daß die Kolloidnatur des Fermentkomplexes eine notwendige Voraussetzung seiner Wirkung ist, folgt, daß fermentative Vorgänge Katalysen in einem „*mikroheterogenen System*" sind. Das gilt für die Wirkung der Fermente in der Zelle in noch höherem Maße. Das Vorkommen von Desmoenzymen (s. S. 282) zeigt, daß die Fermente zum mindesten teilweise recht fest in die Zellstruktur eingebaut sind, sich also nur an bestimmten Orten der Zelle finden (s. auch S. 350). Wahrscheinlich spielen sich die katalytischen Vorgänge an den „inneren" Oberflächen der Zelle ab.

7. Reinigung und Isolierung der Fermente.

Für die genauere Untersuchung der Wirkung eines Fermentes ist seine Herauslösung aus der Struktur der Zelle notwendig. Oft ist das schon durch einfache Extraktion mit Wasser oder anderen Lösungsmitteln möglich. Als besonders geeignet hat sich in vielen Fällen Glycerin erwiesen. Nicht alle Fermente sind aber ohne weiteres extrahierbar, vielmehr muß die Zellstruktur zunächst durch mechanische oder chemische Eingriffe zerstört und das Ferment „freigelegt" werden. In den dann erhaltenen Lösungen sind die Fermente natürlich noch mit zahlreichen Zellinhaltsstoffen verunreinigt, die an Menge die Menge des Fermentes weit übertreffen. Diese Verunreinigungen sind, da sie aktivierend oder hemmend wirken können, für die quantitative Ermittlung der Wirkung sehr störend. Eine weitere Reinigung gelingt manchmal schon durch Ausfällung der Fermente aus ihren Lösungen mit Aceton. Die dann erhaltenen Trockenpulver sind oft sehr lange unverändert haltbar, aber die erzielte Reinigung ist meist nicht sehr weitgehend. Da die Fermente Eiweißkörper sind, bedient sich ihre weitere Reinigung bis zur Reindarstellung oder Kristallisation der Methoden der Eiweißgewinnung, so daß auf die dort gemachten Erfahrungen verwiesen werden kann (s. S. 76f.).

b) Hydrolasen.

1. Esterasen.

Entsprechend dem verschiedenen Bau der Substrate hat man von den einfachen Esterasen, denen man die Spaltung und Synthese von Estern aus einwertigen Fettsäuren und Alkoholen zuschreibt, die *Lipasen* und die *Phosphatasen* abgetrennt: die Lipasen als Fermente des Fettauf- und -abbaus, die Phosphatasen als Fermente für den Umsatz der verschiedenen P-haltigen Körperbausteine. Eine weitere Untergruppe der Esterasen sind die *Sulfatasen*, deren Substrate Ester aus Alkoholen und Schwefelsäure sind. Im Prinzip sind also zwei Hauptgruppen zu unterscheiden: 1. Esterasen, deren Substrate Ester von Carbonsäuren sind, die man also als Carbonsäureesterasen bezeichnen muß und 2. Esterasen, deren Wirkung auf die Ester anorganischer Säuren gerichtet ist.

α) Carbonsäureesterasen.

Diese Fermente katalysieren den Ablauf der Reaktion:

$$R\text{—COOH} + HO\text{—}R_1 \underset{}{\overset{\text{Esterase}}{\rightleftarrows}} R\text{—CO—O—}R_1 + H_2O$$

Da diese Reaktionen Gleichgewichtsreaktionen sind, werden sie fermentativ sowohl im Sinne der Synthese als auch der Spaltung beeinflußt; das sich einstellende Gleichgewicht zwischen den Reaktionsteilnehmern ist also in beiden Fällen identisch (s. Abb. 75, S. 288). Die chemische Natur des Alkohols und der Säure bedingen bestimmte Spezifitätstypen unter den Esterasen. Die Zahl der Ester, die der fermentativen Einwirkung unterliegen, ist außerordentlich groß; es bestehen lediglich erhebliche Unterschiede in der Geschwindigkeit ihrer Spaltung oder Synthese. Von den Substraten der Esterasen sind biologisch besonders wichtig die Fette als Glycerinester höherer Fettsäuren, die Ester des Cholesterins, das Acetylcholin und die Wachse.

Die katalytische Spaltung der Fette vollzieht sich natürlich nach dem
gleichen Schema wie die Spaltung der einfachen Ester:

$$
\begin{array}{ccc}
\begin{array}{l} CH_2O\!-\!OC\!-\!R \\ \quad| \\ CHO\!-\!OC\!-\!R + 3\,H_2O \\ \quad| \\ CH_2O\!-\!OC\!-\!R \end{array}
& \xrightarrow{\text{(Lipase)}} &
\begin{array}{l} CH_2OH + R\!-\!COOH \\ \quad| \\ CHOH + R\!-\!COOH \\ \quad| \\ CH_2OH + R\!-\!COOH \end{array}
\end{array}
$$

Schon an früherer Stelle ist ganz allgemein auf die *sterische Spezifität*
der Fermentwirkungen hingewiesen worden (s. S. 289). Eine solche besteht
für die Carbonsäureesterasen in ausgesprochenem Maße. In racemischen
Gemischen wird vorzugsweise der eine optische Antipode synthetisiert oder
gespalten. Fermente verschiedener Herkunft zeigen oft bemerkenswerte
Unterschiede, indem von dem einen die D-Form, von dem anderen die
L-Form derselben Substanz bevorzugt wird. Biologisch ist dies Verhalten
ziemlich bedeutungslos, da optisch aktive einfache Ester oder Fette als
natürliche Substrate der Carbonsäureesterasen kaum eine große Rolle
spielen.

Esterasen (im engeren Sinne) ***und Lipasen.*** Es ist noch nicht mit Sicherheit erwiesen, ob überhaupt zwischen den Fermenten des Ester- und des
Fettumsatzes Differenzen bestehen, oder ob nicht dieselben Fermente
beide Arten von Substraten umzusetzen vermögen. Es steht nur fest, daß
Esterasen verschiedener Herkunft sehr verschiedene Spezifitätsbereiche
haben. Sie wirken also nicht alle auf die gleichen Substrate, und sie spalten
das gleiche Substrat mit verschiedener Geschwindigkeit. Für die Lipase des
Pankreassaftes ist allerdings sichergestellt, daß nur ein einziges Ferment
Glyceride höherer Fettsäuren, Ester einwertiger Alkohole sowie wasserlös-
liche und -unlösliche Substrate umsetzt. Aus den Fetten spaltet sie vorzugsweise die an den primären Alkoholgruppen des Glycerins veresterten
Fettsäuren ab.

Im tierischen Organismus finden sich Esterasen bzw. Lipasen in den
Verdauungssäften, und zwar in *Speichel, Magensaft, Darmsaft und Pankreas-
saft* und in den Organen selber. Von den pflanzlichen Lipasen ist die
Ricinuslipase besonders eingehend untersucht, von den Organlipasen die
Leberlipase, von den Verdauungslipasen die der Bauchspeicheldrüse.
Aus allen Untersuchungen an Lipasen verschiedenster Herkunft geht
hervor, daß ihre Wirkung in höchstem Maße von Begleitstoffen abhängig ist. Zu den natürlichen Aktivatoren der Pankreaslipase gehören
Gallensalze, Aminosäuren und die Salze höherer Fettsäuren, vor allem
die Ca-Salze. Die Wirkung dieser Begleitstoffe ist zudem keine konstante, sondern wechselt mit ihrem gegenseitigen Verhältnis, so daß
sogar derselbe Stoff je nach der Faktorenkombination hemmend oder
fördernd wirken kann. Bei der Untersuchung der fermentativen Wirksamkeit von Extrakten muß daher durch geeignete Zusätze für eine „aus-
gleichende Aktivierung" gesorgt werden. Man erreicht das z. B. durch
Zusätze von Albumin und von Calciumchlorid. Wahrscheinlich erklärt
sich diese Aktivierung durch eine Art von komplexer Adsorption, indem
der Aktivator sowohl das Ferment als auch das Substrat bindet und dadurch in nähere Berührung bringt, wie das etwa durch das folgende
Schema angedeutet wird:

$$
\text{Albumin}
\begin{cases}
\text{Fett} \\
\text{Lipase}
\end{cases}
$$

Unter den Bedingungen der ausgleichenden Aktivierung ist die spezifische Wirksamkeit der Lipasen unabhängig von ihrem Reinheitsgrad.

Die verschiedenartigen Begleitstoffe sind auch (s. Tabelle 53) von großer Bedeutung für das p_H-Optimum der Lipasewirkung. Durch die Reinigung wird also das p_H-Optimum der Magenlipase demjenigen der Pankreaslipase angeglichen. Bei der Reinigung der Rohextrakte hat man aus Pankreas Präparate gewonnen, in denen das Ferment gegenüber der getrockneten Drüse auf das 250—300fache angereichert war, bei der Magenlipase betrug die Konzentrierung sogar das 3000fache der getrockneten Magenschleimhaut.

Tabelle 53.
p_H-Optima tierischer Lipasen.

Herkunft der Lipase	p_H-Optimum
Magen, ungereinigt	6
Magen, gereinigt	8
Pankreas	8
Leber	8,3

Pankreas- und Leberlipase weisen bemerkenswerte Unterschiede in ihrer Spezifität gegenüber verschiedenen Substraten auf. Das Pankreasferment spaltet besonders leicht die eigentlichen Fette, bei der Leberlipase steht die Esterasewirkung im Vordergrund. In Tabelle 54 sind die Reaktionskonstanten (k) [s. Gl. (15) S. 146] für die Spaltung von Estern des Isoamylalkohols $\left(\begin{smallmatrix} H_3C \\ H_3C \end{smallmatrix}\!\!>\!CH - CH_2 - CH_2OH\right)$ mit verschiedenen Säuren durch diese Fermente zusammengestellt, die dies Verhalten deutlich zeigen.

Tabelle 54. Spaltung verschiedener Ester des Isoamylalkohols durch Leber- und Pankreaslipase.

Isoamylalkoholester der	$k \cdot 10^{-4}$ für Spaltung durch	
	Leberlipase	Pankreaslipase
Essigsäure . . .	119	178
Propionsäure . .	135	—
Buttersäure . .	107	850
Palmitinsäure . .	18	450
Ölsäure	13	376

Auch sonst bestehen zwischen Leber- und Pankreaslipase bemerkenswerte Unterschiede. Die Leberlipase ist weder durch Reinigung noch durch Aktivierung der Pankreaslipase anzugleichen, ja eine Steigerung der schon von vornherein bestehenden Wirksamkeit ist auf keiner Reinigungsstufe möglich. Trotz dieser eindeutigen Unterschiede in der Wirkung und im sonstigen Verhalten wäre der Schluß auf zwei völlig verschiedene Fermente nicht berechtigt. Wenn man weitgehend gereinigte Pankreaslipase einem Tier injiziert, so reichert sie sich besonders in der Leber an, zeigt aber nicht mehr die Eigenschaften der Pankreas-, sondern die der Leberlipase (VIRTANEN). Ob für die besonderen Spezifitätsverhältnisse verschiedenartige Begleitstoffe verantwortlich sind oder ob in beiden Fällen dieselbe Wirkungsgruppe an verschiedenen Trägermolekülen sitzt, entzieht sich bisher der Beurteilung.

Tabelle 55. Spaltung verschiedener Fette durch Pankreaslipase.

Fett	Schmelzpunkt°	Spaltung in %
Menschenfett . .	17—18	26,5
Gänsefett . . .	26—34	26,3
Hühnerfett . . .	33—40	22,2
Hammelfett . . .	44—51	16,4
Butter	28—33	16,3
Kalbfett	42—49	13,2
Schweinefett . .	36—46	5,2

Von den Lipasen des Verdauungskanals ist weitaus die wichtigste die *Pankreaslipase.* 1 g Pankreas enthält ebensoviel Lipase wie 750—1000 g Magenschleimhaut. Die Pankreaslipase spaltet mit besonderer Leichtigkeit alle Glycerinester, und zwar Triglyceride besser als Diglyceride und diese wieder besser als Monoglyceride. Mit der Länge der Fettsäurekette nimmt die Spaltungsgeschwindigkeit zu, um bei Trilaurin ein Maximum zu erreichen und dann wieder abzunehmen. Besonders leicht wird auch Triolein verseift. Die Geschwindigkeit der Spaltung gemischter Fette hängt somit weitgehend mit ihrem Gehalt an ungesättigten Fettsäuren zusammen. Aus Tabelle 55 geht hervor, daß Fette mit niederem Schmelzpunkt, d. h. mit viel ungesättigten Fettsäuren, rascher gespalten werden als höherschmelzende. Eine Ausnahme machen aus unbekannten Gründen lediglich das Schweinefett und — vielleicht wegen ihres Gehaltes an niederen Fettsäuren — die Butter.

Ob die *Magenlipase* in den Magensaft sezerniert wird, ist noch nicht sichergestellt, anscheinend stammt sie aus Zelltrümmern, die im Magen zerfallen und dabei Lipase freisetzen.

Cholinesterasen. Für die Spaltung von Estern des Cholins sind zwei Fermente bekannt, von denen die eine als *Acetylcholinesterase* (Cholinesterase I) bezeichnet wird, weil sie Acetylcholin (s. S. 278) mit besonderer Geschwindigkeit spaltet, die andere als *Cholinesterase* (Cholinesterase II, Pseudocholinesterase), da sie auch höhere Ester des Cholins zerlegt, und zwar mit größerer Geschwindigkeit als Acetylcholin. Die Cholinesterase findet sich im Blutserum, im Pankreas und in der Leber. Ihre physiologische Funktion ist unbekannt. Die Acetylcholinesterase wurde nachgewiesen in Erythrocyten, im Gehirn und im nervösen Gewebe. Sie hat die Aufgabe, das bei nervösen Reizen an den Nervenendigungen freiwerdende physiologisch hochwirksame Acetylcholin zu spalten. Für ihre Wichtigkeit spricht, wie schon erwähnt (s. S. 278), die Beobachtung, daß sie in dem Teil des Muskels, in dem sich die motorischen Endplatten, also die Nervenendigungen befinden, in höherer Konzentration vorkommt als im Rest des Muskels. Durch Physostigmin (Eserin) in sehr kleinen Dosen ($5 \cdot 10^{-6}$ mg in 2 cm^3 Flüssigkeit) wird sie spezifisch gehemmt.

Die Acetylcholinesterase spaltet zwar Acetylcholin, kann es aber nicht synthetisieren, da hierzu offenbar erhebliche Energiemengen erforderlich sind, die aus energiereichen P-Bindungen zur Verfügung gestellt werden und durch eine besondere *Cholinacetylase* für die Synthese nutzbar gemacht werden können.

Cholesterinesterasen. In neuerer Zeit wird auf die mögliche Bedeutung verschiedener *Cholesterinesterasen* für Resorption und Transport der Fettsäuren hingewiesen. Allem Anschein nach lassen sich zwei verschiedene Cholesterinesterasen unterscheiden, von denen die eine, die sich im Pankreas und im Pankreassaft findet, vorzugsweise das Cholesterin in seine Fettsäureester überführt, die zweite, die z. B. in der Leber nachgewiesen wurde, die Cholesterinester aufspaltet (s. a. S. 381). Die Pankreascholesterinesterase wird durch gallensaure Salze aktiviert.

Phospholipasen. Man bezeichnet als Phospholipasen Fermente, die aus den Phosphatiden (Lecithine, Plasmalogene, Kephaline, Sphingomyeline) Fettsäuren abspalten. Von ihnen sind besonders die Fermente der Lecithin- und der Kephalinspaltung untersucht worden. Lecithin (und entsprechend Kephalin) kann, wie die folgende Formel zeigt, an 4 Stellen gespalten werden. Die Spaltungen an den Stellen III und IV geschehen durch Phosphodiesterasen

$$H_2CO \overset{I}{-\!\!\mid\!\!-} OR$$
$$\downarrow$$
$$HCO \overset{II}{-\!\!\mid\!\!-} OR'$$
$$\downarrow$$
$$H_2CO \overset{III}{-\!\!\mid\!\!-} P \underset{\overset{\parallel}{O}}{\overset{OH}{\diagup}} \overset{\uparrow}{\underset{IV}{\mid}} O-CH_2-CH_2-\overset{\oplus}{N}(CH_3)_3$$

(s. S. 298), die an den Stellen I und II durch *Lecithinasen.* Man unterscheidet Lecithinasen A und B, von denen A die ungesättigten Fettsäuremoleküle (s. S. 41) abspaltet. Die nur noch einen Fettsäurerest enthaltenden Reaktionsprodukte bezeichnet man als Lysolecithin bzw. Lysokephalin (s. S. 41). Lecithinase A findet sich vor allem in tierischen Giften, kommt aber auch im Pankreas und in anderen Organen vor. Die Lecithinasen B spalten aus Lysolecithin und Lysokephalin die gesättigte Fettsäure ab.

β) Phosphoesterasen.

Die außerordentlich große Bedeutung dieser Gruppe von Enzymen ergibt sich aus der Schlüsselstellung, die phosphorsäurehaltige Bausteine bei den verschiedensten biologischen Vorgängen einnehmen. Phosphatide, Kohlenhydratphosphorsäureester und ihre P-haltigen Spalt- und Umwandlungsprodukte spielen bei den Stoffwechselvorgängen in fast allen Organen, für die Knochenbildung, die Milchbildung und bei der alkoholischen Gärung eine unentbehrliche Rolle. Nucleotide als Bausteine von Zellkern und Zellplasma sind an allen lebenswichtigen Zelleistungen entscheidend beteiligt. Früher hat man die Fermente für den Umsatz der erwähnten Substrate als Phosphatasen bezeichnet. Ebenso wie bei den Carbonsäureesterasen gibt es unter ihnen Fermente, die eine recht geringe Spezifität haben, ja fast alle natürlich vorkommenden oder synthetisch gewonnenen Monoester der Phosphorsäure spalten können, andere Angehörige dieser Gruppe haben dagegen eine viel größere relative oder sogar eine absolute Spezifität. Eine Unterteilung ist zunächst möglich, weil ein Teil von ihnen nur Monoester der Phosphorsäure spaltet, die *Phosphomonoesterasen:*

$$\begin{array}{c} RO \\ HO \end{array}\!\!>\!P\!<\!\!\begin{array}{c} OH \\ O \end{array} + H_2O \rightarrow ROH + \begin{array}{c} HO \\ HO \end{array}\!\!>\!P\!<\!\!\begin{array}{c} OH \\ O \end{array}$$

Andere, die *Phosphodiesterasen,* spalten Phosphodiester:

$$\begin{array}{c} RO \\ R'O \end{array}\!\!>\!P\!<\!\!\begin{array}{c} OH \\ O \end{array} + H_2O \rightarrow ROH + \begin{array}{c} HO \\ R'O \end{array}\!\!>\!P\!<\!\!\begin{array}{c} OH \\ O \end{array}$$

Die *Nucleasen* gehören zu den Phosphodiesterasen. Über *Pyrophosphatasen,* welche 2 Moleküle o-Phosphorsäure aus Pyrophosphorsäure bilden, also keine Esterasen sind, s. S. 319. Auch die Phosphoamidasen (s. S. 319) sind keine Esterasen.

Die Substratspezifität und die Hauptquellen der verschiedenen Gruppen von Phosphoesterasen sind nach ROCHE in Tabelle 56 zusammengestellt.

Tabelle 56. Spezifität und Hauptquellen der Phosphoesterasen nach ROCHE.

Phosphatasetyp	Substrate	Hauptvorkommen
Bindungsspezifität.		
Phosphomonoesterasen . .	Monoester der o-Phosphorsäure	Knochen, Darmschleimhaut, Niere, Hefe
Phosphodiesterasen	Diester der o-Phosphorsäure	Leber, Niere, Hefe
Substratspezifität.		
Phytasen	Phytin	Cerealien, Samen
Cholinphosphatasen . . .	Cholinglycerophosphat	Darmschleimhaut
Hexosediphosphatase . . .	Fructose-1,6-diphosphat	Leber, Niere, Hefe
Polynucleotidasen	Nucleinsäuren und Polynucleotide	Darmschleimhaut, Pankreas, Leber
5-Nucleotidasen	5-Nucleotide	Hoden

Eine ganze Anzahl der in Tabelle 56 aufgeführten Typen von Phosphoesterasen ist nicht einheitlich, vielmehr wird das gleiche Substrat häufig von Phosphoesterasen mit verschiedenem p_H-Optimum gespalten. Man nennt diese Erscheinung *Isodynamie.* Es sind 4 isodyname Phosphomonoesterasen bekannt geworden; ferner gibt es wahrscheinlich 3 isodyname Phosphodiesterasen. In der Tabelle 57 ist der Versuch einer Klassifizierung der isodynamen Phosphomonesterasen gemacht.

Tabelle 57. Isodyname Phosphomonoesterasen.

Typ	p_H-Optimum	Vorkommen	Charakteristika
I	8,6—9,4	Knochen, Niere, Darmschleimhaut, Milchdrüse	Aktivierbar durch Mg^{2+}, Hemmung durch —SH. Wirkt besser auf β- als auf α-Glycerophosphat. Stabilitätsmaximum p_H 7,5—8,5.
II	5,0—5,5	Leber, Getreide, Prostata	Nicht durch Mg^{2+} aktivierbar. Hemmung durch F^-. Wirkt besser auf β- als auf α-Glycerophosphat. Stabilitätsmaximum p_H 5,0—6,0.
III	3,4—4,2	Leber, Oberhefen	Hemmung durch Mg^{2+}. Wirkt besser auf β- als auf α-Glycerophosphat. Stabilitätsmaximum p_H 4,5—5,5.
IV	5,0—6,0	Rote Blutkörperchen, Unterhefen	Aktivierbar durch Mg^{2+}. Wirkt besser auf α- als auf β-Glycerophosphat. Stabilitätsmaximum bei p_H 6,5—7,5.

Bisher ist die Reindarstellung von Phosphoesterasen noch nicht gelungen. Manche von ihnen enthalten allerdings mit Sicherheit Magnesium, so die Prostataphosphatase. Von den Organen des Tierkörpers haben den größten Gehalt an Phosphomonoesterase Darmschleimhaut, Nieren und Knochen. Auch in einigen Sekreten, so der Galle, dem Pankreas- und dem Darmsaft, ebenso in der Milch, kommen Phosphatasen vor.

Im Darm sind sie möglicherweise für die Resorption wichtig, da die vorhergehende Phosphorylierung für die *Resorption der Kohlenhydrate und der Fette* notwendig sein soll. Die Bedeutung der Phosphorylierung der Zucker bei ihrer Resorption, die aus einer Vermehrung der Kohlenhydrat-phosphorsäureester in der Darmschleimhaut hervorgeht, ist aber noch nicht geklärt. Für die Wirkung von Phosphoesterasen bei der Resorption der Fette wird angeführt, daß der Phosphatidgehalt der Lymphe bei der Fettresorption ansteigt und weiterhin, daß die Fettsäuren, die in den Phosphatiden der Darmwand gefunden wurden, weitgehend den mit der Nahrung verfütterten entsprechen. Auch für die Umwandlung von Riboflavin in *Riboflavinphosphorsäure* ist offenbar die Phosphoesterase der Darmwand notwendig (VERZÁR). Es muß jedoch darauf hingewiesen werden, daß diese Anschauungen nicht ohne Widerspruch geblieben sind.

Große Bedeutung hat eine Phosphomonoesterase vom Typus I für die *Knochenbildung*; dies zeigt sich z. B. darin, daß sie im Knorpel in chemisch nachweisbaren Mengen erst dann auftritt, wenn die ersten Zeichen der Verknöcherung histologisch nachweisbar sind, ferner darin, daß sie in den Verknöcherungszonen viel reichlicher vorkommt als im übrigen Knochen. Man nimmt an, daß sie aus Phosphorsäureestern des Blutes Phosphat abspaltet, das sich am Ort der Freisetzung mit ebenfalls im Blut vorhandenem Calcium zu unlöslichem Calciumphosphat umsetzt und ausfällt. Jedoch finden sich in nicht verknöcherndem Gewebe ebenfalls große Mengen und in seiner Verknöcherung gestörter rachitischer Knochen enthält sogar mehr Phosphomonoesterase als normaler Knochen, so daß bei der Verknöcherung neben ihrer Wirkung ein „zweiter Mechanismus" noch unbekannter Natur mitspielen muß (ROBISON). Möglicherweise handelt es sich um folgendes: der Zustrom von Phosphorsäureestern mit dem Blut ist zu gering, um eine wesentliche Ablagerung von Calciumphosphat zu gewährleisten. Nun ist gefunden worden, daß bei intensiver Verknöcherung der Knochen relativ viel Glykogen sowie eine Phosphorylase (s. S. 324) enthält, die die Phosphate des Blutes zur phosphorolytischen Spaltung des Glykogens verwenden kann (s. S. 413). Aus dem dabei entstehenden Glucose-1-phosphat kann dann die Knochenphosphomonoesterase Phosphat abspalten und für die Calciumphosphatbildung zur Verfügung stellen. Die Vorstellungen, die man sich heute vom Chemismus der Verknöcherung machen kann, sind in Abb. 78 schematisch dargestellt. Dieser Mechanismus hat wohl den Sinn, daß im Knochen Phosphationen in so hoher Konzentration entstehen, daß wegen Überschreitung

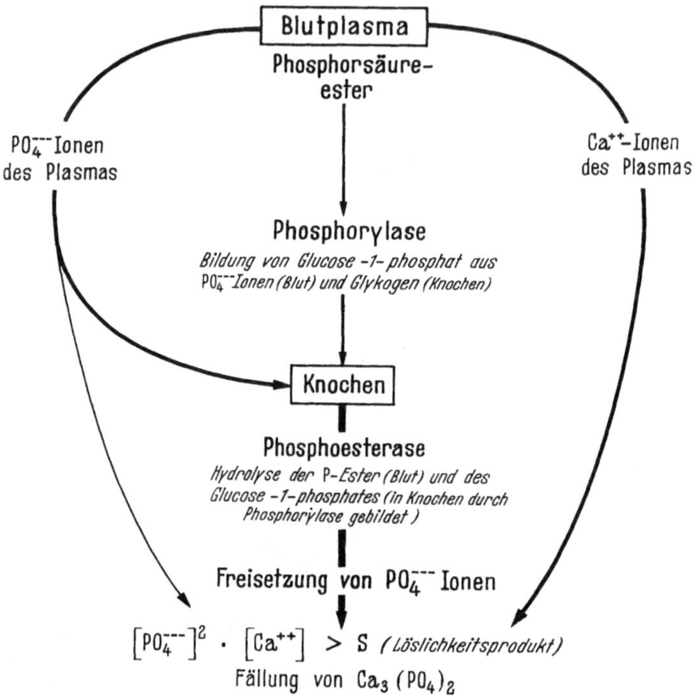

Abb. 78. Mechanismus der Verknöcherung.

seines Löslichkeitsproduktes Calciumphosphat ausfallen muß. Es sei anschließend bemerkt, daß ATP die Verkalkung steigert, weil seine labilen Phosphatgruppen durch Transphosphorylierung (s. S. 329) an den polaren Gruppen der Proteinmatrix fixiert werden. Die eigentliche Mineralisation beginnt mit der Anlagerung von $CaHPO_4$ das dann sekundär umgebildet wird.

Auch die Phosphomonoesterasen der *Milchdrüse* gehören dem Typus I an, sie sind wahrscheinlich notwendig für die Bildung des Caseins. Dagegen ist nicht sicher erwiesen, ob auch, wie angenommen wurde, die *Phosphatausscheidung durch die Nieren* auf Kosten eines vorhergehenden Zerfalls von Phosphorsäureestern des Blutes zustande kommt. Wahrscheinlich spielt jedoch die Phosphorylierung der Glucose bei ihrer Rückresorption im Tubulusapparat eine Rolle (s. S. 575). Auf die Bedeutung von Phosphorylierungsreaktionen für den intermediären Stoffwechsel der Kohlenhydrate sowie für den Chemismus der Muskelkontraktion soll erst später eingegangen werden (s. S. 413 f. und 555 ff.).

Zu den Phosphomonoesterasen gehören die *5'-Nucleotidasen*, die aus Mononucleotiden, die in Stellung 5' phosphoryliert sind (s. S. 104), Phosphorsäure freimachen.

Es sei eine kurze Besprechung der **Nucleasen** angeschlossen, der Fermente, die die Nucleinsäuren in Basen, Kohlenhydrate und Phosphorsäure spalten und die, wie schon oben ausgeführt, zu den Phosphodiesterasen gehören. Den beiden Gruppen von Nucleinsäuren, den Ribo- und den Desoxyribonucleinsäuren (s. S. 101) entsprechend sind auch zwei Gruppen von Nucleasen zu unterscheiden, deren Spezifität streng auf jeweils die eine der beiden Substratgruppen gerichtet ist, die *Ribonucleasen* und die *Desoxyribonucleasen*. Sie spalten aus Ribo- bzw. Desoxyribonucleinsäuren vorzugsweise pyrimidinhaltige Oligo- und niedermolekulare Polynucleotide heraus, so daß der verbleibende Rest an Purinnucleotiden angereichert ist. Die Ribonuclease hat ein Molekulargewicht von etwa 15 000. Sie wurde kristallisiert erhalten, ihre Struktur ist weitgehend aufgeklärt.

In Gewebsschnitten lassen sich Phosphatasen nach GOMORI nachweisen. Das von ihnen aus zugesetztem Glycerinphosphat abgespaltene Phosphat fällt als Calciumphosphat aus; dieses wird in Kobaltphosphat und dann in Kobaltsulfid umgewandelt, welches an seiner schwarzen Farbe im histologischen Schnitt leicht erkennbar ist.

γ) Schwefelsäureesterasen (Sulfatasen).

Sulfatasen finden sich in fast allen Organen des menschlichen und tierischen Körpers. Die größte Aktivität weist die Nierensulfatase auf. Als Substrate der Sulfatasen kommen vor allem die *gepaarten Schwefelsäuren* (Phenolschwefelsäure, Indoxylschwefelsäure, s. S. 569, 571 f.) in Betracht, die als Stoffwechselprodukte dauernd im Körper vorkommen, ferner die *Chondroitinschwefelsäure*, die ja ebenfalls zu den Bausteinen des Körpers gehört. Anscheinend sind auf die verschiedenen Substrate auch verschiedene Fermente eingestellt.

2. Glykosidasen.

Als Glykosidasen werden Fermente bezeichnet, die glykosidische Bindungen zwischen Kohlenhydraten und Kohlenhydraten bzw. zwischen Kohlenhydraten und Alkoholen bzw. Phenolen hydrolysieren. (Derartige Nicht-Kohlenhydrat-Reste in Glykosiden bezeichnet man als *Aglykone*.) Die Glykosidasen werden auch als *Carbohydrasen* bezeichnet. Die Zahl der Substrate der Glykosidasen ist groß, ihre chemische Struktur weist sowohl hinsichtlich des glykosidischen als auch des nichtglykosidischen Paarlings große Differenzen auf. Es gehören zu den Substraten der Glykosidasen die verschiedenen Oligosaccharide und Polysaccharide, ebenso aber auch die sog. *Heteroside*, d. h. solche Glykoside, die einen Aglykonrest enthalten. Nach der Molekülgröße der Substrate unterscheidet man die beiden Gruppen der *Oligosaccharidasen* und der *Polysaccharidasen*.

α) Oligosaccharidasen.

Für die Unterscheidung verschiedener Typen von Oligosaccharidasen sind Überlegungen von WEIDENHAGEN nützlich gewesen, nach denen es von ihnen nur eine relativ kleine Anzahl gibt, deren *absolute* Spezifität sich auf Konstitution und Konfiguration des glykosidisch verknüpften Zuckers (s. S. 22) beschränkt, die Natur des Paarlings dagegen für sie gleichgültig ist. So werden z. B. α-Methylglykosid und Maltose (α-Glucosidoglucose) durch dasselbe Ferment abgebaut, das man, da es auch andere α-Glucoside spaltet, als α-*Glucosidase* bezeichnet. Der Einfluß verschiedener Substrate auf die Wirkung des Fermentes äußert sich nur in der Reaktionsgeschwindigkeit. Die Natur des nicht-glykosidischen Paarlings ist also nur für die *relative* Spezifität des Fermentes von Bedeutung. Für die absolute Spezifität sollen nach WEIDENHAGEN drei Merkmale des glykosidischen Anteils maßgebend sein: die *Zuckerisomerie*, die *α, β-Isomerie* und die *Ringisomerie*. Unter Zuckerisomerie versteht man die Konstitution an den nicht glykosidischen C-Atomen und die Isomerie zwischen Aldosen und Ketosen. Mit α, β-Isomerie wird die Konfiguration am glykosidischen C-Atom und mit Ringisomerie die Spannweite der Sauerstoffbrücke bezeichnet (s. das Kapitel Kohlenhydrate, S. 4, 11ff.). Auf dieser Grundlage lassen sich die Umsetzungen der zahllosen glykosidischen Zuckerderivate, also der Glykoside, die ein Aglykon enthalten, aber auch der Oligosaccharide, auf eine begrenzte Zahl von Fermenten zurückführen.

Tabelle 58. Einteilung der Oligosaccharidasen.
(Vereinfacht nach PIGMAN sowie HOFFMANN-OSTENHOF.)

Ferment	Alte Bezeichnung	Substrate
Gruppenspezifische α-Glucosidasen	Maltasen	Maltose, α-D-Glucoside
Saccharose-α-Glucosidase	Glucosaccharase	Rohrzucker
Gruppenspezifische β-Glucosidasen	Emulsin, Cellobiasen, Gentiobiasen	Cellobiose, Gentiobiose, Amygdalin, β-D-Glucoside
Oligo-1,6-glucosidase		Isomaltose, Panose, α-Amylosedextrine
Gruppenspezifische β-Glucuronidasen		β-D-Glucuronide
α-Galaktosidasen	Melibiasen	α-D-Galaktoside, β-L-Arabinoside, Melibiose, Raffinose
β-Galaktosidasen	Lactasen	Lactose, β-D-Galaktoside, α-L-Arabinoside
α-Mannosidasen		α-D-Mannoside
β-(h)-Fructosidasen	Invertasen, Saccharasen	Rohrzucker, β-D-Fructofuranoside
Chitobiase		Chitobiose

Nach den Vorstellungen von WEIDENHAGEN kann sogar das gleiche Disaccharid von mehreren Fermenten abgebaut werden. Rohrzucker ist aus α-D-Glucose und β-(h)-D-Fructose durch Vereinigung der glykosidischen Gruppen dieser beiden Monosaccharide entstanden, ist also ein α-Glucosido-β-(h)-fructosid (s. S. 24). Er wird daher sowohl durch α-Glucosidase als auch durch β-(h)-Fructosidase gespalten. Die beiden Fermente lassen sich durch die verschiedene Lage ihres p_H-Optimums voneinander unterscheiden (s. Abb. 79). (Die Aktivitäts-p_H-Kurve der β-(h)-Fructosidase ist mit der in Abb. 76, S. 290

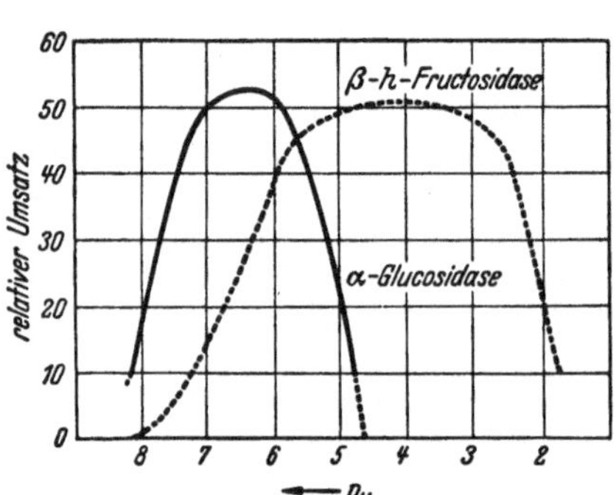

Abb. 79. Spaltung des Rohrzuckers durch α-Glucosidase und β-(h)-Fructosidase. (Nach WEIDENHAGEN.)

wiedergegebenen Kurve des Invertins identisch; Invertin [oder Invertase] ist also nur ein Trivialname für das nach seiner Wirkung als β-(h)-Fructosidase zu bezeichnende Ferment.)

Diese relativ einfache von WEIDENHAGEN vorgeschlagene Einteilung, nach der es nur 5 Typen von Oligosaccharidasen gibt, steht aber mit zahlreichen experimentellen Beobachtungen in Widerspruch, so daß sie erweitert werden mußte. Die Tabelle 58 enthält eine Auswahl aus einer umfangreicheren Zusammenstellung mit den für die Physiologie wichtigsten Vertretern. Die genauere Analyse zeigt, daß für die Spezifität der Oligosaccharidasen maßgeblich sind die Ringstruktur und die α,β-Isomerie, nicht aber, wie von WEIDENHAGEN angenommen, auch die Zuckerisomerie.

Anscheinend können Oligosaccharidasen nicht nur ihre Substrate hydrolysieren, sondern auch Glykosidreste auf andere Acceptoren als Wasser, nämlich Zucker oder Alkohole übertragen. Diese als Transglykolyse bezeichnete Wirkung teilen sie mit den sog. Transglykosylasen, von denen sie möglicherweise prinzipiell nicht verschieden sind.

Gleichartig wirkende Oligosaccharidasen verschiedener Herkunft sind meist nicht identisch, sondern als isodynam zu bezeichnen (s. S. 298). In der folgenden Einzelbesprechung sind nur die für die Physiologie wichtigen Oligosaccharidasen berücksichtigt.

α-**Glucosidasen.** Die physiologisch wichtigste Wirkung dieser Fermente ist die Spaltung der Maltose in zwei Moleküle Glucose. Deshalb werden sie auch als *Maltasen* bezeichnet. Sie spalten aber auch, wie bereits oben erwähnt, Rohrzucker und andere α-Glucoside. Maltase kommt im Pflanzenreich (Hefe) und im Tierreich weit verbreitet vor, meist in Begleitung von Amylase. Für die Verdauungsprozesse ist wichtig ihre hohe Konzentration im Pankreassaft, aber auch Speichel und Darmsaft enthalten kleine Mengen von Maltase. Das p_H-Optimum ist je nach ihrer Herkunft verschieden, für das Hefe- und das Pankreasferment liegt es zwischen 6,75 und 7,25.

β-**Galaktosidase.** Das β-Galaktoside spaltende Ferment wird auch als *Lactase* bezeichnet. Es findet sich im Darmsaft und zerlegt Milchzucker in Galaktose und Glucose. Sein p_H-Optimum liegt bei 5,0. β-Galaktosidase spaltet auch das Disaccharid *Vicianose*, das sich von der Lactose dadurch unterscheidet, daß es an Stelle von β-Galaktose α-L-Arabinose enthält. Eigenartigerweise findet man die Lactase nur dann im Darmsaft, wenn mit der Nahrung milchzuckerhaltige Nahrung (z. B. Milch) zugeführt wird. Dies ist ein Beispiel für die sog. „adaptive Fermentbildung": die betreffenden Organe haben die Fähigkeit bestimmte Fermente zu bilden, sie betätigen sie aber nur, wenn die Notwendigkeit dazu besteht.

β-**(h)-Fructosidase.** Wie schon oben angeführt wurde, kann der Rohrzucker sowohl durch α-Glucosidase als auch durch β-(h)-Fructosidase gespalten werden. Die als Ferment der Rohrzuckerspaltung in der Hefe vorkommende „*Saccharase*" *(Invertase, Invertin)* ist wohl nicht mit der des Darmsaftes identisch. Wahrscheinlich wird die Rohrzuckerspaltung durch Darmsaft nicht von Fructosidase, sondern von Glucosidase bewirkt; der Darmsaft enthält also keine eigentliche „Saccharase". Dagegen ist die Saccharase der Hefe und ebenso sind die anderen Saccharasen pflanzlicher Herkunft β-(h)-Fructosidase. Im Pferdeserum ist auch die β-(h)-Fructosidase aufgefunden worden; es ist anzunehmen, daß ihr Auftreten alimentär bedingt ist.

Oligo-1,6-Glucosidase. Dieses Ferment, das aus Schweinedarm extrahiert werden konnte, spaltet aus Isomaltose (6-Glucosido-glucose), aus Panose (6-Glucosido-maltose) und aus Dextrinen, die bei der Wirkung von α-Amylase (s. S. 304) entstehen, Glucose ab. Da bei der Wirkung von α-Amylase auf Amylopektin Oligosaccharide mit 1,6-glucosidischen Bindungen entstehen, wirkt dies Ferment zusammen mit Amylase und Maltase bei der vollständigen Aufspaltung von Amylopektin mit.

β-**Glucuronidasen.** Fermente von diesem Typ sind in tierischen Geweben sehr weit verbreitet. Sie spalten sämtliche β-Glucuronide, also die β-glykosidischen Bindungen der Glucuronsäure mit phenolischen Substanzen

(s. Ätherglucuronsäuren S. 16). Weiterhin scheinen sie am Abbau der Mucopolysaccharide beteiligt zu sein. Die Hyaluronsäure ist nach S. 97 ein
Polymeres einer glykosidischen Verbindung aus Acetylglucosamin und aus
Glucuronsäure. Die Hyaluronidase (s. S. 305) spaltet die Bindungen zwischen C (1) des Glucosamins und der Glucuronsäure der Hyaluronsäure
(s. S. 97). Die Bindung zwischen C (1) der Glucuronsäure und Glucosamin
wird durch β-Glucuronidase gespalten.

$\beta)$ *Polysaccharidasen.*

Die biologisch wichtigsten Polysaccharide sind Stärke und Glykogen,
die beide aus α-D-Glucose aufgebaut sind. Durch in Malz, in der Hefe,
in Speichel, in Pankreas, aber auch in zahlreichen Organen, so besonders
in Leber und Muskel vorkommende *Amylasen (Diastasen)* werden sie über
die chemisch nicht genau definierten Zwischenstufen der Dextrine bis zu
dem Disaccharid Maltose abgebaut (s. S. 23). Die tierischen und die pflanzlichen Amylasen sind in ihrer Wirkung nicht identisch. Beim Abbau der
Stärke durch Malzamylase erhält man überwiegend β-Maltose — d. h. das
freie Acetalhydroxyl des Disaccharids hat die β-Konfiguration — die Pankreasamylase läßt dagegen α-Maltose entstehen (R. KUHN). Die aus diesem
Befund gezogene Folgerung, daß in der Stärke α- und β-Bindungen abwechseln, ist jedoch aus verschiedenen Gründen unwahrscheinlich. Im
Gegensatz zu Stärke wird Glykogen nur von Pankreasamylase angegriffen,
es bildet sich also nur α-Maltose. Entsprechend der Bildung von α- und
β-Maltose werden die beiden Fermente auch als α- und β-Amylase bezeichnet.

Pankreas- und Malzamylase unterscheiden sich durch ihr Verhalten
gegenüber Neutralsalzen. Wie S. 291 ausgeführt wurde, müssen die
Pankreasamylase und auch die Speichelamylase durch Salze aktiviert
werden, da sie sonst unwirksam sind; Malzamylase ist dagegen durch
Neutralsalze nicht beeinflußbar. Die Unterschiede in den p_H-Optima
verschiedener Amylasen sind in Tabelle 52, S. 291, angeführt. Sowohl α-
als auch β-Amylase sind in kristallisierter Form gewonnen worden (K. H.
MEYER u. Mitarb.) (s. Tabelle 49, S. 283).

Die amylolytische Spaltung der Stärke ist nicht nur wegen der Existenz zweier Amylasen
schwer zu übersehen. Die Stärke besteht (s. S. 29) aus Amylose und Amylopektin, die in
verschiedener Weise angegriffen werden. β-Amylase baut *Amylose* durch am Kettenende be-
ginnende und von dort aus stufenweise fortschreitende Abspaltung immer neuer Maltosemole-
küle vollständig zu Maltose ab, α-Amylase bildet zunächst, indem es die Kette der Amylose
in zwei Hälften zerlegt, größere Bruchstücke, die durch fortlaufenden Zerfall jedes neu
entstandenen Bruchstückes in zwei Teilstücke über ein Gemisch aus Maltotetraose,
Maltotriose und Maltose und schließlich in ein Gemisch aus 13% Glucose und 87% Maltose
übergehen. Aus *Amylopektin* spaltet β-Amylase die Seitenketten als Maltose (60%) ab, dann
aber wird die Spaltung durch die 1-6-Verzweigungen gehemmt (s. Struktur des Amylopektins
S. 27ff.) und es hinterbleibt ein „Grenzdextrin". α-Amylase führt den Abbau weiter, es entstehen etwa 19% Glucose, 72% Maltose und 8—9% Isomaltose, die alle Zweigstellen enthält
(6-α-Glucosido-glucose). Aus Stärke entsteht durch β-Amylase neben etwa 60% Maltose ein
hochmolekulares Grenzdextrin, α-Amylase bildet zu etwa 80% vergärbare Zucker, zu 20%
unvergärbare.

Neben den Amylasen, welche 1,4-glykosidische Bindungen spalten, gibt
es *1,6-Amylasen* (Amylo-1,6-glucosidasen, R-Enzyme), die 1,6-glykosidische
Bindungen spalten, also die Grenzdextrine abbauen können.

Zu den Polyasen ist auch zu rechnen die Gruppe der *Mucopolysaccharidasen*. Ihre Substrate sind die Mucopolysaccharide, also Polysaccharide, die

aus Hexosamin und Glucuronsäure aufgebaut sind. Entsprechend den verschiedenen Arten von Mucopolysacchariden (s. S. 95ff.) kann man verschiedene Mucopolysaccharidasen unterscheiden, von denen hier nur einige angeführt werden können.

Die *Hyaluronidasen* zerlegen die hochpolymere Hyaluronsäure in kleinere Spaltstücke, indem sie die glykosidischen Bindungen zwischen den Acetylglucosamin- und den Glucuronsäurebausteinen der Kette lösen. Sie sind identisch mit dem *spreading factor.* Dieser wurde daran erkannt, daß seine Injektion in die Haut z. B. die Ausbreitung von Farbstoffen, aber auch von vielen anderen Stoffen in der Haut wesentlich beschleunigt. Da die hyaline Grundsubstanz des Bindegewebes reich an Hyaluronsäure ist, hat die Hyaluronidase sicherlich für den Funktionszustand des Bindegewebes große Bedeutung. Wichtig ist vielleicht auch der hohe Gehalt an Hyaluronidase im Hoden und im Sperma. Man glaubt, daß sie die Gallertehülle der Eizellen auflöst und damit die Voraussetzung für die Befruchtung schafft.

Im Speichel, in der Nasenschleimhaut, in Ovalbumin, Tränen und Leukocyten kommt ein Ferment vor, das eine Reihe von Bakterienarten auflösen oder abtöten kann, indem es Mucopolysaccharide der bakteriellen Zellwand abbaut, wobei Acetylglucosamin abgespalten wird. Es wird als *Lysozym* bezeichnet.

Für die Spaltung der Chondroitinschwefelsäure wird ein *Sulfomucase* genanntes Ferment verantwortlich gemacht, das nach neueren Untersuchungen entgegen früheren Vorstellungen von der Hyaluronidase verschieden sein soll.

3. Amidasen.

Unter den Fermenten, welche die C—N-Bindung zerlegen, kann man zwei Gruppen unterscheiden, die *Amidasen*, welche C—N-Bindungen, außer denen in Peptidbindungen hydrolysieren und die *Peptidasen*, durch die Peptidbindungen gespalten werden.

Die Amidasen, die hier zunächst behandelt werden sollen, lassen sich nach der Art der von ihnen gespaltenen Substrate einteilen in:

α) *Aminasen*, sie spalten Amine vom Typus R—NH$_2$ oder R—NH—R'.

β) *Cycloamidasen* hydrolysieren C—N-Bindungen unter gleichzeitiger Aufspaltung eines Ringes.

γ) *Acylamidasen*, ihre Substrate sind Säureamide vom Typus R—CO $\cdot$ NH$_2$ oder R—CO—NH—R'.

δ) *Amidinasen* bewirken die hydrolytische Abspaltung einer Amidinogruppe.

ε) *Nucleosid-hydrolasen* hydrolysieren N-glykosidische Bindungen.

α) Aminasen (Nucleinaminasen).

Die in den Nucleinstoffen enthaltenen Purine werden bei ihrem Abbau im Stoffwechsel zum größten Teil oxydativ in Harnsäure umgewandelt und in dieser Form ausgeschieden (s. S. 490ff.). Da die im Körper primär vorkommenden Purinnucleotide und -nucleoside Adenin- und Guaninverbindungen sind, muß ihrer Oxydation die Desaminierung vorhergehen. Die für die Desaminierung verantwortlichen Fermente werden als Nucleinaminasen bezeichnet. Sie haben eine sehr strenge Spezifität und wandeln die Derivate des Adenins in solche des Hypoxanthins, die des Guanins in solche des Xanthins um (s. die Formeln S. 102). Die freien Basen Adenin und

Guanin kommen beim Menschen und beim Tier höchstens in ganz geringen Mengen vor, und freies Adenin kann im Organismus im Gegensatz zu freiem Guanin überhaupt nicht desaminiert werden. Die Purinderivate werden vielmehr überwiegend — die Adeninderivate ausschließlich — auf der Nucleosid- oder Nucleotidstufe desaminiert, also vor der Abspaltung der Phosphorsäure bzw. der Pentose. Bei der Desaminierung der Adeninderivate sind zu unterscheiden eine *Adenosindesaminase* und eine *5'-Adenylsäuredesaminase* (s. S. 492). Die erstere wandelt Adenosin in das entsprechende Hydroxyderivat Hypoxanthosin um, die zweite die Adenosin-5'-phosphorsäure in Inosinsäure, während die Adenosin-3'-phosphorsäure nicht angegriffen wird. Die beiden Fermente sind also in ihrer Wirkung streng spezifisch. Für die Spaltung der Hefeadenylsäure ist eine *3'-Adenylsäuredesaminase* beschrieben worden, die in tierischen Geweben vorkommt. Auch für die Spaltung der Guaninderivate sind zwei Fermente bekannt, von denen die *Guanase* (Guaninaminase) Guanin, die *Guanosinaminase* Guanosin, die *Guanylsäuredesaminase* nur Guanylsäure desaminiert. Weiterhin gibt es noch Fermente für die Desaminierung der Pyrimidinderivate Cytosin *(Cytosinaminase)* und Cytidin *(Cytidinaminase)*.

β) Cycloamidasen.

Zu den Cycloamidasen ist die sog. *Histidase* zu zählen. Im Augenblick erscheint es aber wenig geklärt, was sich hinter diesem Begriff eigentlich verbirgt. EDLBACHER, der die Histidase zuerst beschrieben hat, nahm an, daß sie den Imidazolring des Histidins unter Abspaltung von einem Molekül Ammoniak aufsprengt und das dadurch entstehende Reaktionsprodukt nach Abspaltung eines weiteren Moleküls Ammoniak und eines Moleküls Ameisensäure in Glutaminsäure übergeht. Die heutigen Vorstellungen über den Histidinabbau sind S. 486f. geschildert. Nach ihnen entsteht als erstes Reaktionsprodukt Urocaninsäure, deren Imidazolring die Urocaninase, wie S. 487 geschildert, aufspaltet.

$$
\begin{array}{c}
\text{HC--NH} \\
\quad\quad\text{CH} \quad \textit{Urocaninase} \\
\text{C--N} \\
| \\
\text{CH} \\
\| \\
\text{CH} \\
| \\
\text{COOH}
\end{array}
$$

Urocaninsäure

γ) Acylamidasen.

Asparaginase kommt in Pflanzen, Hefen und Bakterien, aber auch im tierischen Organismus vor und wandelt Asparagin unter Ammoniakabspaltung in Asparaginsäure um:

$$
\begin{array}{ccc}
\text{COOH} & & \text{COOH} \\
| & & | \\
\text{H}_2\text{N--C--H} & & \text{H}_2\text{N--C--H} \\
| & \longrightarrow & | \\
\text{CH}_2 & & \text{CH}_2 \\
| & & | \\
\text{CO--NH}_2 + \text{H}_2\text{O} & & \text{COOH} + \text{NH}_3 \\
\text{L-Asparagin} & & \text{L-Asparaginsäure}
\end{array}
$$

Eine analoge Wirkung hat die *Glutaminase*, durch die L-Glutamin zu L-Glutaminsäure (Formeln s. S. 69) desaminiert wird. In tierischen Geweben kann man Glutaminase I und II unterscheiden. Glutaminase II wirkt als Transaminase (s. S. 327), indem sie die Amidgruppe auf α-Ketosäuren übertragen kann.

Urease ist das Ferment der Harnstoffspaltung und zerlegt wahrscheinlich nach

$$O = C \Big\langle {}^{NH_2}_{NH_2} + H_2O \xrightarrow{\text{(Urease)}} O = C \Big\langle {}^{NH_2}_{OH} + NH_3; \quad CO_2 + NH_3$$

$$2 NH_3 + CO_2 + H_2O \rightarrow (NH_4)_2CO_3$$

Harnstoff in Ammoniak und Carbaminsäure. Diese zerfällt dann spontan weiter in Kohlendioxyd und Ammoniak, die sich unter Wasseraufnahme zu Ammoniumcarbonat vereinigen. Die Urease ist in Leguminosensamen (Sojabohne), niederen Pilzen und in Bakterien weit verbreitet. Sie wurde aber auch in der Magenschleimhaut und in tierischen Organen in geringer Menge aufgefunden. Jedoch ist die Magenurease vermutlich bakteriellen Ursprungs. Urease kann zwar aus Kohlendioxyd und Ammoniak auch Harnstoff bilden, aber im Tierkörper vollzieht sich die Harnstoffbildung auf anderen Wegen (s. S. 468 ff.). Die Urease ist für die Pflanze wahrscheinlich ein Stoffwechselferment. Die Pflanze bildet beim Eiweißabbau Harnstoff, kann ihn aber nicht ausscheiden. Durch die Urease wird das im Harnstoff gebundene Ammoniak dem pflanzlichen Organismus wieder zur Verfügung gestellt.

Die Urease war das erste Ferment, das als kristallisierter Eiweißkörper gewonnen wurde. Sie hat ein Molekulargewicht von 483000. Für die Aktivität ist die Anwesenheit von —SH-Gruppen im Fermentmolekül notwendig. Das p_H-Optimum liegt bei 7,3—7,5. Von großer praktischer Bedeutung ist ihre Anwendung zur Bestimmung des Harnstoffs.

Die *Hippuricase*, früher *Histozym* genannt, kommt vor allem in der Niere vor. Sie katalysiert die Spaltung von Hippursäure zu Benzoesäure und Glykokoll. In ganz entsprechender Weise entsteht aus *Phenacetursäure*

$$CO-NH-CH_2-COOH + H_2O \longrightarrow COOH + NH_2-CH_2-COOH$$

Hippursäure — Benzoesäure — Glykokoll

$$CH_2-CO-NH-CH_2-COOH$$
Phenacetursäure

$$CO-NH-CH_2-CH_2-CH_2-\overset{\displaystyle COOH}{\underset{\displaystyle |}{CH}}-NH-CO$$
Ornithursäure

Phenylessigsäure und Glykokoll, aus *Ornithursäure* Ornithin und zwei Moleküle Benzoesäure. Das Ferment hydrolysiert außerdem noch eine ganze Reihe anderer am Stickstoff acylierter Verbindungen; nach seiner allgemeinen Wirkung ist das Ferment also als *Aminoacylase* zu bezeichnen.

Die Ansicht, daß die Hippuricase auch zur Synthese von Hippursäure aus Benzoesäure und Glykokoll befähigt ist, ist nicht mehr haltbar. Die Synthese verläuft vielmehr unter der Mitwirkung einer Coenzym A enthaltenden Transacylase (s. S. 321).

δ) Amidinasen.

Als Amidinasen werden Fermente angesprochen, durch die aus einer Guanidinoverbindung hydrolytisch Harnstoff abgespalten wird. Die wichtigste von ihnen ist die *Arginin-amidinase*, auch *Arginase* genannt. Sie findet sich im Tierkörper in großen Mengen in der Leber (KOSSEL u. DAKIN), außerdem in der Niere und in einigen anderen Organen. Ihr Substrat ist die Aminosäure Arginin, die unter Aufnahme von Wasser in Ornithin und Harnstoff gespalten wird. Allerdings ist die Wirkung anscheinend nicht streng spezifisch. Neuerdings sind zwei Arginasen, Arginase a und Arginase b, unterschieden worden. Das p_H-Optimum der Arginase a liegt bei 7,4—7,6, das der Arginase b bei 9,3—9,5. Die Arginase a wird durch Co^{2+} und Ni^{2+}, die Arginase b durch Mn^{2+} aktiviert.

Die Arginase ist ein außerordentlich wichtiges Stoffwechselferment, da sich wie S. 469 beschrieben wird, die Harnstoffbildung im Tierkörper unter ihrer Mitwirkung vollzieht.

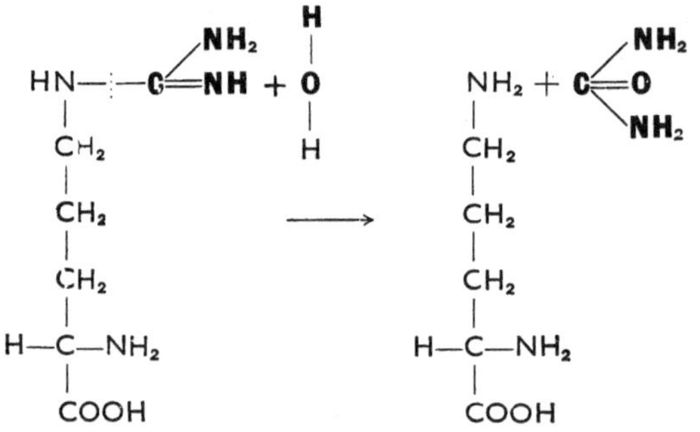

$$\text{L-Arginin} + H_2O \longrightarrow \text{L-Ornithin} + \text{Harnstoff}$$

Die Arginase scheint nur in den Zellkernen vorzukommen (s S. 501). Wahrscheinlich kommt ihr bei den Wachstumsvorgängen eine bedeutungsvolle Rolle zu, da die Proteine der Zellkerne, die Protamine und Histone, besonders argininreich sind. EDLBACHER fand auch in wachsendem Gewebe Arginase in höheren Konzentrationen.

Weitere Amidinasen für Kreatin, Kreatinin, Guanidin und Glykocyamin sind in Bakterien aufgefunden worden.

ε) Nucleosid-hydrolasen.

In Hefe und Milchsäurebakterien wurden Fermente nachgewiesen, welche die N-glykosidische Bindung zwischen Purin- bzw. Pyrimidinbasen und Ribose bzw. Desoxyribose hydrolysieren.

4. Peptidasen (proteolytische Fermente).

Als Peptidasen bezeichnet man alle Fermente, die an der Aufspaltung der Eiweißkörper bis zur Aminosäurestufe beteiligt sind. Ihre Wirkung ist vollkommen einheitlich, sie spalten die Peptidbindung unter Freisetzung je einer —COOH- *und* —NH$_2$-*Gruppe:*

$$H_2N-R-CO-NH-R_1-COOH + H_2O \xrightarrow{\text{Protease}} H_2N-R-COOH + NH_2-R_1-COOH$$

Das Verhältnis der entstehenden Carboxyl- und Aminogruppen sollte also stets gleich 1 sein. Es wird auch experimentell immer in dieser Größenordnung gefunden. Daß gelegentlich die Zahl der bestimmbaren sauren Gruppen die der alkalischen übersteigt, erklärt sich vielleicht daraus, daß im Eiweißmolekül außer den gewöhnlichen Peptidbindungen auch Bindungen zwischen einer Carboxylgruppe und der Iminogruppe des Prolinringes vorkommen. Bei Aufspaltung dieser Bindungen wird nur die Carboxylgruppe frei, die Iminogruppe des Prolins entzieht sich der Bestimmung der basischen Gruppen.

Es ist bemerkenswert, daß verschiedene pflanzliche und tierische Gewebe außer den Peptidasen für die Spaltung der aus den natürlichen L-Aminosäuren aufgebauten L-Peptide *(L-Peptidasen)* auch *D-Peptidasen* für die Spaltung von D-Peptiden enthalten.

Der Abbau der Eiweißkörper ist eine der wichtigsten Verdauungsleistungen des tierischen und des menschlichen Organismus. Er wird bewirkt durch Fermente, deren Wirkung schon frühzeitig im Magen-, Pankreas- und Darmsaft beobachtet wurde und die man als *Pepsin*, *Trypsin* und *Erepsin* bezeichnete. Die fermentchemische Analyse hat gezeigt, daß die beiden letztgenannten Fermente, wahrscheinlich aber auch Pepsin, nicht einheitlich, sondern Fermentgemische sind, aus denen sich verschiedene Fermente mit charakteristischer Wirkung abtrennen lassen. Neben diesen Fermenten, die von den Zellen abgegeben werden, also extracellulär wirken, enthalten aber auch die Zellen selber Peptidasen.

Man hat lange Zeit die Fermente für die Spaltung der Peptidbindung in Proteasen und Peptidasen eingeteilt, von denen die ersten spezifisch auf die Spaltung von Eiweißkörpern, die zweiten ebenso spezifisch auf die von Peptiden eingestellt sein sollten. Es hat sich aber gezeigt, daß es niedermolekulare Peptide gibt, die durch Proteasen gespalten werden können, so daß man die prinzipielle Unterscheidung in Proteasen und Peptidasen aufgeben muß. Die Erforschung der Peptidasen ist besonders durch M. BERGMANN und seine Mitarbeiter entscheidend gefördert worden, indem die Wirkung verschiedener Peptidasen auf genau definierte synthetische Peptide untersucht wurde. Nach BERGMANN hat man zu unterscheiden zwischen Fermenten, die nur endständige Peptidbindungen einer Peptidkette hydrolysieren, sie werden als **Exopeptidasen** bezeichnet und anderen, welche Peptidbindungen im Innern der Peptidketten aufspalten, den **Endopeptidasen**. Die Exopeptidasen sind weitgehend mit den früher als Peptidasen, die Endopeptidasen mit den als Proteasen bezeichneten Fermenten identisch. In diesen beiden Gruppen lassen sich dann weiterhin verschiedene Typen unterscheiden, abhängig vom Bau ihrer Substrate oder der Struktur derjenigen Stelle des Substrates, an der sie angreifen.

Nach dem heutigen Stand unserer Kenntnisse kommt man zu der in den Tabellen 59 und 60 wiedergegebenen Einteilung der Exo- und Endopeptidasen.

α) *Exopeptidasen.*

Es lassen sich demnach prinzipiell verschiedene Typen von Exopeptidasen unterscheiden: *Dipeptidasen, Aminopeptidasen, Carboxypeptidasen* und *Dehydropeptidasen.* Unter den Dipeptidasen sind besonders zu unterscheiden die beiden prolinhaltige Dipeptide spaltenden Fermente *Prolidase* und *Prolinase.*

Tabelle 59. Einteilung der Exopeptidasen. (Nach HOFFMANN-OSTENHOF.)

Enzyme	Für die Spaltung erforderliche Gruppierungen	
	in der Hauptkette des Substrats	in den Seitenketten
Dipeptidasen 1. Glycylglycin-dipeptidasen 2. Glycyl-L-leucin-dipeptidasen 3. L-Cysteinylglycin-dipeptidasen	$\overset{R}{\underset{\mid}{}} \qquad \overset{R'}{\underset{\mid}{}}$ $H_2NCHCO \dashv HNCHCOOH$	1. $R = R' = H-$ 2. $R = H-$ $R' = (H_3C)_2CHCH_2-$ 3. $R = HSCH_2-,\ R' = H-$
Glycyl-L-prolin-di-peptidasen (Prolidase)	$H_2NCH_2CO \dashv N \big\langle {}^{CH_2CH-R}_{CH-CH_2}$ mit $\mid$ COOH	$R = H-$ oder $HO-$
L-Prolyl-glycin-di-peptidasen (Prolinase)	$R-HC{-\!-}CH_2$ Ring mit $H_2C\diagdown{}_{NH}\diagup CHCO \dashv HNCH_2COOH$	$R = H-$ oder $HO-$
Aminopeptidasen 1. Leucinamino-peptidasen 2. Aminopeptidase-wirkung von Chymotrypsin	$\overset{R}{\underset{\mid}{}}$ $H_2NCHCO \dashv HN-$	1. $R = (CH_3)_2CHCH_2-$ 2. $R = HOC_6H_4CH_2-$ oder $C_6H_5CH_2-$
Aminotripeptidasen	$\overset{R}{\underset{\mid}{}} \qquad \overset{R'}{\underset{\mid}{}} \qquad \overset{R''}{\underset{\mid}{}}$ $H_2NCHCO \dashv HNCHCOHNCHCOOH$	$R = R' = H-$ oder CH_3- oder $(CH_3)_2CHCH_2-$ $R'' = H-$ oder $(H_3C)_2CHCH_2-$
Carboxypeptidasen	$\overset{R}{\underset{\mid}{}}$ $-CO \dashv HNCHCOOH$ oder	$R = HOC_6H_4CH_3-$ oder $C_6H_5CH_2-$ oder (Indol-)CH_2- mit NH
Dehydropeptidasen Typus I	$\overset{NH-R}{\underset{\mid}{}} \qquad \overset{CH-R'}{\underset{\parallel}{}}$ $-CHCO \dashv HNCCOOH$	R bzw. $R' = H-$ oder CH_3- oder H_3CCO-
Typus II	$\overset{R}{\underset{\mid}{}} \qquad \overset{CH_2}{\underset{\parallel}{}}$ $-CHCO \dashv HNCCOOH$	$R = H-$ oder $HO-$ oder $Cl-$

Tabelle 60. Einteilung der Endopeptidasen. (Nach Hoffmann-Ostenhof.)

Enzyme	Für die Spaltung erforderliche Gruppierungen	
	in der Hauptkette des Substrats	in den Seitenketten
Pepsine und Homo-pepsine (Kathepsine A)[1]	R | $-COHNCHXCO\!-\!HNCH-$	$R = C_6H_5CH_2-$ oder $HOC_6H_4CH_2-$ oder $HSCH_2-$[4]
Trypsine und Homotrypsine (Kathepsine B, Papain ?)[2]	R | $-COHNCHCO-R'$	$R = H_2N(CH_2)_4-$ oder $\dfrac{H_2N}{HN}{>}CNH(CH_2)_3-$
Chymotrypsine und Homochymo-trypsine (Kathepsine C)[3]	R | $-COHNCHCO-R'$	$R = HOC_6H_4CH_2-$ oder $C_6H_5CH_2-$ oder $H_3CS(CH_2)_2-$ oder (Indol)$-CH_2-$

[1] Die Natur des Restes X ist ziemlich bedeutungslos.
[2] $R' = -NH_2$, $-NHR''$ oder $-OC_2H_5$.
[3] $R' = -NH_2$, $-NHR''$, $-NHOH$, $-NHNH_2$ oder $-OC_2H_5$.

Die *Prolinase* (Grassmann) spaltet Peptide mit endständigem Prolin-stickstoff, also Substrate, die analog dem Prolylglycin gebaut sind, *Prolidase*,

$$\underset{\textbf{Prolylglycin}}{\underset{\text{Prolylrest}\qquad\text{Glycinrest}}{\begin{array}{c}H_2C\!-\!\!-\!\!-\!CH_2\\ |\qquad\;\; |\\ H_2C\quad CH\!-\!CO\!-\!NH\!-\!CH_2\!-\!COOH\\ \diagdown N\diagup\\ H\end{array}}}\qquad\qquad \underset{\textbf{Glycylprolin}}{\underset{\text{Prolinrest}\quad\text{Glycylrest}}{\begin{array}{c}H_2C\!-\!\!-\!\!-\!CH_2\\ |\qquad\;\; |\\ H_2C\quad CH\!-\!COOH\\ \diagdown N\diagdown\\ \;\;CO\!-\!CH_2\!-\!NH_2\end{array}}}$$

solche Prolinpeptide, in denen die Iminogruppe des Prolins mit der Car-boxylgruppe einer anderen Aminosäure durch Peptidbindung vereinigt ist, wie z. B. im Glycylprolin.

Carboxypeptidasen erfordern für ihre Wirkung eine endständige freie Carboxylgruppe und spalten die ihr benachbarte Peptidbindung; für Aminopeptidasen gilt das gleiche hinsichtlich einer endständigen freien Aminogruppe.

Dehydropeptidasen sind peptidspaltende Fermente mit einem neuartigen Spezifitätsbereich. Sie wurden von Bergmann in der Niere aufgefunden. Sie spalten nur Peptide, die bereits dehydriert sind. So wird z. B. Glycyl-dehydrophenylalanin nach

$$H_2N\!-\!CH_2\!-\!CO\!-\!N\!=\!C\!-\!COOH + 2\,H_2O \qquad\qquad H_2N\!-\!CH_2\!-\!COOH + NH_3 + O\!=\!C\!-\!COOH$$
$$\qquad\qquad\quad |\qquad\qquad\qquad\longrightarrow\qquad\qquad\qquad\qquad\qquad\quad |$$
$$\qquad\qquad\quad CH_2\qquad\qquad\qquad\qquad\qquad\qquad\qquad\qquad\qquad CH_2$$

in Glykokoll, Ammoniak und Phenylbrenztraubensäure gespalten. Die Aufspaltung der Peptidbindung geht also einher mit der Desaminierung der dehydrierten Aminosäure des Peptids. Es ist nicht bekannt, ob diese Reaktion für die Peptidspaltung oder für die Desaminierung der Aminosäuren irgendwelche Bedeutung hat.

β) Endopeptidasen.

Die Endopeptidasen, deren Substrate in erster Linie die Proteine sind, lassen sich nicht nach ihrer Substratspezifität einteilen, so daß die älteren Trivialnamen wie Pepsin, Trypsin, Kathepsin usw. weiterhin angewandt werden. Jedem von ihnen sind als Homopepsine, Homotrypsine usw. bezeichnete Fermente zuzuordnen, deren Wirkung BERGMANN als homospezifisch bezeichnet hat. Darunter sind Fermente zu verstehen, die verschiedener Herkunft sind, aber genau die gleiche relative Spezifität aufweisen. Die Tabelle 60 zeigt, daß für die Wirkung der Endopeptidasen die Gegenwart bestimmter Seitenketten notwendig ist, die aus der Peptidkette herausragen. Schematisch läßt sich das etwa folgendermaßen wiedergeben:

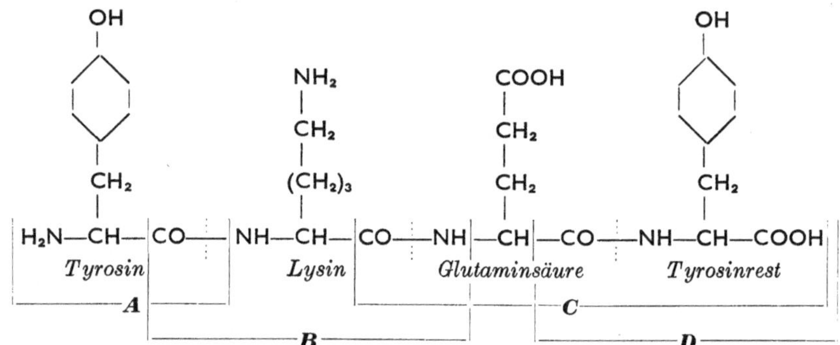

A = Chymotrypsin, *B* = Trypsin, *C* = Pepsin, *D* = Carboxypeptidase.

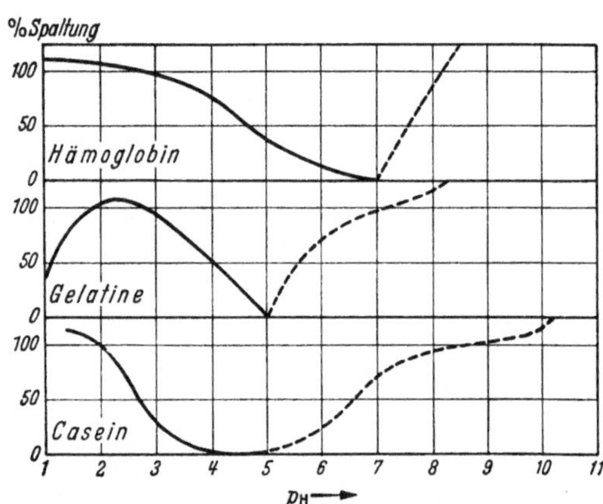

Abb. 80. Relative Spaltungsgeschwindigkeit von Proteinen durch Pepsin und Trypsin. ———— Spaltung durch Pepsin; ------ Spaltung durch Trypsin.

Ganz allgemein scheint im übrigen das Ausmaß der Spaltung eines Substrates und das p_H-Optimum der Spaltung weitgehend von der Art dieses Substrates abzuhängen. Die Abb. 80 zeigt, in wie hohem Maße die Wirkung von Pepsin und Trypsin bei verschiedenen p_H-Werten von der Art des Substrates abhängt.

Einige Peptidasen sind anscheinend Metallkomplexe. So enthält die Carboxypeptidase pro Mol ein Atom Zn, die Aminopeptidase ist ein Mg-Proteid und die Dipeptidasen sind Co- oder Mn-haltig. Es wird angenommen, daß über seine Metallkomponente durch Nebenvalenzwirkung sich das Ferment mit seinem Substrat vereinigt, wie dies in den nachstehenden schematischen Formeln zum Ausdruck kommt:

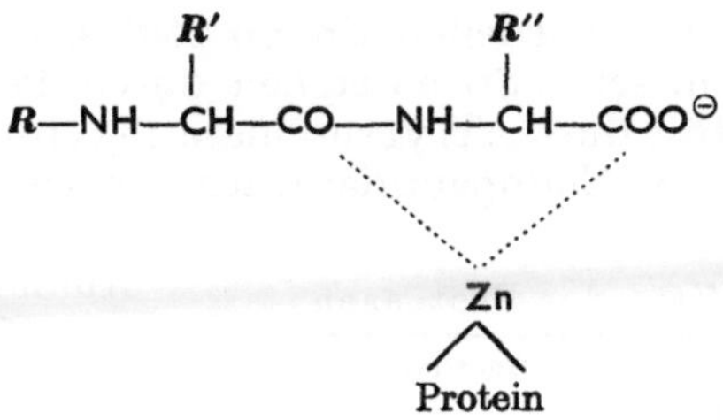

$$R'\ \ \ \ \ \ \ \ \ \ R''$$
$$|\ \ \ \ \ \ \ \ \ \ \ \ \ |$$
$$R\text{—NH—CH—CO——NH—CH—COO}^{\ominus}$$

Zn

Protein

Angriffspunkte der Carboxypeptidase

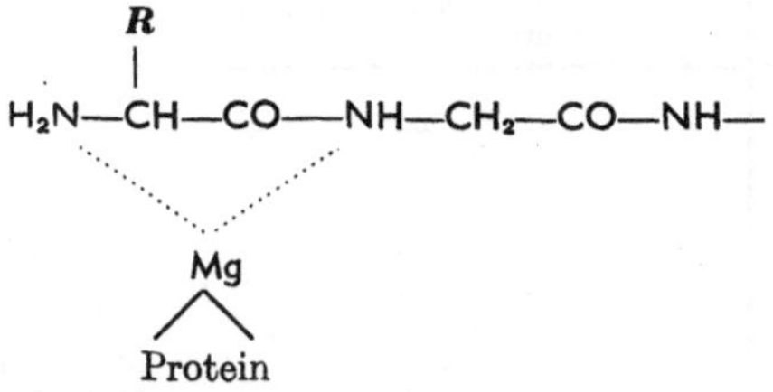

$$R$$
$$|$$
$$H_2N\text{—CH—CO——NH—CH}_2\text{—CO—NH—}$$

Mg

Protein

Angriffspunkte der Aminopeptidase

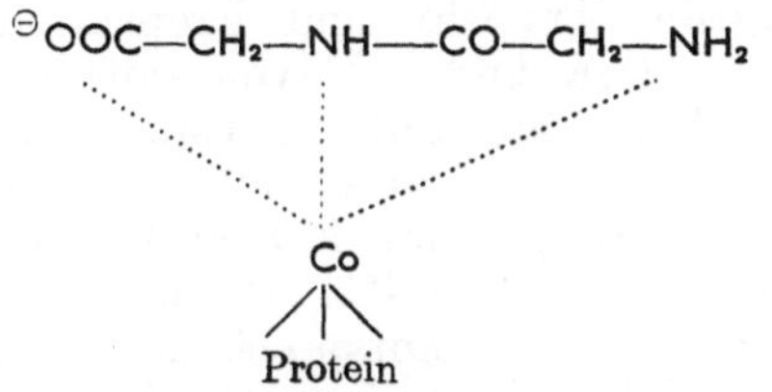

$$^{\ominus}\text{OOC—CH}_2\text{—NH——CO—CH}_2\text{—NH}_2$$

Co

Protein

Angriffspunkte der Dipeptidase

Die Natur der Reste R und R', die für die Spezifität wesentlich ist, bestimmt die spezifische Affinität zu dem Proteinanteil des jeweiligen Fermentes.

Tabelle 61. Aktivierung und Hemmung der Peptidasen.

Ferment	aktiviert durch	gehemmt durch
Pepsin	—	—
Papain		
Kathepsin		
katheptische Carboxypeptidase	HCN, H_2S, Glutathion	—
Trypsin		
tryptische Carboxypeptidase	Enterokinase	HCN, H_2S, Glutathion
Aminopolypeptidase		
Dipeptidase	—	HCN, H_2S

Die verschiedenen Proteasen werden durch bestimmte Stoffe in charakteristischer Weise aktiviert oder gehemmt (s. Tabelle 61). Die Wirkung der Aktivierung besteht entweder darin, daß sie die Wirkung eines Fermentes überhaupt erst ermöglicht (z. B. Trypsin) oder seinen Spezifitätsbereich erweitert (z. B. katheptische Fermente, s. a. Tabelle 64, S. 316). Bei der Aktivierung des Trypsins handelt es sich um eine katalytische Wirkung der Enterokinase auf die unwirksame Vorstufe Trypsinogen (s. S. 317).

Die Spezifitätsverhältnisse der einzelnen Proteasen gibt die Tabelle 62 in groben Zügen wieder. Man beachte, daß die Gerüsteiweiße (Keratine) überhaupt nicht fermentativ spaltbar sind.

Die Wirkung der verschiedenen Endopeptidasen auf dieselben Eiweißkörper ist nicht identisch. So entstehen durch Pepsin aus Eiweiß fast nur Peptide (s. S. 315), durch Trypsinkinase (Trypsinkinase ist die durch Enterokinase aktivierte Endopeptidase aus Pankreas, s. S. 317) daneben größere Mengen von freien Aminosäuren. Läßt man nacheinander verschiedene Proteasen auf denselben Eiweißkörper einwirken, so ist unabhängig von der Aufeinanderfolge der Fermentwirkungen die Gesamtspaltung die gleiche, aber die auf das einzelne Ferment entfallende Wirkung gelegentlich von der Reihenfolge der Einwirkung abhängig.

Tabelle 62. Spezifität der Proteasen.

Ferment	Substrate			
	Keratin	genuine Proteine	Polypeptide	Dipeptide
Pepsin	—	+	—	—
Trypsinkinase	—	+	—	—
Papain, aktiviert. . .	—	+	—	—
Carboxypeptidase . .	—	—	+	—
Aminopeptidase . . .	—	—	+	—
Dipeptidasen	—	—	—	+

Tabelle 63 zeigt dies für die Kombination von Pepsin, Trypsin und Erepsin. Die Gesamtspaltung beträgt in allen Fällen etwa 95%. Davon entfallen auf Pepsin 10%, in den beiden ersten Versuchen auf Trypsin und Trypsinkinase etwa 50% und auf Erepsin etwa 35%; im letzten Versuch auf Erepsin aber 55%, dafür ist die Trypsinwirkung entsprechend geringer, sie wird teilweise vom Erepsin übernommen. (In diesen älteren Versuchen war das „Trypsin" noch nicht völlig von anderen Pankreasfermenten gereinigt. Reines inaktiviertes Trypsin ist gegen Eiweißkörper ganz unwirksam. Nach der ersten Erepsinwirkung ist Trypsinkinase noch wirksam; durch ihre Wirkung entsteht neues Substrat für eine zweite Erepsinwirkung. Deshalb muß man schließen, daß jedes der Fermente andere Peptidbindungen spaltet.

Tabelle 63. Eiweißspaltung durch verschiedene Proteasen. (Nach WALDSCHMIDT-LEITZ.)

Ferment	Zuwachs an		Leistung
	−COOH	−NH$_2$	
	in cm³ n/10-Lösung		%
Pepsin	0,75	0,76	10
Trypsinkinase .	3,45	3,50	49
Darmerepsin . .	2,47	2,34	35
	6,67	6,60	94
Pepsin	0,75	0,76	10
Trypsin	0,76	0,75	10
Trypsinkinase .	2,75	2,75	39
Darmerepsin . .	2,47	2,37	35
	6,73	6,63	94
Pepsin	0,70	0,73	10
Darmerepsin . .	1,42	1,65	20
Trypsinkinase .	2,12	2,07	30
Darmerepsin . .	2,45	2,57	35
	6,69	7,02	95

Pepsin. Das Pepsin galt seit seiner Entdeckung im Jahre 1836 durch SCHWANN — es ist damit eines der am längsten bekannten Fermente — über 100 Jahre als *das* eiweißspaltende Ferment des Magensaftes. Übereinstimmend wurde das Optimum seiner Wirkung, abhängig von der Lage des isoelektrischen Punktes des zu verdauenden Eiweißes zwischen p_H 1,5 und 2 gefunden, entsprechend der Reaktion, bei der das betreffende Protein maximal als Kation ionisiert ist [vgl. hierzu in Abb. 80, S. 312, den Verlauf der Spaltungskurven von Hämoglobin (I. P. 6,8), Gelatine (I. P. 4,6—5,0) und Casein (I. P. 4,6)]. Die für die Wirkung des Pepsins erforderliche stark saure Reaktion wird durch die ebenfalls von den Magendrüsen produzierte Salzsäure hergestellt (s. S. 366f.). Die Wirkung des Pepsins ist keine sehr weitgehende (s. Tabelle 63), nur etwa $^1/_{10}$ der Peptidbindungen werden gelöst. Die hochmolekularen, wasserlöslichen Spaltstücke bezeichnet man als Peptone (s. S. 71). Nach neueren Beobachtungen sollen aber bei länger fortgesetzter Pepsinwirkung auch größere Mengen von niedermolekularen Peptiden entstehen.

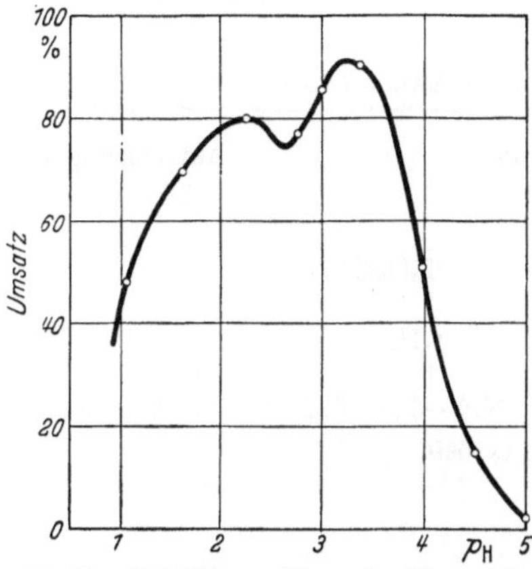

Abb. 81. Aktivitäts-pH-Kurve des Magensaftes. Substrat Edestin. (Nach Buchs.)

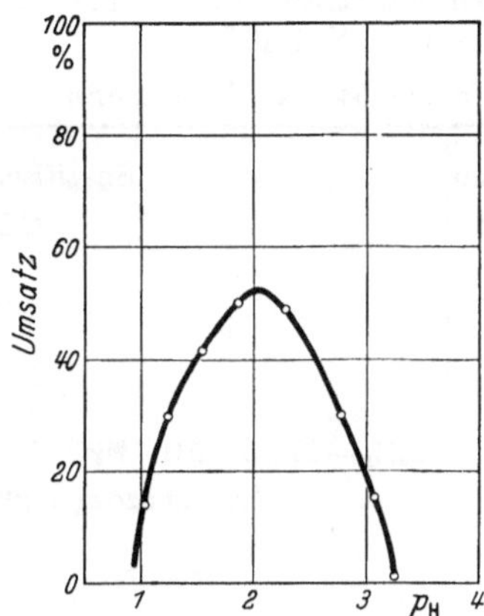

Abb. 82. Aktivitäts-pH-Kurve des Magensaftpepsins. Substrat Edestin. (Nach Buchs.)

Pepsin kommt in der Magenschleimhaut in der inaktiven Vorstufe *Pepsinogen* oder *Propepsin* vor. Dieses unterscheidet sich vom Pepsin, das in alkalischer Lösung irreversibel geschädigt wird, durch seine Alkalistabilität. Das Propepsin wird bei saurer Reaktion aktiviert — bei p_H 5 ziemlich langsam, bei p_H 1 dagegen sofort und geht in Pepsin über. Auch durch Behandlung mit Pepsin kann das Pepsinogen in Pepsin umgewandelt werden (NORTHROP). Pepsin und Pepsinogen konnten kristallisiert erhalten werden, ihre Molekulargewichte sind 34000 bzw. 42000. Bei der Umwandlung von Pepsinogen in Pepsin werden 9 Peptidbindungen des Pepsinogens gespalten. Dabei entsteht ein Polypeptid mit einem Molekulargewicht von 3100, das sich mit Pepsin verbindet und seine Wirkung hemmt. Es wird daher als *Pepsininhibitor* bezeichnet.

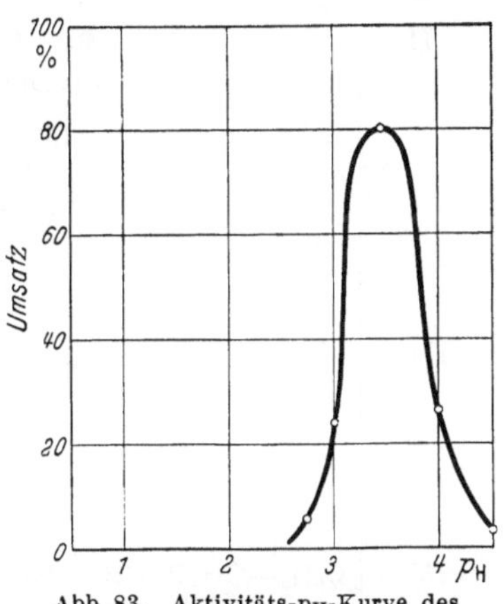

Abb. 83. Aktivitäts-pH-Kurve des Magensaftkathepsins. Substrat Edestin. (Nach Buchs.)

Nach E. FREUDENBERG (1941) und BUCHS (1946) zeigen Magensaft und alle untersuchten Pepsinpräparate neben der für Pepsin charakteristischen Eiweißspaltung mit einem Optimum bei p_H 2 eine Eiweißspaltung mit einem Optimum bei p_H 3,5. Außerdem sollen alle Pepsinpräparate eine Labwirkung haben (s. u.). Die Eiweißspaltung mit dem Optimum bei p_H 3,5 wird auf Kathepsin (s. u.) bezogen. Pepsin- und Kathepsinwirkung lassen sich dadurch voneinander trennen, daß Kathepsin bei einer Temperatur von 70° noch wirksam ist, Pepsin dagegen nicht. Umgekehrt bleibt bei Zusatz von Uransalzen die Pepsinwirkung erhalten, die des Kathepsins wird dagegen vollständig unterdrückt. Wie die Abb. 81 zeigt, hat die Aktivitäts-p_H-Kurve des Magensaftes zwei Gipfel, von denen der bei p_H 2 nach Abb. 82 auf Pepsin, der bei p_H 3,5 nach Abb. 83 auf Kathepsin zu beziehen ist. Da sich Pepsin-, Kathepsin- und Labwirkung in allen Präparaten der Magenprotease nebeneinander finden, nimmt BUCHS einen Pepsin-Chymosin-Kathepsinkomplex an. Weiteres zur Eiweißverdauung durch Magensaft s. S. 368f.

Tabelle 64. Katheptische Fermente (nach TALLAN, JONES u. FRUTON).

Kathepsin	Spezifisches Substrat	Aktivierung durch
I	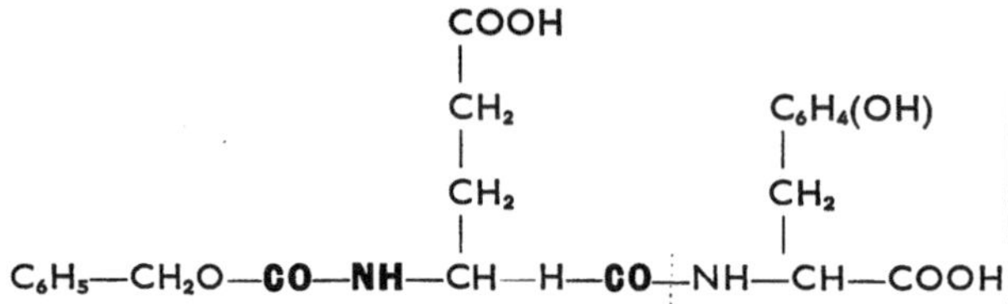 C_6H_5—CH_2O—**CO**—**NH**—CH—H—**CO**—NH—CH—COOH mit Seitenketten COOH–CH_2–CH_2– und $C_6H_4(OH)$–CH_2– Carbobenzoxy-L-glutaminyl-L-tyrosin	nicht erforderlich
II	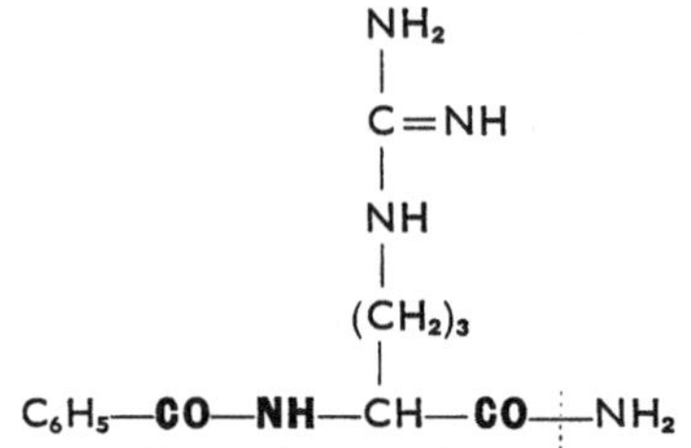 C_6H_5—**CO**—**NH**—CH—**CO**—NH₂ mit Seitenkette NH₂–C=NH–NH–$(CH_2)_3$– Benzoyl-L-argininamid	SH-Gruppen (Cystein, H_2S)
III	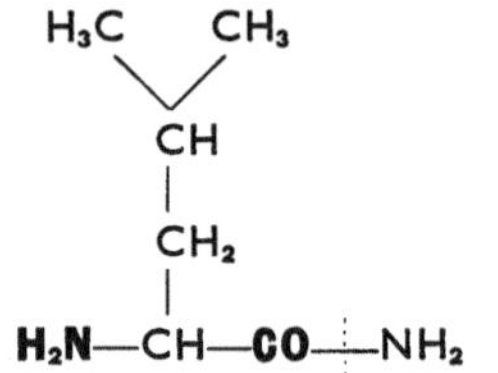 H_2N—CH—**CO**—NH₂ mit Seitenkette H_3C/CH_3–CH–CH_2– L-Leucinamid	SH-Gruppen, Ascorbinsäure
IV	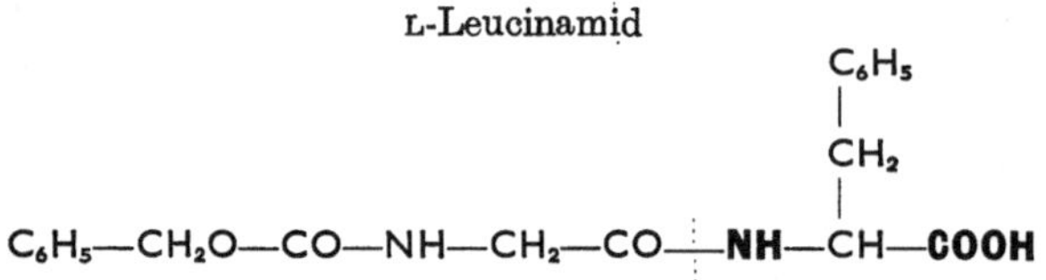 C_6H_5—CH_2O—CO—NH—CH_2—CO—**NH**—CH—**COOH** mit Seitenkette C_6H_5–CH_2– Carbobenzoxy-glycyl-L-phenylalanin	SH-Gruppen

Labferment *(Chymosin, Rennin)*. Außer seiner eiweißverdauenden Wirkung hat Magensaft auch eine Labwirkung; sie bringt den typischen Eiweißkörper der Milch, das Casein, zur Gerinnung. Der Mechanismus dieser Umwandlung ist ebenso strittig, wie die Existenz eines besonderen Labfermentes (s. S. 369), da alle Endopeptidasen Casein spalten und dadurch eine Labwirkung haben. Bisher ist auch nur im 4. Magen des Kalbes ein von Pepsin verschiedenes Chymosin nachgewiesen worden (KLEINER u. TAUBER). Im Magen anderer Tiere und des Menschen ist sein Vorkommen nicht einmal wahrscheinlich. Die Labgerinnung der Milch hat ein p_H-Optimum bei 6—7. Das Labferment aus Kälbermagen konnte kristallisiert erhalten werden. Es hat ein Molekulargewicht von 40000.

Kathepsine. Die katheptischen Proteinasen (WILLSTÄTTER): Kathepsin, Papain und andere pflanzliche Proteinasen, sind zelleigene Fermente, also *Gewebsproteasen*, jedoch kommt, wie oben gezeigt, Kathepsin auch im Magensaft vor. Das Kathepsin wirkt nur auf Eiweißkörper im isoelektrischen Zustand. Seine Aktivierung durch Glutathion und andere Stoffe ist bereits erwähnt worden (s. Tabelle 61, S. 313). Eine Aktivierung ist auch durch Ascorbinsäure (Vitamin C) möglich, dazu ist aber die Mitbeteiligung von Eisen erforderlich.

Wie durch Versuche mit synthetischen Substraten gezeigt werden konnte, ist das als Kathepsin bezeichnete Ferment nicht einheitlich, sondern besteht aus drei verschiedenen Endopeptidasen und drei Exopeptidasen. Man beschränkt die Bezeichnung Kathepsin auf die Endopeptidasen, von denen bisher drei bekannt sind: Kathepsin A, B und C. Diese sind homospezifisch mit Pepsin (A), Trypsin (B) und Chymotrypsin (C). Wahrscheinlich gibt es darüber hinaus noch weitere Kathepsine (s. Tabelle 64). Das p_H-Optimum für Kathepsin A liegt bei 5,6, für die Kathepsine B und C bei 5,0.

Die Kathepsine sind wahrscheinlich Fermente des Eiweißumsatzes in den Zellen; auch die Autolyse, die Selbstverdauung der Organe nach dem Tode, beruht auf ihrer Wirkung.

Die katheptischen Fermente werden durch Blausäure, Schwefelwasserstoff, Cystein und reduziertes Glutathion aktiviert. Die Erklärung dafür ist wahrscheinlich folgende: Zur Wirksamkeit der katheptischen Fermente ist die Anwesenheit freier SH-Gruppen notwendig, deren Umwandlung in -S—S-Gruppen nach

$$2 \text{ Ferment-SH} \xrightarrow{-2\,H} \text{Ferment-S—S-Ferment}$$

die Enzyme unwirksam macht. Setzt man zu einem in dieser Weise inaktivierten Papain die oben erwähnten Stoffe, die SH-Gruppen enthalten, hinzu, so wird das Ferment nach

$$\text{Ferment-S—S-Ferment} + 2\,RSH \longrightarrow 2 \text{ Ferment-SH} + RS—SR$$

aktiviert (BERSIN).

Trypsin. In Extrakten aus Pankreasdrüsen läßt sich, wie S. 372 näher ausgeführt werden wird, eine große Zahl von verschiedenen Peptidasen durch ihre spezifische Wirkung nachweisen. Man hat dieses Gemisch von Peptiden früher, als man noch nicht wußte, daß es sich um ein Fermentgemisch handelt, als Trypsin bezeichnet. Heute ist diese Bezeichnung einer in diesem Gemisch enthaltenen Endopeptidase vorbehalten, die in kristallisierter Form gewonnen werden konnte. Trypsin wird von der Pankreasdrüse in inaktiver Form, als ,,*Trypsinogen*'' abgegeben. Es kann anscheinend in verschiedener Weise aktiviert, d. h. in die wirksame Form umgewandelt werden. Die wichtigste Aktivierung ist wahrscheinlich die durch *Enterokinase*. Dabei handelt es sich um eine enzymatische Hydrolyse des Trypsinogens. Auch die Enterokinase entsteht in einer inaktiven Form im Pankreas; sie wird in der Darmschleimhaut in die aktive Form umgewandelt. Die zweite Form der Aktivierung des Trypsinogens ist die *autokatalytische Umwandlung* durch geringste Trypsinmengen. Diese Autokatalyse wird durch Ammonsulfat und Magnesiumsulfat beschleunigt.

Aus Pankreas konnte ein kristallisiertes Polypeptid vom Molekulargewicht 9000 gewonnen werden, das sich mit Trypsin verbindet und seine Wirkung hemmt. Er wird daher als *Trypsininhibitor* bezeichnet. Die dritte Möglichkeit der Trypsinaktivierung ist der Zerfall der *Trypsin-Inhibitor-Verbindung*. Trypsininhibitoren konnten auch in Rindercolostrum, in Sojabohnen und im Eiereiweiß nachgewiesen werden.

Trypsin hat ein Molekulargewicht von etwa 34000. Das kristallisierte Trypsin ist schon voll aktiv, braucht also durch Enterokinase nicht mehr aktiviert zu werden. Auch inaktives *Trypsinogen* ist in kristallisierter Form isoliert worden. Die Verschiedenheit von „Trypsin" und „Trypsinogen" zeigt sich auch in der verschiedenen Kristallform (Abb. 84 u. 85). Enterokinase ist ein Glucoproteid, das Fucose, Mannose, Galaktose, Glucosamin und Galaktosamin enthält. Es wirkt anscheinend als Endopeptidase und spaltet aus dem Trypsinogen bei seiner Aktivierung wahrscheinlich ein Valylpeptid ab. Auch bei der Trypsinogenaktivierung durch Trypsin wird ein Hexapeptid abgespalten, wahrscheinlich Valin-(Asparaginsäure)$_4$-Lysin.

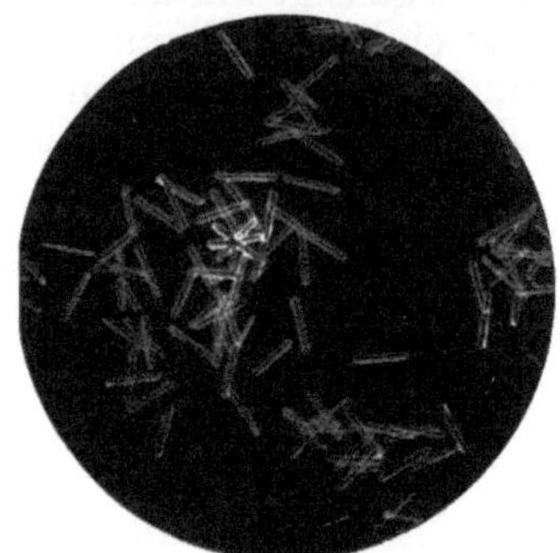

Abb. 84. Kristallisiertes Trypsin.
(Nach NORTHROP.)

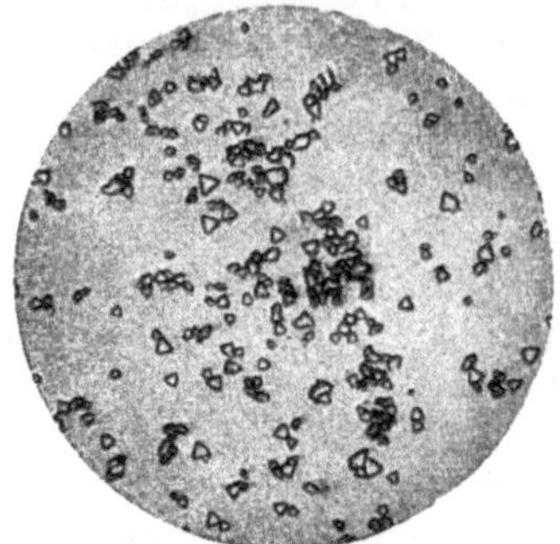

Abb. 85. Kristallisiertes Trypsinogen.
(Nach NORTHROP.)

Chymotrypsin. Aus Pankreasextrakten konnte die inaktive Vorstufe eines weiteren tryptisch wirkenden Fermentes, das *Chymotrypsinogen*, erhalten werden. Es wird schon durch geringe Mengen von Trypsin, nicht dagegen durch Enterokinase aktiviert. Das wirksame Ferment wird als Chymotrypsin bezeichnet, weil es neben der allgemeinen tryptischen Wirkung eine starke Labwirkung hat. Trypsin hat diese Wirkung nicht, fördert aber die Blutgerinnung, Chymotrypsin tut das dagegen nicht (NORTHROP). Das p$_H$-Optimum für die Spaltung von Casein liegt zwischen 7 und 8. In der Folgezeit wurden noch weitere Chymotrypsine beschrieben, deren Zusammenhang mit Chymotrypsinogen das folgende Schema zeigt:

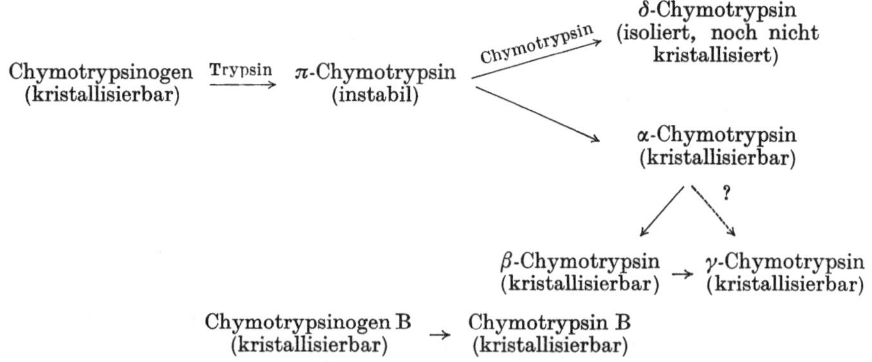

Die Aktivierung von Chymotrypsinogen, das ein cyclisches Polypeptid ist, ist näher untersucht worden. In einer rasch ablaufenden Reaktion wandelt Trypsin unter Spaltung *einer* Peptidbindung Chymotrypsinogen in π-Chymotrypsin um, das autokatalytisch unter Spaltung einer weiteren

Peptidbindung — hierbei wird das Dipeptid Serylarginin aus dem Molekülverband herausgespalten — in δ-Chymotrypsin übergeht. Durch eine andere, langsamere Aktivierung entsteht α-Chymotrypsin, das ein weiteres Dipeptid verloren hat. Durch die Abspaltung der Peptidfragmente erhält das Molekül die Fähigkeit, seine Form strenger der Schraubenstruktur (s. S. 79) anzugleichen. Hierdurch können sich bei Trypsin wie bei Chymotrypsin eine Histidin- und eine Serinseitenkette einander nähern und damit die katalytisch wirksame Gruppierung der Fermentmoleküle herstellen. Die Aktivierung ist auch in beiden Fällen insofern identisch, als zu ihr die Spaltung *einer* Peptidbindung ausreicht.

Als weitere Pankreasproteinase wurde ein „Pankrin" beschrieben, das eine stärkere Wirkung als Trypsin und α-Chymotrypsin hat.

5. Polyphosphatasen.

Diese Fermente wurden bisher zu den Phosphatasen gerechnet, sie sind aber keine Esterasen, da sie Bindungen zwischen Phosphorsäuremolekülen (—P—O—P—) spalten. Ziemlich verbreitet sind die *anorganischen Pyrophosphatasen*. Sie spielen im Stoffwechsel anscheinend eine wichtige Rolle, weil z. B. durch *ATPpyrophosphatasen* aus Adenosintriphosphorsäure Pyrophosphorsäure abgespalten und der übrigbleibende Adenylsäurerest auf geeignete Acceptoren übertragen werden kann (z. B. bei der Adenylierung von Fettsäuren (s. S. 444), durch die diese anscheinend für die Reaktion mit Coenzym A (*CoA*) „aktiviert" werden. Auch bei der Bildung der Coenzym A-Acylverbindungen (s. S. 323) sind ATPpyrophosphatasen beteiligt. Ferner sollen sie auch die Pyrophosphatbindung im Coenzym A (s. S. 322) spalten können. Das Substrat für diese Fermente ist also vorhanden. Von großer Bedeutung sind auch die *Adenosintriphosphatasen (ATPasen)*, von denen die *ATPmonophosphatasen* (meist einfach ATPasen genannt) ein Molekül, die *ATPdiphosphatasen* (auch *Apyrasen* genannt) 2 Moleküle o-Phosphorsäure aus Adenosintriphosphorsäure (ATP) abspalten. Die ATPmonophosphatase spielt wahrscheinlich bei der Muskelkontraktion eine wichtige Rolle. Ihre Wirkung hat sich bisher nicht von dem Eiweißkörper Myosin des Muskels (s. S. 545f.) abtrennen lassen.

6. Phosphoamidasen.

Es handelt sich um Fermente, welche nach

$$R\text{—}NH\text{—}PO_3H_2 + H_2O \rightarrow R\text{—}NH_2 + H_3PO_4$$

die Bindung —N—P— spalten. Ihre natürlichen Substrate sind Kreatin- und Argininphosphorsäure (s. S. 551). Da diese Substrate bei der Muskelkontraktion gespalten werden, kommt diesen Fermenten, die man früher ebenfalls zu den Phosphatasen gezählt hat, eine bedeutsame Funktion zu. Die umgekehrte Reaktion, die Knüpfung der Phosphamid-Bindung, unterliegt der Wirkung der ATP→Kreatin-transphosphorylase.

c) Transferasen.

Den durch diese Bezeichnung charakterisierten Fermenten ist gemeinsam, daß sie bestimmte Gruppen von einem Substrat (Donator) auf ein anderes Substrat (Acceptor) übertragen. Die Art der Gruppen ist, wie schon die Zusammenstellung in Tabelle 50, S. 286 zeigt, mannigfaltig, der Reaktionsmechanismus jedoch immer der gleiche. Er läßt sich allgemein formulieren als

$$R{-}X + R'{-}H \rightleftharpoons R{-}H + R'{-}X.$$

Im folgenden können nur die wichtigsten der Transferasen besprochen werden. Das kann in aller Kürze geschehen, da diese Fermente wichtige Reaktionen des intermediären Stoffwechsels katalysieren, so daß im Zusammenhang mit diesen Stoffwechselvorgängen auf sie an gegebener Stelle einzugehen sein wird. Bei der Nomenklatur der Transferasen ist zu beachten, daß in der Bezeichnung dieser Fermente die Namen der durch die Übertragungsreaktion verbundenen Substrate durch einen Pfeil ($\rightarrow$) verbunden werden. Acetyl-CoA$\rightarrow$Cholin-transacetylase bezeichnet also ein Ferment, das einen Acetylrest von Acetyl-CoA auf Cholin überträgt.

1. Transmethylasen.

Eine größere Zahl von Bausteinen des Körpers enthält Methylgruppen. Wenn auch der Organismus in der Lage ist, Methylgruppen zu bilden, so reicht doch diese Fähigkeit offenbar nicht aus, den gesamten Bedarf an ihnen zu decken. Sie müssen also mit der Nahrung im Verband gewisser Nahrungsstoffe zugeführt werden und werden dann durch spezifische Fermente, die Transmethylasen, auf ihre Acceptoren in den Zellen übertragen. Die Bedeutung von Methylierungsreaktionen für den Stoffwechsel wird an anderer Stelle noch näher besprochen werden (s. S. 406f.). Es gibt „labile" Methylgruppen, die ohne weiteres durch Transmethylasen übertragen werden können und andere, die vor ihrer Verwertung erst in „labile" umgewandelt werden müssen. Dies geschieht entweder durch aerobe Vorgänge oder durch Mitwirkung von ATP. Cholin, der wichtigste unter den Methylgruppen enthaltenden Stoffen unserer Nahrung, kann keine seiner drei Methylgruppen unmittelbar abgeben, es muß zunächst durch Cholinoxydase zu Betain oxydiert werden (Formeln s. S. 473). Von den Methylgruppen des Betains ist die eine labil und kann z. B. auf Homocystein zur Bildung von Methionin übertragen werden. Für diese Übertragung ist eine *Betain$\rightarrow$Homocy-*

$$
\begin{array}{ccc}
\text{COOH} & & \text{COOH} \\
| & & | \\
H_2N{-}C{-}H & \longrightarrow & H_2N{-}C{-}H \\
| & & | \\
CH_2 & & CH_2 \\
| & & | \\
H_2C{-}S{-}\mathbf{H} & & H_2C{-}S{-}\mathbf{CH_3} \\
\text{Homocystein} & & \text{Methionin}
\end{array}
$$

stein-transmethylase erforderlich.

Eine bekannte Methylierungsreaktion ist die Übertragung der Methylgruppe des Methionins auf Guanidino-essigsäure zur Bildung von Kreatin (s. S. 481). Aber auch die Methylgruppe des Methionins muß hierzu zunächst „labilisiert" werden. Hierzu wird durch eine Reaktion mit ATP Methionin mit einem Adenosinrest verknüpft:

$$\text{ATP} + \text{L-Methionin} \rightarrow \text{S-Adenosyl-methionin} + 3\,H_3PO_4.$$

Das S-Adenosyl-methionin mit nachstehender Formel wirkt also als „aktives" Methionin. Seine Methylgruppe kann durch jeweils spezifische Trans-

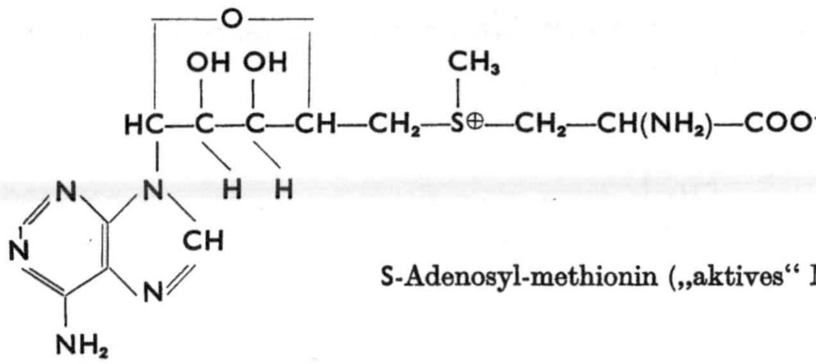

$$HC\!-\!\underset{\underset{N}{|}}{C}\!-\!\underset{\underset{N}{|}}{C}\!-\!CH\!-\!CH_2\!-\!\overset{\overset{CH_3}{|}}{S}^{\oplus}\!-\!CH_2\!-\!CH(NH_2)\!-\!COO^-$$

S-Adenosyl-methionin („aktives" Methionin)

methylasen auf geeignete Acceptoren übertragen werden. An Methylierungen dieser Art sind bekannt z.B. die

von Nicotinsäureamid zu Methyl-nicotinsäureamid (Trigonellinamid) (s. S. 203),

von Äthanolamin (Colamin) zu Cholin (s. S. 453),

von Guanidinoessigsäure zu Kreatin (s. S. 481),

von Glykokoll zu Betain.

Die beteiligten Fermente sind systematisch als S-*Adenosylmethionin→ Nicotinsäureamid-transmethylase* oder entsprechend zu bezeichnen. Durch eine ähnliche Reaktion wird wahrscheinlich auch Adrenalin durch Methylierung von Noradrenalin gebildet. Labile Methylgruppen können auch gebildet werden aus dem β-C-Atom von Serin, aus Formaldehyd, Formiat und Methanol (s. S.. 407).

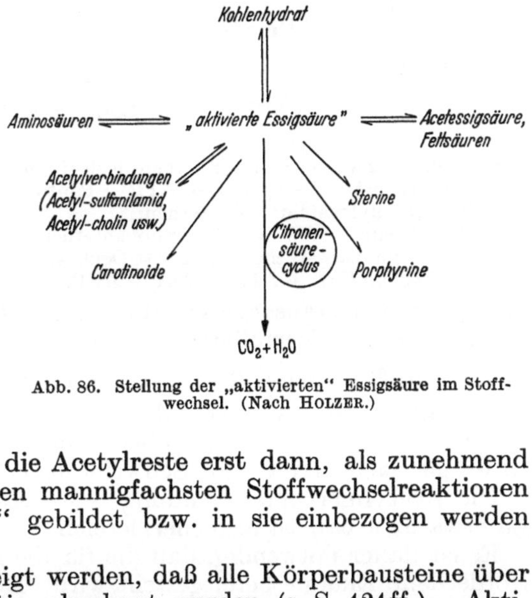

2. Transacylasen.

Es ist seit langem bekannt, daß im Organismus Anlagerungen von Essigsäureresten, also Acetylierungen, an geeignete Gruppen, z.B. an Aminogruppen, als „Entgiftungsreaktionen" vorkommen. Zu einem besonderen und wichtigen Problem des Stoffwechsels wurden aber die Acetylreste erst dann, als zunehmend deutlicher wurde, daß sie bei den mannigfachsten Stoffwechselreaktionen als sog. „aktivierte Essigsäure" gebildet bzw. in sie einbezogen werden können (s. Abb. 86).

Abb. 86. Stellung der „aktivierten" Essigsäure im Stoffwechsel. (Nach HOLZER.)

An anderer Stelle wird gezeigt werden, daß alle Körperbausteine über den Citronensäurecyclus oxydativ abgebaut werden (s. S. 424ff.). „Aktivierte" Essigsäure geht in diesen Cyclus ein, nachdem sie z.B. durch oxydative Decarboxylierung der Brenztraubensäure oder bei der Oxydation der Fettsäuren entstanden ist. Sie wird dabei auf Oxalessigsäure zur Bildung von Citronensäure übertragen. Für diese Übertragung ist, wie LIPMANN erkannte, das *Coenzym A* (CoA) erforderlich. Aber auch alle anderen Acetylierungen bedürfen dieses Coenzyms. Darüber hinaus werden aber auch andere Säurereste nach Anlagerung an das Coenzym A auf geeignete Acceptoren übertragen. Die bei diesen Übertragungen wirksamen Fermente müssen also als Acylreste übertragende Fermente oder Transacylasen bezeichnet werden.

Coenzym A ist ein Derivat der Pantothensäure (s. S. 204). Ihm kommt die folgende Konstitution zu:

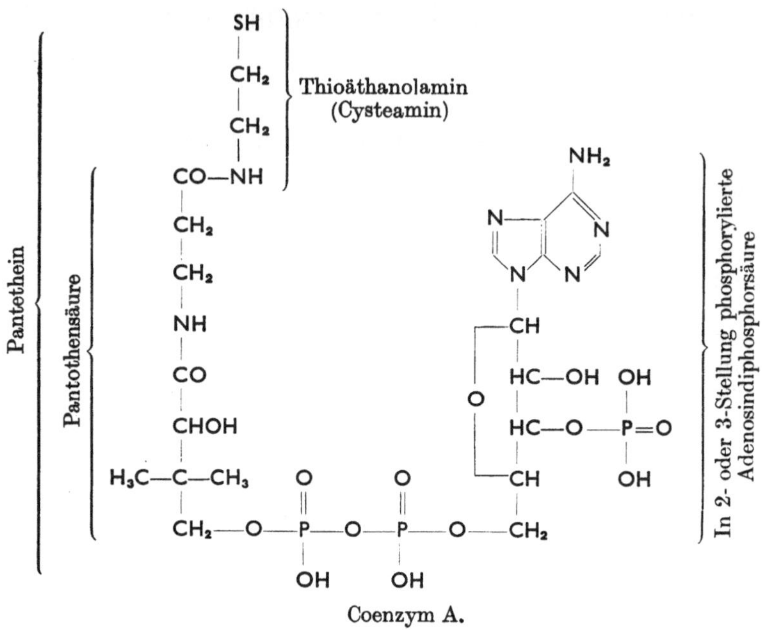

Coenzym A.

Die biologische Coenzym A-Synthese bedarf mehrerer Schritte:
1. Pantothensäure + Cystein + ATP → Pantothenylcystein;
2. Pantothenylcystein → Pantethein;
3. Pantethein + ATP → 4′-Phosphopantethein;
4. 4′-Phosphopantethein + ATP ⇌ Dephospho-CoA + Pyrophosphat;
5. Dephospho-CoA + ATP → CoA + ADP.

Die von den Transacylasen abhängigen Reaktionen lassen sich folgendermaßen allgemein formulieren:

$$\text{CoA}^*\text{—SH} + R\text{—}COR' \rightleftharpoons R\text{—}CO\text{—}S\text{—}\text{CoA} + R'\text{—H}.$$

Die Reaktion ist reversibel, d. h. CoA kann Acylreste aufnehmen, das acylierte CoA sie wieder abgeben. Die oben erwähnte „aktivierte Essigsäure" ist nach LYNEN am Schwefel acetyliertes CoA.

Die Acetylmercaptan-Bindung —S—CO—CH₃ hat einen Energiegehalt von etwa 8200 cal, ist also energiereich.

Es ist daher notwendig, daß die für die Bindung des Acylrestes an CoA erforderliche Energie bereitgestellt wird. Dies geschieht durch Mitwirkung von ATP:

ATP + CoA + Acetat ⇌ Acetyl-CoA + AMP + Pyrophosphat.

Da die Forschung auf dem Gebiet der Transacylasen in vollem Fluß ist, läßt sich der Wirkungskreis dieser Fermente heute noch nicht übersehen. Die Mehrzahl der bisher bekannt gewordenen Transacylasen überträgt Acetylreste. Es seien genannt die *Acetyl → CoA-transacetylase*, ein Ferment, das bisher nur in Bakterien gefunden wurde und in reversibler Reaktion den Acetylrest des Acetylphosphats auf CoA überträgt, die *Acetyl-CoA → Cholin-transacetylase*, durch die Cholin zu Acetylcholin acetyliert wird; die *Acetyl-*

---

* CoA = Coenzym A ohne die -SH-Gruppe.

CoA → D-*Glucosamin-transacetylase*, die einen Acetylrest auf die Aminogruppe des Glucosamins überträgt; die *Acetyl-CoA* → *Arylamin-transacetylase* für die Acetylierung verschiedener Amine, eine Reaktion, die wahrscheinlich der Entgiftung dieser Amine dient. Bei der großen Bedeutung, die Essigsäure beim Aufbau höher molekularer Substanzen spielt (s. z. B. S. 455), ist die Existenz weiterer Transacetylasen wahrscheinlich. So wurde z. B. nachgewiesen, daß eine Transacetylase in die Bildung des Cholesterins eingreift.

Eine Transacetylase von besonderem Wirkungsprinzip ist die *kondensierende Acetyl-CoA* → *Oxalacetat-transacetylase*, von ihrem Entdecker OCHOA als „condensing enzyme" bezeichnet, die aus Acetylrest und Oxalessigsäure Citronensäure bildet (s. S. 424).

Auch von den Transacylasen für andere Säurereste seien einige erwähnt. So wird eine *Benzoyl-CoA* → *Glykokoll-transbenzoylase* als Ferment der Hippur-

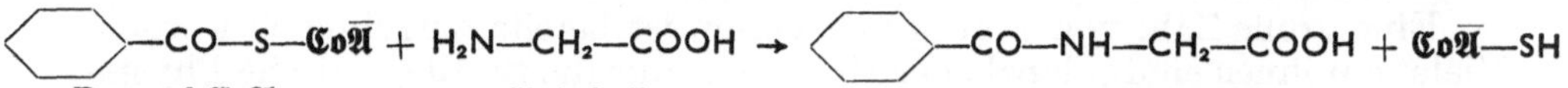

$$\text{⬡—CO—S—CoA} + H_2N—CH_2—COOH \rightarrow \text{⬡—CO—NH—CH_2—COOH} + CoA—SH$$

Benzoyl-CoA   Glykokoll   Hippursäure

säurebildung postuliert, deren Wirkung zwar nachgewiesen, die aber noch nicht isoliert werden konnte. Die *β-Ketoacyl-CoA* → *CoA-transacetylase (β-Ketothiolase* oder *Thiolase)* spielt, wie später zu beschreiben sein wird (s. S. 445), im Stoffwechsel der Fettsäuren eine bedeutsame Rolle. *Stearyl-CoA* → L-α-*Glycerophosphat-transacylase* wirkt anscheinend bei der Phosphatidsynthese (s. S. 452) mit, indem sie an α-Glycerinphosphorsäure einen Stearinsäurerest anfügt. Da die Bildung von CoA-Verbindungen weiterer Fettsäuren, auch von ungesättigten, beschrieben worden ist, ist anzunehmen, daß solche Fettsäure-CoA-Verbindungen im Stoffwechsel eine wichtige Rolle spielen. So verläuft etwa die Bildung höherer Fettsäuren aus niederen ebenso wie ihr Abbau, über die CoA-Verbindungen (s. S. 443ff.). Schließlich sei noch erwähnt, daß in Rattenlebermikrosomen ein Ferment nachgewiesen wurde, das in Gegenwart von CoA und ATP Cholsäure mit Taurin zu Taurocholsäure (s. S. 53) paart. Die Reaktion verläuft nach:

1. Cholsäure + ATP + CoA—SH → Cholyl—S—CoA + AMP + Pyrophosphat.

2. Cholyl—S—CoA + Taurin → Taurocholsäure + CoA—SH.

Es müssen daher zwei Transacylasen angenommen werden, *Cholyl-CoA* → *Taurin-trans-cholylase* und *CoA* → *Cholyl-transacylase*. Auch die Bindung anderer Gallensäuren an CoA ist beschrieben worden.

3. Transglykosylasen.

Die Bezeichnung der zu dieser Gruppe zusammengefaßten Fermente besagt, daß sie Kohlenhydratreste übertragen. Da ein Teil der durch sie katalysierten Reaktionen unter Mitwirkung von Phosphorsäure verläuft, hat man sie früher als *Phosphorylasen* bezeichnet. Die Berechtigung dazu ergibt sich aus der folgenden allgemeinen Formulierung einer derartigen Reaktion:

$$R—R' + H_3PO_4 \rightleftharpoons R—PO_3H_2 + R'—OH,$$

wobei *R'* ein Monosaccharidrest ist, *R* ein Kohlenhydratrest von beliebigem Polymerisationsgrad oder auch ein Monosaccharid sein kann.

21*

Diese Reaktion wurde erstmals an der phosphorolytischen Spaltung von Rohrzucker beobachtet:

$$\text{Saccharose} + \text{Phosphat} \rightleftharpoons \text{Glucose-1-phosphat} + \text{Fructose.}$$

Es wird also die Bindung zwischen der Fructose- und der Glucosehälfte des Rohrzuckermoleküls gespalten, wobei die Phosphorsäure mit dem Glucosemolekül verestert wird. Man kann den Verlauf dieser Gleichgewichtsreaktion aber auch von rechts nach links lesen: dann wird der Glucoserest der Glucose-1-phosphorsäure auf Fructose übertragen, und auch die Spaltungsreaktion läßt sich deuten als Übertragung eines Glucoserestes auf Phosphorsäure. Es erscheint daher gerechtfertigt, das Wesen dieser und analoger Reaktionen in der Übertragung von Kohlenhydratresten zu sehen. Daraus wird verständlich, daß die Transglykosylasen von grundlegender Bedeutung für die Synthese von Poly- und Oligosacchariden sein müssen und ebenso auch die Synthese von Nucleosiden ihrer bedarf.

Eine große Zahl von Transglykosylasen ist bereits aufgefunden worden. Viele von ihnen sind pflanzlicher Herkunft; nur die für die tierische Physiologie wichtigsten sollen kurz besprochen werden. Ihre Wirkung läßt sich allgemein formulieren als:

$$\boldsymbol{R}\text{-Glykosyl} + \boldsymbol{R'}\text{—H} \rightleftharpoons \boldsymbol{R'}\text{-Glykosyl} + \boldsymbol{R}\text{—H.}$$

Die durch Transglykosylasen katalysierten Reaktionen sind wenig energiegetönt und daher reversibel. Diese Eigenschaft steht in prinzipiellem Gegensatz zu den hydrolytischen Spaltungen, die stark energiegetönt und daher irreversibel sind. Bei den Transglykosylasen ist häufig die Richtung ihrer Wirkung, ob Spaltung oder Synthese, vom p_H-Wert abhängig.

Glucose-1-phosphat→Amylose-transglucosidase (Phosphorylase): Dies Ferment katalysiert die Grundreaktion für den Aufbau von Stärke und von Glykogen, auch die Spaltung dieser Polysaccharide kann durch sie geschehen. Bei der Polysaccharidsynthese überträgt es aus Glucose-1-phosphat einen Glucoserest auf eine bereits vorhandene Kette von Glucosemolekülen, wobei es diesen an das freie C(4)-Hydroxyl des endständigen Glucoserestes der Kette unter Bildung einer neuen 1,4-Bindung anlagert:

Früher hat man das Ferment als Phosphorylase bezeichnet.

Amylose, die ja keine verzweigte Kette hat, kann durch Transglucosidierung vollständig zu Glucose-1-phosphat abgebaut werden. Beim Amylopektin oder Glykogen geht die Spaltung nur bis zu den 1,6-Bindungen der Verzweigungsstellen (s. S. 28), führt also in etwa zu ähnlichen Endprodukten wie die Wirkung der Amylase. Für den Stoffwechsel ist die Spaltung durch Transglucosidase von großem Vorteil, da bei ihr ohne Energieaufwand Glucose-1-phosphat entsteht, von dem der weitere Abbau der Glucose im Stoffwechsel ausgeht (s. S. 413). Die amylolytische Spaltung mit nachfolgender Einwirkung von Maltase führt zu Glucose, die, um abgebaut werden zu können, erst unter erheblichem Energieaufwand phosphoryliert werden muß (s. S. 418).

Für die synthetische Wirkung des Fermentes ist Voraussetzung, daß es schon ein Stück einer Polysaccharid- oder Oligosaccharidkette antrifft. Der Kartoffelphosphorylase genügen für den Aufbau von Stärke Bruchstücke aus 4 oder 5 Glucoseeinheiten; Glykogen wird durch Muskelphosphorylase dagegen nur synthetisiert, wenn schon etwas Glykogen vorhanden ist. Die *Phosphorylase a* aus Muskel kann durch Adenylsäure aktiviert werden, durch ein *PR-Enzym* (prosthetic group removing enzyme) wird sie zu der unwirksamen *Phosphorylase b* abgebaut, die durch Zusatz von Adenylsäure reaktiviert wird. Adenylsäure soll locker an die Phosphorylase gebunden sein; als ihr Coferment wird Pyridoxal-5-phosphat angesehen. Das p_H-Optimum für die synthetische Wirkung liegt zwischen p_H 7 und 9, das für die spaltende zwischen p_H 6,3 und 6,5.

„*Q-Enzym*", „*branching factor*": Wie schon früher mehrfach besprochen wurde, kommen in Glykogen und Amylopektin (s. S. 28) neben den glykosidischen 1,4-Bindungen, durch die in der Amylose die Glucosemoleküle miteinander verbunden sind, glucosidische 1,6-Bindungen vor, die die Kettenverzweigungen in diesen Polysacchariden bedingen. Cori u. Larner fanden im Gehirn ein Ferment (branching factor), das in Zusammenwirken mit der Glucose-1-phosphat→Amylo-transglucosidase Polysaccharide mit verzweigter Struktur nach Art des Glykogens synthetisiert. Eine ähnliche Wirkung hat ein aus Kartoffeln gewonnenes Q-Enzym, das ein dem Amylopektin ähnliches Polysaccharid aufbaut. Das Q-Enzym wirkt nur, wenn Dextrine mit zahlreichen Glucoseresten vorhanden sind. Über die notwendige Zahl dieser Reste — mindestens 25 — gehen die Meinungen noch auseinander. Es wird angenommen, daß das Q-Enzym in der Art wirkt, daß es eine lange Amylosekette an einzelnen 1,4-Bindungen aufspaltet und die dadurch entstehenden kürzeren Ketten an die übriggebliebene, verkürzte Amylosekette durch 1,6-Bindungen anfügt.

Rolle von Uridindiphosphat bei Transglykosylierungen (s. a. S. 433f.): Eine Reihe von Transglykosylasen besitzt Cofermente, die sich von *Uridindiphosphat* (UDP) ableiten. Bisher sind Cofermente bekannt geworden, in

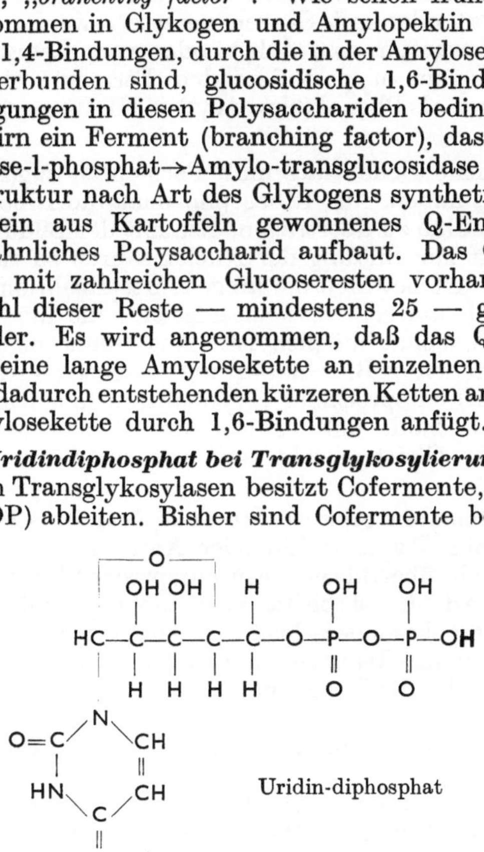

Uridin-diphosphat

denen das (fettgedruckte) H-Atom des endständigen Phosphorsäurerestes durch den Glucose- oder den Glucuronsäurerest ersetzt ist: die Uridin-diphosphat-glucose *(UDP-glucose)* und die Uridin-diphosphat-glucuronsäure *(UDP-glucuronsäure)*. UDP-glucose ist zuerst als Coferment der Galaktose-Glucose-Umwandlung aufgefunden worden (s. S. 433f.). Weiterhin sind die UDP-Derivate von D-Galaktose, D-Xylose, L-Arabinose, Acetyl-D-Glucosamin, Acetyl-galaktosamin-sulfat und Acetyl-glucosamin-diphosphat aufgefunden worden. Die physiologische Bedeutung dieser Stoffe ist zwar erst teilweise aufgeklärt, es darf aber angenommen werden, daß sie im Stoffwechsel eine wichtige Rolle spielen. In der Milchdrüse reagiert z.B. UDP-galaktose unter Mitwirkung einer *UDP-galaktose→Glucose-1-phosphat-transgalaktosidase* mit Glucose-1-phosphat und bildet Lactose-1-phosphat als Vorstufe des Milchzuckers.

UDP-glucose scheint auch die Ausgangssubstanz für die *Bildung von Glucuronsäure* zu sein. Die Frage, ob Glucuronsäure durch Oxydation von Glucose entsteht oder aus kleineren Bausteinen synthetisiert wird (s. S. 434), ist seit langem mit widersprechenden Ergebnissen untersucht worden. Heute darf man annehmen, daß die an UDP gebundene Glucose — durch die Bindung wird das gegen Oxydation besonders empfindliche Acetalhydroxyl an C(1) geschützt — durch Diphospho-pyridin-nucleotid (s. S. 343) zu Glucuronsäure oxydiert wird. Die so gebildete UDP-glucuronsäure wird dann unmittelbar zu Synthesen verwandt. Dabei kann die Glucuronsäure mit Phenolen veräthert oder mit Säuren verestert werden (s. S. 16), so daß gepaarte Glucuronsäuren vom Äther- oder vom Estertyp entstehen. Die für diese Reaktionen zu postulierenden Fermente sind aber noch nicht bekannt. Sie wären als Phenol (bzw. Acyl)→UDP-transglucuronidasen zu bezeichnen.

Eine außerordentliche Bedeutung muß Fermenten zugeschrieben werden, die die Funktion haben, aus Ribosephosphat die Ribosekomponente auf Purine oder Pyrimidine zu übertragen, also mit der Bildung der Nucleoside den ersten Schritt zur Bildung der Nucleinsäuren zu tun. Die ersten Beobachtungen dieser Art betrafen die umgekehrte Reaktion, die Spaltung von Nucleosiden durch die sog. „Nucleosidasen", die nur in Gegenwart von anorganischem Phosphat möglich ist. Aus Guanosin (s. S. 103) und o-Phosphorsäure entstehen z.B. Guanin und Ribose-phosphorsäure, aus Inosin (Hypoxanthosin) entsprechend Hypoxanthin und Ribose-phosphorsäure. Es zeigte sich bald, daß es sich um Gleichgewichtsreaktionen handelt, bei denen das Gleichgewicht weit auf der Seite der Nucleosidsynthese liegt.

An derartigen Fermenten gibt es *Ribose-1-phosphat→Purin-transribosidasen*, die mit Guanin, Hypoxanthin oder Xanthin reagieren und diese Basen in ihre Nucleoside überführen. Ein entsprechendes Ferment für die Adenosinbildung aus Adenin ist bisher noch nicht gefunden worden, obwohl im Gewebe Adenin besonders leicht in Adenylsäure übergeht. Möglicherweise wirkt bei dieser Reaktion eine *Ribose-1,5-diphosphat→Adenin-transphosphoribosidase*, die die Reaktion

Ribose-1,5-diphosphat + Adenin ⇌ Adenylsäure + o-Phosphorsäure

steuert. Außer mit Ribose können durch Ribose-1-phosphat→Purin-transribosidasen Guanin, Xanthin und Hypoxanthin auch mit Desoxyribose umgesetzt werden. Wahrscheinlich kann Nicotinsäureamid ebenfalls in das entsprechende Nucleosid überführt werden, eine Reaktion, die für den Aufbau der Pyridinnucleotide (s. S. 343 f.) wichtig wäre.

Entsprechend den Purin-transribosidasen gibt es auch *Ribose-1-phosphat→Pyrimidin-transribosidasen*, die die Pyrimidine in ihre Nucleoside umwandeln.

4. Transaminasen.

Die Transaminasen übertragen Aminogruppen von α-Aminosäuren auf α-Ketosäuren. Diese Reaktionen, die reversibel sind, lassen sich allgemein formulieren als:

$$R-CH-COOH + R'-CO-COOH \rightleftharpoons R-CO-COOH + R'-CH-COOH.$$
$$\qquad |\qquad\qquad\qquad\qquad\qquad\qquad\qquad\qquad\qquad\qquad\qquad\qquad |$$
$$\qquad NH_2 \qquad\qquad\qquad\qquad\qquad\qquad\qquad\qquad\qquad\qquad\qquad NH_2$$

Die Aufklärung der Transaminierungsreaktionen geht aus von Beobachtungen von BRAUNSTEIN u. KRITZMANN, nach denen in der Muskulatur, in geringerem Grade auch in anderen Organen, L-(+)-Glutaminsäure abgebaut wird, ohne daß dabei Ammoniak bzw. ein Amid entsteht oder der Aminostickstoff abnimmt. Dabei wird unter anaeroben Bedingungen Bernsteinsäure gebildet. Unter aeroben Bedingungen ist der Umsatz der Glutaminsäure erheblich gesteigert, es verschwindet gleichzeitig eine äquivalente Menge von Milchsäure, und dafür tritt die gleiche Menge von Alanin auf. Unter anaeroben Bedingungen wird der Umsatz der Glutaminsäure auf den aeroben Umsatz gesteigert, wenn Brenztraubensäure zugesetzt wird. Auch unter diesen Bedingungen entsteht eine der verschwindenden Glutaminsäure äquivalente Menge von Alanin. Es wird also die Aminogruppe der Aminosäure (Glutaminsäure) nicht als Ammoniak abgespalten, sondern unmittelbar auf die Ketosäure (Brenztraubensäure) übertragen. Aus der Glutaminsäure entsteht α-Ketoglutarsäure, deren oxydative Decarboxylierung zu Bernsteinsäure bekannt ist (s. S. 426). Dieser Vorgang der Ammoniakübertragung wird als *Transaminierung* bezeichnet. Er wird durch als *Aminopherasen (Transaminasen)* bezeichnete Fermente durchgeführt und wurde zunächst in der Weise gedeutet, daß aus Keto- und Aminosäure unter Wasseraustritt zwischen Amino- und Ketogruppe eine Zwischenverbindung entstehen sollte. Nach Verlagerung der Doppelbindung würde diese unter Wiederaufnahme von Wasser gespalten und dadurch aus der Ketosäure die Aminosäure und aus der Aminosäure die Ketosäure gebildet werden:

$$\underset{R_1}{C=O} + \underset{R_2}{H_2N-CH} \underset{+H_2O}{\overset{-H_2O}{\rightleftharpoons}} \underset{R_1}{C=N-}\underset{R_2}{CH} \rightleftharpoons \underset{R_1}{HC-N=}\underset{R_2}{C} \underset{-H_2O}{\overset{+H_2O}{\rightleftharpoons}} \underset{R_1}{HC-NH_2} + \underset{R_2}{C=O}$$

Nachdem erkannt worden ist, daß Pyridoxal-5-phosphat als Coferment der Transaminasen wirkt, erscheint es sinnvoller anzunehmen, daß dieses Coferment mit den an der Reaktion jeweils beteiligten Keto- und Aminogruppen in Reaktion tritt, um so mehr, als das Amino-analoge des Pyridoxals, das Pyridoxamin (Formeln s. S. 203) bekannt ist. Man könnte dann für die Transaminierungsreaktion entsprechend der obigen Formulierung ebenfalls die Bildung von Zwischenverbindungen annehmen, allerdings zwischen Pyridoxalphosphat und Aminosäure sowie zwischen Pyridoxaminphosphat und Ketosäure:

$$
\begin{array}{cccc}
\underset{\underset{R_1\quad COOH}{\big|}}{\overset{\overset{H}{|}}{NH_2}} + O{=}\underset{\underset{R_1\quad COOH}{\big|}}{\overset{\overset{H}{|}}{C}}{-}X
&\rightleftharpoons&
\underset{\underset{R_1\quad COOH}{\big|}}{\overset{\overset{H}{|}}{N}}{=}\overset{\overset{H}{|}}{C}{-}X
&\rightleftharpoons& \dots
\end{array}
$$

O=C—X = Pyridoxal-phosphat;   H₂N—C—X = Pyridoxamin-phosphat

Zunächst überträgt also die Aminosäure₁ die Aminogruppe auf Pyridoxalphosphat, wird zur Ketosäure₁ und es entsteht Pyridoxamin-phosphat.
Dieses reagiert dann mit der Ketosäure₂, welche zur Aminosäure₂ wird,
wobei aus Pyridoxamin- wieder Pyridoxal-phosphat wird. Ganz allgemein
gilt unter Vernachlässigung der Zwischenverbindung also:

Aminosäure₁ + Pyridoxal-phosphat ⇌ Ketosäure₁ + Pyridoxamin-phosphat
Ketosäure₂ + Pyridoxamin-phosphat ⇌ Aminosäure₂ + Pyridoxal-phosphat.

Der Transaminierung kommt offenbar im Stoffwechsel der Aminosäuren
eine zentrale Bedeutung zu. Man darf annehmen, daß nur unter besonderen
Umständen die Desaminierung der Aminosäuren sich unter Freisetzung
ihrer Aminogruppen in Form von Ammoniak vollzieht, im allgemeinen
aber die Aminogruppen durch Transaminierung auf bestimmte Ketosäuren
übertragen werden. Umgekehrt können natürlich, da es sich um Gleichgewichtsreaktionen handelt, geeignete Ketosäuren durch Transaminierung
in Aminosäuren übergehen. Die Transaminierung bedeutet gleichzeitig
eine Oxydation der Aminosäure und eine Reduktion der Ketosäure. Zu den
Transaminierungsreaktionen gehört auch zweifellos die Übertragung der
Aminogruppe auf Ornithin bzw. Citrullin zur Bildung von Arginin im Verlaufe der Harnstoffbildung. Über diese Reaktion soll erst später im Zusammenhang mit der Besprechung der Harnstoffbildung eingegangen werden
(s. S. 470). Ferner werden anscheinend auch bei der Purinsynthese die
N-Atome in den Stellungen 1, 3 und 9 (s. S. 494) und bei der Pyrimidinsynthese die in den Stellungen 1 und 3 durch Transaminierung zugeführt.

Es ist eine große Zahl von Transaminierungsreaktionen zwischen Ketosäuren und Aminosäuren bekannt geworden, jedoch wurden die Fermente
für die Einzelreaktionen noch nicht immer näher charakterisiert. Auch
ist noch nicht in vollem Umfange gesichert, auf welche Amino- und Ketosäuren diese Reaktion sich erstreckt. Mit Sicherheit steht fest, daß dem
Paar *Glutaminsäure / α-Ketoglutarsäure* eine besondere Bedeutung zukommt. Es sind etwa 30 Transaminierungen bekannt, an denen die α-Ketoglutarsäure beteiligt ist. Mit ihr reagieren z. B. fast alle L-Aminosäuren.
Die beteiligten Fermente werden den beteiligten Aminosäuren entsprechend
bezeichnet, z. B. L-*Alanin → α-Ketoglutarsäure-transaminase*. Weniger geklärt sind die Reaktionen, die das System *Asparaginsäure / Oxalessigsäure*

betreffen. Jedoch ist es wahrscheinlich, daß auch eine Anzahl von verschiedenen *Oxalessigsäure-transaminasen* angenommen werden muß.

Eine besondere Art von Wirkung haben die *Asparagin→* bzw. *die Glutamin→α-Ketosäure-transaminasen.* Wie die folgenden Formulierungen zeigen, gibt dabei das Asparagin zunächst die α-Aminogruppe durch Transaminierung an eine Ketosäure ab und dann wird aus der Säureamidgruppe

$$
\begin{array}{ccccccccc}
\text{CO–NH}_2 & & & \text{CO–NH}_2 & & & \text{COOH} & + & \text{NH}_3 \\
| & & & | & & & | & & \\
\text{CH}_2 & + & \boldsymbol{R} & \text{CH}_2 & + & \boldsymbol{R} & \text{CH}_2 & & \\
| & & | & \rightleftharpoons \quad | & & | & \rightleftharpoons \quad | & & \\
\text{CH(NH}_2) & & \text{C=O} & \text{C=O} & & \text{CH(NH}_2) & \text{C=O} & & \\
| & & | & | & & | & | & & \\
\text{COOH} & & \text{COOH} & \text{COOH} & & \text{COOH} & \text{COOH} & & \\
\end{array}
$$

Asparagin   Ketosäure   α-Ketobernstein- Aminosäure   Oxalessigsäure
säure-halbamid

des entstandenen Keto-bernsteinsäure-halbamids NH_2 als Ammoniak abgespalten. Eine entsprechende Reaktion zeigt auch das Glutamin, das in α-Ketoglutarsäure übergeht. Es ist möglich, daß diese Reaktion für die Ammoniakbildung beim Abbau von Aminosäuren bedeutsam ist.

Bisher hatte man angenommen, daß an den Transaminierungsreaktionen immer Amino-dicarbonsäuren bzw. die ihnen entsprechenden Ketosäuren beteiligt sein müssen. Neuerdings sind aber auch Transaminierungen zwischen Monoamino-monocarbonsäuren und Ketosäuren aufgefunden worden.

Zu der Gruppe der Transaminasen gehören schließlich auch noch die *Transamidinasen*, welche die Amidingruppe übertragen:

$$\boldsymbol{R}\text{–NH–C–NH}_2 + \boldsymbol{R'}\text{–NH}_2 \rightleftharpoons \boldsymbol{R}\text{–NH}_2 + \boldsymbol{R'}\text{–NH–C–NH}_2$$
$$\quad\quad\quad \| \quad\quad\quad\quad\quad\quad\quad\quad\quad\quad\quad\quad\quad \|$$
$$\quad\quad\quad \text{NH} \quad\quad\quad\quad\quad\quad\quad\quad\quad\quad\quad\quad\quad \text{NH}$$

5. Transphosphatasen.

Es wurde schon eine Anzahl von Fermenten besprochen, deren Wirkung sich auf die o-Phosphorsäure erstreckt, so die Phospho-esterasen (s. S. 298f.) und die Transglykosylasen (Phosphorylasen) (s. S. 323f.). Es gibt noch eine weitere Fermentgruppe für den Umsatz von Phosphatresten. Bei ihren Angehörigen handelt es sich um die Übertragung von Phosphatresten nach dem allgemeinen Reaktionsschema:

$$\boldsymbol{R}\text{–PO}_3\text{H}_2 + \boldsymbol{R'}\text{–H} \rightarrow \boldsymbol{R}\text{–H} + \boldsymbol{R'}\text{–PO}_3\text{H}_2,$$

Die Fermente von diesem Wirkungstyp, die man als Transphosphatasen bezeichnet, sind so zahlreich, daß sie hier nur zu einem Teil erwähnt werden können.

Da zwischen energiearmen und energiereichen Phosphatbindungen unterschieden werden muß (s. S. 402), ist es verständlich, daß die Phosphatübertragungen entweder mit einem wesentlichen Verlust an freier Energie verbunden sein müssen oder ohne einen solchen verlaufen. Bei den Reaktionen ohne wesentlichen Energieverlust kann entweder ein energiereich gebundener Phosphatrest unter Bildung einer neuen energiereichen Bindung übertragen werden

$$\boldsymbol{R}\sim\text{PO}_3\text{H}_2 + \boldsymbol{R'}\text{–H} \rightleftharpoons \boldsymbol{R}\text{–H} + \boldsymbol{R'}\sim\text{PO}_3\text{H}_2,$$

oder es wird energiearmes Phosphat unter Bildung einer neuen energiearmen Bindung übertragen:

$$\boldsymbol{R}\text{–PO}_3\text{H}_2 + \boldsymbol{R'}\text{–H} \rightleftharpoons \boldsymbol{R}\text{–H} + \boldsymbol{R'}\text{–PO}_3\text{H}_2.$$

Wegen ihrer geringen Energietönung sind beide Arten von Reaktionen reversibel. An den Reaktionen, bei denen die energiereiche Bindung erhalten bleibt, ist immer das Adenylsäuresystem (Adenosintri-,di- und -monophosphorsäure) beteiligt. Neuerdings sind auch, dem Adenylsäuresystem entsprechend, ein- bis dreifach phosphoryliertes Cytosin, Uridin, Hypoxanthosin und Guanosin isoliert worden (s. S. 105). Auch diese Systeme können an Reaktionen der hier beschriebenen Art beteiligt sein.

Bei den Phosphatübertragungen, bei denen es zu einem wesentlichen Verlust an Energie kommt, wird eine energiereiche Phosphatbindung gelöst und der Phosphatrest auf eine Hydroxylgruppe übertragen. Derartige Übertragungen sind natürlich weitgehend irreversibel:

$$R \sim PO_3H_2 + R'\text{—}OH \rightarrow R\text{—}H + R'\text{—}O\text{—}PO_3H_2.$$

Alle Transphosphatasen bedürfen zu ihrer Aktivierung eines zweiwertigen Kations. Meist ist dies Mg^{2+}, es kann aber auch durch Mn^{2+} oder Ca^{2+} ersetzt werden.

Eine Reihe von Transphosphatasen kann Phosphatreste von Adenosintriphosphat (ATP) auf Monosaccharide übertragen. Derartige Reaktionen gehören zu dem letztbeschriebenen Typ, sie verlaufen unter wesentlichem Energieverlust und sind daher praktisch irreversibel. Die wesentlichsten Fermente dieser Art sind in der folgenden Tabelle zusammengestellt.

Tabelle 65. *Transphosphatasen für die Bildung von Monosaccharid-phosphorsäureestern.*

Ferment	Reaktion
ATP → Hexose-transphosphatase *(Hexokinase)*	Glucose, Fructose, Mannose → Glucose-, Fructose-, Mannose- 6-phosphat
ATP → Fructose-transphosphatase *(Fructokinase)*	Fructose→Fructose-1-phosphat
ATP → Fructose-6-phosphat-transphosphatase *(Phosphohexokinase)*	Fructose-6-phosphat → Fructose-1,6-diphosphat
ATP → Glucose-1-phosphat-transphosphatase *(Phosphoglucokinase)*	Glucose-1-phosphat → Glucose-1,6-diphosphat
ATP → Galaktose-transphosphatase *(Galaktokinase)*	Galaktose → Galaktose-1-phosphat
ATP → Ribose-transphosphatase *(Ribokinase)*	Ribose → Ribose-5-phosphat
ATP → Ribose-5-phosphat-transphosphatase *(5-Phosphoribokinase)*	Ribose-5-phosphat → Ribose-1,5-diphosphat
ATP → Glycerinaldehyd-transphosphatase *(Triosekinase)*	Glycerinaldehyd → Glycerinaldehyd-3-phosphat; Dioxyaceton → Dioxyaceton-phosphat

Am bekanntesten von den in Tabelle 65 angeführten Fermenten ist die *Hexokinase (ATP→Hexose-transphosphatase)*. Sie ist nicht sonderlich spezifisch, sondern kann einen Phosphatrest von ATP auf Glucose, Fructose oder Mannose unter Bildung der entsprechenden Monosaccharid-6-phosphorsäureester übertragen. Hexokinasen sind im Körper weit verbreitet. Die höchste Aktivität findet sich im Gehirn, die niedrigste in der Leber.

An weiteren Transphosphatasen, die am Kohlenhydratstoffwechsel beteiligt sind, sind zu erwähnen *1,3-Diphosphoglycerat → ADP-transphosphatase* und *Phosphoenolpyruvat → ADP-transphosphatase*. Über die von ihnen katalysierten Reaktionen s. S. 420 und 421.

Bei den Umsetzungen im Adenylsäuresystem spielt wahrscheinlich eine Rolle die *ATP→AMP-transphosphatase (Myokinase, Adenylat-kinase)* für die ATP-Bildung:

$$\text{ATP} + \text{AMP} \rightleftharpoons 2\,\text{ADP}.$$

Ihr Ablauf in Richtung auf die ATP-Bildung hängt anscheinend ab von der durch *ATP→Kreatin-transphosphatase* katalysierten Reaktion

$$\text{ATP} + \text{Kreatin} \rightarrow \text{ADP} + \text{Kreatinphosphat}.$$

Der ATP→Kreatin-transphosphatase entspricht eine *ATP→Arginintransphosphatase.* (Über Kreatin- und Argininphosphorsäure und ihre Bedeutung im Energiestoffwechsel s. S. 402f.).

Auch an dem Stoffwechsel anderer phosphorsäurehaltiger Verbindungen sind Transphosphatasen beteiligt, so am Aufbau der Phosphatide (s. S. 452). Eine *ATP→Cholin-transphosphatase (Cholin-phosphokinase)* bewirkt die Reaktion

$$\text{Cholin} + \text{ATP} \rightarrow \text{Cholin-phosphorsäure} + \text{ADP}.$$

Man muß annehmen, daß sie für den Aufbau von Lecithin wichtig ist.

Ferner wird auf eine *ATP → Nucleosid-diphosphat-transphosphatase* hingewiesen, die eine Transphosphorylierung zwischen ATP und Uridindiphosphat (UDP) bzw. Inosindiphosphat (IDP) zu Uridin-triphosphorsäure (UTP) bzw. Inosintriphosphorsäure bewirkt:

$$\text{ATP} + \text{UDP} \rightleftharpoons \text{UTP} + \text{ADP}$$
$$\text{ATP} + \text{IDP} \rightleftharpoons \text{ITP} + \text{ADP}.$$

Möglicherweise sind derartige Fermente bei der Bildung von Uridindiphosphat-glucose (UDP-glucose) und ähnlichen Verbindungen beteiligt, Reaktionen, die entsprechend

$$\text{ATP} + \text{UDP} \rightarrow \text{UTP} + \text{ADP}$$
$$\text{UTP} + \text{Glucose-1-phosphat} \rightarrow \text{UDP-glucose} + \text{Pyrophosphat}$$

in zwei Stufen verlaufen könnten.

Weitere Transphosphorylierungen sind in der nachstehenden Tabelle zusammengestellt.

Tabelle 66. *Weitere Transphosphorylierungen.*

Ferment	Reaktion
ATP → Riboflavin-transphosphatase *(Flavokinase)*[1]	ATP + Riboflavin → Riboflavin-phosphat + ADP ADP + Riboflavin → Riboflavinphosphat + AMP
ATP → Adenosin-transphosphatase *(Adenosinkinase)*[2]	ATP + Adenosin → ADP + AMP
ATP → Thiamin-transphosphatase *(Thiaminkinase)*[3]	2 ATP + Thiamin → Thiamin-pyrophosphat + 2 ADP ATP + Thiamin → Thiamin-pyrophosphat + AMP
ATP → DPN-transphosphatase[4]	ATP + DPN → TPN + ADP
ATP → Pyridoxal-transphosphatase[5]	ATP + Pyridoxal → Pyridoxal-phosphat + ADP

[1] Riboflavinphosphorsäure ist Coferment oder Teil von Cofermenten gelber Fermente (s. S. 339).

[2] Dies Ferment kann Adenosin in Adenosinmonophosphorsäure (AMP) umwandeln.

[3] In dieser Reaktion wird aus Thiamin (Vitamin B_1) das Coferment der Carboxylase gebildet (s. S. 196).

[4] Wandelt Diphospho-pyridinnucleotid in Triphospho-pyridinnucleotid um (s. S. 343).

[5] Pyridoxalphosphat ist das Coferment der Transaminasen (s. S. 327) und von Aminosäure-decarboxylasen (s. S. 355).

Überblickt man die Gruppe der Transphosphatasen insgesamt, so ist auffallend, welch große Zahl von wichtigen Teilreaktionen des intermediären Stoffwechsels unter ihrer Mitwirkung ablaufen. So wird im folgenden noch häufiger auf sie zurückzukommen sein.

Außer den voranstehend zusammengefaßten Gruppen von Transferasen gibt es noch andere gruppenübertragende Fermente. Sie passen in die hier abgehandelten Gruppen nicht hinein und werden, soweit sie für spätere Ausführungen wichtig sind, dort im Zusammenhang mit der Besprechung ihrer Funktion erwähnt werden.

d) Die biologische Oxydation und ihre Fermente.

Die Wirkung der in den vorangehenden Kapiteln besprochenen Fermente erstreckt sich entweder auf Spaltungen und Synthesen, die unter Wasseraufnahme oder -abgabe verlaufen und durch Hydrolasen bewirkt werden oder auf die Übertragung bestimmter Gruppen durch die verschiedenen Transferasen. Keine dieser Fermentwirkungen führt zu tiefergehendem Abbau der Substrate. Dieser ist nur möglich durch oxydative Vorgänge, bedarf also des Eingreifens besonderer Fermente von grundsätzlich anderer Wirkung. Sie vermitteln die Reaktion zwischen Sauerstoff und den zu oxydierenden Substraten. Sie bedürfen dazu der Mitwirkung gewisser Hilfsfermente, die weder oxydierend wirken noch aber in eine der bisher besprochenen Fermentgruppen einzuordnen sind. Einer Besprechung der biologischen Oxydation soll zunächst einiges Prinzipielle über Oxydation vorangestellt werden.

1. Mechanismus der chemischen Oxydation.

Eine Oxydation läßt sich in verschiedener Weise formulieren. Kohlenstoff verbrennt z. B. an der Luft zu Kohlendioxyd:

$$C + O_2 \longrightarrow CO_2,$$

ein Aldehyd läßt sich zur Säure oxydieren:

$$R-CHO \longrightarrow R-COOH.$$

In beiden Fällen ist das Reaktionsprodukt sauerstoffreicher als die Ausgangssubstanz. Jedoch wäre der Schluß falsch, daß eine Oxydation ihrem Wesen nach eine Aufnahme von Sauerstoff ist. Wenn man z. B. annimmt, daß der Aldehyd zunächst eine Molekel Wasser anlagert, so verläuft die Oxydation nach

$$R-\overset{\displaystyle OH}{\underset{\displaystyle OH}{C}}-H \longrightarrow R-C\Big\langle\overset{\displaystyle OH}{\underset{\displaystyle O}{}} + 2\,H$$

als Abgabe von Wasserstoff. Auch die Oxydation eines Alkohols zum Aldehyd

$$R-CH_2OH \longrightarrow R-C\Big\langle\overset{\displaystyle O}{\underset{\displaystyle H}{}}$$

ist eine Abgabe von Wasserstoff. In beiden Fällen ist das Produkt der Oxydation nicht sauerstoffreicher, sondern wasserstoffärmer als das Ausgangsprodukt. In sehr vielen Fällen läßt sich eine Oxydation als Wasserstoffabgabe formulieren, und bei der Formulierung von Oxydationen organischer Stoffe verfährt man sehr häufig so. Wenn man aber bedenkt, daß das Wasserstoffatom aus einem positiv geladenen Kern, dem Proton ($=$ Wasserstoffion), und einem negativ geladenen Elektron besteht ($H = H^+ + e$), so ergibt sich, daß die Abgabe von Wasserstoff eine Abgabe von Protonen *und* von Elektronen bedeutet. Dann aber besteht das *Wesen der Oxydation in der Abgabe von Elektronen.* Da Oxydation und Reduktion immer miteinander verbunden sein müssen — kein Stoff kann oxydiert werden, ohne daß ein anderer reduziert wird — ist eine *Reduktion gleichbedeutend mit der Aufnahme von Elektronen.*

Man kann sich vorstellen, daß die Oxydation eines Alkohols in 2 Stufen abläuft:

$$R-\underset{\underset{H}{|}}{\overset{\overset{H}{|}}{C}}-OH \quad -2e \longrightarrow \quad R-\underset{\underset{H^+}{|}}{\overset{\overset{H^+}{|}}{C}}-OH \quad -2H \longrightarrow \quad R-C\underset{H}{\overset{O}{\diagup}} \ .$$

Diese Formulierung wird einleuchtend, wenn man als Oxydationsmittel Eisen(III)-chlorid verwendet. Dann gilt:

$$R-CH_2OH + 2\,Fe^{3+} \xrightarrow{\ -2e;\ -2H^+\ } R-C\underset{H}{\overset{O}{\diagup}} + 2\,H^+ + 2\,Fe^{2+}$$

Damit wird ganz deutlich, daß die Oxydation des Alkohols verbunden ist mit einer Elektronenübertragung, die zur Reduktion von Fe^{3+} führt:

$$Fe^{3+} + e \to Fe^{2+}\ .$$

Auch die biologische Oxydation verläuft niemals in der Weise, daß die zu oxydierenden Substanzen Sauerstoff aufnehmen, sie geben vielmehr Wasserstoff ab ($H = H^+ + e$). In dem gewählten Beispiel der Oxydation von Alkohol zu Aldehyd kann das Oxydationsmittel (Fe^{3+}) nur 1 Elektron aufnehmen, zur Oxydation von 1 Mol Alkohol zu Aldehyd sind aber 2 Fe^{3+} erforderlich, die mit Sicherheit nacheinander in Reaktion treten. Dies läßt sich an einem anderen Beispiel beweisen. Bei der Oxydation von Hydrochinon zu Chinon müssen 2 Protonen und 2 Elektronen abgegeben werden. Daß dies nacheinander geschieht, geht daraus hervor, daß sich als Zwischenprodukt dieser Oxydation Semichinon nachweisen läßt:

Hydrochinon   Semichinon   Chinon

Bei der biologischen Oxydation spielt die Oxydation durch Abgabe *eines* Elektrons je Reaktionsschritt eine wesentliche Rolle.

Die Reaktion $Fe^{2+} \rightleftharpoons Fe^{3+}$ ist reversibel, und es bildet sich ein von den jeweiligen Oxydationsbedingungen des Milieus abhängiges Verhältnis der oxydierten zur reduzierten Form aus. Ein solches System bezeichnet man als ein „*reversibles Redoxsystem*". Ein Redoxsystem ist also ein Gemisch von zwei Stoffen, die durch reversible Aufnahme oder Abgabe von Elektronen ineinander übergehen können. So oxydiert z. B. dreiwertiges Eisen das dreiwertige Titan zum vierwertigen und wird dabei selbst zum zweiwertigen Eisen reduziert:

$$Fe^{3+} + Ti^{3+} \rightleftharpoons Fe^{2+} + Ti^{4+}$$

Je leichter ein Oxydationsmittel Elektronen aufnimmt, um so stärker ist es, ebenso wirkt ein Reduktionsmittel um so stärker reduzierend, je leichter es Elektronen abgibt. Die oxydative oder reduktive Kraft eines solchen Systems findet ihren zahlenmäßigen Ausdruck in dem *Redoxpotential*. Dies ist ein Maß für die freie Energie (s. S. 399) einer Reaktion, zeigt also an, ob sie thermodynamisch möglich ist. Derartige Redoxsysteme spielen bei der biologischen Oxydation eine überaus wichtige Rolle.

Man bestimmt das Redoxpotential, indem man in die Lösung des Oxydations- oder des Reduktionsmittels bzw. einer Mischung beider eine blanke Platin- oder Goldelektrode eintaucht und ihr Potential gegen die normale Wasserstoffelektrode mißt. Als Vergleichswert dient das Potential E_0, das ein Gemisch äquimolekularer Mengen der reduzierten und oxydierten Substanz bei einer Temperatur von 25° aufweist.

E_0 ist p_H-abhängig. Im konkreten Fall wird das Potential E_h gemessen. E_0 und E_h stehen in folgender Beziehung:

$$E_h = E_0 + \frac{RT}{nF} \cdot \ln \frac{[\text{oxyd. Anteil}]}{[\text{red. Anteil}]} \tag{55}$$

R = Gaskonstante
T = abs. Temperatur
F = Faraday = 96500 Coulomb
n = Anzahl der Elektronen, die die Substanz liefert, wenn sie von der reduzierten in die oxydierte Form übergeht.
[ ] bedeutet die Konzentration in Molen pro Liter.

Das Redoxpotential ist positiv, wenn die Substanz gegenüber der Wasserstoffelektrode oxydiert wird. Ein Redoxsystem mit einem stärker positiven Redoxpotential oxydiert jedes andere mit einem negativeren Potential und wird von ihm reduziert. Über die Bedeutung des Redoxpotentials für die Messung der freien Energie einer Reaktion s. S. 401.

Die oben gegebenen Beispiele machen es verständlich, daß sich Oxydationsvorgänge in verschiedener Weise formulieren lassen: man kann sagen, daß eine Oxydation stattgefunden hat, wenn das Endprodukt ärmer an Wasserstoff oder an Elektronen bzw. reicher an Sauerstoff geworden ist.

2. Die biologische Oxydation.

Der Besprechung der Fermente, die an der biologischen Oxydation beteiligt sind, soll vorangestellt werden eine Übersicht über die grundlegenden Reaktionen, die ihr Wesen ausmachen.

Substrate der biologischen Oxydation sind bestimmte Bausteine der Zelle. Das Wesen ihrer Oxydation besteht darin, daß der in ihnen enthaltene Wasserstoff auf Sauerstoff übertragen wird, so daß sich Wasser bildet. Wasser also und nicht Kohlendioxyd ist das direkte Endprodukt der Oxydationen in der Zelle. *Kohlendioxyd entsteht, wie weiter unten gezeigt wird, nicht durch Oxydation des Kohlenstoffs, sondern durch Abspaltung von Carboxylgruppen* (s. S. 352f.).

Die Besonderheit der biologischen Oxydation ist darin zu sehen, daß die Körperbausteine, die Substrate der biologischen Oxydation, nicht ohne weiteres durch Sauerstoff oxydiert werden können, im Gegenteil gegen Sauerstoff im allgemeinen recht resistent sind und erst durch besondere Maßnahmen oder Einrichtungen zur Reaktion gebracht werden müssen. Die Frage ist also, wie die Zelle es fertig bringt, den Substrat-

Wasserstoff mit dem Sauerstoff zusammenzubringen. Sind hierzu Veränderungen am Substrat erforderlich, die seinen Wasserstoff reaktionsfähig machen oder wird durch fermentative Einrichtungen der Sauerstoff in ein wirksames Oxydationsmittel umgewandelt? Diese beiden Anschauungen haben lange Zeit unvereinbar nebeneinander gestanden, bis schließlich erkannt wurde, daß bei den Oxydationen in der Zelle beide Mechanismen zusammenwirken müssen.

α) Die Rolle des Wasserstoffs und des Sauerstoffs bei der biologischen Oxydation.

Wasserstoff. Die Theorie, daß das Wesen der biologischen Oxydation in der Aktivierung von Wasserstoff besteht und der Sauerstoff nur eine passive Rolle als Wasserstoffakzeptor spielt, geht auf HEINR. WIELAND zurück. Der Ausgangspunkt dieser Theorie ist die Erfahrung, daß sich an einem geeigneten Katalysator, z. B. Platin, Äthylalkohol zu Acetaldehyd oxydieren läßt, wenn ein Acceptor für den Wasserstoff da ist. Als solcher kann Sauerstoff, können aber bei Ausschluß von Sauerstoff auch bestimmte Farbstoffe dienen, z. B. Methylenblau.

$$H_3C-CH_2OH \; + \; Mb \quad \xrightarrow{\text{Platin}} \quad H_3C-C{\overset{O}{\underset{H}{\diagdown}}} \; + \; Mb-H_2$$

Äthylalkohol Methylenblau   Acetaldehyd Leuko-Methylenblau

Sauerstoff oder Methylenblau nehmen also nur den Wasserstoff auf, sie können für diese Aufgabe auch durch geeignete andere Acceptoren ersetzt werden.

Derartige „Oxydationen ohne Sauerstoff" sind nicht auf chemische Katalysen beschränkt, sie können sich auch im Gewebe abspielen. THUNBERG fand z. B., daß bei der Dehydrierung der Bernsteinsäure zu Fumarsäure durch Muskelgewebe der Sauerstoff durch Methylenblau ersetzbar ist:

$$\begin{array}{l} CH_2-COOH \\ | \qquad\qquad\quad + \; Mb \quad \xrightarrow{\text{(Dehydrogenase)}} \\ CH_2-COOH \end{array} \qquad \begin{array}{l} HOOC-CH \\ \quad\;\; \| \qquad\qquad + \; Mb-H_2 \\ CH-COOH \end{array}$$

Bernsteinsäure   Fumarsäure
(Acid. succinicum)

Zahlreiche Stoffe können in ganz entsprechender Weise dehydriert, also ohne Sauerstoff „oxydiert" werden, indem der Wasserstoff auf einen Acceptor übertragen wird. Die dazu notwendigen Fermente (*wasserstoffübertragende Fermente* oder *Transhydrogenasen,* meist *Dehydrogenasen* genannt) haben eine sehr weitgehende Substratspezifität.

Bei der biologischen Oxydation ist der eigentliche Wasserstoffacceptor der Sauerstoff, der mit dem Blut, gebunden an Hämoglobin, dem Gewebe zugeführt wird. Dann müßte bei Oxydationen in der Zelle Wasserstoffsuperoxyd entstehen:

$$H_2 \; + \; O_2 \; = \; H_2O_2$$

Es findet sich zwar allgemein verbreitet im Gewebe ein Ferment *Katalase* (s. S. 346 f.), dessen Funktion die Zerlegung von Wasserstoffsuperoxyd in Wasser und Sauerstoff ist:

$$2\,H_2O_2 \; \xrightarrow{\text{(Katalase)}} \; 2\,H_2O \; + \; O_2$$

Aber wenn auch einige katalasefreie, anaerob lebende Mikroorganismen in Gegenwart von Sauerstoff Wasserstoffsuperoxyd bilden, so spricht doch nichts dafür, daß bei der biologischen Oxydation der aerob lebenden Organismen Wasserstoffsuperoxyd gebildet wird, so daß anzunehmen ist, daß die Reaktion von Wasserstoff mit Sauerstoff nicht in der hier angenommenen Weise geschieht.

Sauerstoff. Sieht die WIELANDsche Theorie das Wesen der biologischen Oxydation in der Übertragung des Wasserstoffs von einem Substrat auf den lediglich als Wasserstoffacceptor dienenden Sauerstoff, so ging WARBURG der Frage nach, warum der reaktionsträge Sauerstoff bei der biologischen Oxydation als Oxydationsmittel wirken kann. Seine Versuche ergaben, daß die oxydative Wirkung des

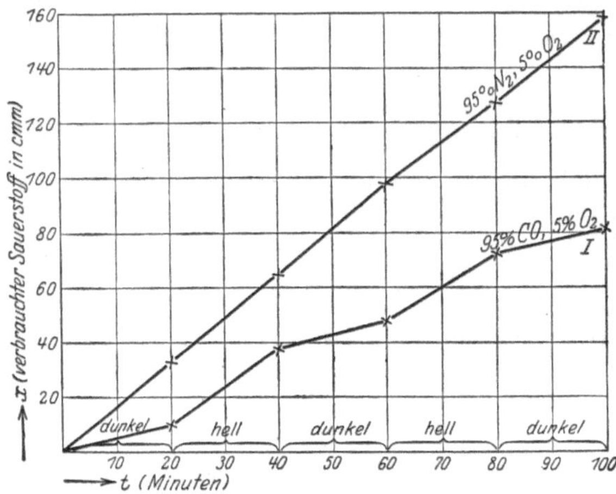

Abb. 87. Hemmung der Atmung von Hefe durch Kohlenoxyd bei Belichtung und im Dunkeln. (Nach WARBURG.)

Sauerstoffs durch einen eisenhaltigen Katalysator bewirkt wird, den er als *Atmungsferment (sauerstoffübertragendes Ferment der Atmung)* bezeichnete. Der Beweis hierfür geht davon aus, daß die Sauerstoffaufnahme der Hefe durch Kohlenoxyd gehemmt wird und die Hemmung, wenn die Hefe dunkel gehalten wird, größer ist (70 %) als bei Belichtung (14 %) (s. Abb. 87). Läßt man Licht verschiedener Wellenlänge auf die in Kohlenoxyd atmende Hefe einwirken, so wird der Sauerstoffverbrauch nur durch blaues, gelbes oder grünes Licht wiederhergestellt. Licht verschiedener Wellenlänge ist aber nicht gleich wirksam, so daß man eine von der Wellenlänge des Lichtes abhängige Wirkungskurve erhält. Nimmt man an, daß das für die Sauerstoffaufnahme verantwortliche Ferment Licht verschiedener Wellenlänge unterschiedlich absorbiert, so gibt die Wirkungskurve das Absorptionsspektrum der **CO**-Verbindung des Fermentes wieder (s. Abb. 88). Blau-

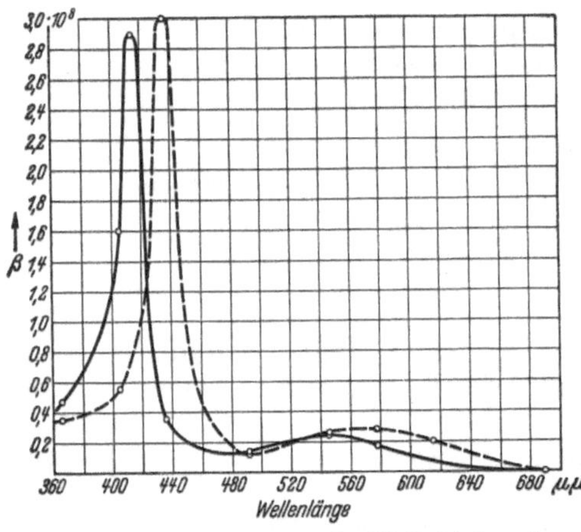

Abb. 88. Absorptionsspektrum der **CO**-Verbindung des Atmungsfermentes (- - - -) und des Bluthämins (——). (Nach WARBURG u. NEGELEIN.)

säure- und Kohlenoxydempfindlichkeit des Fermentes lassen vermuten, daß es eisenhaltig ist. Zusammen mit der Form der Absorptionskurve läßt diese Eigenschaft mit einer an Sicherheit grenzenden Wahrscheinlichkeit den Schluß zu, daß das „*Atmungsferment*" *ein naher Verwandter des Hämins* ist. Die Richtigkeit der Beweisführung wurde erst Jahrzehnte später durch die Isolierung des Fermentes bestätigt (s. S. 123).

Das Atmungsferment wirkt nicht dadurch, daß es Sauerstoff auf das zu oxydierende Substrat überträgt — die Bezeichnung „sauerstoffübertragendes" Ferment ist also irreführend — sondern dadurch, daß es an den Sauerstoff Elektronen abgibt. Dabei wird das in ihm enthaltene Eisen von der Wertigkeitsstufe 2 zur Wertigkeitsstufe 3 oxydiert:

$$2\ Fe^{2+} + {}^1/_2\ O_2 \rightarrow 2\ Fe^{3+} + O^{2-}.$$

Es übernimmt also ein Sauerstoffatom von 2 zweiwertigen Eisenatomen je ein Elektron. *Diese autokatalytische Umwandlung von Fermenthäm* (Fe^{2+}!) *in Fermenthämin* (Fe^{3+}!) *durch Elektronenübertragung auf Sauerstoff kennzeichnet die Rolle des Sauerstoffs bei der Oxydation: er dient primär als Elektronen- und erst sekundär als Wasserstoffacceptor.*

β) Die Fermente der biologischen Oxydation.

Die Abgabe von Wasserstoff an Transhydrogenasen bei der Oxydation der Substrate und die Abgabe von Elektronen an Sauerstoff durch das Atmungsferment sind Übertragungsreaktionen. Wenn man die an ihnen beteiligten Fermente systematisch bezeichnen will, so ergeben sich zwanglos die beiden Gruppen der *Transhydrogenasen* und der *Transelektronasen.* Da jede Übertragungsreaktion außer dem mit ihr befaßten Ferment zwei Reaktionsteilnehmer erfordert, einen, den Donator, der die zu übertragende Gruppe abgibt und einen zweiten, den Acceptor, der sie aufnimmt, ist nach der Natur des Acceptors eine Unterteilung möglich. Der Acceptor kann Sauerstoff sein; dann sind die an den Übertragungen beteiligten Fermente als *aerobe Transhydrogenasen* bzw. *Transelektronasen* zu bezeichnen. Es können aber auch Wasserstoff und Elektronen auf andere Acceptoren übertragen werden. Die hierbei beteiligten Fermente sind die *anaeroben Transhydrogenasen* und *Transelektronasen.* Wenn sich aus der Art der fermentativen Reaktionen, die an der biologischen Oxydation beteiligt sind, diese 4 verschiedenen Fermentgruppen auch zwanglos ergeben, so gibt es doch z. B. außer anaeroben Transhydrogenasen mit pyridinhaltigen Cofermenten, für die man Donator- *und* Acceptorspezifität kennt, eine Reihe von Transhydrogenasen, bei denen entweder die Acceptor- oder die Donatorspezifität nicht bekannt sind. Zur Unterscheidung dieser beiden Fälle nennt HOFFMANN-OSTENHOF die Fermente mit bekannter Donator-, aber unbekannter Acceptorspezifität *Dehydrogenasen,* diejenigen mit unbekannter Donator-, aber bekannter Acceptorspezifität *Reduktasen.* Es ist danach klar, daß derartige Fermente vorderhand nicht systematisch einzuordnen sind. Da es uns zudem in erster Linie darum geht, dem komplizierten Ablauf der biologischen Oxydation nachzugehen, sollen ihre Fermente nicht in systematischer Ordnung, sondern nach Art ihrer prosthetischen Gruppen geordnet besprochen werden.

An der biologischen Oxydation sind beteiligt:

a) Eisen-Porphyrinverbindungen (Atmungsferment = Cytochromoxydase, Cytochrome);

b) Flavinfermente (gelbe Fermente = Flavoproteide = Isoalloxazinproteide)

c) Pyridinfermente;

d) andere Oxydasen.

Zum Abschluß sind die verschiedenen Hilfsfermente der Oxydation zu besprechen.

a) Die Cytochrome und das Atmungsferment (Cytochromoxydase).

Das Atmungsferment gehört zu einer Klasse von Farbstoffen, die, da sie in allen Zellen vorkommen, als Cytochrome bezeichnet werden. Sie sind schon S. 123f. näher besprochen worden. Im Tier- und Pflanzenreich sind sie weit verbreitet, auch in Bakterien und Hefen wurden sie nachgewiesen. Ihre Neuentdeckung durch KEILIN beruht auf dem besonderen, vielbandigen Absorptionsspektrum, aus dem auf das Vorkommen der 3 Cytochrome a, b und c geschlossen wurde. Ihre typische Absorption zeigen die Cytochrome nur in der reduzierten Form (Fe^{2+}); bei Oxydation (Fe^{3+}) gehen die in Tabelle 67 verzeichneten scharfen Banden in eine verwaschene Absorption zwischen 500 und 600 mμ über.

Tabelle 67.
Absorptionsbanden
der reduzierten Cytochrome.

Cytochrom	α-Bande mμ	β-Bande mμ
a	600	513
b	564	530
c	530	520

Außer den Cytochromen a, b und c sowie der Cytochromoxydase sind späterhin noch zahlreiche andere Cytochrome, wieder nur auf Grund spektroskopischer Untersuchungen, beschrieben worden. Eine Entscheidung darüber, ob sie wirklich existieren, ist nicht immer leicht. Für tierische Gewebe kann bis heute — neben den bisher genannten — lediglich das Vorkommen der Cytochrome b_5 (= m) und c_1 (= e) als einigermaßen gesichert angesehen werden. Daneben steht nicht einmal fest, ob die Cytochromoxydase ein besonderes Cytochrom a_3 oder mit Cytochrom a identisch ist.

Mit einer Ausnahme, dem Cytochrom b_5, das in den Mikrosomen enthalten ist, kommen alle Cytochrome nur in den Mitochondrien vor. Sie sind fest an die Struktur gebunden, lediglich das Cytochrom c läßt sich leicht in Lösung bringen. Nach Behandlung der Gewebe mit Desoxycholat ist es aber auch gelungen, Cytochromoxydase und Cytochrom b löslich zu machen.

Es ist schon oben gezeigt worden, daß das Atmungsferment Elektronen auf Sauerstoff übertragen kann. Es erhält diese Elektronen anscheinend immer vom Cytochrom c. Nach seiner Funktion ist es also eine aerobe Transelektronase. Wegen seiner Eigenschaft Cytochrom oxydieren zu können, bezeichnet man es auch als *Cytochromoxydase*.

Eine besondere Wirkung des Atmungsfermentes ist die *Indophenolblausynthese*. Das Indophenolblau entsteht aus α-Naphthol und p-Phenylendiamin. Diese Reaktion, die auch freiwillig verläuft, wird durch das Ferment wesentlich beschleunigt.

$$\alpha\text{-Naphthol} + H_2N-\langle\ \rangle-NH_2 + O_2 \longrightarrow \text{Indophenol} + 2 H_2O$$

α-Naphthol   p-Phenylendiamin   Indophenol

Über die Funktion der Cytochrome soll erst unten im Zusammenhang mit der gesamten Atmungskette berichtet werden.

b) Flavinfermente (gelbe Fermente, Flavoproteide, Isoalloxazinproteide).

Bei der Besprechung der Rolle des Sauerstoffs bei der biologischen Oxydation ist darauf aufmerksam gemacht worden, daß auch die durch Blausäure oder Kohlenoxyd vergiftete Zelle noch Sauerstoff verbraucht, obschon das Atmungsferment durch diese Vergiftungen ausgeschaltet wird. Dieser blausäureunempfindliche Teil der Atmung wurde erklärbar durch die Beobachtung von WARBURG, daß in roten Blutkörperchen und auch in anderen Zellen (z. B. in Hefe) ein weiteres *eisenfreies* Oxydationsferment vorkommt, das sich durch seine spektrale Absorption scharf von den häminhaltigen Sauerstoffüberträgern unterscheidet (s. Abb. 89). Dieses Ferment ließ sich in einen Eiweißkörper und eine Wirkungsgruppe zerlegen, die sich weitgehend reinigen (THEORELL) und getrennt voneinander aufbewahren lassen und jedes für sich völlig wirkungslos sind. Gießt man die Lösungen zusammen, so vereinigen sich Protein und Wirkungsgruppe in stöchiometrischem Verhältnis zu einer relativ festen Verbindung, dem Ferment. Die Wirkungsgruppe des Fermentes, die im oxydierten Zustand eine gelbrote Farbe hat, ist identisch mit der Riboflavinphosphorsäure (Flavinmononucleotid = FMN) (s. S. 200, WARBURG). Wegen der Färbung der Wirkungsgruppe wurde dieses Ferment als *gelbes Oxydationsferment (Flavinenzym)* bezeichnet.

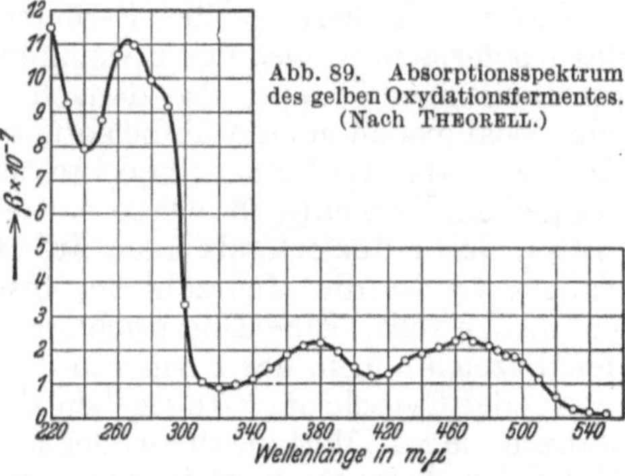

Abb. 89. Absorptionsspektrum des gelben Oxydationsfermentes. (Nach THEORELL.)

Dieses zuerst aufgefundene gelbe Oxydationsferment ist lediglich ein Vertreter einer größeren Anzahl von Oxydationsfermenten, die alle nach dem gleichen Prinzip gebaut sind. Allerdings ist die prosthetische Gruppe fast aller übrigen gelben Fermente von derjenigen des „alten" gelben Fermentes unterschieden. Sie ist ein Dinucleotid aus Riboflavinphosphorsäure und aus Adenosinmonophosphorsäure (AMP), also ein Isoalloxazin-adenin-dinucleotid (FAD), dessen nähere Konstitution noch nicht bekannt ist, wenn man auch annehmen

Oxydierte Form   +2 H / −2 H   Reduzierte Form

eines Flavinmononucleotid-enzyms

22*

darf, daß AMP und Riboflavinphosphorsäure über die beiden Phosphatreste, also durch eine Pyrophosphatbindung miteinander vereinigt sind.

Wirkungsgruppe der gelben Fermente ist der Isoalloxazinring der Riboflavinphosphorsäure. Er kann in der oxydierten Form Wasserstoff anlagern, in der reduzierten wieder abgeben. Dabei können bei Reaktion mit geeigneten Acceptoren Proton und Elektron voneinander getrennt und die Elektronen von diesen Acceptoren aufgenommen werden. Die gelben Fermente bewirken also entweder die Übertragung von Wasserstoff oder von Elektronen, sie sind also je nach der Art der jeweiligen Reaktion als Transhydrogenasen oder als Transelektronasen zu bezeichnen. Bei der Wasserstoffaufnahme verlieren die gelben Fermente ihre Farbe.

Die bisher isolierten gelben Fermente unterscheiden sich 1. durch die Natur des Apofermentes, also der Eiweißkomponente, und 2. durch die Natur der prosthetischen Gruppe, also danach ob diese Isoalloxazin-mono-nucleotid oder Isoalloxazin-adenin-dinucleotid ist. Von der Verschiedenartigkeit ihres Aufbaues aus Apoferment und prosthetischer Gruppe hängt die Spezifität der gelben Fermente ab. Diese erstreckt sich sowohl auf das Oxydationsmittel, das reduziert, als auch auf das Substrat, das oxydiert wird. In Tabelle 68 ist die Mehrzahl der bisher bekannten gelben Fermente zusammengestellt. Eine Durchsicht der Tabelle zeigt — dies ergibt sich aus den Bezeichnungen der Fermente — daß als Acceptoren entweder Sauerstoff oder Cytochrom c angegeben sind. Jedoch können auch andere Substanzen wie z. B. Methylenblau oder sonstige Farbstoffe als Acceptoren dienen. Unter den Acceptoren ist in der Atmungskette zweifellos Cytochrom c der wichtigste Acceptor. Von den zahlreichen Donatoren, die die Tabelle aufführt, sind die biologisch weitaus wichtigsten die Pyridincofermente.

Tabelle 68. Flavinenzyme.

a) Prosthetische Gruppe: Flavinmononucleotid (FMN)

TPN-H→O_2-transhydrogenasen *(altes gelbes Ferment)*
TPN-H→Cytochrom c-transelektronase (TPN-H-Cytochrom c-reduktase)
L-Aminosäure→O_2-transhydrogenase *(L-Aminosäure-oxydase)*

b) Prosthetische Gruppe: Flavin-adenin-dinucleotid (FAD):

TPN-H→Cytochrom c-transelektronase (TPN-H-Cytochrom c-reduktase)
DPN-H→Cytochrom c-transelektronase (DPN-H-Cytochrom c-reduktase)
Diaphorasen I und II
Ophio-L-Aminosäure→O_2-transhydrogenase (aus Schlangengift)
D-Aminosäure→O_2-transhydrogenasen *(D-Aminosäure-oxydasen)*
Xanthin und Aldehyd→O_2-transhydrogenasen (SCHARDINGER-Enzym; Xanthinoxydase)
Glykokoll→O_2-transhydrogenase *(Glykokoll-oxydase)*
Diamin→O_2-transhydrogenase *(Diamin-oxydase)*
α,β-ungesättigte Acyl-CoA-reduktasen *(Äthylen-reduktase)*

Zu einigen der in Tabelle 68 angeführten Fermente sollen noch einige Angaben gemacht werden.

TPN—H→O_2-*transhydrogenase* ist als erstes dieser Fermente von WARBURG u. CHRISTIAN entdeckt worden. Es wird daher auch als „altes gelbes Ferment" bezeichnet. Es kommt nur in der Hefe vor und oxydiert z. B. durch molekularen Sauerstoff unter Aufnahme von Wasser Hexosemonophosphorsäure zu Phosphohexonsäure (s. S. 428). Der Sauerstoff wird dabei zu Wasserstoffsuperoxyd reduziert:

$$O_2 + R\!-\!C\overset{O}{\underset{H}{\diagdown}} + H_2O \rightarrow H_2O_2 + R\!-\!COOH \tag{a}$$

(Hexosemono-   (Phosphohexon-
phosphorsäure)   säure)

Der Wasserstoffsuperoxyd entsteht aber nicht durch eine direkte Reaktion des molekularen Sauerstoffs mit dem aus Hexosemonophosphorsäure abzuspaltenden Wasserstoff, vielmehr zeigt die nähere Untersuchung, daß die primäre Reaktion unter Zuhilfenahme einer Dehydrogenase vor sich geht, deren Pyridinanteil (TPN$^+$) zu TPN · H reduziert wird:

$$TPN^+ + R\!-\!C\!\!<^{O}_{H} + H_2O \rightarrow TPN \cdot H + H^+ + R\!-\!COOH \tag{b}$$

TPN · H ist nicht autoxydabel, d. h. es reagiert nicht direkt mit molekularem Sauerstoff, sondern kann nur durch Oxydationsmittel, die reaktionsfähiger sind als dieser, dehydriert werden. Diese Forderung erfüllt z. B. die Wirkungsgruppe des gelben Fermentes, das Flavinmononucleotid (FMN):

$$FMN + TPN \cdot H + H^+ \rightarrow FMN \cdot H_2 + TPN^+ \tag{c}$$

Anders als das reduzierte Pyridinderivat ist FMN · H$_2$ autoxydabel. Bei Gegenwart von molekularem Sauerstoff folgt also:

$$FMN \cdot H_2 + O_2 \rightarrow FMN + H_2O_2 \tag{d}$$

Addiert man die drei Gleichungen (b), (c) und (d), so fallen die katalytischen Reaktionen heraus, und es bleibt die Gleichung (a) übrig.

TPN · H → *Cytochrom c - transelektronasen* (TPN · H - *Cytochrom c - reduktasen*). Aus Hefe wurde ein Ferment mit FMN, aus Leber ein solches mit FAD als prosthetischer Gruppe gewonnen, die beide die Reaktion

$$2\ TPN \cdot H + 2\ Fe^{3+}\text{-Cy c} \rightarrow 2\ TPN^+ + 2\ Fe^{2+}\text{-Cy c} + 2\ H^+$$

katalysieren. Die Reaktion macht die eine der Reaktionsmöglichkeiten der gelben Fermente noch einmal deutlich: an ihnen werden Wasserstoffionen freigesetzt und — wenn man von der Seite des Substrates aus die Oxydation betrachtet — zum ersten Mal in der Atmungskette Elektronen übertragen.

L-*Aminosäure* → O$_2$-*transhydrogenase* (L-*Aminosäureoxydase*) katalysiert die oxydative Desaminierung von 12 verschiedenen Aminosäuren, hat aber keine oder nur eine sehr schwache Wirkung auf Diaminomonocarbonsäuren, Monoaminodicarbonsäuren, auf Serin, Threonin, β-Alanin und Glykokoll. Das Ferment ist wenig aktiv. Vor allem in der Leber kommt es nur in sehr geringen Mengen vor, so daß es wahrscheinlich für die Desaminierung der Aminosäuren im normalen Stoffwechsel ohne wesentliche Bedeutung ist. Die Aminosäuren werden, wie schon S. 327 ff. erwähnt und wie später noch einmal gezeigt wird (s. S. 465 f.), durch Transaminierung desaminiert.

Glykokoll → O$_2$-*transhydrogenase (Glykokoll-oxydase)* oxydiert Glykokoll unter Ammoniakabspaltung zu Glyoxylsäure:

$$H_2N\!-\!CH_2\!-\!COOH + O_2 + H_2O \rightarrow H_2O_2 + CHO\!-\!COOH + NH_3.$$

Analog entsteht aus Sarkosin durch Abspaltung von Methylamin ebenfalls Glyoxylsäure.

Diamin → O$_2$-*transhydrogenase (Diamin-oxydase)* oxydiert nach

$$H_2N\!-\!R\!-\!CH_2\!-\!NH_2 + O_2 + H_2O \rightarrow H_2O_2 + H_2N\!-\!R\!-\!CHO + NH_3$$

Diamine. Wahrscheinlich entsteht dabei zunächst ein Imin

$$H_2N\!-\!R\!-\!CH_2\!-\!NH_2 + O_2 \rightarrow H_2N\!-\!R\!-\!CH\!=\!NH,$$

das dann spontan hydrolytisch gespalten wird. Auch Histamin gehört zu den Substraten des Fermentes. Da manche Diamine giftig wirken, übt die Diaminoxydase möglicherweise eine Schutzfunktion aus.

Diaphorasen reoxydieren die reduzierten Pyridinnucleotide, wobei die Diaphorase I mit DPN · H, die Diaphorase II mit TPN · H reagiert. Als Acceptor dient Methylenblau, dagegen ist es bisher nicht mit Sicherheit gelungen, die natürlichen Wasserstoff- und Elektronenacceptoren der Diaphorasen zu ermitteln. Von SLATER ist zwar ein besonderer Faktor als Acceptor angenommen worden (SLATER-Faktor) von anderer Seite, daß die Diaphorasen mit Cytochrom b reagieren. Jedoch ist diese Frage ebensowenig geklärt, wie die, ob es den SLATER-Faktor überhaupt gibt oder ob er mit Cytochrom b identisch ist.

Metallflavoproteide. Eine Anzahl der in Tabelle 68 aufgeführten Fermente ist bisher noch nicht besprochen, andere Flavinfermente noch gar nicht erwähnt worden. Ihnen kommt zum Teil keine wesentliche Bedeutung zu, zum Teil müssen sie zu einer besonderen Gruppe zusammengefaßt werden, weil in jüngster Zeit gefunden wurde, daß eine Reihe von Flavinenzymen außer der riboflavinhaltigen prosthetischen Gruppe auch noch Metalle enthält. Flavin sowohl wie Metalle sind fest an das Apoferment gebunden und kommen in den Fermenten in festen Proportionen vor. Bisher kennt man 8 Fermente der genannten Art. An ihrem Aufbau sind vor allem die Metalle

Kupfer und Eisen, aber auch Molybdän und vermutlich Mangan beteiligt. Als
Flavinkomponente enthalten sie anscheinend alle Flavin-adenin-dinucleo-
tid (FAD). Weiterhin sind zu ihrer Wirkung Sulfhydrylgruppen erforderlich.
Als Metallflavoproteide sind bisher erkannt worden: *zwei verschiedene Acyl-
CoA-dehydrogenasen, Xanthinoxydase, DPN·H-Cytochrom c-reduktase, Suc-
cinodehydrogenase, eine Aldehydoxydase aus Leber sowie eine DPN·H-
Nitratreduktase und eine Hydrogenase, beide aus Bakterien.*

Acyl-CoA-dehydrogenasen (Acyl-CoA-reduktasen, Äthylenreduktasen). Diese Fermente
katalysieren den ersten Schritt bei der Oxydation der Fettsäuren (s. S. 444):

$$R\text{—CH=CH—CO—S—CoA} + 2\,H^+ + 2\,e \rightleftharpoons R\text{—CH}_2\text{—CH}_2\text{—CO—S—CoA}.$$

Man hat bisher *drei* Fermente dieser Art aufgefunden, zu den Metallflavoproteiden gehören
anscheinend nur *zwei* von ihnen: das eine kupferhaltig und von grüner Farbe (G), das andere
eisenhaltig von gelber Farbe (Y). Ein drittes, auch von gelber Farbe (Y'), ist entgegen früheren
Angaben anscheinend eisenfrei. Nach CRANE u. BEINERT ist eine weitere Besonderheit
dieser Fermente, daß *sie Elektronen an ein zweites gelbes Enzym abgeben,* das diese an eine große
Zahl von Acceptoren übertragen kann. Ob Cytochrom c sein natürlicher Elektronenacceptor
ist, ist noch ungeklärt. Es wird als „*electron transfering flavoprotein*" (ETF) bezeichnet. Dies
ist der erste Fall, für den in der Atmungskette die Hintereinanderschaltung von zwei gelben
Fermenten beobachtet wurde. CRANE u. BEINERT geben die Spezifität der drei Fermente und
ihre Beziehung zu ETF durch das folgende Schema wieder:

$$\text{Acyl—CoA} \left\{ \begin{array}{l} C_4\text{—}C_8 \;(G)\searrow \\ C_4\text{—}C_{16}\;(Y) \rightarrow \; ETF \rightarrow Acceptoren \\ C_6\text{—}C_{18}(Y')\nearrow \end{array} \right.$$

G reagiert mit den CoA-Verbindungen der Fettsäuren mit 4—8 C-Atomen, vorzugsweise
allerdings mit derjenigen der Buttersäure. Das G-enthaltende Ferment wird deshalb als
Butyryl-CoA-dehydrogenase bezeichnet. G enthält Kupfer und Flavin im Verhältnis 2:1. In
einem Molekül des Fermentes kommen 6—8 FAD-Moleküle, danach also 12—16 Cu-Atome
vor. Für die Dehydrierung der Fettsäuren ist der Cu-Gehalt der prosthetischen Gruppe unerheblich, notwendig erscheint er dagegen für die Reoxydation des Fermentes durch Cytochrom. Für Y liegt das Wirkungsoptimum bei den Fettsäuren mit 8—12 C-Atomen. Es enthält auf 6 Moleküle FAD ein Atom Eisen. Y' reagiert am besten mit Lauryl-CoA. Das Y' enthaltende Ferment aber wird wegen der besonderen Bedeutung, die unter seinen Substraten der
Palmitinsäure zukommt, als *Palmityl-CoA-dehydrogenase* bezeichnet.

Xanthin→ und Aldehyd→O$_2$-transhydrogenase (Xanthinoxydase) ist wenig spezifisch, da
sie sowohl mit einer großen Zahl von Purinderivaten (mindestens 10) als auch mit zahlreichen
Aldehyden (mindestens 31) reagiert. Sie reagiert ferner mit DPN·H (nicht mit TPN·H)
und mit Pterinen. Eine derartige Breitenwirkung ist für *ein* Ferment ganz ungewöhnlich.
Die Xanthinoxydase enthält Eisen, Molybdän und FAD im Verhältnis 8:1:2. Das Ferment
hat eine rotbraune Farbe, die es weder dem Adenindinucleotid noch dem Molybdän verdankt.
Es reagiert nicht nur mit zahlreichen Donatoren, sondern auch mit vielen Elektronenacceptoren, von denen Cytochrom c der biologisch wichtigste ist.

Aldehydoxydase aus Schweineleber ist molybdänhaltig. Sie besitzt weiterhin eine Hämkomponente vom Cytochrom b-Typ. Das Verhältnis Fe-Porphyrin:Mo:FAD beträgt 1:1:2.
Sie kann mit Cytochrom b und Cytochromoxydase ohne Zwischenschaltung von Cytochrom c
reagieren, aber auch Sauerstoff und Cytochrom c dienen als Acceptoren.

Succinodehydrogenase (Bernsteinsäure-dehydrogenase), welche die schon S. 335 erwähnte
Reaktion

$$\text{Bernsteinsäure} - 2\,H^+ - 2\,e \rightleftharpoons \text{Fumarsäure}$$

katalysiert, ist ein Teilferment des Succinoxydase-Systems. In ihm werden aller Wahrscheinlichkeit nach Elektronen über das Cytochrom-Cytochromoxydase-System auf Sauerstoff
übertragen. Im Succinodehydrogenase-komplex sollen Häm-Eisen und Nicht-Häm-Eisen
im Verhältnis 1:4—16 oder 17 enthalten sein. Die Hämkomponente ist vom Typus des
Cytochroms c.

DPN·H-*Cytochrom c-reduktase* enthält 4 Atome Eisen je Mol Flavin. Die Flavinkomponente ist dem FAD ähnlich, aber nicht mit ihm identisch. Beziehungen zu den Diaphorasen
sind diskutiert worden, aber nicht geklärt. Das Ferment ist für DPN·H spezifisch, nach der
anderen Seite reagiert es mit Cytochrom c, auch mit Sauerstoff, aber sehr langsam. D. E.
GREEN u. Mitarb. haben aus Mitochondrien des Ochsenherzens Partikel isoliert, die einen
DPN·H *oxydierenden Enzymkomplex* enthalten, der anscheinend alle Teilstücke des Elektro-
nentransportsystems der Mitochondrien enthält (*electron transfer particles* ETP). Es katalysiert die aerobe Oxydation von DPN·H nach

$$\text{DPN·H} + \tfrac{1}{2}O_2 + H^+ \rightarrow \text{DPN}^+ + H_2O.$$

Ferner oxydiert es Succinat. Das ETP-System enthält Flavin, die Cytochrome a, b und c_1, Nicht-Häm-Eisen und Kupfer in konstantem Verhältnis und Cytochrom c in wechselnden Mengen.

DPN · H-*nitratreduktase* aus Neurospora katalysiert wahrscheinlich die Oxydation von DPN. H durch Nitrat. Anscheinend enthält sie ebenso wie die *Hydrogenasen* aus Bakterien Molybdän. Die Hydrogenasen können molekularen Wasserstoff in Wasserstoffionen (Protonen) umwandeln.

c) Die Pyridinfermente.

Die Pyridinenzyme gehören zu den Transhydrogenasen, für die sowohl die Substrat- als auch die Acceptorspezifität geklärt ist. Sie wirken bei den von ihnen katalysierten Reaktionen in ihrer oxydierten Form als Wasserstoffacceptoren und oxydieren dadurch bestimmte Substrate oder sie geben in ihrer reduzierten Form als Donatoren Wasserstoff wieder ab:

$$RH_2 + Py^+ \rightleftharpoons R\,PyH + H^+.$$

Im Sinne der biologischen Oxydation liegt die Aufnahme von Wasserstoff, also die Oxydation des Substrates. Sie müssen dann, um ihre Funktion fortlaufend erfüllen zu können, Wasserstoff an geeignete Acceptoren weitergeben können. Diese sind, wie schon oben angedeutet und wie weiter unten ausführlicher gezeigt wird, vornehmlich die Flavinenzyme. Man kennt eine große Anzahl solcher pyridinhaltiger Enzyme von nahezu strenger *Substratspezifität*. Diese geht auf die Eiweißkomponente, das Apoferment, zurück. Die *Wirkungsspezifität* der Fermente, die in jedem Fall die Übertragung von Wasserstoff ist, kommt dagegen dem Coferment, d. h. dem Pyridinanteil des Fermentes, seiner prosthetischen Gruppe, zu.

Man kennt drei pyridinhaltige Cofermente. Sie enthalten alle Nicotinsäureamid, den Pellagraschutzstoff (s. S. 201), Ribose und Phosphorsäure, zwei von ihnen außerdem noch Adenin. In den Coenzymen I und II liegen Dinucleotide vor. Wie die folgende Formel zeigt, bilden Nicotinsäureamid, Ribose und Phosphorsäure eine Art von Nucleotid (Pyridinnucleotid), das mit dem Purinnucleotid Adenylsäure über die Phosphorsäurereste pyrophosphatartig verbunden ist. Das Coenzym II enthält außerdem noch einen dritten Phosphatrest, der mit der HO-Gruppe am C-Atom 2 des Rleserestes der Adenylsäure verestert ist.

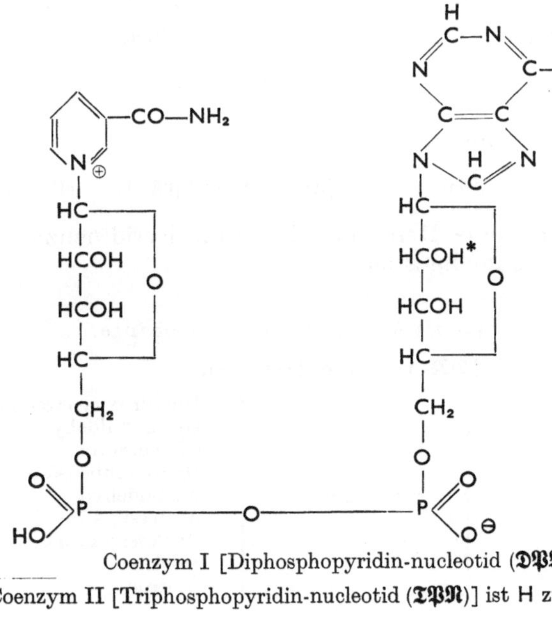

Coenzym I [Diphosphopyridin-nucleotid (DPN)]

* Für Coenzym II [Triphosphopyridin-nucleotid (TPN)] ist H zu ersetzen durch: PO_3H_2.

Die beiden Coenzyme I und II sind im Laufe der Zeit mit verschiedenen Namen belegt worden, von denen die wichtigsten in der folgenden Tabelle zusammengestellt sind. Heute wendet man vorzugsweise die Bezeichnungen DPN und TPN an.

Tabelle 69. Bezeichnungen für die Pyridinnucleotide

Coenzym I	Coenzym II
Diphosphopyridin-nucleotid (DPN)	Triphosphopyridin-nucleotid (TPN)
Codehydrase I	Codehydrase II
Codehydrogenase I (Co I)	Codehydrogenase II (Co II)
Cozymase	

Es ist eine ATP → Nicotinsäureamid-mononucleotid-transadenylase beschrieben worden, die nach

$$ATP + \text{Nicotinsäureamid-mononucleotid} \rightleftharpoons DPN + \text{Pyrophosphat}$$

die Bildung von DPN katalysiert. Durch ATP → DPN-transphosphatasen kann nach

$$ATP + DPN \rightleftharpoons TPN + AMP$$

DPN in TPN umgewandelt werden.

Das *Coenzym III*, das erst kürzlich beschrieben wurde, ist wahrscheinlich Nicotinsäureamid-ribose-5-pyrophosphat, unterscheidet sich also von DPN und TPN durch Fehlen des Adenosinrestes.

Nach Untersuchungen von WARBURG und von KARRER an einfacher gebauten Pyridinresten sind die oxydierten Cofermente quaternäre Pyridiniumverbindungen. Schematisch läßt sich die Wechselwirkung zwischen Wasserstoff und den Coenzymen folgendermaßen formulieren:

Prinzipiell kann man also kurz formulieren:

$$DPN^+ \text{ (bzw. } TPN^+) + RH_2 \rightleftharpoons DPN\cdot H \text{ (bzw. } TPN\cdot H) + H^+ + R.$$

In der Tabelle 70 ist eine Reihe der durch die Pyridinenzyme katalysierten Reaktionen zusammengestellt.

Tabelle 70. Spezifität der Pyridincofermente.

DPN-spezifische Reaktionen

α-Glycerophosphat	Dihydroxyacetonphosphat
Glycerin	Glycerinaldehyd
Glucose	Gluconsäure
Milchsäure	Brenztraubensäure
Äthylalkohol	Acetaldehyd
β-Hydroxybuttersäure	Acetessigsäure
L-Äpfelsäure	Oxalessigsäure
TPN · H	TPN⁺
Oestradiol	Oestron

Tabelle 70. (Fortsetzung.)
𝕿𝕻𝕹-spezifische Reaktionen

Glucose-6-phosphat
D-Isocitronensäure
SH-Glutathion
} ⇄ {
6-Phosphogluconsäure
Oxalbernsteinsäure
S—S-Glutathion

Coenzym III-spezifische Reaktion

Cysteinsulfinsäure ⇄ Cysteinsäure

Die Bezeichnung der Transhydrogenasen entspricht der für Transferasen üblichen. Als 𝕯𝕻𝕹·H → Dihydroxyacetonphosphat-transhydrogenase (α-Glycerophosphatdehydrogenase) wird also z. B. das Ferment für die reversible Reduktion von Dihydroxyacetonphosphat zu α-Glycerophosphat bezeichnet, als Glucose → 𝕯𝕻𝕹-transhydrogenase (Glucosedehydrogenase) das Ferment, das Glucose zu Gluconsäure oxydiert.

𝕯𝕻𝕹 und 𝕿𝕻𝕹 kommen im Gewebe immer in großem Überschuß über die Apofermente vor. Dieser große Überschuß macht es verständlich, daß *dasselbe Coferment mit verschiedenen Apofermenten sich vereinigen kann, so daß durch dasselbe Pyridinnucleotid (𝕻𝕹⁺), aber durch verschiedene Fermentproteine eine Oxydoreduktion zwischen zwei verschiedenen Stoffpaaren vermittelt wird*, etwa nach dem folgenden Schema:

$$R_1H_2 + \mathfrak{PN}^+ \underset{}{\overset{\text{Protein}_A}{\rightleftharpoons}} R_1 + \mathfrak{PN}H + H^+$$

$$R_2 + \mathfrak{PN}H + H \underset{}{\overset{\text{Protein}_B}{\rightleftharpoons}} R_2H_2 + \mathfrak{PN}^+.$$

Eine derartige Verknüpfung findet wahrscheinlich bei der Oxydation im Gewebe statt.

Die Verbindungen zwischen Pyridinnucleotiden und Fermentproteinen sind sehr leicht dissoziabel. Es wird daher durch eine relativ geringe Menge eines spezifischen Proteins eine relativ große Menge eines der beiden Cofermente zur Reaktion gebracht. So kann man z. B. nach NEGELEIN durch Zusatz von 0,35 γ eines kristallisierten Fermentproteins zu 0,4 mg 𝕯𝕻𝕹⁺ Alkohol zum Acetaldehyd oxydieren. Das molekulare Verhältnis Coferment: Ferment beträgt dabei etwa 100000:1, und es reagiert in der Minute ein Fermentproteinmolekül mit etwa 18000 Cofermentmolekülen.

d) Andere Oxydasen.

Unter dieser Bezeichnung soll hier eine Anzahl von Fermenten besprochen werden, die ebenso wie Cytochromoxydase Elektronen auf Sauerstoff übertragen, wobei dieser zum zweiwertigen Sauerstoffion reduziert wird, das sich mit zwei Protonen zu Wasser vereinigt. Sie sind ebenso wie die Cytochromoxydase systematisch als aerobe Transelektronasen zu bezeichnen. In ihrer Struktur sind diese Fermente von der Cytochromoxydase verschieden, sie enthalten Kupfer, das fest an das jeweilige Fermentprotein gebunden ist und durch seinen Valenzwechsel ($Cu^+ \rightleftharpoons Cu^{2+}$) die Oxydationen vollzieht. Ihre Wirkungsweise ergibt sich aus folgenden Beispielen:

Tyrosin wird durch Phenoloxydase in ein schwarzes Melanin umgewandelt. Die Wirkung ist allerdings nicht spezifisch auf Tyrosin gerichtet, sondern erstreckt sich auch auf andere Monophenole und einige o-Diphenole. Die chemischen Umsetzungen dabei sind recht verwickelt und zum Teil noch nicht aufgeklärt. Zur Zeit wird der folgende Reaktionsmechanismus angenommen:

(I) Tyrosin   (II) 3.4-Dihydroxyphenyl-alanin (,,Dopa''),   (III) Chinon von (II)

(VI) Dihydroxy-indol   (V) Hallachrom   (IV) 5.6-Dihydroxy-dihydro-indol-2-carbonsäure

(VII) Indol-5.6-chinon   (VIII) Melanin   (IX) Melaninproteid

Das erste sichtbare Zeichen der Farbstoffbildung ist eine rote Substanz (Hallachrom), die dann weiter in das Melanin umgewandelt wird. Lediglich die Bildung dieses roten Farbstoffes ist fermentativ bedingt, das eigentliche Melanin wird spontan ohne Beteiligung von Fermenten gebildet. Die erste Stufe der Reaktion ist die Umwandlung von Tyrosin (I) in Dihydroxy-phenylalanin (II), aus dem durch Dehydrierung an den phenolischen Gruppen zuerst das entsprechende Chinon (III), dann unter Ringschluß und Überführung des freiwerdenden Wasserstoffs an die Chinonsauerstoffe ein hydriertes, phenolisches Indolderivat entsteht (IV). Dieses wird erneut dehydriert und bildet Hallachrom (V). Nach Decarboxylierung unter Wanderung des Wasserstoffs entsteht Dihydroxyindol (VI), das zu Indol-5,6-chinon (VII) oxydiert wird; aus ihm entsteht durch Polymerisation das Melanin (VIII), das sich schließlich mit Eiweiß verbindet (IX).

Das beim oxydativen Abbau des Tyrosins entstehende Dihydroxyphenylalanin (Dopa) hat man für die Muttersubstanz des Pigmentes der Haut gehalten, weil in Lösungen dieser Aminosäure eingelegte frische Hautstückchen sich braun pigmentieren. Ob Pigment in der Haut wirklich auf diesem Wege gebildet wird und ob dabei eine besondere ,,Dopaoxydase'' wirksam ist, ist aber nicht sichergestellt.

Neben der Tyrosinase, die einwertige Phenole, Tyrosin, Adrenalin und andere Stoffe oxydiert, gibt es Polyphenol-oxydasen (*Laccase*), die o- und p-Diphenole oxydieren.

Die Phenoloxydasen sind besonders in Pflanzen weit verbreitet. Auf sie geht z. B. die Schwarzfärbung mancher längere Zeit lagernder oder gestoßener Früchte zurück. Die Entwicklung dieser Verfärbung wird in den frischen Früchten wahrscheinlich zunächst verhindert durch die Ascorbinsäure, die als reversibles Redox-System die entstehenden Chinone immer wieder in Phenole zurückverwandelt.

Die Phenoloxydasen sind Kupferproteide. Ein Kupferproteid ist auch die *Ascorbinsäureoxydase*, die in Pflanzen weit verbreitet vorkommt und Ascorbinsäure zu Dehydroascorbinsäure (Formeln s. S. 212) dehydriert. Ferner ist erst kürzlich erkannt worden, daß auch die *Uricase* (s. S. 490f.) ein Kupferproteid ist.

e) Peroxydasen und Katalasen.

Zum Abschluß der Besprechung der Oxydationsfermente müssen noch zwei Fermentgruppen von spezifischer Wirkung aufgeführt werden, die ebenso wie das sauerstoffübertragende Ferment der Atmung häminhaltig sind: die *Peroxydasen* und die *Katalasen*.

Die *Peroxydase*wirkung erstreckt sich im wesentlichen auf aromatische Stoffe, aus denen durch Dehydrierung Chinone gebildet werden können. Der dabei mobilisierte Wasserstoff wird auf Sauerstoff übertragen, den die Peroxydasen aus Peroxyden in Freiheit setzen. Auch Hämoglobin hat eine peroxydatische Wirkung.

Man macht von ihr z. B. Gebrauch beim Nachweis der unter pathologischen Verhältnissen auftretenden Ausscheidung von rotem Blutfarbstoff im Harn. Benzidin oder Guajac-Harz werden in Gegenwart eines Peroxyds (H_2O_2 oder verharztes Terpentinöl) durch Hämoglobin zu einem grünen bzw. blauen Farbstoff oxydiert.

Die Wirkung der eigentlichen Peroxydasen ist derjenigen des Hämoglobins weit überlegen. Außerdem ist die katalytische Eigenschaft des Hämoglobins thermostabil, also keine Fermentwirkung; man spricht daher auch von einer *pseudoperoxydatischen Wirkung*. Kristallisierte Peroxydase hat ein Molekulargewicht von 44100 und enthält 1,36% Hämin, das wahrscheinlich mit dem Bluthämin identisch ist. Die Lichtabsorptionskurve ähnelt der von Methämoglobin. Für die hohe spezifische Wirkung des Peroxydasehämins — es ist etwa eine millionmal wirksamer als freies Hämin — ist daher wohl ein spezifischer Träger der Wirkungsgruppe verantwortlich zu machen.

Peroxydasen finden sich vor allem in pflanzlichen Zellen, jedoch sind auch tierische Peroxydasen (in Leukocyten, Milch, Nebenniere) bekannt. Die Leukocyten und die Milchperoxydasen (Myelo- bzw. Lacto-peroxydase) enthalten grünliche Hämine von noch nicht bekannter Konstitution.

Die Bedeutung der Peroxydasen für den Stoffwechsel ist noch unklar. Es liegen Anhaltspunkte dafür vor, daß sie in niederen Zellen, die bei der Atmung in Sauerstoff Wasserstoffsuperoxyd bilden, dieses zerlegen und den Sauerstoff auf oxydable Stoffe übertragen können.

Eine spezifische Peroxydase ist die L-*Tryptophan-peroxydase*, unter deren Mitwirkung Tryptophan zu Kynurenin abgebaut wird. Es handelt sich eigentlich um ein L-Tryptophan-oxydase-system. Die Peroxydase bewirkt den ersten Oxydationsschritt zu einem Produkt noch unbekannter Konstitution, das durch zwei weitere Fermente in Kynurenin überführt wird. Über den Tryptophanabbau s. S. 484ff.

Die Wirkung der *Katalase*, Zerlegung von Wasserstoffsuperoxyd in Wasser und in Sauerstoff, ist schon früher erwähnt worden (s. S. 124). Ihre physiologische Bedeutung könnte bei niederen Organismen derjenigen der Peroxydase entsprechen. Aber auch in fast allen Zellen von pflanzlichen und tierischen Organismen kommt das Ferment vor, besonders reichlich im Blut und in der Leber der Wirbeltiere. Wozu es in aerob lebenden Zellen dient, ist noch nicht sicher bekannt, da ja keine Anhaltspunkte dafür vorliegen, daß bei der physiologischen Atmung Wasserstoffsuperoxyd gebildet wird. BINGOLD hat gefunden, daß in Abwesenheit von Katalase Hämoglobin durch Wasserstoffsuperoxyd rasch in Pentdyopent (s. S. 122) verwandelt wird; er nimmt daher an, daß Katalase den Blutfarbstoff gegen eine derartige Umwandlung durch etwa entstehendes Wasserstoffsuperoxyd schützt.

Auch Katalase ist ähnlich wie Peroxydase ein Häminderivat, und zwar ist ihre wirksame Gruppe anscheinend ebenfalls mit dem Bluthämin identisch (ZEILE). Sie ist mit einem Eiweißkörper vereinigt, dessen Molekulargewicht etwa 250000 beträgt (SUMNER). Normales Bluthämin hat auch geringe katalatische Wirkung, sie steht aber größenordnungsmäßig zur Wirkung der Katalase im gleichen Verhältnis wie seine peroxydatische Wirkung zur Aktivität der Peroxydase.

γ) Die Reaktionskette bei der biologischen Oxydation (Atmungskette).

Aus den voranstehenden Darlegungen ergibt sich, daß an der biologischen Oxydation zwei Grundreaktionen beteiligt sind. Durch die eine wird Wasserstoff von dem Substrat auf zu seiner Aufnahme geeignete Acceptoren übertragen, durch die andere gehen Elektronen auf den Sauerstoff über. Diese Elektronen können nur vom Wasserstoff abgegeben worden sein ($H \rightarrow H^+ + e$), indem sich das Elektron vom Proton trennt. Dann könnten sich ohne Mitwirkung von Fermenten die Protonen spontan mit O^{2-} zu Wasser vereinigen, womit das Ziel der Oxydation erreicht wäre.

An Fermenten, die an diesen Vorgängen, die in ihrer Gesamtheit die sog. *Atmungskette* ausmachen, beteiligt sind, wurden erkannt die Cytochrome, die Flavinenzyme und die Pyridinenzyme. Es ist nunmehr zu versuchen, die einzelnen Glieder der Atmungskette in der rechten Folge aneinanderzureihen und den Weg des Wasserstoffs bzw. der Elektronen durch die Atmungskette zu verfolgen. Betrachten wir die Reaktionsfolge ausgehend vom Sauerstoff, so werden auf ihn Elektronen durch das Atmungsferment (Cytochromoxydase) übertragen. Die Cytochromoxydase übernimmt die Elektronen vom Cytochrom c. Früher hat man angenommen, daß an der Elektronenübertragung außer Cytochromoxydase und Cytochrom c auch die Cytochrome a und b beteiligt sind und daß die Elektronen eine Kette

$$\text{Cytochrom b} \rightarrow \text{Cytochrom c} \rightarrow \text{Cytochrom a} \rightarrow \text{Atmungsferment} \rightarrow O_2$$

durchlaufen. Die Elektronen würden also in diesem Cytochromsystem eine Kette von 4 Cytochromen passieren, wobei sie immer von Fe^{2+} des einen an Fe^{3+} des nächsten Cytochroms der Kette und schließlich vom Atmungsferment an Sauerstoff abgegeben würden. Die Cytochrome unterscheiden sich vom Atmungsferment prinzipiell dadurch, daß in ihnen das Hämineisen nicht direkt mit Sauerstoff reagieren, sondern Elektronen nur von dem an die wasserstoffübertragenden Fermente gebundenen Wasserstoff oder von anderen Cytochromen aufnehmen bzw. an sie abgeben kann.

Im Lichte neuerer Untersuchungen und kritischer Überprüfung früherer Befunde und ihrer Deutungen muß zum mindesten an der allgemeinen Gültigkeit dieses Schemas der Elektronenübertragung gezweifelt werden, wenn sie nicht überhaupt völlig aufgegeben werden muß. Mit Sicherheit läßt sich heute nur sagen, daß die Cytochromoxydase, die möglicherweise mit Cytochrom a (oder a_3) identisch ist, Elektronen auf Sauerstoff überträgt und diese Elektronen vom Cytochrom c übernimmt. Es wird angenommen, wenn dies auch nicht schlüssig bewiesen ist, daß Cytochrom b als Elektronenüberträger zwischen Succinodehydrogenase und Cytochrom c eingeschaltet ist. Auch Cytochrom c_1 gehört möglicherweise zum Succinoxydase-System (s. S. 350). Cytochrom b_5 aus Mikrosomen oxydiert DPN · H und TPN · H und gehört vielleicht zum Cytochrom c-reduktase-System.

Der normale Weg des Elektronentransportes wäre also

$$\text{Cytochrom c} \rightarrow \text{Cytochromoxydase} \rightarrow O_2.$$

Die voranstehenden Bemerkungen über die mutmaßliche Rolle anderer Cytochrome zeigen, daß es offenbar verschiedene Wege in und durch die Atmungskette gibt. Hierauf wird noch einzugehen sein. Die Frage ist zunächst, woher Cytochrom c die Elektronen erhält. Hier scheint festzustehen, daß die normalen Elektronendonatoren für Cytochrom c 2 Flavinenzyme sind, die man, da sie Cytochrom c reduzieren, als DPN · H- und

TPN · H-Cytochrom c-reduktasen bezeichnet. Elektronendonatoren für die Cytochrom c-reduktasen sind die DPN- bzw. TPN-transhydrogenasen. Somit läßt sich für die Verknüpfung der verschiedenen an der Atmungskette beteiligten Fermentsysteme für den Hauptweg der Zellatmung das folgende Schema aufstellen.

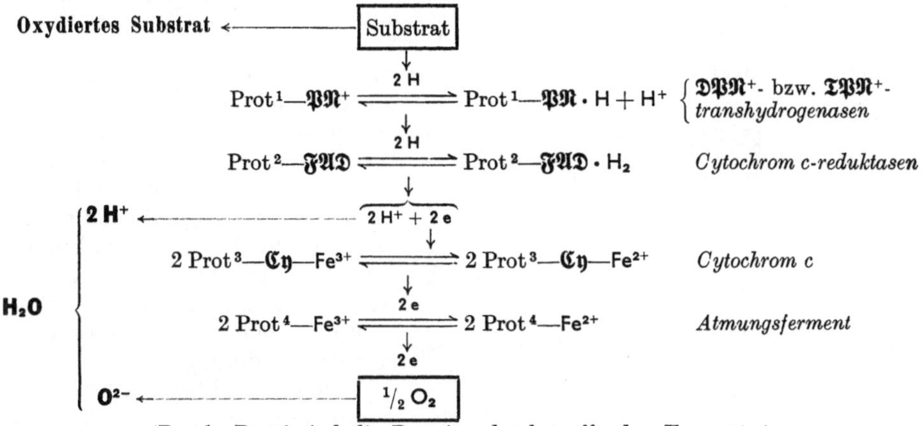

$$
\begin{array}{l}
\textbf{Oxydiertes Substrat} \longleftarrow \boxed{\text{Substrat}} \\[2pt]
\qquad\qquad \downarrow 2\,\text{H} \\
\text{Prot}^1\!-\!PN^+ \rightleftharpoons \text{Prot}^1\!-\!PN\cdot H + H^+ \quad \left\{ \begin{array}{l}\text{DPN}^+\text{- bzw. TPN}^+\text{-}\\ \textit{transhydrogenasen}\end{array}\right. \\[2pt]
\qquad\qquad \downarrow 2\,\text{H} \\
\text{Prot}^2\!-\!FAD \rightleftharpoons \text{Prot}^2\!-\!FAD\cdot H_2 \qquad\qquad \textit{Cytochrom c-reduktasen} \\[2pt]
2\,H^+ \longleftarrow \quad \overset{\;}{2\,H^+ + 2\,e} \\
\qquad\qquad \downarrow \\
2\,\text{Prot}^3\!-\!Cy\!-\!Fe^{3+} \rightleftharpoons 2\,\text{Prot}^3\!-\!Cy\!-\!Fe^{2+} \qquad \textit{Cytochrom c} \\[2pt]
\qquad\qquad \downarrow 2\,e \\
2\,\text{Prot}^4\!-\!Fe^{3+} \rightleftharpoons 2\,\text{Prot}^4\!-\!Fe^{2+} \qquad\qquad \textit{Atmungsferment} \\[2pt]
\qquad\qquad \downarrow 2\,e \\
O^{2-} \longleftarrow \boxed{\tfrac{1}{2}\,O_2}
\end{array}
$$

(Prot¹—Prot⁴ sind die Proteine der betreffenden Fermente.)

Es reduziert also der aus dem Substrat abgespaltene und von Transhydrogenasen und Flavinenzymen weitergereichte Wasserstoff schließlich das Hämineisen des Cytochroms. Dabei wird er zum Proton und kann sich mit dem Sauerstoff, der durch das Atmungsferment zum Ion reduziert wurde, zu Wasser vereinigen.

Das Schema läßt erkennen, daß den Flavinenzymen und dem Cytochrom c eine zentrale Stelle eingeräumt werden muß, da hier Protonen und Elektronen voneinander getrennt werden.

In dem oben stehenden Schema ist, wie schon gesagt, der Hauptweg der Atmung schematisch wiedergegeben. Es ist aber im voranstehenden, besonders bei der Einzelbesprechung der an der biologischen Oxydation beteiligten Fermente, an manchen Stellen auf Reaktionen hingewiesen worden, in denen Elektronen offenbar auf abweichenden Wegen transportiert werden können. Insbesondere manche der S. 341ff. besprochenen Metallflavoproteide können wohl direkt mit Cytochrom c reagieren und auch das Bernsteinsäure oxydierende System schlägt offenbar einen eigenen Weg ein, so daß das oben wiedergegebene Schema offenbar einer Ergänzung bedarf. Diejenigen Wege des Elektronentransportes, die heute mit einiger Sicherheit bewiesen sind, stellt das nachfolgende Schema zusammen:

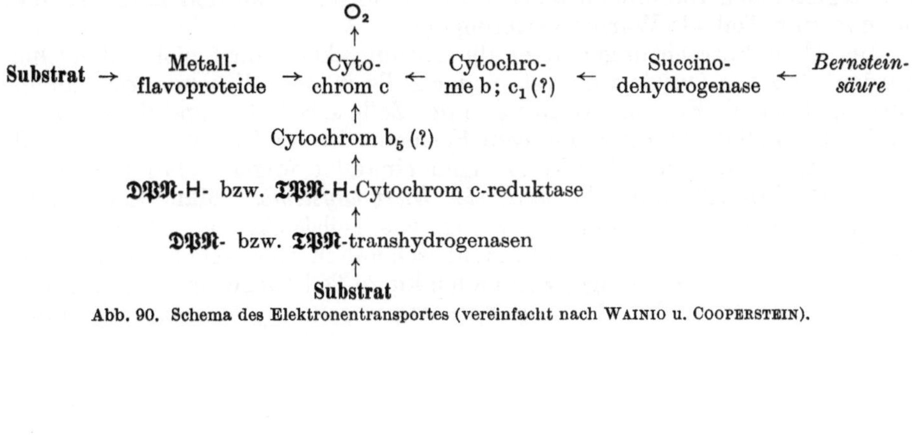

$$
\begin{array}{c}
O_2 \\
\uparrow \\
\textbf{Substrat} \to \begin{array}{c}\text{Metall-}\\ \text{flavoproteide}\end{array} \to \begin{array}{c}\text{Cyto-}\\ \text{chrom c}\end{array} \leftarrow \begin{array}{c}\text{Cytochro-}\\ \text{me b; c}_1\,(?)\end{array} \leftarrow \begin{array}{c}\text{Succino-}\\ \text{dehydrogenase}\end{array} \leftarrow \begin{array}{c}\textit{Bernstein-}\\ \textit{säure}\end{array} \\
\uparrow \\
\text{Cytochrom b}_5\,(?) \\
\uparrow \\
\text{DPN-H- bzw. TPN-H-Cytochrom c-reduktase} \\
\uparrow \\
\text{DPN- bzw. TPN-transhydrogenasen} \\
\uparrow \\
\textbf{Substrat}
\end{array}
$$

Abb. 90. Schema des Elektronentransportes (vereinfacht nach WAINIO u. COOPERSTEIN).

Darüber hinaus sind für zahlreiche Oxydationsketten besondere Schemata entworfen worden. Dies gilt besonders für die Metallflavoproteide (s. S. 341 ff.). Es sei auch auf die Acyl-CoA-dehydrogenasen hingewiesen, die Elektronen, bevor diese auf Cytochrom c übertragen werden, zunächst an ein zweites Flavinenzym abgeben, ferner auf die Aldehydoxydasen, die Cytochrom b, den Succinodehydrogenasekomplex, der Häm-Eisen enthält, sowie auf den DPN · H-oxydierenden Enzymkomplex, in dem die Cytochrome a, b und c_1 vorkommen. Bei einem Arbeitsgebiet, das sich im Augenblick so sehr in Bearbeitung befindet wie das vorliegende und auf dem experimentell nicht immer ausreichend fundierte Arbeitshypothesen einen so breiten Raum einnehmen, erscheint es aber verfrüht, auf die vorgeschlagenen Hypothesen einzugehen oder sie im einzelnen wiederzugeben.

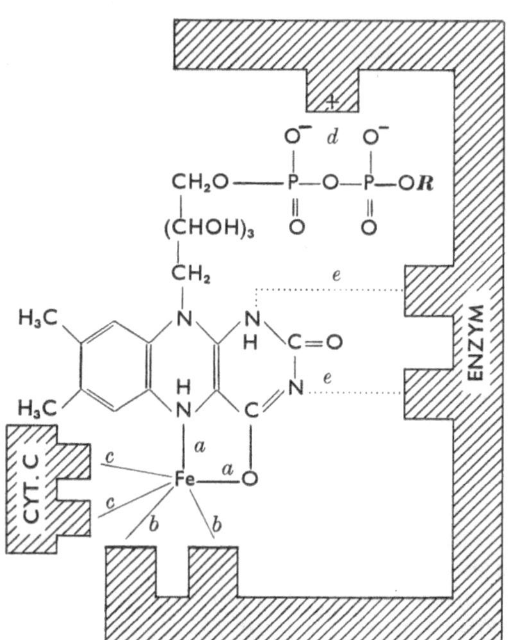

Abb. 91. Schematischer Aufbau der DPN · H-Cytochrom c-reduktase. Die Flavingruppe ist in der reduzierten Form angenommen, das Eisen hat die Koordinationszahl 6. Je 2 Koordinations-Bindungen gehen zum Flavin (a), zum Apoferment (b) und zum Cytochrom (c). Flavin und Apoferment werden weiterhin durch Ionenbindungen (d) und zusätzliche Koordinations-Bindungen (e) zusammengehalten.

Den Grund für die Existenz einer derartig langen Reaktionskette wie der Atmungskette für die Bildung des Wassers wird man im folgenden sehen können: bei der Oxydation von 1 Mol H_2 durch $^1/_2$ Mol O_2 zu flüssigem H_2O wird eine Energiemenge von 68,4 kcal frei. Bei der chemischen Oxydation tritt diese schlagartig auf und wird als Wärme freigesetzt. Daran hat der lebendige Organismus kein Interesse, im Gegenteil, diese Art der Energieentspannung wäre für ihn äußerst nachteilig. Durch die außerordentlich lange Reaktionskette bei der biologischen Oxydation wird deshalb der zeitliche Verlauf der Oxydation verzögert, indem die Energieentspannung über eine so große Zahl von Reaktionsgliedern verteilt wird, daß die freiwerdende Energie für die Zelleistungen nutzbar gemacht bzw. wieder in energiereichen Bindungen (s. S. 402 f.) gespeichert werden kann, so daß sie nur zum Teil als Wärme verlorengeht.

Bei allen Betrachtungen über die Atmungskette darf nicht übersehen werden, daß das Oxydationssystem der Zelle in den Mitochondrien lokalisiert ist (über die Enzymverteilung in der Zelle s. S. 501 f.) und daß in ihnen die für die Zellatmung notwendigen Fermente in der Reihenfolge angeordnet sein müssen, in der ihre Wirkungen einander folgen. Man bezeichnet solche Reaktionsketten als *multiple Enzymsysteme*. Man hat erfolgreiche Versuche unternommen, wenigstens Teilstücke der Atmungskette aus Mitochondrien zu gewinnen. Wahrscheinlich sind schon manche der Metallflavoproteide derartige, wenn auch kurze Teilstücke der Atmungskette oder sie vermitteln die Bindung von Atmungskatalysatoren aneinander.

MAHLER hat z. B. das in der Abb. 91 wiedergegebene Schema für den Aufbau der DPN·H-Cytochrom c-reduktase entworfen.

Durch das Eisenatom werden also ein gelbes Ferment und ein Cytochrom zu einer strukturellen und wahrscheinlich funktionellen Einheit verbunden. Es liegt nahe anzunehmen, wenn das auch noch nicht bewiesen ist, daß in dem bei den Metallproteiden beschriebenen DPN-H-oxydierenden Enzymsystem aus Mitochondrien (electron transfer particles ETP, s. S. 342) alle für die Oxydation von DPN-H und von Succinat erforderlichen Fermente in der richtigen Reihenfolge zu einer strukturellen und funktionellen Einheit verbunden sind, in ETP also ein Riesenmolekül vorliegt. Bei einem derartigen strukturgegebenen Zusammenhang der Teilfermente würden dann die Elektronen kontinuierlich weitergeleitet werden, also nicht gewissermaßen von einem Ferment auf das nächste „überspringen". Für eine solche Elektronenfortleitung kommen dann wahrscheinlich die Peptidketten der Fermentproteine in Betracht, für die man sich das folgende Resonanzsystem vorstellen kann:

$$-\overset{}{C}-\overset{\underset{\|}{O}}{C}-\overset{\underset{|}{H}}{N}-C- \qquad\qquad -\overset{}{C}-\overset{\underset{|}{O^{\ominus}}}{C}=\overset{\underset{|}{H}}{N^{\oplus}}-C-$$

Wieweit die Metalle in den Metallflavoproteiden an der Elektronenleitung beteiligt sind, läßt sich noch nicht übersehen, die Annahme, daß sie es sind, liegt nahe, weil sie alle in verschiedenen Wertigkeitsstufen vorkommen können. Das Eisenatom im Cytochrom c kann übrigens wegen der Struktur dieser Verbindung sicherlich Elektronen nur durch Fortleitung über andere Teile des Moleküls, wahrscheinlich also über die Peptidketten aufnehmen oder abgeben, da räumliche Modelle des Cytochroms c zeigen, daß das Eisenatom in der „Tiefe" des Moleküls verborgen liegt, also für die Elektronen nicht unmittelbar zugänglich ist. So läßt sich abschließend über die Atmungskette sagen, daß die ihr zugrunde liegenden Reaktionen zwar übersehbar sind, daß aber die Aufklärung des feineren Reaktionsmechanismus noch aussteht, und daß diese Kette wahrscheinlich noch zu ergänzen sein wird. Nach MARTIUS hat man eine Beteiligung der Vitamine K (Phyllochinone) und E (Tokopherole) an der Atmungskette anzunehmen, wobei diese Vitamine zwischen Flavoprotein und Cytochromsystem eingeschaltet sein sollen. Sie wirken anscheinend bei der sog. *Atmungskettenphosphorylierung* mit, einer Reaktion, die zur Bildung von energiereichen Phosphatbindungen führt. Auf diese Weise kann ein Teil der durch die Oxydationen in den Zellen frei werdenden Energie vorübergehend und in einer Form festgehalten werden, die ihre Ausnutzung für vielerlei Zellleistungen ermöglicht. Näheres über die energiereiche Phosphatbindung und die Atmungskettenphosphorylierung s. S. 402ff.

3. Hilfsfermente der biologischen Oxydation.

Die Übersicht über die Fermente, die in Tabelle 50, S. 284—287 gegeben ist, enthält außer den bisher behandelten noch zwei weitere Hauptklassen, die der *Lyasen* und *Syntheasen* und die der *Isomerasen* und *Racemasen*, beide mit mehreren Untergruppen, die hier nur teilweise behandelt werden sollen. Viele dieser Fermente katalysieren Reaktionen, durch die Substanzen so umgeformt werden, daß sie dem Angriff anderer Fermente, vor allem denjenigen der Oxydoreduktion überhaupt erst oder wieder zugänglich gemacht werden oder sie lösen Reaktionen aus, die von besonderer Art sind oder besonders gebaute Substrate betreffen.

α) *Carboxylasen und Decarboxylasen.*

Die Carboxylasen, die für die Durchführung des oxydativen Endabbaues unerläßlich sind, spalten aus Ketosäuren und aus Aminosäuren die Carboxylgruppe ab. Das gesamte im Körper freigesetzte und von ihm mit der Atemluft abgegebene CO_2 verdankt der Tätigkeit dieser Fermente seine Bildung. Die für die Decarboxylierung von Fettsäuren und von Aminosäuren verantwortlichen Fermente sind nicht identisch, vielmehr sind Ketosäuredecarboxylasen und Aminosäuredecarboxylasen zu unterscheiden. Die Reaktion läßt sich allgemein formulieren als

$$R\!-\!COOH \rightarrow R\!-\!H + CO_2.$$

Jedoch ist zu beachten, daß eine Reihe dieser Reaktionen reversibel ist, daß also Kohlendioxyd auch angelagert werden kann (Carboxylierung, s. z. B. S. 355). Ein großer Teil der bekannten Decarboxylasen ist bisher nur in Bakterien aufgefunden worden; auf diese bakteriellen Fermente soll hier nicht eingegangen werden.

Ketosäuredecarboxylasen. Sie sind die für die biologische Oxydation bedeutsameren Fermente. Es gibt α- und β-Ketosäuredecarboxylasen sowie Fermente, die gleichzeitig oxydieren und decarboxylieren (oxydative Decarboxylierung).

α-Ketocarboxylasen verwandeln die Ketosäuren in die um 1 C-Atom ärmeren Aldehyde:

$$R\!-\!CO\!-\!COOH \longrightarrow R\!-\!C{\overset{\displaystyle O}{\underset{\displaystyle H}{<}}} + CO_2.$$

Das bekannteste dieser Fermente ist die *Pyruvat-decarboxylase*, die nach

$$H_3C\!-\!CO\!-\!COOH \longrightarrow H_3C\!-\!C{\overset{\displaystyle O}{\underset{\displaystyle H}{<}}} + CO_2$$

Brenztraubensäure   Acetaldehyd

Brenztraubensäure in Acetaldehyd und Kohlendioxyd spaltet. Diese Reaktion ist ein Teilprozeß der alkoholischen Gärung (s. S. 417). Coferment der Pyruvat-decarboxylase und auch der anderen Ketosäuredecarboxylasen ist das Thiamin-pyrophosphat (TPP, s. S. 196).

Die β-Ketosäuredecarboxylasen decarboxylieren β-Ketosäuren:

$$R\!-\!CO\!-\!CH_2\!-\!COOH \longrightarrow R\!-\!CO\!-\!CH_3 + CO_2$$

Beispiel:

$$HOOC\!-\!CO\!-\!CH_2\!-\!COOH \longrightarrow HOOC\!-\!CO\!-\!CH_3 + CO_2.$$

Oxalessigsäure   Brenztraubensäure

Ein erheblicher Teil der Decarboxylierungen verläuft unter gleichzeitiger Oxydation. Für die *oxydative Decarboxylierung der Brenztraubensäure* ist ein kompliziert zusammengesetztes Fermentsystem erforderlich, dessen Komponenten Diphosphopyridinnucleotid (DPN), Thiaminpyrophosphat (TPP), Coenzym A (CoA, s. S. 321f.) und die erst seit wenigen Jahren bekannte Liponsäure sind.

α-Liponsäure, die in der Natur in der (+)-Form vorkommt, ist ein cyclisches Disulfid der Caprylsäure von der durch Synthese bestätigten Formel

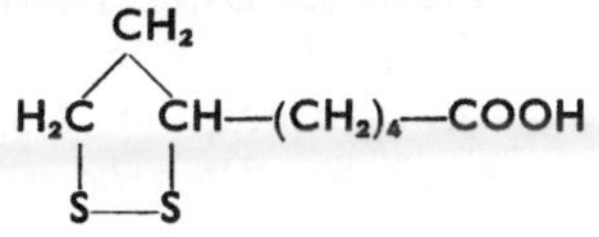

$$
\begin{array}{c}
CH_2 \\
H_2C \quad CH-(CH_2)_4-COOH \\
| \qquad | \\
S-S
\end{array}
$$

α-Liponsäure (lipoic acid)

Für ihre Wirkung hat man den durch die folgenden Formeln gekennzeichneten Reaktionsmechanismus vorgeschlagen, der zwar wahrscheinlich, aber nicht in allen Teilen bewiesen ist. Die Gesamtreaktion besteht also aus 4 Schritten. In I wird, möglicherweise unter Bildung eines Thiaminpyrophosphat-Aldehydkomplexes die Brenztraubensäure decarboxyliert. In II geht unter Wiederfreisetzung von TPP der Aldehydrest auf Liponsäure

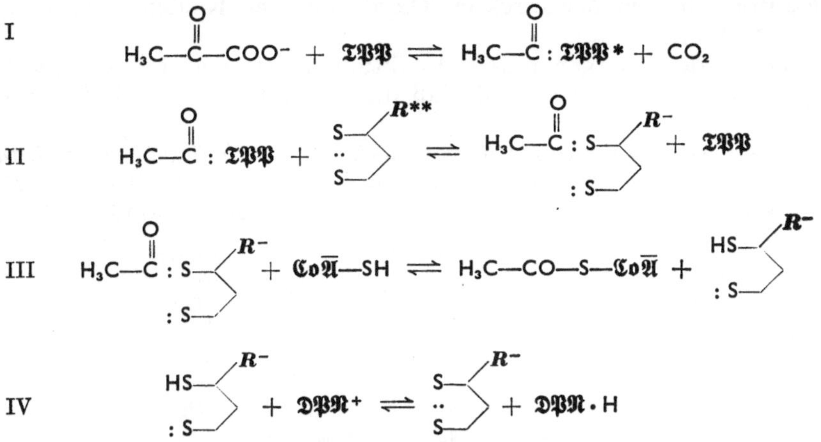

$$
\text{I} \qquad H_3C-\overset{O}{\underset{\|}{C}}-COO^- + TPP \rightleftharpoons H_3C-\overset{O}{\underset{\|}{C}}:TPP* + CO_2
$$

$$
\text{II} \qquad H_3C-\overset{O}{\underset{\|}{C}}:TPP + \begin{array}{c} S-\!\!\diagup^{R**} \\ S \end{array} \rightleftharpoons H_3C-\overset{O}{\underset{\|}{C}}:S-\!\!\diagup^{R^-} + TPP \\ \qquad\qquad\qquad\qquad\qquad\qquad\qquad : S-
$$

$$
\text{III} \qquad H_3C-\overset{O}{\underset{\|}{C}}:S-\!\!\diagup^{R^-} + CoA-SH \rightleftharpoons H_3C-CO-S-CoA + \begin{array}{c} HS-\!\!\diagup^{R^-} \\ : S- \end{array} \\ \qquad\qquad\quad : S-
$$

$$
\text{IV} \qquad \begin{array}{c} HS-\!\!\diagup^{R^-} \\ : S- \end{array} + DPN^+ \rightleftharpoons \begin{array}{c} S-\!\!\diagup^{R^-} \\ S \end{array} + DPN\cdot H
$$

über, wobei er gleichzeitig zur Acetylgruppe oxydiert und thioesterartig mit einer der gebildeten SH-Gruppen verknüpft wird. In III wird der Acetylrest auf Coenzym A durch Liponsäure-transacetylase übertragen. Schließlich wird auf Stufe IV Wasserstoff von α-Hydroliponsäure auf DPN⁺ übertragen.

In der Summe der Reaktionen I—IV ergibt sich:

$$
\text{Pyruvat} + DPN^+ + CoA-SH \xrightleftharpoons[\text{Liponsäure}]{TPP;\ Mg^{2+}} \text{Acetyl}-S-CoA + DPN\cdot H + CO_2
$$

Die Annahme, daß sich TPP und Liponsäure zu Lipothiaminpyrophosphat (LTPP) verbinden, ist bisher Hypothese. Über das weitere Schicksal von Acetyl-Coenzym A s. S. 424 ff.

Die **oxydative Decarboxylierung der α-Ketoglutarsäure** ist wegen der besonderen Stellung dieser Säure im intermediären Stoffwechsel recht bedeutsam. Ihre Rolle bei Transaminierungen wurde schon früher behandelt (s. S. 328 f.), sie wird auch S. 465 nochmals berührt. Ihre oxydative Decarboxylierung im Citronensäurecyclus ist mit der Bildung energiereicher Phosphatbindungen durch Substratphosphorylierung (s. S. 403) verbunden. Die Reaktion läßt sich entsprechend formulieren als

$$
\text{α-Ketoglutarat} + DPN^+ + CoA-SH \rightarrow \text{Succinyl}-S-CoA + DPN\cdot H + H^+ + CO_2
$$

---

* : bedeutet 2 Elektronen.
** **R** = $(CH_2)_4-COOH$

Es wird angenommen, daß die Reaktion sich nicht nur analog der oxydativen Decarboxylierung der Brenztraubensäure formulieren läßt, sondern ebenso wie diese in 4 Stufen verläuft. Über Reaktionen, an denen Succinyl-S-CoA beteiligt ist, s. S. 427f. und 446f. Succinyl-CoA spielt offenbar auch eine wesentliche Rolle beim Aufbau von Porphyrinen (s. S. 498).

Weitere mit Oxydation verbundene Decarboxylierungen betreffen die Reaktion

$$\text{Isocitronensäure} \rightleftharpoons \text{Oxalbernsteinsäure} \rightleftharpoons \alpha\text{-Ketoglutarsäure,}$$

die im Citronensäurecyclus abläuft, die Reaktion

$$\text{Äpfelsäure} + \text{TPN}^+ \xrightarrow{\ \text{Mn}^{2+}\ } \text{Brenztraubensäure} + CO_2 + \text{TPN} \cdot H + H^+,$$

und die Reaktion

$$\text{6-Phosphogluconsäure} + \text{TPN}^+ \rightarrow \text{Ribulose-5-phosphat} + CO_2 + \text{TPN} \cdot H + H^+$$

eine Reaktion, die bei der direkten Oxydation der Kohlenhydrate vorkommt (s. S. 428).

Bei den beiden erstgenannten Reaktionen ist von hervorragender Bedeutung, daß sie reversibel sind, daß durch sie also CO_2 fixiert werden kann.

Oxydative Decarboxylierung von D-Isocitronensäure zu α-Ketoglutarsäure: D-Isocitronensäure entsteht im Citronensäurecyclus (s. S. 425). Nach der folgenden Formulierung handelt es sich um 2 Reaktionsschritte

$$
\begin{array}{ccccc}
\text{COOH} & & \text{COOH} & & \text{COOH} \\
| & & | & & | \\
\text{CHOH} & & \text{CO} & & \text{CO} \\
| & -2\,H & | & -CO_2 & | \\
\text{H} \cdot \text{C} \cdot \text{COOH} & \underset{+2\,H}{\rightleftharpoons} & \text{H} \cdot \text{C} \cdot \text{COOH} & \underset{+CO_2}{\rightleftharpoons} & \text{CH}_2 \\
| & & | & & | \\
\text{CH}_2 & & \text{CH}_2 & & \text{CH}_2 \\
| & & | & & | \\
\text{COOH} & & \text{COOH} & & \text{COOH}
\end{array}
$$

(Näheres s. S. 426). Für die Reaktion hat sich eine Koppelung mit der Oxydation von Glucose-6-phosphat nachweisen lassen, welche die folgenden Formulierungen zeigen:

$$\text{Glucose-6-phosphat} + \text{TPN}^+ \rightleftharpoons \text{6-Phosphogluconsäure} + \text{TPN} \cdot H + H^+$$

$$\alpha\text{-Ketoglutarsäure} + \text{TPN} \cdot H + H^+ + CO_2 \xrightarrow{\ \text{Mn}^{2+}\ } \text{D-Isocitronensäure} + \text{TPN}^+$$

und in der Summe

$$\text{Glucose-6-phosphat} + \alpha\text{-Ketoglutarsäure} + CO_2 \; \underset{\text{TPN}^+}{\overset{\text{Mn}^{2+}}{\rightleftharpoons}}$$

$$\text{D-Isocitronensäure} + \text{6-Phosphogluconsäure.}$$

Die Reaktionsfolge ist ein interessantes Beispiel für die Verknüpfung zweier Reaktionen durch dasselbe Coferment. Im Wesen liegt eine Oxydoreduktion vor: Glucose-6-phosphat wird zu 6-Phosphogluconsäure oxydiert, α-Ketoglutarsäure zu D-Isocitronensäure reduziert.

Von einer ganz besonderen Bedeutung ist aber die Umkehr der oben an zweiter Stelle angeführten **oxydativen Decarboxylierung von Äpfelsäure zu Brenztraubensäure.** Der für sie verantwortliche Enzymkomplex wird als *malic enzyme* bezeichnet. Die Reaktionsgleichung ist

$$\text{HOOC—CH}_2\text{—CHOH—COOH} + \text{TPN}^+ \xrightarrow{\ \text{Mn}^{2+}\ } H_3\text{C—CO—COOH} + CO_2 + \text{TPN} \cdot H + H^+$$

Bemerkenswert ist, daß auch Oxalessigsäure durch malic enzyme (Äpfelsäureenzym) zu Brenztraubensäure decarboxyliert werden kann. Da Äpfelsäure und Oxalessigsäure nach

$$HOOC-CH_2-CHOH-COOH \rightleftharpoons HOOC-CH_2-CO-COOH$$

leicht ineinander übergehen können, kann durch diese Reaktionsfolge Oxalessigsäure aus Brenztraubensäure entstehen, ein Befund, der 1938 erstmals von WOOD u. WERKMAN erhoben wurde. Die prinzipielle Bedeutung dieser Reaktion besteht darin, daß die Fixierung von Kohlendioxyd, die bisher als spezifisch für Pflanzen angesehen wurde, auch in tierischen Geweben möglich ist. Auch diese Reaktion ist wie die oxydative Decarboxylierung der D-Isocitronensäure mit der durch TPN$^+$ bedingten Oxydation von Glucose-6-phosphat zu 6-Phosphogluconsäure verbunden.

Aminosäuredecarboxylasen. Diese Fermente spielen vor allem im Stoffwechsel von Bakterien und Pflanzen eine wichtige Rolle bei der Entstehung der biogenen Amine aus L-Aminosäuren:

$$R-CH(NH_2)-COOH \longrightarrow R-CH_2NH_2 + CO_2$$

Im tierischen Organismus sind bisher Decarboxylasen für die Aminosäuren Histidin, Tyrosin, Dihydroxyphenylalanin, Tryptophan, Cysteinsäure und Phenylalanin bekannt geworden. Auch sie sind zusammengesetzte Fermente. Das Coferment ist Pyridoxal-5-phosphat (s. S. 203f.).

β) Triosephosphatlyasen.

Aus dieser Gruppe soll nur das Ferment erwähnt werden, das Fructosediphosphat (FDP) in Triosephosphat zerlegt und daher als *FDP-Triosephosphat-lyase* bezeichnet werden muß, besser aber unter dem Namen *Aldolase* oder *Zymohexase* bekannt ist. Über seine Wirkung wird S. 414 und S. 420 berichtet.

γ) Hydratasen und Dehydratasen.

An späterer Stelle wird gezeigt werden, daß Wasserabspaltungen oder -aufnahmen nach

$$R\!\!\begin{array}{c} OH \\ H \end{array} \rightleftharpoons R + H_2O$$

wichtige Teilreaktionen in Abbauketten sind. Über eine D-2-*Phosphoglycerat-dehydratase (Enolase)* wird S. 421 berichtet. *Fumarat-hydratase (Fumarase)* ist das Ferment für eine Teilreaktion des Citronensäurecyclus,

H—C—COOH
‖   + H₂O ⇌   H—C—COOH (OH)
HOOC—C—H   HOOC—C—H
      H

Fumarsäure   L-Äpfelsäure

das das Gleichgewicht Äpfelsäure ⇌ Fumarsäure katalysiert (s. S. 427). Eine ähnliche Funktion im Citronensäurecyclus hat die *Aconitat-hydratase (Aconitase)*, durch die die Umwandlung

$$Citronensäure \rightleftharpoons cis\text{-}Aconitsäure \rightleftharpoons D\text{-}iso\ Citronensäure$$

bewirkt wird (Formulierung s. Abb. 109, S. 426). Und schließlich weist noch eine dritte Fermentgruppe einen verwandten Reaktionstyp auf, die Reaktionen der Art

$$\beta\text{-Hydroxyacyl-CoA} \rightleftharpoons \text{ungesättigtes Acyl-CoA} + H_2O$$

katalysiert. Sie haben die Gruppenbezeichnung *Enoyl-hydratasen* erhalten. Ein bekanntes Beispiel ist die *Crotonyl-hydratase (Crotonase* s. S. 445):

$$H_3C-CH=CH-CO-S-CoA + H_2O \rightleftharpoons H_3C-CH(OH)-CH_2-CO-S-CoA$$

Diese drei Fermente können also an Doppelbindungen Wasser addieren. Diese Doppelbindungen entstehen im Verlaufe des oxydativen Abbaus. Die Addition von Wasser führt der zu oxydierenden Substanz Sauerstoff zu, der später in Carboxylgruppen erscheint.

Zu den Hydratasen gehört schließlich auch die *Carbonat-anhydratase* (*Kohlensäure-anhydratase*, s. S. 540).

δ) Isomerasen und Racemasen.

Die Funktion dieser Fermente wird durch die Bezeichnungen gut wiedergegeben. Beide Typen katalysieren intramolekulare Umlagerungen, die erste Gruppe führt ein Substrat in ein anderes, strukturisomeres um, die zweite verwandelt optisch aktive Stoffe in die Racemate. Isomerasen spielen im Stoffwechsel der Kohlenhydrate eine außerordentlich wichtige Rolle, wie an den gegebenen Stellen gezeigt wird. *Glucose-6-phosphatisomerase (Phosphohexose-isomerase)*, s. S. 420; *Phosphotriose-isomerase*, s. S. 420; *Glucose(1→6)-phosphomutase (Phosphoglucomutase)*, s. S. 419; *Glycerat(3→2)-phosphomutasen (Phosphoglyceromutase)*, s. S. 421; *Phosphopentose-isomerasen*, s. S. 428.

Die Annahme besonderer Fermente für die Dismutation von Aldehyden, die man als Aldehydmutasen bezeichnete, und die eine CANNIZZAROsche Umlagerung von Aldehyden zu Alkohol und Säure bewirken sollten, erübrigt sich, nachdem gezeigt werden konnte, daß die Dismutation von Aldehyden die Beteiligung einer *Aldehyd→DPN-transhydrogenase* erfordert, die in der Weise wirkt, daß zunächst ein Aldehydmolekül oxydiert und dann ein zweites reduziert wird, etwa nach dem Schema

$$R-CHO + H_2O + DPN^+ = R-COOH + DPN \cdot H + H^+$$
$$DPN \cdot H + H^+ + R-CHO = DPN^+ + R-CH_2OH$$

Formal ähnlich den Dismutationen verlaufen Oxydoreduktionen im Rahmen desselben Moleküls, wie die durch die *Glyoxalase* bewirkte Umwandlung von Methylglyoxal in Milchsäure. Glyoxalase kommt in fast allen tierischen und pflanzlichen Geweben vor.

$$H_3C-CO-C{\overset{\displaystyle O}{\underset{\displaystyle H}{\Big\langle}}} + H_2O \rightarrow H_3C-CH(OH)-COOH.$$

Über den Reaktionsverlauf hat man sich die nachstehend formulierte Vorstellung gebildet. Nach ihr sind an der Reaktion 2 Fermente beteiligt, eine Glyoxalase I, die an Methylglyoxal

<pre>
  CH₃   CH₃   CH₃   CH₃
   | | | |
  C—OH   + G—SH →   C—OH   ⇌   H—C—OH   →   H—C—OH
   ‖   ‖ | |
  C=O   C—OH   C=O   COOH + G—SH
                          | |
                         S—G   S—G

Methylglyoxal (Enolform)   Intermediärprodukt   β-Lactylglutathion   Milchsäure
</pre>

Glutathion anlagert, also als C-S-Synthease zu bezeichnen ist und eine Glyoxalase II, die das Reaktionsprodukt der Glyoxalase I, das β-Lactylglutathion, zu Milchsäure und *G*-SH hydrolysiert. Sie wirkt entsprechend auch auf (*G*)-S-Derivate anderer Säuren.

Schrifttum.

AMMON, R., u. W. DIRSCHERL: Fermente, Hormone, Vitamine. 2. Aufl. Leipzig 1948. — BALDWIN, E.: Dynamic Aspects of Biochemistry. 3. Aufl. Cambridge 1957. — BAMANN, E., u. K. MYRBÄCK: Die Methoden der Fermentforschung. Leipzig 1940. — BERGMANN, M.: A classification of proteolytic enzymes. Adv. Enzymol. 2, 49 (1942). — BERNFELD, P.: Enzymes of starch degradation and synthesis. Adv. Enzymol. 12, 379 (1951). — BERSIN, T.: Kurzes Lehrbuch der Enzymologie. 3. Aufl. Leipzig 1951. — COLOWICK, P., and N. O. KAPLAN: Methods in Enzymology. 4 Bde. New York 1955/57. — DIXON, M., and E. C. WEBB: Enzymes. London 1958. — FRUTON, J. S.: Proteolytic enzymes as specific agents in the formation and breakdown of protein. Cold Spring Harbor Symp. 9, 211 (1941). — GIBIAN, H.: Das Hyaluronsäure-Hyaluronidase-System. Ergebn. Enzymforsch. 13, 1 (1954). — HALDANE, J. S. B., u. K. H. STERN: Allgemeine Chemie der Enzyme. Dresden 1932. — HOFFMANN-OSTENHOF, O.: Enzymologie. Wien 1954. — KORNBERG, A.: Pyrophosphorylases and phosphorylases in biosynthetic reaction. Adv. Enzymol. 18, 181 (1957). — LYNEN, F., u. K. DECKER: Das Coenzym A und seine biologischen Funktionen. Ergebn. Physiol. 49, 327 (1957). — MAHLER, H. R.: Nature and function of function of metalloflavoproteins. Adv. Enzymol. 17, 233 (1956). — MEISTER, A.: Transamination. Adv. Enzymol. 16, 185 (1955). — MITTASCH, A.: Über katalytische Verursachung im biologischen Geschehen. Berlin 1935. — NORD, F. F., u. R. WEIDENHAGEN: Handbuch der Enzymologie. Leipzig 1940. — REED, L. J.: The chemistry and function of lipoic acid. Adv. Enzymol. 18, 319 (1957). — SCHÄFFNER, A.: Neuere Arbeiten über proteolytische Enzyme. Naturwiss. 29, 639 (1941). — SCHWAB, G. M. (Hrsgb.): Handbuch der Katalyse. Bd. 3. Biokatalyse. Wien 1941. — SUMNER, J. B., and K. MYRBÄCK: The Enzymes. Chemistry and Mechanism of Action. 2 Bde. in 4 Teilen. New York 1950/52. — SUMNER, J. B., and G. F. SOMERS: Chemistry and Methods of Enzymes. 2. Aufl. New York 1947. — THUNBERG, T.: Biologische Aktivierung, Übertragung und endgültige Oxydation des Wasserstoffs. Ergebn. Physiol. 39, 76 (1937). — WAINIO, W. W., and S. J. COOPERSTEIN: Some controversial aspects of the mammalian cytochromes. Adv. Enzymol. 17, 329 (1956). — WARBURG, O.: Schwermetalle als Wirkungsgruppen von Fermenten. Berlin 1946. — Wasserstoffübertragende Fermente. Berlin 1948.

IV. Die Verdauung und der Gesamtstoffwechsel.

A. Verdauung und Resorption.

a) Vorbemerkungen.

Jede für die Ernährung eines Lebewesens ausreichende Nahrung muß eine große Zahl verschiedener Stoffe enthalten. Von diesen ist in voranstehenden Kapiteln berichtet worden. Viele dieser Stoffe werden dem Körper mit der Nahrung in hochmolekularer Form angeboten und sind deshalb nicht oder nur sehr schwer löslich, so daß sie nicht ohne vorhergehende Umwandlung in den Körper aufgenommen werden können. Zudem haben viele einen strukturellen Aufbau, der dem biochemischen Bau der Zellsubstanzen nicht entspricht, sie sind körperfremd und müssen deshalb durch geeignete Umformung so vorbereitet werden, daß aus ihnen die spezifischen Körperbausteine gebildet werden können. Diese Vorbehandlung und Umformung wird durch die Vorgänge der Verdauung durchgeführt oder vorbereitet: aus hochmolekularen werden durch hydrolytische, fermentative Prozesse niedermolekulare Stoffe, z. B. aus den Polysacchariden Monosaccharide, aus Eiweißkörpern Aminosäuren, aus Fetten Fettsäuren und Glycerin. Die Spaltstücke sind entweder wasserlöslich und deshalb ohne weiteres zur Resorption, d. h. zur Aufnahme aus dem Verdauungskanal ins Körperinnere geeignet, oder sie werden durch besondere Umsetzungen resorptionsfähig gemacht. Die niedermolekularen Spaltprodukte können nach ihrem Durchtritt durch die Darmwand wieder zu hochmolekularen Körperbausteinen zusammengesetzt werden, welche für jede Tierart, ja vielleicht für jeden Organismus die diesem eigentümliche spezifische Struktur haben — das gilt besonders für Eiweißkörper und Fette. Die auf die Resorption vorbereitenden Abbauvorgänge im Darm, die Resorption selber und den Aufbau körpereigener Stoffe aus den resorbierten Spaltstücken bezeichnet man als *Assimilation*.

Die Verdauung spielt sich ab als enges *Miteinanderwirken chemischer und mechanischer Vorgänge*. Hier sollen nur die chemischen Verdauungsprozesse näher behandelt werden. Die motorischen Vorgänge und die Gesetzmäßigkeiten bei der Sekretion der Verdauungssäfte werden in den Lehrbüchern der Physiologie ausführlich behandelt und deshalb hier nur gestreift. Es ist für den Ablauf der Verdauung von allergrößter Wichtigkeit, daß die mechanischen Vorgänge die chemischen, und die chemischen Prozesse die Bewegungsabläufe weitgehend beeinflussen und regeln. Dazu kommt noch der Einfluß, den Art, Zusammensetzung und Zubereitung der Nahrungsmittel sowohl auf die motorische als auch auf die sekretorische Funktion des Verdauungskanals und auf die Zusammensetzung der Sekrete haben.

Die feste Nahrung wird durch den Kauapparat zerkleinert, in der Mundhöhle durch das Zusammenwirken der Kaumuskulatur und der Muskeln der Zunge, der Backen und der Lippen mit den fermenthaltigen Sekreten der Mundspeicheldrüsen innig vermischt und in einen ziemlich gleichförmigen Brei verwandelt. Dieser Brei wird zu Bissen geformt, die gegen den weichen Gaumen gedrückt werden und durch Berührung gewisser Schluckstellen selber ihre weitere, nunmehr völlig unwillkürlich verlaufende Fortbewegung im Verdauungskanal reflektorisch auslösen. Die Bewegung dabei ist eine peristaltische, d. h. über den Verdauungsschlauch laufen hintereinander zuerst eine Welle der Erschlaffung und dann eine der Kontraktion der Muskulatur der Wandung, so daß durch die Aufeinanderfolge von Erschlaffung und Kontraktion der Inhalt des Rohres fortlaufend weitergeschoben wird.

Während der Fortbewegung der Speise im Verdauungskanal wirken nacheinander verschiedene Verdauungssekrete auf sie ein. Magensaft, Darmsaft und Pankreassaft enthalten neben dem Mundspeichel die wirksamen Fermente der Verdauung und führen den Abbau der Nahrungsstoffe so weit, wie er durch hydrolytische Spaltungen geführt werden kann. In den oberen Abschnitten des Darmkanals setzt, während die Verdauungsprozesse noch weiter gehen, bereits die Resorption der Spaltprodukte ein. In den Endabschnitten des Darmes, die dicht mit Bakterien besiedelt sind, werden durch die von ihnen verursachten Fäulnisvorgänge aus einigen der unresorbierbaren oder noch nicht resorbierten Inhaltsstoffe des Darmes charakteristische Umwandlungsprodukte gebildet. Durch die Vermehrung der Bakterien, vor allem aber durch die zunehmende Wasserresorption wird der Darminhalt allmählich eingedickt und in den Kot verwandelt, der schließlich durch den After entleert wird.

Sowohl Chemismus als auch Motorik der Verdauung können durch eine Reihe von Reizen reflektorisch in Gang gesetzt und beeinflußt werden. 1. Die Berührung der Schleimhäute mit der Nahrung ist einer der Reize, der ihre spezifischen Funktionen auslöst. 2. Weiterhin können diese Funktionen durch reflektorische Vorgänge besonderer Art ausgelöst werden. Prozesse in den höheren Abschnitten des Verdauungsweges können in den tieferen die Sekretbildung anregen, so daß der Speisebrei, wenn er diese Teile erreicht, bereits das für seine Weiterverarbeitung nötige Sekret vorfindet. 3. Schließlich sind für die Sekretion von Speichel und Magensaft *psychische Faktoren* von größter Bedeutung. Geruch und Anblick der Speise sowie irgendwelche Umstände, die die Nahrungsaufnahme zu begleiten pflegen, werden durch die Funktion nervöser Zentren der Nahrungszufuhr so weitgehend zugeordnet, daß diese Faktoren schon allein auch ohne gleichzeitige Verabreichung von Speise die Sekretion der erwähnten Verdauungssäfte reflektorisch auslösen können. Man bezeichnet diese Reflexe als *bedingte Reflexe.* Alle Reize, die die Tätigkeit der Verdauungsorgane beeinflussen, werden ihnen durch Nerven des autonomen Systems zugeleitet.

Die Verdauungssäfte mit ihren spezifischen Bestandteilen entstehen nicht durch einfache Filtration aus dem Blutplasma, sondern durch eine aktive Tätigkeit der Drüsenzellen. Das histologische Bild der Drüsenzellen erfährt während der Sekretabgabe bemerkenswerte Veränderungen. Abb. 92 zeigt die verschiedenen Funktionsstadien der ruhenden und der tätigen Drüse in einer einzigen Drüsenalveole schematisch nebeneinander dargestellt. Die ruhende Zelle ist mit Granula angefüllt *(Sekretgranula),* die von der tätigen Zelle in das Drüsenlumen abgegeben werden und dort zerfallen. Sie enthalten wahrscheinlich die spezifischen Sekretbestandteile, in erster Linie also die Fermente. In einer Drüse, die tätig gewesen ist, sind keine Granula mehr vorhanden, ihr Sekret ist außerordentlich arm an spezifischen Stoffen. Während der Ruhe werden die Granula neu gebildet.

Für die aktive Tätigkeit der Drüsen spricht auch die Tatsache, daß der in den Drüsenausführungsgängen gemessene Sekretionsdruck viel höher ist als der Blutdruck. Fügen wir noch hinzu, daß die für jedes Drüsensekret typischen Bestandteile (bestimmte Eiweißstoffe und Fermente) im Blute gar nicht vorkommen und die verschiedenen Ionen in den Verdauungssäften gewöhnlich in ganz anderen Konzentrationen enthalten sind als im Blute, so haben wir die Hauptbeweise für die Annahme, daß die Sekretbildung einer aktiven Drüsentätigkeit bedarf. Dazu kommt noch, daß die tätige Drüse einen merklich höheren Sauerstoffverbrauch und eine größere Durchblutung hat als die ruhende, daß also ihr Stoffwechsel während der Tätigkeit erhöht ist. Die Energie für die Tätigkeit der Drüsen (wenigstens für die der Speicheldrüsen) stammt aus dem Stoffwechsel der Kohlenhydrate.

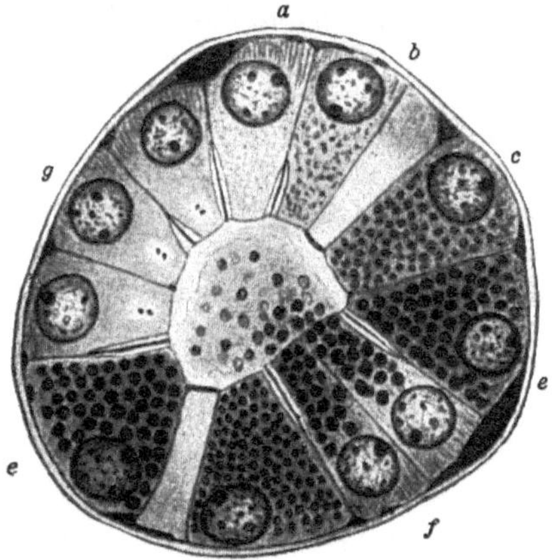

Abb. 92. Albuminöse Drüse einer menschlichen Wallpapille. Schematische Darstellung verschiedener Phasen der Funktion, die in der Reihenfolge *a* bis *g* aufeinander folgen. Die in *f* austretenden Granula bewahren zunächst Form und Färbbarkeit und lösen sich dann auf. (Nach K.W.ZIMMERMANN.)

Die Untersuchung der sekretorischen Tätigkeit der Verdauungsdrüsen läßt sich experimentell auf drei Wegen durchführen: 1. Durch *Anlegung von Fisteln* und Ableitung der Sekrete nach außen. 2. Am Magen durch *Anlegung eines kleinen Magens* nach PAWLOW: Unter Erhaltung der Gefäß- und Nervenversorgung wird ein kleiner Teil des Magens durch Naht abgeteilt, eröffnet und mit einer Öffnung der Bauchhaut vernäht. Am Darm kann man eine Darmschlinge beiderseits aus dem Zusammenhang mit dem Darm trennen, die Darmenden durch Naht wieder vereinigen und die abgetrennte Darmschlinge auf verschiedene Weise durch die Bauchhaut nach außen münden lassen. 3. Als dritte Methode dient die „*Scheinfütterung*". Bei Versuchstieren wird die Speiseröhre durchtrennt und beide Öffnungen in die Haut eingenäht. Das aufgenommene Futter gelangt dann niemals in den Magen, sondern fällt aus der oberen Öffnung immer wieder heraus. Die Tiere müssen durch die Öffnung des unteren Speiseröhrenabschnittes künstlich ernährt werden. Gelegentlich müssen auch beim Menschen bei krankhaften Veränderungen am Verdauungskanal Fisteln der Speiseröhre, des Magens oder des Darmes angelegt werden. Mit all diesen Methoden, die durch gelegentliche Beobachtungen am Menschen ergänzt werden, sind an Versuchstieren die wichtigsten Aufschlüsse über die sekretorische Tätigkeit der Verdauungsdrüsen erhalten worden.

b) Speichel.

Speichel, gleich ob menschlicher oder tierischer Herkunft, ist eine opalescierende, fadenziehende Flüssigkeit, in der abgestoßene Epithelien der Mundschleimhaut, Leukocyten, Lymphocyten sowie Bakterien suspendiert sind. Die Lymphocyten stammen aus dem lymphatischen Rachenring, man bezeichnet sie zusammen mit den Leukocyten als „*Speichelkörperchen*". Der Speichel wird in den drei großen Speicheldrüsenpaaren der Mundhöhle: Parotis, Submandibularis und Sublingualis sowie in den zahlreichen kleinen Drüsen der Mundhöhle gebildet. Funktionell und histologisch sind zu unterscheiden die *Eiweißdrüsen*, die *Schleimdrüsen* und die *gemischten Drüsen*. Die Eiweißdrüsen bilden wenig Mucin (s. S. 95 f.) und viel sonstige Eiweißkörper, die Schleimdrüsen gerade umgekehrt viel Mucin und wenig sonstiges Eiweiß, die gemischten Drüsen nehmen eine Zwischenstellung ein. Die Parotis ist eine seröse Drüse, Submandibularis und Sublingualis sind gemischte Drüsen, die erste überwiegend serös, die letzte vorwiegend mukös. Die Parotis ist die Hauptbildungsstätte der Fermente des Speichels.

Die *Zusammensetzung des Speichels* läßt sich kaum eindeutig bestimmen, da sie von der physikalischen und chemischen Beschaffenheit der aufgenommenen Nahrung sowie von den sonstigen die Schleimhaut treffenden Reizen abhängt. Die Speicheldrüsen haben eine doppelte autonome Innervation (s. REIN-SCHNEIDER, Physiologie). Nach Reizung der sie versorgenden parasympathischen Nerven entleert sich reichlich ein dünnflüssiges, an festen Substanzen armes Sekret, dagegen ergibt die Reizung der sympathischen Nervenversorgung der Drüsen nur wenig zähflüssigen, an festen Stoffen sehr reichen Speichel. Da der gemischte Speichel sich aus den Sekreten *aller* Speicheldrüsen zusammensetzt, die in wechselndem Maße tätig sein können, ist verständlich, daß sowohl die Zusammensetzung als auch die Menge des in 24 Std abgesonderten Speichels starken Schwankungen unterworfen ist. Im Mittel enthält der Speichel etwa 99,5 % Wasser und 0,5—0,8 % feste Substanzen, davon etwa $^2/_3$ organischer, $^1/_3$ anorganischer Natur. Die wesentlichsten Speichelbestandteile sind in Tabelle 71 zusammengestellt. Die Konzentrationen zeigen durchweg erhebliche Schwankungen.

Tabelle 71. Zusammensetzung des gemischten menschlichen Speichels (mg in 100 cm³).

Anorganische Stoffe			
K	30—131	Cl	37—94
Na	30—115	PO_4—P	7—28
Ca	5—12	CNS	12—33
Mg	0,3—1,3	CO_2	20—45
NH_3	2—10		

Organische Stoffe			
Gesamt-N	16—68	Harnstoff	7—16
Rest-N	5—56	Harnsäure	1,5—10
Mucin	200—300	Milchsäure	4—14
Sonstiges Eiweiß	70—90	Citronensäure	0,5—2,0

Nahrungsaufnahme bedingt die Sekretion eines an festen und besonders an organischen Stoffen reichen Speichels; die Speichelmengen bei trockener Nahrung sind größer als bei feuchter. Die tägliche *Speichelmenge* dürfte beim Menschen in 24 Std etwa 1 Liter betragen. Die *Gefrierpunktserniedrigung* beträgt etwa 0,2—0,4°, die osmotische Konzentration des Speichels ist also wesentlich kleiner als die des Blutes. Die *Reaktion* des Speichels ist mit p_H-Werten von 6—7 meist neutral oder ganz schwach sauer, jedoch kommt gelegentlich auch schwach alkalische Reaktion vor. Das *spezifische Gewicht* liegt zwischen 1,002 und 1,008.

Von den im Speichel enthaltenen Ionen sind Phosphat und Hydrogen-carbonat für Einstellung und Erhaltung der Speichelreaktion, Chloride zur Aktivierung der Amylase (s. S. 291) notwendig. Über die biologische Be-deutung des *Rhodangehaltes*, dessen Höhe sehr verschieden angegeben wird, herrscht keine Klarheit, ebenso ist nicht sicher erwiesen, ob im Speichel von Rauchern mehr Rhodan vorkommt als in dem von Nichtrauchern. Es ist angenommen worden, daß das Rhodan aus dem Abbau von Thiamin (Vitamin B_1, s. S. 194) stammt.

Die wichtigsten Bestandteile des Speichels sind organischer Natur Er enthält in dem *Mucin* einen charakteristischen Eiweißkörper (s. S. 95), der wegen seiner schleimigen Beschaffenheit die Partikel des Speichelbreies überzieht und sie gleitfähig macht. Das reichliche Vorkommen von Mucin im Speichel nach Milchgenuß hat anscheinend für die Caseinverdauung große Bedeutung. Nach Vermischung mit Mucin fällt das Casein bei der Labgerinnung (s. S. 316) besonders feinflockig aus; dadurch ist seine weitere Verdauung erheblich erleichtert. Neben dem Mucin kommen noch weitere *Eiweißkörper* im Speichel vor, angeblich handelt es sich um Albumine und Globuline, jedoch liegen darüber keine genaueren Angaben vor. Im Speichel kommen geringe Mengen niedermolekularer N-haltiger Stoffe vor, so besonders *Harnstoff*, daneben *Harnsäure*, *Kreatinin* und *Aminosäuren* (18 verschiedene Aminosäuren konnten im Speichel nach-gewiesen werden). Kohlenhydrate — außer den im Mucin gebundenen — werden dagegen weder unter normalen noch unter pathologischen Ver-hältnissen angetroffen.

Spezifische Speichelbestandteile sind die *Fermente*. Unter ihnen über-ragt mengenmäßig bei weitem die *Amylase (Diastase, Ptyalin)*, die die aus α-Glucose aufgebauten Polysaccharide der Nahrung, in erster Linie also die Stärke, über die Dextrine bis zum Disaccharid Maltose abbauen kann. Aus früheren Darstellungen über die Struktur der Stärke (s. S. 25ff.) und ihre fermentative Spaltung (s. S. 304) muß man schließen, daß „Speichelamylase" ein Begriff ist, der mehrere Fermente umschließt, da sonst die Aufspaltung der Stärke bis zu Maltose nicht möglich wäre. Amylase findet sich in größerer Menge nur im Speichel des Menschen, des Affen und des Schweines. Bei anderen Tieren kommt sie nur in sehr geringer Menge oder gar nicht vor. Ob der Speichel auch eine Maltase (α-Glucosidase) enthält, ist fraglich. An weiteren Fermenten finden sich in sehr kleinen Mengen *Lipase, Proteinasen und Peptidasen*. Sie haben für die Verdauungsvorgänge in der Mundhöhle sicherlich keine Bedeutung. Proteinase enthält nur der Parotisspeichel. Dazu kommt aber noch die Wirkung der Proteasen der Leukocyten. Da 1 mm³ Speichel etwa 4000 Leukocyten enthält, werden täglich etwa 4 Milliarden Leukocyten verschluckt. Möglicherweise ist das für die Ver-dauungsvorgänge in den tieferen Abschnitten des Verdauungskanals nicht ganz bedeutungslos.

Fermentative Spaltungsvorgänge spielen sicherlich bei der Mund-verdauung selber nur eine untergeordnete Rolle, weil die Verweildauer der Speise im Munde lediglich $^1/_2$—1 min beträgt. So entfaltet auch die höchst wirksame Speichelamylase ihre Hauptwirkung nicht im Mund, sondern im Magen (s. S. 369).

c) Magensaft.

Der reine Magensaft ist eine klare, farblose, schwach opalescierende Flüssigkeit, die in den tubulären Drüsen der Magenschleimhaut, vielleicht auch in den Epithelzellen der Schleimhautoberfläche gebildet wird. In den Drüsenschläuchen des *Fundusteiles* finden sich *drei* verschiedene Zellarten, die *Hauptzellen*, die *Belegzellen* und die *Nebenzellen* (ZIMMER-MANN), die sich im histologischen Präparat durch Form und Aussehen sowie durch ihre Färbbarkeit unterscheiden lassen. Die Nebenzellen und die Belegzellen liegen vorwiegend in den oberflächlichen Schleimhaut-schichten, in der Tiefe überwiegen weitaus die Hauptzellen (s. Abb. 96, S. 366). Im *Pylorusteil* und im *Kardiateil* kommen fast ausschließlich Zellen vor, die den Hauptzellen des Fundus entsprechen. Die Belegzellen fehlen. Diese Zellverteilung ist bedeutungsvoll für die sekretorischen Leistungen der verschiedenen Magenabschnitte (s. S. 366). Außer diesen für die Magenschleimhaut spezifischen Zellelementen enthält das Ober-flächenepithel auch noch schleimbildende *Becherzellen*.

Die wichtigsten Eigenschaften und Bestandteile des Magensaftes sind in Tabelle 72 zusammengestellt. Neben den in der Tabelle aufge-führten Stoffen finden sich noch wechselnde Mengen an organischen Säuren, so besonders an *Milchsäure*. Sie entsteht vor allem bei einer Ver-gärung von Kohlenhydraten durch Hefen und Bakterien, die sich dann im Magen ansiedeln, wenn der Salzsäuregehalt des Magensaftes sehr gering ist oder diese Säure völlig fehlt *(Achylie)*. Die Salzsäure hat eine bakterientötende Wirkung, die allerdings nicht absolut ist. Neben der Milchsäurebildung durch Bakterien gibt es aber auch eine Milchsäure-bildung durch die Schleimhaut selber.

Tabelle 72. Zusammensetzung des menschlichen Magensaftes.

Spezifisches Gewicht	1,006—1,009
Gefrierpunktserniedrigung	0,47 —0,65°
pH	0,92 —1,58
Feste Bestandteile, organisch	0,34 —0,47%
Feste Bestandteile, anorganisch	0,11 —0,14%
Gesamtstickstoff	0,030—0,075%
Salzsäure, freie	0,15 —0,60%
Salzsäure, Gesamt-	0,15 —0,70%
Chloride ($NaCl$, KCl, NH_4Cl)	0,09 —0,28%

Die für die Verdauung wichtigsten Bestandteile des Magensaftes sind die eiweißspaltenden Fermente *Pepsin* und *Kathepsin* (s. S. 315f.). Die *Salzsäure* stellt die für ihre Wirkung notwendige Reaktion her. Neben den eiweißspaltenden Fermenten enthält der Magensaft auch geringe Mengen einer — für die Fettverdauung wohl ziemlich unwesentlichen — *Lipase*. Die Frage, ob der Magensaft auch ein besonderes *Labferment* enthält, ist schon an anderer Stelle erörtert (s. S. 316). Für den menschlichen Magen ist sein Vorkommen nicht sehr wahrscheinlich.

Über das Vorkommen eines für die Resorption von Vitamin B_{12} (Cyano-cobalamin) notwendigen *intrinsic factor* in der Magenschleimhaut ist schon S. 206 berichtet worden.

An Eiweißkörpern enthält der Magensaft neben den Fermenten wechselnde Mengen von *Schleim*, der die Schleimhaut überzieht und ihr offen-bar Schutz gegen mancherlei Schädigungen, vor allem gegen ihre Selbst-verdauung durch Pepsin gewährt. Er wird im wesentlichen wahrscheinlich auf lokale, die Schleimhaut treffende Reize hin sezerniert. Der Stickstoff-gehalt des Magensaftes beruht fast ausschließlich auf seinem Eiweißgehalt (0,075% N entsprechen nach S. 58 etwa 0,45% Eiweiß).

Der *Gefrierpunkt* des Magensaftes und damit seine molekulare Konzentration liegen etwas höher als im Blute. Dies wird fast vollständig durch den hohen Gehalt an Salzsäure und an Chloriden erklärt. In der Höhe der Chlorionenkonzentration, die die des Blutplasmas um etwa das Doppelte übertrifft, finden wir einen deutlichen Hinweis darauf, daß der Magensaft nicht durch Filtrationsvorgänge irgendwelcher Art aus dem Blutplasma entstehen kann (s. u.). Die hohe *Acidität* (p_H *etwa 1,0—1,5*!) beruht auf dem Gehalt an Salzsäure, die im reinen Magensaft fast völlig als „freie" Salzsäure enthalten ist. Daneben finden sich aber auch geringe Mengen von Salzsäure in „gebundener" Form. Die Bindung geschieht durch die als Ampholyte wirkenden Eiweißkörper:

$$R-\overset{\displaystyle\overset{NH_3^{\oplus}}{\diagup}}{\underset{\diagdown COO^{\ominus}}{CH}} + H^{\oplus}Cl^{\ominus} \longrightarrow R-\overset{\displaystyle\overset{NH_3^{\oplus}}{\diagup}}{\underset{\diagdown COOH}{CH}} + Cl^{\ominus}$$

Freie, gebundene Salzsäure und sonstige organische Säuren ergeben zusammen die „Gesamtacidität".

Zum *Nachweis der freien Salzsäure* benutzt man GÜNZBURGS Reagens: beim vorsichtigen Abdampfen des mit einer alkoholischen Lösung von Phloroglucin und Vanillin versetzten Magensaftes entsteht eine rote Färbung. Die *quantitative Bestimmung* der freien und der gebundenen HCl geschieht durch Titration mit n/10 NaOH gegen einen geeigneten Indicator: für freie HCl nimmt man Tropäolin 00 oder Methylrot, für gesamte HCl Phenolphthalein.

Es ist gebräuchlich, die Acidität in unbenannten Zahlen auszudrücken. Diese geben den Verbrauch an cm^3 n/10 NaOH für 100 cm^3 Magensaft an. Die in der Tabelle 72 angegebenen Werte würden eine „freie Acidität" von 40—165, eine „Gesamtacidität" von 40—190 bedeuten. Diese Schwankungen sind sehr erheblich, gewöhnlich liegen die Werte näher zusammen. Die dem Gehalt an Salzsäure entsprechenden p_H-Werte von etwa 0,9—1,5 sind merklich saurer als das p_H-Optimum des Pepsins, das durch sie gewährleistet werden sollte, ja das Pepsin wird bei so stark saurer Reaktion sogar schon wieder gehemmt. Aber man darf die an reinem *Magensaft*, wie er etwa aus Magenfisteln oder aus einem kleinen Magen (s. S. 360) erhalten wird, gemachten Beobachtungen nicht auf den *Mageninhalt* übertragen, wie er nach einer Nahrungsaufnahme im Magen vorhanden ist.

Tabelle **73**. Acidität von Magensaft und Mageninhalt.

		Acidität	% HCl
Reiner Magensaft	Gesamt-	125—165	0,45—0,60
	freie	110—135	0,40—0,50
Mageninhalt nach Probefrühstück	Gesamt-	40—60	0,15—0,20
	freie	20—40	0,07—0,15
Mageninhalt nach Probemahlzeit	Gesamt-	70—100	0,25—0,35
	freie	20—50	0,07—0,18

Um sich über die sekretorische Funktion des Magens Aufschluß zu verschaffen, regt man sie durch Verabreichung eines „Probefrühstücks" oder einer „Probemahlzeit" an und hebert dann den Mageninhalt aus. Man erhält ein Gemisch von Magensaft und Nahrungsbestandteilen, das ganz andere Säurewerte als reiner Magensaft aufweist (Tabelle 73). Die Gesamtacidität des Mageninhaltes ist also entscheidend von Art und Menge der aufgenommenen Nahrung abhängig, die freie Acidität wird davon kaum berührt. Sie entspricht in beiden Fällen etwa der Säuremenge, durch die das p_H-Optimum des Pepsins eingestellt wird (ungefähr 0,15% HCl). Die Gesamtacidität ist bei der reichlicheren Probemahlzeit größer als beim Probefrühstück, weil in ihr größere Eiweißmengen enthalten sind, die mehr Säure binden. Niemals aber werden die Acidität swerte des reinen Magensaftes erreicht.

Auch der leere Magen hat einen gewissen *Nüchterninhalt*, der sich aber in seinen Eigenschaften vom Magensaft deutlich unterscheidet. Er besteht überwiegend aus verschlucktem Speichel, oft auch aus in den Magen zurückgetretenem Dünndarminhalt, so daß sich über seine Zusammensetzung keine allgemein gültigen Angaben machen lassen.

Die Sekretion des Magensaftes wird durch bedingte Reflexe bereits vor der eigentlichen Nahrungsaufnahme eingeleitet. Sie erhält eine weitere reflektorische Förderung durch die Berührung der Mundschleimhaut mit der Nahrung. Die auslösenden Reize werden dem Magen durch den Vagus zugeleitet. Abb. 93 zeigt, wie bei einer Scheinfütterung (an einem Menschen mit Speiseröhren- und mit Magenfistel) die Sekretion ungeheuer ansteigt, dann aber bald wieder absinkt. Die Gesamtacidität ist hoch (reiner Magensaft!). Gelangt Speisebrei in den Magen, so schließt sich der *reflektorischen Phase* der Sekretion die direkte Anregung an *(chemische Phase)*. Sie wird ausgelöst durch den Mageninhalt

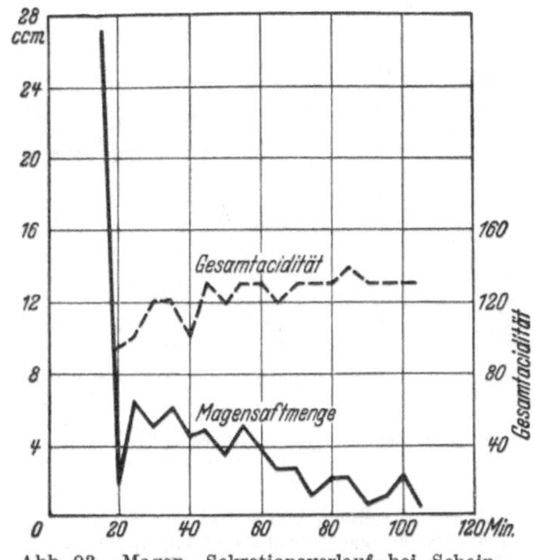

Abb. 93. Magen. Sekretionsverlauf bei Scheinfütterung. (Nach BICKEL.)

selber. Dabei sind die Erreger der Sekretion zum Teil in der Nahrung von vornherein enthalten, zum Teil entstehen sie durch die Verdauung, wie z. B. die Peptone. Bei der chemischen Phase wird die Sekretion wahrscheinlich auf humoral-hormonalem Wege ausgelöst. Durch die Berührung der Schleimhaut des Pylorusteils mit den Sekretionserregern wird in ihr ein *Gastrin* genannter Stoff gebildet, der ins Blut gelangt und auf dem Blutwege den sezernierenden Drüsen zugeführt wird. Die Magensaftsekretion in der chemischen Phase wird also in der gleichen Weise angeregt wie die Pankreassekretion durch Sekretin (s. S. 276 und 374). Gastrin läßt sich durch Salzsäure

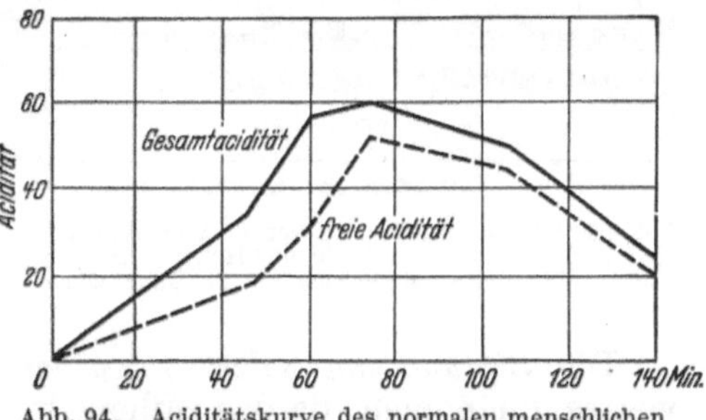

Abb. 94. Aciditätskurve des normalen menschlichen Magens nach Probefrühstück. (Nach HAWK.)

aus der Schleimhaut des Pylorus extrahieren. Ähnlich wie Gastrin wirkt auch Histamin. Gastrin ist aber nicht mit Histamin identisch. Abb. 94 zeigt, wie nach einem Probefrühstück (Toast und Tee), die von der Schleimhaut ausgelöste Säurebildung erst allmählich ihre volle Höhe erreicht und dann im Verlauf von etwa $2^1/_2$ Std wieder abklingt. Dieser Zeitraum entspricht etwa der Verweildauer leicht verdaulicher Speisen im normalen Magen. Normale gemischte Kost bleibt etwa 4 Std, fette Nahrung etwa 5 Std im Magen. Nach Verabreichung anderer Speisen lassen sich der Abb. 94 entsprechende Aciditätskurven gewinnen. Auch die Sekretionskurve, also die abgegebene Saftmenge, zeigt erst einige Zeit nach der Nahrungsaufnahme ein Maximum und sinkt im Verlaufe mehrerer Stunden langsam wieder ab, ihre Form hängt von Art und Beschaffenheit der Nahrung ab.

Durch histochemische Untersuchungen von LINDERSTRØM-LANG am Schweinemagen ist endgültig erwiesen worden, daß die beiden spezifischen Bestandteile des Magensaftes, Salzsäure und Pepsin, in verschiedenen Zellarten der Drüsenschläuche gebildet werden. Mit dem Mikrotom wurden dünne Flachschnitte der Magenschleimhaut hergestellt, und die enzymatische Wirksamkeit sowie die Basenbindung (d. h. der Säuregehalt) in den verschiedenen Schichten der Schleimhaut aus den verschiedenen Abschnitten des Magens bestimmt. Die Abb. 95 gibt von einigen der erhaltenen Befunde eine schematische Zusammenstellung. Die Abb. 96 zeigt die Verteilung der verschiedenen Zellarten in einer Fundusdrüse. Salzsäure findet sich demnach nur im Fundusteil und auch da nur

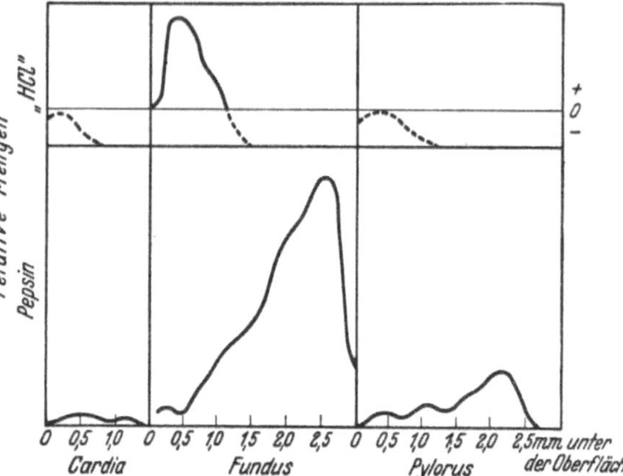

Abb. 95. Verteilung von Pepsin und Salzsäure in verschiedenen Bezirken und verschiedenen Tiefen der Magenschleimhaut. (Nach LINDERSTRØM-LANG, HOLTER und SØEBORG OHLSSON.)

in der oberflächlichen Schicht der Schleimhaut, die vorwiegend aus Belegzellen besteht. Das Pepsin kommt in allen Teilen des Magens und in allen Schleimhautschichten vor, in der größten Konzentration aber in der Tiefe der Drüsenschläuche, die fast ausschließlich aus Hauptzellen bestehen. Bezüglich des Salzsäuregehaltes muß berücksichtigt werden, daß die Schnitte nicht frisch, sondern erst nach mehrtägiger Einfrierung untersucht wurden. Die Säure bildet sich nämlich offenbar erst postmortal, da in ganz frischen Schnitten keine Säure, dafür aber erhebliche Mengen von Chloriden nachgewiesen wurden.

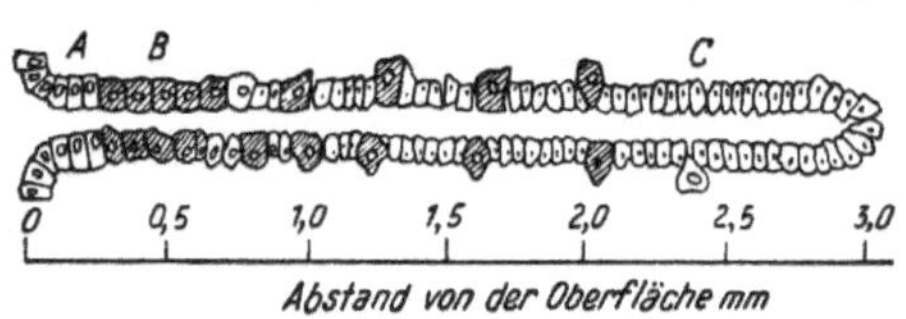

Abb. 96. Aufbau der Fundusdrüsen der Magenschleimhaut nach LINDERSTRØM-LANG und HOLTER. *A* Oberflächenepithelzellen, *B* Belegzellen, *C* Hauptzellen.

Die *Bildung von Salzsäure in der Magenschleimhaut* ist ein bemerkenswertes Phänomen, da das Milieu, in dem sie entsteht, praktisch neutrale Reaktion hat. Die Salzsäurebildung erfordert also eine Steigerung der H-Ionen-Konzentration von etwa 10^{-7} auf etwa 10^{-1}. Dies ist eine gewaltige Belastung für das Säure-Basen-Gleichgewicht, so daß außer der Bildung von Wasserstoffionen auch die Beseitigung einer äquivalenten Menge alkalischer Valenzen bedacht werden muß. Es herrscht im allgemeinen Einigkeit darüber, daß die Konzentrierung der Wasserstoffionen *nicht in den Belegzellen, sondern erst auf der Oberfläche der Schleimhaut* geschieht, daß also gewissermaßen die Wasserstoffionen erst beim Durchtritt von Wasserstoff durch die Zellmembran gebildet werden.

Die Frage nach den Prozessen, die die Salzsäurebildung bewirken, hat naturgemäß die Forschung lebhaft beschäftigt. Man hat zur Erklärung verschiedene Theorien entwickelt, von denen aber keine völlig befriedigend ist. Zunächst ist davon auszugehen, daß die Bildung der Wasserstoffionen einen erheblichen Energieaufwand erfordert (je g H^+ 12,9 kcal). Daher hat die Magenschleimhaut einen sehr hohen oxydativen Stoffwechsel, unter anaeroben Bedingungen stellt die Schleimhaut die Säurebildung ein.

Am besten fundiert erscheinen die von DAVIES u. Mitarb. entwickelten Vorstellungen, nach denen H-Ionen gebildet werden können 1. durch Oxydation bestimmter Substrate (etwa Glucose); 2. durch Freisetzung von H-Ionen durch Spaltung von Wasser. Es ist nicht bekannt, ob die Zelle einen dieser Wege bevorzugt oder beide kombiniert. Das Problem der Säurebildung stellt sich nicht nur hier, sondern z. B. auch für die Niere (s. S. 564f.). Man wird dort einen analogen Mechanismus der Säurebildung annehmen dürfen.

DAVIES u. OGSTON nehmen an, daß die säurebildende Zelle funktionell 2 Abteilungen besitzt, von denen die eine sekretorische Aufgaben hat, die andere nicht. Die beiden Abteilungen sind durch Zellstrukturen, die den Transport von Elektronen und Wasserstoffatomen gestatten, miteinander verbunden. Für den 1. Mechanismus, die Bildung von H-Ionen aus Substraten, entwerfen DAVIES u. OGSTON das in Abb. 97 wiedergegebene Schema. Im sekretorischen Teil der Zelle gibt das Substrat Wasserstoff direkt oder indirekt an ein Flavoproteid (SH_2), das in früher geschilderter Weise (s. S. 341 u. 348f.) mit einem der Cytochrome oder mit dem ganzen Cytochromsystem reagiert ($Fe^{3+} \rightarrow Fe^{2+}$). Dabei wird SH_2 zu $2\,H^+ + S$ oxydiert. Die H-Ionen werden unter Mitnahme einer äquivalenten Menge von Cl-Ionen sezerniert, die Elektronen auf Fe^{3+} übertragen; das dadurch entstehende Fe^{2+} wird durch Sauerstoff unter Beteiligung von H_2O wieder zu Fe^{3+} oxydiert, wobei OH-Ionen entstehen, die neutralisiert werden müssen. Hierbei spielt die Kohlensäureanhydratase (s. S. 356), die in der Magenschleimhaut in hoher Konzentration vorkommt, eine wichtige Rolle: CO_2 wird durch sie hydratisiert zu H_2CO_3, die in H^+ und HCO_3^- dissoziiert. Hierdurch entstehen die für die Neutralisation der OH-Ionen nötigen H-Ionen. HCO_3^- wird ins Blut abgegeben. Hierdurch wird die lange bekannte Alkalisierung des Blutes bei der Verdauung und die nachfolgende Ausscheidung eines nur schwach sauren Harnes erklärt *(Alkaliflut)*. Die Bilanzgleichung für den gesamten Mechanismus ist

$$2\,SH_2 + O_2 + 2\,H_2O + 4\,Cl^- + 4\,CO_2 \longrightarrow 2\,S + 4\,H^+ + 4\,Cl^- + 4\,HCO_3^-.$$

Es ist ersichtlich, daß jedes sezernierte H-Ion (zur Erhaltung der Elektroneutralität) ein Cl-Ion mit sich nimmt und weiterhin, daß eine der Zahl der H-Ionen äquivalente Menge von HCO_3-Ionen gebildet wird. Ferner sieht man, daß je Molekel verbrauchten Sauerstoffs 4 H-Ionen gebildet werden können.

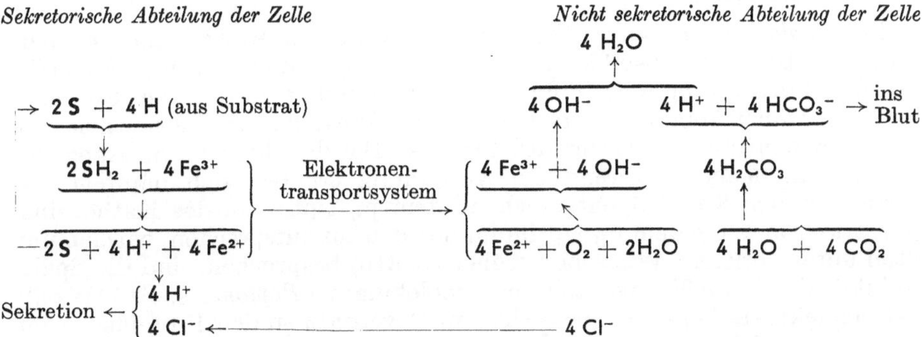

Abb. 97. Schema der Salzsäurebildung im Magen. 1. Herkunft des Wasserstoffs aus einem Substrat.

Bei dem 2. Mechanismus ist Wasser die letzte Quelle der H-Ionen. Auch hier werden sie unter Mitwirkung der Kohlensäureanhydratase gebildet, auch hier wird der Elektronentransportmechanismus in Anspruch genommen, darüber hinaus ein Übertragungsmechanismus für den Wasserstoff (C bzw. CH_2)* und schließlich Kreatinphosphat (*Kr*P, s. S. 551), durch

---

* C = carrier = Überträger.

dessen Zerfall (energiereiche Phosphatbindung!) die Energie für die Bildung einer P-Verbindung von CH_2 gewonnen werden soll. Schematisch ergibt sich damit also der in Abb. 98 wiedergegebene Mechanismus.

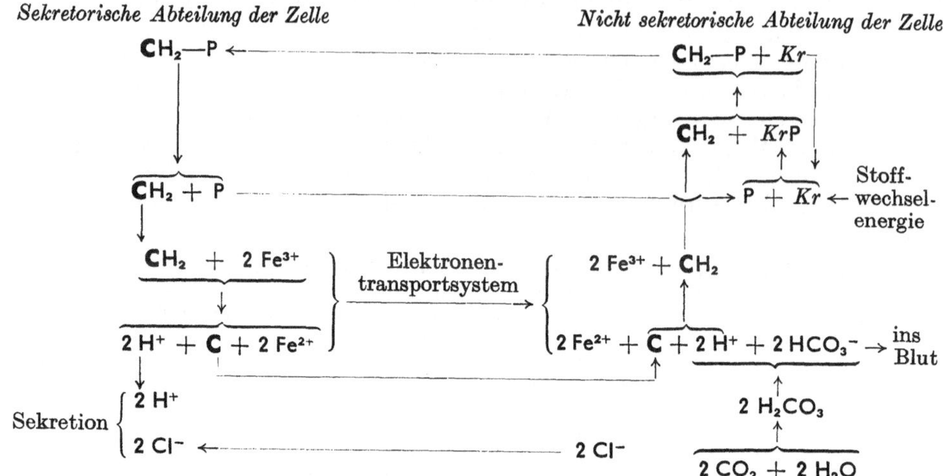

Abb. 98. Schema der Salzsäurebildung im Magen. 2. Herkunft des Wasserstoffs aus Wasser.

Bei der Sekretion größerer Mengen von Magensaft wird, wie man analytisch feststellen kann, von der Magenschleimhaut eine erhebliche Menge von Chloriden abgesondert, gleichzeitig findet man eine Verminderung der Chlorionen im Blute. Die Chloride werden also in der Magenschleimhaut gespeichert, bei der Bildung der Salzsäure abgegeben und aus dem Blute ergänzt. Von dem Gesamtchloridbestand des Körpers stehen aber nur etwa 20 % für die Magensaftbildung zur Verfügung. Bei größeren Chloridverlusten (starke Schweißabgabe, Magen- oder Darmfisteln) kann deshalb die Salzsäurebildung im Magen nahezu oder sogar völlig aufgehoben sein.

Die Verdauungsleistungen im Magen betreffen in erster Linie den einleitenden Abbau der Eiweißkörper durch Kathepsin und Pepsin (s. S. 314ff.) und die Fortführung der Polysaccharidverdauung durch die Speichelamylase. Dabei kommt wahrscheinlich der Wirkung des Kathepsins eine größere Bedeutung zu als der des Pepsins. Bei der direkten Messung der Reaktion im Magen während der Verdauung ergaben sich nämlich p_H-Werte zwischen 3 und 5, entsprechend dem p_H-Optimum des Kathepsins. p_H-Werte von 2, die dem p_H-Optimum des Pepsins entsprechen, wurden nur selten unterschritten. Wie schon früher (S. 315) besprochen, sind die Spaltprodukte der Eiweißkörper teils hochmolekulare *(Peptone,* s. S. 71), teils niedermolekulare Peptide. Diese sind im Gegensatz zu den Proteinen recht gut wasserlöslich, so daß die Überführung der Nahrung in lösliche Form durch ihre Bildung entscheidend gefördert wird. Sie sind auch deshalb von Bedeutung, weil sie einen starken Reiz für die Magensaftsekretion abgeben. Beim Fortgang der Verdauungsprozesse im Magen regen also die entstehenden Verdauungsprodukte die Magensaftbildung immer wieder von neuem an.

---

* C = carrier = Überträger.

Auf einer Pepsinwirkung beruht (mit Ausnahme des Kälbermagens, für den die Existenz eines besonderen Labfermentes erwiesen ist, s. S. 316) auch die *Labgerinnung* der Milch. Nach den herrschenden Vorstellungen wird durch die Wirkung einiger eiweißspaltender Fermente, darunter auch des Pepsins, bei geeignetem p_H (etwa 5—6) Casein, vielleicht durch Hydrolyse, in Paracasein umgewandelt. Paracasein vereinigt sich mit den Calciumionen der Milch zu einem unlöslichen Salz und fällt als Gerinnsel aus. Dies Gerinnsel schließt, das ist offenbar für dessen weitere Verdauung sehr wichtig, das gesamte Fett der Milch in ganz feiner Verteilung ein.

Die Labgerinnung der Milch ist besonders für den Säugling, für den im ersten Lebensjahr die Milch das Hauptnahrungsmittel ist, von größter Wichtigkeit, da sie die Voraussetzung für die Verdauung des Caseins ist, die beim Säugling, in dessen Magen p_H-Werte zwischen 5 und 3,5 liegen, besonders dem Kathepsin obliegt. Auch die Magenlipase ist trotz des für sie günstigen p_H-Wertes nur wenig wirksam, so daß lediglich 5—6% des eingeführten Fettes gespalten werden. Man gewinnt den Eindruck, daß beim Säugling im Magen die Milch lediglich für die Verdauung durch die Darm- und Pankreasfermente in einen geeigneten physikalischen Zustand gebracht wird. Das gilt besonders für das in sehr feiner Verteilung mit dem Paracasein ausgefallene Fett.

Der Magensaft enthält keine Fermente für die *Verdauung von Kohlenhydraten.* Trotzdem ist der Magen von

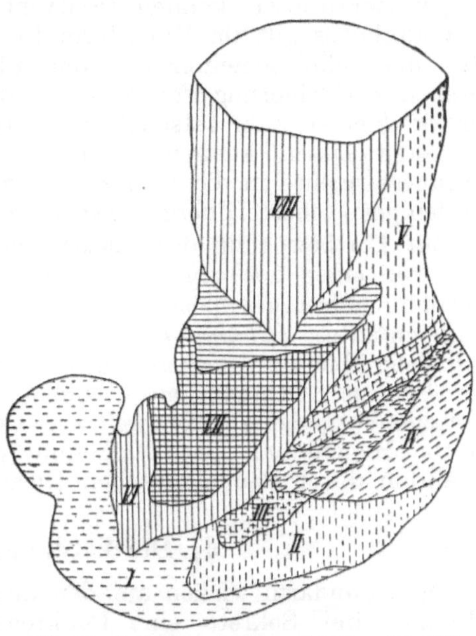

Abb. 99. Schichtung des Mageninhaltes. (Die Ziffern bezeichnen die zeitliche Folge, in der die Nahrung aufgenommen wurde.) (Nach GRÖDEL.)

großer Bedeutung für die Weiterführung der Verdauung der Polysaccharide (d. h. von Stärke und Glykogen). Der Magensaft selbst enthält zwar keine Amylase, aber die Speichelamylase, die während des nur kurze Zeit dauernden Aufenthaltes der Speise in der Mundhöhle kaum auf die Stärke hat einwirken können, ist auch trotz der mit ihrer Tätigkeit nicht zu vereinbarenden stark sauren Reaktion des Magensaftes im Magen noch einige Zeit wirksam. Dieser Widerspruch klärt sich in folgender Weise auf: Der Speisebrei, der durch die Kardia in einzelnen Schüben in den Magen eingelassen wird, wird dort nicht mit dem Magensaft sofort innig durchmischt, sondern so geschichtet, daß die zuletzt geschluckte Nahrung immer etwa in der Mitte und oben in der Nähe der kleinen Kurvatur gelegen ist. Abb. 99 zeigt nach Röntgenaufnahmen ein solches Schichtungsbild vom menschlichen Magen. In diese aufeinandergeschichteten, noch vorwiegend dickbreiigen Massen kann die Salzsäure nur langsam von außen her eindringen, da der Mageninhalt nicht durchmischt wird, die Peristaltik vielmehr lediglich den Inhalt pyloruswärts weiterbewegt. Man kann im Tierversuch, wenn man Futter reicht, das mit einem säureempfindlichen Indicator vermischt ist, ohne weiteres feststellen, daß gelegentlich selbst mehrere Stunden nach der Nahrungsaufnahme die Reaktion in der Mitte des Mageninhaltes noch nicht sauer geworden ist, daß die Salzsäure den Speisebrei also noch nicht durchdrungen hat. Die Amylase wirkt aber so lange fort, wie das nicht der Fall ist. Es steht fest, daß auch im menschlichen Magen die Speichelamylase Stärke bis zu etwa 60% in Dextrine und Maltose zerlegen kann. Somit ist kein Zweifel daran möglich, daß sie ihre Wirkung zum überwiegenden Betrage im Magen ausübt.

Für die Verdauung ist außerordentlich wichtig, daß Amylase wie Pepsin auch aus uneröffneten pflanzlichen Zellen Stärke bzw. Eiweißkörper herauslösen können (STRASBURGER; HEUPKE). Diese Fermente, und ähnliches gilt im Dünndarm für Trypsin und Lipase, durchdringen also die Cellulosemembranen der Pflanzenzellen. Da bei der mechanischen Zerkleinerung der Nahrung durch das Kauen pflanzliche Zellen nur in kleiner Zahl tatsächlich zertrümmert werden, ihren Inhalt also austreten lassen können, kann nur durch das Eindringen der Verdauungsfermente in die Pflanzenzellen die in den pflanzlichen Nahrungsstoffen gespeicherte Energie ausgenutzt werden.

Zur Fortbewegung der Speise aus dem Magen ins Duodenum öffnet sich vor einer der gegen ihn hinziehenden peristaltischen Wellen der gewöhnlich fest geschlossene Pylorus, und eine kleine Portion des sauren Mageninhaltes *(Chymus)* tritt ins Duodenum über. Diese Öffnung geschieht aber nur gelegentlich, die meisten peristaltischen Wellen enden am Pylorus. Öffnung und Schließung des Magenausgangs sind reflektorische Vorgänge *(Pylorusreflex)*. Der Pylorus wird verschlossen, wenn saurer Mageninhalt ins Duodenum gelangt, geöffnet, wenn die saure Reaktion durch den alkalischen Darmsaft abgestumpft worden ist.

d) Die Verdauung im Darm.

Im Dünndarm wirken auf den aus dem Pylorus austretenden sauren Chymus drei Sekrete ein: Pankreassaft, Darmsaft und Galle. Die Verdauung kann ihren regelrechten Fortgang nur dann nehmen, wenn diese drei Sekrete gleichzeitig vorhanden sind. Durch Speichel und Magensaft ist erst ein sehr kleiner Teil der Verdauungsarbeit geleistet worden. Stärke ist zum größten Teil, aber keineswegs vollständig, zu Dextrinen und Maltose aufgespalten worden, aus den Eiweißkörpern sind die leichter löslichen Peptone entstanden, dagegen sind die Fette noch praktisch unverändert. Alle im Dünndarm wirkenden Fermente haben entweder bei neutraler oder sogar bei schwach alkalischer Reaktion ihre optimale Wirkung. Darum muß im Dünndarm die saure Reaktion des Mageninhaltes abgestumpft werden. Dabei wird der Darminhalt aber zunächst nicht alkalisch, in den oberen und mittleren Darmabschnitten ist vielmehr nicht alkalische, sondern eher schwach saure Reaktion als physiologisch anzusehen, erst im Ileum wird die Reaktion gelegentlich alkalisch (s. Tabelle 74).

Tabelle 74. pH-Werte in verschiedenen Dünndarmabschnitten.

Darmabschnitt	ph
Duodenum	5,9—6,6
Oberes Jejunum .	6,2—6,7
Unteres Jejunum .	6,2—7,3
Ileum	neutral bis schwach alkalisch

Im ganzen Darmkanal findet sich eine als *Darmstoff* bezeichnete, hormonartige Substanz noch unbekannter Struktur, die die Darmbewegungen und den Tonus glattmuskliger Organe steigert.

1. Darmsaft.

Der Darmsaft wird in den LIEBERKÜHNschen Krypten und BRUNNERschen Drüsen des Dünndarms gebildet. In der Duodenalschleimhaut kommen anscheinend Pepsin und Kathepsin vor. Die Sekretion der BRUNNERschen Drüsen wird auf hormonalem Wege durch das Secretin (s. S. 276 f.) gesteuert. Er ist eine wasserklare bis weißliche oder hellgelbe Flüssigkeit, die opalesciert und häufig Schleim enthält. Reiner Darmsaft kann aus Darmfisteln gewonnen werden, indem man Darmschlingen aus dem Zusammenhang mit dem Darm herausschneidet und ihre Mündung in die Haut einnäht (s. S. 360).

Das *spezifische Gewicht* des Darmsaftes beträgt 1,010, der p_H-*Wert* 8,3, die *Gefrierpunktserniedrigung* etwa 0,62°. Er hat, daher erklärt sich das hohe spezifische Gewicht, einen beträchtlichen Gehalt an Kochsalz und an Natriumhydrogencarbonat, dagegen nicht, entgegen früheren Angaben, an Soda, weil bei einem p_H-Wert von 8,3 sich Soda noch nicht bilden kann. Der Darmsaft enthält eine Reihe von Fermenten: *Erepsin, Lipase, Amylase, Maltase, Lactase* und als *Nucleasen* bezeichnete Fermente der Polynucleotidspaltung (s. S. 301).

Die eiweißspaltende Wirkung des Darmsaftes wurde früher *einem* Ferment Erepsin zugeschrieben (COHNHEIM). Erepsin ist aber ein Fermentgemisch, dessen Komponenten ebenso im Pankreassaft (s. S. 372) wie im Darmsaft vorkommen. Das Darmerepsin unterscheidet sich vom Pankreaserepsin nur durch das Mischungsverhältnis der drei Komponenten Aminopeptidase, Dipeptidase und Prolinase.

Seine Wirkung erstreckt sich also nur auf höhere und niedere Peptide. Die *Lipase* ist für die Fettverdauung wegen ihrer geringen Menge ohne große Bedeutung. Eine unwesentliche Wirkung hat auch die *Amylase* des Darmsaftes. Von den verschiedenen disaccharidspaltenden Fermenten ist weitaus am wichtigsten und aktivsten die *Maltase* (α-Glucosidase, s. S. 301 ff.), die sowohl Maltose wie Rohrzucker spaltet. Eine besondere *Saccharase* [β-(h)-Fructosidase] kommt im Darm anscheinend nicht vor. *Lactase* findet sich in größeren Mengen nur dann im Darmsaft, wenn, wie bei Kindern und jungen Menschen, Milch regelmäßig aufgenommen wird. Später wird sie angeblich auch nur unter diesen Ernährungsbedingungen gefunden. Es würde sich also um eine adaptive Fermentbildung handeln. Die *Nuclease* spaltet Polynucleotide bis zur Stufe der Nucleoside, d. h. daß die Polynucleotide erst zu Mononucleotiden abgebaut werden, worauf diese durch Dephosphorylierung in Nucleoside umgewandelt werden. Wenn, wie früher ausgeführt, die Mononucleotide durch Bindungen zwischen Phosphorsäure und Pentose (s. S. 107) zum Polynucleotid vereinigt sind, wäre die erste Stufe des Polynucleotidabbaus und ebenso auch die zweite auf eine Phosphatase zurückzuführen. Die Annahme eines Fermentes „Nuclease" erscheint daher überflüssig.

Einer der wichtigsten Bestandteile des Darmsaftes ist die *Enterokinase* (s. S. 317), die für die Aktivierung der Proteinase und der Carboxypolypeptidase des Trypsingemisches notwendig ist. Sie wird besonders dann abgegeben, wenn Pankreassaft mit der Schleimhaut des Duodenums in Berührung kommt.

Darmsaft hat ebenso wie Magensaft bactericide Eigenschaften, die aber keineswegs absolut sind, so daß im ganzen Dünndarm eine gewisse Bakterienflora, vorwiegend handelt es sich um Milchsäurebildner, angetroffen wird; im oberen Dünndarm ist die Besiedlung allerdings sehr spärlich, analwärts nimmt sie merklich zu.

Die Menge des täglich abgesonderten Darmsaftes läßt sich nicht exakt ermitteln, da man nicht feststellen kann, welche Rolle die Resorption in der gleichen Zeit gespielt hat. Die Sekretion des Darmsaftes wird vorwiegend durch lokale mechanische oder chemische Reize auf die Schleimhaut ausgelöst und unterscheidet sich damit von der Auslösung der Sekretion von Magen- und Pankreassaft. Als chemischer Reiz ist unter physiologischen Bedingungen der wichtigste die saure Reaktion des Magensaftes. Möglicherweise wird der Sekretionsreiz auf die sezernierenden Schleimhautelemente auf humoralem Wege übertragen; die Sekretion von Darmsaft wird ebenso wie die von Pankreassaft durch Injektion von Secretin angeregt.

2. Pankreassaft.

Der Pankreassaft ist eine durchsichtige, farb- und geruchlose Flüssigkeit, der in den äußersekretorischen Teilen der Bauchspeicheldrüse gebildet wird. Man kann ihn rein aus Fisteln des Pankreasganges gewinnen. Menge und Zusammensetzung sind, abhängig von der Art und der Zusammensetzung der Nahrung, sehr erheblichen Schwankungen unterworfen. Sein Gehalt an festen Stoffen ist höher als der des Darmsaftes, das *spezifische Gewicht* liegt bei etwa 1,015. Da aber die festen Stoffe zu einem erheblichen Teil aus Eiweißkörpern bestehen (Albumine, Globuline, daneben auch Peptone), hat die *Gefrierpunktserniedrigung* mit $0,61—0,62°$ nur etwa den gleichen Wert wie im Darmsaft. Der Gehalt an *anorganischen Stoffen* beträgt ziemlich konstant ungefähr 0,9 %; die Hauptmenge ist Natriumhydrogencarbonat, daneben findet sich in wesentlich kleinerer Konzentration Kochsalz. Der p_H-Wert des Pankreassaftes beträgt ebenfalls etwa 8,3; auch er kann also aus den gleichen Gründen wie der Darmsaft keine Soda enthalten.

Der Pankreassaft ist die wichtigste Quelle der Verdauungsfermente und als solche nicht zu ersetzen. Bei seinem Fehlen treten nicht nur schwerste Störungen der Verdauung, sondern auch des allgemeinen Befindens auf. Die wichtigsten Fermente des Pankreas sind für die Eiweißverdauung das als „*Trypsin*" bezeichnete Gemisch eiweiß- und peptidspaltender Fermente, das *Chymotrypsin* (s. S. 318f.), sowie eine neuerdings als *Pankrin* beschriebene besonders wirksame Protease; für die Fettverdauung die *Lipase* und für die Stärkeverdauung die *Amylase*. Daneben findet sich auch noch eine *Maltase*, die aber geringere Bedeutung hat.

Die eiweißspaltende Wirkung des Pankreassaftes wurde 1857 von L. CORVISART entdeckt. Das Ferment, auf das man sie zurückführte, bezeichnete man als Trypsin. Durch die Untersuchungen von WALDSCHMIDT-LEITZ ist aber gezeigt worden, daß die Pankreasprotease nicht einheitlich, sondern ein Gemisch mehrerer Einzelfermente mit ziemlich begrenztem Wirkungsbereich ist. Der rohe Fermentextrakt wurde zunächst in zwei Fraktionen aufgeteilt, die als „Pankreastrypsin" und „Pankreaserepsin" bezeichnet wurden. Die Spezifität der verschiedenen Pankreaspeptidasen ist an einer sehr großen Zahl von künstlich hergestellten Peptiden genau bekannter Konstitution geprüft worden. Einige der Ergebnisse sind in Tabelle 75 zusammengestellt. An den Ergebnissen ist besonders bemerkenswert, daß die eigentliche Proteinase ohne Aktivierung völlig unwirksam ist. Ebenso wie die Pankreasproteinase ist auch die tryptische Carboxypeptidase durch Enterokinase aktivierbar.

Tabelle 75. Spezifität der verschiedenen Pankreaspeptidasen.

Substrat	Prolinase	Dipeptidase	Carboxypeptidase		Proteinase („Trypsin")	
			ohne	mit	ohne	mit
			Aktivierung durch Enterokinase		Aktivierung durch Enterokinase	
Prolyl-glycin	+	—	—	—	—	—
Prolyl-glycyl-glycin	+	—	—	—	—	—
Glutaminyl-tyrosin	—	+	+	+	—	—
Andere Dipeptide	—	+	—	—	—	—
Leucyl-glycvl-tyrosin	—	—	+	++	—	—
Peptone	—	—	+	++	—	—
Histone.	—	—	—	—	—	+
Fibrin, Edestin, Gliadin, Gelatine, Casein, Albumin, Globulin	—	—	—	—	—	+

Trypsin und Lipase bedürfen beide zur Entfaltung ihrer vollen Wirksamkeit der Aktivierung und beide finden nicht die für die maximale Wirkung der reinen Fermente erforderliche H-Ionenkonzentration im Darmsaft. Aber die an mehr oder weniger gereinigten Fermentlösungen ermittelten p_H-Optima entsprechen sehr häufig nicht den natürlichen Wirkungsbedingungen. Durch Anwesenheit mancher Stoffe können auch in gereinigten Fermentlösungen die p_H-Optima verschoben werden; sie sind weiterhin in ziemlich erheblichem Grade von den Eigenschaften der vorhandenen Substrate abhängig. Eine Verschiebung des p_H-Optimums auf eine Reaktion, die etwa der Darmreaktion entspricht, erfährt das Trypsin z. B. schon durch die Gegenwart von Galle, wirksam sind dabei die Gallensäuren. Auch aus anderen Gründen kann sehr häufig die Reaktion des p_H-Optimums nicht als beste Wirkungsbedingung eines Fermentes angesehen werden. Manche Fermente, zu ihnen gehört auch das Trypsin, erleiden bei einer für ihre Funktion optimalen Reaktion irreversible Schädigungen. Alles dies deutet darauf hin, daß ein unter künstlichen Bedingungen aufgefundenes p_H-Optimum allein unter natürlichen Bedingungen durchaus noch keine optimale Wirkung gewährleistet, sondern daß sie auch von allen übrigen Umständen abhängig ist.

Die *Aktivierung des Trypsins* besorgt die Enterokinase des Darmsaftes. Die *Aktivierungsbedingungen für die Lipase* sind nicht so übersichtlich. Es handelt sich hierbei weniger um eine Aktivierung des Fermentes als um die Herstellung günstiger Wirkungsbedingungen. Die Fette sind von vornherein schwerer angreifbar als die Substrate anderer Fermente, weil sie in Wasser völlig unlöslich sind. Eine Vereinigung von Ferment und Substrat als Voraussetzung der Spaltung ist bei ihnen also nur in geringem Umfange möglich. Die Bedingungen für die Spaltung werden wesentlich verbessert, wenn die zunächst sehr großen Fetttropfen in einen feineren Verteilungszustand, also in eine Emulsion überführt werden, so daß die Oberfläche, durch die Lipase und Fett miteinander in Berührung gebracht werden können, erheblich größer wird. Dazu muß aber die hohe Oberflächenspannung, die an der Grenzfläche von Fett gegen Wasser besteht, erniedrigt werden. Das geschieht im Dünndarm, und darin besteht die eine Seite der Aktivierung der Lipase. Zur Erklärung der Herabsetzung der Oberflächenspannung ist früher angenommen worden, daß die geringen Mengen von freien Fettsäuren, die in allen Fetten von vornherein schon enthalten sind oder die vielleicht durch die Wirkung der Magenlipase gebildet werden, sich mit dem Alkali des Darmsaftes zu Seifen verbinden. Seifen haben gegen Wasser nur eine sehr kleine Oberflächenspannung. Wenn also ein Fetttropfen an einer kleinen Stelle seiner Oberfläche mit einer Seifenschicht bedeckt ist, so muß sich dort ein Fetttröpfchen abschnüren und diese Abschnürung von mit Seife umhüllten Fetttröpfchen sich dann so lange fortsetzen, bis das ganze Fett emulgiert ist. Die Möglichkeit eines solchen Vorganges läßt sich im Experiment leicht nachweisen: Schüttelt man Olivenöl in Gegenwart von Soda mit Wasser, so bildet sich sofort eine stabile Emulsion; ohne Soda ist das nicht der Fall. Auf biologische Verhältnisse ist diese Erklärung aber nicht anwendbar, weil, wie oben gezeigt, die hierfür unerläßliche Voraussetzung, eine alkalische Reaktion im Darm, fehlt. Seifen, d. h. die Natriumsalze der höheren Fettsäuren, sind, wie JARISCH gezeigt hat, erst bei p_H-Werten von 8,6—9,0 an aufwärts stabil, sie können also im Darm nicht entstehen. Nach VERZÁR *werden die Fette vielmehr unter Mitwirkung der Desoxycholsäure emulgiert, indem sich aus ihr und den Fettsäuren Choleinsäuren* (s. S. 53) *bilden.* Choleinsäuren sind wasserlöslich und haben eine geringe Oberflächenspannung, tatsächlich spielen also sie bei der Emulgierung der Fette die fälschlich den Seifen zugeschriebene Rolle.

Die andere Seite der Aktivierung der Lipase ist die Bildung der Enzym-Substratverbindung durch „komplexe Adsorption", (s. S. 295), indem sich Ferment und Substrat nicht direkt, sondern unter Mitwirkung von Eiweißkörpern und Kalksalzen miteinander vereinigen. Die Lipase spaltet die Neutralfette über Diglyceride (vorwiegend in Stellungen 1 und 2 verestert) und Monoglyceride (vorwiegend 2-Monoglyceride) zu freien Fettsäuren und Glycerin. Dabei ist beobachtet worden, daß während der Verdauung unter der Wirkung von Pankreaslipase auch neue Glycerin-ester-bindungen entstehen.

Die Proteasen und Peptidasen zerlegen zusammen mit dem Darmerepsin, dessen Komponenten, wenn auch in anderem Mengenverhältnis, ja auch im Trypsingemisch enthalten sind (s. S. 372), alle Eiweißkörper bis zu den Aminosäuren. Die meisten Eiweißkörper werden durch das Trypsingemisch nicht schlechter verdaut als durch Pepsin. Eine Ausnahme bilden die Kollagene des Bindegewebes. Diese quellen bei der stark sauren Reaktion im Magen auf und werden dadurch in ihrer Struktur aufgelockert, so daß Pepsin bessere Angriffsmöglichkeiten findet. Andere Gerüsteiweiße, wie Keratine und Elastine, sind fermentativ überhaupt nicht spaltbar.

Geringe Mengen von Pankreassaft werden beim Menschen anscheinend kontinuierlich sezerniert, die Sekretion wird aber durch die Nahrungsaufnahme erheblich verstärkt, so daß je Tag etwa $1—1^1/_2$ Liter Sekret gebildet wird. Die Sekretion wird bereits auf reflektorischem Wege von der Mundhöhle aus durch die Nahrungsaufnahme ausgelöst. Die zweite Anregung ist der Übertritt des Chymus ins Duodenum. Durch die saure Reaktion des Mageninhaltes wird in der Duodenalschleimhaut die Bildung von *Secretin* (s. S. 276f.) ausgelöst, das durch seinen Übertritt ins Blut auf humoralem Wege die Sekretion des Pankreas anregt. Diese Sekretionförderung betrifft anscheinend nur die Abgabe von Wasser und Hydrogencarbonat. Der Fermentgehalt des Pankreassaftes dagegen steigt an unter der Wirkung eines anderen, *Pankreozymin* genannten Hormons, das ebenfalls aus der Darmschleimhaut stammt. Neben saurer Reaktion ist ferner die Anwesenheit von Fetten im Duodenum ein sehr wirksamer Sekretionsreiz, allerdings anscheinend erst nach ihrer Aufspaltung und der Entstehung freier Fettsäuren.

3. Galle.

Dem Sekret der Darmdrüsen und des Pankreas mengt sich im Duodenum die Galle, das Sekret und Exkret der Leber bei. Sie enthält eine große Reihe von Stoffen, die auf diesem Wege als Endprodukte des Stoffwechsels aus dem Körper ausgeschieden werden. Sie enthält aber auch Substanzen, die für die Tätigkeit des Verdauungsapparates noch von entscheidender Bedeutung sind. Nach ihrer Absonderung wird die Galle nicht sofort in den Darm abgeführt, sondern in die Gallenblase geleitet, wo sie vor allem durch Resorption von Wasser aber auch von festen Stoffen eingedickt und in ihrer Zusammensetzung verändert wird. Die Eindickung, d. h. die Wasserresorption ist sehr erheblich, so daß die Blasengalle bis zu 20—30mal konzentrierter sein kann als die Lebergalle. Es ist daher auch nicht möglich, über ihre Zusammensetzung allgemeingültige Angaben zu machen. Die von der Leber täglich gebildete Gallenmenge beträgt etwa 800—1000 cm³. Im Durchschnitt enthält die Blasengalle etwa 17 % feste Stoffe, die wie die Tabelle 76 zeigt, überwiegend aus Lipoiden und Gallensäuren bestehen. Den Rest machen Alkali- und Erdalkalichloride und -phosphate, Farbstoffe und Schleim aus.

Lecithin und gallensaure Salze sollen miteinander zu einem Komplex (Lipoid-Gallensalz-System) vereinigt sein, der eine besonders gute Löslichkeit für Cholesterin hat. Ferner ist ein Komplex aus Bilirubin, Cholesterin, Desoxycholsäure und Lecithin beschrieben worden, der bei der Eindickung der Galle in der Gallenblase entstehen soll. Diese Komplexe verhindern das Ausfallen des Cholesterins.

Tabelle 76. Lipoid- und Gallensäurengehalt der menschlichen Blasengalle in % der gesamten festen Substanzen. (Nach Isaksson.)

Substanz	Schwankungsbreite	Mittel
Cholesterin (*nur freies*) . .	2,5— 5,8	3,6
Fettsäuren, freie	0,8— 2,3	1,3
Neutralfett	0,7— 1,8	1,3
Lecithin	17,0—24,0	19,7
Cholsäure	11,2—24,6	20,1
Chenodesoxycholsäure . .	14,9—26,2	20,0
Desoxycholsäure	2,6—14,5	7,7
Andere Bestandteile . .		14,5
Gesamtgehalt an festen Substanzen (g/*l*) . . .	80—279	173

Der p_H-Wert beträgt etwa 7,4—7,7. Der Schleim wird der Galle erst in den ableitenden Gallenwegen und in der Gallenblase beigemengt. Durch die Galle können außer Produkten des Stoffwechsels eine ganze Reihe von körperfremden Stoffen (auch Arzneimittel) aus dem Körper entfernt werden.

Über die verschiedenen *Gallensäuren*, die die Galle enthält, ist bereits früher eingehend berichtet worden (s. S. 52f.). Die menschliche Galle enthält vorwiegend Desoxycholsäure und Chenodesoxycholsäure, weniger Cholsäure. Diese Gallensäuren sind, wie schon früher beschrieben, mit Glykokoll und Taurin gepaart, liegen also als *Glykodesoxycholsäure* und *Taurodesoxycholsäure* usw. vor. Daneben enthält die Galle nicht unerhebliche Mengen der durch Vereinigung von Desoxycholsäure mit Fettsäuren entstehenden *Choleinsäuren*. An weiteren organischen Bestandteilen finden sich, außer den in Tabelle 76 aufgeführten, *gepaarte Schwefel-* und *Glucuronsäuren* (s. S. 15f. u. 560). Diese gepaarten Säuren entstehen in der Leber zur Entgiftung phenolartiger Stoffe.

Frische Lebergalle hat eine dunkelgoldgelbe bis gelbbraune Farbe. Blasengalle ist dunkler und oft grünlich gefärbt. Die gelbe Farbe beruht auf der Anwesenheit von *Bilirubin*, die grüne auf der seiner Vorstufe *Biliverdin*. Das Bilirubin entsteht aus der prosthetischen Gruppe des Hämoglobins, dem Häm (s. S. 117ff.), das beim Zerfall der roten Blutzellen frei wird und anscheinend nicht zum Wiederaufbau neuer Blutkörperchen verwandt werden kann. Es wird in der Gallenblase durch in der Leber der Galle beigegebene Dehydrogenasen über *Mesobilirubin* zu *Urobilinogen (Mesobilirubinogen)* reduziert. Das *Stercobilin*, ein anderes Reduktionsprodukt des Gallenfarbstoffs, entsteht im Darm durch die reduktive Tätigkeit von Darmbakterien, aber nicht über das Urobilinogen. Ein Teil des Urobilinogens

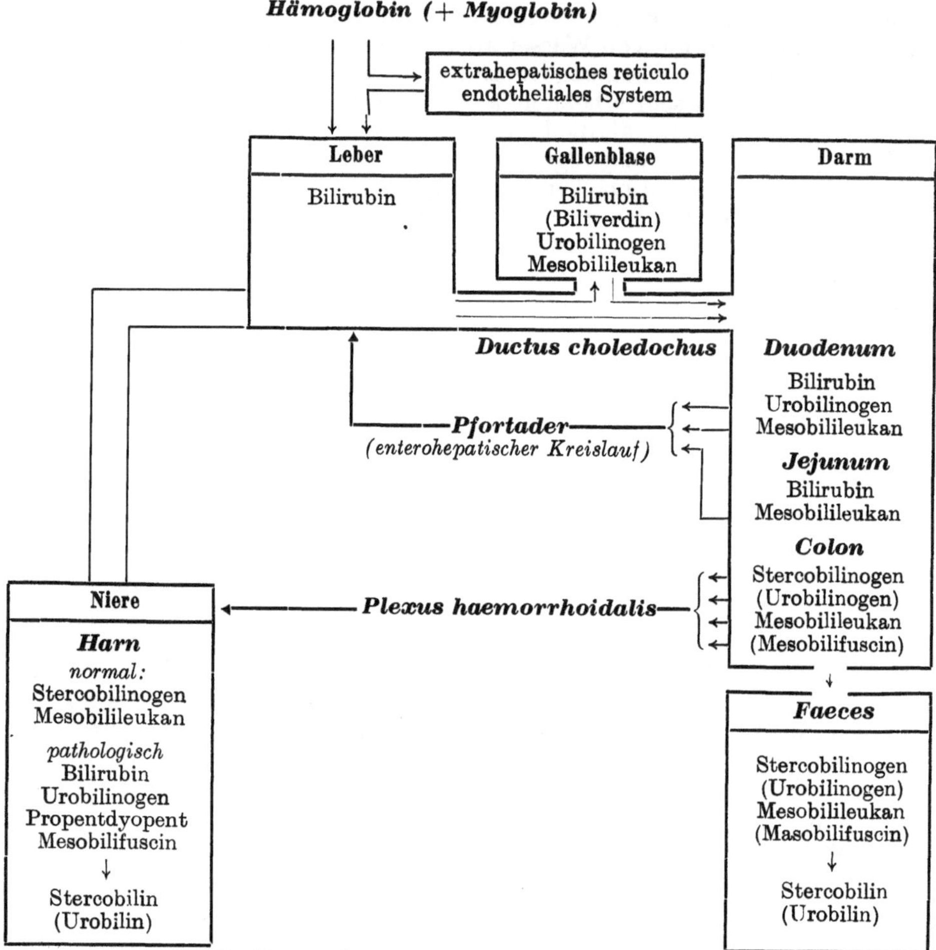

Abb. 100. Abbau- und Ausscheidungswege des Bilirubins (nach SIEDEL).

wird im Kot ausgeschieden, ein anderer Teil aber in die Leber zurückgeleitet und dort abgebaut. Der biologische Sinn dieses „*enterohepatischen Kreislaufs des Gallenfarbstoffs*" ist unklar. Die zwischen dem Bilirubin und seinen verschiedenen Reduktionsprodukten bestehenden Beziehungen sind bereits an anderer Stelle wiedergegeben (s. S. 118ff.). Zum besseren Verständnis sind in der Abb. 100 die Umwandlungen des Bilirubins und seine Ausscheidungswege sowie die seiner Umwandlungsprodukte nach SIEDEL zusammengestellt.

Die Gallenfarbstoffe werden hauptsächlich in der Leber, und zwar in den KUPFFERschen Sternzellen gebildet. Eine geringfügige extrahepatische

Bildung von Gallenfarbstoffen beruht wohl auf dem Vorkommen ähnlicher Zellen des reticuloendothelialen Systems in Milz und Knochenmark.

Die *Gallensäuren* sind die biologisch wichtigsten Bestandteile der Galle. Durch ihre Beteiligung bei der Emulgierung der Fette, die bereits oben besprochen wurde (s. S. 347), beschleunigen sie die *Verdauung* der Fette zwar erheblich, sind aber für sie nicht unbedingt notwendig, da auch beim Fehlen der Galle im Darm die Fette, wenn auch wesentlich verlangsamt, gespalten werden können. Auch für die *Resorption* der Fettsäuren sollen sie nicht erforderlich sein. Wenn auch die Gallensäuren zur Eiweißverdauung bereits dadurch eine Beziehung haben, daß durch ihre Gegenwart das p_H-Optimum der Trypsinwirkung etwa auf den p_H-Wert des Darminhaltes nach der sauren Seite verschoben wird, so greifen sie auch noch indirekt in anderer Weise in die Verdauung der Proteine ein. Die beim Fehlen der Gallensäure als unresorbierbar im Darm zurückbleibenden Fettsäuren umhüllen die Eiweißkörper und erschweren damit ihre Spaltung und Resorption. Beim Abschluß der Galle vom Darm, wie er bei Erkrankungen der Leber vorkommt und zum Übertritt von Gallenbestandteilen ins Blut führt *(Icterus)*, ist also der Darminhalt wesentlich verändert. Der Kot sieht wegen des Fehlens der Farbstoffe grauweiß aus, er enthält viel Fettsäuren und unveränderte Eiweißkörper, die aber teilweise im Dickdarm durch die Bakterien abgebaut werden.

Bildung und Absonderung der Galle durch die Leber geschehen kontinuierlich, ihre Abgabe aus der Gallenblase und auch ihre Bildung in der Leber werden durch die Verdauungsvorgänge angeregt, und zwar zunächst durch den Übertritt des Chymus in das Duodenum. Dabei wirken als Reize vor allem Fette und Eiweißspaltprodukte. Wahrscheinlich regt Secretin die Bildung in der Leber an. Ein besonders wirksamer Sekretionsreiz ist aber die Resorption von Gallensäure aus dem Darm. Ebenso wie für die Gallenfarbstoffe besteht auch für die Gallensäuren ein enterohepatischer Kreislauf. Die aus dem Darm aufgesaugten und der Leber wieder zugeführten Gallensäuren sorgen also gleichsam dafür, daß sie wieder in den Darm, wo sie zur Emulgierung der Fettsäuren nötig sind, abgeschieden werden. Die Abgabe der Galle aus der Gallenblase beruht auf aktiven Kontraktionen der Gallenblase, durch die ihr Inhalt ausgepreßt wird. Auch diese werden wahrscheinlich hormonal vom Darm aus durch ein dem Secretin nahestehendes *Cholecystokinin* (Ivy) angeregt.

4. Dickdarm.

Die Verdauungsprozesse sind im Dünndarm abgeschlossen, und auch die Resorption der aus den Nahrungsstoffen durch die Verdauungsfermente entstandenen Spaltprodukte ist hier im wesentlichen beendet. Aber auch im Dickdarm spielen sich noch Vorgänge von großer biologischer Bedeutung ab. Erstens die Resorption der erheblichen Wassermengen, die sich mit den verschiedenen Verdauungssäften in den Darmkanal ergossen haben und zweitens die bakteriellen Gärungs- und Fäulnisvorgänge an unresorbierbaren oder nicht resorbierten Eiweißkörpern, Kohlenhydraten und Fetten bzw. ihren Spaltprodukten. Durch das Zusammenwirken dieser beiden Prozesse wandelt sich der Darminhalt allmählich in den Kot um.

Die bakteriellen Veränderungen der *Kohlenhydrate* betreffen im wesentlichen das Polysaccharid Cellulose, aus dem neben völlig unverwertbaren Gasen wie Methan, Wasserstoff und Kohlendioxyd auch *niedere Fettsäuren* entstehen. Diese können von der Darmwand noch resorbiert werden, so daß ein Teil der in der unverdaulichen Cellulose gespeicherten Energie vom Organismus verwertet werden kann. In geringem Grade können einige Bakterienarten anscheinend auch Cellulose über Cellobiose zu Glucose aufspalten, so daß ihre Energie auch auf diesem Wege dem Körper zugeführt wird.

Die *reduktive Tätigkeit* der Bakterien, wie sie z. B. in der Bildung von Fettsäuren aus Kohlenhydraten offenbar wird, zeigt sich auch in anderen Umsetzungen. Die Entstehung von Stercobilinogen aus Bilirubin und von Koprosterin aus Cholesterin geht so vor sich und ebenso die Bildung der Sulfide (Schwefelwasserstoff) aus den schwefelhaltigen Aminosäuren.

Aus *Eiweißkörpern* bzw. aus *Aminosäuren* entstehen bei der Darmfäulnis einige sehr charakteristische Produkte. Die einfachste Veränderung der Aminosäuren ist die Decarboxylierung unter Bildung der entsprechenden Amine *(proteinogene Amine)*. In dieser Weise werden besonders die Diaminosäuren abgebaut. Es entstehen aus dem Ornithin das *Putrescin* (Tetramethylendiamin), aus dem Lysin das *Cadaverin* (Pentamethylendiamin):

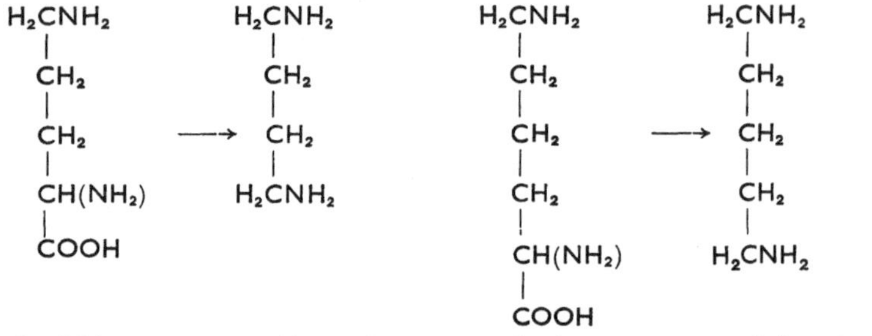

$$
\begin{array}{cccc}
\mathrm{H_2CNH_2} & \mathrm{H_2CNH_2} & \mathrm{H_2CNH_2} & \mathrm{H_2CNH_2} \\
| & | & | & | \\
\mathrm{CH_2} & \mathrm{CH_2} & \mathrm{CH_2} & \mathrm{CH_2} \\
| & | & | & | \\
\mathrm{CH_2} \longrightarrow & \mathrm{CH_2} & \mathrm{CH_2} \longrightarrow & \mathrm{CH_2} \\
| & | & | & | \\
\mathrm{CH(NH_2)} & \mathrm{H_2CNH_2} & \mathrm{CH_2} & \mathrm{CH_2} \\
| & & | & | \\
\mathrm{COOH} & & \mathrm{CH(NH_2)} & \mathrm{H_2CNH_2} \\
& & | & \\
& & \mathrm{COOH} & \\
\text{Ornithin} & \textbf{Putrescin} & \text{Lysin} & \textbf{Cadaverin}
\end{array}
$$

Ein zweiter Abbauweg ist die Desaminierung unter gleichzeitiger Reduktion, so daß aus den Aminosäuren die ihnen entsprechenden Fettsäuren und Ammoniak entstehen:

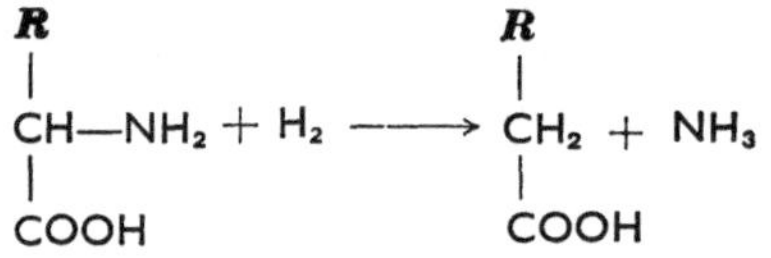

$$
\begin{array}{ccc}
\boldsymbol{R} & & \boldsymbol{R} \\
| & & | \\
\mathrm{CH-NH_2 + H_2} \longrightarrow & & \mathrm{CH_2 + NH_3} \\
| & & | \\
\mathrm{COOH} & & \mathrm{COOH}
\end{array}
$$

Bei aromatischen Aminosäuren kann die Seitenkette, meist also das Alanin, völlig oder bis auf eine Methylgruppe abgespalten werden. So entstehen aus Tyrosin *p-Kresol* und *Phenol*, aus Tryptophan *Skatol* und *Indol*. Daß schwefelhaltige Aminosäuren H_2S bilden können, wurde schon erwähnt,

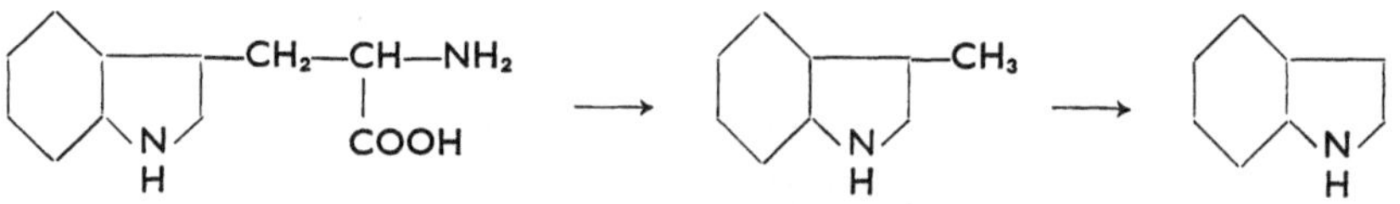

Tryptophan   →   Skatol   →   Indol

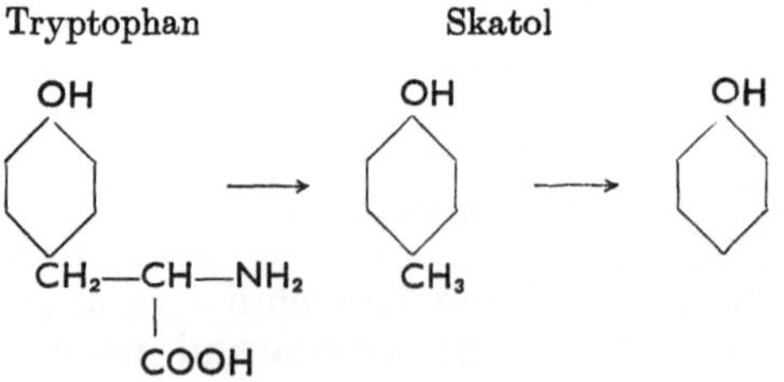

Tyrosin   →   Kresol   →   Phenol

aber es können auch *Mercaptane* (z. B. CH_3SH) entstehen. Die gebildeten
Fäulnisprodukte werden teils ausgeschieden, teils aber auch resorbiert und
die Phenole, da sie giftig sind, in der Leber mit Schwefelsäure oder
Glucuronsäure verestert und in dieser Form mit dem Harn, zum Teil auch
mit der Galle, ausgeschieden.

Die Frage, ob die *Bakterienansiedlung im Dickdarm lebensnotwendig*
ist, ist dahin entschieden, daß auch völlig steril aufgezogene Tiere, sofern
nur in ihrem Futter alle notwendigen Nahrungsstoffe enthalten sind,
normal gedeihen.

Ob neben der Wasserresorption und den bakteriellen Zersetzungen im
Dickdarm auch die *Exkretion bestimmter Stoffe* eine wesentliche Rolle
spielt, wie dies früher für Eisensalze, Calciumsalze, Phosphate und Cholesterin angenommen wurde, muß nach neueren Untersuchungen als zweifelhaft erscheinen. Die angeführten anorganischen Stoffe werden wahrscheinlich
schon im Dünndarm mit den Verdauungssekreten ausgeschieden. Calcium
und Phosphat werden in den unteren Dünndarmabschnitten zum Teil zurückresorbiert. Cholesterin wird mit der Galle in den Darm abgegeben. Es
wird im Dickdarm sogar teilweise wieder rückresorbiert. Fette scheinen
dagegen von der Darmwand sezerniert und die in ihnen enthaltenen Fettsäuren teilweise wieder rückresorbiert werden zu können.

Der *Kot*, in den durch die Resorption des Wassers und durch die bakteriellen Zersetzungen der Darminhalt im Dickdarm umgewandelt wird,
setzt sich zusammen aus pflanzlichen Zelltrümmern, die nicht verdaut
oder vergoren worden sind, aus Resten der Verdauungsfermente, vor
allem aber aus abgestoßenen Epithelzellen der Darmschleimhaut und aus
abgestorbenen Bakterien. Die Trockensubstanz des Kotes kann bis zu 25%
aus Darmepithelien, bis zu 50% aus Bakterien bestehen. Die Kotfarbe
rührt von den Umwandlungsprodukten des Gallenfarbstoffes her, der eigenartige fäkale Geruch vom Indol und den bei der Gärung entstandenen
niederen Fettsäuren. Der Wassergehalt des Kotes beträgt etwa 65—85%.
Die Kotmenge hängt weitgehend von der Art der Nahrung ab. Aber auch
während des Hungers wird Kot gebildet, da die Abstoßung der Epithelien
sowie die Vermehrung und das Absterben der Bakterien weitergehen. Eine
gut verdauliche und schlackenarme Kost bildet wenig Kot, dagegen wird
aus einer schlackenreichen Kost, vor allem also aus pflanzlicher Nahrung,
viel Kot gebildet.

e) Resorption.

Der fermentativen Aufspaltung der Nahrungsstoffe hat ihre Auf-
saugung durch die Darmwand, die Resorption, zu folgen, ja sie geht zeitlich neben der Verdauung her und hält mit ihr Schritt. Allem Anschein
nach werden die Spaltprodukte mancher Nahrungsstoffe mit einer Geschwindigkeit resorbiert, die der Geschwindigkeit der Spaltung entspricht. Die
Tatsache, daß der Aufspaltung der Nahrung die Resorption der Spaltprodukte etwa nachkommt, ist für die Geschwindigkeit der Verdauung außerordentlich wichtig, weil sich niemals ein Gleichgewicht im Sinne des Massenwirkungsgesetzes einstellen kann, d. h. die Geschwindigkeit der Spaltung
wird weder durch die Anhäufung der Spaltprodukte vermindert, noch kommt
die Spaltung vor der Erschöpfung des gesamten Vorrats an spaltbarer Substanz zum Stillstand. Bei der Fettverdauung scheinen allerdings besondere
Verhältnisse vorzuliegen (s. unten).

Das Hauptorgan der Resorption ist der mittlere und obere Dünndarm.
Zwar werden auch schon im Magen, ja sogar bereits in der Mundhöhle —
allerdings äußerst geringfügig — bestimmte Stoffe resorbiert, im Magen
besonders Alkohol. Tabelle 77 zeigt nach einem am Hunde durchgeführten
Versuch die Resorption in den verschiedenen Dünndarmabschnitten.
Danach ist beim Übergang des Jejunums ins Ileum die Resorption der meisten
untersuchten Stoffe fast abgeschlossen.

Die Frage nach den bei der Resorption wirkenden Kräften ist vielfältig diskutiert worden. Neben Erklärungen, die in der Resorption
lediglich eine Filtration, Diffusion und Osmose durch die Darmwand
sehen, ist „vitalen" Kräften eine große Bedeutung beigemessen worden.
Das trifft insofern sicherlich zu, als die Darmwand keineswegs eine tote
Membran ist, durch die sich ein Stoffaustausch allein im Sinne einer einfachen Diffusion oder Osmose vollzieht. Manche Erscheinungen bei der
Resorption sind nur durch eine aktive Beteiligung des Epithels der Darmwand möglich, aber die Kräfte, die dabei wirksam sind, beschränken sich

Tabelle 77. Resorption in den verschiedenen Dünndarmabschnitten.

Substanz	Resorption in % der aufgenommenen Substanz an einer		
	Duodenalfistel 25 cm hinter dem Pylorus	Ileo-Jejunalfistel 100 cm vor dem Coecum	Ileo-Cöcalfistel 2—3 cm vor dem Coecum
Alkohol	30	82	100
Traubenzucker	23	79	100
Stärkekleister	3	93	93
Palmitinsäure	—	63	78
Ölsäure	—	84	98

keineswegs auf die belebte Welt. Es ist bereits an früherer Stelle gezeigt
worden, daß durch relativ einfache Tatsachen wie Porengröße und Ladung
der Membran, Größe und Ladung der diffusionsfähigen Teilchen, Ausbildung eines Membrangleichgewichtes nach DONNAN manche zunächst
unverständlich erscheinende Diffusionen durch eine Membran prinzipiell
erklärbar werden (s. S. 178f.). Aber nicht alle Geheimnisse weder der
Permeabilität noch ihres Sonderfalles „Resorption" sind damit aufgeklärt.
Hier setzen offenbar die „vitalen" Kräfte ein. Ihre Natur erscheint uns
heute, wenigstens bei den Resorptionsvorgängen, nicht mehr ganz so
rätselhaft, weil wir wissen, daß sehr viele Stoffe unter Mitbeteiligung von
Fermenten der Darmwand resorbiert werden.

Eine weitere aktive Tätigkeit der Darmwand sind die Kontraktionen
der Darmzotten (s. Abb. 101), durch die offenbar der Inhalt des zentralen
Chylusgefäßes in die Lymphbahnen weiterbefördert und Platz für einen
Nachstrom von Flüssigkeit und resorbierten Stoffen aus dem Darmlumen
geschaffen wird *(Zottenpumpwerk)*.

Wasser und *anorganische Salze*, soweit diese überhaupt resorbierbar sind,
werden schon zum großen Teil im Dünndarm aufgenommen, wahrscheinlich
wird sogar die gesamte mit der Nahrung zugeführte Flüssigkeit bereits im
Dünndarm resorbiert. Das mit den Verdauungssekreten in den Verdauungskanal abgegebene Wasser (täglich mehrere Liter) wird anscheinend im Dickdarm resorbiert.

Kohlenhydrate. Poly- und Oligosaccharide der Nahrung werden zunächst zu den Monosacchariden gespalten und in dieser Form aufgenommen. Die Resorptionsgeschwindigkeit verschiedener Hexosen und Pentosen fällt in der Reihenfolge Galaktose, Glucose, Fructose, Mannose, Xylose und Arabinose ab. Da die Resorption der Hexosen durch Stoffe, die Phosphatasen hemmen (Monojodacetat, Phlorrhizin, Dinitrophenol), stark herabgesetzt wird, nimmt man an, daß Hexosen, nicht Pentosen (Xylose, Arabinose), während der Resorption phosphoryliert und als Phosphorsäureester resorbiert werden. In der Darmwand werden diese Ester dann wieder gespalten und die freiwerdenden Monosaccharide größtenteils mit dem Blute der Pfortader der Leber zugeführt.

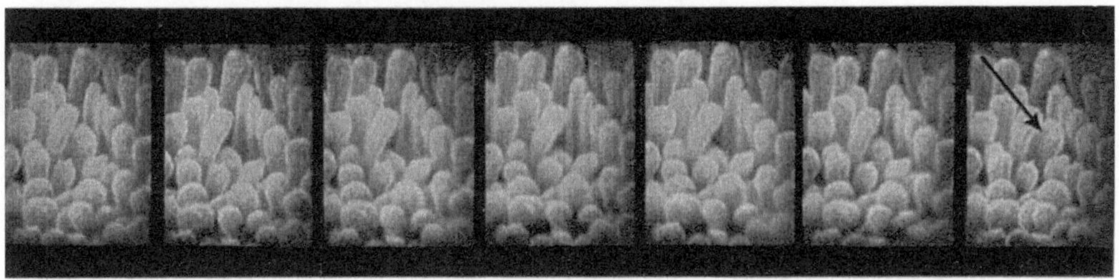

Abb. 101. Bewegung der Darmzotten. (Aus einer kinematographischen Aufnahme der Bewegung der Darmzotten im lebenden Hund ist bei 8—10 Aufnahmen je Minute jede achte abgebildet. Vergr. 30fach. Besonders deutlich ist die Bewegung der mit einem Pfeil bezeichneten Zotte.) (Nach V. KOKAS und V. LUDANY.)

Neutralfette. Die Vorgänge bei der Resorption der Fette sind auch heute noch trotz vielfältiger Untersuchungen über diesen Gegenstand nicht völlig geklärt. Zwar ist die Resorption des einen ihrer Spaltprodukte, des leicht in Wasser löslichen Glycerins, ohne weiteres verständlich; anders verhält es sich mit den Fettsäuren, die ebenso wie die Fette selber nicht in Wasser löslich sind. Zur Erklärung ihrer Resorption sind im Laufe der Zeit zahlreiche Theorien entwickelt worden. Die Aufnahme in Form von Seifen, die ursprünglich angenommen wurde, ist sehr unwahrscheinlich, weil, wie schon früher gezeigt wurde (s. S. 374), bei der Reaktion des Darminhaltes Seifen nicht gebildet werden können. Gegen die Theorie von VERZÁR, daß sich Fettsäuren mit Gallensäuren zu den leicht in Wasser löslichen Choleinsäuren vereinigen und in dieser Form resorbiert werden, läßt sich einwenden, daß hierzu sehr erhebliche Mengen von Gallensäuren erforderlich sind. Man kann sich natürlich vorstellen, daß die Gallensäuren, nachdem sie die Fettsäuren durch die Darmwand hindurch transportiert haben, etwa auf dem Wege eines entero-hepatischen Kreislaufs wieder ausgeschieden werden, also immer wieder dieselben Gallensäuren verwandt werden können, aber befriedigend ist diese Annahme nicht. Gegen eine weitere Theorie, nach der sich die Fettsäuren mit Cholesterin zu Cholesterinestern verbinden und so die Darmwand passieren, sind auch Einwände möglich. Die Veresterung besorgt eine im Pankreassaft vorkommende Cholesterinesterase, die durch Gallensäuren aktiviert werden muß, und auch die Resorption der Cholesterinester bedarf der Gegenwart von Gallensäuren. Nun ist bekannt, daß auch beim Fehlen von Galle Fettsäuren resorbiert werden können, das kann dann aber nicht gebunden an Cholesterin geschehen. Die Theorie von FRAZER schließlich, nach der Fette zu ihrer Resorption überhaupt nicht gespalten zu werden brauchen, sondern ungespalten in Form feinster Emulsionen resorbiert werden, konnte durch zahlreiche Nachuntersuchungen nicht bestätigt werden. Das berührt aber die Frage, ob die Fette bei der Verdauung überhaupt vollständig zu Glycerin und freien Fettsäuren aufgespalten werden. In der Tat deuten neuere Versuche darauf hin, daß dann, wenn die Fettverdauung einen gewissen Grad erreicht hat, das dann vorliegende Gemisch von Mono-, Di-, Triglyceriden und freien Fettsäuren resorbiert wird (BORGSTRÖM). Der Mechanismus hierfür bleibt nach wie vor dunkel. Wenn wir noch hinzufügen, daß anscheinend die Pankreaslipase im Darmkanal nicht nur Fette spalten, sondern im Verlauf der Verdauung auch wieder aufbauen kann, so sind damit die wesentlichsten mit der Resorption der Fettsäuren verknüpften Fragen aufgezeigt. Danach erscheint es noch nicht möglich zu entscheiden, wie sich die Resorption der Fettsäuren eigentlich abspielt. Sicher ist allerdings, daß der größte Teil der in den Fetten enthaltenen Fettsäuren nach Spaltung der Fette durch die Schleimhaut in freier Form, also nicht mehr gebunden an Glycerin, aufgenommen und erst in der Darmwand wieder zu Triglyceriden aufgebaut wird. Ein kleiner Teil mag dabei auch in Phosphatide umgewandelt werden, wenn auch dies wieder zu den umstrittenen Problemen gehört. Der größte Teil der nach der Resorption in der Darmwand neu gebildeten Fette oder Phosphatide findet sich in der Lymphe des Ductus thoracicus (s. Tabelle 77, S. 380). Immerhin ist ebenfalls erwiesen, daß kurzkettige Fettsäuren auch mit dem Blute den Darm verlassen, also durch die Pfortader der Leber zugeführt werden. Auf den ganzen mit der Fettverdauung und der Fettresorption verbundenen Fragenkomplex läßt sich also eine eindeutige Antwort noch nicht geben.

Phosphatide. Wenn auch über die Resorption von ungespaltenen Phosphatiden berichtet wird, so werden sie doch weit überwiegend im Darm aufgespalten, denn die in ihnen enthaltenen Fettsäuren konnten später zumeist in den Neutralfetten der Ductus thoracicus-Lymphe nachgewiesen werden und nur zum kleinen Teil in den Phosphatiden. Aus den Fettsäuren, die aus Phosphatiden stammen, werden also mit Sicherheit in der Darmwand Neutralfette synthetisiert.

Sterine. Die Darmschleimhaut resorbiert — offenbar in Form der Fettsäureester — außer Cholesterin auch andere Sterine, bevorzugt solche, die wie Cholesterin ungesättigt sind (7-Dehydrocholesterin, Δ^7-Cholestenol). Auch Ergosterin und β-Sitosterin werden im Gegensatz zu früheren Angaben, nach denen pflanzliche Sterine nicht resorbierbar sein sollten, doch in geringem Grade aufgenommen. Die Resorption der Sterine wird durch Neutralfette gesteigert, wohl weil diese Fettsäuren für die Cholesterinveresterung zur Verfügung stellen können. Die Cholesterinresorption ist ohne Anwesenheit von Gallensäuren nicht möglich.

Eiweiß. Ebenso wie für die Resorption der Kohlenhydrate ihre vorherige Aufspaltung eine notwendige Voraussetzung zu sein scheint, ist das auch für die Resorption der Eiweißkörper der Fall. Es herrscht kein Zweifel darüber, daß auch sie weit überwiegend in Form ihrer kleinsten Bausteine, der Aminosäuren, resorbiert und auf dem Blutwege der Leber zugeführt werden. Die Aminosäuren werden zum Teil in den einzelnen Organen zu den organspezifischen Eiweißkörpern aufgebaut, zum Teil in der Leber desaminiert und verbrannt. Es ist diskutiert worden, ob die Aminosäuren bereits in der Darmwand wieder zu Bluteiweißkörpern aufgebaut werden können; das ist aber sicherlich nur in ganz geringem Umfange der Fall.

Gelegentlich hat man angenommen, daß Eiweiß nicht nur in Form von Aminosäuren resorbiert wird, sondern auch als ungespaltenes Molekül oder in hochmolekularen Spaltprodukten. Das ist wohl nur in ganz geringem Maße möglich und kommt überdies sehr selten vor. Diese Resorption ist mengenmäßig bedeutungslos, aber für den Organismus nicht gleichgültig, weil die ungespaltenen Eiweiße nicht artspezifisch sind. Meist handelt es sich um native, also nicht durch Kochen oder sonstige Umwandlungen veränderte Proteine (z. B. rohes Eiereiweiß). Gelangen solche artfremden Eiweißkörper ins Blut, so bilden sich Abwehrstoffe gegen sie (s. S. 87) und der betreffende Organismus ist, wenn der gleiche Eiweißkörper nach einiger Zeit wieder ins Blut gelangt, gegen ihn sensibilisiert. Es treten charakteristische Abwehrreaktionen auf (*Anaphylaxie*, s. S. 527), an denen dann die Aufnahme des artfremden Eiweißes erkannt werden kann.

Schrifttum.

BABKIN, B. P.: Secretory Mechanisms of the Digestive Glands. 2. Aufl. New York 1950. — FLOREY, H. W., R. D. WRIGHT and M. A. JENNINGS: The secretions of the intestine. Physiol. Rev. 21, 36 (1941). — MANGOLD, E.: Die Verdauung bei den Nutztieren. Berlin 1950. — RONA, P., u. H. H. WEBER: Fermente der Verdauung. Handb. norm. path. Physiol. Bd. 3, S. 910. Berlin 1927. — ROSEMANN, K.: Physikalische Eigenschaften und chemische Zusammensetzung der Verdauungssäfte. Handb. norm. path. Physiol. Bd. 3, S. 819. Berlin 1927. — VERZÁR, F.: Absorption from the Intestine. London 1936.

B. Die Grundlagen des Gesamtstoffwechsels.

a) Der Grundumsatz.

Solange Organismen oder Organe leben, produzieren sie Energie; die Energie entnehmen sie aerob oder anaerob verlaufenden Abbauvorgängen an ihren chemischen Bausteinen. Die in diesen Bausteinen enthaltene Energie kann vollständig nur unter Verbrauch von Sauerstoff, also durch Verbrennungsvorgänge gewonnen werden. Bei den Verbrennungsvorgängen entstehen als charakteristische Endprodukte in größerer Menge Kohlendioxyd, Wasser und Harnstoff. Das Ausmaß der Ausscheidung an Kohlendioxyd und an Harnstoff (zusammen mit anderen N-haltigen Substanzen) kann demnach ebenso wie die Menge des verbrauchten Sauerstoffs als Maß des Stoffumsatzes im Körper dienen. Die Beurteilung des Energieumsatzes kann sich weiterhin gründen auf die Messung der Wärmebildung durch den Körper, da man seit den grundlegenden Untersuchungen RUBNERs weiß, *daß auch für den Organismus das Gesetz der Erhaltung der Energie gültig ist.*

Der Verlust an Baustoffen, den ein Organismus durch seine stofflichen Umsetzungen erleidet, muß wettgemacht werden durch eine Zufuhr von Brennstoffen, deren Energiegehalt dem Energiegehalt der umgesetzten Stoffe entspricht. Als *Energieträger der Nahrung* dienen vorzugsweise die Kohlenhydrate und die Fette, in geringerem Umfange auch die Eiweißkörper.

Bei ihrer Verbrennung entstehen innerhalb und außerhalb des Körpers aus Fetten und Kohlenhydraten die gleichen Endprodukte. Die Eiweißkörper liefern bei ihrer biologischen Verbrennung als typisches Endprodukt ihres unvollständigen Abbaues neben geringfügigen Mengen anderer Substanzen Harnstoff: *physikalische und physiologische Verbrennungswärme* sind deshalb bei ihnen voneinander verschieden, bei Fetten und

Kohlenhydraten stimmen sie nahezu überein. Den vom Organismus ausnützbaren Teil des Energieinhaltes der Energieträger bezeichnet man auch als ihren *„Nutzwert"*. Nach Tabelle 78 beträgt er für *1 g Fett 9,4 kcal, für je 1 g Kohlenhydrat oder Eiweiß 4,1 kcal.*

Tabelle 78. Physikalische und physiologische Verbrennungswärmen

	Physikalische Verbrennungswärme	Nutzwert
	in kcal pro g	
Fette	9,5	9,4
Kohlenhydrate	4,2	4,1
Eiweiß . . .	5,7	4,1

Der Energiebedarf eines Organismus setzt sich zusammen aus *Grundumsatz* und *Leistungszuwachs. Als Grundumsatz* (Ruheumsatz, Erhaltungsumsatz) *definiert man den Energieumsatz im völlig ruhenden, nüchternen Organismus 12—18 Std nach der letzten Nahrungsaufnahme bei absoluter Körperruhe, normaler Körpertemperatur und einer Umgebungstemperatur von 20°.* Über den Einfluß der Umgebungstemperatur auf den Umsatz (s. S. 389). Der Grundumsatz verschiedener Menschen ist verschieden. Er hängt in erster Linie ab von Körpergröße und -gewicht, von Alter und Geschlecht. In grober Annäherung beträgt er je Kilogramm Gewicht und Stunde etwa 1 kcal, für einen Menschen von 70 kg Gewicht in 24 Std also etwa 1700 kcal. Es ist zu beachten, daß der Grundumsatz vom Ernährungszustand abhängig ist. Bei länger dauernder Unterernährung ist er deutlich unter die Norm gesenkt.

Die Beziehung des Grundumsatzes auf die Einheit des Körpergewichtes ist keineswegs befriedigend, da bei verschiedenen Menschen die auf die Gewichtseinheit bezogenen Werte sehr stark voneinander abweichen können. Im allgemeinen sind die je Kilogramm Gewicht gefundenen Werte um so höher, je niedriger das Körpergewicht ist. Ein verläßlicherer Maßstab als das Körpergewicht ist nach RUBNER die Körperoberfläche. Beim Menschen und bei den meisten Säugetieren weicht *die Wärmeproduktion unter den Bedingungen des Grundumsatzes nur wenig von 1000 kcal je Quadratmeter Oberfläche* ab. Man kann also in der Körperoberfläche ein Maß für die Gesamtheit der aktiv tätigen Gewebsmasse des Körpers sehen.

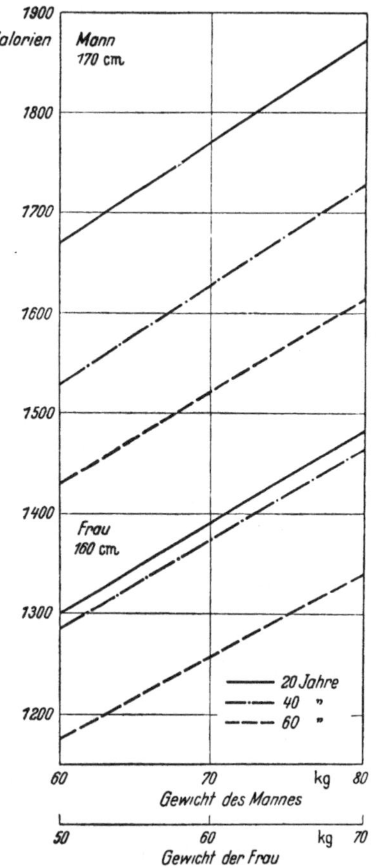

Abb. 102. Abhängigkeit des Grundumsatzes von Alter, Gewicht und Geschlecht.

Die genaue Bestimmung der Körperoberfläche ist sehr schwierig. Zu ihrer Berechnung sind eine Reihe von Formeln angegeben worden, die durch Auswertung eines größeren Beobachtungsmaterials gewonnen wurden. Eine verläßliche Berechnung ist möglich nach der Formel von DU BOIS:

$$\text{Oberfläche} = \text{Gewicht}^{0,425} \times \text{Länge}^{0,725} \times 0,007184.$$

in qm   in kg   in cm

Die Abhängigkeit des Grundumsatzes von Alter und Geschlecht wirkt sich dahin aus, daß der Grundumsatz je Quadratmeter Oberfläche mit zunehmendem Alter kleiner wird und daß er bei Frauen niedriger liegt als bei Männern. Die Tabelle 79 gibt dafür einige Beispiele. Ebenso zeigt die Abb. 102 den erheblichen Einfluß, den vor allem das Geschlecht auf den Grundumsatz hat, auch die Auswirkungen des Lebensalters sind für einige Altersstufen eingezeichnet. Der Einfluß des Geschlechtes auf die Höhe des Grundumsatzes verschwindet im übrigen, wenn man den Grundumsatz auf die fettfreie Körpersubstanz bezieht, die allerdings nur durch mühsame Messungen und Berechnungen ermittelt werden kann. Die Kurven für den Mann gelten für eine Größe von 170 cm, für die Frau von 160 cm, Körpergrößen also, wie sie den durchschnittlichen Werten für den Mitteleuropäer entsprechen.

Bei gesunden normalen Menschen betragen die Abweichungen höchstens ± 15% der nach Tabelle 79 errechneten Werte. Der Grundumsatz weicht von den Sollwerten vor allem bei Störungen der Schilddrüsenfunktion in stärkerem Maße nach oben oder unten ab: Steigerungen finden sich nahezu regelmäßig bei der BASEDOWschen Krankheit, Senkungen bei Unterfunktionen der Schilddrüse, also bei Myxödem und Kretinismus (s. S. 243).

Tabelle 79. Sollwerte für die Wärmebildung je Quadratmeter Oberfläche und Stunde. (Nach BOOTHBY, BERKSON u. DUNN.)

Alter	Männer kcal/m² und Std	Frauen kcal/m² und Std
6	53,00	50,62
10	48,50	45,90
15	46,35	40,10
20	41,43	36,18
25	40,24	
30	39,34	
35	38,68	35,70
40	38,00	
45	37,37	34,94
50	36,73	33,96
55	36,10	33,18
60	35,48	32,61
65	34,80	32,30

Der Grundumsatz kann bestimmt werden 1. indirekt durch Berechnung aus dem Gaswechsel und 2. durch direkte Ermittlung der Wärmeproduktion des Körpers. Man unterscheidet demnach die Verfahren der *direkten* und der *indirekten Calorimetrie*. Wegen der Beschreibung der Methodik der Bestimmung wird auf REIN-SCHNEIDER, „Physiologie des Menschen" verwiesen. Im allgemeinen ermittelt man den Grundumsatz durch indirekte Calorimetrie, weil sie methodisch einfacher durchzuführen ist. Sie beruht auf der Tatsache, daß bei der Verbrennung von jeweils 1 g Fett, Kohlenhydrat oder Eiweiß verschiedene Mengen Sauerstoff verbraucht bzw. Kohlendioxyd gebildet werden. Gleichzeitig ist auch die Calorienbildung verschieden, so daß die Wärmemenge, die entsteht, wenn 1 l Sauerstoff verbraucht oder 1 l Kohlendioxyd gebildet wird, für die Verbrennung jedes der drei Energieträger einen bestimmten Wert hat. Man bezeichnet ihn als den *calorischen Wert* des Sauerstoffs bzw. der Kohlensäure. Tabelle 80 gibt diese Beziehungen wieder.

Tabelle 80. Calorische Werte für Sauerstoff und Kohlendioxyd.

Es verbrennt 1 g	O_2-Verbrauch cm³	CO_2-Bildung cm³	Wärme- bildung in kcal	Calorischer Wert für 1 l O_2	 CO_2
Eiweiß	966,3	773,9	4,316	4,485	5,567
Fett	2019,3	1427,3	9,461	4,686	6,629
Stärke	828,8	828,8	4,182	5,047	5,047

Respiratorischer Quotient. Bei der Verbrennung der Stärke, eines Kohlenhydrats, sind Sauerstoffverbrauch und Kohlensäurebildung gleich groß, bei der Verbrennung von Eiweiß und Fett ist der Sauerstoffverbrauch größer als die Kohlensäurebildung (s. Tabelle 80). Bildet man den Quotienten $\frac{CO_2\text{-Bildung}}{O_2\text{-Verbrauch}}$, so hat dieser für jeden der drei Energieträger einen charakteristischen Wert. Man bezeichnet dies Verhältnis von $\frac{CO_2}{O_2}$ als den *Respiratorischen Quotienten (R.Q.)*. Er beträgt für

Kohlenhydrat	 1,00
Fett	 0,707
Eiweiß	 0,801

Aus dem Gaswechsel und dem R. Q. läßt sich der Anteil der einzelnen Nahrungsstoffe am Umsatz in einfacher Weise errechnen. Will man ganz exakte Werte haben, so muß der Eiweißumsatz gesondert berücksichtigt werden. Da Eiweiß im Durchschnitt 16 % N enthält, ergibt sich die umgesetzte Eiweißmenge, wenn die N-Ausscheidung mit 6,25

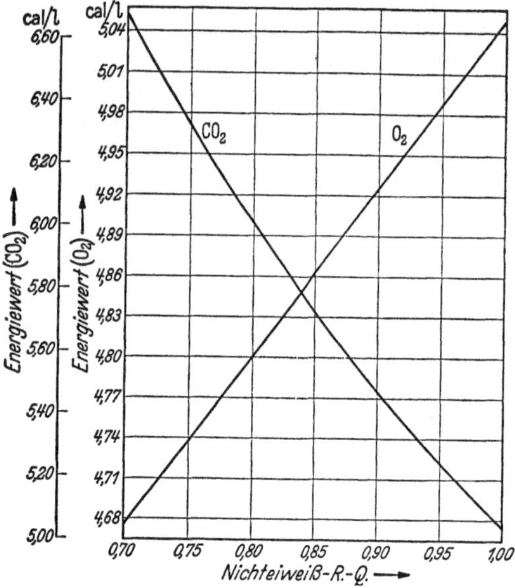

Abb. 103. Calorischer Wert für CO_2 und O_2 bei verschiedenen R.Q.-Werten.

multipliziert wird. Nach Tabelle 80 kann man dann errechnen, wieviel Sauerstoff für die Verbrennung dieser Eiweißmenge verbraucht wird und wieviel Kohlensäure dabei entsteht. Diese Werte werden von dem gefundenen Gesamtumsatz abgezogen. Aus den verbleibenden Sauerstoff- und Kohlensäureresten, die nur noch auf die Verbrennung der Fette und Kohlenhydrate zu beziehen sind, ergibt sich der „*Nicht-Eiweiß-R.Q.*".

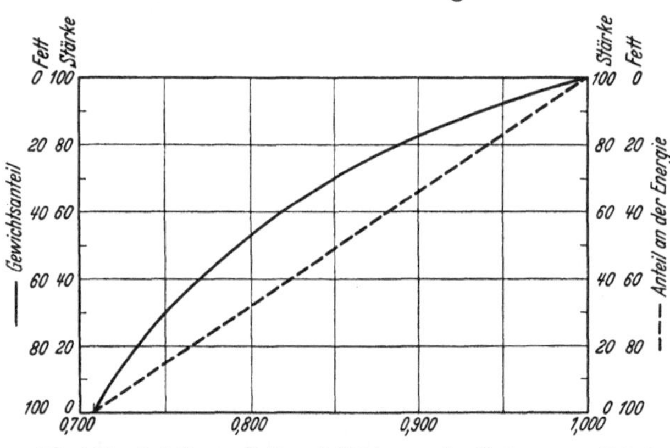

Abb. 104. Anteil von Fett und Stärke an der Verbrennung N-freier Nahrungsstoffe bei verschiedenen R. Q.-Werten.
———— = Gewichtsanteil; - - - - = Energieanteil.

Es wurde z. B. gefunden:

O_2-Verbrauch	. . . . 380,2 l
CO_2-Bildung	. . . . 299,8 l
Eiweißumsatz	. . . . 73,4 g

Dem Eiweißumsatz entsprechen

O₂-Verbrauch . . . . 70,9 l ($= 73,4 \times 0,966\ l$)

CO₂-Bildung . . . . 56,8 l ($= 73,4 \times 0,774\ l$)

Es verbleiben für die Verbrennung von Fett und Kohlenhydrat

309,3 l und 243,0 l CO_2

Nicht-Eiweiß-R.Q. $= 0,79$

Die Größe des Nicht-Eiweiß-R. Q. hängt ab von dem Verhältnis, in dem Fette und Kohlenhydrate an dem Stoffumsatz beteiligt sind. Die Abb. 103 zeigt, daß der calorische Wert für Sauerstoff und Kohlendioxyd vom R. Q., d. h. aber vom Anteil der Fette und Kohlenhydrate an den Verbrennungen abhängt. Die Abb. 104 macht dies noch deutlicher. Bei einem R. Q.-Wert von 0,85, wie er einer normalen Ernährung entspricht, wird die Energie je zur Hälfte durch die Verbrennung von Fett und die von Kohlenhydrat geliefert. Da Fette nach Tabelle 78 je Gewichtseinheit einen höheren Energiegehalt als Kohlenhydrate haben, bedeutet das aber, daß auf Fette ein Gewichtsanteil von 30%, auf Kohlenhydrate ein solcher von 70% der verbrannten Nährstoffe entfällt. Bei einem R. Q. von 0,79 würden 30% der Energie auf die Kohlenhydrate, 70% auf die Fette entfallen, aber Fettverbrennung und Kohlenhydratverbrennung gewichtsmäßig je zur Hälfte an der Energielieferung beteiligt sein.

Da sich der Sauerstoffverbrauch experimentell einfacher ermitteln läßt als die Kohlensäurebildung, benutzt man gewöhnlich ihn als Grundlage der indirekten Calorimetrie. Für praktische Zwecke kann man im übrigen ohne einen großen Fehler zu machen von einer Korrektur für den Eiweißumsatz absehen, und man kann weiterhin der Berechnung ein für allemal einen (normalen) R. Q. von 0,85 zugrunde legen. *Unter diesen vereinfachten, aber für praktische Zwecke völlig ausreichenden Bedingungen erhält man also den Grundumsatz aus dem Sauerstoffverbrauch durch Multiplikation mit 4.86.*

b) Der Gesamtumsatz.

1. Abhängigkeit von der Arbeitsgröße.

Der Grundumsatz ist die Grundlage, auf der sich der gesamte Energiehaushalt aufbaut. Jede Arbeitsleistung bedingt eine Steigerung des Energieumsatzes, die man als Leistungszuwachs bezeichnet. *Der in seiner Höhe für ein Individuum feststehende Grundumsatz ergibt zusammen mit einem*

Tabelle 81. Abhängigkeit des Umsatzes von der Körperhaltung. (Nach BENEDICT und MURSCHHAUSER.)

Körperhaltung	kcal/min
Liegen (Grundumsatz) . . .	1,14
Sitzen	1,19
Stehen, lässige Haltung . .	1,25
Stehen, mit Anlehnen . . .	1,18
Stehen, stramme Haltung .	1,30
Stehen, mit Armschwingen (wie bei raschem Gehen) .	3,13

Tabelle 82. Abhängigkeit des Gesamtumsatzes von der Arbeitsgröße. (Nach TIGERSTEDT.)

Arbeitsgröße in mkg	Gesamtumsatz in kcal
50000	3000
100000	3600
150000	4200
200000	4800

in seiner Höhe wechselnden Leistungszuwachs den Gesamtumsatz. Schon Nahrungsaufnahme und -verarbeitung steigern den Umsatz um etwa 15% über den Grundumsatz, geringe Körperbewegungen um 25%, stärkere um einen der Arbeitsgröße entsprechenden Betrag. Aus den Tabellen 81 und 82 sind nähere Einzelheiten zu ersehen.

Unter normalen äußeren Lebensbedingungen, aber ohne irgendwelche besonderen körperlichen Leistungen beträgt der Gesamtumsatz ungefähr 2400 kcal. Jede wirkliche körperliche Arbeit führt zu weiteren Steigerungen. Die Tabelle 83 zeigt, wie sich die Beanspruchung durch verschiedene Berufsarten

Tabelle 83. Energiebedarf verschiedener Berufsarten. (Nach Ertel.)

Berufsart	Energiebedarf für 24 Std in kcal
Überwiegend sitzende Beschäftigung:	
Kopfarbeiter, Kaufleute, Beamte, Büroangestellte	2200—2400
Leichte Muskelarbeit:	
Schneider, Feinmechaniker, Setzer, Ärzte	2600—2800
Mäßige Muskelarbeit:	
Schuhmacher, Briefträger, Laboratoriumsarbeit	3000
Stärkere Muskelarbeit:	
Metallarbeiter, Maler, Tischler	3400—3600
Schwere Muskelarbeit:	
Maurer, Schmiede, Erdarbeiter, landwirtschaftliche Arbeiter, Sportsleute	4000—4500
Schwerste Muskelarbeit:	
Steinhauer, Holzhacker, landwirtschaftliche Arbeiter während der Ernte	5000

Tabelle 84. Energiebedarf verschiedener Berufe bezogen auf den Grundumsatz
(Nach Kraut, Lehmann u. Bramsel.)

$x/6$ Grundumsatz	Berufsarten
8	Uhrmacher, Schreiber
9	Optiker, Chemiker, Putzmacherin, Stenotypistin, leitender Angestellter und Beamter
10	Schriftsetzer, Drucker, Drechsler, Konditor, Verkäufer, Lokomotivführer, Arzt, Lehrer, Friseur, technischer Angestellter
11	Mechaniker, Sattler, Schuhmacher, Maler, Tierarzt, Hausangestellte
12	Gärtner, Melker, Gießer, Schlosser, Klempner, Bäcker, Fleischer, Brauer, Kellner
13	Landarbeiter, Steinmetz, Former, Tischler, Stellmacher, Matrose
14	Winzer, Ziegelarbeiter, Schmied, Maurer, Zimmermann, Dachdecker
15	Säge- und Walzwerksarbeiter
16	Bergmann, Holzfäller, Berufssportler

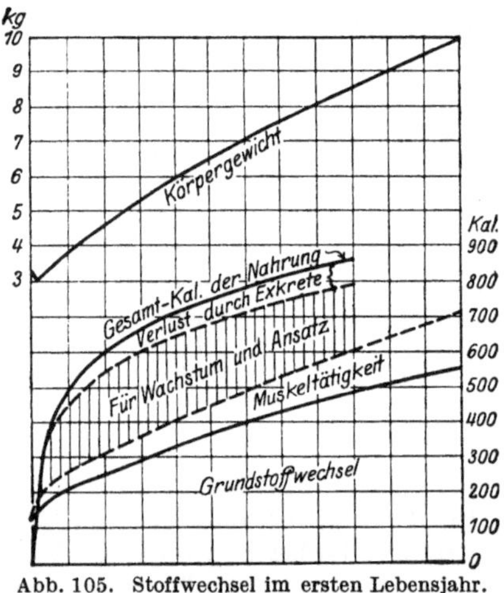

Abb. 105. Stoffwechsel im ersten Lebensjahr. (Nach Grosser.)

auf Energieumsatz und -bedarf auswirkt. Da auch unter den Bedingungen des Leistungszuwachses ein gewisser Teil des Gesamtumsatzes zur Bewegung des Körpers verbraucht wird, ohne daß dabei eine nutzbare Arbeit geleistet wird, ist vorgeschlagen worden, den Energiebedarf verschiedener Berufe nicht durch bestimmte Umsatzzahlen auszudrücken, sondern ihn auf den Grundumsatz zu beziehen. Dabei wird der Gesamtumsatz als Vielfaches von $^1/_6$ Grundumsatz ausgedrückt (s. Tabelle 84).

Geistige Arbeit ist nicht mit einer Stoffwechselsteigerung verbunden. Wird eine solche doch beobachtet, so ist sie auf eine Erhöhung des reflektorischen Muskeltonus zurückzuführen. In welchem Ausmaße Muskeltätigkeit den Umsatz erhöht, geht aus den folgenden Zahlen hervor: Unter Grundumsatzbedingungen entfällt etwa 20—25 % des Umsatzes auf die Muskulatur, der dadurch bedingte Sauerstoffverbrauch beträgt etwa 1,7 cm³ je min und kg Gewicht. Bei maximaler Arbeitsleistung steigt dieser Verbrauch auf etwa 180 cm³ je min und kg.

Von besonderer Bedeutung ist der *Energiebedarf des wachsenden Organismus*. Hier addiert sich zu dem Leistungszuwachs, den die körperliche Betätigung mit sich bringt, der Zuwachs durch den *Baustoffwechsel* für Wachstum und Vermehrung der Körpersubstanz. Die Abb. 105 zeigt, daß für diesen Zweck im ersten Lebensjahr ein erheblicher Teil der gesamten umgesetzten Energie verwandt wird. Mit zunehmendem Alter wird die Beanspruchung durch den Baustoffwechsel kleiner, aber ein Hinweis auf die Tabelle 79 genügt, um deutlich zu machen, daß im kindlichen Alter allein schon der höhere Grundumsatz je Flächeneinheit einen relativ hohen Energieumsatz bedingt und damit eine entsprechend hohe Energiezufuhr mit der Nahrung nötig macht.

2. Abhängigkeit von der Temperatur.

Die von einem ruhenden Organismus gebildete Wärme wird nur zu einem ganz geringen Teil in Arbeit umgesetzt, zum weit überwiegenden Anteil geht sie als Wärme auf verschiedenen Wegen verloren. Über diese Wege gibt Tabelle 85 Aufschluß, in der die Verteilung der Wärmeabgabe des ruhenden Menschen bei mittlerer Zimmertemperatur und Luftfeuchtigkeit zusammengestellt ist. Bei mittlerer Temperatur entfällt also auf die Strahlung fast 44%, auf die Erwärmung der umgebenden Luft fast 31% der gesamten

Tabelle 85. Wärmeökonomie des ruhenden Menschen. (Nach RUBNER.)

	kcal
Arbeit.	51
Atmung	77
Wasserverdunstung von der Haut	558
Erwärmung der umgebenden Luft	833
Strahlung	1181
	2700

Wärmeabgabe. Bei mittlerer Umgebungstemperatur wird demnach $^3/_4$ der im Organismus des ruhenden Menschen gebildeten Wärme abgegeben, indem dazu die Temperaturdifferenz benutzt wird, die zwischen dem Organismus und seiner Umgebung besteht. Da die Wasserverdunstung von der Haut durch die Bewegung und die Feuchtigkeit der Luft mitbestimmt wird, spielen also für die Größe der Wärmeabgabe physikalische Faktoren der Umwelt eine entscheidende Rolle. Beim Menschen kommt als besonderer Faktor, der die Wärmeabgabe in schwer zu übersehender Weise beeinflußt, die Kleidung hinzu, die den direkten Kontakt zwischen Körper und Umwelt verhindert.

Tabelle 86. Beeinflussung des Stoffwechsels beim Menschen durch Änderung der Außentemperatur. (Nach RUBNER.)

Außen-temperatur ° C	CO_2-Abgabe in g je Std
15	32,3
20	30,0
23	27,9
25	31,7
29	32,4

Es gibt Tiere, deren Körpertemperatur in erheblichem Umfange von der Temperatur der Umgebung abhängt. Man nennt sie *wechselwarm* oder *poikilotherm*. Bei den höheren Wirbeltieren und beim Menschen wird dagegen die Körpertemperatur innerhalb ganz enger Grenzen konstant gehalten. Diese Lebewesen nennt man *gleichwarm* oder *homoiotherm*. Es ist demnach klar, daß bei ihnen die Wärmebildung und die Wärmeabgabe mit der Wärmeregulation aufs engste zusammenhängen. Es wird dieserhalb auf die Darstellung in REIN-SCHNEIDER: ,,Physiologie des Menschen'' verwiesen.

Hier sollen nur kurz einige grundsätzliche Fragen behandelt werden. Es besteht prinzipiell die Möglichkeit, die Temperatur des Körpers von zwei

Seiten aus zu regeln: 1. durch Veränderung der Verbrennungsvorgänge, also auf chemischem Wege, 2. durch Veränderung der Wärmeabgabe durch Änderung von physikalischen Faktoren, wie Hautdurchblutung, Schweißbildung und Wasserverdampfung. Tatsächlich werden diese beiden theoretisch möglichen Wege der Wärmeregulation nebeneinander und gleichzeitig benutzt. Man bezeichnet sie nach RUBNER als *chemische* und *physikalische Wärmeregulation*. Allerdings ist fraglich, ob es eine chemische Wärmeregulation in dem Sinne gibt, daß eine Steigerung der Temperaturdifferenz zwischen Körper und Umwelt wegen der damit verbundenen Abkühlung automatisch die Verbrennungen im Ruhestoffwechsel steigert. Dagegen führt jede stärkere Abkühlung reflektorisch zu Muskelbewegungen, wie sie in Zittern oder der Bildung einer Gänsehaut zum Ausdruck kommen. Damit ist aber auch eine Steigerung der Wärmebildung im Sinne einer chemischen Regulation in Gang gebracht. In welchem Umfange der Stoffwechsel und damit die Wärmeabgabe durch Änderung der Außentemperatur verändert wird, zeigt ein in Tabelle 86 angeführter Versuch. In vielen anderen Fällen ergaben sich prinzipiell die gleichen Verhältnisse. Aus der Tabelle ist ersichtlich, daß sowohl Erniedrigung wie Erhöhung der Außentemperatur zu Steigerungen der Kohlensäureabgabe führt. Dazwischen liegt ein Temperaturbereich, in dem der Umsatz ein Minimum aufweist. Man spricht von der *Indifferenztemperatur* (kritischer Temperatur) oder dem Gebiet der *thermischen Neutralität*. Für den Menschen liegt sie zwischen 20 und 25°. Die gesteigerte Wärmeabgabe unterhalb der Indifferenztemperatur beruht auf der Steigerung der Wärmeproduktion, ist also chemische Regulation. Die gesteigerte Wärmeabgabe oberhalb der Indifferenztemperatur ist physikalische Regulation, sie ist vor allem eine Folge der plötzlichen Steigerung der Wasserdampfabgabe.

c) Die Deckung des Energiebedarfs.

1. Das Gesetz der Isodynamie.

Als Energieträger stehen dem Organismus Eiweiß, Fett und Kohlenhydrat zur Verfügung, so daß es an sich gleichgültig erscheinen könnte, durch welche Stoffe der Energiebedarf gedeckt wird. Unter den besonderen Lebensbedingungen verschiedener Völker wird aber tatsächlich oft der eine der Energieträger der Nahrung auf Kosten der anderen bevorzugt. Unter normalen Ernährungsbedingungen der meisten Völker werden jedoch die drei Stoffklassen gleichmäßig zur Deckung des Nahrungsbedarfs herangezogen. Dies ist, wie RUBNER gefunden hat, möglich, weil es vom energetischen Standpunkt aus gleichgültig ist, durch welche Nahrungsstoffe die zur Deckung des Energieumsatzes verbrannte Körpersubstanz ersetzt wird: *Die verschiedenen Energieträger der Nahrung treten bei ihrer Verbrennung im Körper nach Maßgabe ihrer Verbrennungswärmen füreinander ein. Nach diesem* **Gesetz der Isodynamie** *ist 1 g Fett mit 2,27 g Eiweiß oder Kohlenhydrat energetisch gleichwertig oder isodynam.* Das Gesetz der Isodynamie ist zwar nicht mit aller Strenge gültig, aber die Abweichungen sind geringfügig. Wichtig ist jedoch, daß der Organismus einen bestimmten Minimalbedarf an Eiweiß hat, der nicht durch Fett oder Kohlenhydrat ersetzt werden kann (s. S. 392f.).

Wenn es also aus energetischen Gründen auch gleichgültig ist, durch welche Nahrungsstoffe der Energiebedarf befriedigt wird, so haben sich doch bei den verschiedenen Völkern und Menschen ganz bestimmte Lebensgewohnheiten herausgebildet, so daß man aus den Verbrauchsziffern einer Bevölkerungsgruppe einen Nahrungsverbrauch errechnen kann, der dem tatsächlichen Bedarf entspricht. RUBNER hat die Verbrauchsziffern für 470 Millionen Menschen durchgerechnet und dabei bei Beziehung auf ein Körpergewicht von 70 kg einen Verzehr von 3370 kcal gefunden. Der Anteil von Fett und Kohlenhydraten war in den Kostformen der verschiedenen Völker ganz außerordentlich verschieden, dagegen wurden fast überall auf der Erde je Tag etwa 100 g Eiweiß aufgenommen. In Tabelle 87 sind zwei Zahlenreihen angeführt, von denen die erste von C. VOIT 1881 durch statistische Erhebungen an der Münchener Bevölkerung ermittelt wurde. Sie sind als VOITsches *Kostmaß* lange Zeit die Grundlage für die Berechnung des Nahrungsbedarfes bei Massenernährungen gewesen. Die zweite Reihe führt Zahlen an, die neuerdings KRAUT u. BRAMSEL durch Auswertung von Ernährungsstatistiken erhalten haben. Aus diesen und vielen anderen statistischen Erhebungen läßt sich vor allen Dingen eine weitgehende Konstanz in der Höhe des Eiweißkonsums erkennen. Sie weisen darauf hin, daß ein Teil des Nahrungsbedarfs durch Eiweiß gedeckt werden muß.

Tabelle 87. Kostmaße.

Verbrauch je Tag an	Nach VOIT		Nach KRAUT u. BRAMSEL	
	g	kcal	g	kcal
Eiweiß	118	483	80	328
Fett	56	527	118	1097
Kohlenhydrat	500	2100	360	1440
		3110		2865

2. Die spezifisch-dynamische Wirkung.

Wenn man einem Organismus durch die Nahrung eine Energiemenge zuführt, die dem ermittelten Grundumsatz entspricht, so zeigt sich, daß anschließend eine diesen Grundumsatz übersteigende Energiemenge in Freiheit gesetzt wird: Zufuhr und Verarbeitung der Nahrungsmittel bedingen also eine Steigerung der Stoffwechselvorgänge. RUBNER hat diese Wirkung der Nahrungsaufnahme als *spezifisch-dynamische Wirkung* (*s. d. W.*) bezeichnet. Die s. d. W. hält etwa 12 Std an. Sie ist der Grund dafür, daß man Grundumsatzbestimmungen erst frühestens 12 Std nach der letzten Nahrungsaufnahme durchführen kann. Die Höhe der s. d. W. ist für die verschiedenen Brennstoffe verschieden. Im Mittel beträgt sie für Eiweiß etwa 30%, für Kohlenhydrate etwa 6% und für Fette 3% des Brennwertes. Bei normaler gemischter Kost liegt sie für den gesunden, im Stoffwechselgleichgewicht befindlichen Menschen bei etwa 8—20%.

Die Ursachen für das Bestehen einer s. d. W. sind trotz vieler Untersuchungen nicht völlig klar. Wegen ihrer Größe ist besonders die s. d. W. der Eiweißkörper vielfach bearbeitet worden. Wahrscheinlich hängt sie mit den Vorgängen der Desaminierung zusammen; denn Aminosäuren haben eine s. d. W. von gleicher Größe. Daneben ist wahrscheinlich aber auch der weitere Abbau und Umbau der nach der Desaminierung verbleibenden Kohlenstoffketten noch mit einer s. d. W. verbunden. Es drücken sich also wohl in der s. d. W. die gesamten Umbau- und Abbauvorgänge des Stoffwechsels aus.

d) Der Eiweißumsatz.

1. Eiweißminimum und N-Gleichgewicht.

Es wurde oben angedeutet, daß ein Teil der Energiezufuhr durch Eiweiß gedeckt werden muß. Die Ursache dafür ist die funktionelle, nicht die energetische Bedeutung der Eiweißkörper. Die Eiweißbausteine der Zellen erfahren während des Lebens dauernd Umformungen und unterliegen einem stetigen Abbau. Ebenso gehen durch die Abschilferung der Haut, durch Wachstum von Nägeln und Haaren, durch die Sekrete der Drüsen stets Eiweißkörper verloren, so daß auch bei eiweißfreier Ernährung eine gewisse N-Ausscheidung festzustellen ist. Dieser Verlust muß durch Zufuhr von Eiweiß mit der Nahrung ersetzt werden. RUBNER bezeichnet diesen Eiweißverlust als die *Abnutzungsquote*. Ihre Größe ist von den sonstigen Lebensumständen abhängig. Sie hat einen minimalen Wert, wenn man einen Organismus calorisch ausreichend oder mehr als ausreichend mit Kohlenhydraten ernährt. Man nennt sie daher auch *minimale* N-*Ausscheidung* oder *absolutes* N-*Minimum*, oder *endogenes* N-*Gleichgewicht* (FOLIN), weil sie dem endogenen Eiweißstoffwechsel entspricht.

Verfüttert man eine der minimalen N-Ausscheidung entsprechende Eiweißmenge, so steigt die N-Ausscheidung meist an, übertrifft also den N-Gehalt der zugeführten Eiweißmenge. Erst durch eine weitere Steigerung der Eiweißzufuhr wird die N-Zufuhr gleich der N-Ausscheidung, es stellt sich dann ein Gleichgewicht ein, das man als das *minimale* N-*Gleichgewicht* oder (nach RUBNER) als das *physiologische Eiweißminimum* bezeichnet.

Steigert man die Eiweißzufuhr nach Erreichung des minimalen N-Gleichgewichtes weiter, so wird die N-Bilanz zunächst positiv, d. h. der Körper hält geringe Eiweißmengen zurück, aber nach wenigen Tagen stellt sich ein neues Gleichgewicht in der Höhe der jeweiligen Eiweißzufuhr ein. Es läßt sich also, nachdem der Körper einmal das minimale N-Gleichgewicht erreicht hat, mit jeder dieses Minimum überschreitenden Eiweißmenge ein N-Gleichgewicht einstellen. Geht man von einer überschüssigen Eiweißzufuhr wieder auf eine geringere Eiweißzufuhr zurück, so wird die N-Bilanz negativ: der Körper scheidet mehr N aus, als er in Form von Eiweiß zu sich nimmt. Aber ebenso wie bei Steigerung der Eiweißzufuhr stellt sich bei ihrer Senkung der Organismus auf eine der Zufuhr entsprechende Ausscheidung ein (s. Tabelle 88). Es wird also auf jeden Fall, wenn auch mit einer gewissen Latenz, sofern die Eiweißzufuhr das minimale N-Gleichgewicht überschreitet, ein N-Gleichgewicht erreicht: *der Organismus kann sich dann mit jeder Eiweißmenge ins Gleichgewicht setzen.* Die Latenz in der Einstellung des Gleichgewichtes ist ein Hinweis auf eine geringe Eiweißspeicherung.

Tabelle 88.
Einstellung des N-Gleichgewichtes.

Tag	N-Aufnahme je Tag g	N-Abgabe je Tag g	N-Bilanz je Tag g
a) Mit steigenden Eiweißmengen			
1	17,0	18,6	—1,6
2	51,0	41,6	+9,4
3	51,0	44,5	+6,5
4	51,0	47,3	+3,7
5	51,0	47,9	+3,1
6	51,0	49,0	+2,0
7	51,0	49,3	+1,7
8	51,0	51,0	0
b) Mit abnehmenden Eiweißmengen			
1	51,0	51,0	0
2	34,0	39,2	—5,2
3	34,0	36,9	—2,9
4	34,0	37,0	—3,0
5	34,0	36,7	—2,7
6	34,0	34,9	—0,9

Die Höhe des minimalen Gleichgewichtes ist von der Art der Ernährung abhängig. Wird der Energiebedarf durch Kohlenhydrate gedeckt, so erhält man den niedrigsten Wert für dieses Gleichgewicht. Ersetzt man das Kohlenhydrat durch äquivalente Mengen von Fett, so wird das minimale N-Gleichgewicht erst mit größeren Eiweißmengen erreicht. Kohlenhydrate wirken also in höherem Umfange eiweißsparend als Fett. Von Bedeutung für die Höhe des minimalen N-Gleichgewichtes ist weiterhin ein mittlerer Salzgehalt der Nahrung: salzfreie und salzarme, aber auch sehr salzreiche Kost erhöhen die Abnutzungsquote und damit auch das minimale N-Gleichgewicht.

Es ist nach diesen Angaben verständlich, daß die Höhe der Abnutzungsquote (der minimalen N-Ausscheidung)nicht konstant sein kann. Ihre Höhe entspricht einem Eiweißumsatz von etwa 15 g; das *physiologische Eiweißminimum (minimales N-Gleichgewicht) beträgt etwa 30—40 g Eiweiß.* Die Frage, ob dieses physiologische Eiweißminimum auf jeden Fall ausreicht, den Körper voll arbeits- und funktionsfähig zu erhalten, ist sehr vielfältig experimentell bearbeitet und theoretisierend behandelt worden. Es interessiert vor allem, ob bei Steigerung der Arbeitsleistung der Eiweißbedarf ansteigt. In allen früheren Untersuchungen wurde ein Einfluß der Arbeitsleistung auf den Eiweißbedarf vermißt, neuere Arbeiten scheinen jedoch zu zeigen, daß schwere körperliche Arbeit eine erhöhte Eiweißzufuhr erfordert. Vertreter extremer Ernährungsvorstellungen halten Eiweißnahrung über das unbedingt erforderliche Mindestmaß hinaus für überflüssig, ja schädlich. Es kann nicht genug betont werden, daß weder die experimentelle Untersuchung noch die Erfahrung des täglichen Lebens den geringsten Anhaltspunkt für die Richtigkeit dieser Vorstellungen erbracht haben. Eher hat sich im Gegenteil gezeigt, daß eine karge Eiweißversorgung die Leistungsfähigkeit herabsetzt. Die Eiweißmenge, die den Organismus zu voller Leistungsfähigkeit und Widerstandskraft befähigt, bezeichnet man als das *praktische* oder *hygienische Eiweißminimum* (RUBNER); *es kann mit etwa 80 g angesetzt werden.* Allgemeiner ist die Forderung, daß der bestehende Calorienbedarf zu etwa 15 % durch Eiweiß gedeckt werden soll.

2. Die biologische Wertigkeit der Eiweißkörper.

Die Höhe des praktischen Eiweißminimums, die oben mit 80 g angegeben wurde, ist keineswegs eine absolut feststehende Größe. Sie ist vielmehr von der Art der Eiweißnahrung abhängig. THOMAS hat als erster versucht, den verschiedenen Nährwert der Eiweißkörper, ihre *biologische Wertigkeit,* zahlenmäßig zu bestimmen. Er fand die folgenden relativen Werte: Rindfleisch 105, Kuhmilch 100, Kartoffeln 79, Erbsen 58 und Weizenmehl 40. Spätere Bestimmungen der biologischen Wertigkeit hatten zum Teil abweichende Ergebnisse. Trotzdem kann man aus der Gesamtheit des vorliegenden Materials schließen, daß die tierischen Eiweißkörper, weil ihre Aminosäurezusammensetzung mit derjenigen der Proteine des menschlichen oder eines anderen tierischen Organismus die größere Ähnlichkeit hat, auch die höchste biologische Wertigkeit besitzen. Die Wertigkeit der pflanzlichen Eiweißkörper ist im allgemeinen geringer.

Es ist möglich, in Ernährungsversuchen Eiweiß durch Eiweißhydrolysate oder durch Aminosäuren zu ersetzen. Dabei hat sich herausgestellt, daß bestimmte Aminosäuren in der Nahrung fehlen können, andere in ihr enthalten sein müssen, daß es also entbehrliche und unentbehrliche Aminosäuren gibt (s. S. 71 u. 461 f.). Da die Aminosäurezusammensetzung der einzelnen Eiweiß-

Tabelle 89. Gehalt verschiedener Nahrungsmittel an den wichtigsten Aminosäuren (in %). (Nach BLOCK u. MITCHELL.)

	Arginin	Histidin	Lysin	Tyrosin	Trypto-phan	Phenyl-alanin	Cystin	Methionin	Threonin	Leucin	Isoleucin	Valin	Glycin
Rindfleisch	7,7	2,9	8,1	3,4	1,3	4,9	4,3	3,3	4,6	7,7	6,3	5,8	5,0
Pferdefleisch	6,3	3,6	8,7	3,9	1,5	5,9	1,0	3,2	4,4	8,0	6,3	5,8	—
Kuhmilch	4,3	2,6	7,5	5,3	1,6	5,7	1,0	3,4	4,5	11,3	8,5	8,4	2,3
Frauenmilch	3,7	2,7	6,5	5,1	1,5	5,3	1,4	2,3	4,5	8,1	5,5	5,8	—
Hühnerei	6,4	2,1	7,2	4,5	1,5	6,3	2,4	4,1	4,9	9,2	8,0	7,3	2,2
Leber	6,6	3,1	6,7	4,6	1,4	6,1	1,4	3,2	4,8	8,4	5,6	6,2	
Niere	6,3	2,7	5,5	4,8	1,7	5,5	1,5	2,7	4,6	8,0	5,6	5,3	
Weizen	4,2	2,1	2,7	4,4	1,2	5,7	1,8	2,5	3,3	6,8	3,6	4,5	—
Roggen	6,0	2,2	3,3	4,6	1,2	6,6	1,8	2,4	3,5	8,3	5,6	6,3	—
Haferflocken	6,0	2,2	3,3	4,6	1,2	6,6	1,8	2,4	3,5	8,3	5,6	6,3	—
Reis	7,2	1,5	3,2	5,6	1,3	6,7	1,4	3,4	4,1	9,0	5,3	6,3	10,0
Sojabohne	7,1	2,3	5,8	4,1	1,2	5,7	1,9	2,0	4,0	6,6	4,7	4,2	hoch
Hefe	4,3	2,8	7,5	3,6	1,3	4,1	1,0	1,9	5,5	7,4	5,9	5,0	

Mehr (+)- oder Mindergehalt (—) in % gegenüber Eiereiweiß

	Arginin	Histidin	Lysin	Tyrosin	Trypto-phan	Phenyl-alanin	Cystin	Methionin	Threonin	Leucin	Isoleucin	Valin
Kuhmilch *(Cystin + Methionin)*	—33	+24	+ 4	+18	+ 7	—10	—58 }—32	—17	— 8	+23	+6	+15
Rindfleisch *(Cystin + Methionin)*	+20	+38	+12	—24	—13	—22	—46 }—29	—20	— 6	—16	—21	—21
Weizen *(Lysin)*	—34	0	—63	— 2	—20	—10	—25 }—34	—39	—33	—26	—55	—38
Weizenmehl *(Lysin)*	—39	+ 5	—72	—16	—33	—13	—21 }—48	—63	—45	—18	—54	—42
Haferflocken *(Lysin)*	— 6	+ 5	—54	+ 2	—20	+ 5	—25 }—35	—41	—29	—10	—30	—14

Kursiv: Limitierende Aminosäure.

körper sehr verschieden ist (s. Tabelle 8, S. 89), wird die biologische Wertigkeit der einzelnen Eiweißkörper erklärlich, und es ist verständlich, daß zur Deckung des Eiweißbedarfes von verschiedenen Eiweißkörpern

Tabelle 90. **Biologische Wertigkeit und prozentisches Defizit an der limitierenden essentiellen Aminosäure in Nahrungsmitteln.**
(Nach MITCHELL und BLOCK.)

Eiweißquelle	Limitierende wesentliche Aminosäure	Prozentisches Defizit	Biologische Wertigkeit
Kuhmilch	Cystin + Methionin	32	90
Lactalbumin.	Methionin	34	84
Eieralbumin	Lysin	31	82
Maiskeime.	Methionin	61	78
Ochsenniere	Cystin + Methionin	35	77
Ochsenleber	Isoleucin	30	77
Ochsenmuskel	Cystin + Methionin	29	76
Sojabohne.	Methionin	51	75
Weizenkeime	Isoleucin	62	75
Ochsenherz	Isoleucin	35	74
Casein	Cystin + Methionin	42	73
Weizen	Lysin	63	70
Haferflocken	Lysin	54	69
Hefe	Cystin + Methionin	55	69
Reis	Lysin	56	66
Weizenmehl	Lysin	72	52
Erbsen	Methionin	76	48
Gelatine	Tryptophan	100	25

sehr verschiedene Mengen notwendig sind, ja, daß es Eiweißkörper gibt, die, wenn sie allein verfüttert werden, Wachstum und Gewichtserhaltung nicht gewährleisten. Durch Zulage der fehlenden Aminosäuren kann man eine derartige unzureichende Eiweißnahrung vollwertig machen. So kann z. B. die Gelatine durch Zulage von Cystin, Tyrosin und Tryptophan ergänzt werden. Ob das praktische Eiweißminimum niedrig oder hoch ist, wird davon abhängen, ob ein Eiweißkörper die lebensnotwendigen unentbehrlichen Aminosäuren in ausreichendem Maße enthält oder nicht. In ausgedehnten Ernährungsversuchen am Menschen mit essentiellen Aminosäuren wurde gefunden, daß der

Tabelle 91. **Eiweißkombinationen mit gutem Ergänzungswert.** (Nach LANG u. RANKE.)

Cerealien	+ Fleisch oder innere Organe
Cerealien	+ Milch
Weizen	+ Milch, Fleisch oder Ei
Weizen	+ Erdnuß
Weizen	+ Hefe
Weizen	+ Fisch
Mais	+ Milch
Mais	+ Erdnuß
Mais	+ Reiskleie
Mais	+ Soja
Mais	+ Hefe
Hafer	+ Erdnuß
Kartoffeln	+ Milch oder Lactalbumin
Leguminosen	+ Weizen oder Roggen
Leguminosen	+ Innere Organe, Milch
Leguminosen	+ Weizenkeime oder Roggenkeime

Eiweißbedarf sich durch diese Aminosäuren — in geeignetem Mischungsverhältnis — decken läßt, wenn der N-Gehalt 2,25 bis 2,28 g beträgt. Dem entspricht mit etwa 14 g eine Eiweißmenge, die praktisch identisch ist mit der minimalen N-Ausscheidung.

Die Tabelle 89 enthält Angaben über den Gehalt verschiedener Nahrungsmittel an den wichtigsten Aminosäuren, sie zeigt ferner für einige dieser Nahrungsmittel im Vergleich zu dem als Standard angesehenen Eiereiweiß, an welchen Aminosäuren sie einen biologischen Überschuß oder ein biologisches Defizit haben, und schließlich gibt sie für diese Nahrungsmittel die Aminosäure an, an der das Defizit besonders groß ist (limitierende Aminosäure). Die Tabelle 90 zeigt für weitere Nahrungsmittel — ebenfalls im Vergleich mit Eiereiweiß — das prozentische Defizit an der jeweils limitierenden essentiellen Aminosäure sowie den biologischen Wert der Eiweißkörper aus diesen Nahrungsmitteln.

Da gewöhnlich der Eiweißbedarf des Körpers nicht durch einen einzigen Eiweißkörper gedeckt wird, ist in der gemischten Nahrung von größerer Wichtigkeit als die biologische Wertigkeit der *Ergänzungswert* der einzelnen Eiweißkörper. Dieser drückt sich darin aus, daß mehrere biologisch unterwertige Eiweißkörper sich zu einem biologisch vollwertigen Gemisch ergänzen (McCollum). Die Tabelle 91 gibt einige Beispiele für Eiweißkombinationen mit gutem Ergänzungswert.

Schrifttum.

Ertel, H.: Die Grundlagen der deutschen Volksernährung. Leipzig 1938. — Lang, K.: Biochemie der Ernährung. Darmstadt 1957. — Lang, K., u. O. Ranke: Stoffwechsel und Ernährung. Berlin, Göttingen, Heidelberg 1950. — Lang, K., u. R. Schoen (Hrsg.): Die Ernährung. Berlin, Göttingen, Heidelberg 1952. — Lehmann, G.: Der respiratorische und der Gesamtumsatz. Handb. Biochem., Erg.-Werk, Bd. 2. 1934. — Lehnartz, E.: Physiologie der Ernährung; in: Stepp W. (Hrsg.): Ernährungslehre. Berlin 1939. — Lusk, G.: The Elements of the Science of Nutrition. 4. Aufl. Philadelphia u. London 1928. — Rubner, M.: Die Gesetze des Energieverbrauchs bei der Ernährung. Berlin u. Wien 1902. — Sherman, H. C.: Chemistry of Food and Nutrition. 7. Aufl. New York 1947.

V. Der intermediäre Stoffwechsel.

A. Allgemeines.

a) Vorbemerkungen.

Der Aufnahme der Nahrungsstoffe in den Organismus und ihrem Einbau in die Substanz oder in die Struktur des Körpers, der *Assimilation*, folgt ihr Abbau unter Freisetzung der in ihnen enthaltenen Energie. Diesen Teil des Stoffwechsels nennt man *Dissimilation*.

Als Endprodukte des Stoffwechsels entstehen aus Fetten und Kohlenhydraten Kohlendioxyd und Wasser, aus den Eiweißstoffen daneben Harnstoff. Außerdem wird aber unter den Ausscheidungsprodukten des Körpers noch eine größere Zahl von anderen Stoffen gefunden, die aus der aufgenommenen Nahrung oder aus den umgesetzten Körperbausteinen bei ihrer Umsetzung im Körper entstanden sind. Zum Teil geben diese Stoffe wichtige Hinweise darauf, daß sich die Dissimilation über eine Reihe von Zwischenstufen vollzieht, daß also die Endprodukte des Stoffwechsels aus den Ausgangsprodukten nicht auf direktem Wege entstehen. Man nennt den Teil des Stoffwechsels, der zwischen den Ausgangs- und den Endprodukten liegt, den *intermediären oder Zwischenstoffwechsel*. Er umfaßt also alle die Vorgänge, die auf dem Wege dieses Zwischenstoffwechsels sich abspielen, und er befaßt sich mit den Umsetzungen der Körperbausteine, soweit sie von den Fermenten der Zellen angreifbar sind. Es handelt sich dabei um eine Summe von Abbau- und Umbauvorgängen, die schließlich zu den Endprodukten des Stoffwechsels führen, zu Produkten also, die vom Körper nicht mehr angreifbar sind. Da das Ziel des Stoffwechsels die möglichst vollständige Verbrennung eines Stoffes sein muß, weil nur dann die in ihm enthaltene Energie restlos freigesetzt werden kann, ist es verständlich, daß Zwischenprodukte des Stoffwechsels gewöhnlich nur in geringer Zahl und in geringer Menge aufgefunden werden können. Im allgemeinen gelingt es also nicht ohne weiteres, in die Wege des intermediären Stoffwechsels Einblick zu erhalten.

Gelegentlich treten jedoch bei spontanen oder durch krankhafte Veränderungen bedingten Stoffwechselstörungen Stoffe auf, die als obligate Zwischenprodukte des Stoffwechsels angesehen werden müssen. Wegen der bestehenden Stoffwechselstörung ist ihr weiterer Umsatz unterbrochen, dadurch wird der Schleier, der das Geheimnis der intermediären Umsetzungen verhüllt, teilweise gelüftet. Auch durch experimentelle Eingriffe lassen sich Störungen des Zwischenstoffwechsels auslösen. Es gelingt z. B. den intermediären Kohlenhydratstoffwechsel durch Natriumfluorid oder durch Salze der Monojod- und Monobromessigsäure zu unterbrechen. Unter diesen Bedingungen kann man Zwischenstufen des Kohlenhydratabbaus, die unter normalen Bedingungen jeweils nur in geringen Mengen entstehen und sehr rasch wieder verschwinden, weil sie weiter umgesetzt werden, in erheblichen Mengen abfangen. Die grundlegenden und klärenden Entdeckungen über den intermediären Kohlenhydratstoffwechsel sind tatsächlich auf diesem Wege gemacht worden.

Eine weitere Methode, den Verlauf des Zwischenstoffwechsels zu verfolgen, besteht darin, bestimmte Stoffe, deren Abbau man untersuchen will oder die als Zwischenstufen in Frage kommen könnten, auf *isolierte Organe* einwirken zu lassen und diese künstlich mit Blut oder einer anderen Nährflüssigkeit zu durchströmen. In der Durchströmungsflüssigkeit lassen sich dann oft Abbaustufen der zugesetzten Stoffe auffinden. Diese Methode hat besonders an der isolierten, künstlich durchströmten Leber zu schönen Ergebnissen geführt. Mit größtem Erfolg hat man statt der ganzen Organe auch Organbreie, Verreibungen (Homogenate), dünne Schnitte der Organe zu Untersuchungen des intermediären Stoffwechsels herangezogen. Die Gewebsbreie, Homogenate oder Organschnitte werden in geeigneten Nährlösungen suspendiert, denen die Stoffe zugesetzt werden, deren Abbau oder deren Wirkung untersucht werden soll. Man kann in der Vereinfachung der Versuchsanordnung sogar noch einen Schritt weiter gehen und das Organ durch Organextrakte ersetzen. In diesen laufen, wenn die für die untersuchten Umsetzungen erforderlichen Fermente sich aus den Organen extrahieren lassen, die Abbauvorgänge häufig genau so ab wie in den Organen selber. Aus solchen Organextrakten sind auch in sehr vielen Fällen die an den Umsetzungen beteiligten Fermente und Cofermente isoliert worden, so daß sich schließlich der Ablauf auch komplizierter Reaktionen in wäßrigen Lösungen genau bekannter Zusammensetzung verfolgen läßt.

Auch Fütterungsversuche sind zur Aufklärung des Schicksals mancher lebenswichtiger Stoffe im Körper herangezogen worden. Hierbei geht man so vor, daß man die zu untersuchende Substanz mit einem unverbrennlichen Rest beschwert und versucht, im Harn der Versuchstiere Stoffe aufzufinden, die diesen Rest noch enthalten. Auf diese Weise ist z. B. die β-Oxydation der Fettsäuren aufgefunden worden.

Die größte Bedeutung für die Erforschung des intermediären Stoffwechsels hat aber die *Anwendung isotoper Elemente* erlangt. Das Prinzip dieses Vorgehens besteht darin, daß man in die zu untersuchenden Stoffe ein Isotop der es aufbauenden Elemente in größerer Menge einführt, als es in den natürlich vorkommenden Stoffen enthalten ist. Man kann z. B. Verbindungen herstellen, in denen der Wasserstoff teilweise durch schweren Wasserstoff (Deuterium, ^{2}H oder D) ersetzt ist oder die einen höheren Gehalt an ^{14}C, ^{15}N, ^{18}O oder ^{32}P enthalten. Diese Verbindungen sind also „markiert", und wegen der Markierung kann ihr Schicksal im Körper verfolgt werden, da die betreffenden Isotope durch geeignete Methoden nachgewiesen und bestimmt werden können. Besonders leicht ist dies möglich bei radioaktiven Isotopen, wie sie etwa außer für P auch für C, Na, K, Mg, Ca, Fe, Cu, Mn und Zn bekannt und zum Teil auch in der Erforschung des Mineralstoffwechsels angewandt worden sind.

b) Energetische Vorbemerkungen.

Der Zweck der Abbauvorgänge an den Bausteinen des Körpers ist die Freisetzung von Energie, auf deren Kosten die Körperfunktionen aufrechterhalten werden. In der Gesamtbilanz geschieht die Energiefreisetzung durch die Verbrennung von Wasserstoff zu Wasser, wobei je Mol entstehenden Wassers eine Energiemenge von *68,4 kcal* gewonnen werden kann. Diese Energiemenge wird aber nicht schlagartig durch einen einzigen Reaktionsschritt freigesetzt, sondern verteilt sich auf zahlreiche Teilreaktionen. Zudem verfügt der Körper über Möglichkeiten, einen Teil dieser Energie wieder einzufangen und in bestimmten energiereichen Bindungen zu speichern. Der Weg dieses Abbaus ist auch keineswegs ein geradliniger in dem Sinne, daß er fortlaufend von höher zu niedermolekularen Stoffen leitet, es finden sich auf ihm vielmehr auch Schritte durch die sich Aufbauvorgänge, also Synthesen vollziehen. In der Vergangenheit hat man lediglich der Pflanze die Fähigkeit zu Synthesen zugeschrieben. Heute weiß man, daß dies nicht zutrifft. Ohne jeden Zweifel überwiegen im Stoffwechsel der Pflanze die synthetischen Fähigkeiten weitaus, aber auch der tierische Stoffwechsel ist zu Synthesen befähigt, und sie sind für ihn unentbehrlich. Sogar die grundlegende Synthese der Pflanze, der Aufbau von Kohlenhydraten aus Kohlensäure und Wasser vermag nach unseren heutigen Erkenntnissen auch das Tier zu leisten und ein großer Teil des Weges dieser Synthese scheint in beiden Fällen nicht gar zu verschieden, vielleicht sogar identisch zu sein (s. S. 438 f.). Der grundlegende Unterschied liegt darin, daß die Pflanze die Energie für die Durchführung dieser Synthesen der Außenwelt in Form der strahlenden Energie des Sonnenlichtes entnimmt, das Tier und der Mensch, die zu einer Transformierung dieser Energie nicht in der Lage sind, sie anderen Stoffwechselvorgängen entnehmen müssen. *Der pflanzliche Stoffwechsel dient also in der Bilanz der Bildung von chemischer Energie, der tierische der Umwandlung der chemischen Energie in andere Energieformen* (Wärme, Bewegung usw.).

Da der Sinn des Stoffwechsels die Bereitstellung von Energie für die Erhaltung des Lebens ist, muß kurz auf einige physikalisch-chemische Grundlagen eingegangen werden.

Im lebenden Organismus gehorchen chemische Reaktionen den gleichen physikalisch-chemischen Gesetzen wie in der unbelebten Materie. Gesetzmäßigkeiten, die man an einfachen „Modellreaktionen" gefunden hat, kann man demnach auf Reaktionen in der belebten Materie übertragen. Bei der Untersuchung chemischer Reaktionen stellt sich vor allem die Frage, warum sie überhaupt möglich sind, welches also ihre „innere Triebkraft" ist.

Da viele Reaktionen unter Wärmeentwicklung ablaufen, sah man zunächst in der Wärmetönung ein Maß für die chemische Triebkraft (Prinzip von THOMSEN und BERTHELOT). Die bei einer Reaktion entwickelte Wärme muß aus einem Energievorrat des reagierenden Systems stammen, den man als *Innere Energie* (U) bezeichnet. Da aber bei einer chemischen Reaktion nicht nur Wärme (Q) freigesetzt, sondern auch Arbeit (A) geleistet werden kann, ergibt sich, wenn ein System aus dem Zustande 1 in den Zustand 2 übergeht, für die gesamte Energieänderung des Systems (ΔU):

$$\Delta U = (U_2 - U_1) = A + Q. \tag{1}$$

Dies ist die Formulierung des *1. Hauptsatzes der Thermodynamik. U, A* und *Q* bezieht man dabei immer auf den sog. „Formelumsatz", d. h. auf die bei einer chemischen Reaktion umgesetzten Mole.

Von Sonderfällen abgesehen, kann die Arbeit A gewonnen werden als Volumarbeit oder als elektrische Arbeit. Hier interessiert nur die Volumarbeit, da sich ein System, auf dem, wie auf den lebenden Zellen, ein konstanter äußerer Druck lastet, ausdehnt oder zusammenzieht. Für Reaktionen in biologischen Systemen sind also wichtig die Effekte bei konstantem Druck. Änderungen von A und Q bei konstantem Druck kennzeichnet man durch die Symbole A_p und Q_p.

Nimmt bei einer Reaktion die innere Energie des Systems ab, so wird Q_p negativ, die Reaktion ist *exergonisch*, nimmt sie zu, so wird Q_p positiv und die Reaktion ist *endergonisch*. Das Vorzeichen von Q_p zeigt also die Richtung des Wärmeeffektes vom „Standpunkt des reagierenden Systems" aus an und nicht vom „Standpunkt des Messenden".

Da bei Leistung der Arbeit A der Druck konstant bleiben soll, ist A_p gleich der Änderung des Volumens $P \Delta V$, und es gilt

$$\Delta U_p = -P \Delta V + Q_p. \tag{2}$$

Q_p, die bei der Reaktion auftretende Reaktionswärme bei konstantem Druck, ist identisch mit der Änderung der *Enthalpie* und wird als ΔH bezeichnet. Es ist also

$$\Delta U_p = -P \Delta V + \Delta H. \tag{3}$$

Bei chemischen Reaktionen in biologischen Systemen ist die Volumänderung sehr gering, so daß man schreiben kann:

$$\Delta U \approx \Delta H \tag{4}$$

Wenn man mit THOMSEN und BERTHELOT nur die Wärmetönung einer Reaktion als Maß der chemischen Triebkraft ansieht, so ist nach (4) die Änderung der inneren Energie für das chemische Geschehen verantwortlich. Dann aber sollten nur exergonische Prozesse freiwillig verlaufen können. Es gibt aber zahlreiche Reaktionen, die endergonisch verlaufen; die Betrachtung jeder Gleichgewichtsreaktion zeigt, daß das Prinzip von THOMSEN und BERTHELOT nicht richtig sein kann.

In Wirklichkeit gibt *nicht die Wärmetönung, sondern die Größe der bei einer Reaktion zu gewinnenden Arbeit ein brauchbares Maß für die chemische Triebkraft.* Am augenfälligsten kann man das an einem galvanischen Element feststellen. Die EMK eines solchen Systems entspricht der Triebkraft der in ihm sich abspielenden chemischen Reaktionen.

Die Zustandsänderung nach (1) gilt nur für *nicht reversible Reaktionen.* Sie bestimmt lediglich die *Summe* der Arbeits- und Wärmebeträge; der Anteil, den Arbeit und Wärme an ihr haben, hängt von sonstigen Umständen ab. Reaktionen im biologischen Milieu sind *isotherme Vorgänge* d. h. es tritt bei ihnen keine Temperaturänderung auf. Ihre *reversible Arbeit* ist eindeutig durch die *Zustandsänderung* als solche [s. (1)] festgelegt. Zweckmäßig führt man nun eine neue Funktion ein, die GIBBS*sche Freie Energie (G)* (auch *Freie Enthalpie* genannt):

$$G = H - TS \tag{5}$$

H ist die schon oben angeführte Enthalpie, T die absolute Temperatur und S eine Größe, die man als *Entropie* bezeichnet. (Wegen ihrer fundamentalen Bedeutung muß auf die Lehrbücher der Physik oder der Physikalischen Chemie verwiesen werden!) Es läßt sich ableiten, daß bei konstanter Temperatur und konstantem Druck G dann ein Minimum aufweist, wenn das Gleichgewicht der Reaktion erreicht ist.

Die Nutzarbeit, die ein System leisten kann, ist der Änderung der GIBBSschen freien Energie $(G_2 - G_1)$ gleichzusetzen, also

$$A = \Delta G. \tag{6}$$

ΔG ist also die praktisch wichtigste Funktion. Nach (5) ist

$$\Delta G = \Delta H - T \Delta S. \tag{7}$$

ΔG ist dann die bei konstantem Druck zu leistende reversible Reaktionsarbeit, ΔH entsprechend die bei irreversiblem Ablauf einer Reaktion bei konstantem Druck auftretende Reaktionswärme Q_p. Ist $\Delta G > 0$, so muß Arbeit aufgewendet werden, um die Reaktion zu erzwingen, bei $\Delta G < 0$ verläuft die Reaktion freiwillig unter Arbeitsgewinn, wird $\Delta G = 0$ (T und P sind konstant), so ist das Gleichgewicht einer reversiblen Reaktion erreicht. Eine Reaktion wird um so mehr begünstigt, je stärker negativ ΔG ist. Dies kann auf zwei Wegen erreicht werden, entweder durch ein negatives ΔH, d. h. durch einen endergonischen Wärmeeffekt oder durch ein positives ΔS.

Wenn die ΔG-Werte sämtlicher Reaktionen, die in einem gegebenen System denkbar sind, in ihrer Abhängigkeit von Temperatur, Druck und Zusammensetzung bekannt sind, kann man voraussagen, welche Vorgänge bei Aufhebung der Hemmungen ablaufen können und wieweit sie unter gegebenen Bedingungen ablaufen werden.

Es läßt sich ableiten, daß zwischen der Größe ΔG^0 — womit ΔG unter „Standardbedingungen", d. h. bei $P = 1$ Atm. verstanden sein soll — und der Gleichgewichtskonstanten reversibler Reaktionen folgende Beziehung besteht:

$$\Delta G^0 = -RT \ln K_p. \tag{8}$$

Die Gleichgewichtslage einer reversiblen Reaktion ist von der Temperatur abhängig. Dies wird durch die VAN'T HOFFsche *Reaktionsisochore* ausgedrückt:

$$\frac{\partial (\ln K_p)}{\partial T} = \frac{\Delta H^0}{RT^2}. \tag{9}$$

Nach ihr wird also $\ln K_p$ mit steigender Temperatur positiver, d. h. daß sich das Gleichgewicht einer Reaktion der Umsatzprodukte nach rechts verschiebt, wenn ΔH positiv, bzw. die von links nach rechts verlaufende Reaktion endergonisch ist. Dies folgt aus dem „Prinzip des kleinsten Zwanges", da durch Verschiebung eines Gleichgewichtes im endergonischen Sinne Wärme verbraucht, also der ausgeübte „Zwang", die Temperaturerhöhung, gemildert wird.

Beziehung zwischen Freier Enthalpie und Redoxpotential. Gl. (8) gibt die Möglichkeit, die GIBBSsche Freie Energie (= Freie Enthalpie) aus den Gleichgewichtskonstanten der Reaktionen zu berechnen. Eine andere Möglichkeit hierfür bietet die Bestimmung des Redoxpotentials:

$$\Delta G^0 = n \cdot f \cdot \Delta E^0, \tag{10}$$

wobei n die Zahl der an der Reaktion beteiligten Elektronen, f die FARADAYsche Konstante = 23,068 kcal, ΔE^0 die Differenz der Redox-Potentiale des reagierenden Systems in Volt bedeutet und ΔG^0 in kcal angegeben ist.

Die Tabelle 92 gibt die Redoxpotentiale einiger biologisch wichtiger Systeme wieder.

Die Naturstoffe und die Stoffwechselprodukte sind nicht elektroaktiv. Man kann sie aber durch Zusatz von sog. Redoxkatalysatoren zur Abgabe von Elektronen veranlassen, die von den Redoxkatalysatoren aufgenommen werden. Wie Redoxkatalysatoren wirken auch manche Fermente, die man deshalb als *Redoxasen* bezeichnet [z. B. Pyridinproteide (Dehydrogenasen), Flavinproteide (gelbe Fermente), Häminproteide (Cytochromoxydase), Kupferproteide (Ascorbinsäureoxydase)].

Tabelle 92. Redoxpotentiale einiger biologisch wichtiger Redoxsysteme.

System	E^0 bei pH 7,0
Cytochrom a	$+0{,}290$
Cytochrom c	$+0{,}270$
Cytochrom b	$+0{,}04$
Leukomethylenblau/Methylenblau	$+0{,}11$
Bernsteinsäure/Fumarsäure	$0{,}00$
Äpfelsäure/Oxalessigsäure	$-0{,}170$
Milchsäure/Brenztraubensäure	$-0{,}180$
Glutathion red./Glutathion oxyd.	$-0{,}220$
Dihydrocodehydrogenase/Codehydrogenase	$-0{,}325$

c) Allgemeine Reaktionen.

Für Aufbau und Abbau seiner Bausteine bedient sich der Organismus in seinem Stoffwechsel nur relativ weniger Reaktionen, die immer wiederkehren und daher hier zunächst zusammengestellt und kurz besprochen werden sollen, soweit dies nicht schon an anderer Stelle geschehen ist. Die wichtigsten dieser Reaktionen sind: Dehydrierung, Phosphorylierung, Carboxylierung und Decarboxylierung, Acetylierung, Methylierung und Transaminierung.

1. Dehydrierung.

Es ist schon früher ausführlich über den Weg der biologischen Oxydation gesprochen und gezeigt worden (s. S. 334 ff.), daß sie in der Abgabe von jeweils 2 Wasserstoffatomen aus dem abzubauenden Substrat besteht. Die fermentativen Vorgänge der Dehydrierung und die Übertragung des Wasserstoffs auf den Sauerstoff sind dort ausführlich besprochen.

2. Transphosphorylierung und energiereiche Phosphatbindung.

Schon an früherer Stelle ist auf die Bedeutung der Phosphorsäure für mannigfache Stoffwechselvorgänge hingewiesen worden (s. S. 298 ff. und 323 ff.). Nachdem schon sehr frühzeitig erkannt worden war, daß der Abbau der Glucose nur nach vorheriger Phosphorylierung möglich ist, ist eine zunehmende Zahl von Reaktionen bekanntgeworden, für deren Ablauf die intermediäre Beteiligung von Phosphorsäure die Voraussetzung ist. Dabei ist von entscheidender Bedeutung, daß anscheinend nur in Ausnahmefällen anorganisches o-Phosphat aufgenommen oder abgegeben wird. Es wird vielmehr Phosphat von einer auf eine andere Substanz übertragen. Man spricht daher von *Transphosphorylierungen*. Sie werden durch als *Transphosphatasen* bezeichnete Fermente bewirkt. Zu ihnen gehört z. B. die *Hexokinase* (ATP→Hexosetransphosphatase s. S. 418f.), die Glucose in Gegenwart von Adenosintriphosphorsäure zu Glucose-6-phosphat phosphoryliert.

Insbesondere LIPMANN hat darauf hingewiesen, daß die Bindungen der o-Phosphorsäure an andere Substanzen nicht alle den gleichen Energiegehalt haben, daß es vielmehr *energiearme* und *energiereiche* P-Bindungen gibt. Zu ihrer Unterscheidung hat er für die energiereiche Bindung das Zeichen $\sim$ vorgeschlagen. Energiearm sind die Esterbindungen der Phosphorsäure z. B. in den Kohlenhydratphosphorsäuren. — ΔG beträgt etwa 2000—4000 cal. Nach früheren Untersuchungen soll der Energiegehalt der energiereichen Bindungen der Phosphorsäure 12—16 kcal/Mol betragen. Zahlreiche neuere Untersuchungen ergeben jedoch wesentlich geringere Werte (s. Tabelle 93).

Tabelle 93. Energiereiche Phosphatbindungen.

Bindung	Beispiel	ΔG in kcal/Mol
Pyrophosphat	Pyrophosphorsäure Adenosindi- und triphosphorsäure	7
Enolphosphat.	Phospho-enol-brenztraubensäure	11
Carboxylphosphat . . .	1,3-Diphosphoglycerinsäure	11
Guanidinophosphate. . .	Kreatinphosphorsäure Argininphosphorsäure	8,5

Diesen Bindungen kommen die folgenden Formulierungen zu:

$$\underset{\text{Pyrophosphat}}{\overset{\displaystyle \mathrm{O}\qquad\mathrm{O}}{\underset{\displaystyle\ \ \mathrm{OH}\ \ \ \mathrm{OH}}{\mathrm{-P-O{\sim}P-OH}}}}\qquad\qquad\underset{\substack{\text{Enolphosphat (Phospho-}\\\text{enol-brenztraubensäure)}}}{\overset{\displaystyle \mathrm{H_2C}\qquad\mathrm{O}}{\underset{\displaystyle\ \ \ \ \ \ \ \ \ \mathrm{OH}}{\mathrm{HOOC-C-O{\sim}P-OH}}}}$$

$$\underset{\text{Carboxylphosphat}}{\overset{\displaystyle \mathrm{O}\qquad\mathrm{O}}{\underset{\displaystyle\ \ \ \ \ \ \mathrm{OH}}{\mathit{R}\mathrm{-C-O{\sim}P-OH}}}}\qquad\qquad\underset{\text{Guanidinophosphat}}{\overset{\displaystyle \mathrm{H}\ \ \ \mathrm{O}}{\underset{\displaystyle\ \ \ \ \mathrm{NH_2}\ \ \mathrm{OH}}{\mathrm{HN{=}C-N{\sim}P-OH}}}}$$

Energiereiche Phosphatbindungen können im Stoffwechsel entstehen durch *Substratphosphorylierung* oder in Verbindung mit der biologischen Oxydation durch *Atmungskettenphosphorylierung*. Dabei muß beachtet werden, daß energieliefernde und energieverbrauchende Reaktionen immer miteinander gekoppelt sind. Die energieliefernden Abbauvorgänge sind gekoppelt mit dem energieverbrauchenden Aufbau von Adenosintriphosphorsäure

$$\text{anorg. P} + \mathfrak{ADP}^1 \rightarrow \mathfrak{ATP}^1.$$

Für die energieverbrauchenden Reaktionen liefert der umgekehrte Vorgang

$$\mathfrak{ATP} \rightarrow \mathfrak{ADP} + \text{anorg. P}$$

die Energie. Adenosintriphosphorsäure spielt also die Rolle eines Energieüberträgers.

Substratphosphorylierung. Als Beispiel einer Substratphosphorylierung sei eine Teilreaktion des Glykogenabbaus angeführt (s. S. 415).

$$3\text{-Glycerinaldehyd-phosphorsäure} + \text{anorg. P} + \mathfrak{DPN}^{+1} \underset{\text{dehydrogenase}}{\overset{\text{Triosephosphat-}}{\rightleftarrows}} 1{,}3\text{-Diphospho-}$$

$$\text{glycerinsäure} + \mathfrak{DPN} \cdot \mathrm{H} + \mathrm{H}^+ + \mathfrak{ADP} \underset{\text{übertragendes Ferment}}{\overset{\text{2. phosphat-}}{\longrightarrow}} 3\text{-Phosphoglycerinsäure} + \mathfrak{ATP}.$$

Bei der Dehydrierung der 3-Glycerinaldehyd-phosphorsäure durch Diphosphopyridinnucleotid wird gleichzeitig eine energiereiche Phosphatbindung gebildet durch Anlagerung eines Phosphorsäuremoleküls in Stellung 1 an die durch Oxydation entstehende Phosphoglycerinsäure. Dieses Phosphorsäuremolekül wird dann auf Adenosindiphosphorsäure zur Bildung von Adenosintriphosphorsäure übertragen, so daß die bei der Oxydation der Glycerinaldehyd-phosphorsäure freiwerdende Energie der Zelle zum Teil erhalten bleibt.

Eine auf Substratphosphorylierung beruhende Adenosintriphosphorsäuresynthese findet sich außer bei der Triosephosphatdehydrierung bei der Phosphatübertragung von Phosphobrenztraubensäure auf Adenosindiphosphorsäure (s. S. 416) und bei der dehydrierenden Decarboxylierung der Brenztraubensäure (s. S. 352f.) bzw. von α-Ketoglutarsäure (s. S. 353f.).

Über den Mechanismus der letztgenannten Reaktion ist man gut unterrichtet, sie verläuft in Stufen:

1. α-Ketoglutaratdehydrogenase katalysiert zusammen mit $\mathfrak{CoA}$ und $\mathfrak{DPN}$ die Dehydrierung der α-Ketoglutarsäure zu Succinyl-$\mathfrak{CoA}$, CO_2 und $\mathfrak{DPN} \cdot \mathrm{H} + \mathrm{H}^+$.

---

[1] $\mathfrak{DPN}$ = Diphosphopyridinnucleotid, $\mathfrak{ADP}$ = Adenosindiphosphorsäure, $\mathfrak{ATP}$ = Adenosintriphosphorsäure.

2. Succinyl-CoA reagiert mit Guanosindiphosphat (GDP) und o-Phosphat zu Succinat, CoA und Guanosintriphosphat (GTP). In dieser Reaktion kann, soweit bisher bekannt, GDP nur durch Inosindiphosphat ersetzt werden.

3. Zwischen GTP und ADP spielt sich eine Transphosphorylierung ab (durch GTP → ADP-Transphosphatase).

Bei der anaeroben Aufspaltung von Glucose zu Milchsäure, der Glykolyse (s. S. 422 ff.) entstehen 4 energiereiche Phosphatbindungen, da aber in den Ablauf der Reaktion 2 derartige Bindungen eingebracht werden müssen, werden nur 2 ~P-Bindungen oder rund 15 kcal gewonnen. ΔG der Glykolyse beträgt —58 kcal; es werden also rund 26% dieser Energie in energiereichen Phosphatbindungen gespeichert. Geht die Glykolyse vom Glykogen aus, so werden 3 ~P-Bindungen oder etwa 22 kcal gewonnen, so daß rund 38% der freien Energie der Glykolyse erhalten bleiben.

Atmungskettenphosphorylierung. Bei allen mit der Endoxydation der Körperbausteine verbundenen Oxydationen wird der größere Teil der verwertbaren Energie wieder in ~P-Bindungen gespeichert. Bei dem Transport von 2 Elektronen vom Substrat zum Sauerstoff könnten maximal 3,5 ~P-Bindungen entstehen. Die experimentellen Befunde ergaben Gewinne bis zu 3 ~P-Bindungen je Elektronenpaar, das auf Sauerstoff übertragen wird.

Bei der Oxydation von 1 Mol Brenztraubensäure können also nach

$$H_3C—CO—COOH + 5\,O → 3\,CO_2 + 2\,H_2O$$

15 ~P-Bindungen entstehen. Insgesamt kann demnach der Abbau eines Mol Glucose durch Substratphosphorylierung 2 und durch Atmungskettenphosphorylierung 30, insgesamt also 32 ~P-Bindungen oder 224 kcal liefern. Die Gesamtoxydation der Glucose gibt 674 kcal. Rund 33% dieser Energie gehen in ~P-Bindungen ein, können also vom Organismus für energieverbrauchende Reaktionen noch verwertet werden.

Zu den biologisch wichtigsten energiereichen P-Bindungen gehört die ~P-Bindung der Kreatinphosphorsäure (s. S. 551 f.). Sie steht mit Adenosintriphosphorsäure im Gleichgewicht:

$$ADP + \text{Kreatinphosphorsäure} \rightleftarrows ATP + \text{Kreatin}.$$

Sie überträgt aber ihre energiereiche P-Bindung offenbar nur auf Adenosindiphosphorsäure und ist damit als *Energiespeicher* zu betrachten, die Adenosintriphosphorsäure dient dagegen ganz allgemein der Energieübertragung.

Bei der Transphosphorylierung können, wie schon S. 329 ausgeführt wurde, energiearme P-Bindungen ausgetauscht werden, z. B.

$$\text{Glucose-1-phosphat} \rightleftarrows \text{Glucose 6-phosphat (s. S. 414)},$$

es können unter Wärmeverlust energiereiche P-Bindungen von einer auf eine andere Substanz übergehen

$$\text{Kreatinphosphorsäure} \longleftrightarrow \text{Adenosintriphosphorsäure}$$

oder es können aus energiereichen energiearme Bindungen gebildet werden:

$$\text{Glucose} + ATP → \text{Glucose-6-phosphat} + ADP.$$

Aus der Adenosintriphosphorsäure wird im allgemeinen im Organismus 1 Mol Phosphorsäure abgespalten. Das Ferment dieser Reaktion

$$ATP \rightleftarrows ADP + H_3PO_4$$

ist die *Adenosintriphosphatase* (ATPase). Ein zweites Ferment, die *Apyrase*, spaltet dagegen nach

$$ATP \rightleftarrows \text{Adenylsäure} + 2\,H_3PO_4$$

beide energiereiche P-Bindungen. Daneben gibt es noch eine *Adenosindi-phosphat-phosphomutase* (Myokinase) für die Reaktion

$$2\ \text{ADP} \rightleftarrows \text{ATP} + \text{Adenylsäure.}$$

Die energiereichen P-Bindungen der Adenosintriphosphorsäure sind nach den gegenwärtigen Kenntnissen die einzigen, die durch die oxydative Phosphorylierung beim Durchlaufen der Atmungskette gebildet werden können. Ob sie auch die einzigen Energiequellen sind, die der Zelle zur unmittelbaren Ausnutzung zur Verfügung stehen, muß fraglich erscheinen, seit die Di- und Triphosphate auch der übrigen Nucleoside (Inosin, Guanosin, Thymidin, Cytidin und Uridin) aufgefunden worden sind (s. S. 105) und immer mehr Reaktionen entdeckt wurden, die von diesen Purin- und Pyrimidinribosid-di- bzw. -triphosphaten als Cofermenten abhängig sind. Für die Verteilung der Phosphatbindungsenergie sorgt in den Zellen das Adenylsäuresystem:

$$\text{Adenylsäure} \rightleftarrows \text{Adenosindiphosphorsäure} \rightleftarrows \text{Adenosintriphosphorsäure.}$$

Die energiereiche P-Bindung ist offenbar die „Standardmenge" Energie, über die der Organismus zur Durchführung von endergonischen Reaktionen verfügt. So ist denn auch eine ständig wachsende Zahl von Reaktionen bekannt geworden, die von Adenosintriphosphorsäure abhängig sind. Aus der Fülle derartiger Reaktionen seien nur einige Beispiele gegeben: die Argininbildung aus Citrullin und Glutaminsäure (s. S. 469 f.), die Methylierung der Guanidinoessigsäure zu Kreatin (s. S. 481), die Hippursäuresynthese (s. S. 323), die Bildung von Pyridoxalphosphat (s. S. 203), die CO_2-Fixierung an Brenztraubensäure (s. S. 355), die Bildung von Triphosphopyridinnucleotid aus Diphosphopyridinnucleotid (s. Tab. 66, S. 331), die Peptidsynthese (s. S. 463).

Die Aufzählung der Reaktionen, für deren Zustandekommen die Adenosintriphosphorsäure verantwortlich ist, wäre aber völlig unzulänglich, wenn sie sich auf derartige, chemisch formulierbare Reaktionen beschränken würde. Die Energie für die Aufrechterhaltung von Konzentrationsdifferenzen im Organismus, wie etwa in dem Gehalt an Ionen zwischen Zelle und Blutplasma bzw. Gewebsflüssigkeit, wird von ihr geliefert. In derartigen Fällen ist der Mechanismus der Energieverwertung unklar. Dies gilt nicht für die Rückresorption der Glucose aus dem Primärharn im Tubulusapparat der Niere (s. S. 564). Hierbei wird die Glucose in den Tubuluszellen zu Glucosephosphorsäure phosphoryliert. Der Übergang der energiereichen P-Bindung der Adenosintriphosphorsäure in die energiearme des Glucosephosphats liefert die Energie für die Überwindung des Druckgefälles Tubulus—Blut. Je Mol rückresorbierte Glucose muß also eine energiereiche P-Bindung aus Adenosintriphosphorsäure bereitgestellt werden.

Mechanismus der Atmungskettenphosphorylierung. Die Atmungskettenphosphorylierung ist gekoppelt an die Übertragung von Wasserstoff in der Kette der bei der Zellatmung beteiligten Fermente. Wie schon oben gesagt wurde, können beim Verbrauch von 1 Mol O_2 durch die Koppelung von Atmung und Phosphorylierung etwa 3 energiereiche Phosphatbindungen entstehen. Die Aufklärung der Ursache dieser Koppelung steht erst in ihrem Beginn. Wichtig ist, daß diese Phosphorylierung ebenso wie die Atmung an die Mitochondrien gebunden ist. Es ist LEHNINGER u. COOPER gelungen, aus den Mitochondrien ein Multienzym-System als Lipoproteid mit einem Molekulargewicht von 50 000 000 zu gewinnen, das Atmung und

Phosphorylierung in gleicher Weise durchführen kann. Es liegen einige Anhaltspunkte dafür vor, daß die eine der Phosphorylierungen sich abspielt zwischen DPN$^+$ und einem Flavoproteid, die zweite zwischen diesem Flavoproteid und Cytochrom c und die dritte zwischen Cytochrom c und Sauerstoff, eine genaue Einordnung ist aber noch nicht möglich.

3. Carboxylierung und Decarboxylierung.

Schon an früherer Stelle ist über die Decarboxylierungen und die sie katalysierenden Fermente, die Decarboxylasen (oder Carboxylasen) berichtet worden (s. S. 352f.).

Die Carboxylierungen sind stark endergonische Reaktionen — ΔG für die Bildung von Oxalessigsäure aus Brenztraubensäure beträgt z. B. $+5250$ cal — sie können also nur ablaufen, wenn sie mit exergonischen Reaktionen gekoppelt sind. Als solche kann die Koppelung mit einem Codehydrogenase II (TPN) verwendenden Dehydrogenasesystem dienen, wie etwa die Oxydation von Glucose-6-phosphat zu 6-Phosphogluconsäure (siehe S. 428f.) oder die Dehydrierung der iso-Citronensäure zu α-Ketoglutarsäure.

Die Kohlensäurefixierung ist eine Reaktion von grundlegender Bedeutung, da sie nicht nur von Bakterien vollzogen wird, sondern auch im tierischen Stoffwechsel eine große Rolle spielt. In diesem Fall ist also die prinzipielle Besonderheit des pflanzlichen Stoffwechsels Kohlensäure assimilieren zu können, durchbrochen. Die Bedeutung der Carboxylierungsreaktionen für den tierischen Stoffwechsel besteht darin, daß durch sie einige Säuren, die für den Ablauf des Citronensäurecyclus (s. S. 424ff.) erforderlich sind, jederzeit in ausreichenden Mengen bereitgestellt werden können.

4. Acetylierung.

Über die Acetylierungsreaktionen ist bereits ausführlich in Zusammenhang mit der Besprechung der Transacylasen berichtet worden (s. S. 321f.).

5. Transmethylierung.

Schon an früherer Stelle ist auf die Bedeutung von Methylierungsvorgängen für den Stoffwechsel hingewiesen worden, es wurde von Fermenten berichtet, den Transmethylasen, die Methylgruppen von einem Donator auf einen Acceptor übertragen, die also Transmethylierungen durchführen. Und schließlich wurde dort auch ausgeführt, daß viele Methylgruppen, um reaktionsfähig zu werden, erst „labilisiert" werden müssen. Der Mangel an übertragbaren sog. labilen Methylgruppen führt zu einer schweren Verfettung der Leber. Als Ursache hierfür wurde erkannt, daß Cholinmangel die Synthese des Phosphatids Lecithin unmöglich macht. Da die in der Leber synthetisierten Fettsäuren nicht mehr im Verbande des Lecithins abtransportiert werden können, ist eine Verfettung der Leber die Folge. Zufuhr von Cholin oder von Substanzen, die Methylgruppen für den Aufbau des Cholins liefern können, beseitigt oder verhindert die Verfettung. Man bezeichnet dies als *lipotrope Wirkung*.

Die wichtigsten Methylgruppendonatoren sind Cholin, Betain und Methionin. Cholin gibt nicht direkt, sondern wie schon erwähnt (s. S. 320), erst nach Oxydation zu Betain Methylgruppen ab. Die Methylgruppendonatoren können gegenseitig ihre Methylgruppen austauschen oder zur Methylierung anderer Substanzen abgeben.

Fütterungsversuche hatten ergeben, daß der Organismus zwar auf die Zufuhr von Substanzen angewiesen ist, die „labile" Methylgruppen besitzen, daneben aber auch über eine allerdings beschränkte Fähigkeit zur Synthese derartiger Methylgruppen verfügt. Bei Ratten, deren Körperwasser durch Zufuhr von deuteriumhaltigen Verbindungen mit D_2O angereichert war, enthielten die Methylgruppen des Cholins ebenfalls Deuterium.

Labile Methylgruppen, z. B. aus Methionin und Cholin, aus Sarkosin oder Betain, können zu *Ameisensäure* oxydiert werden. Ameisensäure entsteht auch bei der Oxydation der Aminosäure Serin, und zwar aus ihrem β-C-Atom oder bei der Oxydation von Glykokoll aus dessen α-C-Atom. Labile Methylgruppen und Ameisensäure können auch aus den Methylgruppen von Aceton im Stoffwechsel entstehen. Die Entstehungsmöglichkeiten der Ameisensäure seien hier auch schematisch zusammengestellt[1]:

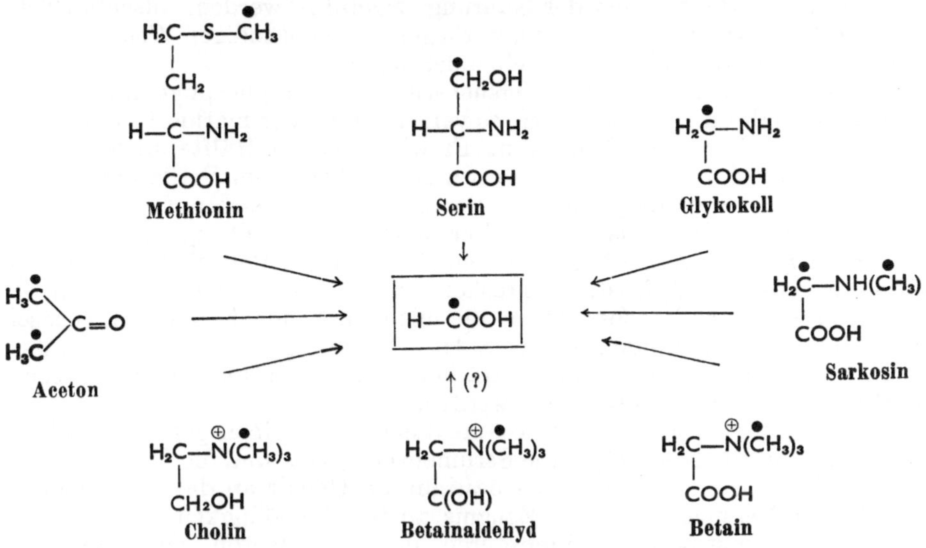

Die sog. „*1-C-Körper*" [—CH_3, H—COOH, H—C(OH)] sind für den Aufbau der verschiedensten Substanzen im intermediären Stoffwechsel von außerordentlich großer Bedeutung. Offenbar können Methylgruppen und Ameisensäure je nach Bedarf ineinander umgewandelt werden. So findet man etwa in Formiat eingebautes ^{14}C in den Methylgruppen von Methionin und Cholin wieder. Außer zur Bildung von Methylresten kann Formiat verwandt werden z. B. zur Synthese von Purinkörpern (s. S. 493f.) oder von Protoporphyrin (s. S. 496f.); es kann nach folgender Reaktion

$$H_2C(NH_2)—COOH \;+\; H—COOH \;\rightarrow\; H_2C(OH)—CH(NH_2)—COOH \;\rightarrow$$
$$H_3C—CO—COOH \;\rightarrow\; Glykogen$$

in Glykogen übergehen, wobei bemerkenswert ist, daß man den mit dem Formiat zugeführten Kohlenstoff (C) in den C-Atomen 1 und 6 der Glucosereste des Glykogens wiederfindet.

Für die Bildung der Methylgruppe und für den gesamten Stoffwechsel der 1-C-Körper sind anscheinend Vitamin B_{12} (s. S. 206) und Pteroylglutaminsäure (s. S. 208) notwendig. In welcher Weise die beiden Vitamine in den Stoffwechsel dieser Substanzen eingreifen, ist aber noch nicht abschließend geklärt.

---

[1] In den Formeln bedeutet C̊ mit ^{14}C markierten Kohlenstoff.

6. Transaminierung.

Da die Transaminierung von besonderer Bedeutung für den Stoffwechsel der Aminosäuren ist, soll sie erst bei Besprechung des Eiweißstoffwechsels abgehandelt werden (s. S. 465).

7. Das Sammelbecken des Stoffwechsels (metabolic pool).

Die Verfolgung des Stoffwechsels der Körperbausteine und ihrer intermediären Abbauprodukte in Versuchen, in denen diese Substanzen durch Einführung isotoper Elemente markiert waren, haben zu der Erkenntnis geführt, daß der Stoffwechsel sich niemals in Ruhe befindet, sondern daß ständig Aufbau- und Abbauvorgänge und Umwandlungen von Körperbausteinen ineinander stattfinden. Nicht nur werden Körperbausteine gegen gleichartige Stoffe, die mit der Nahrung zugeführt werden, ausgetauscht, auch die Körperbausteine selber unterliegen einem ständigen Wechsel ihrer Zusammensetzung und gehen ineinander über.

Injiziert man z. B. einem Versuchstier Natriumphosphat mit einem geringen Gehalt an dem Isotop ^{32}P, so verschwindet der markierte Phosphor in kürzester Zeit aus der Blutbahn. Er wird fast zur Hälfte im Knochen, zu einem Viertel im Muskel, zu je etwa einem Achtel im Verdauungskanal und in der Leber wiedergefunden. Der Rest verteilt sich auf die übrigen Organe. Wir ersehen aus diesem Versuch, daß das Phosphat gerade in den Organen abgelagert wird, mit deren Funktion der Phosphatstoffwechsel auf das engste verknüpft ist. Im Muskel konnten mit Hilfe von ^{32}P auch die Verschiebungen der Phosphorsäure, die mit dem Kohlenhydratstoffwechsel in diesem Organ verbunden sind (s. S. 413ff.), verfolgt werden. Durch diese Versuche konnte eine wertvolle Bestätigung der schon auf anderen Wegen erhaltenen Ergebnisse gewonnen werden.

Nach Verfütterung der Aminosäure Leucin, die einen geringen Gehalt an dem Isotop ^{15}N hat, weisen die Serumeiweißkörper und die Eiweißkörper der verschiedensten Organe einen bestimmten Gehalt an diesem N-Isotop auf. Dieser Versuch legt auch Zeugnis ab für die Fähigkeit des Körpers zur Synthese bestimmter Aminosäuren, denn das Isotop ^{15}N findet sich im Verbande der Eiweißkörper nur noch zu 30% im Leucin, zu 70% aber in den anderen Aminosäuren mit Ausnahme von Lysin und Ornithin. Ebenfalls unter Verwendung von Isotopen hat sich zeigen lassen, daß die Fettsäuren des Körpers überaus rasch umgesetzt und durch neue, synthetisch im Organismus entstandene ersetzt werden. Nicht nur die anorganischen, sondern auch die organischen Bausteine des Körpers unterliegen demnach einem intensiven und dauernden Umbau. Man gewinnt aus den Versuchen mit Isotopen nahezu völlige Gewißheit darüber, daß die dem Körper zugeführten Nährstoffe nur teilweise sofort abgebaut oder bald ausgeschieden werden; vielmehr werden sie zum großen Teil zunächst in seinen Bestand eingefügt und dafür fallen entsprechende Mengen des betreffenden Körperbausteins dem dissimilatorischen Stoffwechsel anheim. Manche der zugeführten isotopen Elemente werden im Körper sogar lange Zeit festgehalten, von dem zugeführten markierten P ist z. B. erst nach Monaten ein kleiner Teil mit dem Harn oder dem Kot ausgeschieden worden.

Diese und andere Versuche mit Isotopen lehren uns, daß die Bausteine des Körpers gegen die mit der Nahrung zugeführten gleichartigen Stoffe ständig ausgetauscht werden. Selbst ein ausgesprochenes Endprodukt des Stoffwechsels wie CO_2 kann als solches wieder in die Körpersubstanz eingebaut werden. Weiter unten wird gezeigt werden, daß der oxydative Stoffwechsel aller Körperbausteine ein gemeinsames Endglied im Citronensäurecyclus (s. S. 424 ff.) hat. In diesen Cyclus werden beim oxydativen Abbau der Körperbausteine Acetylreste („aktivierte" Essigsäure s. S. 321) eingebracht. Sie können in ihm zu Ende oxydiert werden, sie können aber auch zu mannigfachen Synthesen verwandt werden (s. Abb. 86, S. 321, Reaktionen der „aktivierten" Essigsäure).

Aus Aminosäuren werden ständig Aminogruppen abgespalten, von denen ein Teil entsprechend der jeweiligen Höhe des Eiweißstoffwechsels, den Weg zur Harnstoffsynthese (s. S. 468 ff.) und damit zur Ausscheidung nimmt, ein Teil aber wieder an Kohlenstoffketten angelagert und zum Aufbau von Aminosäuren und Aminogruppen tragenden Verbindungen verwandt wird.

Aus diesen und anderen gleichartigen Beobachtungen ergibt sich zwangsläufig, daß alle Gruppen, die im Stoffwechsel ihren Platz tauschen können, vorübergehend in ein Sammelbecken des Stoffwechsels (*metabolic pool*) hineinfließen müssen, aus dem sie dann entweder ihren Weg in den Abbau nehmen oder zur Synthese verwandt werden. Ein solches metabolic pool gibt es also z. B. für Acetylreste, für CO_2, für Aminogruppen, aber nicht nur für diese.

Die Existenz eines metabolic pool macht auch die Umwandlung der verschiedenen Körperbausteine ineinander verständlich. Es ist jahrzehntelang darüber diskutiert worden, ob Kohlenhydrat in Fett, Fett in Kohlenhydrat verwandelt werden kann. Seit man die Existenz des metabolic pool der Acetylreste erkannt hat und seit man um die Bedeutung der Adenosintriphosphorsäure als Energielieferanten für endergonische Reaktionen weiß, bieten derartige Übergänge dem Verständnis keine Schwierigkeiten mehr, ja erscheinen geradezu als Notwendigkeit. Es wird, nachdem eine Besprechung des Schicksals der verschiedenen Körperbausteine weitere Grundlagen für die Einsicht in diese Zusammenhänge geliefert hat, an späterer Stelle noch auf sie einzugehen sein.

Schrifttum.

BALDWIN, E.: Dynamic Aspects of Biochemistry. 3. Aufl. Cambridge 1958. — CLARKE, H. T., u. a.: A Symposium on the Use of Isotopes in Biology and Medicine. Madison 1949. — HEVESY, G.: The application of isotopic indicators in biological research. Enzymologia (Haag) 5, 138 (1938/39). — Radioactive Indicators. New York, London 1948. — KAMEN, M. D.: Radioactive Tracers in Biology. 2. Aufl. New York 1948. — HOLZER, H.: Acetyl-Coenzym A und andere S-Acyl-Verbindungen bei der Energieausnützung in der lebenden Zelle. Angew. Chem. 64, 248 (1952). — KALCKAR, H. M.: The nature of energetic coupling in biological synthesis. Chem. Rev. 28, 71 (1941). — LANG, K.: Der Intermediäre Stoffwechsel. Berlin, Göttingen, Heidelberg 1951. — LIPMANN, F.: Metabolic generation and utilization of phosphate bond energy. Adv. Enzymol. 1, 99 (1941). — Metabolic process paterns. In: Currents in Biochemical Research. Hrsg. GREEN, D. E. New York 1946. — OCHOA, S.: Biological mechanisms of carboxylation and decarboxylation. Physiol. Rev. 31, 56 (1951). — POTTER, V. R., and C. HEIDELBERGER: Alternative metabolic pathways. Physiol. Rev. 30, 487 (1950). — SCHOENHEIMER, R., and D. RITTENBERG: The study of intermediary metabolism of animals with the aid of isotopes. Physiol. Rev. 20, 218 (1940).

B. Der Stoffwechsel der Kohlenhydrate.

a) Umsatz der Kohlenhydrate.

Verdauung und Resorption der verschiedenen Kohlenhydrate sind in einem früheren Kapitel beschrieben worden (s. S. 381). Die resorbierten

Monosaccharide werden wahrscheinlich, so wie sie vom Darm aufgenommen wurden, d. h. als Glucose, Fructose oder Galaktose durch die Pfortader der Leber zugeführt. Fructose und Galaktose können in der Leber in Glucose umgewandelt werden (s. S. 508). Im allgemeinen Kreislauf, also im Blut, das die Leber bereits passiert hat, findet man unter normalen Ernährungsbedingungen lediglich Traubenzucker: *der normale Blutzucker ist* D-*Glucopyranose* (s. S. 12). Seine Konzentration beträgt im Durchschnitt 0,1 % (0,08—0,12 %). Das Pfortaderblut enthält dagegen bei Resorption größerer Kohlenhydratmengen bis zu 0,4 % Glucose. Die Leber baut aus der zuströmenden Glucose (und Fructose) Glykogen auf und speichert Kohlenhydrat vorübergehend in dieser Form, so daß nach kohlenhydratreicher Nahrung ihr Glykogengehalt auf etwa 20 % ansteigen kann. Das Leberglykogen ist eine leicht verfügbare Energiereserve. Fortlaufend wird das Glykogen in der Leber wieder zu Glucose gespalten, damit der Zuckergehalt des Blutes *(Blutzuckerspiegel)* auf konstanter Höhe gehalten werden kann (s. S. 525); denn ruhende und, in erhöhtem Maße, tätige Organe nehmen dauernd Zucker aus dem Blute auf, den sie zur Bestreitung ihres Stoffwechsels verbrauchen: der Zuckergehalt des venösen Blutes ist gewöhnlich um etwa 4 mg % niedriger als der des arteriellen. Die den Zellen mit dem Blute zugeführte Glucose wird in ihnen in Glucose-6-phosphat umgewandelt, das entweder wieder zu Glucose gespalten oder über Glucose-1-phosphat zu Glykogen aufgebaut wird (s. S. 413) oder nach Umlagerung zu Fructose-6-phosphat dem Abbau anheimfällt. Das Hauptorgan des Zuckerverbrauchs ist die quergestreifte Muskulatur. Jedoch kann sie im Vergleich zur Leber nur geringe Kohlenhydratmengen speichern, ihr Glykogengehalt beträgt im Mittel etwa 0,5 %. Der Ersatz des in den Organen verbrauchten Kohlenhydrats geht zu Lasten des Blutzuckers und damit indirekt des Leberglykogens. Exstirpiert man nämlich bei Versuchstieren die Leber, so sinkt nach einigen Stunden der Blutzucker auf ganz niedrige Werte (0,03 %), und es kommt zu hypoglykämischen Erscheinungen (s. S. 240). Enthält die Leber viel Glykogen, so kann ein Teil auf dem Wege über den Blutzucker ins Fettgewebe abgegeben und dort vorübergehend als Glykogen gespeichert werden, bis es schließlich in Fett umgewandelt wird.

Für seine Versorgung mit Kohlenhydraten ist der Organismus nicht allein auf die Kohlenhydratzufuhr mit der Nahrung angewiesen. Glucose und damit auch Glykogen können im Körper über den „metabolic pool" (s. S. 408) auch aus anderen Körperbausteinen, insbesondere aus bestimmten Aminosäuren und damit aus Eiweiß, aber auch aus Fettsäuren entstehen. Die Notwendigkeit einer solchen *Gluconeogenese* (s. S. 435—438) leuchtet ohne weiteres ein; denn die gesamten Kohlenhydratvorräte des gesunden erwachsenen Menschen haben höchstens einen Energieinhalt von 1600 bis 1800 kcal, decken also nur etwa den Grundumsatz eines Tages. Da anscheinend die Energielieferung in den meisten energieverbrauchenden Organen, insbesondere in der Muskulatur, allein aus dem Umsatz der Kohlenhydrate bestritten wird, muß also, wenn z. B. Muskelarbeit geleistet werden soll, Kohlenhydrat aus Nichtkohlenhydrat entstehen können. Die Zuckerneubildung aus Eiweiß kann bei der Zuckerkrankheit (s. S. 239) einen erheblichen Umfang erreichen.

Ebenso wie für die Wiedererhöhung des abgesunkenen Blutzuckerspiegels *(Hypoglykämie)* gesorgt ist, besteht auch eine Regulation, die einen Anstieg des Blutzuckers auf übernormal hohe Werte, eine *Hyperglykämie,* verhindert. Außer der hormonalen Steuerung spielt dabei die

Niere eine wichtige Rolle. Dies Organ hat eine bestimmte Zuckerschwelle, wird sie überschritten, d. h. erreicht der Blutzucker Werte von über 0,16%, so wird Zucker in den Harn ausgeschieden; es kommt wie bei der Zuckerkrankheit zur *Glykosurie.* Das geschieht auch dann, wenn mit der Nahrung große Mengen von Kohlenhydraten zugeführt werden *(alimentäre Hyperglykämie* und *Glykosurie).* Dabei wird immer das Monosaccharid ausgeschieden, das in der Nahrung enthalten war bzw. aus den Kohlenhydraten der Nahrung im Darm entstanden ist, also Glucose oder Fructose oder Galaktose.

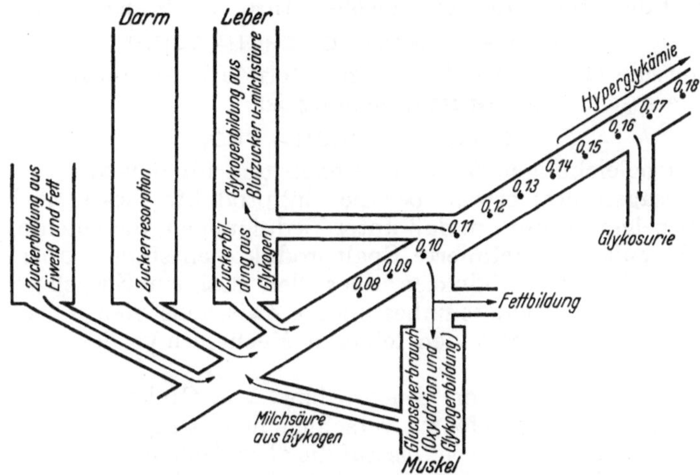

Abb. 106. Schema der Regulation des Kohlenhydratstoffwechsels.

Wie das Schema der Abb. 106 zeigt, strömen ständig aus verschiedenen Quellen dem Blute Kohlenhydrate zu (Gluconeogenese, Resorption aus dem Darm, Abgabe durch die Leber), andererseits gibt das Blut zur Versorgung der Organe der Körperperipherie, insbesondere der Muskulatur, Zucker ab, so daß der Blutzuckerspiegel nur konstant gehalten werden kann, wenn für eine gute Koordination der verschiedenen Mechanismen des Zuckerverbrauches und der Zuckerbildung gesorgt ist. In der Tat unterliegen Bildung und Abbau der Glucose einer vielfältigen Steuerung durch Hormone aus Pankreas, Nebennierenmark und -rinde und Hypophysenvorderlappen. Darüber ist bereits an anderen Stellen berichtet worden (s. S. 233, 236f., 238ff., 267). Die hormonale Regulation ihrerseits ist von den vegetativen Stoffwechselzentren in den basalen Hirnganglien abhängig. Daneben gibt es aber auch eine direkte nervöse Regulation, die wahrscheinlich an der Leber angreift. Beim Zuckerstich (s. S. 238) kommt es auch dann noch zur Hyperglykämie, wenn die zur Nebenniere führenden Nerven durchschnitten sind, sie bleibt dagegen aus, wenn man die Leber aus dem Kreislauf ausschaltet.

b) Zwischenstoffwechsel.

Beim vollständigen oxydativen Abbau der Kohlenhydrate bilden sich nach der summarischen Gleichung

$$C_6H_{12}O_6 + 6\,O_2 = 6\,CO_2 + 6\,H_2O$$

Kohlendioxyd und Wasser; die Menge des dabei entstandenen Kohlendioxyds ist der an verbrauchtem Sauerstoff äquivalent, der *R.Q.* hat für die

Kohlenhydrate den Wert 1,0. Der verbrauchte Sauerstoff wird aber, wie die nähere Verfolgung der Abbauvorgänge zeigt, nicht zur Oxydation des Kohlenstoffs, sondern des Wasserstoffs verbraucht (s. S. 434).

Auch unter anaeroben Bedingungen, d. h. ohne Aufnahme von Sauerstoff, können Kohlenhydrate abgebaut werden, aber dieser Abbau geht nie bis zu den Endprodukten der Verbrennung, sondern bleibt auf einer früheren Stufe stehen. Die bekanntesten Beispiele der anaeroben Kohlenhydratspaltung sind die *Milchsäurebildung* und die *alkoholische Gärung*. Die Milchsäurebildung, man bezeichnet sie auch als *Glykolyse*, ist im wesentlichen eine Funktion tierischer Gewebe. Ihre Bruttogleichung lautet

$$C_6H_{12}O_6 = 2\ C_3H_6O_3\ (H_3C-CHOH-COOH).$$

Die alkoholische Gärung ist die energieliefernde Reaktion im Stoffwechsel einiger Heferassen. Ihre Bruttogleichung ist

$$C_6H_{12}O_6 = 2\ C_2H_5OH + 2\ CO_2\,.$$

Die Bruttogleichungen für den aeroben und für den anaeroben Abbau des Zuckers sagen zwar etwas über die Endprodukte dieses Zuckerabbaus aus, und sie zeigen weiterhin, daß unter Bedingungen, die einen oxydativen Abbau nicht zulassen, definierte Spaltprodukte entstehen, aber über den Weg, der zu den Endprodukten oder den stabilen Zwischenprodukten führt und über etwa gebildete unbeständige Zwischenstufen geben sie keinen Aufschluß. Sie lassen also den feineren Mechanismus des Abbaus völlig dunkel.

Der anaerobe Umsatz von Glucose bzw. von Glykogen führt zwar im Tierkörper und in der Hefe zu verschiedenen Endprodukten, der Weg zu diesen Endprodukten ist aber bis auf die abschließenden Reaktionen identisch. Im nachfolgenden sollen zunächst die einzelnen Stufen dieses Abbauweges besprochen und dann ein Überblick über die beteiligten Fermente und ihre Eigenschaften gegeben werden.

1. Der anaerobe Abbau der Kohlenhydrate (Glykolyse und alkoholische Gärung).

Schon frühzeitig wurden in der Hefe und in der Muskulatur verschiedene Kohlenhydratphosphorsäuren aufgefunden und Beziehungen zwischen ihrer Bildung und der Glykolyse bzw. der Gärung vermutet. Die völlige Aufklärung des Abbauweges der D-Glucose ging aus von der Erforschung der Einwirkung verschiedener Gifte auf den Kohlenhydratstoffwechsel des Muskels und der Hefe (EMBDEN; MEYERHOF; LOHMANN; NILSSON; PARNAS), sie wurde vollendet durch Untersuchung und Verfolgung von Teilreaktionen des Abbaus an Muskelextrakten. Zum Teil war dies möglich, weil sich einige der Zwischenreaktionen des Abbaus durch Gifte, z. B. Natriumfluorid oder Monojodessigsäure hemmen lassen. Die sich dann anhäufenden Zwischenprodukte haben wertvolle Aufschlüsse über den Abbauweg geliefert. Entscheidend aber war, daß die Fermente für die einzelnen Zwischenreaktionen isoliert werden konnten, teilweise sogar in kristallisierter Form, so daß jede der Teilreaktionen für sich untersucht werden konnte.

Der biologische Abbau von Kohlenhydraten kann ausgehen von Glucose oder von Glykogen. Der *Abbau der Glucose* wird eingeleitet durch Übertragung eines Phosphatrestes aus Adenosintriphosphorsäure durch das Ferment *Hexokinase* (ATP→Hexose-transphosphatase), wodurch *Glucose-6-phosphat* entsteht

$$(I)\qquad \text{Glucose} + \text{ATP} \xrightarrow{\ \text{Hexokinase}\ } \text{Glucose-6-phosphat} + \text{ADP}$$

(Formeln s. S. 21). Die Reaktion ist stark exergonisch und daher nicht reversibel. Jedoch kann Glucose-6-phosphat durch eine Phosphatase gespalten und die Glucose regeneriert werden.

Der *Abbau des Glykogens* beginnt mit der phosphorolytischen Abspaltung des am nicht reduzierenden Ende einer Hauptkette des Glykogens stehenden Glucosemoleküls durch die Phosphorylase (Glucose-1-phosphat → Amylose-transglucosidase) unter Verwendung von o-Phosphorsäure. Da in

(II)

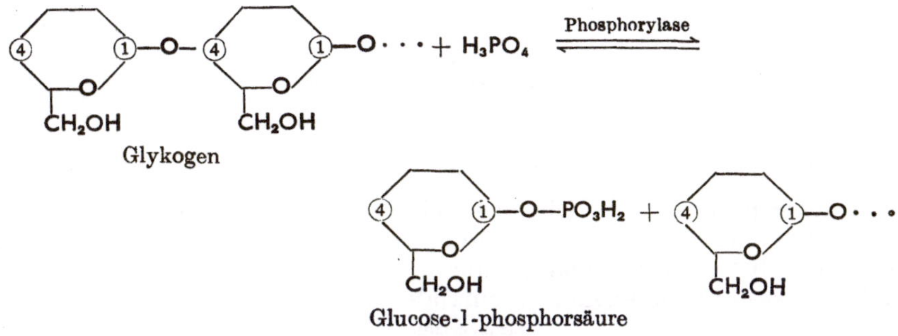

Glykogen

Glucose-1-phosphorsäure

der Hauptkette des Glykogens die Glucosereste durch α-1,4-glucosidische Bindungen miteinander verknüpft sind (zur Struktur des Glykogens s. S. 25ff.), entsteht bei der Phosphorolyse des Glykogens *Glucose-1-phosphorsäure* (CORI-Ester, Formel s. S. 20). Diese Reaktion ist reversibel, das Ferment kann also auch Glykogenketten durch Anfügung von jeweils einem Glucoserest verlängern.

Aus dem Angriffspunkt der Phosphorylase folgt, daß sie allein nicht in der Lage ist, Glykogen vollständig in die es aufbauenden Glucosereste aufzuspalten. Die durch α-1,6-glucosidische Bindungen an die Hauptkette angehefteten Seitenketten sind ihrem Angriff nicht zugänglich, er macht daher an diesen Verzweigungsstellen Halt, so daß ein *Grenzdextrin* entsteht. Die 1,6-Bindungen werden durch ein zweites Ferment, das von CORI u. LARNER als *Amylo-1,6-glucosidase* bezeichnet wird, gesprengt. Die näheren Zusammenhänge sind aus der schematischen Abb. 107 ersichtlich.

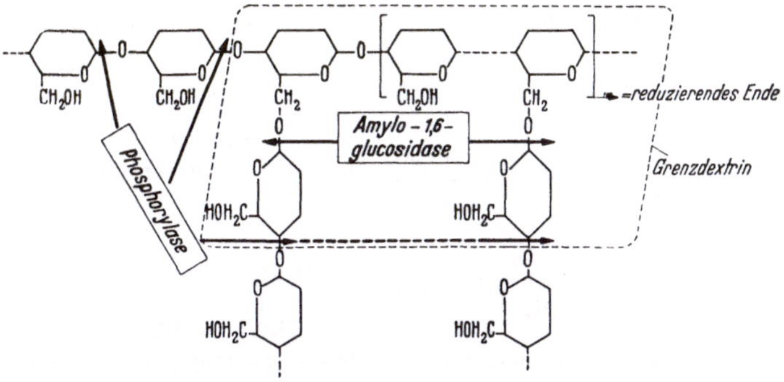

Abb. 107. Schematische Darstellung der Glykogenspaltung. (In Anlehnung an CORI und LARNER.)

Wieweit diese beiden Fermente der Glykogenspaltung mit den beiden Fermenten identisch sind, deren Zusammenwirken für den Aufbau von Polysacchariden erforderlich ist (P- und Q-Enzym, s. S. 437f. bzw. 325), ist noch nicht bekannt.

Glucose-1-phosphorsäure und Glucose-6-phosphorsäure können durch ein Ferment *Phosphoglucomutase* [Glucose (1 → 6)-phosphomutase] ineinander umgewandelt werden:

(III) Glucose-1-phosphorsäure $\xrightleftharpoons[\text{mutase}]{\text{Phosphogluco-}}$ Glucose-6-phosphorsäure.

Stellt man die bisher besprochenen Reaktionen zusammen, so zeigen sie den folgenden Zusammenhang

$$
\begin{array}{c}
\text{Glykogen} \\
\updownarrow \ \text{(Phosphorylase)} \\
\text{Glucose-1-phosphorsäure} \\
\updownarrow \ \text{(Phosphoglucomutase)}
\end{array}
$$

Glucose $\xrightarrow{\text{Hexokinase}}$ Glucose-6-phosphorsäure $\xrightarrow{\text{Phosphatase}}$ Glucose.

Im Mittelpunkt dieses Schemas steht die Glucose-6-phosphorsäure, von ihr aus führt auch der Abbau weiter. Durch das Ferment *Phosphohexose-isomerase* (Glucose-6-phosphat-isomerase) können Glucose-6-phosphorsäure und Fructose-6-phosphorsäure ineinander überführt werden.

(IV) Glucose-6-phosphorsäure $\xrightleftharpoons[\text{isomerase}]{\text{Phosphohexose-}}$ Fructose-6-phosphorsäure.

Der nächste Schritt ist die Phosphorylierung der Fructose-6-phosphorsäure zu Fructose-1,6-diphosphorsäure (Formel s. S. 20) durch die *Phosphohexokinase* (𝔄𝔗𝔓 → Fructose-6-phosphat-transphosphatase), wobei der zweite Phosphorsäurerest von der Adenosintriphosphorsäure geliefert wird.

(V) Fructose-6-phosphorsäure + 𝔄𝔗𝔓 $\xrightleftharpoons[\text{kinase}]{\text{Phosphohexo-}}$ Fructose-1,6-diphosphorsäure + 𝔄𝔇𝔓.

Die bisher besprochenen Reaktionen *(I—V)* sind gewissermaßen Vorbereitungsreaktionen für den Zerfall des Kohlenstoffgerüstes in die C_3-Bruchstücke der beiden Triosephosphorsäuren Dihydroxyaceton-phosphorsäure und Glycerinaldehyd-phosphorsäure.

Man bezeichnet das Ferment für diese Reaktion *(VI)* als *Aldolase* oder Zymohexase (FDP*-Triosephosphat-lyase). Der Zerfall des Hexosediphosphats ist stark endergonisch, das Gleichgewicht liegt also weit auf seiten

(VI)

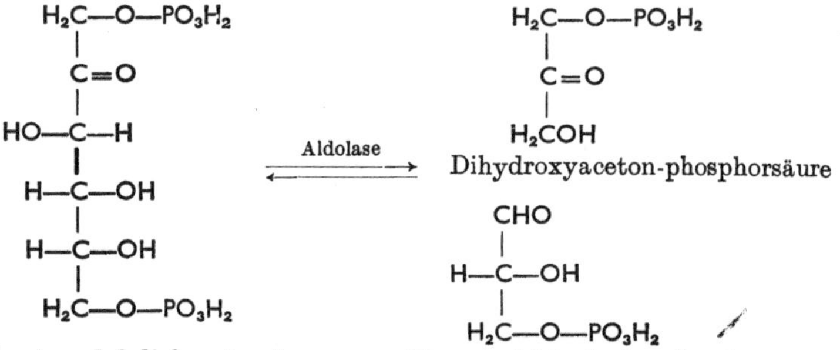

$$
\begin{array}{c}
H_2C{-}O{-}PO_3H_2 \\
| \\
C{=}O \\
| \\
HO{-}C{-}H \\
| \\
H{-}C{-}OH \\
| \\
H{-}C{-}OH \\
| \\
H_2C{-}O{-}PO_3H_2
\end{array}
\qquad \xrightleftharpoons{\text{Aldolase}} \qquad
\begin{array}{c}
H_2C{-}O{-}PO_3H_2 \\
| \\
C{=}O \\
| \\
H_2COH
\end{array}
$$

Fructose-1,6-diphosphorsäure

Dihydroxyaceton-phosphorsäure

$$
\begin{array}{c}
CHO \\
| \\
H{-}C{-}OH \\
| \\
H_2C{-}O{-}PO_3H_2
\end{array}
$$

Glycerinaldehyd-phosphorsäure

des Hexosediphosphats. Die Wirkung der Aldolase ist nicht auf die Reaktion *(VI)* beschränkt, sie erstreckt sich vielmehr ganz allgemein auf Aldolkondensationen zwischen Dihydroxyaceton-phosphorsäure und beliebigen Aldehyden.

---

* FDP = Fructosediphosphat.

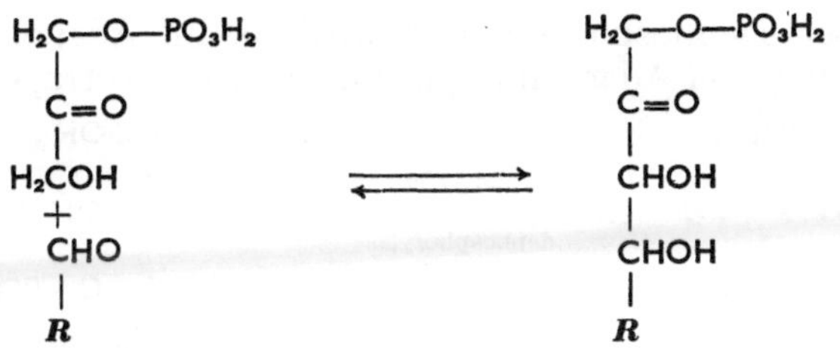

$$
\begin{array}{ccc}
\mathrm{H_2C-O-PO_3H_2} & & \mathrm{H_2C-O-PO_3H_2} \\
| & & | \\
\mathrm{C=O} & & \mathrm{C=O} \\
| & & | \\
\mathrm{H_2COH} & \rightleftharpoons & \mathrm{CHOH} \\
+ & & | \\
\mathrm{CHO} & & \mathrm{CHOH} \\
| & & | \\
\boldsymbol{R} & & \boldsymbol{R}
\end{array}
$$

Zwischen den beiden Triosephosphorsäuren besteht ein Gleichgewicht,

(VII)   Dihydroxyaceton-phosphorsäure $\underset{\text{isomerase}}{\overset{\text{Phosphotriose-}}{\rightleftharpoons}}$ Glycerinaldehyd phosphorsäure

das durch *Phosphotriose-isomerase* vermittelt wird und weit auf der Seite der Dihydroxyaceton-phosphorsäure liegt.

Dihydroxyaceton-phosphorsäure kann zu Glycerin-phosphorsäure reduziert werden und diese in Glycerin und Phosphorsäure zerfallen. Das diese Reaktion katalysierende Ferment wird als *Glycerophosphat-dehydrogenase* ($\mathfrak{DPN} \cdot \mathrm{H} \rightarrow$ Phosphodihydroxyaceton-transhydrogenase) bezeichnet.

(VIIIa)

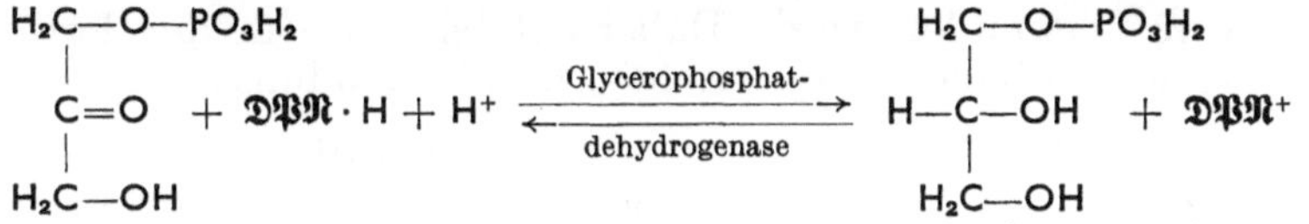

$$
\begin{array}{ccccc}
\mathrm{H_2C-O-PO_3H_2} & & & & \mathrm{H_2C-O-PO_3H_2} \\
| & & \overset{\text{Glycerophosphat-}}{\underset{\text{dehydrogenase}}{\rightleftharpoons}} & & | \\
\mathrm{C=O} + \mathfrak{DPN} \cdot \mathrm{H} + \mathrm{H^+} & & & \mathrm{H-C-OH} + \mathfrak{DPN^+} \\
| & & & & | \\
\mathrm{H_2C-OH} & & & & \mathrm{H_2C-OH}
\end{array}
$$

Dihydroxyaceton-phosphorsäure   L-α-Glycerin-phosphorsäure

Da auch das Gleichgewicht dieser Reaktion ganz auf seiten der Glycerin-phosphorsäure liegt, sollte erwartet werden, daß bei Glykolyse und Gärung Kohlenhydrat vorwiegend in Glycerin verwandelt wird. Daß dies nicht der Fall ist, liegt darin begründet, daß der weitere Umsatz der Glycerinaldehyd-phosphorsäure viel rascher verläuft als die Isomerisierung zu Dihydroxyaceton-phosphorsäure und die Bildung von Glycerin-phosphorsäure. Da also Glycerinaldehyd-phosphorsäure bei ihrem weiteren Umsatz *(VIIIb)* rasch aus der Reaktion verschwindet, muß zur Aufrechterhaltung des Gleichgewichtes *(VII)* immer neue Dihydroxyaceton-phosphorsäure zu Glycerinaldehyd-phosphorsäure werden.

Der nächste Reaktionsschritt ist die mit einer Phosphataufnahme gekoppelte Dehydrierung der Glycerinaldehyd-phosphorsäure zu 1,3-Diphosphoglycerinsäure. Die Reaktion ist als Beispiel für die Bildung einer energiereichen Phosphatbindung durch Substratphosphorylierung bereits oben erwähnt worden (s. S. 403). Ihr Ferment, die *Triosephosphat-dehydrogenase* wurde von ihren Entdeckern WARBURG u. CHRISTIAN als *oxydierendes Gärungsferment* bezeichnet. Die neu entstehende Carboxylphosphatbindung ist energiereich. In ihr wird ein Teil der Energie wieder aufgespeichert, die bei der durch das Diphosphopyridinnucleotid vermittelten Oxydation freigemacht wurde. Die energiereiche Bindung bleibt auch weiterhin erhalten; denn bei der nun folgenden durch *Diphosphoglycerinsäure-*

(VIIIb)

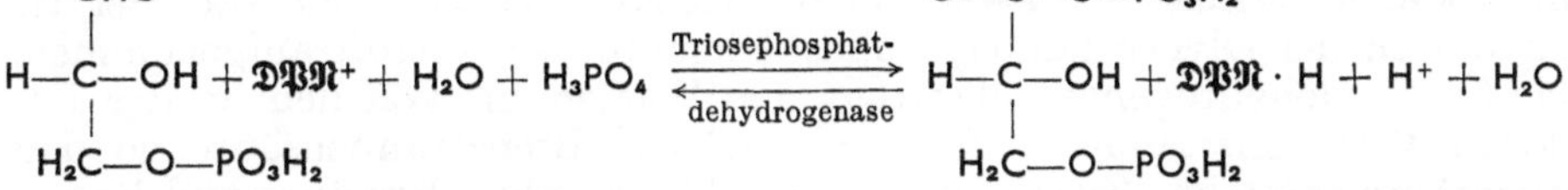

$$
\begin{array}{ccc}
\mathrm{CHO} & & \mathrm{O=C-O{\sim}PO_3H_2} \\
| & & | \\
\mathrm{H-C-OH} + \mathfrak{DPN^+} + \mathrm{H_2O} + \mathrm{H_3PO_4} & \overset{\text{Triosephosphat-}}{\underset{\text{dehydrogenase}}{\rightleftharpoons}} & \mathrm{H-C-OH} + \mathfrak{DPN} \cdot \mathrm{H} + \mathrm{H^+} + \mathrm{H_2O} \\
| & & | \\
\mathrm{H_2C-O-PO_3H_2} & & \mathrm{H_2C-O-PO_3H_2}
\end{array}
$$

3-Glycerinaldehyd-phosphorsäure   1,3-Diphosphoglycerinsäure

dephosphorylase (1,3-Diphosphoglycerat $\rightarrow \mathfrak{ADP}$-transphosphatase, Phosphoglyceratkinase, 1. phosphatübertragendes Ferment nach WARBURG u. CHRI-

STIAN) vermittelten Dephosphorylierung wird sie auf Adenosindiphosphorsäure unter Bildung von Adenosintriphosphorsäure übertragen.

$$
\textbf{(IX)} \qquad
\begin{array}{c}
\text{O=C—O}{\sim}\text{PO}_3\text{H}_2 \\
| \\
\text{H—C—OH} + \text{ADP} \\
| \\
\text{H}_2\text{C—O—PO}_3\text{H}_2
\end{array}
\quad
\underset{\text{dephosphorylase}}{\overset{\text{Diphosphoglycerinsäure-}}{\rightleftharpoons}}
\quad
\begin{array}{c}
\text{COOH} \\
| \\
\text{H—C—OH} + \text{ATP} \\
| \\
\text{H}_2\text{C—O—PO}_3\text{H}_2
\end{array}
$$

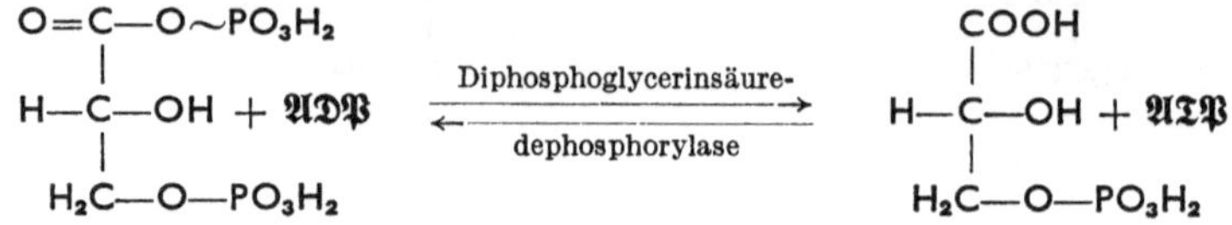

1,3-Diphosphoglycerinsäure   3-Phosphoglycerinsäure

3-Phosphoglycerinsäure wird durch *Phosphoglyceromutase* [Glycerat
(3→2)-phosphomutase] in 2-Phosphoglycerinsäure umgelagert, die dann
durch *Enolase* (D-2-Phosphoglycerat-dehydratase) in Phospho-enol-brenz-

$$
\textbf{(X)} \qquad
\begin{array}{c}
\text{COOH} \\
| \\
\text{H—C—OH} \\
| \\
\text{H}_2\text{C—O—PO}_3\text{H}_2
\end{array}
\quad
\underset{\text{mutase}}{\overset{\text{Phosphoglycero-}}{\rightleftharpoons}}
\quad
\begin{array}{c}
\text{COOH} \\
| \\
\text{H—C—O—PO}_3\text{H}_2 \\
| \\
\text{H}_2\text{C—OH}
\end{array}
$$

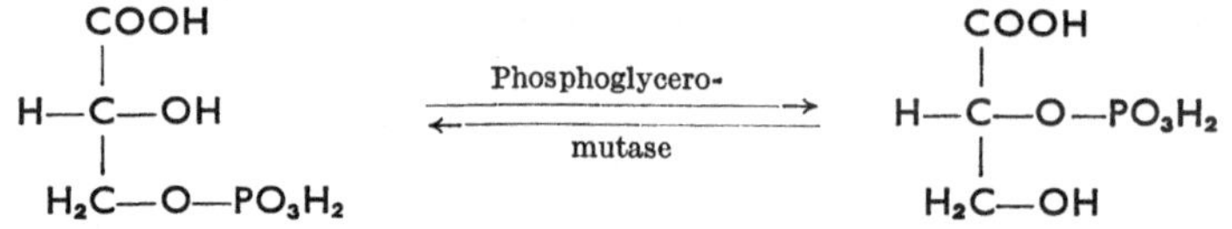

3-Phosphoglycerinsäure   2-Phosphoglycerinsäure

traubensäure verwandelt wird. Dabei entsteht, wie in der Formel angedeutet ist, wieder eine energiereiche Phosphatbindung, die im nächsten

$$
\textbf{(XI)} \qquad
\begin{array}{c}
\text{COOH} \\
| \\
\text{H—C—O—PO}_3\text{H}_2 \\
| \\
\text{H}_2\text{COH}
\end{array}
\quad
\overset{\text{Enolase}}{\rightleftharpoons}
\quad
\begin{array}{c}
\text{COOH} \\
| \\
\text{C—O}{\sim}\text{PO}_3\text{H}_2 \\
|| \\
\text{CH}_2
\end{array}
$$

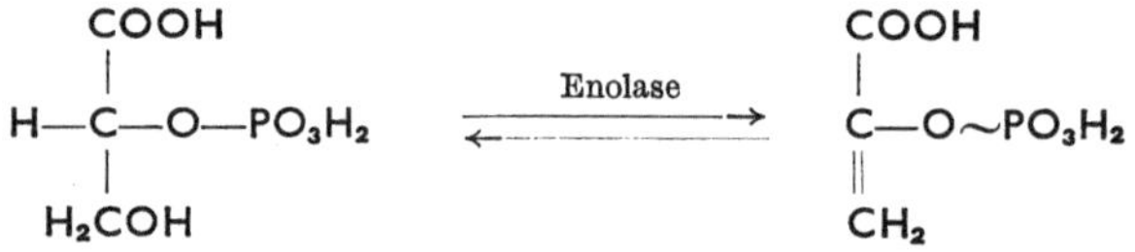

2-Phosphoglycerinsäure   Phospho-enol-brenztraubensäure

Reaktionsschritt durch die *Pyruvatkinase* (Phosphoenolpyruvat → ADP-
transphosphatase, 2. phosphatübertragendes Ferment nach WARBURG) auf
Adenosindiphosphorsäure übertragen wird, so daß Brenztraubensäure entsteht.

$$
\textbf{(XII)} \qquad
\begin{array}{c}
\text{COOH} \\
| \\
\text{C—O}{\sim}\text{PO}_3\text{H}_2 + \text{ADP} \\
|| \\
\text{CH}_2
\end{array}
\quad
\underset{\text{kinase}}{\overset{\text{Pyruvat-}}{\rightleftharpoons}}
\quad
\begin{array}{c}
\text{COOH} \\
| \\
\text{COH} \\
|| \\
\text{CH}_2
\end{array}
\quad
\rightleftharpoons
\quad
\begin{array}{c}
\text{COOH} \\
| \\
\text{CO} + \text{ATP} \\
| \\
\text{CH}_3
\end{array}
$$

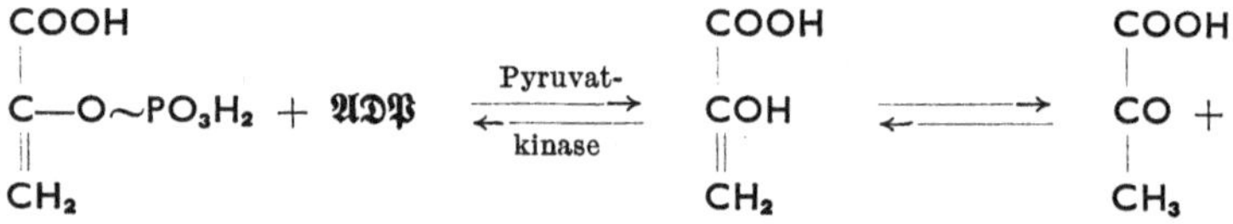

Phospho-enol-brenztraubensäure   Enolform   Ketoform
Brenztraubensäure

Die abschließende Reaktion der Glykolyse ist die Hydrierung der Brenztraubensäure zu Milchsäure *(XIIIa)*. Die *Lacticodehydrogenase*, die die Reduktion der Brenztraubensäure zu Milchsäure zu bewirken hat, wird von
WARBURG als *reduzierendes Gärungsferment* bezeichnet. Ihr Co-Ferment ist
die Codehydrogenase I (+DPN). Bei der Reaktion *(VIIIb)* hat DPN⁺ bei der
Oxydation der Glycerinaldehyd-phosphorsäure Wasserstoff aufgenommen.
Die Lacticodehydrogenase überträgt den Wasserstoff von dem in der Reaktion *VIIIb* entstandenen DPN·H + H⁺ auf Brenztraubensäure, so daß
Milchsäure entsteht. Zwischen Glycerinaldehyd-phosphorsäure und Brenztraubensäure spielt sich also eine Oxydoreduktion ab. In der Bilanz tritt
deshalb bei der Glykolyse weder eine Oxydation noch eine Reduktion in
Erscheinung.

$$
\begin{array}{c}
\text{(XIIIa)} \quad DPN\cdot H + H^+ + \underset{CH_3}{\underset{|}{\underset{CO}{\underset{|}{COOH}}}} \xrightarrow[\text{(XIIIb)}]{\text{Carboxylase}} \underset{CH_3}{\underset{|}{C}}{\overset{CO_2}{\overset{+}{\diagup}}\diagdown}^{O}_{H} + DPN\cdot H + H^+ \quad \text{(XIV)}
\end{array}
$$

Lactidehydrogena / codrose — Alkodehydrogena / holdrose

Brenztraubensäure — Acetaldehyd

$$
DPN^+ + \underset{CH_3}{\underset{|}{\underset{HO-C-H}{|}}}\;COOH \qquad\qquad \underset{CH_3}{\underset{|}{H_2COH}} + DPN^+
$$

Äthylalkohol

L-(+)-Milchsäure

Bei der *alkoholischen Gärung* sind zur Entstehung ihrer Endprodukte noch zwei Schritte erforderlich, die Decarboxylierung der Brenztraubensäure zu Acetaldehyd *(XIIIb)* und dessen Hydrierung zu Äthylalkohol *(XIV)*. Das Co-Ferment der Decarboxylase in Reaktion *XIIIb* ist das Thiaminpyrophosphat (s. S. 196). Bei der Reaktion *XIV*, der Reduktion von Acetaldehyd zu Äthylalkohol durch *Alkoholdehydrogenase* ($DPN\cdot H\rightarrow$Aldehydtranshydrogenase) dient DPN^+ als Coferment.

Die Verknüpfung von Oxydation und Reduktion besteht also für die Glykolyse aus der Kombination der Reaktionen *VIIIb* und *XIIIa:*

$$
\left.\begin{array}{l}\text{3-Glycerinaldehyd-}\\ \text{phosphorsäure}\end{array}\right\} + DPN^+ + H_2O + H_3PO_4 \rightleftarrows \left\{\begin{array}{l}\text{1,3-Diphospho-}\\ \text{glycerinsäure}\end{array}\right\} + DPN\cdot H + H^+
$$

$$
\text{Brenztraubensäure} + DPN\cdot H + H^+ \rightleftarrows \text{Milchsäure} + DPN^+.
$$

Für die alkoholische Gärung ist die erste Gleichung die gleiche, die zweite lautet:

$$
\text{Acetaldehyd} + DPN\cdot H + H^+ \rightleftarrows \text{Äthylalkohol} + DPN^+.
$$

Zum Abschluß ist noch die von HARDEN u. YOUNG entdeckte Tatsache zu erwähnen, daß sich bei der Gärung von Trockenhefe und Extrakten aus Trockenhefe (Macerationssaft) nach

$$
2\,C_6H_{12}O_6 + 2\,H_3PO_4 = 2\,C_2H_5OH + 2\,CO_2 + C_6H_{10}O_5-(H_2PO_3)_2
$$

eine der vergorenen Glucose äquivalente Menge an Hexosediphosphorsäure anhäuft. Nach vielen vergeblichen Deutungsversuchen hat MEYERHOF erkannt, daß die Anhäufung von Hexosediphosphorsäure auf dem Fehlen von Adenosintriphosphatase (s. S. 319) in Trockenhefe und Macerationssaft zurückzuführen ist. Zur Einleitung der Glykolyse müssen in das System je Mol Glucose 2 Mol Phosphorsäure eingeführt werden (Reaktionen *I* bzw. *II* und *V*). Diese Phosphorsäurereste werden wieder abgespalten (Reaktionen *IX* und *XII*). Es werden also 2 energiereiche P-Bindungen je Mol Glucose verbraucht, dafür aber 4 gebildet, in der Bilanz also zwei gewonnen. Wenn die gesamte Adenylsäure als Adenosintriphosphorsäure vorliegt, die Aufnahmefähigkeit des Adenylsäuresystems also völlig ausgenutzt ist, wird für jedes Hexosediphosphatmolekül, das gespalten wird, gleichzeitig eins neu gebildet. Es resultiert die oben wiedergegebene HARDEN-YOUNGsche Gleichung. Wenn in der Trockenhefe oder im Macerationssaft genügend Adenosintriphosphatase vorhanden wäre, wie das in der lebenden Hefe der Fall ist, so würde sie die Adenosintriphosphorsäure zu Adenosindiphosphorsäure spalten, die erneut Phosphorsäure aufnehmen könnte, so daß die Anhäufung von Hexosediphosphorsäure ausbleiben würde.

Zum Schluß seien in einer Übersicht die gesamten Reaktionen beim anaeroben Abbau von Glykogen und Glucose (ohne Berücksichtigung der Fermente und der Tatsache, daß die Phosphorsäure von der Adenosintriphosphorsäure geliefert wird oder in sie eingeht) zusammengestellt.

Anaerober Abbau von Glykogen und Glucose (nach MEYERHOF).

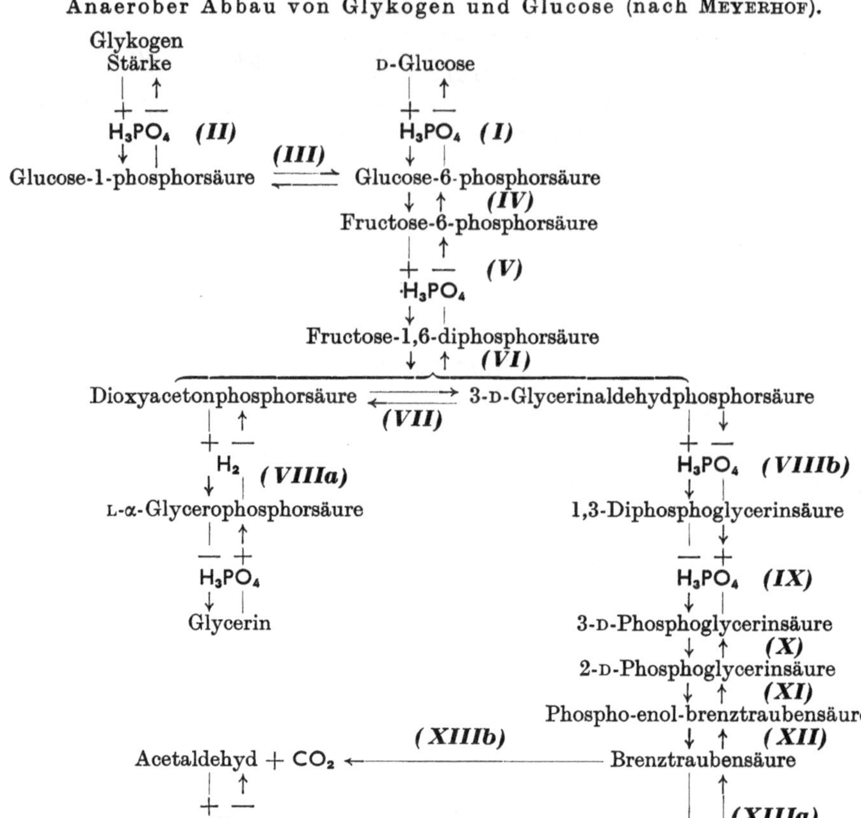

Eine Überprüfung dieses Schemas zeigt, daß alle an Glykolyse und Gärung beteiligten Reaktionen reversibel sind. Unter geeigneten Bedingungen können also sowohl die End- wie die Zwischenprodukte wieder in Glucose bzw. Glykogen zurückverwandelt werden. Die Hexokinasereaktion *(I)* ist zwar an sich nicht reversibel, aber es kann durch eine Phosphatase aus Glucose-6-phosphorsäure die Phosphorsäure abgespalten werden.

2. Die Fermente der Glykolyse und der alkoholischen Gärung.

Im vorhergehenden Abschnitt sind die einzelnen Reaktionsschritte der Glykolyse und der Gärung in der Reihenfolge, in der sie sich abspielen, dargestellt worden. Die Fermente, die an ihnen beteiligt sind, wurden genannt, aber noch nicht näher charakterisiert. Das soll nunmehr nachgeholt werden.

α) *Hexokinase* (𝔄𝔗𝔓→Hexose-transphosphatase) (*I*, S. 412).
Reaktion: Glucose + 𝔄𝔗𝔓 → Glucose-6-phosphorsäure + 𝔄𝔇𝔓.

Sie wurde zuerst aus Hefe, später auch aus Gehirn gewonnen. Ob auch die Glucose phosphorylierenden Fermente aus Muskel und Leber zu den Hexokinasen gehören, ist ungewiß. Jedenfalls sind in Muskel und Leber die Fermente für die Phosphorylierung von Glucose und Fructose verschieden.

Reine Hefehexokinase setzt Glucose, Fructose und Mannose um. Hexokinase bedarf der Aktivierung durch Magnesium. Kristallisierte Hefehexokinase hat ein Molekulargewicht von 96600, der I.P. liegt bei p_H 4,5 bis 4,8. Ein Enzymmolekül phosphoryliert je min bei p_H 7,5 und 30° etwa 13000 Glucosemoleküle (= Umsatzzahl). Cori u. Mitarb. haben beschrieben, daß Hypophysenvorderlappenextrakte einen Hemmungskörper der Hexokinase enthalten, dessen Wirkung durch Nebennierenrindenextrakt noch verstärkt, durch kleine Insulinmengen dagegen aufgehoben wird. Leider sind diese Befunde nicht mit Sicherheit reproduzierbar, so daß eine weitere Klärung abzuwarten bleibt.

β) Muskelphosphorylase.

(Glucose-1-phosphat→Amylose-transglucosidase) (*II*, S. 413).

Reaktion: Glykogen $+ H_3PO_4 \rightleftarrows$ Glucose-1-phosphorsäure $+$ Glykogenrest.

Dieses Ferment ist im tierischen Organismus, aber auch in Hefe und höheren Pflanzen weitverbreitet. Im Muskel macht es etwa 2% der im Wasser löslichen Eiweißkörper aus. Das Molekulargewicht beträgt 400000. Ein Molekül setzt bei p_H 7 und 30° in der Minute 40000 Moleküle Glucose-1-phosphat um. Für seine synthetische Wirkung müssen geringe Mengen von Stärke oder Glykogen vorhanden sein. Aus frischem Muskel erhält man eine voll wirksame Phosphorylase a, ermüdeter Muskel gibt dagegen eine unwirksame Phosphorylase b, die durch Zusatz von Adenosinphosphorsäure aktiviert werden kann. Ein „PR-Enzym" (prosthetic group removing enzyme) spaltet aus Phosphorylase a eine prosthetische Gruppe ab und wandelt sie in Phosphorylase b um. Das p_H-Optimum der Muskelfermente (Phosphorylase b) für den Abbau liegt zwischen 7 und 8, für die Synthesen zwischen 6,3 und 6,5. Krystallisierte Phosphorylase a hat ein p_H-Optimum zwischen 6,5 und 6,9.

γ) Phosphoglucomutase [Glucose(1→6)-phosphomutase] (*III*, S. 414).

Reaktion: Glucose-1-phosphorsäure $\rightleftarrows$ Glucose-6-phosphorsäure.

Auch die Phosphoglucomutase macht 2% der löslichen Muskelproteine aus. Sie wird durch Mg^{2+}, Mn^{2+} oder Co^{2+} aktiviert, durch Fluorid gehemmt (s. a. Enolase S. 421). Ein Enzymmolekül setzt bei p_H 7,5 und 30° je min 16800 Moleküle Glucosephosphat um. Die Phosphoglucomutase benötigt als Co-Enzym Glucose-1,6-diphosphorsäure. Der Übergang der beiden Glucose-mono-phosphorsäuren ineinander erklärt sich als eine Transphosphorylierung, bei der das Co-Ferment ein Phosphorsäuremolekül auf die Glucosemono-phosphorsäure überträgt, so daß aus dieser ein neues Co-Fermentmolekül entsteht, das in die Reaktion hineingegangene Co-Fermentmolekül dagegen zu Glucose-6-phosphorsäure wird! Schematisch läßt sich dies etwa folgendermaßen formulieren:

$$
\begin{array}{cccc}
 & C_1\!-\!O\!-\!PO_3H_2 & C_1\!-\!O\!-\!PO_3H_2 & \\
C_1\!-\!O\!-\!PO_3H_2 \;+\; & C_6 & \rightleftarrows \quad C_6\!-\!O\!-\!PO_3H_2 \;+\; & C_1 \\
C_6\!-\!O\!-\!PO_3H_2 & \text{Glucose-1-} & \text{Glucose-1,6-} & \\
\text{Co-Ferment} & \text{phosphorsäure} & \text{diphosphorsäure} & C_6\!-\!O\!-\!PO_3H_2 \\
 & & & \text{Glucose-6-phosphorsäure}
\end{array}
$$

δ) *Phosphohexose-isomerase* (Glucose-6-phosphat-isomerase)
(*IV*, S. 414).

Reaktion: Glucose-6-phosphorsäure $\rightleftarrows$ Fructose-6-phosphorsäure.

Das Ferment wird auch *Phosphohexomutase* genannt. Seine Eigenschaften sind im einzelnen noch nicht bekannt. Bei p_H 7,0 und 30° liegt das Gleichgewicht bei 70% Glucose- und 30% Fructosephosphat.

ε) *Phosphohexokinase* (ATP→Fructose-6-phosphat-transphosphatase)
(*V*, S. 414).

Reaktion: Fructose-6-phosphorsäure + ATP $\rightleftarrows$ Fructose-1,6-diphosphorsäure + ADP.

Auch über die Eigenschaften dieses Fermentes ist noch wenig bekannt. Das Ferment benötigt Mg^{2+}-Ionen. Sein p_H-Optimum liegt beim Neutralpunkt.

ζ) *Aldolase* (Zymohexase, FDP-Triosephosphat-lyase) (*VI*, S. 414).

Reaktion: Fructose-1,6-diphosphorsäure $\rightleftarrows$ Glycerinaldehydphosphorsäure
+ Dioxyacetonphosphorsäure.

Muskel- und Hefealdolase konnten kristallinisch erhalten werden. Die Hefealdolase bedarf der Aktivierung durch zweiwertige Metallionen (Zn, Fe, Co,) die tierische nicht. Die Konzentration an Aldolase im Skeletmuskel übertrifft die der übrigen tierischen Organe um ein hohes Vielfaches. Das Molekulargewicht beträgt 150000. Der I.P. liegt bei 5,7 (Ratte) — 6,05 (Kaninchen), das p_H-Optimum zwischen 7,5 und 8,5. Die Umsatzzahl je min beträgt bei 20° 2085 (bei 38° 10100).

η) *Phosphotriose-isomerase* (*VII*, S. 415).

Reaktion: Dihydroxyacetonphosphorsäure $\rightleftarrows$ Glycerinaldehydphosphorsäure.

Auch dieses Ferment konnte noch nicht sehr weitgehend gereinigt werden. Nimmt man ein Molekulargewicht von 100000 an, so beträgt die Umsatzzahl 500000. Dies ist eine der höchsten bisher beobachteten Fermentaktivitäten.

ϑ) *Phosphotriose-dehydrogenase* (oxydierendes Gärungsferment, phosphorylierende D-3-Phosphoglycerinaldehyd→DPN-transhydrogenase)
(*VIII*, S. 415).

Reaktion. 3-Glvcerinaldehyd-phosphorsäure + DPN^+ + H_2O + H_3PO_4
$\rightleftarrows$ 1,3-Diphosphoglycerinsäure + $DPN \cdot H$ + H^+.

Das Ferment wurde aus Hefe kristallisiert erhalten. Sein Molekulargewicht beträgt 96000. Das p_H-Optimum liegt bei 8,4—8,6. Bei p_H 7,4 und 20° beträgt die Umsatzzahl 17000. Auf 50000 g enthält das aus Kaninchenmuskeln gewonnene Ferment 1 Mol Codehydrogenase I (DPN^+). 7—12% der löslichen Muskeleiweißkörper bestehen aus diesem „oxydierenden Gärungsferment".

ι) *Diphosphoglycerinsäure-dephosphorylase*
(1,3-Diphosphoglycerat →ADP-transphosphatase, 3-Phosphoglyceratkinase)
(*IX*, S. 416).

Reaktion: 1,3-Diphosphoglycerinsäure + ADP $\rightleftarrows$ 3-Phosphoglycerinsäure + ATP.

Dieses Ferment wurde von WARBURG „erstes phosphatübertragendes Ferment" genannt. Es konnte kristallisiert erhalten werden und bedarf der Aktivierung durch Mg^{2+}. 100000 g Enzym setzen je min bei 25° 320000 Moleküle des Substrates um.

ϰ) Phosphoglyceromutase [Glycerat (3→2)-phosphomutase]
(X, S. 416).

Reaktion: 3-Phosphoglycerinsäure ⇄ 2-Phosphoglycerinsäure.

Dies Ferment wurde bisher nur in dialysierten Muskel- oder Hefe-extrakten untersucht. Es wirkt nur bei Gegenwart katalytischer Mengen von 2,3-Diphosphoglycerinsäure. Der Reaktionsmechanismus entspricht prinzipiell dem für die Phosphoglucomutase oben geschilderten:

$$
\begin{array}{c}
\mathrm{C} \\
| \\
\mathrm{C\!-\!O\!-\!PO_3H_2} \\
| \\
\mathrm{C\!-\!O\!-\!PO_3H_2}
\end{array}
\;+\;
\begin{array}{c}
\mathrm{C} \\
| \\
\mathrm{C} \\
| \\
\mathrm{C\!-\!O\!-\!PO_3H_2}
\end{array}
\;\rightleftarrows\;
\begin{array}{c}
\mathrm{C} \\
| \\
\mathrm{C\!-\!O\!-\!PO_3H_2} \\
| \\
\mathrm{C}
\end{array}
\;+\;
\begin{array}{c}
\mathrm{C} \\
| \\
\mathrm{C\!-\!O\!-\!PO_3H_2} \\
| \\
\mathrm{C\!-\!O\!-\!PO_3H_2}
\end{array}
$$

λ) Enolase (D-2-Phosphoglycerat-dehydratase) *(XI, S. 416).*

Reaktion: 2-Phosphoglycerinsäure ⇄ Phospho-enol-brenztraubensäure.

Die Enolase ist ein Metallproteid, sie bedarf zu ihrer Wirksamkeit der Gegenwart von Mg^{2+} oder Zn^{2+} oder Mn^{2+}. Ursprünglich enthält es wohl Mg. Das Molekulargewicht beträgt 69000, die Umsatzzahl bei p_H 7,43 und 20° 6800. Enolase wird genauso wie Phosphoglucomutase durch Fluorid gehemmt, und zwar nur in Gegenwart von Phosphat. Vermutlich bildet sich aus Enzym, Fluorid, Phosphat und Magnesium ein Komplex, der das Magnesium aus dem Ferment verdrängt. Auf dieser Beeinflussung der Enolase beruht wohl die Unterbrechung der Glykolyse und der Gärung durch Fluorid, denn in seiner Gegenwart häuft sich Phosphoglycerin-säure an.

μ) Pyruvatkinase (Phosphoenolpyruvat→ADP-transphosphatase,
2. phosphatübertragendes Ferment) *(XII, S. 416).*

Reaktion: Phospho-enol-brenztraubensäure + ADP ⇄ Brenztraubensäure + ATP.

1000 g des gereinigten Enzyms, übertragen bei p_H 6,77 und 20° 6 Mol Phosphorsäure von Phosphobrenztraubensäure auf Adenosindiphosphor-säure. K^+, NH_4^+ und Mg^{2+} fördern, Na^+ und Ca^{2+} hemmen die Enzym-wirkung. K-Ionen sind für den Aufbau von Phosphobrenztraubensäure aus Brenztraubensäure und ATP erforderlich.

ν) L-Lactat-dehydrogenase (reduzierendes Gärungsferment)
(XIIIa, S. 417).

Reaktion: Brenztraubensäure + DPN·H + H^+ ⇄ Milchsäure + DPN^+.

Der Proteinanteil der L-Lactat-dehydrogenase, reduzierendes Gärungs-ferment nach WARBURG, wurde aus Muskeln und Tumoren in kristallisierter Form erhalten. 100000 g des Proteins haben bei p_H 7,4 und 20° eine Umsatz-zahl von 23000. Das Co-Ferment der Reaktion ist Codehydrogenase I (DPN), doch kann das Ferment auch durch Codehydrogenase II (TPN) ergänzt werden; die Reaktionsgeschwindigkeit ist dann aber sehr stark herabgesetzt.

ξ) Pyruvatdecarboxylase (XIIIb, S. 417).

Reaktion: Brenztraubensäure → Acetaldehyd + CO_2.

Das Molekulargewicht des Fermentes beträgt 75000. Die wirksame Gruppe dieser Decarboxylase ist Thiaminpyrophosphat, außerdem enthält das Ferment 1 Mol Mg. Es wird durch Ag-, Cu-, Hg- und Sb-Ionen und sehr wirksam durch Acetaldehyd gehemmt. Außer durch Mg- wird es aktiviert durch Mn-, Co-, Cd-, Zn-, Cu- und Fe-Ionen. 1 Mol Carboxylase spaltet bei 30° je min 700—900 Mol Brenztraubensäure.

o) *Alkoholdehydrogenase* (DPN·H→Aldehydtranshydrogenase) (*XIV*, S. 417f.).

Reaktion: Acetaldehyd + DPN·H + H⁺ ⇄ Äthylalkohol + DPN⁺.

Das „reduzierende" Gärungsferment (WARBURG) (auch Acetaldehydreduktase genannt) konnte kristallisiert werden. Das Fermentprotein kann sich nur mit DPN⁺, nicht mit TPN⁺ verbinden. Das p_H-Optimum liegt bei 7,6—7,8. Die Umsatzzahl beträgt für die Reaktion Alkohol → Aldehyd 17500, für ihre Umkehrung 28500. Die Reduktion von Retinin zu Vitamin A (s. S. 190) wird auch durch dieses Ferment katalysiert.

π) *Die Rolle des Adenylsäuresystems.*

Die verschiedenen Stellen, an denen das Adenylsäuresystem in den Abbau eingreift, sind im Vorstehenden zwar schon angeführt worden, doch sollen sie wegen der besonderen Bedeutung, die der Phosphatabgabe und -aufnahme durch das System ADP ⇄ ATP insbesondere für die Energiebilanz zukommt, hier noch einmal zusammengestellt werden. Es sind:

1. Die Hexokinase-Reaktion (*I*), und mit ihr auf gleicher Stufe stehend
2. die Phosphohexokinase-Reaktion (*V*),
3. die Diphosphoglycerinsäure-dephosphorylase-Reaktion (*IX*),
4. die Pyruvatkinase-Reaktion (*XII*).

Bei den Reaktionen 1 und 2 bringt das Adenylsäuresystem jeweils 1 Mol Phosphorsäure und damit die seiner Abspaltung aus Adenosintriphosphorsäure entsprechende Energiemenge in die Reaktion ein, bei den Reaktionen 3 und 4 werden dagegen mit der Übertragung von jeweils 2 Phosphorsäureresten — auf 1 Mol eingesetzte Hexose bezogen — insgesamt 4 energiereiche Phosphatbindungen neu gebildet, so daß, wie schon auf S. 404 ausgeführt, die Glykolyse oder die alkoholische Gärung von 1 Mol Hexose in der Bilanz einen Zuwachs von 2 energiereichen Phosphatbindungen ergibt.

ϱ) *Die Rolle von Diphosphopyridinnucleotid.*

Auch die Rolle der Codehydrogenase I (Cozymase) im Verlauf der Glykolyse und der Gärung soll abschließend noch einmal zusammenfassend betrachtet werden. Sie beteiligt sich an der Reaktionsfolge, indem sie in Reaktion *VIIIb* in Verbindung mit dem Protein des oxydierenden Gärungsfermentes Wasserstoff aufnimmt und ihn dann in Verbindung mit dem Protein des reduzierenden Gärungsfermentes in Reaktion *XIIIa* oder *XIV* wieder abgibt.

3. Der oxydative Abbau der Kohlenhydrate.

Beim oxydativen Abbau wird Kohlenhydrat zu Kohlendioxyd und Wasser verbrannt. Man hat früher angenommen, daß die Verbrennung der Kohlenhydrate an den glykolytischen Abbau unmittelbar anschließt, ihr Substrat also die Milchsäure ist. Diese Annahme liegt nahe; denn unter anaeroben Bedingungen entsteht in der Muskulatur in großer Menge Milchsäure und gleichzeitig verschwindet eine äquivalente Menge von

Kohlenhydrat. Läßt man aber einen Muskel in einer sauerstoffhaltigen Atmosphäre arbeiten, so bleibt bei ausreichendem Sauerstoffangebot jede Milchsäurebildung aus, obwohl Kohlenhydrat umgesetzt wird. Verbringt man einen Muskel, in dem sich durch Anaerobiose Milchsäure angehäuft hat, in Sauerstoff, so verschwindet sie wieder und gleichzeitig nimmt der Kohlenhydratbestand des Muskels zu, allerdings in geringerem Grade als Milchsäure verschwunden ist. Man kann das erklären, wenn man annimmt, daß ein Teil der Milchsäure durch seine Verbrennung die Energie dafür geliefert hat, daß der Rest wieder zu Kohlenhydrat resynthetisiert werden konnte. Man kann natürlich auch annehmen, daß die gesamte Milchsäure wieder zu Kohlenhydrat aufgebaut wurde und daß die dazu nötige Energie aus der Verbrennung einer entsprechenden Kohlenhydratmenge stammt. Die Analyse, die lediglich die Aufstellung von Milchsäure- und Kohlenhydratbilanzen ermöglicht, kann darüber nicht entscheiden. Nimmt man an, daß tatsächlich Milchsäure verbrennt, so läßt sich aus dem Sauerstoffverbrauch die Menge der verbrannten Milchsäure errechnen und zu der insgesamt verschwundenen Milchsäure in Beziehung setzen. Man erhält den sog. *Oxydationsquotienten der Milchsäure* (MEYERHOF):

$$\frac{\text{verschwundene Milchsäure}}{\text{verbrannte Milchsäure}} = \text{O.Q.} = 3 - 6.$$

Der Wert von O.Q. ist nicht konstant, sondern schwankt zwischen 3 und 6, unter Umständen auch noch mehr. Es würden also dann etwa $^1/_3$—$^1/_6$ der Milchsäure verbrannt und $^2/_3$—$^5/_6$ wieder zu Kohlenhydrat resynthetisiert. Es besteht also, wie schon früher von EMBDEN und v. NOORDEN angenommen, ein *chemischer Kreislauf der Kohlenhydrate* (s. Abb. 108). Auch im isolierten Muskel findet sich dieser Kreislauf, im intakten Organismus aber die Aufbauphase, also die Rückverwandlung der Milchsäure in Kohlenhydrat, vorzugsweise in der Leber (s. S. 237). Über den Weg dieser Rückverwandlung s. S. 418.

α) Die Bedeutung der Brenztraubensäure.

An sich ist kein Zweifel daran möglich, daß Milchsäure und Brenztraubensäure von der Muskulatur und anderen Geweben teilweise oxydiert, und teilweise zu Kohlenhydrat resynthetisiert werden können, aber es besteht, wie oben schon angenommen wurde, kein schlüssiger Beweis dafür, daß der oxydative Abbau der Kohlenhydrate tatsächlich den Weg über *Milchsäure* nimmt, ja dies ist sogar unwahrscheinlich.

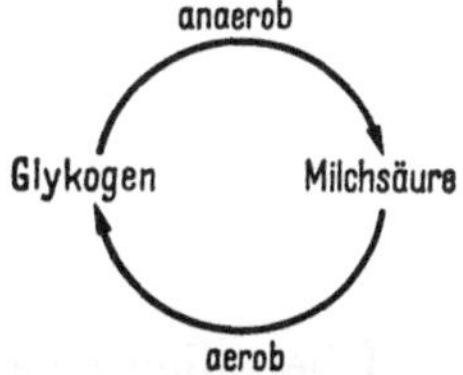

Abb. 108. Kreislauf der Kohlenhydrate.

Bei der Glykolyse oder der Vergärung von Glucose oder Glykogen ist die Vorstufe der Endprodukte (Milchsäure, Äthylalkohol) die Brenztraubensäure. Die Aufgabe des energetischen Stoffwechsels bei Mensch und Tier ist der oxydative Abbau der energieliefernden Substanzen. Im Sinne des Abbaus ist die Milchsäurebildung aus Brenztraubensäure also ein Rückschritt. In der Tat macht der Organismus auch von der Möglichkeit, die Brenztraubensäure als Wasserstoffacceptor auszunutzen, nur unter besonderen funktionellen Bedingungen ausgiebig Gebrauch, nämlich dann, wenn ihr weiterer Abbau auf dem gewöhnlichen Wege behindert ist. Derartige Verhältnisse liegen besonders dann vor, wenn der normale letzte Wasserstoffacceptor des Stoffwechsels, der Sauerstoff, nicht in genügendem Maße zur Verfügung steht, wie es etwa bei anstrengender Muskelarbeit der Fall ist. Hier ist der Energiebedarf so groß, daß die Sauerstoffversorgung des Gewebes einen rein oxydativen Stoffwechsel nicht mehr gewährleistet (Näheres s. S. 558). Gewöhnlich aber wird die Brenztraubensäure im Stoffwechsel nicht in Milchsäure verwandelt, sondern durch oxydative Decarboxylierung weiter abgebaut. Sie liefert dabei einen Acetylrest, der vom Coenzym A aufgenommen wird und dann in mannigfacher Weise Verwendung finden kann. Meist wird er über den Citronensäurecyclus dem weiteren oxydativen Abbau zugeführt. Die oxydative Decarboxylierung der Brenztraubensäure ist an das Vorhandensein von Thiaminpyrophosphat (Cocarboxylase) gebunden, wie schon mehrfach erwähnt wurde (s. z. B. S. 196).

Außer aus Phosphobrenztraubensäure kann Brenztraubensäure im Stoffwechsel auch an anderen Stellen entstehen, so daß sie neben dem Acetylrest, auf dessen Bedeutung schon S. 321 ff. hingewiesen wurde, im Stoffwechsel eine zentrale Stellung einnimmt. Dies zeigt die nachstehende schematische Zusammenstellung, aus der auch noch einmal deutlich wird, in wie großem Umfange im Körper reversible Reaktionen möglich sind, die einen Übergang der verschiedensten Körperbausteine ineinander gestatten. Ob diese Möglichkeiten ausgenutzt werden, hängt im Einzelfalle von den jeweiligen Konzentrationen der Reaktionsteilnehmer, den Reaktionskonstanten und Reaktionsgeschwindigkeiten, sowie von der Intaktheit des Reaktionsweges ab. Fehlen bestimmte Fermente oder Co-Fermente, so sind natürlich die davon beherrschten Reaktionswege verschlossen.

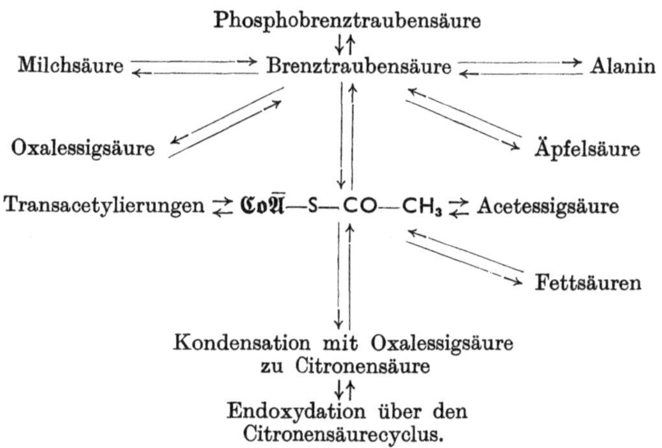

Über die Carboxylierung der Brenztraubensäure s. S. 355.

β) Der Citronensäurecyclus.

Aus der beim oxydativen Abbau der Brenztraubensäure und dem mit Hilfe eines „kondensierenden Enzyms" (condensing enzyme, kondensierende Acetyl-CoA→Oxalacetat-transacetylase, s. S. 323) wohl aller längerer Kohlenstoffketten gleichviel welcher Herkunft entstehenden „aktivierten" Essigsäure (CoA—S—CO—CH₃) wird der Acetylrest zur Bildung von Citronensäure auf Oxalessigsäure übertragen. Man kann dies folgendermaßen formulieren:

$$\begin{array}{c}
\text{COOH} \\
| \\
\text{C=O} \\
| \\
\text{CH}_2 \\
| \\
\text{COOH}
\end{array}
+ \text{H}_3\text{C—CO—S—CoA} + \text{H}_2\text{O} \rightleftharpoons
\begin{array}{c}
\text{COOH} \\
| \\
\text{HO—C—CH}_2\text{—COOH} \\
| \\
\text{CH}_2 \\
| \\
\text{COOH}
\end{array}
+ \text{CoA—SH} + \text{H}^+ .$$

Oxalessigsäure   Citronensäure

Die Acetylmercaptanbindung ist energiereich ($\varDelta G \sim 12000$ cal). Zu ihrer Bildung muß also Energie aufgebracht werden. Bei der Citratbildung aus Brenztraubensäure wird sie durch deren dehydrierende Decarboxylierung gewonnen, bei der aus Acetessigsäure durch die „thioklastische" Spaltung (Säurespaltung):

$$\text{CoA—SH} + \text{HOOC—CH}_2\text{—CO—CH}_3$$
$$\uparrow\downarrow \text{ ATP}$$
$$\text{CoA—S—CO—CH}_2\text{—CO—CH}_3 + \text{CoA—SH} \rightleftharpoons 2\,\text{CoA—S—CO—CH}_3 .$$

Auch aus Essigsäure kann Acetyl-CoA gebildet werden, hierbei ist die Spaltung der Adenosintriphosphorsäure die Energiequelle. Anscheinend entsteht zunächst als Zwischenverbindung Acetyl-adenylat, indem der Acetylrest an die Phosphatgruppe der aus ATP durch Abspaltung von Pyrophosphat (PP) freiwerdenden Adenosinmonophosphorsäure (AMP) angelagert wird:

$$\text{ATP} + \text{Acetat} \rightleftharpoons \text{Acetyl-AMP} + \text{PP}$$

Acetyl-AMP setzt sich dann mit CoA um:

$$\text{Acetyl-AMP} + \text{CoA—SH} \rightleftharpoons \text{Acetyl—S—CoA} + \text{AMP} .$$

Das für diese Reaktion erforderliche Ferment wird *Acetat-thiokinase* genannt. Es reagiert auch mit Propionsäure. Da neben der Acetat-thiokinase in allen Zellen eine Pyrophosphatase vorkommt, die das auf der ersten Reaktionsstufe entstehende Pyrophosphat spaltet, steht die für die Bildung von Acetyl-CoA nötige Energie zur Verfügung und die Reaktion verläuft praktisch vollständig nach der Seite der Synthese.

Es sei ausdrücklich betont, daß die Bildung von Citronensäure aus „aktiviertem" Acetat und Oxalessigsäure ein reversibler Prozeß ist, so daß unter geeigneten Bedingungen auch aus Citronensäure „aktivierte" Essigsäure entstehen kann. So konnte man in einem System aus Acetontrockenpulver von Gehirn mit Zusätzen von Citrat, Cholin, Adenosintriphosphorsäure, Hefekochsaft, Mg^{2+} und K^+ eine Acetylcholinbildung erzielen, die nach

$$\text{CoA—SH} + \text{Citrat} \rightleftharpoons \text{CoA—S—CO—CH}_3 + \text{Oxalacetat}$$
$$\text{Cholin} + \text{CoA—S—CO—CH}_3 \rightleftharpoons \text{Acetylcholin} + \text{CoA—SH}$$

zustande kommt.

An der Citronensäure beginnt die letzte Stufe des oxydativen Endabbaus, deren Einzelreaktionen in der Abb. 109 zusammengefaßt sind. Der erste Schritt ist die mit Wasserabspaltung und -wiederaufnahme verbundene Umlagerung der Citronensäure über cis-Aconitsäure zu iso-Citronensäure durch das Ferment *Aconitase* (Aconitat-hydratase). Es schließt sich an die dehydrierende Decarboxylierung der iso-Citronensäure zu α-Ketoglutarsäure durch die *iso-Citricodehydrogenase* (decarboxylierende D-iso-Citrat → 𝕋ℙ𝔑-transhydrogenase).

Oxydation und Decarboxylierung werden demnach durch das gleiche Ferment katalysiert. Die Dehydrierung sollte Oxalbernsteinsäure ergeben (HOOC—CO—CH (COOH)—CH$_2$—COOH). Jedoch ist nach MOYLE anzunehmen, daß sie mit dem Ferment fest verbunden bleibt und die Decarboxylierung zu α-Ketoglutarsäure sich unmittelbar anschließt. MOYLE gibt hierfür folgendes Schema:

D-iso-Citrat ⇌ | D-iso-Citrat | ⇌ | Oxalosuccinat | ⇌ | α-Ketoglutarat | ⇌ α-Ketoglutarat

▭ = Enzym-Substrat-Komplex

Oxalosuccinat

Die Decarboxylierung ist stark exergonisch. Die Reaktion ist reversibel, bedarf zu ihrer Umkehr aber natürlich der Energiezufuhr, die durch Kop-

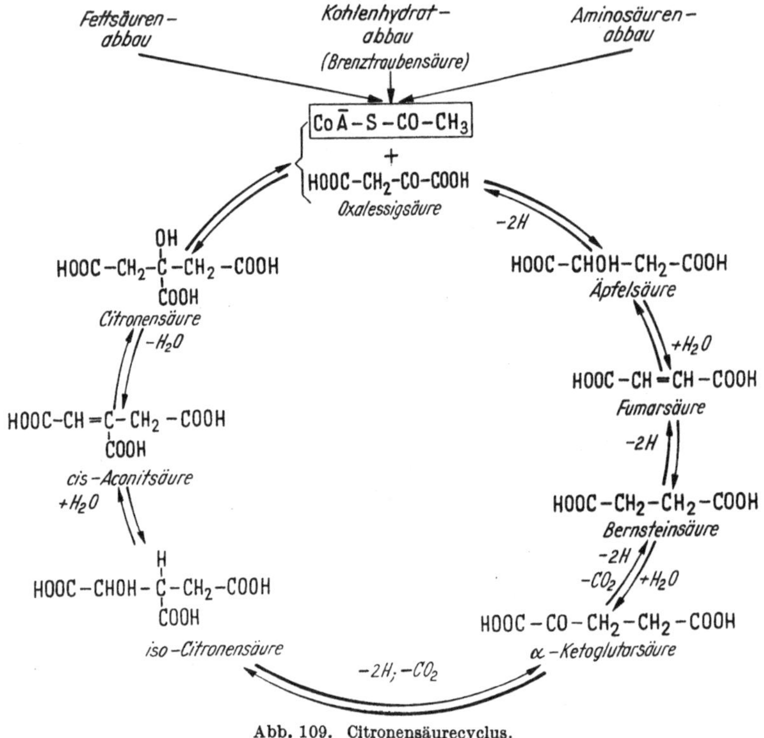

Abb. 109. Citronensäurecyclus.

pelung mit der Dehydrierung von Glucose-6-phosphat zu 6-Phosphoglucon-säure geliefert werden kann. Der zweite nun folgende Oxydationsschritt ist auch mit einer Decarboxylierung verbunden und führt zu Bernsteinsäure. Das dazu notwendige Ferment ist die α-Ketoglutaratdehydrogenase. Die Reaktion ist stark exergonisch. Es entsteht bei ihr intermediär eine „akti-vierte" Bernsteinsäure (Succinyl —S—ℭo𝔄), wozu die Mitwirkung von Co-Enzym A nötig ist (s. Abb. 110). Für diese Reaktion läßt sich die folgende Bilanzgleichung aufstellen:

α-Ketoglutarat + 𝔇ℙ𝔑$^+$ + ℭo𝔄—SH → Succinyl—S—ℭo𝔄 + 𝔇ℙ𝔑 · H + H$^+$ + CO$_2$

Die Umwandlung von Succinyl-ℭo𝔄 in freies Succinat geschieht in einer

Reaktion, an der 𝕬𝕯𝕻, Phosphat (P), Mg^{2+} und das P-Enzym (phosphorylating enzyme) beteiligt sind:

$$\text{Succinyl—S—}\mathfrak{CoA} + \mathfrak{ADP} + P \overset{Mg^{2+}}{\rightleftharpoons} \text{Succinat} + \mathfrak{ATP} + \mathfrak{CoA}\text{—S—H.}$$

In dieser Reaktion wird durch Substratphosphorylierung die Energie der 𝕮𝖔𝕬-Verbindung praktisch verlustlos in die der Pyrophosphatbindung übertragen. Das bemerkenswerteste bei dieser Reaktion ist, daß Succinyl-S-𝕮𝖔𝕬 zunächst mit Guanosindiphosphat (𝕲𝕯𝕻) (bzw. Inosindiphosphat) reagiert und erst in einer zweiten Reaktion ein Phosphatrest von 𝕲𝕿𝕻 auf 𝕬𝕯𝕻 übertragen wird:

$$\text{Succinyl—S—}\mathfrak{CoA} + \mathfrak{GDP} + P \overset{Mg^{2+}}{\rightleftharpoons} \text{Succinat} + \mathfrak{CoA}\text{—S—H} + \mathfrak{GTP}$$

$$\mathfrak{GTP} + \mathfrak{ADP} \overset{Mg^{2+}}{\rightleftharpoons} \mathfrak{GDP} + \mathfrak{ATP}$$

Auch der nächste Schritt, die dritte Oxydation, ist eine Dehydrierung; sie läßt Fumarsäure entstehen. Die Reaktion, deren Ferment die *Bernstein-säure-dehydrogenase* (Succinodehydrogenase) ist, ist sehr stark endergonisch. Durch Wasseranlagerung mittels der *Fumarase* (Fumarathydratase) wird nunmehr L-Äpfelsäure gebildet, die im letzten Reaktionsschritt, der vierten Oxydation, durch die *Äpfelsäure-dehydrogenase* (L-Malat → 𝕯𝕻𝕹-transhydrogenase) zu Oxalessigsäure wird.

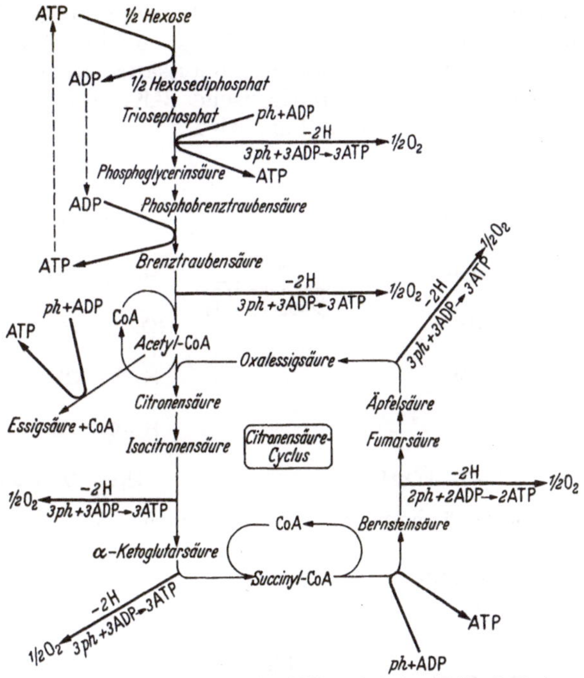

Bei einem Durchlauf des Citronensäurecyclus wird also der in ihn eingeführte Acetylrest vollkommen oxydiert. Obwohl jeder Durchlauf des Cyclus vier Oxydationsschritte umfaßt, ist der Energiegewinn nur sehr gering, da neben exergonischen auch endergonische Prozesse stattfinden. Die Oxydationsenergie wird erst außerhalb des Cyclus dadurch gewonnen, daß der bei den verschiedenen Dehydrierungen abgespaltene Wasserstoff nach Aufnahme auf geeignete Wasserstoffacceptoren schließlich auf Sauerstoff übertragen wird. Dabei kann aber wieder, wie schon früher ausgeführt, ein Teil dieser Energie auf energiereiche Phosphatbindungen übertragen, also Adenosintriphosphorsäure gebildet werden (s. S. 403 f.).

Abb. 110. Adenosintriphosphorsäurebildung bei der Kohlenhydratoxydation. (Nach HOLZER.) (ph=Phosphat.)

In Abb. 110 sind, nachdem nunmehr der Abbau der Kohlenhydrate von Anfang bis Ende in seinen einzelnen Stufen besprochen wurde, diese nochmals zusammengefaßt. Dabei sind besonders auch Verbrauch und Neubildung an energiereichen Phosphatbindungen dargestellt worden. Im übrigen wird nochmals auf die Ausführungen S. 404 verwiesen.

γ) Die direkte Oxydation der Glucose.
(Der Pentosephosphatcyclus.)

Wie schon S. 340 f. berichtet worden ist, hat WARBURG gezeigt, daß in Gegenwart von Codehydrogenase II (TPN^+), einem spezifischen Fermentprotein und dem alten gelben Ferment Hexosemonophosphorsäure zu Phosphohexonsäure oxydiert werden kann. Es ergaben sich auch Anhaltspunkte dafür, daß die Oxydation nicht auf der Stufe der Phosphohexonsäure stehenbleibt, vielmehr der einmal eingeleitete Abbau unter Umgehung der an der Glykolyse beteiligten Reaktionen oxydativ weitergeführt werden kann. So konnten DICKENS u. GLOCK nachweisen, daß tierische Gewebe ebenso wie Hefe außer Glucose-6-phosphat und 6-Phosphogluconsäure auch 5-Ribosephosphorsäure oxydieren können. Die weitere Verfolgung dieser Befunde besonders durch HORECKER sowie RACKER und ihre Mitarbeiter haben zur Auffindung eines als **Pentosephosphatcyclus** bezeichneten oxydativen Abbauweges der Glucose geführt. Die Oxydation der Glucose-6-phosphorsäure ergibt zunächst 6-Phosphogluconsäurelacton, das unter Wasseraufnahme Phosphogluconsäure liefert, und dann im 2. Reaktionsschritt über die hypothetische 3-Keto-6-phosphogluconsäure zu *Ribulose-5-phosphat* decarboxyliert wird.

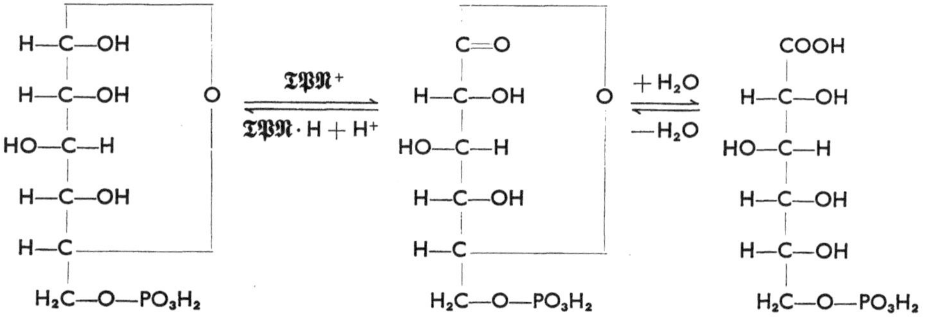

$$
\begin{array}{ccccc}
\text{H—C—OH} & & \text{C=O} & & \text{COOH} \\
\text{H—C—OH} & \xrightarrow[\text{TPN·H}+\text{H}^+]{\text{TPN}^+} & \text{H—C—OH} & \underset{-\text{H}_2\text{O}}{\overset{+\text{H}_2\text{O}}{\rightleftharpoons}} & \text{H—C—OH} \\
\text{HO—C—H} & & \text{HO—C—H} & & \text{HO—C—H} \\
\text{H—C—OH} & & \text{H—C—OH} & & \text{H—C—OH} \\
\text{H—C} & & \text{H—C} & & \text{H—C—OH} \\
\text{H}_2\text{C—O—PO}_3\text{H}_2 & & \text{H}_2\text{C—O—PO}_3\text{H}_2 & & \text{H}_2\text{C—O—PO}_3\text{H}_2 \\
\end{array}
$$

Glucose-6-phosphat   6-Phosphogluconsäurelacton   6-Phosphogluconsäure

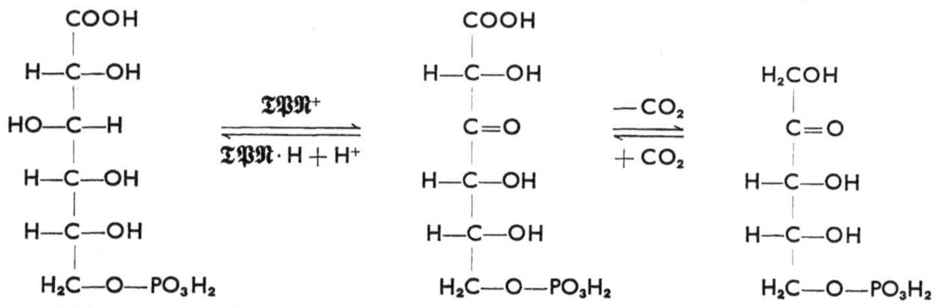

$$
\begin{array}{ccccc}
\text{COOH} & & \text{COOH} & & \text{H}_2\text{COH} \\
\text{H—C—OH} & & \text{H—C—OH} & & \\
\text{HO—C—H} & \xrightarrow[\text{TPN·H}+\text{H}^+]{\text{TPN}^+} & \text{C=O} & \underset{+\text{CO}_2}{\overset{-\text{CO}_2}{\rightleftharpoons}} & \text{C=O} \\
\text{H—C—OH} & & \text{H—C—OH} & & \text{H—C—OH} \\
\text{H—C—OH} & & \text{H—C—OH} & & \text{H—C—OH} \\
\text{H}_2\text{C—O—PO}_3\text{H}_2 & & \text{H}_2\text{C—O—PO}_3\text{H}_2 & & \text{H}_2\text{C—O—PO}_3\text{H}_2 \\
\end{array}
$$

6-Phosphogluconsäure   3-Keto-6-phospho-gluconsäure (hypothetisches Zwischenprodukt)   Ribulose-5-phosphorsäure

Ribulose-5-phosphat kann durch zwei verschiedene Pentosephosphatisomerasen zu *Ribose-5-phosphat* und zu *Xylulose-5-phosphat* isomerisiert werden:

$$
\begin{array}{ccc}
\text{H}_2\text{COH} & \text{H}_2\text{COH} & \text{H--C--OH} \\
| & | & | \\
\text{C=O} & \text{C=O} & \text{H--C--OH} \qquad \text{O} \\
| & | & | \\
\text{HO--C--H} \;\rightleftharpoons\; & \text{H--C--OH} \;\rightleftharpoons\; & \text{H--C--OH} \\
| & | & | \\
\text{H--C--OH} & \text{H--C--OH} & \text{H--C} \\
| & | & | \\
\text{H}_2\text{C--O--PO}_3\text{H}_2 & \text{H}_2\text{C--O--PO}_3\text{H}_2 & \text{H}_2\text{C--O--PO}_3\text{H}_2
\end{array}
$$

Xylulose-5-phosphorsäure   Ribulose-5-phosphorsäure   Ribose-5-phosphorsäure

Xylulose-5-phosphat und Ribose-5-phosphat setzen sich in einer merkwürdigen Reaktion miteinander um, die durch ein Ferment bewirkt wird, das man *Transketolase* nennt und das als Co-Faktor Thiaminpyrophosphat (TPP) (s. S. 196) nötig hat. Hierbei zerfällt Xylulose-5-phosphat in „*aktiven Glykolaldehyd*" (einen Enzym-TPP—CHO—CH₂OH-Komplex) und in *Glycerinaldehyd*phosphorsäure:

$$
\begin{array}{ccc}
\text{H}_2\text{COH} & \left[\;\text{H}_2\text{COH}\;\right] & \\
| & \;\;\;| & \\
\text{C=O} \quad +\ \text{TPP} \;\rightarrow\; & \left[\text{H--C=O}\right]\text{TPP} \;+ & \\
| & & \\
\text{HO--C--H} & & \text{O=C--H} \\
| & & | \\
\text{H--C--OH} & & \text{H--C--OH} \\
| & & | \\
\text{H}_2\text{C--O--PO}_3\text{H}_2 & & \text{H}_2\text{C--O--PO}_3\text{H}_2
\end{array}
$$

Xylulose-5-phosphorsäue   „aktiver Glykolaldehyd"   Glycerinaldehyd-3-phosphat

Der „aktive Glykolaldehyd" kondensiert sich mit Ribose-5-phosphat zu einem Heptosephosphat, dem *Sedoheptulose-7-phosphat:*

$$
\begin{array}{ccc}
\left[\;\text{H}_2\text{COH}\;\right] & & \text{H}_2\text{COH} \\
\left[\text{H--C=O}\right]\text{TPP} \;+ & & \text{C=O} \qquad +\ \text{TPP} \\
& \text{H--C--OH} & \text{HO--C--H} \\
& | & | \\
& \text{H--C--OH} \quad\text{O} & \text{H--C--OH} \\
& | & | \\
& \text{H--C--OH} \;\rightarrow & \text{H--C--OH} \\
& | & | \\
& \text{H--C} & \text{H--C--OH} \\
& | & | \\
& \text{H}_2\text{C--O--PO}_3\text{H}_2 & \text{H}_2\text{C--O--PO}_3\text{H}_2
\end{array}
$$

„aktiver Glykolaldehyd"   Ribose-5-phosphat   Sedoheptulose-7-phosphat

Sedoheptulose-7-phosphat setzt sich unter Beteiligung des Fermentes *Transaldolase* mit dem aus Xylulose-5-phosphat entstandenen Glycerinaldehyd-3-phosphat nach folgendem Schema um:

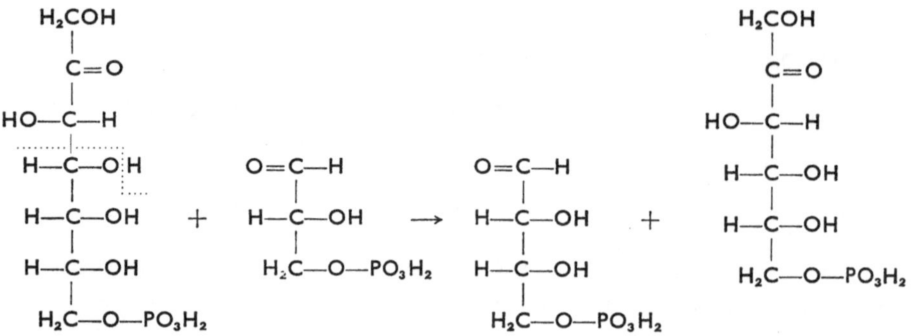

$$
\begin{array}{cccc}
\text{H}_2\text{COH} & & & \text{H}_2\text{COH} \\
| & & & | \\
\text{C}=\text{O} & & & \text{C}=\text{O} \\
| & & & | \\
\text{HO}-\text{C}-\text{H} & & & \text{HO}-\text{C}-\text{H} \\
| & & & | \\
\text{H}-\text{C}-\text{O}\,\text{H} & \text{O}=\text{C}-\text{H} & \text{O}=\text{C}-\text{H} & \text{H}-\text{C}-\text{OH} \\
| & | & | & | \\
\text{H}-\text{C}-\text{OH} \;+\; & \text{H}-\text{C}-\text{OH} \;\rightarrow\; & \text{H}-\text{C}-\text{OH} \;+\; & \text{H}-\text{C}-\text{OH} \\
| & | & | & | \\
\text{H}-\text{C}-\text{OH} & \text{H}_2\text{C}-\text{O}-\text{PO}_3\text{H}_2 & \text{H}-\text{C}-\text{OH} & \text{H}_2\text{C}-\text{O}-\text{PO}_3\text{H}_2 \\
| & & | & \\
\text{H}_2\text{C}-\text{O}-\text{PO}_3\text{H}_2 & & \text{H}_2\text{C}-\text{O}-\text{PO}_3\text{H}_2 & \\
\end{array}
$$

Sedoheptulose-7-phosphat   Glycerinaldehyd-3-phosphat   Erythrose-4-phosphat   Fructose-6-phosphat

Dabei werden also *Erythrose-4-phosphat* und *Fructose-6-phosphat gebildet.* Erythrose-4-phosphat wird anscheinend durch Transketolase mit Xylulose-5-phosphat zu Fructose-6-phosphat und Glycerinaldehyd-3-phosphat umgesetzt:

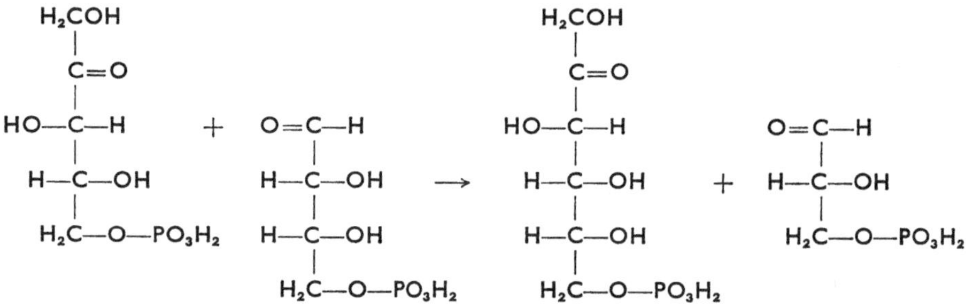

$$
\begin{array}{cccc}
\text{H}_2\text{COH} & & \text{H}_2\text{COH} & \\
| & & | & \\
\text{C}=\text{O} & & \text{C}=\text{O} & \\
| & & | & \\
\text{HO}-\text{C}-\text{H} & \text{O}=\text{C}-\text{H} & \text{HO}-\text{C}-\text{H} & \text{O}=\text{C}-\text{H} \\
| & | & | & | \\
\text{H}-\text{C}-\text{OH} \;+\; & \text{H}-\text{C}-\text{OH} & \text{H}-\text{C}-\text{OH} \;+\; & \text{H}-\text{C}-\text{OH} \\
| & | & | & | \\
\text{H}_2\text{C}-\text{O}-\text{PO}_3\text{H}_2 & \text{H}-\text{C}-\text{OH} \;\rightarrow\; & \text{H}-\text{C}-\text{OH} & \text{H}_2\text{C}-\text{O}-\text{PO}_3\text{H}_2 \\
& | & | & \\
& \text{H}_2\text{C}-\text{O}-\text{PO}_3\text{H}_2 & \text{H}_2\text{C}-\text{O}-\text{PO}_3\text{H}_2 & \\
\end{array}
$$

Xylulose-5-phosphat   Erythrose-4-phosphat   Fructose-6-phosphat   Glycerinaldehyd-3-phosphat

Das in dieser und in der vorangehenden Reaktion entstandene Fructose-6-phosphat wird durch eine Hexosephosphatisomerase in Glucose-6-phosphat umgelagert. Es wird also diejenige Substanz von der der Pentosephosphatcyclus ausgeht z. T. regeneriert. Verfolgt man die einzelnen Stufen der Reaktionsfolge, so sieht man, daß in den Cyclus 3 Mol Glucose-6-phosphat einbezogen werden, von denen 2 Mol wieder aus ihm herauskommen, außerdem entstehen 1 Mol Glycerinaldehyd-3-phosphat, 6 Mol H_2 (bei der Oxydation von Glucose-6-phosphat zu 6-Phosphogluconsäure) und 3 Mol CO_2 (bei der Decarboxylierung von 6-Phosphogluconsäure).

In der Gesamtbilanz ergibt sich zunächst

$$\text{Glucose-6-phosphat} \;\rightarrow\; \text{Glycerinaldehyd-3-phosphat} + 3\,CO_2 + 6\,H_2.$$

Glycerinaldehyd-3-phosphat kann auf dem üblichen Wege der Glykolyse in Brenztraubensäure übergehen und über den Citronensäurecyclus verbrennen. Da aber Glycerinaldehyd-3-phosphat mit Dihydroxyacetonphosphat im Gleichgewicht steht und sich diese beiden Triosephosphate zu Fructose-1,6-diphosphat vereinigen können, das nach Abspaltung eines Phosphatrestes und Isomerisierung in Glucose-6-phosphat übergeht, kann man auch, wie das in Abb. 111 formuliert ist, annehmen, daß in der Bilanz von 6 Mol Glucose-6-phosphat 1 Mol völlig verbrennt und 5 Mol übrigbleiben.

Die **Frage**, welche Bedeutung dem Pentosephosphatcyclus bei der Glucoseoxydation zukommt, ist noch nicht eindeutig zu beantworten. Anscheinend spielt dieser Abbauweg nur im Stoffwechsel der Leber eine Rolle. Aber auch in diesem Organ wird Glucose wahrscheinlich vorwiegend nach vorheriger Glykolyse über den Citronensäurecyclus oxydiert. Die Angaben über die Beteiligung des Pentosephosphatcyclus an der Glucoseoxydation in der Leber schwanken zwischen 0 und 50 %! Jedoch sollte man vielleicht die Funktion dieses Cyclus gar nicht so sehr in der alternativen Möglichkeit der Glucoseoxydation sehen. Vielleicht besteht seine Bedeutung viel mehr in der Bildung der verschiedenen Zwischenprodukte. So kann z. B. die zum Aufbau der Ribonucleotide nötige Ribose auf diesem Wege gewonnen werden und weitere Zwischenprodukte mögen ebenfalls noch nicht erkannte Aufgaben im Stoffwechsel haben.

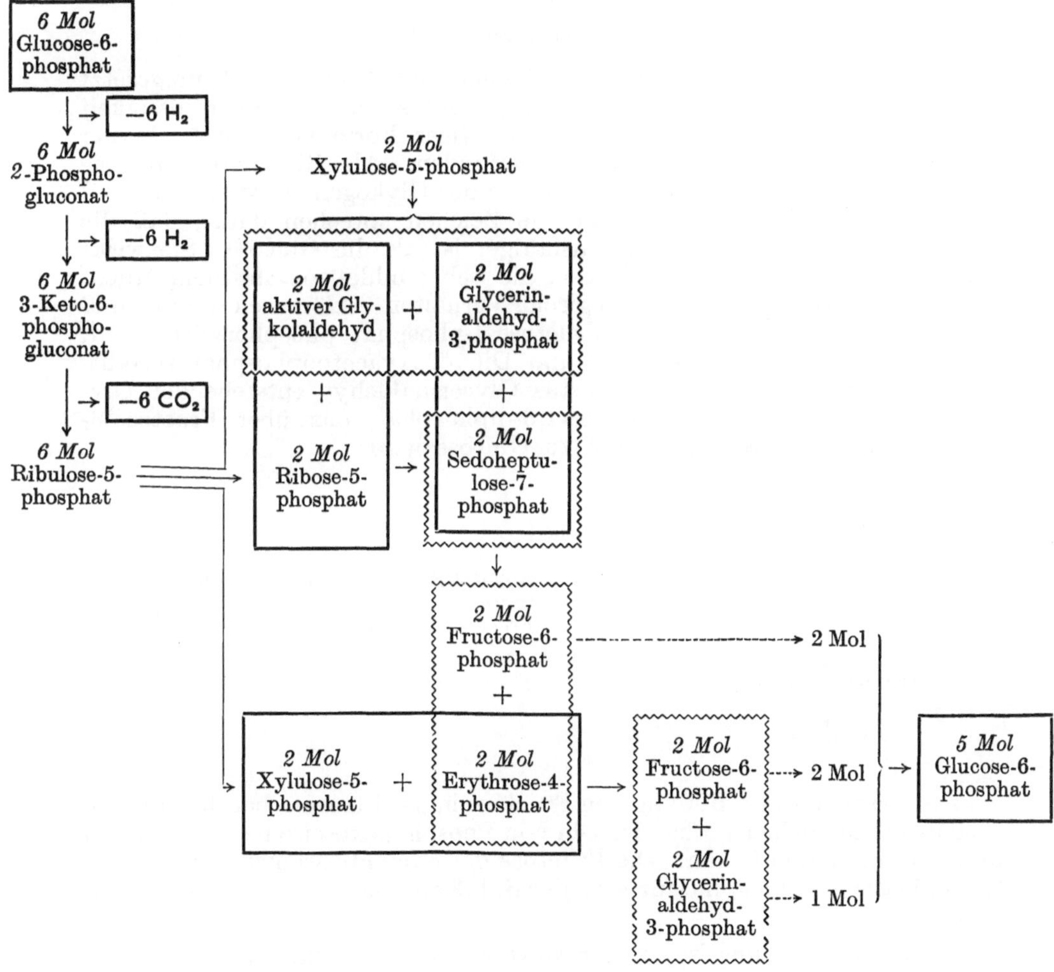

Abb. 111. Pentosephosphatcyclus. ⌇⌇⌇ umschließt Reaktionsprodukte, ☐ umschließt miteinander reagierende Substanzen.

4. Die Umwandlung verschiedener Kohlenhydrate ineinander.

Unter den Kohlenhydraten, die mit der Nahrung dem Körper zugeführt werden, steht mengenmäßig die Stärke weitaus an der Spitze. Daneben enthält aber die Nahrung sicherlich immer auch gewisse, wenn auch kleine Mengen an Glykogen und an freier Glucose und in wechselndem, von den Ernährungsgewohnheiten abhängigem Grade die Disaccharide Rohrzucker und Milchzucker. Daß in der Nahrung ferner Pentosen vorkommen — in allen Nucleinstoffen, aber auch in pflanzlichen Nahrungsmitteln, oft in Form von Polysacchariden — sei nur der Vollständigkeit halber erwähnt. Es soll von ihnen hier aber nur die Ribose (s. S. 14) kurz besprochen werden.

Bei der Spaltung im Verdauungskanal liefert der Rohrzucker neben Glucose die Fructose und der Milchzucker neben Glucose die Galaktose. Diese beiden Monosaccharide werden als solche resorbiert und der Leber zugeleitet. Von ihrem weiteren Schicksal sei daher zunächst die Rede.

α) Fructose.

Die Fructose kann ohne jeden Zweifel im Stoffwechsel umgesetzt werden. Von Interesse ist die Feststellung, daß sie in der Samenflüssigkeit des Menschen und der meisten Tiere in freier Form vorkommt. Ferner wurde sie im Blut von Schafsfeten gefunden. Als Bildungsort für sie wurde die Placenta erkannt. Beim Umsatz des Glykogens wird anscheinend stets etwas Fructose gebildet. Manche Zeichen sprechen dafür, daß die Fructose im Stoffwechsel reaktionsfähiger ist als die Glucose. Sie wirkt z. B. stärker ketolytisch als Glucose, die Leber bildet aus ihr mehr Milchsäure als aus Glucose. Dies biologische Verhalten erklärt sich daraus, daß sie durch eine *Fructokinase* zu Fructose-1-phosphat phosphoryliert wird, das zunächst in Glycerinaldehyd und Dihydroxyacetonphosphat zerfällt. Letzteres verbindet sich mit dem aus Glycerinaldehyd entstehenden Glycerinaldehydphosphat zu Fructose-1,6-diphosphat, das über Fructose-6-phosphat und Glucose-6-phosphat zu Glucose wird:

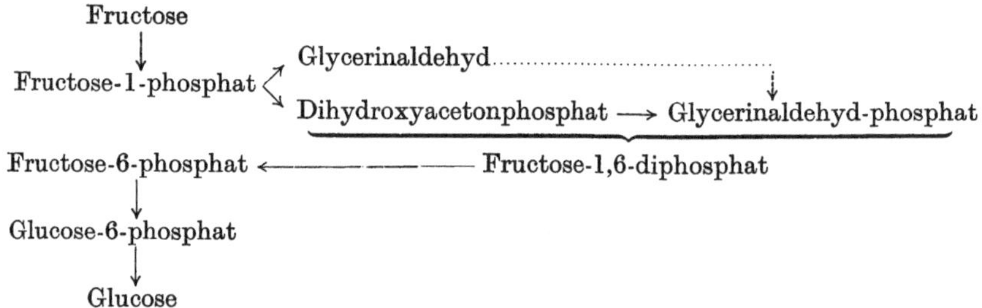

Die oben erwähnte Bildung von Fructose in der Placenta beruht auf dem besonders reichlichen Vorhandensein von Phosphohexoseisomerase (s. S. 414 und 420) in diesem Organ. Die Fructose der Samenflüssigkeit wird in den Samenblasen gebildet; hierfür wird der S. 433 angegebene Reaktionsweg angenommen.

Die Fructosebildung ist von der Anwesenheit männlicher Sexualhormone abhängig.

Blutzucker → Glykogen ⇄ Glucose-1-
phosphorsäure

↓↑

Glucose-6- → Fructose-6-
phosphorsäure ← phosphorsäure

↓ ↓

Glucose Fructose

Im Prinzip sind also alle diese Reaktionen zur Umwandlung der Fructose in Glucose bzw. der Glucose in Fructose ohne weiteres in dem allgemeinen Reaktionsschema der Kohlenhydrate unterzubringen.

β) Galaktose (s. a. S. 325f.).

Die Galaktose wird nach ihrer Resorption in der Leber in Glucose umgewandelt. Auch diese Umwandlung ist von Phosphorylierungsvorgängen abhängig, daneben aber ist für sie ein besonderes Coferment notwendig, das als *Uridin-diphosphat-glucose* (UDPG) erkannt wurde. Das Uridindiphosphatsystem ist an zahlreichen anderen Stoffwechselvorgängen beteiligt (s. unten). Aus Galaktose entsteht zunächst durch Phosphatübertragung von der Adenosintriphosphorsäure vermittels einer *Galaktokinase* Galaktose-1-phosphorsäure, die dann mit UDPG reagiert:

Galaktose-1-phosphat + UDP-Glucose ⇌ Glucose-1-phosphat + UDP-Galaktose.

Das diese Reaktion beherrschende Ferment wird als *Galaktose-1-phosphat→ uridyl-transferase* bezeichnet. Erst durch seine Funktion wird Galaktose verwertbar. UDP-Glucose entsteht durch Umsetzung von Glucose-1-phosphat mit Uridintriphosphat (UTP), wobei ein Ferment UDPG-*Pyrophosphorylase* wirksam wird:

Glucose-1-phosphat + UTP ⇌ UDP-Glucose + Pyrophosphat.

UTP entsteht aus Uridindiphosphat (UDP) durch Umsetzung mit ATP:

ATP + UDP ⇌ ADP + UTP.

Außer der UDPG-Pyrophosphorylase sind weitere *Pyrophosphat→uridyl-transferasen* bekannt, und zwar für 1-Phosphoglucosamin, für 1-Phospho-acetylglucosamin sowie eine UDP-Galaktose-pyrophosphorylase.

In der oben formulierten Transferase-Reaktion wird Galaktose gegen Glucose ausgetauscht, die Galaktose also glykosidisch an UDP gebunden, sie kann nunmehr zu Synthesen verwertet werden, so z. B. von Lactose oder von Galaktolipoiden. Soll sie im energetischen Stoffwechsel umgesetzt werden, so muß sie zunächst in Glucose umgewandelt werden. Dies geschieht durch eine UDP-*Galaktose-epimerase:*

UDP-Galaktose ⇌ UDP-Glucose.

Man hat diese Umwandlung früher als WALDENsche Umkehrung aufgefaßt und das Ferment als „Galaktowaldenase" bezeichnet. Es steht heute fest, daß es sich nicht um eine derartige Umlagerung handelt. Das Ferment benötigt vielmehr DPN⁺, es wird daher Galaktose wahrscheinlich zunächst an C (4) oxydiert und anschließend wieder reduziert, wobei die Hydroxylgruppe in die für Glucose charakteristische Stellung tritt.

Die Fähigkeit der Leber für die Galaktose-Glucose-Umwandlung ist ziemlich begrenzt. Bei Funktionsstörungen der Leber wird zugeführte

Galaktose im Harn ausgeschieden. Es wird daher die Belastung des
Organismus mit Galaktose als Funktionsprüfung der Leber vielfach
angewandt (s. S. 508).

$$\text{Uridinphosphat} \qquad \text{Glucose-1-phosphat}$$
$$\text{Uridin-diphosphatglucose}$$

Bei einer als *kongenitale Galaktosämie* bezeichneten Stoffwechselstörung
führt Galaktosezufuhr zu einer erheblichen Anreicherung von Galaktose
im Blutplasma und zu ihrer Ausscheidung im Harn. Kürzlich wurde
gefunden, daß sich bei dieser Störung Galaktose-1-phosphorsäure in den
Erythrocyten anreichert. Dies beruht offenbar darauf, daß die Galaktose-
1-phosphat→uridyl-transferase blockiert, der Galaktosestoffwechsel also
unterbrochen ist.

Im Kuheuter wurde ein Ferment für die Reaktion

UDP-Galaktose + Glucose-1-phosphat → UDP + Lactose-1-phosphat

aufgefunden. Jedoch ist noch nicht zu übersehen, ob die Milchzucker-
bildung in der Milchdrüse allein über diesen Weg läuft.

Die Bedeutung der Uridin-diphosphat-glucose erschöpft sich nicht in
ihrer Beteiligung am Stoffwechsel der Galaktose. So kann sie als Donator
des glykosidischen Restes für die Bildung nicht reduzierender Disaccharide
(Saccharose oder Trehalose) dienen.

Es sind zahlreiche andere Verbindungen von UDP mit Kohlenhydrat-
derivaten bekannt, unter anderem: UDP-N-Acetylglucosamin, UDP-N-
Acetylglucosamin-6-phosphat, wahrscheinlich auch UDP-N-Acetyl-galak-
tosamin-sulfat. Man vermutet, daß derartige Verbindungen bei der Synthese von Mucopolysacchariden bzw. von Chitin eine Rolle spielen. Die
Funktion einer Guanosin-di-phosphat-mannose ist unbekannt. Dagegen
wird vermutet, daß UDP bei der Epimerisierung Glucose ↔ Fructose ↔
Mannose eine Rolle spielt.

γ) *Glucuronsäure.*

Über die Glucuronsäure und ihre Bedeutung für die Entgiftungsreaktionen im Körper ist schon früher berichtet worden (s. S. 16). Da
sie ein Oxydationsprodukt der Glucose ist, kann man sich vorstellen, daß
sie durch direkte Oxydation der Glucose am C-Atom 6 gebildet wird.

Nachdem Versuche mit markierten Substanzen, die als Vorstufen der
Glucuronsäure in Frage kommen konnten, keine Entscheidung für oder
gegen eine Bildung von Glucuronsäure durch Oxydation von Glucose oder
durch Synthesen aus kleineren Bausteinen ergeben hatten, zeigte sich, daß
die Bildung von Glucuronsäure und die Glucuronidsynthese in der Leber
die Beteiligung von UDP erfordern. Nach

UDP-Glucose + 2 DPN$^+$ → UDP-Glucuronsäure + 2 DPN · H + 2 H$^+$

wird Glucose in Bindung an UDP zu Glucuronsäure oxydiert, die dabei wirksame UDP-Glucose-dehydrogenase ist streng spezifisch. Der an UDP glykosidisch gebundene Glucuronsäurerest kann dann zur Glucuronidsynthese verwandt werden.

Glucuronsäure kann im Körper anscheinend zu Furandicarbonsäure oxy-

$$\text{HOOC—C} \underset{\overset{\displaystyle |}{\text{O}}}{\overset{\displaystyle \text{HC}=\!=\!=\text{CH}}{\diagdown \diagup}} \text{C—COOH}$$

diert werden (FLASCHENTRÄGER).

δ) Hexosamine.

Es mag nur kurz angeschlossen werden, daß Hexosamine aus den entsprechenden D-Hexose-6-phosphaten und L-Glutamin entstehen:

D-Hexose-6-phosphat + L-Glutamin $\rightleftharpoons$ D-Hexosamin-6-phosphat + L-Glutamat.

Das Hexosaminphosphat wird dann durch eine Glucose-6-phosphorylase dephosphoryliert.

ε) Ribose.

Über die Bildung der Ribose-5-phosphorsäure beim oxydativen Abbau der Glucose über 6-Phosphogluconsäure wurde schon S. 429 berichtet. Umgekehrt kann aber auch durch Leberpräparate der Riboseanteil der Nucleoside in Hexose-6-phosphat verwandelt werden. Anscheinend muß dazu aber die Ribose erst bis zur C_3-Stufe abgebaut werden.

5. Die Zuckerbildung aus anderen Nährstoffen (Gluconeogenese).

Wenn auch aus teilweise schon recht lange zurückliegenden Untersuchungen geschlossen werden konnte, daß der Organismus Fette in Kohlenhydrate umwandeln kann, so waren die Beweisführungen in derartigen Versuchen doch naturgemäß indirekt, so daß die Ergebnisse nicht überall als bindend anerkannt worden sind. Eine Umwandlung von Fett in Kohlenhydrat bedingt eine Senkung des R. Q. auf Werte unter 0,71. In der Tat sind bei winterschlafenden Tieren bei gleichzeitiger Abnahme der Fettvorräte aber gleichbleibendem Glykogengehalt R.Q.-Werte bis herab zu 0,33 beobachtet worden. Man fand ferner an Hunden mit fettreichen aber glykogenarmen Lebern nach Verabfolgung von Cholin (s. S. 406, lipotrope Wirkung) eine Erhöhung des Glykogens in der Leber bei Abnahme des Fettes. Durchströmungsversuche an der isolierten Katzenleber ergaben nach Zusatz von Buttersäure zum Durchströmungsblut eine erhebliche Steigerung im Zuckergehalt des Blutes. Aber alle diese Versuche lieferten doch nur indirekte Beweise. Der direkte Beweis der Überführung konnte erst durch Anwendung der Isotopentechnik geführt werden.

Verfüttert man Fettsäuren, in denen C-Atome an den verschiedensten Stellen der Kette mit ^{14}C (in der Folge als $\dot{C}$ bezeichnet) eingeführt waren, so findet sich dieser $\dot{C}$ später in der durch Hydrolyse des Glykogens erhaltenen Glucose wieder. Die Stellung, in der er gefunden wird, hängt von der Kettenlänge der Fettsäure und der Stellung des $\dot{C}$ in dieser Kette ab.

Es ist schon oben angeführt worden, daß bei der Einsicht, die man heute in die dem intermediären Stoffwechsel der verschiedenen Körperbausteine gemeinsame Strecke des Abbauweges hat (s. a. Abb. 109, S. 426), ein derartiges Resultat nicht verwunderlich ist, da die aus allen diesen Stoffen bei der Oxydation gebildete „aktivierte" Essigsäure über das „metabolic pool" (s. S. 408f.) den Weg in andere Stoffe nehmen kann. So können Fettsäuren zu Glucose und Glykogen, Glykogen und Glucose zu Fettsäuren werden. In den Weg dieser Umwandlungen ist der Citronensäurecyclus eingeschaltet. Die Zusammenhänge lassen sich etwa folgendermaßen deuten:

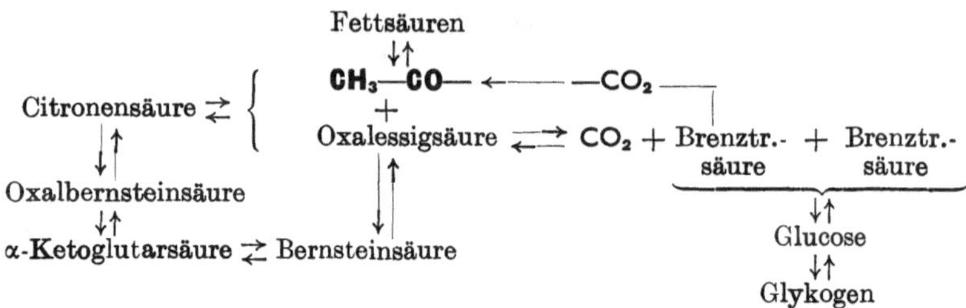

Aus diesem Schema ist ersichtlich, daß die Umwandlung von „aktivierter" Essigsäure in Glucose über den Citronensäurecyclus nur möglich ist, wenn Oxalessigsäure zur Verfügung steht; wenn sie fehlt, kann sie durch Carboxylierung der Brenztraubensäure gebildet werden. In der Tat sieht man ja auch in der Bildung von Oxalessigsäure durch Carboxylierung der Brenztraubensäure eine der wesentlichsten Aufgaben der CO_2-Fixierung (s. S. 355). Dies erklärt auch, daß man markierten Kohlenstoff, den man in Natriumhydrogencarbonat zugeführt hat, in Glucose wiederfinden kann. Jedenfalls aber ist die Einbeziehung der „aktivierten" Essigsäure in den Oxydationscyclus, damit die Oxydation der Fettsäuren, damit auch die Kohlenhydratneubildung aus Fettsäuren an das Vorhandensein von Kohlenhydrat gebunden.

Daß auch Eiweiß im Stoffwechsel in Kohlenhydrat überführt werden kann, ist eine für den Stoffwechsel bei Diabetes mellitus lange bekannte Tatsache (s. S. 239). Jedoch soll wegen der Besonderheit des Aminosäureabbaus auf diese Frage erst im Zusammenhang mit dem Eiweißstoffwechsel eingegangen werden (s. S. 471f.).

Dagegen sei hier noch angeschlossen eine Betrachtung über den Weg, den der Organismus bei der schon S. 410 erwähnten Resynthese von Milchsäure bzw. Brenztraubensäure zu Glucose einschlägt. In dem oben wiedergegebenen Schema ist diese Reaktion mit aufgeführt. Sie erscheint dort entweder als einfache Umkehrung der Glykolyse oder aber, wie auch angedeutet ist, als ein über den Tricarbonsäurecyclus führender Weg. Die experimentelle Prüfung dieser beiden Möglichkeiten mit Hilfe von Isotopen hat ergeben, daß die direkte Kondensation von 2 C_3-Körpern weniger häufig vorkommt als der scheinbare Umweg über den Citronensäurecyclus. Verfüttert man am α-C-Atom markierte Milchsäure (CH_3—ĊH(OH) —COOH) an Ratten, so findet man in der Glucose, die nach Hydrolyse des Glykogens der Leber erhalten wird, Ċ in allen 6 Stellungen, vorwiegend aber in den Stellungen 1, 2, 5 und 6. Wäre die Glykogenbildung einfach eine Umkehr der Glykolyse, so könnte Ċ nur in den Stellungen 2 und 5 gefunden werden. Dehydrierung der Milchsäure zu Brenztraubensäure und deren Einbeziehung nach Decarboxylierung in den Citronensäurecyclus würde Glucose mit Ċ in den Positionen 3 und 4 ergeben müssen. Die durch Dehydrierung der Milchsäure entstehende Brenztraubensäure könnte aber auch nach Aufnahme von CO_2 als Oxalessigsäure in den Citronensäurecyclus eingehen. Dabei sollte eine Glucose entstehen, die $\dot{C}$ an C 1, 2, 5 und 6 enthält. Da $\dot{C}$ in allen Positionen gefunden wird, müssen offenbar alle drei Wege gangbar sein, wobei aber der dritte quantitativ weit überwiegt.

Interessanter noch sind Versuche mit Milchsäure, in der das α-C-Atom der Milchsäure mit ^{13}C ($= \overset{\blacktriangle}{C}$) und das β-C-Atom mit ^{14}C ($= \dot{C}$) markiert war ($\dot{C}H_3$—$\overset{\blacktriangle}{C}H(OH)$—COOH). Hier waren die beiden markierten C ebenfalls

$$
\begin{array}{c}
\overset{\bullet}{C}H_3 \\
\overset{\blacktriangle}{|} \\
CH(OH) \quad + CO_2 \longrightarrow \\
| \\
COOH
\end{array}
\quad
\begin{array}{c}
COOH \\
\overset{\bullet}{|} \\
CH_2 \\
\overset{\blacktriangle}{|} \\
CO \\
| \\
COOH
\end{array}
+
\begin{array}{c}
\overset{\bullet}{C}H_3 \\
\overset{\blacktriangle}{|} \\
CO \\
\vdots \\
\end{array}
\longrightarrow
\begin{array}{c}
COOH \\
| \\
CH_2 \\
\overset{\blacktriangle}{|} \\
C(OH)\text{—}COOH \\
\overset{\bullet}{|} \\
CH_2 \\
\overset{\blacktriangle}{|} \\
COOH
\end{array}
\longrightarrow
\begin{array}{c}
COOH \\
\overset{\bullet}{|} \\
CO \\
\overset{\blacktriangle}{|} \\
CH_2 \\
\overset{\bullet}{|} \\
CH_2 \\
\overset{\blacktriangle}{|} \\
COOH
\end{array}
\longrightarrow
\begin{array}{c}
\overset{\bullet}{C}OOH \\
\overset{\blacktriangle}{|} \\
CH_2 \\
\overset{\bullet}{|} \\
CH_2 \\
\overset{\blacktriangle}{|} \\
COOH
\end{array}
\longrightarrow
$$

$$
\left\{
\begin{array}{c}
HOO\overset{\bullet}{C}\text{—}\overset{\blacktriangle}{C}H_2\text{—}\overset{\bullet}{C}O\text{—}\overset{\blacktriangle}{C}OOH \\
+ \\
HOO\overset{\blacktriangle}{C}\text{—}\overset{\bullet}{C}H_2\text{—}\overset{\blacktriangle}{C}O\text{—}\overset{\bullet}{C}OOH
\end{array}
\right\}
\rightarrow
\left\{
\begin{array}{c}
\overset{\blacktriangle}{C}H_3\text{—}\overset{\bullet}{C}O\text{—}\overset{\blacktriangle}{C}OOH \\
+ \\
\overset{\bullet}{C}H_3\text{—}\overset{\blacktriangle}{C}O\text{—}\overset{\bullet}{C}OOH
\end{array}
\right\}
\rightarrow
\left\{
\begin{array}{c}
\overset{\blacktriangle}{C}\text{—}\overset{\blacktriangle}{C}\text{—}\overset{\blacktriangle}{C}\text{—}\overset{\blacktriangle}{C}\text{—}\overset{\blacktriangle}{C}\text{—}\overset{\blacktriangle}{C} \\
+ \\
\overset{\bullet}{C}\text{—}\overset{\bullet}{C}\text{—}\overset{\bullet}{C}\text{—}\overset{\bullet}{C}\text{—}\overset{\bullet}{C}\text{—}\overset{\bullet}{C}
\end{array}
\right\}
$$

in allen Stellungen der gebildeten Glucose zu finden.

Bei einfacher Umkehr der Glykolyse hätte das C-Skelet folgendermaßen markiert sein müssen: $\dot{C}$—$\overset{\blacktriangle}{C}$—C—C—$\overset{\blacktriangle}{C}$—$\dot{C}$. Das Versuchsergebnis macht also auch den Weg über den Citronensäurecyclus wahrscheinlich (s. S. 436).

Aus mehreren Untersuchungen dieser Art durch verschiedene Autoren geht hervor, daß die Glucosebildung aus Brenztraubensäure oder Milchsäure über den Citronensäurecyclus etwa 3—4mal häufiger ist als durch einfache Umkehr der Glykolyse.

Diese Befunde geben uns die Hinweise dafür, auf welchen Wegen die Glucose aus kleineren Bruchstücken aufgebaut werden kann. Eine wesentliche Voraussetzung aller dieser Reaktionen ist natürlich, daß alle Zwischenreaktionen des glykolytischen Kohlenhydratabbaus, die oben geschildert wurden, reversibel sind, daß also im Prinzip von jeder der Zwischenstufen des Abbaus auch der Aufbau ausgehen kann.

Dagegen ist noch zu erörtern, wie die Glucosemoleküle sich zum Verbande des Polysaccharids vereinigen. Aus Muskulatur sowie aus pflanzlichem Material, insbesondere aus der Kartoffel, haben sich Enzymsysteme kristallisiert gewinnen lassen, die die Synthese von Polysacchariden aus D-Glucose im Reagensglas vollziehen. Es ist ein *P-Enzym* beschrieben worden, das die Verknüpfung von Glucoseresten zu unverzweigten Ketten, entsprechend der Amylose (s. S. 29), vermittelt. Es ist aber nur wirksam, wenn in dem System gleichsam als „Starter" der Reaktion („primer") bereits Glucoseketten vorhanden sind, die mindestens aus 3—4, optimal aus 20 Glucoseresten bestehen müssen. Das P-Enzym dürfte mit der weiter oben (s. S. 419) beschriebenen Phosphorylase identisch sein. Die Phosphorylase kann also nicht nur Glykogen phosphorolytisch unter Bildung von Glucose-1-phosphorsäure-resten allmählich innerhalb der S. 413 beschriebenen Grenzen abbauen, sie kann auch unter Abspaltung von Phosphorsäureresten Glucose-1-phosphorsäure an Glucoseketten anfügen. Die phosphorolytische Reaktion ist also reversibel. Daß die Wirkung der Phosphorylase durch die 1,6-glucosidischen Verzweigungen begrenzt ist, wurde schon oben gesagt und gezeigt, daß für deren Hydrolyse eine besondere Amylo-1,6-glucosidase verantwortlich ist. Wieweit diese mit einem *Q-Enzym* (s. S. 325) identisch ist, dessen Funktion die Anfügung von Glucoseseitenketten in 1,6-Bindung an durch 1,4-Bindungen verknüpfte Glucoseketten ist, kann noch nicht gesagt werden.

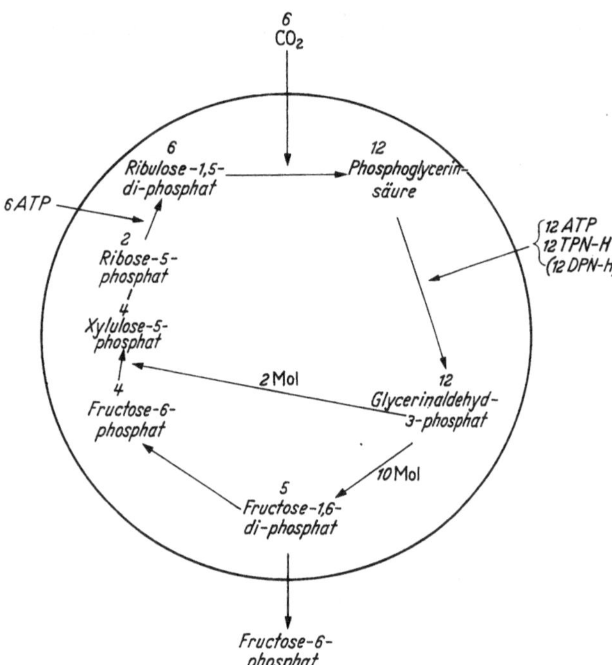

Abb. 112. Der Ribulose-di-phosphat-cyclus.

6. Die Photosynthese.

An die Besprechung des Kohlenhydratstoffwechsels im tierischen Organismus, wie er im vorstehenden behandelt wurde, läßt sich sinngemäß eine kurze Besprechung der Photosynthese anschließen. Dies geschieht einmal wegen der prinzipiellen Bedeutung dieser Reaktion, obwohl sich dies Buch im allgemeinen auf die Darstellung der biochemischen Vorgänge bei Mensch und Tier beschränkt, dann aber auch, weil die Photosynthese von Kohlenhydraten in der Pflanze in der Bilanz als Umkehrung des oxydativen Kohlenhydratabbaus erscheint:

$$6\ CO_2 + 6\ H_2O \longrightarrow C_6H_{12}O_6 + 6\ O_2$$

Die eigenartige Fähigkeit des pflanzlichen Organismus, aus CO_2 und H_2O Kohlenhydrate und aus diesen alle seine sonstigen Bausteine synthetisieren zu können, weil er in den Chloroplasten über besondere Mechanismen zur Überführung von Lichtenergie in chemische Energie verfügt, ist seit langem Anlaß zu Untersuchungen und Spekulationen über den Mechanismus dieser Reaktion gewesen. Die alte Annahme, daß der erste Schritt der Photosynthese die Reduktion von CO_2 zu Formaldehyd (H—CHO) sei und daß sich dieser zu Kohlenhydraten kondensiere, ist nicht mehr haltbar.

Man kann die Photosynthese nach VISHNIAC u. a. in 4 Teilprozesse zerlegen. Der erste läßt sich als lichtabhängige Spaltung von Wasser formulieren, die zur Bildung eines Oxydans und eines Reduktans führt. Auf der zweiten Reaktionsstufe ist das Oxydans wahrscheinlich für die Oxydation von Cytochromen verantwortlich, die unmittelbar nach Belichtung in allen photosynthetischen Zellen beobachtet wird. Bei höheren Pflanzen läßt das Oxydans schließlich freien Sauerstoff entstehen. Auf der dritten Stufe bringt das Reduktans die Reduktion von Coenzymen, vermutlich von TPN^+ zustande. Diese 3 Stufen lassen sich kurz zusammengefaßt formulieren zu:

$$H_2O + TPN^+ \text{ (oder } DPN^+) \xrightarrow{h\nu} \tfrac{1}{2} O_2 + TPN \cdot H \text{ (oder } DPN \cdot H)$$

Die Reoxydation von $TPN \cdot H$ oder $DPN \cdot H$ kann nach

$$TPN \cdot H + \tfrac{1}{2} O_2 + 3\,ADP + 3\,PO_4 \longrightarrow TPN^+ + H_2O + 3\,ATP$$

zur Bildung von ATP führen: photosynthetisch bedingte Bildung energiereicher Phosphatbindungen. In Wirklichkeit handelt es sich um eine Atmungskettenphosphorylierung. Der letzte Schritt ist die CO_2-Fixierung, die auch im Dunkeln möglich ist, wogegen die beiden ersten Stufen nur bei Belichtung ablaufen. Bei ihr spielen Reaktionen eine Rolle, die im Prinzip alle auch beim oxydativen Kohlenhydratabbau vorkommen und dort beschrieben sind. Nur ist bei der Photosynthese die Verlaufsrichtung umgekehrt, wie dies in der Abb. 112 zum Ausdruck kommt.

Es ist nicht beabsichtigt, diesen Reaktionsschritten hier im einzelnen zu folgen. Jedoch mag auf folgendes aufmerksam gemacht werden. Aus 6 Mol CO_2, die in die Reaktion eintreten, wird ein Mol Fructose-6-phosphat gebildet. Die CO_2-Moleküle werden primär von Ribulose-1,6-diphosphat aufgenommen. Aus dem noch nicht identifizierten Zwischenprodukt entsteht Phosphoglycerinsäure. Diese wird (im Schema der Abb. 112 nicht verzeichnet) durch ATP zu 1,3-Diphosphoglycerinsäure phosphoryliert und diese durch $DPN \cdot H$ (oder $TPN \cdot H$) unter Abspaltung von anorganischem Phosphat zu Glycerinaldehyd-3-phosphat reduziert. Die weiteren Reaktionen ergeben sich aus der Abb. 112, wobei nochmals auf die Ausführungen über die direkte Oxydation der Glucose (s. S. 428ff.) zum Vergleich hingewiesen wird.

Schrifttum.

Isaac, S., u. R. Siegel: Physiologie und Pathologie des intermediären Kohlenhydratstoffwechsels. Handb. norm. path. Physiol. Bd. 5. Berlin 1928. — Kalckar, H. M., and E. S. Maxwell: Biosynthesis and metabolic function of uridin diphosphoglucose in mammalian organisms and its relevance to certain in born errors. Physiol. Rev. 38, 77 (1958). — Krebs, H. A., and H. L. Kornberg, K. Burton: A survey of the energy transformations in living matter. Ergebn. Physiol. 49, 212 (1957). — Kühnau, J.: Die Kohlenhydrate im Stoffwechsel. Handb. Biochem., Erg.-Werk, Bd. 3. Jena 1936. — Lynen, F., u. K. Decker: Das Coenzym A und seine biologischen Funktionen. Ergebn. Physiol. 49, 327 (1957). — Meyerhof, O.: Über die Intermediärvorgänge der enzymatischen Kohlenhydratspaltung. Ergebn. Physiol. 39 (1937). New investigations on enzymatic glycolysis and phosphorylation. Exper. 4, 169 (1948). — Nilsson, R.: Über die Bedeutung der Zellstruktur für den harmonischen Verlauf des Stoffwechsels in der Zelle. Arch. Mikrobiol. 12, 63 (1941). — Racker, E.: Alternate pathways of glucose and fructose metabolism. Adv. Enzymol. 15, 141 (1954). — Renold, A. E., J. Ashmore and A. B. Hastings: Regulation of carbohydrate metabolism in isolated tissues. Vitamins & Hormones 14, 139 (1956). — Soskin, S., and R. Lewine: Carbohydrate Metabolism. Chicago, London 1946. — Vishniac, W., B. L. Horecker and S. Ochoa: Enzymic aspects of photosynthesis. Adv. Enzymol. 19, 1 (1957).

C. Der Stoffwechsel der Fette und Lipoide.

a) Allgemeines.

Wie schon an früherer Stelle betont wurde (s. S. 33), sind bei den Fetten und Lipoiden zwei funktionell verschiedene Gruppen zu unterscheiden, die *Depotfette* und die *Organfette*. Die Depotfette sind in ihrem Bau sehr viel weniger spezifisch als die Organfette; sie sind, wenn man von ihrer Rolle als Wärmeisolator absieht, in erster Linie als Reservematerial anzusehen, die Organfette dagegen, die weitgehend aus Lipoiden bestehen, haben eine unmittelbare Bedeutung für den strukturellen Aufbau der Zellen und damit für ihre Funktion. Sie sind daher auch in hohem Maße art- und organspezifisch. Ein Teil der Organfette scheint in seiner Menge und Zusammensetzung überhaupt ganz konstant zu sein und ändert sich auch bei Verfütterung verschiedener Fette und Lipoide oder bei einer mehr oder weniger weitgehenden Heranziehung der Fette zur Energielieferung nur wenig (*Elément constant* nach TERROINE), ein anderer Teil des Organfettes ist dagegen in Menge und Zusammensetzung von diesen Umständen abhängig *(Elément variable)*.

Fette spielen anscheinend in der Nahrung eine unentbehrliche Rolle, völlig fettfrei ernährte Ratten werden krank und sterben. Wenn die Nahrung eingeschränkt wird, sind Gewichtsverlust und Sterblichkeit bei fetthaltigem Futter geringer als bei fettfreiem. Für die Ausfallserscheinungen ist das Fehlen von mehrfach ungesättigten Fettsäuren, besonders der *Linolsäure* und der *Arachidonsäure* verantwortlich (EVANS u. BURR).

Wie bereits erwähnt, werden die Neutralfette nach ihrer vollständigen oder partiellen Aufspaltung im Darm (s. S. 382) schon in der Darmwand aus Glycerin und Fettsäuren wieder aufgebaut. Der Weg, den die neu gebildeten Fette dann nehmen, hängt von der Länge der in ihnen enthaltenen Fettsäuren ab. Glyceride mit langkettigen Fettsäuren gelangen auf dem Lymphwege unter Umgehung der Leber in die Fettdepots und werden dort zunächst abgelagert. Glyceride mit kürzerkettigen Fettsäuren (C_{12} und kleiner) werden mit abnehmender Kettenlänge in steigendem Maße durch die Pfortader der Leber zugeführt.

Im Fettstoffwechsel besteht bei Stoffwechselgleichgewicht zwischen Ablagerung, Mobilisation und Verbrauch eine Balance, die durch einen noch nicht näher charakterisierten Faktor aus Hypophysenvorderlappen *(Adipokinin)* gesteuert werden soll. Die Aufrechterhaltung des Fettstoffwechsels bringt es mit sich, daß der Leber, dem Hauptorgan des Fettstoffwechsels, dauernd Fettsäuren zuströmen, zum Teil aus dem Darm, größtenteils aber wohl aus den Fettdepots, in denen entsprechend dem jeweiligen Bedarf des Körpers Fette gespalten und die freiwerdenden Fettsäuren mit dem Blute in die Leber abgeführt werden. In der Leber wird entsprechend dem jeweiligen Energiebedarf ein Teil der Fettsäuren vollständig oder bis zu Bruchstücken oxydiert, die im Stoffwechsel zum Aufbau anderer Körperbausteine verwandt werden. Fettsäuren werden aber auch in freier Form oder gebunden in Triglyceriden mit dem Blut der Körperperipherie wieder zugeführt und dienen zum Ersatz von Organfett. Die mit dem Blut transportierten Fette sind an die α- und β-Globuline (s. S. 520) gebunden.

Für das Bestehen engerer Beziehungen zwischen Fettsäuren, Cholesterin, Neutralfetten und Phosphatiden sprechen z. B. auch die S. 382 geschilderten Vorgänge bei der Resorption der Fettsäuren.

Außer durch Zufuhr von außen kann der Organismus seinen Fettbestand auch durch *Fettbildung aus anderen Nährstoffen* ergänzen oder erhöhen. Die Möglichkeit dazu ist durch zahlreiche Fütterungsversuche und durch die Mästung von Nutztieren einwandfrei erwiesen. Bei solcher Neubildung von Fett handelt es sich um zwei Prozesse. Zunächst müssen aus den Abbauprodukten anderer Nährstoffe Fettsäuren gebildet und dann diese mit Glycerin zu Fett vereinigt werden. Da der Abbau von Kohlenhydraten, Eiweißkörpern und Fetten einen gemeinsamen Endweg hat, bietet ein solcher Übergang dem Verständnis auch keine Schwierigkeiten (s. Abb. 86, S. 321).

Fettsäure- und Fettsynthese vollziehen sich vor allem in der Leber, aber auch in anderen Organen, besonders in der lactierenden Brustdrüse (s. S. 583). Auch das Fettgewebe selber kann aus Fettsäuren Fette aufbauen und dadurch entweder Fett neu bilden oder die Fettsäurezusammensetzung seines Fettes ändern. Über den Weg der Fettsäuresynthese wird S. 444 ff.

berichtet. Hier sei nur bemerkt, daß sie besonders stark durch phosphorylierte Zwischenstufen des Kohlenhydratabbaus gefördert wird. Dies macht es verständlich, daß häufig gleichzeitig mit der Glykolyse eine Fettsäuresynthese verbunden ist.

Man könnte sich vorstellen, daß Fette aus Fettsäuren und Glycerin durch eine Umkehr der Lipasewirkung entstehen. Tatsächlich ist unter bestimmten Versuchsbedingungen eine gewisse durch Lipase aktivierte Fettsynthese beobachtet worden. Nach neueren Untersuchungen ist aber der Mechanismus der Fettsynthese ein anderer und teilweise mit dem der Phosphatidsynthese identisch. Auf diese und damit auch auf die Fettsynthese wird später eingegangen (s. S. 451f.).

Bei der Umwandlung anderer Nährstoffe in Fett ist noch ein weiterer Gesichtspunkt von großer Bedeutung. Die Nahrung wird immer nur stoßweise aufgenommen und da die Speicherungsfähigkeit des Körpers für Kohlenhydrate, die gewöhnlich die Hauptmenge der Calorienträger der Nahrung sind, nur begrenzt ist, wird stets ein Teil von ihnen in Fettsäuren umgewandelt und in die Fettdepots eingelagert. In den Zeiträumen zwischen den Mahlzeiten wird dann das vorübergehend abgelagerte Fett den Depots wieder entnommen und dem Stoffwechsel zugeführt. Daraus folgt, daß das Fettgewebe als eine Art von „Energiepuffer" angesehen werden muß, der einem steten Aufbau und Abbau unterliegt. Ein derartiger Zusammenhang zwischen Kohlenhydratverfütterung und Fettbestand des Körpers ergibt sich aus der Beobachtung, daß nach Zufuhr größerer Kohlenhydratmengen im Fettgewebe Glykogen abgelagert werden kann. Hierzu ist die Mitwirkung von Insulin erforderlich. Es ist gezeigt worden, daß im Fettgewebe die für die Phosphorylierung der Glucose zum CORI-Ester notwendige Phosphorylase (s. S. 419) vorhanden, die Glykogensynthese also möglich ist. Dagegen fehlt die für den Kohlenhydratabbau notwendige Phosphoglucomutase (s. S. 419); zum Abbau der Glucose ist das Fettgewebe also nicht fähig. Wie das im Depotfett abgelagerte Glykogen in Fett umgewandelt wird, ist noch unklar.

Der Übergang von Kohlenhydrat in Fett, der nicht direkt möglich ist, sondern über den Citronensäurecyclus geht (s. S. 436f.), drückt sich in einer charakteristischen Veränderung des R.Q. aus. Fette haben im Vergleich zu den Kohlenhydraten ein hohes Sauerstoffdefizit. Ein Kohlenhydrat muß zu seiner vollständigen Verbrennung eine der Zahl seiner C-Atome äquivalente Anzahl von O_2-Molekülen aufnehmen: der R.Q. beträgt 1,0 (s. S. 386). Fette haben dagegen wegen ihres sehr geringen Sauerstoffgehaltes (Tristearat hat die Formel $C_{57}H_{110}O_6$) zur Verbrennung wesentlich mehr Sauerstoff nötig als ihrem Kohlenstoffgehalt entspricht, ihr R.Q. beträgt deshalb nur 0.71. Wenn Kohlenhydrate in Fett umgewandelt werden, so wird dabei eine erhebliche Menge Extra-CO_2 gebildet, zu deren Entstehung kein Sauerstoff aufgenommen zu werden braucht. Dies geht sehr klar aus anaeroben Versuchen an Ascariden hervor, bei denen aus Kohlenhydraten Valeriansäure gebildet wird. Man kann diese Umwandlung nach WEINLAND formulieren:

$$4\,C_6H_{12}O_6 = 3\,CH_3-(CH_2)_3-COOH + 9\,CO_2 + 9\,H_2\,.$$

Der Wasserstoff wird nicht freigesetzt, sondern offensichtlich zu Hydrierungsvorgängen verbraucht. Auch unter aeroben Bedingungen liegen die Verhältnisse ähnlich. Nimmt man eine Umwandlung von Hexose in Stearinsäure an, so ergibt sich der folgende Zusammenhang:

$$4\tfrac{1}{2}\,C_6H_{12}O_6 + O_2 = 9\,CO_2 + 9\,H_2O + CH_3-(CH_2)_{16}-COOH\,.$$

Der R.Q. des Gesamtorganismus steigt deshalb auf Werte, die weit über 1,0 liegen können; bei der Kohlenhydratmast von Schweinen sind Werte bis 1,58 beobachtet worden. Auch das isolierte Fettgewebe kohlenhydratreich ernährter Tiere hat einen R.Q., der weit über 1,0 liegt.

Auch der umgekehrte Weg, die *Umwandlung von Fett in Kohlenhydrat*, ist im Organismus möglich. Man müßte bei ihr eine Veränderung des R.Q. im umgekehrten Sinne, also ein Absinken unter 0,71 erwarten. Sehr niedrige Werte bis herab zu 0,33 sind bei winterschlafenden Tieren gefunden worden. Gleichzeitig nahm der Bestand der Tiere an Fett ab, während der Glykogenbestand erhalten blieb.

Über die gegenseitige Umwandlung von Nährstoffen ineinander s. a. S. 435 f.

Der Fettstoffwechsel unterliegt der hormonalen Steuerung durch Hypophyse, Pankreas, Schilddrüse und Nebennierenrinde. Das Wachstumshormon der Hypophyse beschleunigt die Oxydation der Fette. Insulin fördert die Umwandlung von Kohlenhydrat in Fett. Die Wirkung von Schilddrüse und Nebennierenrinde auf den Fettstoffwechsel untersteht der Hypophyse. Nach Entfernung des Pankreas ist in Leberschnitten der Einbau von Acetatresten in langkettige Fettsäuren gehemmt, nach Entfernung der Hypophyse gesteigert. Ganz entsprechend steigert Insulin die Fettbildung. Wachstumshormon aus Hypophysenvorderlappen und Cortison hemmen sie. Auch die Vitamine der B-Gruppe scheinen für die Fettbildung aus Kohlenhydrat und Eiweiß erforderlich zu sein.

Die Tatsache, daß die Leber einen hohen Gehalt an ungesättigten Fettsäuren, und zwar besonders den mehrfach ungesättigten, hat, könnte dafür sprechen, daß in ihr die für den Aufbau der Organfette notwendigen charakteristischen Fettsäuren entstehen. Dafür spricht auch die Vermehrung der ungesättigten Fettsäuren nach fettreicher Kost. Doch lassen die Befunde auch die Deutung zu, daß die Bildung der ungesättigten Fettsäuren der erste Schritt zu ihrem Abbau ist. Für die zweite Ansicht liegen allerdings kaum experimentelle Beweise vor.

Es kann mit Sicherheit angenommen werden, daß zwischen den verschiedenen Lipoidgruppen biologische Beziehungen bestehen. Inwieweit aber die im nachstehenden Schema ausgedrückten Zusammenhänge zwischen den Fetten und den verschiedenen Lipoiden, wonach je zwei Lipoidgruppen immer einen Baustein gemeinsam haben, sich stoffwechselchemisch auswirken, ist im einzelnen noch nicht zu übersehen.

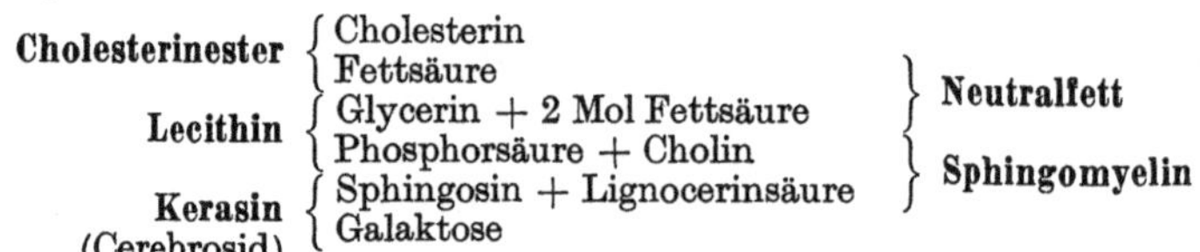

b) Neutralfette.

1. Stoffwechsel des Glycerins.

Der eine der Bausteine der Neutralfette, das Glycerin hat sehr nahe Beziehungen zu den Kohlenhydraten. Es kann zur Glykogenbildung verwandt werden; bei der Durchblutung der isolierten Leber mit Glycerin entsteht Milchsäure; im diabetischen Organismus geht es in Glucose über. Diese Zusammenhänge sind auf Grund des S. 418 gegebenen Schemas der Glykolyse ohne weiteres verständlich: Glycerin kann zu Glycerinphosphorsäure phosphoryliert werden, die dann in die glykolytischen Prozesse einbezogen wird.

2. Stoffwechsel der Fettsäuren.

Die Aufklärung des Abbaus der langen Fettsäuren geht aus von der Beobachtung, daß Phenylpropionsäure, die im Darm durch Bakterienwirkung aus Phenylalanin entstehen kann, als Hippursäure im Harn ausgeschieden wird: die Seitenkette der Phenylpropionsäure war also um 2 C-Atome auf

$$CH_2-CH(NH_2)-COOH \rightarrow CH_2-CH_2-COOH \rightarrow COOH \rightarrow CO-NH-CH_2-COOH$$

Phenylalanin → Phenylpropionsäure → Benzoesäure → Hippursäure

1 C-Atom verkürzt worden. Daß dem ein allgemeines Prinzip zugrunde liegt, zeigte KNOOP (1904). Er verfütterte mit dem Phenylrest substituierte gesättigte Fettsäuren in homologer Folge von der Benzoesäure bis zur Phenylvaleriansäure und fand im Harn der Versuchstiere entweder Hippursäure, das Glykokollderivat der Benzoesäure, oder Phenacetursäure (s. S. 307), das entsprechende Derivat der Phenylessigsäure. Die Paarung mit Glykokoll ist eine sekundäre Reaktion, durch die der Organismus die primär entstandene Benzoesäure bzw. Phenylessigsäure entgiftet. *Aus Säuren mit einer geraden Zahl von C-Atomen in der Kette entsteht also Phenylessigsäure, aus denen mit einer ungeraden Anzahl von C-Atomen Benzoesäure.* Dies Ergebnis wird ohne weiteres verständlich, wenn man annimmt, daß auf jeder Stufe der Oxydation die Kohlenstoffkette um zwei Glieder verkürzt wird. *Es entsteht also jeweils durch Oxydation am β-Kohlenstoffatom die um zwei C-Atome ärmere Fettsäure (Prinzip der β-Oxydation der Fettsäuren nach KNOOP).* Die β-Oxydation wird bei längeren Ketten so lange fortgesetzt, bis entweder Benzoesäure oder Phenylessigsäure übrigbleibt.

Zu einem ganz entsprechenden Ergebnis führten Versuche von EMBDEN, in denen die isolierte, überlebende Leber mit den normalen Fettsäuren von der Buttersäure (C_4) bis zur Caprinsäure (C_{10}) durchströmt wurde. Dabei bildeten Säuren mit einer geraden Anzahl von C-Atomen in der Kette (Buttersäure, Capronsäure, Caprylsäure und Caprinsäure) große Mengen von Aceton, die mit einer ungeraden Zahl von C-Atomen (Valeriansäure, Heptylsäure, Nonylsäure) dagegen Propionsäure. Als Vorstufe des Acetons wurde Acetessigsäure erkannt, die durch die β-Hydroxybuttersäure-dehydrogenase mit β-Hydroxybuttersäure im Gleichgewicht steht:

$$H_3C-CO-CH_2-COOH \underset{\text{dehydrogenase}}{\overset{\text{β-Hydroxybuttersäure-}}{\rightleftarrows}} H_3C-CH(OH)-CH_2-COOH\,.$$

Acetessigsäure β-Hydroxybuttersäure

Acetessigsäure, Aceton und β-Hydroxybuttersäure kommen also immer gemeinsam vor. Man bezeichnet sie zusammen als *Acetonkörper* (s. S. 239).

Durch zahlreiche Untersuchungen, auch durch solche an Verbindungen, die mit ^{14}C oder D markiert waren, ist das Prinzip der β-Oxydation immer wieder bestätigt worden. So fand man z. B. nach Verfütterung von deuteriumhaltiger Behensäure (C_{22}) im Körperfett deuteriumhaltige Stearinsäure (C_{18}), Palmitinsäure (C_{16}) und Myristinsäure (C_{14}). Damit war aber das Prinzip der β-Oxydation immer wieder bestätigt worden. Ihr feinerer Mechanismus wurde dann vor allem durch Untersuchungen von GREEN, von LYNEN und von OCHOA sowie ihren Mitarbeitern im einzelnen aufgeklärt. Dabei wurde die prinzipiell entscheidende Entdeckung gemacht, daß nicht die Fettsäuren selber, sondern ihre **CoA**-Verbindungen (**CoA** = Coenzym A, s. S. 322) umgesetzt werden. Ferner ergab sich die wichtige Feststellung, daß durch Umkehrung des Abbauweges Fettsäuren auch synthetisiert werden können. Man weiß, daß vor allem die Leber und die lactierende Brustdrüse, anscheinend aber auch andere Organe, Fettsäuren bilden können. Diese Synthese wird durch Citrat oder Fumarat gefördert. Voraussetzung für die Aufklärung des Abbau- wie des Aufbauweges der Fettsäuren war die Isolierung der am Stoffwechsel der Fettsäuren beteiligten Fermente und die Erkenntnis, daß an dieser Reaktion außer den Fermentproteinen beteiligt sein müssen: Flavinadenin-dinucleotid (**FAD**), **DPN** · H, **TPN** · H, **CoA**, **ATP**, Mg^{2+} und Isocitrat.

α) Der Fettsäurecyclus.

Der erste Reaktionsschritt im Stoffwechsel der Fettsäuren ist ihre Aktivierung durch Überführung in die **CoA**-Verbindungen, der zweite Schritt ist die Dehydrierung der Fettsäure-**CoA**-Verbindungen durch die *Acyl-dehydrogenasen*, der dritte eine Addition von Wasser an die bei dem zweiten Reaktionsschritt gebildete Doppelbindung durch ein als *Enoyl-hydratase* bezeichnetes Ferment, das man gewöhnlich nach einem seiner Substrate als *Crotonase* bezeichnet. Hierbei entsteht eine Hydroxyfettsäure, die auf der vierten Reaktionsstufe durch *β-Hydroxyacyl-dehydrogenase* zu Ketosäuren dehydriert wird. Die dabei gebildete Ketofettsäure wird bei der fünften und abschließenden Reaktion vermittels der *Thiolase* (s. S. 323) gespalten und dadurch um einen C_2-Rest verkürzt. Da alle diese Reaktionen umkehrbar sind, können durch die Umkehr des Weges auch höhere aus niederen Fettsäuren aufgebaut werden, so daß Lynen diesen Reaktions-ablauf als *Fettsäurecyclus* bezeichnet hat, obwohl der Ablauf sich eher mit einer Spirale als einem Kreis vergleichen läßt (s. S. 446).

a) Bildung der Acyl-**CoA**-Verbindungen.

Die einleitende Reaktion des Fettsäureabbaus ist zweistufig. Auf der ersten Stufe reagiert ein Fettsäuremolekül mit **ATP**, und unter Abspaltung von Pyrophosphat bildet sich eine Verbindung von Adenosinmonophosphor-säure (**AMP**) mit dem Acylrest. Formuliert für Essigsäure:

$$\text{Acetat} + \textbf{ATP} \rightleftharpoons \text{Acetyl-adenylat} + \text{Pyrophosphat.}$$

Diese Reaktion, die bereits S. 425 besprochen wurde, ist an die Gegenwart von Mg^{2+} gebunden. Anscheinend gibt es drei verschiedene Fermente für die Bildung der Acyl-adenylate, die jeweils optimal mit Essigsäure, Capryl-säure und langkettigen Fettsäuren reagieren.

Auf der zweiten Reaktionsstufe setzt sich das Acyl-adenylat mit **CoA** um. Wieder für Essigsäure formuliert:

$$\text{Acetyl-adenylat} + \textbf{CoA}\text{-SH} \rightleftharpoons \text{Acetyl-S-}\textbf{CoA} + \textbf{AMP}.$$

In Form dieser **CoA**-Verbindungen sind nunmehr die Fettsäuren durch Abspaltung oder Anlagerung von C_2-Resten dem Abbau oder der Synthese zugänglich.

b) Wirkung der Acyl-dehydrogenasen.

Diese Fermente sind, wie schon an früherer Stelle berichtet wurde (s. S. 342), schwermetallhaltige Flavinproteide, deren Wirkgruppe Flavin-adenin-dinucleotid (**FAD**) ist. Wie ebenfalls schon früher ausgeführt wurde, lassen sich drei verschiedene Acyl-dehydrogenasen unterscheiden, die man nach dem Optimum ihrer Wirksamkeit als Butyryl-dehydrogenase (B. D.), als Capryl-dehydrogenase (C. D.) und als Lauryl-dehydrogenase (L. D.) bezeichnet. Die Spezifität ihrer Wirkungen zeigt die Abb. 113.

Die Reaktionsgleichung lautet:

$$R\text{—}CH_2\text{—}CH_2\text{—}CH_2\text{—}CO\text{—}S\text{—}CoA + FAD \rightleftharpoons$$
$$R\text{—}CH_2\text{—}CH\text{=}CH\text{—}CO\text{—}S\text{—}CoA + FAD \cdot H_2.$$

Nach neueren Untersuchungen ist nicht sicher, ob bei dieser Reaktion die Synthese eine Umkehr der Spaltungsreaktion ist. Der für die Hydrierung erforderliche Wasserstoff wird anscheinend von TPN-H geliefert, und das Ferment für die Hydrierung (z. B. Octenoyl-CoA→Capryl-CoA) scheint nicht mit einer der Acyl-dehydrogenasen identisch zu sein.

c) Wirkung der Crotonase.

Die Crotonase lagert an die in der vorangehenden Reaktion entstandene Doppelbindung Wasser an, so daß eine β-Hydroxyacyl-Verbindung entsteht. Bei Umkehr des Reaktionsverlaufes führt sie β-Hydroxyacyl-CoA-Verbindungen in CoA-Verbindungen der α-, β-ungesättigten Säuren über:

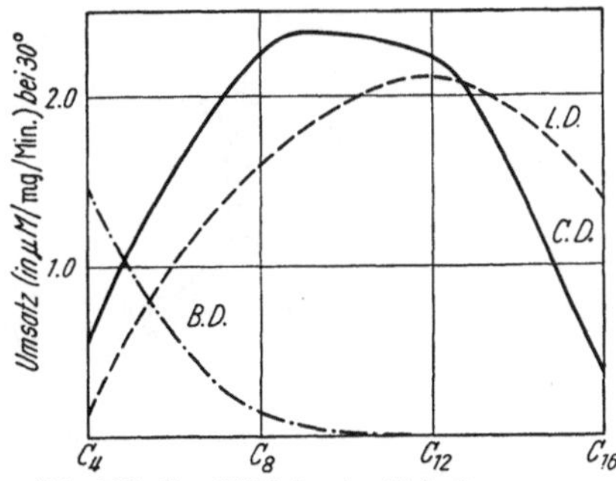

Abb. 113. Spezifität der Acyldehydrogenasen.

$$R\text{—}CH\text{=}CH\text{—}CO\text{—}S\text{—}CoA + H_2O \rightleftharpoons$$
$$R\text{—}CH(OH)\text{—}CH_2\text{—}CO\text{—}S\text{—}CoA.$$

Crotonase hat ein Mol.-Gewicht von annähernd 210000. Bei p_H 7,5 und 25° setzt 1 Mol Crotonase pro min etwa 730000 Mole Crotonyl-CoA um.

d) Wirkung der β-Hydroxyacyl-dehydrogenase.

Die β-Hydroxyacyl-CoA-Verbindungen enthalten in der β-Hydroxygruppe mobilisierbaren Wasserstoff, der von DPN $\cdot$ H-abhängigen β-Hydroxyacyl-dehydrogenasen übernommen wird, so daß die β-Ketoacyl-Verbindungen entstehen:

$$R\text{—}CH(OH)\text{—}CH_2\text{—}CO\text{—}S\text{—}CoA + DPN^+ \rightleftharpoons$$
$$R\text{—}CO\text{—}CH_2\text{—}CO\text{—}S\text{—}CoA + DPN \cdot H + H^+.$$

Bei der Umkehrung der Reaktion wird β-Ketoacyl-CoA zu β-Hydroxyacyl-CoA hydriert. Die β-Hydroxyacyl-dehydrogenase ist hinsichtlich der Kettenlänge der Säuren, die durch sie umgesetzt werden, sehr wenig spezifisch.

e) Wirkung der Thiolase.

Bei diesem letzten (bzw. im Falle des Aufbaus von Fettsäuren ersten) Reaktionsschritt wird unter Mitwirkung von CoA aus der β-Ketoacyl-CoA-Verbindung unter Verkürzung der Kette ein Acetyl-CoA abgespalten (bzw. an ein Acyl-CoA unter Abspaltung von CoA ein Acetyl-CoA angelagert:

$$R\text{—}CH_2\text{—}CO\text{—}CH_2\text{—}CO\text{—}S\text{—}CoA + CoA\text{—}SH \rightleftharpoons$$
$$R\text{—}CH_2\text{—}CO\text{—}S\text{—}CoA + H_3C\text{—}CO\text{—}S\text{—}CoA.$$

Für die *Spaltung von Acetacetyl-CoA* in 2 Mol Acetyl-CoA sind nach Lynen 2 Reaktionsschritte erforderlich. Es wird angenommen, daß das aktive Zentrum der Thiolase eine SH-Gruppe enthält, die sich unmittelbar an der Enzymreaktion beteiligt. Daraus ergeben sich die beiden folgenden Reaktionsstufen:

$$H_3C\text{—}CO\text{—}CH_2\text{—}CO\text{—}S\text{—}CoA + Enzym\text{—}SH \rightleftharpoons H_3C\text{—}CO\text{—}S\text{—}Enzym + H_3C\text{—}CO\text{—}S\text{—}CoA$$
$$H_3C\text{—}CO\text{—}S\text{—}Enzym + HS\text{—}CoA \rightleftharpoons H_3C\text{—}CO\text{—}S\text{—}CoA + Enzym\text{—}SH.$$

f) Zusammenfassung.

Jede Folge der vorstehend beschriebenen Schritte führt je nach der Richtung der Reaktion zu einer Verlängerung oder zu einer Verkürzung der Fettsäurekette. LYNEN hat dies in einem Schema folgendermaßen wiedergegeben:

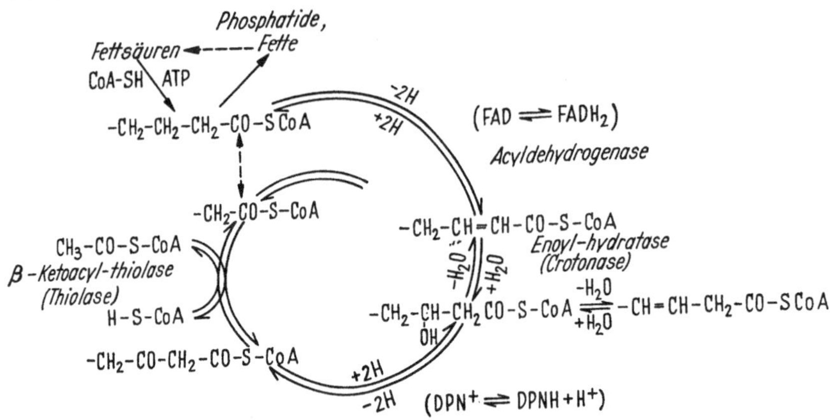

Abb. 114. Fettsäurecyclus.

Beim Abbau von Fettsäuren im Fettsäurecyclus anfallende Acetyl-CoA-Reste fließen in den Acetyl-CoA-Pool und können, wie schon S. 321 beschrieben, in den Citronensäurecyclus eingehen oder zu mannigfachen Synthesen verwandt werden. Andererseits liefert der CoA-Pool auch die Bausteine für den Aufbau der Fettsäuren.

β) Der Abbau der Propionsäure.

Die konsequente Durchführung des Prinzips der β-Oxydation führt mit dem sich wiederholenden Umlauf des Fettsäurecyclus Fettsäuren mit einer geraden Zahl von C-Atomen in Acetyl-CoA über, bei Fettsäuren mit einer ungeraden Zahl von C-Atomen verbleibt aber, wie schon die alten Versuche von EMBDEN zeigten, ein Propionsäurerest. Die Propionsäure kann, wie auch schon lange bekannt ist, leicht oxydiert werden. Bis in die jüngste Zeit war allerdings der Mechanismus dieses Abbaues ungeklärt. Heute scheint gesichert, daß Propionsäure bei ihrem Endabbau zunächst zu Bernsteinsäure carboxyliert wird. Voraussetzung dafür ist, daß sich Propionsäure mit CoA zu Propionyl-CoA verbindet. Beim Abbau der Fettsäuren auf dem oben gezeichneten Wege fällt diese Verbindung an sich schon an. Zu ihrer Neubildung ist die Mitwirkung von ATP erforderlich. Es steht zu vermuten, daß die CoA-Verbindung der Propionsäure über ihre Adenylsäureverbindung entsteht (s. S. 444). Auch an der Carboxylierung von Propionyl-CoA ist ATP in einer noch unbekannten Weise beteiligt (s. „aktives CO₂", S. 447). Für die Carboxylierung scheint Biotin (s. S. 223) erforderlich zu sein. Bei der Carboxylierung von Propionyl-CoA entsteht zunächst Methylmalonyl-CoA, das erst sekundär zu Succinyl-CoA umgelagert wird:

$$H_3C-CH_2-CO-S-CoA + CO_2 \xrightarrow{ATP} HOOC-CH-CO-S-CoA$$
$$\overset{|}{CH_3}$$

Propionyl-CoA   Methyl-malonyl-CoA

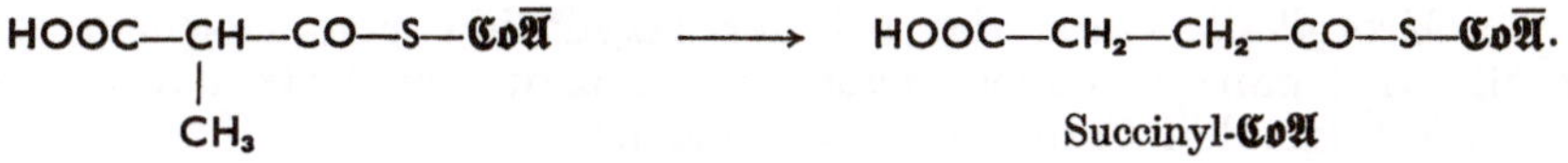

$$\text{HOOC—CH—CO—S—CoA} \quad \longrightarrow \quad \text{HOOC—CH}_2\text{—CH}_2\text{—CO—S—CoA.}$$
$$\qquad\qquad\ |$$
$$\qquad\quad \text{CH}_3 \qquad\qquad\qquad\qquad\qquad\qquad\qquad\text{Succinyl-CoA}$$

Mit der Bildung von Succinyl-CoA hat der Propionsäureabbau Anschluß an den Citronensäurecyclus gefunden.

γ) Der Abbau verzweigtkettiger Fettsäuren.

Verzweigte Fettsäuren kommen als Bausteine der Fette nur in sehr kleinen Mengen vor, entstehen aber beim Abbau einiger Aminosäuren (s. S. 475 f.). Auch sie gehen entweder in Aceton oder in Propionsäure über. Substitutionen am α- oder β-C-Atom erschweren die β-Oxydation erheblich, an den anderen C-Atomen weniger, aber doch nachweisbar. *Isobuttersäure* wird vermutlich unter Abspaltung von CO_2 in Aceton aufgespalten.

Isovaleriansäure, die bei der Oxydation von Leucin entsteht, wird, nachdem sie zunächst nach dem Mechanismus der β-Oxydation oxydiert worden ist, carboxyliert und zerfällt dann in Acetessigsäure und Essigsäure. Auch sie reagiert in der Form ihrer CoA-Verbindungen. Die folgenden Formeln geben den Reaktionsweg an:

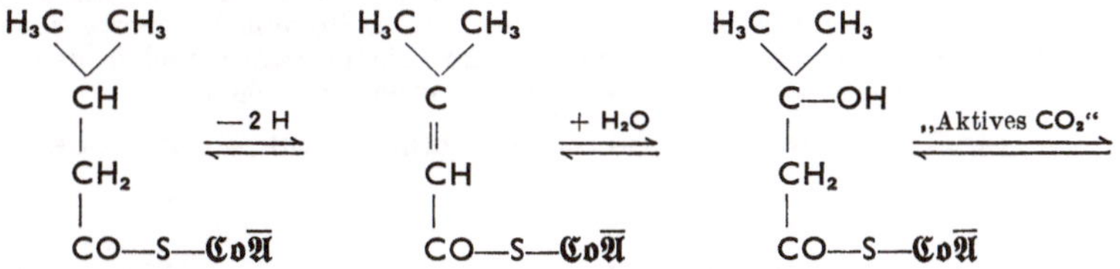

Isovaleryl-CoA $\quad$ β-Methyl-crotonyl-CoA $\quad$ β-Hydroxy-isovalerlyl-CoA

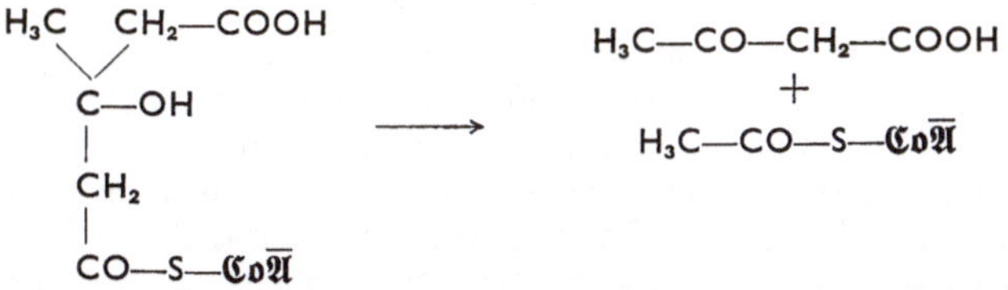

β-Hydroxy-β-methyl-glutaryl-CoA $\qquad$ Acetessigsäure + Acetyl-CoA

Auch bei dieser Reaktionsfolge erfordert die Carboxylierungsreaktion (von β-Hydroxy-isovaleryl-CoA zu β-Hydroxy-β-methyl-glutaryl-CoA) die Mitwirkung von ATP. Es konnte gezeigt werden, daß sich durch Umsetzung von CO_2 mit ATP nach

$$\text{ATP} + CO_2 \;\rightleftharpoons\; \text{AMP—COOH (,,aktives } CO_2\text{``)} + \text{Pyrophosphat}$$

ein ,,aktives CO_2`` (Adenosin-monophosphoryl-carbonat) bildet, aus dem $CO_2$ auf $\beta$-Hydroxy-isovaleryl-CoA übertragen wird. Ob auch bei anderen Carboxylierungsreaktionen ebenfalls ein ,,aktives $CO_2$`` beteiligt ist, weiß man nicht. Die Spaltung von β-Hydroxy-β-methyl-glutaryl-CoA erfordert die Gegenwart von Mg^{2+} oder Mn^{2+}.

α-Methylbuttersäure, die bei der Oxydation von Isoleucin entstehen muß, wird ganz regelrecht nach dem Prinzip der β-Oxydation abgebaut, wie die folgenden Formulierungen zeigen:

$$
\begin{array}{ccccccc}
CH_3 & & CH_3 & & CH_3 & & \\
| & & | & & | & & \\
CH_2 & & CH & & CH(OH) & & \\
| & \xrightarrow{-2\,H} & \| & \xrightarrow{+\,H_2O} & | & \xrightarrow{DPN^+} & \\
CH(CH_3) & & C-CH_3 & & CH(CH_3) & & \\
| & & | & & | & & \\
CO-S-CoA & & CO-S-CoA & & CO-S-CoA & &
\end{array}
$$

α-Methyl-butyryl-CoA   α-Methyl-crotonyl-CoA   α-Methyl-β-hydroxybutyryl-CoA

$$
\begin{array}{ccc}
CH_3 & & \\
| & & H_3C-CO-S-CoA \\
CO & & + \\
| & \xrightarrow{CoA} & H_3C-CH_2-CO-S-CoA. \\
CH(CH_3) & & \\
| & & \\
CO-S-CoA & &
\end{array}
$$

α-Methyl-acetacetyl-CoA   Acetyl-CoA + Propionyl-CoA

Verzweigtkettige Säuren können auch im Organismus gebildet werden. Dies spielt wahrscheinlich bei der Cholesterinsynthese eine Rolle (s. S. 455f.).

Verzweigte Fettsäuren kommen nach neueren Untersuchungen in geringer Menge in vielen Fetten vor (s. S. 34). Außerdem finden sie sich in synthetischen Fetten. Ihr Verhalten im Stoffwechsel soll hier nur angedeutet werden. Es wird bestimmt durch die Zahl der C-Atome in der Seitenkette und ihre sterische Anordnung, die Zahl der C-Atome in der Hauptkette, die Lage der Verzweigung zur Carboxylgruppe, die Anzahl der Verzweigungen, ihre gegenseitige Lage und das etwaige Auftreten quartärer C-Atome. Bei sehr langer Hauptkette werden Alkylseitenketten leichter abgebaut. In α-Stellung alkylierte Säuren werden durch β-Oxydation aufgespalten, wodurch eine normale Fettsäure und je nach Länge der Seitenkette Propionsäure oder höher molekulare Säuren entstehen.

$$
H_3C-(CH_2)_n-CH_2-\underset{\underset{R}{|}}{CH}-COOH \;\rightarrow\; H_3C-(CH_2)_n-COOH \;+\; \underset{\underset{R}{|}}{H_2C}-COOH
$$

3. Acetonkörperbildung und Acetonkörperabbau
(Ketogenese und Ketolyse).

Zur Erklärung der Acetonbildung in seinen Versuchen hatte EMBDEN angenommen, daß die langkettigen Fettsäuren jeweils um 2 C-Atome verkürzt würden. Ein solcher Abbaumechanismus muß schließlich bis zur Buttersäure (C_4) führen, deren β-Oxydation Acetessigsäure ergeben würde, aus der dann durch Decarboxylierung Aceton entstände:

$$
H_3C-CH_2-CH_2-COOH \longrightarrow H_3C-CO-CH_2-COOH \longrightarrow H_3C-CO-CH_3
$$

Dabei könnte ein Mol Fettsäure höchstens ein Mol Acetessigsäure liefern, deren 4 Kohlenstoffatome mit den 4 endständigen Kohlenstoffatomen der eingesetzten höheren Fettsäure identisch sein müßten. Mit dieser Annahme ist schwer vereinbar, daß um so mehr Acetessigsäure entsteht, je länger die Kette der Fettsäure ist. Markiert man in der Octansäure den Kohlenstoff der Carboxylgruppe ($H_3C-CH_2-CH_2-CH_2-CH_2-CH_2-CH_2-\overset{\bullet}{C}OOH$), so sollte, wenn jedes Fettsäuremolekül nur 1 Mol Acetessigsäure liefert, die entstehende Acetessigsäure, da sie aus den endständigen 4 C-Atomen entstünde, keinen $\overset{\bullet}{C}$ enthalten. Tatsächlich aber erhält man Acetessigsäure mit $\overset{\bullet}{C}$ sowohl in der Carboxyl- als auch in der Carbonylgruppe:

$$
H_3C-\overset{\bullet}{C}O-CH_2-\overset{\bullet}{C}OOH.
$$

Dies ist verständlich, wenn die β-Oxydation nacheinander Zweierbruch-stücke der Art C—C— oder C—Ċ liefert, die sich sekundär zu Acetessigsäure zusammenschließen. Diese Acetessigsäurebildung verläuft nach LYNEN nach dem folgenden Schema:

$$2\ \text{Coꟽ—S—CO—CH}_3 \ \rightleftharpoons\ \text{Coꟽ—S—CO—CH}_2\text{—CO—CH}_3\ +\ \text{Coꟽ—SH}$$

$$\text{Coꟽ—S—CO—CH}_2\text{—CO—CH}_3\ \xrightleftharpoons{\text{ATP}}\ \text{H}_3\text{C—CO—CH}_2\text{—COOH}\ +\ \text{Coꟽ—SH.}$$

Die Reaktion benötigt, da sie stark endergonisch ist ($\Delta F = +16000$ cal), die Mitwirkung von Adenosintriphosphorsäure als Energielieferanten (s. S. 402f.). Wenn dieser Zusammenschluß vollständig dem Zufall überlassen bleibt, muß sich ein Gemisch von Acetessigsäure mit verschiedener Isotopenverteilung ergeben:

$$\text{C—C—C—C}; \qquad \text{C—Ċ—C—C}; \qquad \text{C—C—C—Ċ}; \qquad \text{C—Ċ—C—Ċ}.$$

Tatsächlich fand man aber, daß z. B. aus Buttersäure, Caprylsäure und Capronsäure mit Ċ in der Carboxylgruppe überwiegend Acetessigsäure mit Ċ ebenfalls in der Carboxylgruppe entsteht.

Dies Ergebnis läßt sich aus dem Wirkungsmechanismus der Thiolase verstehen. Die Reaktionsfolge ihrer Wirkung ergibt, daß allein das End-stück $\text{H}_3\text{C—CH}_2$— einer Fettsäure mit Thiolase direkt reagiert, bevor es mit dem Acetyl-Coꟽ der Zelle vermischt wird. Im letzten Umlauf des Fettsäurecyclus zerfällt das aus Butyryl-Coꟽ entstehende Acetacetyl-Coꟽ in Acetyl-Enzym und in Acetyl-Coꟽ (s. S. 445). Entweder kann die Acetyl-gruppe des Acetyl-enzyms auf Coꟽ übertragen werden, oder es kann sich aus Acetyl-enzym und Acetyl-Coꟽ (aus dem Vorrat der Zelle) Acetacetyl-Coꟽ zurückbilden. Verläuft diese zweite Reaktion schneller als die erste, so findet sich das endständige Bruchstück der Fettsäurekette bevorzugt im Carbonylteil des Acetacetyl-Coꟽ bzw. der Acetessigsäure, die übrigen Bruchstücke vorwiegend, wie es den Versuchsergebnissen entspricht, im Carboxylanteil.

Es ist schon früher gezeigt worden (s. S. 424), daß für das Funktionieren des Citronensäurecyclus die Anwesenheit einer ausreichenden Menge von Oxalessigsäure erforderlich ist. Diese kann aus Brenztraubensäure durch Carboxylierung gewonnen werden (s. S. 355f.), es setzt also der oxidative End-abbau der Fettsäuren den Umsatz einer ausreichenden Menge von Kohlen-hydraten für die Bereitstellung von Brenztraubensäure voraus. Ist der Kohlenhydratstoffwechsel gestört, wie etwa im Hunger oder bei Diabetes mellitus, so würde sich „aktivierte" Essigsäure anhäufen, wenn sie nicht durch Kondensation zu Acetessigsäure aus der Reaktion genommen würde.

Auch bei der Oxydation bestimmter Aminosäuren kann Acetessigsäure gebildet werden (s. S. 472). Im normalen Organismus kommt es stets nach der Aufnahme von Fettsäuren zu einer rasch vorübergehenden Vermehrung der Acetonkörper im Blute. Bei der künstlichen Durchblutung der Leber läßt sich nach EMBDEN das Auftreten der Acetonkörper verhindern, wenn die durchblutete Leber sehr reich an Glykogen ist, oder wenn bei der Durch-blutung glykogenarmer Lebern dem Durchströmungsblut Fettsäuren mit ungerader Anzahl von C-Atomen zugesetzt werden, also Säuren, die zu Propionsäure abgebaut werden. Alle diese Säuren wirken ebenso wie Glykogen, Glucose und eine Reihe von Spaltprodukten der Kohlenhydrate antiketogen. Die *antiketogene Wirkung* erklärt sich dadurch, daß bei der Fettsäureoxydation entstehende „aktivierte" Essigsäure wieder in den

Citronensäurecyclus eintreten kann, weil die antiketogen wirkenden Stoffe diesen wieder in Gang setzen. Hierdurch wird also die Entstehung der Acetonkörper von vornherein verhindert.

Aber auch einmal entstandene Acetonkörper können im Körper oxydativ wieder beseitigt werden. Allerdings nicht in der Leber sondern in anderen Organen, vorzugsweise in der Muskulatur. Dabei ist zu betonen, daß *alle* Acetonkörper, auch das Aceton in den Stoffwechsel einbezogen werden. Neben der Ketogenese gibt es also auch eine Ketolyse.

Es ist gezeigt worden, daß Acetessigsäure, ehe sie in den Stoffwechsel einbezogen werden kann, zunächst in ihre CoA-Verbindung überführt werden muß. Hierbei wirkt das Ferment Succinyl→Acetacetat-thiophorase, indem es den CoA-Rest von Succinyl-CoA auf Acetacetat überträgt:

$$\text{Succinyl-CoA} + \text{Acetacetat} \rightleftharpoons \text{Acetacetyl-CoA} + \text{Succinat}$$

Das Ferment reagiert in entsprechender Weise auch mit β-Ketovaleriansäure, β-Keto-isovaleriansäure und β-Ketocapronsäure. Die Übertragung vollzieht sich in der Weise, daß der CoA-Rest von Succinyl-CoA auf das Enzym übergeht und dann erst von Enzym-CoA auf Acetacetat. Acetacetyl-CoA wird dann in der schon bei Besprechung des Fettsäurecyclus geschilderten Weise (s. S. 445) durch CoA in 2 Mol Acetyl-CoA gespalten.

Aceton ist *nicht* Endprodukt des Stoffwechsels. Zwar ist seine Umsetzungsgeschwindigkeit nicht sehr groß. Nach Versuchen mit isotopem Aceton ($H_3\overset{.}{C}-CO-\overset{.}{C}H_3$) wird es teilweise oxydiert und erscheint als CO_2 in der Atemluft. Der restliche C wurde in einer großen Zahl anderer Stoffwechselprodukte gefunden: Harnstoff, Cholesterin, Glutaminsäure, Häm, Glykogen, Asparaginsäure, Arginin, Fettsäuren, Leucin, Tyrosin, Serin, Cholin. Auch zu Acetylierungen kann Aceton verwandt werden. Schließlich ist die Bildung der Citronensäure in seiner Gegenwart erhöht. Dies ist ein besonders schönes Beispiel für die Existenz eines „metabolic pool" (s. S. 408), aus dem die bei dem Abbau einer Substanz entstehenden Bruchstücke für den Aufbau anderer Substanzen entnommen werden können.

Zur Deutung des Acetonabbaus kann angenommen werden, daß es in einen 2-C und einen 1-C-Körper aufgespalten wird. Es gewinnt also bei seinem Abbau außer zur „aktivierten" Essigsäure auch Beziehung zu den sog. 1-C-Körpern, über deren Bedeutung im Stoffwechsel schon früher gesprochen wurde (s. S. 406f.). Über den Mechanismus der Aufspaltung können noch keine Angaben gemacht werden.

4. Die ω-Oxydation.

Es ist noch auf einen weiteren Weg hingewiesen worden, auf dem die Ketten der langen Fettsäuremoleküle verkürzt werden könnten. VERKADE hat nach Verfütterung künstlich hergestellter Triglyceride, die teils eine gerade, teils eine ungerade Zahl von Kohlenstoffatomen in der Fettsäurekette haben, im Harn das Auftreten von Dicarbonsäuren beobachtet. Die Oxydation der Moleküle findet an der endständigen Methylgruppe statt, deshalb bezeichnet man diese Art der Oxydation als *ω-Oxydation*. Die Versuche von VERKADE sind von FLASCHENTRÄGER bestätigt und erweitert worden. Aus der Caprinsäure entsteht z. B. die Sebacinsäure:

$$H_3C-(CH_2)_8-COOH \qquad\qquad HOOC-(CH_2)_8-COOH$$
$$\text{Caprinsäure} \qquad\qquad\qquad \text{Sebacinsäure}$$

Allem Anschein nach spielt die ω-Oxydation beim Abbau der Fettsäuren gewöhnlich keine sehr große Rolle, es werden jeweils nur geringe Mengen von Dicarbonsäuren ausgeschieden. Außerdem werden normalerweise nur die Fettsäuren mit 8, 9 und 10 C-Atomen zu Dicarbonsäuren oxydiert. Wahrscheinlich tritt die ω-Oxydation dann ein, wenn die β-Oxydation irgendwie behindert ist. Von Bedeutung ist dagegen vielleicht die Beobachtung, und das würde die ω-Oxydation doch als wichtiges Stoffwechselprinzip erscheinen lassen, daß nach Verfütterung von Tricaprin auch in geringen Mengen die Dicarbonsäuren mit 6 und 8 C-Atomen ausgeschieden werden:

$$H_3C-(CH_2)_8-COOH \rightarrow HOOC-(CH_2)_6-COOH \rightarrow HOOC-(CH_2)_4-COOH$$

Caprinsäure　　　　　　Korksäure　　　　　　Adipinsäure

Außer der ω-Oxydation beobachtet man also auch eine Kettenverkürzung, die am besten durch eine der ω-Oxydation folgende β-Oxydation erklärt wird.

Die ω-Oxydation ist als Sonderfall einer viel allgemeineren Reaktion anzusehen, die in der Oxydation von Methylgruppen besteht, so daß KUHN für sie die Bezeichnung *Methyloxydation* vorgeschlagen hat. Sie wurde nicht nur für eine Reihe von körperfremden aliphatischen, sondern auch für cyclische Verbindungen nachgewiesen. Es ist anzunehmen, daß sie für Abbau- und Umbauvorgänge an Bausteinen des Körpers eine bedeutungsvolle Rolle spielt.

c) Phosphatide.

Es ist bereits darüber berichtet worden, daß die Phosphatide beim Abtransport der Fettsäuren aus der Leber eine Rolle spielen und daß sie dort aufgebaut werden. Daraus folgt, daß auch die Phosphatide des Blutplasmas in der Leber entstehen und wieder abgebaut werden können. Eine Synthese von Phosphatiden ist aber auch in vielen anderen Organen beobachtet worden, so vor allem in der Darmschleimhaut und in der Niere, in geringerem Umfange auch im Gehirn, im Muskel und in den roten Blutkörperchen. Man kann die Geschwindigkeit der Phosphatidsynthese gut verfolgen, wenn man einem Versuchstier anorganisches mit ^{32}P markiertes Phosphat verabfolgt und feststellt, wie schnell es aus dem Blute verschwindet und in den Organen in Bindung an Phosphatide auftritt. Derartige Versuche lassen vermuten, daß die verschiedene Geschwindigkeit des Phosphatidaufbaus in den einzelnen Organen bestimmt wird durch die Diffusionsgeschwindigkeit der anorganischen Phosphate in die Zellen.

Es sei daran erinnert, daß die Phosphatidsynthese in der Leber von der Gegenwart von Cholin abhängig ist (s. S. 406), und daß man die Phosphatidbildung in der Darmschleimhaut mit der Resorption der Fette in Zusammenhang bringt (s. S. 382).

Der Mechanismus der Phosphatidbildung in der Zelle ist zwar noch nicht im einzelnen geklärt, immerhin scheint sie in Gehirn und Nerven auf einem Weg zu verlaufen, der durch Fermentversuche erschlossen wurde und der in der Abb. 115 für Lecithin wiedergegeben ist.

Es sind also 6 bzw. 7 Reaktionsschritte zu unterscheiden, da die Reaktionsfolge eine Aufgabelung aufweist, von der aus die Synthese geführt wird zu Triglyceriden, also Neutralfetten (IVa), oder zu Phosphatiden (IVb). Diese Schritte sollen kurz verfolgt werden:

I. Glycerin wird durch ATP mittels einer Glycerokinase zu L-α-Glycerinphosphorsäure phosphoryliert.

II. Die L-α-Glycerinphosphorsäure reagiert mit 2 Mol Acyl-CoA, wodurch Phosphatidsäuren entstehen. Phosphatidsäuren sind bisher in tierischen Geweben noch nicht gefunden worden. Dies spricht nicht gegen die ihnen hier zugeschriebene Rolle, da sie mit der gleichen Geschwindigkeit, mit der sie entstehen, umgesetzt werden könnten.

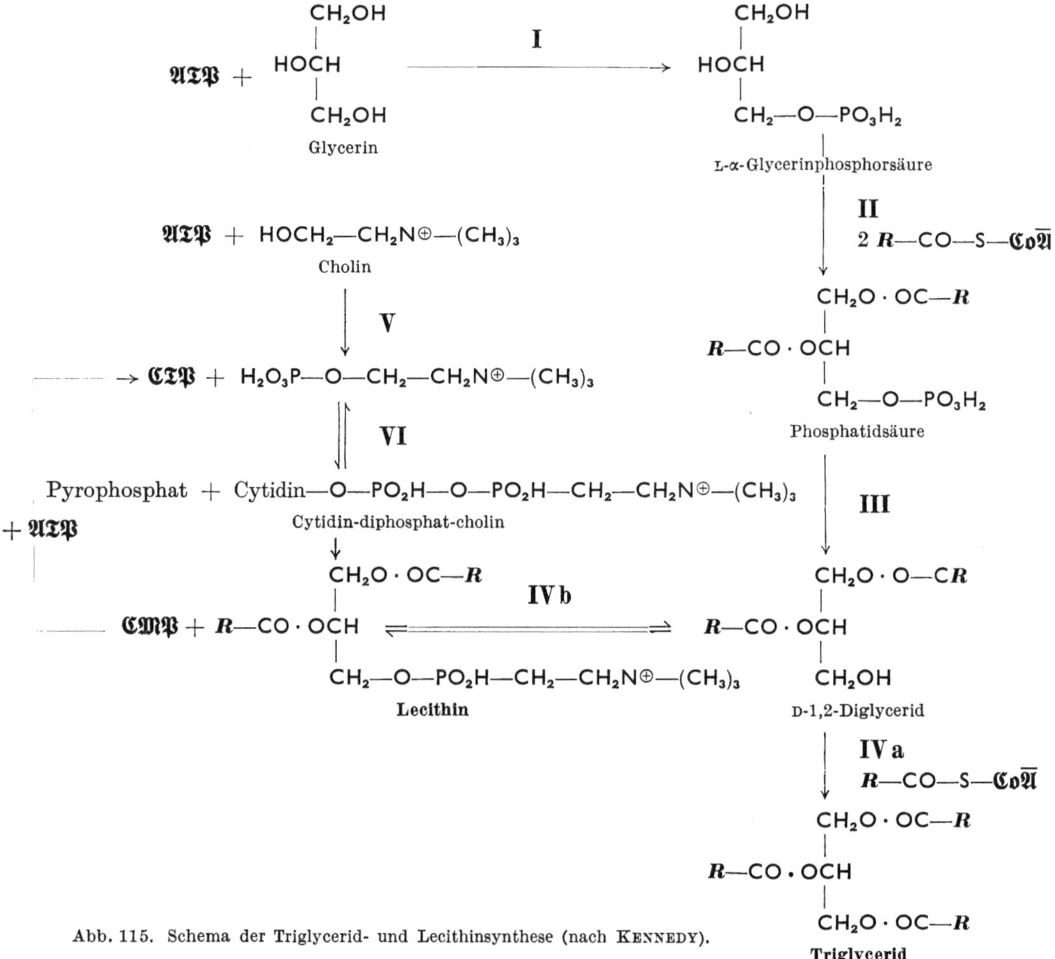

Abb. 115. Schema der Triglycerid- und Lecithinsynthese (nach KENNEDY).

III. Auf dieser Stufe wird aus der Phosphatidsäure der Phosphatrest abgespalten, so daß ein D-1,2-Diglycerid entsteht.

IVa. Aus dem Diglycerid kann durch Reaktion mit einem dritten Molekül Acyl-CoA ein Triglycerid, also ein Neutralfett, gebildet werden.

IVb. Das Diglycerid kann aber auch mit Cytidyl-diphospho-cholin zu dem Phosphatid Lecithin umgesetzt werden. Offenbar ist eine entsprechende Reaktion auch mit Cytidin-diphosphat-aminoäthanol möglich, wobei Colaminkephalin entstünde.

V. Diese Reaktion ist die erste Stufe der Bildung von Cytidin-diphosphat-cholin. Cholin wird durch **ATP** zu Cholinphosphorsäure phosphoryliert. Cholinphosphorsäure kann offenbar nicht mit Diglyceriden reagieren, setzt sich vielmehr in

VI. mit Cytidin-triphosphat (**CTP**) um, wobei unter Abspaltung von Pyrophosphat Cytidin-diphosphat-cholin für die Reaktion IVb entsteht. Das Cytidin-mono-phosphat (**CMP**), das dabei übrigbleibt, kann durch **ATP** zu **CTP** regeneriert werden.

Cytidin-diphosphat-cholin

In Analogie zur Bildung der glycerinhaltigen Phosphatide können durch Umsetzung von Acyl-sphingosin mit Cytidin-diphosphat-cholin Sphingomyeline gebildet werden.

Cytidin-diphosphat-cholin und -äthanolamin sind in der Natur offenbar weit verbreitet. In Lactobacillus arabinosus fand man Cytidin-diphosphat-glycerin und -ribit. Möglicherweise kommt cytidinhaltigen Cofermenten im Lipoidstoffwechsel eine Bedeutung zu, die derjenigen der Uridin-cofermente für den Kohlenhydratstoffwechsel vergleichbar ist (s. S. 433f.).

Über die Spaltung der Phosphatide und die an ihnen beteiligten Fermente ist schon früher (s. S. 297) berichtet worden.

Über den Stoffwechsel der in den Phosphatiden enthaltenen N-haltigen Bausteine (Serin, Colamin, Cholin, Sphingosin) sind eine Reihe von Tatsachen bekannt. Offenbar bestehen zwischen ihnen enge Stoffwechselbeziehungen. Der Ausgangspunkt für diese ist offenbar die Aminosäure Serin, die ihrerseits aus Glykokoll und Formiat gebildet werden kann. Aus Serin wird durch Decarboxylierung Colamin (Aminoäthanolamin) gebildet, das über Dimethyl-äthanolamin in Cholin übergeht. Cholin kann über den Betainaldehyd zu Betain oxydiert werden, aus dem seinerseits Glykokoll entstehen kann (s. S. 473).

HOOC—CH(NH₂)—CH₂OH	H₂N—CH₂—CH₂OH	(CH₃)₂HN—CH₂—CH₂OH
Serin	Colamin	Dimethylcolamin

$$HOOC-CH(NH_2)-CH_2OH \qquad H_2N-CH_2-CH_2OH \qquad (CH_3)_2HN-CH_2-CH_2OH$$

$$(CH_3)_3\overset{\oplus}{N}-CH_2-CH_2OH \qquad (CH_3)_3\overset{\oplus}{N}-CH_2-C(OH) \qquad (CH_3)_3\overset{\oplus}{N}-CH_2-CO\overset{\ominus}{O}$$

Cholin — Betainaldehyd — Betain

Die Methylierungen bedürfen der Mitwirkung der Folsäure (s. S. 209). Serin dient auch zum Aufbau von Sphingosin (s. S. 43) und liefert sowohl dessen Stickstoff wie die beiden ersten C-Atome, die übrigen stammen aus Acetylresten.

d) Sterine und Steroide.

Der Organismus ist nicht auf die Zufuhr von Cholesterin mit der Nahrung angewiesen, sondern kann diesen Stoff selber synthetisieren. Das Cholesterin der Nahrung wird im Darm resorbiert, wobei Fette und Gallensäuren fördern, pflanzliche Sterine hemmen. Anscheinend wird Cholesterin vor der Resorption mit Fettsäuren verestert und aus der Darmschleimhaut auf dem Lymphwege abtransportiert. Aus zahlreichen ganz verschieden angelegten Versuchsanordnungen geht aber hervor, daß der Tierkörper auf diese Zufuhr zur Bestreitung seines Cholesterinbedarfs nicht angewiesen ist. So wurde in Tierversuchen, sehr häufig auch über längere Zeiten hin, eine negative Cholesterinbilanz beobachtet, d. h. die Ausscheidung an Cholesterin war höher als die Aufnahme. Ferner wurde gezeigt, daß das Hühnerei während der Bebrütung eine deutliche Zunahme an Cholesterin erfährt und daß junge Hunde, die eine Reihe von Wochen völlig cholesterinfrei ernährt worden waren, einen viel höheren Cholesteringehalt hatten als Tiere vom gleichen Wurf, die sofort getötet und untersucht wurden.

Dies kann nicht durch die Annahme einer Umwandlung von pflanzlichen Sterinen erklärt werden, da diese ebenso wie Derivate des Cholesterins nur in sehr geringem Umfange oder gar nicht resorbiert werden, vielmehr muß eine Synthese von Cholesterin im Organismus gefordert werden. Diese konnte auch einwandfrei mit isotop markierten Substanzen erwiesen werden. Gleichzeitig wurde in derartigen Versuchen gefunden, daß bei einem hohen Cholesterinangebot in der Nahrung die Cholesterinsynthese gering ist und umgekehrt. Cholesterin kann im Darm bakteriell zu Koprosterin und Dihydrocholesterin (Cholestanol) (s. S. 50) hydriert, zu 7-Dehydrocholesterin dehydriert werden.

Außer Sterinen sind im Körper oder im Harn noch eine große Zahl von Steroiden aufgefunden worden, über die teilweise bereits an anderen Stellen berichtet worden ist, wie z. B. Gallensäuren (s. S. 52), Nebennierenrindenhormone (s. S. 231ff.) und Sexualhormone (s. S. 252f. und 256ff.). Die nahe strukturelle Verwandtschaft aller dieser Stoffe untereinander und mit dem Cholesterin haben schon frühzeitig zu Vermutungen auch über biologisch-chemische Zusammenhänge zwischen ihnen geführt, die späterhin erwiesen werden konnten.

1. Die Cholesterinsynthese.

Nachdem RITTENBERG u. SCHOENHEIMER nachgewiesen hatten, daß Deuterium, das in Form von D_2O dem Körperwasser zugefügt worden war, im Cholesterin und zwar im Kern wie in der Seitenkette wieder gefunden werden konnte, war bewiesen, daß der Organismus Cholesterin aufbauen

Koprosterin   Dihydrocholesterin   7-Dehydrocholesterin

kann. Zur Synthese von Cholesterin sind anscheinend alle Organe befähigt, am wichtigsten für sie sind Leber und Haut. 7-Dehydrocholesterin entsteht auch in der Haut. Dies ist, worauf schon S. 220 hingewiesen wurde, sehr wesentlich für die Versorgung des Organismus mit Vitamin D_3, das aus 7-Dehydrocholesterin in der Haut durch Bestrahlung gebildet werden kann. Zunächst ergab sich, daß im tierischen Organismus, aber auch in Schnitten und Homogenaten der Leber, als Acetat zugeführter markierter Kohlenstoff im Cholesterin wiedergefunden werden kann. Es ist gelungen nachzuweisen, welche der 27 C-Atome des Cholesterins von dem Carboxyl- und welche von dem Methyl-C-Atom des Acetat geliefert werden. In der folgenden Formel sind die aus der Carboxylgruppe der Essigsäure stammenden C-Atome durch ● gekennzeichnet, die aus der Methylgruppe stammenden durch ○ markiert.

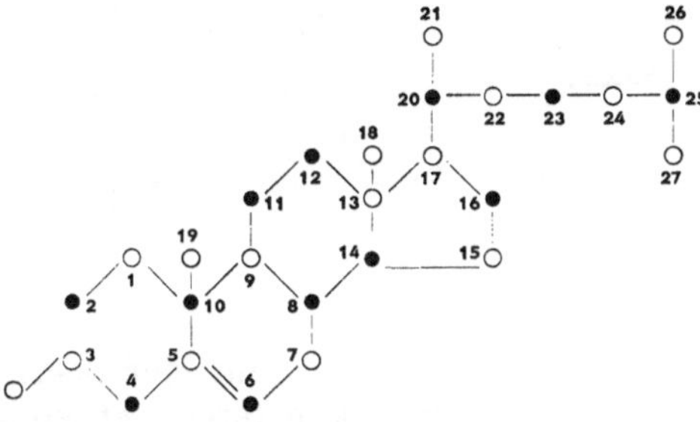

Es ist nicht ohne weiteres verständlich, in welcher Weise die Acetatmoleküle bei der Cholesterinsynthese sich vereinigen. Es kommt hinzu, daß auch eine Anzahl anderer Substanzen zur Cholesterinsynthese verwandt werden können. Die meisten von ihnen scheinen vorher in Acetat überzugehen. Die Frage ist also im wesentlichen, welche Zwischenstufen zwischen Acetat und Cholesterin durchlaufen werden. Von besonderer Wichtigkeit war die Feststellung, daß eine der Muttersubstanzen für die Cholesterinbildung, das *Squalen*, ein Derivat des Isoprens (s. S. 55f.) ist und daß es aus Acetat aufgebaut werden kann. Squalen enthält, wie die umstehende Formel zeigt, 6 Isoprenreste. Zur Bildung eines jeden Isoprenrestes sind 3 Acetatreste erforderlich, wobei ein C abgespalten werden muß. Es wird angenommen, daß sich die 3 Acetatreste zunächst zu einer verzweigten C_6-Fettsäure kondensieren.

Die Natur dieses Kondensationsproduktes ist noch problematisch. Von den verschiedenen derartigen Kondensationsprodukten, deren Fähigkeit zur Cholesterinsynthese in zellfreien Enzymsystemen untersucht wurde, ging die *Mevalonsäure*, das δ-Lacton der β, δ-Dihydroxy-β-methylvaleriansäure,

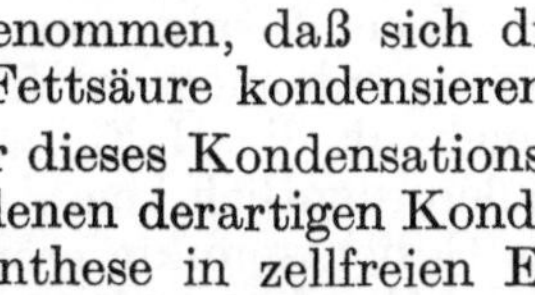

$$\text{COOH–C(CH}_2)(\text{OH})(\text{CH}_3)\text{–CH}_2\text{–CH}_2\text{OH} \quad \rightleftharpoons \quad \delta\text{-Lacton} = \text{Mevalonsäure}$$

leicht in Squalen über. Die Reaktion erfordert die Mitwirkung von ATP, DPN · H und Mn^{2+}. Die Bildung von Cholesterin aus Mevalonsäure ist beschrieben worden. Bei diesen Synthesen wird die Carboxylgruppe der Mevalonsäure abgespalten. Die Synthese der Mevalonsäure könnte von Essigsäure und Acetessigsäure ausgehen. Das dann entstehende β-Hydroxy-β-methyl-glutaryl-di-CoA würde nach Abspaltung der CoA-Reste und Reduktion der

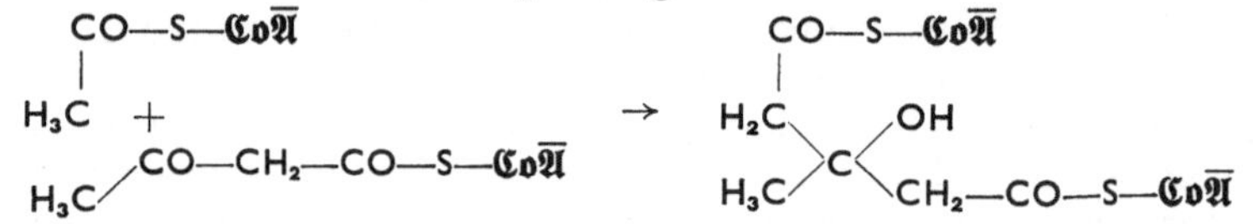

$$\begin{array}{ccc}
\text{CO—S—CoA} & & \text{CO—S—CoA} \\
| & & | \\
\text{H}_3\text{C} \quad + & \rightarrow & \text{H}_2\text{C} \diagdown \quad \diagup \text{OH} \\
\diagup\text{CO—CH}_2\text{—CO—S—CoA} & & \text{C} \\
\text{H}_3\text{C} & & \text{H}_3\text{C} \diagup \diagdown \text{CH}_2\text{—CO—S—CoA}
\end{array}$$

unten rechts stehenden Carboxylgruppe zu Dihydroxy-methylvalerian-säure führen. Zusammenlagerung von 6 Mevalonsäuremolekülen würde Squalen ergeben, dessen Formel bei entsprechender Schreibweise bereits die Sterinstruktur erkennen läßt. (Es wurde nachgewiesen, daß Squalen tatsächlich wie dieser Formel entspricht, eine all-trans-Struktur hat.) Durch

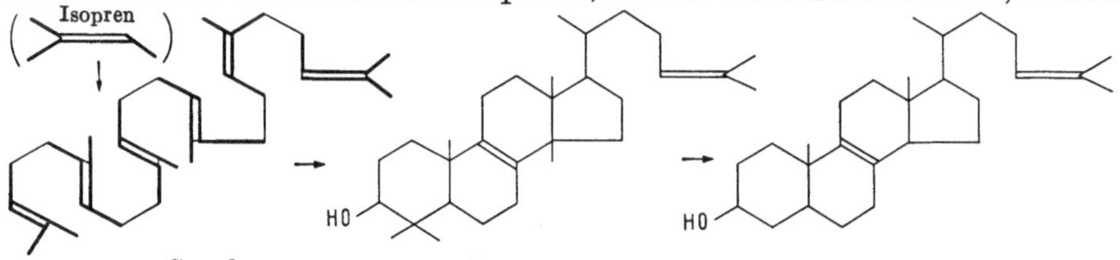

Einführung einer HO-Gruppe an C (3) und Zyklisierung könnte ein dem Cholesterin verwandtes Sterin, das Lanostererin entstehen. Welche weitere Zwischenstufen sich noch zwischen diesem Sterin und dem Cholesterin befinden, ist noch nicht gesichert, jedoch ist die Theorie experimentell gut gestützt, daß es über Zymosterin in Cholesterin übergeht.

2. Der Cholesterinabbau.

Das mengenmäßig weit überwiegende Sterin des Tierkörpers ist das Cholesterin. Es kann heute als gesichert gelten, daß es im Organismus sowohl in Gallensäuren als auch in die verschiedenen Steroidhormone über-gehen kann. Im ganzen ist eine so ungewöhnliche Fülle von Steroidderivaten teils in verschiedenen Organen aufgefunden, teils als deren Umwandlungspro-dukte aus dem Harn isoliert worden, daß eine Aufzählung hier nicht versucht werden kann. Immerhin sei erwähnt, daß im Harn mehr als 60 verschiedene Steroide nachgewiesen werden konnten. Nach Zusatz von 4-Androsten-3,17-dion mit ^{14}C in C (4) zu einem Nebennierenhomogenat fanden sich 55 verschiedene Steroidderivate, von denen mehr als die Hälfte aus dem Aus-gangsmaterial stammte. Wegen dieser außerordentlich komplexen Erschei-nung sollen nur einige prinzipiell wichtige Gesichtspunkte erörtert werden.

Die Veränderungen des Cholesterinmoleküls, die zu den verschiedenen Steroiden führen, sind im Prinzip relativ einfach: die Seitenkette wird oxydativ verkürzt und dann entstehen durch Oxydation, Reduktion und Ein-führung von Hydroxylgruppen die verschiedenen Steroide. Die geringste Ver-kürzung der Seitenkette (um 3 C-Atome) ist zur Bildung der Gallensäuren nötig, weitere Verkürzung um 3 C-Atome führt zu den Corticosteroiden (s. S. 231) und dem Progesteron (s. S. 258). Die gesamte Seitenkette fehlt den Derivaten von Androstan (s. S. 252) und Oestran (s. S. 256).

Beim Oestran geht wegen der Zyklisierung des ersten Ringes auch die anguläre Methylgruppe zwischen dem 1. und 2. Ring verloren. Der Abbau des Cholesterins wird anscheinend durch Ascorbinsäure gefördert. Wenn auch die Entstehung der meisten Steroide durch Abbau von Cholesterin gesichert ist, so sei doch ausdrücklich betont, daß mindestens ein Teil von ihnen auch aus Acetat synthetisiert werden kann.

Cholesterin Cholansäure Pregnan Androstan Oestran

Die Veränderungen an den ursprünglich in den Keimdrüsen und in geringem Umfange auch in der Nebennierenrinde und in der Placenta entstehenden Keimdrüsenhormone sind recht mannigfaltig. Als *ein* Beispiel für diese Möglichkeiten sei die Umwandlungsfolge von Testosteron angeführt:

Testosteron
(Δ^4-Androsten-on-3-ol-17 β)

$\mid$ DPN$^+$

Androstandion-3,17 $\qquad$ Δ^4-Androstendion-3,17 $\qquad$ Aetiocholandion-3,17

Androstan-ol-3 α-on-17
(Androsteron) $\qquad\qquad\qquad$ Aetiocholan-ol-3 α-on-17

Paarung mit Glucuronsäure

Androstan-diol-3 α,17 β $\qquad\qquad\qquad$ Aetiocholan-diol-3 α,17 β

Für diese Umwandlungen sind anscheinend zwei Enzymsysteme notwendig, von denen das eine, dessen Funktion die Oxydation der Hydroxylgruppe an C (17) zur Ketogruppe ist, DPN^+ als Co-Enzym notwendig hat. Die Oxydation der Hydroxylgruppe oder der Seitenkette an C (17) ist übrigens eine Reaktion, die bei den Steroidhormonen häufig angetroffen wird; die Fraktion der aus dem Harn isolierbaren 17-Ketosteroide ist z. B. bei der ADDISONschen Krankheit stark vermindert. Ähnliche Reaktionswege sind auch bei anderen Steroidhormonen beobachtet worden. Nebenniere, Leber und Niere können Steroide an C (11) zu den entsprechenden Hydroxyverbindungen oxydieren.

Im Follikel des Ovariums wird vermutlich (s. S. 257) als Hormon primär das *α-Oestradiol* gebildet, über dessen Umwandlung in Oestron und Oestriol schon oben berichtet worden ist. Es bestehen anscheinend folgende Zusammenhänge:

$$\alpha\text{-Oestradiol} \rightleftharpoons \text{Oestron} \rightleftharpoons \text{Oestriol}$$
$$\downarrow\uparrow$$
$$\beta\text{-Oestradiol}$$

Bei der Bildung von *Progesteron* aus Cholesterin entsteht zunächst Δ^5-Pregnanol-3β-on-20, ein deutlicher Hinweis auf die oxydative Absprengung der Seitenkette. Außer Progesteron, das auch in der Nebennierenrinde

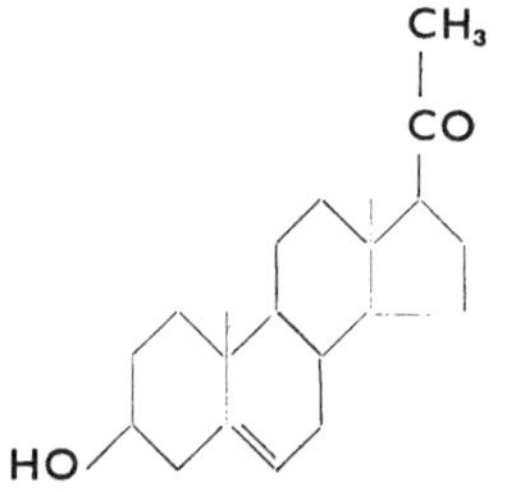

$$\Delta^5\text{-Pregnanol-3}\,\beta\text{-on 20}$$

aufgefunden wurde, wurde aus Corpus luteum und aus Nebennierenrinde allo-Pregnanol-3 β-on-20 isoliert. Auch Progesteron kann aus Cholesterin gebildet werden. Progesteron wird im Körper vor allem, wie schon S. 258 gezeigt, in Pregnan-diol-3 α, 20 α verwandelt, das nach Paarung an Glucuron-

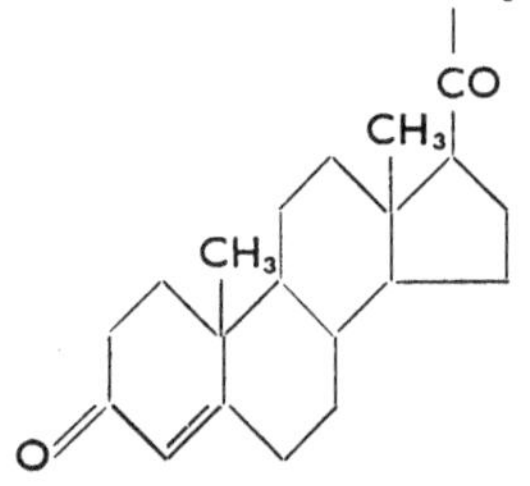

Progesteron

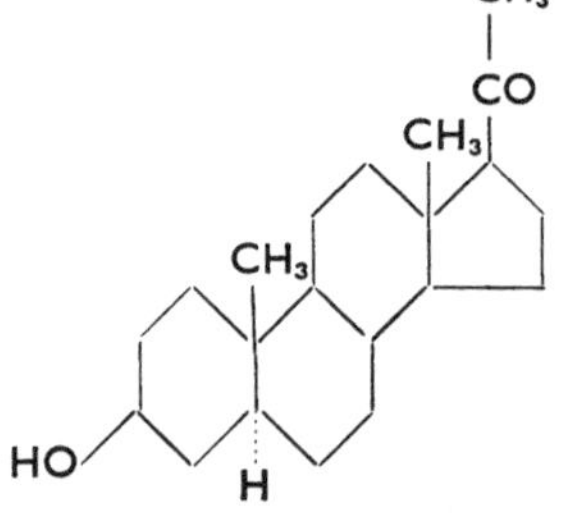

allo-Pregnanol-3 β-on-20

säure im Harn ausgeschieden wird. Daneben sind aber noch zahlreiche Reduktionsprodukte von Progesteron aus dem Harn isoliert worden, die praktisch jeder der theoretisch möglichen Variationen entsprechen.

Am zahlreichsten unter den im Harn ausgeschiedenen Steroiden sind diejenigen, die sich von den Nebennierenrindenhormonen ableiten. Ob diese als Zwischenstufen der Bildung oder des Abbaus der wirksamen Hormone anzusehen sind, läßt sich nicht überblicken. Weitere derartige Stoffe entstehen hauptsächlich aus den Corticosteroiden, wenn sie durch den Kreislauf der Leber zugeführt werden.

Schrifttum.

BLOCH, K.: The biological synthesis of cholesterol. Vitamins & Hormones **15**, 119 (1957). — BLOOR, W. R.: Fat transport in the animal body. Physiol. Rev. **19**, 557 (1939). — DEUEL, H. J. jr.: The Lipids, their Chemistry and Biochemistry. Bd. III, Biochemistry. New York 1957. — DEUEL, H. J., and M. C. MOREHOUSE: The interrelation of carbohydrate and fat metabolism. Adv. Carbohydrate Chem. **2**, 120 (1946). — DORFMAN, R. I., and F. UNGAR: Metabolism of Steroid Hormones. Minneapolis 1953. — JOST, H.: Intermediärer Fettstoffwechsel und Acidose. Handb. norm. path. Physiol. Bd. V. 1928. — KENNEDY, E. P.: Biosynthesis of phospholipides. Fed. Proc. **16**, 847 (1957). — KÜHNAU, J.: Die Fette im Stoffwechsel. Handb. Biochem. 2. Aufl. Erg.-Werk Bd. III. Jena 1936. — LIEBERMAN, S., and S. TEICH: Pharmacol. Rev. **5**, 285 (1953). — SMEDLEY-MACLEAN, I.: The Metabolism of Fat. London 1943. — WILLIAMS, R. T.: Lipid Metabolism. London 1952.

D. Der Stoffwechsel der Eiweißkörper.

a) Der Umsatz der Eiweißkörper.

Die Eiweißkörper werden im Darm praktisch ausschließlich bis zu den Aminosäuren aufgespalten und in dieser Form resorbiert (s. S. 382). Ob in der Darmwand bereits Peptide oder sogar Eiweißkörper aufgebaut werden, ist fraglich, zum mindesten aber für den allgemeinen Stoffwechsel ohne größere Bedeutung. Die Aminosäuren werden durch die Pfortader der Leber zugeführt. Soweit sie dort nicht abgebaut werden, werden sie zu den für den betreffenden Organismus spezifischen Eiweißkörpern aufgebaut, aus denen sich auch die Organeiweißkörper ergänzen. Besonders die Albuminfraktion im Blutplasma gilt als Transportform der Eiweißkörper. Es scheint so, als ob ohne größere Änderungen das Plasmaeiweiß in das Organeiweiß eingebaut werden könnte.

Bereits in dem Kapitel „Stoffwechsel" (s. S. 392 f.) ist gezeigt worden, daß bei Mensch und Tier die Nahrung einen bestimmten, minimalen Gehalt an Eiweiß enthalten muß, weil eine ihm entsprechende Eiweißmenge pro Tag zugrunde geht und ersetzt werden muß. Ferner ist nachgewiesen, daß es neben dem Aufbau von Eiweißkörpern aus den Aminosäuren des Nahrungseiweißes und dem endgültigen Abbau im Körper noch einen Eiweißumbau gibt. Das Eiweiß kann je nach Bedarf von einem Organ zu einem anderen verschoben werden. Dabei ist aber wegen der Organspezifität der Eiweißkörper ein Umbau notwendig. Nach neueren Vorstellungen ist es wahrscheinlich, daß dabei in dem einen Organ nicht ein Eiweißmolekül vollständig abgebaut wird, und die Aminosäuren in einem anderen zu einem neuen Protein wieder zusammengefügt werden, sondern es werden an der ersten Stelle die notwendigen Aminosäuren aus dem größeren Molekül herausgenommen und an anderer Stelle und in anderer Weise wieder zusammengefügt.

Durch Untersuchungen an Zellsuspensionen, ja an einzelnen Zellkernen, sind die Voraussetzungen für die Eiweißsynthese untersucht worden. Anscheinend ist sie gebunden an die Gegenwart von Ribonucleinsäuren und von Desoxynucleinsäuren sowie an den ungestörten Ablauf der oxydativen Phosphorylierung. Daher sind Adenosintriphosphorsäure, Guanosintri- und -diphosphorsäure für die Eiweißsynthese unentbehrlich. Schließlich erfordert die Synthese noch die Anwesenheit von Mg^{2+} und K^+. Doch soll dieses ganze Problem bei der Besprechung des Eiweißstoffwechsels weiter unten erst ausführlicher behandelt werden.

Das bekannteste Beispiel eines Eiweißumbaus ist die Umwandlung der Muskelproteine in die Protamine, die Proteine der Geschlechtszellen, beim Fisch. Der Lachs lebt während der Laichzeit im Süßwasser und nimmt während dieser Zeit keine Nahrung zu sich; trotzdem entwickeln sich gleichzeitig seine Geschlechtsdrüsen zu mächtiger Größe. Die Eiweißkörper der Geschlechtsorgane werden anscheinend völlig auf Kosten der Skeletmuskulatur gebildet; diese wird an Masse sehr stark reduziert (MIESCHER; KOSSEL). Das Protamin der Heringsspermien, das *Clupein*, besteht überwiegend aus Arginin (s. Tabelle 8, S. 89), die Muskulatur enthält aber nur wenige Prozent von dieser Aminosäure. Um den zur Clupeinbildung notwendigen Argininbedarf zu decken, muß also eine große Menge Muskeleiweiß eingeschmolzen werden. In der Tat reicht der Eiweißverlust der Muskulatur während der Laichzeit völlig aus, das notwendige Arginin für die Clupeinsynthese zur Verfügung zu stellen und ähnliches gilt auch für die Synthese des Salmins der Lachsspermien.

Kohlenhydrate und Fette können in erheblichem Umfang gespeichert werden, für Eiweißkörper gilt das nur in ganz geringem Umfang.

Tabelle 94.
Tägliche Eiweißneubildung
des erwachsenen Menschen.
(Nach LANG.)

Eiweiß	g
Hämoglobin	8
Plasmaalbumin	17
Plasmaglobulin	5
Lebereiweiß	23
Eiweiß von Muskel, Haut u. dgl.	32
Eiweiß anderer Organe	13
Eiweißneubildung insgesamt	98

Früher hat man zwischen einem endogenen und einem exogenen Eiweißstoffwechsel unterschieden. Die vorerwähnten und viele andere Beobachtungen zeigen, daß das Eiweiß des Körpers und das mit der Nahrung zugeführte in so enger Wechselwirkung miteinander stehen, daß eine solche Unterscheidung kaum möglich ist. Ebenso wie für andere Körperbausteine gibt es auch für das Eiweiß und seine Abbauprodukte ein Sammelbecken im Stoffwechsel (s. S. 408). Diesen besonderen metabolic pool kann man als *Stickstoff-pool* bezeichnen. Versuche mit isotopen Aminosäuren, die schon S. 408 erwähnt wurden, haben gezeigt, daß sich z. B. die in ihnen enthaltenen Aminogruppen sehr rasch auf das Körpereiweiß verteilen und nur zum kleinen Teil bald ausgeschieden werden. Aus der Ausscheidungsgeschwindigkeit der zugeführten Isotopen läßt sich errechnen, daß bei der Ratte die halbe Lebensdauer der Proteine aus Plasma, Leber und anderen inneren Organen etwa 7 Tage beträgt. Beim Menschen beträgt die „Halbwertszeit" der Proteine für Plasmaalbumin etwa 60, für Plasmaglobulin etwa 10 und für Fibrinogen 6 bis 7 Tage, d. h. daß innerhalb dieser Zeiträume die Hälfte dieser Eiweißkörper erneuert wird. Es läßt sich errechnen, daß der Mensch im Mittel je Tag und Kilogramm Körpergewicht eine Eiweißmenge synthetisiert, die 0,218 g N entspricht und daß er über ein *Stickstoff-pool* von etwa 0,5 g N je Kilogramm verfügt. Die tägliche Eiweißneubildung des erwachsenen Menschen wurde zu etwa 98 g errechnet. Die Tabelle 94 zeigt, in welcher Weise diese Menge verteilt ist.

Von einem Eiweißspeicher kann man allerdings insofern sprechen, als sich das Zelleiweiß an den allgemeinen Umsetzungen des Eiweißstoffwechsels beteiligt. Außerdem werden bei guter Ernährungslage die Zellen, besonders die der Leber, reicher an Eiweiß, so daß in Notzeiten ohne Störung der Zellfunktion dies Eiweiß wieder abgegeben werden kann und zur Bildung von Plasmaeiweiß oder anderen Proteinen verwertet wird.

b) Zwischenstoffwechsel.

1. Die Synthese von Aminosäuren.

Wie schon früher angedeutet wurde, kann der Organismus eine Reihe von Aminosäuren selber aufbauen, sie sind entbehrlich, andere dagegen müssen in der Nahrung enthalten sein, sie sind lebenswichtig oder unentbehrlich, andere wieder sind zwar entbehrlich, beschleunigen aber das Wachstum.

Die Möglichkeit des Aminosäurenaufbaus geht aus Fütterungsversuchen hervor, in denen Tieren als N-Quelle nicht Eiweiß, sondern Aminosäuregemische verfüttert wurden. Sind in einem solchen Gemisch alle Aminosäuren enthalten, die der Körper gebraucht, so kann die Eiweißzufuhr durch sie völlig ersetzt werden. Läßt man aber aus dem Gemisch bestimmte Aminosäuren fort, so gibt sich die Lebenswichtigkeit der einen oder anderen an Wachstumsstörungen oder sonstigen Ausfallserscheinungen zu erkennen. Die Abb. 116 (S. 462) zeigt, wie sich z. B. das alleinige Fehlen von Valin auf den Zustand und das Gewicht einer Ratte auswirkt, die als N-Quelle statt mit Eiweiß mit einem Aminosäuregemisch gefüttert wurde.

Tabelle 95. Entbehrliche und unentbehrliche Aminosäuren für Ratte und Hund (nach Rose).

Unentbehrlich	Wachstums-beschleunigend	Entbehrlich
Valin	Arginin	Alanin
Leucin	Cystin	Asparaginsäure
Isoleucin	Glutaminsäure	Citrullin
Lysin	Prolin	Glykokoll
Methionin	Serin	Oxyprolin
Threonin	Tyrosin	
Phenylalanin		
Tryptophan		
Histidin		

Tabelle 96. Bedarf des erwachsenen Menschen an den essentiellen Aminosäuren. (W. C. Rose.)

Aminosäure	Tägliche Zufuhr in g	
	Minimalbedarf	wünschenswert
Isoleucin	0,70	1,40
Leucin	1,10	2,20
Lysin	0,80	1,60
Methionin . . .	1,10	2,20
Phenylalanin . .	1,10	2,20
Threonin	0,50	1,00
Tryptophan. . .	0,25	0,50
Valin	0,80	1,60

W. C. Rose und seine Mitarbeiter haben über die Frage, welche Aminosäuren lebensnotwendig sind, grundlegende Untersuchungen ausgeführt. Für das Wachstum von Hund und Ratte erwiesen sich von den mit Sicherheit als Eiweißbausteinen bekannten 22 Aminosäuren, wie aus Tabelle 95 hervorgeht, nur 10 als lebenswichtig oder essentiell. Für Arginin ist bemerkenswert, daß es zwar vom Körper synthetisiert werden kann, aber offenbar nicht mit der nötigen Geschwindigkeit, so daß argininfrei ernährte Tiere zwar wachsen, aber wesentlich langsamer als solche, die Arginin erhalten.

Wohlverstanden beziehen sich diese Ergebnisse nur auf die *Erhaltung eines normalen Wachstums, und zwar der Ratte und des Hundes.* Es ist nicht ausgeschlossen, daß die Erhaltung anderer Funktionen, so besonders der Fortpflanzungsfähigkeit oder der Entgiftungsmechanismen, die Zufuhr weiterer Aminosäuren nötig macht. Für die Erhaltung der Fortpflanzungsfähigkeit der Ratte ist z. B. das Tryptophan notwendig. Für den Menschen sind Lysin, Methionin, Valin, Threonin, Leucin, Isoleucin, Tryptophan und Phenylalanin, nicht dagegen Histidin als lebensnotwendig erkannt worden. Bei der Ratte war $^1/_4$ des Methionins durch Cystin ersetzbar, beim Menschen dagegen fast 90 %. Ebenso kann beim Menschen der Phenylalaninbedarf zu 70—75 % durch Tyrosin gedeckt werden.

In Tabelle 96 ist nach Rose der Bedarf des erwachsenen Menschen an den essentiellen Aminosäuren zusammengestellt. Für das Wachstum und die Vermehrung von isolierten Zellen in Kulturen erwiesen sich als notwendig Lysin, Arginin, Tryptophan, Methionin, Histidin, Glutaminsäure, Asparaginsäure, Prolin und Cystin (A. Fischer).

Die Synthese von Aminosäuren im Organismus ist aus direkten Beobachtungen bekannt. Die Niere führt Benzoesäure durch Paarung mit Glykokoll in Hippursäure über. Durch Verfütterung von Benzoesäure kann die Hippursäureausscheidung auf so hohe Werte gesteigert werden, daß der Glykokollgehalt der gleichzeitig zersetzten Eiweißkörper für diese Synthese nicht ausreicht. Das Glykokoll stammt aber auch nicht aus dem Körpereiweiß, weil der Glykokollgehalt der gesamten Tiere, bei denen durch die Verfütterung von Benzoesäure die Hippursäuresynthese angeregt wurde, genauso groß ist wie der von Normaltieren. Das Glykokoll muß also im Körper aus anderen Quellen entstanden sein.

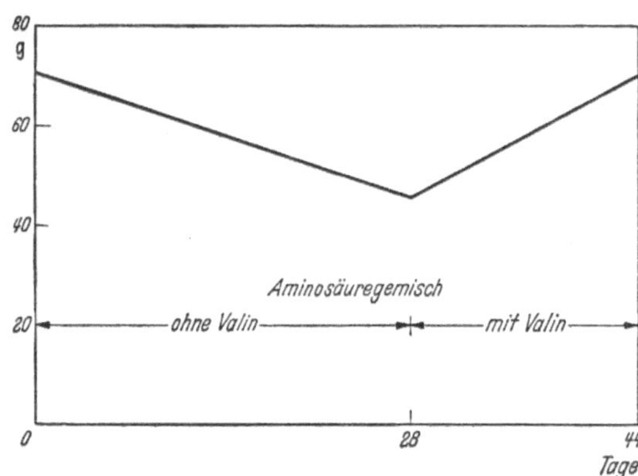

Abb 116. Links: Ratte nach 28tägiger valinfreier Kost und gleiches Tier nach 25tägiger Valinzulage. Rechts: Zugehörige Gewichtskurve. (Nach ROSE u. EPPSTEIN.)

Die Neubildung einer Aminosäure erfordert die Bereitstellung 1. des Kohlenstoffskelets und 2. der Aminogruppe.

Beschränkt man die Beantwortung der ersten Frage zunächst auf die essentiellen Aminosäuren, so ergibt sich, daß der Organismus nicht in der Lage ist, das ihnen eigentümliche Kohlenstoffskelet aufzubauen, es lassen sich nämlich in der Nahrung alle unentbehrlichen Aminosäuren durch Zufuhr der entsprechenden Ketosäuren ersetzen. Das Kohlenstoffgerüst der entbehrlichen Aminosäuren kann der Stoffwechsel offenbar in den ihnen entsprechenden Ketosäuren zur Verfügung stellen.

Die synthetische Bildung einer Aminosäure im Tierkörper ist zuerst von KNOOP gezeigt worden. Verfüttert man beim Hund γ-Phenyl-α-ketobuttersäure, so scheidet das Tier γ-Phenyl-α-aminobuttersäure in Form ihrer Acetylverbindung aus:

$$C_6H_5-CH_2-CH_2-CO-COOH \rightarrow C_6H_5-CH_2-CH_2-CH-COOH$$
$$|$$
$$HN-OC-CH_3$$

γ-Phenyl-α-ketobuttersäure   Acetyl-α-amino-γ-phenylbuttersäure

Dann haben EMBDEN u. SCHMITZ die Aminosäurebildung in der durchströmten Leber gezeigt. Als Vorstufen der Synthese dienten Ketosäuren (Tabelle 97).

Die Fähigkeit des Körpers zum Aufbau von Aminosäuren macht es verständlich, daß eine Reihe — auch von unentbehrlichen — Aminosäuren vom Körper in der unnatürlichen D-Form verwandt werden kann. Offen-

bar werden sie zunächst zu den entsprechenden optisch inaktiven Imino-
säuren dehydriert und dann erneut, und zwar zu der natürlichen L-Form
hydriert. Möglich erscheint auch eine Desaminierung zu den Ketosäuren
und die Reaminierung zu den L-Aminosäuren.

Tabelle 97. Bildung von Aminosäuren aus Ketosäuren in der überlebenden
Leber. (Nach EMBDEN, SCHMITZ, KONDO, FELLNER.)

Aus	entsteht
HO—⟨ ⟩—CH_2—CO—$COOH$ p-Hydroxyphenylbrenztraubensäure	HO—⟨ ⟩—CH_2—$CH(NH_2)$—$COOH$ Tyrosin
⟨ ⟩—CH_2—CO—$COOH$ Phenylbrenztraubensäure	⟨ ⟩—CH_2—$CH(NH_2)$—$COOH$ Phenylalanin
H_3C—CH_2—CH_2—CH_2—CO—$COOH$ α-Keto-capronsäure	H_3C—CH_2—CH_2—CH_2—$CH(NH_2)$—$COOH$ Norleucin
H_3C—CO—$COOH$ Brenztraubensäure	H_3C—$CH(NH_2)$—$COOH$ Alanin

Eine besondere Art von Aminierung ist für die Glutaminsäure bekannt, die *reduktive
Aminierung* der α-Ketoglutarsäure durch die Glutaminsäuredehydrogenase:

$$\text{α-Ketoglutarsäure} + NH_3 + \mathfrak{DPN}—H + H^+ \rightleftharpoons \text{Glutaminsäure} + \mathfrak{DPN}^+.$$

Über die Rückreaktion s. S. 465/66.

2. Die Synthese der Peptidbindung.

Nachdem im Vorhergehenden die Möglichkeiten der biologischen
Bildung von Aminosäuren besprochen worden sind, muß untersucht werden,
in welcher Weise die Aminosäuren sich miteinander bzw. mit einem Ei-
weißrest vereinigen. Das gleiche Problem besteht im übrigen ganz allgemein
für den Aufbau von Eiweißkörpern, gleichviel ob aus Aminosäuren, die
der Nahrung entstammen oder aus solchen, die im Organismus gebildet
werden. Von vornherein sei festgestellt, daß die Bildung einer Peptidbindung nicht die einfache Umkehrung ihrer hydrolytischen Spaltung
sein kann, da diese ein exergonischer Prozeß ist, der mit einer Änderung
der freien Energie von etwa 3 kcal verbunden ist.

Man verfügt über einfache Modellreaktionen, an denen sich die Bedingungen der Entstehung der Peptidbindung verfolgen lassen. Schon an
früherer Stelle ist über die Hippursäuresynthese aus Benzoesäure und
Glykokoll berichtet worden (s. S. 323). Diese Synthese verläuft nur dann,
wenn gleichzeitig exergonische (vorzugsweise oxydative) Prozesse die Energie
für sie liefern. Zu den wesentlichsten Voraussetzungen für die Eiweißsynthese gehören die oxydative Phosphorylierung und die Gegenwart von
$\mathfrak{ATP}$, Bedingungen, die den Energiebedarf der Reaktion deutlich unter-
streichen. Ähnliches wird man natürlich für die Synthese der einzelnen
Peptidbindung erwarten müssen. Wenn man daran denkt, daß Fettsäuren,
um sie reaktionsfähig zu machen, in ihre $\mathfrak{CoA}$-Verbindungen überführt werden
müssen, ist man zu der Vermutung berechtigt, daß auch Aminosäuren eine
„Aktivierung" erfahren dürften, die der Knüpfung der Peptidbindung
vorausgeht. Allerdings besteht über einen solchen Mechanismus noch keine

volle Klarheit. Es liegen aber gute Gründe für die Annahme vor, daß sich in ganz analoger Weise wie bei den Fettsäuren (s. S. 444) auch bei den Aminosäuren zunächst unter Pyrophosphatspaltung von ATP Anhydride aus Adenosinmonophosphorsäure (AMP) und α-Aminosäuren bilden. Für Alanin wurde die folgende Reaktionsfolge vorgeschlagen:

$$\text{Alanin} + \text{ATP} + \text{Enzym} \rightleftharpoons \text{Alanyl-AMP-Enzym} + \text{Pyrophosphat}$$
$$\text{Alanyl-AMP-Enzym} \rightleftharpoons \text{Alanyl-X} + \text{AMP} + \text{Enzym}.$$

Dabei ist X wahrscheinlich Ribonucleinsäure oder eine ribonucleinsäureähnliche Substanz. Fernerhin ist an dieser Übertragung in einer noch nicht aufgeklärten Weise Guanosintriphosphorsäure beteiligt. Bemerkenswert ist, daß bei Hydrolyse der Ribonucleinsäure auftretende Spaltprodukte die Fähigkeit zu haben scheinen, beim Einbau von Aminosäuren in Eiweiß mitzuwirken. Die verschiedenen Spaltstücke der Ribonucleinsäure sollen dabei eine spezifische Wirkung haben, indem z. B. ein Adenin-Cytosindinucleotid beim Einbau von Asparaginsäure in Eiweiß die Ribonucleinsäure voll ersetzen kann. Für den Einbau anderer Aminosäuren müssen andere Spaltstücke der Ribonucleinsäure anwesend sein.

Analog der Bildung von Hippursäure aus Glykokoll und Benzoesäure können sich Benzoesäure und das Dipeptid Glycylglycin (Glycin = Glykokoll) zu Benzoylglycylglycin vereinigen, aus dem durch Glykokollabspaltung ebenfalls Hippursäure entsteht. Man nennt diesen Vorgang *Transpeptidierung*. Der Einbau von Aminosäuren in Peptide oder in Eiweißkörper ist also eine Transpeptidierung.

3. Eiweißabbau.

Der Abbau der Eiweißkörper im Zellstoffwechsel geht voraussichtlich zunächst den gleichen Weg wie die Aufspaltung der Proteine bei der Verdauung im Darm. Er ist also eine Hydrolyse, für deren Durchführung der Zelle im Kathepsin und den Zellpeptidasen die Werkzeuge zur Verfügung stehen. Aus den Eiweißkörpern entstehen dabei über die Peptide zunächst Aminosäuren. Wenn auch immer wieder andere Abbauwege der Eiweißkörper erwogen worden sind, so ist doch sicherlich der hydrolytische Abbau bis zu den Aminosäuren der wichtigste; andere *biologische* Abbauwege sind bisher auch nicht mit Sicherheit erwiesen. Die Frage nach dem oxydativen Endabbau der Eiweißkörper ist also eine Frage nach dem Endabbau der Aminosäuren. Das besondere Problem beim Abbau der Aminosäuren ist die Entfernung der Aminogruppe sowie deren weiteres Schicksal. Da unter den N-haltigen Endprodukten des Stoffwechsels der Harnstoff mengenmäßig weit über alle übrigen überwiegt, ist die Frage nach dem Wege der Harnstoffbildung identisch mit der nach dem Schicksal der Aminogruppe. Sie soll erst weiter unten behandelt werden.

α) *Die Desaminierung der Aminosäuren*

Es galt bis vor nicht allzu langer Zeit als ausgemacht, daß beim Abbau der Aminosäuren ihre Aminogruppe als Ammoniak freigesetzt wird. Für die Desaminierung der Aminosäuren sind schon seit langem drei verschiedene Möglichkeiten bekannt:

1. die reduktive Desaminierung:

$$R\text{—}CH(NH_2)\text{—}COOH + H_2 \rightarrow R\text{—}CH_2\text{—}COOH + NH_3,$$

2. die hydrolytische Desaminierung:

$$R-CH(NH_2)-COOH + H_2O \rightarrow R-CHOH-COOH + NH_3,$$

3. die oxydative Desaminierung:

$$R-CH(NH_2)-COOH + {}^1/_2 O_2 \rightarrow R-CO-COOH + NH_3.$$

Alle drei Wege sind gangbar und werden unter bestimmten Voraussetzungen oder von bestimmten Organismen auch beschritten. Für den Tierkörper ist die oxydative Desaminierung die weitaus wichtigste dieser Reaktionen. Für den Abbau von Angehörigen der beiden sterischen Reihen der Aminosäuren sind spezifische Fermente erforderlich, die D-*Aminosäureoxydase* und die L-*Aminosäureoxydase*. Beide gehören zu den gelben Fermenten (s. Tabelle 68, S. 340).

Die L-Aminosäureoxydase oxydiert auch L-Hydroxysäuren. Da die beiden Wirkungen bisher nicht voneinander getrennt werden konnten, beruhen sie möglicherweise auf dem gleichen Ferment. Die L-Aminosäureoxydase katalysiert die Desaminierung von 12 Aminosäuren. Keine oder nur eine sehr schwache Wirkung hat sie auf die Diaminomonocarbonsäuren, die Monoaminodicarbonsäuren, auf Serin, Threonin, β-Alanin und Glykokoll. Die Bedeutung der L-Aminosäureoxydase für die oxydative Desaminierung der Aminosäuren ist aber mehr als fraglich, weil wie schon früher erwähnt (s. S. 341), ihre Aktivität äußerst gering ist. Es ist bisher nur ein Ferment der oxydativen Desaminierung von erheblicher Aktivität und strenger Spezifität bekannt, die $\mathfrak{DPN}$-abhängige L-*Glutaminsäure-dehydrogenase*, die die Gleichgewichtsreaktion Glutaminsäure $\rightleftharpoons$ α-Ketoglutarsäure katalysiert (s. a. S. 463).

$$
\begin{array}{cccc}
\mathrm{COOH} & & \mathrm{COOH} & \\
| & & | & \\
\mathrm{H_2NCH} & + H_2O & \mathrm{CO} & + NH_3 + 2\,H \\
| & & | & \\
\mathrm{CH_2} & \rightleftharpoons & \mathrm{CH_2} & \\
| & & | & \\
\mathrm{CH_2} & & \mathrm{CH_2} & \\
| & & | & \\
\mathrm{COOH} & & \mathrm{COOH} & \\
\text{L-Glutaminsäure} & & \text{α-Ketoglutarsäure} &
\end{array}
$$

Die Glutaminsäure, die mit dieser Reaktion einen besonderen Platz unter den Aminosäuren einnimmt, gewinnt dadurch, daß sie leicht zu α-Ketoglutarsäure desaminiert wird, Beziehung zum Citronensäurecyclus. Auch zwei andere Ketosäuren, die zu diesem Cyclus gehören, Brenztraubensäure und Oxalessigsäure, können ebenso wie α-Ketoglutarsäure leicht zu den entsprechenden Aminosäuren aminiert werden:

$$\text{Brenztraubensäure} \rightleftharpoons \text{Alanin}$$
$$\text{Oxalessigsäure} \rightleftharpoons \text{Asparaginsäure.}$$

Nach den Untersuchungen besonders von BRAUNSTEIN und seinen Mitarbeitern verlaufen diese Aminierungen, und das gleiche gilt für die Aminierung anderer Ketosäuren, über die Glutaminsäure, indem in einem 1. Reaktionsschritt eine Aminosäure mit Hilfe von Transaminasen (s. S. 327) die Aminogruppe auf α-Ketoglutarsäure überträgt. Im 2. Schritt kann dann die Aminogruppe der Glutaminsäure entweder durch die L-Glutaminsäuredehydrogenase oxydativ als Ammoniak abgespalten oder auf eine Ketosäure übertragen werden. Das System Glutaminsäure $\rightleftharpoons$ α-Ketoglutarsäure dient also der Übertragung der Aminogruppen sowohl beim Abbau der Aminosäuren als auch bei ihrer Synthese aus den ihnen entsprechenden Ketosäuren. Allgemein kann man formulieren:

1. Aminosäure $+$ α-Ketoglutarsäure $\rightleftharpoons$ Ketosäure $+$ Glutaminsäure
2. Glutaminsäure $+$ H_2O $\rightleftharpoons$ α-Ketoglutarsäure $+$ NH_3 $+$ 2 H
1. $+$ 2. Aminosäure $+$ H_2O $\rightleftharpoons$ Ketosäure $+$ NH_3 $+$ 2 H.

Es sei vermerkt, daß Histidin, Serin, Methionin und Cystein nicht auf diesem Wege desaminiert werden, sondern besondere Reaktionswege einschlagen. Wenn die Synthese von Aminosäuren auch wahrscheinlich nach der oben geschilderten Reaktionsfolge vor sich geht, so entspricht ihre Umkehr nicht dem normalen Weg des Aminosäureabbaus. Dieser vollzieht sich vielmehr ohne Freisetzung von Ammoniak, wie schon S. 327ff. besprochen und wie im Zusammenhang mit der Besprechung der Harnstoffbildung nochmals ausgeführt werden wird (s. S. 468ff.). Auch bei ihr aber müssen die Aminosäuren in die entsprechenden Ketosäuren übergehen.

Die weitere Untersuchung muß sich also mit dem Schicksal der α-Ketosäuren befassen. Schon vor langer Zeit hatte KNOOP gezeigt, daß von Hunden nach Verfütterung von γ-Phenyl-α-aminobuttersäure Hippursäure ausgeschieden wird; aus der verfütterten Substanz muß also im Stoffwechsel Benzoesäure gebildet worden sein. Benzoesäure entsteht aber nach den S. 443 geschilderten Versuchen KNOOPs über den Abbau substituierter Fettsäuren nicht aus Phenylbuttersäure, sondern aus Phenylpropionsäure. *Die Aminosäure liefert demnach bei ihrem biologischen Abbau das gleiche Oxydationsprodukt wie die um 1 C-Atom ärmere N-freie Säure.* Versuche EMBDENs und seiner Mitarbeiter an der durchströmten überlebenden Leber bestätigten dieses Ergebnis. Die Aminosäuren bildeten genauso wie die Fettsäuren zum Teil Aceton, zum Teil nicht. Immer aber entsprach das Verhalten einer Aminosäure demjenigen einer um 1 C-Atom ärmeren Fettsäure. Auch nach diesen Versuchen sind also die *Aminosäuren unter Desaminierung und Abspaltung der Carboxylgruppe in die um ein C-Atom ärmere Fettsäure umgewandelt worden.*

Ein weiterer Weg für die Entstehung von Ketosäuren aus Eiweißkörpern ist schon früher erörtert worden (s. S. 311). Nach BERGMANN spaltet eine in der Niere vorkommende Dehydropeptidase dehydrierte Dipeptide in je ein Molekül Aminosäure, Ketosäure und Ammoniak. Es ist aber unwahrscheinlich, daß diese Reaktion biologische Bedeutung hat.

Die zweite Stufe des Abbaus, *die Umwandlung der Ketosäure in die nächst niedere Fettsäure*, geht voraussichtlich in der Weise vor sich, daß die Ketosäure zum nächst niederen Aldehyd decarboxyliert und dieser anschließend zur entsprechenden Fettsäure oxydiert wird:

$$
\begin{array}{ccccccc}
\underset{\displaystyle\underset{\text{Ketosäure}}{\text{COOH}}}{\overset{\displaystyle R}{\underset{|}{\overset{|}{C}}}=O}
& \xrightarrow{-CO_2}
& \underset{\text{Aldehyd}}{C\!\!\overset{\displaystyle R}{\underset{|}{}}\!\!\overset{\nearrow O}{\searrow H}}
& \xrightarrow{+H_2O}
& \underset{\text{Aldehydhydrat}}{C\!\!\overset{\displaystyle R}{\underset{|}{}}\!\!\overset{\nearrow OH}{\searrow OH}}
& \xrightarrow{-H_2}
& \underset{\text{Fettsäure}}{C\!\!\overset{\displaystyle R}{\underset{|}{}}\!\!\overset{\nearrow O}{\searrow OH}}
\end{array}
$$

Es handelt sich also um eine oxydative Decarboxylierung. Wenn dies auch bisher nur für die Desaminierung der D-Aminosäuren als bewiesen angesehen werden kann, ist es doch sehr wahrscheinlich, daß L-Aminosäuren in gleicher Weise abgebaut werden.

Die intermediäre Bildung des um 1 C-Atom ärmeren Aldehyds konnte bei der Desamidierung einer Reihe von Aminosäuren durch Ascorbinsäure in Gegenwart von Sauerstoff erwiesen werden (ABDERHALDEN).

Die entstandenen Fettsäuren werden nach dem Prinzip der β-Oxydation weiterhin abgebaut (s. S. 443ff.).

β) Die primäre Decarboxylierung.

Für eine Reihe von Aminosäuren spielt die primäre ***Decarboxylierung*** **unter Bildung** ***primärer Amine*** **eine gewisse Rolle:**

$$R\text{—}CH(NH_2)\text{—}COOH \rightarrow R\text{—}CH_2(NH_2) + CO_2.$$

Auf diesem Wege werden z. B. durch Bakterienwirkung im Darm aus Lysin und Ornithin die Diamine Cadaverin und Putrescin gebildet (s. S. 378). Im Organismus des höheren Tieres ist dieser Weg quantitativ wohl zu vernachlässigen. Jedoch sind einige der in dieser Weise entstehenden *proteinogenen Amine* physiologisch außerordentlich wirksame Stoffe (Tyramin, Histamin), so daß der Nachweis ihres Vorkommens in Leukocyten, Leber, Lunge und Pankreas von großer Bedeutung ist. Anscheinend ist auch

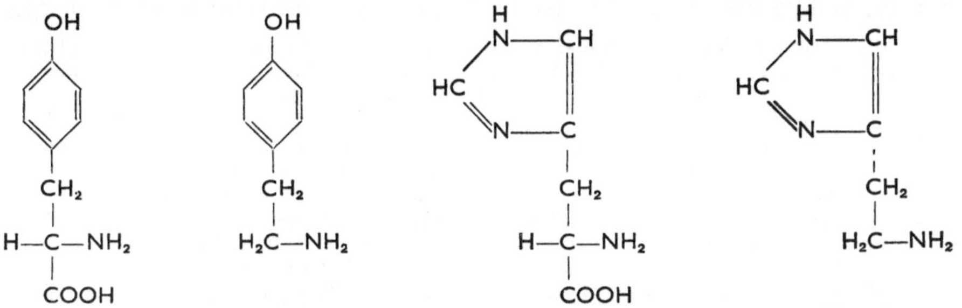

Tyrosin **Tyramin** Histidin **Histamin**

die Decarboxylierung des Tryptophans zu dem ihm entsprechenden Amin möglich. Ferner kann Colamin aus Serin entstehen (s. S. 453), γ-Aminobuttersäure aus Glutaminsäure (s. S. 479), Taurin aus Cysteinsäure (s. S. 478). Die prosthetische Gruppe der für die Decarboxylierung verantwortlichen Fermente ist das Pyridoxal-5-phosphat (s. S. 204).

Die Versuche, die Bildung solcher Amine durch Zusatz von Tyrosin oder Histidin zu zerschnittenen Organen zu erzielen, haben bisher nur in ganz wenigen Fällen (in Pankreas und Niere) zur chemischen Identifizierung von Tyramin geführt. Die Bildung von Histamin ist bisher nur mit pharmakologischen Methoden, also an Hand der biologischen Wirkung, nachgewiesen, der *chemische* Beweis steht aber noch aus.

Bei der Bildung dieser Amine wird wahrscheinlich die Aminosäure zunächst dehydriert, dann die entstandene Iminosäure zum Imin decarboxyliert und dieses schließlich zum Amin hydriert.

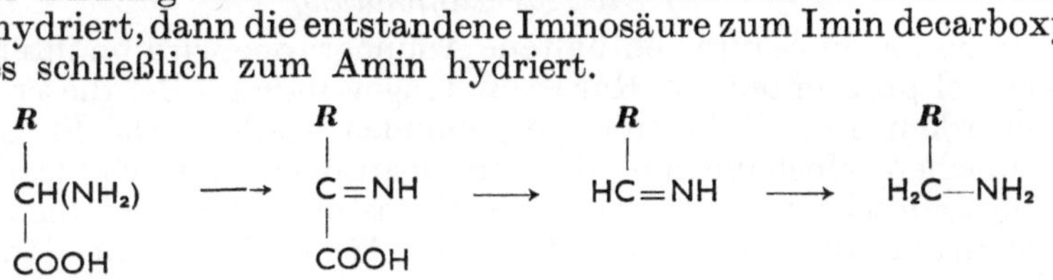

Aminosäure Iminosäure Imin Amin

Histamin und andere Amine werden bei Gegenwart von Sauerstoff leicht weiter abgebaut. Dieser Abbau ist von Holtz für L-*Dihydroxyphenylalanin* (s. S. 235, 346) näher untersucht worden. Läßt man Nierengewebe unter Ausschluß von Sauerstoff auf diese Aminosäure einwirken, so bildet sich *Hydroxytyramin*. Unter aeroben Verhältnissen wird dies zum

Dihydroxyphenylacetaldehyd oxydiert. Für den Abbau sind also zwei Fermente notwendig, eine *Decarboxylase* und eine *Aminoxydase*.

Von der Aminoxydase ist wahrscheinlich die *Histaminase*, das Ferment des oxydativen Histaminabbaus, verschieden. Da diese noch andere Diamine oxydiert, wird sie auch als *Diaminoxydase* bezeichnet. Die Decarboxy-

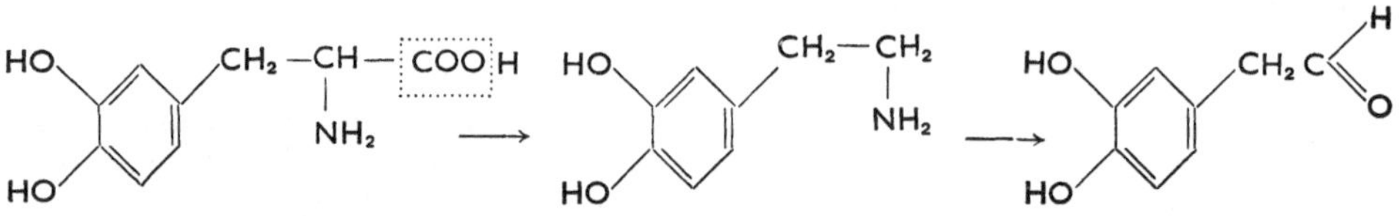

L-Dihydroxyphenylalanin   Hydroxy-tyramin   Dihydroxyphenylacetaldehyd

lasen für Histidin, Tyrosin und Dioxyphenylalanin sind spezifisch auf diese Substrate eingestellte Fermente. Die Aktivität der Histaminoxydase ist anscheinend eng mit der Tätigkeit des Geschlechtsapparates verbunden, da während der Schwangerschaft ihre Konzentration im Serum erheblich ansteigt.

Auf die *Verwandtschaft der Betaine und des Cholins mit Aminosäuren* ist schon an früherer Stelle hingewiesen worden (s. S. 63). Betaine kommen allerdings im Organismus der Tiere und besonders der Warmblüter kaum vor. Das Ergothionein (s. S. 70) findet sich dagegen in den roten Blutkörperchen.

Für den Organismus sind schließlich von Bedeutung die *bakteriellen Umwandlungen* von Aminosäuren, weil die entstehenden Reaktionsprodukte vom Darm resorbiert werden können und so, ohne ihre Entstehung einer Organtätigkeit zu verdanken, im Organismus auftreten. Als bakterieller Abbauweg kommt hauptsächlich die oben besprochene Decarboxylierung unter Aminbildung in Frage. Ein weiterer Weg ist die reduktive Desaminierung zur Fettsäure mit der gleichen C-Atomzahl (s. S. 464). Es kann aber auch genau wie beim Abbau der Aminosäuren im Tierkörper nach oxydativer Desaminierung der nächst niedere Aldehyd entstehen. Im Tierkörper geht dieser durch Oxydation in die Fettsäure über; Bakterien und auch Hefen reduzieren ihn dagegen zu Alkohol. So bildet z. B. gärende Hefe aus Leucin den *Isoamylalkohol*, aus Isoleucin den *Amylalkohol* (die sog. *Fuselöle*) und auch

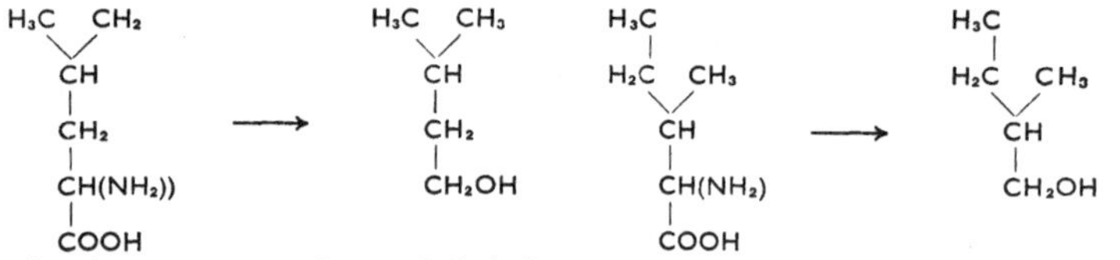

Leucin   Isoamylalkohol   Isoleucin   Amylalkohol

aus anderen Aminosäuren entstehen die entsprechenden um ein C-Atom ärmeren Alkohole. Die bakteriellen Umwandlungen der cyclischen Aminosäuren bei der Darmfäulnis sind schon früher besprochen (s. S. 378).

γ) Die Harnstoffbildung.

Die in den Aminosäuren enthaltene Aminogruppe wird im intermediären Stoffwechsel größtenteils in Harnstoff umgewandelt. Bei dieser Reaktion muß außerdem noch Kohlendioxyd gebunden werden. Die Frage ist also, durch welchen Mechanismus die Aminogruppen mit Kohlendioxyd in Reaktion gebracht werden. Ort der Harnstoffbildung ist die Leber. In Leberschnitten, die in sauerstoffhaltiger Atmosphäre mit dünnen Ammoniaklösungen geschüttelt werden, bildet sich Harnstoff. Setzt man gleichzeitig die verschiedensten Aminosäuren zu, so bleibt die Geschwindigkeit der Harnstoffbildung unverändert. Eine Ausnahme machen jedoch die beiden Aminosäuren, Ornithin und Citrullin, in deren Gegenwart die Geschwindigkeit der Harnstoffbildung weitgehend gesteigert wird. Die Wirkung des Ornithins hat aber noch zwei weitere Besonderheiten: die

Harnstoffbildung ist viel größer als dem N-Gehalt des Ornithins entspricht, es kann etwa das 30fache an Harnstoff gebildet werden, und das Ornithin wird bei der Reaktion nicht verbraucht. Seine Wirkung ist also am besten als eine Katalyse der Harnstoffbildung zu beschreiben. Citrullin steigert die Geschwindigkeit der Harnstoffbildung noch mehr als Ornithin. Diese Versuche von Krebs u. Henseleit lassen sich nur dann befriedigend erklären, wenn man annimmt, daß zunächst aus Ornithin oder Citrullin und Kohlendioxyd sowie Ammoniak eine Zwischenverbindung entsteht, die unter Abspaltung von Harnstoff immer wieder in Ornithin zurückverwandelt wird. Alle diese Forderungen erfüllt das Arginin. Die Harnstoffsynthese vollzieht sich also nach dem folgenden Schema:

$$
\begin{array}{ccccc}
\text{H}_2\text{C}-\text{NH}_2 + \text{CO}_2 + \text{NH}_3 & & \text{H}_2\text{C}-\text{NH}-\text{C}{\overset{\displaystyle \text{NH}_2}{=}}\text{O} + \text{NH}_3 & & \text{H}_2\text{C}-\text{NH}-\text{C}{\overset{\displaystyle \text{NH}_2}{=}}\text{NH} & & \text{H}_2\text{C}-\text{NH}_2 + \text{C}{\overset{\displaystyle \text{NH}_2}{\underset{\text{NH}_2}{=}}}\text{O} \\
\mid & & \mid & & \mid & & \mid \\
\text{CH}_2 & & \text{CH}_2 & & \text{CH}_2 & & \text{CH}_2 \\
\mid & \xrightarrow{-\text{H}_2\text{O}} & \mid & \xrightarrow{-\text{H}_2\text{O}} & \mid & \xrightarrow{+\text{H}_2\text{O}} & \mid \\
\text{CH}_2 & & \text{CH}_2 & & \text{CH}_2 & & \text{CH}_2 \\
\mid & & \mid & & \mid & & \mid \\
\text{CH(NH}_2) & & \text{CH(NH}_2) & & \text{CH(NH}_2) & & \text{CH(NH}_2) \\
\mid & & \mid & & \mid & & \mid \\
\text{COOH} & & \text{COOH} & & \text{COOH} & & \text{COOH} \\
\text{Ornithin} & & \text{Citrullin} & & \text{Arginin} & & \text{Ornithin} \quad \text{Harnstoff}
\end{array}
$$

Die zentrale Stellung des Ornithins bei der Harnstoffbildung geht auch aus der schematischen Abb. 117 hervor. Diese Abbildung deutet auch den Verlauf der Reaktion in drei Stufen an: 1. Die Anlagerung von Ammoniak und Kohlendioxyd an die δ-ständige Aminogruppe des Ornithins unter Austritt von Wasser und unter Bildung von Citrullin, 2. die Anlagerung eines zweiten Ammoniakmoleküls unter Abspaltung eines zweiten Wassermoleküls und Bildung von Arginin, 3. die Aufspaltung des Arginins in Ornithin und Harnstoff. Die Arginase ist also ein Teilferment der Harnstoffsynthese. Das stimmt auch mit dem Befund überein, daß sich Arginase nur in dem Organ in größerer Menge findet, in dem Harnstoff gebildet wird, nämlich in der Leber; in den übrigen Organen und bei Tieren, in deren Stoffwechsel überhaupt kein Harnstoff gebildet wird (Vögel und

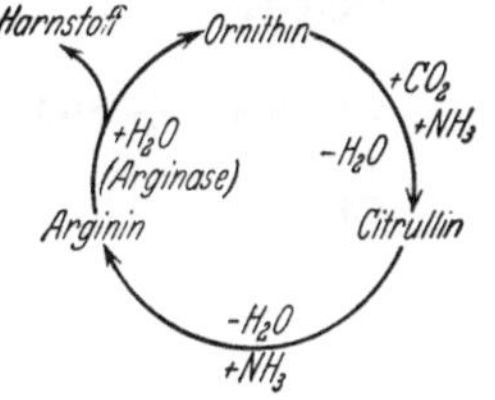

Abb. 117. Schema der Harnstoffbildung. (Nach Krebs.)

Reptilien, s. S. 488), fehlt sie gänzlich oder kommt nur in ganz geringen Mengen vor.

Im Anschluß an die Untersuchungen von Krebs hat man versucht, andere Wege der Harnstoffsynthese aufzufinden. Dies ist zwar nicht gelungen, aber es hat sich ergeben, daß das eigentliche Problem die Einführung der Aminogruppen bei der Bildung von Citrullin aus Ornithin und von Arginin aus Citrullin ist. Ammoniak kann dabei nicht direkt in Reaktion treten, sondern muß durch ein oder mehrere „Überträgerstoffe" zugeführt werden. Es steht fest, daß beide Reaktionen endergonisch sind und der Zufuhr von Energie bedürfen, die offenbar durch Spaltung von Adenosintriphosphorsäure gewonnen wird. Außerdem erwies sich die Gegenwart von Cytochrom c, von Glutaminsäure, von Ammonium- und von Magnesiumionen als erforderlich. Die Energie für die Resynthese der Adenosintriphosphorsäure, die für den Fortgang der Reaktion erforderlich ist, liefert die Oxydation von Bernsteinsäure oder Fumarsäure.

Die *erste Reaktionsstufe*, die Bildung von Citrullin aus Ornithin, die die
Aufnahme von je 1 Mol NH_3 und CO_2 erfordert, ist noch nicht in allen
Einzelheiten geklärt. Jedoch kann als gesichert angesehen werden, daß
zunächst Ammoniak, Kohlendioxyd und ATP unter Bildung von *Carbamylphosphat* miteinander reagieren:

$$NH_3 + CO_2 + \text{ATP} \rightarrow H_2N\text{—}CO\text{—}O\text{—}PO_3H_2.$$

Die Reaktion wird durch N-Acetyl-glutamat wesentlich beschleunigt. Es
steht noch nicht fest, ob nunmehr Carbamylphosphat selber oder eine
Verbindung X, die als Ureidobernsteinsäure angesprochen wurde und durch
Übertragung der Carbamylgruppe auf Asparaginsäure entstehen soll, die

```
        COOH                    COOH
         |                       |
        CH₂                     CH₂
         |                       |
       CH(NH₂)                CH(NH—CO—NH₂)
         |                       |
        COOH                    COOH
     Asparaginsäure         Ureidobernsteinsäure
```

Carbamylgruppe zur Bildung von Citrullin auf Ornithin überträgt. Jedenfalls wird für die Carbamylphosphatbildung freies Ammoniak benötigt,
das von Glutaminsäure oder von Glutamin geliefert werden kann, jedoch
auch von bestimmten Aminosäuren durch nicht-oxydative Desaminierung
geliefert werden konnte.

Die Aminogruppe, die für die *zweite Stufe*, die Bildung von Arginin,
nötig ist, scheint die Asparaginsäure beizusteuern, die dabei zu Fumarsäure
wird. Dabei entsteht als Zwischenprodukt Argininbernsteinsäure, die dann
in Fumarsäure und Arginin zerfällt:

```
  COOH            NH                   COOH        NH
   |              ‖                     |          ‖
 CH(NH₂) + HO—C—NH                   CH(NH)—C—NH                      ⟶
   |              |          —H₂O      |          |
  CH₂            CH₂        ⟶         CH₂        CH₂
   |              |                    |          |
  COOH           CH₂                  COOH       CH₂
                  |                               |
                 CH₂                             CH₂
                  |                               |
               CH(NH₂)                         CH(NH₂)
                  |                               |
                 COOH                           COOH
 Asparaginsäure   Citrullin            Argininbernsteinsäure
```

```
                NH
                ‖
        H₂N—C—NH          +   HOOC—CH
              |                      ‖
             CH₂                   CH—COOH
              |
             CH₂
              |
             CH₂
              |
           CH(NH₂)
              |
             COOH
           Arginin                  Fumarsäure
```

Bei diesen Reaktionen spielen also auch zum Citronensäurecyclus gehörende Substanzen eine Rolle. Die Reaktionen sind in einem Schema von RATNER, das hier modifiziert und ergänzt ist, zusammengefaßt worden (s. Abb. 118).

Da Harnstoff in großen Mengen im Harn ausgeschieden wird, ist er zweifellos das Hauptendprodukt des Aminosäure- und damit des Eiweißstoffwechsels. Trotzdem aber wird er zu einem geringen Teil im Organismus auch wieder abgebaut. Nach subcutaner Injektion von Harnstoff mit ^{15}N wurde ^{15}N in geringen Mengen in verschiedenen Organen gefunden.

δ) Glucoplastische und keto-plastische Aminosäuren.

Im Vorstehenden sind die allgemeinen Prinzipien des Abbaus der Aminosäuren geschildert. Aber bei der verschiedenartigen Konstitution der Aminosäuren, ist ihr Abbauweg im einzelnen nicht übereinstimmend. Insbesondere die Diaminosäuren, die Dicarbonsäuren, die Hydroxyaminosäuren, die schwefelhaltigen und schließlich die cyclischen Aminosäuren stellen besondere Probleme.

Für einige β-Hydroxy-α-aminosäuren hat schon KNOOP gezeigt, daß sie durch β-Oxydation, also über die β-Keto-α-aminosäuren in die um 2 C-Atome ärmeren N-freien Säuren überführt werden. Diese Feststellung ist auch deshalb bedeutungsvoll, weil sie zeigt, daß die Hydroxyaminosäuren ein anderes Schicksal

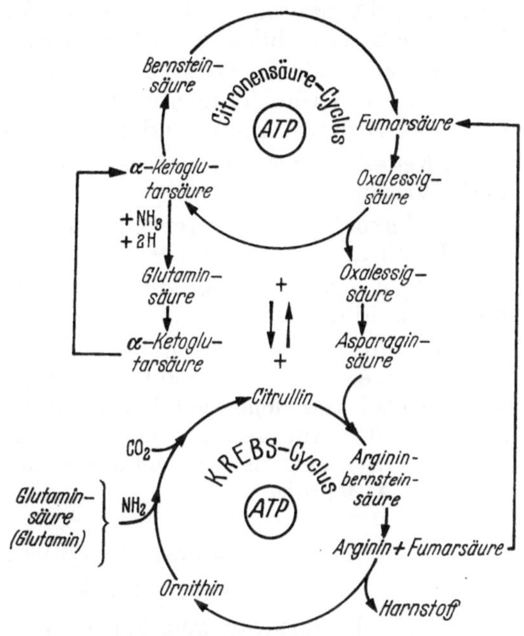

Abb. 118. Schema der Harnstoffbildung.
(Modifiziert nach RATNER.)

haben als die Aminosäuren und daß sie deshalb nicht auf dem normalen Abbauweg der Aminosäuren liegen können; sie sind vielmehr primäre Eiweißbausteine.

Über den normalen Abbauweg einiger Aminosäuren haben *Beobachtungen bei krankhaften Veränderungen des Stoffwechsels*, die zur Entstehung von sonst nicht auftretenden Zwischenprodukten des Abbaus führen, eine gewisse Klarheit gebracht, bei anderen fehlt dagegen jeder Anhaltspunkt über den Weg, den die Oxydation einschlägt. Man kann daher nur mehr oder weniger wahrscheinliche Theorien aufstellen.

Die ältesten Beobachtungen über das Schicksal der Eiweißkörper bei Stoffwechselstörungen betreffen die *Zuckerbildung aus Eiweiß* im diabetischen Organismus. Auch der völlig kohlenhydratfrei ernährte zuckerkranke Körper scheidet größere Mengen von Zucker aus; die Zuckerausscheidung geht etwa der Höhe der Stickstoffausscheidung, das heißt aber der Größe des Eiweißzerfalls, parallel. Vermehrte Eiweißzufuhr steigert die Kohlenhydratbildung, dagegen führt vermehrter Fettabbau nicht zur Steigerung der Kohlenhydratbildung, sondern zu vermehrter Bildung von Acetonkörpern; das ist verständlich, weil die natürlichen Fette weit überwiegend Fettsäuren mit einer geraden Zahl von C-Atomen enthalten (s. S. 34). Die verschiedenen Aminosäuren wurden auf ihre Fähigkeit zur Zuckerbildung im diabetischen Organismus, besonders am pankreasdiabetischen Hund und im normalen Organismus durch Verfütterung vor allem an hungernde Ratten geprüft. Ferner wurde die Bildung von Acetonkörpern aus den verschiedenen Aminosäuren an Leberschnitten geprüft. Das Ergebnis war, daß sich drei Gruppen herausschälen lassen, von denen die eine Zucker, die zweite Aceton, die dritte dagegen weder Zucker noch Aceton bildet. Die Ergebnisse der einzelnen Versuchsreihen stimmen jedoch nicht überein. Die folgende Aufstellung entspricht vielleicht am besten den tatsächlichen Verhältnissen:

1. *Glucoplastische Aminosäuren:* Glykokoll, Alanin, Serin, Lysin, Aminobuttersäure, Valin, Threonin, Isoleucin, Asparaginsäure, Glutaminsäure, Ornithin, Arginin, Prolin und Hydroxyprolin.

2. *Ketoplastische Aminosäuren:* Leucin, Isoleucin, Norvalin, Phenylalanin und Tyrosin.

In Versuchen an Nierenschnitten erwiesen sich nur Leucin, Norvalin und Lysin als Acetonbildner.

3. *Aglucoplastische* und *aketoplastische Aminosäuren:* Norleucin, Tryptophan, Histidin und Cystein.

Es muß aber darauf hingewiesen werden, daß die allgemeine Lage des Stoffwechsels, insbesondere daß gleichzeitig noch ein Kohlenhydratstoffwechsel ausreichenden Umfangs stattfindet (s. S. 436), auch für das Schicksal der Aminosäuren entscheidend sein muß. Über die Abbauwege und die Umwandlungsmöglichkeiten einiger Aminosäuren unterrichtet der folgende Abschnitt.

ε) Schicksal der einzelnen Aminosäuren.

a) Glykokoll, Sarkosin, Serin, Threonin.

Glykokoll, Sarkosin und Serin stehen im Stoffwechsel in einem engen Zusammenhang, bei dem auch 1-C-Körper eine Rolle spielen (s. S. 407). Glykokoll gehört zu den Aminosäuren, die im Organismus, wie Versuche über die Hippursäuresynthese gezeigt haben (s. S. 462), in großem Umfange gebildet werden können. Seine unmittelbaren Vorstufen aber sind noch nicht mit Sicherheit bekannt, offenbar aber gibt es deren mehrere.

$$
\begin{array}{cccc}
\text{COOH} & \text{COOH} & \text{COOH} & \text{COOH} \\
| & | & | & | \\
\text{H}_2\text{C--NH}_2 & \text{H}_2\text{C--NH(CH}_3) & \text{H}_2\text{N--C--H} & \text{H}_2\text{N--C--H} \\
 & & | & | \\
 & & \text{H}_2\text{C--OH} & \text{H--C--OH} \\
 & & & | \\
 & & & \text{CH}_3 \\
\text{Glykokoll} & \text{Sarkosin} & \text{Serin} & \text{Threonin}
\end{array}
$$

Versuche mit Glyoxylsäure und Glykolsäure, die ihre Umwandlung in Glykokoll zeigen sollten, haben keine allgemeine Anerkennung gefunden.

$$
\begin{array}{cc}
\text{COOH} & \text{COOH} \\
| & | \\
\text{CHO} & \text{CH}_2\text{OH} \\
\text{Glyoxylsäure} & \text{Glykolsäure}
\end{array}
$$

Markierte Brenztraubensäure geht zwar in Glykokoll über, aber es erscheint möglich, daß dabei Serin als Zwischenstufe auftritt. Da aus Alanin Brenztraubensäure entstehen kann, ist es verständlich, daß auch es als Vorstufe für Serin und Glykokoll dienen kann. Ebenso verständlich ist

$$H_3C\!-\!\overset{\bullet}{C}O\!-\!COOH \rightarrow H_2N\!-\!\overset{\bullet}{C}H_2\!-\!COOH \qquad H_3C\!-\!CO\!-\!\overset{\bullet}{C}OOH \rightarrow H_2N\!-\!CH_2\!-\!\overset{\bullet}{C}OOH$$

die Ausnützung von Glutaminsäure, da die aus ihr entstehende α-Ketoglutarsäure über den Citronensäurecyclus Beziehungen zu Brenztraubensäure hat (s. S. 426f.). Auch aus Threonin soll Glykokoll entstehen können. Gesichert erscheinen die Beziehungen zwischen Serin und Glykokoll.

Versuche mit isotop markiertem Serin lassen sich folgendermaßen formulieren:

$$\begin{array}{c} \overset{\bullet}{C}OOH \\ | \\ CH(\overset{\circ}{N}H_2) \\ | \\ CH_2OH \end{array} \quad \xrightarrow{-2\,H} \quad \left[\begin{array}{c} \text{Zwischenver-} \\ \text{bindung von} \\ \text{Serin und Tetra-} \\ \text{hydrofolsäure} \end{array}\right] \quad \xrightarrow{+\,H_2O} \quad \begin{array}{c} \overset{\bullet}{C}OOH \\ | \\ H_2C\overset{\circ}{N}H_2 \end{array} + H\cdot COOH$$

Serin   Glykokoll   Ameisensäure

Die Reaktion erfordert die Mitwirkung von DPN$^+$, Mn^{2+} und von Pyridoxalphosphat. Auch die umgekehrte Reaktion, die Synthese von Serin aus Glykokoll und Formiat ist nachgewiesen. Auch sie ist an die Gegenwart von Pyridoxalphosphat gebunden und erfordert ferner die Mitwirkung von hydrierten Produkten der Pteroylglutaminsäure (s. S. 209). Auch aus 2 Mol Glykokoll kann 1 Mol Serin entstehen, wobei das α-C-Atom des einen Glykokollmoleküls zum β-C-Atom des Serins wird. Serin steht zu Cystein in engen Beziehungen (s. S. 477).

Glykokoll kann außer in Serin auch in Glutaminsäure, Asparaginsäure und Arginin eingehen. Ferner wird es verwandt zum Aufbau von Purinen (s. S. 494f.), Hämoglobin (s. S. 496f.), Glutathion (s. S. 73) und Kreatin (s. S. 481). Glykokoll kann über Serin in Brenztraubensäure übergehen. Daher sind die beiden Aminosäuren glucoplastisch. Auf die Beziehungen zu Betain, Colamin und Cholin ist schon früher (s. S. 63, 65) hingewiesen worden. Die Zusammenhänge sind wahrscheinlich folgendermaßen:

$$\begin{array}{c} \overset{\ominus}{C}OO \\ | \\ (CH_3)_3\overset{\oplus}{N}\!-\!CH_2 \end{array} \rightarrow \begin{array}{c} COOH \\ | \\ H_2N\!-\!CH_2 \end{array} \rightarrow \begin{array}{c} CH_2OH \\ | \\ H_2N\!-\!CH_2 \end{array} \rightarrow \begin{array}{c} CH_2OH \\ | \\ (CH_3)_3\overset{\oplus}{N}\!-\!CH_2 \end{array}$$

Betain   Glykokoll   Colamin   Cholin

Glykokoll und Sarkosin werden durch die zu den gelben Fermenten gehörende Glykokolloxydase (s. S. 340, Tabelle 68) oxydiert. Der oxydative Abbau von Glykokoll liefert Glyoxylsäure und Ameisensäure. Die folgende Reaktionsfolge erscheint möglich:

$$\text{Glykokoll} \rightarrow \text{Glyoxylsäure} \rightarrow (\text{Ameisensäure} + CO_2) \rightarrow 2\,CO_2.$$

Aus allem ergibt sich, daß Glykokoll eine ungewöhnlich große Zahl von Stoffwechselbeziehungen hat. Diese gehen aus der Abb. 119 hervor.

Serin kann aus Glucose gebildet werden, die unmittelbare Vorstufe ist dabei 3-Phospho-hydroxy-brenztraubensäure, die Aminogruppen stellen Glutaminsäure oder Alanin zur Verfügung. Weitere Vorstufen des Serins sind Glycerinsäure bzw. Phosphoglycerinsäure. Die Reaktion benötigt 𝕬𝕿𝕻 und 𝕯𝕻𝕹⁺.

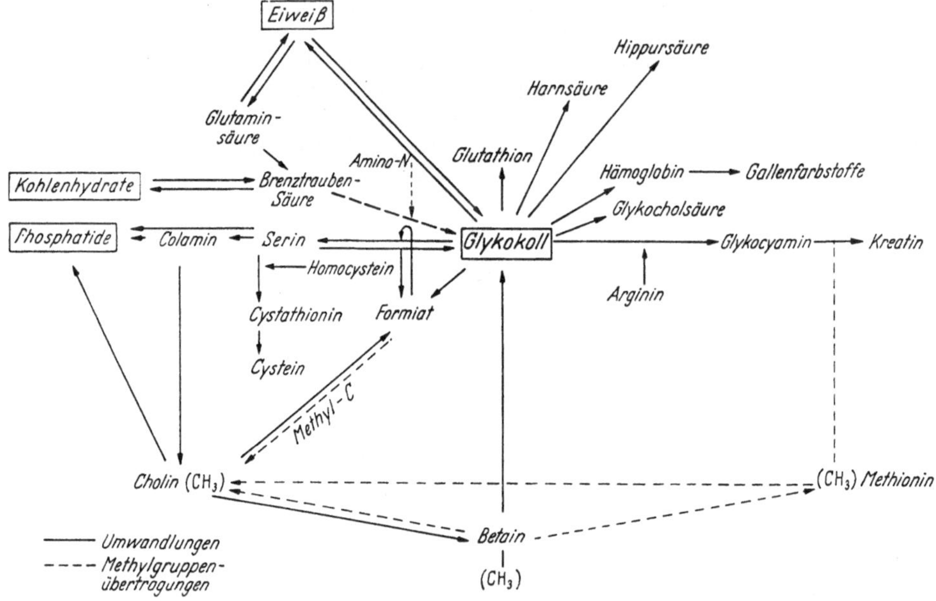

Abb. 119. Glykokoll- und Serinstoffwechsel (nach BACH).

Für die Reaktionen wird das folgende Schema vorgeschlagen:

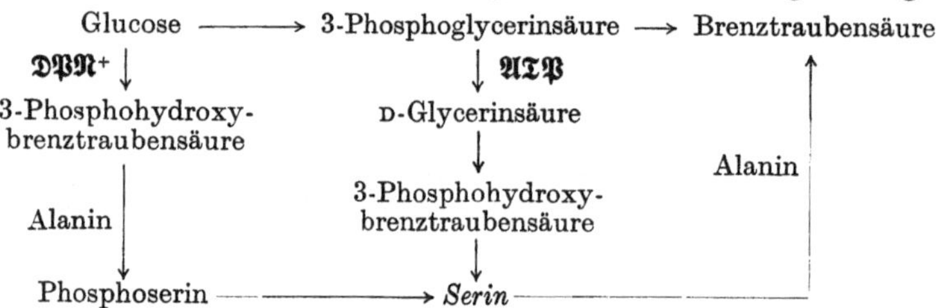

Von *Threonin* ist lediglich bekannt, daß es — wahrscheinlich über α-Ketobuttersäure — in α-Aminobuttersäure übergehen kann, über deren Schicksal nichts bekannt ist.

b) Alanin.

Alanin kann im Organismus aus Brenztraubensäure durch Umaminierung mit Glutaminsäure entstehen (s. S. 465).

$$\text{Brenztraubensäure} + \text{Glutaminsäure} \rightleftarrows \text{Alanin} + \alpha\text{-Ketoglutarsäure}$$

Die bei Umkehrung der Reaktion entstehende Brenztraubensäure geht in der früher geschilderten Weise in den Endabbau ein, kann aber auch zu Kohlenhydraten aufgebaut werden (s. S. 423). Aus Alanin kann anscheinend Glutaminsäure und Asparaginsäure entstehen, vielleicht auch Serin.

β-Alanin wird im Organismus rasch abgebaut. Hierfür wird der folgende Weg angenommen:

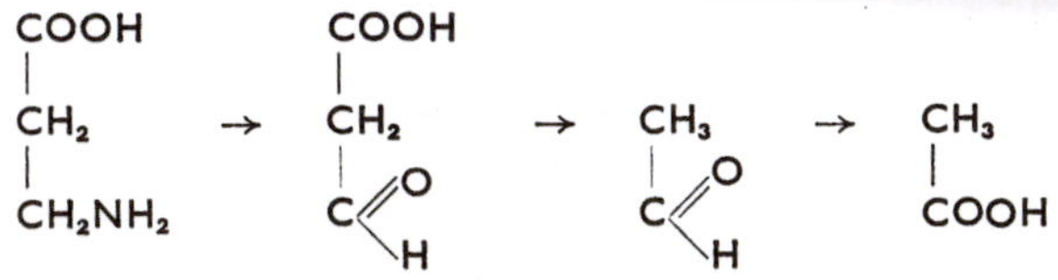

$$
\begin{array}{ccccccc}
\text{COOH} & & \text{COOH} & & & & \\
| & & | & & & & \\
\text{CH}_2 & \rightarrow & \text{CH}_2 & \rightarrow & \text{CH}_3 & \rightarrow & \text{CH}_3 \\
| & & | & & | & & | \\
\text{CH}_2\text{NH}_2 & & \text{C}{\large\diagdown}\!\!{}^{O}_{H} & & \text{C}{\large\diagdown}\!\!{}^{O}_{H} & & \text{COOH} \\
\end{array}
$$

β-Alanin   Formylessigsäure   Acetaldehyd   Essigsäure

c) Valin.

Für Valin ist nach Versuchen mit in beiden Methylgruppen am Kohlenstoff markiertem Valin folgender Abbauweg wahrscheinlich, wobei die Desaminierung eine Transaminierung mit α-Ketoglutarsäure ist. Zwischen β-Hydroxyisobuttersäure und Propionsäure steht wohl noch die Methylmalonsäure. Damit wird diese Stufe des Bildungsweges zur Umkehr des S. 446 geschilderten Abbauweges.

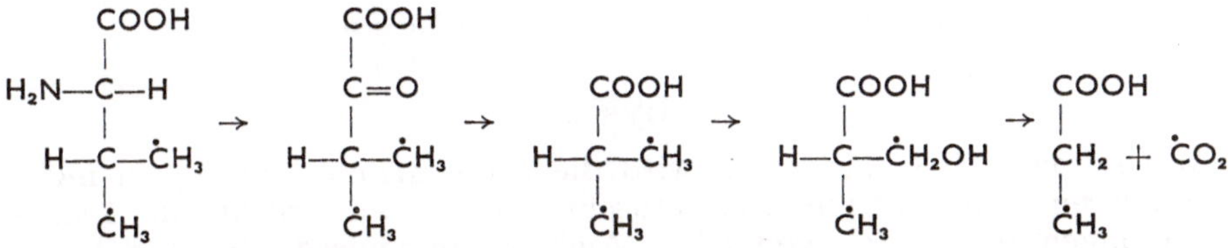

$$
\begin{array}{ccccccccc}
\text{COOH} & & \text{COOH} & & & & & & \\
| & & | & & \text{COOH} & & \text{COOH} & & \text{COOH} \\
\text{H}_2\text{N}-\text{C}-\text{H} & & \text{C}=\text{O} & & | & & | & & | \\
| & \rightarrow & | & \rightarrow & \text{H}-\text{C}-\overset{\bullet}{\text{C}}\text{H}_3 & \rightarrow & \text{H}-\text{C}-\overset{\bullet}{\text{C}}\text{H}_2\text{OH} & \rightarrow & \text{CH}_2 + \overset{\bullet}{\text{C}}\text{O}_2 \\
\text{H}-\text{C}-\overset{\bullet}{\text{C}}\text{H}_3 & & \text{H}-\text{C}-\overset{\bullet}{\text{C}}\text{H}_3 & & | & & | & & | \\
| & & | & & \overset{\bullet}{\text{C}}\text{H}_3 & & \overset{\bullet}{\text{C}}\text{H}_3 & & \overset{\bullet}{\text{C}}\text{H}_3 \\
\overset{\bullet}{\text{C}}\text{H}_3 & & \overset{\bullet}{\text{C}}\text{H}_3 & & & & & & \\
\end{array}
$$

L-Valin   α-Keto-iso-valeriansäure   Isobuttersäure   β-Hydroxy-isobuttersäure   Propionsäure

Dieser Abbau macht es verständlich, daß Valin glucoplastisch ist. *Norvalin* muß bei einem der Regel entsprechendem Abbau (s. S. 465 f.) Buttersäure liefern und daher ketogen wirken.

d) Leucin, Isoleucin.

Leucin geht nach dem allgemeinen Abbauweg bei der oxydativen Desaminierung über α-Ketoisocapronsäure in Isovaleriansäure über, deren weiterer Abbau zu Acetessigsäure S. 447 beschrieben wurde.

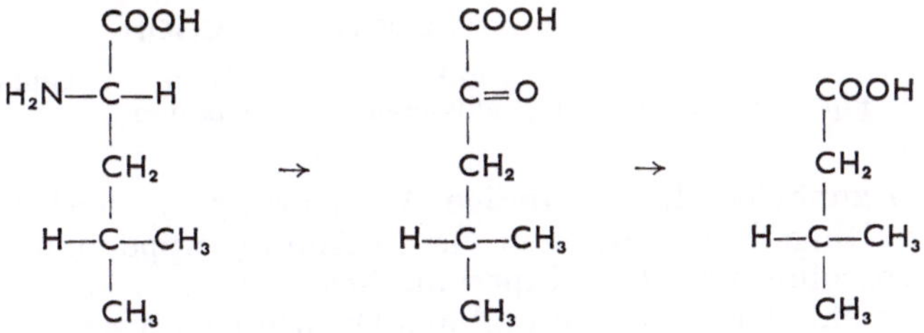

$$
\begin{array}{ccccc}
\text{COOH} & & \text{COOH} & & \\
| & & | & & \text{COOH} \\
\text{H}_2\text{N}-\text{C}-\text{H} & & \text{C}=\text{O} & & | \\
| & & | & & \text{CH}_2 \\
\text{CH}_2 & \rightarrow & \text{CH}_2 & \rightarrow & | \\
| & & | & & \text{H}-\text{C}-\text{CH}_3 \\
\text{H}-\text{C}-\text{CH}_3 & & \text{H}-\text{C}-\text{CH}_3 & & | \\
| & & | & & \text{CH}_3 \\
\text{CH}_3 & & \text{CH}_3 & & \\
\end{array}
$$

Leucin   α-Ketoisocapronsäure   Isovaleriansäure

Aus *Isoleucin* entsteht bei normalem Abbau α-Keto-β-methyl-*n*-valeriansäure, aus der nach Decarboxylierung und anschließender Oxydation α-Methyl-*n*-buttersäure wird, deren weiteres Schicksal insofern interessant ist, also sie sowohl glucoplastisch als auch ketoplastisch wirken kann. Versuche mit an zwei C-Atomen verschieden markierter α-Methyl-*n*-buttersäure machen dies Verhalten verständlich:

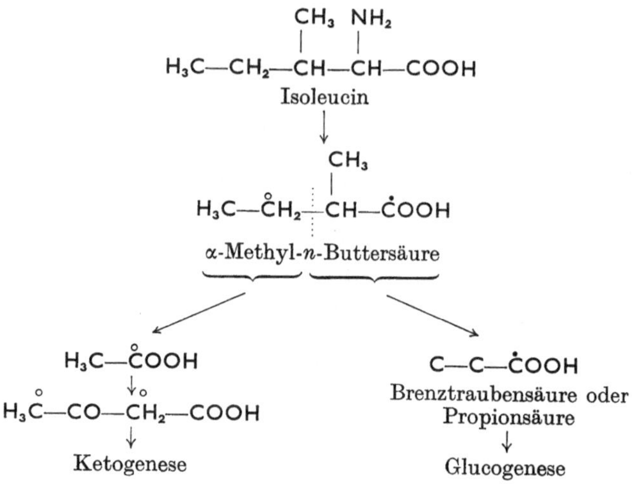

$$CH_3 \quad NH_2$$
$$H_3C-CH_2-CH-CH-COOH$$

Isoleucin

$$CH_3$$
$$H_3C-\overset{\circ}{C}H_2-CH-\overset{\cdot}{C}OOH$$

α-Methyl-*n*-Buttersäure

$$H_3C-\overset{\circ}{C}OOH$$
$$H_3C-CO-CH_2-COOH$$

Ketogenese

$$C-C-\overset{\cdot}{C}OOH$$

Brenztraubensäure oder
Propionsäure

Glucogenese

e) Lysin.

Wie schon S. 408 angegeben, wird die Aminogruppe von Lysin nicht mit anderen Aminosäuren ausgetauscht, nimmt also nicht an Transaminierungen teil. Auch von der L-Aminosäureoxydase wird das Lysin nicht abgebaut. Es konnte aber ein besonderer Abbauweg ermittelt werden, den die folgenden Formeln wiedergeben:

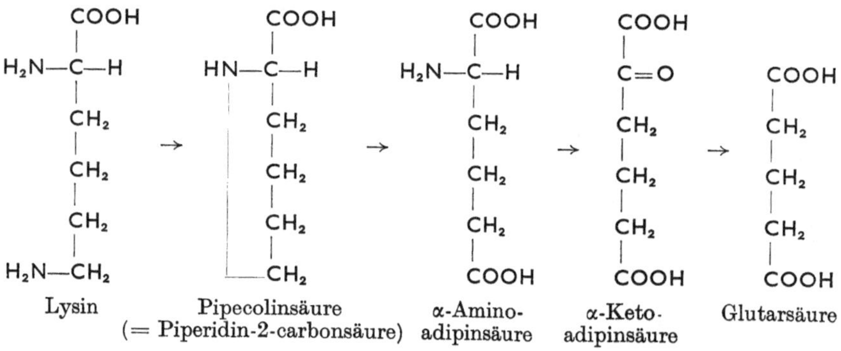

$$
\begin{array}{ccccc}
\text{COOH} & \text{COOH} & \text{COOH} & \text{COOH} & \\
| & | & | & | & \\
H_2N-C-H & HN-C-H & H_2N-C-H & C=O & \text{COOH} \\
| & | & | & | & | \\
CH_2 & CH_2 & CH_2 & CH_2 & CH_2 \\
| & | & | & | & | \\
CH_2 & CH_2 & CH_2 & CH_2 & CH_2 \\
| & | & | & | & | \\
CH_2 & CH_2 & CH_2 & CH_2 & CH_2 \\
| & | & | & | & | \\
H_2N-CH_2 & CH_2 & COOH & COOH & COOH \\
\end{array}
$$

Lysin   Pipecolinsäure   α-Amino-   α-Keto-   Glutarsäure
(= Piperidin-2-carbonsäure)   adipinsäure   adipinsäure

Hier wird also zunächst die ε-ständige Aminogruppe oxydativ beseitigt, wonach unter Ringschluß zwischen der α-Aminogruppe und dem ε-C-Atom die Pipecolinsäure (= Piperidin-2-carbonsäure) entsteht. Die Reaktion entspricht der Prolinbildung aus Ornithin (s. S. 488). Erst dann folgt die regelrechte oxydative Desaminierung der α-ständigen Aminogruppe. Die Glutarsäure kann anscheinend zu α-Ketoglutarsäure oxydiert werden, wodurch Lysin Beziehungen zu Glutaminsäure erhält. Ferner ist die Decarboxylierung von Glutarsäure zu Buttersäure beschrieben worden.

f) Cystein, Cystin, Methionin.

$$
\begin{array}{cccc}
\text{COOH} & \text{COOH} & \text{COOH} & \text{COOH} \\
| & | & | & | \\
\text{H}_2\text{N—C—H} & \text{H}_2\text{N—C—H} & \text{H}_2\text{N—C—H} & \text{H}_2\text{N—C—H} \\
| & | & | & | \\
\text{H}_2\text{C—SH} & \text{H}_2\text{C——S——S——CH}_2 & & \text{CH}_2 \\
\text{Cystein} & \text{Cystin} & & | \\
& & & \text{H}_2\text{C—S—CH}_3 \\
& & & \text{Methionin}
\end{array}
$$

Cystein kann aus Methionin und Serin entstehen. Der Mechanismus
dieser Umwandlung wurde von DU VIGNEAUD u. Mitarb. aufgeklärt. Danach

$$
\begin{array}{ccc}
\text{COOH} & & \text{COOH} \\
| & & | \\
\text{H}_2\text{N—C—H} & \longrightarrow & \text{H}_2\text{N—C—H} \\
| & & | \\
\text{CH}_2 & & \text{CH}_2 \\
| & & | \\
\text{H}_2\text{C—S—CH}_3 & & \text{H}_2\text{C—SH} \;+\; \text{—CH}_3 \\
\text{Methionin} & & \text{Homocystein}
\end{array}
$$

$$
\begin{array}{cccc}
\text{COOH} & & \text{COOH} & \\
| & & | & \\
\text{H}_2\text{N—C—H} & \text{COOH} & \text{H}_2\text{N—C—H} & \text{COOH} \\
| & \;+\; \quad | \quad \xrightarrow{-\text{H}_2\text{O}} & | & \quad | \quad \xrightarrow{+\text{H}_2\text{O}} \\
\text{CH}_2 & \text{H}_2\text{N—C—H} & \text{CH}_2 & \text{H}_2\text{N—C—H} \\
| & | & | & | \\
\text{H}_2\text{C—SH} & \text{HO—CH}_2 & \text{H}_2\text{C——S——CH}_2 & \\
& \text{Serin} & \text{Cystathionin} &
\end{array}
$$

$$
\begin{array}{cc}
\text{COOH} & \\
| & \\
\text{H}_2\text{N—C—H} & \text{COOH} \\
| & \quad + \quad \;\; | \\
\text{CH}_2 & \text{H}_2\text{N—C—H} \\
| & | \\
\text{H}_2\text{C—OH} & \text{H}_2\text{C—SH} \\
\text{Homoserin} & \text{Cystein} \\
(\gamma\text{-Hydroxy-}\alpha\text{-aminobuttersäure}) &
\end{array}
$$

gibt also Methionin die Methylgruppe ab, und das entstandene Homocystein kondensiert sich mit Serin zu *Cystathionin*, das durch Thionase
zu γ-Hydroxy-α-aminobuttersäure und Cystein gespalten wird. Es handelt
sich bei der Reaktion gewissermaßen um eine „Transsulfurierung". Da
im Organismus ständig ein Bedarf an Methylgruppen besteht, der, wie
S. 407 bereits ausgeführt, weitgehend durch Methionin gedeckt wird, steht
Homocystein für die Cysteinsynthese in genügender Menge zur Verfügung.
Homoserin, das bei der Spaltung von Cystathionin entstehen sollte, konnte
bisher nicht nachgewiesen werden, dagegen wurde α-Ketobuttersäure
gefunden, die aus Homoserin entstanden sein könnte. Die Cysteinsynthese
aus Methionin und Serin ist nicht reversibel. In Hefe kann Cystein auch
aus Serin und Schwefelwasserstoff entstehen. Ferner kann in Gegenwart
von Cyano-cobalamin und von Pteroylglutaminsäure Methionin aus Homocystein und Cholin gebildet werden.

Das weitere Problem ist nunmehr also der Abbau des Cysteins bzw.
des Cystins. Zunächst ist bemerkenswert, daß sie nur in geringem Grade

primär desaminiert werden. Der größte Teil der beiden Aminosäuren wird im Organismus zu Sulfat oxydiert und als anorganisches Sulfat bzw. als gepaarte Schwefelsäuren ausgeschieden (s. S. 569), dabei muß Cystin zuerst zu Cystein reduziert werden. Weitere Abbaumöglichkeiten sind die Desulfurierung, die Oxydation zu Taurin und die Bildung von Mercaptursäuren. Das Kohlenstoffgerüst des Cysteins geht zum größten Teil in Brenztraubensäure über. Die Oxydation zu Sulfat verläuft wahrscheinlich über die Zwischenstufen der Cysteinsulfensäure und der Cysteinsulfinsäure.

$$
\begin{array}{cccc}
\text{COOH} & \text{COOH} & \text{COOH} & \text{COOH} \\
| & | & | & | \\
H_2N{-}C{-}H & H_2N{-}C{-}H & H_2N{-}C{-}H & H_2N{-}C{-}H \\
| & | & | & | \\
H_2C{-}SOH & H_2C{-}SO_2H & H_2C{-}SO_3H & H_2C{-}SO_3H \\
\text{Cysteinsulfensäure} & \text{Cysteinsulfinsäure} & \text{Cysteinsäure} & \text{Taurin}
\end{array}
$$

Diese kann entweder durch Transaminierung mit α-Ketoglutarsäure in β-Sulfinylbrenztraubensäure übergehen, die dann in Brenztraubensäure und SO_2 zerfällt oder sie kann weiter zu Cysteinsäure oxydiert werden. Cysteinsäure überträgt durch Transaminierung ihre Aminogruppe auf α-Ketoglutarsäure unter Bildung von Glutaminsäure und von Sulfobrenztraubensäure. Vor allem aber wird sie zu *Taurin* decarboxyliert, das sich mit Gallensäuren kondensieren kann (s. S. 53). Gallensäuren regen die Taurinbildung an. Jedoch gibt es wohl noch einen zweiten Weg der Taurinbildung. Cystein und Cystin können primär zu Cysteamin (Thioäthanolamin) bzw. Cystamin decarboxyliert werden. Cysteamin kann dann sekundär zu Taurin oxydiert werden. Cysteamin ist schon als Baustein von Coenzym A S. 322 erwähnt worden.

Die Frage, ob Cystein zu den glucoplastischen Aminosäuren gehört, ist noch nicht entschieden.

Durch die Bildung von *Mercaptursäuren* kann Cystein zur Entgiftung aromatischer Stoffe herangezogen werden, es wird dabei gleichzeitig an der Aminogruppe acetyliert, z. B. in der Phenylmercaptursäure:

$$
\begin{array}{c}
\text{COOH} \\
| \\
H_3C{-}OC{-}HN{-}C{-}H \\
| \\
H_2C{-}S{-}C_6H_5 \\
\text{Phenylmercaptursäure}
\end{array}
$$

Methionin kann im Gegensatz zu Cystein und Cystin leicht desaminiert werden und in die entsprechende α-Ketosäure, die α-Keto-γ-methylthiobuttersäure, übergehen. Auch der Schwefel des Methionins kann zu Sulfat oxydiert werden, auf welchem Wege ist aber noch unbekannt. Die Rolle, die die Methylgruppe des Methionins bei Methylierungen spielt, ist oben schon besprochen worden (s. S. 406f.). Methionin gehört zu den glucoplastischen Aminosäuren; isotop markierter Methyl-Kohlenstoff aus Methionin konnte im Glykogen wieder gefunden werden. Methionin kann ferner zur Purinsynthese (s. S. 493) verwendet werden.

Frühere Untersuchungen haben sich vielfach mit dem Schicksal des Cystins bzw. des Cysteins beschäftigt, weil bei einer als *Cystinurie* bezeichneten Stoffwechselanomalie eine in ihrem Wesen noch unbekannte Störung des Abbaus der S-haltigen Aminosäuren besteht, die zu einer erheblichen Ausscheidung von Cystin in den Harn führt. Man hat durch Verfütterung von Cystin, Cystein und Methionin über das Wesen dieser Anomalie Aufschluß zu erhalten versucht. Dabei hat sich ergeben, daß auch vom Cystin-uriker Cystin oxydiert werden kann, ebenso auch Glutathion und Homo-cystin. Eigenartigerweise werden aber Methionin, Homocystein und Cystein vom Cystinuriker nicht oxydiert, sondern als Extracystin im Harn ausgeschieden. Die Ursache für dieses merkwürdige Verhalten ist völlig unbekannt. Jedenfalls läßt sich schließen, daß die Störung nicht den Abbau des Cystins, sondern den des Cysteins betrifft. Es ist aber unverständlich, warum das Cystin, das aus dem Methionin, dem Homocystein und dem Cystein entsteht, nicht genau so wie verfüttertes Cystin abgebaut werden kann. Eigenartig ist auch, daß bei Cystinurie auch andere Aminosäuren, Leucin, Lysin, Arginin, Tyrosin und Ornithin vermehrt im Harn ausgeschieden werden.

g) Asparaginsäure, Glutaminsäure.

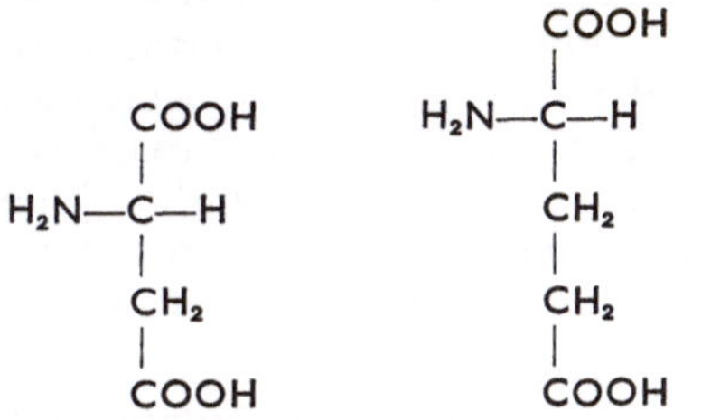

$$
\begin{array}{cc}
& COOH \\
& | \\
COOH & H_2N{-}C{-}H \\
| & | \\
H_2N{-}C{-}H & CH_2 \\
| & | \\
CH_2 & CH_2 \\
| & | \\
COOH & COOH \\
\text{Asparaginsäure} & \text{Glutaminsäure}
\end{array}
$$

Asparaginsäure und Glutaminsäure scheinen mit ihrer Aminogruppe in einem besonders lebhaften Austausch mit den übrigen Aminosäuren zu stehen, da nach Zufuhr einer durch ^{15}N oder D markierten Aminosäure in ihnen die isotopen Elemente in besonders hoher Konzentration gefunden werden.

Asparaginsäure kann im Organismus leicht oxydiert werden und zwar wahrscheinlich in der Weise, daß aus ihr durch Transaminierung mit α-Ketoglutarsäure Oxalessigsäure entsteht, die dem Citronensäurecyclus zugeführt wird. Es kann aber durch die Umkehr der Reaktion auch Asparaginsäure aus Glutaminsäure gebildet werden. Asparaginsäure kann zur Pyrimidin- und Purinsynthese verwendet werden. Wirksam ist dabei das Carbamyl-aspartat (Ureidobernsteinsäure s. S. 470).

Über die Bedeutung der *Glutaminsäure* für die Transaminierung ist schon weiter oben ausführlich berichtet, ebenso darüber, daß ihre oxydative Desaminierung zu α-Ketoglutarsäure durch eine spezifische Glutaminsäuredehydrogenase die wesentlichste zur Bildung von freiem Ammoniak führende Reaktion im Aminosäurestoffwechsel ist. Diese Oxydation muß über Iminoglutarsäure verlaufen:

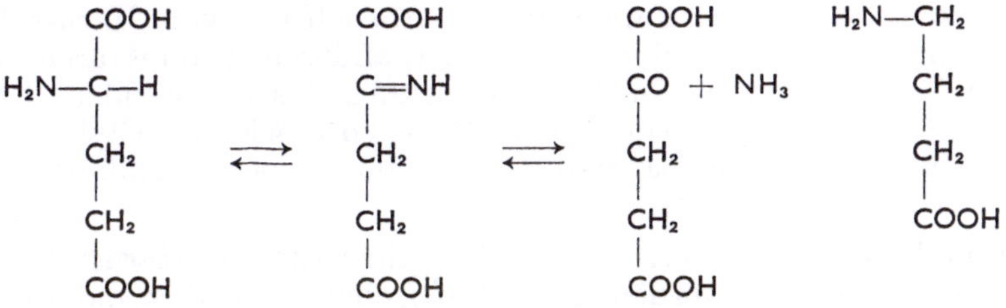

$$
\begin{array}{cccc}
COOH & COOH & COOH & H_2N{-}CH_2 \\
| & | & | & | \\
H_2N{-}C{-}H & C{=}NH & CO + NH_3 & CH_2 \\
| & | & | & | \\
CH_2 \;\rightleftharpoons\; & CH_2 \;\rightleftharpoons\; & CH_2 & CH_2 \\
| & | & | & | \\
CH_2 & CH_2 & CH_2 & COOH \\
| & | & | & \\
COOH & COOH & COOH & \\
\text{L-Glutamin-} & \text{Iminoglutar-} & \text{α-Ketoglutar-} & \text{γ-Aminobutter-} \\
\text{säure} & \text{säure} & \text{säure} & \text{säure}
\end{array}
$$

Glutaminsäure wird beim Histidinabbau gebildet (s. S. 486f.).

Im Gehirn kann Glutaminsäure zu *γ-Aminobuttersäure* decarboxyliert werden. Dies ist bemerkenswert im Zusammenhang mit der Beobachtung, daß Glutaminsäure für den Gehirnstoffwechsel ein wichtiges Substrat zu sein scheint. Gehirnschnitte verlieren ohne zureichende Versorgung mit oxydierbaren Substraten rasch K-Ionen, nach Zusatz von Glucose und Glutaminsäure ist das nicht mehr der Fall. Für die eigentliche Energieversorgung dient die Glucose, die γ-Carboxylgruppe der Glutaminsäure soll für den K-Transport durch die Zellmembran notwendig sein.

Ferner scheint gerade im Gehirn, das eine große Fähigkeit zur Ammoniakbildung besitzt, die *Bildung von Glutamin* aus Ammoniak und Glutaminsäure als entgiftende Reaktion sehr wichtig zu sein. Diese Reaktion bedarf der Energiezufuhr, die durch Adenosintriphosphorsäure oder Inosintriphosphorsäure geschehen kann. Bei der Synthese verbindet sich zunächst das sie bewirkende Ferment (Glutaminsynthetase) mit Phosphat und tauscht dann den Phosphatrest gegen einen Glutaminsäurerest aus. Die Glutaminsäure-Enzym-Verbindung reagiert mit Ammoniak unter Freisetzung von Glutamin. Die Energie für die Regeneration der energiereichen Phosphatbindung liefert die Oxydation von Glucose. Die Reaktion, deren näherer Verlauf noch nicht bekannt ist, erfordert die Anwesenheit von Mg^{2+}.

Bei der enzymatischen Spaltung von *Glutathion* tritt neben Glutaminsäure auch deren Anhydrid, die Pyrrolidoncarbonsäure auf. Pyrrolidoncarbonsäure kann nicht, wie man annehmen könnte, in Prolin umgewandelt werden, obschon wie S. 488 gezeigt wird, Prolin aus Glutaminsäure bzw. aus Prolin Glutaminsäure gebildet werden kann.

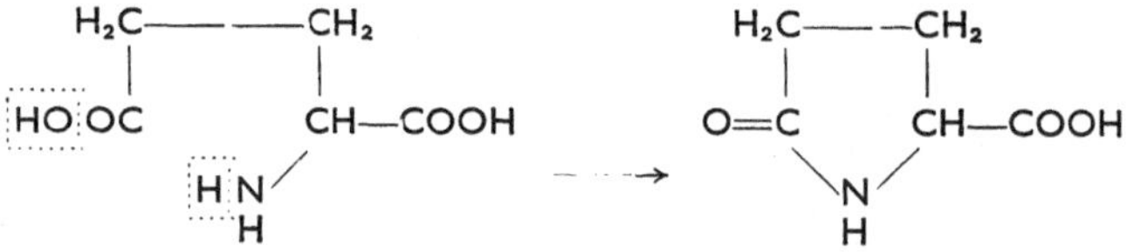

Glutaminsäure   →   Pyrrolidoncarbonsäure

h) Arginin und Kreatinbildung.

Nach den Untersuchungen von EDLBACHER wird im wachsenden Gewebe, und zwar sowohl im normal wachsenden embryonalen als auch beim pathologischen Wachstum gutartiger und bösartiger Geschwülste, eine Spaltung von Arginin in Ornithin und Harnstoff beobachtet, wie sie sonst nur in der Leber einen größeren Umfang erreicht. Das wachsende Gewebe hat aber nur die Fähigkeit zur Abspaltung von Harnstoff aus Arginin, nicht die zur Harnstoffsynthese aus anderen Aminosäuren. Unter anaeroben Bedingungen ist die Arginasewirkung des wachsenden Gewebes erheblich gesteigert. Sie verhält sich also ebenso wie die Glykolyse, die auch bei Abwesenheit von Sauerstoff einen viel größeren Umfang erreicht als bei aerobem Stoffwechsel.

Über die Bedeutung von *Arginin* als Zwischenstufe der Harnstoffbildung ist schon oben berichtet worden (s. S. 468ff.), ebenso darüber, daß es zu den glucoplastischen Aminosäuren gehört. Daneben gibt es aber auch noch andere Abbauwege. So wurde von KOSSEL im Heringssperma eine Base *Agmatin* gefunden, die durch Decarboxylierung aus Arginin entstanden sein muß:

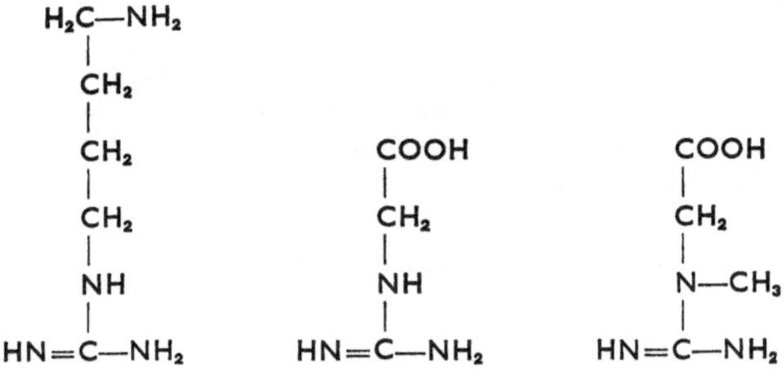

$$
\begin{array}{ccc}
\begin{array}{c} H_2C-NH_2 \\ | \\ CH_2 \\ | \\ CH_2 \\ | \\ CH_2 \\ | \\ NH \\ | \\ HN=C-NH_2 \end{array}
&
\begin{array}{c} COOH \\ | \\ CH_2 \\ | \\ NH \\ | \\ HN=C-NH_2 \end{array}
&
\begin{array}{c} COOH \\ | \\ CH_2 \\ | \\ N-CH_3 \\ | \\ HN=C-NH_2 \end{array}
\\
\text{Agmatin} & \text{Guanidinoessigsäure} & \text{Kreatin}
\end{array}
$$

Eine weitere Frage ist die nach den Beziehungen zwischen Arginin und *Kreatin*. Die Annahme einer Bildung von Kreatin aus Arginin liegt nahe, da in ihm der für das Kreatin charakteristische Guanidinokomplex bereits vorgebildet ist. Tatsächlich hat sich im isolierten Muskel eine Vermehrung von Kreatin bei Zusatz von Arginin auch nachweisen lassen. Man könnte annehmen, daß der Weg der Kreatinbildung aus Arginin über Guanidinobuttersäure und Guanidinoessigsäure verläuft, und wirklich wird auch das Anhydrid der Guanidinoessigsäure im Organismus des Kaninchens methyliert und in Kreatin umgewandelt. Die Guanidinoessigsäure selber kann im isolierten Muskel zu Kreatin werden.

Nach Versuchen an Aminosäuren mit ^{15}N ist aber der Weg der Kreatinbildung ein anderer: es vereinigen sich Glykokoll und die aus Arginin stammende Amidingruppe zu Guanidinoessigsäure und diese wird dann durch die Methylgruppe des Methionins zu Kreatin methyliert. Die wirksame Form des Methionins ist dabei das S-Adenosylmethionin („aktives" Methionin s. S. 320f.)

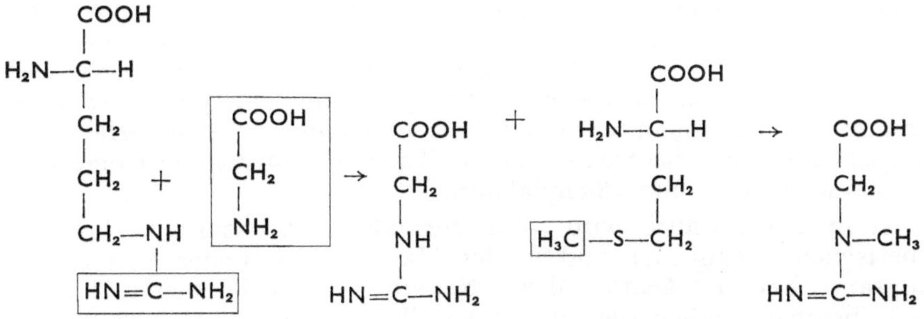

$$
\begin{array}{ccccccc}
\begin{array}{c} COOH \\ | \\ H_2N-C-H \\ | \\ CH_2 \\ | \\ CH_2 \\ | \\ CH_2-NH \\ | \\ \boxed{HN=C-NH_2} \end{array}
+
\boxed{\begin{array}{c} COOH \\ | \\ CH_2 \\ | \\ NH_2 \end{array}}
&\rightarrow&
\begin{array}{c} COOH \\ | \\ CH_2 \\ | \\ NH \\ | \\ HN=C-NH_2 \end{array}
&+&
\begin{array}{c} COOH \\ | \\ H_2N-C-H \\ | \\ CH_2 \\ | \\ \boxed{H_3C}-S-CH_2 \end{array}
&\rightarrow&
\begin{array}{c} COOH \\ | \\ CH_2 \\ | \\ N-CH_3 \\ | \\ HN=C-NH_2 \end{array}
\\
\text{Arginin} \qquad \text{Glykokoll} && \text{Guanidino-} && \text{Methionin} && \text{Kreatin} \\
&& \text{essigsäure} &&&&
\end{array}
$$

Mehr als der Muskel scheint die Leber zur Kreatinsynthese befähigt zu sein. Damit die Synthese ablaufen kann, müssen ATP, Pteroylglutaminsäure und ein Partner des Citronensäurecyclus verfügbar sein. Kreatin kann durch Wasserabspaltung aus Carboxyl- und Aminogruppe in sein Anhydrid *Kreatinin* übergehen (s. S. 573).

Bei der *Dystrophia musculorum progressiva*, einer schweren degenerativen Veränderung der Muskulatur, werden erhebliche Mengen von Kreatin im Harn ausgeschieden, Zufuhr von Glykokoll steigert die Kreatinausscheidung noch beträchtlich. Wenn aber gleichzeitig mit dem Glykokoll Benzoesäure zugeführt, also die Hippursäurebildung angeregt wird, so sinkt die gesteigerte Kreatinausscheidung wieder ab. Die Möglichkeit einer Ausnutzung von Glykokoll zur Kreatinbildung ist also gegeben. Muskelbrei ist allerdings hierzu nicht in der Lage.

i) Phenylalanin, Tyrosin.

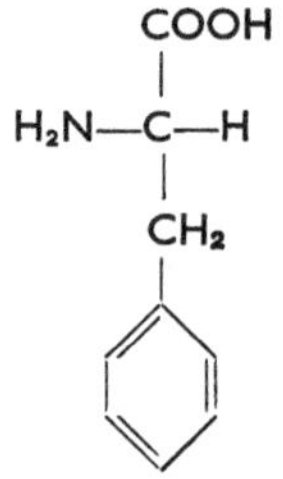

$$\begin{array}{ccc} & \text{COOH} & \text{COOH} \\ & | & | \\ \text{H}_2\text{N}-\text{C}-\text{H} & & \text{H}_2\text{N}-\text{C}-\text{H} \\ & | & | \\ & \text{CH}_2 & \text{CH}_2 \\ \text{Phenylalanin} & & \text{Tyrosin} \end{array}$$

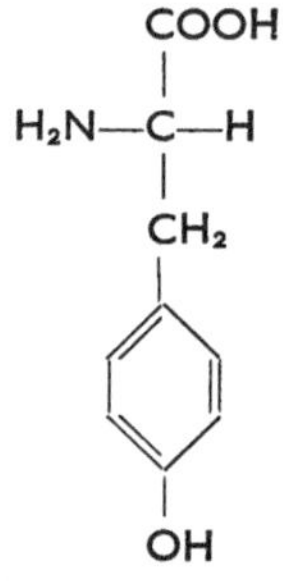

Phenylalanin gehört zu den essentiellen Aminosäuren, Tyrosin nicht, da es aus Phenylalanin im Organismus in einer nicht umkehrbaren Reaktion entstehen kann.

Den ersten Einblick in den Abbau des Tyrosins erhielt man durch eine als *Alkaptonurie* bezeichnete Stoffwechselstörung, bei der frisch gelassener zunächst normal gefärbter Harn beim Stehen an der Luft sich dunkelbraun färbt. Diese dunkle Farbe tritt bei Zusatz von Alkali stark beschleunigt auf. Die Alkaptonharne reduzieren FEHLINGsche Lösung, NYLANDERsche Lösung und ammoniakalische Silberlösung sehr intensiv. Alle diese Erscheinungen gehen auf die *2,5-Dihydroxyphenylessigsäure (Hydrochinonessigsäure)*, auch *Homogentisinsäure* (Formel s. S. 483) genannt, zurück. Als Hydrochinonderivat geht sie leicht oxydativ in das dunkel gefärbte Chinonderivat über, das sich anscheinend gelegentlich in ein schwarzes Melanin umwandelt, da man bei älteren Patienten eine schwarze Verfärbung der Knorpel *(Ochronose)* beobachten kann. Muttersubstanzen der Homogentisinsäure sind Tyrosin und Phenylalanin.

Die Homogentisinsäure wird vom normalen Organismus verbrannt, im diabetischen Organismus und in der überlebenden Leber geht sie in Acetessigsäure bzw. in Aceton über. Neuere Untersuchungen mit markierten Substanzen haben die alten Vorstellungen bestätigt, nach denen Homogentisinsäure eine Zwischenstufe des Phenylalanin- bzw. Tyrosinabbaus ist. Es ist ziemlich sicher, daß aus Tyrosin durch Transaminierung p-Hydroxy-phenyl-brenztraubensäure entsteht. Aus p-Hydroxyphenylbrenztraubensäure entsteht dann offenbar — ohne daß, wie früher angenommen, Di-hydroxy-phenyl-brenztraubensäure gebildet wird — durch Decarboxylierung, Oxydation des dabei anfallenden Aldehyds und

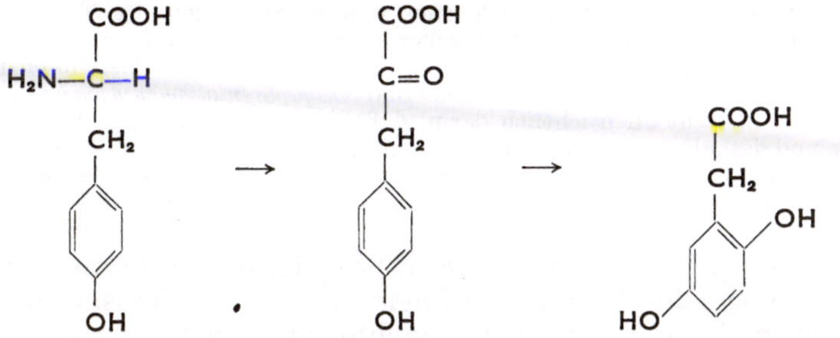

Tyrosin → p-Hydroxyphenylbrenz-traubensäure → Homogentisinsäure

Einführung der zweiten Hydroxylgruppe in den Ring die Homogentisin-säure. Es ist angegeben, daß Katalase Teil des Fermentsystems ist. Außerdem scheinen Ascorbinsäure und Pteroylglutaminsäure beteiligt zu sein. Phenylalanin wird entsprechend über Phenylbrenztraubensäure zu Phenylessigsäure abgebaut.

Die oxydative Sprengung des Benzolringes ergibt zunächst Maleyl-acetessigsäure, die durch eine Isomerase, für deren Wirkung Glutathion nötig ist, zu Fumarylacetessigsäure isomerisiert wird. Diese wird hydrolytisch zu Acetessigsäure und Fumarsäure gespalten.

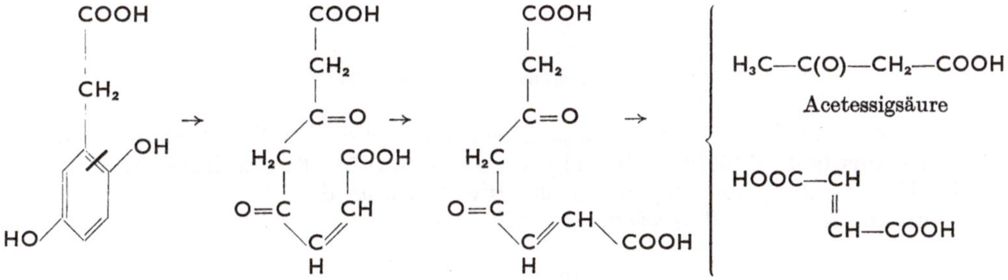

Homogentisinsäure → Maleyl-acetessigsäure → Fumaryl-acetessigsäure → Acetessigsäure, Fumarsäure

$H_3C-C(O)-CH_2-COOH$
Acetessigsäure

$HOOC-CH=CH-COOH$
Fumarsäure

Die hier angenommene Aufspaltung des Benzolringes findet ein gewisses Analogon in der Beobachtung, daß von Hund und Kaninchen Benzol zum Teil aufgespalten und als *Muconsäure* ausgeschieden wird (JAFFÉ; BERNHARDT).

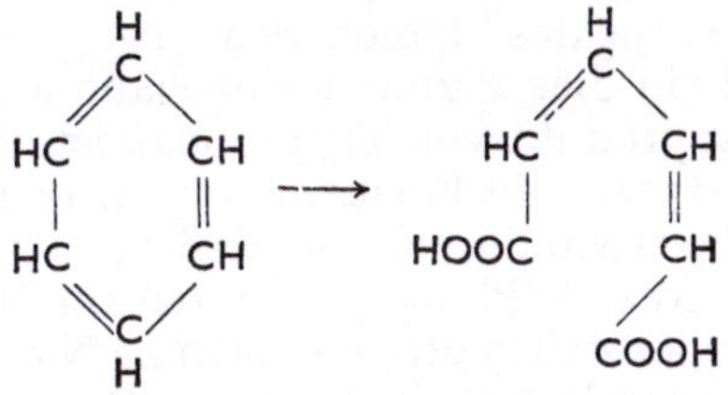

Benzol → Muconsäure

Phenylalanin — und ebenso auch Phenylserin und Phenylbrenztrauben-säure — können teilweise in Benzoesäure übergehen.

31*

Neben der Alkaptonurie sind noch zwei weitere Störungen des Tyrosinstoffwechsels bekannt. Bei gewissen Formen von angeborenem Schwachsinn (Imbezillität oder Oligophrenie) werden im Harn neben Phenylalanin große Mengen von Phenylbrenztraubensäure ausgeschieden. Man nennt dies Krankheitsbild *Oligophrenia phenylpyruvica*. Die Stoffwechselanomalie besteht offensichtlich darin, daß Phenylalanin nicht mehr in Tyrosin übergehen kann und deshalb statt zu p-Hydroxyphenylbrenztraubensäure zu Phenylbrenztraubensäure desaminiert wird. Bei der dritten Anomalie, der *Tyrosinosis*, ist die weitere Oxydation der p-Hydroxyphenylbrenztraubensäure unterbrochen, so daß diese im Harn ausgeschieden wird.

Tyrosin kann durch primäre Decarboxylierung in *Tyramin* übergehen. Die übrigen Wege des Abbaus von Phenylalanin und Tyrosin sowie die Lage der möglichen Störungen faßt das nachfolgende Schema nochmals zusammen.

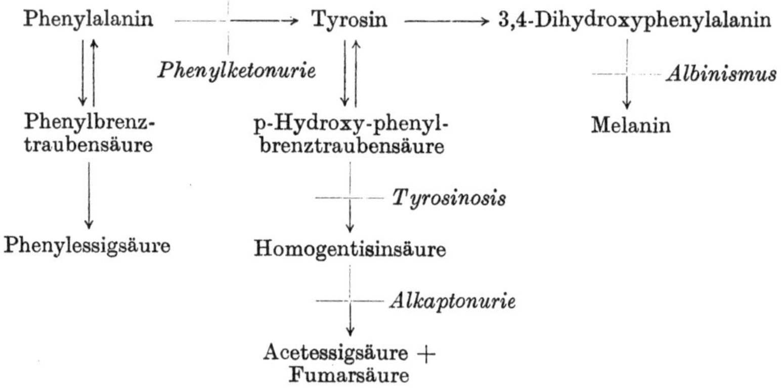

Abb. 120. Phenylalanin- und Tyrosinabbau.

Tyrosin ist die Muttersubstanz dreier Hormone, des Noradrenalins, des Adrenalins (s. S. 235) und des Thyroxins (s. S. 245). Ein weiterer Weg für die Umwandlung des Tyrosins ist die Bildung dunkler Pigmente, der Melanine, die durch *Tyrosinase* bewirkt wird (s. S. 346).

k) Tryptophan.

Das Tryptophan gehört zu den Aminosäuren, die weder Aceton noch Kohlenhydrate bilden können. Über einen Teil des Abbauweges des Tryptophans orientieren eine Anzahl von Zwischenprodukten. Beim Hund wird ein eigenartiges Abbauprodukt des Tryptophans, die *Kynurensäure* gefunden. Sie entsteht wahrscheinlich über *Kynurenin* (KOTAKE). Diese Substanz hat ein allgemeines physiologisches Interesse, weil sie bei einigen Insekten die Bildung des Pigmentes der Augen auslösen kann (KÜHN; BUTENANDT), wobei sie in dies Pigment eingebaut wird.

Ein wichtiges Abbauprodukt von Tryptophan ist die Nicotinsäure. Diese beiden Substanzen sind, wie die Formeln zeigen, in ihrer Struktur so verschieden, daß es nicht verwunderlich ist, daß man nach Verfütterung von Tryptophan unter den Ausscheidungsprodukten im Harn zahlreiche Stoffe gefunden hat, die entweder zu Tryptophan oder zu Nicotinsäure Beziehungen haben oder solche vermuten lassen. So fand man Chinaldinsäure, Kynurenin, Hydroxykynurenin, Kynurensäure, Xanthurensäure, N-Methyl-2-pyridon-5-carboxamid, o-Aminohippursäure. Auf Grund ausgedehnter Versuche an Menschen, Tieren und Mikroorganismen lassen sich die nebenstehend wiedergegebenen Abbauwege des Tryptophans zusammenstellen, wobei der Hauptweg durch die dicken Pfeile angedeutet ist.

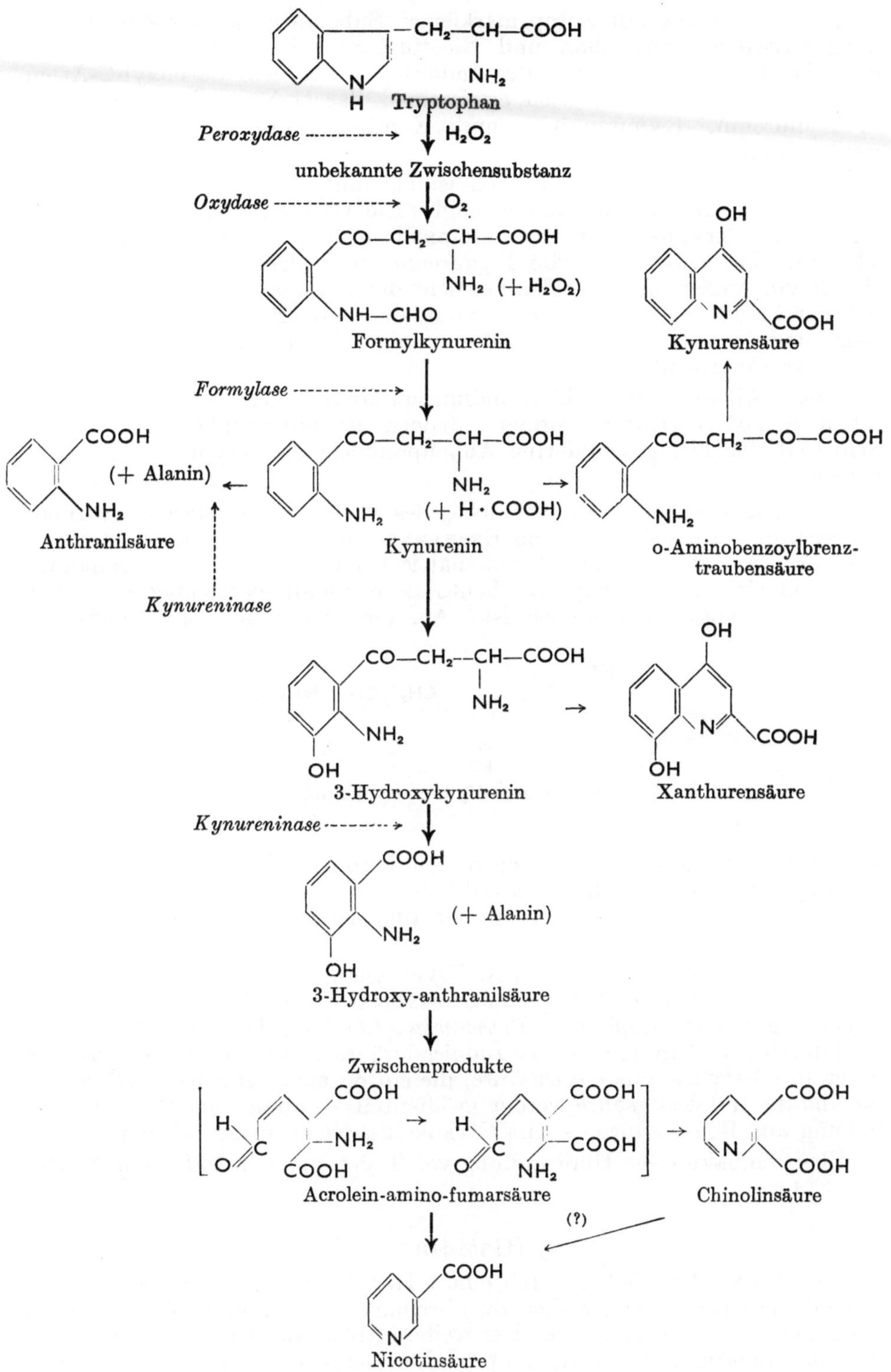

Abb. 121. Tryptophanstoffwechsel.

Durch Versuche mit isotop markierten Substanzen ist der Zusammenhang zwischen Tryptophan und Nicotinsäure prinzipiell gesichert worden, da sich das C-Atom 3 des Indolringes mit dem Carboxyl-C-Atom der Nicotinsäure als identisch erwies und das N-Atom des Indolringes in Kynurenin, Kynurensäure und Xanthurensäure wieder gefunden werden konnte.

Aus zahlreichen Beobachtungen ist bekannt, daß an drei Stellen des Abbauweges Vitamine notwendig sind. Die Oxydation von Tryptophan durch das Tryptophan-peroxydase-oxydase-System ist abhängig von Thiamin. Die Oxydation von Kynurenin zu Hydroxykynurenin ist auf Riboflavin angewiesen und das Ferment der Alaninabspaltung aus Kynurenin und Hydroxykynurenin, die Kynureninase, die Bildung von Anthranilsäure und von Hydroxyanthranilsäure also, bedarf des Pyridoxalphosphats als Coferment.

Über Abbau- bzw. Umwandlungsprodukte der Nicotinsäure ist schon S. 203 berichtet worden. Jedoch ist bisher über das weitere Schicksal der hier geschilderten Abbauprodukte des Tryptophans nichts bekannt.

Dagegen ist ein weiterer Abbauweg des Tryptophans gefunden worden, als erkannt wurde, daß das von ERSPAMER vor allem in Gewebsextrakten besonders aus dem Magen-Darmkanal isolierte und *Enteramin* genannte blutdruckwirksame Prinzip, das heute als *Serotonin* bezeichnet wird, mit 5-Hydroxytryptamin identisch ist. Auf die vielseitigen physiologischen

Serotonin (5-Hydroxytryptamin)

und pharmakologischen Wirkungen von Serotonin kann hier nicht eingegangen werden. Jedoch sei darauf hingewiesen, daß Serotonin in gebundener Form in größeren Mengen in den Blutplättchen und im Gehirn vorkommt.

Bei der Serotoninbildung wird Tryptophan zunächst zu 5-Hydroxytryptophan oxydiert und dann decarboxyliert. Im übrigen ist die Decarboxylierung von Tryptophan zu *Tryptamin* schon lange bekannt. Tryptamin wird durch eine Aminoxydase zu Indolessigsäure abgebaut, ebenso wird aus Serotonin 5-Hydroxyindolessigsäure, die ein normaler Harnbestandteil ist. Sie und die Indolessigsäure werden größtenteils — analog der Hippursäurebildung aus Benzoesäure — mit Glykokoll gepaart ausgeschieden.

Über die bakterielle Umwandlung von Tryptophan in Indol und Skatol s. S. 378.

l) Histidin.

Histidin wird zunächst durch eine 5-Histidin-α-Ammoniaklyase (Histidin-α-deaminase) in *Urocaninsäure* überführt, die schon 1874 von JAFFÉ aus Hundeharn isoliert wurde. Der weitere Abbau der Urocaninsäure führt zu Glutaminsäure. Die Zwischenprodukte des Abbauweges sind zum Teil noch hypothetisch. Versuchsweise läßt er sich folgendermaßen formulieren (TABOR u. MEHLER):

$$\text{L-Histidin} \xrightarrow{-NH_3} \text{Urocaninsäure} \xrightarrow{+ H_2O} \text{4-Imidazolon-5-propionsäure} \xrightarrow{+ H_2O}$$

$$\text{N-Formimino-L-glutaminsäure} \xrightarrow[-NH_3]{+ H_2O} \text{N-Formyl-L-glutaminsäure} \xrightarrow{+ H_2O} \text{L-Glutaminsäure} + \text{Ameisensäure}$$

Jedoch ist der vorstehend formulierte Abbauweg offenbar nicht die einzige Möglichkeit des biologischen Histidinabbaus. Es konnte z. B. unter verschiedenen Bedingungen und bei verschiedenen Tieren Imidazolylessigsäure als Abbauprodukt von Histidin nachgewiesen werden. Dies würde einem normalen Abbau der Alaninseitenkette durch die S. 466 erörterten Gesetze entsprechen; hierzu paßt auch die Auffindung von Imidazolylbrenztraubensäure, dem Produkt einer oxydativen Desaminierung von Histidin. Als weitere Stoffwechselprodukte von Histidin wurden beschrieben Imidazolylformaldehyd und Imidazolylmethanol.

Die primäre Decarboxylierung von Histidin zu Histamin ist bereits S. 467 besprochen worden. Ob das *Ergothionein* (s. S. 69) zu Histidin genetische Beziehungen hat, ist nicht bekannt.

m) Prolin, Hydroxyprolin.

Prolin und Hydroxyprolin nehmen im Stoffwechsel der Aminosäuren eine bemerkenswerte Stellung ein, da Beziehungen zwischen Prolin, Ornithin und Glutaminsäure festgestellt werden konnten.

Zur Klärung dieser Zusammenhänge stellt STETTEN das folgende Schema zur Diskussion:

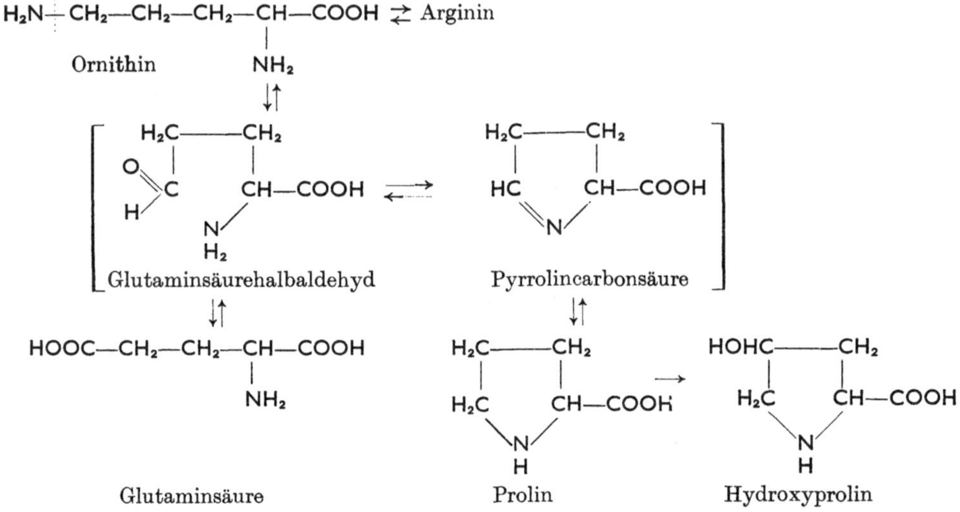

$$H_2N\!-\!CH_2\!-\!CH_2\!-\!CH_2\!-\!CH\!-\!COOH \;\rightleftarrows\; \text{Arginin}$$

Ornithin NH_2

Glutaminsäurehalbaldehyd   Pyrrolincarbonsäure

$$HOOC\!-\!CH_2\!-\!CH_2\!-\!CH\!-\!COOH$$

NH_2

Glutaminsäure   Prolin   Hydroxyprolin

Die in [] gesetzte Reaktion ist vorläufig hypothetisch. Die Oxydation von Prolin zu Hydroxyprolin ist irreversibel. Bei Oxydation von L-Prolin durch Prolinoxydase wurde auch der Halbaldehyd der γ-Hydroxyglutaminsäure gefunden.

Für den *Abbau von Hydroxyprolin* schlagen BENOITON u. BOUTHILLIER den folgenden Weg vor:

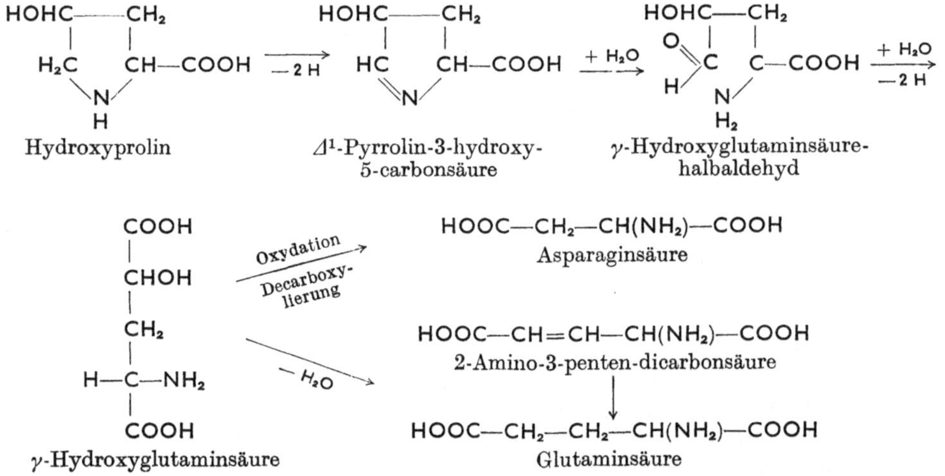

Hydroxyprolin Δ^1-Pyrrolin-3-hydroxy-5-carbonsäure γ-Hydroxyglutaminsäure-halbaldehyd

γ-Hydroxyglutaminsäure

$$HOOC\!-\!CH_2\!-\!CH(NH_2)\!-\!COOH$$
Asparaginsäure

$$HOOC\!-\!CH\!=\!CH\!-\!CH(NH_2)\!-\!COOH$$
2-Amino-3-penten-dicarbonsäure

$$HOOC\!-\!CH_2\!-\!CH_2\!-\!CH(NH_2)\!-\!COOH$$
Glutaminsäure

n) Harnsäurebildung aus Aminosäuren.

Bei Vögeln und Reptilien ist nicht Harnstoff, sondern *Harnsäure* das Endprodukt des Eiweißabbaus. Bei diesen Tierarten muß also — wenigstens in den abschließenden Reaktionen — ein abweichender Weg des Eiweißzerfalls bestehen. Die Bildung der Harnsäure ist natürlich ein synthetische

Prozeß, da das Harnsäuremolekül im Eiweißmolekül nicht vorgebildet ist. Für diese Synthese ist die Leber notwendig. Schon lange zurückliegende Versuche von MINKOWSKI zeigten, daß bei Gänsen nach Exstirpation der Leber die Harnsäureausscheidung auf niedrige Werte absinkt und die Ammoniakausscheidung entsprechend ansteigt.

Nach SCHULER u. REINDEL entsteht die Harnsäure durch das Zusammenwirken zweier Organe, der Leber und der Niere. In der Leber wird, wie für die Aminosäure Alanin gezeigt wurde, aus dem durch Desaminierung der Aminosäuren anfallenden Ammoniak und einer als Kohlenstoffquelle dienenden „Vorstufe" Xanthin gebildet. Da die Leber keine Xanthinoxydase enthält, kann sie das Xanthin nicht zu Harnsäure oxydieren. Diese Oxydation besorgt vielmehr die Niere. In diesem Organ kann übrigens, wenn genügend Vorstufe vorhanden ist, ebenfalls Purin synthetisiert werden. *Die Harnsäuresynthese im Vogelorganismus ist nach* SCHULER u. REINDEL *eine Purinsynthese, und erst die Niere wandelt das Purin oxydativ in Harnsäure um.* Die Purinsynthese dürfte vermutlich auf den im folgenden Kapitel beschriebenen Wegen verlaufen. Sie dient im Vogelorganismus ebenso zur Entgiftung des bei der Desaminierung der Aminosäuren frei werdenden Ammoniaks wie die Harnstoffsynthese im Organismus der anderen Tiere.

Auch bei anderen Tieren als Vögeln und Reptilien und ebenso beim Menschen erscheint Harnsäure als Stoffwechselprodukt im Harn. Aber sie stammt höchstens zu einem Teil aus dem Eiweißabbau, zum größeren Teil ist sie das Endprodukt des Nucleinstoffwechsels. Hierüber wird im folgenden Kapitel berichtet.

Schrifttum.

ARNSTEIN, H. R. V.: The metabolism of glycine. Adv. Protein Chem. **9**, 1 (1954). — BACH, S. J.: The Metabolism of Protein Constituents in the Mammalian Body. Oxford 1952. — BEARD, H. H.: Creatine and Creatinine Metabolism. London 1944. — BRAUNSTEIN, A. E.: Les voies principales de l'assimilation et dissimilation de l'azote chez les animaux. Adv. Enzymol. **19**, 335 (1957). — DALGLIESH, C. E.: Metabolism of the aromatic amino acids. Adv. Protein Chem. **10**, 1 (1955). — DAVIS, B. D.: Intermediates in amino acid biosynthesis. Adv. Enzymol. **16**, 247 (1955). — FELIX, K.: Der Eiweißstoffwechsel. Handb. Biochem. 2. Aufl. Erg.-Werk Bd. 3. 1936. — HEINSEN, H. A.: Ketonkörperbildung aus Aminosäuren. Erg. inn. Med. **54**, 672 (1938). — KNOOP, F.: Auf- und Abbau der Aminosäuren im Tierkörper. Angew. Chem. (A) **60**, 33 (1948). — LANG, K.: Der enzymatische Abbau von L-Aminosäuren. Klin. Wschr. **1943**, 529. — LERNER, A. B.: Metabolism of phenylalanine and tyrosine. Adv. Enzymol. **14**, 73 (1953). — MEISTER, A.: Transamination. Adv. Enzymol. **16**, 185 (1955). — NEUBAUER, O.: Intermediärer Eiweißstoffwechsel. Handb. norm. path. Physiol. Bd. 5. Berlin 1936. — PAGE, I. H.: Serotonin. Physiol. Rev. **34**, 563 (1954); **38**, 277 (1958). — RATNER, S.: Urea synthesis and metabolism of arginine and citrulline. Adv. Enzymol. **15**, 319 (1954). — ROSE, W. C.: The nutritive significance of the amino acids. Physiol. Rev. **18** (1938). — RUDOLPH, W.: Biochemie des Aminosäure-Stoffwechsels. Bern 1950. — WIELAND, T., u. G. PFLEIDERER: Aktivierung von Aminosäuren. Adv. Enzymol. **19**, 235 (1957).

E. Der Stoffwechsel der Nucleinsubstanzen.

a) Abbau der Nucleinstoffe.

(Über die Chemie der Nucleinstoffe, deren Kenntnis für die folgenden Ausführungen unbedingt erforderlich ist, s. S. 99—109.)

Aus den in der Nahrung enthaltenen Nucleoproteiden wird zunächst durch die eiweißspaltenden Fermente des Verdauungskanals die Eiweißkomponente abgelöst, dann zerfallen wahrscheinlich die Polynucleotide in Mononucleotide. Es ist anzunehmen, daß im Darm die Mononucleotide durch Abspaltung der Phosphorsäure in Nucleoside überführt werden. Ob diesem Abbau eine weitere Zerlegung in Base und Pentose folgt, ist nicht sicher. Merkwürdig ist jedenfalls, daß nur Adenin, in geringerem Umfange auch Guanin, nicht aber die Pyrimidinbasen vom Körper in Polynucleotide eingebaut werden können. Am Abbau der Polynucleotide im Organismus selber sind zahlreiche Fermente beteiligt. Entsprechend den beiden Reihen von Polynucleotiden (RNS = Ribonucleinsäuren und DNS = Desoxyribonucleinsäuren) sind für ihre Depolymerisation zwei verschiedene Fermenttypen erforderlich, die sinngemäß als *Ribonucleasen* und als *Desoxyribonucleasen* (s. S. 301) bezeichnet werden. Ihre Wirkung ist noch nicht in allen Einzelheiten geklärt. Aus RNS werden durch Ribonuclease als Mononucleotide nur die beiden Pyrimidinderivate Uridylsäure und Cytidylsäure mit der Phosphorsäure in Stellung 3' (s. Chemie der Nucleinstoffe, S. 105f.) freigesetzt. Daneben werden Oligonucleotide aus Pyrimidin- und Purinnucleotiden gebildet, die den größten Teil der Adenylsäure enthalten und schließlich Polynucleotide, in denen sich der überwiegende Teil der Guanylsäure findet. Durch Desoxyribonuclease werden die 5'-Phosphorsäureester gebildet. Auch sie hinterläßt aus mehreren Mononucleotiden bestehende Spaltstücke.

An die Wirkung der Nucleasen schließt sich an die einer Phosphatase und eines weiteren Fermentes für die Übertragung der Kohlenhydratkomponente der Nucleoside auf Phosphorsäure (s. S. 326) und die einer Mutase für die Umlagerung der Pentosephosphorsäuren. Vor oder nach der Abspaltung der Phosphorsäure werden die Aminopurine durch spezifische Desaminasen in die Hydroxypurine (s. S. 305f.) umgewandelt. Schließlich führt die Xanthinoxydase (s. S. 342) Hypoxanthin oder Xanthin in Harnsäure über.

Für die Spaltung verschiedener Nucleoside ist gezeigt worden, daß sie genauso verläuft wie die von Inosin (Hypoxanthinribosid), also unter Vermittlung von Transglykosylasen (s. S. 326):

$$\text{Inosin} + H_3PO_4 \rightleftarrows \text{Hypoxanthin} + \text{Ribose-1-phosphorsäure,}$$

es entsteht also nicht der freie Zucker, sondern der 1-Phosphorsäureester, der aber rasch zu Ribose-5-phosphorsäure umgelagert wird.

Nucleoside können ihren Kohlenhydratanteil auch leicht auf andere Purine oder Pyrimidine übertragen, z. B. etwa

$$\text{Thymin-ribosid} + \text{Adenin} \rightleftarrows \text{Adenin-ribosid} + \text{Thymin}$$
$$\text{(Thymidin)} \qquad\qquad \text{(Adenosin)}$$

Harnsäure ist bei Menschen und anthropoiden Affen das Endprodukt des Nucleinstoffwechsels, bei Vögeln und Reptilien dasjenige des Eiweißstoffwechsels, bei den anderen Tieren wird sie dagegen zum *Allantoin* oxydiert. Man bezeichnet diesen Vorgang als *Uricolyse* und das sie bewirkende Ferment als *Uricase*. Ob beim Menschen die Harnsäure durch Uricolyse abgebaut wird, ist nicht mit Sicherheit erwiesen.

Harnsäure   Hydroxy-acetylen-diureido-carbonsäure   **Allantoin**

Das Ferment Uricase ist wahrscheinlich nicht einheitlich. Wie FELIX, SCHEEL u. SCHULER nachweisen konnten, zerfällt die Reaktion in drei Teilreaktionen, eine Oxydation, eine Hydrolyse und eine Decarboxylierung. Die oxydative Phase und die Decarboxylierung lassen sich durch ihr verschiedenes ph-Optimum voneinander trennen. Es ist daher die Bildung eines Zwischenproduktes zwischen Harnsäure und Allantoin anzunehmen, das durch Kohlensäureabspaltung in Allantoin übergeht. Nach SCHULER ist dies Zwischenprodukt die *Hydroxy-acetylen-diureido-carbonsäure,* die aus Harnsäure unter Aufnahme von einem Atom Sauerstoff und einem Molekül Wasser entsteht.

Manche Tiere (z. B. Fische und Frösche) können Allantoin über Allantoinsäure zu Harnstoff und Glyoxylsäure abbauen.

$$
\begin{array}{cccc}
\text{Allantoin} & \text{Allantoinsäure} & \text{Harnstoff} & \text{Glyoxylsäure}
\end{array}
$$

Die ausgeschiedene Harnsäure stammt entweder aus der Nahrung oder aus den Bausteinen des Körpers. Die erste Fraktion wird wegen ihrer Herkunft aus der Nahrung als *exogene Harnsäure,* die zweite wegen ihrer Entstehung aus Körperbausteinen als *endogene Harnsäure* bezeichnet. Jedoch ist eine scharfe Erfassung der beiden Fraktionen kaum möglich, da die Purine der Nahrung im Darm durch Bakterienwirkung abgebaut werden können und auf der anderen Seite, wie oben gezeigt, der Körper ständig Purine aufbauen kann. Die endogene Harnsäuremenge beträgt je Tag beim Menschen etwa 0,3 bis 0,5 g; sie ist der Ausdruck für die Abnutzung der purinhaltigen Körperbausteine durch die Tätigkeit des Organismus. Da nach Zufuhr von Adenylsäure die Harnsäureausscheidung eine besonders große Steigerung erfährt, ist man vielleicht berechtigt anzunehmen, daß die Adenylsäure auch einen sehr großen Teil der endogenen Harnsäure liefert. Die exogene Harnsäure stammt zum größten Teil aus den Nucleotiden, zum Teil aus dem Eiweiß der Nahrung, da erhöhte Eiweißzufuhr erhöhte Harnsäureausscheidung zur Folge hat.

Der Übergang der Mononucleotide in Harnsäure setzt mannigfache Umwandlungen des Mononucleotidmoleküls voraus. Die Harnsäure ist ein Trihydroxypurin. Die in den Mononucleotiden von vornherein enthaltenen Purine sind Adenin, ein Aminopurin, und Guanin, ein Amino-hydroxy-purin. Die Umwandlung dieser Basen in Harnsäure ist also eine Oxydation. Die erste Frage ist die nach der Reihenfolge, in der sich die zur Harnsäure führenden Umwandlungen des Nucleotidmoleküls vollziehen. Man könnte annehmen, daß das Nucleotid zunächst in die drei Bausteine Purin, Kohlenhydrat und Phosphorsäure aufgespalten würde und dann erst die Purine desaminiert und oxydiert würden. Das ist aber wahrscheinlich nicht der Fall, primär sind entweder Veränderungen an seinem Purinanteil oder die alleinige Abspaltung der Phosphorsäure, also die Umwandlung ins Nucleosid. Allerdings verhalten sich Adenylsäure und Guanylsäure nicht ganz übereinstimmend.

Es wird später noch näher zu besprechen sein, daß die *Adenylsäure,* die aus Adenosintriphosphorsäure nach Abspaltung von zwei Phosphorsäuremolekülen entsteht, durch eine Desamidase in Inosinsäure und in Ammoniak aufgespalten wird (s. S. 552). Diese Desamidase wirkt ganz elektiv nur auf die Adenylsäure. Neben ihr enthält der Muskel allerdings noch eine zweite Desamidase, die in entsprechender Weise elektiv aus dem Nucleosid Adenosin Ammoniak frei macht und es in Inosin (Hypoxanthosin) umwandelt (G. Schmidt). Es wird also nur das gebundene, nicht das freie Adenin desaminiert. Der weitere Abbauweg des Inosins bzw. der Inosinsäure führt zunächst zu *Carnin*, einem Additionsprodukt aus zwei Molekülen Hypoxanthin und einem Molekül Pentose; ferner entstehen Hypoxanthin und Xanthin. Demnach ergeben sich für den Abbau der Muskeladenylsäure (= Adenosin-5′-phosphorsäure) durch die Muskelfermente die nachstehenden Reaktionsfolgen:

$$\begin{aligned}
&\text{Adenosin-5′-phosphorsäure} \rightarrow \text{Inosinsäure} \rightarrow \text{Inosin} + H_3PO_4 \searrow \\
&\text{Adenosin-5′-phosphorsäure} \rightarrow \text{Adenosin} + H_3PO_4 \rightarrow \text{Inosin} \nearrow
\end{aligned} \quad \text{Hypoxanthin} \rightarrow \text{Xanthin,}$$

wobei anscheinend der erste Weg der übliche ist. Die Oxydation von Hypoxanthin zu Xanthin ist im Muskel noch möglich, dagegen wird Xanthin zu Harnsäure an anderer Stelle im Organismus oxydiert, da im Muskel Harnsäure nicht aufgefunden werden konnte. In anderen Organen (Gehirn, Herz, Hoden) wird Adenylsäure anscheinend zunächst durch Abspaltung der Phosphorsäure in Adenosin umgewandelt.

Das Schicksal der *Guanylsäure* ist ähnlich. Auch für ihre Desaminierung hat Schmidt in der Leber zwei verschiedene Fermente aufgefunden, von denen das eine — abweichend von den adenindesaminierenden Fermenten — vor allem freies Guanin und vielleicht auch Guanosin desaminiert, das andere dagegen nur Guanylsäure. Gleichzeitig mit der Desaminierung der Guanylsäure wird die Phosphorsäure abgespalten. Aus Guanin entsteht durch Desaminierung Xanthin, dessen Oxydation zu Harnsäure den Abbau abschließt. Des besseren Verständnisses wegen sind die Formeln der einzelnen Purine und die Zusammenhänge der Veränderungen nachfolgend noch einmal wiedergegeben:

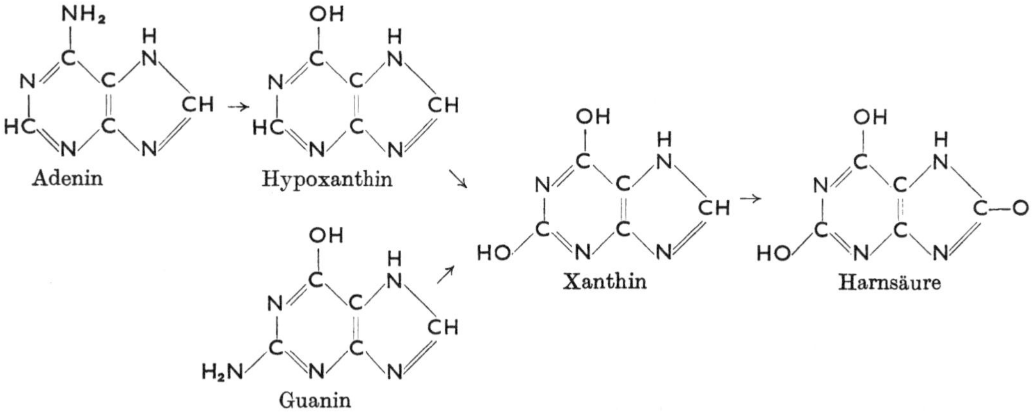

Adenin → Hypoxanthin → Xanthin → Harnsäure

Guanin →

Möglicherweise kann vielleicht aber sogar die Oxydation des Purins zur Harnsäure auch noch im Verbande des Nucleosids erfolgen, da Benedict aus dem Blute ein Harnsäureribosid isolieren konnte.

Außer den Nucleoproteiden enthält der Organismus auch freie Mononucleotide von anderer funktioneller Bedeutung. Der schon vor längerer Zeit aufgefundenen Adenosin-5′-phosphorsäure und ihren höheren Phosphorylierungsstufen Adenosindi- und -triphosphorsäure und anderen adenylsäurehaltige Dinucleotiden haben sich, wie schon S. 105 gezeigt, auch die entsprechenden Verbindungen der übrigen die Nucleinsäuren aufbauenden Mononucleotide zugesellt. Vor allem die mehrfach phosphorylierten Mononucleotide haben, wie an vielen früheren Stellen gezeigt wurde, als Bestandteile von Fermenten eine hohe Bedeutung für den Zellstoffwechsel.

b) Synthese von Nucleinstoffen.

1. Die Synthese von Purinen.

Es ist schon lange bekannt, daß der Organismus Purine synthetisieren kann. Im bebrüteten Hühnerei nimmt z. B. mit der Dauer der Bebrütung, also unter Bedingungen, unter denen kein Purin von außen aufgenommen werden kann, der Puringehalt zu. Den erwachsenen Menschen kann man längere Zeit praktisch purinfrei ernähren; trotzdem ändert sich die Menge der täglich ausgeschiedenen Harnsäure, die das Endprodukt seines Purinstoffwechsels ist, nicht wesentlich. Auch die am Schluß des vorigen Kapitels besprochenen Versuche von SCHULER u. REINDEL ergeben die Möglichkeit der Purinsynthese durch den tierischen Organismus. Außerordentlich klar zeigt sich die Purinsynthese beim Lachs zur Laichzeit. Wie schon S. 460 geschildert, bildet der Lachs während dieser Zeit ohne jede Nahrungsaufnahme mit der Entwicklung seiner Geschlechtsorgane und der Produktion der Samenzellen große Mengen des Protamins Salmin durch Umbau von Muskeleiweiß. Dabei müssen gleichzeitig auch erhebliche Mengen von Nucleinstoffen entstehen, da sich das Salmin in den Spermien in Bindung an Nucleinsäuren befindet.

Nachdem man früher annahm, daß kompliziert gebaute Verbindungen die Vorstufen der Purinsynthese seien, man dachte vor allem an Arginin und Histidin, wurde durch Versuche mit markierten Verbindungen einwandfrei erwiesen, daß der Purinring vom Körper aus kleinsten Bausteinen synthetisiert werden kann. Man ist in der Lage, für jedes der 9 Atome,

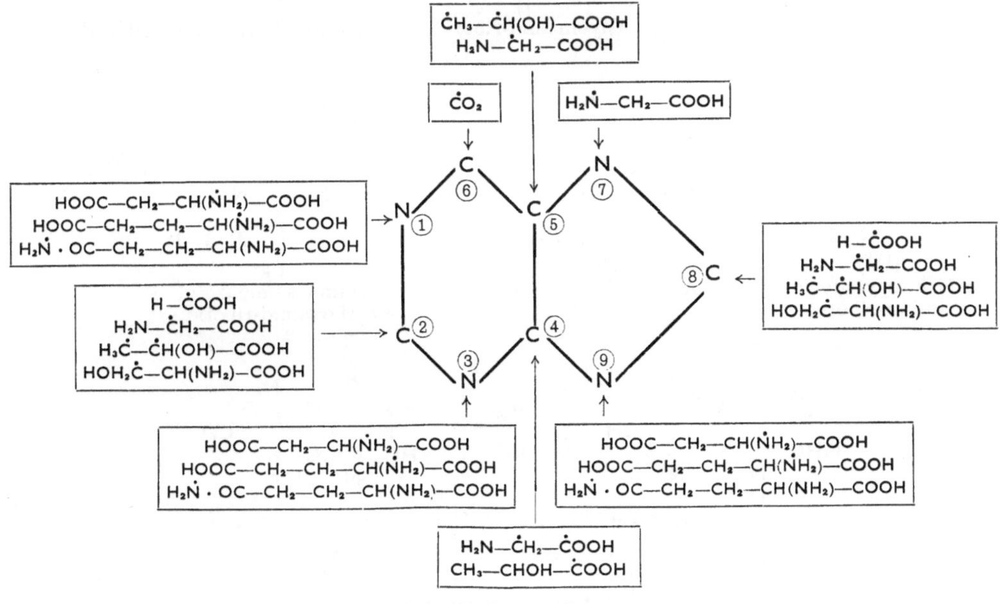

Abb. 122. Purinsynthese.

die den Purinring aufbauen, Vorstufen anzugeben. Die vorstehende Zusammenstellung faßt in schematischer Weise die allerdings nicht in allen Einzelheiten übereinstimmenden Ergebnisse verschiedener Autoren zusammen. Dabei ist bemerkenswert, daß Glutamin, Glutaminsäure und Asparaginsäure als Stickstoffquellen für die N-Atome 1-, 3- und 9 verwandt werden. Die N-Atome (1) u. (3) wurden anscheinend spezifisch von Asparaginsäure und dem Amid-N von Glutamin geliefert, das N-Atom (9) besonders vom Glutamin-amid-N. Anscheinend handelt es sich um Transaminierungen. Das N-Atom 7 wird dagegen nach den bisherigen Erfahrungen nur von Glykokoll geliefert. Auch die C-Atome haben keine einheitliche Herkunft. Einzelheiten sind der Zusammenstellung zu entnehmen. Es scheint allerdings so, als ob vorzugsweise die folgenden Kohlenstoffquellen verwandt werden: für C (2) u. (8): Formiat; für C (6): CO_2 und für C (4) u. (5): Glykokoll. Soweit andere Stoffe in diese Verbindungen übergehen, können natürlich auch sie Vorstufen der entsprechenden Atome des Purinrings sein. Die Übertragung der Formiatreste bedarf der Mitwirkung des Citrovorum-Faktors (s. S. 209), aber auch das Cyanocobalamin (s. S. 206) ist für die Purinsynthese erforderlich.

Durch die Arbeiten von BUCHANAN und seinen Mitarbeitern kann heute die Synthese des Purinringes im wesentlichen als aufgeklärt angesehen werden. Auch bei dieser biologischen Synthese ist wie bei vielen anderen bemerkenswert, wie die Zelle Schritt für Schritt, ausgehend von einfachsten Bausteinen, ein kompliziertes Molekül aufbauen kann. Das erste Purinderi-

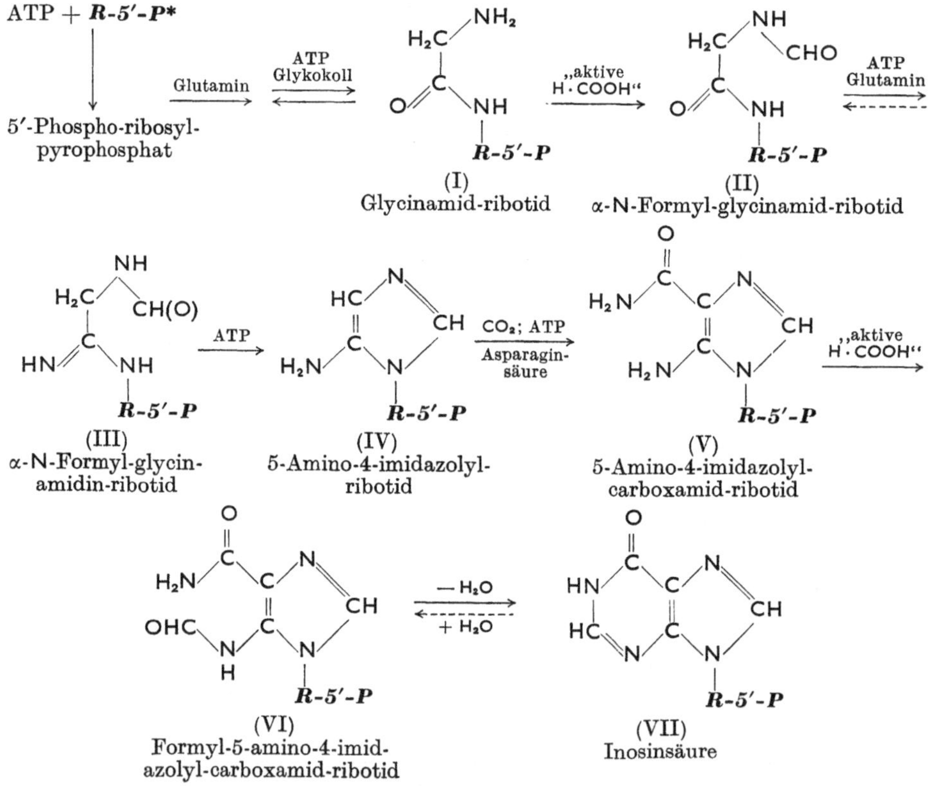

ATP + **R-5'-P***

5'-Phospho-ribosyl-pyrophosphat

Glutamin →

ATP Glykokoll →

(I)
Glycinamid-ribotid

„aktive H·COOH" →

(II)
α-N-Formyl-glycinamid-ribotid

ATP Glutamin →

(III)
α-N-Formyl-glycin-amidin-ribotid

ATP →

(IV)
5-Amino-4-imidazolyl-ribotid

CO_2; ATP Asparaginsäure →

(V)
5-Amino-4-imidazolyl-carboxamid-ribotid

„aktive H·COOH" →

(VI)
Formyl-5-amino-4-imidazolyl-carboxamid-ribotid

$- H_2O$ / $+ H_2O$

(VII)
Inosinsäure

____

* **R-5'-P** = Ribose-5'-phosphorsäure,

vat, das die Zelle produziert, ist die Inosinsäure, *die Purinsynthese ist also die Synthese eines Purinnucleotids.* Fernerhin ist bemerkenswert, daß diese Synthese ausgeht von der Ribose-5′-phosphorsäure, die zunächst, wie die nebenstehende Zusammenstellung des Syntheseweges zeigt, durch Umsetzung mit Adenosintriphosphorsäure (ATP) in 5′-Phosphoribosylpyrophosphat umgewandelt wird. Dieses reagiert mit Glutamin und Glykokoll unter Bildung von Glycinamid-ribotid (I). Es wird weiterhin ein Formylrest angelagert (II), durch Umsetzung mit Glutamin erhält die Verbindung das spätere N-Atom 3 (III). Bei dem nächsten Schritt wird der im Purinring enthaltene Imidazolring geschlossen (IV). Nunmehr wird durch Reaktion mit CO_2 und Asparaginsäure das C-Atom 6 und das N-Atom 1 angefügt (V). Eine erneute Reaktion mit Formiat liefert das noch fehlende C-Atom 2 (VI). Durch Wasserabspaltung wird nunmehr auch der Pyrimidinring geschlossen und damit ist durch Entstehung der Inosinsäure (VII) die Purinsynthese vollendet.

Aus Inosinsäure wird dann sekundär Adenylsäure oder Guanylsäure gebildet, und zwar durch eigenartige Reaktionen. Adenylsäure unterscheidet sich von Inosinsäure dadurch, daß sie anstelle der Hydroxylgruppe eine Aminogruppe besitzt. Diese wird von Asparaginsäure geliefert, die sich zunächst mit Inosinsäure zu Adenylbernsteinsäure vereinigt:

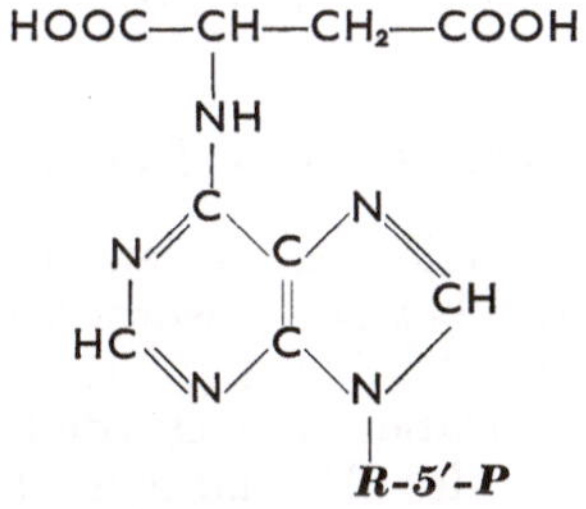

$$HOOC—CH—CH_2—COOH$$

Adenylbernsteinsäure

Zur Bildung von Guanylsäure wird Inosinsäure zunächst unter Mitwirkung von DPN⁺ zu Xanthosinsäure oxydiert, die dann durch Glutaminsäure oder Glutamin — möglicherweise unter intermediärer Bildung von Guanyl-glutarsäure — zu Guanylsäure aminiert wird.

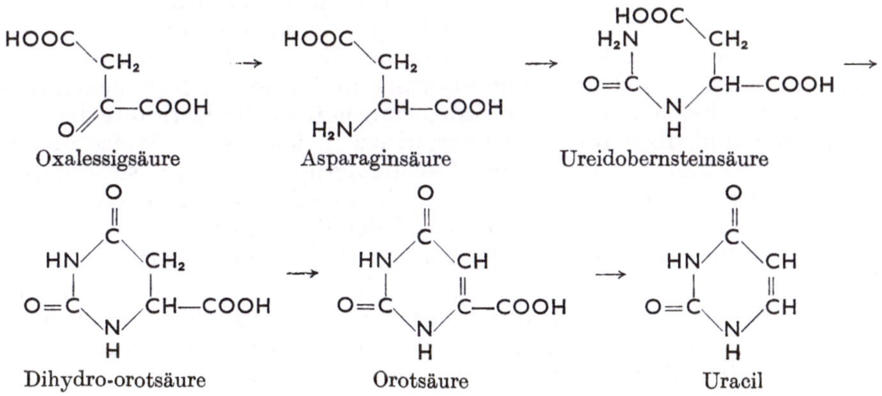

Oxalessigsäure → Asparaginsäure → Ureidobernsteinsäure →

Dihydro-orotsäure → Orotsäure → Uracil

2. Synthese und Abbau von Pyrimidinen.

Über den Aufbau des Pyrimidinringes im Organismus ist man sehr viel weniger gut unterrichtet, als über den des Purinringes. Die Synthese geht aus von Oxalessigsäure oder von Asparaginsäure. So können auch Stoffe, aus denen Oxalessigsäure gebildet wird, zur Pyrimidinsynthese verwendet werden. Asparaginsäure geht dann offenbar in Ureidobernsteinsäure über. Der Mechanismus dieser Reaktion ist aber noch nicht geklärt. Durch Ringschluß entsteht aus ihr Dihydroorotsäure, die zu Orotsäure dehydriert wird (Formeln s. S. 495), aus der dann durch Decarboxylierung mit dem Uracil eines der Pyrimidine entsteht, die in Polynucleotiden vorkommen. Durch Methylierung, für die die Methylgruppe vor allem von Serin geliefert wird, ergibt sich Thymin. Auch der Ersatz des einen Sauerstoff durch die Aminogruppe, die zur Bildung von Cytosin führt, ist nachgewiesen.

Nach den heutigen Vorstellungen ist der biologische Abbau der Pyrimidine in etwa die Umkehr des Syntheseweges.

Schrifttum.

Buchanan, J. M., and D. W. Wilson: Biosynthesis of purines and pyrimidines. Fed. Proc. 12, 646 (1953). — Christmann, A. A.: Purine and pyrimidine metabolism. Physiol. Rev. 32, 303 (1952). — Greenberg, G. R.: Mechanisms involved in the biosynthesis of purines. Fed. Proc. 12, 651 (1953). — Kalckar, H. M.: The enzymes of nucleoside metabolism. Fortschr. Chem. org. Naturstoffe 9, 363 (1952).

F. Der Stoffwechsel der Pyrrolfarbstoffe.

Über den Abbau des Hämoglobins zu den Gallenfarbstoffen ist bereits an früherer Stelle ausführlich berichtet worden (s. S. 117ff.), so daß sich die Darstellung hier auf die Schilderung der biologischen Hämoglobinsynthese beschränken kann. Dabei geht es vor allem um den Aufbau der prosthetischen Gruppe, also des Hämanteils des Moleküls. Dank der Arbeiten insbesondere von Shemin und seinen Mitarbeitern kann dieses Problem im Prinzip als gelöst angesehen werden. Nachdem zunächst erkannt worden war, daß die unmittelbare Stickstoffquelle für den Aufbau der Pyrrolringe die Aminosäure Glykokoll ist, daß also für die Lieferung der 4 N-Atome des Porphinringes 4 Atome Glykokoll nötig sind, ergab sich weiterhin, daß Glykokoll ebenfalls 8 der C-Atome des Porphinringes stellt. Da wiederum von den beiden C-Atomen des Glykokolls nur das C-Atom der CH_2-Gruppe (das α-C-Atom) im Porphinring nachgewiesen werden konnte, verbraucht also ein Porphyrinmolekül für seine Synthese jeweils 8 Atome Glykokoll. Die Verteilung dieser C-Atome auf das Protoporphyrin zeigt die nebenstehende Formel, in der sie durch ($\bullet$) gekennzeichnet sind. Zur Erleichterung der Erörterungen über die Herkunft der einzelnen Atome sind diese für die 4 Pyrrolringe in identischer Weise beziffert. Die fehlende Ziffer 7 gehört zu der Carboxylgruppe in den Essigsäureresten des Uroporphyrins (Formel s. S. 117). Glykokoll liefert also: die C-Atome der Methinbrücken sowie die C-Atome 2 der Pyrrolringe. Die restlichen 26 C-Atome können sämtlich von der Essigsäure geliefert werden.

Versuche mit in der Methyl- oder in der Carboxylgruppe durch radioaktiven ^{14}C markierter Essigsäure haben erwiesen, daß alle gleich bezifferten C-Atome der 4 Ringe die gleichen Aktivitäten haben, daß sie also gleicher Herkunft sein müssen. Die nachstehenden Formeln zeigen dabei, daß

CH_3- und $COOH$-Gruppe an verschiedenen Stellen eingebaut werden,
wobei die Aktivitäten (kleine, kursive Zahlen) mit Ausnahme der des C(10)
immer paarweise gleich sind. Der Hauptkohlenstofflieferant ist die CH_3-

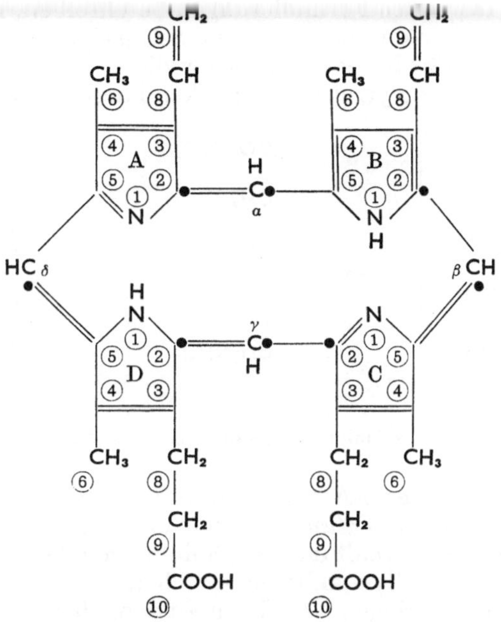

Gruppe der Essigsäure, lediglich die —$COOH$-Gruppe des C(10) stammt überwiegend aus der Carboxylgruppe der Essigsäure. Aus dieser Verteilung der
Aktivitäten wird geschlossen, daß alle 4 Pyrrolringe des Porphyrins aus der

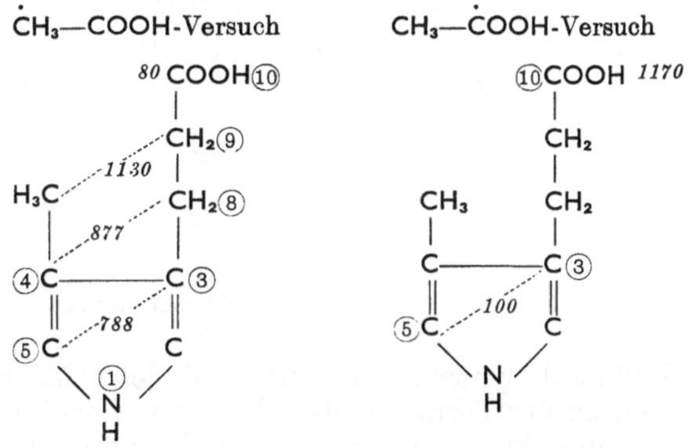

gleichen Vorstufe entstehen, und daß in dieser Vorstufe auch die „Methyl"-
seite und die „Propionsäure"-seite die gleiche Herkunft haben.

Es zeigte sich, daß die beiden C-Atome der Essigsäure immer gleichzeitig
in die Pyrrolringe eintreten, also wahrscheinlich in einer unsymmetrischen
4er Kette verwendet werden. Man darf also wohl annehmen, daß Essigsäure
durch den Citronensäurecyclus in eine C_4-Einheit überführt wird. Isotopen-

studien machten es wahrscheinlich, daß diese in einer aktivierten Form der Bernsteinsäure zu suchen ist. Es war aber dann noch aufzuklären, durch welchen Mechanismus diese und Glykokoll sich zu der Pyrroleinheit des Porphinringes vereinigen. Die experimentellen Ergebnisse lassen sich zwanglos durch die folgenden Formulierungen beschreiben, nach denen sich Bernsteinsäure und Glykokoll zu *α-Amino-β-keto-adipinsäure* kondensieren, die dann zu *δ-Aminolävulinsäure* decarboxyliert wird, in der man die unmittelbare Vorstufe des Pyrrolrings erblicken kann. Es läßt sich nämlich

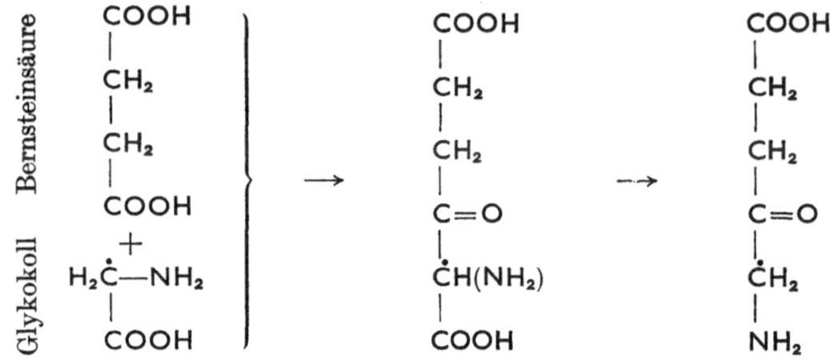

$$\alpha\text{-Amino-}\beta\text{-keto-adipinsäure} \qquad \delta\text{-Aminolävulinsäure}$$

zeigen, daß sich 2 Moleküle der δ-Aminolävulinsäure zu der gesuchten Vorstufe vereinigen, die man als *Porphobilinogen* bezeichnet. Geht man von ^{14}C markiertem Glykokoll aus, so enthält das Porphobilinogen 2 markierte C-Atome, die den α-C-Atomen des Glykokolls entsprechen und die sich in gleicher Lage auch in den Pyrrolringen von Häm finden, das unter Verwendung

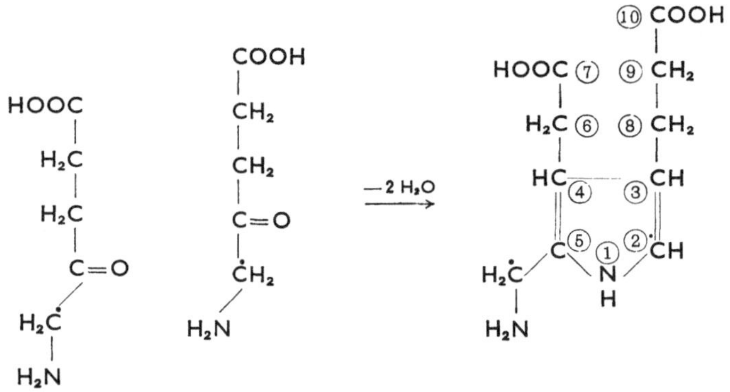

$$\text{Porphobilinogen}$$

von markiertem Glykokoll synthetisiert wurde. Welcher Mechanismus aber die 4 Pyrroleinheiten zu der Tetrapyrrolstruktur des Porphinringes zusammenschließt, ist noch unbekannt. Die Kondensation von 4 Einheiten würde unmittelbar zu Uroporphyrin führen, aus dem durch Entfernung der Carboxylgruppen in Stellung 7 Koproporphyrin würde, das schließlich durch Abstoßung der Carboxylgruppen in Stellung 10 in den Ringen A und B und Dehydrierung zwischen C(8) und C(9) in den gleichen Ringen Protoporphyrin liefern würde (Formeln s. S. 112. 116 und 117). Ein derartiger Mechanismus würde auch, wenn eine der 4 Einheiten seitenverkehrt eingefügt wurde, den früher bereits besprochenen Dualismus der Porphyrinbildung erklären

(s. S. 116), also die Tatsache, daß neben den normalen Porphyrinen der Reihe III bei Störungen der Porphyrinbildung auch solche der Reihe I entstehen können.

Die Bildung von δ-Aminolävulinsäure aus „aktivem" Succinat und aus Glykokoll gelingt nur mit Erythrocyten, deren Struktur partiell intakt ist, dagegen kann δ-Aminolävulinsäure auch von zellfreien Extrakten in Protoporphyrin umgewandelt werden.

Offenbar hat die normale Porphyrinbildung einen Umfang, der über den tatsächlichen Bedarf für die Hämoglobinbildung hinausgeht. Schon wenige Tage nach der Verfütterung von ^{15}N-Glykokoll beobachtet man die Ausscheidung nicht unerheblicher Mengen von ^{15}N-Stercobilin, zu einem Zeitpunkt also, zu dem noch keine Erythrocyten zugrunde gegangen sein können, in die ^{15}N-haltiges Hämoglobin eingebaut worden ist. Entweder gehen unreife Blutkörperchen dauernd zugrunde, oder es wird ein etwa gebildeter Porphyrinüberschuß auf diesem Wege beseitigt. Es ist im übrigen bemerkenswert, daß unreife Blutkörperchen, wie sie bei gewissen Anämieformen im Blute auftreten (z. B. bei der Sichelzellenanämie), auch außerhalb des Körpers noch zur Hämoglobinsynthese fähig sind.

Schrifttum.

SHEMIN, D.: The biosynthesis of porphyrins. Ergebn. Physiol. 49, 299 (1957). — ZEILE, K.: Biosynthese des Hämins. Angew. Chem. 66, 729 (1954).

G. Die chemische Organisation der Zelle.

Zahlreiche in vorangehenden Kapiteln mehr oder weniger ausführlich geschilderte biochemische Leistungen der Zelle lassen erkennen, daß die Umsetzungen in der lebendigen Substanz der sinnvollen Aneinanderreihung einer sehr großen Zahl von Einzelschritten bedürfen, von denen jeder einzelne nur eine kleine Änderung im Strukturgefüge der umgesetzten Substanz bewirkt. Als ein besonders markantes Beispiel dieser Art sei auf die Purinsynthese verwiesen, die S. 493 ff. eingehender dargestellt wurde. Derartige Reaktionsketten, wie sie hier, aber auch bei allen anderen Aufbau- und Abbauvorgängen vorliegen, setzen voraus, daß auf dem engen Raum einer Zelle zahlreiche Fermente und Co-Fermente nicht nur untergebracht sind, sondern auch in bestimmter Folge angeordnet sein müssen, damit die Reaktionen geregelt nacheinander ablaufen und sich mit der nötigen Geschwindigkeit vollziehen können. Wenn hierfür auch in vielen Fällen Änderung des p_H-Wertes, des Energieniveaus, die Größe der jeweiligen Reaktionsgeschwindigkeiten und Gleichgewichtskonstanten maßgebend sein mögen, so stellt sich doch die Frage nach der Lokalisation der Fermente in der Zelle und die weitergehende nach der gesamten biochemischen Organisation der Zelle. Vor allem die Untersuchungen über die sog. Atmungskette haben gezeigt, daß in den Mitochondrien Reaktionsketten in Form von multiplen Enzymsystemen vorliegen, von denen Teilstücke isoliert werden konnten (s. Abb. 91, S. 350).

In Untersuchungen an hierfür besonders geeigneten Objekten von ausreichender Größe — als solche dienten im wesentlichen die Speicheldrüsenkerne von Drosophila — ist es CASPERSSON gelungen, durch Bestimmung der Ultraviolettabsorption an den verschiedenen Zellorten die Lokalisation der chemischen Bausteine des Zellkerns weitgehend festzulegen. Die Abb. 123 gibt eine schematische Übersicht über die Verteilung von Nucleotiden und Eiweißkörpern in den Chromosomen dieser Zellen. In anderen Zellen dürften im Prinzip die gleichen Verhältnisse vorliegen. Die Zellkerne aus Rinderorganen enthalten 30—35% Gesamtnucleinsäure und 0,6—1,9% Ribonucleinsäure. Sie bestehen also weit übergehend aus Desoxyribonucleinsäuren. Die Ribonucleinsäure findet sich vor allem im Nucleolus, kommt aber auch in den Chromosomen vor.

Das Chromatin entspricht an Eiweiß gebundenen Desoxyribonucleotiden. Es findet sich entweder in den Chromomeren als Euchromatin (*A*) in Form einzelner Bänder oder als Heterochromatin (*B*), meist angehäuft in der Nachbarschaft des Nucleolus. Die Euchromatinbänder sind auch in der Abb. 123 deutlich erkennbar.

Die Ribonucleinsäure ist für die Nucleinsäure- und die Eiweißsynthese der Zelle von besonderer Bedeutung — jede Eiweißsynthese geht mit einer Vermehrung der Ribonucleinsäure einher — so daß der Nucleolus das Regulationszentrum für diese Zelleistungen zu sein scheint.

Die wichtigste Funktion des Zellkerns ist die Erhaltung und Weitergabe der Erbmasse, die in den Genen lokalisiert ist. Die Gene dürften mit den einzelnen Bändern des Euchromatins identisch sein, wobei es sehr wahrscheinlich ist, daß die Desoxyribonucleotide Träger der Erbeigenschaften sind.

Für die Zellteilung ist ein Neuaufbau von Kernsubstanz, also von Nucleotiden und von Eiweißstoffen notwendig. CASPERSSON hält das Chromatin für das Zentrum der Eiweißsynthese, wobei die Desoxyribonucleotide des Euchromatins wahrscheinlich Eiweiß-

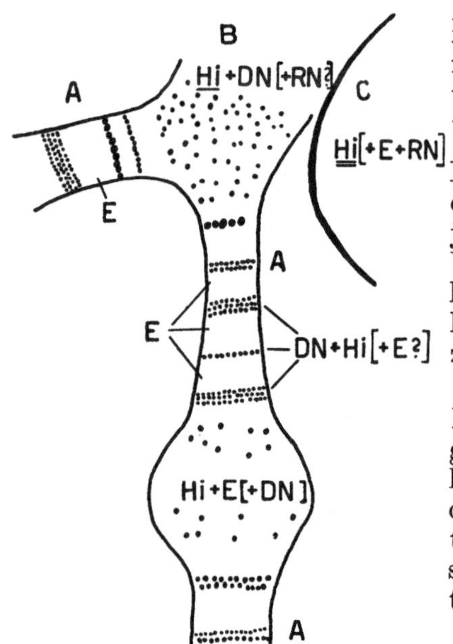

Abb. 123. Schematische Darstellung der chemischen Zusammensetzung des Kernes von Speicheldrüsenzellen der Drosophila nach CASPERSSON. *A* Euchromatin, *B* Heterochromatin, *C* Nucleolus, *E* Eiweiß vom Globulintyp, *Hi* Eiweiß vom Histontyp, *RN* Ribonucleotide, *DN* Desoxyribonucleotide.

substanzen vom Globulintypus synthetisieren, die des Heterochromatins solche vom Histontyp. (Die Eiweißsynthese im Cytoplasma vollzieht sich im Zusammenhang mit den Ribonucleotiden des Cytoplasmas.) Die Eiweißkomponenten der Nucleoproteide sind die Histone, sie bilden ferner die Hauptmasse des Nucleolus. Der Genort wird also ausgefüllt von Desoxyribonucleotiden in Bindung an Histon. Das Eiweiß in den chromatinfreien Scheiben zwischen den Genen hat globulinartigen Charakter.

Durch besondere Methoden, die im wesentlichen darauf beruhen, daß möglichst schonend, aber unter Zerreißung der Zellmembran, zerkleinertes Gewebe (am besten Leber oder Niere) in Rohrzuckerlösungen suspendiert bei sich steigernden Geschwindigkeiten zentrifugiert wird, kann man den Zellinhalt auf 4 Fraktionen aufteilen: die Zellkerne, die Mitochondrien, die Mikrosomen und das flüssige Cytoplasma. Jede dieser Fraktionen ist auf die in ihr enthaltenen Fermente untersucht worden.

Dabei ergab sich, daß der *Zellkern* keinerlei Fermente der biologischen Oxydation enthält und lediglich eine ganz geringfügige Glykolyse und auch das nur von Hexosediphosphat vollziehen kann. Er ist also hinsichtlich der Deckung seines Energiebedarfs auf das umgebende Cytoplasma angewiesen. Energielieferanten für die energieverbrauchenden Umsetzungen im Zellkern sind die energiereichen Phosphatbindungen der Adenosintriphosphorsäure. Dagegen ist der Kern ausgestattet mit den Fermenten für Aufbau und Umsatz seiner wichtigsten Bausteine: Eiweiß, Lipoide, Desoxyribo- und Ribonucleotide. Es finden sich also Kathepsin, Peptidasen und eine Anzahl von Fermenten des Aminosäurestoffwechsels, Desoxyribo- und Ribonucleasen, Esterasen, Phosphatasen und Lipasen. Auch die Bildung von DPN und TPN ist im Zellkern möglich. Der hohe Arginasegehalt des Kerns der Leberzellen ist für seine Funktion vermutlich bedeutungslos, da das Ferment der Aktivierung durch Mn^{2+} bedarf, die im Kern nur in geringer Konzentration vorkommen. Wahrscheinlich wird also die Arginase im Zellkern gebildet, ihr Wirkungsort ist aber das Cytoplasma. Welchen Umfang die von den Zellkernen in manchen Organen zu leistende Eiweißsynthese hat, geht daraus hervor, daß das Pankreas für die täglich von ihm sezernierte Saftmenge eine Eiweißmenge von 45 g produzieren muß.

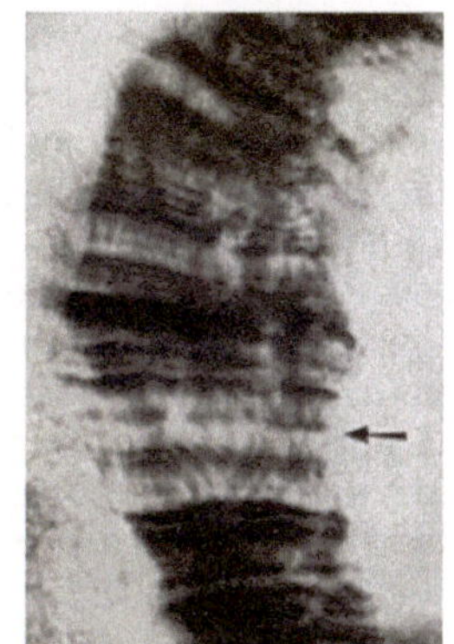

Abb. 124. Teil eines Riesenchromosoms von Chironomus. (Nach BAUER.)

Die Desoxyribonucleasen sind für den Zellkern typisch und spezifisch. Sie bedürfen der Aktivierung durch Mg^{2+}. Der Umfang ihrer Tätigkeit wird deshalb durch die Menge der aus dem Cytoplasma in den Kern eintretenden Mg^{2+} bestimmt. Die Desoxyribonucleotide werden mit wesentlich geringerer Geschwindigkeit umgesetzt als die Ribonucleotide. Die Geschwindigkeit ihres Umsatzes entspricht der Geschwindigkeit der Mitose; Desoxyribonucleotide entstehen also praktisch nur während der Zellteilung und in einem für sie ausreichenden Maße.

Es ist diskutiert worden, ob die Gene mit den Fermenten identisch sind. Hierfür könnte sprechen, daß man eine Reihe von Reaktionsketten hat auffinden können, in denen die Tätigkeit jedes Einzelfermentes an die Gegenwart jeweils eines bestimmten Gens gebunden ist. Für andere Reaktionsketten muß das gleiche zutreffen. Da aber die Gene nur während der Zellteilung sich vermehren, in den Zellkernen überdies zahlreiche Fermente gar nicht vorkommen, hat die Vorstellung mehr Wahrscheinlichkeit, nach der jedes Gen für die Produktion eines bestimmten Fermentes verantwortlich ist. Da die Fermente Eiweißkörper sind, ist das Problem der Fermentbildung ein Sonderfall der Eiweißsynthese in der Zelle. An dieser beteiligt sind aber, wie schon oben erwähnt, auch die Ribonucleinsäuren.

Ein leicht durchsichtiges Beispiel für derartige genabhängige Reaktionsketten sei hier angeführt. Von dem Brotpilz Neurospora crassa lassen sich durch Bestrahlung oder chemische Einwirkung eine große Zahl von Mutanten gewinnen, bei denen sich der Ausfall einzelner aber immer verschiedener Gene durch den Ausfall einer Stufe in einer Reaktionskette nachweisen läßt. Durch die Mutante 47904 wird z. B. bei Zusatz von Aminoäthanol (Colamin, s. S. 40) Monomethyl-aminoäthanol angereichert. Der Stamm 34486 kann kein Monoaminoaminoäthanol bilden, aber die Mono- und die Dimethylverbindung in Cholin verwandeln, Stamm 47904 dagegen nur das Dimethyl-aminoäthanol. In dem nachstehenden Formelschema sind die Stellen, an denen der Reaktionsgang unterbrochen ist, gekennzeichnet. Ähnliche Reaktions- und Genketten sind an anderen Neurospora-mutanten z. B. für die Bildung von Nicotinsäure, von Methionin, Pantothensäure und anderen Substanzen gefunden worden.

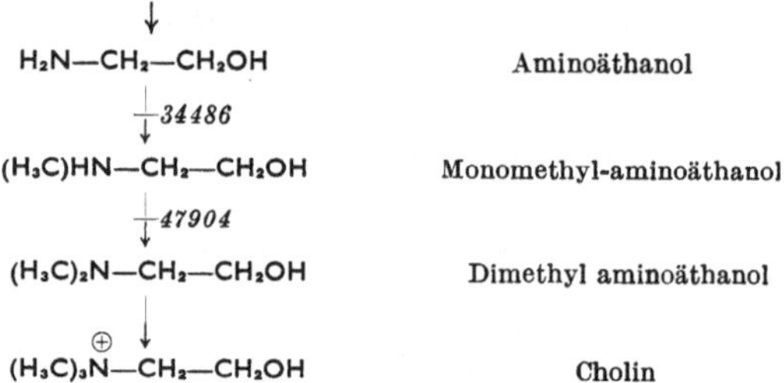

Die *Mitochondrien* (oder „großen Partikel") enthalten eine sehr große Zahl von Fermenten, vor allem finden sich in ihnen alle Fermente der biologischen Oxydation. Deshalb entstehen in den Mitochondrien auch die für die gesamten Stoffwechselleistungen unentbehrlichen energiereichen Phosphatbindungen. Man hat errechnet, daß ein Mitochondrion etwa 1 Million Eiweißmoleküle enthält, eine Zahl, die im Vergleich mit den von diesen Gebilden zu leistenden vielfältigen fermentativen Reaktionen niedrig anmutet. Es wird deshalb angenommen, daß nicht alle Fermente in jedem Mitochondrion vorkommen, sondern daß sie sich ungleichmäßig auf die Mitochondrien verteilen. In den Mitochondrien findet sich auch das „Cyclophorase-System" (D. E. GREEN u. Mitarb.), das vor allem die Enzyme des Citronensäurecyclus umfaßt und der Ergänzung durch Mg^{2+}, Phosphat, Adenosintriphosphorsäure, Cytochrom c und eines der Glieder des Citronensäurecyclus bedarf. Neben den schon erwähnten Fermenten sind in den Mitochondrien lokalisiert die Fermente für die Bildung von Hippursäure (s. S. 323), von Citrullin (s. S. 469), von Asparaginsäure aus Glutaminsäure (s. S. 479), von Glutamin (s. S. 480) und von Co-Carboxylase aus Thiamin (s. S. 196).

In den *Mikrosomen*, die einen hohen Gehalt an Lipoiden haben, finden sich vor allem Arginase, Esterasen, Lipasen und Phosphatasen.

Das *Cytoplasma*, das etwa 40% der Eiweißkörper und 30% der Ribonucleotide der Zelle enthält, stellt in erster Linie die Fermente der Glykolyse. Auch im Cytoplasma können also durch Substratphosphorylierung bei der Glykolyse energiereiche Phosphatbindungen entstehen. Es enthält außerdem Cytochrom c, Katalase, Lipase und Phosphatasen.

Schrifttum zu Zellorganisation.

BUTENANDT, A.: Biochemie der Gene und Genwirkungen. Naturwiss. **40**, 91 (1953). — CASPERSSON, T. O.: Cell Growth and Cell Funktion. New York 1950. — LANG, K.: Lokalisation der Fermente und Stoffwechselprozesse in den einzelnen Zellbestandteilen und deren Trennung. 2. Coll. Dtsch. Ges. physiol. Chem. Berlin, Göttingen, Heidelberg 1952. — Die Fermentsysteme der Zelle. Kli. Wo. **1955**, 300. — MAZIA, D.: Physiology of the cell nucleus; in: BARRON, G. E. S. (Hrsgb.): Modern Trends in Physiology and Biochemistry. New York 1952. — MITCHELL, H. K.: Vitamins and metabolism in neurospora. Vitamins & Hormones **8**, 127 (1950).

VI. Physiologische Chemie einiger Organe.

A. Die Leber.

a) Allgemeines.

An zahlreichen Stellen in vorhergehenden Kapiteln sind viele ganz verschiedenartige jeweils unbedingt lebensnotwendige Leistungen des Körpers erwähnt oder besprochen worden, die direkt oder indirekt an die Tätigkeit der Leber geknüpft sind, und in der Tat gibt es kaum eine wichtige physiologische Funktion des Körpers, die nicht mit der Tätigkeit dieses Organs zusammenhinge. Die meisten dieser Funktionen sind in vorangehenden Abschnitten so ausführlich behandelt worden, daß darauf verwiesen werden kann. Hier sollen darum zunächst einige kurze Angaben allgemeinerer Art folgen und dann noch einmal zusammenfassend die verschiedenen Leistungen der Leber betrachtet werden.

Die Leber ist auch im menschlichen Körper das größte Organ, auf sie kommen etwa 2,5—3,7 % des Körpergewichtes. Ihre hohe funktionelle Bedeutung geht schon daraus hervor, daß auf sie etwa 14 % des Gesamtenergieumsatzes des Körpers entfallen. Der Gehalt der Leber an den verschiedenen chemischen Bausteinen weist zwar gegenüber dem Körperdurchschnitt oder auch gegenüber anderen Organen gewisse Besonderheiten, aber doch keine grundlegenden Unterschiede auf. Bemerkenswert ist ihr hoher *Eisengehalt* (0,06 % der Trockensubstanz), sie ist nach der Milz das eisenreichste Organ. Ihr Gehalt an Depoteisen beträgt etwa $1/3$ vom gesamten Eisenbestand des Organismus. Auch an anderen Schwermetallen, wie *Kupfer*, *Zink* und *Mangan*, hat die Leber einen reichen Bestand, der sogar höher sein kann als in anderen Organen. Sicherlich steht dieser den Körperdurchschnitt weit übersteigende Gehalt an Schwermetallen mit der ebenfalls über dem Körperdurchschnitt liegenden oxydativen Leistung der Leber im Zusammenhang. Beim Neugeborenen ist der Eisengehalt der Leber noch viel höher als beim Erwachsenen. Wahrscheinlich liegt ein Eisendepot für den Aufbau des Hämoglobins vor, da die einzige oder doch die hauptsächliche Nahrung des Säuglings, die Milch, einen unzureichenden Eisengehalt hat. Auch andere *Spurenelemente* (s. S. 134) werden in der Leber gefunden.

Die Leber (und ebenso wohl auch die Milz) enthalten das Eisen überwiegend an Eiweiß gebunden als *Ferritin*. Der Eisengehalt dieser Verbindung ist sehr hoch, er beträgt etwa 20 % (bis zu 23 %). Nach Abspaltung des Eisens hinterbleibt der Eiweißkörper *Apoferritin*. Er hat ein Molekulargewicht von 460 000 und kristallisiert in der gleichen Kristallform wie das Ferritin, ist aber zum Unterschied von diesem, das braun gefärbt ist, farblos. Ferritin und Apoferritin finden sich auch in der Darmwand und regulieren die Eisenresorption. Solange Apoferritin noch nicht mit Eisen gesättigt ist, wird Eisen von der Darmschleimhaut aufgenommen. Ist alles Apoferritin in Ferritin übergeführt, stockt die Eisenresorption, weil nun kein Konzentrationsgefälle mehr besteht. Durch erhöhte Zufuhr von Eisen-Ionen kann die Apoferritinbildung in der Leber gesteigert werden. Eine andere

Form des Lebereisens ist das *Hämosiderin*, in dem wahrscheinlich Eisen-(III)-hydroxyd locker an Eiweiß gebunden ist. Eisen, das von Ferritin nicht mehr gebunden werden kann, wird vermutlich in dieser Form — auch in anderen Organen — abgelagert. Wenn Eisen aus der Leber ins Blutplasma übergeht, wird es auf ein eisenbindendes Protein des Plasmas, das *Siderophilin* übertragen.

Der Gehalt an *Fetten* und an *Kohlenhydraten* in der Leber ist sehr starken Schwankungen unterworfen, da diese Substanzen ja nicht nur Baustoffe der Leber sind, sondern auch als Reservematerial in ihr vorübergehend abgelagert werden. Der *Glykogengehalt* konnte durch Kohlenhydratmast beim Hund bis auf etwa 20 % gesteigert werden. Beim gesunden Menschen schwanken die Werte bei einem Durchschnittswert von 2,15 % zwischen 0,95 und 4,1 %. Der *Fettgehalt* der menschlichen Leber liegt zwischen 2 und 6 %. Daneben kommen größere Mengen von Lipoiden in der Leber vor. Während Neutralfette nur vorübergehend in der Leber gespeichert werden, aber keine eigentliche aktive Funktion in diesem Organ haben, sind die Lipoide in das Protoplasma der Leberzellen, ebenso wie in das der Zellen anderer Organe, eingebaut und werden deshalb auch als Strukturlipoide bezeichnet; sie finden sich überwiegend in den Mitochondrien und Mikrosomen. Zum größten Teil sind es Phosphatide (beobachteter Höchstwert 2,3 %), die etwa je zur Hälfte aus Lecithinen und Kephalinen bestehen. Daneben kommen auch phosphatidsäureartige Lipoide vor. Der Cholesteringehalt ist dem gegenüber sehr gering (0,02—0,06 %).

Voraussetzung für die erstaunlichen Stoffwechselleistungen der Leber ist der *hohe Fermentgehalt der Leberzellen*. Sie enthalten die verschiedenen *Fermente des Eiweiß-, Fett-, Lipoid- und Kohlenhydratstoffwechsels, die Fermente des Nucleinstoffwechsels sowie die des oxydativen Endabbaus der Körperbausteine*. Außerdem finden sich eine Reihe von Fermenten mit ganz spezifischer Leistung, von denen nur die *Arginase* genannt sein soll.

Untersuchungsmethoden der Leberfunktion. Zur Untersuchung der Leberfunktion sind zahlreiche Methoden angegeben worden. Wertvolle Aufschlüsse verdanken wir den Untersuchungen an der *isolierten, künstlich durchströmten Leber*, die besonders von EMBDEN und seinen Mitarbeitern durchgeführt worden sind: in die Pfortader und in die untere Hohlvene wird je eine Kanüle eingebunden und dann die Leber aus dem Körper herausgelöst. Von der Pfortader wird nun gut arterialisiertes Blut durch die Leber hindurchgepumpt. Das Blut fließt aus der Hohlvenenkanüle wieder heraus, wird erneut arterialisiert und kann so eine Reihe von Stunden immer wieder durch die Leber geleitet werden. Im Durchströmungsblute kann man Stoffe nachweisen und bestimmen, die entweder aus der Leber selber stammen, also durch Umsetzung von Lebersubstanzen gebildet wurden, oder die beim Abbau von Stoffen entstanden sind, die dem Durchströmungsblute zugesetzt waren.

Eine zweite Methode ist die *Anlegung der* ECKschen *Fistel*. Hierbei wird eine Anastomose zwischen der Pfortader und der unteren Hohlvene gebildet und dann die Pfortader oberhalb der Anastomose unterbunden. Auf diese Weise wird die Leber weitgehend aus dem Kreislauf ausgeschaltet, insbesondere die im Darm resorbierten Nahrungsstoffe werden an der Leber vorbeigeleitet. Man kann aus den Veränderungen, die nach Anlegung der Fistel auftreten, besonders dann, wenn die Ernährungsbedingungen geändert werden, Anhaltspunkte für die normale Funktion der Leber gewinnen. Diese Methode und ihre Umkehrung die *umgekehrte* ECKsche *Fistel*, bei der nach der Anastomosierung die Hohlvene unterbunden wird, wodurch der Leber viel mehr Blut zugeführt wird als normal, ist vor allem durch FISCHLER ausgearbeitet worden und hat viel dazu beigetragen die Rolle der Leber im gesamten Stoffwechsel zu klären.

Die dritte Methode ist die völlige *Entfernung der Leber*. Die Tiere überleben einen solchen Eingriff nur einige Stunden, man kann jedoch Ausfallserscheinungen beobachten, die auf das Fehlen der Leber zu beziehen sind. Die Überlebensdauer der Tiere läßt sich wesentlich verlängern, wenn man nach MANN u. MAGATH die Entleberung in drei Stufen durchführt. Zunächst wird eine umgekehrte ECKsche Fistel angelegt. Nach einigen Wochen hat sich ein Kollateralkreislauf zwischen der V. thoracica longitudinalis dextra und der V. mammaria int. ausgebildet, so daß nunmehr die Pfortader unterbunden werden kann, worauf das Blut aus der unteren Körperhälfte auf dem kollateralen Weg zum Herzen strömt. In der dritten Sitzung werden dann die Lebervene und die Leberarterie unterbunden und die Leber exstirpiert.

Mit der von WARBURG ausgearbeiteten Methode der Untersuchung der *biologischen Leistung von Gewebsschnitten*, die in einer Nährlösung suspendiert werden, hat man gerade über die Funktion der Leber eine Anzahl von außerordentlich bedeutungsvollen Aufschlüssen erhalten (s. z. B. Harnstoffbildung, S. 468ff. und Harnsäuresynthese, S. 493f.).

Die modernste Methode ist die Isolierung der verschiedenen Zellfraktionen und die Untersuchung ihrer Stoffwechselleistungen. Die im vorangehenden Kapitel (s. S. 501f.) geschilderten Untersuchungen über die Lokalisation der Fermente in Zellen sind in erster Linie mit Leberzellen durchgeführt worden, so daß man über die Fermenttätigkeit der Leber und die Lokalisation der Fermente in ihren Zellen besonders gut unterrichtet ist.

Daneben gibt es eine sehr große Zahl von Leberfunktionsprüfungen, die besonders in der Klinik angewandt werden. Sie alle beruhen darauf, daß bei Menschen oder Versuchstieren Stoffe injiziert werden, die von den Leberzellen verwandelt oder durch die Leber ausgeschieden werden. Man kann die Stoffwechselprodukte dann im Harn oder in der Galle nachweisen, bzw. ihr Verschwinden aus dem Blut verfolgen. In den letztgenannten Proben eignen sich besonders gut Farbstoffe (z. B. Bromsulphalein). Zur Prüfung der Stoffwechselfunktion der Leber dient z. B. die Galaktosebelastungsprobe (s. S. 508).

Die Leberfunktion zeigt einen eigenartigen 24 Stunden-Rhythmus (FORSGREN), der nur teilweise von der Nahrungsaufnahme abhängig ist. Dieser Rhythmus drückt sich z. B. sehr deutlich im Wechsel des Glykogengehaltes der Leber aus, der zwar vorübergehend im Anschluß an eine Kohlenhydratresorption ansteigt, im übrigen aber während des Tages 2 Maxima und dazwischen 2 Minima zeigt. Auch der Fettgehalt zeigt derartige rhythmische Schwankungen mit anderen Schwerpunkten (s. Abb. 125) und ebenso der Eiweißgehalt. Die Bildung der Galle durch die Leber zeigt ebenfalls einen Rhythmus, der dem des Glykogengehaltes entgegengesetzt ist: in glykogenreichen Lebern ist die Gallenbildung eingestellt, nur die glykogenarme Leber bildet Galle. Andere Leberfunktionen unterliegen anscheinend ebenfalls einem 24 Stunden-Rhythmus und auch in anderen Organen ist zum mindesten für den Glykogengehalt ein solcher beobachtet worden. Wahrscheinlich liegen dem neurohormonale Regulationen zugrunde.

Die Bedeutung der Leber im Gesamtstoffwechsel des normalen Tieres besteht einmal darin, daß sie eine Reihe der im Darm in niedermolekularer Form resorbierten Nahrungsstoffe, in erster Linie Kohlenhydrate und Aminosäuren, aufnimmt und wieder zu hochmolekularen Stoffen aufbaut. Zweitens sorgt sie dafür, daß diese Stoffe in ihr nicht für längere Zeit deponiert werden, sondern im Körper je nach dem Bedarf der einzelnen Organe zur Verteilung kommen. Drittens bereitet sie den endgültigen Abbau einiger Körperbausteine vor oder führt ihn zu Ende. Fette werden in der Leber bis zu den Ketonkörpern oxydiert; die Ketonkörper werden aber nicht in der Leber sondern in anderen Organen, vorzugsweise im Muskel zu Ende oxydiert. Den Endabbau der Aminosäuren, der mit der Bildung von Harnstoff einhergeht, besorgt in erster Linie die Leber. Schließlich spielt sie auch beim Abbau der Kohlenhydrate und der Nucleinsubstanzen eine bedeutungsvolle Rolle.

Sehr häufig sind mit den Abbauvorgängen auch Umbauvorgänge, also Synthesen bestimmter Bausteine aus den Abbauprodukten anderer verbunden. Die meisten dieser Leistungen sind bereits an früheren Stellen ausführlich behandelt worden (s. das Kapitel über den Intermediären Stoffwechsel S. 379 bis 499). In einigen Fällen führen diese Ab- und Umbauprozesse zu Stoffen, denen noch eine besondere funktionelle Bedeutung zukommt. Es sei erinnert an die Bildung von *Fibrinogen,* dem Substrat der Blutgerinnung sowie von *Prothrombin,* der Vorstufe des Gerinnungsfermentes (s. S. 517); auch das *Heparin* (s. S. 97) entsteht in der Leber, ferner wird *Glucuronsäure,* die zur Entgiftung vieler Stoffe gebraucht wird (s. S. 15 f.), in der Leber gebildet. Auch die Entgiftungsreaktionen an giftig wirkenden Substanzen etwa durch Paarung mit Glucuron- oder Schwefelsäure oder durch Bildung von Mercaptursäuren (s. S. 478), durch Acetylierung und Methylierung, durch Oxydationen oder Reduktionen vollziehen sich meist in der Leber. Die Funktion der Leber im intermediären Stoffwechsel steht in engen Wechselbeziehungen zu dem Stoffwechsel anderer Organe — wie Muskulatur, Niere, Milz, Gehirn — die Stoffwechselprodukte zur Weiterverarbeitung an die Leber abgeben, teilweise aber auch Stoffwechselprodukte zum weiteren Abbau von der Leber erhalten.

Als letzte biochemische Leistung der Leber muß auf die *Bildung der Galle* durch die Leberzellen hingewiesen werden. Zusammensetzung, Entstehung und funktionelle Bedeutung der Galle sind aber bereits an anderer Stelle ausführlich besprochen, so daß auf diese Ausführungen verwiesen werden kann (s. S. 375 ff.).

Abgesehen von ihren chemischen Leistungen ist die Leber auch noch in anderer Hinsicht ein außerordentlich wichtiges Organ. Dank der Intensität ihres Stoffwechsels ist ihre Temperatur deutlich höher als die der meisten übrigen Organe, so daß sie für die *Erhaltung der Körpertemperatur* eine bedeutsame Rolle spielt. Ferner kann sie wegen der starken Verzweigung ihres Gefäßnetzes

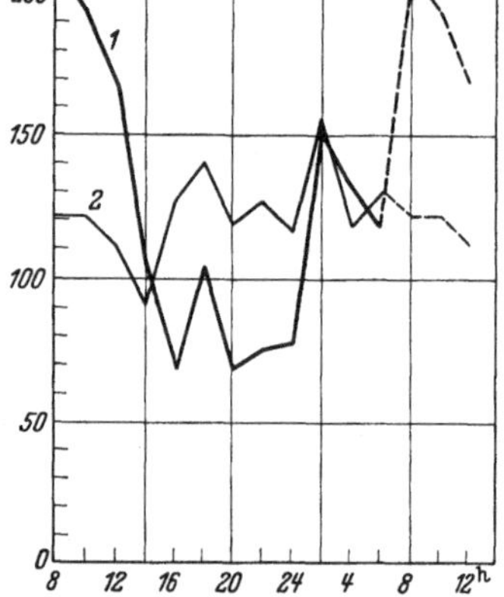

Abb. 125. Tagesschwankungen des Fett- und Glykogengehaltes der Leber nach Versuchen an Ratten (Werte in mg/kg Körpergewicht). *Kurve 1: Glykogen.* Maximum morgens, Abfall in den Vormittagsstunden, Wiederanstieg um Mitternacht. *Kurve 2: Fett.* Maximum nachts, Minimum nachmittags. (Nach HOLMGREN.)

eine relativ große Menge von Blut speichern (nach BARCROFT bis zu 20 % der Gesamtblutmenge), sie gehört also zu den *Blutdepots* des Körpers.

b) Die Leber im Kohlenhydratstoffwechsel.

Die Bedeutung der Leber im Kohlenhydratstoffwechsel wurde von CLAUDE BERNARD erkannt. Er fand im Blute der Lebervene des Hundes zuerst stets Traubenzucker in sehr hoher Konzentration, konnte aber aus der Leber einige Zeit nach ihrer Entnahme aus dem Körper bei Durchspülung mit Wasser eine große Menge von Zucker auswaschen, und zwar auch dann, wenn die Tiere nicht mit Kohlenhydrat, sondern überwiegend mit Eiweiß gefüttert worden waren: die Leber speichert also nicht nur Zucker und gibt ihn wieder ab, sie bildet ihn offenbar auch aus anderen Stoffen. Wäscht man die Leber unmittelbar nach dem Tode des Tieres aus, so erhält man nur sehr geringe Zuckermengen. Es muß in ihr also eine Vorstufe des Zuckers enthalten sein, aus der erst postmortal größere Zuckermengen gebildet werden. CLAUDE BERNARD konnte diesen Stoff aus der Leber extrahieren und nannte ihn *Glykogen.*

Für die Regulation des Zuckergehaltes im Körper, besonders aber für die Konstanthaltung des Blutzuckers, der Transportform der Kohlenhydrate, ist die Leber unentbehrlich. Nach Leberexstirpation sinkt der Blutzucker sehr rasch ab, und bald treten hypoglykämische Erscheinungen auf (s. S. 240), die genau so wie bei einer Überdosierung von Insulin durch Injektion von Traubenzucker und einigen anderen Stoffen, die ohne Beteiligung der Leber in Traubenzucker übergehen, beseitigt werden können. Weitgehende Ausschaltung der Leber aus dem Kreislauf, die durch die Anlegung der Eckschen Fistel erreicht wird, erniedrigt bei kohlenhydratreicher Ernährung den Blutzucker nicht. Der Glykogengehalt der Leber ist unter diesen Bedingungen ziemlich niedrig, die Muskulatur enthält dagegen reichlich Glykogen. Es kann also ganz zweifellos Kohlenhydrat auch ohne Beteiligung der Leber im Körper verwertet werden. Die besondere Bedeutung der Leber für den Kohlenhydratstoffwechsel, auf die z. B. das Absinken des Blutzuckers nach Leberentfernung hinweist, wird durch andere Beobachtungen unterstrichen. So durch die Zuckerbildung in der Leber bei Verfütterung kohlenhydratfreier Kost und durch das Absinken des Blutzuckers bei längere Zeit hungernden Hunden mit Eckscher Fistel, was bei normalen Tieren nicht der Fall ist. Alle diese Beobachtungen zeigen die Funktion der Leber beim Kohlenhydratstoffwechsel: *sie bildet, wenn der Kohlenhydratgehalt der Nahrung unzulänglich ist, Zucker aus anderen Stoffen; sie sorgt für die Erhaltung des normalen Blutzuckerspiegels und gewährleistet damit die Zufuhr von Kohlenhydraten zu den Organen der Körperperipherie.*

Für diese letztgenannte Funktion sind Glykogenspeicherung und Kohlenhydratneubildung in der Leber in gleicher Weise wichtig, ja der Kohlenhydratneubildung kommt vielleicht sogar die größere Bedeutung zu. Wenn es auch gelingt, bei ausgesprochener Kohlenhydratmast sehr viel Glykogen in der Leber anzureichern, so ist es doch auffallend, daß der mit dem Pfortaderblut der Leber zuströmende Zucker, wie die hohen Zuckerwerte im Lebervenenblut zeigen, von der Leber nur zu einem — anscheinend geringen — Teil zurückgehalten wird. Schon während der Zuckerresorption wird also der Körperperipherie dauernd Kohlenhydrat zugeleitet. Der normale Glykogengehalt der Leber reicht überdies nicht aus, den Kohlenhydratbedarf des Körpers für längere Zeit zu decken, so daß fortlaufend Kohlenhydrat in der Leber neu gebildet werden muß. In dieser Leistung und in der Verteilung der Kohlenhydrate besteht wahrscheinlich die Hauptbedeutung dieses Organs für den Stoffwechsel der Kohlenhydrate. Quelle der neugebildeten Kohlenhydrate sind Eiweißkörper (s. S. 239, 436 u. 471 f.) und Fette (s. S. 435). Über die Möglichkeiten der gegenseitigen Umwandlung dieser Stoffe ineinander über das sog. „metabolic pool" s. S. 408 f.

Voraussetzung für die Umwandlung des Glykogens in Glucose, durch deren Abgabe ins Blut die Körperperipherie mit Zucker versorgt wird, ist der phosphorolytische Glykogenabbau (s. S. 413). Er führt zu Glucose-1-phosphat, das zu Glucose-6-phosphat umgelagert wird. Durch Glucose-6-phosphatase wird aus ihm Phosphorsäure abgespalten, so daß freie Glucose entsteht. Bei einer Stoffwechselanomalie, der *Glykogenspeicherkrankheit*, kann Leberglykogen nicht in Glucose umgewandelt werden. Demzufolge sammeln sich in der Leber erhebliche Glykogenmengen an, der Glykogengehalt der Leber beträgt nicht selten 10 %. Ursache dieser Stoffwechselstörung ist meist ein Fehlen der Glucose-6-phosphatase, die Glucose-6-phosphat in freier Glucose überführt.

Glucose-6-phosphat (bzw. Fructose-6-phosphat) können durch eine Aminotransferase, die mit Glutamin reagiert, in Glucosamin-6-phosphat umgewandelt werden. Glutamin geht dabei in Glutaminsäure über.

Die Frage nach den Quellen des Leberglykogens ist vielfach untersucht worden. Von den 6-Kohlenstoffzuckern werden im Organismus *außer Glucose in Glykogen umgewandelt Fructose und Galaktose*. Die Wege, auf denen dies geschieht, sind S. 432f. geschildert. Fructose kann in Traubenzucker auch in anderen Organen als der Leber umgewandelt werden, Galaktose dagegen ganz überwiegend in der Leber. Bei Schädigungen oder krankhaften Veränderungen der Leberzellen wird deshalb injizierte Galaktose fast vollständig wieder im Harn ausgeschieden. Die Klinik macht von diesem Verhalten zur Funktionsprüfung der Leber Gebrauch.

Besonders durch Versuche an der isolierten, künstlich durchströmten Leber hat man früher zahlreiche Stoffe als Glykogen- bzw. Zuckerbildner erkannt. Ihre Aufzählung kann unterbleiben, da die moderne Stoffwechselforschung mit Hilfe von Isotopen gezeigt hat, daß sogar als Hydrogencarbonat zugeführtes Kohlendioxyd im Leberglykogen wieder gefunden werden kann. Auch diejenigen Stoffe, die früher als Glykogenbildner erkannt werden konnten, werden zunächst mindestens bis zu 2-C-Körpern abgebaut, ehe sie über das metabolic pool durch Reversion zu Glucose und dann zu Glykogen aufgebaut werden. Es kann dieserhalb auf früher Gesagtes verwiesen werden.

Die Tätigkeit der Leber als Organ der Regulation des Kohlenhydratstoffwechsels ist abhängig von hormonalen und nervösen Einflüssen. Über diese Zusammenhänge ist aber schon an anderer Stelle ausführlich berichtet worden (s. S. 411).

c) Die Leber im Fettstoffwechsel.

Es wurde schon eingangs dieses Kapitels erwähnt, daß der Fettgehalt der Leber keineswegs sehr hoch ist, und auch bei der Resorption der Fette steigt er meist gar nicht oder höchstens unbedeutend an, weil der größte Teil der Fette auf dem Lymph- und nicht auf dem Blutwege resorbiert wird und deshalb die Leber umgeht. Das zeigen in eindrucksvoller Weise Versuche, in denen körperfremde Fette verfüttert wurden. Man fand sie nach ihrer Resorption nur zu einem geringen Teil in der Leber, zum überwiegenden im peripheren Fettgewebe wieder. Die Funktion der Leber bei der Fettresorption ist gewissermaßen in den Darm verlegt, weil an der Resorption der Fettsäuren die Gallensäuren, also spezifische Stoffwechselprodukte der Leber, beteiligt sind (s. S. 381).

Die Anreicherung der Leber an Fett nach einer sehr fettreichen Nahrung (Fettmast) ist vorübergehend. Nach kurzer Zeit wird das Fett bereits weitergeleitet: die Leber ist kein Speicherorgan für Fette. Anders verhält es sich bei pathologischen Verfettungen der Leber, wie man sie experimentell durch *Vergiftung mit Phosphor, Arsen* oder mit einem Glucosid aus der Wurzelrinde des Apfelbaumes, dem *Phlorrhizin*, herbeiführen kann. Dabei ist die Leber gewöhnlich so stark verfettet, daß sie gelb aussieht. Diese Verfettung beruht nicht auf einer Einlagerung von Nahrungsfett, sondern darauf, daß das aus den Depots in die Leber einwandernde Fett von den durch die Vergiftung geschädigten Leberzellen nicht mehr umgesetzt werden kann (die Bezeichnung „fettige Degeneration" ist also irreführend, es handelt sich um eine „Fettinfiltration"). Auf die Ablagerung von Fetten in der Leber bei Fehlen von Cholin, Methionin oder anderen Methylgruppen liefernden Substanzen, die auf der Unfähigkeit der Leber beruht, beim Fehlen von Cholin die für den Abtransport der Fettsäuren unentbehrlichen Phosphatide zu bilden, ist bereits früher hingewiesen worden (s. S. 406, lipotrope Wirkung).

Die Leber ist das zentrale Organ für den Abbau der Fettsäuren, aber auch ihrer Synthese. Wenn die Leber die beim Fettsäureabbau entstehenden 2-C-Bruchstücke nicht verwerten kann, entsteht Acetessigsäure (s. S. 449). Aus 2-C-Bruchstücken, die der Leber zugeführt wurden oder in ihr entstehen, kann sie aber auch Fettsäuren aufbauen. Sie kann ferner gesättigte in ungesättigte Fettsäuren umwandeln und umgekehrt. Diese Möglichkeit der Bildung beliebiger Fettsäuren erscheint besonders bedeutsam, weil auf diese Weise die für die verschiedenen Tierarten charakteristischen Fettsäuremischungen gebildet werden können, die von dem Gemisch der Nahrungsfettsäuren verschieden sind. Sie werden außerdem zur Bildung der Cholesterinester und Phosphatide gebraucht.

An dem Stoffwechsel der 2-C-Bruchstücke, die außer beim Abbau der Fettsäuren auch bei dem der Kohlenhydrate und Aminosäuren anfallen, ist die Leber hervorragend beteiligt. Sie kann aus ihnen beispielsweise Cholesterin aufbauen, aber auch entsprechend der zentralen Stellung der 2-C-Körper im Stoffwechsel vor allem Kohlenhydrate oder Aminosäuren.

Die schon vorher eingehend besprochenen mannigfachen Zusammenhänge zwischen dem Stoffwechsel von Eiweiß, Fett und Kohlenhydrat, sind großenteils aus Versuchen an der Leber erschlossen worden.

Eine bedeutsame Rolle kommt der Leber auch im Stoffwechsel der Phosphatide zu. Sie nimmt aus dem Blut Neutralfette auf und baut sie zu Phosphatiden um. Über den Mechanismus dieses Aufbaus s. S. 452. Die Phosphatide werden dann ans Blut abgegeben und der Körperperipherie zugeführt — die Phosphatide sind offenbar die Transportform der Fettsäuren. Die Leber kann aber auch Phosphatide aus dem Blut aufnehmen und abbauen, in etwa reguliert sie also den Stoffwechsel der Phosphatide.

Nicht nur zum Aufbau von Cholesterin ist die Leber befähigt, sie kann auch Cholesterin zu Gallensäuren abbauen. Auch Nebennierenrindenhormone werden in der Leber verändert. Aus 17-Hydroxy-11-desoxycorticosteron und aus 17-Hydroxy-11-dehydro-corticosteron entsteht 17-Hydroxycorticosteron.

d) Die Leber im Eiweißstoffwechsel.

Wie schon früher besprochen, wird das Nahrungseiweiß in der Regel im Darm bis zu den Aminosäuren aufgespalten und diese dann resorbiert (s. S. 382). Auch die Fragen nach dem Ort des Aufbaus von körpereigenem Eiweiß aus diesen Aminosäuren und nach der Möglichkeit einer Eiweißspeicherung im Körper sind schon erörtert worden. Es darf kurz daran erinnert werden, daß das Bestehen des Stickstoffgleichgewichtes allein schon die Speicherung größerer Eiweißmengen im Körper ausschließt; immerhin kann aber nach einer ausgesprochenen Eiweißmast eine deutliche Vergrößerung der Leber festgestellt werden, die zu einem Teil auf einer Vermehrung von Glykogen, zum Teil aber auch auf einer Vermehrung von Eiweiß beruht. Es tritt also demnach tatsächlich eine gewisse Eiweißspeicherung ein, sie ist aber sehr geringfügig und geht auch sehr rasch wieder zurück, wenn die Bedingungen, die zur Eiweißanreicherung geführt haben, fortfallen. Bei gewöhnlicher Ernährung spielt eine Eiweißspeicherung weder im Gesamtorganismus noch in der Leber eine größere Rolle. Über die Bedeutung der Leber für den Ersatz der Organeiweißkörper wurde schon S. 459 f. berichtet. Vor allem wird auch der größte Teil der *Eiweißkörper des Blutplasmas* in der Leber synthetisiert. Sie bildet Albumine, α- und β-Globuline, Fibrinogen und Prothrombin, aber keine γ-Globuline. Außer Prothrombin können anscheinend auch andere im Blutserum vorkommende Fermente in der Leber gebildet werden. Der nicht zu lebensnotwendigen Eiweißsynthesen verbrauchte Rest der Aminosäuren wird sicherlich in der Leber sehr bald abgebaut.

Die Bedeutung der Leber im Eiweißstoffwechsel geht auch daraus hervor, daß die Leberproteine, gemessen an der Geschwindigkeit, mit der markierte Aminosäuren in sie aufgenommen werden, rascher erneuert werden als die Eiweißkörper in anderen Organen. Bei der Ratte z. B. wird die Halbwertszeit der Leberproteine (d. h. die Zeit innerhalb derer die Hälfte des Eiweißes regeneriert wird) auf 7 Tage geschätzt.

Wie schon gesagt wurde, steigt bei eiweißreicher Ernährung der Gehalt der Leber an Eiweiß an. Bei eiweißarmer oder -freier Ernährung kann die Leber umgekehrt große Mengen von Eiweiß abgeben. Dieser Eiweißverlust betrifft auch die Fermente der Leber. Für zahlreiche Fermente ist nachgewiesen, daß ihre Aktivität in der Leber bei eiweißfreier Kost stark herabgesetzt ist, stärker offenbar als in anderen Organen.

Die Leber spielt neben der Niere beim Abbau von Aminosäuren eine überragende Rolle. Ob sie auch durch die Aufspaltung der Eiweißkörper zu Aminosäuren den Eiweißabbau einleitet, ist außerordentlich schwer zu entscheiden. Das Blut enthält stets eine geringe, aber ziemlich konstante Menge von Aminosäuren, von denen aber natürlich nicht zu sagen ist, ob sie sich auf dem Wege von der Leber zu den Organen oder umgekehrt auf dem Weg von den Organen zur Leber befinden, ob sie also für den Aufbau oder für den Abbau bestimmt sind. An sich haben die Leberzellen einen höchst aktiven Fermentapparat für die Eiweißspaltung. Überläßt man fein zerkleinerte Leber (unter Zusatz von Chloroformwasser zur Vermeidung von Bakterienwachstum und Fäulnis) sich selber, so kommt es rasch zu einem Zerfall des Lebergewebes, den man als *Autolyse* bezeichnet und der besonders durch einen Zerfall von Lebereiweiß gekennzeichnet ist. Natürlich wird daneben auch Glykogen zu Traubenzucker und Milchsäure gespalten, und später werden auch die Aminosäuren teilweise noch weiter umgewandelt. Autolytische Vorgänge werden zwar auch beim Absterben anderer Organe beobachtet, aber in der Leber sind sie besonders intensiv. Sie können dort sogar schon während des Lebens einsetzen. Bei der Vergiftung mit Phosphor und manchen anderen Giften z. B. auch bei Pilzvergiftungen tritt eine als *akute gelbe Leberdystrophie* bezeichnete meist tödliche Erkrankung auf, bei der gesteigerte Ammoniakausscheidung, Verminderung der Harnstoffausscheidung und gelegentlich auch das Auftreten von freien Aminosäuren im Harn in stark vermehrter Menge (Leucin und Tyrosin) auf einen abnorm gesteigerten Eiweißabbau hinweisen.

Die Weiterverarbeitung des durch die Desaminierung freigesetzten Ammoniaks unter Überführung in Harnstoff vollzieht sich anscheinend ausschließlich in der Leber. Über den Mechanismus der Harnstoffsynthese und über das Schicksal der durch die Desaminierung der Aminosäuren entstehenden Ketosäuren ist bereits S. 468—471 berichtet worden. Auch der weitere Abbau der Aminosäuren ist gleichfalls schon in dem Kapitel über den Stoffwechsel der Eiweißkörper beschrieben (s. S. 466 ff.).

Danach kann als feststehend gelten, daß die Leber das wesentlichste Organ für die Eiweißsynthese ist. Daneben können aber auch Eiweißkörper bzw. Aminosäuren dort völlig abgebaut werden. Jedoch kommt ihr ebenso die Fähigkeit zum Aufbau mancher Aminosäuren aus N-freien organischen Vor-

stufen und aus Ammoniumsalzen zu. Vielleicht hat gerade diese Funktion eine besonders lebenswichtige Bedeutung, so daß Aminosäuren, die in dem aufgenommenen Eiweiß nicht in ausreichender Menge enthalten sind, von der Leber gebildet werden können. Hierfür scheint auch die Beobachtung zu sprechen, daß unter bestimmten Voraussetzungen durch die Zufuhr von Ammoniumsalzen und Kohlenhydraten eine Stickstoffretention, also doch wohl eine Einschränkung des Eiweißstoffwechsels, erreicht werden kann.

e) Die Leber im Nucleinstoffwechsel.

Auch die Grundsätze für den Abbau der Nucleinstoffe sind schon an anderer Stelle dargelegt worden (s. S. 489 ff.). Die Fähigkeit zum Abbau der Nucleinstoffe, also der Polynucleotide, Mononucleotide und Nucleoside, teilt die Leber mit vielen anderen Organen, wobei allerdings die Abbauleistungen der einzelnen Organe recht verschieden sind. Die Darmschleimhaut scheint nur eine Phosphatasewirkung zu haben, sie kann den Abbau also nur bis zu den Nucleosiden führen. Alle Organe haben die Fähigkeit, Polynucleotide zu Mononucleotiden aufzuspalten, und auch der weitere Abbau der Mononucleotide zu Nucleosiden und zu Purinen bzw. Pyrimidinen kann in zahlreichen Organen vor sich gehen. Die Leber scheint allerdings in dieser Beziehung durch eine besondere Aktivität ausgezeichnet zu sein. So kann z. B. der Muskel nur das für ihn typische Mononucleotid, die Muskeladenylsäure, und das ihr entsprechende Nucleosid, das Adenosin, desaminieren und dann weiter aufspalten. Die Leber desaminiert dagegen von den freien Basen der Nucleinstoffe das Guanin, ferner aber alle Nucleoside und Nucleotide der Desoxyribonucleinsäure und leitet damit ihren völligen Abbau ein. Die Endstufe dieses Abbaus der Purine ist eine Oxydation, indem sie durch die Xanthinoxydase schließlich bis zu Harnsäure oxydiert werden. Aber auch diese Etappe des Nucleinstoffwechsels ist keine spezifische Funktion der Leber, ebensogut ist sie auch in der Niere möglich.

Bei der S. 493 ff. geschilderten Synthese der Purine spielt anscheinend die Leber die Hauptrolle.

Alle diese Befunde über die Bedeutung der Leber für den Purinstoffwechsel werden abgerundet durch die Feststellung, daß der entleberte Hund den größten Teil einer bestimmten Harnsäuremenge, die ihm injiziert wird, im Harn wieder ausscheidet, der normale Hund dagegen, der Harnsäure zu Allantoin oxydiert, nur zu einem ganz geringen Betrage. In Übereinstimmung damit ist die Allantoinausscheidung beim entleberten Hund sehr geringfügig. Also auch den für die meisten Tiere charakteristischen Abbau der Harnsäure zu Allantoin führt zum weit überwiegenden Teil die Leber aus.

Schrifttum.

Fischler, F.: Physiologie und Pathologie der Leber. 2. Aufl. Berlin 1925. — Kapfhammer, J.: Die Leber im Stoffwechsel. Handb. Biochem. 2. Aufl. Erg.-Werk 3. Bd. Jena 1936. — Stary, Z.: Leber und Galle; in: Flaschenträger-Lehnartz, Physiologische Chemie. Bd. II/2a, S. 1—569. Berlin, Göttingen, Heidelberg 1956.

B. Blut und Lymphe.

a) Das Gesamtblut.

Alle Organe, Gewebe und Zellen des Körpers müssen mit den zu ihrer Funktion notwendigen Nährstoffen versehen werden und alle in der Zelle entstehenden, für sie nicht weiter verwertbaren Spalt- und Endprodukte

des Stoffwechsels müssen aus ihr entfernt werden, wenn nicht der Ablauf
der Lebensvorgänge vorübergehende oder dauernde Störungen erfahren
soll. Diese Funktion des An- und Abtransportes erfüllt der Blutkreislauf
zusammen mit dem Lymphstrom; da aber auch die Lymphe wieder ins
Blut zurückgeleitet wird, ist auch sie als ein Teil des Blutes aufzufassen.
Blut und Lymphe nehmen die in der Darmwand resorbierten Nahrungsstoffe auf und leiten sie teils direkt, teils unter Zwischenschaltung der
Leber den Verbrauchs- oder Speicherstätten zu. Aus den tätigen Organen
führen Blut und Lymphe die Schlacken des Stoffwechsels fort und bringen
sie zu den verschiedenen Ausscheidungsorganen (Niere, Haut, Dickdarm
und Lunge). Natürlich werden durch den Blutstrom auch Zwischenprodukte des Stoffwechsels, die noch weiter verwertet werden können,
von einem Organ zum anderen transportiert.

Dies alles zeigt die Wichtigkeit der *Transportfunktion* des Blutes. Zu
dieser Funktion gehört auch die humorale Regulation der Organtätigkeit. Das Blut bringt die in den innersekretorischen Drüsen gebildeten
Wirkstoffe zu den Organen, in denen sie angreifen sollen. Eine Ausnahme
macht anscheinend die Hypophyse, die ihre Hormone zum Teil in den
Liquor abgibt; da aber der Liquor auch vom Blute abgesondert wird,
ist diese Ausnahme keine prinzipielle, es ist lediglich die humorale Ausbreitung dieser Wirkstoffe räumlich begrenzt. Das Blut tritt also als
Überträger und Vermittler von Reizen gleichberechtigt neben das Nervensystem.

Aufnahme und Abgabe von Stoffen mit saurem, neutralem oder basischem Charakter müßten die Reaktion des Blutes fortlaufend verändern,
wenn nicht das Blut durch seinen hohen Eiweißgehalt und einige anorganische Salze eine außerordentlich *große Pufferwirkung* hätte, die seine
aktuelle Reaktion nur innerhalb sehr geringer Grenzen schwanken läßt.
Die weitgehende Konstanz der Blutreaktion ist die Grundlage für die
stete Funktionsbereitschaft aller Organe; die geringen Schwankungen
der Reaktion, die die Pufferung noch zuläßt, sind aber unbedingt notwendig zur Steuerung zahlreicher lebenswichtiger Funktionen, die in
Abhängigkeit von der Reaktion des die Organe durchströmenden Blutes
gesteigert oder gedrosselt werden. Die Regulation der Blutreaktion und
damit auch der Reaktion der Organe vollzieht sich in engstem Zusammenwirken mit der Atmung.

*Das Blut besteht aus Formelementen — den roten und weißen Blutkörperchen
und den Blutplättchen — und aus einer Flüssigkeit, dem Blutplasma, in dem
die Formelemente suspendiert sind.* Der Anteil des Plasmas am Gesamtblut
macht etwa 56%, der der Formelemente also etwa 44% aus.

Das arterielle Blut hat eine hellrote, das venöse eine dunkelblaurote
Farbe. Die Farbe des Blutes ist nur im auffallenden Lichte sichtbar,
durchfallendes Licht wird schon von sehr dünnen Blutschichten nicht mehr
durchgelassen, das Blut ist also *deckfarben.* Der rote Farbstoff ist das
Hämoglobin, das in den roten Blutkörperchen enthalten ist. Zerstört
man die roten Blutkörperchen, so wird das Blut durchsichtig oder *lack-
farben*, weil sich der Farbstoff nunmehr im Plasma löst: Hämolyse (s. S. 142
und 532).

Die *Blutmenge* beträgt etwa $^1/_{13}$—$^1/_{14}$ des Körpergewichtes, bei einem
Menschen von 70 kg Gewicht also etwa 5 Liter. Das *spezifische Gewicht*
des Blutes liegt zwischen 1,050 und 1,060. Seine *Reaktion* ist schwach

alkalisch, der p_H-Wert liegt im Mittel bei 7,36; das arterielle Blut ist gewöhnlich um etwa 0,02 p_H-Einheiten alkalischer als das venöse. Bei vorwiegend pflanzlicher Nahrung beobachtet man eine geringe Alkalisierung des Blutes (p_H etwa 7,42), bei überwiegender Fleischnahrung eine geringe Säuerung (p_H etwa 7,33). Der *osmotische Druck* ist ungefähr gleich 7 Atm entsprechend einer Gefrierpunktserniedrigung von 0,56°. Die Gefrierpunktserniedrigung ist nicht absolut konstant. So werden einige Stunden nach der Nahrungsaufnahme, etwa auf der Höhe der Resorption, deutlich erniedrigte Gefrierpunkte beobachtet. Auch das Blut verschiedener Gefäßbezirke zeigt Unterschiede. Das Blut der Lebervene hat nach Versuchen am Hund stets eine höhere osmotische Konzentration, also einen tieferen Gefrierpunkt, als das Blut des übrigen Körpers, ein Hinweis auf die besonders rege Stoffwechseltätigkeit in diesem Organ. Der osmotische Druck beruht fast ausschließlich auf den kristalloid gelösten Stoffen des Blutplasmas (s. Tabelle 98), die osmotische Konzentration der Bluteiweißkörper ist sehr gering; der kolloidosmotische Druck des Blutes beträgt nur etwa 25—30 mm Hg oder $^1/_{25}$—$^1/_{30}$ Atm.

Tabelle 98.
Zusammensetzung von Gesamtblut, Erythrocyten und Blutplasma.
Die Angaben sind größtenteils entnommen aus: ANS, J. D., u. E. LAX: Taschenbuch für Chemiker und Physiker. Berlin 1943.

| | g in 1000 Gewichtsteilen | | | | | | | | |
| | Gesamtblut | | | Erythrocyten | | | Blutplasma | | |
	Mensch	Rind	Hund	Mensch	Rind	Hund	Mensch	Rind	Hund
Wasser . . .	800	800	800	639	590	630	910	910	920
Feste Stoffe .	200	200	200	361	410	370	90	90	80
Hämoglobin .	150	110	160	340	320	330	—	—	—
Eiweiß . . .	50	70	40	40	64	5	75	72	61
Zucker . . .	0,9	0,8	1,0	1,1	—	—	1,0	1,0	1,3
Cholesterin. .	1,5	1,9	1,3	1,7	3,4	1,3	1,6	1,4	1,4
Lecithin . .	3,0	2,3	2,0	4,0	3,8	2,3	1,9	0,9	1,6
Natrium . .	2,0	3,6	3,0	0,5	1,7	2,1	3,2	3,3	3,6
Kalium . . .	1,7	0,4	0,2	3,6	0,6	0,2	0,2	0,2	0,2
Calcium . . .	0,06	0,07	0,06	—	—	—	0,1	0,09	0,1
Magnesium .	0,03	0,05	0,04	0,04	0,01	0,04	0,02	0,04	0,023
Chlor	2,7	3,1	3,0	1,9	1,8	1,4	3,4	3,7	4,0
Hydrogen-carbonat. .				2,1	0,7	1,6	1,6		
Sulfat . . .	0,05	0,06	0,08	0,05			0,016		
anorgan. Phosphat .	0,33	0,18	0,43	0,70	0,23	0,48	0,037	0,032	0,031

Funktionell bilden die Formelemente des Blutes und die Blutflüssigkeit eine untrennbare Einheit, da nur durch ihr Zusammenwirken das Blut alle seine Funktionen erfüllen kann. Jedoch ist es notwendig, zunächst die einzelnen Teile des Blutes gesondert zu besprechen. In der Zusammensetzung der Formelemente und der Blutflüssigkeit bestehen erhebliche Unterschiede. Die Tabelle 98 gibt den Gehalt von Erythrocyten und Blutflüssigkeit an einigen Stoffen in abgerundeten Zahlen als Durchschnittswerte für einige Tierarten und den Menschen wieder. Besonders bemerkenswerte Unterschiede weist die Verteilung von Kalium- und Natriumionen im menschlichen Blute (auch im Blute einiger Tierarten) auf: die Erythrocyten enthalten wenig Na und viel K, in der Blutflüssigkeit dagegen überwiegt das Na über das K.

b) Die Blutgerinnung.

Läßt man Blut aus einem Gefäß ausströmen, so erstarrt es nach einiger Zeit zu einer gelatinösen Masse. Man bezeichnet diesen Vorgang als Blutgerinnung. Die bis zu ihrem Eintritt verstreichende Zeit, die *Gerinnungszeit*, beträgt beim menschlichen Blut normalerweise etwa 5—7 min. Fängt man aber Blut in einem Gefäß mit völlig glatter Oberfläche, etwa einem paraffinierten Glasgefäß auf, schützt es vor Wasserverlust und vor Erschütterungen, so tritt die Gerinnung erst nach etwa einer halben Stunde auf. Auch erniedrigte Temperatur verzögert die Gerinnung.

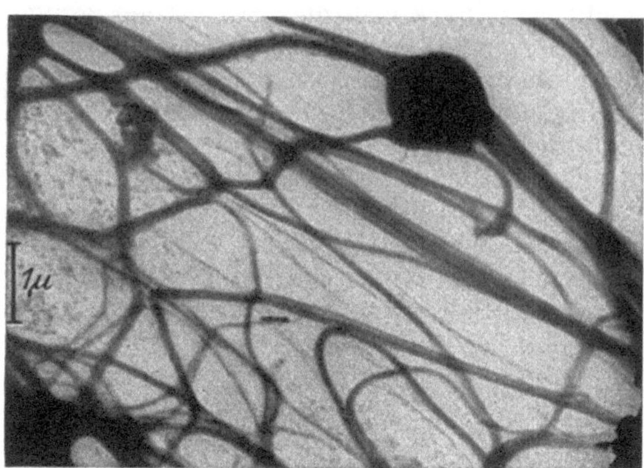

Abb. 126. Feinfaseriges Fibringerüst aus gebündelten Micellen. Einzelne der Micellen lagern sich an ein Blutplättchen an. (Nach WOLPERS und RUSKA.)

Die Gerinnung kann auch unter bestimmten Voraussetzungen (Schädigung der Gefäßwandung, Verlangsamung des Blutstromes) im Blutgefäß selber eintreten. Dann spricht man von einer *Thrombose* und nennt den sich bildenden Blutpfropf einen *Thrombus*. Die Gerinnung ist ein fermentativer Vorgang. Sie beruht darauf, daß einer der Eiweißkörper des Blutplasmas, das *Fibrinogen*, in unlösliches *Fibrin* umgewandelt wird, das sich in Form eines feinen Maschenwerkes ausscheidet (Abb. 126 und 127). In den Maschen des Netzes liegen die roten Blutkörperchen. Hat man das ausströmende Blut in einem Glaszylinder aufgefangen, so kann man beobachten, daß der entstandene *Blutkuchen* nach längerer Zeit anfängt, sich von der Wand abzulösen und zusammenzuziehen. Er preßt dabei eine Flüssigkeit, das *Blutserum*, ab.

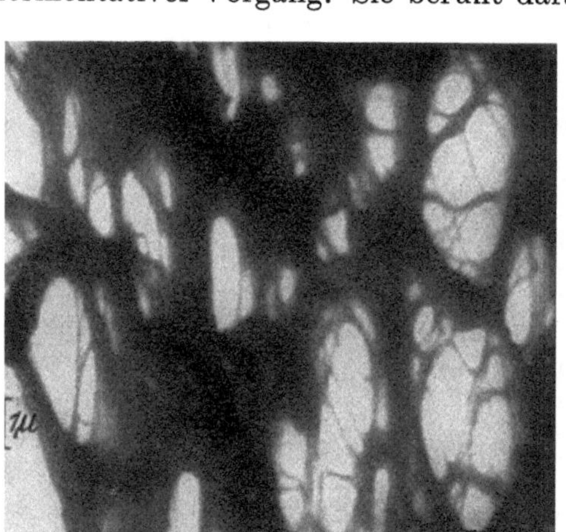

Abb. 127. Grobbalkiges Fibringerüst nach Entfernung der locker eingeschlossenen corpusculären Elemente. (Nach WOLPERS und RUSKA.)

Die Blutgerinnung ist ein lebenswichtiger Vorgang, da auf ihr der Verschluß von Wunden und damit die physiologische Blutstillung beruht. Sie ist zugleich die auffälligste und bekannteste Eigenschaft des Blutes; ihre Erklärung ist bereits seit fast einem Jahrhundert ein viel bearbeitetes, aber auch heute noch nicht völlig gelöstes Problem.

Nach der klassischen Theorie der Gerinnung, die auf Untersuchungen von ALEXANDER SCHMIDT und O. HAMMARSTEN aufgebaut ist und durch MORAWITZ; SPIRO; FULD; HOWELL sowie WOEHLISCH ausgebaut und ergänzt wurde, sind zwei Phasen der Gerinnung zu unterscheiden. Während der ersten Phase wird *Thrombin*, das Ferment der Gerinnung gebildet, während der zweiten wandelt Thrombin das lösliche Fibrinogen in unlösliches Fibrin um. Dieses scheidet sich in Kristallnadeln aus, die sich schließlich zu einem dichten Fasernetz vereinigen.

Während der ersten Phase der Gerinnung entsteht das Thrombin aus einer Vorstufe, dem Proferment *Prothrombin (Thrombogen)*. Mit der erforderlichen Geschwindigkeit geschieht das nach der klassischen Theorie nur in Gegenwart einer spezifisch wirkenden *Thrombokinase* sowie von Calciumionen. Während der zweiten Phase der Gerinnung wird nach APITZ Fibrinogen in *Profibrin* umgewandelt, das nicht mehr zu Fibrinogen zurückverwandelt werden kann, aber noch löslich ist und sich von Fibrinogen durch leichtere Aussalzbarkeit mit Kochsalzlösungen unterscheidet. Die Umwandlung von löslichem Profibrin in unlösliches Fibrin ist ein spontan ablaufender Vorgang, der nicht mehr fermentativ beeinflußt wird.

Die Verknüpfung der zur Blutgerinnung führenden Vorgänge miteinander läßt sich nach der „klassischen" Theorie schematisch und unter Auslassung aller Zwischenreaktionen folgendermaßen darstellen:

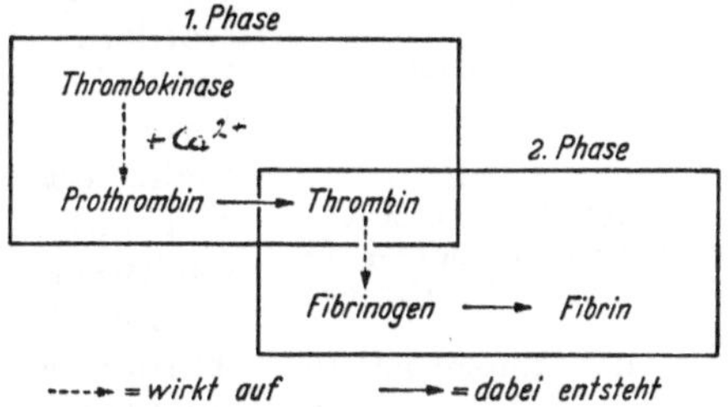

Abb. 128. Schema der Blutgerinnung.

Voraussetzung für die Gerinnung des Blutes ist also die Bildung des Gerinnungsfermentes Thrombin aus seiner Vorstufe Prothrombin. Schon frühzeitig zeigte sich, daß, wenn auch diese Grundvorstellung richtig ist, nach der zur Thrombinbildung die Mitwirkung von Thrombokinase (im englischen und amerikanischen Schrifttum als Thromboplastin bezeichnet) und von Calciumionen erforderlich wird, die Zusammenhänge in Wirklichkeit noch wesentlich komplizierter sind. Die Zahl der an der Thrombinbildung und damit an der Gerinnung beteiligten Faktoren ist erheblich höher als früher angenommen und vielleicht noch nicht einmal in vollem Umfange bekannt. Die Verfeinerung der Untersuchungsmethoden führte vor allem zu der Erkenntnis, daß auch die Bildung der Thrombokinase ein komplexer Vorgang ist, d. h. also, daß die Gerinnung nicht durch die Thrombinbildung, sondern durch die Thrombokinasebildung eingeleitet wird. Im ganzen läßt sich sagen, daß trotz eines überreichen Beobachtungsmaterials der verschiedensten Autoren die Rolle *aller* an der Thrombinbildung beteiligten Faktoren noch keineswegs einheitlich gedeutet wird. Absolute Verworrenheit herrscht hinsichtlich der Nomenklatur der meisten der Blutgerinnungsfaktoren. Für einige von ihnen sind bis zu 8 verschiedene Bezeichnungen vorgeschlagen worden! Am neutralsten ist die Bezeichnung durch römische Ziffern. Die 10 verschiedenen Faktoren, durch deren Zusammenwirken die Gerinnung zustande kommt, sind mit einigen ihrer Bezeichnungen in der Tabelle 99 zusammengestellt.

Die Entdeckung der Faktoren VIII—X verdankt man der Untersuchung von Gerinnungsanomalien, bei denen die Gerinnung des Blutes stark verlängert oder gar aufgehoben ist. Näheres über diese als *Hämophilie* bezeichneten Störungen s. S. 518. Hier nur zur Erklärung der Bezeichnung des Faktors IX als „Christmas-Faktor" die Bemerkung, daß seine Notwendigkeit für die Gerinnung zuerst an einer Patientin des Namens Christmas nachgewiesen wurde.

In welcher Weise alle diese Faktoren bei der Thrombokinase- und der Thrombinbildung zusammenwirken, ist noch nicht voll zu übersehen. Dies gilt besonders für die *Bildung der Thrombokinase* (Faktor III). Es scheint sicher zu sein, daß für sie erforderlich sind die Faktoren V (bzw. VI), VII, VIII, IX und wahrscheinlich auch X und ferner die Blutplättchen.

Tabelle 99. Blutgerinnungsfaktoren.

Faktor	Andere Bezeichnungen
I	Fibrinogen
II	Prothrombin
III	Thrombokinase, Thromboplastin
IV	Ca-Ionen
V	Globulin; Plasma-Accelerator-Globulin
VI	Serum-Accelerator-Globulin
VII	Proconvertin
VIII	Antihämophiles Globulin A (AHG); Plasma-Prothromboplastin-Faktor A
IX	Christmas-Faktor; antihämophiles Globulin B; Plasma-Thromboplastin-Faktor B (PTE-B)
X	Plasma-Faktor; plasma thromboplastin antecedent (PTA)

Anscheinend reagiert zunächst der Christmas-Faktor (IX) mit dem Faktor V, den Plättchen und dem Faktor VIII. Für die endgültige Bildung der Thrombokinase muß dann noch der Faktor VII herangezogen werden. Bei der Thrombokinasebildung werden die Faktoren V und VIII verbraucht, nicht dagegen die Faktoren VII und IX, die also im Serum nachweisbar sind.

Für die Gerinnung sind die Thrombocyten anscheinend unentbehrlich. Thrombocytenfreies Plasma bleibt fast unbegrenzt flüssig. Früher hat man die Rolle der Thrombocyten dadurch erklärt, daß sie bei ihrem Zerfall Thrombokinase abgeben. Neuerdings wird aber bestritten, daß sie nennenswerte Thrombokinasemengen enthalten. Daß sie aber bei der Gerinnung zerfallen, ist unbestreitbar, besonders dann, wenn sie mit rauhen Oberflächen in Berührung kommen oder wenn das Gefäß, in dem sie aufgefangen werden (wie etwa Glas), kleine Mengen von Alkali abgibt. In der Tat wird durch alle Eingriffe, die die Gerinnung verhindern, der Zerfall der Blutplättchen verhütet. Am besten geeignet zum Auffangen von Blut sind Gefäße mit glatter Oberfläche: paraffiniertes Glas, Gefäße aus Kunststoffen. In Gefäßen aus Silikon läßt sich z. B. die Gerinnungszeit auf etwa 70 min verlängern.

Die Gerinnung kann durch eine Reihe von Eingriffen aufgehoben werden, so besonders durch Zusatz von Oxalat-, Fluorid- oder Citrationen zu Blut. Man führt die Hemmung der Gerinnung zurück auf die Fällung oder Entionisierung der Ca-Ionen des Plasmas durch die zugesetzten Ionen.

Als *gerinnungshemmender Stoff* ist das Heparin (s. S. 97f.) schon erwähnt worden. Die Gerinnung wird außerdem noch verzögert durch intravenöse Injektion von Peptonen und durch das in der Speicheldrüse des Blutegels vorkommende *Hirudin*.

Über die verschiedenen Gerinnungsfaktoren sollen anschließend noch einige Angaben gemacht werden.

Das **Fibrinogen** (*Faktor I*) wird in der Leber gebildet. Nach Entfernung der Leber sinkt beim Versuchstier der Fibrinogengehalt des Blutes in wenigen

Stunden stark ab. Normalerweise muß demnach im Körper dauernd ein Verbrauch von Fibrinogen und sein Ersatz aus der Leber stattfinden. Das Fibrinogen ist der einzige Eiweißkörper, der durch Thrombin zur Gerinnung gebracht werden kann. Das Fibrinogen ist ein fadenförmiges Protein (s. Abb. 11, S. 82), sein Molekulargewicht beträgt 330 000. Fibrinogen enthält 4,6 % reduzierenden Zucker und 1,1 % Hexosamin. Tyrosin und Glutaminsäure sind die Aminoendgruppen von Fibrinogen, das Fibrin weist Tyrosin und Glykokoll auf. Man kann also annehmen, daß bei der Umwandlung von Fibrinogen in Fibrin proteolytisch Glycyl-peptidbindungen unter Freisetzung von Glutaminsäure gespalten werden. Bei der Umwandlung in Fibrin setzen sich wahrscheinlich zunächst eine Reihe solcher Fibrinogenrestmoleküle zu einem längeren Faden zusammen, von dem anscheinend auch eine Reihe von kürzeren Verzweigungen abgehen. Anschließend lagern sich derartige Fäden seitlich zur Bildung dickerer Bündel zusammen.

Das **Prothrombin (Thrombogen,** *Faktor II)* ist ein Protein vom Molekulargewicht von etwa 62 700 mit einem Kohlenhydratgehalt von etwa 4,3 %. Es findet sich in der Fraktion der β-Globuline in einer Menge von $\sim$ 15 mg- %. Prothrombin entsteht ebenso wie Fibrinogen in der Leber. Auf die Bedeutung von Vitamin K für seine Bildung wurde schon oben (s. S. 223) hingewiesen. Prothrombin enthält erhebliche Mengen von Acetylglucosamin, die bei der Thrombinbildung größtenteils abgespalten werden. Prothrombin wird gewöhnlich durch Thrombokinase in Thrombin umgewandelt (s. oben). Außerdem gibt es aber noch eine zweite Aktivierungsmöglichkeit, und zwar durch Trypsin und andere Proteasen (EAGLE).

Thrombin ist offensichtlich nicht einheitlich. Mit der Ultrazentrifuge lassen sich 4 Komponenten nachweisen mit Mol.-Gewicht von etwa 8000, 15 000 und 45 000. Die 4. Komponente, die etwa 50 % des Thrombins ausmacht, ist heterogen und noch schwerer. 1 g Thrombin kann etwa das einmillionenfache seines Gewichtes an Fibrinogen in Fibrin umwandeln.

Hinsichtlich der **Thrombokinase** *(Faktor III)* bestehen noch wesentliche Unklarheiten. Sie betreffen ihre Wirkungsart und ihre chemische Natur. Wahrscheinlich umfaßt der Begriff Thrombokinase nicht eine einheitliche Substanz. Das geht schon daraus hervor, daß es Thrombokinasen gibt, die in Wasser und andere, die in Lipoidlösungsmitteln löslich sind. So hat das Lipoid Kephalin eine Thrombokinasewirkung. Ob die Wirkung der Blutthrombokinase auf einer Lipoid- oder einer Lipoid-Eiweiß-Komponente beruht, ist ungeklärt. Die bisher aktivste Thrombokinase, die aus Ochsenlunge gewonnen wurde, ist ein Lipoproteid mit einem Molekulargewicht von etwa 170 Millionen. Die Lipoidkomponente ist ein Gemisch verschiedener Phosphatide, unter denen sich auch Sphingomyelin befindet. Die Thrombokinase ist wahrscheinlich ein Ferment. Noch 0,08 µg können im Testversuch an Kükenplasma erkannt werden.

Der Wirkungsmechanismus der **Ca-Ionen** *(Faktor IV)* bei der Thrombinbildung ist noch ungeklärt. Eigenartigerweise sind nämlich die Ca-Ionen in allen gereinigten Gerinnungssystemen entbehrlich, in ungereinigten dagegen, wie sie im Gesamtblut vorliegen, unbedingt erforderlich. Nachdem man früher ihre Wirkung als eine katalytische aufgefaßt hat, neigt man heute zu der Ansicht, daß sie die Wirkung von Stoffen ausschalten, die die Gerinnung verzögern oder verhindern. Nach einer anderen Ansicht soll sich das Ca mit den an der Gerinnung beteiligten Plasmakomponenten verbinden und nicht als freies Ion in den Gerinnungsprozeß eingreifen.

Faktor V und VI (*Plasma- bzw. Serum-Accelerator-Globulin*). Der Faktor V ist ein Pseudoglobulin. Er findet sich im Blutplasma. Er kann durch Salzfraktionierung nicht von Prothrombin getrennt werden. Er wird durch Thrombin in den Faktor VI umgewandelt, den man im Serum findet; daher auch die Bezeichnungen Plasma- bzw. Serum-Ac-Globulin. Man nimmt an, daß aus Prothrombin in Gegenwart von Ca-Ionen durch Thrombokinase eine geringe Menge von Thrombin gebildet wird, die Faktor V in Faktor VI umwandelt, durch den die Thrombinbildung nun erheblich beschleunigt und damit die Gerinnung richtig in Gang gebracht wird.

Der Faktor VII (*Proconvertin*) läßt sich von Prothrombin und Faktor V trennen, weil er stärker als diese Faktoren von Asbest adsorbiert wird. Er ist ebenfalls ein Eiweißkörper und beschleunigt neben der Bildung von Thrombin auch die von Thrombokinase. Auch zu seiner Bildung ist Vitamin K (Phyllochinon) erforderlich.

Faktor VIII (*antihämophiles Globulin A*). Das Fehlen dieses Faktors ist die Ursache der verbreitetsten Form der Hämophilie (s. unten). Bei seiner Darstellung begleitet er das Fibrinogen. Das antihämophile Globulin ist sehr empfindlich, bei Aufbewahrung wird es unwirksam. Im Serum kommt es nicht vor, da es anscheinend vom Fibrin niedergeschlagen wird.

Faktor IX (*Christmas-Faktor; antihämophiles Globulin B*). Auch dieser Faktor ist ein Eiweißkörper. Bei der Elektrophorese wandert er mit den β_2-Globulinen. In manchen seiner Eigenschaften ähnelt er dem Faktor VII.

Faktor X (*plasma thromboplastin antecedent; Plasmafaktor*). Über diesen Faktor ist noch wenig bekannt. Er scheint sowohl im Plasma als auch im Serum vorzukommen. Auch bei seinem Fehlen kommt es zu hämophilieartigen Gerinnungsstörungen.

Fibrinolyse. Fibringerinnsel lösen sich nach einiger Zeit wieder auf, Verantwortlich hierfür ist ein im Plasma enthaltenes Ferment *Plasmin*. das aus einer Vorstufe Plasminogen entsteht. Plasmin hat keine spezifische auf Fibrin gerichtete Wirkung, es wirkt vielmehr ganz allgemein proteolytisch.

Bei mancherlei krankhaften Zuständen ist die Gerinnungszeit des Blutes verändert, und zwar sowohl verlängert als auch verkürzt. Auf die auffällige Verlängerung, die bis zu völliger Ungerinnbarkeit gehen kann, bei der ***Hämophilie*** oder *Bluterkrankheit* wurde schon oben hingewiesen. Auffallend wie die Krankheit selber ist auch ihr Erbgang, der geschlechtsgebunden und recessiv ist: es erkranken nur Männer, die Übertragung der Anlage erfolgt aber durch die Frauen. Die sorgfältige Analyse der bei verzögerter Blutgerinnung vorliegenden Gerinnungsstörungen hat ergeben, daß den früher in allen solchen Fällen auf identische Ursachen zurückgeführten klinischen Erscheinungen der Mangel an verschiedenen Faktoren zugrunde liegt. Die „klassische" Hämophilie (es wird vorgeschlagen, sie als Hämophilie A zu bezeichnen) mit dem eindrucksvollen geschlechtsgebundenen, recessiven Erbgang beruht, wie man heute weiß, auf dem Fehlen von Faktor VIII (antihämophiles Globulin A = AHG). Auch die *Christmas-Krankheit* (vorgeschlagene Bezeichnung Hämophilie B) wird geschlechtsgebunden recessiv vererbt. Ihr Erbgang unterscheidet sich aber von dem bei der Hämophilie A, indem bei den die Störung übertragenden Frauen häufig eine Verlängerung der Gerinnungszeit vorliegt. Bei ihr fehlt der Faktor IX. Die dritte Störung der Blutgerinnung, durch Fehlen des Faktors X bedingt, wird auch vererbt, betrifft aber beide Geschlechter. Bei der Hämophilie ist die Thrombinbildung verzögert.

c) Blutplasma und Blutserum.

Bei der Gerinnung entsteht aus dem Blutplasma das Blutserum. Beide Flüssigkeiten unterscheiden sich dadurch, daß das Plasma kein Thrombin, aber Fibrinogen, das Serum dagegen kein Fibrinogen aber Thrombin enthält. Ferner fehlen im Serum einige der übrigen Gerinnungsfaktoren. Sonst scheinen Serum und Plasma in ihrer Zusammensetzung nicht wesentlich von einander verschieden zu sein, so daß alle weiteren Angaben dieses Abschnittes für Plasma und Serum in gleicher Weise gelten.

1. Allgemeine Eigenschaften und anorganische Bestandteile.

Plasma und Serum sind leicht gelb gefärbte, viscöse Flüssigkeiten. Ihr Hauptbestandteil ist mit rd. 90 % das *Wasser*. Das *spezifische Gewicht* liegt zwischen 1,027 und 1,032, ist also deutlich niedriger als das des Gesamtblutes. Der *osmotische Druck* der Blutflüssigkeit entspricht aber demjenigen des Blutes ($\Delta = 0,56°$). Über die Zusammensetzung des Serums unterrichtet die Tabelle 98 (s. S. 513). Der *Hydrogencarbonatgehalt* unterliegt ziemlich großen Schwankungen, die von der Menge der jeweils vorhandenen Kohlensäure abhängen. Das Phosphat ist zu etwa $^2/_3$ als Lipoid-P vorhanden, der Gehalt an anorganischem *Phosphat* beträgt nur etwa 3,7 mg-% P. Daneben enthält das Serum noch etwa 0,6 % P in Esterbindung, also als Hexosephosphorsäureester bzw. Adenylsäure. *Natrium-* und *Chlorionen* liegen fast ausschließlich als Kochsalz vor. Der überschüssige Rest des Natriums ist vorwiegend als Hydrogencarbonat gebunden. Ein Teil des Natriums und auch des *Kaliums* findet sich aber auch in Bindung an Eiweißkörper. Er bildet die eigentliche *Alkalireserve* des Blutes (s. S. 538). Von dem *Calcium*-Gehalt des Serums ist etwa ein Drittel ionisiert, ein weiteres Drittel als nicht ionisiertes Calcium-hydrogencarbonat [$Ca(HCO_3)_2$] vorhanden, und das letzte Drittel scheint ebenso wie ein Teil des *Magnesiums* an Eiweißkörper gebunden zu sein. Außer den in der Tabelle 98 aufgeführten Ionen kommen noch eine ganze Reihe anderer wie z. B. Br, J, Cu, Fe Zn und Cr im Serum und im Plasma in sehr geringen Mengen vor. Ferner finden sich Spuren von Ammoniak; beim Stehen des Blutes nimmt das Ammoniak um ein Vielfaches zu, wahrscheinlich durch Abspaltung aus Adenosin, Muskel- und Hefe-Adenylsäure und aus Adenosintriphosphorsäure.

2. Organische Bestandteile.
α) Eiweißkörper.

Der Eiweißgehalt von Plasma und Serum liegt beim Menschen und den meisten Tieren zwischen 6,5 und 8,5 %, beim Menschen im Mittel bei 7,0 %. Als Hauptgruppen finden sich *Globuline* und *Albumine*, daneben in ziemlich geringer Menge ein *Nucleoproteid*. Das Plasma enthält außerdem das in die Gruppe der Globuline gehörende *Fibrinogen*. Durch fraktionierte Neutralsalzfällung lassen sich die Albumin- und Globulinfraktion noch weiter unterteilen, doch ist keineswegs sicher, daß man dabei von vornherein im Plasma oder im Serum vorgebildete Proteine erhält, wahrscheinlicher ist, daß die einzelnen Gruppen ineinander übergehen oder daß sie überhaupt erst während der Aussalzung entstehen. (Vgl. z. B. die S. 78 besprochene SØRENSENsche Vorstellung von den Eiweißkörpern als „reversibel dissoziablen Komponentensystemen".)

Die eingangs besprochene Transportfunktion ist größtenteils an die Eiweißkörper geknüpft, da viele Stoffe nicht frei gelöst im Blutplasma vorkommen, sondern gebunden an Eiweißkörper transportiert werden, und zwar teilweise mit den Albuminen, teilweise mit den Globulinen.

Die Eiweißkörper des Blutplasmas unterliegen einem ständigen Auf- und Abbau. Wenn auch die meisten Organe Eiweißkörper synthetisieren können, so ist doch die Leber das wesentlichste Organ dieser Synthese. Da Eiweißabbau und -aufbau nebeneinander hergehen, haben die Eiweißkörper des Blutes — wie im übrigen auch alle anderen Körperbausteine — nur eine begrenzte Lebensdauer. Ihre Halbwertszeit, d. h. die Zeit innerhalb der sie zur Hälfte erneuert werden, beträgt etwa 30 Tage, wobei die Albumine etwa doppelt so lange existieren wie die Globuline (s. S. 460).

Früher hat man die Eiweißkörper des Blutplasmas und -serums durch Zusatz von Ammoniumsulfat-Lösungen steigender Konzentration voneinander getrennt und nannte die zwischen 28 und 36 % Sättigung ausfallende Fraktion *Euglobuline*, die durch 33—46 % Sättigung erhaltene *Pseudoglobuline* (diese Fraktion läßt sich noch weiter in die Pseudoglobuline I und II auftrennen). Bei 50 % Sättigung fallen die *Albumine* aus.

Tabelle 100. Auswertung des Elektropherogramms der Abb. 31, S. 169.

Komponente	Relativer %-Gehalt
Albumine	$53,99 \pm 0,39$
α_1-Globuline	$5,50 \pm 0,33$
α_2-Globuline	$6,44 \pm 0,43$
β-Globuline	$16,03 \pm 0,38$
γ_1-Globuline	$5,39 \pm 0,44$
γ_2-Globuline	$6,77 \pm 0,46$
Fibrinogen	$4,58 \pm 0,37$

Andere Trennungsverfahren ergeben andere Fraktionen. HEWITT fraktionierte z. B. das Albumin in Crystalbumin, Seroglykoid und Globoglykoid. *Crystalbumin* ist kohlenhydratfrei. Man gewinnt es durch Umkristallisation des rohen Albumins im I.P. bei Halbsättigung mit Ammonsulfat. *Globoglykoid* ist ein Globulin, das man aus zweimal umkristallisiertem Albumin abtrennen kann nach Verbringen auf p_H 7,0 und Halbsättigung mit Ammonsulfat. Es enthält 7,5 % Kohlenhydrate. *Seroglykoid* enthält 10—11 % Kohlenhydrat, es hinterbleibt in der Mutterlauge nach Abtrennung des kristallisierten Albumins. Über die Kohlenhydratkomponente s. S. 97.

Untersuchungen mit den modernen Methoden der *Elektrophorese* und des *Zentrifugierens* unter bestimmten Versuchsbedingungen haben ergeben, daß die Eiweißfraktion des Blutplasmas außerordentlich viel komplexer ist und eine sehr große Anzahl voneinander verschiedener Eiweißkörper enthält. Es ist angegeben worden, daß sich etwa 120 Plasmaeiweißkörper unterscheiden lassen! Die eine Grundlage, von der aus diese neuen Erkenntnisse gewonnen werden konnten, war die Verbesserung der elektrophoretischen Methode durch TISELIUS. (Über Elektrophorese, s. S. 168f.). Man konnte mit ihr Albumine, α-, β- und γ-Globuline sowie Fibrinogen deutlich voneinander unterscheiden. Ferner konnte später ein rascher als das Albumin wanderndes *Präalbumin* nachgewiesen werden und vor allem ließ sich durch weitere Verfeinerung der Methoden erweisen, daß sowohl die Albuminfraktion als auch die verschiedenen Globulinfraktionen noch weiter aufgelöst werden können. Die Auswertung der Elektrophoresekurve der Abb. 31, S. 169 ergibt die in Tabelle 100 wiedergegebenen relativen Konzentrationen für die einzelnen Fraktionen (Gesamteiweiß = 100 %).

Eine noch weitergehende Fraktionierung erhält man nach COHN u. EDSALL, wenn man Blutplasma bei verschiedenen Alkohol- und Salzkonzentrationen sowie bei verschiedenem p_H in der Kälte zentrifugiert. Die Tabelle 101 gibt eine Aufstellung der mit Sicherheit voneinander zu unterscheidenden Eiweißkomponenten des menschlichen Blutplasmas. In

Tabelle 101. Plasmaeiweißkörper. (Nach COHN und EDSALL.)

Eiweißkomponente	g in 100 g Plasmaeiweiß	% bei 7,5% Plasmaeiweiß	Ungefährer I. P.
Fibrinogen	4	0,3	5,3
Nicht gerinnbares Protein, unlöslich bei tiefer Temperatur	0,15	0,01	
Antihämophiles Globulin			
γ-Globulin-Antikörper		0,82	7,3
Diphtherie-Antikörper	0,001	0,00007	
Masern-Antikörper			
Mumps-Antikörper			
Streptokokken-Antitoxin	11		
Influenza-Antikörper			
Keuchhusten-Antikörper			
Typhus „H" Agglutinine			
Euglobulin-Antikörper			
Typhus „0" Agglutinine			
Isoagglutinine			6,3
Anti-A, Anti-B	0,03	0,002	
Anti-Rh-Antikörper			
Komplement-Komponente.			
C′ 1			
C′ 2	0,4	0,03	
Enzymvorstufen			
Prothrombin	0,3	0,02	
Plasminogen			
Serumenzyme			
Thrombin			4,8
Plasmin			
Amylase			
Lipase			
Peptidase			
Alkalische Phosphatase			
Esterase	0,02	0,0015	4,5
Kristallisiertes, metallbindendes	2,5	0,2	5,6
β_1-Pseudoglobulin			
Hochmolekulare β_1-Globuline (lipoidarm)			
S = 7	2,0	0,15	
S = 20	1,0	0,075	
Jodeiweiß			
Thyreotropes Hormon			
Glykoproteide			
α_2-Glykopseudoglobuline	0,7	0,05	
α_2-Mucoidglobulin	0,5	0,04	
Lipoproteide			
β_1, X-Protein mit 75% Lipoid	5	0,4	5,6
α_1, mit 35% Lipoid	3	0,2	5,2
Blaugrünes Pigment			
α-Globulin			
Bilirubinhaltiges α_1-Globulin	0,05	0,004	4,7
Albumin			
Kristallisiert mit Hg			4,9
Kristallisiert mit Dekanol	50	3,75	4,9

S = Sedimentationskonstante.

Tabelle 102. Aminosäurezusammensetzung der Plasmaproteine des Menschen.
(Nach Cohn und Edsall.)

	Serum-albumin	γ-	β-	α-	Fibrinogen
		Globulin			
	g pro 100 g Eiweiß *(Zahl der Aminoreste je Mol Eiweiß)*				
Angenommenes Molekulargewicht	70000 *586*	156000 *1373*			
Gesamt-N	15,95 *797*	16,03 *1785*	15,24		16,9
Freier α-Amino-N	0,18 *9*	0,11 *12*			
Amid-N	0,88 *44*	1,11 *124*			
Glykokoll	1,6 *15*	4,2 *87*	5,6	3,1	5,6
Valin	7,7 *46*	9,7 *129*	7,0	5,2	4,4
Leucin	11 *64*	9,3 *111*	7,9	14,2	7,1
Isoleucin	1,7 *9*	2,7 *32*	5,0	1,7	4,8
Prolin	5,1 *31*	8,1 *110*	7,1	4,7	5,7
Phenylalanin	7,8 *33*	4,6 *44*	4,7	4,6	4,2
Cystein + $^1/_2$ Cystin	6,3 *36*	3,1 *39*	3,5	1,5	2,7
Methionin	1,3 *6*	1,1 *11*	1,7	1,4	2,7
Tryptophan	0,2 *0,6*	2,9 *22*	2,0	1,9	3,3
Arginin	6,2 *25*	4,8 *43*	6,8	7,7	7,9
Histidin	3,5 *16*	2,5 *25*	2,8	2,8	2,8
Lysin	12,3 *59*	8,1 *86*	6,6	8,9	8,3
Asparaginsäure	10,4 *52*	8,8 *103*	9,8	9,0	13,6
Glutaminsäure	17,4 *81*	11,8 *126*	14,5	21,6	14,3
Serin	3,7 *25*	11,4 *169*	7,1	5,0	9,2
Threonin	5,0 *30*	8,4 *110*	6,1	4,9	6,6
Tyrosin	4,7 *18*	6,8 *58*	6,0	4,5	5,8
Insgesamt	105,9 *551*	108,3 *1305*	104,2	102,7	108,8

Tabelle 102 ist die Zusammensetzung der auf diese Weise abgetrennten
Albumin- und Globulinfraktion und die Zahl der in ihnen enthaltenen
Aminosäurereste angegeben. Die Tabelle 101 zeigt überdies, daß die bio-
logisch so wichtigen Antikörper sich in der Fraktion der γ-Globuline finden.

Das Pseudoglobulin scheint dem α-Globulin, das Euglobulin der Summe
von β- und γ-Globulin zu entsprechen.

Kaum einer der verschiedenen Eiweißkörper des Blutplasmas besteht
nur aus Aminosäuren, die meisten Plasmaproteine enthalten Kohlen-

hydrate, andere die verschiedensten Lipoide. Der *Kohlenhydratgehalt* hält sich oft in niedrigen Grenzen, es kommen aber auch echte *Glyko-proteide* bzw. *Mucopolysaccharide* vor (s. S. 95ff.). Bei den Kohlenhydraten handelt es sich im einzelnen um Hexosen, und zwar um Glucose, Galaktose und Mannose, um die Methylpentose Fucose, um Aminozucker (Glucosamin und Galaktosamin), um Hexuronsäuren und um die Neuraminsäure.

Einen besonders hohen Kohlenhydratgehalt haben die α-Globuline. So ist ein α_1-Glykoproteid beschrieben worden mit einem Kohlenhydratgehalt von 40 %, wobei auf Hexosen 14,2 % entfielen, auf Glucosamin 12,3 %, auf Fucose 1 % und auf Neuraminsäure 10,8 %. Ein γ-Globulin enthielt pro Mol 1 Mol Neuraminsäure, 10 Mol Hexosamin und 10 Mol Monosaccharide, darunter 2 Mol Fucose. Schon diese beiden Angaben zeigen die großen Unterschiede in der Zusammensetzung der Glykoproteide. Es kommt noch hinzu, daß oft Präparate untersucht worden sind, die noch nicht einheitlich waren, so daß die Angaben für dieselbe Substanz Schwankungen zeigen.

Zu den verschiedenen Eiweißfraktionen noch einige Angaben.

Das **Fibrinogen** (s. auch S. 516 f.) ist der bei der geringsten Salzkonzentration ausfallende Eiweißkörper des Plasmas. Er koaguliert bereits bei ziemlich niederer Temperatur. Das menschliche Blut enthält etwa 0,1—0,4 %, im Mittel 0,20—0,25 %, der Gehalt unterliegt aber bei pathologischen Zuständen größeren Schwankungen.

Die **Globuline** sind in reinem Wasser unlöslich, lösen sich aber in verdünnten Salzlösungen. Sie haben einen ziemlich niedrigen Schwefelgehalt (s. Tabelle 8, S. 89). An die Globulinfraktion sind die verschiedenen Abwehrreaktionen des Blutes (s. S. 526 ff.) gebunden. Durch die Bildung der Antikörper wird sie gewöhnlich stark vermehrt; die Vermehrung betrifft in erster Linie die Euglobuline. Der Globulingehalt beträgt normalerweise etwa 2,8 %.

Die **Albumine** überwiegen im menschlichen Blute gewöhnlich über die Globuline, das Serum enthält etwa 4 % Albumin: das normale Albumin-Globulinverhältnis ist etwa 2,9:2,0. Die Albumine sind in Wasser löslich, sie haben einen höheren Schwefelgehalt als die Globuline. Auch die Albuminfraktion des Blutes ist nicht einheitlich. Durch Fraktionierung mit Ammonsulfat unter Veränderung der p_H-Werte lassen sich vier Albuminarten voneinander trennen. Von diesen ist die eine leicht in kristallisierter Form zu gewinnen, sie ist frei von Kohlenhydraten und Lipoiden. Die zweite Fraktion ist reich an Kohlenhydrat; die dritte Fraktion enthält an das Eiweiß gebunden größere Mengen von Lipoiden, und zwar sowohl Phosphatide wie Cholesterin. In der vierten Fraktion konnten nebeneinander Kohlenhydrate und Lipoide nachgewiesen werden.

Über die Lipoproteide des Blutplasmas ist schon S. 98 berichtet worden.

β) Der Reststickstoff.

Wenn man das Eiweiß völlig aus dem Serum ausfällt, so enthält das eiweißfreie Filtrat immer noch eine gewisse Menge von Stickstoff in organischer Bindung, die man als die Fraktion des Reststickstoffs bezeichnet. Die wichtigsten Bestandteile der Reststickstofffraktion und ihre Konzentration zeigt die Tabelle 103, S. 524. Der Amino-N wird im wesentlichen von den Aminosäuren geliefert, die in geringer Menge (etwa 25 mg-%) im Plasma vorkommen. Auf die einzelnen Aminosäuren entfallen dabei

0,03—2,88 mg-%. Der Gesamt-Rest-N sowie seine einzelnen Fraktionen können unter krankhaften Veränderungen erhebliche Steigerungen erfahren. Das gilt in erster Linie für Erkrankungen der Niere, bei denen besonders der Harnstoffgehalt des Serums auf sehr hohe Werte steigen kann. Auch Harnsäure, Kreatin und Kreatinin sind gewöhnlich vermehrt. Man bezeichnet diesen Zustand als *Urämie*.

Tabelle 103. Reststickstofffraktionen des menschlichen Blutplasmas.
(Nach KREBS.)

Fraktion	mg in 100 cm³ Plasma
Gesamt-Rest-N	25 (18—30)
Amino-N	4,25 (3,55—5,7)
Ammoniak-N (Gesamtblut)	0,05
Harnstoff	28 (21,5—36,5)
Harnsäure	4 (2—6)
Kreatin + Kreatinin	1,3 (0,9—1,64)

Analog der Fraktion des Reststickstoffs ist auch eine solche des *Restkohlenstoffs* beschrieben. Sie gibt den Kohlenstoffgehalt an, der sich im Serum nach Enteiweißung noch findet. Er beträgt etwa 0,180% und enthält z. B. die Kohlenhydrate, aber auch den Kohlenstoff der verschiedenen Rest-N-Fraktionen. Er ist daher bei Hyperglykämien und bei Steigerungen des Rest-N ebenfalls sehr stark vermehrt.

γ) Fette, Lipoide und Farbstoffe.

Der Gehalt des Blutes an Fetten und Lipoiden wechselt bereits unter normalen Verhältnissen sehr stark. Nach fettreicher Nahrung steigt er gelegentlich so stark an, daß das Serum eine milchige Trübung annimmt: *alimentäre Lipämie*. Die Trübung besteht aus feinsten Fetttröpfchen. Die Hauptmenge der Fettsäuren sind ungesättigte Säuren. Das Cholesterin ist zu 60% in Esterform im Blute enthalten. Durch Verfütterung von Cholesterin steigt seine Konzentration erheblich an, aber auch die anderen Lipoidfraktionen sind dabei erhöht. Es bestehen also sehr deutliche Wechselbeziehungen und Abhängigkeiten zwischen ihnen, die sich auch darin zeigen, daß bei Verfütterung lipoidarmer Fette mit den übrigen Fraktionen auch das Cholesterin ansteigt. Vielleicht wirken sich die in dem Schema auf S. 442 angedeuteten Zusammenhänge und Übergänge auch biologisch so aus, daß es zu Verschiebungen zwischen den verschiedenen Lipoidfraktionen kommt.

Tabelle 104. Fett- und Lipoidgehalt des menschlichen Plasmas. (Nach KREBS).

Fraktion	mg in 100 cm³ Plasma
Gesamtfett	570 (360—820)
Fettsäuren (gesamt) als	
Stearinsäure	340 (200—800)
Phosphatide (gesamt)	215 (123—293)
Lecithin	(50—200)
Kephalin	(50—130)
Sphingomyelin	(15—35)
Lipoid-P	9,2 (6,1—14,5)
Cholesterin, gesamt	194 (107—320)
Cholesterin, frei	69 (26—106)

An *Farbstoffen* enthält das Blut ziemlich regelmäßig eine Reihe von Carotinoiden und Xanthophyllen, die alle aus der aufgenommenen Nahrung stammen und deren Konzentration deshalb auch von dem Carotingehalt der Nahrung abhängt. Ein Produkt des Organismus ist dagegen das *Bilirubin*, das im menschlichen Serum zu etwa 0,5 mg-% gefunden wird. Diese geringen Mengen lassen sich nur durch Kuppelung mit Diazobenzolsulfosäure nachweisen (s. S. 120).

δ) Der Blutzucker.

Im Blute aller Tiere findet sich in wechselnder, aber für jede Tierart ziemlich charakteristischer und konstanter Konzentration Kohlenhydrat. Für die Bestimmung der Kohlenhydrate gibt es, wie schon früher erwähnt, keine ganz spezifischen chemischen Methoden, gewöhnlich wird die Reduktion eines Oxydationsmittels gemessen und aus ihr auf den Zuckergehalt geschlossen. Da alle Oxydationsmittel außer den Kohlenhydraten auch in bestimmtem Umfange andere im Blut enthaltene reduzierende Substanzen (Harnsäure, Kreatinin, vor allem aber Glutathion, Glucuronsäure und Adenylsäure bzw. Adenylpyrophosphorsäure) oxydieren, enthalten alle mit einer Reduktionsmethode gefundenen Blutzuckerwerte einen gewissen Fehler, den man als *Restreduktion* bezeichnet. Da man durch Vergärung mit Hefe den wirklich vorhandenen Zucker exakt bestimmen kann, ist die Restreduktion als Differenz von Reduktions- und Gärwert zu ermitteln. Bei der gewöhnlich angewandten Reduktionsmethode nach HAGEDORN u. JENSEN entspricht die normale Gesamtreduktion des Blutes (gewöhnlich als ,,Blutzucker'' bezeichnet) im nüchternen Zustand einem Glucosewert von 0,07—0,110%, meist beträgt sie etwa 0,09%. Die Restreduktion macht etwa 0,01—0,02% aus, so daß also 0,06—0,09% wahres Kohlenhydrat vorhanden ist. Der eigentliche ,,Blutzucker'' ist der gewöhnliche Traubenzucker. Neben ihm enthält das Serum auch eine geringe Menge von *Glykogen* (0,02%), sehr kleine Mengen von Hexosediphosphorsäure und von Fructose (0,05—5 mg-%) und vielleicht auch noch andere reduzierende Zwischenprodukte des Kohlenhydratstoffwechsels. Außer freiem Kohlenhydrat kommt im Blute auch *gebundener Zucker* vor, der aber aus Eiweißkörpern stammt (s. S. 523).

Die Höhe des Blutzuckers unterliegt gewissen Schwankungen, Nahrungsaufnahme steigert ihn (alimentäre Hyperglykämie), blutzuckersteigernd wirkt die Injektion von Adrenalin (s. S. 237), ebenso auch die von Hypophysenvorderlappenpräparaten (s. S. 267f.) und die Zufuhr von Thyroxin. Blutzuckersteigernd wirkt ferner körperliche Arbeit, und zwar beim Trainierten wesentlich weniger als beim Untrainierten. Bei sehr schwerer Arbeit folgt der anfänglichen Steigerung ein Absinken der Blutzuckerwerte. Blutzuckersenkungen (Hypoglykämien) sind im allgemeinen wesentlich seltener als Hyperglykämien. Selbst im Hunger sinkt der Blutzucker gewöhnlich nicht unter den normalen Wert. Ausgesprochene Blutzuckersenkungen treten eigentlich nur ein nach Injektion von Insulin und von Parathormon (s. S. 241, 248). Über die hormonale Regulation des Blutzuckerspiegels s. S. 237f., 240f. und 411.

Als Zwischenprodukt des Kohlenhydratstoffwechsels enthält das Blut stets gewisse Mengen von *Milchsäure*. Ihr normaler Gehalt im menschlichen Blut liegt zwischen 8 und 15 mg je 100 cm³. Zu Steigerungen des Milchsäurespiegels kommt es besonders durch schwere körperliche Arbeit, weil unter diesen Bedingungen in der Muskulatur in erhöhtem Maße Kohlenhydrate anaerob zerfallen und die Atmung nicht den zur Verbrennung der Spaltstücke nötigen Sauerstoff bereitstellen kann. Beim gut Trainierten ist der Anstieg wesentlich geringer als beim Untrainierten, bei dem beträchtliche Steigerungen auftreten können. Über die Vermehrung der Blutmilchsäure nach Injektion von Adrenalin, die ebenfalls auf einem Kohlenhydratabbau in der Muskulatur beruht, ist schon früher berichtet worden (s. S. 237). Auch bei krankhaften Veränderungen besonders der

Leber, die als das Hauptorgan der Rückverwandlung von Milchsäure in Kohlenhydrat zu gelten hat, ist der Milchsäuregehalt des Blutes entweder vermehrt, oder es kehrt eine durch Arbeit bedingte Steigerung viel langsamer zur Norm zurück als beim Gesunden.

3. Fermente und Abwehrreaktionen.

Obwohl normales Serum keine *proteolytische Wirkung* zeigt, enthält es doch eiweißspaltende Fermente, da nach mannigfachen Eingriffen, so schon nach Verdünnen mit destilliertem Wasser ein Abbau von Proteinen eintritt. Man nimmt an, daß die Proteasen normalerweise an die Serumkolloide adsorbiert sind und deshalb nicht wirken. Serum enthält auch *Peptidasen*; ihre Wirkung wechselt von Tierart zu Tierart. Außer den eiweißspaltenden Fermenten finden sich im Serum *Amylase*, (wahrscheinlich) *Maltase* sowie *Lipase*. Alle diese Fermente stammen wohl zum Teil aus den zelligen Elementen des Blutes, so besonders den Leukocyten, zum Teil werden sie aber auch von den verschiedenen Organen, die Serumamylase, z. B. vom Pankreas, ans Blut abgegeben. Bei Erkrankungen des Pankreas, bei denen die Sekretabgabe vermindert oder ganz behindert ist, steigt der Amylasegehalt des Serums ziemlich rasch auf hohe Werte an. Der Lipasegehalt scheint in Abhängigkeit vom Fettgehalt des Serums zu schwanken.

Außer diesen immer im Serum vorkommenden Fermenten findet man gelegentlich auch noch andere, und zwar dann, wenn körperfremde Stoffe unter Umgehung des Verdauungskanals, parenteral, in den Organismus hineingelangen. So gewinnt das Serum eine ziemlich unspezifisch gegen alle möglichen Eiweißkörper und ihre Spaltprodukte gerichtete proteolytische bzw. peptidatische Wirkung, wenn man irgendeinen körperfremden Eiweißstoff in die Blutbahn oder auch in die Bauchhöhle injiziert. Auch das Auftreten von rohrzucker- und milchzuckerspaltenden Fermenten ist nach der parenteralen Zufuhr dieser Kohlenhydrate gelegentlich beobachtet worden.

Diese Erscheinungen gehören zu den *Abwehrreaktionen* (s. S. 87) des Organismus bzw. des Blutes. Viele Stoffe von spezifischer Konstitution oder Wirkung, die unverändert in das Blut kommen, lösen die Bildung von spezifisch gegen sie gerichteten Abwehrreaktionen aus. Gegen pflanzliche und tierische Gifte (Toxine) bilden sich *Antitoxine*, die diese Gifte binden und damit unschädlich machen. Gegen Bakterien bilden sich *Agglutinine* oder *Lysine*, die die Bakterien zusammenballen oder auflösen.

Von großer Bedeutung ist ein erst vor wenigen Jahren entdeckter normaler Serumfaktor, das *Properdin*. Es gehört zu den γ-Globulinen, hat ein Molekulargewicht von über 1 Million und kommt im Serum zu etwa 2 mg-% vor. Es ist der Träger der natürlichen Abwehrkraft des Serums (Immunität) gegen zahlreiche Bakterien, gegen Viren und Protozoen.

Wenn man das Blut eines Tieres Angehörigen einer anderen Tierart injiziert, so werden die artfremden Blutkörperchen allmählich durch sog. *Hämolysine* aufgelöst, und die Eiweißkörper des fremden Serums durch gegen sie gerichtete spezifische Abwehrfermente abgebaut. Das Blut eines mit dem Blute einer fremden Tierart „sensibilisierten" Tieres kann die spezifischen Hämolysine und Abwehrfermente noch sehr lange enthalten, so daß Abbau der Serumeiweißkörper bzw. Hämolyse bei einer späteren Injektion des gleichen artfremden Blutes sofort wieder eintreten. Ja, die Wirkung zeigt sich nicht nur im Organismus, sondern auch im Reagensglas. Serum eines sensibilisierten Tieres löst auch dort die fremden Blutkörperchen auf und baut das fremde Serumeiweiß ab. Diese Reaktionen sind streng spezifisch, sie richten sich also nur gegen das Blut derjenigen Tierart, mit dem die Sensibilisierung durchgeführt wurde. Die Abwehrstoffe sind also biologische Reagentien von höchster Spezifität, welche die Aufdeckung von Strukturunterschieden gestatten, die der chemischen Analyse verborgen bleiben müssen. Injiziert man einem mit dem Blut oder dem Serum eines fremden Tieres sensibilisierten Tier nach einiger Zeit erneut das artfremde Serum, so bilden sich in kurzer Zeit aus dem injizierten Eiweiß größere Mengen von Peptonen, die die unter Umständen lebensbedrohenden Erscheinungen des *anaphylaktischen Schocks* auslösen, der sich besonders in erheblicher Temperatursenkung und schweren Kreislaufstörungen äußert. Eine andere Meinung geht allerdings dahin, daß der anaphylaktische Schock durch Histamin ausgelöst wird.

Die Spezifität von Abwehrreaktionen ist aber noch wesentlich ausgeprägter, als es nach dem bisher Gesagten erscheinen muß. Führt man einem Menschen Blut eines anderen Menschen parenteral zu, so kann das Blut des „Empfängers" hämolytisch werden. Noch wichtiger aber ist, daß die injizierten Blutkörperchen im Blute des „Empfängers" zusammengeballt oder agglutiniert werden können. Das Blut jedes Menschen enthält *Isoagglutinine*, die gegen die Blutkörperchen anderer Menschen gerichtet

Tabelle 105. Blutgruppen.

Serum der Blutgruppe ("Empfänger")	Enthält die Agglutinine	Blutkörperchen der Gruppe ("Spender")			
		0	A	B	AB
0	α, β	—	+	+	+
A	β	—	—	+	+
B	α	—	+	—	+
AB	0	—	—	—	—

sind. Es kommt aber bei solchen Übertragungen nicht immer zu einer Agglutination. Die Untersuchung sehr vieler verschiedener menschlicher Blutproben hat zu der Erkenntnis geführt, daß das Serum bis zu zwei spezifische Agglutinine enthalten kann und die Blutkörperchen bis zu zwei verschiedene agglutinable Substanzen. Zur Agglutination kommt es nur, wenn bestimmte Agglutinine und bestimmte agglutinable Substanzen zusammentreffen. Die agglutinablen Substanzen in den Blutkörperchen bezeichnet man als *A* und *B*, die Agglutinine des Serums als *Anti-A* oder α und als *Anti-B* oder β. Wenn die Blutkörperchen die Substanz A enthalten, enthält das Serum das Agglutinin β und umgekehrt. Enthalten die Blutkörperchen A und B, so ist das Serum frei von Agglutininen und sind die Körperchen frei von A und B, so findet sich im Serum α und β. Da bei einer Blutübertragung immer das Serum des Empfängers in großem Überschuß vorhanden ist, hängt das Eintreten oder Ausbleiben der Agglutination davon ab, ob die Spenderblutkörperchen die den Agglutininen des Empfängerserums entsprechenden agglutinablen Substanzen enthalten oder nicht. Die Agglutinationsprobe läßt sich auch außerhalb des Körpers ausführen, indem man einen Tropfen Blut mit einer größeren Menge eines anderen Serums versetzt. Je nach dem Ausfall der Probe läßt sich jedes Blut in eine der vier Blutgruppen 0, A, B und AB einordnen. Die Tabelle 105 zeigt, wann Agglutination auftritt (+) und wann nicht (—). Danach kann also einem Empfänger der Gruppe AB Blut jeder anderen Blutgruppe zugeführt werden *(Universalempfänger)*, während Blut eines Spenders der Gruppe 0 auf einen Empfänger jeder anderen Blutgruppe übertragen werden kann *(Universalspender)*.

Über die Chemie der Blutgruppensubstanzen s. S. 97f.

Neben diesen antigen wirkenden Blutgruppensubstanzen sind auch noch die *Faktoren M, N, S und P* beschrieben worden, die beim Menschen keine Agglutinine bilden und nur dadurch nachgewiesen werden können, daß nach ihrer Injektion an Kaninchen im Kaninchenserum Antikörper gegen sie auftreten. Sie sind also für die Blutübertragung bedeutungslos, haben aber, da sie vererblich sind, große Bedeutung für die Feststellung von Verwandtschaftsbeziehungen.

Zum Schluß muß erwähnt werden der *Rh-Faktor,* so genannt, weil er erstmals im Serum eines mit Blutkörperchen des Affen Macaccus rhesus behandelten Kaninchens entdeckt wurde. Derartiges Kaninchenserum agglutiniert die Blutkörperchen von etwa 85% der weißen Bevölkerung. Die agglutinierenden Blutkörperchen bezeichnet man als Rh-positiv (Rh), die nicht agglutinierenden als Rh-negativ (rh). Überträgt man Rh-Blutkörperchen auf Menschen mit der Eigenschaft rh, so bilden diese Antikörper gegen Rh, die die Rh-Blutkörperchen zerstören. Dies ist von Bedeutung bei einer als *Erythroblastose* bezeichneten lebensbedrohenden Störung bei Neugeborenen, die mit Gelbsucht und Hämolyse verläuft. Ein von einem Rh-Vater und einer rh-Mutter stammendes Kind verursacht im mütterlichen Organismus die Bildung von Antistoffen gegen Rh. Diese treten durch die Placenta hindurch und setzen einen Abbau der fetalen Blutkörperchen in Gang, der bei der ersten Schwangerschaft noch kompensiert werden kann; bei jeder weiteren Schwangerschaft jedoch werden die Störungen immer bedrohlicher, allein die Übertragung von rh-Blut kann lebensrettend wirken. Bei späteren Schwangerschaften kann die Frucht sogar intrauterin absterben.

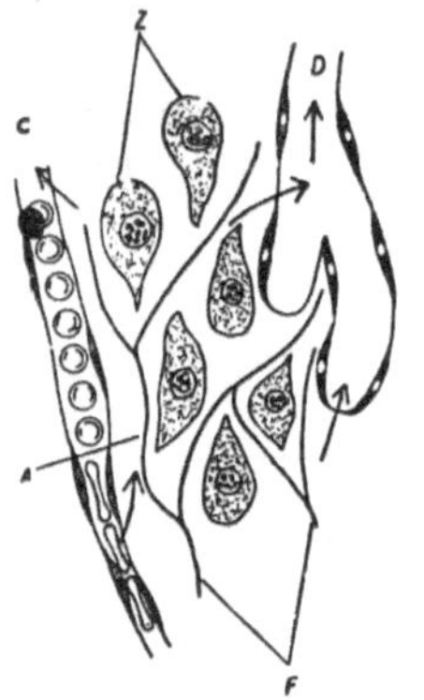

Abb. 129. Schematische Darstellung der Beziehungen zwischen Blut, Gewebsräumen, Parenchymzellen, Bindegewebe und Lymphcapillaren. *A* theoretische Grenze zwischen arterieller und venöser Capillare. *C* Blutcapillare, *D* Lymphcapillare, *Z* Parenchymzellen, *F* Bindegewebsfibrillen. (Nach KAUNITZ.)

d) Die Lymphe.

Da die Lymphe letzten Endes aus dem Blutplasma stammt, ist es berechtigt, sie an dieser Stelle zu besprechen. Nach KAUNITZ sind die Blut- und die Lymphcapillaren zwei völlig voneinander getrennte Hohlraumsysteme (s. Abb. 129). Zwischen beiden finden sich die Gewebsspalten, die von den Parenchymzellen und den Bindegewebsfibrillen begrenzt werden. Aus dem arteriellen Schenkel der Blutcapillaren wird durch den hydrostatischen Druck Flüssigkeit unter Mitnahme der für die Ernährung der Zellen wichtigen Stoffe (z. B. Zucker, Aminosäuren) in die Gewebsspalten ausgepreßt. Da diese Gewebsflüssigkeit alle Zellen umgibt, ist sie sicherlich für den gesamten Stoffaustausch im Gewebe von größter Bedeutung. Unter physiologischen Bedingungen ist sie so gut wie eiweißfrei. Da im venösen Teil des Capillarnetzes der hydrostatische Druck stark abgesunken ist, kann hier Flüssigkeit nicht mehr abgepreßt werden, im Gegenteil durch den kolloidosmotischen Druck der Plasmaeiweißkörper wird Flüssigkeit aus den Gewebsräumen ins Blut zurückgebracht. In die Lymphcapillaren werden neben Wasser und den anderen aus dem Blut oder den Gewebszellen in die Gewebsräume abgegebenen Stoffen vor allen Dingen die geringen Eiweißmengen übernommen, die aus dem Blutplasma in die Gewebsräume übergetreten waren. Neben den Lymphgefäßen in den Geweben sind auch die größeren Hohlräume des Körpers mit Lymphe benetzt oder angefüllt: Herzbeutel, Brust- und Bauchhöhle, Subdural- und Subarachnoidalraum, Hirnventrikel, Zentralkanal des Rückenmarks, inneres Ohr und Gelenkhöhlen. Auch diese Tatsache spricht für die Bedeutung der Lymphe.

Die Lymphe hat in ihrer qualitativen Zusammensetzung große Ähnlichkeit mit dem Plasma. Sie enthält z. B. die gleichen Eiweißkörper, also auch Fibrinogen; da sie auch die anderen zur Blutgerinnung notwendigen Faktoren aufweist, gerinnt sie genauso wie Blut oder Plasma. Ihre quantitative Zusammensetzung ist dagegen sowohl in den verschiedenen Teilen des Körpers als auch im gleichen Körpergebiet bei verschiedenen funktionellen Zuständen erheblichen Schwankungen unterworfen. Tabelle 106 gibt einen Vergleich für einige Bestandteile von Hundeserum und -lymphe. Der wesentlichste Unterschied ist also der viel größere Eiweißreichtum des Serums. Aus diesem Grunde beträgt

Tabelle 106. Zusammensetzung von Lymphe und Serum beim Hund (nach ARNOLD).

	Feste Bestandteile in %	Cl	Ca	Zucker	Rest-N	Eiweiß-N
		in mg-%				
Serum .	8,3	392	10,4	123	27,2	900
Lymphe	5,2	413	9,2	124	27,0	570

auch der Wassergehalt der Lymphe etwa 95 % und ihr spezifisches Gewicht liegt mit 1,016—1,023 wesentlich niedriger als das von Plasma.

Wie sehr die Zusammensetzung der Lymphe in Abhängigkeit von der Funktion des zugehörigen Körpergebietes schwanken kann, ergibt sich aus den Änderungen der Darmlymphe, d. h. des *Chylus*, nach Aufnahme von Fett, Kohlenhydrat oder Eiweiß. Die Zahlen der Tabelle 107 zeigen deutlich die große Bedeutung, die das Lymphgefäßsystem für die Resorption der Fette hat (s. auch S. 380 u. 382), aber auch geringe Mengen von Kohlenhydrat werden durch die Lymphe aufgenommen. In ganz ähnlicher, wenn auch keineswegs so ausgesprochener Weise ändert sich abhängig von den Erfordernissen und der Funktion jedes Organs die Zusammensetzung der in ihm gebildeten Lymphe.

Tabelle 107. Zusammensetzung des Chylus in Abhängigkeit von der Nahrungsaufnahme.

Zeit nach der Nahrungsaufnahme in Stunden	Gehalt des Chylus an		
	Eiweiß	Kohlenhydrat	Fett
	in % nach Aufnahme dieser Nahrungsstoffe		
0	3,11	0,095	0,22
2	3,49	0,126	0,24
5	3,07	0,161	2,52
6	3,13	0,164	3,86
8	2,76	0,205	2,18

Über die bei der Abgabe der Lymphe aus dem Plasma waltenden Kräfte besteht noch keine völlige Klarheit, obwohl diese Frage für die Bildung der normalen Gewebsflüssigkeit, vor allem aber für die Ansammlung von Flüssigkeit im Gewebe bei pathologischen Veränderungen, bei der *Ödembildung*, von größter Bedeutung ist. Die Erklärung der Lymphbildung ist deshalb besonders schwierig, weil die osmotische Konzentration der Lymphe meist höher ist als die des Serums. Die Lymphe kann daher nicht durch einfache Filtration, Diffusion und Osmose aus dem Blutplasma entstehen. Die Ionenverteilungen zwischen Plasma und Lymphe lassen sich teilweise durch das Bestehen eines DONNAN - Gleichgewichtes erklären (s. Tabelle 31, S. 180), aber das beseitigt nur einen Teil der Schwierigkeiten. Vieles spricht dafür, daß die elektrostatischen Kräfte zwischen dem Blut und den Parenchymzellen hierbei eine große Rolle spielen.

Die Lymphbildung läßt sich durch Injektion bestimmter Stoffe, der sog. *Lymphagoga*, erheblich steigern. Die Lymphagoga 1. Ordnung: Organextrakte der verschiedensten Art, Peptone und ähnliche Stoffe wirken auf die Leber und regen eine vermehrte Flüssigkeitsabgabe durch sie an. Da die vermehrt fließende Lymphe auch einen erhöhten

Eiweißgehalt hat, scheint ihre Bildung durch eine gesteigerte Tätigkeit der Leberzellen bedingt zu sein. Als Lymphogaga 2. Ordnung bezeichnet man Salze oder Zucker, die bei Injektion in hypertonischer Lösung ebenfalls eine starke Lymphbildung anregen. Hier handelt es sich wahrscheinlich um einen osmotisch zu erklärenden Wasserentzug aus dem Gewebe. Von Bedeutung für die Lymphbildung sind aber auch rein physikalische Faktoren wie der hydrostatische Druck in den Capillaren. Dieser muß, wie schon früher ausgeführt, den kolloidosmotischen Druck der Bluteiweißkörper übertreffen (s. S. 178). Steigert man den Capillardruck, indem man den venösen Abfluß behindert, so wird tatsächlich mehr Wasser ins Gewebe abgegeben.

e) Die Blutzellen.

1. Leukocyten und Thrombocyten.

In jedem Kubikmillimeter Blut sind etwa 5000—10 000 weiße Blutzellen und etwa 200 000—300 000 Blutplättchen enthalten. Die weißen Blutzellen verteilen sich nach Tabelle 108 auf verschiedene Gruppen:

Tabelle 108. Verteilung der weißen Blutkörperchen.

Neutrophile Leukocyten	60—70 %
Eosinophile Leukocyten	1—4 %
Basophile Leukocyten	0—1 %
Monocyten	2—6 %
Lymphocyten	20—30 %

Die Leukocyten haben anscheinend die wichtige Aufgabe dabei mitzuwirken, daß in den Körper hineingelangte Fremdkörper, insbesondere solche zelliger Natur (Protozoen und Bakterien), beseitigt und zerstört werden. Durch ihre amöboide Beweglichkeit können sie die Wandungen der Gefäße durchdringen und als Wanderzellen ins Gewebe gelangen, wo ihre Tätigkeit notwendig ist. So finden sie sich in jedem Entzündungsherd, der sich um eingedrungene Krankheitskeime bildet. Die Leukocyten enthalten einen außerordentlich wirksamen Fermentapparat, der aus Fermenten für den Abbau aller wichtigen Körperbausteine besteht; sie können deshalb sowohl fremde Zellen, die sie durch Phagocytose in sich aufgenommen haben als auch das Körpergewebe um den Entzündungsherd herum einschmelzen und „verdauen". Die Leukocytenfermente sind zum Teil durch Glycerin extrahierbar, zum Teil nicht, es sind also Lyoenzyme und Desmoenzyme zu unterscheiden (s. S. 282). Sehr charakteristisch für die Leukocyten ist ihr hoher Oxydasegehalt, der sich durch die Indophenolblaureaktion (s. S. 338) nachweisen läßt. Die Leukocyten haben einen Glykogengehalt von etwa 0,4 % und bauen dieses fortlaufend ab, können aber auch Glucose verwerten. Die Leukocyten haben eine mittlere Lebensdauer von 13 Tagen.

Die Bedeutung der *Blutplättchen* für die Blutgerinnung ist bereits S. 516f. besprochen worden. Sie sind keine echten Zellen, sondern entstehen im Knochenmark durch Abschnürung aus den Megalokaryocyten. Sie bestehen aus zwei morphologisch verschiedenen Bestandteilen, einem feinstrukturierten gerüstartigen Cytoplasma *(Hyalomer)*, in das kugelige bis stäbchenförmige Körner *(Granulomer)* ungeordnet eingelagert sind. Die Blutplättchen haben eine Lebensdauer von 8—9 Tagen.

2. Erythrocyten.

Das Blut enthält beim Menschen im Mittel im Kubikmillimeter 4,75 (Frau) bis 5,5 Millionen (Mann) rote Blutkörperchen. Diese sind kernlos und gehen nach einer Reihe von Wochen zugrunde. Ihre Inhaltsstoffe werden frei und können zum Teil vielleicht wieder beim Aufbau neuer Erythrocyten verwandt werden, zum Teil werden sie aber auch weiter abgebaut und ausgeschieden. Wegen des hohen Gehaltes an Trockensubstanz ist ihr spezifisches Gewicht mit 1,090—1,105 viel höher als das des Plasmas, so daß, beim Stehen des defibrinierten oder ungerinnbar gemachten Blutes die Blutkörperchen allmählich zu Boden sinken. Die Trennung von Körperchen und Flüssigkeit kann durch Zentrifugieren sehr beschleunigt werden. Wie schon S. 170 ausgeführt, beruht die große Suspensionsstabilität der Erythrocyten wahrscheinlich auf ihrer (negativen) elektrischen Ladung. Wird durch irgendwelche Vorgänge im Blute oder durch veränderte Zusammensetzung des Blutes der Ladungszustand der Erythrocyten verändert, so ändert sich auch ihre *Senkungsgeschwindigkeit*.

Diese bestimmt man als Geschwindigkeit des Absinkens der Blutkörperchen (in mm/h) in einer 200 mm langen capillaren Glasröhre von 2,5 mm Durchmesser, die mit Citratblut gefüllt wird. Bei der Schwangerschaft und bei manchen Infektionskrankheiten ist die Senkungsgeschwindigkeit erhöht. Ob dabei der immer beobachteten Vermehrung der Globuline gegenüber den Albuminen des Plasmas eine ursächliche Bedeutung zukommt, ist noch nicht ganz geklärt.

Über die Zusammensetzung der Erythrocyten des Menschen und einiger Tiere siehe Tabelle 98 (S. 513), aus der sich deutlich die Unterschiede zwischen den roten Blutkörperchen und dem Plasma ergeben. Für menschliche Erythrocyten ist kennzeichnend, daß sie einen hohen Kaliumgehalt (136 mÄqu/l) und einen niedrigen Natriumgehalt (19 mÄqu/l) aufweisen, tierische Erythrocyten enthalten dagegen überwiegend Natrium. Die Anreicherung von Kalium gegen einen Konzentrationsgradienten erfordert Bereitstellung von Energie, die wahrscheinlich durch die Glykolyse geliefert wird. Die erhebliche K-Aufnahme muß außerdem zu einer Verdrängung von Na aus den Zellen führen. Eigenartigerweise enthalten die roten Blutkörperchen des Menschen und einiger Tierarten D-Glucose, dagegen sind die Erythrocyten der meisten Tierarten frei von Zucker. Die menschlichen Erythrocyten sind so vollständig permeabel für Traubenzucker, daß sie den gleichen Zuckergehalt wie das Plasma haben. Ein charakteristischer Bestandteil der roten Zellen ist das *Harnsäureribosid* (s. S. 103). Die Blutkörperchen enthalten auch freie Harnsäure und die übrigen Rest-N-Fraktionen des Plasmas, ja ihr *Reststickstoff* ist sogar höher als der des Plasmas.

Die kernlosen Erythrocyten der Säugetiere haben nur eine sehr geringe *Atmung*. Die Atmung der kernhaltigen Vogelerythrocyten ist wesentlich größer. Der verbrauchte Sauerstoff dient wohl zur Oxydation von Kohlenhydrat. Wesentlich größer als die Atmung ist die *Glykolyse* der Erythrocyten, bei der aus Glucose überwiegend Milchsäure entsteht. Jedoch zeigt die Verfolgung des Phosphatstoffwechsels, daß der Kohlenhydratstoffwechsel der Erythrocyten einige Besonderheiten aufweist. Nach Zusatz von markiertem Phosphat wird dieser bald in den Erythrocyten in Verbindungen wiedergefunden, die für den Kohlenhydratstoffwechsel charakteristisch sind. Manche Beobachtungen lassen erkennen, daß Phosphat an der Zellenmembran in Adenosintriphosphorsäure eingebaut wird und in dieser Form in die

$$CH_2—O—PO_3H_2$$
$$|$$
$$CH—O—PO_3H_2$$
$$|$$
$$COOH$$

2,3-Diphosphoglycerinsäure

Zelle gelangt. Die mengenmäßig wichtigste Verbindung, die auch am regsten
an dem Stoffwechsel des markierten Phosphats beteiligt ist, ist die
2,3-Diphospho-glycerinsäure, deren Menge während des Zuckerumsatzes im
Blute zunimmt und wahrscheinlich für den Kohlenhydratstoffwechsel der
Erythrocyten von großer Bedeutung ist. Sie entsteht aus 3-Phosphoglycerin-
säure (s. S. 416) und dient offenbar den roten Blutzellen als Energiespeicher für den Wiederaufbau von ATP.

Der Hauptinhaltsstoff der Erythrocyten ist das **Hämoglobin,** das
etwa 34 % des Zellvolumens ausmacht. Seine Chemie ist bereits früher
besprochen worden (s. S. 111 ff.). Die Blutkörperchen sind wahrscheinlich von einer Membran umhüllt, die aus Eiweiß und aus Lipoiden besteht (s. S. 181). Eine ähnliche Zusammensetzung haben auch die feinen
Plasmafäden, die das Zellinnere durchziehen. Man bezeichnet diese Zellstrukturen als *Stroma*. Sein Eiweißkörper ist bisher noch nicht in eine
der bekannten Proteingruppen einzuordnen. Er gehört nicht zu den Globulinen, ist fast frei von Phosphor und enthält nur wenig Schwefel. Durch
Trypsin und Pepsin wird er nicht angegriffen. Die Stromalipoide bestehen
zu etwa je einem Drittel aus Fetten und Fettsäuren, aus Cholesterin und
aus Phosphatiden. Unter den Phosphatiden überwiegt das Kephalin;
das Lecithin ist wahrscheinlich immer mit Cerebrosiden vergesellschaftet.

Man kann die Membran der Erythrocyten durch eine Reihe von Eingriffen zerstören und damit eine *Hämolyse* bewirken. Die wichtigsten
hämolytisch wirkenden Faktoren sind hypotonische Salzlösungen (s.
S. 141 f.), Äther, Chloroform, gallensaure Salze, Saponine und Säuren. Bei
der *osmotischen Hämolyse* muß die Hypotonie der Salzlösungen ziemlich
erheblich sein, weil die Blutkörperchen eine ausgesprochene *osmotische
Resistenz* haben. Menschliches Blut ist mit einer 0,9—1,0 %igen Kochsalzlösung isotonisch, sie hämolysieren aber erst in Kochsalzlösungen
von etwa 0,45 % ; in Lösungen von geringerer Hypotonie nehmen die Zellen
zwar Wasser auf, platzen aber noch nicht. Die osmotische Hämolyse ist
nicht allein durch osmotische Vorgänge zu erklären. Verdünnt man die
Salzlösungen, in der die Blutkörperchen suspendiert sind, sehr vorsichtig,
so tritt aus ihnen bereits Hämoglobin aus, ehe das Stroma platzt. Innerhalb gewisser Grenzen ist die Hämolyse sogar reversibel, d. h. bei Herstellung höherer Salzkonzentration nehmen die Zellen einen Teil des aus-
getretenen Hämoglobins wieder auf. Erst bei stärkerer Verdünnung reißt
dann auch das Stroma, es geht aber der *Stromatolyse* die *Chromolyse* voraus.
Die Hämolyse durch die Lipoidlösungsmittel beruht auf der Herauslösung
der lipoiden Membranteile, auch die gallensauren Salze wirken wahrscheinlich dadurch, daß sie das Cholesterin aus der Membran herauslösen,
Saponine fällen wahrscheinlich das Cholesterin, Säuren die Eiweißkörper im
isoelektrischen Punkt. In jedem Fall werden also bestimmte Bezirke der
Membran zerstört und damit die Membran für das Hämoglobin durchlässig.

Das *Hämoglobin* (Hb) *hat drei wichtige Aufgaben* im Körper, die zum
Teil an die Anwesenheit des Plasmas gebunden sind.

Es sind dies

1. Transport des Sauerstoffs von der Lunge zu den Geweben,
2. Mitwirkung beim Transport der Kohlensäure im Blute,
3. Regulation der Blutreaktion.

Hier soll zunächst über den **Sauerstofftransport** gesprochen werden.
Das Hämoglobin hat die Fähigkeit, molekularen Sauerstoff in leicht
dissoziabler Form zu binden und ihn ebenso leicht wieder abzuspalten,

Bindung und Abspaltung sind abhängig von dem Sauerstoffpartialdruck in dem umgebenden Medium. Durch diese Eigenschaft wird das Hämoglobin zum Überträger des Sauerstoffs im Körper. Da die Gesetze der Sauerstoffbindung in den Lehrbüchern der Physiologie ausführlich behandelt werden (s. REIN-SCHNEIDER, Physiologie) können hier kurze Andeutungen genügen.

Die Bindung des Sauerstoffs ist eine reversible Reaktion:

$$\text{Hb} + O_2 \rightleftarrows \text{Hb-}O_2.$$

Aus Hb und Sauerstoff entsteht *Oxyhämoglobin (Hb-O_2)*. In beiden Formen des Hb ist das Eisen zweiwertig (s. S. 114). Der Sauerstofftransport geht also ohne Änderung des Oxydationszustandes des Hb vor sich. Wird das zweiwertige Eisen zum dreiwertigen oxydiert, so entsteht *Methämo-globin (Met-Hb)* auch *Hämiglobin* ge-nannt. In ihm ist aber der Sauerstoff fest gebunden, so daß das Hb seiner eigentlichen Aufgabe, dem Sauerstoff-transport, entzogen wird. Das ist auch praktisch wichtig, weil bei manchen Ver-giftungen Met-Hb entsteht. Auch nor-males Blut soll geringe Mengen (0,1 %, d. h. 0,7 % des vorhandenen Hämoglobins) an Hämiglobin enthalten.

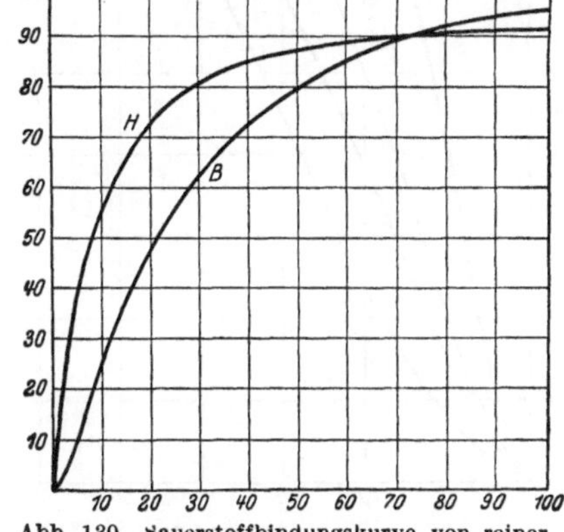

Abb. 130. Sauerstoffbindungskurve von reiner Hämoglobinlösung (H) und von Blut (B) (Nach BARCROFT.) Abszisse: O_2-Partiardruck. Ordinate: prozentische Sättigung des Hb.

Auf der Met-Hb-Bildung beruht eine einfache Methode zur Bestimmung des Hb-O_2-Gehaltes im Blute. Als Oxydationsmittel von zweiwertigem Hb-Eisen kann z. B. Kaliumferricyanid dienen, das zu Ferrocyanid reduziert wird und dabei das Eisen oxydiert; gleichzeitig wird der Sauerstoff des Hb-O_2 vollständig abgespalten. Er kann aus dem Blute ausgepumpt und sein Volumen gemessen werden:

$$\text{Hb-}O_2 + H_2O + K_3[Fe(CN)_6] \longrightarrow \text{Hb-OH} + O_2 + K_3H[Fe(CN)_6]$$

Ferricyanid — Met-Hb — Ferrocyanid

Die **Sauerstoffbindung** des Blutes ist natürlich begrenzt durch die Hämo-globinmenge. Beim Manne enthält das Blut 16 %, bei der Frau 14 % Hämo-globin. Da jedes Hb-Molekül 4 Atome Eisen besitzt und jedes Eisen-atom maximal 1 Molekül O_2 binden kann, läßt sich eine maximale Sauer-stoffbindung von 1,34 cm³ O_2 je g Hb errechnen. Dem entspricht die Fest-stellung, daß das menschliche Blut eine maximale Sauerstoffbindungsfähig-keit von 20—21 Vol.-% hat. Den Zusammenhang zwischen Sauerstoff-druck und Sauerstoffsättigung des Blutes zeigt die Abb. 130, aus der sich ferner ergibt, daß die Sättigungskurven von reinen Hb-Lösungen und von Blut nicht übereinstimmen. Der Unterschied ist bedingt durch den Elektrolytgehalt des Blutes. Der Unterschied der beiden Bindungskurven wirkt sich günstig für den Organismus aus. Bei höheren Sauerstoff-spannungen, wie sie etwa in der Außen- und in der Alveolarluft vorliegen, wird das Blut besser mit O_2 gesättigt als in einer reinen Hb-Lösung. Da-gegen gibt bei niederen Sauerstoffdrucken, wie sie im Gewebe herrschen, das Blut rascher Sauerstoff ab als die Hb-Lösung.

Unter normalen Lebensbedingungen ist das arterielle Blut zu etwa 97—98 % mit Sauerstoff gesättigt, weil die Sauerstoffspannung in den Lungenalveolen zu einer vollen Sättigung nicht ausreicht. Der Sauerstoff-partialdruck der atmosphärischen Luft (21 % O_2) beträgt etwa 160 mm Hg, derjenige der Alveolarluft dagegen wegen des schädlichen Raumes der Lunge und weil die Alveolarluft bei einer Temperatur von etwa 37^0 mit Wasserdampf gesättigt ist (Näheres s. Lehrbücher der Physiologie) nur etwa 100—110 mm Hg.

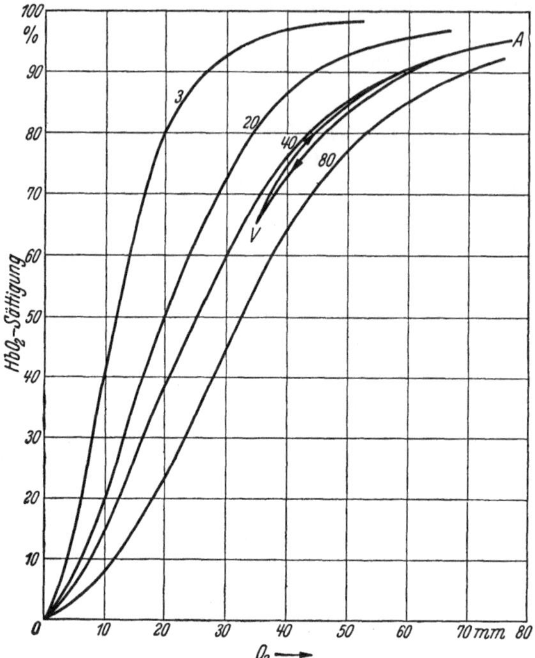

Abb. 131. Sauerstoffspannungskurven von Blut bei verschiedenen CO₂-Spannungen. (Nach HENDERSON.) Abszisse: O₂-Partiardruck Ordinate: prozentische Sättigung des Hb.

Bei gegebener Sauerstoffspannung und Hb-Menge hängt die Sauerstoffbindung noch von der Temperatur und vom CO_2-Gehalt des Blutes ab. Temperaturerhöhung flacht die Sauerstoffbindungskurve ab, so daß die Sättigung des Hb erst bei höherem Sauerstoffdruck erreicht wird, und ganz in der gleichen Weise wirkt auch eine Erhöhung der Kohlensäurespannung (Abb. 131). Die Abhängigkeit der Sauerstoffbindung von der Kohlensäurespannung ist biologisch wichtig. Wenn das venöse Blut in der Lunge die Kohlensäure, die es im Gewebe aufgenommen hat, wieder abgibt, so werden dadurch gleichzeitig die Bedingungen für die Sauerstoffbindung wesentlich verbessert. Gerade umgekehrt muß im Gewebe durch die Aufnahme der Kohlensäure die Abgabe des Sauerstoffs begünstigt werden.

Da die Kohlensäurespannung des Blutes beim Übergang vom arteriellen in den venösen Zustand etwa zwischen 40 und 60 mm CO_2 schwankt und da fernerhin unter normalen Bedingungen auch das venöse Blut immer noch einen erheblichen Sauerstoffgehalt hat, kann sich die Veränderung der Sauerstoffspannung des Blutes bei seinem Kreislauf durch den Körper nicht durch eine der üblichen Bindungskurven wiedergeben lassen, vielmehr vollzieht sie sich nach HENDERSON auf einem geschlossenen Kurvenzug, der ebenfalls in Abb. 131 wiedergegeben ist. V bedeutet dabei den Zustand des venösen, A den des arteriellen Blutes.

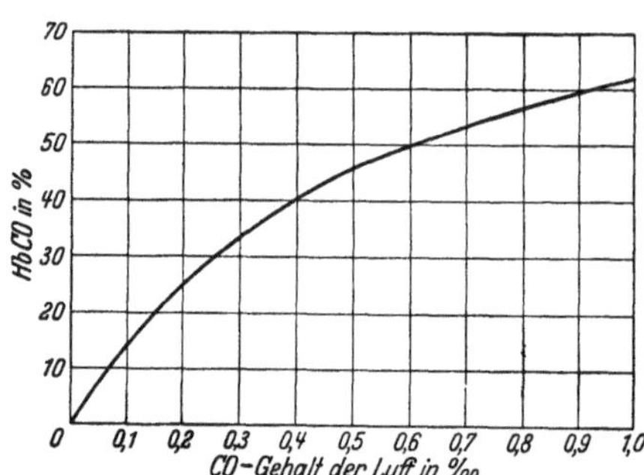

Abb. 132. Abhängigkeit des Hb-CO-Gehaltes im Blute von dem CO-Gehalt der Luft (in Prozenten der erreichten Sättigung). (Nach SLEESWIK u. PILAAR.)

Außer Sauerstoff kann Hb auch andere Gase reversibel binden. Der Umfang der Gasbindung ist immer vom Partiardruck der Gase abhängig. Am wichtigsten ist die Bindung von Kohlenoxyd als *Kohlenoxydhämoglobin (Hb-CO)*. Die Affinität von CO zu Hb ist etwa 210mal größer als die von O_2, so daß schon durch sehr geringe CO-Partiardrucke ein großer Teil des Hb in Hb-CO umgewandelt und der Atmungsfunktion entzogen wird. Die Abb. 132 zeigt, daß z. B. schon ein Gehalt von nur 0,6⁰/₀₀ CO in der Atemluft genügt, um 50% des Hb in Hb-O₂ zu verwandeln.

Hb selber und seine verschiedenen Gasverbindungen haben charakteristische Absorptionsspektren, so daß man die einzelnen Verbindungen

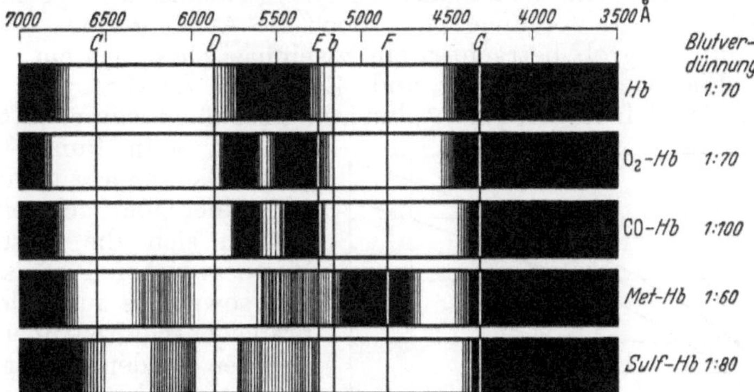

Abb. 133. Absorptionsspektren des Hämoglobins und einiger seiner Verbindungen.

durch die Lage ihrer Absorptionsbanden unterscheiden kann. Die Abb. 133 zeigt die Spektren von Hb und einigen seiner Verbindungen. Hb-O₂ und Hb-CO haben also ganz ähnliche Spektren (zwei Streifen im Gelbgrün), jedoch sind die Banden des Hb-CO etwas nach dem kurzwelligen Teil des Spektrums verschoben. Hb hat an Stelle der beiden Streifen ein etwas breiteres zusammenhängendes Absorptionsband. Beim Met-Hb tritt eine

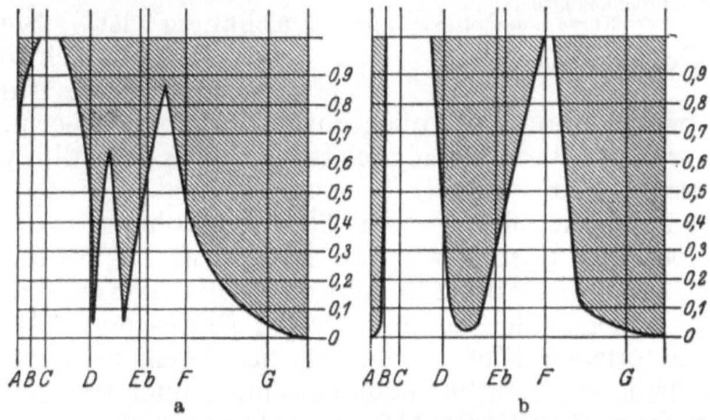

Abb. 134. Absorption von Oxyhämoglobin- (a) und von Hämoglobinlösungen (b) in Abhängigkeit von der Konzentration. Ordinate: Farbstoffkonzentration. Abszisse: Wellenlänge des Lichtes. (Nach ROLLET.) Die schraffierten Flächen bedeuten Lichtabsorption. Die beiden Absorptionsstreifen des Hb-O₂ sind also nur in einem bestimmten Konzentrationsbereich (etwa von 0,1—0,6) sichtbar.

charakteristische Absorption im Rot auf. Die für Hb kennzeichnende Absorption zwischen D und E ist stark nach rechts verbreitert. Eine Absorption im Rot hat auch das sog. Sulf-Hb. Dies entsteht bei Einwirkung von Schwefelwasserstoff und Sauerstoff auf Hämoglobin.

Die charakteristischen Absorptionen werden nur in verdünnten Lösungen der Farbstoffe oder in dünner Schicht erhalten. Abb. 134 zeigt, wie sich in Abhängigkeit von der Konzentration die Absorptionen für Hb und für Hb-O₂ ändern.

f) Das Blut als physiko-chemisches System.

Als Hauptfunktionen des Hb wurden oben neben dem Sauerstofftransport die Bindung von Kohlensäure und die Regulation der Blutreaktion erwähnt. Diese beiden Funktionen vollziehen sich in engstem Zusammenwirken mit dem Blutplasma. Blutkörperchen und Plasma bilden zusammen ein kompliziertes physiko-chemisches System. Außerdem greift in diese Vorgänge auch noch die Atmung ein.

Das Blut ist grob betrachtet ein zweiphasisches System aus Zellen und aus Plasma. Aus Größe und Zahl der Erythrocyten läßt sich errechnen, daß 1 Liter Blut eine „innere" Oberfläche von etwa 500 m² hat und da kein Punkt des Blutkörpercheninnern mehr als 1 μ von seiner Oberfläche entfernt ist, können sich die Austauschvorgänge zwischen Plasma und Zellen, soweit sie durch deren Membraneigenschaften überhaupt zugelassen werden, außerordentlich rasch vollziehen.

Kohlensäurebindung und Pufferungsvermögen des Blutes stehen in enger Wechselbeziehung zueinander. Die Abb. 135 zeigt, daß ebenso wie die Sauerstoffbindung vom Partialdruck des Sauerstoffs, die Kohlensäurebindung vom Partialdruck des Kohlendioxyds abhängig ist. Sie zeigt aber auch, daß verschieden vom Bindungsvermögen für Sauerstoff

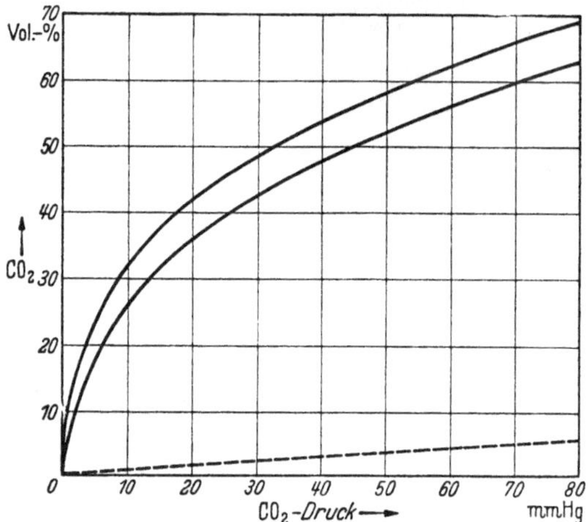

Abb. 135. Kohlensäurebindungskurven des Blutes.
—— Gesamt-CO_2 (obere Kurve sauerstofffreies Blut; untere Kurve sauerstoffgesättigtes Blut).
- - - freie CO_2 (physikalisch gelöst).

das für Kohlensäure praktisch unbegrenzt ist. Zum Teil beruht das darauf, daß die chemischen Bindungsmöglichkeiten für Kohlendioxyd wesentlich größer sind als die für Sauerstoff. Zum Teil ist dies dadurch bedingt, daß ein nicht zu vernachlässigender Teil der Kohlensäure sich im Blute physikalisch löst, die Löslichkeit von Sauerstoff im Blute dagegen sehr geringfügig ist. Aus der Abb. 135 geht weiterhin hervor, daß das Kohlensäurebindungsvermögen des sauerstofffreien Blutes deutlich größer ist als dasjenige des arteriellen Blutes. Nun ist im allgemeinen das venöse Blut nicht sauerstofffrei, sondern hat noch eine mehr oder weniger große Sauerstoffsättigung (s. z. B. Tabelle 110, S. 541), so daß seine Kohlensäurebindungskurve zwischen den beiden in der Abbildung wiedergegebenen liegt, aber mit steigender Ausnützung des Sauerstoffs immer näher an die obere Kurve heranrückt. Auf die Gründe für dieses Verhalten wird erst weiter unten eingegangen werden (s. S. 539).

Der *Kohlensäuregehalt* des arteriellen Blutes beträgt bei einem Kohlensäure-Partialdruck von 30—40 mm, wie er etwa in den Lungenalveolen herrscht, rund 45 Vol.-%, der des venösen zeigt größere Schwankungen, da in den verschiedenen Gefäßgebieten die Kohlensäurebildung wegen des unterschiedlichen Tätigkeitszustandes der Gewebe große Differenzen aufweisen kann. Einen Durchschnitt für den ganzen Körper muß man natürlich im Blut des rechten Herzens finden. Indirekte Methoden ergeben, daß beim Menschen hier eine Kohlensäurespannung von 45—50 mm Hg herrscht, so daß *je nach der Sauerstoffsättigung des venösen Blutes sein* CO_2-*Gehalt zwischen 50 und 60 Vol.-% schwankt.* Von der gesamten Kohlensäuremenge ist wegen der physikalischen Lösung der Kohlensäure immer ein Teil im Serum als *freie Kohlensäure, d. h. als* H_2CO_3 *gelöst, der Rest in gebundener Form vorhanden.* Da gewöhnlich die alveolare Kohlensäurespannung der arteriellen fast gleich ist und da sich weiterhin die Löslichkeit der Kohlensäure im Serum bestimmen läßt, kann die Menge der freien Kohlensäure leicht berechnet werden. Sie ergibt sich aus dem *Absorptionskoeffizienten* α, d. h. aus der CO_2-Menge, die bei $0°$ und einem CO_2-Druck von 760 mm Hg von 1 cm³ Serum gelöst wird ($\alpha_{CO_2\text{-Serum}} = 0,510$). Bei einer CO_2-Spannung von 30 mm enthält also 1 cm³ Blut $\dfrac{0,510 \cdot 30}{760}$ cm³ $= 0,020$ cm³ CO_2 als freie Kohlensäure, die Gesamt-CO_2 beträgt dagegen 0,42 cm³. Das Verhältnis von freier zu gebundener Kohlensäure (etwa 1:20) bestimmt die Reaktion des Blutes.

Nach Gl. (19) und Gl. (21) S. 149 ist

oder

$$\frac{[\text{H}^+] \cdot [\text{HCO}_3^-]}{[\text{H}_2\text{CO}_3]} = k \tag{59}$$

$$[\text{H}^+] = \frac{k \cdot [\text{H}_2\text{CO}_3]}{[\text{HCO}_3^-]} \tag{60}$$

$[\text{H}_2\text{CO}_3]$ läßt sich nach dem oben Gesagten aus dem Partiardruck und dem Absorptionskoeffizienten der Kohlensäure errechnen, die Gesamt-CO_2 experimentell bestimmen. $[\text{HCO}_3^-]$, die Menge der Hydrogencarbonationen, ist gleich der Differenz dieser beiden Werte. Dabei ist aber zu berücksichtigen, daß das Hydrogencarbonat nicht vollständig dissoziiert ist. Um die wahre Konzentration der Hydrogencarbonationen zu erhalten, muß man also die errechnete Konzentration noch mit dem Aktivitätskoeffizienten c multiplizieren (s. S. 145). Es ergibt sich dann

$$[\text{H}^+] = \frac{k \cdot [\text{H}_2\text{CO}_3]}{c \cdot [\text{HCO}_3^-]} \, . \tag{61}$$

Für k/c läßt sich eine neue Konstante K einführen; wenn man logarithmiert, geht (61) über in

$$\text{pH} = \text{pK} + \log [\text{HCO}_3^-] - \log [\text{H}_2\text{CO}_3], \tag{62}$$

die HASSELBALCH-HENDERSONsche Gleichung. Dabei ist $\text{pK} = -\log K$ analog ph $= -\log \text{H}^+$ gebildet. Man kann also allein durch Bestimmung der Gesamt-CO_2 die Reaktion des Blutes errechnen. Dazu ist allerdings die Kenntnis des genauen Wertes von K erforderlich. Hierin liegt die Schwierigkeit, da K anscheinend für jedes Blut einen etwas anderen Wert hat. Die nach Gl. (62) errechneten Werte stimmen deshalb auch nicht genau mit den auf anderem Wege bestimmten überein.

Das System Hydrogencarbonat-CO_2 ist ein Puffersystem, kann also Reaktionsänderungen in sich auffangen. Diese Reaktionsänderungen werden dadurch noch weitgehend verkleinert, daß das Puffersystem ein Teil des Organismus ist und mit anderen Funktionen des Organismus zusammenwirkt. Dem normalen Verhältnis von freier CO_2: Hydrogencarbonat im Plasma von 1:20 entspricht ein p_H-Wert von 7,42. Fügt man zum Plasma eine der Hälfte des Hydrogencarbonats entsprechende Menge von Salzsäure hinzu und verhindert das Entweichen der dadurch aus dem Hydrogencarbonat freigesetzten Kohlensäure, so ergibt sich aus CO_2/Hydrogencarbonat gleich 11/10 ein p_H-Wert von 6,92, läßt man dagegen die freigesetzte Kohlensäure, wie das im Körper durch die Atmung geschieht, entweichen, so geht CO_2/Hydrogencarbonat auf 1/10 zurück und p_H sinkt nur auf 7,12. Diese Reaktion spielt sich auch außerhalb des Körpers ab. Im Organismus kann aber durch vermehrte Kohlensäureabgabe durch die Atmung das ursprüngliche Verhältnis zwischen CO_2 und Hydrogencarbonat wiederhergestellt werden, es wird dann gleich 0,5/10, d. h. daß zwar die Pufferkapazität des Plasmas sich vermindert hat, die Reaktion aber gleich bleibt. In ähnlicher Weise wie in dem hier gewählten Beispiel wirken im Körper aber noch andere Puffersysteme, die Phosphate und vor allem die Eiweißkörper, bei der Erhaltung der normalen Reaktion des Blutes oder anders ausgedrückt, bei der Erhaltung des *Säure-Basen-Gleichgewichtes* mit. Die weiteren Ausführungen werden zeigen, daß eines dieser Puffersysteme für die Erhaltung der Blutreaktion von größerer Bedeutung ist als das Hydrogencarbonat-Kohlensäure-System.

Für die Beurteilung der Kohlensäurebindung im Blut sind zwei Beobachtungen von Wichtigkeit. Die erste ist die, daß zwei Drittel der Kohlensäure im Plasma und nur ein Drittel in den Blutkörperchen gefunden wird und die zweite, der ersten anscheinend widersprechende, daß sich etwa dreimal soviel Hydrogencarbonat bildet, wenn man das Gesamtblut einem Kohlensäuredruck von 1 at aussetzt, als wenn man diesen Versuch mit Serum anstellt. Wenn also auch im Plasma schließlich die größere Kohlensäuremenge gefunden wird, so muß doch für die Bindung der Kohlensäure den Blutkörperchen eine größere Bedeutung zukommen als dem Plasma. Es erhebt sich also die Frage, in welcher Weise das Blut Kohlensäure binden kann.

Die **Bindung der Kohlensäure** ist wesentlich komplexer als die von Sauerstoff. Neben der schon oben angeführten Anwesenheit von Kohlendioxyd in physikalisch gelöster Form und der Bildung von Hydrogencarbonaten ist auch anscheinend noch mit einer carbamidartigen Bindung von CO_2 direkt an Hämoglobin zu rechnen. Im arteriellen Blut soll etwa 2 %, im reduzierten 10 % der gesamten gebundenen Kohlensäure in diesem Zustand im Blut enthalten sein. Zu ihrem weitüberwiegenden Betrage liegt demnach aber die gebundene Kohlensäure als Hydrogencarbonat, und zwar als Na- oder K-Hydrogencarbonat vor, weil sich bei der Reaktion des Blutes entsprechend dem p_H-Wert der Kohlensäure kaum Carbonationen bilden können (s. Tabelle 19, S. 147 sowie Abb. 23, S. 161). Zur Bindung der Kohlensäure muß der Organismus also basische Äquivalente zur Verfügung stellen; diese werden von den Eiweißkörpern des Blutes geliefert, an die entsprechend ihrer Ampholytnatur stets eine gewisse Menge von Alkaliionen gebunden ist. Zwischen den Alkaliproteinen und der Kohlensäure spielt sich also die folgende Reaktion ab:

$$B\text{-}Prot + H_2CO_3 \rightleftharpoons H\text{-}Prot + B\text{-}HCO_3 \tag{63}$$

In dem Alkaligehalt der Eiweißkörper des Blutes haben wir danach seine wahre *Alkalireserve* zu erblicken, die die Bindungsfähigkeit des Blutes für Kohlensäure begrenzt. Im klinischen Sprachgebrauch hat der Begriff der Alkalireserve eine etwas andere Bedeutung. Er bezeichnet nach VAN SLYKE die Kohlensäuremenge, die vom Serum gebunden wird, wenn man es mit Luft von einem Kohlensäurepartiardruck von 40 mm Hg sättigt. Wenn man aber daran denkt, daß die Kohlensäure an Alkali gebunden wird und daß dieses Alkali letzten Endes von den Bluteiweißkörpern abgegeben worden sein muß, so bezeichnet der klinische Begriff die Alkalireserve unter bestimmten Versuchsbedingungen.

Die Menge des zur Bindung der Kohlensäure verfügbaren Alkali schwankt von Mensch zu Mensch — besonders unter von der Norm abweichenden Bedingungen — erheblich. Gelangen nichtflüchtige Säuren in vermehrter Menge ins Blut, etwa Milchsäure bei angestrengter Muskelarbeit oder Acetessigsäure sowie β-Hydroxybuttersäure beim Diabetes mellitus, so treiben sie Kohlensäure aus, verbinden sich mit den frei werdenden Alkaliionen und die Alkalireserve sinkt. Man spricht von einer *Acidose*. Als *Alkalose* bezeichnet man eine Vermehrung der Alkalireserve. Jedoch sind Acidose und Alkalose zunächst „kompensiert", d. h. nicht mit Veränderungen der Blutreaktion verbunden. Eine solche tritt erst ein, wenn die Alkalireserve stark abgesunken oder erhöht ist. Nunmehr besteht eine „nichtkompensierte" Acidose oder Alkalose. Die Abb. 136 gibt für das normale arterielle Blut die

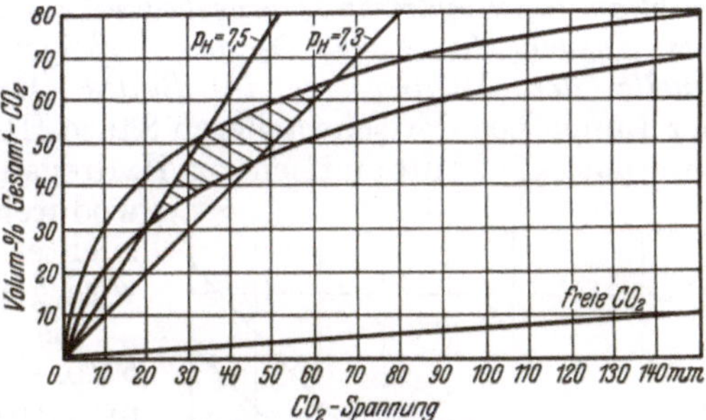

Abb. 136. Kohlensäurebindungskurven des normalen menschlichen Blutes. (Erklärung s. Text.) (Nach VAN SLYKE u. STRAUB.)

Kohlensäurebindungskurven wieder, die den äußersten Grenzen entsprechen, die bei gesunden Menschen beobachtet wurden. Die Alkalireserve im klinischen Sinne entspricht also in den Kurven den für 40 mm CO_2-Spannung gefundenen Werten. Die normale Blutreaktion schwankt etwa zwischen p_H 7,3 und 7,5. Da der p_H-Wert eine Funktion des Verhältnisses CO_2/Hydrogencarbonat ist (s. oben), kann sich bei verschiedenen Kohlensäuredrucken und bei verschiedener Alkalireserve doch der gleiche p_H-Wert ergeben, ein Zusammenhang, der durch die beiden geraden Linien „p_H 7,5" und „p_H 7,3" ausgedrückt wird. Aus der Abb. 136 läßt sich ablesen, daß das Blut, dem die obere Bindungskurve zugehört, ein p_H von 7,3 bei einer CO_2-Spannung von 65 mm, das Blut dem die untere Kurve entspricht, diesen p_H-Wert aber schon bei 45 mm CO_2 erreicht. Es hat demnach eine geringere Alkalireserve als

Tabelle 109. Dissoziationskonstanten und Isoelektrische Punkte von Hb und Hb-O_2 vom Pferd.

	pK	I.P.
Hb-O_2 . . .	6,57	8,03
Hb	6,81	8,81

das erste. Das in der Abb. 136 schraffierte, von den beiden Bindungskurven und den beiden p_H-Kurven umschlossene Gebiet entspricht den Säuren-Basen-Gleichgewichten, die im Blut gesunder Menschen gefunden wurden.

Von den verschiedenen Eiweißkörpern des Blutes haben Hb und Hb-O_2 die größte Pufferwirkung, d. h. sie stellen mehr Alkali für die Kohlensäurebindung zur Verfügung als die Serumeiweißkörper. Das ist deshalb möglich, weil Hb-O_2 eine etwas stärkere Säure ist als Hb. Die Dissoziationskonstanten (ausgedrückt in p_K-Werten) und die isoelektrischen Punkte der beiden Hämoglobine gibt die Tabelle 109 wieder und die Abb. 137 zeigt, wie sich die Differenzen der Werte für p_K und I.P. auf die Alkalifreisetzung auswirken. Diese Unterschiede sind also der Grund für die höhere Kohlensäurebindung des sauerstofffreien Blutes, die sich in Abb. 135 zu erkennen gibt. Bei der normalen Blutreaktion von etwa p_H 7,4 kann danach 1 g Hb-O_2 etwa 0,04 Milliäquivalente Base mehr binden oder abgeben als 1 g Hb. Bei einem mittleren Hb-Gehalt des Blutes von 15 % werden also in 100 cm³ Blut durch Übergang von Hb-O_2

in Hb 0,6 Milliäquivalente Alkali freigesetzt, d. h. eine Menge, die zur Bindung von etwa 13 cm^3 CO_2 ausreicht. *Die geringere Alkalibindung durch Hb gewinnt erhöhte Bedeutung angesichts der Tatsache, daß zum gleichen Zeitpunkt, zu dem aus dem Gewebe CO_2 ins Blut aufgenommen wird, Hb-O_2 unter Abspaltung von Sauerstoff in Hb übergeht. Es wird also in dem Augenblick, in dem Kohlensäure gebunden werden muß, ohne Änderung der Blutreaktion („isohydrisch") eine bedeutende Menge von Alkali frei. Damit ist das System Hb $\rightleftharpoons$ Hb-O_2 das wichtigste Puffersystem und die wichtigste Quelle der Alkalireserve des Blutes.* Da bei der Sauerstoffaufnahme in der Lunge aus der schwächeren Säure Hb wieder die stärkere Säure Hb-O_2 entsteht, wird automatisch aus Hydrogencarbonat Kohlensäure freigesetzt, wodurch ihre Ausscheidung wesentlich erleichtert wird; das freiwerdende Alkali wird gleichzeitig von Hb-O_2 gebunden.

Es läßt sich berechnen, daß von 5 Vol.-% CO_2 die vom menschlichen Blut in vitro gebunden werden, 3,4 Vol.-% = 68% der Gesamtmenge sich mit dem beim Übergang von Hb-O_2 in Hb freiwerdenden Alkali vereinigen und nur 1,6 Vol.-% = 32% durch eigentliche Pufferung beseitigt werden. Von diesen wird wieder 1 Vol.-% = 20% durch Hb, 0,4 Vol.-% durch Phosphat, 0,2 Vol-.% durch die Plasmaeiweißkörper und nur 0,08 Vol.-% = 1,6% durch den Hydrogencarbonatpuffer gebunden. *Von der Gesamtpufferung entfallen also 88% auf das Hämoglobin.*

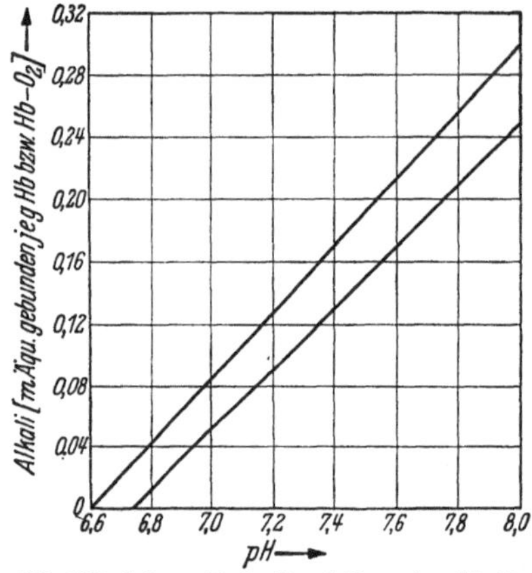

Abb. 137. Schematische Darstellung der Alkalibindungskurven des *Hb* und des *Hb-O₂* nach VAN SLYKE und Mitarbeitern.

Das Kohlendioxyd wird als Hydrogencarbonation gebunden, also muß der Aufnahme von CO_2 ins Blut die Hydratisierung zu H_2CO_3 folgen. Diese Reaktion beansprucht an sich viel mehr Zeit als für die CO_2-Bindung beim Durchgang des Blutes durch die Capillaren zur Verfügung steht. Diese Schwierigkeit wird durch die Funktion eines besonderen Fermentes, der *Kohlensäure-anhydratase* (s. S. 356), aus dem Wege geräumt. Sie beschleunigt nach BRINKMAN, MARGARIA u. ROUGHTON die Hydratisierung und Dehydratisierung der Kohlensäure $CO_2 + H_2O \rightleftarrows H_2CO_3$, so daß die Geschwindigkeit dieser Vorgänge mit den biologischen Erfordernissen Schritt halten kann. Die Kohlensäure-anhydratase ist ein Zn-Proteid, das in den Erythrocyten enthalten ist. Es hat ein Molekulargewicht von 30 000.

Es kann also nach allem Vorhergesagten gar kein Zweifel darüber bestehen, daß für die Pufferung des Blutes und die Bindung der Kohlensäure Hb die Hauptrolle spielt. Damit stimmt überein, daß die Pufferung von Gesamtblut höher ist als die von Serum, es steht dazu in Widerspruch, daß das Plasma größere Mengen von Kohlensäure enthält als die Blutkörperchen (s. oben). Die Aufklärung dieses Widerspruches bringt die Feststellung, daß *zwischen den Blutkörperchen und dem Plasma Ionenverschiebungen stattfinden.* Wenn vom Blute Kohlensäure gebunden wird, so treten aus den Blutkörperchen Hydrogencarbonationen in das Plasma über und dafür nehmen die Blutkörperchen eine äquivalente Menge von Chlorionen aus dem Plasma auf: es handelt sich also um einen Anionenaustausch. Neben dem Ionenaustausch vollzieht sich aber auch ein *Wasser-*

austausch zwischen Plasma und Blutkörperchen; denn gleichzeitig mit der Ionenverschiebung nimmt das Volumen der roten Blutkörperchen zu und das Volumen des Plasmas ab. Das kommt dadurch zustande, daß bei der Bindung der Kohlensäure nach Gl. (63) (S. 538) statt des osmotisch wenig wirksamen Hb-Anions das osmotisch viel wirksamere Hydrogencarbonation auftritt, das mit dem osmotisch gleich wirksamen Cl-Ion aus dem Plasma ausgetauscht wird, so daß der osmotische Druck in den Blutkörperchen ansteigt. Zum Ausgleich der osmotischen Druckdifferenz muß darum Wasser aus dem Plasma in die Zellen übergehen. Ein Teil der mit dem Gastransport im Blute verbundenen Änderungen sind in Tabelle 110 zahlenmäßig zusammengestellt.

Tabelle 110. Zusammensetzung von arteriellem und venösem Blut nach HENDERSON (Werte für 1 Liter Blut).

	Arterielles Blut		Venöses Blut		Differenz		
	Serum	Blutkörperchen	Serum	Blutkörperchen	Serum	Blutkörperchen	Insgesamt
CO_2-Spannung ⎫ in mm .	40		47		+ 7		
O_2-Spannung ⎭ Hg. . .	78		34		− 44		
H_2O in cm³	549	260	544	265	− 5	+ 5	0
Basen gebunden an Eiweiß in Milli-Mol	9,20	22,70	9,09	20,70	− 0,11	− 1,97	− 2,08
$BHCO_3$ = gebundene CO_2 in Milli-Mol	15,23	5,21	16,46	6,06	+ 1,23	+ 0,85	+ 2,08
H_2CO_3 = freies CO_2 in Milli-Mol	0,71	0,34	0,82	0,40	+ 0,11	+ 0,06	+ 0,17
Chlorionen in Milli-Mol .	59,59	20,41	58,45	21,55	− 1,13	+ 1,13	0

Die Erklärung für die Ionenverschiebung kann man in dem Bestehen eines DONNAN-Gleichgewichtes sehen. Dann muß nach Gl. (54) (S. 179) für die Verteilung der Anionen und der Kationen zwischen Serum (S) und Zellen (C) die Beziehung gelten:

$$\frac{[H^+]_S}{[H^+]_C} = \frac{[Cl^-]_C}{[Cl^-]_S} = \frac{[HCO_3^-]_C}{[HCO_3^-]_S} = r.$$

Durch den Übertritt von CO_2 in die Zellen und seine Umwandlung in Hydrogencarbonationen wird der Wert der Konstanten r für die Hydrogencarbonatverteilung geändert. Es kommt dadurch zu einem Ausgleich, daß HCO_3-Ionen aus den Zellen ins Plasma wandern. Dadurch würde aber die Elektroneutralität, d. h. das Gleichgewicht zwischen Anionen und Kationen sowohl in den Zellen als auch im Plasma gestört werden; es wird dadurch wieder hergestellt, daß für die auswandernden HCO_3-Ionen in die Zellen Cl-Ionen hineinwandern. Ferner muß, ebenfalls entsprechend dem DONNAN-Gleichgewicht, auch die H-Ionenkonzentration in Zellen und Plasma sich ändern, damit das Verhältnis der drei Ionenarten das gleiche wird. Diese theoretischen Forderungen werden auch tatsächlich in gewissem Umfange erfüllt.

Eine Erscheinung muß noch kurz besprochen werden, nämlich die *Anionenpermeabilität der Membran* der roten Blutkörperchen. Wie schon mehrfach erwähnt wurde, zeigt die Kataphorese (s. S. 168 f.), daß die Erythrocyten eine negative Ladung haben. Es ist darum zunächst nicht verständlich, weshalb ihre negativ geladene Membran negativ geladene Ionen hindurch läßt. Die Kataphorese sagt jedoch nur über die Gesamtladung der Erythrocyten etwas aus. Diese wird überwiegend auf den wegen ihres Phosphorsäuregehaltes stark negativen Lipoiden beruhen. Um die Anionenpermeabilität zu erklären, müßten die Eiweißbezirke der Blutkörperchenmembran eine positive Ladung haben. Das ist nur dann möglich, wenn der

I. P. der Membranproteine alkalischer ist als die Blutreaktion. Wahrscheinlich ist das auch der Fall: der I.P. des Globins liegt bei p_H 8,1. Mond hat gezeigt, daß es durch Alkalizusatz zu roten Blutkörperchen gelingt, ihre Anionenpermeabilität in eine Kationenpermeabilität umzuwandeln. Die Reaktion, bei der die Umkehr auftritt, liegt etwa zwischen p_H 8,0 und 8,3. Bei dieser Reaktion müssen also die ionenpermeablen Bezirke der Blutkörperchenhülle, nach der Voraussetzung die Eiweißkörper, das Vorzeichen ihrer Ladung umkehren. Die normale Anionenpermeabilität wird also verständlich, weil die *ionendurchlässigen* Bezirke trotz der insgesamt negativen Membranladung eine positive Ladung haben.

Schrifttum.

Chargaff, E.: The coagulation of blood. Adv. Enzymol. **5**, 31 (1945). — Deutsch, E.: Blutgerinnungsfaktoren. Wien 1955. — Edsall, J. T.: The plasma proteins and their fractionation. Ergebn. Physiol. **46**, 308 (1950). Chemistry and clinical uses of the protein components involved in blood clotting. Ergebn. Physiol. **46**, 354 (1950). — Henderson, L. J.: Blut. Deutsche Übersetzung. Dresden 1932. — Howell, W. H.: Theories of blood coagulation. Physiol. Rev. **15** (1935). — Kaunitz, H.: Ergebnisse der Untersuchungen über „seröse" Entzündung. Zbl. inn. Med. **58**, 657 u. 673 (1937). — Lamy, F., and D. F. Waugh: Transformation of prothrombin into thrombin. Physiol. Rev. **34**, 722 (1954). — Liljestrand, J.: Physiologie der Blutgase. Handb. norm. path. Physiol. Bd. VI/2. Berlin 1926. — Lorand, L.: Interaction of thrombin and fibrinogen. Physiol. Rev. **34**, 742 (1954). — Roughton, F. J. W.: Recent work on carbon dioxide transport by the blood. Physiol. Rev. **15** (1935). — Schmidt, D. O.: Zur Nomenklatur und Bedeutung der Blutgerinnungsfaktoren. Z. ges. inn. Med. **1952**, 440. — Seegers, W. H.: Prothrombin and fibrinogen related to the blood clotting mechanisms. Physiol. Rev. **34**, 711 (1954). — Strässle, R.: Fortschritte in der Isolierung und Untersuchung der Blutproteine. Exper. **9**, 242 (1953). — Wöhlisch, E.: Fortschritte in der Physiologie der Blutgerinnung. Ergebn. Physiol. **43** (1940).

C. Die Muskulatur.

Bei keinem anderen Organ des Körpers tritt der biologische Sinn der Energieumsetzung im Körper, die Umwandlung der chemischen Spannkraft der Körperbausteine in eine andere, für den Körper charakteristische Energieform sichtbarer in die Erscheinung als in der Muskulatur. Die biologische Leistung des Muskels, die Verrichtung von Arbeit, ist außerdem leicht meßbar und kann zu der mit ihr verbundenen ebenfalls meßbaren Steigerung des gesamten Energieumsatzes in Beziehung gesetzt werden. Es ist darum nicht verwunderlich, daß schon frühzeitig versucht wurde, die Arbeitsleistung des Muskels auch mit einem im gleichen Organ zur gleichen Zeit stattfindenden Stoffumsatz in Verbindung zu bringen. Die Folgezeit hat gezeigt, daß im Muskel während seiner Tätigkeit eine große Zahl von Substanzen umgesetzt wird, deren Abbau zum Teil von ihrem Wiederaufbau gefolgt ist. Es ist erkannt worden, daß dies nur möglich ist, weil die Umsetzungen dieser Stoffe chemisch und damit energetisch miteinander gekoppelt sind. Die Frage nach der Herkunft der Energie für die Bestreitung der Muskelarbeit ist heute im wesentlichen beantwortet.

Zwei weitere Fragen sind dagegen noch weit von einer Lösung entfernt, obwohl sie für die volle Aufklärung des Rätsels der Muskelkontraktion ebenso bedeutsam sind. Es ist noch unbekannt, in welcher Weise die Kontraktion ausgelöst wird, d. h. durch welchen Vorgang die contractilen Elemente des Muskels so verändert werden, daß überhaupt eine Verkürzung (isotonische) oder eine Anspannung (isometrische Kontraktion) des Muskels erfolgt. Allerdings ist es zunehmend wahrscheinlicher geworden, daß für die Auslösung der Kontraktion das Acetylcholin von wesentlicher Bedeutung ist (s. S. 278). Weiterhin ist noch nicht aufgeklärt, welcher Art die Veränderungen an den contractilen Elementen sind, die sich als Verkürzung oder als Spannungszunahme äußern. Wenn sich ein Muskel verkürzt, so verschwindet dabei die regelmäßige Lagerung seiner Moleküle, denn es verschwindet gleichzeitig das Faserdiagramm und die Doppelbrechung der anisotropen Schichten. Zweifellos findet also eine Änderung der Anordnung bestimmter chemischer Bausteine im Muskel statt. Diese Bausteine sind mit aller Wahrscheinlichkeit unter den Eiweißkörpern zu suchen. Mit der Anordnung der Eiweißmoleküle ändert sich aber gleichzeitig auch, wie aus einer veränderten Löslichkeit dieser Proteine hervorgeht, ihr kolloidaler Zustand. Die Muskelkontraktion ist also nicht nur ein physikalisches und ein chemisches, sondern darüber hinaus in hervorragendem Maße auch ein kolloidchemisches Problem.

Die zweite ungelöste Frage ist die nach der primären Energiequelle für die Muskeltätigkeit. Wir wissen heute mit ziemlicher Sicherheit, daß alle chemischen Umsetzungen im Muskel, die wir mit seiner Tätigkeit in Zusammenhang bringen können, nicht gleichzeitig mit der Tätigkeit ablaufen, sondern erst dann, wenn — bei kurz dauernder Tätigkeit — die Arbeitsleistung bereits abgeschlossen ist oder wenn sie — bei länger dauernder Arbeit — schon eine gewisse Zeit angedauert hat. Der physikalische Vorgang der Verkürzung eines Muskels verläuft so rasch, daß wahrscheinlich die chemischen Umsetzungen nicht mit ihm Schritt zu halten vermögen. Man hat sich daher die Vorstellung gebildet, daß im Muskel ein Energiespeicher besonderer Art vorhanden sein muß (BETHE; EMBDEN; HILL), der seinen Energieinhalt abgibt, wenn die Verkürzung einsetzt. Die nachfolgenden chemischen Vorgänge haben die Aufgabe, diesen Energiespeicher wieder aufzuladen. Bei länger dauernder Arbeit wird die Arbeitsleistung auch unmittelbar aus den ungefähr gleichzeitig ablaufenden chemischen Umsetzungen bestritten.

a) Die chemischen Baustoffe des Muskels.

Einer mehr ins einzelne gehenden Besprechung der chemischen Vorgänge im Muskel soll eine kurze Übersicht über die verschiedenen chemischen Bausteine des Muskels vorausgeschickt werden, da Ausführungen über den Chemismus seiner Tätigkeit nur dann verständlich sein können. Die Besprechung der Baustoffe soll sich im wesentlichen auf die Substanzen beschränken, deren funktionelle Bedeutung für die Kontraktion erkannt oder doch wenigstens wahrscheinlich ist.

1. Anorganische Bestandteile.

Der Gehalt menschlicher und einiger tierischer Muskeln an den wichtigsten anorganischen Bestandteilen geht aus Tabelle 111 hervor.

Tabelle 111. Mineralgehalt der Skeletmuskulatur (in % der frischen Muskulatur).
(Nach KATZ.)

Muskelart	K	Na	Fe	Ca	Mg	P	Cl
Mensch	0,32	0,08	0,01	0,007	0,02	0,20	0,07
Rind	0,37	0,07	0,02	0,002	0,02	0,17	0,06
Kaninchen	0,40	0,05	0,006	0,02	0,03	0,25	0,05
Hund	0,33	0,09	0,005	0,007	0,02	0,22	0,08
Frosch	0,31	0,06	0,006	0,016	0,02	0,19	0,04

Die besondere funktionelle Bedeutung der verschiedenen Salze für den Muskel ist weitgehend ungeklärt. Jede Zelltätigkeit ist abhängig von einem bestimmten Mischungsverhältnis der anorganischen Ionen. Davon macht der Muskel keine Ausnahme. Verbringt man einen Muskel längere Zeit in isotonische Rohrzucker- oder Traubenzuckerlösung, so wird ein Teil der Salze aus ihm extrahiert und seine Erregbarkeit erlischt (OVERTON). Die Arbeitsfähigkeit kann wieder hergestellt werden durch Zusatz gewisser Mengen von Na-Salzen: *Erregbarkeit und Contractilität sind also an die Gegenwart von Na-Ionen gebunden.* Die Restitution ist weiterhin abhängig von der Natur des mit dem Na-Ion verbundenen Anions, sie ist durch Rhodanid am vollständigsten, durch Sulfat, Citrat oder Tartrat überhaupt nicht erreichbar (R. SCHWARZ). Die Anionen lassen sich nach ihrer Wirkungsstärke in einer Folge ordnen, die der HOFMEISTERschen Reihe entspricht (s. S. 166).

Wenn Na-Salze die Erregbarkeit des Muskels wiederherstellen, so wird umgekehrt seine Tätigkeit völlig gelähmt, wenn man ihn in Lösungen mit vermehrtem *Kalium*gehalt hineinbringt. Diese Wirkung der Kaliumionen ist eigenartig, weil man auf der anderen Seite gute Gründe für die Annahme hat, daß an der Reizübertragung von cholinergischen Nerven (und die motorischen Nerven gehören zu diesen) auf ihr Erfolgsorgan, die durch Acetylcholin vermittelt wird, Kaliumionen beteiligt sind. Außerdem geht mit dem Aufbau von Glykogen im Muskel eine Bindung von Kalium, mit seinem Abbau eine Freisetzung von Kalium einher. Der sich kontrahierende Muskel, in dem Glykogen abgebaut wird, gibt dementsprechend Kalium ans Blut oder die ihn umgebende Lösung ab.

Das *Magnesiumion* ist unter anderem notwendig für die Dephosphorylierung der Adenosintriphosphorsäure, und damit für die Übertragung von Phosphat auf Hexose, die den Glykogenabbau einleitet (s. S. 413), darüber hinaus ist die Aktivität auch anderer Fermente an die Gegenwart von Mg-Ionen gebunden (s. z. B. S. 239 und 312f.).

Das *Calciumion* steht allem Anschein nach mit der Erregbarkeit der motorischen Nervenendigungen im Muskel in Zusammenhang.

Der *Phosphor* liegt zum weit überwiegenden Teil als Phosphat in organischer Bindung vor. Die verschiedenen organischen P-Verbindungen gehören zu den wichtigsten funktionellen Bestandteilen des Muskels (s. S. 551ff.).

Das *Chlorion* dient im wesentlichen zur Bindung der Kationen, soweit sie nicht, wie das überwiegend der Fall ist, durch Eiweiß oder die organischen P-Verbindungen gebunden werden.

2. Eiweißkörper.

Das Muskelgewebe besteht zu etwa 80% aus Wasser, von der Trockensubstanz entfällt mit 16—18% der frischen Muskulatur der weit überwiegende Teil auf Eiweiß. Der größte Teil dieser Eiweißstoffe ist löslich und läßt sich dem Muskel durch verdünnte Salzlösungen von geeigneter Konzentration entziehen. Die löslichen Proteine lassen sich in eine große Zahl von Fraktionen aufteilen (H. H. WEBER; E. C. B. SMITH). Die mengenmäßige Verteilung der wichtigsten von ihnen zeigt die Tabelle 112. Das nur in geringen Mengen vorkommende Myoalbumin ist dabei nicht berücksichtigt. Die Extraktion der löslichen Fraktion gelingt am besten durch 7%ige LiCl-Lösung, die Trennung der vier Hauptanteile voneinander beruht auf deren Löslichkeit oder Unlöslichkeit in Salzlösungen bestimmter Konzentration. Nach erschöpfender Extraktion hinterbleibt ein unlöslicher Eiweißanteil, den man als *Muskelstroma* bezeichnet.

Das *Myosin* fällt beim Verdünnen der Lösung ohne weiteres aus (v. Muralt u. Edsall). Es gehört zu den Globulinen, unterscheidet sich aber in seinen Eigenschaften sehr wesentlich von allen anderen Globulinen. (Eine Bausteinanalyse des Myosins s. Tabelle 8, S. 89.) Es enthält noch etwa 10% Lipoide, anscheinend als integrierenden Bestandteil des Moleküls.

Das Wesentlichste aber ist, daß das, was man früher als Myosin bezeichnete, in Wahrheit nicht einheitlich ist. Schramm u. Weber fanden vielmehr, daß Myosinlösungen zwei Komponenten enthalten: *L-Myosin*,

Tabelle 112. Die wichtigsten Eiweißkörper des Muskels.

Name	Ungefährer Anteil am Gesamteiweiß in %	Molekulargewicht	I. P
Myosine			
L-Myosin			5,4
Actomyosine	39	650 000	5,6
F-Actin		14 000 000	4,8—4,9
G-Actin		70 000	5,0—5,1
Myogene			6,3
Myogen A		150 000	
(20% der Fraktion)	20		
Myogen B		81 000	
(80% der Fraktion)			
Globulin X	20		5,0
Tropomyosin	6	53 000	5,1
Stromaeiweiß	17		

das langsam sedimentiert und eine geringe Strömungsdoppelbrechung hat und mehrere *S-Myosine*, die schnell sedimentieren und eine hohe Strömungsdoppelbrechung aufweisen. Eine Klärung dieser verwirrenden Lage brachte die Entdeckung von F. B. Straub, nach der das S-Myosin, das er als *Actomyosin* bezeichnet, in Wirklichkeit ein Komplex aus zwei fibrillären Proteinen ist, dem L-Myosin und dem Actin. In der Nomenklatur von Dubuisson entspricht dem L-Myosin das *β-Myosin*, dem Actomyosin das *α-Myosin*. Das Actomyosin dissoziiert unter der Wirkung von Adenosintriphosphat in Actin und L-Myosin (s. dazu auch S. 559 f.). Anderseits ist errechnet worden, daß 504 000 g Actomyosin 1 Mol ATP binden.

Actin kommt in zwei Formen vor. In salzfreier Lösung bei $p_H > 6,0$ ist es ein globäres Protein (= *G-Actin*); in salzfreier Lösung von $p_H < 6,0$ oder in salzhaltiger Lösung von $p_H < 8,0$ polymerisiert es fibrillär zu F-Actin. G-Actin kommt in einer monomeren Form (Mol.-Gewicht 70 000) und einer dimeren Form vor (Mol.-Gewicht 140 000). Eine solche im Gange befindliche Polymerisation von G-Actin in F-Actin zeigt die in Abb. 138 wiedergegebene elektronenmikroskopische Aufnahme. Das *F-Actin* bildet elektronenmikroskopisch lange Fäden von 0,1 μ Dicke und 1—5 μ Länge. Für die Polymerisation scheinen SH-Gruppen nötig zu sein.

L-Myosin enthält etwa 0,04—0,07 % P und 0,5—0,8 % Ribonucleinsäure. Ein Teil davon ist als Adenylsäure, vielleicht auch als Adenosintriphosphorsäure vorhanden. Im Zusammenhang damit ist bemerkenswert, daß sowohl

Actomyosin- als auch L-Myosin-Präparate Adenosintriphosphorsäure zu Adenosindiphosphorsäure spalten. Die Frage, in welcher Beziehung Adenosintriphosphatase (ATPase, s. S. 319) und Myosin zueinander stehen, ist noch nicht geklärt. Möglicherweise gibt es zwei derartige Fermente, das eine ist mit dem Myosin oder dem Actomyosin verhaftet, das andere dagegen läßt sich von ihm mit Sicherheit trennen. Eine völlige Identität von Myosin und Adenosintriphosphatase ist unwahrscheinlich, da dann die Aktivität dieses Fermentes ungewöhnlich niedrig sein müßte. Die ATPase spaltet aus Adenosintriphosphorsäure und Inosintriphosphorsäure die endständige Phosphatgruppe ab (s. a. S. 319).

In welcher Weise F-Actin und L-Myosin sich vereinigen, ist noch nicht mit Sicherheit bekannt; eine Ansicht geht dahin, daß Erdalkalibrücken die beiden Proteine verbinden, eine andere dahin, daß SH-Gruppen von Cysteinmolekülen des Myosin die Bindung vermitteln. Im lebenden Muskel kommt auf etwa 3—4 Mol L-Myosin 1 Mol Actin. Im Experiment mit reinen Lösungen der beiden Proteine sind auch andere Mischungsverhältnisse erhältlich. Eigentlich müßten auch F- und G-Actomyosin unterschieden werden, jedoch sind G-Actomyosin und L-Myosin noch nicht voneinander zu trennen. Myosin ist übrigens nicht einheitlich, seine Lösungen enthalten Teilchen von verschiedener Größe, wie Versuche zeigen, in denen Myosin einer tryptischen Verdauung unterworfen wurde. Hierbei zerfällt

Abb. 138. Umwandlung von G-Actin in F-Actin. (Nach Rozsa, Szent-Györgyi und Wyckoff.)

es in Spaltstücke, die als *Meromyosine* bezeichnet werden, ein leichtes mit einem Molekulargewicht von 96000 (L-Meromyosin) und ein schweres (H-Meromyosin) mit dem Molekulargewicht 232000. H-Meromyosin besitzt die gesamte ATPase-Aktivität des Myosins und ebenso seine Fähigkeit Actin zu binden. Nach elektrophoretischen Untersuchungen von Dubuisson werden bei der Kontraktion α-Myosin (Actomyosin) und β-Myosin (L-Myosin) in *γ-Myosin (Contractin)* umgewandelt. Über die näheren Eigenschaften von Contractin ist noch nichts bekannt.

Das *Myogen* (v. Fürth) ist auch in destilliertem Wasser löslich. Es zeigt keine Doppelbrechung und hat nur eine ganz geringe Viscosität. Myogen ist wahrscheinlich der Eiweißkörper des Sarkoplasmas und deshalb an dem eigentlichen Kontraktionsvorgang nicht beteiligt. Beim Stehen der Lösungen denaturiert Myogen und wandelt sich zu dem unlöslichen *Myogenfibrin* um. Myogen ist sicherlich nicht homogen, sondern besteht aus mehreren Komponenten. Es werden Myogen A und B unterschieden, jedoch enthält die Myogenfraktion auch eine Reihe der Fermente des Muskels. Das Myogen A enthält z. B. die Aldolase (s. Tabelle 112).

Globulin X, das dritte der löslichen Muskelproteine, fällt bei Dialyse der salzhaltigen, myosinfreien Lösungen der Muskeleiweißkörper zuerst aus, läßt sich aber durch Zusatz von Salzen bei p_H 7—8 mehr oder weniger vollständig wieder in Lösung bringen. Auch Globulin *X* zeigt keine Doppelbrechung, es hat eine geringe Viscosität. Aus ihm lassen sich spinnbare Fäden nicht herstellen.

Das *Myoalbumin* (= D-Komponente) ist erst kürzlich entdeckt worden. Zum Unterschied von den übrigen Muskelproteinen ist es vor wie nach Säurebehandlung sowohl in Wasser als auch in Salzlösungen löslich.

Außer den genannten sind weitere Proteine des Muskels, teils fibrilläre, teils andere beschrieben worden. An fibrillären z. B. *Tropomyosin, Nucleotropomyosin, Δ-Protein* und aus embryonalen Muskeln *Metamyosin. Paramyosin* ist wahrscheinlich mit Tropomyosin identisch. Diese Proteine scheinen aber am Kontraktionsvorgang nicht teilzunehmen. Das *Y-Protein* (DUBUISSON) ist anscheinend kein fibrilläres Protein. Weiterhin wurden beschrieben *Peptomyosin* A und B, die zunächst nach Pepsinverdauung von L-Myosin, später auch ohne diese aus Rinder- und menschlichem Muskel gewonnen wurde.

Auch aus glatter Muskulatur konnten Myosin, Actomyosin und Actin gewonnen werden.

Tabelle 113. Fermente in der Myogenfraktion nach MOMMAERTS (in Prozent der Fraktion).

Ferment	%
Triosephosphat-dehydrogenase . .	5
Phosphorylase	1
Phosphotriose-isomerase	4
Aldolase	1,5

Myogen und die verschiedenen Formen des Myosins machen etwa 60 % der löslichen Muskeleiweißkörper aus. In ihrer chemischen Zusammensetzung sind die Proteinfraktionen nicht charakteristisch verschieden. Wichtig ist, daß ihre I.P. im sauren Gebiet liegen, daß sie also im Muskel als Alkaliproteinate vorkommen. Der I.P. von Myogen liegt bei p_H 6,3, der von Globulin *X* bei p_H 5,0, der von Myosin bei p_H 5,3—5,4 und der von Myoalbumin bei p_H 3,0—3,5. Die exakte Bestimmung der Lage des I.P. von Myosin ist methodisch schwierig, weil sie nicht allein vom p_H, sondern auch von der Anwesenheit anderer Ionen abhängt. Die Proteine können nämlich außer H- und OH-Ionen auch noch andere An- und Kationen binden und dann bei Reaktionen ausflocken, die dem I.P. der eigentlichen Proteine nicht entsprechen. Bei Eiweißkörpern, die sich nur in salzhaltigen Lösungen auflösen lassen, kann demnach die Bestimmung des I.P. zu erheblichen Fehlern führen. Trotz dieser Fehlermöglichkeit sind aber bei normaler, schwach alkalischer Reaktion des Muskels die Muskelproteine überwiegend als Säuren dissoziiert.

Die Eiweißkörper bilden nicht nur das Strukturgerüst des Muskels und das Substrat der Kontraktion, sondern haben noch eine weitere wesentliche Aufgabe, nämlich die von Puffersubstanzen, durch deren Mithilfe Reaktionsverschiebungen während der Tätigkeit weitgehend ausgeglichen werden.

Ferner ist daran zu denken, daß die einzelnen Proteinfraktionen auch die Fermente des Muskels enthalten müssen. Es wird an die schon oben diskutierte Identität der Adenosintriphosphatase mit L-Myosin oder Actomyosin erinnert. In der Myogenfraktion finden sich eine ganze Reihe von Fermenten, ein Teil von ihnen und der Anteil, der ihnen in der Myogenfraktion zukommt, ist in Tabelle 113 zusammengestellt.

Das nach Herauslösung der löslichen Proteine übrigbleibende unlösliche Eiweiß, das *Muskelstroma*, ist wahrscheinlich ein Gemisch verschiedener Proteine, über deren chemische Natur noch nichts bekannt ist.

Zu den Eiweißkörpern des Muskels gehören eine Reihe von *Chromoproteiden*. Von diesen sind das Atmungsferment, die Peroxydase, die Katalase und die verschiedenen Cytochrome schon früher besprochen (s. S. 123f.). Außerdem enthält der Muskel in wesentlich größerer Konzentration noch ein weiteres häminhaltiges Pigment, *Myoglobin* oder *Myochrom*, das ebenso wie Hämoglobin reversibel Sauerstoff binden kann und auch in seinem spektralen Verhalten mit Hämoglobin große Ähnlichkeit hat. Durch Myoglobin kann im Muskel stets eine bestimmte Menge von Sauerstoff in leicht verfügbarer Form gespeichert und bei eintretendem Bedarf abgegeben werden (MILLIKAN).

3. Stickstoffhaltige Extraktivstoffe.

Muskelextrakt enthält eine große Zahl von niedermolekularen N-haltigen Substanzen. Nach der Menge des Vorkommens steht unter ihnen weitaus an erster Stelle das *Kreatin*, das aber im frischen Muskel an Phosphorsäure gebunden, als *Phosphokreatin*, und nicht in freier Form vorkommt und deshalb erst weiter unten besprochen werden soll. An Stelle des Kreatins, das sich im wesentlichen in der Skeletmuskulatur der Wirbeltiere findet, enthält die Muskulatur der Wirbellosen *Arginin* (ACKERMANN u. KUTSCHER), und zwar ebenfalls in Bindung an Phosphorsäure (s. hierüber und über weitere Basen, die im Muskel gebunden an Phosphorsäure vorkommen, S. 551).

Carnitin — Kreatin — Methylguanidin

Als charakteristische Muskelextraktivstoffe sind anzusehen *Carnosin* (GULEWITSCH) und sein Methylderivat, *Anserin* (ACKERMANN, s. S. 74), sowie *Carnitin* (KRIMBERG). Carnitin ist das Betain einer γ-Amino-β-hydroxybuttersäure (γ-Butyrobetain). Auch das gewöhnliche *Glykokollbetain* kommt im Muskel der Wirbellosen und der Fische regelmäßig vor, ist aber bisher in der Muskulatur der höheren Wirbeltiere nicht aufgefunden worden. Außer diesen vollständig methylierten Produkten sind — in erster Linie aus den Muskeln der Wirbellosen — durch KUTSCHER, ACKERMANN und HOPPE-SEYLER noch zahlreiche andere methylierte N-haltige Stoffe isoliert worden, deren physiologische Bedeutung aber noch nicht bekannt ist. Von ihnen sei nur *Sarkosin* (Methylglykokoll) erwähnt. Von stoffwechselchemischem Interesse ist das Vorkommen von *Methylguanidin*, das möglicherweise als Abbauprodukt des Kreatins (Methylguanidinoessigsäure) anzusehen ist (s. S. 481f.).

Als weiterer, funktionell äußerst wichtiger Bestandteil der Muskulatur muß das *Acetylcholin* angeführt werden, das bei Reizung cholinergischer Fasern, also auch im Muskel, freigesetzt wird und durch dessen Vermittlung die Übertragung des Reizes vom Nerven auf das Erfolgsorgan zustande kommt (Näheres s. S. 278f.).

Zu den funktionell wichtigen N-haltigen Bestandteilen des Muskels gehört ferner die *Muskeladenylsäure* (Adenosin-5'-phosphorsäure) bzw. die Adenosintriphosphorsäure. Diese werden als P-haltige Bausteine erst später besprochen werden (s. S. 552). Neben der Adenylsäure finden sich andere Purinderivate im frischen Muskel höchstens in Spuren. Ermüdete und abgestorbene Muskulatur enthält dagegen als Abbauprodukte der Adenylsäure noch *Inosinsäure, Hypoxanthosin, Hypoxanthin* und *Xanthin* (s. S. 492).

Schließlich seien von anderen, in ihrer funktionellen Bedeutung meist noch nicht erkannten, N-haltigen Substanzen erwähnt geringe Mengen von *Harnstoff, Aminosäuren* und höheren und niederen *Polypeptiden*. Unter den Polypeptiden nimmt wegen seiner Bedeutung für die Zellatmung und vielleicht auch für andere fermentative Vorgänge das *Glutathion* (s. S. 73) eine besondere Stellung ein.

4. Fette und Lipoide.

Die Frage nach dem Gehalt der Muskulatur an Fetten ist besonders deshalb von Bedeutung, weil Fett als eine der Energiequellen der Muskelarbeit angesehen worden ist. Die heutige Theorie der Muskeltätigkeit beruht zwar auf der Vorstellung, daß die Muskelkontraktion energetisch durch den Umsatz von Kohlenhydraten möglich gemacht wird, aber es sprechen doch eine Reihe von Befunden dafür, daß vielleicht auch die Fette in den Prozeß der Energielieferung einbezogen werden können. Wahrscheinlich gilt das besonders dann, wenn der Kohlenhydratbestand des Muskels weitgehend erschöpft oder seine Verwertung aus irgendwelchen Gründen nicht möglich ist. Im Verbande des ganzen Organismus scheinen dazu allerdings weniger die Lipoide des Muskels als die Blutlipoide herangezogen zu werden. Es ist weiterhin wichtig, daß der Muskel als einziges Organ die beim Abbau der Fette in der Leber intermediär entstehenden Ketonkörper in erheblichem Umfange oxydieren kann, eine Tatsache, deren Bedeutung für den Energiewechsel des Muskels noch nicht hinreichend untersucht ist.

Der *Fettgehalt* des Muskels unterliegt großen Schwankungen, die vor allem vom Ernährungszustand abhängen, so daß diese Fette wohl als Depotfett angesehen werden müssen. Von größerer funktioneller Bedeutung ist der Gehalt des Muskels an Cholesterin und an Phosphatiden (Lecithin und Kephalin), in denen wir nach früheren Ausführungen (s. S. 181) unentbehrliche Bausteine der Muskelgrenzflächen zu erblicken haben. Besonders reich an den beiden Lipoidfraktionen ist die Herzmuskulatur.

5. Kohlenhydrate, ihre Abbauprodukte und andere N-freie Substanzen.

Unter den verschiedenen Kohlenhydraten des Muskels steht mengenmäßig weitaus an der Spitze das *Glykogen*. Seine Menge unterliegt großen Schwankungen. Die Konzentration beträgt für die Muskeln der Warmblüter und des Frosches etwa 0,5—2%. Beim Frosch sind die Schwankungen vor allem jahreszeitlich bedingt. Im Herbst und Winter findet man im allgemeinen wesentlich höhere Werte als im Frühjahr und im Sommer. Beim Warmblüter ist die Höhe des Glykogengehaltes besonders von seinem funktionellen Zustand abhängig. Der gut trainierte, arbeitsgewohnte Muskel hat wesentlich höhere Glykogenwerte als der untrainierte Muskel (s. auch S. 562f.). Wenn, wie weiter unten gezeigt wird, der Muskel die Energie für seine Arbeit durch den Abbau von Glykogen deckt, so ist in einer Erhöhung des Glykogengehaltes die Voraussetzung für eine wesentliche Steigerung seiner Leistungsfähigkeit zu erblicken.

Das Glykogen liegt im Muskel zum größten Teil als Symplex (s. S. 83) in Verbindung mit Eiweiß vor. Man bezeichnet diesen Teil des Glykogens als Desmoglykogen. Ein kleinerer Teil, der nicht in dieser Weise verankert ist und leicht aus dem Muskel extrahiert werden kann, wird als Lyoglykogen bezeichnet. Diese Begriffe decken sich wohl etwa mit den in der pathologischen Anatomie üblichen des *Bestandglykogens* und des *Depotglykogens*. Das Bestandglykogen ist durch Bindung an Eiweiß in die Zelle verankert und mit der BESTschen Carminfärbung nicht darstellbar, es entspricht also dem Desmoglykogen. Das Depotglykogen, dessen Konzentration wechselt, kann bei Bedarf leicht abgegeben werden, würde also dem Lyoglykogen entsprechen.

Außer dem Glykogen sind im Muskel als Zwischenprodukte des Kohlenhydratstoffwechsels *Dextrine*, *Maltose* und *Glucose* in ziemlich geringer Konzentration nachgewiesen worden. Ein wichtiges Zwischenprodukt ist weiterhin die Glucose-6-phosphorsäure, über die, da sie zu den P-haltigen Muskelbausteinen gehört, erst im folgenden Abschnitt gesprochen werden soll.

Ein Spaltprodukt des Glykogens, und zwar die Stabilisierungsstufe seines anaeroben Abbaus, ist die *Milchsäure*, die stets im Muskel gefunden wird. Auch der ganz frische Muskel enthält geringe Mengen, die etwa zwischen 0,01 und 0,02 % gelegen sind. Untersucht man den Muskel erst einige Zeit nach der Entnahme aus dem Körper, so sind die Werte wesentlich höher. Sie erfahren eine weitere Erhöhung, wenn man den Muskel durch Erwärmen auf höhere Temperaturen, durch Vergiftung mit Chloroform oder anderen Stoffen in *Starre* versetzt. Auch bei der im Verlaufe des Absterbens des Muskels auftretenden *Totenstarre* hat der Muskel gewöhnlich einen hohen Milchsäuregehalt. Alle Starreformen beruhen wohl auf irreversiblen Zustandsänderungen von Muskeleiweißkörpern, vielleicht im Sinne einer Gerinnung. Man hat früher den Eintritt der Totenstarre und die Ausbildung der anderen Starren als durch den Anstieg des Milchsäuregehaltes im Muskel bedingt angesehen. Das ist aber wahrscheinlich nicht richtig, da es Starreformen gibt, bei denen der Milchsäuregehalt gar nicht erhöht ist und weiterhin auch deshalb nicht richtig, weil ein Muskel, der sehr wenig Glykogen enthält und daher nur geringe Mengen Milchsäure bilden kann, besonders leicht und rasch in Starre geht. Sehr wahrscheinlich hängt die Ausbildung der Totenstarre mit der Ammoniakbildung zusammen (s. S. 552).

Es bedeutete einen Markstein in der Erforschung des Muskelchemismus, als FLETCHER u. HOPKINS zeigten, daß auch die Tätigkeit des Muskels zu einer Vermehrung der Milchsäure führt und daß zwischen der Höhe des Milchsäuregehaltes und dem Ausmaß der Tätigkeit eine gewisse Proportionalität besteht. Schließlich führt auch jede Anaerobiose — auch die des ruhenden Muskels — zu einer Vermehrung der Milchsäure. Die Menge der gebildeten Milchsäure hängt von der Dauer der Anaerobiose ab. Auch unter diesen Bedingungen entspricht die gebildete Milchsäuremenge der Menge des verschwundenen Kohlenhydrats. Ohne jeden Zweifel ist also Glykogen die Muttersubstanz der Milchsäure, jedoch, wie S. 418 gezeigt, nicht die *unmittelbare* Muttersubstanz. Die Erforschung der Rolle der Phosphorsäure beim Kohlenhydratabbau führte zu der Erkenntnis, daß sein Weg über phosphorylierte Zwischenstufen verläuft (s. S. 413ff.). Über die Rolle, die die Milchsäurebildung bei der Tätigkeit und bei anderen Veränderungen des funktionellen Zustandes des Muskels für die Entwicklung unserer Vorstellungen von den energetischen und chemischen Umsetzungen im Muskel gehabt hat, wird weiter unten gesprochen werden.

An weiteren N-freien Substanzen ist zu erwähnen der *Inosit* (s. S. 21). Über seine funktionelle Bedeutung für den Muskel ist noch nichts bekannt. Schließlich finden sich in der Muskulatur eine Reihe von Säuren, die mit dem oxydativen Endabbau in Zusammenhang stehen, wie z. B. *Bernsteinsäure*, *Fumarsäure* und *Äpfelsäure*.

6. Phosphorhaltige Bausteine.

Der Muskel enthält eine große Zahl von P-haltigen Substanzen, von denen die meisten für seinen Energieumsatz von Bedeutung sind. Der Gesamt-P-Gehalt des Froschmuskels z. B. beträgt etwa 0,5—0,7 % H_3PO_4. Davon ist der größte Teil durch verdünnte Säuren aus der Muskulatur extrahierbar; ein Rest von etwa 0,1 % ist nicht zu extrahieren, er entspricht dem Phosphatidgehalt. Für den Rattenmuskel ist die ungefähre Aufteilung der „säurelöslichen Phosphorsäure" auf die einzelnen Fraktionen in der Tabelle 114 angegeben. Dabei muß aber betont werden, daß diese Verteilung sehr vom funktionellen Zustand des Muskels abhängig ist.

Das *Phosphokreatin (Kreatinphosphorsäure)*, zuerst von FISKE u. SUBBAROW sowie von EGGLETON u. EGGLETON isoliert, ist also mengenmäßig die Haupt-P-Fraktion des Wirbeltiermuskels. An seiner Stelle enthält der Muskel der Wirbellosen *Argininphosphorsäure* (MEYERHOF u. LOHMANN; NEEDHAM). Die beiden Substanzen sind völlig analog gebaut und können zu der Gruppe der *Guanidinophosphorsäuren* zusammengefaßt werden. Sie werden

Tabelle 114. Phosphatfraktionen des Rattenmuskels (in γ Mol/g Frischgewicht) nach THRELFALL.

Fraktion	γ Mol/g
Gesamter säurelöslicher P . .	53,6
Anorganischer P	10,4
Kreatin-P	15,48
ATP	6,17
ADP	1,05
AMP	0
DPN	0,59
Guanosin- u. Uridintriphosphat	0,47
Glucose-6-P + Fructose-6-P .	1,83
Glucose-1-P	0,38
Fructose-di-P	0,23
Phosphoglycerinsäure-P . . .	0,70
Ribose-5-P	—

auch als *Phosphagene* bezeichnet, da sie leicht unter Abspaltung von Phosphorsäure zerfallen. Dies geschieht bei jeder Kontraktion des Muskels; der Umfang des Zerfalls entspricht dem Ausmaß der Tätigkeit. Während der einer Tätigkeitsperiode folgenden Erholungsperiode kommt es unter

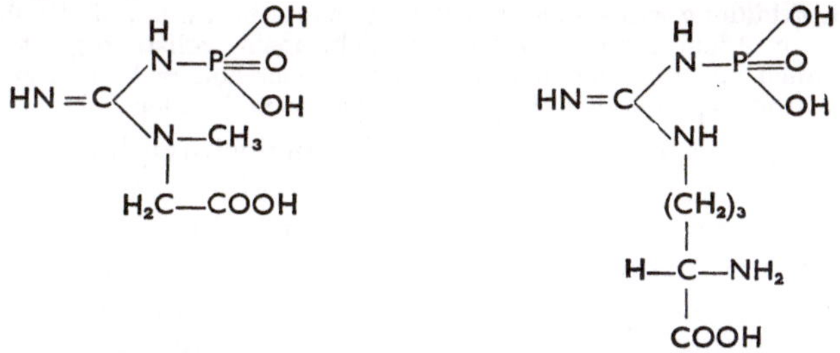

aeroben Bedingungen zu einer vollständigen, unter anaeroben Bedingungen zu einer teilweisen Resynthese der Guanidinophosphorsäuren aus Phosphorsäure und dem substitutierten Guanidinrest. Die Spaltung der Guanidinophosphorsäuren ist also eine reversible Reaktion. Die beim Zerfall des Phosphokreatins frei werdende o-Phosphorsäure ist nur zum Teil als solche nachweisbar, zu einem Teil wird sie in organische Bindung, und zwar in Glucosephosphorsäure übergeführt.

Kreatin- und Argininphosphorsäure sind nicht die einzigen Phosphagene. Bei Anneliden wurden *Taurocyamin*phosphat und *Glykocyamin*phosphat nachgewiesen, beim Regenwurm *Guanidyläthyl*-serinphosphat.

Zwischen dem Gehalt eines Muskels an Glykogen und an Phosphokreatin besteht nach BRENTANO u. RIESSER ein in seinem Wesen noch nicht erkannter Parallelismus, so daß gewöhnlich das Verhältnis von Glykogen zu Phosphokreatin im Muskel konstant ist.

Von Kohlenhydratphosphorsäuren enthält der Muskel vor allem *Glucose-6-phosphorsäure*, daneben auch *Fructose-6-phosphorsäure, Glucose-1-phosphorsäure* und *Fructose-1,6-phosphorsäure*. Bei einer Unterbrechung des normalen Abbauweges der Kohlenhydrate, wie sie etwa durch Vergiftung eines Muskels mit Natriumfluorid oder den Salzen der Halogenessigsäuren (Monobrom- und Monojodessigsäure) bewirkt wird, häuft sich Hexosediphosphorsäure in großen Mengen im Muskel an.

Die *Adenylsäure* (EMBDEN u. ZIMMERMANN) und die *Pyrophosphorsäure* (LOHMANN) kommen im frischen Muskel immer zu *Adenosintriphosphorsäure* (Formel s. S. 104) vereinigt vor, der frische Muskel enthält also weder freie Adenylsäure noch freie Pyrophosphorsäure, jedoch gewisse Mengen von *Adenosindiphosphorsäure*. Bei der Kontraktion wird aus Adenosintriphosphorsäure o-Phosphorsäure abgespalten. Dabei wird gewöhnlich nur ein Mol Phosphorsäure freigesetzt (s. S. 319). Die Adenylsäure, die bei aufeinanderfolgender Abspaltung von 2 Phosphorsäuremolekülen oder durch die Wirkung der Myokinase (s. S. 331) nach 2 ADP $\rightleftarrows$ ATP + AS entsteht, wird im Muskel des Warmblüters und des Frosches durch eine spezifische Desamidase (s. S. 306), deren Aktivität mit dem Myosin verbunden ist, unter Abspaltung von Ammoniak in Inosinsäure umgewandelt.

EMBDEN sah in der Ammoniakbildung einen wesentlichen, mit der Auslösung der Kontraktion verbundenen Vorgang. Nach LOHMANN muß das zweifelhaft sein, weil in der Krebsmuskulatur aus Adenosintriphosphorsäure unter Abspaltung nur eines Phosphorsäuremoleküls Adenosindiphosphorsäure entsteht, die fermentativ nicht desaminierbar ist. Überdies fehlt dem Krebsmuskel auch das Ferment für die Desaminierung der Adenylsäure, er bildet bei seiner Kontraktion also überhaupt kein Ammoniak. Da nicht anzunehmen ist, daß in der quergestreiften Muskulatur verschiedener Tierarten die wesentlichen, mit der Kontraktion verbundenen chemischen Vorgänge prinzipiell verschieden sind, erscheint damit auch die ursächliche Bedeutung der Ammoniakbildung für die Kontraktion als fraglich.

Eine Ammoniakbildung wird immer nur dann nachweisbar, wenn die Rephosphorylierung der Adenylsäure zu Adenosintriphosphorsäure nicht mehr vollständig ist (PARNAS). Sie erreicht deshalb auch mit zunehmender Ermüdung immer höhere Werte; eine weitere ganz erhebliche Vermehrung ist mit dem Eintritt der Starre verbunden.

Ebenso wie aus Phosphokreatin und Adenosintriphosphorsäure Phosphorsäure abgespalten wird, können diese Verbindungen auch wieder aufgebaut werden, indem durch schon früher berührte (s. S. 403 f.), aber im nächsten Abschnitt noch zu beschreibende Reaktionskoppelungen Phosphorsäure wieder angelagert wird. Erst nach länger fortgesetzter Arbeit wird der Wiederaufbau der Adenosintriphosphorsäure ebenso wie der des Phosphokreatins unvollständig.

b) Die Verknüpfung der chemischen Vorgänge bei der Muskelkontraktion.

Bei der Tätigkeit des Muskels zerfallen Phosphokreatin und Adenosintriphosphorsäure, unter günstigen Bedingungen werden sie noch während der Tätigkeit oder im unmittelbaren Anschluß an sie wieder aufgebaut. Der Glykogenstoffwechsel kann in diesem Zusammenhang übergangen werden, da er lediglich die Energie für den fortlaufenden Wiederaufbau der unmittelbar für die Lebensvorgänge ausnutzbaren energiereichen Phosphatbindungen zu liefern hat (s. Abb. 110, S. 427). Die bei nicht ausreichender Sauerstoffversorgung auftretende Milchsäure verschwindet unter anaeroben

Bedingungen nicht, unter aeroben Bedingungen wird sie zum kleineren Teil verbrannt, zum größeren, aber nicht vollständig, zu Glykogen wieder aufgebaut. Im intakten Organismus vollziehen sich Verbrennung und Resynthese der Milchsäure auch nur zu einem sehr kleinen Betrage in der Muskulatur, zum weitaus größeren, vielleicht sogar ausschließlich, in anderen Organen, vor allem in der Leber (s. S. 237). Jedenfalls ergibt sich in der Bilanz, daß nach der Arbeit allein das Glykogen eine Verminderung erfahren hat, deren Ausmaß dem Grade der Tätigkeit proportional ist. *Danach leistet der isolierte Muskel Arbeit letzten Endes auf Kosten der bei der Aufspaltung des Glykogens gewonnenen Energie, wenn auch die Energie erst durch die energiereichen Phosphatbindungen* ausgenützt wird (s. S. 556).

Bei jeder Tätigkeit des Muskels wird ein Teil der freigesetzten chemischen Energie in äußere Arbeit umgewandelt, ein Teil geht als Wärme verloren. A. V. HILL und seine Mitarbeiter (vor allem W. HARTREE) haben die Wärmebildung bei der Kontraktion exakt gemessen und darüber hinaus ihren zeitlichen Verlauf verfolgt und gefunden, daß die Wärmebildung in zwei Phasen zerfällt, *die initiale und die verzögerte Wärmebildung.* Die initiale Wärme deckt sich zeitlich etwa mit der Dauer der Kontraktion, sie ist unter aeroben und unter anaeroben Versuchsbedingungen gleich groß, kann also nicht oxydativen Ursprungs sein. Die verzögerte Wärmebildung fällt dagegen in die auf die Tätigkeit folgende Erholungsphase. Sie ist unter anaeroben Bedingungen nur ziemlich geringfügig, unter aeroben Bedingungen jedoch von gleicher Größenordnung wie die initiale Energie, die als Arbeit oder Wärme bei der Kontraktion freigesetzt wird. Es gibt keinen sicheren Anhaltspunkt dafür, daß die initiale Wärmebildung auf energieliefernde Prozesse bezogen werden kann, die sich während der Tätigkeit abspielen. Die aerobe Erholungswärme ist ziemlich ausgedehnt, sie ist wahrscheinlich die Bilanz der Reaktionswärmen aller Prozesse exothermer und endothermer Art, durch die der Muskel nach Abschluß der Kontraktion wieder in den Ausgangszustand zurückversetzt wird. Die Erschlaffung des Muskels ist nicht mit Wärmebildung verbunden. Die Abb. 139 zeigt nach einem Versuch von HARTREE den zeitlichen Verlauf der Wärmeentwicklung bei einer Einzelzuckung des Froschmuskels. Danach spielt sich die Hauptwärmebildung in einem Zeitraum ab, in dem die Kontraktionskurve noch nicht ihr Maximum erreicht hat, man nennt sie *Aktivierungswärme;* dann folgt, wenn die Höhe der Kontraktion erreicht ist, eine Periode stark herabgesetzter Wärmebildung *(Verkürzungswärme).* In ganz entsprechender Weise verläuft auch die Wärmebildung bei tetanischer Reizung (s. Abb. 140) mit dem alleinigen Unterschied, daß hier auch die Unterhaltung der Kontraktion (Plateau der Zuckungskurve) mit einer Wärmebildung verbunden ist, die allerdings geringer ist als die mit der Entwicklung und dem Verschwinden der Spannung verbundenen Wärmelieferungen. Wohlgemerkt zeigen diese Kurven nur das Verhalten der initialen Wärme, und es ergibt sich, daß die initiale Wärmebildung mit Beendigung der Kontraktion ebenfalls ihr Ende erreicht.

Die Milchsäurebildung, der man einige Zeit die Auslösung der Kontraktion und die Energielieferung für sie zugeschrieben hat, ist nicht mit dem Ende der Kontraktion zu Ende, sondern überdauert die Zuckung noch geraume Zeit (EMBDEN u. LEHNARTZ), so daß ein sehr erheblicher Teil der Milchsäure, die im Zusammenhang mit einer Kontraktion gebildet wird, nicht während der Zuckung, sondern nach ihrem Abschluß entstanden sein muß: es gibt eine „*verzögerte Milchsäurebildung*". Die Befunde der verzögerten Milchsäurebildung und der Kontraktion ohne jede Milchsäurebildung bei der Halogenessigsäurevergiftung schließen aus, daß Milchsäurebildung der Anstoß für die Verkürzung des Muskels und die primäre Energiequelle für die von ihm geleistete Arbeit ist. Diese Folgerungen stehen nicht im Gegensatz zu den Ergebnissen der Wärmemessungen; denn diese geben nur Aufschluß darüber, daß sich im Muskel Vorgänge abspielen, die in der Bilanz Wärme frei machen, sie geben auch Aufschluß darüber, in welcher Weise diese Wärmebildung zeitlich verteilt ist, sie lassen aber im Dunkel, aus welchen Quellen sie stammt.

Wenn also die Milchsäurebildung nicht die unmittelbare Quelle der Muskelenergie ist, so müssen für sie andere exotherm

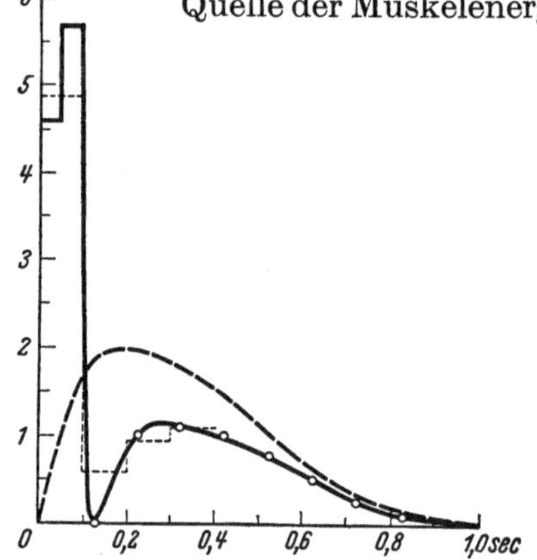

Abb. 139. Einzelzuckung des Froschsartorius bei 0°. *Ordinate:* Initiale Wärmebildung je sec. *Abszisse:* Zeit in sec. *Ausgezogene Kurve:* Zeitlicher Verlauf der Wärmebildung. *Gestrichelte Linie:* Isometrische Spannungskurve. (Nach HARTREE.)

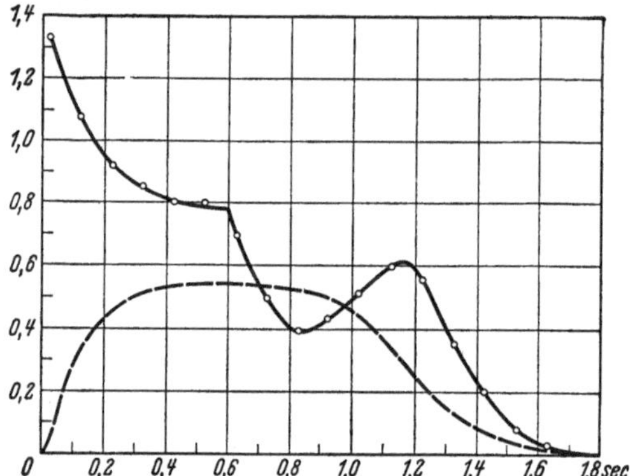

Abb. 140. Tetanus des Froschsartorius von 0,6 sec Dauer bei 0°. *Ordinate:* Initiale Wärmebildung je sec. *Abszisse:* Zeit in sec. *Ausgezogene Linie:* Zeitlicher Verlauf der Wärmebildung. *Gestrichelte Linie:* Isometrische Spannungskurve. (Nach HARTREE.)

verlaufende chemische Prozesse oder energieliefernde Prozesse anderer Art herangezogen werden. In der Tat sind Spaltung von Phosphokreatin und Zerfall von Adenosintriphosphorsäure zwei weitere, mit der Muskelkontraktion verbundene, exotherm verlaufende chemische Spaltungen. Wenn aber diese Spaltungen, wie oben ausgeführt wurde, reversible Reaktionen sind und ihre Reversion, wie das unter günstigen Bedingungen für ziemlich lange Zeit der Fall ist, vollständig verläuft, so muß für den Wiederaufbau der zerfallenen Substanzen mindestens die gleiche Energiemenge zur Verfügung gestellt werden, die bei ihrem Zerfall frei geworden ist. Ist die Spaltung eine exergonische Reaktion, so muß die Synthese ein endergonischer Vorgang sein, und es liegt sehr nahe anzunehmen, daß die verschiedenen energieliefernden Prozesse, deren Zusammenhang mit der Muskelkontraktion erwiesen werden konnte, in einer bestimmten zeitlichen Folge und in einer bestimmten Abhängigkeit voneinander ablaufen. Das geht z. B. auch daraus hervor, daß in dem gleichen Zeitraum, in dem die verzögerte Milchsäurebildung und die verzögerte Wärmebildung bei der anaeroben Kontraktion stattfinden, das zerfallene Phosphokreatin wieder aufgebaut wird. Man darf schließen, daß die exergonische Milchsäurebildung die Energie für den endergonischen Wiederaufbau des Phosphokreatins liefert, und man darf daraus weiter schließen, daß bei der Kontraktion die Phosphokreatinspaltung zeitlich der Milchsäurebildung vorangeht. Die verzögerte Wärmebildung ist wohl der Ausdruck dafür, daß die Resynthese des Phosphokreatins mit einem gewissen Energieverlust verbunden ist.

Weniger durch Versuche am intakten Muskel als durch Untersuchungen an Muskelpreßsäften oder -extrakten, also an Lösungen der Muskelfermente, haben sich die inneren Beziehungen zwischen dem Stoffwechsel der verschiedenen Substanzen, die bei der Muskeltätigkeit umgesetzt werden, aufklären lassen. Dabei ist die wichtige Erkenntnis gewonnen worden, daß das verbindende Glied der verschiedenen Prozesse Phosphorsäureübertragungen, d. h. Abspaltung oder Anlagerung von Phosphorsäure sind. Aus der gegenseitigen Abhängigkeit der Phosphorylierungen und Dephosphorylierungen läßt sich ein Bild von der zeitlichen Folge entwerfen, in der die chemischen Vorgänge im arbeitenden Muskel ablaufen.

Danach darf als gesichert angesehen werden, daß von den bisher bekannten energieliefernden Reaktionen, die mit der Kontraktion in Zusammenhang stehen, die zeitlich erste die Spaltung von Adenosintriphosphorsäure (ATP) ist. (Neuerdings ist allerdings beobachtet worden, daß es auch eine *Muskelkontraktion ohne Adenosintriphosphatzerfall* gibt.) Gewöhnlich gibt diese dabei nur 1 Mol Phosphorsäure ab, geht also in Adenosindiphosphorsäure (ADP) über, sie kann aber auch nach Abspaltung beider leicht abspaltbarer Phosphorsäurereste zu Adenylsäure (AS) werden (Näheres s. S. 404). Eine Rephosphorylierung von ADP und AS zu ATP ist theoretisch durch alle exergonischen Reaktionen im Verlaufe des Kohlenhydratabbaus möglich, die in dem Schema Abb. 110. S. 427 und auch in der nachfolgenden Abb. 141 entsprechend gekennzeichnet sind. Eine besondere Bedeutung kommt aber in der Muskulatur für diese Rephosphorylierung der Kreatinphosphorsäure zu, die ebenfalls, wie schon S. 402 angeführt, eine energiereiche P-Bindung besitzt. Ihre Energie kann für den Wiederaufbau der ATP unmittelbar ausgenutzt werden. Man kann mit gutem Grunde im Phosphokreatin ein *Energievorratssystem*, im Adenosintriphosphat ein *Energieübertragungssystem* erblicken. Diese Zusammenhänge sind in der Abb. 141 stark schematisiert zusammengefaßt. Man ersieht aus ihr die zentrale Stellung des Adenylsäuresystems für den Energiehaushalt des Muskels. Die Spaltung von ATP macht die auf der rechten Seite angeführten endergonischen Reaktionen möglich, sie liefert aber auch — direkt oder indirekt — die Energie für die Kontraktion. Ihrem Wiederaufbau dienen die auf der linken Seite angeführten exergonischen Teilreaktionen des Kohlenhydratabbaus, dient aber auch der Zerfall des Phosphokreatins. Wenn durch den Kohlenhydratabbau Energiemengen gewonnen werden, die das Fassungsvermögen des Adenylsäuresystems überschreiten, so wird über das Adenylsäuresystem diese Energie für den Wiederaufbau des Phosphokreatins verwandt. Es wird aus diesem Schema klar, wie im normalen Muskel durch die Spaltung der Adenosintriphosphorsäure alle übrigen chemischen Prozesse: die Spaltung des Phosphokreatins, seine Resynthese sowie die der Adenosintriphosphorsäure und der Zerfall des Glykogens zu Milchsäure unter intermediärer Phosphorylierung zwangsläufig in Gang gesetzt werden. Es folgt, daß der Kohlenhydratabbau eigentlich auf einem Nebenweg liegt, und es wird verständlich, daß bei der Halogenessigsäurevergiftung, bei der dieser Nebenweg unterbrochen ist, der Muskel doch noch in beschränktem Umfange Arbeit leisten kann. Allerdings ist die Resynthese der Kreatinphosphorsäure vom ungestörten Ablauf des Kohlenhydratabbaus abhängig.

Wenn durch die Vergiftung mit Halogenessigsäure die Entstehung von Phosphobrenztraubensäure verhindert wird, fehlt die Phosphatquelle für

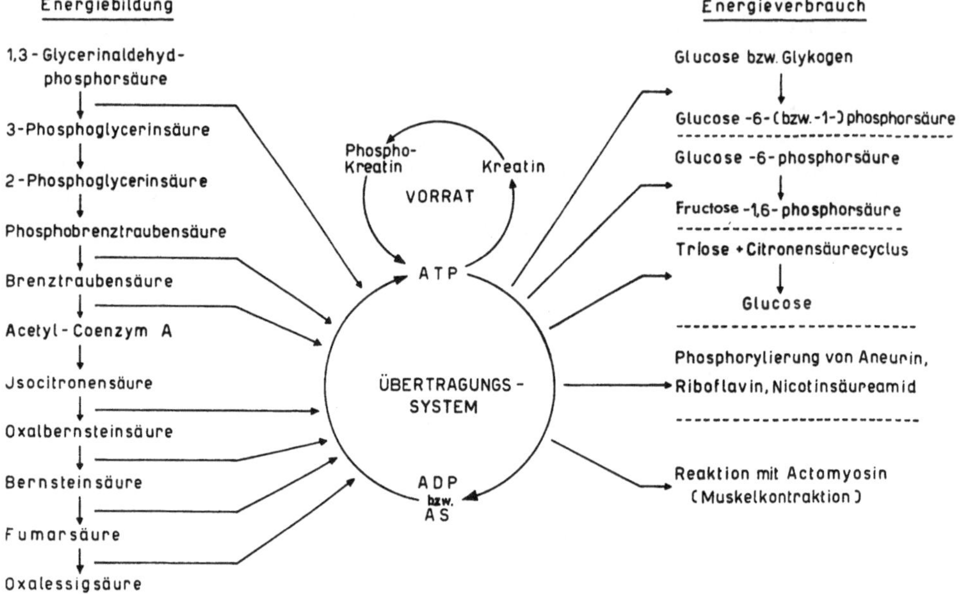

Abb. 141. Stellung der Adenosintriphosphorsäure und des Phosphokreatins im Energiewechsel (in Anlehnung an SOSKIN u. LEVINE).

den Wiederaufbau des Phosphokreatins und die Fähigkeit zur Kontraktion muß mit der Erschöpfung des Bestandes an Phosphokreatin bald aufhören.

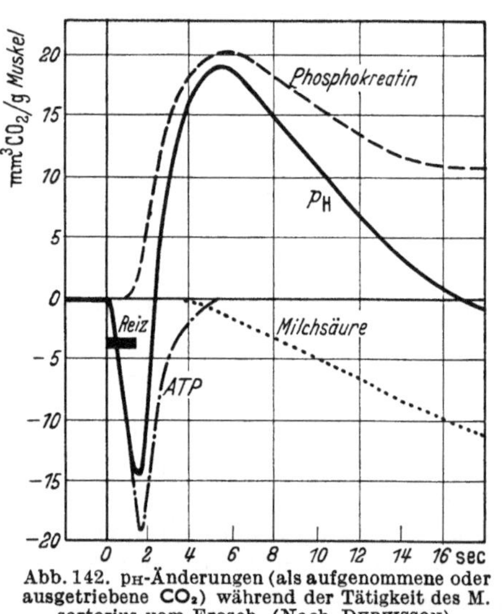

Abb. 142. pH-Änderungen (als aufgenommene oder ausgetriebene CO₂) während der Tätigkeit des M. sartorius vom Frosch. (Nach DUBUISSON).

Neben den chemischen Zusammenhängen dieser Reaktionen müssen noch kurz die energetischen erörtert werden. Die primäre chemische Reaktion, die Spaltung der Adenosintriphosphorsäure, verläuft exergonisch; ebenso sind exergonisch Spaltung von Kreatinphosphorsäure und Bildung von Milchsäure aus Kohlenhydrat. Die Resynthese der Adenosintriphosphorsäure wird durch die Spaltung des Phosphokreatins oder die exergonischen Reaktionen des Kohlenhydratabbaus energetisch ermöglicht, die Resynthese des Phosphokreatins durch Spaltung der energiereichen Phosphatbindungen der Adenosintriphosphorsäure, die durch die exergonischen Reaktionsstufen des Kohlenhydratabbaus regeneriert worden sind. Die Resynthese der Adenosintriphosphorsäure ist auch unter anaeroben Bedingungen für die Dauer einer ziemlich erheblichen Arbeitsleistung vollständig möglich, die Resynthese des Phosphokreatins gelingt dagegen unter anaeroben Bedingungen nur unvollständig, bei Gegenwart von

Sauerstoff, also beim Ablauf oxydativer Vorgänge, ist auch sie quantitativ, vielleicht weil die anaerobe Energielieferung nur ausreicht, den Bestand an Adenosintriphosphorsäure wiederherzustellen.

Spaltung und Wiederaufbau bzw. Entstehung der verschiedenen während der Muskelkontraktion umgesetzten chemischen Substanzen muß sich auch in p_H-*Änderungen* des Muskels zu erkennen geben. Die Spaltung des Phosphokreatins in Kreatin und Phosphorsäure ist z. B. mit einer Alkalisierung verbunden, die Spaltung der Adenosintriphosphorsäure mit einer Säuerung, ebenso natürlich die Milchsäurebildung. Man kann am intakten gereizten Muskel durch Verfolgung der CO_2-Bindung oder -Abgabe die mit dem Kontraktionsablauf einhergehenden p_H-Änderungen messen. Abb. 142 zeigt ein derartiges Ergebnis nach Versuchen von DUBUISSON. Die ausgezogene Linie gibt die beobachtete Reaktions-änderung wieder, die punktierten bzw. gestrichelten Linien die dieser Ver-änderung vermutlich zuzuordnenden Konzentrationsänderungen der betreffenden Substanzen.

Die zeitliche Folge und der innere Zusammenhang der einzelnen Reaktionen sowie der Energievorrat der verschiedenen Tätigkeitssubstanzen, die 1 g Froschmuskel enthält, lassen sich nach LOHMANN etwa folgendermaßen schematisch wiedergeben:

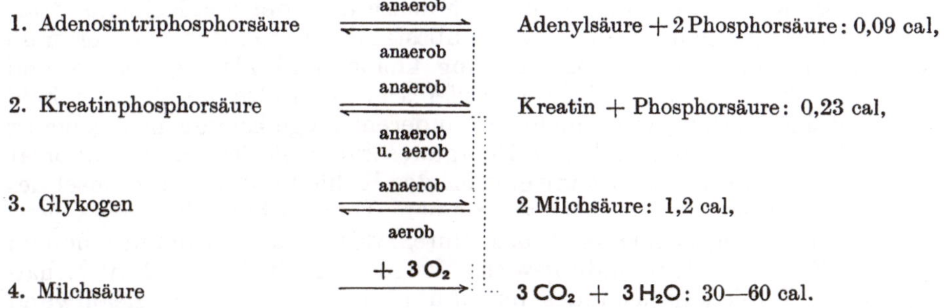

In 1 g Froschmuskel ist danach so viel Adenosintriphosphorsäure enthalten, daß bei ihrem Zerfall 0,09 cal gebildet werden können. Der vollständige Zerfall der in 1 g Muskel enthaltenen Kreatinphosphorsäure würde 0,23 cal liefern. Wenn der Muskel anaerob arbeitet, kann nur die Energie der Spaltung Glykogen → Milchsäure ausgenutzt werden; dem entspricht eine Wärmebildung von 1,2 cal je g Muskel. Bei einem Milchsäuregehalt von 0,4% (Tätigkeitsmaximum) hört die Erregbarkeit und damit die Kontraktionsfähigkeit des Muskels auf. Unter aeroben Bedingungen wird das Glykogen dagegen verbrannt, und es kann bei erschöpfender Tätigkeit der ganze Energieinhalt des Glykogens nutzbar gemacht werden, wobei bei einem Glykogengehalt von 0,5—1,0% 30—60 cal gewonnen werden können. Diese Zahlen zeigen deutlich die Funktion des Glykogens als Energiespeicher. Bei der Halogenessigsäurevergiftung wird nur die Energie aus den Reaktionen 1 und 2, bei anaerober Tätigkeit dazu noch die aus 3 ausgenutzt.

Die vorstehenden Ausführungen über den Stoffwechsel des Muskels, insbesondere über die Reaktionskoppelungen, beziehen sich fast ausschließlich auf Versuche an isolierten Muskeln, an Muskelpreßsäften oder Muskelextrakten, sie vermitteln demzufolge auch nur eine Vorstellung davon, wie der Stoffwechsel des isolierten Muskels unter mehr oder weniger anaeroben Bedingungen verlaufen *kann*, sie besagen aber nichts darüber, ob er sich auch in einem Muskel, der im Verbande des Organismus tätig ist, so vollziehen *muß*. Wir wissen, daß isolierte Muskeln, ganz besonders aber Muskeln im Körper, arbeiten können, ohne daß dabei eine Milchsäurebildung nachweisbar wird. Dies ist vielmehr erst der Fall, wenn die Arbeitsleistung so intensiv wird, daß die Sauerstoffversorgung für einen oxydativen Abbau der Kohlenhydrate unzureichend wird. Eine Erklärung für einen Abbau der Kohlenhydrate ohne Milchsäurebildung liefern die S. 428 ff. geschilderten Reaktionen. Daß außer den Kohlenhydraten auch andere Brennstoffe umgesetzt werden müssen, geht klar daraus hervor, daß selbst der isolierte Muskel immer einen R.Q. hat, der deutlich kleiner als 1,0 ist. Es ist also anzunehmen, daß der Muskel außer Kohlenhydraten auch in gewissem Umfange Fette oder ihre Abbauprodukte umsetzen kann. Der Umsatz von Fetten im Muskel ist nicht erwiesen, dagegen weiß man, daß die Ketonkörper, die beim Abbau der Fette in der Leber entstehen und dort nur schlecht weiter oxydiert werden, vom Muskel mit Leichtigkeit verbrannt werden.

Der im Organismus angestrengt tätige Muskel gibt an das Blut große Mengen von Milchsäure ab, ist also offenbar gar nicht oder nur in sehr bescheidenem Umfange in der Lage, durch die auf S. 428 f. besprochene Koppelung zwischen Verbrennung von Milchsäure (oder von Kohlenhydrat) mit Aufbauvorgängen seinen Glykogenbestand zu ergänzen. Dieser muß also mit fortschreitender Arbeitsleistung kleiner und kleiner werden und wegen der Erschöpfung seiner Energiereserven müßte der Muskel bald arbeitsunfähig werden, wenn nicht auf anderem Wege Energie nachgeliefert würde. Dies ist aber der Fall. Das Energiereservoir ist der Glykogenvorrat der Leber. Im intakten Organismus ist der Kohlenhydratstoffwechsel des Muskels nicht von dem der Leber zu trennen. Durch Abbau ihres Glykogens regelt die Leber den Zuckergehalt des Blutes; der Muskel entnimmt schon im ruhenden Zustande dem Blute gewisse Mengen von Zucker, weil die Erhaltung seines Funktionszustandes nur durch einen steten Energieaufwand möglich ist. Bei der Tätigkeit wird die Beanspruchung des Blutzuckers wegen des erheblich gesteigerten Energieumsatzes natürlich viel größer. Ob der vom Muskel aufgenommene Blutzucker direkt oder auf dem Wege über das Muskelglykogen umgesetzt wird, ist eine unentschiedene Frage. Die Milchsäure, die der Muskel bei vorwiegend anaerober Tätigkeit an das Blut abgibt, kann er nur unter Mitwirkung anderer Organe wie der Leber oder des Herzmuskels wieder verwerten. Die Leber verbrennt einen Teil und gewinnt dadurch die Energie für den Wiederaufbau des Restes zu Glykogen (s. S. 423), dieses kann dem Muskel auf dem Wege über den Blutzucker wieder zur Verfügung gestellt werden. Es vollzieht sich somit der schon früher besprochene „Kreislauf der Kohlenhydrate" zwischen Muskel und zwischen Leber. Die Verhältnisse bei der Muskeltätigkeit haben eine außerordentliche Ähnlichkeit mit den Veränderungen des Kohlenhydratstoffwechsels, die durch das Adrenalin bewirkt werden (s. S. 237).

Die Muskelkontraktion kommt zustande durch ein Zusammenwirken von Adenosintriphosphorsäure mit Actomyosin. Über die Eigenschaften dieser beiden Substanzen wurde an früheren Stellen berichtet (s. S. 545 f. u. 552) und gesagt, daß Actomyosin Adenosintriphosphorsäure spaltet. Es spaltet auch die Triphosphate der übrigen Nucleoside. Auch die Spaltung dieser Nucleotide führt zu Kontraktion und Spannungszunahme des Muskels. Auf der anderen Seite beeinflußt aber Adenosintriphosphorsäure anscheinend die Eigenschaften von Myosin bzw. Actomyosin in entscheidender Weise. Es wird angenommen, daß der Zerfall der Adenosintriphosphorsäure die unmittelbare Energiequelle für die Muskelarbeit und gleichzeitig auch diejenige Substanz ist, durch die das contractile Protein der Muskulatur, das Actomyosin, zur Kontraktion gebracht wird. Durch welchen molekularen Mechanismus aber Adenosintriphosphorsäure und Adenosintriphosphorsäurespaltung die Formänderung des contractilen Actomyosins bewirken, ist allerdings noch unbekannt.

Die Aufklärung dieser Zusammenhänge ist außer durch Versuche an der Muskulatur selbst durch Beobachtungen an verschiedenartigen Modellen des Muskels möglich gewesen. Der Struktur des Muskels selber stehen dabei am nächsten die sog. „Fasermodelle", dies sind durch Wasser extrahierte Muskelbündel, in denen die fibrilläre Struktur des Muskels noch erhalten ist. Durch Einspritzen von Actomyosinlösungen in Wasser lassen sich reine Actomyosinfäden erhalten, die man als „Fadenmodell" bezeichnet. Weiterhin wurden untersucht das Verhalten und die Eigenschaften von ungeordnetem Actomyosingel, von Actomyosinlösungen sowie von

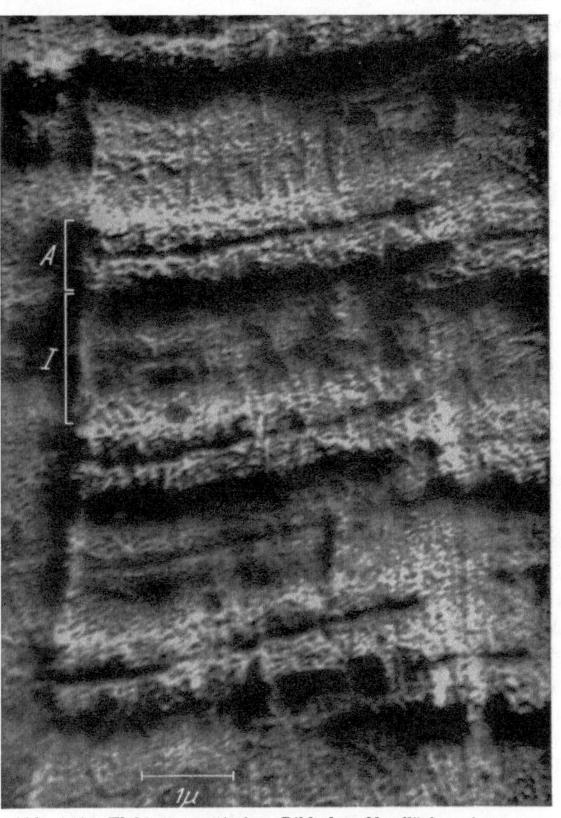

Abb. 143. Elektronenoptisches Bild der Oberfläche eines quergestreiften Muskels (nach REED und RUDALL).

getrennten Lösungen von Actin und L-Myosin. Es können hier nur wenige von den zahlreichen Einzeltatsachen angeführt werden, die durch Untersuchung dieser verschiedenen Systeme bekannt geworden sind.

Actomyosinfäden spalten Adenosintriphosphorsäure und werden dabei dehnbar, eine Eigenschaft, die als „Weichmacherwirkung" der Adenosintriphosphorsäure bezeichnet wird. Andererseits schrumpfen bei neutraler Reaktion Actomyosinfäden auf Zusatz von Adenosintriphosphorsäure. Das gleiche tut das Fasermodell. Geordnete Actomyosinfäden und glycerinextrahierte Muskelfasern von hinlänglicher Feinheit (Durchmesser bis 60 µ) können sich kontrahieren und wieder erschlaffen.

Diese, zum Teil scheinbar einander widersprechenden Tatsachen erklären sich leicht durch die Feststellung, daß die weichmachende Wirkung dem ungespaltenen Adenosintriphosphat zukommt, die kontraktionsauslösende

Wirkung dagegen mit der Spaltung der Adenosintriphosphorsäure verbunden ist. Diese Wirkung wird nur in Gegenwart von Mg-Ionen beobachtet.

Wie schon früher erwähnt, nimmt man an, daß die Bereitstellung von Energie für einen Kontraktionsvorgang nicht durch unmittelbar mit der Kontraktion verbundene chemische Reaktionen geliefert wird, sondern daß alle chemischen energieliefernden Reaktionen sekundärer Art sind und der Wiederaufladung eines Energiespeichers dienen, über dessen Natur nur Vermutungen geäußert werden konnten. Bis auf weiteres kann angenommen werden, daß die dem Zeitpunkt der Muskelkontraktion am nächsten stehende chemische Reaktion die Spaltung der Adenosintriphosphorsäure ist. Diese ist also ein jederzeit verfügbarer Energiespeicher, der während der Erholungsphase im Anschluß an eine Kontraktion wieder aufgeladen wird.

Der Skeletmuskel weist eine eigenartige histologische Struktur auf, die schon im einfachen mikroskopischen Bild des Muskels als Querstreifung

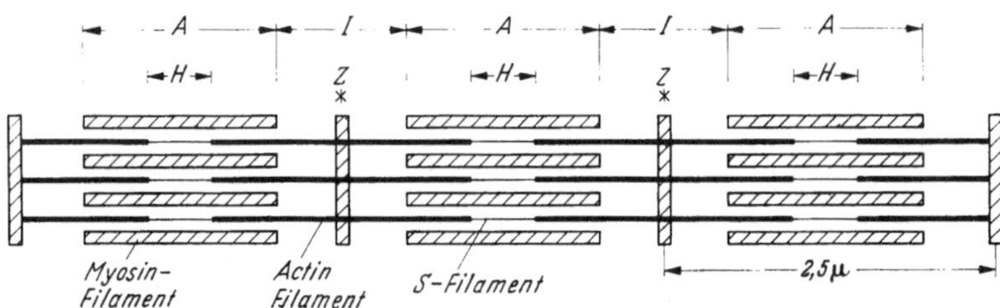

Abb. 144. Schematische Anordnung der Filamente in einer auf natürliche Länge gespannten Myofibrille. (Nach HUXLEY.) Die Querschnitte sind gegenüber den Längen stark übertrieben. *A* anisotrope Zone; *I* isotrope Zone.

erkennbar ist. In besonders schöner Weise zeigt das auch die elektronenmikroskopische Aufnahme der Oberfläche eines quergestreiften Muskels nach Entfernung des Sarkolemms, die in Abb. 143 wiedergegeben ist. Man unterscheidet sehr deutlich zwei regelmäßig wiederkehrende Abschnitte, die als A und I bezeichnet sind. Die A-Zone ist doppelbrechend, also optisch anisotrop, die I-Zone optisch homogen, isotrop. Sowohl in der A- als auch in der I-Zone ist noch je eine Querteilung erkennbar, wie dies noch deutlicher aus der schematisierten Abb. 144 (Z bzw. H) erkennbar ist. Auf die isotropen und anisotropen Zonen sind die wesentlichsten chemischen Bausteine des Muskels nicht gleichmäßig verteilt. Die Doppelbrechung der A-Zone beruht auf der Anwesenheit von L-Myosin-Stäbchen. In der isotropen I-Zone findet sich das Actin, das die Z-Linien durchsetzt und sich noch in die A-Zone fortsetzt. Einander entsprechende I-Filamente der beiden Enden eines Sarkomers (Teil der Faser zwischen 2 benachbarten Z-Linien) sind durch die sehr dehnbaren S-Filamente der H-Zone verbunden. In der anisotropen Schicht finden sich weiterhin Glykogen, Kalium, Magnesium und Calcium, in den isotropen Scheiben Actin, Adenosintriphosphorsäure und möglicherweise Globulin X. Von den Proteinen der gewaschenen Fibrille entfallen auf A-Substanz 55 %, I-Substanz 36 %, S-Substanz 3 %, Z-Substanz 6 %.

Die A-Zone behält bei allen Zuständen des Muskels ihre Länge bei, solange die Länge des Sarkomers nicht kleiner als 1,8—2,0 μ wird. Bei der Muskelverkürzung nähern sich die A-Banden, wobei die H-Zonen verschwinden. Bei stärkerer Verkürzung scheinen sich die I-Filamente zu falten und dadurch zu verkürzen, bei noch stärkerer Verkürzung treten die Z-Zonen deutlich als „Kontraktionsbanden" hervor, wahrscheinlich falten sich dann auch die Enden der A-Filamente, wo sie die eigentliche Z-Linie treffen. Bei Kontraktion und Erschlaffung gleiten demnach also die A- und die I-Zonen aneinander vorbei, erst bei extremen Verkürzungen werden die Myosin- und Actin-Filamente selbst verkürzt. Während der Kontraktion tritt wahrscheinlich Adenosintriphosphorsäure von I nach A über. Durch welchen Vorgang aber bei der Auslösung der Kontraktion L-Myosin, Actin und Adenosintriphosphorsäure miteinander zur Reaktion gebracht werden, ist unbekannt.

c) Kolloidchemische Vorgänge bei der Muskelkontraktion.

Der Kontraktionsvorgang vollzieht sich an Eiweiß, also einem kolloiden Substrat, so daß sich wahrscheinlich bei einer länger dauernden Tätigkeit Änderungen im Kolloidzustand dieses Eiweißes ausbilden müssen. Ferner ist zu erwarten, daß solche Zustandsänderungen auch die Fermente betreffen müssen, wiederum also Eiweißkörper. Tatsächlich lassen sich Kolloidzustandsänderungen im Gefolge der Muskeltätigkeit in verschiedener Weise dartun. Nach Zusatz von Natriumfluorid zu zerschnittener Muskulatur läßt sich der intermediäre Kohlenhydratstoffwechsel unterbrechen, so daß es zu einer Anhäufung von Hexosediphosphorsäure bzw. ihrer Dismutationsprodukte, der Phosphoglycerinsäure und der Glycerinphosphorsäure, kommt (s. S. 415f.). Die Wirkung des Fluorids läßt sich am einfachsten an der Abnahme der (freien und der aus Phosphokreatin abspaltbaren) o-Phosphorsäure im Muskel erkennen. Die Fähigkeit, unter der Wirkung von Natriumfluorid phosphorsäurehaltige Zwischenprodukte des Kohlenhydratstoffwechsels anzuhäufen, geht dem Muskel mehr und mehr verloren, wenn man ihn vor dem Zusatz des Fluorids kürzere oder längere Zeit liegen läßt, sicherlich weil während dieser Lagerung die Fermente durch „Alterung" verändert werden. Eine solche Alterung der Muskeleiweißkörper beobachtet man außer beim allmählichen Absterben auch als Folge einer stärkeren Arbeitsleistung des Muskels. In einem Muskel, der sich im Verbande des ganzen Organismus befindet, ist die Alterung reversibel.

Nach DEUTICKE läßt sich durch Phosphatpuffer von p_H 7,2 aus frischem Muskel eine bestimmte Eiweißmenge extrahieren. Alle Umstände, die zu einer Herabminderung der Anhäufung der phosphorsäurehaltigen Zwischenprodukte des Kohlenhydratstoffwechsels bei Gegenwart von Fluorid führen, bewirken gleichzeitig auch eine Abnahme der Proteinlöslichkeit, und zwar gehen die Verminderung der Zwischenprodukte und die Abnahme der Proteinlöslichkeit einander völlig parallel. Noch wichtiger ist die Feststellung, daß auch schon bei ganz kurz dauernder, unter aeroben Bedingungen zu einer vollständigen Restitution des Muskels führender Tätigkeit eine Abnahme der Proteinlöslichkeit nachweisbar wird, deren Umfang dem Grade der Arbeitsleistung direkt proportional ist. Die Änderungen der Proteinlöslichkeit als Ausdruck von physiko-chemischen Zustandsänderungen an den bei der Kontraktion beteiligten Kolloiden, sind damit eindeutig als ein physiologisches Geschehen, und nicht als Folge von Absterbeerscheinungen erkannt. Obwohl die Löslichkeitsabnahme nur einen ziemlich kleinen Teil der Muskelproteine betrifft, liegt es nahe anzunehmen, daß Änderungen des Zustandes gerade dieser Proteinfraktion eine der wesentlichsten Ursachen der Muskelermüdung sind. Physikochemische Tatsachen machen es außerordentlich wahrscheinlich, daß es sich um das Myosin selber handelt.

Das Auftreten der verschiedenen physiko-chemischen Änderungen, die für die Ermüdung charakteristisch sind, wird durch *„Training" der Muskulatur* wesentlich verzögert. Reizt man für eine Reihe von Tagen oder Wochen bei einem Kaninchen täglich während einiger Minuten den Ischiadicus des einen Beines mit mehreren hundert kurzen Tetani, so zeigt sich, wie schon erwähnt wurde (s. S. 549), in der „trainierten" Muskulatur eine sehr erhebliche Zunahme des Glykogens. Gleichzeitig ergibt sich aber, daß die alterungsartigen Veränderungen der Eiweißkörper viel später nachweisbar werden als beim untrainierten Muskel. Ebenso ist auch die Herabminderung der Eiweißlöslichkeit beim trainierten Muskel viel geringer. Ganz entsprechende Ergebnisse erhält man, wenn man ein „natürliches" Training durchführt, indem man Hunde in einem Tretrade laufen läßt. Das Training schafft also im Muskel einen Zustand, der ihn durch die Erhöhung des Glykogenbestandes *chemisch*, durch die Verbesserung seines physiko-chemischen Zustandes *funktionell* zu größerer Arbeitsleistung befähigt. Es ist höchst bemerkenswert, daß die bekannte mit einem „Übertraining" verbundene Herabsetzung der Leistungsfähigkeit des Gesamtorganismus auch am Muskel in einem Wiederabsinken des zunächst angestiegenen Glykogengehaltes, in einer rascheren Alterung sowie in einer Abnahme der Proteinlöslichkeit gegenüber dem ganz untrainierten Muskel ihren Ausdruck findet.

Schrifttum.

Dubuisson, M.: Muscular Contraction. Springfield, Ill. 1954. — Embden, G.: Chemismus der Muskelkontraktion und Chemie der Muskulatur. Handb. norm. path. Physiol. Bd. VIII/1, S. 369. Berlin 1925. — Huxley, A. F.: Muscle structure and theories of contraction. Progr. Biophysics 7, 255 (1957). — Lehnartz, E.: Die chemischen Vorgänge bei der Muskelkontraktion. Ergebn. Physiol. **35** (1933). — Lohmann, K.: Der Stoffwechsel des Muskels. Handb. Biochem. Erg.-Werk Bd. III. Jena 1936. — Meyerhof, O.: Die chemischen Vorgänge im Muskel. Berlin 1930. — Mommaerts, W. F. H. M.: Muscular Contraction. New York 1950. — Muralt, A. v.: Zusammenhänge zwischen physikalischen und chemischen Vorgängen bei der Muskelkontraktion. Ergebn. Physiol. **37** (1935). — Riesser, O.: Der Kohlehydratstoffwechsel des Muskels in neuerer Betrachtung. Klin. Wschr. **1937** II, 1257, 1449. — Szent-Györgyi, A.: Chemistry of Muscular Contraction. 2. Aufl. New York 1951. — Structural and functional aspects of myosin. Adv. Enzymol. 16, 313 (1955). — Verzár, F.: Theorie der Muskelkontraktion. Basel 1943. — Weber, H. H.: Die Muskeleiweißkörper und der Feinbau des Muskels. Ergebn. Physiol. **36** (1934). — Derselbe: Muskeleiweißkörper und Eigenschaften des Muskels. Naturwiss. **27**, 33 (1939). — Weber, H. H., u. H. Portzehl: Kontraktion, ATP-Cyclus und fibrilläre Proteine des Muskels. Ergebn. Physiol. **47**, 369 (1952).

D. Niere und Harn.

a) Vorbemerkungen.

Von den verschiedenen Ausscheidungsorganen des Körpers haben die Nieren sowohl wegen der Zahl der in ihnen ausgeschiedenen Substanzen als auch nach deren Gesamtkonzentration weitaus die größte Bedeutung. Die Vielseitigkeit ihrer Funktion leuchtet ohne weiteres ein, wenn man daran denkt, daß die Nahrung zahlreiche Stoffe enthält, die für den Organismus wertlos oder schädlich sind und die deshalb aus ihm entfernt werden müssen; sie alle erscheinen im Harn. Weiterhin entstehen beim Abbau der meisten Körperbausteine bestimmte Endprodukte, die der Körper nicht mehr verwerten kann, auch sie müssen ausgeschieden werden. Eine Ausscheidung solcher Substanzen ist auch noch aus anderen Gründen notwendig und wichtig. Manche der harnfähigen Substanzen sind ausgesprochen giftig und müssen schon deshalb aus dem

Körper herausbefördert werden. Oft geschieht das, nachdem sie schon vorher durch Paarung mit anderen Stoffen entgiftet worden sind. Wieder andere Substanzen sind wegen ihrer sauren oder basischen Eigenschaften eine Belastung für das Säure-Basen-Gleichgewicht und werden beseitigt, weil sonst die normale Reaktion von Blut und Organen nicht aufrechterhalten werden kann. Schließlich ist zu berücksichtigen, daß die meisten Endprodukte des Stoffwechsels niedermolekulare Stoffe sind, deren Auftreten in Blut und Geweben zu einer Veränderung der osmotischen Konzentration führen muß; auch hier greift die Ausscheidungsfunktion der Niere ein. Zu der osmotischen Regulation gehört auch die Konstanthaltung des Wassergehaltes im Körper, so daß durch Vermehrung oder Verminderung der Harnmenge zusammen mit der Ausscheidung fester Substanzen die Niere in engem Zusammenwirken mit den übrigen Ausscheidungsorganen, vor allem Haut und Lungen, unter im übrigen normalen Ernährungs- und Funktionsbedingungen den Wasser- und Mineralhaushalt sowie das Säure-Basen-Gleichgewicht ausgezeichnet reguliert. Daraus geht auch hervor, daß die Niere ein absolut lebenswichtiges Organ ist. Erkrankungen der Niere sind stets ernst zu nehmen und können zum Tode führen. Die Entfernung beider Nieren im Tierversuch ist mit dem Fortbestand des Lebens nicht zu vereinigen, die Tiere gehen nach kurzer Zeit unter schweren Vergiftungserscheinungen zugrunde. Die Ursache hierfür ist die Anhäufung harnfähiger Substanzen im Körper, die man als *Urämie* bezeichnet und die auch bei Erkrankungen der Niere eintreten kann. Der Verlust nur einer Niere kann durch erhöhte Tätigkeit der anderen ausgeglichen werden.

Die Ausscheidungsfunktion der Nieren, besonders die Wasserausscheidung, unterliegt, wie schon oben angeführt wurde (s. S. 262 und 274f.), der regelnden Tätigkeit der Hypophyse. So hat der Hypophysenvorderlappen eine diuresefördernde Wirkung, die möglicherweise dem corticotropen Hormon zukommt, also eigentlich der Nebennierenrinde zugeschrieben werden muß; dem Hypophysenhinterlappen obliegt dagegen die Hemmung der Diurese.

Eine Darstellung, die die Nieren einzig und allein als Ausscheidungsorgane erscheinen ließe, wäre zu eng und unvollständig, weil sie der großen Bedeutung dieses Organs für den Stoffwechsel nicht Rechnung trüge. Viele der in den Kapiteln über den intermediären Stoffwechsel näher besprochenen Abbau- und Umbauvorgänge sind an Schnitten von Nierengewebe entdeckt worden oder vollziehen sich in ihnen mit besonderer Leichtigkeit. So ist es nicht verwunderlich, daß in der Niere, vor allem der Nierenrinde, Fermente der verschiedensten Art in großer Zahl nachgewiesen werden konnten. Als Beispiele für besondere Stoffwechselleistungen der Niere seien angeführt die letzte Stufe der Harnsäurebildung bei den Vögeln (s. S. 489) und der Abbau der Aminosäuren (s. S. 565). Für die hohe Bedeutung der Niere als Organ des intermediären Stoffwechsels spricht auch die Tatsache, daß viele Vitamine in ihr in hoher Konzentration vorkommen. Im weiteren wird noch an verschiedenen Stellen der Stoffwechselleistungen der Nieren zu gedenken sein.

Die Funktion der Nieren ist mit einem außerordentlich hohen Energiebedarf verbunden, sie beansprucht etwa $^1/_{12}$ des Gesamtumsatzes des Organismus, dagegen macht ihr Anteil am Körpergewicht nur etwa $^1/_{220}$ aus; damit ist ihr Energiebedarf je Gewichtseinheit am höchsten von allen Organen und Geweben. Die besondere Stellung der Nieren im Körper

geht auch daraus hervor, daß im Mittel in der Minute etwa das dreieinhalb-
fache ihres Gewichtes an Blut durch sie hindurchströmt, so daß sich die
Blutmenge, die sie in 24 Std passiert, auf etwa 1500 l berechnen läßt.
Aus dieser außerordentlich großen Blutmenge wird aber nur eine Harnmenge von durchschnittlich 1500 cm³ gebildet.

Über den Mechanismus der Nierentätigkeit, also über die Vorgänge,
die zur Ausscheidung von Wasser und von festen, harnfähigen Substanzen
führen, sind viele Theorien gebildet worden. Schon der hohe Energiebedarf der Niere schließt aus, daß die Harnbereitung allein durch
Filtration, Diffusion oder Osmose zustande kommt, es muß vielmehr die
aktive Tätigkeit des Nierengewebes von entscheidender Bedeutung sein.
Dabei sind in den beiden auch histologisch voneinander verschiedenen
Bezirken der Niere zwar verschiedene Teilprozesse der Harnbildung
lokalisiert, aber jeder Glomerulus bildet mit dem aus ihm entspringenden
Tubulussystem eine funktionelle Einheit, das *Nephron*. Die menschliche
Niere enthält etwa 1 Million derartiger Nephronen. Die Funktion der
beiden Teilstücke des Nephrons läßt sich dahin beschreiben, daß im
Glomerulus ein außerordentlich verdünnter „Primärharn" gebildet wird,
der eiweißfrei ist, sich sonst aber in seiner Zusammensetzung kaum
wesentlich von Blutplasma unterscheidet. Man kann ihn daher als ein
Ultrafiltrat des Blutplasmas ansehen.

Lediglich in der Konzentration an Ionen finden sich kleine, durch das
DONNAN-Gleichgewicht (s. S. 178f.) bedingte Konzentrationsunterschiede.
Die Menge an Primärharn beträgt etwa 130 cm³/min oder 180 l pro Tag.
Aus diesem Primärharn werden im proximalen Teil des Tubulus etwa 80 %
des Wassers und an festen Substanzen Glucose, Phosphat und Aminosäuren
zurückresorbiert. Am Ende des proximalen Tubulus ist der Harn nahezu
mit dem Blut isosmotisch. Die völlige Isotonie mit dem Blut wird in der
HENLESchen Schleife hergestellt. *Bei der Bereitung des endgültigen Harns
spielt die entscheidende Rolle der distale Teil des Tubulus.* Hier werden aus
dem Tubulusinhalt *entgegen dem osmotischen Druckgefälle Wasser und
Elektrolyte rückresorbiert*, weiterhin anscheinend aber auch harnfähige
Substanzen aus dem Blut in die Tubulusflüssigkeit abgegeben. Die
Wasserrückresorption im distalen Tubulus unterliegt der Regulation
durch die antidiuretische Wirkung des Vasopressins aus dem Hinterlappen
der Hypophyse (s. S. 274f.). Auch die für die Ausscheidung von Wasser
und Mineralstoffen unentbehrlichen Hormone der Nebennierenrinde greifen
am Tubulusapparat an.

Neben den erwähnten Leistungen des distalen Tubulus, der Rückresorption von Wasser und Salzen, hat dieser Teil des Nephrons noch
weitere für die Tätigkeit der Niere entscheidende Funktionen zu erfüllen.
Durch eine ingeniöse Experimentierkunst (aufbauend auf den ersten Versuchen dieser Art von A. N. RICHARDS) ist es gelungen, die verschiedenen
Teile des Nephrons der Amphibienniere zu punktieren und die Zusammensetzung der in ihnen enthaltenen Flüssigkeit zu analysieren. Dabei fand
man z. B. die schon erwähnte Rückresorption von Glucose im proximalen
Teil des Tubulus. Man fand weiterhin, daß der p_H-Wert der Flüssigkeit
im Glomerulus und im proximalen Tubulus praktisch dem p_H-Wert des
Blutplasmas entspricht, daß dagegen die Reaktion der Flüssigkeit im
distalen Tubulus sauer ist, ebenso wie die des endgültigen Harns. Im
distalen Teil des Tubulus muß also der *Harn mit Wasserstoffionen angereichert* werden. Unter normalen Bedingungen scheidet die Niere einen

Überschuß von etwa 50—100 mÄq. Säure über die Basen pro Tag aus, bei
starker Acidose (s. S. 539) bis zu 750 mÄq, nach vorheriger oraler Zufuhr
von Alkali kann dagegen die überschüssige Säureausscheidung völlig verschwinden. Auf die Bedeutung dieses Verhaltens für das Säure-Basen-
gleichgewicht wird S. 567 näher eingegangen werden. Hier ist zunächst
nur die prinzipielle Bedeutung der Säurebildung in der Niere herauszu-
stellen. Die Fähigkeit zur Säurebildung teilt die Niere mit der Magenschleimhaut, man wird annehmen dürfen, daß die Mechanismen in beiden
Fällen identisch sind (s. S. 367f.).

Eine weitere wichtige Stoffwechselleistung des distalen Tubulusanteils
ist die *Bildung von Ammoniak*. Die wesentlichste Muttersubstanz für die
Ammoniakbildung ist das Glutamin, in geringerem Grade dienen ihr auch
einige andere Aminosäuren sowie die Adenosinphosphorsäure. Mit den
durch die Desaminierung freigesetzten NH_3 verbinden sich H-Ionen zu
NH_4-Ionen.

Die vierte für den distalen Teil des Tubulus kennzeichnende Funktion
ist der *Ionenaustausch*. Die Abgabe von NH_4-Ionen an die Tubulusflüssigkeit führt z. B. zu einer Rückführung von Na-Ionen aus der Tubulusflüssigkeit in die Tubuluszellen und durch sie ins Blut, ein Vorgang, der für die
Erhaltung des Säure-Basengleichgewichts von ebenso großer Bedeutung ist
wie die Säurebildung in der Niere. Für die in die Tubulusflüssigkeit aus
den Tubuluszellen abgegebenen H-Ionen werden ebenfalls Na-Ionen zurückresorbiert und es können auch Na- gegen K-Ionen ausgetauscht werden.

Durch das Zusammenwirken dieser verschiedenen Leistungen der distalen Tubuluszellen, zusammen mit Resorption und Ausscheidung anderer
Stoffe wird in diesem Teil des Nephrons also der endgültige Harn bereitet.

Eine vielfach angewandte Methode der Funktionsprüfung der Niere
ist die sog. *Clearance*, einen Begriff, den man mit „Klärfähigkeit" oder
„Entharnungsvermögen" übersetzen kann. Man versteht darunter diejenige Menge *(C)* an Blutplasma, die durch die Niere pro Minute von einer
bestimmten Substanz befreit werden kann. Bezeichnet man die Konzentration dieser Substanz in 1 cm³ Harn als *U*, das in der Minute ausgeschiedene
Harnvolumen in cm³ als *V* und die Konzentration der Substanz im Plasma
als *P*, so ergibt sich die Clearance zu:

$$C = \frac{U \cdot V}{P} \, cm^3.$$

Bei der Bestimmung der Clearance ist außer der Glomerulusfiltration die
Resorption und die Filtration in den Tubuli zu berücksichtigen. Rein
durch den Glomerulus ausgeschieden und nicht im Tubulus rückresorbiert
wird das Inulin. Die Inulinclearance (125—130 cm³) entspricht also der
Glomerulusfiltration. Die Leistung des Tubulusapparates läßt sich ermitteln, wenn man die Clearance einer anderen Substanz *(x)* zur Inulin-
clearance in Beziehung setzt:

$$\frac{x\text{-Clearance}}{\text{Inulin-Clearance}} \, .$$

Bei völliger Rückresorption einer Substanz wie etwa der Glucose, wird
die Clearance gleich 0. Clearance-Werte, die unter der Inulin-Clearance
liegen, weisen auf eine Rückresorption der betreffenden Substanz im

Tubulus-Apparat hin (z. B. Harnstoff $\sim$ 70 cm³), Werte, die höher als die Inulin-Clearance liegen, auf eine Sekretion im Tubulus (z. B. Penicillin >600 cm³).

Diese Andeutungen über die Physiologie der Nierentätigkeit müssen hier genügen, da ihre Gesetzmäßigkeiten in den Lehrbüchern der Physiologie ausführlich geschildert werden (s. REIN-SCHNEIDER, Physiologie); an dieser Stelle soll lediglich auf die Zusammensetzung und die Eigenschaften des Harns näher eingegangen werden.

b) Allgemeine Eigenschaften und Zusammensetzung des Harns.

Der Harn ist eine klare Flüssigkeit von *gelber bis brauner Farbe*, deren Intensität außer von der Art der Farbstoffe von der Harnkonzentration abhängt. Bei Absonderung geringer Mengen eines konzentrierten „hochgestellten" Harns ist die Farbe sehr intensiv, der in großen Mengen ausgeschiedene, stark verdünnte Harn ist oft nur ganz schwach gelblich gefärbt. Eine Ausnahme macht der Harn des Zuckerkranken, der wegen seiner großen Menge zwar nur schwach gefärbt ist, aber wegen seines hohen Zuckergehaltes ein ziemlich hohes spezifisches Gewicht hat. Die *Harnmenge*, die normalerweise beim Mann etwa 1500 cm³, bei der Frau 1200 cm³ in 24 Std beträgt, unterliegt sehr großen Schwankungen. Bei geringer Wasseraufnahme, vor allen Dingen aber bei starker Wasserabgabe durch den Schweiß, kann sie bis auf etwa 400 cm³ herabgehen, umgekehrt ist sie durch erhöhte Wasserzufuhr auf mehrere Liter je Tag zu steigern. Entsprechend dem starken Wechsel in der Harnkonzentration unterliegt auch der *osmotische Druck* sehr erheblichen Schwankungen, so daß Gefrierpunktserniedrigungen zwischen 0,3° und 2,3° noch als normal anzusehen sind; bei Zufuhr großer Flüssigkeitsmengen kann Δ des Harns sogar weniger als 0,1° betragen. Ebenso schwankend wie der osmotische Druck ist natürlich auch das *spezifische Gewicht*, das zwischen 1,002 und 1,040 liegen kann, meist aber 1,017—1,020 beträgt.

Bei der großen Bedeutung, die die Harnausscheidung für die Regulation des *Säure-Basen-Gleichgewichtes* hat, ist es verständlich, daß sowohl die Gesamtmenge der basischen und der sauren Valenzen, die in den Harn abgegeben werden als auch seine *aktuelle Reaktion*, die außer von dem Mengenverhältnis der sauren und der basischen Valenzen zueinander vor allem auch von der Stärke, d. h. dem Dissoziationsgrad, der auszuscheidenden Säuren abhängt, innerhalb weiter Grenzen variiert. Die aktuelle Reaktion liegt gewöhnlich zwischen p_H-Werten von 5—7, gelegentlich werden aber auch stärker saure oder alkalische Werte beobachtet. Für die Höhe des p_H-Wertes ist in erster Linie das Verhältnis von primärem zu sekundärem Phosphat maßgebend; an sich müssen natürlich aber alle sauren und basischen Valenzen, die im Harn ausgeschieden werden, an seiner Einstellung beteiligt sein. Dabei ist zu berücksichtigen, daß die Anionen der starken Säuren (Salzsäure und Schwefelsäure) stets vollständig durch Alkaliionen neutralisiert werden. Unter den schwächeren Säuren überwiegt die Phosphorsäure weitaus über die übrigen Säuren, von denen im normalen Harn in nennenswerten Mengen nur noch Harnsäure und Hippursäure vorkommen. Bei stärkerer Muskelarbeit kann dazu noch die Milchsäure in größeren Mengen hinzutreten und bei der Zuckerkrankheit, aber auch im Hungerzustand, erscheinen Acetessigsäure und β-Hydroxybuttersäure im Harn. Alle diese Säuren werden der Niere mit dem Blute zugeführt, und sie beanspruchen für ihre Angleichung an die Reaktion des Blutes eine sehr erhebliche Alkalimenge. Da Harn gewöhnlich eine viel stärker saure Reaktion hat als Blut, kann ein Teil der Säuren in den Harn ausgeschieden werden, ohne daß die Ausscheidung einer äquivalenten Alkalimenge nötig wäre. Diese Alkalimenge ist um so kleiner, je kleiner die Dissoziationskonstanten der betreffenden Säuren sind. Die nachfolgende Tabelle 115 stellt die Dissoziationskonstanten einiger der wichtigsten im Harn ausgeschiedenen Säuren zusammen. Unter Zuhilfenahme der Abb. 23 (S. 161) kann man sich ein Bild davon machen, in welchem Umfange bei verschiedenen p_H-Werten diese Säuren neutralisiert und in welchem Umfange sie als freie Säuren ausgeschieden werden. Wenn man sich z. B. in Abb. 23 für das primäre Phosphat die der Dissoziationskonstante $2 \cdot 10^{-7}$ (Dissoziationsstufe $H_2PO_4^- \rightarrow H + HPO_4^{--}$) entsprechende Kurve eingezeichnet denkt, so läßt sich ablesen, daß bei einem p_H von 5,0 die Phosphorsäure fast ausschließlich als primäres Phosphat vorhanden ist, bei p_H 6 nur noch zu etwa 80% und bei p_H 7 lediglich zu 30%, der Rest findet sich als sekundäres Phosphat (s. auch Abb. 24, S. 161). Es läßt sich aus Abb. 23 weiter entnehmen, daß die Säuren mit Dissoziationskonstanten um 10^{-4} schon bei einem p_H-Wert des Harnes von 5 fast völlig neutralisiert sind.

Tabelle 115. Dissoziationskonstanten der schwachen Säuren des Harns.

Säure	Dissoziationskonstante
Phosphorsäure, 1. Stufe . .	$7,5 \cdot 10^{-3}$
Milchsäure	$8,4 \cdot 10^{-4}$
Acetessigsäure	$2,6 \cdot 10^{-4}$
Hippursäure	$1,6 \cdot 10^{-4}$
Harnsäure	$1,3 \cdot 10^{-4}$
β-Oxybuttersäure	$2,0 \cdot 10^{-5}$
Kohlensäure, 1. Stufe . .	$4,4 \cdot 10^{-7}$
Phosphorsäure, 2. Stufe . .	$6,2 \cdot 10^{-8}$

Bildung und Ausscheidung derartiger Säuren bedeuten also eine ziemlich erhebliche Beanspruchung der Alkalivorräte des Körpers. Dagegen wird durch die Ausscheidung von Phosphat oder Carbonat das Blutalkali in viel geringerem Grade beansprucht, also eine nicht geringe Alkalimenge erspart.

Zur Ermittlung der Gesamtmenge ausgeschiedener basischer und saurer Äquivalente bedient man sich der Bestimmung der *Titrationsacidität und -alkalinität*, indem man feststellt, wieviel Säure bzw. Alkali von einer bestimmten Harnmenge bei Titration gegen im alkalischen bzw. sauren Gebiet umschlagende Indicatoren gebunden wird.

Die Reaktion des Harns zeigt in Abhängigkeit von der aufgenommenen Nahrung sowie von den Verdauungsvorgängen bestimmte Schwankungen. So wird im allgemeinen bei überwiegend pflanzlicher Kost ein stärker alkalischer Harn ausgeschieden als bei Vorwiegen der Fleischnahrung, weil der Gehalt pflanzlicher Nahrungsmittel an Alkali ziemlich groß ist und dieses Alkali in der Pflanze zum Teil an organische Säuren gebunden ist, die im Stoffwechsel verbrannt werden und ihr Alkali freisetzen. Die von der Nahrungsaufnahme als solcher abhängigen Schwankungen der Harnreaktion zeigen sich in einer deutlichen Alkalisierung des Harns einige Stunden nach einer größeren Mahlzeit. Diese „Alkaliflut" hängt mit der Entziehung der sauren Valenzen bei der Bildung der Salzsäure des Magensaftes zusammen.

Die hauptsächlichsten im Harn ausgeschiedenen anorganischen und organischen Substanzen sind in der Tabelle 116 zusammengestellt, die auch einige der physikalischen Konstanten des Harns enthält.

Tabelle 116. Eigenschaften und Zusammensetzung des Harns.
(Die Angaben beziehen sich auf die Tagesmenge.)

Harnmenge . . . . Mann 1000—2000 cm³; Frau 900—1500 cm³.
Gefrierpunktserniedrigung $\varDelta$. 0,075—2,6° (meist 1,3—2,3°)
Spezifisches Gewicht . . . . 1,002—1,040 (meist 1,017—1,020)
pH . . . . 4—8,3 (meist 4—6)
Gesamtmenge an festen Substanzen 55—70 g

Anorganische Bestandteile	Kationen	Na	3,0—6,0 g
		K	1,7—3,4 g
		Ca	0,11—0,36 g
		Mg	0,03—0,5 g
		NH₃	0,5—1,0 g
	Anionen	Cl	5,8 g
		SO₄	2,0—3,5 g
		PO₄	2,5—3,5 g
Organische Bestandteile		Gesamt-N 10—18 g	
		Harnstoff . . .	20—35 g
		Kreatinin . . .	1,0—1,5 g
		Harnsäure . . .	0,2—2,0 g
		Hippursäure . .	0,7 g

c) Anorganische Bestandteile.

Bei den **Kationen** übertrifft die Ausscheidung von *Natrium* gewöhnlich weitaus diejenige von Kalium, so daß ein Na:K-Verhältnis von 5:2 als normal anzusehen ist. Bei pflanzlicher Nahrung steigt die K-Ausscheidung allerdings erheblich an, auch bei Aufnahme größerer Wassermengen wird meist eine Erhöhung der K-Ausscheidung gefunden. Im Hunger sinkt die Abgabe von Na und von K ab, aber die von Na viel stärker, so daß nunmehr die K-Ausscheidung über die von Na überwiegt. Diese Tatsachen zeigen deutlich die beiden Quellen, aus denen die Alkaliionen stammen. Das ausgeschiedene Na ist dem Organismus weit überwiegend mit der Nahrung zugeführt worden; der Na-Gehalt des Körpers, der ja vor allem in den Gewebsflüssigkeiten und im Plasma zu suchen ist, wird bei Sperrung der Na-Zufuhr nur wenig verkleinert. Das K stammt ebenfalls zum Teil aus der Nahrung, aber wie die viel geringere Abnahme der Ausscheidung während des Hungers zeigt, kommt es zu einem erheblichen Teil auch aus dem Körper, und zwar aus den Zellen.

Die *Erdalkaliionen Calcium* und *Magnesium* werden nur zu einem ganz geringen Betrage im Harn, zum viel größeren aber mit dem Kot ausgeschieden, so daß sich nur schwer Aussagen über den Zusammenhang von Aufnahme und Ausscheidung dieser Ionen machen lassen. Der Calciumgehalt des Harnes geht meist seinem Ammoniakgehalt parallel, da auch Calciumionen zur Neutralisation von Säuren verwandt werden (Ca-Vorrat in den Knochen!).

Die Ausscheidung des *Ammoniaks* soll erst weiter unten im Zusammenhang mit der Abgabe der organischen N-haltigen Stoffe besprochen werden (s. S. 570).

Unter den **Anionen** stehen in der Ausscheidung die *Chloride* weitaus an der Spitze. Sie werden zum größten Teil als NaCl ausgeschieden, daneben aber auch als KCl. Im allgemeinen berechnet man — irrig — die Cl-Ausscheidung auf Kochsalz und kommt dann zu etwa 10—15 g je Tag. Bestimmend für die Höhe der Ausscheidung ist die Kochsalzzufuhr mit der Nahrung. Der osmotische Druck im Körper wird in erster Linie durch Veränderung der Kochsalzausscheidung reguliert, so daß gerade sie ziemlich großen Schwankungen unterliegt. Unter sonst gleichen Bedingungen ist die Chloridausscheidung allein abhängig von dem Angebot in der Nahrung, so daß sie während des Hungers auf sehr niedrige Werte absinkt, ja sogar ganz fehlen kann. Wegen der Bildung der Salzsäure im Magensaft ist kurz nach der Nahrungsaufnahme, also zur Zeit der „Alkaliflut", die Chloridausscheidung stark herabgesetzt, steigt dann aber, offenbar im Zusammenhang mit der Rückresorption von Kochsalz aus dem Darm, wieder an.

Im Gegensatz zu den Chloriden stammen die *Sulfate* des Harns nur zum allergeringsten Teil aus anorganischen Sulfaten der Nahrung, sie entstehen vielmehr beim Abbau der Eiweißkörper durch Oxydation aus den schwefelhaltigen Aminosäuren, in erster Linie also aus Cystein und Methionin. Es ist deshalb verständlich, daß die Höhe der Schwefelausscheidung im Harn der Höhe des Eiweißumsatzes direkt proportional ist und daß eine ziemlich konstante Beziehung zwischen der Stickstoffausscheidung und der Schwefelausscheidung besteht. Der Sulfatschwefel liegt zum allergrößten Teil als *anorganisches Sulfat* vor, ein kleiner Teil, dessen Höhe allerdings ziemlich schwankt, in den *Ester-* oder *Ätherschwefelsäuren.* Nicht der gesamte Schwefel der S-haltigen Aminosäuren wird bis zu seiner höchsten Oxydationsstufe, der Schwefelsäure, oxydiert. Ein geringer Teil tritt nicht als Sulfat auf, sondern in niederen Oxydationsstufen als sog. *Neutralschwefel* in z. T. noch unbekannter Bindungsform. Identifiziert werden konnten Thiosulfat, Mercaptan, Rhodanid und Diäthylsulfid. Daneben finden sich gelegentlich auch geringe Mengen von *Schwefelwasserstoff*, wahrscheinlich als Ausdruck einer Eiweißfäulnis im Dünndarm.

Die *Phosphate* stammen zu einem großen Teil aus der Nahrung, mit der sie im wesentlichen als anorganische Phosphate zugeführt werden. Als weitere Phosphatquellen der Nahrung kommen aber auch die organischen P-Verbindungen, vor allem wohl die Nucleinstoffe in Betracht, dazu treten als endogene Phosphatquellen die zahlreichen P-haltigen organischen Bausteine der lebendigen Substanz, die Nucleotide, die Phosphatide und die Kohlenhydratphosphorsäuren, die wegen ihrer zentralen Bedeutung für den Stoffwechsel sicherlich auch eine hohe Abnutzung aufweisen müssen. Ferner ist daran zu denken, daß durch Abbau und Umbau der Knochenphosphate gewisse Mengen von Phosphorsäure frei gemacht werden können. Ebensowenig wie sich eine exakte Ca- und Mg-Bilanz für den Harn aufstellen läßt, ist das für das Phosphat möglich, da Ca und Mg als Phosphate auch durch den Darm ausgeschieden werden können. Bei der Phosphatabgabe durch den Harn ist aber vor allem daran zu denken, daß die Höhe der Ausscheidung sicherlich weitgehend durch ihre Bedeutung für die Reaktionsregulierung mitbestimmt ist. Man hat angenommen, daß das Harnphosphat nicht aus den anorganischen Phosphaten des Blutes stammt, sondern aus organischen P-Verbindungen durch Phosphatasen in der Niere freigesetzt wird. Es ist ferner zu bedenken, daß Phosphate in den Tubuli auch rückresorbiert werden können.

Der Harn enthält weiter etwa 4—6 Vol.-% *Kohlendioxyd,* sowie wechselnde Mengen von *Natriumhydrogencarbonat.* Da nach Gl. (60) S. 537 das Verhältnis von Kohlendioxyd zu Natriumhydrogencarbonat den p_H-Wert bestimmt bzw. vom p_H-Wert abhängig ist, muß auch die jeweilige Reaktion des Harns durch dieses Mischungsverhältnis mitbedingt sein. Insgesamt werden je Tag bis zu 0,6 g CO_2, gewöhnlich aber wesentlich weniger, im Harn ausgeschieden. Der Primärharn enthält dagegen große Mengen von

Hydrogencarbonat. Im Glomerulus werden pro Tag bis zu 220 g Hydrogencarbonat ausgeschieden, die aber bis auf einen geringen Rest rückresorbiert werden. Die Carbonatausscheidung ist wesentlich erhöht nach pflanzlicher Nahrung, reine Pflanzenfresser bilden einen Harn, der durch seinen hohen Gehalt an Carbonaten der Erdalkalien getrübt ist.

d) Organische Bestandteile.

1. Stickstoffhaltige Harnbestandteile.

Der größte Teil der festen Stoffe, die im Harn ausgeschieden werden, besteht aus stickstoffhaltigen Substanzen. Die Gesamtmenge der im Harn ausgeschiedenen N-haltigen Substanzen ist entscheidend von der Zusammensetzung der Nahrung abhängig, insbesondere, wie das die Tabelle 117 zeigt, von ihrem Eiweißgehalt. Unter den stickstoffhaltigen Ausscheidungsprodukten steht also der *Harnstoff* weitaus an der Spitze. Nach den bei der Besprechung des Eiweißstoffwechsels gemachten Ausführungen ist der Harnstoff das Endprodukt des Eiweißabbaus, so daß seine Menge von dessen Ausmaß abhängt. Bei eiweißreicher

Tabelle 117. Stickstofffraktionen des menschlichen Harnes bei eiweißreicher und eiweißarmer Kost (nach FOLIN).

Fraktion	Nahrung	
	eiweißreich	eiweißarm
Volumen des Harns .	1170 cm³	385%
Gesamt-Stickstoff . .	16,8 g	3,60 g
Harnstoff-N	14,70 = 87,5%	2,20 = 61,7%
Ammoniak-N	0,49 = 3,0%	0,42 = 11,3%
Harnsäure-N	0,18 = 1,1%	0,09 = 2,5%
Kreatin-N	0,58 = 3,6%	0,60 = 17,2%
Unbestimmter N . .	0,85 = 4,9%	0,27 = 7,3%

Kost wird der Stickstoff des Harns zu etwa 80—90% als Harnstoff ausgeschieden, bei eiweißarmer Nahrung sinkt der Harnstoff-N auf etwa 60% des Gesamt-Harn-N, anderseits kann bei reiner Eiweißkost bis zu 99% des Harn-N als Harnstoff erscheinen. Die Harnstoffausscheidung steigt bei gesteigertem Eiweißzerfall im Körper, so z. B. im Fieber.

In naher Beziehung zu der Harnstoffausscheidung steht die *Ammoniakausscheidung*. Normalerweise beträgt ihr Anteil an der N-Ausscheidung nur etwa 3—6%. Bei vermindertem Eiweißzerfall sinkt auch die Ammoniakabgabe, ihr relativer Anteil am Harnstickstoff steigt aber an. Von entscheidendem Einfluß auf ihre Höhe ist die Bilanz der Säure- und Basenausscheidung. Wenn im Körper vermehrt Säuren vorkommen, gleichgültig ob diese im Stoffwechsel entstehen oder von außen zugeführt werden, müssen sie durch den Harn wieder beseitigt werden. Diese Ausscheidung ist (s. S. 567) mit der Ausscheidung einer bestimmten Alkalimenge verbunden. Die sog. „fixen" Alkalien gebraucht der Organismus aber für andere Zwecke, so daß mit einem Ansteigen der Säureausscheidung immer ein Anstieg in der Abgabe von Ammoniak verbunden ist. So sind beim Diabetiker bei ausgesprochener Acidose Ammoniakmengen bis zu 12 g täglich (statt normal 0,7 g) im Harn gefunden worden. Aber auch bei eiweißreicher Kost wird Ammoniak in Mengen von einigen Gramm ausgeschieden, weil im Eiweiß enthaltener Schwefel und Phosphor als Schwefelsäure bzw. als Phosphorsäure im Harn erscheinen und diese Säuren zu ihrer Neutralisation Ammoniak erfordern. Jeder Anstieg der Ammoniakausscheidung ist begleitet von einem entsprechenden Absinken der Harnstoffausscheidung. Die Muttersubstanzen für das Harnammoniak sind, wie schon S. 565 erwähnt wurde, vor allem die Aminosäuren, besonders das Glutamin. Damit wird auch verständlich, daß sich Ammoniak- und Harnstoffausscheidung gegensätzlich verhalten.

Mit der normalen Ammoniakausscheidung ist nicht zu verwechseln die erhebliche Vermehrung des Ammoniaks durch die *ammoniakalische Harngärung* bei längerem Stehen des Harns. Bei ihr erreicht die Ammoniakbildung einen solchen Umfang, daß die Harnreaktion alkalisch werden kann. Dies beruht auf der Wirkung der Urease (s. S. 307) von Bakterien, die entweder von außen oder — bei entzündlichen Veränderungen — aus den Harnwegen in den Harn gelangt sind.

Die Ausscheidung von *Aminosäuren* erreicht gewöhnlich nur sehr geringe Werte. Im normalen Harn konnten papierchromatographisch die meisten Aminosäuren nachgewiesen werden, besonders beim Säugling. Der größte Teil der im Primärharn enthaltenen Aminosäuren wird jedoch im proximalen Tubulusteil rückresorbiert. Unter krankhaften Bedingungen ist die Aminosäureausscheidung erheblich gesteigert. Bei der schon erwähnten akuten gelben Leberdystrophie (s. S. 510) lassen sich Tyrosin und Leucin besonders leicht nachweisen und bei der als *Cystinurie* bezeichneten Stoffwechselstörung (s. S. 478) finden sich im Harn größere Mengen von Cystin, das aber auch im normalen Harn nicht selten gefunden wird.

Die hochmolekularen Spaltprodukte der Eiweißkörper, die *Peptone*, kommen nur unter krankhaften Bedingungen im Harn vor. Anders verhält es sich mit den *Eiweißkörpern* selber. Im normalen, klar gelassenen Harn tritt nach einigem Stehen eine Trübung auf, die als *Nubecula* bezeichnet wird und sich später absetzt. Sie besteht aus Mucin, das wahrscheinlich von der Schleimhaut der Harnwege abgegeben wird, daneben kommen vielleicht auch noch sehr geringe Mengen eines albuminartigen Eiweißkörpers im Harn vor, der wahrscheinlich durch die Nieren aus dem Blut abgeschieden wird. Die intakte Glomerulusmembran läßt als kleinste Eiweißmoleküle solche mit einem Höchstmolekulargewicht von 35000 passieren. Immerhin sind die gesamten Eiweißmengen, die je Tag etwa 0,02—0,08 g betragen, so gering, daß sie mit den üblichen Eiweißproben nicht erkannt werden können. Eine vermehrte Eiweißausscheidung, die man fast als physiologisch bezeichnen könnte, kommt nach angestrengter Muskelarbeit zustande, findet sich aber auch nach psychischen Aufregungen und nach angestrengter geistiger Arbeit. Dem stehen die pathologischen Eiweißausscheidungen gegenüber, die meist auf Erkrankungen der Niere zurückgehen. Die dann im Harn auftretenden Eiweißkörper sind mit den Eiweißkörpern des Blutplasmas identisch, stammen also wohl aus dem Blut. Bei besonderen Erkrankungen, anscheinend immer des Knochenmarks, wird ein eigenartiger Eiweißkörper ausgeschieden, der nach seinem Entdecker als BENCE-JONES*scher Eiweißkörper* bezeichnet wird. Seine Eigenschaften sind schon früher beschrieben worden (s. S. 92).

Als Eiweißabbauprodukt erscheint, wie schon früher besprochen (s. S. 482), bei einer Störung im Abbau von Tyrosin und Phenylalanin die *Homogentisinsäure*. Die als Alkaptonurie bezeichnete Störung ist aber eine ziemlich seltene Stoffwechselanomalie.

Dagegen finden sich regelmäßig im Harn ganz geringe Mengen (1 bis 30 mg täglich) von Harnindican, die aus dem unvollständigen Abbau des Tryptophans stammen. Das *Harnindican* konnte als Kaliumsalz der Indoxylschwefelsäure isoliert werden. Ob Indoxyl auch gepaart mit

Glucuronsäure ausgeschieden werden kann, ist nicht gesichert. Die Indicanmengen steigen bei Steigerung der Fäulnisvorgänge im Dünndarm sehr stark an. Diese Vermehrung ist daher ein bequemes diagnostisches Hilfsmittel zur Erkennung solcher Darmstörungen. Die Bildung des Harnindicans ist als eine der schon oft erwähnten Entgiftungen phenolischer

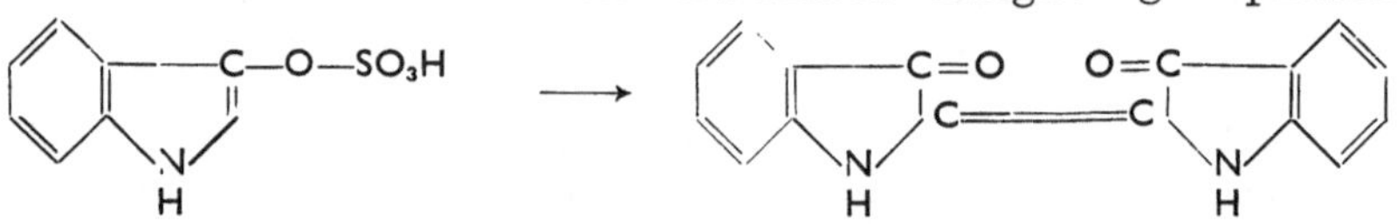

C—O—SO₃H   ⟶   C=O   O=C

Indoxylschwefelsäure = Harnindican   Indigo

Stoffe durch Paarung mit Säuren aufzufassen. Es kann spontan zu einer Spaltung des Indicans mit nachfolgender Oxydation des Indoxyls zu Indigo kommen, das bei höheren Konzentrationen an Harnindican dem Harn eine blaue Farbe verleiht. Auf dieser Reaktion beruht auch der Nachweis des Harnindicans (Reaktion nach OBERMEYER).

Bei den als *Oxyproteinsäuren* bezeichneten Harnbestandteilen scheint es sich um Gemische aus Harnstoff und aus Aminosäuren zu handeln (EDLBACHER).

Nach dem Harnstoff folgt in der Größe der Ausscheidung unter den N-haltigen Stoffen die *Harnsäure*. Über ihre Entstehung als Endprodukt des Nucleinstoffwechsels beim Menschen und den höheren Affen bzw. als Endprodukt des Eiweißstoffwechsels bei Vögeln und Reptilien, sowie über ihre Umwandlung in *Allantoin* bei den meisten übrigen Tieren, ist schon früher ausführlich berichtet (s. S. 489f.). Dort sind auch die Begriffe der *endogenen* und der *exogenen Harnsäure* erörtert worden. Neben der Harnsäure finden sich im Harn, allerdings in weitaus geringerer Menge, auch *Purinbasen.*

Harnsäure und Purine des Harns stammen zum Teil aus den Nucleoproteiden der Nahrung (exogene Harnsäure) zum Teil (endogene Harnsäure) aus dem Zellstoffwechsel. Es ist schwierig, den exogenen Anteil der Ausscheidung exakt anzugeben, da nicht feststeht, ob nicht Harnsäure im Darm bakteriell zerstört wird. Eigenartigerweise läßt sich nämlich verfütterte Harnsäure nur etwa zur Hälfte aus dem Harn wieder gewinnen. Die Höhe der endogenen Harnsäureausscheidung scheint im Zusammenhang mit der Muskelarbeit zu stehen, da nach angestrengter Muskeltätigkeit zunächst die Fraktion der Purine, dann die Harnsäure selbst deutlich ansteigen. Das ist verständlich, weil die Adenosinphosphorsäure entscheidend an der Muskelkontraktion beteiligt ist. In der Fraktion der Purine erscheinen auch die Methylxanthine, die in Kaffee, Tee und Kakao aufgenommen werden. Sie werden im Organismus teilweise entmethyliert, teilweise zu Methyl- bzw. zu Dimethylharnsäure oxydiert. Eine Störung der Harnsäureausscheidung besteht bei der *Gicht,* einer in ihrem Wesen noch nicht erkannten Stoffwechselkrankheit. Bei ihr findet sich im allgemeinen eine Erniedrigung der Harnsäure des Harns, und zwar ist sowohl die Menge der endogenen Harnsäure herabgesetzt als auch die Ausscheidung der exogenen Harnsäure stark verzögert. Da ihre Löslichkeit nur ziemlich gering ist, scheidet sich die retinierte Harnsäure an manchen Stellen im Körper, besonders in den Gelenkknorpeln des Daumens und der großen Zehe ab und bildet Gichtknoten. Gelegentlich kommt es unter entzündlichen Veränderungen an den Gelenken zu einem Gichtanfall. Im Anfall selber ist dann die Harnsäureausscheidung stark gesteigert.

In der Höhe der Ausscheidung kann die Harnsäureausfuhr erreicht oder sogar übertroffen werden durch die Ausscheidung an *Hippursäure*. Ihre Größe wird allein bestimmt durch die Menge der Benzoesäure, die aus dem Körper entfernt werden muß. Nach Aufnahme pflanzlicher Nahrung, die reich an Benzoesäure oder an solchen Derivaten des Benzolringes ist, die in Benzoesäure übergeführt werden, ist deshalb immer eine viel größere Hippursäureausscheidung festzustellen als nach gemischter oder Fleischkost. Vor allem manche Pflanzenfresser wandeln den Phenylalaninkomplex sehr vollständig in Benzoesäure um. Benzoesäure und Glykokoll werden, wie man seit BUNGE u. SCHMIEDEBERG weiß, vorzugsweise in der Niere auf fermentativem Wege miteinander zu Hippursäure vereinigt (s. S. 323). Doch sind anscheinend in geringerem Umfange auch andere Organe zu dieser Synthese fähig. Neben der Hippursäure findet sich im Harn des Pflanzenfressers in größerer Menge auch ihr nächst höheres Homologon, die *Phenacetursäure* (s. S. 307). Die in ihr enthaltene Phenylessigsäure wird anscheinend auch beim Menschen gelegentlich durch bakterielle Eiweißfäulnis im Dünndarm gebildet, so daß der menschliche Harn Phenacetursäure enthalten kann. Phenylessigsäure kann sich aber auch mit Glutamin über deren α-Aminogruppe zu *Phenylacetyl-glucosamin* vereinigen.

Die vierte größere Stickstofffraktion des Harns stellen das *Kreatinin* bzw. das *Kreatin*, aus dem man sich Kreatinin als Anhydrid entstanden denken kann. Man sollte annehmen, daß zwischen Kreatinin und Kreatin ein genetischer Zusammenhang besteht, da außerhalb des Organismus bei saurer Reaktion Kreatin sehr leicht in Kreatinin umgewandelt. wird und bei alkalischer Reaktion Kreatinin in Kreatin übergeht. Im Organismus gibt es aber anscheinend nur den Übergang von Kreatin in Kreatinin, nicht die umgekehrte Reaktion. Im Harn findet sich beim Erwachsenen weit überwiegend Kreatinin, bei Kindern entfällt jedoch ein größerer Prozentsatz des „Gesamtkreatinins" auf Kreatin. Mit Eintritt der Pubertät geht die Kreatinausscheidung auf sehr niedere Werte zurück, so daß fast nur Kreatinin ausgeschieden wird. Es ist daher die Umwandlung von Kreatin in Kreatinin mit der Produktion der Geschlechtshormone in Zusammenhang gebracht worden. Das Harnkreatinin stammt aus der Muskulatur und wird sicherlich aus dem Kreatin gebildet, das bei der Muskeltätigkeit durch den Zerfall der Kreatinphosphorsäure (s. S. 551) entsteht und sich nicht wieder mit Phosphorsäure zu Phosphokreatin vereinigt. Bemerkenswerterweise hat die tägliche Kreatininausscheidung für ein und denselben Menschen eine charakteristische Höhe und schwankt auch innerhalb längerer Zeiträume nur ziemlich wenig um einen bestimmten Mittelwert,

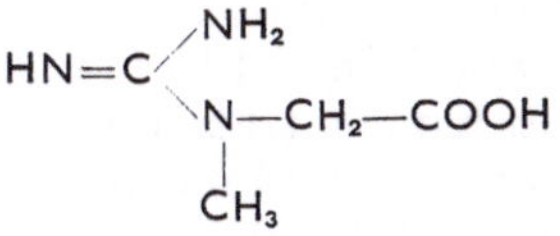

$$
\begin{array}{ccc}
\mathrm{HN}{=}\mathrm{C} & \overset{\displaystyle \mathrm{NH_2}}{\underset{\displaystyle \mathrm{N}{-}\mathrm{CH_2}{-}\mathrm{COOH}}{\Big\langle}} & \qquad \mathrm{HN}{=}\mathrm{C} \\
& \mathrm{CH_3} &
\end{array}
$$

Kreatin	Kreatinin

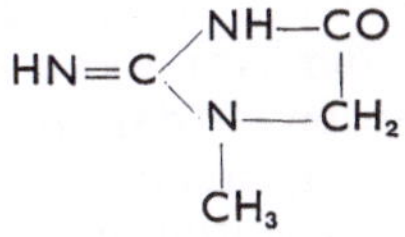

auch die Höhe der Eiweißzufuhr ist, wie die Tabelle 117, S. 570 zeigt, fast ohne Einfluß auf die Kreatininausscheidung. Eine früher angenommene Beziehung zwischen der Höhe der Kreatininausscheidung und der Entwicklung der Muskulatur ist nach neueren Untersuchungen zweifelhaft.

Man hat diese Beziehungen durch den *„Kreatininkoeffizienten"* ausgedrückt. Dieser gibt an, wieviel mg Kreatinin je kg Körpergewicht in 24 Std ausgeschieden wird. Der Koeffizient liegt für Frauen (9—26) im allgemeinen viel niedriger als für Männer (18—32). Daß dies wohl auf der im allgemeinen geringeren Muskelentwicklung der Frau beruht, zeigt sich darin, daß Frauen, die an größere sportliche Leistungen gewöhnt sind, einen hohen Kreatininkoeffizienten haben.

Der Organismus verfügt offenbar über Kreatinspeicher, in die zu Versuchszwecken gegebenes Kreatin zu einem erheblichen Teil eingelagert wird, ehe es nach einiger Zeit als Kreatinin im Harn erscheint. Ein Teil des zugeführten Kreatins aber und verfüttertes Kreatinin werden unmittelbar als Kreatinin im Harn wieder ausgeschieden.

Zu den stickstoffhaltigen Harnbestandteilen gehören auch die *Fermente.* Man findet im Harn regelmäßig *Pepsin, Trypsin, Peptidasen, Amylase, Maltase, Lipase, Phosphatase;* auch *Nucleasen* wurden in Harn gefunden. Man nimmt an, daß diese Fermente durch Resorption aus dem Magen-Darmkanal ins Blut gelangen und dann durch den Harn ausgeschieden werden. Es ist schon besprochen worden, daß aber auch bei Pankreaserkrankungen größere Mengen von Amylase im Harn erscheinen. Unter den zahlreichen *Hormonen,* die im Harn ausgeschieden werden, finden sich als stickstoffhaltige die Hypophysenhormone, ferner Thyroxin, Insulin und Adrenalin sowie die Gewebshormone Histamin und Acetylcholin. (Über die Ausscheidung von N-freien Hormonen (s. S. 576).

2. Stickstofffreie Harnbestandteile.

Zu den N-freien Bestandteilen des normalen Harns gehören eine Reihe von organischen Säuren, die allerdings meist keine sehr hohe Konzentration erreichen. Ihre Gesamtmenge beträgt je Tag etwa 0,5 g. An einzelnen Säuren sind u. a. nachgewiesen *Ameisensäure, Essigsäure, Buttersäure, Bernsteinsäure, Citronensäure* und *Valeriansäure,* sowie eine Reihe von *höheren Fettsäuren.* Es ist nicht ausgeschlossen, daß die niederen Fettsäuren aus Aminosäuren stammen, aus denen sie beim Stehen des Harns durch Fäulnis entstanden sein könnten. Regelmäßig enthält der Harn in ganz geringen Mengen, etwa 20—50 mg je Tag, *Oxalsäure,* die besonders leicht nachweisbar ist, da sie als Calciumsalz in charakteristischer Form auskristallisiert (s. S. 578). Sie stammt zum Teil aus pflanzlichen Bestandteilen der Nahrung, entsteht aber zum Teil auch wohl im Stoffwechsel, vielleicht beim Abbau der Kohlenhydrate, vielleicht auch durch oxydative Desaminierung von Glykokoll.

Der *Milchsäuregehalt* des normalen Harns ist nur ziemlich geringfügig. Er steigt deutlich an nach angestrengter Muskelarbeit, aber auch bei krankhaften Störungen der Leberfunktion, die zu einer Beeinträchtigung der Resynthese von Glykogen aus Milchsäure führen, ist die Milchsäureausscheidung gesteigert.

In ganz geringen Mengen, täglich etwa 10 mg, enthält der normale menschliche Harn auch die *Acetonkörper* (Aceton, Acetessigsäure und β-Oxybuttersäure, s. S. 239). Bei der Störung der Endoxydation der Fettsäuren und der Aminosäuren, die bei der diabetischen Stoffwechselstörung besteht, werden sie dagegen in stark erhöhter Konzentration ausgeschieden, so daß eine Tagesmenge an Gesamtaceton von 20 g und darüber keineswegs zu den Seltenheiten gehört. Als Zwischenprodukt des Fettsäureabbaus tritt im Diabetikerharn gewöhnlich auch *Acetaldehyd* in geringen Mengen auf.

Kohlenhydrate. Eine Frage, die ebenso wie die nach den Acetonkörpern zur Pathologie des Stoffwechsels überleitet, ist die nach dem Vorkommen von Kohlenhydraten im Harn. Auf die Schwierigkeiten, die sich einer exakten Bestimmung des wahren Zuckerwertes im Blute entgegenstellen, ist an anderer Stelle eingegangen worden (s. S. 525). Alles dort Gesagte gilt auch für die

Feststellung des Zuckergehaltes im Harn und für die Ermittlung seiner Höhe. So geben bei den üblichen Proben, wie sie zum Nachweis der reduzierenden Kohlenhydrate angewandt werden (s. S. 6), viele Harne eine schwache Reduktion der angewandten Metalloxydlösungen. Bei sehr hochgestellten Harnen kann gelegentlich ein Zweifel bestehen, ob eine schwach positive Probe, bei der es allerdings meist nur zu einer Verfärbung der Lösung aber nicht zum Ausfallen von Kupfer-(I)oxyd bei der FEHLINGschen Probe kommt, die Gegenwart von Zucker anzeigt oder nicht. Diese Reduktionen beruhen jedoch größtenteils auf der Anwesenheit von Harnsäure und von Kreatinin. Aber auch nach Ausschaltung dieser Störung bleibt eine gewisse Reduktion übrig, die auf Traubenzucker berechnet, einer täglichen Zuckerausscheidung von etwa 0,5 g entspricht. Diese Reduktion beruht anscheinend auf einem Gemisch verschiedener Kohlenhydrate, an dem der normale Zucker des Organismus, der Traubenzucker, nur in ganz geringem Betrage beteiligt ist. Wahrscheinlich handelt es sich um dextrinartige Stoffe und um körperfremde Kohlenhydrate, die in der Nahrung enthalten waren; denn die Höhe der Ausscheidung dieser Zuckerfraktion erfährt gewöhnlich durch die Nahrungszufuhr eine Steigerung.

Zu einer Ausscheidung von Traubenzucker kommt es dagegen, wenn dem Organismus auf einmal größere Mengen von Traubenzucker zugeführt werden, so daß die Geschwindigkeit, mit der der Zucker verarbeitet wird, nicht mit seiner Aufnahme Schritt halten kann. Man bezeichnet dies als *alimentäre Glykosurie*. Ebenso gibt es auch eine alimentäre Fructosurie und Galaktosurie. Zu einer Glykosurie kommt es, wie bereits (s. Abb. 106, S. 411) bei derBesprechung der Blutzuckerregulation gezeigt wurde, wenn der Blutzucker einen Wert von 0,16 % übersteigt. Man sagt, daß dann die Zuckerschwelle der Niere überschritten ist. Da bei der Ausscheidung des Primärharns im Glomerulus auf jeden Fall Zucker aus dem Blute abgeschieden wird, kann die alimentäre Glykosurie nur darauf beruhen, daß die Rückresorption des Zuckers in dem Tubulusapparat wegen der hohen Zuckerkonzentration des Blutes nicht mehr ausreicht, um den Harn zuckerfrei zu machen. Aus dem gleichen Grunde wird denn auch bei der *Zuckerkrankheit*, beim experimentellen *Pankreasdiabetes* und bei der *Adrenalinhyperglykämie* Zucker in den Harn abgegeben. Die Rückresorption der Glucose im Tubulusapparat ist gebunden an ihre vorherige Phosphorylierung. Das erkennt man deutlich bei derjenigen Glucosurie, die bei normalem Blutzuckerspiegel nach Vergiftung mit Phlorrhizin auftritt. Der „Phlorrhizindiabetes" ist renalen Ursprungs — er wird daher auch als *renaler Diabetes* bezeichnet — und ist dadurch zu erklären, daß die Phlorrhizinvergiftung die Phosphorylierung der Glucose aufhebt und damit die Rückresorption des Zuckers in den Tubuli unmöglich macht.

Der unter pathologischen Bedingungen, vor allem also bei der Zuckerkrankheit, in den Harn ausgeschiedene Zucker ist **Traubenzucker**. Bei schweren Formen des Diabetes können Zuckerkonzentrationen im Harn von 5—10 % und tägliche Zuckerausscheidungen von 500 g und mehr vorkommen.

Außer der Ausscheidung von Traubenzucker gibt es gelegentlich auch *gesteigerte Abgaben anderer Zucker*. Wie oben schon angedeutet, kann das alimentär bedingt sein, es können aber auch Stoffwechselanomalien vorliegen. So wird gelegentlich beim Diabetes neben Glucose auch *Fructose* in größeren Mengen ausgeschieden. Auch eine *Galaktosurie* ist bekannt. Eine *Pentosurie* braucht nicht immer durch vermehrte Zufuhr von Pentosen in der Nahrung bedingt zu sein, wenn sie es auch meist ist, gewöhnlich handelt es sich dann um die Ausscheidung von Arabinose, jedoch sind auch *Rhamnose*, *Xylose*, *Ribulose* und

Xylulose beobachtet worden. Als physiologisch muß man die Ausscheidung von *Milchzucker* bei Schwangeren und Wöchnerinnen ansehen, die oft beobachtet wird, solange mit dem Stillen noch nicht begonnen wurde (sog. Milchstauung).

Ein besonderes Umwandlungsprodukt der Glucose ist die **Glucuronsäure**, die nicht in freier Form, sondern gepaart mit Phenolen also als glykosidische Verbindung im Harn in wechselnden Mengen ausgeschieden wird. Gelegentlich wird auch eine Paarung mit Benzoesäurederivaten beobachtet, so daß Esterglucuronsäuren ausgeschieden werden (s. S. 15f.). Die Menge der im Harn gefundenen gepaarten Glucuronsäuren richtet sich also nach der Menge von phenolischen Derivaten, die ausgeschieden werden müssen. Die Paarung der Phenole (*Phenol, Kresole* und *Indoxyl*) ist, wie schon wiederholt betont, eine Entgiftungsreaktion, die sich in der Leber abspielt. Phenole gelangen bei gesteigerten Fäulnisvorgängen besonders im Dünndarm in stark vermehrter Menge in den Organismus und in den Harn; deshalb ist der Harn der Pflanzenfresser reich an Phenolen und damit an Glucuronsäuren. Unter den gleichen Bedingungen weist auch die schon früher erwähnte Fraktion der *gepaarten Schwefelsäuren* eine bedeutende Vermehrung auf. An Glucuronsäure oder Schwefelsäure wird auch ein großer Teil der Steroidhormone ausgeschieden. Das sog. „*direkte*" *Bilirubin* (s. S. 120) ist ein Glucuronsäureester. Die Paarung mit Glucuronsäuren wird auch zur Entgiftung und zur Ausscheidung einer ganzen Anzahl von körperfremden Substanzen herangezogen, die nach ihrer chemischen Konstitution zu einer solchen Paarung geeignet sind. So treten Campher, Chloral, Terpentinöl und Morphin und viele andere Stoffe nach Paarung mit Glucuronsäure in den Harn über.

Im Zusammenhang mit den Kohlenhydraten ist noch zu erwähnen, daß ein Kohlenhydratabkömmling besonderer Art, die *Ascorbinsäure (Vitamin C)*, ebenfalls im Harn ausgeschieden wird, sobald die Zufuhr den Bedarf des Organismus übersteigt.

Zu den N-freien Ausscheidungsprodukten gehören auch die verschiedenen *Steroidhormone*, wie die Sexualhormone (s. S. 252ff.) und die Nebennierenrindenhormone bzw. deren zahlreiche Umwandlungsprodukte (s. S. 231f.), von denen, wie schon oben erwähnt, viele gepaart mit Schwefel- oder Glucuronsäure ausgeschieden werden.

Vielfältig ist die Ausscheidung von Ketosteroiden untersucht worden, besonders von solchen, die die Ketogruppe am C-Atom 17 tragen, den *C(17)-Ketosteroiden*. Eine Reihe von Steroidhormonen enthält eine solche Ketogruppe —wie etwa Androsteron und einige der Nebennierenrindenhormone— bei anderen kann sie bei ihren Stoffwechsel gebildet werden. Die Ausscheidung an 17-Ketosteroiden steigt mit dem Alter an, bei endokrinen Störungen erfährt sie Veränderungen, bei ADDISONscher Krankheit ist sie erniedrigt, bei Hirsutismus und auch beim Stress erhöht. Bei dem regen Stoffwechsel der Steroidhormone (s. S. 456ff.) ist es nicht verwunderlich, daß bisher nicht weniger als 42 verschiedene Ketosteroide im Harn aufgefunden werden konnten.

3. Harnfarbstoffe.

Schon der normale Harn enthält eine sehr große Anzahl von Farbstoffen, weitere können unter pathologischen Verhältnissen ausgeschieden werden. Der als *Urochrom* bezeichnete normale Harnfarbstoff besteht aus 2 Komponenten A und B. Nach RANGIER soll Urochrom A, dessen Herkunft aus dem Eiweißstoffwechsel bereits seit langem vermutet worden ist, nach dem folgenden Schema aufgebaut sein. Von anderer Seite wird angenommen,

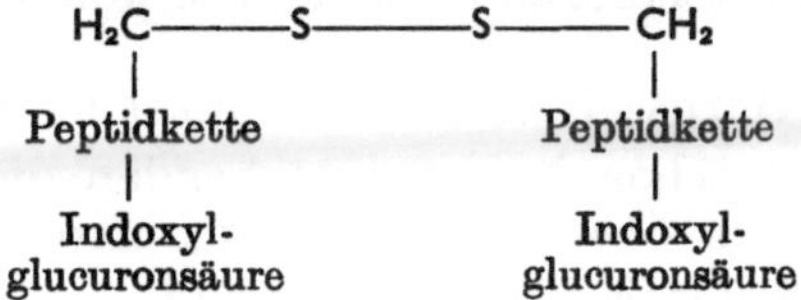

daß Urochrom B sich vom Blutfarbstoff ableitet und sich aus verschiedenen Bilifuscinfraktionen zusammensetzt.

Ein weiterer Harnfarbstoff ist das *Uroerythrin*. Es ist möglicherweise mit dem Skatolrot (= Urorosein, Uromelanin, Purpurin, Urohämatin) identisch, seine Struktur ist nicht bekannt. Man erkennt es besonders leicht in sauren, an Uraten reichen Harnen, weil es mit dem Uratniederschlag ausfällt, dem es die charakteristische Farbe des *Ziegelmehlsedimentes* verleiht (s. u.).

Ein großer Teil der Farbstoffe des normalen Harns stammt aus dem Stoffwechsel der Pyrrolfarbstoffe. So findet sich in ganz geringen Mengen *Bilirubin*, offenbar gelegentlich auch sein Oxydationsprodukt *Biliverdin*. In sehr kleinen Mengen findet man stets die sog. *Urobilinkörper*. Unter dieser Bezeichnung faßt man *Urobilinogen*, *Urobilin*, *Stercobilinogen* und *Stercobilin* zusammen. Alle diese Farbstoffe treten bei Störungen der Leberfunktion in stark vermehrter Menge auf. Bilirubin findet man besonders bei einer Behinderung des Gallenabflusses in den Darm; die Urobilinkörper, wenn die Leber nicht in der Lage ist, diese ihr vom Darm zugeführten Stoffe weiterzuverarbeiten oder wieder mit der Galle in den Darm auszuscheiden. Aber nicht nur bei Erkrankungen der Leber, sondern auch bei einer ganzen Anzahl von Erkrankungen anderer Art treten die Urobilinkörper im Harn auf. Dabei handelt es sich meist um Stercobilinogen und Stercobilin. Im normalen Harn findet man in sehr geringen Mengen Porphyrine, und zwar neben *Koproporphyrin* und *Uroporphyrin* auch Porphyrine mit 2, 3, 5, 6 und 7 Carboxylgruppen (s. S. 117). Dies Auftreten dieser Porphyrine steht sicherlich mit der Bildung der prosthetischen Gruppe des roten Blutfarbstoffs in Zusammenhang. So findet man im Harn auch das Porphobilinogen (s. S. 498). Es ist schon früher gesagt worden, daß die Harnporphyrine der Reihe III oder I angehören können. Bei der akuten Porphyrinurie scheinen die Porphyrine der Reihe III zu überwiegen, bei der kongenitalen Porphyrinurie die der Reihe I. Bei als *Porphyrie* bezeichneten Stoffwechselstörungen, aber auch bei bestimmten Vergiftungen (z. B. mit Blei und den Schlafmitteln der Sulfonalgruppe) kann der Porphyringehalt des Harns außerordentliche Steigerungen erfahren (s. S. 116).

Hämoglobin ist im normalen Harn nicht vorhanden, tritt aber in ihn über, wenn es zu einem Zerfall der roten Blutkörperchen im Körper, zur Hämolyse, und damit zu einer Hämoglobinämie kommt. Bei Erkrankungen und Verletzungen der Niere oder der abführenden Harnwege gelangen intakte rote Blutkörperchen und damit auch Blutfarbstoff in den Harn. Auch der Muskelfarbstoff Myoglobin wird vor allem bei schwerer Schädigung der Muskulatur im Harn ausgeschieden.

Von sonstigen Farbstoffen sind noch zu erwähnen: die Flavine (*Uroflavin* ist mit Lactoflavin nicht identisch, steht ihm aber nahe), ferner

Xanthopterin (Uropterin) und ein schwefelhaltiger Farbstoff *Urothion.* Zum Schluß seien noch erwähnt dunkle Farbstoffe, *Melanine* genannt, die selber oder als Vorstufe Melanogen bei Melanosarkom ausgeschieden werden.

4. Harnsedimente und -konkremente.

Verschiedentlich ist schon im Voranstehenden die Rede gewesen von Niederschlägen, die beim Stehen des Harns auftreten können. So setzt der normale Harn die aus Mucinen bestehende *Nubecula* ab. Harn, der von vornherein alkalisch ist oder durch die mit der bakteriellen Zersetzung des Harnstoffs verbundene Ammoniakbildung *(ammoniakalische Harn-gärung)* alkalisch wird, läßt einen Niederschlag von *Erdalkaliphosphaten* auftreten. Auch beim Erwärmen von schwach saurem oder neutralem Harn kann sich ein Phosphatniederschlag bilden, der sich aber zum Unterschied von einem Eiweißniederschlag in verdünnter Essigsäure wieder auflöst. Um-gekehrt fallen in einem stärker sauren Harn die Harnsäure und ihre Salze aus und bilden mit dem Uroerythrin zusammen einen Niederschlag, den man als *Ziegelmehlsediment (Sedimentum lateritium)* bezeichnet. Dieser Nieder-schlag geht beim Erwärmen in Lösung.

Im Harn kann eine Reihe von Bestandteilen auskristallisieren; sie sind in dem Sediment, das sich durch Zentrifugieren des Harns gewinnen läßt, durch ihre charakteristische Kristallform mikroskopisch zu identifizieren. So *Calciumoxalat*, das in tetragonalen Doppelpyramiden ausfällt und die sog. „Briefkuvertkristalle" bildet. Im alkalischen Harn findet man die „Sarg-deckelkristalle" von *Magnesium-ammoniumphosphat (Tripelphosphat).* Im Harn von Pflanzenfressern kommen regelmäßig Niederschläge von Calcium-carbonat vor, die im menschlichen Harn selten zu finden sind. Auch die *Harn-säure* kristallisiert in besonderer Kristallform, den „Wetzsteinkristallen", die meist durch Adsorption von Urochrom dunkelbraun gefärbt sind.

Gelegentlich kommt es bei Störungen des Stoffwechsels oder aus Ur-sachen, die noch nicht genau bekannt sind, zum Auftreten von makro-skopisch sichtbaren Kristallbildungen, die man als *Harnsteine* oder *Harn-konkremente* bezeichnet. Sie entstehen in der Blase, oft auch im Nieren-becken und können, wenn sie nicht zu groß sind, mit dem Harn nach außen entleert werden. Die Steine bestehen aus den gleichen Stoffen, die auch mikroskopisch als Sedimente im Harn gefunden werden. Es gibt also Oxalat-, Phosphat- und Carbonatsteine. Alle diese Konkremente enthalten die Kalksalze der betreffenden Säuren. Am häufigsten sind die Calcium-oxalatsteine. An Harnsteinen aus organischen Stoffen kommen häufiger vor die Harnsäuresteine, sehr selten findet man Steine, die aus Xanthin oder aus Cystin bestehen.

Außer Sedimenten und Konkrementen aus chemisch definierten Stoffen enthält der Bodensatz des Harns stets zellige Elemente. Auch im normalen Harn finden sich immer Epithelien aus den Harnwegen, also dem Nierenbecken, dem Ureter, der Blase und der Urethra. Bei krankhaften Prozessen in der Niere und den Harnwegen sind die Epithelzellen sehr stark vermehrt, und es finden sich außerdem Erythrocyten oder Leukocyten oder beide Arten von Blutzellen.

Schrifttum.

HUNTER, A.: The Physiology of Creatine and Creatinine. Physiol. Rev. **2** (1922). — PINCUSSEN, L.: Physikalische Chemie des Harnes und Allgemeine Chemie des Harnes. Handb. Biochem. 2. Aufl. Jena. Bd. V, 1925 Erg.-Werk Bd. II, 1934. — SCHMITZ, E.: Der Harn. Handb. norm. path. Physiol. Bd. IV, 233, Berlin 1929.

E. Die Ausscheidungsfunktion der Haut.
a) Die physiologischen Aufgaben der Haut.

Die Haut hat gleichzeitig und nebeneinander eine Reihe von recht verschiedenen Aufgaben. Sie schließt den Körper gegen die Außenwelt ab und schützt ihn gleichzeitig damit gegen äußere Schädigungen mechanischer und chemischer Art sowie gegen Austrocknung. Sie besorgt weiterhin einen großen Teil der physikalischen Wärmeregulation, indem durch eine Veränderung der Durchblutung des besonders reich verzweigten Gefäßnetzes der Subcutis die Wärmeabgabe gesteigert oder herabgesetzt werden kann. Durch besondere Sinnesapparate, die auf Schmerz-, Berührungs- und Temperaturreize reagieren, gibt sie dem Organismus Aufschluß über Vorgänge in seiner unmittelbaren Umgebung. Neben diesen Funktionen, von denen hier nicht die Rede sein soll, weil sie in den Lehrbüchern der Physiologie ausführlich behandelt werden, hat die Haut aber auch noch eine *Ausscheidungsfunktion*. Man kann in ihr zwei Arten von Drüsen von verschiedenem Bau und verschiedener Funktion feststellen, die *Talgdrüsen* und die *Schweißdrüsen*. Die Talgdrüsen sind oberflächlich gelegene, nur bis in die Cutis reichende alveoläre Drüsen. Sie sondern den Hauttalg ab, dessen Funktion im wesentlichen in der Einfettung der Haut besteht, sodaß sie weich und geschmeidig wird und gleichzeitig gegen Benetzungen geschützt ist. Die Schweißdrüsen sind lange, unverzweigte, tubuläre Drüsenschläuche, die bis in die Subcutis herabreichen und sich dort zu einem Knäuel aufrollen. Durch sie wird in der Hauptsache Wasser abgegeben, aber daneben auch noch eine Anzahl von festen Substanzen. Ihr Sekret bezeichnet man als *Schweiß*. Die Bildung des Schweißes steht in erster Linie im Dienste der Wärmeregulation. Zu diesem Zwecke ist es aber notwendig, daß der Schweiß auf der Hautoberfläche verdampfen kann, so daß dem Körper eine entsprechende Wärmemenge entzogen wird. Das ist aber nur der Fall, wenn der Feuchtigkeitsgehalt der Luft nicht zu hoch ist. Bei sehr hoher relativer Luftfeuchtigkeit ist die Verdunstung nicht mehr möglich, und die Schweißabsonderung verliert ihre Bedeutung für die Wärmeregulation.

Durch einige Besonderheiten in der chemischen Struktur gibt sich die funktionelle Bedeutung der Haut zu erkennen. Sie hat einen relativ niedrigen Wassergehalt (s. Tabelle 12, S. 130), so daß die Schweißbildung ganz auf Kosten des Blutplasmas erfolgen muß. Allerdings kommt der Haut auch eine gewisse Speicherungsfähigkeit für Wasser zu. Große Wassermengen, die durch Resorption aus dem Darm ins Blut gelangt sind, werden sehr rasch aus dem Blut wieder entfernt, die Ausscheidung durch die Nieren folgt dem aber nur zögernd, das Wasser muß also vorübergehend an Wasserdepots abgegeben werden. Als solches spielt besonders die Haut eine große Rolle.

Auffallend ist der ziemlich erhebliche Chlorgehalt der Haut, der sie zu dem größten Chlorspeicher des Organismus macht. Die große Festigkeit, die ihre mechanische Schutzfunktion begründet, erhält sie durch den Gehalt an den Gerüsteiweißen *Kollagen*, *Keratin* und *Elastin* (s. S. 93). Der hohe Gehalt an diesen Eiweißstoffen macht die Haut auch zum stickstoffreichsten Organ des Körpers. In der Epidermis findet sich das Keratin, und auch die verschiedenen Anhangsgebilde der Haut, die Haare, Nägel und Federn bestehen aus Keratin. Die Zusammensetzung der Keratine verschiedener

Herkunft weicht stark voneinander ab, alle sind sie aber durch einen besonders hohen Gehalt an Cystin ausgezeichnet. Elastin und Kollagen finden sich in der Cutis und Subcutis, sie sind verantwortlich für die Zerreißfestigkeit und die Elastizität der Haut. Von sonstigen Stoffen, die in der Haut vorkommen, soll erwähnt werden das 7-Dehydrocholesterin, das als Provitamin D_3 unter Einwirkung von ultravioletten Strahlen in Vitamin D_3 übergeht.

Der Oberflächenschutz des Körpers, dem bei den meisten Tieren das Keratin dient, geschieht bei den Insekten durch das *Chitin* (s. S. 31), bei den Tunicaten durch das *Tunicin* (s. S. 31). Beide Stoffe gehören zu den Polysacchariden.

Eine besondere Bedeutung hat die Haut für den Körper auch dadurch, daß sie ihm gegen Lichteinwirkungen durch die bei intensiverer Bestrahlung einsetzende Bildung dunkler Farbstoffe, der *Melanine*, einen wirksamen Strahlenschutz gewährt. Die Beziehungen der Melanine zum Tyrosin sind schon früher besprochen worden (s. S. 346).

b) Der Hauttalg.

Über die genaue Zusammensetzung des Sekretes der Talgdrüsen der menschlichen Haut ist nicht sehr viel bekannt, weil die täglich von der ganzen Körperoberfläche abgegebene Talgmenge nur wenige Gramm zu betragen scheint, und weil es außerdem nur schwer möglich ist, Talg zu gewinnen, der nicht mit Schweiß oder mit abgeschilferten verhornten Epithelien vermischt wäre. Es finden sich in ihm größere Mengen von Neutralfetten, daneben ist neuerlich in dem menschlichen Talg ein einwertiger Alkohol mit 20 C-Atomen, der *Eikosylalkohol* ($C_{20}H_{41}OH$), aufgefunden worden. Da der Talg auch höhere Fettsäuren enthält, kommen in ihm wohl auch den pflanzlichen Wachsen entsprechende Stoffe vor. Von Interesse ist auch das Vorkommen von Squalen im Talg, da es als Vorstufe von Cholesterin angesehen wird (s. S. 455f.). Der Gehalt an freiem und verestertem Cholesterin im Talg beruht allerdings anscheinend auf der Beimengung der verhornten Epithelien. Es erscheint aber nicht als ausgeschlossen, daß Squalen und Cholesterin in der Epidermis synthetisiert werden, und zwar Squalen in den Talgdrüsen, Cholesterin dagegen in der Epidermis selber. Die Talgabscheidung sinkt bei Herabsetzung der Außentemperatur, sie ist aber weder bei vermehrter Schweißabsonderung noch bei verstärkter körperlicher Arbeit gesteigert. Die Verteilung der Talgdrüsen auf der Körperoberfläche ist nicht gleichmäßig; besonders reich an Talgdrüsen sind die Kopf- und die Gesichtshaut, doch gibt es auch dabei starke individuelle Verschiedenheiten.

c) Der Schweiß.

Der Schweiß ist eine getrübte, farblose Flüssigkeit von salzigem Geschmack. Durch seinen Gehalt an niederen Fettsäuren hat er einen eigenartigen aromatischen Geruch. Es ist zu unterscheiden zwischen der eigentlichen Schweißabgabe, der sichtbaren Ausscheidung von Wasser durch die Haut *(Perspiratio sensibilis)*, und einer Wasserabscheidung in Dampfform, die nicht als Schweißabgabe erkennbar ist *(Perspiratio insensibilis)* und die man nur durch sehr genaue Wägungen des unbekleideten Körpers feststellen kann. Zur Perspiratio insensibilis gehört auch die Wasserabgabe mit der Ausatmungsluft. Ein erheblicher Teil der auf die Haut zu beziehenden unmerklichen Wasserabgabe kommt nicht durch die Schweißdrüsen, sondern durch das Oberflächenepithel der Haut zustande. Die Epithelzellen können aber lediglich Wasser ausscheiden und auch die Wasserabgabe durch die Schweißdrüsen bei der Perspiratio insensibilis ist höchstens mit der Ausscheidung sehr geringer Mengen von festen Stoffen verbunden. Die Schweißabsonderung wird nervös vom Zentralnervensystem gesteuert. Sie kann auf psychischem Wege ausgelöst werden (Angstschweiß). Der eigentliche adäquate Reiz ist aber eine Temperaturerhöhung des Blutes, so daß auch lokale Erwärmungen der Haut, die zu einer Schweißabgabe führen, erst durch Vermittlung des Zentralnervensystems wirksam werden.

Die Menge des täglich durch die Haut abgegebenen Wassers beträgt etwa 800—1000 cm³, von denen ungefähr ein Drittel auf die unmerkliche Wasserabgabe entfällt. Da die Verteilung der Schweißdrüsen in den verschiedenen Hautbezirken stark schwankt — am reichlichsten finden sie sich im allgemeinen an den Handflächen und Fußsohlen — ist die Schweißbildung verschiedener Hautbezirke nicht gleich. Bei starker Erwärmung oder im Gefolge angestrengter Körpertätigkeit steigt die Schweißabsonderung erheblich an und kann dann bis zu 4 oder mehr Liter betragen, ja in den Tropen sind bei körperlicher Arbeit und gleichzeitigem Ersatz des ausgeschiedenen Wassers Schweißmengen von 10—15 Litern beobachtet worden. Das *spezifische Gewicht* des Schweißes ist niedriger als das des Blutplasmas, aus dem er entsteht, es beträgt nur 1,005—1,013; die *Gefrierpunktserniedrigung* ist auch geringer und liegt zwischen 0,24—0,42°. Die ziemlich erheblichen Schwankungen deuten darauf hin, daß die Zusammensetzung des Schweißes offenbar sehr verschieden sein kann. Die Unterschiede betreffen in erster Linie den *Kochsalzgehalt.* Der Schweiß enthält normalerweise zwischen 0,3 und 0,4 % NaCl, bei gesteigerter Schweißabgabe kann der Gehalt sogar bis auf 0,5 % ansteigen, bei sehr geringer Schweißproduktion dagegen weit unter den Normalwerten liegen; es wird also offenbar durch eine Steigerung der Wasserabgabe eine deutliche Verminderung im Chlorbestand des Körpers verursacht. Diese Chlorverarmung geht zuweilen so weit, daß nach einer stärkeren Schweißabsonderung sogar noch ein weiterer Wasserverlust verzeichnet werden kann. Es ist eigentümlich, daß der Chloridgehalt des Blutplasmas auch nach sehr erheblicher Schweißproduktion kaum verändert ist, die Chloride müssen demnach entweder aus der Haut selber stammen, oder wenn sie vom Blut abgegeben werden, rasch wieder aus anderen Quellen ersetzt werden. Gegenüber dem Kochsalzgehalt treten alle übrigen Bestandteile des Schweißes weit zurück. Von Bedeutung ist aber vielleicht die Tatsache, daß der an sich geringe *Kaliumgehalt* immer den Kaliumgehalt des Blutplasmas übertrifft, und daß gerade die Kaliumausscheidung bei verstärkter Schweißproduktion relativ besonders hoch ist. Man hat die Ermüdungserscheinungen des Muskels mit diesem Kaliumverlust in Zusammenhang gebracht. An sonstigen anorganischen Bestandteilen finden sich in sehr geringer Menge *Calcium-* und *Magnesiumphosphate* sowie *Sulfate.*

Der Gehalt an *organischen* Stoffen ist ziemlich niedrig. Man findet kleine Mengen von *Eiweiß*, daneben niedermolekulare stickstoffhaltige Bestandteile; der Gesamt-N-Gehalt beträgt etwa 0,05 %. Der größte Teil davon ist *Harnstoff*, dessen Menge auch großen Schwankungen unterliegt. Bei verstärkter Schweißabgabe soll der Harnstoffgehalt etwa auf das 2- bis 3fache des normalen ansteigen können. Außer Harnstoff kommt in minimaler Menge auch *Harnsäure* vor. Auch *Kreatinin* wird mit dem Schweiß ausgeschieden. Die Ausscheidung steigt bei stärkerer Muskelarbeit an. Von den Aminosäuren ist das *Serin* als Bestandteil von Schweiß lange bekannt. Jedoch sind auch zahlreiche andere Aminosäuren im Schweiß identifiziert worden, darunter besonders reichlich Arginin und Histidin. Außerdem kommen vor *Aceton* und *Milchsäure*. Nach angestrengter körperlicher Arbeit steigt der gewöhnlich sehr niedrige Milchsäuregehalt auf hohe Werte an. Nach einem Fußballspiel wurden z. B. im Schweiß der Spieler mehrere Gramm Milchsäure gefunden. Das ist viel mehr als gleichzeitig im Harn ausgeschieden wird. Die Milchsäureausscheidung in den Schweiß ist für den Körper sehr zweckmäßig. Die Reaktion des Schweißes entspricht gewöhnlich einem p_H-Wert von etwa 6, sie kann aber auch p_H 3 erreichen. Bei einer solchen Reaktion ist die Ausscheidung der Milchsäure nur mit einem ganz geringfügigen · Alkaliverlust verbunden, wogegen bei der um mehrere p_H-Einheiten alkalischeren Reaktion des Harns mit der Milchsäure eine viel größere Alkalimenge ausgeschieden werden müßte (s. S. 566 f.). Es ist also unter bestimmten funktionellen Bedingungen sehr mit der Bedeutung der Abgabe von Säuren in den Schweiß für das Säure-Basen-Gleichgewicht zu rechnen.

Sehr häufig ist die Frage untersucht worden, ob die weitgehende Ähnlichkeit, die in der qualitativen Zusammensetzung von Harn und Schweiß besteht, auch darin ihren Ausdruck findet, daß bei einem Versagen der Nierentätigkeit eine vermehrte Ausscheidung von harnfähigen Stoffen durch die Haut eintreten kann. Es kann anscheinend bei Nierenerkrankungen Kochsalz vermehrt durch die Haut ausgeschieden werden, und auch geringfügige Steigerungen der Harnstoffausscheidung sind beschrieben worden, doch fällt dies für die Entlastung der Niere oder für den Ersatz ihrer Funktion nicht ins Gewicht.

Es sei noch erwähnt, daß der *Gaswechsel* durch die Haut gegenüber dem Gesamtgaswechsel vernachlässigt werden kann. Nur etwa 1 % der Kohlensäureabgabe und der Sauerstoffaufnahme des Körpers vollziehen sich durch die Haut.

F. Die Milchdrüse und die Milch.

a) Die Milchdrüse.

Es erscheint berechtigt, im Anschluß an die Haut die *Milchdrüsen* zu behandeln, weil sie sich aus der Epidermis herleiten und phylogenetisch den Talgdrüsen entsprechen. Die ruhende Milchdrüse besteht nur aus einem spärlichen, epithelialen Parenchym, das von straffem Bindegewebe zusammengehalten wird und in reich entwickeltes Fettgewebe eingelagert ist. Nach der Befruchtung eines Eies beginnt im mütterlichen Organismus eine mächtige Entwicklung des drüsigen Gewebes unter Einschmelzung des Bindegewebes. Die Entwicklung wird ausgelöst durch hormonale Einflüsse, die vom Ovarium, vielleicht auch von der Placenta ausgehen, und gegen Ende der Schwangerschaft, wenn die Milchbildung einsetzt, tritt die Wirkung eines besonderen Hormons des Hypophysenvorderlappens hinzu, und vor allem nach Beginn der Abgabe der Milch, der Saugreiz an der Brustwarze. Das *Colostrum*, das in den ersten Tagen der Tätigkeit der Brustdrüse gebildete Sekret, ist in seinen Eigenschaften und in seiner Zusammensetzung deutlich von der Milch verschieden (s. u.).

Die Milch enthält eine Reihe von Stoffen, die für sie spezifisch sind und im übrigen Organismus nicht vorkommen. Ihre Funktion bei der Milchproduktion kann sich also nicht darauf beschränken, die in die Milch auszuscheidenden Stoffe dem Blute zu entnehmen, um sie dann in die Milch zu sezernieren. Die Bildung der charakteristischen Bestandteile der Milch, der Eiweißkörper, Fette und Kohlenhydrate, setzt vielmehr eine aktive Stoffwechselleistung der Brustdrüse voraus.

1. Die Bildung des Milchzuckers.

Die Milch enthält, wie weiter unten (s. S. 586) näher gezeigt wird, eine große Zahl von verschiedenen Kohlenhydraten. Mengenmäßig überwiegt aber der Milchzucker (Lactose) (Chemie, s. S. 24). Von den beiden Monosaccharidanteilen des Milchzuckers enthält das Blut in freier Form lediglich Glucose. Galaktose kommt zwar als Baustein vieler Eiweißkörper auch im Blut vor, und man könnte annehmen, diese Galaktose würde zum Aufbau von Milchzucker verwendet. Aber sowohl Versuche an lactierenden Tieren als auch an Extrakten oder Homogenaten der Brustdrüse haben eindeutig gezeigt, daß die Quelle beider Monosaccharidhälften der Lactose die Glucose, also der gewöhnliche Blutzucker ist. Die Umwandlung der Glucose in Galaktose bedient sich des schon früher besprochenen Uridyl-cofermentsystems (s. S. 433f.). Man kann annehmen, daß sich Uridintriphosphat und Glucose-1-phosphat unter Abspaltung von Pyrophosphat und unter Mitwirkung der Uridyltransferase zu Uridindiphosphat-glucose umsetzen, und diese dann durch Galaktoepimerase in Uridindiphosphat-galaktose umgelagert wird. Galaktosyl-transferase überträgt dann den Galaktoserest auf Glucose-1-phosphat, so daß Lactose-1-phosphat entsteht, aus dem durch Abspaltung von Phosphorsäure Lactose frei gesetzt wird. Zur Synthese von Kohlenhydraten kann die Brustdrüse auch Essigsäure, Buttersäure und Propionsäure ausnützen, was nach den früher geschilderten Verknüpfungen im intermediären Stoffwechsel verständlich ist.

Im Euter und im Colostrum, nicht in der Milch, wurde bei der Kuh *Sedoheptulose* nachgewiesen, ein Hinweis auf die Möglichkeit der direkten Oxydation von Kohlenhydrat im Euter.

2. Die Bildung des Milchfettes.

Anders als die Kohlenhydrate der Milch, die allein in der Milchdrüse gebildet werden, kann ein Teil der Fettsäuren, die das Milchfett zusammensetzen, durch die Brustdrüse aus dem Blut in die Milch abgegeben werden. Dies ist in Versuchen erwiesen worden, in denen der Übergang verfütterter, körperfremder Fette in die Milch nachgewiesen worden ist. Aber die Hauptmenge der Fettsäuren des Milchfettes wird auch in der Milchdrüse produziert, und zwar überwiegend aus Essigsäure. Die Verlängerung der Kette kurzkettiger Fettsäuren durch Anlagerung von Essigsäure spielt gegenüber der völligen Neubildung auch hochmolekularer Fettsäuren eine geringe Rolle. Das Fermentsystem der Fettsäuresynthese ließ sich aus der Brustdrüse in löslicher Form gewinnen. Es wurde gefunden, daß die Bildung der Fettsäuren abhängig ist von der Gegenwart von Adenosintriphosphat, von Coenzym A und von Diphosphopyridin-nucleotid. Glucose steigert die Synthese von Fettsäuren, z. T. weil sie auf dem Wege über Essigsäure in Fettsäuren übergeht, zum Teil aber auch durch Verwertung der bei ihrem oxydativen Abbau freiwerdenden Energie. Eine Steigerung erfährt die Fettsynthese auch durch die Glieder des Citronensäurecyclus. Besonders Malonsäure fördert, mehr noch im Zusammenwirken mit α-Ketoglutarsäure.

Das für die Fettbildung erforderliche *Glycerin* wird auch von der Brustdrüse gebildet. Muttersubstanzen sind Acetat, Glucose oder Lactose. Die Brustdrüse bildet auch *Phosphatide* und *Cholesterin*, beide Lipoidarten gehen in die Milch über.

3. Die Bildung von Eiweiß.

Auch die Eiweißkörper der Milch, und zwar sowohl das Casein als auch die Eiweißkörper der Molke werden in der Milchdrüse gebildet, und zwar werden sie vollständig aus freien Aminosäuren, die dem Blute entnommen werden, synthetisiert. Markierte Aminosäuren, die ins Blut injiziert worden waren, konnten etwa 2 Std später im Milcheiweiß nachgewiesen werden. Dagegen wurde ^{14}C, der eingebaut in Protein injiziert worden war, nur zu einem ganz geringen Teil in der Milch wiedergefunden.

b) Die Milch.

1. Eigenschaften und Zusammensetzung der Milch.

Die Milch enthält alle für die Aufzucht der Jungen erforderlichen Nährstoffe und die meisten davon auch in ausreichender Konzentration. Der Begriff Nährstoffe ist dabei soweit wie möglich zu fassen, er soll alle für die Ernährung nötigen Stoffe, nicht nur die Calorienträger der Nahrung bezeichnen. Als solche enthält die Milch Eiweiß, Fett und Kohlenhydrate; als Nährstoffe im allgemeineren Sinn das Wasser, die verschiedenen Salze, die Vitamine und wohl auch noch eine Reihe anderer Stoffe, die aber nur zu einem kleinen Teil bekannt sind.

Die Milch ist eine weiße bis gelbliche Flüssigkeit von süßlichem Geschmack. Die weiße Farbe beruht auf den kleinen Fettkügelchen, die in der wäßrigen Lösung der anderen Milchbestandteile emulsionsartig verteilt sind. Man führt die Emulgierung des Fettes in der Milch auf die Umhüllung der einzelnen Fetttröpfchen mit einer Eiweißmembran *(Haptogenmembran)* zurück. Das Membraneiweiß ist von den bekannten Eiweißkörpern der Milch verschieden. Nach elektronenoptischen Aufnahmen besteht die Haptogenmembran aus einer ziemlich dünnen inneren Eiweißschicht, der nach außen eine Schicht feiner Tröpfchen aufliegt, die für Phosphatide gehalten werden. Die äußere Schicht besteht aus einer schleimigen Schicht.

Der Gehalt an fettlöslichen Farbstoffen *(Lipochromen)*, die zu den Carotinoiden gehören (Carotine, Xanthophyll, Lycopin, Lutein), unter denen sich also auch Axerophthol (Vitamin A) und seine Vorstufen befinden, verleihen der Milch ihre schwach gelbliche Farbe. Alle diese Farbstoffe sind ursprünglich mit der Nahrung in den tierischen Organismus gelangt und werden durch die Milchdrüse wieder ausgeschieden.

Nach Ausfällung der Fette und der Eiweißkörper erhält man als Filtrat die *Molke*, und zwar nach Ausfällung mit schwachen Säuren (Essigsäure, Milchsäure) die „saure Molke", bei der Labgerinnung die „süße Molke". Auch die Molke enthält geringe Mengen von (wasserlöslichen) Farbstoffen *(Lyochrome)*, von denen bisher das *Riboflavin* (Vitamin B_2), isoliert wurde.

Der Wassergehalt der Milch und ihr Gehalt an kristalloid gelösten Stoffen ist ziemlich konstant, wogegen Fett- und Eiweißmengen recht großen Schwankungen unterworfen sind. Man hat daher angenommen, daß an der Bildung der Milch zwei Vorgänge beteiligt sind, von denen der erste als eine einfache Ultrafiltration aus dem Blutplasma das Wasser und die Salze abscheidet. Die zweite Phase betrifft die Bildung der charakteristischen Milchbestandteile, der Eiweißkörper, des Milchfettes und des Milchzuckers, die, wie oben im einzelnen gezeigt, durch eine *aktive Tätigkeit der Drüsenzellen* gebildet werden.

Eiweißreich ist die Milch bei solchen Tierarten, deren Jungen bei der Geburt eine ziemlich schlecht entwickelte Muskulatur haben.

Die quantitative Zusammensetzung der Milch der verschiedenen Tierarten weicht voneinander ziemlich erheblich ab, und, auch bei verschiedenen Angehörigen der gleichen Art findet man deutliche Unterschiede, vor allem

Tabelle 118. Zusammensetzung der Milch verschiedener Säugetiere (in %).

Milchart	Casein	Molkeneiweiß	Zucker	Fett	Asche
Mensch	0,9	1,2	6,3	3,7	0,21
Kuh	3,0	0,6	4,7	3,7	0,72
Pferd	1,3	0,7	6,0	1,3	0,51
Katze	3,8	3,2	4,8	4,8	0,58
Hund	4,8	2,6	3,2	11,6	
Rentier	8,4	1,5	2,8	17,1	1,20
Meerschweinchen	4,7	0,6	2,3	7,0	

in Abhängigkeit von der Dauer der Lactationsperiode. Die in Tabelle 118 angeführten Zahlen sind daher Durchschnittswerte. Unterschiede ergeben sich ferner durch die Art der Fütterung. Für die Ernährung des Säuglings sind besonders wichtig die Differenzen zwischen Kuhmilch und Frauenmilch, da bei künstlicher Ernährung des Säuglings wegen ungenügender Milchproduktion der Mutter für einen zweckmäßigen Ersatz gesorgt werden muß. In Tabelle 118 finden sich auch die wichtigsten Unterschiede in der Zusammensetzung von Kuhmilch und von Frauenmilch.

Die Kuhmilch ist also reicher an Eiweiß und Salzen, ärmer an Zucker. Da zu hohe Eiweißzufuhr beim Säugling zu schweren Gesundheitsstörungen führt, muß die zur Säuglingsernährung verwandte Kuhmilch verdünnt werden. Damit sinkt ihr Kohlenhydrat- und ihr Fettgehalt. Man gleicht das calorische Defizit durch Zulage von Kohlenhydrat und zweckmäßig auch von Butter aus.

α) *Anorganische Bestandteile.*

Unter den Salzen der Milch überwiegen die *anorganischen Phosphate*, die vorwiegend als Calciumphosphat, daneben als Kaliumphosphat vorkommen. Relativ hoch ist auch der Gehalt an *Kochsalz* und *Citraten*. In wesentlich geringerer Menge kommen vor *Hydrogencarbonat*, *Sulfate*, *Magnesium-* und *Eisensalze*. Hinsichtlich der Mengen der einzelnen Salze bestehen zwischen den verschiedenen Milcharten bemerkenswerte Unterschiede. Nach BUNGE ist die Zusammensetzung der Milchasche bei schnell wachsenden Tieren der Zusammensetzung der Asche der Jungen dieser Tiere ganz außerordentlich ähnlich. Für langsam wachsende Tiere und für den Menschen trifft das nicht zu, weil während des größten Zeitraums des Wachstums die Zufuhr anderer Nahrungsmittel eine wesentlich größere Rolle spielt. Bei den schnell wachsenden Tieren reicht nach

Tabelle 119 allein der Eisengehalt der Milch nicht an den Eisengehalt des Tieres heran; für den Menschen ist das Mißverhältnis noch größer. Dieses Defizit wird anscheinend dadurch ausgeglichen, daß das Neugeborene einen größeren Eisenvorrat mitbringt.

Tabelle 119. Prozentische Zusammensetzung der Asche der Milch und der Säuglinge verschiedener Tiere (berechnet als Oxyde). (Nach ABDERHALDEN.)

	Hund		Kaninchen		Meerschweinchen		Mensch	
	Säugling	Milch	Säugling	Milch	Säugling	Milch	Säugling	Milch
K_2O . . .	8,49	11,86	10,84	10,06	8,09	9,69	7,06	32,04
Na_2O . .	8,21	5,75	5,96	7,92	6,79	9,00	7,67	13,1
CaO . .	35,84	33,74	35,02	35,65	32,36	31,07	38,08	13,9
MgO . .	1,61	1,57	2,19	2,20	3,44	3,10	1,43	1,9
Fe_2O_3 . .	0,34	0,12	0,23	0,08	0,28	0,17	0,94[1]	0,07
P_2O_5 . . .	39,82	36,79	41,94	39,86	41,79	37,02	37,66	11,4
Cl	7,34	13,14	4,94	5,42	9,46	12,84	6,61	21,7

β) Kohlenhydrate.

Nach neueren Untersuchungen ist der **Milchzucker** (über seine Struktur s. S. 24) nicht der einzige Zucker der Milch, vielmehr enthalten Frauen- wie Kuhmilch noch eine Reihe von anderen Zuckern. In Kuhmilch wurden z. B. neben Milchzucker noch sieben verschiedene Zucker durch Chromatographie nachgewiesen. Ihre Komponenten waren Glucose, Galaktose, Mannose, Lactose, Acetylglucosamin und Neuraminsäure. Ihre Struktur im einzelnen ist noch unbekannt.

Besser bekannt sind die Kohlenhydrate der *Frauenmilch,* die von R. KUHN und seinen Mitarbeitern untersucht wurden. Es sind Oligo- und Polysaccharide aus 3—12 Monosaccharideinheiten. Die früher beschriebene *Gynolactose* ist ein Gemisch derartiger Saccharide. Insgesamt beträgt der Gehalt der Frauenmilch an derartigen Zuckern 3,0—3,3 g pro *l,* die sich nach MONTREUIL auf 14 verschiedene Zucker verteilen. Ihre Bausteine sind *Galaktose, Glucose, Fucose, Xylose* und N-*Acetyl-glucosamin.* Auch *Galaktosamin* konnte in Frauenmilch nachgewiesen werden. Ferner wird in der Milch N-*Acetyl-neuraminsäure* gefunden, die man als *Gynaminsäure* oder *Lactaminsäure* bezeichnet hat. Sie kommt in Bindung an Lactose vor. Diejenigen Saccharide der Frauenmilch, die N-Acetylglucosamin enthalten, wirken wachstumsfördernd auf den Lactobacillus bifidus, der sich im Stuhl von Kindern findet, die mit Muttermilch ernährt werden. Sie entsprechen also dem sog. *Bifidus-Faktor.*

Die Strukturen von einigen Oligosacchariden der Frauenmilch konnte aufgeklärt werden. Es handelt sich um α-L-*Fucopyranosido-2-β-*D-*galaktosido-4-*D-*glucopyranose, Galaktosido-4-β-fucosido-glucose, Fucosido-galaktosido-fucosido-glucose,* D-*Glucosido-*D-*galaktosido-*N-*acetyl-*D-*glucosaminosido-*D-*galaktose,* α-L-*Fucosido-β-*D-*galaktosido-β-*D-*glucosaminosido-β-*D-*galaktosido-α-*D-*glucose.*

γ) Das Milchfett.

Das Milchfett ist der Hauptbestandteil der *Butter.* Im Kuhmilchfett hat man alle gesättigten, geradzahligen Fettsäuren von C_4—C_{26} gefunden (s. S. 35, Tabelle 1). Es sei daran erinnert, daß es wie die meisten Fette fast nur aus Glyceriden mit verschiedenen Fettsäuren, also aus gemischten

---

[1] $Fe_2O_3 + Al_2O_3$.

Glyceriden, besteht. Unter den Fettsäuren überwiegen Ölsäure und Palmitinsäure. In größerer Menge kommen noch vor Myristinsäure und Stearinsäure; die anderen Säuren treten dagegen weit zurück. Zum Unterschied von der Kuhmilch enthält die Frauenmilch nur sehr wenig niedere Fettsäuren.

Neben Neutralfetten enthält die Milch auch in ganz geringen Mengen *Phosphatide* und freies sowie verestertes *Cholesterin*, sowie in kleinen Mengen *Ergosterin*.

δ) Die Eiweißkörper.

Der wichtigste und zugleich für sie charakteristische Eiweißkörper der Kuhmilch ist das *Casein*. Wenn man durch Zusatz von verdünnter Essigsäure das Casein vorsichtig und vollständig ausfällt, so enthält das Filtrat, die saure Molke, noch die Molkeneiweißkörper (s. Tabelle 120).

Die Unterschiede in der Aminosäurezusammensetzung der Eiweißkörper in Frauen- und Kuhmilch zeigt die Tabelle 121.

Durch Elektrophorese lassen sich in der Kuhmilch, deren Zusammensetzung am besten bekannt ist, 3 verschiedene Caseine und 6 verschiedene Molkeneiweißkörper unterscheiden (s. Tabelle 120). In der Frauenmilch sollen sogar 15 verschiedene Proteine vorkommen, von denen 4 der Casein-Fraktion angehören. Über Casein siehe im übrigen S. 94f.

Da der I.P. von Casein weit im sauren Gebiet liegt, ist es bei der neutralen Reaktion der Milch als Säure dissoziiert und bindet daher eine ziemlich große Menge von Kationen, und zwar von Calciumionen. Calciumcaseinat-Lösungen überziehen sich beim Erwärmen mit einem Häutchen. Ob sich das Frauenmilchcasein vom Kuhmilchcasein prinzipiell unterscheidet, ist nicht sicher. Chemische Unterschiede, die über die üblichen Differenzen zwischen gleichartigen Eiweißkörpern hinausgingen, haben sich nicht auffinden lassen (vgl. Tabelle 121). Dagegen bestehen Unterschiede in der Ausfällbarkeit durch Säuren. Das Kuhmilchcasein fällt in groben und schweren Flocken aus, das Frauenmilchcasein in viel feineren Flocken, und nach ultramikroskopischen Untersuchungen ist anzunehmen, daß sich auch in der Kuhmilch von vornherein das Casein in viel gröber dispersem Zustand befindet als in der Frauenmilch.

Tabelle 120. Eiweißfraktionen der Kuhmilch (in % von Gesamteiweiß, nach E. L. Smith).

Eiweiß	In % von Gesamteiweiß
Casein	80
α-Casein	60
β-Casein	17,6
γ-Casein	2,4
Molkeneiweiß	20
Globulinfraktion	
Euglobulin . . .	1,2
Pseudoglobulin .	0,8
Komponente III .	3,6
Albuminfraktion	
α-Lactalbumin .	2,4
β-Lactoglobulin .	11,0
Blutserumalbumin	1,0

Tabelle 121. Analyse von Casein und Lactalbumin aus Frauen- und Kuhmilch. (Nach Plimmer und Lowndes.)

	Kuhmilch		Frauenmilch	
	100 g Milch enthalten			
	Casein 2,28	Lactalbumin 0,71	Casein 0,32	Lactalbumin 0,68
	100 g Eiweiß enthalten			
Arginin	3,7	3,9	3,7	5,0
Histidin . . .	1,7	1,8	1,5	1,6
Lysin	6,1	6,2	5,3	6,6
Tryptophan . .	1,4	1,8	0,9	2,5
Tyrosin . . .	5,8	3,6	5,2	4,4
Cystin	0,4	3,4	0,6	4,4
Methionin. . .	2,9	2,2	2,8	1,3

Vielleicht bedingen lediglich diese physiko-chemischen Unterschiede die verschiedene Fällbarkeit. Eine der charakteristischen Eigenschaften des Caseins ist seine Ausflockung bei der *Labgerinnung*, über die ebenfalls schon früher ausführlich berichtet wurde (s. S. 94 und 316).

In der Fraktion der Eu- und Pseudoglobuline finden sich die *Immunglobuline*. Die Komponente III ist noch nicht näher untersucht. Unter den Molkeneiweißkörpern überwiegt mengenmäßig das β-Lactoglobin, das sich aus mehreren Komponenten zusammensetzt. Sein Molekulargewicht beträgt etwa 35000, jedoch kann es unter bestimmten Bedingungen in zwei anscheinend identische Einheiten von 17500 zerfallen. Die Bezeichnung β-Lactoglobulin weist auf eine Verwandtschaft mit den β-Globulinen des Blutplasmas hin. In der Milch kommen auch Mucoproteide vor. Die Zuckerkomponenten entsprechen im wesentlichen den bei den Kohlenhydraten der Milch aufgeführten Verbindungen. Besonders hinzuweisen ist auf ihren Gehalt an N-Acetyl-neuraminsäure (s. S. 19).

α-Lactalbumin gerinnt beim Kochen der Milch zu einem Teil und überzieht sich anscheinend zudem noch mit einer Schicht von unlöslichem Calciumcarbonat, so daß sich das Milchhäutchen ausbildet. Das genuine Albumin der Milch soll ein Molekulargewicht von weniger als 1000 haben; wenn man es mit Ammonsulfat aussalzt, steigt das Molekulargewicht an, und es finden sich zwei Fraktionen mit Gewichten von 12000 bzw. 25000. Gerade diese Tatsache zeigt besonders deutlich, daß die Aussalzung sehr häufig die Molekülgröße der Eiweißkörper ändern kann. Man nimmt an, daß die Globulin- und Albuminfraktion der Milch mit den entsprechenden Serumeiweißfraktionen nahe verwandt sind und aus ihnen entstehen.

ε) Vitamine und Fermente.

Wie schon früher bei der Besprechung der einzelnen Vitamine hervorgehoben wurde, enthält die Milch die Mehrzahl der Vitamine, wenn nicht überhaupt alle. Die Tabelle 122 gibt eine Zusammenstellung der an Kuhmilch und an Frauenmilch erhaltenen Werte. Man sieht, daß bei einzelnen Vitaminen die Unterschiede im Gehalt erheblich sind und daß die Werte eine große Streuung zeigen. Dies ist in erster Linie auf den schwankenden Gehalt der Nahrung an Vitaminen zurückzuführen. Jedoch ist zu berücksichtigen, daß Vitamine im Organismus gespeichert werden können, und daß vorübergehend die Milch mehr von dem einen oder anderen Vitamin enthalten kann als dem Vitamingehalt der Nahrung entspricht. Für den Gehalt der Kuhmilch an Calciferol ist besonders bedeutungsvoll, daß die Tiere auf der Weide gehalten und damit der ultravioletten Strahlung ausgesetzt werden. Wenn der Gehalt der Milch an Vitaminen

Tabelle 122. Vitamingehalt von Kuhmilch und Frauenmilch (in γ-%).

Vitamin	Kuhmilch	Frauenmilch
A=Axerophthol . . .	60	61 (15—226)
Carotin	33	25 (2—77)
B_1 = Thiamin . . .	24—57	7—29
B_2 = Riboflavin . .	100—150	15—50
B_2 = Pyridoxin . . .	67 (60—160)	15—20
B_{12} = Cobalamin . .	0,16—0,65	0,04
Nicotinsäureamid . .	70—101	183 (66—330)
Pantothensäure . . .	280—360	246 (86—584)
Pteroylglutaminsäure .	5	45
Biotin	3	0,8
C = Ascorbinsäure .	1500—2500	4000—7000
D = Calciferol . . .	0,2—0,5	0,1—0,15
E = Tokopherol . .	60—100	940—4800
K = Phyllochinon . .	3000	800

auch nicht besonders hoch ist, so doch immerhin so hoch, daß für die meisten Vitamine die Milch eine wertvolle Quelle ist.

Die Milch enthält ferner eine große Zahl von *Fermenten*. Sie stammen zum Teil aus den Zellen der Milchdrüse und werden anscheinend bei der Milchbereitung mit abgegeben. Der Gehalt an einer *Lipase* ist vielleicht für die Verdauung des Milchfettes bedeutungsvoll. Daneben enthält die Milch aber auch immer Bakterien und damit deren Fermente. Es ist praktisch unmöglich, völlig keimfreie Milch zu erhalten, da die Bakterien sich bereits in den Milchgängen der Drüse befinden. Da diese Bakterien besonders milchsäurebildende Fermente enthalten, ist die bei länger aufbewahrter Milch, besonders bei höherer Außentemperatur, spontan oder beim Aufkochen eintretende Milchgerinnung verständlich. (Diese Säuregerinnung darf nicht mit der Labgerinnung verwechselt werden. Die Säuregerinnung ist eine isoelektrische Ausfällung des Caseins, die Labgerinnung beruht auf seiner fermentativen Umwandlung.) Unter den körpereigenen Fermenten finden sich proteolytische, amylolytische und fettspaltende Fermente, Phosphatasen, sowie Oxydationsfermente. Das Vorkommen der Oxydationsfermente ist von praktischer Bedeutung. Das SCHARDINGER-*Enzym* (s. Tabelle 68, S. 340) wird beim Erhitzen der Milch zerstört, erhitzte Milch hat also die Eigenschaft verloren, Methylenblau durch Aldehyde zu Leukomethylenblau zu reduzieren. Eine Anzahl der Milchfermente ist an die Milchkügelchen gebunden und ist dort wohl in der äußeren Eiweißhülle lokalisiert, z. B. die Phosphatasen, das SCHARDINGER-Enzym und die Katalase.

2. Das Colostrum.

Das Colostrum, das kurz vor dem Eintritt der Geburt und in den ersten Tagen des Wochenbettes abgesondert wird, unterscheidet sich von der Milch durch seine deutlich gelbe Farbe, durch sein wesentlich höheres spezifisches Gewicht, das auf einem viel größeren Eiweißgehalt beruht, sowie dadurch, daß in ihm massenhaft Leukocyten, sog. *Colostrumkörperchen*, enthalten sind. Beim Frauenmilchcolostrum kann der Eiweißgehalt so hoch sein, daß es beim Erwärmen gerinnt. Die Vermehrung des Eiweißes betrifft weniger das Casein als die beiden anderen Eiweißkörper, besonders die Globulinfraktion, womit die Koagulierbarkeit erklärt wird. Im Laufe einiger Tage wandelt sich das Colostrum allmählich in die Milch um.

Schrifttum.

GRIMMER, W.: Milchdrüse und Milch. Handb. Biochem. 2. Aufl. Erg.-W. Bd. II. Jena 1934. — McMEEKIN, T. H., and B. D. POLIS: Milk proteins. Adv. Protein Chem. 5, 202 (1949). — SCHLOSSMANN, A., u. A. SINDLER: Milchdrüse und Milch. Handb. Biochem. 2. Aufl. Bd. IV. Jena 1925.

Sachverzeichnis.

Fetter Punkt hinter der Seitenzahl = Formel im Text, A oder T
hinter der Seitenzahl = Abbildung bzw. Tabelle im Text